计 算 机 科 学 丛 书

原书第5版

数字设计

原理与实践

[美] 约翰·F. 韦克利（John F. Wakerly） 著 林生 葛红 金京林 等译

Digital Design

Principles and Practices Fifth Edit

机械工业出版社
CHINA MACHINE PRESS

图书在版编目（CIP）数据

数字设计：原理与实践（原书第5版）/（美）约翰·F. 韦克利（John F. Wakerly）著；林生等译．—北京：机械工业出版社，2019.6（2024.11重印）
（计算机科学丛书）
书名原文：Digital Design: Principles and Practices, Fifth Edition

ISBN 978-7-111-62941-2

I. 数…　II. ①约…　②林…　III. 数字电路－电路设计　IV. TN79

中国版本图书馆CIP数据核字（2019）第115440号

北京市版权局著作权合同登记　图字：01-2017-7496号。

本书为读者提供了高级（HDL）、低级（电子电路）以及完整的“各种中间级”（门电路、触发器和一些较高级的数字设计构件）层次的基础知识，介绍了与组合电路、时序电路等相关的各方面内容（涉及数制编码、Verilog模块、状态机、FPGA、ROM、RAM以及CMOS逻辑系列等），并提供了大量的设计实例以及具有指导意义的习题。

本书可作为电气工程、计算机工程或计算机科学专业数字逻辑设计课程的入门与进阶教材。

出版发行：机械工业出版社（北京市西城区百万庄大街22号　邮政编码：100037）
责任编辑：张志铭　　责任校对：殷　虹
印　　刷：北京建宏印刷有限公司　　版　　次：2024年11月第1版第5次印刷
开　　本：185mm×260mm　1/16　　印　　张：42
书　　号：ISBN 978-7-111-62941-2　　定　　价：139.00元

客服电话：（010）88361066　68326294

译者序

自2007年原书的第4版修订出版至今已过去十多年了，随着集成电路的速度和集成度的快速提高，数字设计实践经历了非常大的转变。作为一本既注重原理性知识，又注重实践应用的教科书，不仅要清楚地讲解数字系统中的基本概念和方法，还要跟随相关技术的发展变化，将数字设计的流行技术和工具介绍给读者。本书保持了原理和实践两方面并重的特质，并对整体内容和编排格式做出了修订和调整，使得本书的可读性和实用性有了全面提升。

本次改版仍然保留了原书一贯的优秀特性：结构上，逻辑关系明确、条理层次清楚；内容上，全面、详尽；讲解上，循序渐进、深入浅出。用严谨的描述、生动的实例、有趣的注释、发人深省的讨论和丰富的习题，使抽象的概念、晦涩的方法和复杂的技术变得易于理解和掌握。

与第4版相比，第5版的主要变化在于：全书内容从9章扩展到了15章，并对章节的编排顺序进行了调整。一方面将原来篇幅过多的章节拆分为两个或多个章节，以提高其可读性；另一方面增加了许多新概念和新技术，特别是增加了一些实例的详细讲解，使读者进一步提高硬件编程能力和设计实践能力。另外，全书利用方框注释将扩展性的内容和设计实例中深入细致的讲解与正文剥离开来，形成了多方位、多层次的内容展现，使读者能够根据自身需求，有选择地阅读本书，大大提高了本书的使用效率。同时，本书缩减了部分目前已经较少使用的内容，充分体现了本书"与时俱进"的特点。

本书不仅适合作为计算机、电子、电气及控制等专业学生的教材，而且对于打算自学这方面内容的读者和技术人员，也是一本不可多得的好书。

本书的翻译工作是在第4版的基础上进行的，征得原来所有译者的同意，与上版内容相同的部分仍然引用原来的译文，只对修改和变动的部分进行了翻译和调整。因此，衷心感谢原来的所有译者。本次改版的翻译工作由华南师范大学计算机学院的葛红、吴继明和谭琦共同完成。特别感谢吴继明和谭琦，因未参与之前的翻译工作，所以对于二位老师来讲，此次翻译是一个艰苦而耗时的过程。

由于时间和水平有限，书中难免存在错误，敬请读者指正。

葛红

2019年4月

本书写给所有需要设计和构建真正的数字电路的读者。为达到这个目的，读者必须掌握基本原理，同时还必须理解它们在真实世界中的工作情况。本书正是基于这种理念写作而成的，因此，确定了“原理与实践”这个主题。

在过去的 30 年里，随着集成电路的速度和集成度的快速提高，数字设计实践经历了非常大的转变。过去，数字设计者用成千上万的门电路和触发器来构建系统，专业课程的重点就是最小化和有效地利用芯片及板级资源。

现今，一个芯片可以包含几千万个晶体管并且可以利用编程的方式构建片上系统。过去要实现这样的系统，需要用几百个包含了上百万的单个门电路和触发器的分立芯片来构造。当前成功的产品开发更多地受限于设计团队正确、完整地定义产品详细功能的能力，而不是受限于团队将需要的所有电路集成到一个电路板或芯片上的能力。因此，现代专业课程的重点是设计方法论和软件工具，包括硬件描述语言（HDL）。设计团队利用 HDL 可以完成非常大型的分层数字系统的设计。

一方面，利用 HDL，我们看到典型设计的抽象层次移向单个门电路和触发器之上的更高层次。而与此同时，芯片级和电路板级的数字电路的速度和集成度的提高，又迫使许多数字设计者在较低的电子电路级更具竞争力。

大多数称职且非常成功的数字设计者，都能够熟练地使用或者至少是精通上述两个抽象层次。本书提供了高级（HDL）、低级（电子电路）以及完整的“各种中间级”（门电路、触发器和一些较高级的数字设计构件）层次的基础知识。

目标读者

本书可以作为电气工程、计算机工程或计算机科学专业数字逻辑设计课程的入门与进阶教材。那些不熟悉基本电子学概念（electronics concept）或者对数字器件的电气特性不感兴趣的计算机科学专业的学生可以跳过第 14 章而掌握第 1 章的基础知识即可，书中的其他部分已尽可能地独立于这部分内容。另一方面，具有基本电子学基础的读者，则可通过阅读第 14 章的内容来快速掌握数字电子学知识。此外，那些不具备电子学基础的学生，可以通过阅读作者网站（www.ddpp.com）[⊖]上的电子教材（20 页）而获得基础知识。

虽然本书是入门级的，但比起一般的普通入门教材，它却包含更多的内容。我希望典型的课程采用书中不超过三分之二的内容，但是，每门课程所用到的是不同的三分之二。因此，我让各位教师或读者按照自己的需要去决定阅读内容。尽管如此，为了有助于选择，我已经在一些可选章节（optional section）的标题上打了星号。一般情况下，可以跳过这些章节而不影响后续必选章节的连贯性。而且，“方框注释”（boxed comment）中的材料通常都是可选的。

毫无疑问，有些人把本书当作进阶教程（second course）和实验教程（laboratory

⊖　参见第 VII 页的页下注。——编辑注

course）来使用。高年级学生可以跳过基础部分而直接进到感兴趣的部分。一旦具备了基础知识，一些最重要且有趣的内容（fun stuff）便是在许多章节和数字设计例子中采用 Verilog。

并不像看起来那么长

有几个书评家抱怨本书之前的版本都太长了，目前的这个版本要稍短一些，但还是请记住：

- 你并不需要阅读所有的内容。对大多数读者来说可选读的内容都标记有“*”。
- 一些“方框注释”中的内容通常也是可选读的。
- 我遵照“参考质量”标准撰写本书，内容覆盖广泛，因此读者可以在后续课程中参考本书，或在以后的工作中，使用本书来更新你的知识甚或学习新知识。

各章描述

- 第 1 章给出了一些基本的定义和一些重要话题的预览，以及数字电路的内容，使读者在不深入阅读第 14 章的情况下，也可以完整阅读书中其他的内容。
- 第 2 章介绍二进制数制和编码。已经从软件课程中熟悉了二进制数制的读者，仍需要阅读 2.10 ~ 2.13 节，以便理解硬件是如何使用二进制编码的。高年级的学生可以阅读 2.14 节和 2.15 节，其中对检错码进行了很好的介绍。每个读者都应该阅读 2.16.1 节的内容，因为在许多现代系统中都要用到它。
- 第 3 章讲述组合逻辑设计原理，包括开关代数，以及组合电路分析、综合与最小化。
- 第 4 章从文档标准开始介绍各种数字设计实践，文档标准是设计者需要掌握的最重要的内容。然后介绍时序的概念，特别是组合型电路的时序，最后是关于 HDL、设计流程和工具的讨论。
- 第 5 章介绍 Verilog 硬件描述语言。前几节需要通读，但部分读者可能希望跳过其余几节而只在需要时再来阅读，因为新的 Verilog 结构在后续章节用到时才会讲述（主要是第 6 章）。
- 第 6 章描述了两个“通用”组合逻辑元件 ROM 和 PLD。然后讲述两个最常用的功能构件——译码器和多路复用器，其中每一个都会给出门级和基于 Verilog 的设计。读者可以从这里直接跳到第 9 章的状态机，然后再回到第 7 章和第 8 章。
- 第 7 章继续讨论门级和用 Verilog 实现的组合型构件，包括三态器件、优先编码器、异或和奇偶函数以及比较器，然后用一个非平凡“随机逻辑”函数的 Verilog 设计实例引出结论。
- 第 8 章讲述实现算术功能的组合型电路，包括加法和减法、移位、乘法和除法。
- 第 9 章介绍使用 D 触发器的传统状态机，包括采用状态表、状态图、ASM 图和 Verilog 的状态机的分析和综合。
- 第 10 章介绍其他时序逻辑元件，包括锁存器、更多的边沿触发器件及其 Verilog 的行为模型。这一章还描述了用典型的 FPGA 实现的时序逻辑元件，并且为感兴趣的读者准备了关于时序 PLD 和反馈时序电路的内容。
- 第 11 章重点讲述两个最常用的时序电路构件——计数器和移位寄存器，以及它们的应用。还提供了门级和基于 Verilog 的例子。

- 第 12 章讲述了采用 Verilog 对状态机建模的更详细的内容，以及更多相关的例子。
- 第 13 章讨论时序电路设计的实践，包括同步系统结构、时钟和时钟偏移、异步输入和亚稳定性，以及一个用 Verilog 实现的双时钟同步的详细例子。
- 第 14 章描述数字电路的运算，重点在于逻辑器件的外部电气特性。起点是基础的电子学背景，包括电压、电流和欧姆定律。对如何使真实电路运作起来不感兴趣的读者或者有特权让别人来做这些苦活的人可以忽略这一章。
- 第 15 章全部都是关于存储器器件和 FPGA 的内容。存储器内容包括只读存储器和静态、动态读 / 写存储器的内部电路和功能行为特性。最后一节更详细地介绍 Xilinx 7 系列 FPGA 结构。

大多数章都包含参考资料、训练题和练习题。训练题通常是简答题或是启发性的问题，可以直接根据文本材料给出答案，而练习题通常需要更多的思考。第 14 章的训练题尤其广泛，是为使非电子工程师能较容易地理解这一章内容而专门设计的。

与第 4 版的不同

对于用过本书之前版本的读者和教师来讲，除了普通的更新之外，第 5 版还有几个关键的不同：

- 这个版本只涉及 Verilog，没有 VHDL。在不同的语言之间跳转只会使人分神。另外，Verilog 及其后继者 SystemVerilog 是目前非官方背景中所选择的 HDL。参看 Steve Golson 和 Leah Clark 撰写的论文《Language Wars in the 21st Century: Verilog versus VHDL-Revisited》（2016 Synopsys Users Group Conference），如果你不想阅读整篇论文，可以直接跳到最后一节。
- 这个版本有更多 HDL 的例子，更加强调设计流程和测试平台，包括纯粹的激励和自检信号。
- 为使本书更加便于非电子工程类的计算机工程专业的学生阅读，关于 CMOS 电路的详细内容移到了第 14 章，而在第 1 章中加入了最少量的电子学知识。这样，如果需要的话，就可以跳过整个关于 CMOS 的章节。
- TTL、SSI、MSI、74 系列逻辑、PLD 以及 CPLD 都已经删去了。
- 卡诺图化简的内容最终被简化了。
- 本书在第 5 章中还有一个 Verilog 的综合性教程和参考资料，Verilog 的概念散布在第 6 章和第 7 章的“恰逢其时”注释框中，这样一目了然，重点突出。
- 更多地强调了基于 FPGA 的设计、FPGA 结构特性、综合结果以及权衡。
- 原来关于组合逻辑元件的一章被分成了三章，以便按照需要直接从一开始就进入状态机的内容。这样，也可以在最后讲述更多算术运算电路的内容。
- 用了整整一章来讲述用 Verilog 实现状态机，包括许多例子。
- 关于同步设计方法论的那一章目前包含一个详细的控制单元加数据通路的例子，以及一个关于采用异步 FIFO 的交叉时钟域的综合例子。

数字设计软件工具㊀

本书中所有的 Verilog 例子都是采用 Xilinx Vivado® 套件来编译和测试，这个套件包括以 Xilinx 7 系列 FPGA 为目标器件的 Verilog、SystemVerilog 以及 VHDL 设计的工具。然而，这些例子一般并不特别要求采用 Vivado 来编译，甚至不要求目标器件是 Xilinx 或任何其他 FPGA。而且，本书也不包含关于 Vivado 的教程，Xilinx 有丰富的在线资源可供参考。因此，读者可以将本书与任何 Verilog 工具一起使用，包括下面所描述的工具。

可以从 Xilinx 下载免费的 Vivado“Webpack”版本，这个版本支持较小型的 7 系列 FPGA，带有 Zynq® 的 SoC 型 FPGA 以及评估板。这个下载容量很大，超过 10GB，但这是一个综合工具套件。支持前 7 系列 FPGA 以及较小型 Zynq FPGA 的 Xilinx ISE®（Integrated Software Environment）也包含在免费的 Webpack 版本中。注意，legacy 模式支持 ISE，而自 2013 年后，ISE 就再也没有更新过。要获取任何一种套件，登录 www.xilinx.com 网站搜索“Webpack download”即可。

如果你正在使用 Altera（现在属于 Intel）器件，那么公司还会提供一个好的“大学计划”和工具：搜索“Altera university support”，然后导航到“For Student”网页。这些免费的工具包括其以入门级 FPGA 和 CPLD 为目标器件的 Verilog、SystemVerilog 和 VHDL 设计的 Quartus™ Prime Lite 版本，以及一个配套的用于模拟的符合 ModelSim® 工业标准的软件初始版本。

Altera 和 Xilinx 都提供廉价的评估板，适用于直接或通过第三方等效实现基于 FPGA 的学生项目。这样的评估板可能包括开关和 LED、模拟 / 数字转换器以及运动传感器，甚至还包括 USB 和 VGA 接口，通过厂家的大学计划，总花费可以少于 100 美元。

长期支持大学计划的专业数字设计工具还有 Aldec 公司的产品（www.aldec.com）。该公司提供流行的 Active-HDL 的学生版本，用于设计入门和模拟，除了通常的 HDL 工具，还包括方框图和状态机的图形编辑器，而且，其模拟器还包括一个波形编辑器，用于创建交互激励信号。为利用其特性，Active-HDL 模拟器可以作为 Vivado 的一个插件来安装，以取代 Vivado 模拟器。

上述所有的工具以及大多数其他工程设计工具都是在 Windows PC 上运行的，所以，如果你是一个 Mac 迷，就必须习惯使用 Windows PC！你可以在 Mac 的 Windows 仿真环境（比如 VMware 仿真环境）中运行，但是成功与否取决于具体的软件工具。使一个工具在你的 PC 上“快速运行”的最重要的条件就是配置一个固态硬盘驱动器而不是旋转硬盘驱动器。

即使并未打算完成你的原创设计，你也可以利用上述工具中的任何一个来测试和改进书中的例子，因为书中所有的源代码都在线提供，正如下面将要讨论的。

工程资源和 www.ddpp.com㊁

本书丰富的支持材料都可以从 Pearson 的网站“Engineering Resource”上获得。本书出

㊀ 此部分内容译者仅是照原书翻译，对于下载等操作是否成功取决于软件生产公司，与中文版的出版社和译者无关。——编辑注

㊁ 此部分内容为英文原书提供，译者如实翻译，对于下载等操作是否成功取决于国外网站和网络通信商，与中文版出版社和译者无关。——编辑注

版的时候，Pearson 的相关链接是 media.pearsoncmg.com/bc/abp/engineering-resoures。但是，你知道登录一个长链接的感受，直接登录作者的网站 www.ddpp.com 更为方便，这个网站中包含一个到 Pearson 网站的链接。而且，作者的网站还将包含最新的勘误表和其他“匆匆忙忙”做出的增改资料，以及可能某天会有的博客。

Pearson 网站上的资源包括本书中所有 Verilog 模块的可下载源代码文件、选定的训练题和练习题的答案以及补充材料，例如，针对非电子工程人员提供的 20 页的电子学基础概念介绍。

敬告教师⊖

Pearson 维护着一个专供教师使用的附加材料的综合集。登录上述工程资源网站，导航到这本书，然后点击“ Instructor Resources”链接。这个网站要求注册，可能需要花费几天时间等待获得访问权限。所提供的资源包括附加的训练题和练习题的解答、附加的源代码、更多的练习题以及可用于授课的艺术线条和图表。之前版本的材料也会根据要求发布在网站上，以协助教师实现从旧版技术到新版课程的转换。

其他的教师资源还包括作者的网站（www.ddpp.com)，以及 Xilinx、ALtera 和 Aldec 的大学计划，登录 www.ddpp.com 可以找到这些资料的最新链接。制造商的网站提供了各种各样的产品资料、课程资料以及可以用于数字设计实验课程的打折的芯片和电路板，还会提供一些“功能全面”的工具包，你可以最大折扣获得，并用于后续课程和研究。

致谢

由于许多人的帮助才使得本书顺利出版。大多数人都对前四版的出版给予了帮助，在那里我已经表示了感谢。关于本书“原理”的方面，我还是要特别感谢我的老师、研究生导师以及我的朋友 Ed McCluskey。关于本书“实践”的方面，我从我的朋友 Jesse Jenkins、Xilinx 的职员 Parimal Patel 和 Trevor Bauer，以及同事 McCluskey 的导师——斯坦福大学的 Subhasish Mitra 教授那里获得了许多好的意见。

自本书第 4 版出版以来，我从读者那里收到了许多有益的意见。除了建议和其他促使本书改进的意见外，读者还指出了大量印刷上和技术上的错误，所有这些都在第 5 版中一并改正。

对这个版本最具实质性影响和贡献的是匿名（对我而言）的学术评审们，他们都是使用本书第 4 版或其他同类书籍作为教材的数字设计教师。我尽量接受他们的建议，这通常意味着要删去一些像我这样有经验的设计者（或者说是老前辈）过于固守的一些材料，而增加大量与基于 HDL 设计流程、测试平台和综合等相关的现代概念。

感谢 Pearson 的责任编辑 Julie Bai 在过去几年为这个项目所做的精心细致的工作。特别感谢她老板的老板 Marcia Horton，她二三十年来一直关注我的项目，还要感谢 Scott Disanno 和 Michelle Bayman，他们指导了这个版本的生产和发行过程。

还要感谢艺术家 Peter Crowell，我在 eBay 上发现了他的画作，当时，编辑 Julie Bai 建

⊖ 关于教辅资源，仅提供给采用本书作为教材的教师用作课堂教学、布置作业、发布考试等。如有需要的教师，请直接联系 Pearson 北京办公室查询并填表申请。联系邮箱：Copub.Hed@pearson.com。
关于配套网站资源，大部分需要访问码，访问码只有原英文版提供，中文版无法使用。——编辑注

议我们基于 Piet Mondrian 的作品设计一个封面，对于他的某些作品，她说“看起来几乎就像是逻辑电路的抽象”。Crowell 的“Tuesday Matinee”完美地契合了我们的要求。他的画作“铺设”在封面上和每章开篇的边栏，与逻辑模块及其连接铺设在一片 FPGA 上非常相像。我们的封面设计师 Marta Samsel 采纳了我这个工程主义的观点，并将二者匹配得非常漂亮。

最后，我的妻子 Joanne Jacobs 非常支持这个项目，让我在“楼上”安静地工作，而她在“楼下”处理她的教育博客。她甚至不会抱怨，到了二月份，圣诞树还立在那里。

第 1 章

Digital Design: Principles and Practices, Fifth Edition

引　言

欢迎来到数字设计世界。也许你是一名熟悉计算机软件和编程的计算机科学专业的学生，但还想搞清楚那些神奇的硬件是如何工作的。也许你是一名已经了解一些模拟电子学和电路设计知识的电气工程专业的学生，但却一点都不了解关于"比特"的知识。不要紧，就从最基础的知识开始吧！这本书会让你知道如何去设计数字电路和子系统。

本书将提供解决实际问题所需的基本原理，并给出大量例子。在讲解原理的同时，将尽可能通过讨论当前的实际情况，随时分享一些现实中数字设计方面的逸闻趣事。而且我，本书作者，会称呼自己为"我们"，希望通过这种方式让读者拥有代入感，好像我们一起穿行学习的旅途。

1.1　关于数字设计

有些人又称数字设计为"逻辑设计"。这样称呼也行，不过设计的最根本目的都是构建系统。为此，我们所介绍的远不止逻辑等式和定理。

本书主要讲述原理与实践。我们所介绍的大多数原理在今后若干年内都还是重要的，可能有些原理在今后还会有更新的应用途径。至于实践方面，本书介绍的实例可能与你遇到的不同。因此，应该把本书的"实践性"材料看成是加强和巩固原理的一种方法，也是通过例子来学习设计的一种方法。

这本书的目的之一是充分介绍基本原理，以使读者在使用软件工具来实现设想的时候，能知道其所以然。当这些软件工具给你造成困惑时，这些基本原理也能帮助你找到问题的根源。

下面方框内文字所列出的，是通过学习本书而应该掌握的一些关键点。其中的多数项目可能现在你觉得毫无意义，但以后会体会到它们的重要性。

数字设计的重要主题

- 好的工具并不能保证好的设计，但它能在正确完成设计工作同时，大大减轻你的工作量。
- 数字电路具有模拟特性。
- 知道何时要考虑以及何时不考虑数字设计的模拟特性。
- 晶体管以及由晶体管构成的所有数字元件都很便宜且丰富；要在最小化设计规模和最小化工程时间之间做出明智的权衡。
- 要随时做好设计文档，以方便自己和他人对设计的理解。
- 在基于 HDL 的设计中要使用一致的编码、组织结构和文档风格。

- 理解和使用标准功能构件。
- 状态机设计类似于程序设计，按程序设计的步骤进行。
- 在系统级进行最小成本设计（要把你自己的工程劳务也包括进成本中去）。
- 设计可测试性和可制造性。
- 使用可编程逻辑来简化设计，减少成本，也便于后期阶段的修改。
- 避免异步设计，找到一种比较好的方法（如果有的话）来实现同步设计。
- 如果某些异步接口是不可避免的，那么要慎重而精心地设计不同子系统与外界系统之间的异步接口，并提供可靠的同步电路。

数字设计是工程，而工程就意味着“解决问题”。我的经验是：数字设计中有5%～10%是属于“有趣的事情”——设计的创新部分，也是闪现洞察力和创造出新方法的部分；剩下的大部分设计工作只是实现构想而已。虽然在实现方面，现在要比25年甚至10年以前来得容易，但还是不能在构思创新部分花费100%或50%的时间。

除了构思和实现以外，还有许多其他的能力是一名成功的数字设计者必须具备的，包括以下方面：

- *调试能力*。如果不是一个排除故障的好手，就不可能是一个好的设计者。成功的调试过程需要计划、系统方法、耐心和逻辑。如果你不能发现问题之所在，也就无从下手去解决它。
- *商业要求和实践经验*。数字设计者的工作受到许多非工程因素的影响，包括文档标准、元件可用性、特征定义、目标规范、任务计划、办公制度以及陪供应商吃饭等。
- *风险意识*。当开始设计一个项目的时候，从选择新型元件（在建立第一个原型的时候是否能得到它）到计划完成（如果不能按时完成，我是否会丢掉工作）的各个阶段，你都必须在回报、后果以及风险之间进行仔细权衡。
- *沟通能力*。最终，要将成功的设计交给其他工程师、部门和客户们。如果没有好的沟通能力，那就永远不能走完这成功的最后一步。要记住：通信（沟通）不仅包括发送（传授），也包括接收（倾听）；要学会成为一名好的听众。

1.2 模拟与数字

模拟（analog）器件和系统处理的是时变信号，这种信号在电压、电流或其他度量的连续范围内可取任意数值。*数字*（digital）电路和系统处理的也是时变信号，但不同的是，对其取值可以有限制。所谓数字信号，就是在任一时刻只呈现两种离散值之一。这两种离散值是“0”和“1”（或者“低”和“高”、“假”和“真”、“否”和“是”等）。

数字计算机大约在20世纪40年代出现，自60年代以来得到广泛的商业应用。然而，只在最近的几十年，“数字革命”才扩展到生活的其他方方面面。下面列出几个曾经是模拟系统而现在却成为数字系统的例子：

- *静止图片*。20年前，大多数照相机仍然使用银卤化物胶片来记录图像。今天，廉价的数码相机便可将一张照片记录成为1920×1080或更大的像素矩阵，其中每个像素又分别用8个或更多个比特来表示红、绿和蓝各分量的强度值。这么大量的数据（这个例子中超过5000万比特）被处理和压缩成JPEG格式后，其数据量减少到原来的5%左右，具体大小取决于原来照片的真实大小。因此，数码相机要依赖于数字存储和数字处理两项技术。

- 录像。“电影”不再存储在胶片上。一个蓝光碟（Blu-ray Disc, BD）采用称为 MPEG-4 的高压缩比数字格式来存储视频图像，这个标准的编码方法是：先将单个视频帧的小片断编码成类似于 JPEG 的压缩格式，然后对该帧与前一帧间的差进行编码。一片双面 BD 的容量大约是 4000 亿比特，足够播放约 2 小时的高清视频。
- 录音。录音过程一直以来都是把模拟的声音波形录制在乙烯基或磁带上，如今，音频的录音都是采用数字化的形式进行制作和传送，都普遍采用 16 至 24 比特位来表示原始波形的一个采样点，而且每个声道每秒采样 192 000 个样本点。采样的比特位数和声道数取决于录音的格式；一个数字紧缩型光碟（Compact Disc, CD）可以存储两个有 44 100 个 16 比特位的值声道，总共是 73 分钟的立体声音频信号。就像一个静止的图片或一段视频录像一样，一个录音压缩后，可以在像智能手机这样的设备里进行传送或存储，所采用的典型格式是所谓的 MP3。
- 汽车化油器。以前都使用机械联动装置（包括检测温度、压力等智能的“模拟的”机械装置）来严格控制汽车引擎，如今则是通过嵌入式微处理器来控制。各种电子和机电的传感器检测引擎的环境参数，并将它们转换成微处理器能够处理的数字值，从而决定如何控制送入引擎的燃油和氧气的流量。微处理器输出的是时变的数字序列，其操纵机电制动器工作，然后再由制动器去控制引擎。
- 电话系统。人们在一百年以前就开始采用模拟的麦克风和接收器来与导线（或是弦？）的另一端进行通话。即使在今天，多数家庭里仍然还在使用模拟电话，电话机与电话公司的中心局（CO）之间传送的是模拟信号。然而，大多数中心局在将话音信号转接到目标线路之前，都要把模拟信号转换成数字格式。在中心局之间以及长途线路上都采用数字格式。在商业上使用了许多年的专用用户交换机（PBX）一直采用全数字格式。现在，大多数的商业部门、中心局和电话服务提供商等，都在转向提供集成系统，也就是将数字话音与数据业务组合在一起，通过单个 IP（网际协议）网络进行传输的系统。
- 交通灯。交通灯过去采用机电定时器来控制各个方向的灯发亮的预定时间。后来又将继电器用在控制器中，根据埋在人行道中的传感器所检测到的交通情况，由控制器即可激发交通灯点亮。如今的控制器采用了微处理器，其控制过程可以使车辆通过率达到最大化。在美国加州的 Sunnyvale，还用这种控制器来实现各种各样阻止驾驶员犯规的方法。
- 电影特技。过去都是采用一些如小型黏土模型、瞬时摄影、特技摄影以及基于逐帧的胶片大量重叠等方法来创作电影中的特技效果，而今天却都采用数字计算机合成太空船、城市、虫类以及怪兽。数字特效甚至已经用来创造或是重塑演员。

电子学革命已经过去多时了，像晶体管和晶体管无线电那样的模拟器件及其应用也随之开始了“固态”革命。那么，为什么现在又出来个数字革命呢？事实上，有很多理由可以证实数字电路优于模拟电路：

- 结果再现性。给定相同的输入组（包括其值和时间序列），一个设计完好的数字电路总是能精确地产生相同的结果。而模拟电路的输出则会受温度、电源电压、元件老化以及其他因素的影响而发生变化。
- 易于设计。数字设计（常常又叫“逻辑设计”）是有逻辑的，不需要特别的数学技能。而且小型逻辑电路的特性可以直观地可视化，而不需要深入认识电容、晶体管或其他需要微积分建模的器件的功能特性。
- 灵活性和功能性。一个问题一旦被简化成数字的形式，就可以采用空间和时间上的一组逻辑步骤来解决。例如，可以设计一个数字电路对录音进行扰频（加密），不知道“密钥”(口令）的任何人都绝对破译不出来，而具有密钥的任何人却可以听到真正不失真的录音。

- *可编程性*。可能你已经十分熟悉数字计算机，并且已掌握如何设计、编写和调试程序。那好！现今大多数数字设计也都是通过采用*硬件描述语言*（Hardware Description Language, HDL）进行编程来完成的。

硬件描述语言不同于像 C++ 或 Java 这些通常意义上的“程序设计”语言。HDL 可以用结构化语言而非电路图同时将数字电路的结构和功能进行规格化或模型化。另外，一种标准的 HDL 除了带有编译器外，还带有模拟与综合程序。在构建任何真实硬件之前，要使用这些软件工具来测试硬件模型的运行情况，然后才会用特别的组件技术将模型综合成电路。这样一来可以大大地减少工作量，因为典型的综合电路比产生电路的模型要包含更多的细节。

程序、模型、模块以及代码

在你通读本书的过程中，Verilog HDL 例子看起来非常像“程序”，而且也会这样标示。但是，一般而言，Verilog HDL 不是 C++ 或 Java 意义上的程序，不是执行一系列的指令然后产生一个结果，而是硬件结构的*模型*，这个模型接收到输入信号就会在线路上产生输出信号。程序和模型是完全不同的两件事情。由于在讲述 HDL 模型之前，我们会先介绍硬件基础知识，所以，到时你们就会理解这个差别。为便于理解，我们会避免将一个 HDL 模型称为“程序”。

Verilog 也可以用来写出一个被称为“测试平台”的过程化程序，这个程序并不是对硬件建模。测试平台用于*测验*一个硬件模型，将一系列的输入应用于模型，并观察由此产生的输出，而且实际上，我们有时会称测试平台为一个“程序”而不是一个“模型”。

Verilog 通常会采用一种被称为“模块”的结构化形式的描述来对一块硬件建模。这个模块可以存储于一个文本文件中。我们可以按照自己的意愿将这个文本文件称为一个模块或是一个模型。但是，一个复杂的硬件块可以采用多模块分层次进行建模，所以，在这种情况下的硬件模型就是一组模块。

如果有一段特别的 Verilog，用上述任何一条术语描述似乎都不合适，那么在没有更好的短语可选择的情况下，我们就可以把这段 Verilog 称为 Verilog“代码”。

- *快捷性*。现今数字器件的速度是很快的。在最快的集成电路中，单个晶体管的开关时间可以小于 10ps（$1\text{ps} = 10^{-6}\mu\text{s}$），由这些晶体管构成的一个完整、复杂的器件从检测输入到产生输出的时间，还不到 2ns（$1\text{ns} = 10^{-3}\mu\text{s}$）。这就意味着这种器件每秒钟能够产生 1 亿或更多的结果。
- *经济性*。数字电路能够在一个很小的空间里提供大量的功能。重复使用的电路可以被集成到单个芯片里，以很低的成本进行大量的生产，这样就有可能将那些计算器、数字手表、音乐生日卡之类的东西集成在一起。(你可能会问：“有这样的好事吗？”请你别急！)
- *稳步发展的技术*。在设计一个数字系统的时候，要意识到几年之内便会有更快速、更便宜或者是更好的技术出现。聪明的设计者在进行系统的初始设计期间，就能够考虑到并适应预期的技术发展，以防止系统退化，并使用户得到增值。例如，台式计算机常常备有“扩展插槽”，以便将来使用更快速的处理器或更大容量的存储器。

所以，对于一个销售人员而言，具备这些数字设计知识就足够了。本章剩下的内容将介绍一些技术背景，以作为学习后续内容的准备。

> **微小时间单位**
> 在真空中，光在 1ns 内大约传输 0.3048m（1 英尺），在 85ps 内大约传输 0.0254m（1 英寸）。目前最快的集成电路中的单个晶体管的开关时间不到 10ps，但在半平方英寸的硅片上，这些晶体管间的光速延迟已成为电路设计的一个限制因素。

1.3　模拟信号

尽管市场大肆宣扬，但我们终究生活在一个模拟的而非数字的世界中。真实电路中的电压、电流以及其他的物理量都是有无穷多个取值的变量，具体的数值取决于构成电路的真实元件的特性。由于真实的数值都是连续的变量，因此可以用电路中的物理值（如电压信号）来表达实数（例如，用 3.141 592 653 589 79 伏特的电压值来表达数学常量 pi，精度达到 14 位十进制数）。

然而，真实电路中的物理量很难满足稳定性和精度的要求。因为真实电路中的物理量会受制造偏差、温度、电源电压、宇宙射线以及由其他设备中其他电路所产生的噪声的影响。如果我们用一个模拟电压值来表达数学常量 pi 的话，这个 pi 会在 10% 或更大的范围内波动，而非绝对稳定在一个数值上。

另外，许多数学和逻辑的运算也难以或是不可能用模拟量来实现。就算可以构造一个模拟电路，其输出电压值是输入电压值的平方根，也从未有人能够构造这样一个模拟电路：有 100 个输入和 100 个输出，输出和输入是同一个集合，而输出是输入的算术排序的结果。

1.4　数字逻辑信号

通过采用*数字信号*（digital signal），*数字逻辑*（digital logic）将物理量实际值的无穷集映射为两个子集，对应于两个可能的数或*逻辑值*：0 和 1，从而隐藏了模拟世界的缺陷。于是，通过采用开关代数、表及其他抽象方法来描述电路中简单的 0 和 1 运算，就可以对数字逻辑电路进行功能上的分析与设计。

通常，称逻辑值 0 或 1 为**二进制数字**（binary digit）或**位**（bit）。如果应用中需要两个以上的离散值，则可增加位数，n 位数可代表 2^n 个不同的组合值。

表 1-1 给出了一些现代（和不太现代的）数字技术中表示位（0、1）的物理现象的例子。大多数现象中都存在 0、1 状态间的未定义区域（如电压值为 1.0 V、不太亮、电容部分充电，等等）。这个未定义区域是必需的，它可明确地定义和可靠地检测 0、1 状态。如果区分 0、1 状态的界限离得太近，那么噪声更容易影响运算结果。

> **状态迁移**
> 实际上，表 1-1 最后四行并未采用二进制位来表达绝对状态，而是采用像曼彻斯特码这样的代码来表达状态之间的迁移（或是迁移缺失）。曼彻斯特码将在 2.16 节讲述。

在讨论如 CMOS 这样的电子逻辑电路（或 TTL）的时候，数字设计师通常用“低”和“高”分别代替 0 和 1，以提示这是实际电路，而不是抽象的量值：

- 低（LOW）：代数上表示低电压范围的信号，解释为逻辑0。
- 高（HIGH）：代数上表示高电压范围的信号，解释为逻辑1。

表1-1　不同计算机逻辑和存储技术中表示位值的物理状态

技术	表示位值的状态	
	0	1
气动逻辑	低压流动	高压流动
继电器逻辑	电路断开	电路闭合
TTL 逻辑	0 ~ 0.8V	2.0 ~ 5.0V
CMOS 2V 逻辑	0 ~ 0.5V	1.5 ~ 2.0V
动态存储	电容放电	电容充电
非易失的可擦存储器	电子捕获	电子释放
片上非易失安全键	熔丝烧断	熔丝完好
聚合体存储器	分子处于状态A	分子处于状态B
光纤	关断	开通
磁盘或磁带	磁通朝“北”	磁通朝“南”
光盘（CD）、数字通用盘（DVD）以及蓝光盘（BD）	无凹陷	凹陷
可重写压缩盘（CD-R）	晶态染色	非晶态染色

注意，0和1可以随意对应低和高。用0对应低、1对应高看起来是最自然的，这称为*正逻辑*（positive logic）。相反，1对应低、0对应高则不太常用，称为*负逻辑*（negative logic）。

由于很大范围内的物理值被表示为同一个二进制值，所以数字逻辑能够大大避免元件和电源变化以及噪声所带来的影响。而且，*缓冲器*（buffer）电路可将“微弱”信号再生（或放大）为“强”信号，使数字信号能够在不损失任何信息的情况下，传输任意远的距离。例如，如果采用表1-1第四行的电压范围，一个2V的CMOS逻辑的缓冲器可以将任何LOW输入电压转换为非常接近于0.0V的输出，以及将任何HIGH输入电压转换为非常接近于2.0V的输出。

数字抽象

数字电路并不是字母表的精确二进制版本——只是为了遵从我们即将看到的像图1-3那样的描述方式，实际上并没有0和1悬浮在数字电路的周围。正如我们将会在第14章中看到的那样，数字电路所处理的是模拟的电压和电流，是由模拟组件所构成。在大多数情况下，“数字抽象”忽略了电路的模拟特性，所以在对电路建模时就好像这些电路真的处理的是0和1似的。

1.5　逻辑电路与门电路

逻辑电路可简单地表示为具有一定输入输出端数目的“黑匣子”。例如，图1-1表示具有3个输入和1个输出的逻辑电路。但是，它还没有描述出电路是如何响应输入信号的。

要从电子电路设计的角度精确地描述电路的电气特性，需要有很多信息。然而，由于数字逻辑电路的输入可看作只有0和1两个离散值，所以电路的逻辑运算可用表的形式来描述，这种表忽略了电气特性而只列出离散的0、1值。

输出只依赖于当前输入的逻辑电路称为组合逻辑电路（combinational circuit）。其运算可由真值表（truth table）完全描述，真值表列出了输入和对应输出的各种组合。表 1-2 为具有 3 个输入（X、Y、Z）和单个输出 F 的逻辑电路的真值表。这个真值表列出了 X、Y 和 Z 所有可能的 8 种组合值以及对应的电路输出值 F。

图 1-1　“黑盒”表示了一个 3 输入、1 输出的逻辑电路

表 1-2　一个组合逻辑电路的真值表

X	Y	Z	F
0	0	0	0
0	0	1	1
0	1	0	0
0	1	1	0
1	0	0	0
1	0	1	0
1	1	0	1
1	1	1	1

输出不仅依赖于当前输入，还依赖于过去输入的顺序，这种有记忆的电路称为时序电路（sequential circuit）。这种电路的特性可由状态表（state table）来描述。状态表列出了电路的输出和下一状态，它们是当前状态和输入值的函数。时序电路将在第 9 章介绍。

最基本的数字器件叫作“门电路”（gate，或简称“门”），因为它具有允许或阻止（“门控”）数字信息流通的功能。一般来说，一个门电路具有一个或多个输入，产生一个输出，该输出是当前输入值的函数。输入和输出也可以是模拟的量，如电压、电流甚至水压，但是必须将它们转换成只有两个离散值的序列，即“0”和“1”的序列。

正如 3.1 节中将要讨论的，能够用来构建任何组合数字逻辑电路的，只有 3 种基本逻辑函数，即“与”（AND）、“或”（OR）和“非”（NOT）。图 1-2 表示出了这些函数的逻辑“门电路”的真值表和符号。“门电路”的功能定义如下：

- 与门：当且仅当所有输入为 1 时，产生输出 1。
- 或门：当有一个或多个输入为 1 时，就产生输出 1。
- 非门：通常称为反相器（inverter），它产生一个与输入值相反的输出。

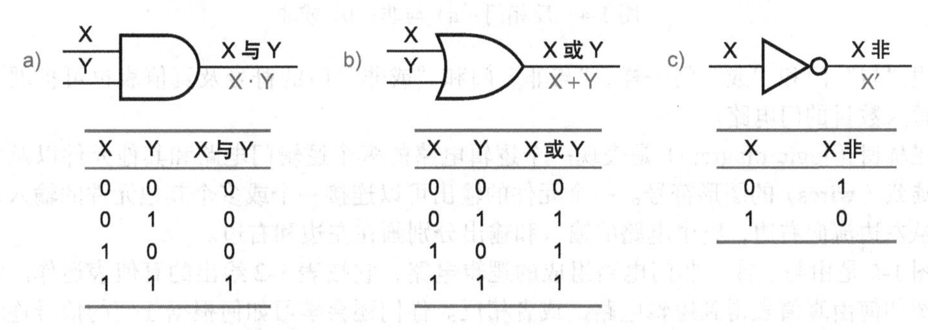

图 1-2　基本逻辑单元：a）与；b）或；c）非（反相器）

注意：在“与”和“或”函数的定义中，只需说明输出为 1 时的输入条件，因为当输出不是 1 时，只有一种可能——它一定是 0。“与”和“或”的符号和真值表可扩展到具有任意输入数目的门电路，而且，上述功能定义也涵盖了这些情况。

图 1-2 中各小图右侧显示了每个门电路的输出逻辑表达式，同时采用文字和数学符号表达了逻辑运算。开关代数中所使用的符号将会在第 3 章中介绍。图 1-3 再次显示了门电路的图形符号，每个图中都标出了输入的所有可能组合及其输出结果。

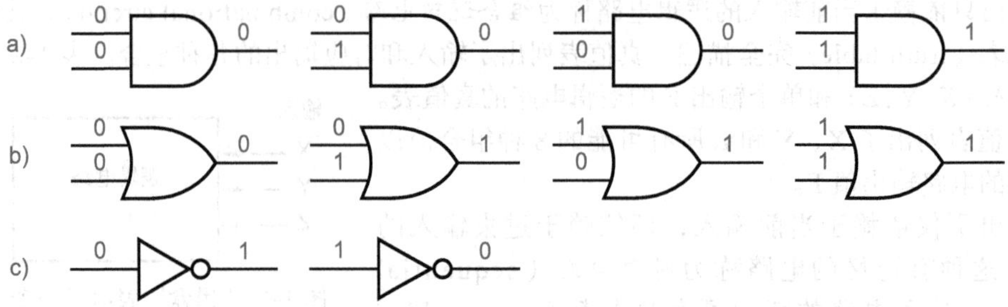

图 1-3 带有输入值和输出值的逻辑门电路：a）与门；b）或门；c）非门或反相器

反相器符号输出端的小圆圈称为*反相圈*（inversion bubble），在门电路符号中，它表示“反相”特性。例如，通过将“非”和“与”或者将“非”和“或”组合起来，就可以获得另外两个逻辑函数。图 1-4 给出了这两种门电路的真值表和符号。针对这些函数描述如下：

- *“与非”门*（NAND gate）：它的输出和与门的输出反相，即当且仅当所有输入为 1 时，输出为 0。
- *“或非”门*（NOR gate）：它的输出和或门的输出反相，即当有一个或多个输入为 1 时，输出为 0。

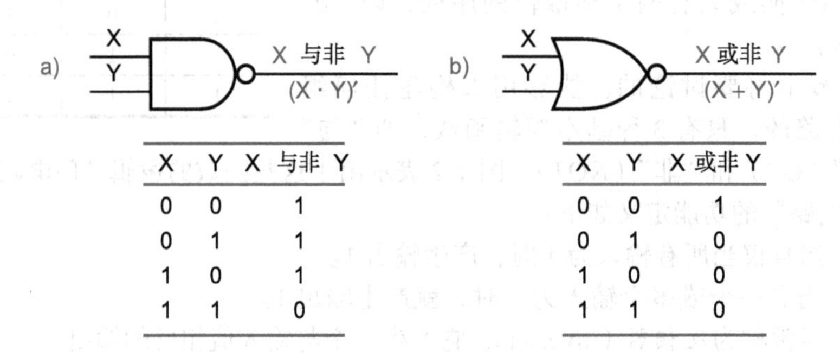

X	Y	X 与非 Y
0	0	1
0	1	1
1	0	1
1	1	0

X	Y	X 或非 Y
0	0	1
0	1	0
1	0	0
1	1	0

图 1-4 反相门：a）与非；b）或非

跟“与”门和“或”门一样，“与非”门和“或非”门的符号及真值表也可扩展到具有任意输入数目的门电路。

逻辑图（logic diagram）是表现一个逻辑电路的多个逻辑门电路和其他元件以及它们之间的*连线*（wires）的图形符号。一个元件的输出可以连接一个或多个其他元件的输入。信号通常从左边流向右边，整个电路的输入和输出分别画在左边和右边。

图 1-5 是由与、或、非门电路组成的逻辑电路，它按表 1-2 给出的真值表运作。第 3 章将介绍如何由真值表得到逻辑电路，或者相反。你们还会学习如何根据任何的信号连线推导出对应电路的逻辑功能的代数表达式。最重要的是，你们还将学会如何创建几种结构形式中的任何一种逻辑电路，这个电路可以实现任何给定的代数表达式所定义的逻辑运算。

我们一开始提到的所谓时序电路是有记忆的电路，所以，时序电路的输出取决于过去的输入序列以及当前的输入。最简单的时序电路就是锁存器和触发器，每个锁存器或触发器存储一个 0 或 1。典型地，这些器件与门电路或更加复杂的组合电路相互连接构成更大型的时序电路。你们将会在第 9 章开始学习时序电路。

在本节的例子中，数字抽象使我们可以忽略逻辑信号的大多数模拟特性（如电压和电流），但是，逻辑电路的功能特性还存在另一个非常重要的模拟维度——时间。例如，图 1-6 是一个*时序图*（timing diagram），时序图以图形的形式表现了图 1-5 的电路是怎样对输入信号的时变模式做出响应的。横轴是时间，纵轴是逻辑值。由于每个信号在稳定状态下只有两个可能的取值，所以时序图画出了信号转换的斜率，提醒我们：逻辑信号在对应于 0 和 1 的模拟值之间的变换是不会瞬间完成的。另外，看看图中的垂直参考线和箭头，你们会看到，输入 X、Y 和 Z 的变化与其所引起的输出 F 开始变化之间是有一个滞后的。在后续章节中，你们将学习如何规定和处理数字器件和电路的时序特性。

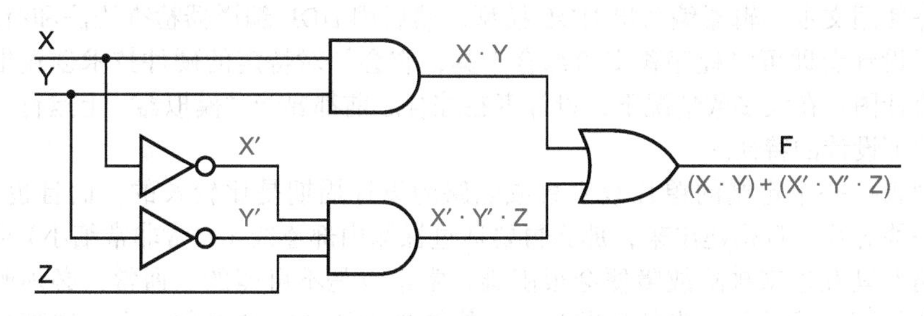

图 1-5　表 1-2 中真值表所对应的逻辑电路

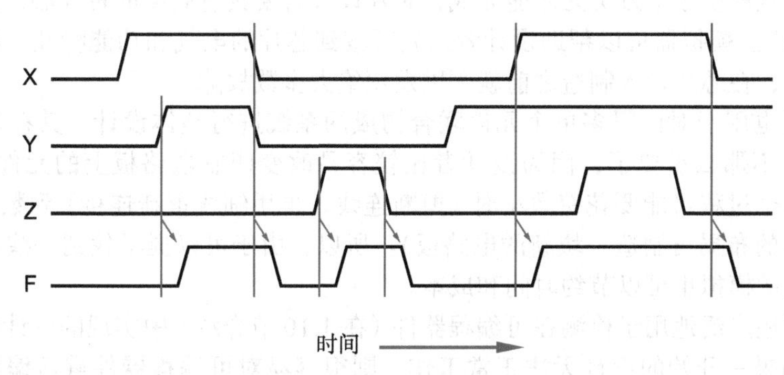

图 1-6　一个逻辑电路的时序图

1.6　数字设计的软件技术

数字设计并不需要涉及任何软件工具。例如，图 1-7 是最初使用的最主要工具——一块用于手工绘制逻辑图中逻辑符号的塑料模板(设计者的名字也可以用烙铁刻在塑料板上)。

然而今天，软件工具已成为数字设计的重要部分。的确，在过去的几十年中，硬件描述语言（HDL）的可用性和实践性，以及随之而来的电路模拟和综合工具，完全改变了数字设计的整体面貌。在本书中，我们将广泛使用 Verilog HDL。

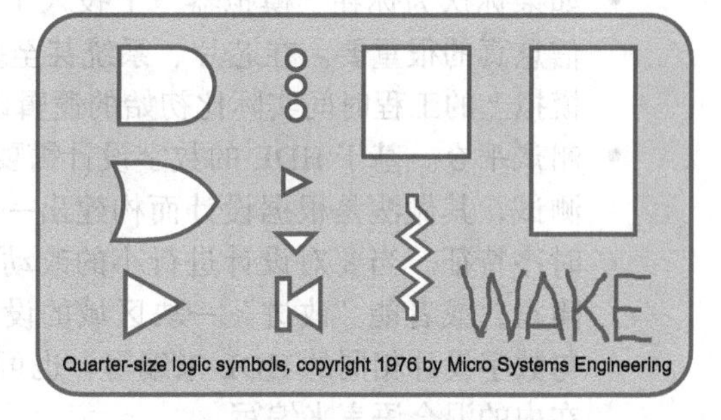

图 1-7　一个逻辑设计模板

现代电子设计自动化（Electronic Design Automation，EDA）工具提高了设计者的生产力，并帮助改善了设计的正确性和质量。用于数字设计的重要软件工具举例如下：

- *原理图录入程序*。这是数字设计者的“字处理器”，可以用它“在线”画出原理图，而无须使用纸和笔。也可以使用更加先进的原理图录入程序来检查出常见的差错，如输出短路、无去向信号等。
- HDL。硬件描述语言最初用于电路建模和模拟，现在却越来越多地用于硬件设计。

任何功能电路从小型的单个功能模块到大型的多芯片数字系统都可以用HDL来设计。我们将会在第5章中介绍两个主要HDL之一的Verilog。如果你们将来继续从事工业数字设计的工作，也可能会遇到并且学习另一个，即VHDL。两个HDL都可用于大型多模块系统设计，尤其是当这些模块是由不同厂家提供的时候。

- HDL文本编辑器、编译器和综合工具。典型的HDL软件包通常包含很多组件。设计者先使用文本编辑器编写出HDL模型，然后用HDL编译器检查语法和有关的错误。之后设计者即可将程序移交给综合工具，它会针对特定的硬件技术创建出相应的电路设计图。在大多数情况下，设计者在综合之前都要于“模拟器”上运行HDL模型，以验证设计的特性。
- 模拟器。一个定制的单片数字集成电路的设计周期是比较长的，而且也是昂贵的。第一块芯片一旦构建出来，那么再要通过探测内部连线（通常非常细小）或者改变门电路及其互连来排除故障便会很困难，常常也是不可能的。通常，必须改动原始设计数据库，然后制造出新的芯片，才能体现出所要求的变化。由于这种过程需历时数月并且耗费数十万美元才能完成，芯片设计者要具有高度的责任心，最好做到“一次成功”。模拟器可以帮助设计者预先观察到芯片的电气和功能特性，而无须实际去构建它，在芯片投入制造之前就可以发现绝大多数故障。
- 模拟器也用于对由很多单个元件联合构成的系统进行整体设计。其在这些场合下的应用就不那么重要了，因为设计者比较容易改变印制电路板上的元件和互连情况，尽管这个过程可能要花费数小时（剪断连线，再用细线重新连接）到数周（修改印制电路板的布局再制造一块新的电路板）。所以，由于可以提早找到一些差错，即使是一丁点的模拟也可以节约时间和成本。
- 模拟器还广泛地用于检测在可编程器件（在1.10节介绍）中实现的设计的操作是否正确。如果一开始的设计无法正常工作，则很容易对可编程器件重新编程。所以，为什么不就在真实的可编程器件上（而要在模拟器上）测试新设计呢？如果设计无法正常工作，只要重新对可编程器件编程就可以了。这个问题的答案就是，模拟器就像一个软件调试器——除了显示部件在不同的输入作用下所产生的输出之外，通过仿真器还可以观察到设计内部发生了什么，所以你可以更容易确定是哪里出了错以及如何改正错误。
- 如果你认为你在“模拟器”上投入了太多的注意力，那就错了——模拟器所提供的信息真的很重要。在芯片、系统甚至基于HDL的可编程逻辑器件的设计中，投入到模拟上的工程时间实际比初始的逻辑设计时间要多。
- 测试平台。基于HDL的数字设计需要在称作“测试平台”的软件环境中进行模拟与测试，其做法是根据设计而构建出一组程序，自动地演练它们，并检验其功能以及时序特征。当要对设计进行小的改动时，这种测试平台特别有用，它能保证找出故障点，或者能“改进”一块区域的设计而不会破坏其他区域。测试平台程序可以用与数字设计相同的HDL来编写，也可以用C或C++，或者用包括脚本语言（如Perl）在内的混合语言来编写。
- 时序分析器和验证器。在数字设计中，时间尺度是很重要的。对应于输入的改变，所有的数字电路都要经历一定的时间才能产生新的输出值，而且设计者往往要花费很多的努力来保证输出以最快的速度发生变化（或者某些情况下又不要太快）。时序分析和验证通常是仿真程序和环境的一个组成部分。另外，使用专门的程序，就能够自动完成指定并验证复杂系统中不同信号之间的时序关系这些单调乏味的任务。
- 字处理器。HDL特有的文本编辑器对于编写源代码是很有用的，但支持花哨字体和漂亮图形的字处理器在每项设计工作中还有一个重要的应用——构建文档。

除了使用上述工具外，设计者有时也要用高级语言（像 C 或 C++）编写专门的程序，或者用类似于 TCL 和 Perl 的语言来编写脚本，以便解决特殊的设计问题。例如，6.1.2 节给出了一个用程序为复杂的组合逻辑函数生成真值表的例子。

随着不断学习和使用 EDA 工具，你将会遇到其他指代 EDA 工具的术语和缩略词。尤其是*计算机辅助工程*（Computer-Aided Engineering，CAE），通常指用于设计过程“前端”的工具，包括以上所列的工具。另一方面，*计算机辅助设计*（Computer-Aided Design，CAD）通常是指用于设计过程“后端”的工具，例如用于将组件或线路放到一个定制的芯片上的工具。注意，术语“CAD”主要用在非电子物理设计中，如机械设计和建筑设计（就像“AutoCAD”工具中的那样）。

虽然 EDA 工具很重要，但它并不是数字设计者成败的关键。从其他领域举个例子作为类比，不能仅仅因为你打字很快或者擅长使用字处理软件就认为自己是一个伟大的作家。在学习数字设计期间，要学会使用所有对你有用的工具，如原理图录入程序、模拟器和 HDL 编译器等。但也要记住，学会使用工具并不能保证就一定可以做出好的结果来，而应更关注要用这些工具做什么！

1.7 集成电路

单个硅片上的一个或多个门电路的集合体，就叫作*集成电路*（Integrated Circuit, IC）。含有数亿个晶体管的大型 IC 一面可能不过 10mm，小的 IC 一面则可能不到 1mm。

不管现在它的大小如何，最初 IC 是一个大得多的圆形*晶片*（wafer，单晶硅片）的一部分。这个晶片的直径大约有 300mm，在它上面含有几十到几千个相同的 IC 晶片。晶片上的所有 IC 芯片都在相同的时间制成，就像比萨饼那样，最后切片卖出，只不过这里的每个小片（IC 芯片）都叫作*模片*（die）。每个模片的外围都有电连接点，叫作*焊点*（pad），这些连接点比其他的芯片特征点大很多，以便可以连接电线。在制出晶片以后，要对晶片上的模片逐个进行测试，并标记出那些有缺陷的模片。然后将晶片进行切片，这样就生产出一个个模片，并丢掉那些有缺陷的模片。正常模片被封装成块，并将模片的引出部分连接到封装块的引脚上。封装好的 IC 还要经过最后的测试才能销售到客户那里。

有些人使用术语“IC”来称呼硅模片，也有人称之为“芯片”。另有一些人则使用“IC”或“芯片”来称呼硅模片及其封装的组合体。数字设计者通常混用这两个术语，不必在乎它们的含义有什么区别。IC 设计者可以不了解其精确的定义，因为他们只是看重其功能和电气特性。从折中的观点，本书中一律使用术语“IC”来称呼已封装的模片。

早期的集成电路，根据 IC 含有多少门电路，把它们按规模分为大、中、小三类。最简单的商用 IC 称为*小规模集成*（Small-Scale Integration, SSI），它是一种等价于 1 ~ 20 个门电路的元器件。典型的 SSI IC 包含数字设计的基本构件，即一系列门电路或触发器。

你很可能会在教学实验室遇到带 14 个引脚的*双列直插式*（Dual Inline-Pin, DIP）封装的 SSI IC。如图 1-8a 所示，在同一列中，引脚之间的距离是 0.1 英寸，而两列引脚的间距是 0.3 英寸。更大的 DIP 封装用更多的引脚来容纳它的功能，如图 1-8b 和图 1-8c 所示。*引脚图*（pin diagram）表示元件的各种信号到各个引脚或*引脚输出*（pinout）的分配情况。一个 14 引脚的封装可以包含四个 2 输入与门或者或门，或者六个反相器。在新的设计中，很少使用 SSI IC，除非用作“胶水”，例如，用作两个兼容的大规模器件之间控制信号的反相连接。

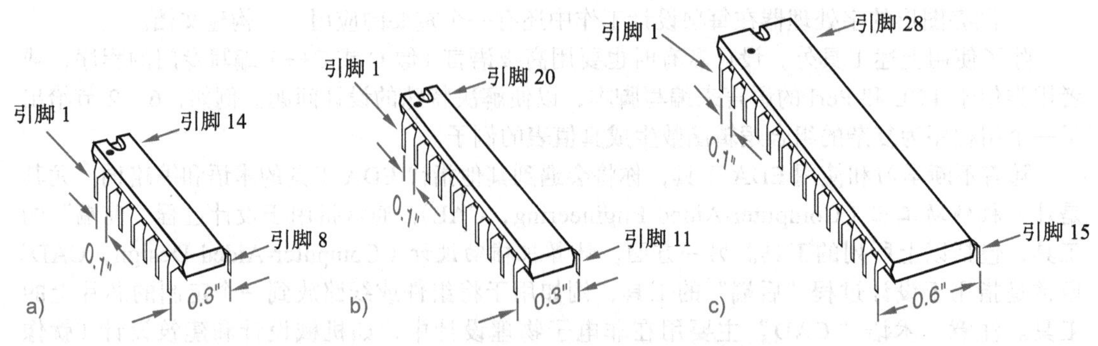

图 1-8 双列直插式封装（DIP）：a）14 引脚；b）20 引脚；c）28 引脚

更大一些的商用 IC 叫作中规模集成（Medium-Scale Integration, MSI），它是一种等价于 20 ~ 200 个门电路的元器件。一个标准的 MSI IC 包含一个功能构件，如编译码器、寄存器或计数器。在第 6 章和第 8 章我们将着重讲述这些构件。即使单个 MSI IC 的使用不断减少，等价的构件也还是广泛地用于更大的 IC 设计中。

大规模集成（Large-Scale Integration, LSI）IC 的规模更大，LSI 这个术语最初出现在 1000 个门电路都显得很多的时代。LSI 包括有小型存储器、第一代微处理器、可编程逻辑元件和定制元件。随着芯片密度的持续增加，术语超大规模集成电路（Very Large-Scale Integration，VLSI）逐渐开始使用。

随着 LSI 演变为 VLSI，以及 IC 所包含的逻辑门电路和存储器的数目日渐增长，芯片的规模是以所包含的晶体管的数目而不是门电路的数目来描述。这个更具代表性，与逻辑电路和存储器的结构无关，因为典型的逻辑门电路的一个输入需要使用两个晶体管，而不同的存储器每位使用 1 ~ 6 个晶体管。在 2017 年，最大型的商用 VLSI 器件包含超过一百亿个晶体管。

热爱分类的商家和工程师们曾轻率地将芯片密度比 VLSI 更高的 IC 命名为“ULSI”。但是，如今普遍使用的并不昂贵的 IC 上已经有大量的晶体管，这就使得这种分类不再合适了。经济学家们偏爱在功能集成度上远远超过“LSI”的集成电路，所以，如今最新的数字 IC 都是 VLSI。

在使用 VLSI 芯片工作的过程中，你还会遇到另一组术语。随着制造更小型晶体管的工业能力的日渐提高，晶体管数量日渐增长，芯片密度（单位面积上晶体管的数量）也就更高了。IC 工艺（IC process）是一个集合，集合中包含了与制造一个特定密度的芯片相关的工艺、制造步骤以及其他特性。不同的芯片制造厂家都有各自的工艺专利，但据说生产同一种密度的芯片，其所有工艺都属于同一个特定的工艺节点（process node）。节点的标识对应芯片上物理特征的最小线性维度，如信号线或晶体管的宽度。

Intel 的第一个微处理器 4004，是在 1971 年采用 10μm（微米，10^{-6}m）工艺制造出来的。到 1985 年，Intel 80386（其结构是当今个人计算机的基础）就开始采用 1μm 工艺。更小维度的工艺称为亚微米工艺（submicron process）。到 1999 年之前，大多数的制造厂家都可以达到 250nm（纳米，10^{-9}m），而密度更高的工艺——深亚微米工艺（deep submicron process）也逐渐为人所知。到 2006 年之前，许多制造厂家都达到了 45nm。到 2015 年，很多计算机和智能手机中微处理器的制造工艺达到了 14nm。到 2017 年，几个主要的芯片制造厂家都正在准备采用 10nm 工艺。

所以，在 1971 ~ 2017 年，芯片特征的线性维度缩减了 1000 倍。由于晶体管和电线的布局应该可以看作是二维的，所以，在这段时间里整体芯片密度增加了上百万倍。如今，一些晶体管的特征用物理堆叠的层数以及线路重叠的层数来描述，但是，我们通常还是不会在一个芯片上垂直堆叠多层晶体管。

1.8　逻辑族和 CMOS

设计电子逻辑电路的方法有很多很多。20 世纪 30 年代贝尔实验室开发的第一部电控逻辑电路是基于继电器逻辑的，而 20 世纪 40 年代中期的首部电子数字计算机（Eniac）是基于真空管的逻辑电路。Eniac 中大约有 18 000 个真空管和相近数目的逻辑门电路，但按现在的标准来说这还不算多，现在仅微处理器芯片就有数十亿个晶体管。Eniac 有 100 英尺高 3 英尺深，而且消耗了 140 千瓦的功率。

20 世纪 50 年代末期发明的*半导体二极管*（semiconductor diode）和*双极结型晶体管*（bipolar junction transistor）使更小、更快、功能更强的计算机得到发展。20 世纪 60 年代发明的*集成电路*（Integrated Circuit, IC）将二极管、晶体管以及其他元件都制作在一块芯片上，由这种芯片构成的计算机就更进一步了。

20 世纪 60 年代还出现了第一个集成电路逻辑族。*逻辑族*（logic family）是一些不同集成电路芯片的集合，这些芯片有类似的输入、输出及内部电路特征，但逻辑功能不同。同一族的芯片可通过互连实现任意逻辑功能。不同族的芯片可能会不兼容，它们可能采用不同的电源电压，或以不同的输入、输出条件来代表逻辑值。

最成功的*双极型逻辑族*（bipolar logic family）（是基于双极结型晶体管的一种）属于*晶体管－晶体管逻辑*（Transistor-Transistor Logic, TTL）。20 世纪 60 年代首先出现的 TTL，现在实际上已成为能够互相兼容，但在速度、功耗、价格方面又有区别的一个逻辑族。数字系统可根据系统不同部分的设计目标和约束条件，将一些来自不同 TTL 族的元件组合起来。

在发明双极结型晶体管之前 10 年，逻辑运算基本上是采用另一种晶体管，即*金属－氧化物半导体场效应晶体管*（Metal-Oxide Semiconductor Field-Effect Transistor, MOSFET），或简称 *MOS 晶体管*。然而早期 MOS 晶体管的制造比较困难，直到 20 世纪 60 年代，制作工艺的大发展才使得基于 MOS 的逻辑和存储电路实用起来。但即使这样，MOS 电路在速度上仍比双极电路差得多。只是由于它的低功耗和高集成度特点，使得它在某些特殊应用场合下占有优势。

20 世纪 80 年代中期开始，MOS 电路，尤其是*互补 MOS*（Complementary MOS, CMOS）的进步，大大提高了其性能和通用性。现在，几乎所有的大规模集成电路（如微处理器和存储器）都采用 CMOS 电路。同样，一度采用 TTL 逻辑族设计的小、中规模应用场合，现在通常也采用一个 CMOS 微处理器或是几个 CMOS 可编程器件，并且实现的功能更强、速度更高、功耗更低。几个 CMOS SSI 和 MSI 部件可以用于解决一些零散的问题。CMOS 电路已占领了绝大部分的 IC 市场。

传奇逻辑

SSI 和 MSI 器件的部件编号写为“74FAM*nn*”，其中 FAM 表示一个族，比如 LS、HC 或 AC，而两个或多个数字 *nn* 表示功能；例如，74HC00 是一个高速 CMOS 与非门。如果要说明的仅仅是功能而不是族，就可以写为“74x00”或者简单地写为“74x”。

1.9　CMOS 逻辑电路

CMOS 逻辑是功能最强也最易于理解的商用数字逻辑技术。在第 14 章，我们会讲述大量关于CMOS逻辑的详细知识，从基本结构到电气特性，并且会介绍一些常用的CMOS逻辑族的变体。本节将为你提供在第14章之前会用到的小范围且适度的关于CMOS操作的电子学知识。

MOS晶体管可被模型化为一种3端子压控电阻器件。在数字逻辑应用中，MOS晶体管总是工作在两种状态——要么其电阻特别高（即晶体管“断开”状态），要么就特别低（即晶体管“导通”状态）。

MOS晶体管分为两种类型：*n*沟道型和*p*沟道型。*n*和*p*表示两个可控电阻端的半导体材料的类型。*n*沟道MOS（*n*-channel MOS transistor, NMOS）晶体管的电路符号如图1-9所示。器件的3个端子分别为栅极（gate）、源极（source）和漏极（drain）。尽管MOS晶体管的栅极是另外两个端子之间电流的“门控”端，但是，MOS晶体管不是一个“逻辑门”。从电路符号的取向就可猜到，漏极电压一般比源极电压高。

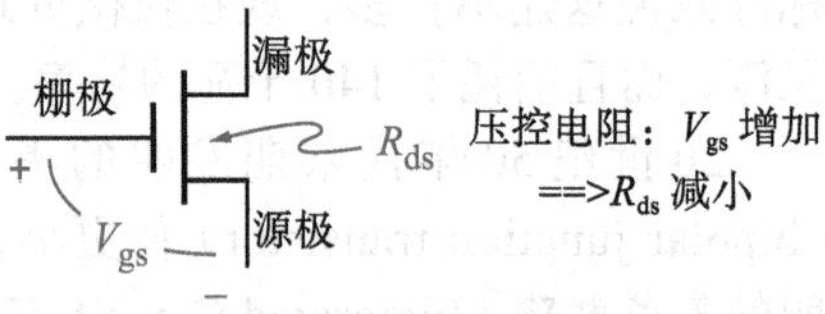

图1-9 *n*沟道MOS（NMOS）晶体管的简化电路符号

NMOS晶体管栅极和源极之间的电压（V_{gs}）控制着漏极和源极之间的电阻R_{ds}。若V_{gs}为0或负值，则电阻R_{ds}会很高，至少有1MΩ（即10^6Ω）或更高。随着V_{gs}的增加（即栅电压的增加），R_{ds}会降到很低的值，有些器件可达到10Ω或更低。在数字应用中，V_{gs}总是LOW（低）或HIGH（高）（除了状态迁移期间），而且源极和漏极之间连接的功能特性像一个逻辑控制开关——如果V_{gs}为LOW，则开关断开；如果V_{gs}为HIGH，则开关闭合。

*p*沟道MOS（*p*-channel MOS transistor, PMOS）晶体管的电路符号如图1-10所示，其工作原理与NMOS晶体管类似但操作正好相反。如果V_{gs}为0或正值，则源-漏电阻（R_{ds}）非常高。随着V_{gs}的下降（即栅电压的下降），R_{ds}则降为很低的值。在数字应用中，PMOS晶体管符号栅极上的反相圈符号提醒我们这种“反相”特性。同样，源极和漏极之间连接的功能特性像一个逻辑控制开关——但是，如果V_{gs}为LOW，则开关闭合；如果V_{gs}为HIGH，则开关断开。

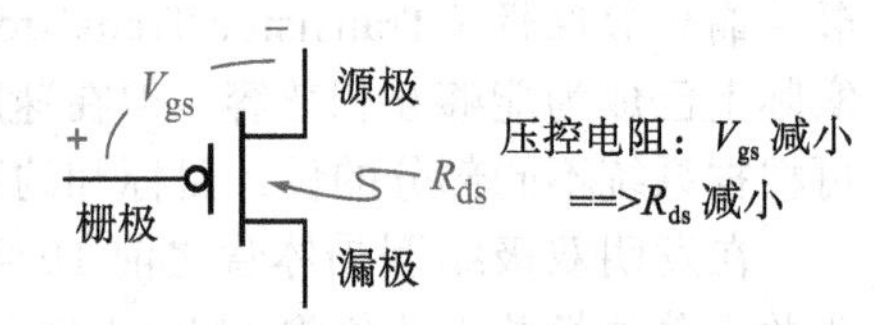

图1-10 *p*沟道MOS（PMOS）晶体管的简化电路符号

NMOS和PMOS晶体管以互补的方式共用以形成CMOS逻辑。最简单的CMOS电路就是反相器，只需一个NMOS晶体管和一个PMOS晶体管，它们的连接如图1-11a所示。电源电压V_{DD}的值由CMOS族决定，取值范围为1～6V，图中所示为3.3V。

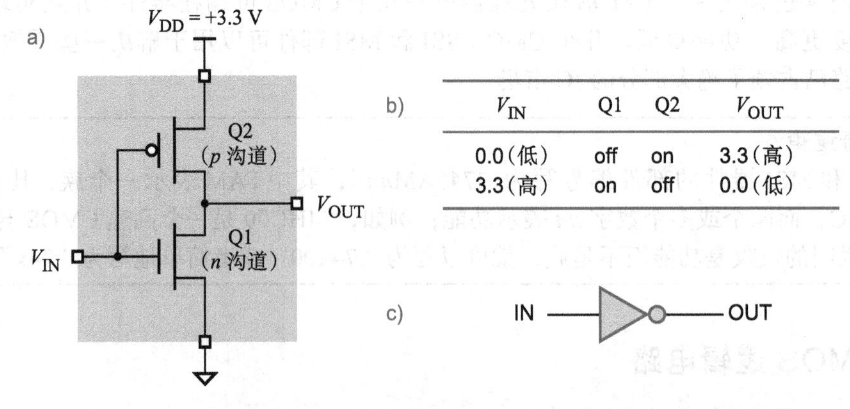

V_{IN}	Q1	Q2	V_{OUT}
0.0（低）	off	on	3.3（高）
3.3（高）	on	off	0.0（低）

图1-11 CMOS反相器：a）电路原理图；b）电路功能；c）逻辑符号

CMOS 反相器电路的功能，用图 1-11b 列出的两种情况进行表述就可以。输入端的电压为 LOW，使 *p* 沟道晶体管 Q2 导通，使 *n* 沟道晶体管 Q1 断开。所以，输出通过 Q2 与电源 V_{DD} 相连，并且输出为 HIGH。当输入电压为 HIGH 时，Q1 导通，而 Q2 断开。输出通过 Q1 与地（0 伏特）相连，输出为 LOW。显然，反相器的功能就是——输出的逻辑值与输入相反。

还可用开关来说明 CMOS 电路的工作。如图 1-12a 所示，*n* 沟道（下面的）晶体管用常开开关来表示，*p* 沟道（上面的）晶体管用常闭开关来表示。输入为高电压时，各开关转变为其常态的相反状态，如图 1-12b 所示。

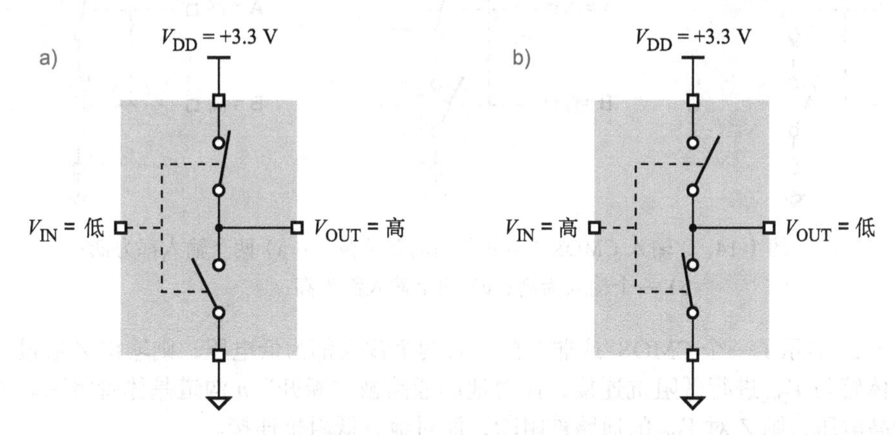

图 1-12　CMOS 反相器的开关模型：a）低输入电压情况；b）高输入电压情况

“与非”门和“或非”门电路都可使用 *p* 沟道和 *n* 沟道晶体管串－并联结构的 CMOS 技术来构造。图 1-13 显示了一个 2 输入 CMOS “与非”门，若任一输入为低电压，则输出 Z 通过相应的“导通” *p* 沟道晶体管与 V_{DD} 进行低阻抗连接，而对地的通路被相应的“断开” *n* 沟道晶体管阻断；若两个输入都为高电压，则 Z 至 V_{DD} 的通路被阻断，而对地有低阻抗连接。图 1-14 是“与非”门的开关模型。

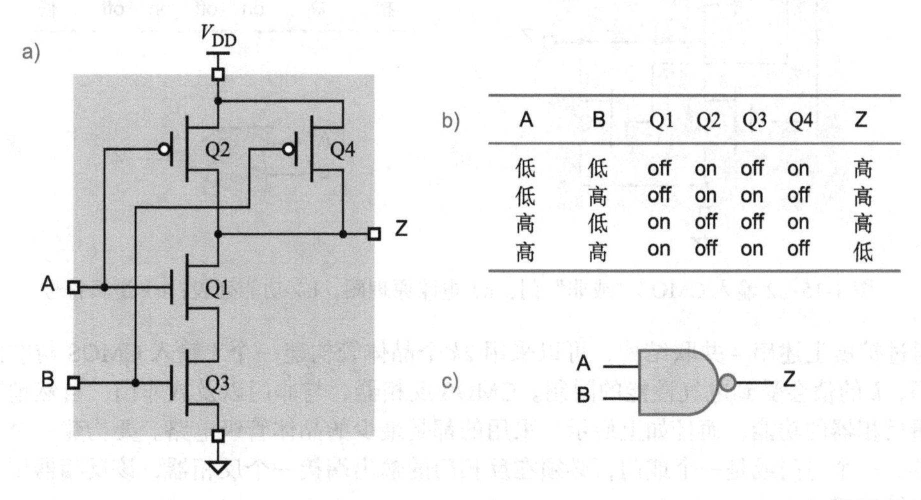

A	B	Q1	Q2	Q3	Q4	Z
低	低	off	on	off	on	高
低	高	off	on	on	off	高
高	低	on	off	off	on	高
高	高	on	off	on	off	低

图 1-13　2 输入 CMOS “与非”门：a）电路原理图；b）功能列表；c）逻辑符号

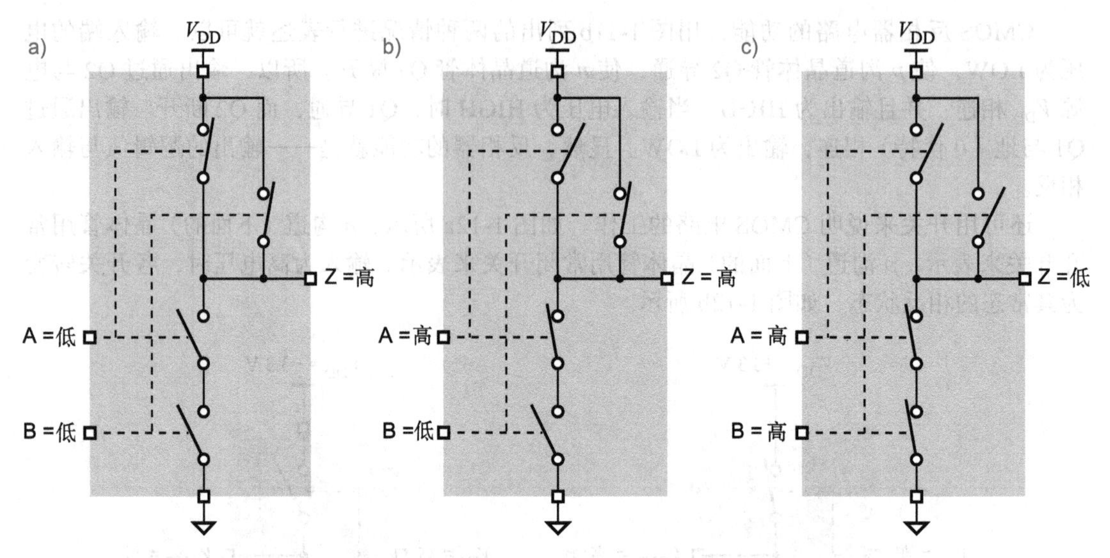

图 1-14　2 输入 CMOS“与非”门的开关模型：a）两个输入都为低；b）一个输入为高；c）两个输入都为高

图 1-15 显示了一个 CMOS“或非”门。若两个输入都为低电压，则输出 Z 通过“导通”*p* 沟道晶体管与 V_{DD} 进行低阻抗连接，而对地的通路被“断开”*n* 沟道晶体管阻断。若有任一输入为高电压，则 Z 对 V_{DD} 的通路被阻断，而对地有低阻抗连接。

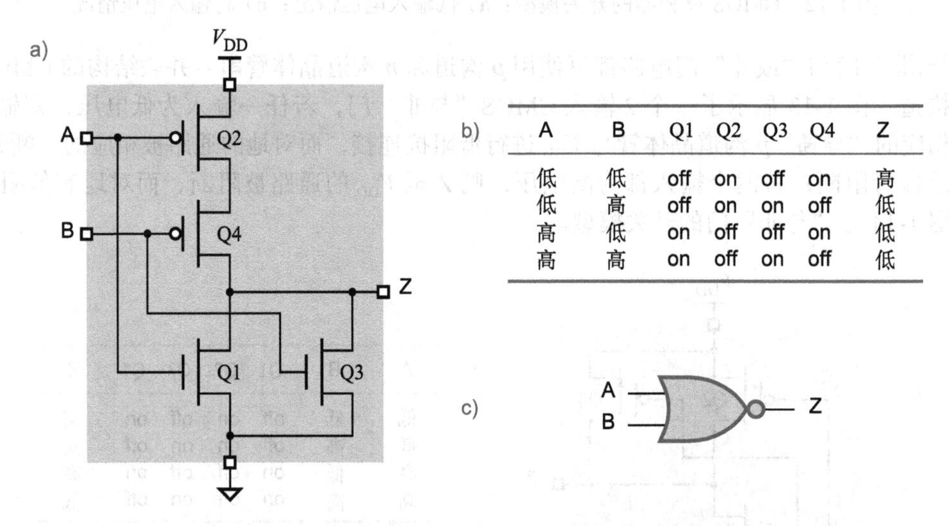

A	B	Q1	Q2	Q3	Q4	Z
低	低	off	on	off	on	高
低	高	off	on	on	off	低
高	低	on	off	off	on	低
高	高	on	off	on	off	低

图 1-15　2 输入 CMOS“或非”门：a）电路原理图；b）功能列表；c）逻辑符号

通过扩展上述串 – 并联结构，可以采用 2*k* 个晶体管构建一个 *k* 输入 CMOS 与非门或者或非门，*k* 的值会受到电气性能的限制。CMOS 反相器、与非门以及或非门“自然地”实现了逻辑反相器的功能，而且如上所示，采用的都是最少的晶体管级电路。要构建一个非反相缓冲器、一个与门或是一个或门，必须在反相门的输出端接一个反相器，该反相器用另外一对晶体管构成。

另一个重要的 CMOS 电路结构是传输门（transmission gate），传输门的功能就是一个逻辑控制开关，用于传输或是阻断 CMOS 逻辑信号。如图 1-16 所示，传输门由一个 *p* 沟道和一个 *n* 沟道晶体管以及一对互补的控制信号构成。当控制信号 EN 为 HIGH 时，两个晶体管都导通，逻辑信号可以从 A 传输到 B，反之亦然。当控制信号 EN 为 LOW 时，两个晶体管都断开，且 A 和 B 会有效地断开。当在 A 和 B 之间传输一个 HIGH 逻辑信号时，*p* 沟道晶体管为低阻抗；传输一个 LOW 信号时，则 *n* 沟道晶体管实现连接。在后续章节中我们将会看到，传输门可以用在多路复用器、触发器以及其他逻辑元件中。

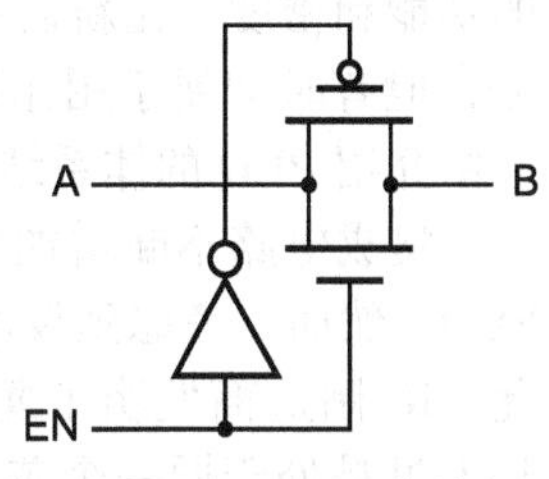

图 1-16　CMOS 传输门

除了已经讲述的基础知识，从现在开始到第 14 章要学习更多的数字化知识，关于 CMOS 的电气特性还有几件重要的事情需要知道：

- 电源电压较高时，CMOS 电路运行更快，抗噪能力更强，反之亦然。但是，电源电压越高，功耗也会越大。
- 事实上，CMOS 功耗的主要部分，称为“动态功率”，与 CV^2f 成正比，其中 V 为电源电压，C 为连通的信号线的电气电容，f 为开关频率。由于公式中的平方项，电压减半则动态功率减少 4 倍。
- 综上所述，非常有必要尽可能减少不同 CMOS 组件，以及很多时候是同一个 VLSI 芯片不同部分的电源电压。因此出现了所谓的电源管理 IC（PMIC），PMIC 负责提供和控制数字系统中不同 IC 的电压，包括如智能手机和智能手表这样的小型系统。
- 通常，CMOS 电路延迟的最大因素，就是被每个输出所驱动的信号线和输入的电容进行充电或放电的时间。一根较长的信号线，或是一个驱动更多输入的输出，意味着更大的电容，因此延迟也就会更大。物理层面上讲，较大型的 CMOS 器件可以更快地对这类电容进行充电或放电，但是，也会消耗更多的电能和占有更大的芯片面积。所以，需要在速度、电能和芯片面积几个方面寻求平衡。

1.10　可编程器件

有很多种 IC 在出厂后具有逻辑功能的“编程”能力。大多数这些器件使用了允许通过重新编程来设置其功能的技术。这就意味着，如果发现了设计中的差错，不需要在物理上替换器件或重新接线，就可以排除差错。在本书中，一般将这类芯片称为*可编程器件*（programmable device），我们对使用这种器件的设计方法将给予极大的重视。

只读存储器（Read-Only Memory，ROM）可能是最早投入使用的组合型可编程器件。一个 ROM 存储一个 2^n 行和 b 列的二维二进制位阵列；如果 n=16，b=8，那么这就是一个容量为“64KB”的 ROM。ROM 的典型应用就是为微处理器存储程序和固定的数据。64KB 的 ROM 可以存储最多 16 个输入和 8 个输出的任意组合逻辑函数的真值表，例如，一个实现两个 8 位二进制数比较并输出较大的那个数的逻辑函数。

早期的 ROM 与 SSI 和 MSI 的功能比较而言，速度慢而且价格昂贵，所以 ROM 并不常用于实现逻辑功能；比如上例，采用基于 MSI 的设计来实现，在速度和成本方面都会更好。然而，ROM 常用于实现最复杂的、没有严格时间要求并且输入最多不超过 20 个的功能。更有意义的是，如今“FPGA”器件（稍后将会介绍）的组合逻辑的基本构件是采用大量更小型的 ROM 组成的。

从发展来看，*可编程逻辑阵列*（Programmable Logic Array, PLA）是第一种可编程逻辑器件，它包含具有用户可编程连接的与门和或门两级结构。借助这种结构，设计者只要用我们在第 3 章提到的关于逻辑综合和最小化的著名定理，就可以实现相当复杂的任意逻辑功能。

通过引入*可编程阵列逻辑器件*（programmable array logic (PAL) device），PLA 结构得以增强，成本开销得以降低。现在，这样的器件一般被称为*可编程逻辑器件*（Programmable

Logic Device, PLD)，属于可编程逻辑行业中的“SSI和MSI”。由于这些可编程逻辑器件的功能和密度要比新近的可编程器件低很多，因此这些器件很少用作一个新的设计的核心部分，但有时却便于用作接口不匹配的较大型芯片之间的“粘合胶”。我们将在6.2节和10.6节中介绍PLD的体系结构及其技术。

集成电路不断增加的容量为IC制造商创造了机会，能为大型数字设计应用设计更大的PLD。然而，考虑到技术原因，PLD的基本两级“与–或”结构不能扩展到更大的规模。因此，IC制造商发明了复杂PLD（Complex PLD, CPLD）来完成所需的扩展。典型的CPLD只不过是处于同一个芯片上的多个PLD及其互连结构的一个集合而已。除了单个PLD外，芯片上的互连结构也是可编程的，从而提供了丰富的设计能力。CPLD可以通过增加单个PLD的数量以及在CPLD芯片上增加互连结构来扩展规模。

几乎在CPLD发明的同时，一些IC制造商采用了不同的方法来扩展可编程逻辑芯片的规模。与CPLD相比，现场可编程门阵列（Field-Programmable Gate Array, FPGA）包含数量更多的更小型可配置逻辑块（Configurable Logic Block, CLB），并提供更大的、支配整个芯片的分布式互连结构。图1-17说明了两种芯片设计方法之间的区别。我们将在6.1.3节和10.7节中讲述一个典型的FPGA族逻辑块的基本结构特征，并在15.5.1节中讲述其整体结构，包括可编程的连接和输入/输出块。

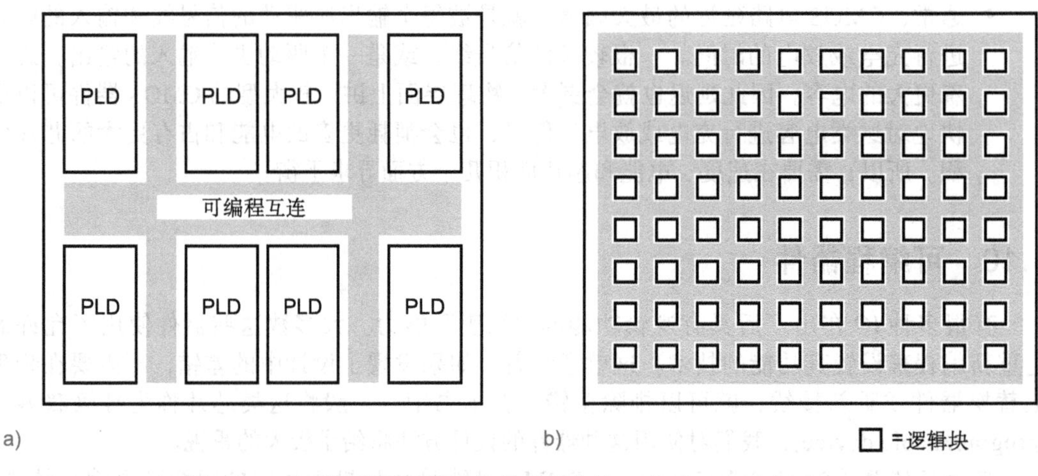

图1-17　大型可编程逻辑元件的扩展方法：a）CPLD；b）FPGA

CPLD和FPGA的支持者们曾经进行过争论，试图找出哪种方法更好些。而大型可编程逻辑器件的几家大制造商一度认为两种方法都有它们的地位，而且制造商们根据不同需求开发出了这两种类型器件的新版本。这两种类型的器件以新的设计形式仍旧活跃在市场上。然而，从制造商提出新型CPLD结构至今，五年的时间过去了，即使最主要的CPLD制造商（Altera，于2015年被Intel收购）也在其最新的器件中转向使用FPGA的结构了。两类器件长达20年的工业设计和应用经验证实，在IC密度和性能要求日益增长的情况下，FPGA更具优势。

可编程器件支持短时间内从设计概念到原型构建再到生产的产品设计风格。对于这些产品而言，要在短时间内面市，在设计中使用HDL也很重要。Verilog和VHDL及其配套的EDA工具可以在几分钟内完成设计的编译、综合，并下载到CPLD或FPGA中。这些高度结构化、层次化的语言是设计者能够应用最大规模的可编程器件所提供的几百万个门电路的根本保证。

可编程器件确实有一些不足之处。因其可编程，所以就同一个应用而言，可编程器件几乎总是比定制的芯片速度慢且价格高，而且每片可编程芯片的价格通常也比较高。可编程器件的这些不足之处使得我们将注意力转向了“ASIC”(Application-Specific IC)。

1.11 专用集成电路

为一个特殊的、有限制要求的产品或应用而设计的芯片，被称为*半定制 IC*（semicustom IC）或者*专用 IC*（ASIC）。ASIC 一般是通过减少芯片的数量、物理尺寸和功率消耗来降低一个产品的元件总数和制造成本，并且往往能够提供更高的性能。

面向特定应用的一片 ASIC 的价格通常比实现同样功能的一个可编程器件的价格低得多，但是，ASIC 的前期投入却高得多。设计一片 ASIC 和设计一片可编程器件的基本工程成本大约相同，但是，设计一个 ASIC 所附加的*非再现工程*（Nonrecurring Engineering, NRE）*成本*是 10 万美元 ~ 100 万美元，或更多。NRE 的费用主要包括付给 IC 制造商和其他负责设计芯片内部结构的人员费用、工具制造（如制造芯片用的金属掩模）的费用、开发芯片测试平台以及制造少量样品芯片的费用。因此，ASIC 设计通常只在 NRE 的每单元成本节省超过产品的预期销售值或是采用可编程器件无法达到性能要求的情况下才具有意义。

设计一种*定制 VLSI 芯片*（custom VLSI）(芯片的功能、内部结构和详细的晶体管级设计都是应特定的客户要求而定做的）的 NRE 成本是非常高的，为1000 万美元或更多。这样，只有那些一般的商业应用（如微处理器）或者具有很高销售额的特殊应用（如数字手表芯片、网络接口芯片或者智能手机的传感器的控制器芯片）才会使用全定制 VLSI 的设计。

为了降低 NRE 的费用，IC 制造商已经开发出一些*标准单元*（standard cell）库，它包括常用的小型构件模块（如译码器、寄存器和计数器)，以及较大型的功能模块（如存储器、微处理器以及网络接口)。在*标准单元设计*（standard-cell design）中，逻辑设计者采用与多芯片板级设计完全相同的方法来完成对这些功能模块的互连。只有绝对必要的时候，才会开发定制单元（当然这会增加成本)。然后，将所有的单元都排列在芯片上，优化它们的布局，以减小传输延迟并使芯片尺寸最小化。芯片尺寸最小化可以降低芯片每单元的成本，因为这有利于增加一个单晶硅片上可制造芯片的数量。通常，一个标准单元设计的 NRE 成本大约是 30 万美元或更多。

在这本书中学到的基本数字设计方法，非常适用于 ASIC 的功能设计。但是在 ASIC 设计中，还有其他一些机会、约束和步骤，通常要依据不同的 ASIC 生产商和设计环境而定。

1.12 印制电路板

通常把集成电路安装在*印制电路板*（Printed-Circuit Board, PCB)（或者叫作*印刷线路板*（Printed-Wiring Board, PWB)）上，使它能够与一个系统中的其他 IC 连接。用于典型数字系统中的多层 PCB 是把铜配线蚀刻到多个玻璃纤维薄层上，每个玻璃纤维层的厚度大约只有 1/16 英寸。

各条连接导线，或 *PCB 迹线*（PCB trace）通常是非常细的，在一般的 PCB 上通常是 5 ~ 25 mils（1mil= 千分之一英寸)。在*微线*（fine-line）PCB 工艺中，迹线和迹宽都极其狭窄，在高密度互连（HDI）PCB 中的宽度小于 2 mils。因此，在单层 PCB 上，1 英寸宽的条幅上最多可布出几百条连线。如果需要更高的连线密度，则要用更多的层。

现代 PCB 的大部分元件都采用*表面安装技术*（Surface-Mount Technology, SMT)，它已取代了插入板中并在下表面焊接的长引脚 DIP 封装技术。采用 SMT 技术的 IC 组件引线都被打弯，使之与 PCB 顶部表面的接触趋向平滑。有些封装不是采用引脚而是一些“隆起”，这些隆起在封装的下面，许多情况下占据了整个下表面，而不仅仅是边沿。这样的元件在安装到PCB上之前，可借助漏印板（stencil)，使用一种特殊的“焊剂”来连接PCB上的焊点（漏印板上的孔尺寸正好与焊点的大小相匹配)。然后再把SMT元件放置（用手工或机器操作）在焊点上，焊剂就将元件固定好（在某些情况下，用胶水粘上去)。最后，整个流水线要通过加热炉来熔化焊剂，当这些焊剂冷却后，它们就焊接上了。

将表面安装技术和微线PCB技术结合，可以在PCB上更密集地安装集成电路和其他元件。这种密集的封装不仅节省了空间，而且对非常高速的电路来说，其还有利于减少那些不利的模拟现象（包括传输线效应和光速限制)。

为满足对速度和密度的迫切要求，又研制出了多芯片模块（MultiChip Module, MCM)。在这种技术中，IC模片不是安装在单独的塑料或陶瓷封装（外壳）里，而是把高速子系统（如处理器、缓存以及系统接口）的IC模片直接绑定到基座上，这种基座包含多个层所需的连接。MCM是密封的，并且有自己的用于连接电源和接地的外部引脚，以及所处系统所需要的那些信号线等。

1.13　数字设计层次

数字设计可以在几个不同的表示和抽象层次上实现。虽然你可能只是在某个层次上学习和练习设计，但是你经常需要涉及上、下一个或两个层次的技术才能完成工作。而且，随着电路密集度和功能的不断增加，企业本身以及大多数的设计者都将转移到较高的抽象层次上去。

数字设计的最低层次是器件物理和IC制造过程（即“物理级”层次)。在过去的几十年中，这个层次在IC速度和密集度方面都获得了惊人进展。这些进展的影响被总结成摩尔定律（Moore’s Law)，它首先由Intel公司的创办人Gordon Moore在1965年提出。该定律指出：IC中，每平方英寸的晶体管数量每年翻一番。近几年来，这一进展的速度已经放慢到每24个月翻一番。但值得注意的是，密度每次翻倍也带来了明显的速度提高。

本书没有深入到器件物理和IC制造过程这个层次，但你要认识到这层的重要性。知道技术的发展趋势和其他的变化，对于系统和产品规划也是很重要的。例如，近来芯片几何尺寸的减小已经迫使要求降为更低的逻辑供电电压，由此引发设计者在策划和制定模块系统的方法上要做重大的改变和升级。

在本书中，我们从晶体管级的数字设计（大多数内容在第14章）开始，并由此一直到使用HDL的逻辑设计级。我们会在下一层次作短暂的停留（这一层次包括计算机设计和整体系统设计)，讨论的“中心”是功能构件层。

为了对将要涉及的设计层次有个预先的了解，让我们先看一个简单的设计例子。假设要构建一个“多路复用器”，它有2个数据输入（A和B）和1个控制输入S，以及1个输出Z。根据S的值（0或1)，电路传送A或B的值到输出端Z。这种思想用图1-18的“开关模型”表示。现在考虑在几个不同层次上对此功能进行设计。

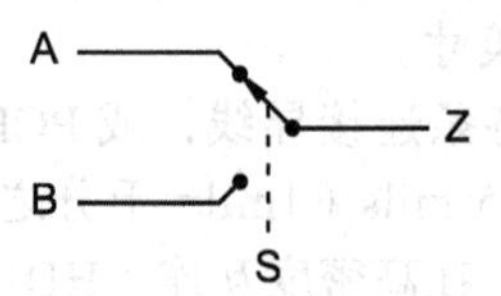

图1-18　多路复用器函数的开关模型

虽然逻辑设计通常是在较高层次上完成的，但对于某些功能，通过在晶体管级的设计来进行优化会更好一些。“多路复用器”就是这样的一个功能。图1-19显示了如何用CMOS技术设计多路复用器，这种技术采用一种称为“传输门”的特殊晶体管电路结构（见1.9节)。使用这种方法，多路复用器只需要6个晶体管即可构成。采用任何其他的方法，都至少需要14个晶体管。

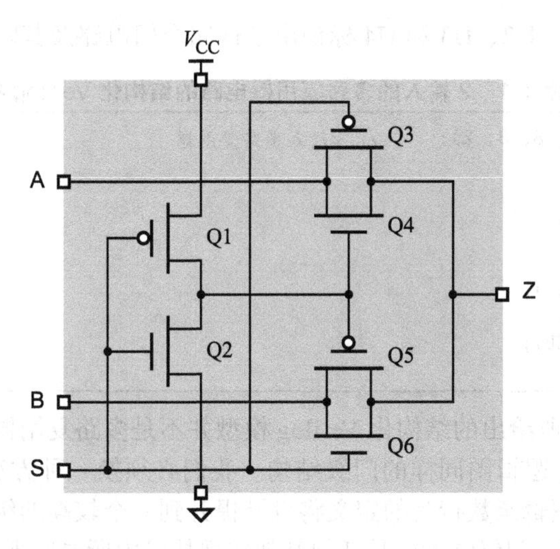

图 1-19 用 CMOS 设计多路复用器

在传统的逻辑设计学习中，都是用“真值表”来描述多路复用器的逻辑功能。真值表为要实现的功能列出所有可能的输入值组合和相应的输出值。因为多路复用器有 3 个输入，它就有 2^3 即 8 种可能的输入组合，如表 1-3 所示。要在 FPGA 中构建这个逻辑函数，可以将这个真值表载入到 FPGA 的 ROM 查询表（LUT）中，并将 A、B 和 S 与 ROM 的地址输入端相连，将 Z 与数据输出端相连，如图 1-20 所示。

表 1-3 多路复用器函数的真值表

S	A	B	Z
0	0	0	0
0	0	1	0
0	1	0	1
0	1	1	1
1	0	0	0
1	0	1	1
1	1	0	0
1	1	1	1

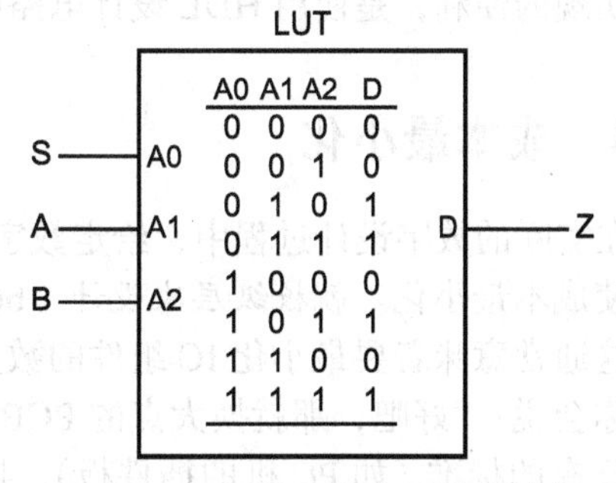

图 1-20 用 FPGA 的查询表设计多路复用器

一旦有了真值表，传统的逻辑设计方法（在 3.3.3 节介绍）可使用布尔代数和熟知的最小化算法从真值表中推导出“最优的”两级“与 – 或”等式。就多路复用器的真值表，我们可以推导出如下的等式：

$$Z = S' \cdot A + S \cdot B$$

其读作“Z 等于 S 非与 A 或 S 与 B”。再进一步，可以把等式转变成一组相应的逻辑门电路以完成指定的逻辑功能，如图 1-21 所示。如果这 4 个门电路都使用标准的 CMOS 技术，那么这个电路就需要 20 个晶体管。如果用与非门取代与门和或门（如 3.2 节所示），那么这个电路就需要 14 个晶体管。

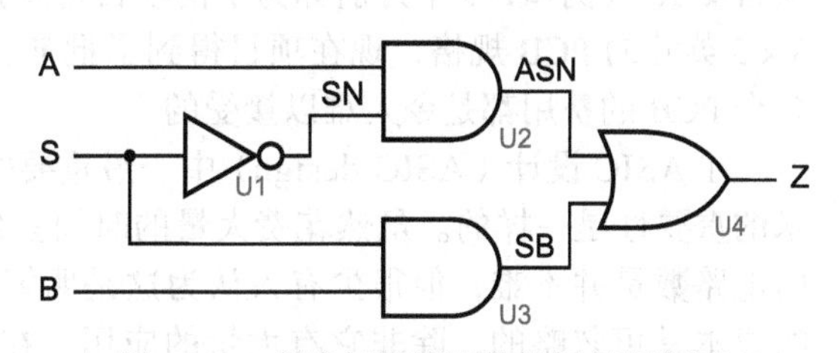

图 1-21 多路复用器函数的门级逻辑图

还可以用 HDL 模型而非逻辑图来定义图 1-21 中所示的多路复用器的门级结构。与图 1-21 对应的 Verilog 模型如程序 1-1 所示。程序的前面四行定义了电路的输入、输出和内部信号。接下来的四个语句构建了四个门电路，图1-21中的U1、U2、U3和U4标识出了这四个门电路及其输入和输出的连接。

程序1-1 2输入的多路复用器电路的结构化Verilog模型

```
module Ch1mux_s( A, B, S, Z);      // 2输入多路复用器
  input A, B, S;
  output Z;
  wire SN, ASN, SB;

  not U1 (SN, S);
  and U2 (ASN, A, SN);
  and U3 (SB, B, S);
  or  U4 (Z, ASN, SB);
endmodule
```

实际上，程序1-1所给出的结构化Verilog模型并不是多路复用器的升级化设计——只是用文本的形式定义了与逻辑图同样的门级结构。我们必须换一种方法才能体会到HDL真正的价值，HDL通过对逻辑函数行为的定义将设计提升到一个较高的级别。这样一来，综合工具就可以弄清楚查询表、门级结构或是任何其他实现技术中所要实现的特定行为的细节。

程序1-2 2输入的多路复用器电路的行为化Verilog模型

```
module Ch1mux_b( A, B, S, Z);      // 2输入多路复用器
  input A, B, S;
  output reg Z;

  always @ (A, B, S) if (S==1) Z = B; else Z = A;
endmodule
```

因此，程序1-2是用Verilog语言的其他特征写出的同一个多路复用器函数的行为化模型。在定义了电路的输入和输出之后，模型中只有一个高层次语句。连续地监测输入A、B和S，任何一个输入一旦发生变化，输出Z就会更新，如果S=1，则Z=B，否则，Z=A。显然，与最初的晶体管级多路复用器电路、真值表、逻辑方程和门级电路或我们之前给出的Verilog结构模型相比，从程序1-2更容易看出电路的功能。综合工具所提供的简单描述和自动实现的便利，是使用HDL设计电路的主要原因。

1.14 成本最小化

在实际的数字设计过程中，给定数字系统的功能和性能要求之后，接下来最重要的任务就是使成本最小化。就*板级层次设计*（board-level design，指封装在单个PCB中的系统）而言，这通常意味着要最小化IC组件的数量。如果需要太多的IC，就不一定都能安装到PCB中。你会说："好吧，那就换大点的PCB吧！"但PCB的尺寸通常受很多因素的限制，譬如原先已有的标准（如PC机的插件板）、封装约束（如它要符合烧制器的要求），或者是某些项目要求。（例如，3个月前你为了使项目得到批准，傻乎乎地告诉经理说你的设计可以符合3×5英寸的PCB规格，现在项目得到了批准！）在以上的各种情况下，使用更大的PCB或多个PCB的费用都是令人难以接受的。

在ASIC设计（ASIC design）中，最重要的任务会因需求而不同，但结构、功能设计技术的重要性是一样的。虽然花费大量的时间去建立定制的宏单元以及尽量减少ASIC中总的门电路数量并不难，但很少有人认为这是明智的做法。将芯片缩小10%所节省的每个单元的成本是可忽略的，除非它有大量的应用。在中、小型应用中（大多数情况下），有两个更重要的因素，就是设计时间和NRE成本。

更短的设计时间可以使产品更快地投放市场，增加产品生存期间的收入。如果还能使

NRE 成本更低，使它恰好达到“底线”，那么对一个小公司来说，在资金短缺之前就能够完成项目，这才是唯一的办法（相信我，我在那些小公司呆过！）。如果产品是成功的，那它就有可能“拉动”设计，使之不断进行改进以降低每个单元的成本。关于减少设计时间和降低 NRE 成本方面的需求，赞成采用一种结构化（正好与高度优化相反）的方法，使用由 ASIC 制造商库所提供的标准构件来实现 ASIC 设计。

在可编程器件的设计（design with programmable device）中要考虑以上所有方面。对一种特定 FPGA 技术和器件大小的选择，一般应在设计周期中尽早决定。然后，只要设计符合选择的器件，就没必要再去优化门电路数量或电路板的大小（因为器件已经被确定了）。然而，如果新的功能或故障排除使得设计超出了所选择器件的能力，那就要非常努力地修改设计，以便符合要求。

1.15　继续学习

这是对本章的总结。继续阅读本书的时候，请记住两件事。第一，数字设计的根本目的是为人们构建出能解决问题的系统。虽然本书会告诉你一些基本的设计工具，但是在你的脑海里依然要有全局的观念。第二，在每一次的设计决策中，成本总是一个很重要的因素。你不仅要考虑数字元件的成本，也要考虑到设计活动本身的费用。

训练题

1.1　给出在本章中用到的“比特”(bit) 的三种不同定义。

1.2　在本章中找出下列缩写词的定义：ASIC, BD, CAD, CAE，CD, CMOS, CO, CPLD, DIP, DVD, EDA, FPGA, HDL, IC, IP, LSI, LUT, MCM, MOS, MOSFET, MSI, NMOS, NRE, PBX, PCB, PLD, PMIC, PMOS, ROM, SMT, SSI, TTL, VHDL, VLSI。

1.3　研究下列缩写词的定义：DDPP, JPEG, MPEG, MP3, OK, PERL, TCL。（OK 和 PERL 真是缩写词吗？）

1.4　除了在 1.2 节中提到的几个例子外，请列出 3 种你所知道的“曾经是模拟的”而现在却“已经成为数字的”系统。

1.5　画出由 1 个 2 输入与门和 3 个反相器组成的数字电路，其中每个与门的输入和输出端都要连接到一个反相器上。把 4 种可能的输入组合都加到此电路的 2 个输入端上，请确定它产生的输出值。是否还有能产生同样输入 / 输出特性的更简单的电路？

1.6　对于数字设计者和大多数工程师而言，在网上搜索定义和其他所需信息的能力是非常重要的技能。记住这一点，然后画出一个包含 4 个 2 输入与非门的 14 脚 DIP 封装的引脚图。

1.7　实际上，现在有些 SSI 部件比最初的要小得多。到网上去找一个单个的 2 输入 CMOS 与非门的部件编号。引脚的数目是多少？其最大封装的维度是多少？最小封装的维度是多少？

1.8　按照图 1-14 的形式，画一个 CMOS 或非门的开关级模型，要求画出与图 1-14 相同的三种输入情况。

1.9　图 1-19 中是哪个晶体管构成了反相器？

1.10　图 1-20 中的存储器有多少位存储在 LUT 中？

1.11　HDL 与一种可执行的程序设计语言（如 C 或 Java）有什么不同之处？有什么相同之处？（提示：在本章中你找不到合适的答案，可以看看前面的内容或是上网搜索。）

第 2 章

Digital Design: Principles and Practices, Fifth Edition

数制和编码

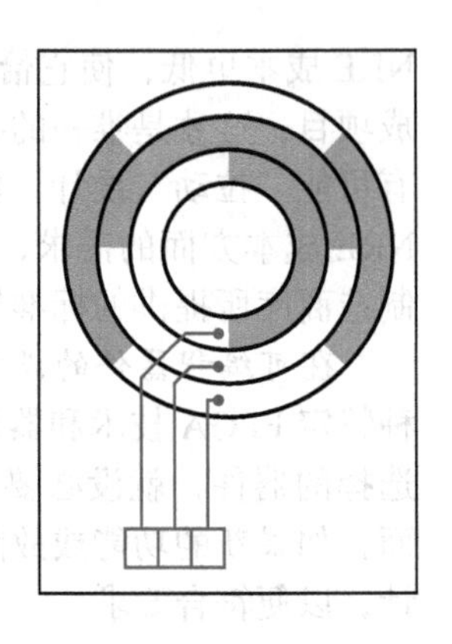

数字系统是由处理二进制数码 0 和 1 的电路所构建的，然而现实中的东西很少是完全基于二进制数的，所以数字系统的设计者必须在数字电路处理的二进制数码和实际的数字、事件、条件等事物之间建立某种对应的关系。本章的目的，就是要阐述在数字系统中大家所熟悉的数字量是如何表示和处理的，以及那些非数值数据、事件、条件等事物又是如何表示的。

前面的 2.1 ~ 2.9 节先叙述二进制数制，说明用这种数制怎样进行加、减、乘、除运算。2.10 ~ 2.13 节阐述如何用二进制数码串对其他事物（如十进制数、文本字符、机械位置和任意条件等）进行编码。

2.14 节介绍“n 维体”，它提供了一种方法，能对不同位串之间的关系进行可视化表示，这种方法在 2.15 节中学习检错码的时候特别有用。这些编码对于保持内存和存储系统的完整性非常重要，内存和存储系统的规模在过去的几年里已经扩展得特别庞大。作为本章的结束，2.16 节介绍一次一位地传送和存储数据的“串行”编码。

2.1 按位计数制

按位计数制（positional number system）是大家在学校学习过且在商务活动中每天都使用的传统计数制。在这种计数制中，用一串数码来表示一个数，每个数码的位置对应有一个相关的*权*（weight），该数的值就等于所有数码按权展开相加之和，例如：

$$1734 = 1 \cdot 1000 + 7 \cdot 100 + 3 \cdot 10 + 4 \cdot 1$$

与数码位置相对应，每个权均为 10 的幂，幂次可以为正也可以为负，由小数点决定：

$$5185.68 = 5 \cdot 1000 + 1 \cdot 100 + 8 \cdot 10 + 5 \cdot 1 + 6 \cdot 0.1 + 8 \cdot 0.01$$

一般而言，形如 $d_1d_0.d_{-1}d_{-2}$ 的数 D，其值为：

$$D = d_1 \cdot 10^1 + d_0 \cdot 10^0 + d_{-1} \cdot 10^{-1} + d_{-2} \cdot 10^{-2}$$

在此，10 为计数制的*基数*（base 或 radix）。在一般的按位计数制中，基数 r 可以是任何大于等于 2 的整数，即 $r \geqslant 2$。位置 i 上的数字其权值为 r^i，所以数的一般形式为：

$$d_{p-1}d_{p-2}\cdots d_1d_0 \,.\, d_{-1}d_{-2}\cdots d_{-n}$$

这里，*小数点*（radix point）的左边有 p 位数码，右边有 n 位数码。如果没标出小数点，则假定其在最右边数码的右侧。数 D 的值为一个给定的*展开式*（expansion formula），即每个数码乘以其对应的基数的幂再求和：

$$D = d_{p-1} \cdot r^{p-1} + d_{p-2} \cdot r^{p-2} + \cdots + d_1 \cdot r + d_0 + d_{-1} \cdot r^{-1} + d_{-2} \cdot r^{-2} + \cdots + d_{-n} \cdot r^{-n}$$

在按位计数制中，除去可能出现的前缀零和后缀零以外，数的表示是唯一的（显然，0185.6300 等于 185.63，等等）。在这样的数中，最左边的数码称作*最高有效数字*（Most Significant Digit, MSD）或*高阶数字*，最右边的数码称作*最低有效数字*（Least Significant Digit, LSD）或*低阶数字*。

数字电路处理的信号通常是在诸如低或高、充电或放电、关或开等仅有的两个状态中取一。这些信号代表着只有 0 和 1 两个取值的*二进制数字*（binary digit）或*位*（bit，又称为“比特”），因而数字系统中通常用*二进制基数*（binary radix）来表示数。二进制数的一般形式为：

$$b_{p-1}b_{p-2}\cdots b_1b_0 \,.\, b_{-1}b_{-2}\cdots b_{-n}$$

其值为：

$$B = b_{p-1} \cdot 2^{p-1} + b_{p-2} \cdot 2^{p-2} + \cdots + b_1 \cdot 2 + b_0 + b_{-1} \cdot 2^{-1} + b_{-2} \cdot 2^{-2} + \cdots + b_{-n} \cdot 2^{-n}$$

在二进制数中，小数点称为*二进制小数点*（binary point）。在处理二进制数和其他非十进制数时，用下标表示每个数的基数。若基数从上下文中能明显地看出来，就不用下标表示。下面给出了二进制数及其等效的十进制数：

$$10011_2 = 1 \cdot 16 + 0 \cdot 8 + 0 \cdot 4 + 1 \cdot 2 + 1 \cdot 1 = 19_{10}$$
$$100010_2 = 1 \cdot 32 + 0 \cdot 16 + 0 \cdot 8 + 0 \cdot 4 + 1 \cdot 2 + 0 \cdot 1 = 34_{10}$$
$$101.001_2 = 1 \cdot 4 + 0 \cdot 2 + 1 \cdot 1 + 0 \cdot 0.5 + 0 \cdot 0.25 + 1 \cdot 0.125 = 5.125_{10}$$

二进制数最左边的位为*最高有效位*（Most Significant Bit, MSB）或*高阶位*，最右边的位为*最低有效位*（Least Significant Bit, LSB）或*低阶位*。

2.2 二进制、八进制和十六进制

由于日常生活中使用的是十进制，所以基数 10 很重要；又因为数字电路中直接处理的是二进制数，所以基数 2 很重要。其他基数的计数制虽然常常不直接处理，但对文档编制或其他用途还是很重要的。尤其是基数 8 和基数 16，方便了数字系统中多位数的简写。

八进制数制（octal number system）使用基数 8，而*十六进制数制*（hexadecimal (hex) number system）使用基数 16。表 2-1 列出了二进制整数 0 到 1111 及其等效的八进制数、十进制数、十六进制数。八进制需要 8 个数码，使用十进制数码 0 ~ 7；十六进制需要 16 个数码，在十进制数码 0 ~ 9 的基础上增加字母 A ~ F。

表 2-1 二进制、十进制、八进制和十六进制数

二进制	十进制	八进制	3 位二进制串	十六进制	4 位二进制串
0	0	0	000	0	0000
1	1	1	001	1	0001
10	2	2	010	2	0010
11	3	3	011	3	0011
100	4	4	100	4	0100
101	5	5	101	5	0101
110	6	6	110	6	0110
111	7	7	111	7	0111
1000	8	10	—	8	1000
1001	9	11	—	9	1001
1010	10	12	—	A	1010

（续）

二进制	十进制	八进制	3位二进制串	十六进制	4位二进制串
1011	11	13	—	B	1011
1100	12	14	—	C	1100
1101	13	15	—	D	1101
1110	14	16	—	E	1110
1111	15	17	—	F	1111

八进制和十六进制的基数均是2的幂，因而在表示多位二进制时很有用。如表2-1中第3列和第4列所示，1位八进制数码可以唯一地表示3位二进制串，这是因为3位二进制串有8种不同的组合；同理，如表2-1中第5列和第6列所示，1位十六进制数码可以唯一地表示4位二进制串。

这样，很容易将二进制数转换为八进制（binary-to-octal conversion）。从二进制小数点开始向左每3位二进制数码划为一组，每组用其等效的八进制数码代替：

$$100011001110_2 = 100\ 011\ 001\ 110_2 = 4316_8$$
$$11101101110101001_2 = 011\ 101\ 101\ 110\ 101\ 001_2 = 355651_8$$

二进制到十六进制的转换（binary-to-hexadecimal conversion）也是类似的，只是要将每4位二进制划为一组：

$$100011001110_2 = 1000\ 1100\ 1110_2 = 8CE_{16}$$
$$11101101110101001_2 = 0001\ 1101\ 1011\ 1010\ 1001_2 = 1DBA9_{16}$$

在这些例子中，为使二进制数码是所需要的3或4的倍数，在最左边按需补充零。

古老的微型计算机

40年前，八进制数制非常流行，因为那时微型计算机面板上的灯和开关都是按三个一组编排的。事实上，UNIX（Linux的前身）有一部分就是在这样的计算机上开发的，这可以解释为什么在Linux的文件系统中允许使用八进制。然而，现在别的地方已经不使用八进制数制系统了。要从用八进制表达的多字节数据中抽取出各个字节的值非常不方便，例如，用八进制表达的12345670123_8的32位二进制数的4个8位字节的八进制值是多少呢？

如果二进制小数点右边也有数码，则从小数点开始向右每3位或4位一组，将二进制数转换成八进制或十六进制数。在转换过程中，不管左边还是右边都可以添零以使二进制数的位数为3或4的倍数，如下例所示：

$$10.1011001011_2 = 010.101\ 100\ 101\ 100_2 = 2.5454_8$$
$$= 0010.1011\ 0010\ 1100_2 = 2.B2C_{16}$$

相反，很容易将八进制或十六进制转换为二进制（octal- or hexadicimal-to-binary conversion），只需简单地将每个八进制或十六进制数码用对应的3或4位二进制串替代即可，如下所示：

$$1357_8 = 001\ 011\ 101\ 111_2$$
$$2046.17_8 = 010\ 000\ 100\ 110.001\ 111_2$$
$$BEAD_{16} = 1011\ 1110\ 1010\ 1101_2$$
$$9F.46C_{16} = 1001\ 1111.0100\ 0110\ 1100_2$$

当我 64 岁的时候

随着年龄的增长，你会发现十六进制更有用。40 岁那年，我告诉朋友我刚刚过了 28_{16} 岁了。当然，要压着嗓音低声说“十六进制”。在 50 岁时，那就是 32_{16} 岁了。

人们在 20、30、40、50 等 10 周年生日时都很高兴，但是应该使你的朋友确信：十进制并不具有基本意义。当在你的岁数上加一位最高有效位（MSB）时，更多重要的生活变化就会发生在 2、4、8、16、32 和 64 等周年上了。你认为 Beatles 为什么要歌唱“当我 64 岁的时候”？

即使到了今天，也几乎没有人的年龄可以达到 8 位二进制数。

计算机最初处理信息是以 8 位的字节（byte）为单位的。在十六进制中，两个数码表示一个 8 位字节，$2n$ 个数码表示具有 n 个字节的字；每一对数码刚好组成一个字节。例如，32 位的十六进制数 $5678ABCD_{16}$ 由 4 个字节构成，其值分别为 56_{16}、78_{16}、AB_{16} 和 CD_{16}。

结合上下文，一个 4 位的十六进制数码有时也称作半字节（nibble），因而 32 位数（4 字节）含 8 个半字节。十六进制数经常用来描述计算机存储器的地址空间，如一个 32 位地址的计算机，其读 / 写存储器的容量为 1GB(gigabyte)，所占据的地址范围为 0 ~ $3FFFFFFF_{16}$，保留的可扩展地址范围为 40000000 ~ $FFEFFFFF_{16}$，而其输入 / 输出端口的地址范围为 FFF00000 ~ $FFFFFFFF_{16}$。许多计算机编程语言用前缀“0x”（0x prefix）表示十六进制数，如 0xBFC00000。

2.3 二 – 十进制转换

二进制数转换为十进制数（binary-to-decimal conversion）非常简单，用十进制（基数为 10）算式就可以了。如 2.1 节最后的几个例子所示，将每位二进制数码代入相应的位置，然后计算出十进制算式的值就得到了对应的十进制数。

八进制或十六进制到十进制的转换可以采用同样的方法，对于十六进制数 A ~ F 需要代入对应的十进制数，例如：

$$1CE8_{16} = 1 \cdot 16^3 + 12 \cdot 16^2 + 14 \cdot 16^1 + 8 \cdot 16^0 = 7400_{10}$$
$$F1A3_{16} = 15 \cdot 16^3 + 1 \cdot 16^2 + 10 \cdot 16^1 + 3 \cdot 16^0 = 61859_{10}$$
$$436.5_8 = 4 \cdot 8^2 + 3 \cdot 8^1 + 6 \cdot 8^0 + 5 \cdot 8^{-1} = 286.625_{10}$$

将十进制数转换成二进制（decimal-to-binary conversion）的方法有所不同，该方法是基于二进制数转换为十进制的展开式的嵌套形式（nested expansion formula）：

$$B = ((\cdots((b_{p-1}) \cdot 2 + b_{p-2}) \cdot 2 + \cdots) \cdot 2 + b_1) \cdot 2 + b_0$$

也就是说，和的初始值设为 0；从最左边的一位开始，先将和乘以 2 并加上下一位，重复这个过程直到所有位都处理完毕。例如，可以写为：

$$10110011_2 = (((((((1) \cdot 2 + 0) \cdot 2 + 1) \cdot 2 + 1) \cdot 2 + 0) \cdot 2 + 0) \cdot 2 + 1) \cdot 2 + 1) = 179_{10}$$

现在考虑一下，如果用 2 去除 B 的公式，会怎样呢？由于括号的部分恰好能被 2 整除，所以它的商就是：

$$Q = (\cdots((b_{p-1}) \cdot 2 + b_{p-2}) \cdot 2 + \cdots) \cdot 2 + b_1$$

余数就是 b_0。因此，b_0 就是 B 除以 2 的长除法所得到的余数，而商 Q 的形式同原始公式一样，继续对商除以 2，可从右到左依次计算出 B 的各位二进制数码，于是，将上例反过来计算一遍，可以得到：

$179 \div 2 = 89$ 余数 1（LSB）

$\div 2 = 44$ 余数 1

$\div 2 = 22$ 余数 0

$\div 2 = 11$ 余数 0

$\div 2 = 5$ 余数 1

$\div 2 = 2$ 余数 1

$\div 2 = 1$ 余数 0

$\div 2 = 0$ 余数 1（MSB）

$179_{10} = 10110011_2$

用同样的方法可以将十进制数转换为其他进制的数，例如，除以 8 或 16 就可以转换为八进制或十六进制：

$467 \div 8 = 58$ 余数 3（LSD）

$\div 8 = 7$ 余数 2

$\div 8 = 0$ 余数 7（MSD）

$467_{10} = 723_8$

$3417 \div 16 = 213$ 余数 9（LSD）

$\div 16 = 13$ 余数 5

$\div 16 = 0$ 余数 13（MSD）

$3417_{10} = D59_{16}$

表 2-2 总结了常用基数之间的转换方法。

表 2-2　常用基数的转换方法

转换	方法	举例
二进制到		
八进制	替换	$10111011001_2 = 10\ 111\ 011\ 001_2 = 2731_8$
十六进制	替换	$10111011001_2 = 101\ 1101\ 1001_2 = 5D9_{16}$
十进制	求和	$10111011001_2 = 1 \cdot 1024 + 0 \cdot 512 + 1 \cdot 256 + 1 \cdot 128 + 1 \cdot 64 + 0 \cdot 32 + 1 \cdot 16 + 1 \cdot 8 + 0 \cdot 4 + 0 \cdot 2 + 1 \cdot 1 = 1497_{10}$
八进制到		
二进制	替换	$1234_8 = 001\ 010\ 011\ 100_2$
十六进制	替换	$1234_8 = 001\ 010\ 011\ 100_2 = 0010\ 1001\ 1100_2 = 29C_{16}$
十进制	求和	$1234_8 = 1 \cdot 512 + 2 \cdot 64 + 3 \cdot 8 + 4 \cdot 1 = 668_{10}$
十六进制到		
二进制	替换	$C0DE_{16} = 1100\ 0000\ 1101\ 1110_2$
八进制	替换	$C0DE_{16} = 1100\ 0000\ 1101\ 1110_2 = 1\ 100\ 000\ 011\ 011\ 110_2 = 140336_8$
十进制	求和	$C0DE_{16} = 12 \cdot 4096 + 0 \cdot 256 + 13 \cdot 16 + 14 \cdot 1 = 49374_{10}$
十进制到		
二进制	除法	$108_{10} \div 2 = 54$ 余数 0（LSB） $\div 2 = 27$ 余数 0 $\div 2 = 13$ 余数 1 $\div 2 = 6$ 余数 1 $\div 2 = 3$ 余数 0 $\div 2 = 1$ 余数 1 $\div 2 = 0$ 余数 1（MSB） $108_{10} = 1101100_2$

（续）

转换	方法	举例
八进制	除法	$108_{10} \div 8 = 13$ 余数 4（LSD） $\div 8 = 1$ 余数 5 $\div 8 = 0$ 余数 1（MSD） $108_{10} = 154_8$
十六进制	除法	$108_{10} \div 16 = 6$ 余数 12（LSD） $\div 16 = 0$ 余数 6（MSD） $108_{10} = 6C_{16}$

2.4 二进制数的加法和减法

在得到一个计算器之前，两个非十进制数加、减法的手动计算方法与你父母所学习的，甚至也是你在小学里所学过的十进制的加减方法一样。做加法时，将数字从右到左对齐，然后从最右边的一个数开始做加法，每次加一列。如果一列的和大于一位数，则将多出来的数字（或称“进位”）传递给左边的那列。做减法也是一样的，减法用的是“借位”。与十进制运算比较而言，二进制运算唯一需要注意的就是，二者的加法和减法表不一样。

二进制加法和减法表见表 2-3。如要使两个二进制数 x 和 y 相加，首先将最低有效位和初始进位输入（c_{in}）0 相加，根据表产生进位输出（c_{out}）及本位和（s）。从右到左依次进行，每一列的进位输出加到下一列的和上。

表 2-3 二进制加法和减法表

c_{in} 或 b_{in}	x	y	c_{out}	s	b_{out}	d
0	0	0	0	0	0	0
0	0	1	0	1	1	1
0	1	0	0	1	0	1
0	1	1	1	0	0	0
1	0	0	0	1	1	1
1	0	1	1	0	1	0
1	1	0	1	0	0	0
1	1	1	1	1	1	1

十进制加法及其对应的**二进制加法**（binary addition）的两个例子如图 2-1 所示，图中使用带箭头的线来表示进位 1。将进位用位串 C 表示，重复例子并增加两个例子如下：

C		101111000	C		001011000
X	190	10111110	X	173	10101101
Y	+141	+ 10001101	Y	+ 44	+ 00101100
$X+Y$	331	101001011	$X+Y$	217	11011001
C		011111110	C		000000000
X	127	01111111	X	170	10101010
Y	+ 63	+ 00111111	Y	+ 85	+ 01010101
$X+Y$	190	10111110	$X+Y$	255	11111111

		1 1 1 1			1　1 1
X	190	1 0 1 1 1 1 1 0	X	173	1 0 1 0 1 1 0 1
Y	+ 141	+ 1 0 0 0 1 1 0 1	Y	+ 44	+ 0 0 1 0 1 1 0 0
$X+Y$	331	1 0 1 0 0 1 0 1 1	$X+Y$	217	1 1 0 1 1 0 0 1

图 2-1　十进制及其对应的二进制加法的例子

类似地，用借位（借位输入 b_{in} 和借位输出 b_{out}）代替进位便可进行**二进制减法**（binary subtraction），产生本位差 d。十进制减法及其对应的二进制减法（**被减数**（minuend）减去**减数**（subtrahend）得出**差值**（difference））的两个例子如图 2-2 所示。如同十进制减法，当产生借位时，图 2-2 中用箭头和阴影标出了相应的位。用位串 B 表示借位，重复例子并增加两个例子如下：

B		001111100	B		011011010
X	229	11100101	X	210	11010010
Y	− 46	− 00101110	Y	−109	− 01101101
$X-Y$	183	10110111	$X-Y$	101	01100101

B		010101010	B		000000000
X	170	10101010	X	221	11011101
Y	− 85	− 01010101	Y	− 76	− 01001100
$X-Y$	85	01010101	$X-Y$	145	10010001

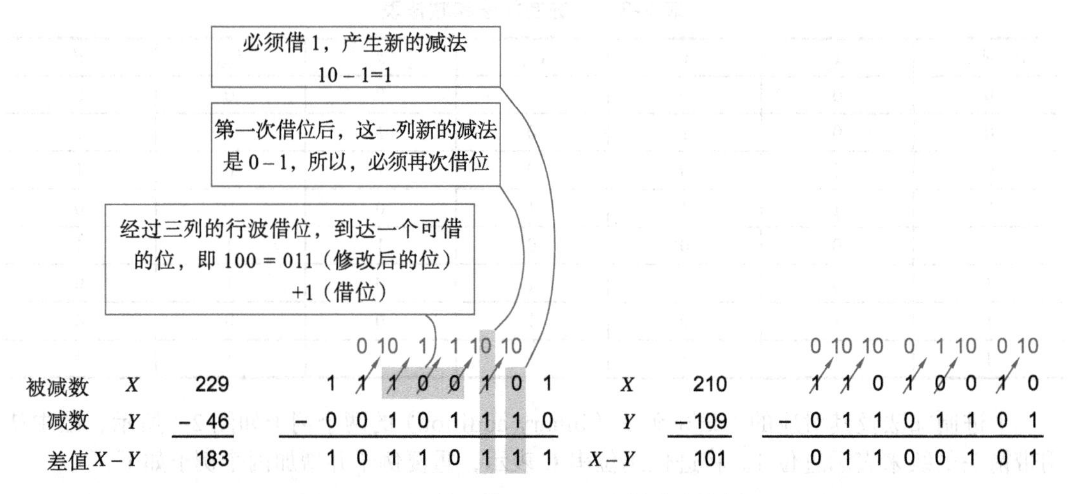

图 2-2　十进制及其对应的二进制减法的例子

在计算机中常用减法来比较两个数的大小。例如 $X-Y$，如果最高有效位产生了借位，则 X 小于 Y；否则，X 大于或等于 Y。在 8.1.3 节将研究加法器和减法器中进位和借位的关系。

对于八进制、十六进制或任何其他需要的基数，也能够编制出相应的加 / 减法表。然而，计算机工程师很少费心去记住这些表——很容易就可以在计算机或手机上安装一个程序员用的“十六进制计算器”小应用程序。

2.5 负数的表示

到目前为止，我们仅涉及正数，但是有很多使用负数的情况。在每天的商务活动中，使用的是下面要讨论的原码数制系统，但大多数计算机中使用的却是后面要介绍的二进制补码数制。

2.5.1 原码表示法

在*原码数制*（signed-magnitude system）中，一个数是由数值和表示该数为正或负的符号两部分组成的。因而，十进制数通常写成 +98、–57、+123.5、–13 等形式；如果没写符号则约定符号为正。"零"有两种可能的表示（"+0"和"–0"），但是这两种所表示的值是相同的。

原码数制应用于二进制数时，需用 1 个附加位来表示符号，称作*符号位*（sign bit）。一般而言，用位串的最高有效位（MSB）表示符号位（0 = 正，1 = 负），其余较低位表示数值。这样，可以写出几个 8 位的有符号整数及等效的十进制数：

$$01010101_2 = +85_{10} \qquad 11010101_2 = -85_{10}$$
$$01111111_2 = +127_{10} \qquad 11111111_2 = -127_{10}$$
$$00000000_2 = +0_{10} \qquad 10000000_2 = -0_{10}$$

原码数制具有相同数目的正整数和负整数。一个 n 位原码整数表示的范围是 $-(2^{n-1}-1) \sim +(2^{n-1}-1)$，而零有两种可能的表示（即 +0 和 – 0）。

现在假设要构造一个数字逻辑电路来完成原码的加法。电路必须检查被加数和加数的符号以决定对数值做何种操作。如果符号相同，就将数值相加并给结果赋以同样的符号；如果符号不同，就必须比较数值大小，用较大的数值减去较小的数值，并给结果赋以数值较大的数的符号。所有这些"如果""加""减""比较"都使得实现的逻辑电路变得非常复杂。下面将会看到，补码数制的加法器要简单得多。

> **最简单的减法器**
>
> 原码数制的一个可取之处是：一旦我们掌握了原码加法器，原码减法器就不需要再做了，只需改变减数的符号并将其同被减数一起送入加法器即可。

2.5.2 补码数制

原码数制通过改变其符号将一个数变为负数，而*补码数制*（complement number system）将一个数变负的方法是按照数制的定义求其补码。求补码比改变符号困难得多，但是在补码数制中两个数可以直接相加或相减，而不必像原码数制那样检查符号和数值。下面要说明两种这样的二进制数制，叫作"二进制补码"和"二进制反码"。

在二进制补码和反码数制中，通常要涉及数位固定的数，比如说 n 位。然而，通过符号位扩展，可以增加位数（见练习题 2.35）；通过截去高阶位数字，则可以减少位数（见练习题 2.36）。假设位数有以下形式：

$$B = b_{n-1}b_{n-2} \cdots b_1b_0$$

二进制数的小数点在右侧，所以 B 是一个整数。在任何一种数制中，如果运算结果多于 n 位，则丢弃多余的高阶位数字。如果对 B 两次求补，结果仍为 B。

2.5.3　二进制补码表示法

在二进制补码数制（two's-complement system）中，n 位数 B 的补码等于从 2^n 中减去 B。如果 B 的范围是 $[1, 2^n-1]$，则减法产生的另一个数的范围也是 $[1, 2^n-1]$；如果 B 为 0，减法的结果就是 2^n，形式为 100…00，共有 $n + 1$ 位，舍弃多余的高阶位数字 1 即得结果 0（n 个 0）。因而在二进制补码数制中，零只有一种表示。

由定义，欲计算 B 的二进制补码（computing the two's complement），似乎需做减法。然而把 2^n 重写成 $(2^n-1) +1$，并把 2^n-B 重写成 $((2^n-1)- B) + 1$ 就能够回避减法。数 2^n-1 具有 11…11 的形式，其中共有 n 个 1。例如，对于 $n = 8$，100000000_2 等于 $11111111_2 + 1$。如果定义一个数位 b 的补码就是对其数值取反，则对数 B 的各位求反即得 $(2^n-1)- B$。所以数 B 的二进制补码就等于将数 B 的每一位分别求反再加 1。例如，还是 $n = 8$，01110100 的二进制补码就是 10001011+1，即 10001100。

在二进制补码数制中，数的最高有效位（MSB）用作符号位，当且仅当 MSB 为 1 时表示该数为负数。与二进制补码数相等效的十进制数的计算方法，则跟无符号数的计算方法一样，但是要注意 MSB 的权（weight of MSB）是 -2^{n-1}，而不是 $+2^{n-1}$，可表示的数的范围是 $[-(2^{n-1}), +(2^{n-1}-1)]$。下面是一些 8 位二进制数的例子：

$$
\begin{array}{rl}
17_{10} = & 00010001_2 \\
& \downarrow \text{按位取补} \\
& 11101110 \\
& \qquad +1 \\ \hline
& 11101111_2 = -17_{10}
\end{array}
\qquad
\begin{array}{rl}
-99_{10} = & 10011101_2 \\
& \downarrow \text{按位取补} \\
& 01100010 \\
& \qquad +1 \\ \hline
& 01100011_2 = 99_{10}
\end{array}
$$

$$
\begin{array}{rl}
119_{10} = & 01110111_2 \\
& \downarrow \text{按位取补} \\
& 10001000_2 \\
& \qquad +1 \\ \hline
& 10001001_2 = -119_{10}
\end{array}
\qquad
\begin{array}{rl}
-127_{10} = & 10000001_2 \\
& \downarrow \text{按位取补} \\
& 01111110_2 \\
& \qquad +1 \\ \hline
& 01111111_2 = 127_{10}
\end{array}
$$

$$
\begin{array}{rl}
0_{10} = & 00000000_2 \\
& \downarrow \text{按位取补} \\
& 11111111 \\
& \qquad +1 \\ \hline
& 1\ 00000000_2 = 0_{10}
\end{array}
\qquad
\begin{array}{rl}
-128_{10} = & 10000000_2 \\
& \downarrow \text{按位取补} \\
& 01111111 \\
& \qquad +1 \\ \hline
& 10000000_2 = -128_{10}
\end{array}
$$

上面左下角的例子中 MSB 位产生了进位，就像在所有的二进制补码操作中那样，要忽略这个“进位”位，只用余下的 n 位结果。

在二进制补码数制中，0 属于正数，因为其符号位为 0。由于二进制补码只有一种 0 的表示，其表示数的范围可用一个额外负数（extra negative number）-2^{n-1} 来终结。因为补码表示的最大正数为 $2^{n-1}-1$，而不是 2^{n-1}，所以 -2^{n-1} 没有与之对称的正数。

我们可以将 n 位的二进制补码数 X 转换成 m 位，但需要注意一些问题。如果 $m > n$，则必须在 X 的左边添加 $m-n$ 个 X 的符号位（见练习题 2.35）。也就是说，对于正数就添加 $m-n$ 个 0，而对于负数就添加 $m-n$ 个 1，这叫作*符号扩展*（sign extension）。如果 $m < n$，则要丢弃 X 左边的 $n-m$ 位。然而只有所有丢弃的位都与符号位相同时，其结果才是正确的（见练习题 2.36）。

大多数计算机和其他数字系统都采用二进制补码数制来表示负数。但是，为完备性起见，我们也会描述另外两种具有特殊用途的表示。

*2.5.4 二进制反码表示法

在二进制反码数制（ones'-complement system）中，n 位数 B 的反码等于从 2^{n-1} 中减去 B。这可以通过对 B 的每个数位分别求反来实现，但不必像二进制补码数制中那样再加 1。与二进制补码相同，二进制反码的最高有效位是符号位，0 表示正，1 表示负。所以二进制反码中零有两种表示：正零（00…00）和负零（11…11）。正数在二进制反码和补码中的表示是一样的，而负数则差 1。在计算与二进制反码数等效的十进制数时，最高有效位的权是 $-(2^{n-1}-1)$，而不是 -2^{n-1}，可表示的数的范围是 $[-(2^{n-1}-1), +(2^{n-1}-1)]$。下面是一些 8 位二进制数及其反码的例子：

$$17_{10} = 00010001_2 \;\downarrow\; 11101110_2 = -17_{10} \qquad -99_{10} = 10011100_2 \;\downarrow\; 01100011_2 = 99_{10}$$

$$119_{10} = 01110111_2 \;\downarrow\; 10001000_2 = -119_{10} \qquad -127_{10} = 10000000_2 \;\downarrow\; 01111111_2 = 127_{10}$$

$$0_{10} = 00000000_2\text{（正 0）} \;\downarrow\; 11111111_2 = 0_{10}\text{（负 0）}$$

反码数制的主要优点是其对称性和易于求反。然而，二进制反码加法器的设计多少还是比二进制补码加法器的设计棘手一些（见练习题 10.47），况且在二进制反码数制中，要么必须检测零的两种表示，要么就必须将负零（11…11）转换成正零（00…00）。由于反码加法可用于网络包的报头校验和，所以反码加法运算还是经常使用的。

*2.5.5 余码表示法

表示负数的方法已经够多了，但是还有一种称作“余码”的表示方法需要我们来学习。设有 m 位码串，用它来表示无符号整数时，对应的值为 $M(0 \leqslant M < 2^m)$。在余 B *表示法*（excess-B representation）中，它用来表示值为 $M-B$ 的有符号整数，其中 B 叫作数制的*偏离*（bias）。

例如，在*余 2^{m-1} 数制*（excess-2^{m-1} system）中，将 $[-2^{m-1}, +2^{m-1}-1]$ 范围的数 X 用 $X+2^{m-1}$ 表示（这里 $X+2^{m-1}$ 是 m 位的二进制数，其值总是非负的且小于 2^m）。这种表示法的范围同 m 位的二进制补码表示的范围完全相同。事实上，除了符号位总是相反外，对任何数而言，补码和余码两种表示法中的其他位都是一样的（该结论仅适用于偏离为 2^{m-1} 的情况）。

余码表示常用在浮点数制中（见参考资料）。

2.6 二进制补码的加法和减法

2.6.1 加法规则

表 2-4 列出了十进制数及其在不同数制中的等效值，从中可以看出在做算术运算时，人们为什么偏好二进制补码。如果从 1000_2（-8_{10}）开始递增计数，忽略超过第 4 位的进位，我们发现直至 0111_2（$+7_{10}$），每个后续的二进制补码都可以通过对前一个补码加 1 而得到。对于原码和反码则不能这样说。

因为普通的加法就是计数的扩展。忽略超过 MSB 的进位，二进制补码数可以按普通二进制加法相加，只要不超过数制的范围，该结果就总是正确的和。十进制加法及其对应的 4 位二进制补码的例子也确认了这一点：

```
    +3      0011          −2      1110
  + +4    + 0100        + −6    + 1010
    +7      0111          −8     11000

    +6      0110          +4      0100
  + −3    + 1101        + −7    + 1001
    +3     10011          −3      1101
```

表 2-4 十进制数与 4 位二进制数

十进制	二进制补码	二进制反码	二进制原码	余 2^{m-1} 码
−8	1000	—	—	0000
−7	1001	1000	1111	0001
−6	1010	1001	1110	0010
−5	1011	1010	1101	0011
−4	1100	1011	1100	0100
−3	1101	1100	1011	0101
−2	1110	1101	1010	0110
−1	1111	1110	1001	0111
0	0000	1111 或 0000	1000 或 0000	1000
1	0001	0001	0001	1001
2	0010	0010	0010	1010
3	0011	0011	0011	1011
4	0100	0100	0100	1100
5	0101	0101	0101	1101
6	0110	0110	0110	1110
7	0111	0111	0111	1111

2.6.2 图示法

观察二进制补码数制的另一种方法是用 4 位“计数器”转盘，如图 2-3 所示。在此我们用圆圈或“模”来表示数，这个计数器的操作非常接近于一种真实的可逆计数器电路的操作情况（在 11.1.5 节将会遇到）。从指向任意数的箭头开始，通过递增 n 次在该数上加 n，也就是顺时针方向把箭头移动 n 个位置；很明显，也可以通过递减 n 次从该数减 n，也就是逆时针方向把箭头移动 n 个位置。当然，只有 n 足够小，不经过 −8 到 +7 间的不连续点时，这些操作才能给出正确的结果。

最有趣的是，也可以通过顺时针方向把箭头移动 $16-n$ 个位置来减去 n（或加上 $-n$）。注意 $16-n$ 正是我们所定义的 n 的 4 位二进制补码，也就是 $-n$ 的二进制补码表示。这就从图形上支持了我们早先的主张：以二进制补码表示的负数能利用普通的二进制加法规则，简单地加到另一个数上。在图 2-3 中加上一个数等价于把箭头顺时针方向移动相应的位置数。

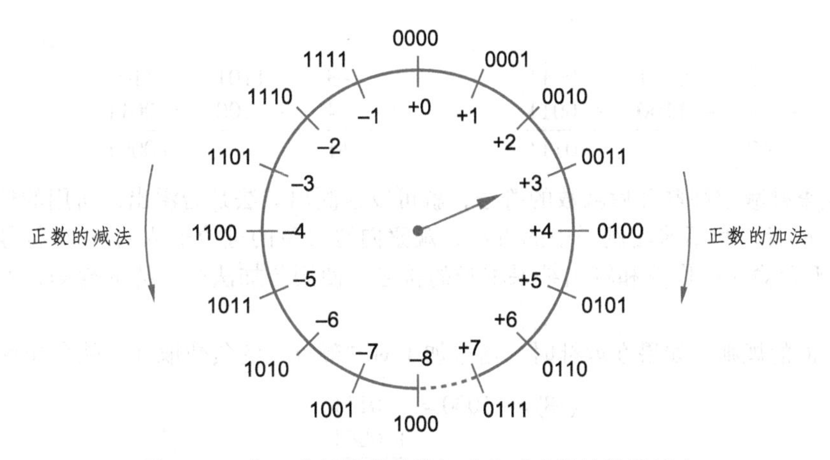

图 2-3　4 位二进制补码数的加法和减法的计数器转盘

2.6.3　溢出

如果加法操作产生的结果超出了数制定义的范围，就说明发生了溢出（overflow）。在图 2-3 的计数器中，正数加法期间，计数超过 +7 便发生溢出。两个异号数相加绝不会溢出，而两个同号数相加则有可能溢出，如下面的例子所示：

$$
\begin{array}{rr}
-3 & 1101 \\
+\ -6 & +\ 1010 \\
\hline
-9 & 10111 = +7
\end{array}
\qquad
\begin{array}{rr}
+5 & 0101 \\
+\ +6 & +\ 0110 \\
\hline
+11 & 1011 = -5
\end{array}
$$

$$
\begin{array}{rr}
-8 & 1000 \\
+\ -8 & +\ 1000 \\
\hline
-16 & 10000 = +0
\end{array}
\qquad
\begin{array}{rr}
+7 & 0111 \\
+\ +7 & +\ 0111 \\
\hline
+14 & 1110 = -2
\end{array}
$$

幸运的是，加法中有简便的规则来判断溢出：如果加数的符号相同，而和的符号与加数的符号不同，则有加法溢出。有时，溢出规则（overflow rule）用加法操作期间产生的进位来描述，即如果向符号位的进位输入 c_{in} 与从符号位的进位输出 c_{out} 不同，则加法有溢出。仔细检查一下表 2-3 就会发现，两种溢出判断规则是等效的，只有两种情况下会有 $c_{in} \neq c_{out}$，而且也只有在这两种情况下会有 $x=y$，且其和的符号位与两个加数的符号位不相同。

2.6.4　减法规则

像普通的无符号二进制数那样，二进制补码数也可以进行减法（two's-complement subtraction），并且也有相应的溢出检测规则。然而，大多数二进制补码的减法电路并不直接做减法，而是通过取减数的补码将减数变负，再将减数与被减数按正常的加法规则相加即可。

仅需一次加法操作，就可完成将减数变负并与被减数相加的过程，该过程如下：首先将减数逐位取反，然后与被减数相加，令初始进位（c_{in}）为 1 而不是 0。下面是一些例子：

$$
\begin{array}{rrr}
 & & 1 - c_{in} \\
+4 & 0100 & 0100 \\
-\ +3 & -\ 0011 & +\ 1100 \\
\hline
+1 & & 10001
\end{array}
\qquad
\begin{array}{rrr}
 & & 1 - c_{in} \\
+3 & 0011 & 0011 \\
-\ +4 & -\ 0100 & +\ 1011 \\
\hline
-1 & & 1111
\end{array}
$$

$$
\begin{array}{r}
\\
+3 \\
-\ -4 \\
\hline
+7
\end{array}
\quad
\begin{array}{r}
\\
0011 \\
-\ 1100 \\
\hline
\\
\end{array}
\quad
\begin{array}{r}
1\ \text{—}\ c_{\text{in}} \\
0011 \\
+\ 0011 \\
\hline
0111
\end{array}
\qquad\qquad
\begin{array}{r}
\\
-3 \\
-\ -4 \\
\hline
+1
\end{array}
\quad
\begin{array}{r}
\\
1101 \\
-\ 1100 \\
\hline
\\
\end{array}
\quad
\begin{array}{r}
1\ \text{—}\ c_{\text{in}} \\
1101 \\
+\ 0011 \\
\hline
10001
\end{array}
$$

通过检查被减数和取补后减数的符号，就可以检测出减法是否溢出，所用的规则与加法中的一样。或者，利用前面例子中的方法，观察向符号位的进位输入 c_{in} 和从符号位的进位输出 c_{out}，不管输入操作数和输出结果本身的符号，使用与加法中一样的规则，就能检测出溢出。

根据上面的规则，如果在取补时，通过加 1 对“额外”的负数取补，就会导致溢出：

$$
-(-8) = -1000 = \begin{array}{r}
0111 \\
+\ 0001 \\
\hline
1000
\end{array} = -8
$$

然而，只要最终的结果不超出数制定义范围，那么在加法和减法中就一直可以使用这个数：

$$
\begin{array}{r}
\\
+4 \\
+\ -8 \\
\hline
-4
\end{array}
\quad
\begin{array}{r}
\\
0100 \\
+\ 1000 \\
\hline
1100
\end{array}
\qquad\qquad
\begin{array}{r}
\\
-3 \\
-\ -8 \\
\hline
+5
\end{array}
\quad
\begin{array}{r}
\\
1101 \\
-\ 1000 \\
\hline
\\
\end{array}
\quad
\begin{array}{r}
1\ \text{—}\ c_{\text{in}} \\
1101 \\
+\ 0111 \\
\hline
10101
\end{array}
$$

2.6.5 二进制补码与无符号二进制数

由于二进制补码的加减规则与同样字长的无符号二进制数的加减算法相同，所以计算机或其他数字系统可以用相同的加法器来处理这两种类型的数。然而，根据系统所处理的是有符号数（如 –8 ~ +7）还是无符号数（如 0 ~ 15），对其结果必须做出不同的解释。

在图 2-3 中，我们引入了 4 位二进制补码数制的图形表示。重新对这张图进行标记，可画出如图 2-4 所示的 4 位无符号二进制数的图形表示。二进制组合在计数器转盘上的位置与图 2-3 中相同，将箭头顺时针移动 n 个位置即是加 n，逆时针移动 n 个位置即是减 n。

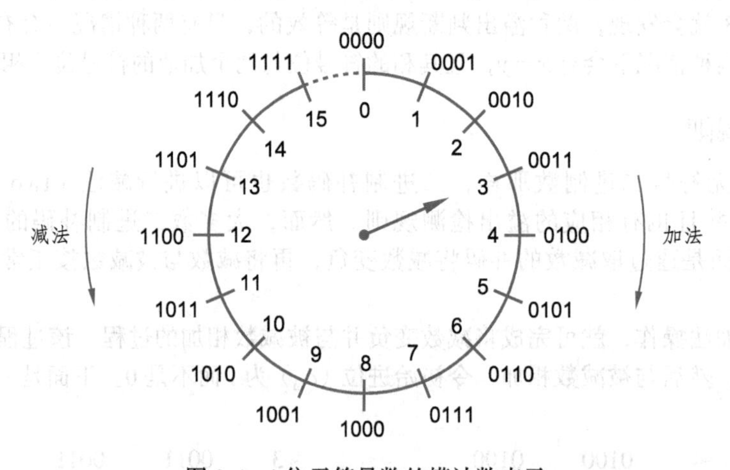

图 2-4 4 位无符号数的模计数表示

在图 2-4 中，如果箭头顺时针移动，经过 0 和 15 之间的不连续点，那么加法操作就超出了 4 位无符号数的范围。在这种情况下，最高有效位就有进位（carry）产生。

同样，如果箭头逆时针移动，经过不连续点，那么减法操作就超出了 4 位无符号数的范围。在这种情况下，最高有效位就有借位（borrow）产生。

从图 2-4 明显地看出，减去无符号数 n 可以通过顺时针计数 16–n 个位置实现，这等效于加上 n 的 4 位二进制补码；如果二进制补码加法不产生进位，则对应的减法就产生借位。

总之，在无符号数加法中，如果最高有效位上发生进位或借位，就指示出结果超出范围；在有符号的二进制补码加法中，则由较早时定义的溢出条件来指示结果是否超出范围。在有符号的加法中，溢出产生与否和进位产生与否无关。从这个意义上讲，最高有效位的进位与溢出是没有关系的。

*2.7 二进制反码的加法和减法

再次观察一下表 2-4，还可以解释二进制反码加法规则。如果从 1000_2 (-7_{10}) 开始并计数，除了从 1111_2（负 0）到 0001_2（$+1_{10}$）的过渡点外，对前一个数加 1 便可依次得到每个数的二进制反码。为了维持正常的计数，只要计数经过 1111_2，就必须加 2 而不是加 1。这就暗示了二进制反码的加法原理：做标准的二进制加法，但是每当计数经过 1111_2 时要额外多加一个 1。

通过观察符号位的进位，就可以检测到加法过程中计数是否经过 1111_2。这样，*二进制反码加法*（ones'-complement addition）规则可以非常简单地阐述如下：

做标准的二进制加法；如果符号位有进位则结果加 1。

这个规则常常被称作*循环进位*（end-around carry）。下面给出了二进制反码加法的例子，后面的 3 个例子中包含循环进位：

```
   +3    0011        +4    0100        +5    0101
 + +4  + 0100      + -7  + 1000      + -5  + 1010
 ----  ------      ----  ------      ----  ------
   +7    0111        -3    1100        -0    1111

   -2    1101        +6    0110        -0    1111
 + -5  + 1010      + -3  + 1100      + -0  + 1111
 ----  ------      ----  ------      ----  ------
   -7   10111        +3   10010        -0   11110
       +    1            +    1            +    1
       ------            ------            ------
         1000              0011              1111
```

按照上述两步加法规则，一个数与其反码相加产生负 0。事实上，除非两个加数都是正 0，否则使用这种规则的加法操作绝不会产生正 0。（想想看！）

如同二进制补码减法，做*二进制反码减法*（ones'-complement subtraction）的最简单方法是将减数变反（连同符号位一起逐位取反）并相加。二进制反码加法和减法的溢出规则，与二进制补码加 / 减法的情况相同。

> **数制小结**
>
> 作为讨论数制的结论，表 2-5 总结了这一节和前面几节讲述的二进制数制中变负、加法和减法的规则。

如今，二进制反码加法常常在你周围发生，而你却不自知。因为每一个第 4 版互联网协议包（IPv4）的报头都包含一个 16 位二进制反码和——是所有其他 16 位字的反码和，这个反码和与报头一起传输，在网络协议包被接收之后，用于检错。

表 2-5　二进制数加法和减法规则总结

数制	加法规则	变负规则	减法规则
无符号	数字直接相加。如果 MSB 有进位输出，则结果溢出	不适用	用被减数减去减数。如果 MSB 有借位输出，则结果溢出
原码	（同号）幅值相加；如果 MSB 有进位输出，则发生溢出；结果的符号位与运算数据的符号位相同 （反号）用幅值大的数减去幅值小的数；不可能溢出；结果的符号与幅值大的那个数的符号相同	改变数字的符号位	改变减数的符号位，然后像加法一样处理
补码	直接相加，忽略 MSB 的“进位”位；如果进入 MSB 的进位与 MSB 输出的进位值不同，则发生溢出	对所有数字取反；然后结果加 1	对减数的所有位取反，然后加上初始进位值为 1 的被减数
反码	直接相加；如果 MSB 有进位输出，则结果加 1。如果进入 MSB 的进位与 MSB 输出的进位值不同，则发生溢出	对所有数字取反	对减数的所有位取反，然后像加法一样处理

*2.8　二进制乘法

在小学我们学过乘法：根据乘数的数位计算出移位后的被乘数，再将一系列移位后的被乘数相加。用同样的方法可以得到两个无符号二进制数的乘积。因为二进制乘法中，乘数的每一位只有 0 和 1 两种可能，所以计算移位后的被乘数的过程十分简单。下面是一个例子：

```
   11            1011   被乘数
 × 13        ×   1101   乘数
 ----        --------
   33            1011
  11            0000    移位后的被乘数
 ----          1011
  143         1011
             --------
             10001111   乘积
```

在数字系统中，不是列出所有移位后的被乘数再加起来，方便的做法是每产生一个移位后的被乘数便累加到*部分积*（partial product）上。将该方法应用于前面的例子，乘以 4 位数需要做 4 次加法，产生 4 个部分积：

```
   11            1011   被乘数
 × 13        ×   1101   乘数
 ----        --------
                 0000   部分积
                 1011   移位后的被乘数
             --------
                01011   部分积
                0000↓   移位后的被乘数
             --------
               001011   部分积
               1011↓↓   移位后的被乘数
             --------
              0110111   部分积
              1011↓↓↓   移位后的被乘数
             --------
             10001111   乘积
```

通常，m 位数乘以 n 位数时，乘积至多需要 $n+m$ 位来表示，移位－累加算法需要 m 个部分积和 m 次累加才能得到结果。但是，第 1 次加法很简单，因为初始部分积为零。虽然初始部分积只有 n 个有效位，但由于每一次累加都可能产生进位，所以每一次累加后部分积就多了一个有效位；同时从右至左，每一步多产生一个部分积有效位，这一点是不变的。移位－累加算法可以用数字电路来完成，包括移位寄存器、加法器和控制逻辑，如 13.2.2 节所示。

有符号数的乘法可以利用无符号数乘法和小学学过的规则来完成：按同号相乘为正、异号相乘为负确定乘积的符号；按无符号数乘法，取两操作数的绝对值相乘得乘积的绝对值。这个规则对于有符号数（即“原码”数）的运算来说是很方便的，因为符号与数值是分开的。

在二进制补码数制中，求负数的绝对值并把无符号的乘积变负不是一项简单的操作。这就要寻找更有效的方法来实现二进制补码乘法，如下所述。

从概念上说，无符号数乘法是靠一系列移位后的被乘数的无符号加法完成的。在每一步，被乘数的移位对应着乘数位的权。在二进制补码数制中，除了 MSB 的权为负（见 2.5.3 节）以外，其他数位的权同无符号数相同。因而，除了最后一步外，可以通过一系列移位后的被乘数的二进制补码加法来完成二进制补码乘法。在最后一步，必须先将乘数的 MSB 位所对应的移位后的被乘数变负，再加到部分积上。把乘数和被乘数视为二进制补码，重复前面的例子如下：

```
     -5              1011     被乘数
   × -3         ×    1101     乘数
                ─────────
                    00000     部分积
                    11011     移位后的被乘数
                ─────────
                   111011     部分积
                   00000↓     移位后的被乘数
                ─────────
                  1111011     部分积
                  11011↓↓     移位后的被乘数
                ─────────
                 11100111     部分积
                 00101↓↓↓     移位并变负后的被乘数
                ─────────
                 00001111     乘积
```

由于每一步多了一个有效位且处理的是有符号数，因此处理 MSB 时有点小麻烦。在将移位后的被乘数与 k 位部分积累加前，通过符号位扩展，先将它们的有效位变为 $k+1$ 位。每一个累加和都有 $k+1$ 位，第 $k+1$ 位和的 MSB 上的进位被忽略。

*2.9 二进制除法

最简单的二进制除法是基于小学学过的“移位－减法”（shift-and-subtract）方法，表 2-6 给出了应用该方法的例子，操作数为无符号十进制数和二进制数。在这两种情况下，我们用心算来选择小于约简被除数的最大除数倍数，然后减去移位后的除数倍数。在十进制情况下，小于 21，又是除数 11 最大倍数的值是 11，而小于 107，又是除数 11 最大倍数的值为 99；在二进制情况

表 2-6 长除法的例子

```
      19              10011     商
  11 )217      1011 )11011001   被除数
      11              1011      移位后的除数
     ───            ────────
     107              0101      约简被除数
      99              0000      移位后的除数
     ───            ────────
       8              1010      约简被除数
                      0000      移位后的除数
                    ────────
                      10100     约简被除数
                       1011     移位后的除数
                    ────────
                      10011     约简被除数
                       1011     移位后的除数
                    ────────
                       1000     余数
```

下，选择就要简单些，因为只有零和除数本身这两种选择。

二进制除法与乘法有点互补性。典型的除法需要 $n+m$ 位被除数和 n 位除数，产生 m 位的商和 n 位的余数。如果除数为零或商需要用 m 位以上来表示，则*除法溢出*（division overflow）。在大多数除法电路中，都有 $n=m$。

有符号数除法可以利用无符号数除法和小学学过的规则来完成：按同号相除为正、异号相除为负来确定商的符号；按无符号数除法，取两操作数的绝对值相除得商的绝对值，余数应与被除数同号。跟乘法一样，有专门的技术直接实现二进制补码除法，计算机除法电路就能实现这些技术（见参考资料）。

*2.10　十进制数的二进制编码

虽然二进制数最适于数字系统的内部计算，但大多数人还是喜欢处理十进制数。因此，数字电路的外部接口都可以读或显示十进制数，实际上有些数字设备会直接处理十进制数。

人们需要在不改变数字电路基本特性的条件下表示十进制数，也就是说，数字电路依然处理仅有两个状态（0 或 1）的信号。因此，在数字系统中用位串来表示十进制数，而位串的不同组合就可以代表不同的十进制数。例如，如果用 4 位二进制码表示 1 位十进制数，则可以指定用 0000 表示十进制数字 0，用 0001 表示 1，用 0010 表示 2，等等。

用于表示不同的数或其他事件的一组 n 位二进制码的集合，称为一种*编码*（code）。一个含义确切的特定的 n 位组合，称为*编码字*（code word）。在本节十进制编码的例子中将会看到：在编码字的位值和它所代表的事情之间，可能有（也可能没有）什么算术关系。此外，使用 n 位二进制码的编码，并不一定需要包含全部 2^n 个有效的编码字。

要表示 10 个十进制数码，至少需要 4 位组合，而且选择 10 个 4 位编码字也有很多种不同方法。常用的十进制编码列于表 2-7 中。

表 2-7　十进制编码

十进制数字	BCD(8421) 码	2421 码	余 3 码	二五混合码	10 中取 1 码
0	0000	0000	0011	0100001	1000000000
1	0001	0001	0100	0100010	0100000000
2	0010	0010	0101	0100100	0010000000
3	0011	0011	0110	0101000	0001000000
4	0100	0100	0111	0110000	0000100000
5	0101	1011	1000	1000001	0000010000
6	0110	1100	1001	1000010	0000001000
7	0111	1101	1010	1000100	0000000100
8	1000	1110	1011	1001000	0000000010
9	1001	1111	1100	1010000	0000000001
			未用的编码字		
	1010	0101	0000	0000000	0000000000
	1011	0110	0001	0000001	0000000011
	1100	0111	0010	0000010	0000000101
	1101	1000	1101	0000011	0000000110
	1110	1001	1110	0000101	0000000111
	1111	1010	1111	…	…

也许最“自然的”十进制编码是二－十进制编码（Binary-Coded Decimal, BCD）。在这种编码中，十进制数字 0 到 9 的编码是用 4 位无符号二进制数 0000 到 1001 来表示的，而编码字 1010 到 1111 没有使用。BCD 码和十进制表示之间的转换很容易，每个十进制数码用 4 位二进制数直接替代即可。有的计算机程序把两个 BCD 数码装配在 1 个 8 位字节中，以压缩 BCD 表示（packed-BCD representation）。这样，无符号 8 位二进制数可表示 0 到 255，而 1 个 BCD 字节可以表示十进制数 0 到 99。对任何位数的十进制数，每两位数字用 1 个字节来表示，就获得了其 BCD 数。

二项式系数

从 n 项集合中取 m 项可以有多种不同方法，其数目可由二项式系数给出。二项式系数表示为 $\binom{n}{m}$，其值为 $\frac{n!}{m!\cdot(n-m)!}$。对于 4 位十进制编码，从 16 种 4 位编码字中取 10 种的不同方法有 $\binom{16}{10}$ 种，且在每一种不同的方法中，又有 10! 种指定 10 个数码的方式，所以共有 $\frac{16!}{10!\cdot 6!}\cdot 10!$（即 29 059 430 400）种不同的 4 位十进制编码。

压缩 BCD 表示与二进制表达之间的相互转换很容易。一个 n 位压缩 BCD 码 D 的值为：

$$D = d_{n-1}\cdot 10^{n-1} + d_{n-2}\cdot 10^{n-2} + \cdots + d_1\cdot 10^1 + d_0\cdot 10^0$$

其中 $d_{n-1}d_{n-2}\cdots d_1d_0$ 是其 BCD 码数字，这个值可以重写如下：

$$D = ((\cdots((d_{n-1})\cdot 10 + d_{n-2})\cdot 10 + \cdots)\cdot 10 + d_1)\cdot 10 + d_0$$

于是，给定一个 n 位 BCD 码，可以用以下的二进制算术运算得到对应的二进制值：

1. 置 $i = n-1$，置 $D = 0$；
2. D 乘以 10 加上 d_i；
3. 置 $i = i-1$，如果 $i \geqslant 0$，则回到第 2 步。

重写的公式还导出了一种将二进制数变换为对应的 BCD 码的方法。如果将上述公式的右边除以 10，则余数就是 d_0，商就是：

$$D/10 = (\cdots((d_{n-1})\cdot 10 + d_{n-2})\cdot 10 + \cdots)\cdot 10 + d_1$$

这个公式与前面那个公式具有相同的形式。连续地除以 10，得到一系列的数字 D，从右到左。于是，采用二进制算术运算可以完成转换如下：

1. 置 $i = 0$；
2. D 除以 10，置 D 等于商且置 d_i 等于余数；
3. 置 $i = i + 1$，如果 $i \leqslant n-1$，则回到第 2 步。

如果一开始不知道表示 D 所需要的 BCD 码的位数，则只需按照上述算法不断执行，直到 D 为 0。

正如二进制数那样，负的 BCD 数有很多可能的表示。有符号的 BCD 数，其符号另外占 1 个数字位。原码表示法和十进制补码（与二进制补码类似）表示法都是很流行的。在原码 BCD 表示中，符号位的编码是任意的；而在十进制补码中，0000 表示正，1001 表示负。

BCD 数加法类似于 4 位无符号二进制数加法，但若结果超过 1001，则必须修正，其方法是将结果再加 6，见下例：

```
     5      0101                    4      0100
   + 9    + 1001                  + 5    + 0101
  ----    ------                  ----   ------
    14      1110                    9      1001
          + 0110 —修正
          ------
10 + 4    1 0100

     8      1000                    9      1001
   + 8    + 1000                  + 9    + 1001
  ----    ------                  ----   ------
    16    1 0000                   18    1 0010
          + 0110 —修正                   + 0110 —修正
          ------                         ------
10 + 6    1 0110                 10 + 8  1 1000
```

注意，如果原始二进制加法或修正因子加法要产生进位，那么只需两个 BCD 数字相加就会向下一个数位产生进位。许多计算机都利用专门指令执行压缩 BCD 数的算术运算，这些指令自动处理进位修正。

二进制编码的十进制数是一种*加权码*（weighted code），因为每个十进制数码都可以由其编码字求得，编码字的每一位都有固定的权。BCD 码的权为 8、4、2、1，正因如此，BCD 码有时也叫 *8421 码*（8421 code）。使用另一种权的集合，就产生了 *2421 码*（见表 2-7），它具有*自反码*（self-complementing code）的优点，也就是将任一数字的十进制数码编码字按位取反，即可得该数字的十进制反码。

表 2-7 中列出的另一个自反码是*余 3 码*（excess-3 code），虽然它不是加权码，但与 BCD 码有算术关系，即每一个十进制数的余 3 码等于其对应的 BCD 码加 0011_2。

十进制编码可能不止 4 位。例如，表 2-7 中的*二五混合码*（biquinary code）就用了 7 位，编码字的前 2 位表示十进制数是 0 ~ 4 还是 5 ~ 9，后 5 位表示其为指定范围内的哪个数。

如果编码使用的位数多于最小位数，则有一个潜在的优点：具有检错特性。在二五混合码中，如果编码字内的任何一位偶然变反，则结果就不表示十进制数字，即可标识一个差错。在 128 种可能的 7 位编码字中，只有 10 个是有效的且分别用来表示 10 个十进制数字，其余的一旦出现，就给出差错标识。

10 中取 1 码（1-out-of-10 code），如表 2-7 最后一列所示，是最少用到的编码，它在 1024 种可能的 10 位编码字中取 10 个来表示十进制数字。

2.11 格雷码

数字电路在机电方面的应用（如机械工具、汽车制动系统和复印机等）有时需要由传感器产生的数字值来指示机械位置。例如，图 2-5 是编码盘和一组触点的概念图，根据盘的旋转位置，触点产生一个 3 位二进制编码，共有 8 个这样的编码。盘中暗的区域与对应逻辑 1 的信号源相连；亮的区域没有连接，触点将其解释为逻辑 0。

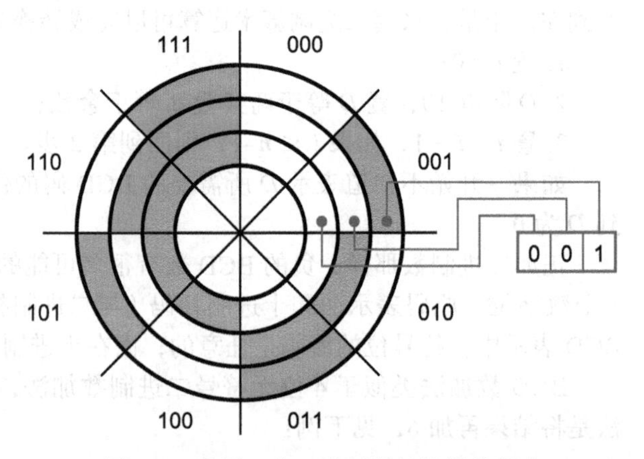

图 2-5 采用 3 位二进制码的机械编码盘

当圆盘转至区域间的某些边界时，图 2-5 中的编码器便出现了问题。例如，考虑圆盘的 001 区和 010 区之间的边界，这里有两位编码改变。如果圆盘恰好转到理论上的边界位置，那么编码器将产生何值？由于是在边界上，因此001和010都是可接受的。然而，因为机械装配不完美，右手边的两个触点可能都触及"1"的区域，结果就给出不正确的读数011。同理，读数也可能是000。通常在任何边界，当有一个以上的数位变化时就可能产生这类问题。最坏的情况是三个数位都变化，如000到111边界和011到100边界。

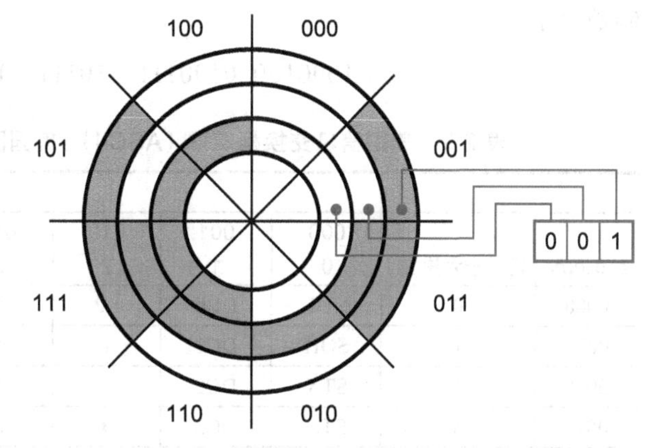

图 2-6 采用 3 位格雷码的机械编码盘

通过设计数字编码使得每对连续的编码字之间只有一个数位变化，就可以解决编码盘的问题。用格雷码重新设计的编码盘如图2-6所示。正如你所看到的，在这种新的编码盘中，每个区域边界只有1位变化，所以边界上的读数要么表示这一边，要么表示那一边。这种新的编码叫作*格雷码*（Gray code），其编码字列于表2-8中。

表 2-8 3 位二进制码与格雷码的比较

十进制数	二进制码	格雷码
0	000	000
1	001	001
2	010	011
3	011	010
4	100	110
5	101	111
6	110	101
7	111	100

构造任意位数的格雷码有两种简便的方法。第一种方法基于格雷码是*反射码*（reflected code）的事实，可以递归地使用下面的规则来进行定义（和构造）：

1. 1位格雷码有2个编码字，即0和1。
2. $n+1$位格雷码中的前2^n个编码字等于n位格雷码的编码字，按顺序书写并加前缀0。
3. $n+1$位格雷码中的后2^n个编码字等于n位格雷码的编码字，但按逆序书写并加前缀1。

如果在表2-8的第3行和第4行之间画一条线，就可以看出：规则2和3对3位格雷码来说是正确的。当然要用这种方法构造n位格雷码（n为任意值），也必须要构造位数小于n的所有格雷码。

第二种方法是从对应的n位二进制编码字中直接得到n位格雷码的编码字：

1. 对n位二进制或格雷码的编码字，将数位从右到左、从0到$n-1$编号。
2. 如果二进制编码字的第i位和第$i+1$位相同，则对应格雷码编码字的第i位为0，否则为1。（当$i+1=n$时，二进制编码字的第n位被认为是0。）

再检查表2-8可知，这种方法对3位格雷码来说也是正确的。

*2.12 字符编码

如前一节所述，位串不一定只用来表示数值，事实上计算机处理的绝大部分信息是非数值的。最常见的非数值数据是*文本*（text），即取自某字符集的字符串。在计算机中，根据已建立的约定，用位串表示每个字符。

最常用的字符编码是ASCII码，即美国信息交换标准码。ASCII码用7位二进制串表示每个字符，共可表示128种不同的字符，如表2-9所列。ASCII码包括大写字母和小写字母、数字、标点符号及各种非打印控制字符。因此，文本串“D'oh!”可用五个7位二进制数表示：

1000100 0100111 1101111 1101000 0100001

表 2-9 美国信息交换标准码（ASCII），美国国家标准学会标准号 X3.4—1968

		$b_6b_5b_4$（列）							
$b_3b_2b_1b_0$	行（十六进制）	000 0	001 1	010 2	011 3	100 4	101 5	110 6	111 7
0000	0	NUL	DLE	SP	0	@	P	‘	p
0001	1	SOH	DC1	!	1	A	Q	a	q
0010	2	STX	DC2	"	2	B	R	b	r
0011	3	ETX	DC3	#	3	C	S	c	s
0100	4	EOT	DC4	$	4	D	T	d	t
0101	5	ENQ	NAK	%	5	E	U	e	u
0110	6	ACK	SYN	&	6	F	V	f	v
0111	7	BEL	ETB	’	7	G	W	g	w
1000	8	BS	CAN	(	8	H	X	h	x
1001	9	HT	EM	)	9	I	Y	i	y
1010	A	LF	SUB	*	:	J	Z	j	z
1011	B	VT	ESC	+	;	K	[	k	{
1100	C	FF	FS	,	<	L	\	l	|
1101	D	CR	GS	-	=	M	]	m	}
1110	E	SO	RS	.	>	N	^	n	~
1111	F	SI	US	/	?	O	_	o	DEL

控制码			
NUL	空字符	DLE	数据链路转义
SOH	报头开始	DC1	设备控制 1
STX	文始	DC2	设备控制 2
ETX	文终	DC3	设备控制 3
EOT	传输结束	DC4	设备控制 4
ENQ	询问	NAK	否认
ACK	确认	SYN	同步
BEL	报警	ETB	传输块结束
BS	退格	CAN	取消
HT	横向制表符	EM	媒体结束符
LF	换行	SUB	置换
VT	纵向制表符	ESC	转义字符
FF	换页	FS	文件分隔符
CR	回车	GS	组分隔符
SO	移出	RS	记录分隔符
SI	移入	US	单元分隔符
SP	空格	DEL	删除

2.13 动作、条件和状态的编码

到目前为止，我们描述的编码一般用来表示像数值、位置、字符等具有“数据”意义的量。程序员都知道，在每个计算机程序中会用到很多不同的数据类型。

在数字系统设计中，经常遇到非数据的应用：将位串用于控制动作、标识条件、表示硬件的当前状态，等等。对这些场合而言，最常用的编码类型是简单的二进制编码。如果有 n 个不同的动作、条件或状态，则需用 b 位二进制编码来表示，$b=\lceil \log_2 n \rceil$（括号 $\lceil\ \rceil$ 表示上限函数（ceiling function），即取大于或等于括号内数值的最小整数）。所以，b 就是满足 $2^b \geqslant n$ 关系的最小整数。

例如，我们考虑一个简单的交通信号灯控制器。在南 – 北（N-S）和东 – 西（E-W）街道的十字路口，信号有 6 种状态，列于表 2-10 中。这些状态可用 3 位二进制编码，如表中最后一列所示。3 位二进制编码有 8 个编码字，这里只用了其中 6 个。这 6 个编码字对于 6 个状态的赋值是任意的，这样就可能会有很多其他编码情况。有经验的数字设计师一般选择某一种特定的编码，以降低电路成本或优化某个参数（如设计时间）。没必要去尝试每种可能的编码。

表 2-10 交通灯控制器的状态

状态	交通灯						编码字
	南北方向绿灯	南北方向黄灯	南北方向红灯	东西方向绿灯	东西方向黄灯	东西方向红灯	
南北方向通行	开	关	关	关	关	开	000
南北方向等待	关	开	关	关	关	开	001
南北方向停止	关	关	开	关	关	开	010
东西方向通行	关	关	开	开	关	关	100
东西方向等待	关	关	开	关	开	关	101
东西方向停止	关	关	开	关	关	开	110

二进制编码的另一应用如图 2-7a 所示。这里，我们有一个包含 n 个设备的系统，每个设备都完成一定的动作，在某一时刻，只有一个设备能进行操作。控制单元生成一个二进制的“设备选择”编码字，用 $\lceil \log_2 n \rceil$ 位表示当前哪个设备可以进行操作。这个设备选择编码字被应用到每个设备上，每个设备都将“设备 ID”与之比较以确定自己是否可以进行操作。

虽然二进制编码的编码字位数能达到最少，但对于动作、条件或者状态来说，它并不是最适合的编码方式。图 2-7b 显示了如何使用 *n 中取 1 码*（1-out-of-*n* code）来控制 n 个设备，在有效编码字的 n 位中，只有一位为 1，其他位都为 0。n 中取 1 码中的每一位直接与相应设备的控制输入相连，这简化了设备的设计，因为这种方式不需要设备 ID，只需要一个“使能”输入位。

表 2-7 列出了 10 中选 1 码的编码字。有时全 0 编码字也包含在 n 中取 1 码中，可以表示当前没有设备被选中。另一个常用的编码方式是*反相 n 中取 1 码*（inverted 1-out-of-*n* code），其有效编码字的 n 位中，只有一个位为 0，其他位都为 1。

在复杂系统中，可以将几种编码技术结合使用。例如，考虑类似于图 2-7b 的系统，它包含 n 个主设备，每个主设备又包含至多 s 个子设备；控制单元用 n 中取 1 码发出设备选择字以选择某个主设备，再用 $\lceil \log_2 s \rceil$ 位二进制编码选择与该主设备相连的 s 个子设备中的某个子设备。

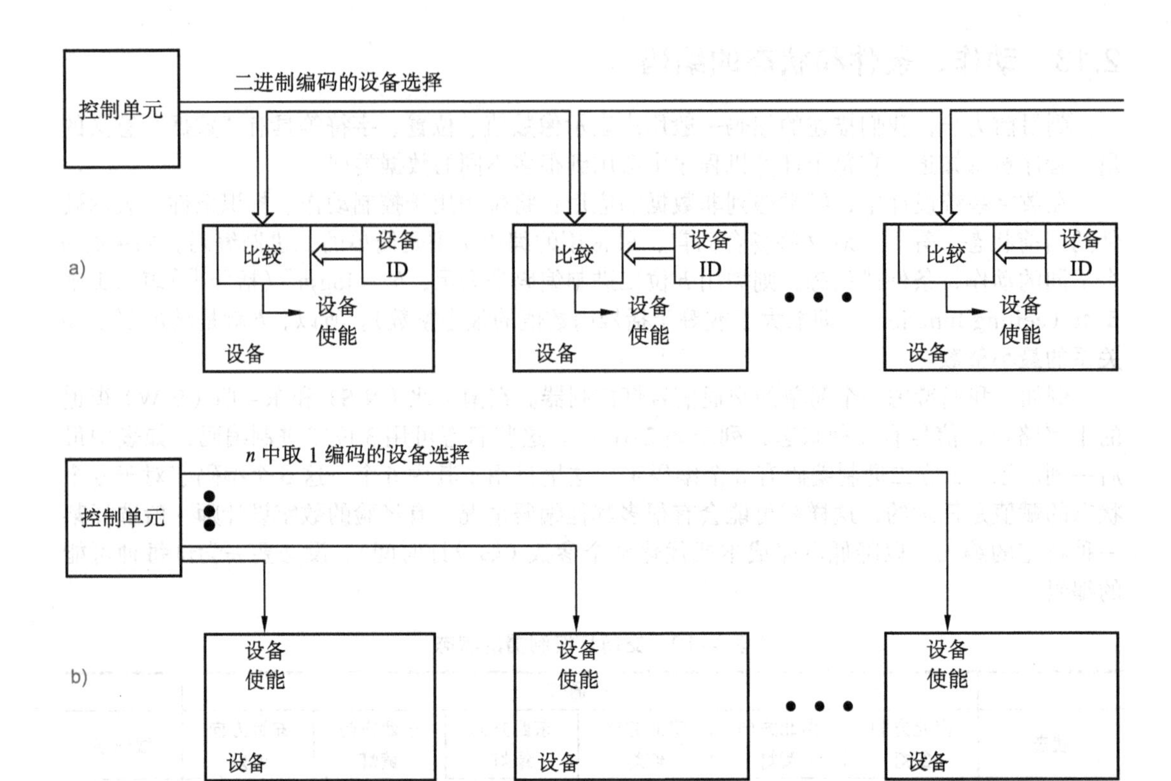

图 2-7 具有 n 个设备的数字系统的控制结构：a）采用二进制编码；b）采用 n 中取 1 码

n 中取 *m* 码（*m*-out-of-*n* code）是 n 中取 1 码的广义化，其有效编码字中有 m 位是 1，其余为 0。n 中取 m 编码字可用 m 输入与门进行检测，与门的输入全为 1 时输出才为 1，检测相当简单和经济。然而就大多数 m 值来说，n 中取 m 码的有效编码字比 n 中取 1 码的有效编码字多得多。有效编码字的总数由二项式系数 $\binom{n}{m}$ 给出，其值为 $\frac{n!}{m!\cdot(n-m)!}$。这样，一个 4 中取 2 码有 6 个有效编码字，10 中取 3 码则有 120 个有效编码字。

n 中取 m 码有一个重要变种，就是 8B10B 码（8B10B code），被应用于 802.3z 千兆以太网标准中。这种编码使用 10 位来表示 256 个有效编码字，或 8 位的有效数据。绝大多数编码字是 10 中取 5 码。但是，由于 $\binom{10}{5}$ 只有 252，所以也用了一些 10 中取 4（或 6）码来表示其他各种各样的用途，详细内容请看 2.16.2 节。

*2.14 *n* 维体与距离

n 位二进制串可以用几何学形象化，把它作为一个物体的顶点，我们称该物体为 *n* 维体（*n*-cube）。图 2-8 为 n = 1、2、3、4 时的 n 维体。n 维体有 2^n 个顶点，每个顶点用一个 n 位二进制串标记。画几何图的边时，令每个顶点与另外 n 个顶点相邻，而这 n 个顶点的位串与给定的顶点只有一位不同。当 n 大于 4 时，n 维体图就很难画了。

对于合理的 n 值，n 维体容易将某些编码和逻辑最小化问题形象化。如设计 n 位格雷码的问题等效于沿着 n 维体的边寻找一个路径，路径上每个顶点恰好被访问一次。对于 3 位或 4 位的格雷码，这样的路径如图 2-9 所示。

关于距离（distance）或汉明距离（Hamming distance）的概念，也可用 n 维体来给出几何解释。将 2 个位串逐位比较，不同位的数目叫作这 2 个位串间的“距离”。以 n 维体术语来阐述，2 个位串间的距离就是相应的 2 个顶点间路径的最短长度。2 个相邻顶点间的距离为 1, 3 维体中 001 和 100 距离为 2。在下一节理解和设计检错码时，距离的概念是至关重要的。

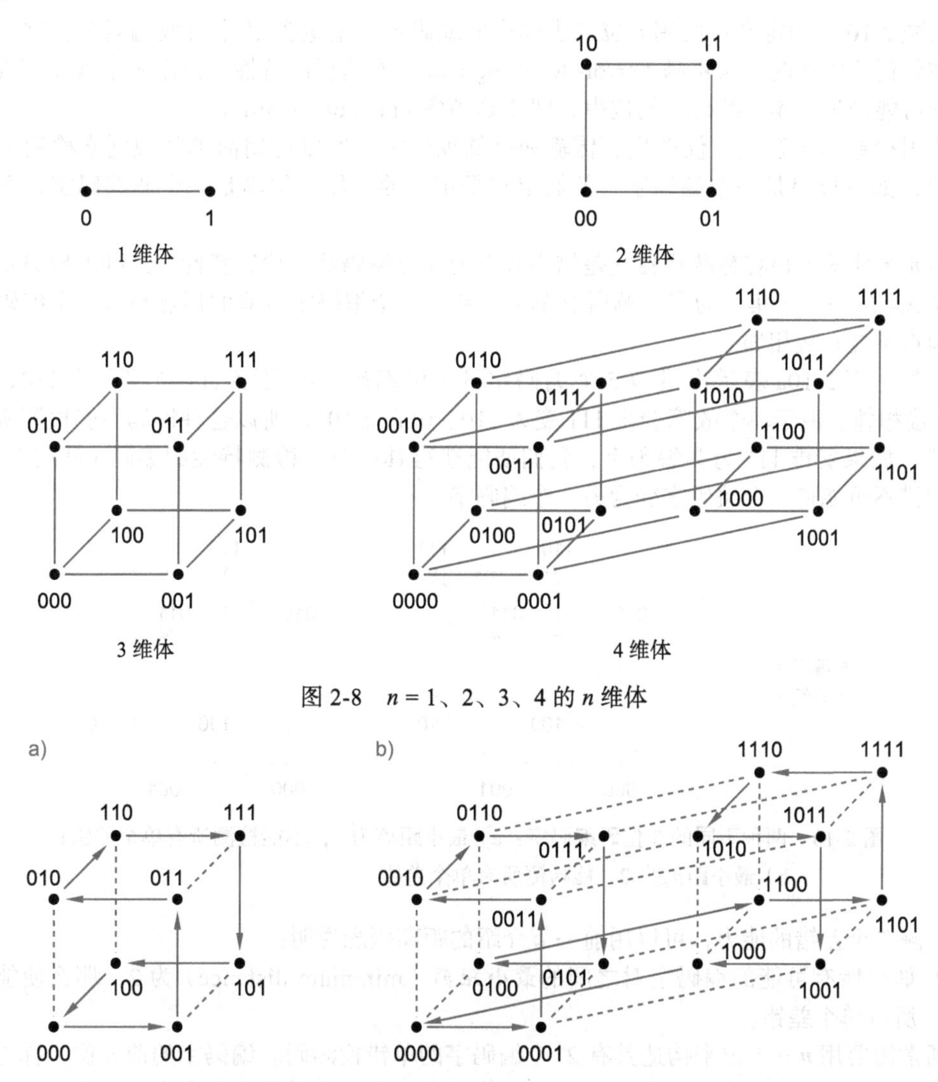

图 2-8　n = 1、2、3、4 的 n 维体

图 2-9　按格雷码的顺序遍历 n 维体：a）3 维体；b）4 维体

*2.15　检错码和纠错码

数字系统的差错（error）是指数据损坏，从正确值变成了其他值。差错由物理故障（failure）引起，故障可能是暂时的，也可能是永久的。例如，宇宙射线或 α 粒子能引起存储电路的暂时故障（temporary failure），改变存储在其中的位值；电路太热或静电袭击能引起永久故障（permanent failure），以致电路再也不能正确地工作。

故障对数据的影响用差错模式（error model）来预测。我们这里考虑最简单的差错模式：独立差错模式（independent error model）。在这种模式中，假定单一的物理故障只影响单一的数据位，此时我们可以说损坏的数据包含单个差错（single error）。多个故障可能引起多个差错（multiple error），也就是两位或更多位错，但是通常假定多位错比单个错要少得多。

2.15.1 检错码

回顾2.10节的定义：使用n位二进制串的编码不一定包含2^n个有效编码字，这正是我们现在要讨论的情况。检错码（error-detecting code）有这样的特性：当编码字被损坏或改变时，很可能产生不属于编码字的位串，即非编码字（noncode word）。

使用检错码的系统仅仅产生、传输和存储编码字，所以可用简单的规则来检测位串中的差错，如果位串是一个编码字，就假定它是正确的；如果位串是一个非编码字，则包含差错。

用n维体术语很容易解释独立差错模式下的n位编码及其检错特性。某种编码只不过是n维体顶点的一个子集，为了检测所有单个差错，一个编码字对应的顶点与另一个编码字对应的顶点不能直接相邻。

例如，图2-10a表示出具有5个编码字的3位编码，编码字111与编码字110、011、101直接相邻。由于单个故障会将111变为110、011或101，所以这种编码不能检测所有单个差错。如果安排111为非编码字，我们便能获得具有单错检测特性的编码（见图2-10b），单个差错不可能将一个编码字变为另一个编码字。

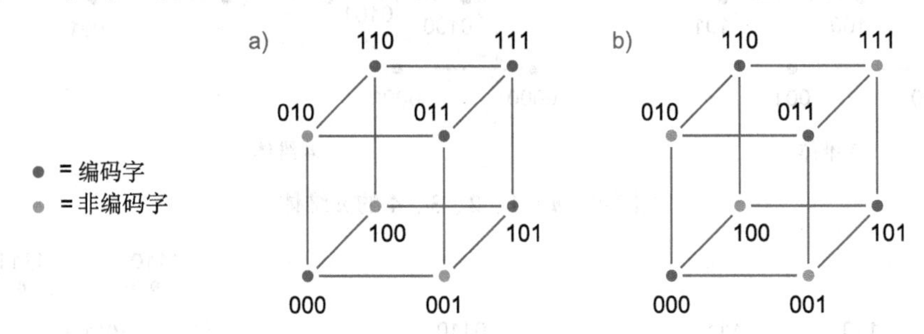

图2-10　两种不同的3位码编码字：a）最小距离为1，不能检测所有单个差错；b）最小距离为2，能检测所有单个差错

检测单个差错的能力，可以用前一节介绍的距离概念说明：

- 如果所有可能的编码字对之间的最小距离（minimum distance）为2，那么便能检测所有单个差错。

通常需要用$n+1$位来构造具有2^n个编码字的单错检测码。编码字的前n位，称之为信息位（information bit），可以从2^n个n位串中任取。为了获得最小距离为2的编码，可以多加一位，称之为奇偶校验位（parity bit），如果信息位中有偶数个1，则将奇偶校验位置为0，否则为1。相关示例可参见表2-11的前2列，这里信息位为3位。如果有效的$n+1$位编码字中包含偶数个1，那么这种编码叫作偶校验码（even-parity code）。我们也可以构造表2-11第3列所示的奇校验码（odd-parity code），其中有效的$n+1$位编码字中包含奇数个1。由于只用了1个奇偶校验位，有时也把这些编码叫作1位奇偶校验码（1-bit parity code）。

因为改变2位不会影响奇偶性，所以1位奇偶校验码不能检测2位错，但可以检测奇数位的错。例如，如果一个编码字中有3位改变，那么奇偶性就被破坏了，结果就成了非编码字。然而这帮不了我们多少忙。在独立差错模式下，3位错或许比2位错少得多，而2位错又没法检测。因而更实际地讲，1位奇偶校验码的检错能力也就只能检测1位错而已。要检测多个位的错，就要用到最小距离大于2的编码。

表 2-11 有 3 个信息位的距离 2 编码

信息位	偶校验码	奇校验码
000	000 0	000 1
001	001 1	001 0
010	010 1	010 0
011	011 0	011 1
100	100 1	100 0
101	101 0	101 1
110	110 0	110 1
111	111 1	111 0

2.15.2 纠错码与多重检错码

根据某些规则，使用 1 个以上的奇偶校验位或*校验位*（check bit），可以构造最小距离大于 2 的编码。在说明怎样做这件事之前，先看看用这样的编码如何纠正 1 位错或检测多位错。

假设有一种最小距离为 3 的编码，图 2-11 为这种编码的 n 维体的部分片段。如图所示，每对编码字之间至少有 2 个非编码字。现在，假如要传送编码字，并假设故障至多影响每个接收编码字的 1 位，那么收到的带 1 位错的非编码字与原始传送的编码字之间的距离，比其与任何其他编码字之间的距离都要小。因此，当接收到一个非编码字时，通过将它改变为离它最近的编码字，即可*纠正差错*（error correction），如图中箭头所示。确定原始传送的是哪一个编码字从而产生接收编码字的过程，叫作*译码*（decoding），实现这种译码的硬件，即是*纠错译码器*（decoder）。

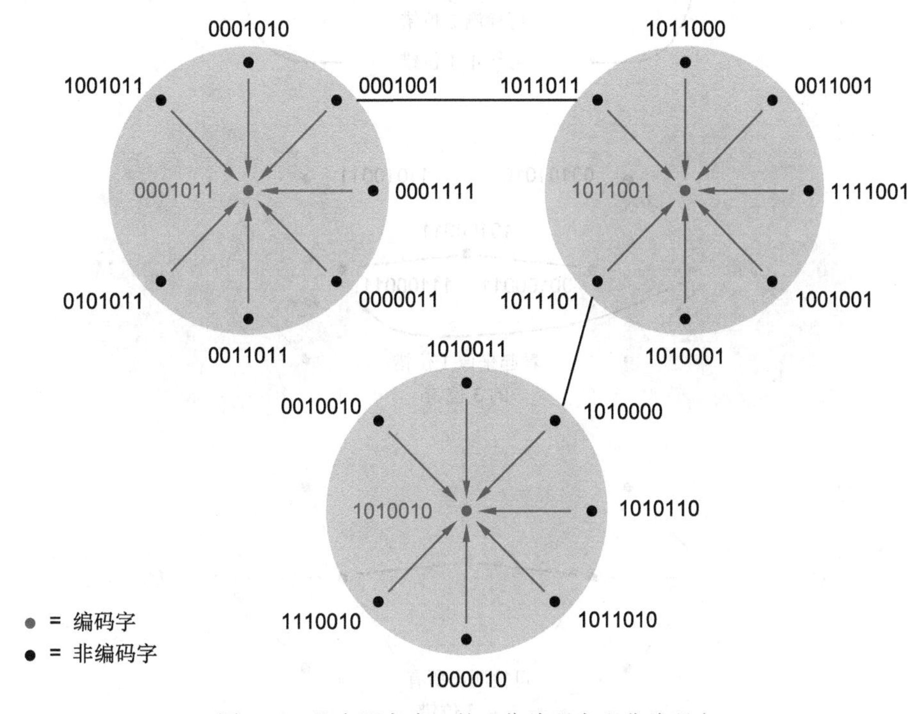

图 2-11 几个距离为 3 的 7 位编码字和非编码字

用来纠正差错的编码叫作*纠错码*（error-correcting code）。一般而言，最小距离为 $2c + 1$

的编码最多可以用来纠正 c 位错（前面例子中 $c = 1$）；最小距离为 $2c + d + 1$ 的编码最多可以纠正 c 位错，同时最多可以检测 d 位错。

> **决定，决策**
> 词语译码和译码器是有意义的，因为它们与其干扰项决策和决策器之间只有一字之差。

图2-12a展示了最小距离为4（$c = 1$，$d = 1$）的编码的 n 维体片段。产生非编码字00101010和11010011的单位错能被纠正，而产生10100011的差错不能被纠正，因为单位错并不能产生这个非编码字，而2位错能产生这个非编码字。所以这种编码能检测2位错，但不能纠正它。

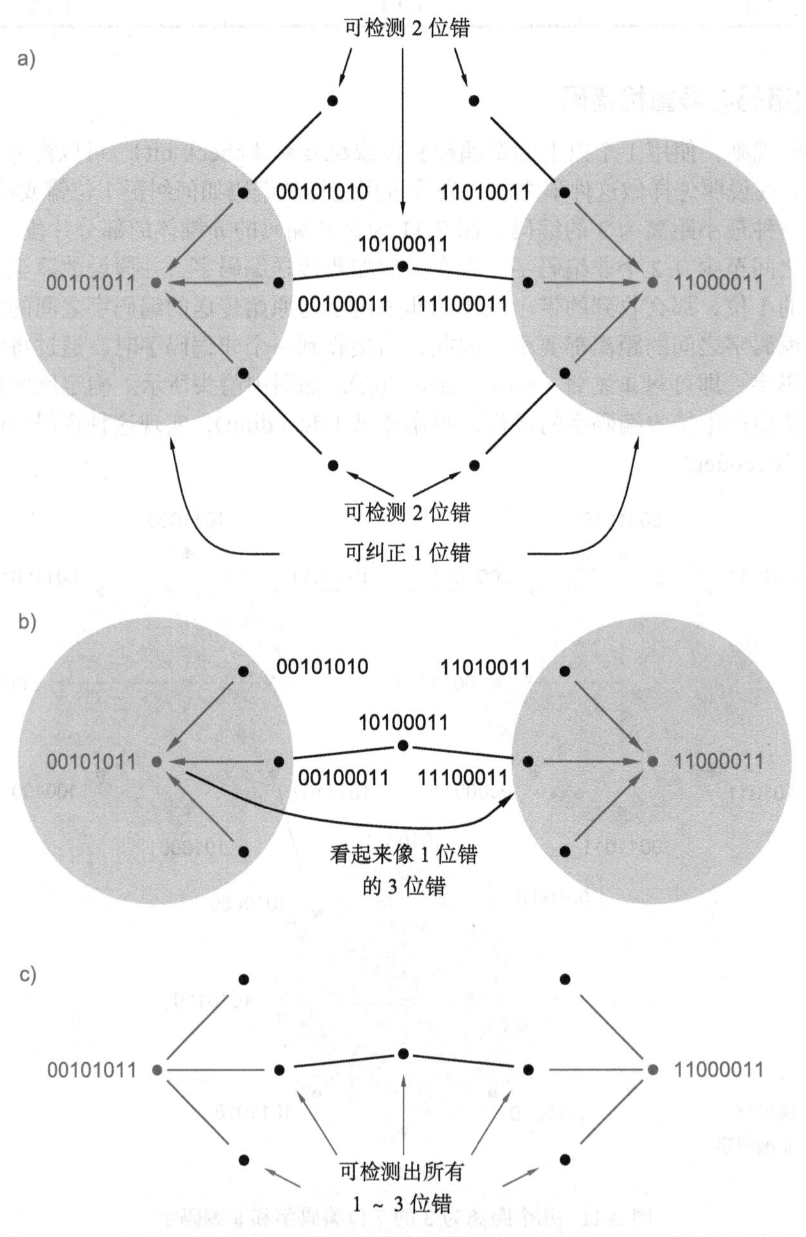

图2-12　几个距离为4的8位编码字和非编码字：a）纠正1位错并检测2位错；b）不正确地纠正3位错；c）不能纠错但能检测至多3位错

当接收到非编码字时，我们不知道发送的原始编码字是什么，只知道和接收编码字最近的字。因此，如图 2-12b 所示，3 位错可能被“纠正”成错误值。如果 3 位错发生的可能性很小，那么犯这类错误的可能性是可以接受的。另一方面，如果关注 3 位错，则可以改变译码策略，只将所有的非编码字标记为无法改正的差错，而不再去纠正它们。这样，如图 2-12c 所示，同样的距离为 4 的编码最多能检测 3 位错，但不能纠正差错（$c = 0$，$d = 3$）。

2.15.3 汉明码

1950 年，汉明（R. W. Hamming）描述了构造最小距离为 3 的编码的一般方法，现在称作*汉明码*（Hamming code）。对于任意 i 值，其方法能产生 2^i-1 位的编码，其中包含 i 个校验位和 2^i-1-i 个信息位。信息位较少的距离为 3 的编码，可由位数较多的汉明码通过删除若干信息位而得到。

汉明编码字的每一位位置从 1 至 2^i-1 计数。在任何情况下，位置是 2 的幂的那些位都是校验位，其余为信息位。正如由*校验矩阵*（parity-check matrix）所指定的，每个校验位与信息位的一个子集组成一组。如图 2-13a 所示，当用二进制表示的时候，每个校验位与若干信息位组成一组，这些信息位在校验位上的值都是 1。例如，校验位 2（010）与信息位 3（011）、6（110）、7（111）组成一组，这些信息位的中间位都是 1。对给定信息位值的组合，校验位用来产生偶校验，也就是让这组内 1 的总数为偶数。

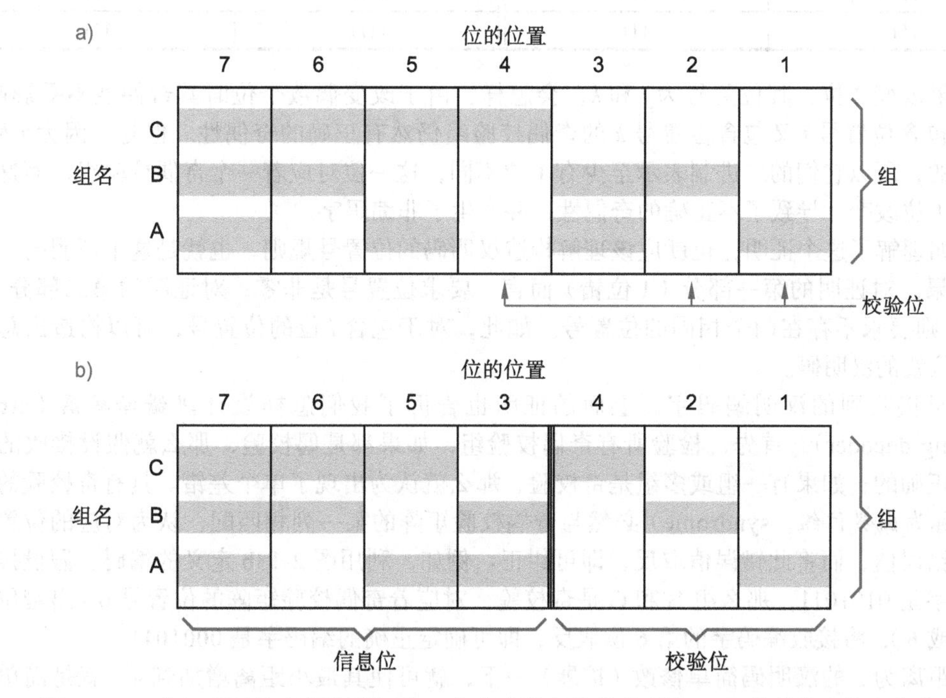

图 2-13　7 位汉明码的奇偶校验矩阵：a）位的位置按数值顺序；b）校验位和信息位分离

校验矩阵中每一位的位置和所生成的编码字，一般都要做重新排列，以便使所有校验位在右侧，如图 2-13b 所示。表 2-12 的前 2 列列出了所生成的编码字。

如果一个编码字至少要改变 3 位才能获得另一个编码字，就能够证明汉明码的最小距离是 3。也就是说，要证明编码字中 1 位或 2 位改变后生成的是非编码字。

如果改变编码字的 1 位，其位置号为 j，那么就改变了包含位置号 j 的那些组的奇偶性。由于每个信息位至少包含在一组里，所以至少有一组的奇偶性不正确，结果是非编码字。

表 2-12　有 4 个信息位的距离 3 和距离 4 的汉明码的编码字

最小距离 3 码		最小距离 4 码	
信息位	奇偶校验位	信息位	奇偶校验位
0000	000	0000	0000
0001	011	0001	0111
0010	101	0010	1011
0011	110	0011	1100
0100	110	0100	1101
0101	101	0101	1010
0110	011	0110	0110
0111	000	0111	0001
1000	111	1000	1110
1001	100	1001	1001
1010	010	1010	0101
1011	001	1011	0010
1100	001	1100	0011
1101	010	1101	0100
1110	100	1110	1000
1111	111	1111	1111

如果改变 2 位，其位置号为 j 和 k，会怎样？由于改变偶数个位时其奇偶性不受影响，所以既包含位置号 j 又包含位置号 k 的奇偶校验组仍然有正确的奇偶性。但是，因为 j 和 k 是不同的，所以它们的二进制表示至少有 1 位不同，这一位对应着一个奇偶校验组，而这一组只有 1 位改变，导致了不正确的奇偶性，并产生了非编码字。

假如理解了这个证明，也就应该理解构造汉明码的位置号规则，也就是这个证明的一个简单结果。对证明的第一部分（1 位错）而言，要求位置号是非零；对证明的第二部分（2 位错），则要求不存在两个相同的位置号。如此，对于包含 i 位的位置号，可以构造出总共 2^i-1 个位置的汉明码。

对于接收到的汉明编码字，上面的证明也告诉了我们怎样设计**纠错译码器**（error-correcting decoder）。首先，检验所有奇偶校验组，如果都是偶校验，那么就假设接收的编码字是正确的；如果有一组或多组是奇校验，那么就认为出现了单个差错。具有奇校验的组模式（称为**出错位组**，syndrome）必然与奇偶校验矩阵的某一列相匹配，认为对应的位置号包含了错误值，而将此错误值取反，即可纠正。例如，利用图 2-13b 定义的编码，假设接收的编码字是 0101011，那么组 B 和 C 是奇校验，对应着奇偶校验矩阵的位置号 6（出错位组是 110 或 6），将接收编码字的第 6 位取反，即可确定正确的编码字是 0001011。

把距离为 3 的汉明码简单修改（扩展）一下，就可使其最小距离增加到 4。就是简单地多增加 1 个校验位，使所有位（包括这个新位）的奇偶性满足偶校验。与在 1 位偶校验编码中一样，这一位可以确保检测出所有奇数位的错，特别是任何 3 位的错。我们已经说明用其他的奇偶校验位可以检测 1 或 2 位错，因此修改后的编码最小距离一定是 4。

在计算机存储系统，特别是存储电路占了大部分系统故障的大型机中，距离为 3 和 4 的汉明码常用于检错和纠错。对于非常长的存储字，这些码特别有吸引力，因为随着存储字长度的增加，所需要的校验位的数目增加缓慢，见表 2-13。

表 2-13 距离 3 和距离 4 的扩展汉明码的字长度

信息位	最小距离 3 码		最小距离 4 码	
	奇偶校验位	总位数	奇偶校验位	总位数
1	2	3	3	4
≤ 4	3	≤ 7	4	≤ 8
≤ 11	4	≤ 15	5	≤ 16
≤ 26	5	≤ 31	6	≤ 32
≤ 57	6	≤ 63	7	≤ 64
≤ 120	7	≤ 127	8	≤ 128

2.15.4 循环冗余校验码

除汉明码外，还有许多其他检错和纠错码。最重要的编码（正巧包含了汉明码）是*循环冗余校验*（Cyclic-Redundancy-Check, CRC）码。对于 CRC 码，已经发展了丰富的理论，这些理论集中在检错和纠错特性，以及便宜的编码器和译码器的设计方面（参见参考资料）。

CRC 码的两个重要应用是磁盘驱动器和数据网络。在磁盘驱动器中，每个数据块（典型的是 512 字节）都用一个 CRC 码保护，以检测块内的差错，甚至有些驱动器还能纠正差错。在数据网络中，每个数据包都以 CRC 编码的校验位结束。这两个应用场合都选择 CRC 码，是由于它在突发差错检测方面的优良特性。除单位差错之外，CRC 码还能检测磁盘数据块或数据包中成群的多位差错，这类差错比随机分布的多位差错更可能发生。因为在上述两个应用中，导致差错的物理原因很可能是磁盘驱动器的表面缺损以及通信链路的突发噪声。

2.15.5 二维码

为了使最小距离尽量大，另外一种编码方法是构造*二维码*（two-dimensional code），如图 2-14a 所示。在概念上，把信息位排成二维矩阵，行、列奇偶位分别用来校验行和列。编码 C_{row} 用于行，其最小距离为 d_{row}；编码 C_{col} 用于列，其最小距离为 d_{col}。也就是说，选择行奇偶位使得每一行的位串是 C_{row} 中的编码字，选择列奇偶位使得每一列的位串是 C_{col} 中的编码字。“角落”位置的奇偶位可根据行或列的编码来选择。二维码的最小距离是 d_{row} 和 d_{col} 的乘积，所以二维码有时也叫作*乘积码*（product code）。

如图 2-14b 所示，最简单的二维码对行和列使用 1 位偶校验码，它的最小距离为 2 × 2 即 4。任何 1 位、2 位或 3 位差错模式都将引起行、列或两者的不正确奇偶校验，因此很容易证明其最小距离为 4。要得到不可检测的差错，矩阵中至少必须改变 4 位，如图 2-14c 所示。

这种码的检错和纠错过程直截了当。假设一次读一行信息，每读一行就检验其行码，如果检测到错误，仅仅从行校验还不能指出哪一位出错。但若只有一行不正确，则可以重构这一行，方法是按列逐位异或，异或时不考虑出错行，但要包括列校验行。

为了获得更大的最小距离，距离为 3 或 4 的汉明码可用于行、列或两者。构造三维或更多维的编码也是可能的，这时最小距离等于各维最小距离的乘积。

二维码的一个重要应用是用在 RAID 存储系统中。RAID 表示“廉价磁盘冗余阵列”（redundant array of inexpensive disk）。在这种系统中，$n + 1$ 个相同的磁盘驱动器用于存储 n 张磁盘的有用数据。例如，4 个 2 太字节（TB）的驱动器用于存储 8 太字节的非冗余数据，第 5 个 2 太字节的驱动器就可用于存储校验信息。若做这样的阵列安排，就有可能存储大约 200 部 MPEG-2 格式的高清电影，而且不用担心因损坏一个硬驱动器而造成的问题。

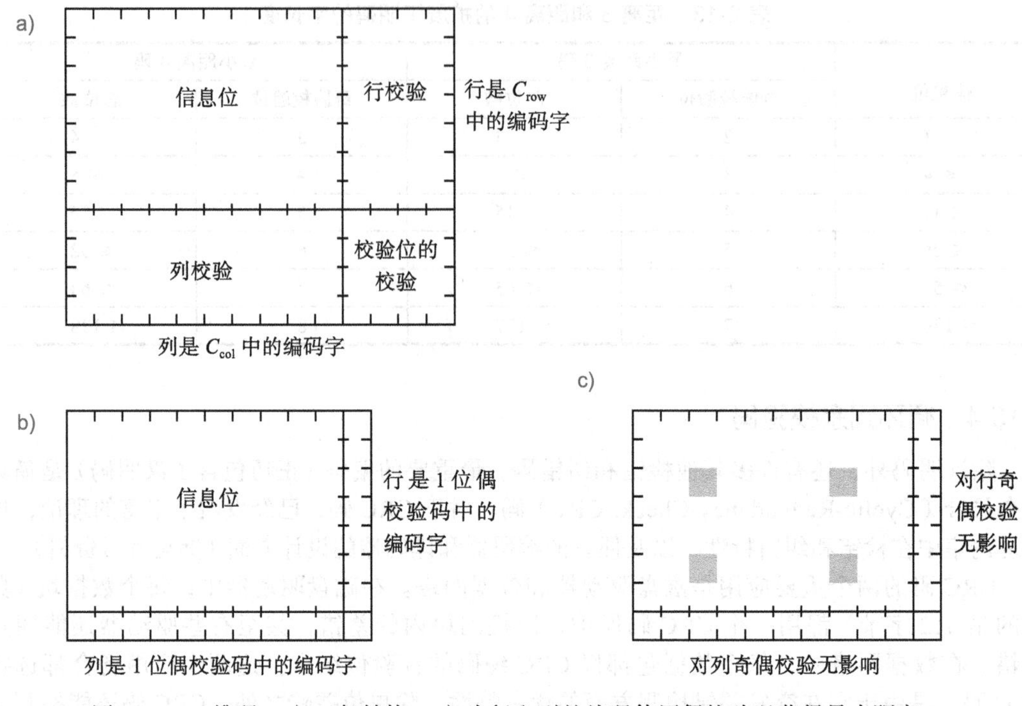

图 2-14 二维码：a）一般结构；b）为行和列的编码使用偶校验以获得最小距离 4；c）不可检错的典型模式

图 2-15 显示了针对 RAID 系统的二维码的大体方案，每个磁盘驱动器都被认为是编码的一行。每个驱动器存储 m 个数据块，一个典型的数据块包含 512 字节。例如，2 太字节驱动器可存储约 40 亿个数据块。如图中所示，每个数据块包含自己的 CRC 校验码以检测本块的差错，前 n 个驱动器存储非冗余数据，第 $n+1$ 个驱动器的每一块都存储前 n 个驱动器对应数据块的奇偶位。也就是说，选取第 $n+1$ 个驱动器的第 b 块的第 i 位，使得所有驱动器的第 b 块第 i 位中的 1 的个数为偶数。

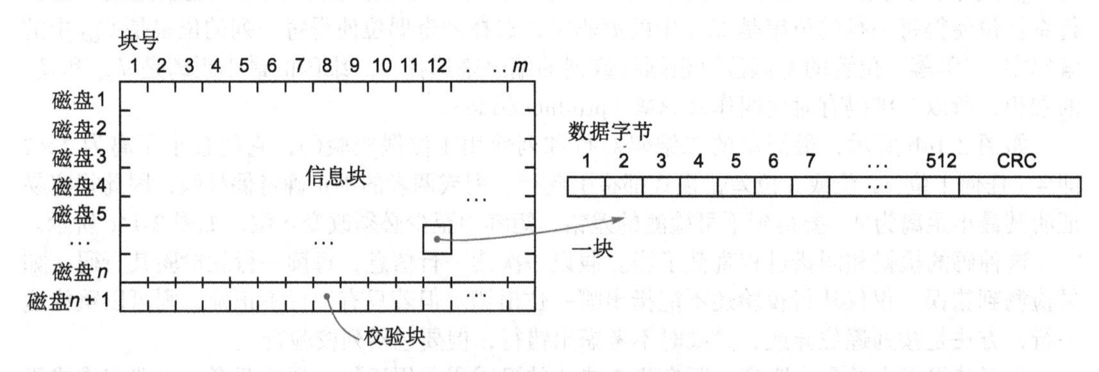

图 2-15 RAID 系统的纠错码结构

在操作中，信息块的差错由 CRC 码检测。一旦检测到某个驱动器的某一块出错，就可以简单地构造该块的正确内容，方法是计算包括第 $n+1$ 个驱动器在内的所有其他驱动器的对应数据块的奇偶性。即便丢失了一个驱动器上的所有数据，这种方法仍然有效。

虽然这样做需要 n 次附加的磁盘读操作，但总比丢失数据好！写操作也需要附加的磁盘访问，目的是在写信息块时更新对应的校验块（见练习题 2.62）。由于在典型的应用中，磁盘写比磁盘读的操作次数要少得多，因此这方面的开销通常不是问题。

KILO-、MEGA-、GIGA-、TERA-

前缀 K（kilo-，千）、M（mega-，兆）、G（giga-，吉或千兆）、T（tera-，太或兆兆），在用来表示位 / 秒（bps）、赫兹（hertz）、欧姆（ohm）、瓦特（watt）和大多数其他工程量时，分别意指 10^3、10^6、10^9、10^{12}；然而在用来表示存储器容量时，分别意指 2^{10}、2^{20}、2^{30}、2^{40}，这是因为存储器的容量通常是 2 的幂次，且 2^{10}（1024）非常接近于 1000。

奇怪的是，在提到磁盘和可移动存储设备（包括 SD 卡以及诸如此类的设备）时，这些前缀的含义又回到了表示 10 的幂次。驱动器生产厂家最初这样使用这些前缀的目的，毫无疑问是为了使他们的驱动器看起来大一点。从百分比来看，这些术语之间大小的差别只会随着日渐增长的存储容量而增大。

现在，当有人为你的第一份工程工作提供 70 千美元的年薪时，你可以考虑去磋商一下前缀的含义了！

2.15.6 校验和码

前面几小节用到的奇偶校验操作是基于数位的模 2 加法，即在一组数位中，如果 1 的个数为偶数，则模 2 和为 0；1 的个数为奇数则模 2 和为 1。这种模加方法可以扩展到除 2 以外的其他基数，用于形成校验位。

例如，计算机把信息存储为一组 8 位字节，考虑每个字节具有十进制值，范围是 0 ~ 255，因此可以使用模 256 加法来检查字节。所生成的单个校验字节，称作*校验和*（checksum），它等于所有的信息字节按模 256 相加所得到的和。由此得到的*校验和码*（checksum code）能检测任何单个字节差错，因为这类差错会使得重新计算的字节值之和与校验和不一致。

校验和码也可以使用不同的模做加法。使用模 255 或者模 65535、反码加法的校验和码尤其重要，因为它具有特别的计算和检错性能，而且可用于对互联网的 IPv4 包的数据报头进行校验。

2.15.7 *n* 中取 *m* 码

在 2.13 节中介绍的 *n* 中取 1 码和 *n* 中取 *m* 码，其最小距离为 2，因为只要改变 1 位就改变了编码字中 1 的总数，也就产生了一个非编码字。

这些编码还有一个有用的检错特性：检测单向多重差错。在*单向差错*（unidirectional error）中，所有的出错位同向变化（0 均变成 1，或相反）。如果系统的差错机制趋向于以同一个方向改变所有位，那么在这种系统中这一特性特别有用。

2.16 用于串行数据传输与存储的编码

2.16.1 并行 / 串行数据

大多数计算机和其他数字系统以*并行*（parallel）格式传输和存储数据。在并行数据传输中，数据字的每一位单独占用一根信号线；在并行数据存储中，数据字的所有位同时进行读写。

对某些应用而言，并行格式并不经济。例如，在电话网络上并行传输数据字节就需要 8 根电话线；在磁盘上并行存储数据字节就需要带 8 个独立读 / 写磁头的磁盘驱动器。*串行*格式则允许在任一时刻只传输或存储数据的 1 位，这在许多场合可降低系统成本。甚至在板级设计和计算机外设接口中，串行格式也能降低成本并减少某些系统设计问题。例如，PCI Express 串行接口就是由原先用于在台式机中增加模块的并行 PCI 总线演化而来的。

图 2-16 举例说明了*串行数据*（serial data）传输的基本概念。重复的时钟信号（图中称作 CLOCK）定义了位传输速率，即每个时钟周期传输 1 位。这样，*位速率*（bit rate，单位 bps）即是每秒传输的比特数，它在数值上等于每秒内时钟频率的周期数（赫兹，或 Hz）。

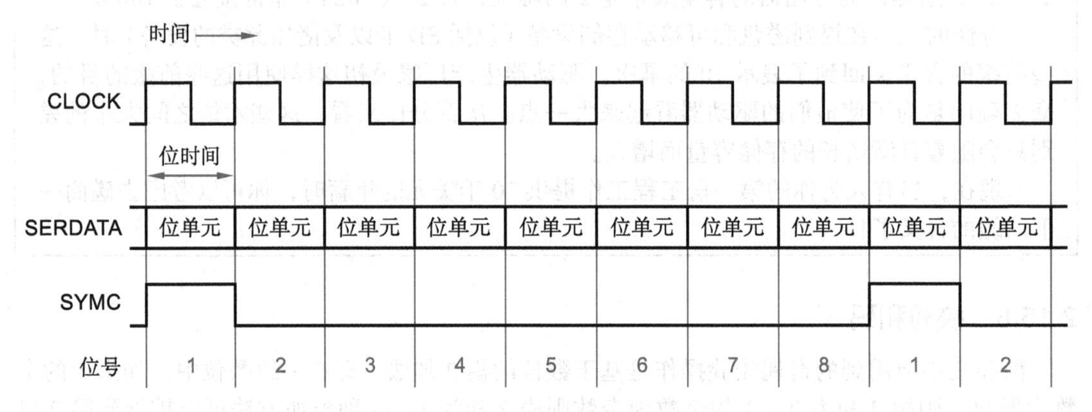

图 2-16　串行数据传输的基本概念

位速率的倒数叫作*位时间*（bit time），在数值上等于时钟周期（s）。串行数据线（图 2-16 中叫作 SERDATA）上要传输的每一位都预定了这个时间量。每位占用的时间有时叫作*位元*（bit cell）。每个位元期间出现在传输线上的实际信号格式取决于*线路码*（line code）。在一种称为*不归零制*（Non-Return-to-Zero，NRZ）的最简单的线路码中，传输 1 时在整个位元时间内信号线上的信号值都为 1，传输 0 时则依然为 0。更复杂的线路码有其他规则，这将在下节讨论。

不管什么线路码，串行数据的传输或存储系统都需要某种方法来识别串行流中每一位的含义。例如，假设串行传输 8 位字节，那么怎样知道每个字节的第 1 位呢？*同步信号*（synchroni-zation signal，图 2-16 中的 SYNC）提供了必要的信息，在每个字节的第 1 位，它等于“1”。

显然，最少需要 3 个信号用于恢复串行数据流：定义位元的时钟信号、定义字边界的同步信号以及串行数据本身。在有些应用场合，如计算机或电信系统中的模块互连，这 3 个信号各自单独占用一根信号线，这样就把每个连接的线数从 n 根降到 3 根，降低了成本。

在许多应用场合，使用 3 根单独信号线的成本还是太高（如用于以太网每个方向的 3 个信号，或任何无线系统所采用的多个无线电信号）。对于这样的系统，典型的做法是将 3 个信号混合成单一的串行数据流，再用复杂的模拟和数字电路从此数据流中恢复时钟和同步信息（下节将要讨论）。

*2.16.2　串行线路编码

串行数据最常用的线路码如图 2-17 所示。在 NRZ 编码中，发送到线路上的每个位值占据整个位元，对短距离传输而言，这是最简单的编码方案。但是，它通常需要提供定义位元的数据发送时钟信号，否则接收方不可能判断连续的 0 电平或 1 电平到底表示几个 0 或 1。例如，若没有定义位元的时钟，那么图 2-17 中的 NRZ 波形就可能错译成 01010。

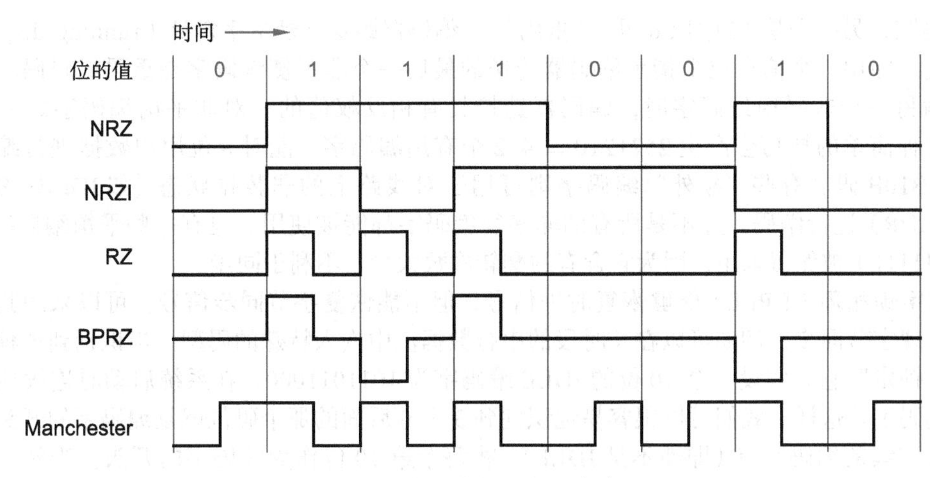

图 2-17 串行数据的常用线路码

数字锁相环（Digital Phase-Locked Loop, DPLL）是从串行数据流中恢复时钟信号的模拟/数字电路。DPLL 只有在串行数据流包含足够的 0 到 1 和 1 到 0 的转换时才能工作，这些转换能“暗示”DPLL 原始时钟的转换何时发生。对于 NRZ 码数据，只有数据不包含长的、连续的 1 或 0 串，DPLL 才能工作。

有些串行传输和存储介质是转换敏感介质（transition-sensitive media），它们不能传输或存储绝对的 0 或 1 电平，而只能传输或存储两个离散电平间的转换。例如，磁盘或磁带是靠改变存储数据的区域内介质的磁化极性来存储信息的，当恢复信息时，要决定区域的绝对磁化极性是不可行的，只能决定这个区域和下一个区域之间的极性变化。

在转换敏感介质上，以 NRZ 格式存储的数据不能清楚地恢复，图 2-17 中的 NRZ 数据可以解释为 01110010 或者 10001101。不归零逢 1 翻转制（Non-Return-to-Zero Invert-on-1s, NRZI）克服了这个局限，如果当前电平和前一个位元期间发送的电平相反，则发送 1；如果和前一个位元保持同样的电平，则发送 0。只要 NRZI 编码的数据不包含长的、连续的 0 串，那么 DPLL 就可以从中恢复时钟。

归零制（Return-to-Zero, RZ）类似于 NRZ，只是当发送的位为 1 时，“1”电平传输的时间只有位时间的几分之几（通常是 1/2）。使用 RZ 编码，包含很多 1 的数据模式将造成很多的电平极性翻转，DPLL 可以利用这些翻转来恢复时钟。然而如同其他线路码那样，一个 0 串中没有翻转，所以如果出现一长串 0 时，就不可能恢复时钟。

有些传输介质（如高速光纤链路）要求串行数据流是直流平衡（DC balanced），也即 1 的数目和 0 的数目必须相等。数据流中长时间的直流成分（由于 1 的个数远多于 0 的个数而产生的，反之亦然）给接收方造成偏差，这种偏差降低了可靠地辨别 1 和 0 的能力。

通常，NRZ、NRZI 和 RZ 数据没有直流平衡保证，而且在用户数据流中很可能会出现长的字串，其中 1 的数目多于 0 的数目（或相反）。但是，通过使用少许附加位，将用户数据编码成平衡码（balanced code）形式，则仍有可能获得直流平衡。在平衡码中，每个编码字包含的 1 的数目和 0 的数目相等，然后将这些编码字以 NRZ 格式发送。

例如，在 2.13 节曾提到的 8B10B 码，它将 8 位的用户数据编码成 10 位编码字，其中大多数编码字为 10 中取 5 码。回顾一下，10 中取 5 码只有 252 个编码字，所以至少还需要四个“额外的”编码字（多加几个编码字，以传送特定的控制信息）；而 10 中取 4 码有 210 个编码字，10 中取 6 码的编码字与其相等。当然，这些编码字都不是完全直流平衡的。8B10B 码解决了这个问题，它将每个“额外”8 位值编成一对非平衡编码字，一个是 10 中取 4 码

（“轻码”），另一个是 10 中取 6 码（“重码”）。编码器跟踪流动不平衡性（running disparity）的轨迹，即用一个信息位来指示编码器传送的最后一个非平衡编码字是重码或轻码。当它要传输另一个非平衡编码字时，编码器选择具有相反权值的一对非平衡编码字之一来发送。这种简单的技巧会产生 252+210 = 462 个有用编码字，能对 8 位用户数据进行编码而成为 8B10B 码。有些“额外”编码字则可用于对线路上的非数据状态（如 IDLE、SYNC 和 ERROR）进行编码。并不是所有的非平衡编码字都能被使用。也有一些平衡编码字（如 0000011111）被保留未用，因为它含有的翻转次数太少，不利于同步。

数字锁相环（DPLL）能够恢复时钟信号，但不能恢复字节同步信号。可以采用其他方法来实现字节同步，例如可以在长时段的串行数据流中嵌入特殊的码型，当识别到这种码型后就“锁定”它。假设一个 10 位的 IDLE 编码字为 1011011000，在系统启动时连续地发送这个编码字。这样，我们可以很容易地识别到 3 个 0 后面的那个码位就是编码字的开头。此后，对连续的编码字流（即使不是 IDLE），将每个第 10 位作为编码字的开头。当然，如果由于噪声引起同步丢失，则需要采取附加的措施促使发送方再发送 IDLE 编码字。关于这方面，需要采用更多其他更聪明且更多样化的方法。

所有前述的编码只传输或存储 2 个信号电平，0 和 1。而*传号交替反转码*（Alternate Mark Inversion, AMI）传输 3 个信号电平，+1、0 和 –1。AMI 码除了 1 以 +1 和 –1 交替传输之外，其余与 RZ 类似。AMI 码中的“mark”一词源于旧时电话公司的说法，他们将一个 1 称作一个“mark”。

AMI 大大优越于 RZ 之处在于其直流平衡性，这使得在不能容忍直流分量的传输介质（如变压器耦合的电话线）上发送 AMI 信息流成为可能。事实上，AMI 码已在 T1 数字电话线路上使用了几十年。在这种线路上，模拟的语音信号每秒产生 8000 个 8 位数字采样值，形成的数据流在 64 Kbps 速率的串行通道上以 AMI 格式传输。

与 RZ 类似，只要一行中没有太多的 0，就可能从 AMI 串中恢复时钟信号。尽管电话公司（TPC）不能控制用户讲话的内容（至少目前还不能），但他们仍然有限制“0”流动的简单方法。如果在对模拟语音信号进行采样时，在所产生的众多 8 位字节中发现有全 0 的字节，那么就简单地把第 2 个最低有效位变成 1，这叫作*零码抑制*（zero-code suppression）。也许这从来没有引起人们的注意，这也是在许多有 T1 线路的数据应用场合，每 64 Kbps 的通道只能得到 56 Kbps 的可用数据的原因，因为每个字节的最低有效位总是置 1，以防止零码抑制改变其他位。

图 2-17 中最后一种编码是*曼彻斯特*（Manchester）或*二相*（diphase）编码。这种编码的主要优点在于：不管被传输的数据模式如何，每个位元至少转换一次，这使得时钟恢复非常容易。如图中所示，在位元中间，0 到 1 的转换表示“0”，1 到 0 的转换表示“1”。曼彻斯特码的主要优点也是其主要缺点，因为就每个位元而言，它比其他编码含有更多的转换，也就需要更宽的介质带宽来传输给定的比特率。由于在同轴电缆中带宽不成问题，所以早期的以太局域网就是用同轴电缆以 10 Mbps 的速率来传输曼彻斯特编码的串行数据。

参考资料

本章前九节关于这些话题的精确、全面且有趣的讨论，可以在 Donald E. Knuth 的《Seminumerical Algorithms》（Addison-Wesley，1997，第 3 版）中找到。爱好数学的读者将会发现 Knuth 有关数制和算术特性的分析十分精彩，且所有读者都将享受到点缀于文字间的真知和故事。

关于算术操作的算法描述，请看 Miloš Ercegovac 和 Tomas Láng（Morgan Kaufmann,

2003）的《Digital Arithmetic》。关于算术技术和浮点数系统全面的讨论参见 Shlomo Waser 和 Michael J. Flynn（Oxford University Press，1995）所著的《Introduction to Arithmetic for Digital Systems Designers》。

CRC 码基于有限域（finite field）理论，该理论是由法国数学家 Évariste Galois（1811—1832）在被害前不久提出的。检错码和纠错码的经典书籍是 W. W. Peterson 和 E. J. Weldon, Jr. 的《Error-Correcting Codes》（MIT Press，1972，第 2 版），但这本书只推荐给在数学上较有造诣的读者。对编码更通俗的介绍，请看 John Baylis 写的《Error Correcting Codes: A Mathematical Introduction》（Chapman & Hall/CRC, 1997），不必在意标题中使用了“Mathematical”一词。有关编码方面的另一部专著是 W.C.Huffman 和 V.Pless 的《Fundamentals of Error-Correcting Codes》(Cambridge University Press，2010）。

在 William Stallings 的《Data and Computer Communications》(Pearson，2014，第 10 版）一书中，介绍了串行数据传输的编码技术，还涉及了非常有用的高层次通信和网络设计的知识。

8B10B 码的结构以及它的基本原理，在最初的 IBM 专利中有很好的解释。该专利由 Peter Franaszek 和 Albert Widmer 所有，美国专利号为 4486739（1984），这项专利以及几乎所有 1971 年以后发布的美国专利都可以在 www.uspto.gov 或 patents.google.com 上找到。

训练题

2.1 完成下面的数制转换：

(a) $1011101_2 = ?_{16}$ (b) $137023_8 = ?_2$

(c) $10011011_2 = ?_{16}$ (d) $64.23_8 = ?_2$

(e) $11000.0111_2 = ?_{16}$ (f) $D3B6_{16} = ?_2$

(g) $11110101_2 = ?_8$ (h) $ACBD_{16} = ?_2$

(i) $101101.0111_2 = ?_8$ (i) $37E.73_{16} = ?_2$

2.2 将下面的八进制数转换成二进制数和十六进制数：

(a) $4321_8 = ?_2 = ?_{16}$ (b) $1772631_8 = ?_2 = ?_{16}$

(c) $533434_8 = ?_2 = ?_{16}$ (d) $245277_8 = ?_2 = ?_{16}$

(e) $7542.22_8 = ?_2 = ?_{16}$ (f) $63712.1515_8 = ?_2 = ?_{16}$

2.3 将下面的十六进制数转换为二进制数和八进制数：

(a) $2047_{16} = ?_2 = ?_8$ (b) $6CBA_{16} = ?_2 = ?_8$

(c) $FEAB_{16} = ?_2 = ?_8$ (d) $C079_{16} = ?_2 = ?_8$

(e) $79EF.3C_{16} = ?_2 = ?_8$ (f) $BAD.DADD_{16} = ?_2 = ?_8$

2.4 以八进制表示的 32 位数 34567654321_8，其四个 8 位字节对应的八进制值分别是多少？

2.5 将下面的数转换成十进制：

(a) $1111011_2 = ?_{10}$ (b) $173016_8 = ?_{10}$

(c) $10110001_2 = ?_{10}$ (d) $66.27_8 = ?_{10}$

(e) $10101.1001_2 = ?_{10}$ (f) $FCB6_{16} = ?_{10}$

(g) $12210_3 = ?_{10}$ (h) $FEED_{16} = ?_{10}$

(i) $7716_8 = ?_{10}$ (i) $15C1.93_{16} = ?_{10}$

2.6 完成下面的数制转换：

(a) $129_{10} = ?_2$ (b) $4398_{10} = ?_8$

(c) $207_{10} = ?_2$ (d) $4196_{10} = ?_8$

(e) $138_{10} = ?_2$ (f) $22439_{10} = ?_{16}$

(g) $797_{10} = ?_5$　　(h) $52844_{10} = ?_{16}$

(i) $1333_{10} = ?_8$　　(j) $64000_{10} = ?_{16}$

2.7　将下面的二进制数相加，指出所有的进位：

(a)	(b)	(c)	(d)
110011	101110	11011101	1110011
+ 11001	+ 100101	+ 1100011	+ 1101001

2.8　利用减法重复训练题 2.7，指出所有的借位。

2.9　将下面的八进制数相加：

(a)	(b)	(c)	(d)
1362	47135	175314	110321
+ 4231	+ 5145	+ 152405	+ 57573

2.10　将下面的十六进制数相加：

(a)	(b)	(c)	(d)
1872	4F1A5	F32B	1B90F
+ 4737	+ B7D4	+ 2AE6	+ A44E

2.11　写出下面每个十进制数的 8 位原码、二进制补码、二进制反码：+19、+105、+81、–47、–2、–112。

2.12　指出下面 8 位二进制补码数相加时是否发生溢出：

(a)	(b)	(c)	(d)
11010110	11011111	00011101	01110001
+ 11101001	+ 10111111	+ 01110001	+00001111

2.13　最小距离为 $d + 1$ 的编码能发现多少位错？

2.14　要得到距离为 4、包含 n 个信息位的二维码，至少需要多少个奇偶校验位？

2.15　为什么美国的计算机工程师们有时会将圣诞假期和万圣节假期的日期弄混？

2.16　为什么 60 年代滚石乐队的幸运数字是 64180？

2.17　作者在邮政编码为 60453 的地区长大，错过的电话是 10 的幂。怎么会这样？

2.18　这是一个使你晚上保持清醒的问题：724174_{10} 的十六进制等效值是多少？

2.19　找一个二进制、八进制和十六进制的回文字数（顺读和逆读一样）。

2.20　列出 4 位格雷码的编码字。

2.21　5 中取 2 码有多少编码字？列出这些编码字。

2.22　依据计算 n 中取 m 码的编码字的二项式系数公式，可以看出，n 中取 $n–m$ 码的编码字数量与 n 中取 m 码的编码字数量完全相同。但是，你能不用数学的方式对此给出一个简单的解释吗？

2.23　完成一次网上搜索，以确定电话用语和 AMI 代码结构中的“mark”分别在哪里？

2.24　*神奇的读心者*。复制图 2-18，并将其剪成六片。找一个朋友，让他从中选一片，并在这一片中悄悄选一个数，再将这一片还给你。然后，再让你的朋友看看剩余的纸片，并从中选出所有包含他所挑选的数字的纸片交给你。快速将朋友交给你的所有纸片左上角的数字加起来，最后告诉你的朋友，这个和就是他选的数字！解释一下这个诡计的原理是什么。

1 3 5 7 9 11 13 15 17 19 21 23 25 27 29 31 33 35 37 39 41 43 45 47 49 51 53 55 57 59 61 63	2 3 6 7 10 11 14 15 18 19 22 23 26 27 30 31 34 35 38 39 42 43 46 47 50 51 54 55 58 59 62 63	4 5 6 7 12 13 14 15 20 21 22 23 28 29 30 31 36 37 38 39 44 45 46 47 52 53 54 55 60 61 62 63
8 9 10 11 12 13 14 15 24 25 26 27 28 29 30 31 40 41 42 43 44 45 46 47 56 57 58 59 60 61 62 63	16 17 18 19 20 21 22 23 24 25 26 27 28 29 30 31 48 49 50 51 52 53 54 55 56 57 58 59 60 61 62 63	32 33 34 35 36 37 38 39 40 41 42 43 44 45 46 47 48 49 50 51 52 53 54 55 56 57 58 59 60 61 62 63

图　2-18

练习题

2.25 基于训练题 2.24 制作一个新版的“神奇的读心者”。这个版本有八片，每片有少于 32 个 1 ~ 80 之间的数（但每片上数字的数量要相同）。你可以用你最喜欢的程序设计语言，编写一个程序来把这些纸片打印出来。

2.26 基于训练题 2.24 制作一个新版的神奇的读心者。这个版本有九片，每片都只有 16 个 1 ~ 63 之间的数。你可以用你最喜欢的程序设计语言，编写一个程序来把这些纸片打印出来。

2.27 请找到这样的一个 8 位二进制数：当把它解释为一个十进制数或者二进制补码数的时候，它都具有相同的负值。你能找到一个吗？

2.28 在对火星的首次探险中，发现的仅仅是文明的废墟。从石器和图片中，探险家们推断创造这些文明的生物有四条腿、其触角末端长着一些抓东西的“手指”。经过很多研究后，探险家们终于能够翻译火星人的数学，他们发现了下面的等式：

$$5x^2-50x+125=0$$

所指出的解为 $x=5$ 和 $x=8$。其中 $x=5$ 这个解看上去非常合理，但是 $x=8$ 这个解就需要某种解释。于是，探险家们反思了地球的数制发展，并且发现了火星的数制也有类似历史发展的证据。你认为火星人有几个手指？（来自 1956 年 2 月的《The Bent of Tau Beta Pi》。）

2.29 下面每个算术运算至少在某一种数制中是正确的。试确定每个运算中操作数的基数可能是多少？

(a) 1234 +4321 = 5555　　(b) 51/3 = 15
(c) 44/4 = 11　　(d) 23 + 44 + 14 + 32 = 201
(e) 315/24 = 10.2　　(f) $\sqrt{51}=6$

2.30 假设 $4n$ 位数 B 用 n 位十六进制数 H 来表示。试证明：B 的二进制补码可以用 H 的十六进制补码来表示。对于八进制数，做类似的陈述并给予证明。

2.31 利用 B 的二进制反码和 H 的十六进制反码，重做练习题 2.30。

2.32 给定整数 x，其范围为 $-2^{n-1}\leqslant x\leqslant 2^{n-1}-1$，定义 $[x]$ 为 x 的二进制补码表示。当 $x\geqslant 0$ 时，$[x]=x$；当 $x<0$ 时，$[x]=2^n-|x|$，其中 $|x|$ 为 x 的绝对值。设 y 为另一个整数，范围同 x。试证明下式总是成立的：

$$[x+y]=[x]+[y] \text{ 模 } 2^n$$

提示：基于 x 和 y 的符号，考虑四种情况。为了不失一般性，可以假设 $|x|\geqslant|y|$。

2.33 用二进制反码加法的适当表达式和规则，重做练习题 2.32。

2.34 按照图 2-3 中的模表示法进行计数操作，阐明二进制补码加法的溢出规则。

2.35 试说明：通过符号位扩展，可以用更多的数位来表示二进制补码数。也就是说，对给定的 n 位二进制补码数 X，当 $m>n$ 时，X 的 m 位二进制补码表示就等于在 X 的 n 位补码左边添加 $m-n$ 个符号位，即扩展的各位均以符号位填充。

2.36 试说明：通过舍去较高位，可以用更少的数位来表示二进制补码数。也就是说，对给定的 n 位二进制补码数 X，舍去 X 最左边的 d 位（$d=n-m$）得到的 m 位二进制补码数 Y 与 X 所表示的数一样，前提是当且仅当舍去的位均等于 Y 的符号位。

2.37 为什么二进制补码（two’s complement）和二进制反码（ones’complement）的标点表示方法不一致？（请参看参考资料中的第一个文献。）

2.38 n 位二进制加法器可以完成 n 位无符号数的减法操作 $X-Y$。方法是执行操作，其中

X和Y是n位无符号数，$\bar{Y}$表示把Y按位取反。说明如下：首先，证明$(X-Y)=(X+\bar{Y}+1)-2^n$。其次，证明n位加法器的进位情况和n位减法器的借位情况相反。即当且仅当$X+\bar{Y}+1$操作不产生MSB的进位时，$X-Y$操作才产生MSB的借位。

2.39 大多数情况下，表示两个n位二进制补码数的乘积所需的位数少于$2n$位。事实上，只有一种情况需要$2n$位，找出这一种情况。

2.40 证明：将二进制补码数左移一位，最低有效位的位置以零填充，移出的最高有效位丢弃。如果没有溢出，就等于将该数乘以2。阐述检测溢出的规则。

2.41 类似于练习题2.40，阐述二进制反码乘以2的规则并证明其正确性。

2.42 怎样进行BCD减法？阐述产生借位和使用修正因子的规则。将该规则应用于下面各减法中：8–3，4–8，5–9，2–7。

2.43 在一个4状态的控制器中，可能有多少种不同的3位二进制状态编码？ 6状态控制器中呢？ 8状态控制器中呢？

2.44 你的那位尖头发的上司说，每个编码字必须至少含有一个“0”，这样可以“节省电力”。那么，对于表2-10的交通灯控制器，可能有多少种不同的3位二进制状态编码？如果每个状态编码中必须至少含有两个“0”，那么可能有多少种不同的4位二进制状态编码？

2.45 列出图2-5的机械编码盘中可能会产生不正确位置的所有“坏”边界。

2.46 作为n的函数，在使用n位二进制编码的机械编码盘中有多少个“坏”边界？

2.47 有个机械编码器的制造商发明了2位格雷码并生产出具有十进制序列0、1、3、2的编码器。为了推广到n位编码器，他们需要做的所有事只是将每个其他的十进制序列配对进行转换，从而形成一系列的0、1、3、2、4、5、7、6、8、9等。但是它被证明是不够完善的。作为一个n的函数，会存在多少个“坏”边界呢？他们的编码会比一个n位二进制编码好多少呢？

2.48 为什么商用和私人飞机上的高度脉冲收发机会使用格雷码来对要传送到机场交通控制塔的高度读数进行编码？

2.49 每次接通白炽灯泡，它便处于受压状态，所以在某些场合，灯泡的寿命受制于开/关周期的次数，而不是照明的总时间。利用编码知识提出在这类场合使3路灯泡寿命延长一倍的方法。

2.50 在一个特定的计算机文件里，会多次出现5字节的序列0x44、0x27、0x6F、0x68、0x21，为什么？

2.51 在一张纸（或其他二维体）上，找出任何线都不会相交的3维体画法，若找不出，就证明这是不可能的。

2.52 对于4维体，找出任何线都不会相交的4维体画法，若找不出，就证明这是不可能的。

2.53 2.15.2节方框注释中的论述对于ASCII码也成立吗？

2.54 定义包含11个信息位且距离为3的汉明码的奇偶校验组。

2.55 写出包含1个信息位的汉明码的编码字。

2.56 一种特定的64位计算机的存储系统采用的存储模块的宽度是72位。稍微详细地描述一下，这样的存储系统还可以提供什么额外的特性？

2.57 如果图2-14的二维码不包括“角落”位置的奇偶校验位，那么试说明不能检测3位错的情况。

2.58 *编码效率*是指编码字中信息位的数目与总位数之比。有效的信息传输要求接近于1的高编码效率。画图比较：信息位达100位、距离为2的奇偶校验码与距离为3和4的汉明码的编码效率。

2.59 距离为 4 的二维码和汉明码，哪一个具有较高的编码效率？请以表 2-13 的形式来说明，表中应包括每种编码的编码效率以及奇偶校验位和信息位的位数，信息位至多 100 位。

2.60 说明怎样构造有 8 个信息位且距离为 6 的编码。

2.61 说明如何泛化练习题 2.60 的解答，创建一种信息位的位数任意大且距离为 6 的编码。当信息位的位数接近无穷大时，这种编码的最大传输率是多少？

2.62 描述在 RAID 系统中，将新的数据写入驱动器 d 的信息块 b 中所必需的操作，以便任何驱动器的信息块 b 出现差错时均能恢复数据。使所需的磁盘访问的数目最小化。

2.63 互联网上 IPv4 包的头文件包含一个 16 位的头文件中所有 16 位字的反码和。这个头文件的校验和可以检测出头文件中任何一个 16 位字的几乎所有可能的差错。描述两个这种校验和检测不出来的差错。

2.64 IPv4 包的头文件校验和采用的是 16 位的反码和，而非补码和，因为在处理器上用 32 位或 64 位的算术运算计算反码和，其运算量分别是计算补码和的一半或四分之一。解释为什么会这样；要回答这个问题，需要上网查询一下。

2.65 设要串行发送的数据的比特模式是“01010001”，以图 2-17 的形式，画出采用 NRZ、NRZI、RZ、BPRZ 和曼彻斯特编码的波形图（假设数位是按照从左到右的顺序发送）。

2.66 串行接口 PCIe 的前两个版本（PCIe 1.0 和 2.0）的第一个通道用的串行线路码是什么？可上网查询以回答问题。

第 3 章
Digital Design: Principles and Practices, Fifth Edition

开关代数和组合逻辑

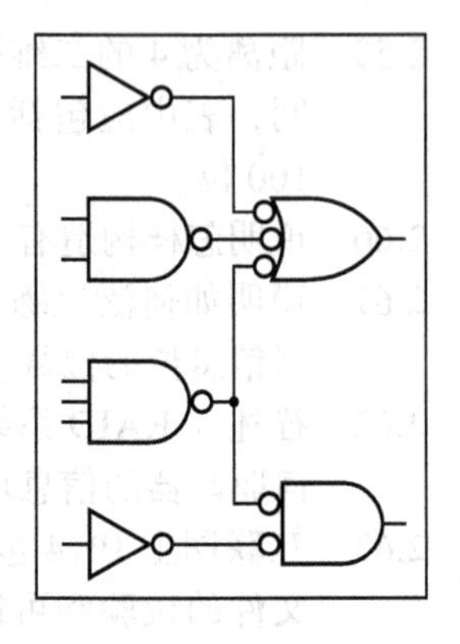

无疑，在用一种程序设计语言编写条件语句时，你已经使用过各种逻辑表达式了。那时，变量和关系运算以特定的方式组合在一个括号表达式中，用于做出决策并控制具体操作。

数字逻辑设计所用到的逻辑表达式通常比典型程序设计中所用到的要复杂得多。另外，在逻辑设计中，这些表达式常常导出对应的硬件实现，也就是一个逻辑电路，这个逻辑电路的输出值是通过对表达式所定义的输入进行评估和组合而得到的。

因此，逻辑表达式通常是由一个人或是一种 EDA 工具来处理的，以实现各种不同的电路设计目标。这些目标可能是用一个表达式来描述一个已有的电路结构，或者是优化电路规模或性能指标（如速度和功耗）。数字硬件设计者们采用开关代数作为基本的工具来构建、理解和处理逻辑表达式和电路。

逻辑电路分为两大类："组合的"和"时序的"。在*组合逻辑电路*（combinational logic circuit）中，任一时刻的输出仅取决于当前的输入。老式轿车的风扇转速选择器旋钮就像组合电路，其"输出"仅仅根据当前的"输入"（即旋钮的位置）来选择转速。

时序逻辑电路（sequential logic circuit）的输出不仅取决于当前的输入，还取决于过去的输入顺序，在时间上可能追溯到以前的任意时刻。新型轿车由向上和向下按钮控制的风扇转速电路就是时序电路。当前的转速取决于以前任意长时间的向上 / 向下按钮序列，始于第一次打开风扇的那个时间。

本章重点讲述组合逻辑电路，学习开关代数、逻辑表达式以及组合逻辑电路基于门级的分析和设计。时序电路将在后续章节中讲述。

组合逻辑电路可以含有任意数目的逻辑门电路和反相器，但不包括反馈回路。*反馈回路*（feedback loop）是指允许一个门的输出被传回到该门输入端的信号通路，这样的回路通常会产生时序电路特性。

在组合逻辑电路分析中，我们从门级逻辑图开始，进而得到该电路功能的形式描述，如真值表或逻辑表达式。在*综合*中则相反，是从形式描述开始，进而得到逻辑图或能够利用现有组件构造电路的其他描述。

什么是综合

我们在第 1 章中介绍了采用 EDA 工具的基于 HDL 的数字设计的概念。在基于 HDL 的数字设计方法中，可以以多种形式中的一种写出一个 HDL 模型，来准确定义一个组合逻辑函数，然后，用一种 EDA 综合工具以选定的技术来实现这个函数。相关细节将在 4.3 节中讲述。

在本章中，*综合*（synthesis）的含义要狭隘一些。我们还是从一个组合逻辑函数的精确定义出发，但其形式只是一个逻辑方程、真值表或其他等效的方式。而且，我们的目标只是一个实现技术，就是一个能够实现这个逻辑函数的门级电路。这就是传统的逻辑设计，传统逻辑设计的关键目标就是最小化实现逻辑函数所需的门电路的数量。经验证实，对于大多数其他实现技术而言，这个目标仍旧是后续特定技术优化的一个很好的起点。

组合电路可以有一个或多个输出端。在本章，我们要讨论应用于单个输出电路的方法，大多数分析和综合技术都可以用明显的方法由单个输出扩展到多个输出的电路（例如，“对每个输出重复这些步骤”）。有些技术则为了改善多输出情况下的有效性，要采取不那么明显的方式才能进行扩展。

本章的目的是给出组合逻辑电路分析和设计的坚实理论基础，这些基础知识在后面学习时序电路时更为重要。虽然大多数分析和综合过程如今都是由 EDA 工具自动完成，但仍需对其基础有基本的了解，以便使用这些工具。当出现的结果不符合预期的结果时，能很快找出错误的原因。

在进入讨论组合逻辑电路之前，必须先介绍开关代数，它是分析和综合所有类型逻辑电路的基础数学工具。

综合与设计

逻辑电路的设计是综合的超集，因为实际的设计问题通常是从电路功能的非形式化描述开始，通常是采用自然语言或伪代码来描述电路的行为特性。对于组合电路而言，非形式化描述至少必须定义电路的输入和输出信号名，并说明每个输出与输入的关系。

要对电路做出形式化的描述，需要精确地定义电路在所有情况下的行为特性；就组合电路而言，就意味着定义出所有可能的输入组合所对应的输出值。组合电路的形式化描述包括真值表、逻辑方程以及用 HDL 创建的模型。

一旦完成了电路的形式化描述，就可以按照一个“轻而易举”的综合过程，来得到具有特定功能特性的电路。这个电路可以用展现其元件（如门电路）及其连接的逻辑图来描述，也可以用能够表达同样信息的网格列表（这是一个文本文件）来描述，还可以用一种特定实现技术（如 ASIC 或 FPGA）中说明电路元件及其连接的大量格式中的一种来描述。

本章前三节的内容是关于采用分立门电路来创建组合逻辑电路的“轻而易举”的综合过程的基础知识，无论这个过程是用手工还是用计算机来完成。

3.1 开关代数

数字电路的形式分析技术源于英国数学家 George Boole 的工作。1854 年，他发明了一种二值代数系统（现在称为*布尔代数*，Boolean algebra），其给出了在计算符号语言中进行推理的基本规则。采用这套系统，哲学家、逻辑学家等就能够对真或假的命题进行公式化，将它们组合形成新命题，并确定新命题的真实与谬误。例如，如果我们同意“没学过这个材料的人不是失败者就是讨厌的人”以及“没有一个计算机设计者是失败者”，那么我们就可以回答这样的问题：“如果你是个讨厌的计算机设计者，那么你学过这个材料吗？”

在布尔之后，到 1938 年，贝尔实验室的研究人员 Claude E. Shannon 指出了如何用布尔代数分析并描述继电器电路的特性，继电器是当时最常用的数字逻辑元件。在 Shannon 的*开关代数*（switching algebra）中，继电器接触状况（打开或闭合）由变量 X 表示，X 可为 0 或 1 这两个允许值之一。在现代逻辑技术中，这些值对应于各种广泛的物理条件：电压的高或低、灯光的开或关、电容器放电或充电、熔丝的断开或接通，等等。

在本节的剩下部分，我们将根据“第一原理”以及所知的关于逻辑元件（门和反相器）特性的知识，直接地研究开关代数。关于更多历史或数学的内容，请参阅本章的参考资料部分。

3.1.1　公理

开关代数中，我们用符号变量（如 X）表示逻辑信号的状态。取决于所涉技术的不同，逻辑信号为两种可能状态之一：低或高、关或开，等等。如果用 X 为“0”值来表示某一种状态，则 X 为“1”值就表示了另一种状态。

例如，对于 CMOS 和大多数其他逻辑电路，*正逻辑表示习惯*（positive-logic convention）是：把低态电压判定为 0 值，把高态电压判定为 1 值；*负逻辑表示习惯*（negative-logic convention）（很少使用）则正好相反：0 = 高态，1 = 低态。然而，选择正逻辑或负逻辑并不影响我们对电路特性做一致性代数描述的能力，它只影响从物理到代数抽象的细节。于是，我们通常可以忽略逻辑电路的物理实体，假设它们是直接按逻辑符号 0 和 1 来运作的。

一个数学系统的*公理*（axiom，或*假设*（postulate））是假定其值为真的基本定义的最小集，由此可推导出关于系统的所有其他信息。开关代数的前 2 个公理形式化地阐述变量 X 只能取 2 个值之一，以此来蕴涵“数字抽象”：

(A1) 如果 $X \neq 1$，则 $X = 0$　　(A1D) 如果 $X \neq 0$，则 $X = 1$

注意，这些公理是成对出现的，A1 和 A1D 的区别只是符号 0 和 1 的互换。这是所有开关代数公理的特征，也是我们后面将要学习的“对偶性”原理的基础。

反相器（inverter）是输出信号电平与输入信号电平相反或*互补*（complement）的一种逻辑电路。用*撇号*（prime（′））表示反相器功能。也就是说，若变量 X 表示反相器输入信号，则 X′ 表示反相器输出信号值。这个表示法可由第二对公理指定：

(A2) 如果 $X = 0$，那么 $X' = 1$　　(A2D) 如果 $X = 1$，那么 $X' = 0$

反相器的逻辑符号如图 3-1 所示，图中输入在左边，输出在右边。输入信号和输出信号可以随意命名，如 X 和 Y。然而，我们写出代数等式 Y = X′ 来说明“信号 Y 总是具有与信号 X 相反的值”。撇号（′）是*代数操作符*（algebraic operator），而 X′ 则是*表达式*（expression），可读为“X 撇”或“X 非”（NOT operation）。这种用法类似于你在编程语言中所学的：若 J 为整数变量，则 –J 就表示值为 0–J 的表达式。虽然这看起来是个小问题，但当我们学习逻辑设计的文档和软件工具时，信号名称（X，Y）、表达式（X′）和等式（Y = X′）之间的区别是非常重要的。

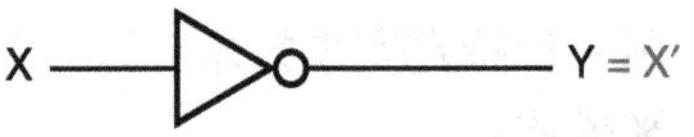

图 3-1　反相器的信号名和代数符号

一个 2 输入与门的两个输入都为 1 时，输出为 1，其逻辑符号如图 3-2a 所示。2 输入与门的功能有时称为*逻辑乘*（logical multiplication），代数上用*乘点*（multiplication dot，“·”）符号表示。也就是说，输入为 X 和 Y 的与门，其输出信号值为 X · Y，如图 3-2a 所示。有些作者，尤其是数学家和逻辑学家，用楔形符号“^”表示逻辑乘（X^Y）。我们遵循实用工程标准，采用乘点符号（X · Y）。在硬件描述语言（HDL）方面，Verilog 采用“&”符号来表示逻辑乘。

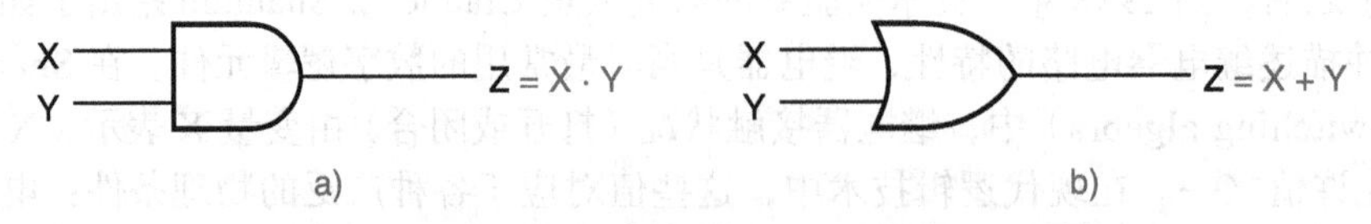

图 3-2　信号命名与代数表示：a）与门；b）或门

> **关于表示法的注释**
>
> 有些作者也用符号 $\bar{X}$，~X 以及 ¬X 来表示 X 的反码。上横符号（$\bar{X}$）大概是最常用且最好排印的。然而，我们采用了撇号，这样能在单行上写逻辑表达式，而不用更图形化的上横符号，并且强迫你把复杂的求反子表达式括起来。因为当使用硬件描述语言或其他工具时，必须这样做。

2 输入或门电路当任一个输入为 1 时，其输出也为 1；其逻辑符号如图 3-2b 所示。2 输入或门的功能有时称为*逻辑加*（logical addition），代数上用加号（+）表示。输入为 X 和 Y 的或门，输出信号值为 X + Y，如图 3-2b 所示。有些作者用“∨”表示逻辑加（X ∨ Y），但我们还是遵循典型的工程实用标准，采用加号为好，即（X + Y）。还有，在硬件描述语言中还可能采用其他符号表示，如 Verilog 中的“|”。

按照惯例，在本书和大多数书籍中，以及在 Verilog 的定义中，逻辑表达式内乘法的*优先级*（precedence）高于加法，正如在常规程序语言中的算术表达式那样。也就是说，表达式 W · X + Y · Z 等于（W · X）+（Y · Z）。但是，在使用 VHDL 时请注意，VHDL 中“与”和“或”具有相同的优先级，按照从左到右的顺序计算。因此，“W · X + Y · Z”与“(W · X + Y) · Z”相同，与“(W · X) + (Y · Z)”不同。

最后的三对公理是通过列出各种门在各种可能输入组合下的输出，来阐述*“与”操作*（AND operation）和*“或”操作*（OR operation）的形式定义：

(A3) 0 · 0 = 0　　　　(A3D) 1 + 1 = 1

(A4) 1 · 1 = 1　　　　(A4D) 0 + 0 = 0

(A5) 0 · 1 = 1 · 0 = 0　　　　(A5D) 1 + 0 = 0 + 1 = 1

以上五对公理，即 A1 ~ A5 和 A1D ~ A5D，完备地定义了开关代数。所有其他的有关事实都能够以这些公理为出发点加以证明。

> **稍等一会儿……**
>
> 在比较老的教科书里，用简单的变量并置（XY）来表示逻辑乘，但我们不这样做。一般地，只有当信号名为单字母时，并置才是清楚的表示方式。否则，XY 是逻辑乘还是两个字母的信号名？单字母变量名在代数中很普遍，但在实际数字设计问题中更倾向于使用多字母信号名来表示某种意思。因此，名字间需要有分隔符，而分隔符用乘点符可能比用空格更好。在用硬件描述语言书写逻辑公式时，一定要使用乘点符的 HDL 等效符号（如 Verilog 中用“&”）。

3.1.2　单变量定理

在逻辑电路的分析或综合过程中，常常要写出代数表达式以表征电路实际的或要求的特性。开关代数*定理*（theorem）就是一些被认为总是正确的陈述，它允许我们利用代数表达式得到相应电路的更简单的分析或更有效的综合。例如，定理 X + 0 = X 表明在任何出现 X + 0 的地方，都可以用 X 来代替。

表 3-1 列出关于单变量 X 的开关代数定理。怎么知道这些定理是真的？可以自己证明或听证明过的人是怎么说的。可我们是在大学里，所以还是让我们学着去证明吧！

多数开关代数中的定理都可用一种称为*完备归纳法*（perfect induction）的方法做很简单的证明。公理 1 是这种证明技术的关键，因为开关变量只能有两个不同的值（0 和 1），要证明关于单变量 X 的定理正确，只需证明它对 X = 0 和 X = 1 都正确。例如，要证明定理 T1，可做两个替代：

$$[X=0]\quad 0+0=0\quad \text{正确，根据公理 A4D}$$
$$[X=1]\quad 1+0=1\quad \text{正确，根据公理 A5D}$$

所有表 3-1 的定理都可用完备归纳法证明，见训练题 3.2 和 3.3。

表 3-1 单变量开关代数定理

(T1) X +0 = X	(T1D) X · 1 = X	（一致性）
(T2) X +1 = 1	(T2D) X · 0 = 0	（空元素）
(T3) X +X = X	(T3D) X · X = X	（同一律）
(T4) (X′)′ = X		（还原律）
(T5) X+X′ = 1	(T5′D) X · X′ = 0	（互补律）

3.1.3 二变量定理和三变量定理

二变量或三变量的开关代数定理列于表 3-2。考虑二变量 X、Y 的 4 种组合或三变量 X、Y、Z 的 8 种组合，这些定理都可用完备归纳法做出简单证明。

表 3-2 二变量或三变量开关代数定理

(T6)	X + Y = Y + X	(T6D)	X · Y = Y · X	（交换律）
(T7)	(X + Y) + Z = X + (Y + Z)	(T7D)	(X · Y) · Z = X · (Y · Z)	（结合律）
(T8)	X · Y + X · Z = X · (Y + Z)	(T8D)	(X + Y) · (X + Z) = X + Y · Z	（分配律）
(T9)	X + X · Y = X	(T9D)	X · (X + Y) = X	（吸收律）
(T10)	X · Y + X · Y′ = X	(T10D)	(X + Y) · (X + Y′) = X	（组合律）
(T11)	X · Y + X′ · Z + Y · Z = X · Y + X′ · Z			（一致律）
(T11D)	(X + Y) · (X′ + Z) · (Y + Z) = (X + Y) · (X′ + Z)			

前两对定理是关于逻辑加和逻辑乘的交换性和结合性，这与整数和实数的交换律和结合律相同。在逻辑和或者逻辑乘中，将多项放在一起进行运算，其结果与各项所加的括号或顺序无关。例如，从严格的代数意义上讲，类似 W · X · Y · Z 的表达式是不确切的，应当写为（W ·（X ·（Y · Z）））、（((W · X) · Y) · Z）或（W · X) ·（Y · Z)（参见练习题 3.22）。但定理告诉我们，不确切的表达形式是可以的，因为任何情况下其结果是一样的。甚至在改变变量的顺序（如 X · Z · Y · W）后，仍会得到相同的结果。

这些讨论虽然看起来微不足道，但还是非常重要的，因为这是包含两个以上输入的逻辑门的理论基础。我们定义“·”和“+”为二元操作符（binary operator），也就是组合两个变量的操作符，但实际上要用到 3 输入和更多输入的与门和或门。这些定理告诉我们可以以任意顺序连接门的输入，实际上，许多印制电路板和 ASIC 布线程序利用了这一点。我们可以互换地采用 *n* 输入门或 *n*–1 个 2 输入门，但多个 2 输入门的传播延迟和成本似乎要高些。

定理 T8 与整数、实数的分配律相同，即逻辑乘分配到逻辑加。因此，可以将表达式乘开，以得到“积之和”（与或）的形式，如下面的例子：

$$V \cdot (W+X) \cdot (Y+Z) = V \cdot W \cdot Y + V \cdot W \cdot Z + V \cdot X \cdot Y + V \cdot X \cdot Z$$

然而，开关代数还有着一些不熟悉的特性，将分配律 T8 反过来说：逻辑加分配到逻辑乘，如定理 T8D 所示，也是正确的。因此，也可以将表达式加开得到“和之积”（或与）的形式：

$$(V \cdot W \cdot X) + (Y \cdot Z) = (V + Y) \cdot (V + Z) \cdot (W + Y) \cdot (W + Z) \cdot (X + Y) \cdot (X + Z)$$

定理 T9 和 T10 广泛地用来最小化逻辑表达式中项的数目，从而最小化对应逻辑电路中门电路或门电路输入的数目。例如，若子表达式 $X + X \cdot Y$ 出现于逻辑表达式中，那么根据*吸收定理*（covering theorem）T9，只需用 X 代替它，称以 X *吸收*（cover）$X \cdot Y$。根据*组合定理*（combining theorem）T10，若表达式中有子表达式 $X \cdot Y + X \cdot Y'$，则可用 X 代替，因为 Y 必须为 0 或 1，故当且仅当 X 为 1 时子表达式为 1。

虽然可用完备归纳法简单地证明 T9，但如果用已证明的其他定理证明之，则 T9 的正确性就更明显了：

$$\begin{aligned} X + X \cdot Y &= X \cdot 1 + X \cdot Y && \text{（根据 T1D）} \\ &= X \cdot (1 + Y) && \text{（根据 T8）} \\ &= X \cdot 1 && \text{（根据 T2）} \\ &= X && \text{（根据 T1D）} \end{aligned}$$

同理，可用其他定理证明 T10，其关键步骤是利用 T8 将等式的左边重写为 $X \cdot (Y + Y')$。

定理 T11 称为*一致性定理*（consensus theorem）。$Y \cdot Z$ 项称为 $X \cdot Y$ 项和 $X' \cdot Z$ 项的*一致项*（consensus）。其思路是：若 $Y \cdot Z$ 为 1，则 $X \cdot Y$ 或 $X' \cdot Z$ 必有一个为 1，因为 Y 和 Z 都为 1，而 X 和 X' 中必有一个为 1。因此，$Y \cdot Z$ 项是多余的，可从 T11 的右边去掉。一致性定理有两个重要的应用：在组合逻辑电路中，它可用来去掉某些时序冒险，如 3.4 节所述；它还构成了迭代一致性方法的基础，迭代一致性方法用于寻找“素项”的逻辑化简程序（参见参考资料）。

在所有的定理中，可以用任意逻辑表达式来替换每个变量。一个简单的替换是对 1 个或多个变量求反：

$$(X + Y') + Z' = X + (Y' + Z') \quad \text{（基于 T7）}$$

也可用更复杂的表达式替换：

$$(V' + X) \cdot (W \cdot (Y' + Z)) + (V' + X) \cdot (W \cdot (Y' + Z))' = V' + X \quad \text{（基于 T10）}$$

3.1.4 *n* 变量定理

表 3-3 列出的一些重要定理对 n 变量都为真，n 为任意数。多数这些定理都可用*有限归纳法*（finite induction）证明：首先证明 $n = 2$ 时定理是正确的（*基本步骤*），然后证明若 $n = i$ 时定理正确，则 $n = i + 1$ 时定理也正确（*归纳步骤*）。例如，考虑广义同一律 T12。$n = 2$ 时，T12 等同于 T3，因而是正确的；若对 i 个 X 的逻辑和是正确的，按照下面的推理，对 $i + 1$ 个 X 的和也是正确的：

$$\begin{aligned} X + X + X + \cdots + X &= X + (X + X + \cdots + X) && \text{（等式两边均为 } i+1 \text{ 个 X）} \\ &= X + (X) && \text{（对 } n = i \text{，如果 T2 是正确的）} \\ &= X && \text{（根据 T3）} \end{aligned}$$

因此，对所有有限的 n 值，定理都是正确的。

德·摩根定理（DeMorgan's Theorem）（T13 和 T13D）可能是开关代数所有定理中最常用的。根据定理 T13，将 n 输入与门的输出求反等于 n 输入分别求反再相或。也就是说，图 3-3a 和图 3-3b 是等效的。

表 3-3　n 变量开关代数定理

(T12)	$X + X + \cdots + X = X$	(广义同一律)
(T12D)	$X \cdot X \cdot \cdots \cdot X = X$	
(T13)	$(X_1 \cdot X_2 \cdot \cdots \cdot X_n)' = X_1' + X_2' + \cdots + X_n'$	(德・摩根定理)
(T13D)	$(X_1 + X_2 + \cdots + X_n)' = X_1' \cdot X_2' \cdot \cdots \cdot X_n'$	
(T14)	$[F(X_1, X_2, \cdots, X_n, +, \cdot)]' = F(X_1', X_2', \cdots, X_n', \cdot, +)$	(广义德・摩根定理)
(T15)	$F(X_1, X_2, \cdots, X_n) = X_1 \cdot F(1, X_2, \cdots, X_n) + X_1' \cdot F(0, X_2, \cdots, X_n)$	(香农展开定理)
(T15D)	$F(X_1, X_2, \cdots, X_n) = [X_1 + F(0, X_2, \cdots, X_n)] \cdot [X_1' + F(1, X_2, \cdots, X_n)]$	

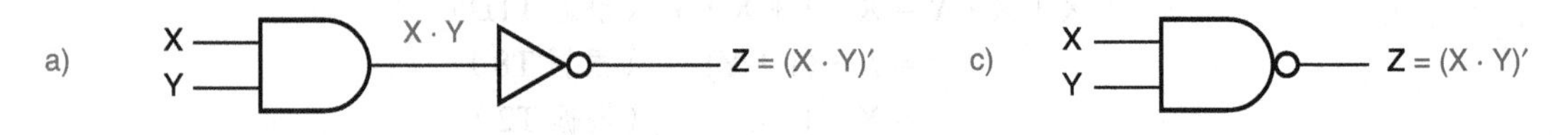

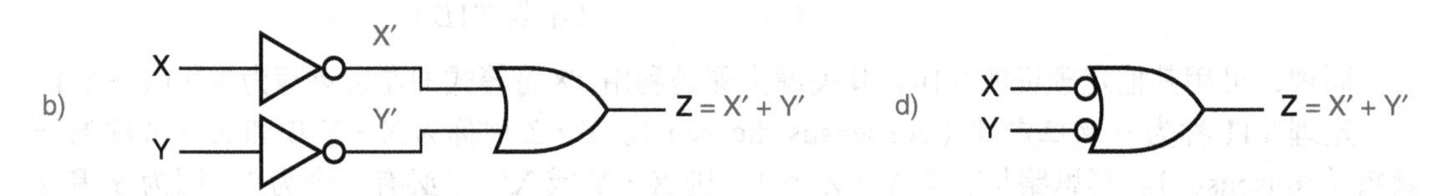

图 3-3　根据德・摩根定理 T13 的等效电路：a）与－非；b）非－或；c）与非门的逻辑符号；d）与非门的等效符号

与非门类似与门，但是，输出取反，与非门的逻辑符号如图 3-3c 所示。然而，CMOS 与非门并没有设计成与门接晶体管反相器（非门），它只是恰好能完成“与－非”功能的一组晶体管。实际上，定理 T13 告诉我们，图 3-3d 的逻辑符号表示同样的逻辑函数（或门输入上的圆圈表示逻辑反）。也就是说，与非门可看作是执行了“非－或”功能。

只观察与非门的输入和输出，不能确定它内部是与门接反相器还是反相器接或门，还是直接用 CMOS 实现，因为所有与非电路都实现同样的逻辑功能。虽然符号的选择不影响电路的功能，但是，在包含门电路的大型电路的文档中选用合适的符号可以使得大型电路更容易理解，正如在后面的章节中将会看到的那样。

根据定理 T13D 可得到类似的符号等效图。如图 3-4 所示，或非门可由或门后接反相器实现，也可由反相器后接与门实现。同样，对于大型电路而言，等效逻辑符号的选择会对电路的易理解性造成很大的影响。

定理 T13 和 T13D 是广义德・摩根定理 T14 的特例，T14 适用于任意逻辑表达式 F。根据定义，一个逻辑表达式 F 的反（以 $(F)'$ 表示）就是：对于每个可能的输入组合，对 F 值求反后得到的值。定理 T14 很重要，它给出处理和简化表达式求反的方法。

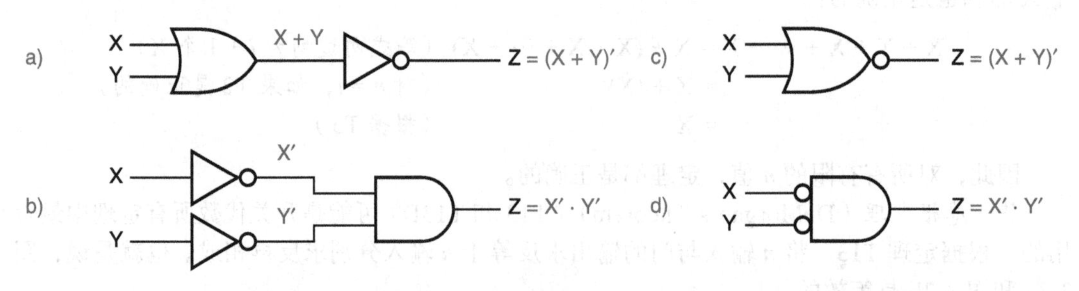

图 3-4　根据德・摩根定理 T13D 的等效电路：a）或－非；b）非－与；c）或非门的逻辑符号；d）或非门的等效符号

根据定理 T14，给定 n 变量逻辑表达式，其反可通过交换“+”和“·”并对每个变量求反而得到。例如，假设有：

$$F(W,X,Y,Z) = (W' \cdot X) + (X \cdot Y) + (W \cdot (X' + Z'))$$
$$= ((W)' \cdot X) + (X \cdot Y) + (W \cdot ((X)' + (Z)'))$$

第二行中给求反的变量加了括号，以提醒“ ′”是操作符，而不是变量名的一部分。应用定理 T14，可得到：

$$[F(W,X,Y,Z)]' = ((W')' + X') \cdot (X' + Y') \cdot (W' + ((X')' \cdot (Z')'))$$

应用定理 T4，可简化为：

$$[F(W,X,Y,Z)]' = (W + X') \cdot (X' + Y') \cdot (W' + (X \cdot Z))$$

一般地，根据定理 T14，通过交换“+”和“·”，对所有未求反的变量求反，并对求反的变量去反，即可对带括号的表达式求反。

广义德·摩根定理 T14 可按如下方法证明：所有逻辑函数都被写成子函数的和或积，然后递归地应用定理 T13 和 T13D。然而，基于下一小节所解释的对偶性原理，还有一个更加简单且令人满意的证明，如本书上一版所述。

在用 FPGA 实现组合逻辑函数的应用中，香农展开定理 T15 和 T15D 非常重要。FPGA 包含了一个被称为查询表（LUT）的基本资源的许多实例，LUT 可以实现任何组合逻辑功能，但是，其输入有一个固定的上限，大约是 6 个。如果需要一个 7 输入的函数，怎么办呢？香农定理说明了如何将两个 6 输入 LUT 的输出组合起来，实现任何 7 输入的逻辑函数。同样，8 输入的逻辑函数可以通过 7 输入逻辑函数（总共 4 个 LUT）采用类似的组合方式来实现，以此类推。正如 6.1.3 节所讲述的，FPGA 的逻辑综合器会自动完成这项工作。

3.1.5 对偶性

开关代数的公理都是成对给出的。每个公理的对偶式（dual）（如 A5D）都可简单地由基础公理（如 A5）通过交换 0 和 1 以及“+”和“·”（如果出现）而得到。因此，得到以下*元定理*（metatheorem），即关于定理的定理：

> *对偶性原理* 对开关代数的任何定理或恒等式，若交换所有的 0 和 1 以及“+”和“·”，结果仍正确。

因为所有公理的对偶式都是正确的，所以元定理是正确的，因而所有开关代数定理的对偶都可以用公理的对偶来证明。

那么，名字和符号的含义有那么重要吗？如果排版这本书的软件出了问题，即如果本章中的 0 和 1 及“+”和“·”都交换了，你仍能准确地学好开关代数，只是一些命名可能显得有点奇怪而已，如使用“积”这样的词却描述了使用符号“+”这样的操作。

对偶性是重要的，因为它让相关知识的有用性翻倍了，这些知识包括所学的开关代数和开关函数运算。这种描述不仅适用于设计者，还适用于能够处理逻辑函数并综合出实现电路的自动化工具。例如，如果一个软件工具可以基于一个由 HDL 模型定义的组合逻辑函数推出一个积之和表达式，然后依据表达式综合出一个与之对应的两级与或逻辑电路，那么可以毫不费力地转而推出一个和之积表达式，并综合出一个同样逻辑功能的两级或与逻辑电路。练习题 3.41 将对这个思路进行探索。

只有一种情况下开关代数不能同等地对待“·”和“+”，因此对偶性不再正确。（在读下面答案之前，你能说出它是什么吗？）考虑下面定理 T9 及其明显错误的对偶式：

$$X + X \cdot Y = X \quad \text{（定理 T9）}$$
$$X \cdot X + Y = X \quad \text{（应用对偶性原理）}$$
$$X + Y = X \quad \text{（应用定理 T3D）}$$

显然上面最后一行是错误的。错在哪儿呢？问题出在操作优先规则上，因为“·”更优先，所以可不用括号写出第一行的左边。然而，当应用对偶性原理时，应给“+”更高的优先级，第二行应写为 $X \cdot (X + Y) = X$。避免这类问题的最好方法是在写对应的对偶式前，给表达式加括号。

3.1.6 逻辑函数的标准表示法

在继续讨论组合逻辑函数的分析和综合之前，先介绍一些必要的术语和符号。

逻辑函数最基本的表示法是*真值表*（truth table）。从哲学上讲，与完备归纳证明法类似，这种直接的表示法只是列出每种可能输入组合下的电路输出。按照传统，输入组合按二进制计数递增顺序写在各行，相应的输出写在与该行相邻的列上。3 变量真值表的一般结构如表 3-4 所示。这个真值表的行号为 0 ~ 7，但这个编号并非真值表中必要的部分。

表 3-4 一个 3 变量逻辑函数 F(X,Y,Z) 的通用真值表

行	X	Y	Z	F
0	0	0	0	F(0,0,0)
1	0	0	1	F(0,0,1)
2	0	1	0	F(0,1,0)
3	0	1	1	F(0,1,1)
4	1	0	0	F(1,0,0)
5	1	0	1	F(1,0,1)
6	1	1	0	F(1,1,0)
7	1	1	1	F(1,1,1)

一个给定的 3 输入逻辑函数的真值表如表 3-5 所示。输出列中的每个不同的（0，1）模式，给出了不同的逻辑函数，共有 28 个这样的模式。因此，表 3-5 的逻辑函数是三变量的 2^8 个不同的逻辑函数之一。

表 3-5 一个特别的 3 变量逻辑函数 F(X,Y,Z) 的真值表

行	X	Y	Z	F
0	0	0	0	1
1	0	0	1	0
2	0	1	0	0
3	0	1	1	1
4	1	0	0	1
5	1	0	1	0
6	1	1	0	1
7	1	1	1	1

n 变量逻辑函数的真值表有 2^n 行。显然，真值表只有对变量数少的逻辑函数才是实用的，比如，对学生来说，最多 10 个变量，其他人约 4 ~ 5 个变量为宜。

真值表中包含的信息也可用代数表达。为此，首先需要一些定义：

- **文字**（literal）是一个变量或变量的补，例如：X、Y、X′、Y′。
- **乘积项**（product term）是单个文字或 2 个（含 2 个）以上文字的逻辑积，例如：Z′，W · X · Y，X · Y′ · Z，W′ · Y′ · Z。
- **“积之和”表达式**（sum-of-products expression）是乘积项的逻辑和。例如：Z′ + W · X · Y + X · Y′ · Z + W′ · Y′ · Z。
- **求和项**（sum term）是单个文字或 2 个（含 2 个）以上文字的逻辑和。例如：Z′，W + X + Y，X + Y′ + Z，W′ + Y′ + Z。
- **“和之积”表达式**（product-of-sums expression）是求和项的逻辑积。例如：Z′ · (W + X + Y) · (X + Y′ + Z) · (W′ + Y′ + Z)。
- **标准项**（normal term）是一个乘积项或求和项，其中每个变量只出现一次。非标准项总可以根据定理 T3、T3′、T5 或 T5′ 被简化为常量或标准项。非标准项的例子有：W · X · X · Y′，W + W + X′+ Y，X · X′ · Y。标准项的例子有：W · X · Y′，W + X′+ Y。
- ***n* 变量最小项**（minterm）是具有 *n* 个文字的标准乘积项。共有 2^n 个这样的乘积项。4 变量最小项的例子有：W′ · X′ · Y′ · Z′，W · X · Y′ · Z，W′ · X′ · Y · Z′。
- ***n* 变量最大项**（maxterm）是具有 *n* 个文字的标准求和项。共有 2^n 个这样的求和项。4 变量最大项的例子有：W′ + X′ + Y′ + Z′，W + X′ + Y′ + Z，W′ + X′ + Y + Z′。

真值表和最小项、最大项之间有紧密的联系。最小项可定义为真值表中使某行为 1 的乘积项。类似地，最大项可定义为真值表中使某行为 0 的求和项。表 3-6 是 3 变量真值表的这种对应表示。

表 3-6　3 变量逻辑函数 F(X,Y,Z) 的最小项和最大项

行	X	Y	Z	F	最小项	最大项
0	0	0	0	F(0,0,0)	X′ · Y′ · Z′	X + Y + Z
1	0	0	1	F(0,0,1)	X′ · Y′ · Z	X + Y + Z′
2	0	1	0	F(0,1,0)	X′ · Y · Z′	X + Y′ + Z
3	0	1	1	F(0,1,1)	X′ · Y · Z	X + Y′ + Z′
4	1	0	0	F(1,0,0)	X · Y′ · Z′	X′ + Y + Z
5	1	0	1	F(1,0,1)	X · Y′ · Z	X′ + Y + Z′
6	1	1	0	F(1,1,0)	X · Y · Z′	X′ + Y′ + Z
7	1	1	1	F(1,1,1)	X · Y · Z	X′ + Y′ + Z′

n 变量最小项可由 *n* 位整数即**最小项编号**（minterm number）来表示。用**最小项 *i*** 表示真值表第 *i* 行对应的最小项。在最小项 *i* 中，若 *i* 的某位二进制值为 0，则相应的变量取反；否则不取反。例如，以二进制表示的第 5 行（*i* = 5）是 101，则相应的最小项为 X · Y′ · Z。如你所想的，最大项的对应关系正好相反：在最大项 *i* 中，若 *i* 的某位二进制值为 1，则相应的变量取反。因此，最大项 5(101) 是 X′ + Y + Z′。注意，只有知道真值表中变量的数目时，这才是有意义的，本例中的变量数为 3。

在真值表和最小项的对应关系基础上，很容易从真值表生成逻辑函数的代数表达式。一个逻辑函数的**标准和**（canonical sum）是使函数输出为 1 的真值表行（输入组合）所对应的最小项之和。例如，表 3-5 逻辑函数的标准和为：

$$F = \Sigma_{X,Y,Z}(0,3,4,6,7) = X' \cdot Y' \cdot Z' + X' \cdot Y \cdot Z + X \cdot Y' \cdot Z' + X \cdot Y \cdot Z' + X \cdot Y \cdot Z$$

这里，符号 $\Sigma_{X,Y,Z}(0,3,4,6,7)$ 是**最小项列表**（minterm list），意思是“变量 X、Y、Z 的 0、3、4、6、7 这几个最小项的和”。最小项列表也被称作是逻辑函数的**开集**（on-set），可以形象化地认为每个最小项在其对应的输入组合下都能使输出“打开”。任何逻辑函数都可写成标准和式。

逻辑函数的**标准积**（canonical product）是使函数输出为 0 的输入组合所对应的最大项之积。例如，表 3-5 中逻辑函数的标准积为：

$$F = \prod_{X,Y,Z}(1,2,5) = (X + Y + Z') \cdot (X + Y' + Z) \cdot (X' + Y + Z')$$

这里，符号$\prod_{X,Y,Z}(1,2,5)$是**最大项列表**（maxterm list），意思是“变量 X、Y、Z 的 1、2、5 这几个最大项的积”。最大项列表也被称作是逻辑函数的闭集（off-set），可以形象化地认为每个最大项在其对应的输入组合下都能使输出“关闭”。任何逻辑函数都可写成标准积式。

最小项列表和最大项列表之间的转换是很容易的。对 *n* 变量函数，可能的最小项和最大项编号都是在集合 {0，1，…，2^n−1} 之中，最小项和最大项列表就是包括这些编号的一个子集。在列表类型之间转换，只需对集合求反，例如：

$$\Sigma_{A,B,C}(0,1,2,3) = \prod_{A,B,C}(4,5,6,7)$$

$$\Sigma_{X,Y}(1) = \prod_{X,Y}(0,2,3)$$

$$\Sigma_{W,X,Y,Z}(0,1,2,3,5,7,11,13) = \prod_{W,X,Y,Z}(4,6,8,9,10,12,14,15)$$

组合逻辑电路还可以用不同形式的 HDL 语句来描述。在 Verilog 中，一个逻辑函数的最小项或最大项的列表直接对应着一个 case 语句。以表 3-5 中的逻辑函数为例，对应于这个逻辑函数的最小项列表的 Verilog 语句如下：

```
case ({X,Y,Z})
  0,3,4,6,7: F = 1;
  default:   F = 0;
endcase
```

这里，大括号 {} 把三个 1 位二进制输入转变为一个 3 位二进制值，并用这个 3 位二进制值选择一种情况；列出函数值为 1 的所有最小项编号，而未列出的最小项所对应的函数值默认为 0。我们还可以写出最大项列表所对应的 Verilog 语句如下：

```
case ({X,Y,Z})
  1,2,5:   F = 0;
  default: F = 1;
endcase
```

上述 Verilog 语句当然只是代码段，关于 Verilog 语言的详细知识将在第 5 章讲述。

现在，我们已学习了组合逻辑函数的 6 种表示法：

1. 真值表。
2. 最小项的代数和，即标准和式。
3. 使用 Σ 符号的最小项列表。
4. 最大项的代数积，即标准积式。
5. 使用 ∏ 符号的最大项列表。
6. Verilog case 语句。

这些表示法中的每一个都代表完全一样的信息，给出任何一个，都可通过简单的与 / 或替换得到其余 5 种表示方式。例如，要将一个最小项列表转化为标准积的形式，需要先列出真值表——表中只有列出的最小项编号所对应的函数值为 1 的行，然后，写出真值表中函数值不为 1 的行所对应的最大项乘法算式，即标准积。

3.2　组合电路分析

我们通过逻辑函数的形式描述来分析组合逻辑电路。一旦得到逻辑函数的描述，就可以做一些其他操作：

- 确定不同输入组合时的电路功能特性。我们用纸笔或用一个 EDA 工具（即一个仿真器）就可以完成。
- 通过处理代数的或是等效的图形描述来提出逻辑函数的不同电路结构。有些这样的处理方式非常直接，可以使电路的功能更容易理解。
- 将代数描述转换成与有效的电路结构相对应的标准形式；这样的操作可以帮一个软件工具"实现"(变为现实）一个可以执行对应逻辑功能的电路。例如，真值表对应于 FPGA（现场可编程门阵列）中的"查询表"（LUT）存储器，而积之和表达式直接对应于 PLD（可编程逻辑器件）中的电路结构。
- 在分析包括电路的大型系统时，可使用电路功能特性的代数描述。

在本小节中，我们的重点是可以手工完成的小型电路的操作，但是，我们同时还要指出与这些手工操作等效的逻辑设计软件工具的操作。

给出组合电路的逻辑图（见图 3-5），则有许多方法可以得到电路功能的形式描述。最基本的功能描述是真值表。

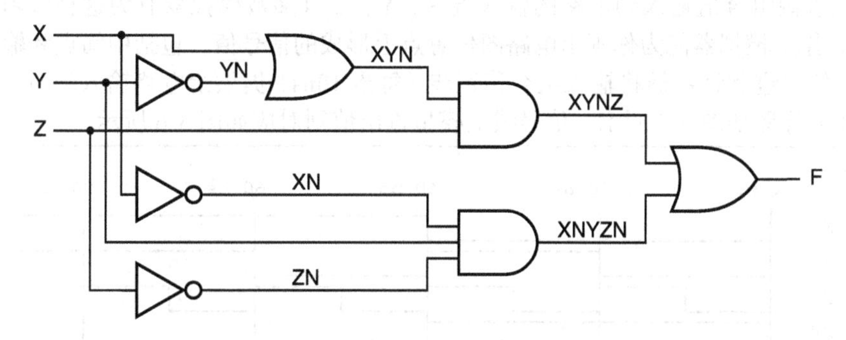

图 3-5 3 输入、1 输出的逻辑电路

只要依据开关代数的基本公理，通过对所有 2^n 个输入组合的计算，就可得到 n 输入电路的真值表。对于每种输入组合，确定出所有门电路所产生的输出，从而使信息从电路输入端传播到电路输出端。图 3-6 是对上面的电路例子采用这种"穷举"技术。每条信号线上都标注了 8 个逻辑值的一个序列，即当电路输入 XYZ 为 000，001，…，111 时，在信号线上会出现这些值。通过抄写出最后的或门输出序列，即可写出真值表，如表 3-7 所示。一旦有了电路的真值表，如果我们想要的话，即可直接写出 F 的逻辑表达式——标准和式或标准积式。

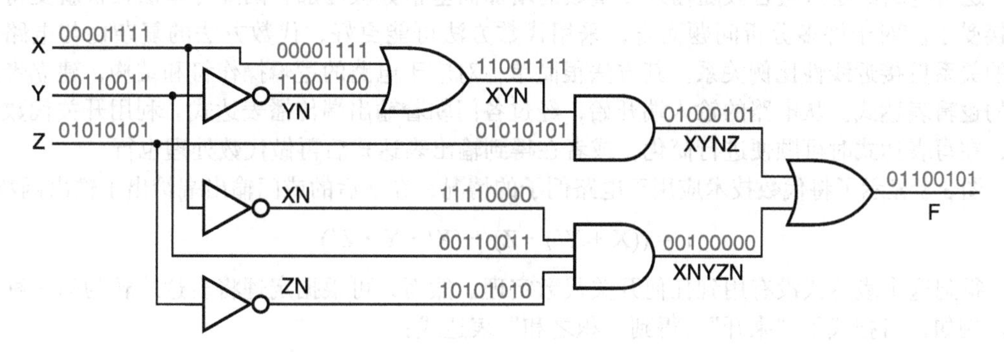

图 3-6 由所有输入组合产生的门输出

表 3-7 图 3-5 的逻辑电路的真值表

行	X	Y	Z	F
0	0	0	0	0
1	0	0	1	1
2	0	1	0	1
3	0	1	1	0
4	1	0	0	0
5	1	0	1	1
6	1	1	0	0
7	1	1	1	1

少用些穷举法

利用包括逻辑模拟器的典型 EDA 工具，可以容易地得到图 3-6 中的结果。首先画出电路图或构建一个等效的"结构化"HDL 模型。然后，按照图中所示的二进制计数顺序，将 3 位二进制组合值输入到电路的输入端 X、Y、Z。(多数模拟器有为这种练习而做的计数器输出。) 模拟器能为你画出电路图任意点上形成的信号值，包括中间点和输出点。

当 3 位二进制计数器将输入组合值逐步（每步 10ns）提供给电路输入端时，模拟器所产生的时序图如图 3-7 所示。信号线上模拟输出值则对应如图 3-6 所示。

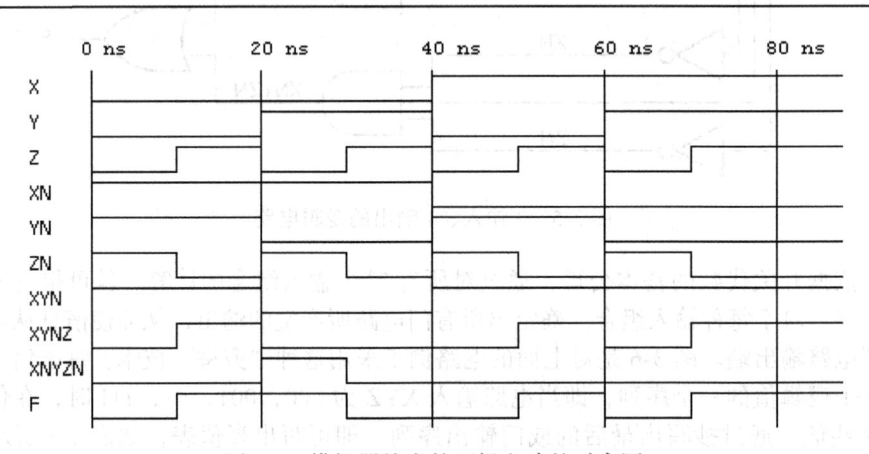

图 3-7 模拟器给出的逻辑电路的时序图

逻辑电路的输入组合数随输入变量数的增加而呈指数级增加，因此穷举法很快就变得难以接受了。对于许多分析问题而言，采用代数方法可能更好，代数方法的复杂性与电路规模的关系更接近线性比例关系。其方法很简单，对应于电路的逻辑操作符和结构，建立带括号的逻辑表达式。从电路的输入端开始，经过各门朝着输出端传播表达式。利用开关代数定理，在写表达式时可顺便进行简化，或者在得到输出表达式后再做代数处理也行。

图 3-8 显示了将代数技术应用于电路例子的情况，在最后的或门输出端给出了输出函数：

$$F = ((X + Y') \cdot Z) + (X' \cdot Y \cdot Z')$$

得到这个表达式没有用到任何开关代数定理。然而，可根据定理将表达式转为另一种形式。例如，可把式子"乘开"，得到"积之和"表达式：

$$F = X \cdot Z + Y' \cdot Z + X' \cdot Y \cdot Z'$$

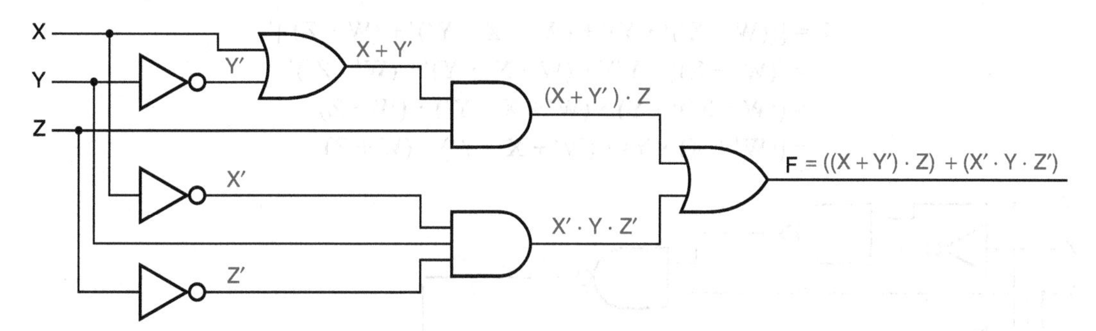

图 3-8　各信号线的逻辑表达式

得到的新表达式对应于同一个逻辑函数的不同电路，如图 3-9 所示。

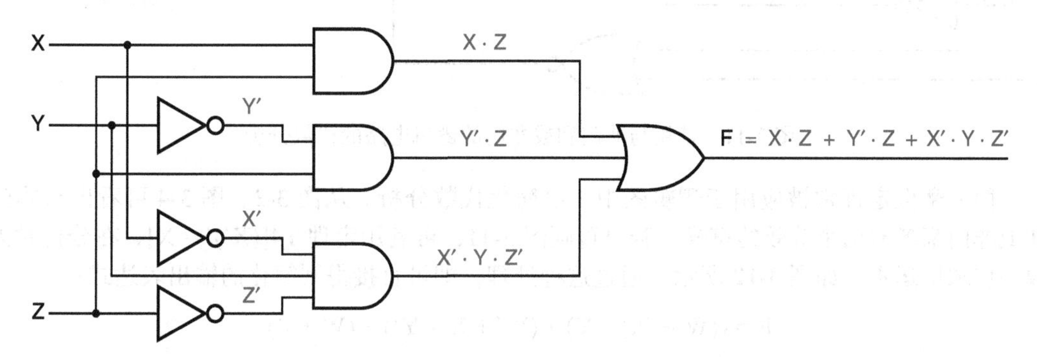

图 3-9　两级“与 – 或”电路

类似地，可以将原来的表达式“加开”，即可得到“和之积”表达式：

$$
\begin{aligned}
F &= ((X + Y') \cdot Z) + (X' \cdot Y \cdot Z') \\
&= (X + Y' + X') \cdot (X + Y' + Y) \cdot (X + Y' + Z') \cdot (Z + X') \cdot (Z + Y) \cdot (Z + Z') \\
&= 1 \cdot 1 \cdot (X + Y' + Z') \cdot (X' + Z) \cdot (Y + Z) \cdot 1 \\
&= (X + Y' + Z') \cdot (X' + Z) \cdot (Y + Z)
\end{aligned}
$$

相应的逻辑电路如图 3-10 所示。

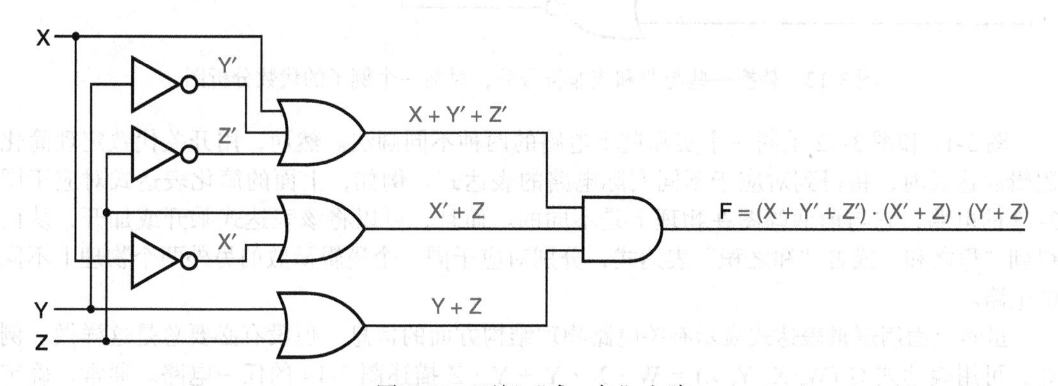

图 3-10　两级“或 – 与”电路

下一个代数分析的例子采用了与非门和或非门，如图 3-11 所示。这个分析比前面的例子显得稍乱一点，因为每个门都产生求反的子表达式，而不仅是简单的求和或求积。然而，输出表达式可通过重复应用广义德 · 摩根定理而得以简化：

$$
\begin{aligned}
F &= [((W \cdot X')' \cdot Y)' + (W' + X + Y')' + (W + Z)']' \\
&= ((W' + X)' + Y')' \cdot (W \cdot X' \cdot Y)' \cdot (W' \cdot Z')' \\
&= ((W \cdot X')' \cdot Y) \cdot (W' + X + Y') \cdot (W + Z) \\
&= ((W' + X) \cdot Y) \cdot (W' + X + Y') \cdot (W + Z)
\end{aligned}
$$

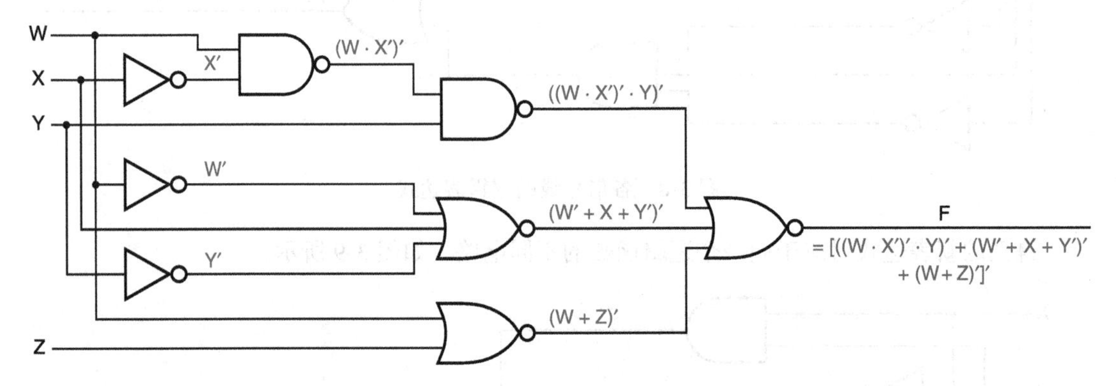

图 3-11　使用与非门和或非门的逻辑电路的代数分析

德·摩根定理常被应用于逻辑图中，以简化代数分析。从图 3-3、图 3-4 可看出与非门和或非门都各有两个等效的符号。若要重画图 3-11，可利用定理 T4[(X′)′ = X]，在分析时去掉一些求反运算，如图 3-12 所示。通过这种处理，即可直接得到简化的输出表达式：

$$F = ((W' + X) \cdot Y) \cdot (W' + X + Y') \cdot (W + Z)$$

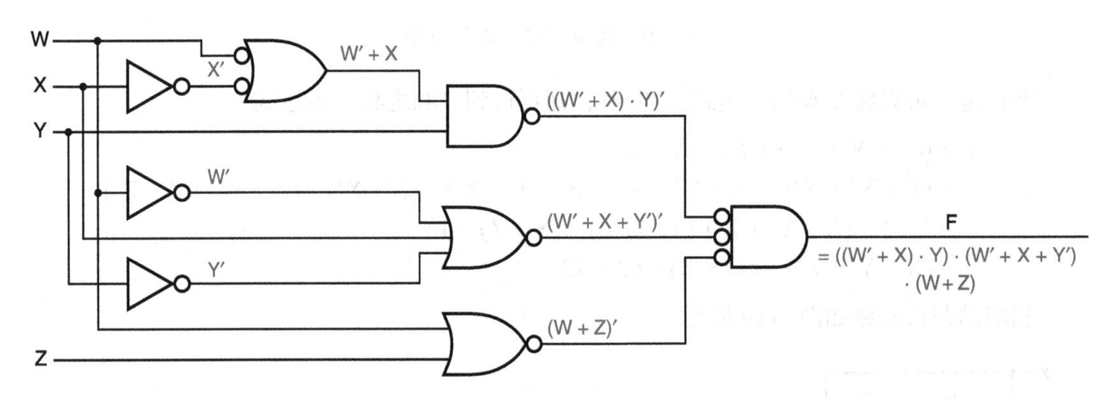

图 3-12　替换一些与非和或非符号后，对前一个例子的代数分析图

图 3-11 和图 3-12 是同一个实际逻辑电路的两种不同画法。然而，用开关代数定理简化逻辑表达式时，将得到对应于不同实际电路的表达式。例如，上面的简化表达式对应于图 3-13 的电路，它与前两幅图在物理上是不同的。而且，可以将该表达式乘开或加开，从而得到“积之和”或者“和之积”表达式，分别对应于同一个逻辑函数的另外两个物理上不同的电路。

虽然上面用逻辑表达式表示有关电路物理结构方面的信息，但没有必要总是这样做。例如，可用表达式 G (W, X, Y, Z) = W · X · Y + Y · Z 描述图 3-14 的任一电路。通常，确定电路结构的唯一可靠方法是看它的逻辑图。然而，对于某些形式有限的电路，从逻辑表达式就可看出其结构信息。例如，不必看图，就可以将图 3-14a 的电路描述成“W · X · Y + Y · Z 的两级与或电路”，而图 3-14b 中的电路则可被描述为“W · X · Y + Y · Z 的两级与非与非电路”。

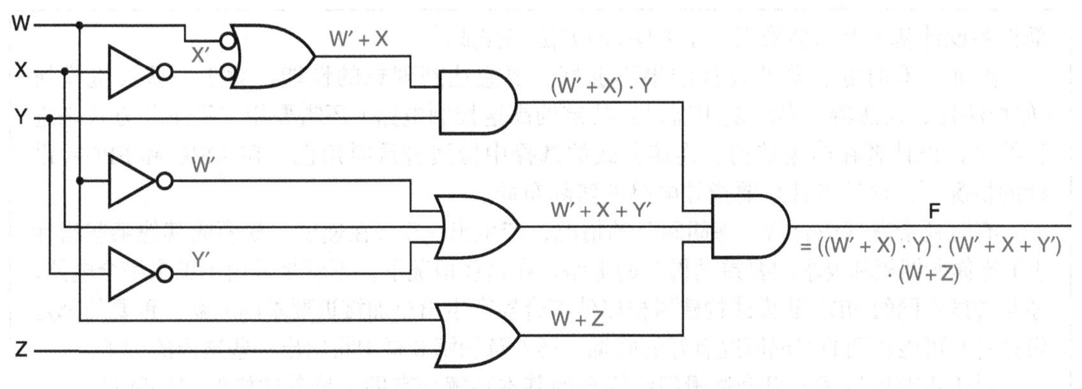

图 3-13 相同逻辑函数的不同电路

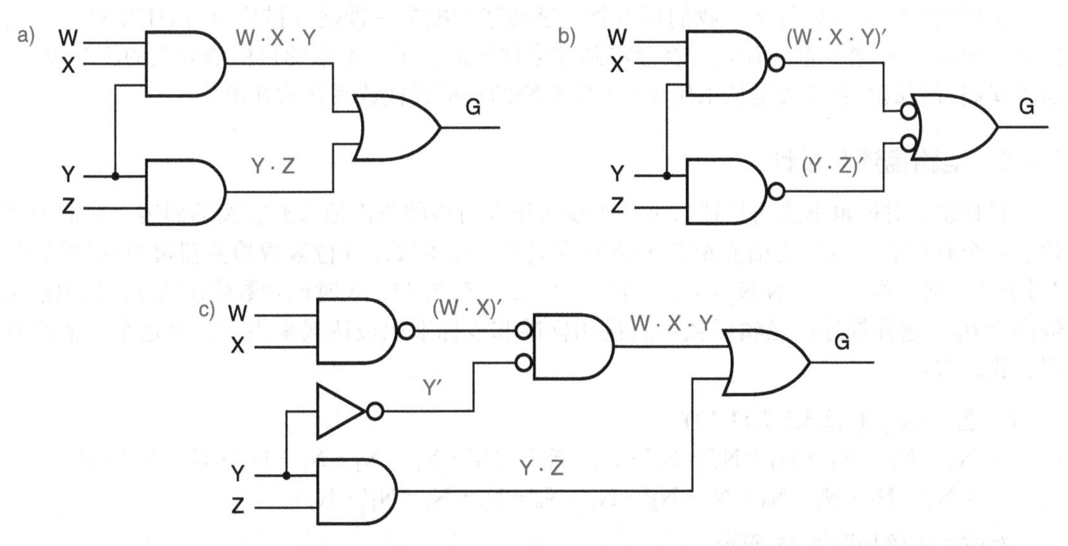

图 3-14 实现 G (W, X, Y, Z) = W · X · Y + Y · Z 函数的三种电路：a）两级“与 – 或”；b）两级“与非 – 与非”；c）特定电路

3.3 组合电路的综合

我们可以用“逻辑设计”这个词来指代从概念到数字逻辑电路或系统的实际设计的整个过程。但是，综合这个词的含义要狭隘很多，它指代从所需功能的准确形式定义开始到构建出具体实现（一个能够实现这个功能的物理逻辑电路）的过程。

设计组合逻辑电路从何开始呢？通常，我们要获得一个对问题的文字描述，或者由自己给出一个描述。除非我们被限定使用一种特定的技术来实现对应的物理电路（就像在本章中，我们只看到了分立的门电路），否则，下一步就应该是选择一种目标技术，因为不同的技术对应着不同的综合工具。我们应该开发出一种与所选工具格式相容的形式定义。

为什么要学习门级综合？

如今大多数的数字设计都是采用比分立门电路大的（可能大很多的）构件或是采用 HDL 以及能够构建对应物理实现的综合器来完成。设计者不再需要涉及本节所描述的门级综合的知识。要设计一个有几百万个门电路的微处理器，那么该微处理器中“常规”

部件的设计基本上都会采用基于 HDL 的方法来完成。

然而，有时综合器的设计结果不够好。要想达到理想的性能，对于一些关键模块（如加法器、乘法器、多路复用器以及特定的高速控制电路）还需要用“手工”方式来进行综合，设计者在门级结构、连接方式的选择中扮演着重要角色，在 ASIC 和 FPGA 设计的情况下，设计者甚至要指导电路的实际布局。

有时还会遇到综合器“瞎胡闹”的情况，产生出一个（在速度、规模或其他某些指标上）比你所期望和要求的要差劲得多的电路。在这些情况下，不管是采用手工来综合电路，还是尝试不同的 HDL 建模或构建风格以使综合器产生出更加接近要求的电路，重要的都是设计者对可能达到的实现情况有好的感觉。第 6 章和第 8 章中将给出一些这样的例子。

对于本节所讲述的组合逻辑门级综合的基本理解会有助于培养这样的“好感觉”。

在现代数字设计条件下，我们可以将文字描述转换成一种硬件描述语言 (HDL) 的模型，比如 Verilog，在第 6 章的开始，就会看到许多这样的例子。本章的目标是分立的门级设计，所以我们看到的综合方法是从采用 3.1 节中介绍的表格或代数表达式开始的。

3.3.1　电路描述与设计

有时候，对逻辑电路的描述只是一个输入组合对应的输出信号开或关的列表，字面上等效于一个真值表，或是之前介绍的 Σ 符号或 ∏ 符号。例如，4 位素数检测器可以这样描述：“对于 4 位输入组合 $N = N_3N_2N_1N_0$，当 N = 1, 2, 3, 5, 7, 11, 13 时该函数输出为 1，其他情况输出为 0。”这样描述的逻辑函数可直接用标准和或标准积表达式来指定。对这个素数检测器，我们有：

$$
\begin{aligned}
F &= \sum\nolimits_{N_3,N_2,N_1,N_0}(1,2,3,5,7,11,13) \\
&= N_3' \cdot N_2' \cdot N_1' \cdot N_0 + N_3' \cdot N_2' \cdot N_1 \cdot N_0' + N_3' \cdot N_2' \cdot N_1 \cdot N_0 + N_3' \cdot N_2 \cdot N_1' \cdot N_0 \\
&\quad + N_3' \cdot N_2 \cdot N_1 \cdot N_0 + N_3 \cdot N_2' \cdot N_1 \cdot N_0 + N_3 \cdot N_2 \cdot N_1' \cdot N_0
\end{aligned}
$$

对应的电路如图 3-15 所示。

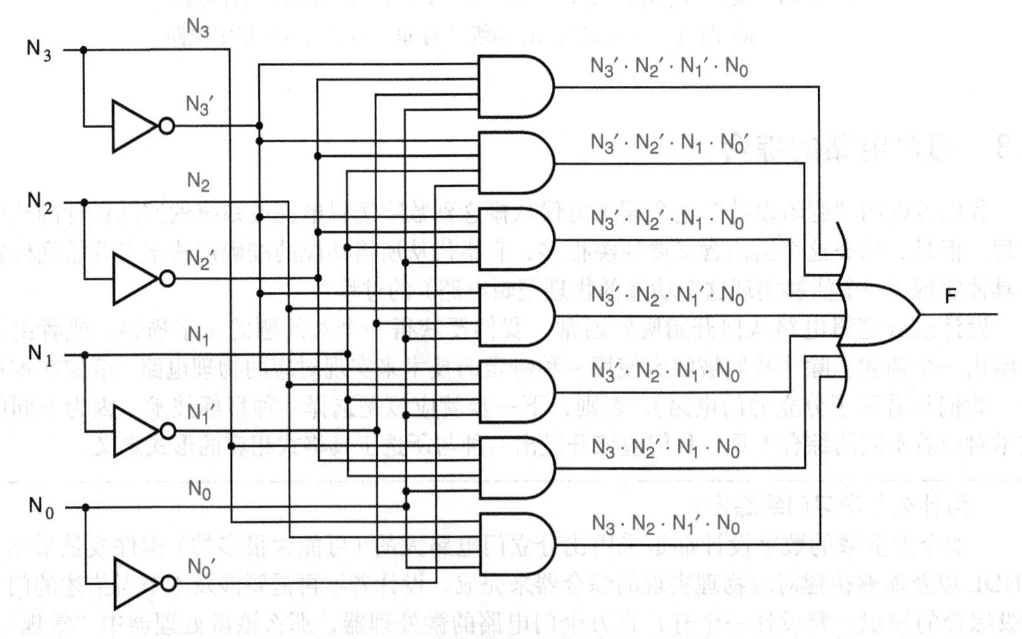

图 3-15　4 位素数检测器的标准和设计

> **素数时间**
>
> 数学家会告诉你“1”其实不是素数。但是，从逻辑设计观点上看，如果“1”不是素数，那我们的素数检测器例子只不过是闹着玩罢了。因此，如果你想成为一个数学痴迷者的话，就请去做训练题 3.11。

更经常地，是用连接词“与”“或”“非”来描述逻辑函数。例如，可能这样描述报警电路:“当 PANIC 输入为 1，或者当 ENABLE 输入为 1、EXITING 输入为 0 并且房子不安全时，ALARM 输出为 1；当 WINDOW、DOOR 和 GARAGE 输入都为 1 时，房子是安全的。”这种描述可直接翻译成代数表达式：

$$\text{ALARM} = \text{PANIC} + \text{ENABLE} \cdot \text{EXITING}' \cdot \text{SECURE}'$$

$$\text{SECURE} = \text{WINDOW} \cdot \text{DOOR} \cdot \text{GARAGE}$$

$$\text{ALARM} = \text{PANIC} + \text{ENABLE} \cdot \text{EXITING}' \cdot (\text{WINDOW} \cdot \text{DOOR} \cdot \text{GARAGE})'$$

注意：我们在开关代数中采用与普通代数一样的方法得到了复杂表达式：先定义一个辅助变量 SECURE 以简化第一个等式，然后写出 SECURE 的表达式并将它代入第一个等式中，得到最终的表达式。采用与门、或门和非门，很容易画出实现最终表达式功能的电路，如图 3-16 所示。如果电路的输出函数等于表达式，则称该电路*实现*（realize）（“变成现实”）了一个表达式，也可以说该电路是函数的一个*实现*（realization）。还可以称之为*实施*（implementation）；在实际中这两个术语都可以使用。

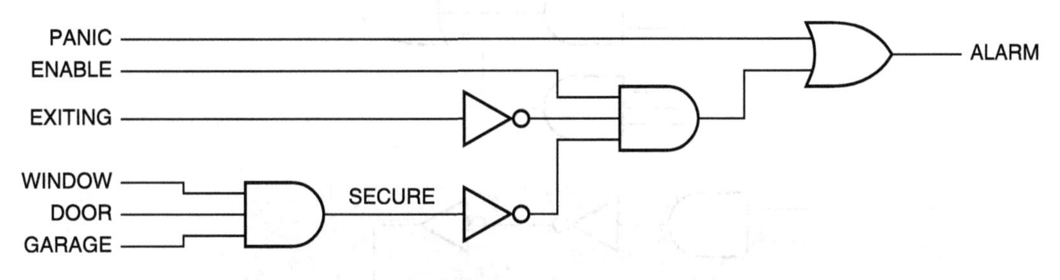

图 3-16 从逻辑表达式直接导出报警电路

一旦有了逻辑函数的任一表达式，除了直接构建电路外，还可做其他事情，可以处理表达式以得到不同的电路。例如，可将上面的 ALARM 表达式乘开得到“积之和”电路，如图 3-17 所示。或者，如果变量数不太大，则可做出表达式的真值表，并采用针对真值表的任何综合方法，包括前面讲的标准和或标准积方法，或后面要讲到的最小化方法。

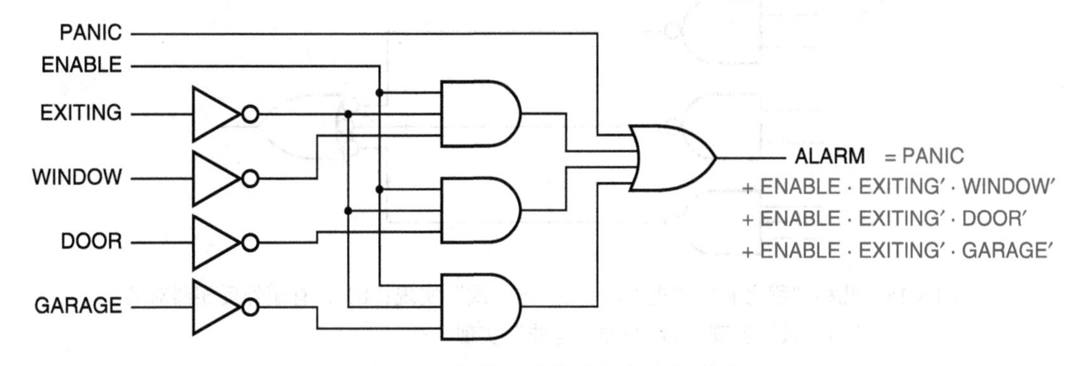

图 3-17 报警电路的“积之和”形式

一般地，对于设计逻辑函数，用逻辑连接词来描述电路并写出相应的逻辑表达式，比写出完全真值表要容易些，尤其是当变量数很大时。然而，有时我们必须跟逻辑函数的不精确语言描述打交道，例如，“如果 GEARUP、GEARDOWN 和 GEARCHECK 输入相矛盾时，ERROR 输出为 1”。这种情况下，用真值表方法最好，因为它允许我们基于自身的知识和对问题环境的理解（例如，只有起落架放下来时，才能使用制动装置），确定每种输入组合下的输出情况。采用逻辑表达式难以注意到并恰当地处理所谓的“偏僻事件”。

3.3.2 电路处理

迄今所描述的电路设计方法，都是采用与、或和非门，当然也可以采用与非门和或非门，在多数技术中，它们比与门和或门要快。但是多数人不用与非和或非形式来描述逻辑命题。一般人们不会说：“如果你不整洁或不富有，并且也不聪明或不友好，我就不和你约会。”而改为这样更自然的说法：“如果你整洁或富有，并且也聪明或友好，我就和你约会。”因此，给出“自然”的逻辑表达式后，还需要将它翻译成其他形式。

可以将任何逻辑表达式翻译成等效的“积之和”表达式，只需将它乘开即可。如图 3-18a 所示，这样的表达式可直接用与门和或门来实现。对输入求反的反相器没画出来。

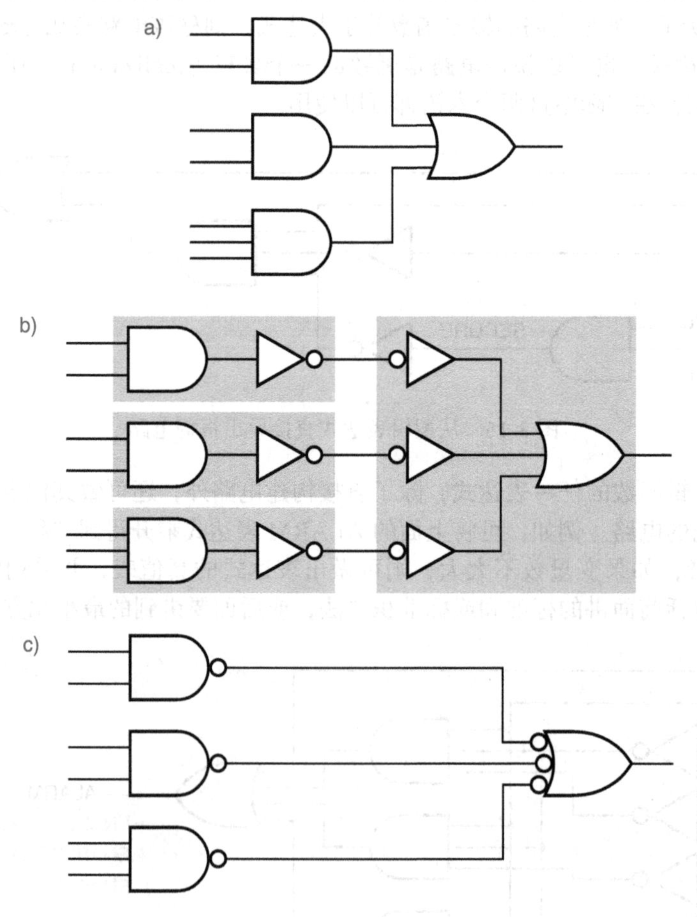

图 3-18 几种“积之和”实现方法：a)“与 – 或”实现；b) 含有额外反相器对的“与 – 或”实现；c)“与非 – 与非”实现

如图 3-18b，可在两级“与 – 或”电路的每个与门输出和相应的或门输入之间加入一对反相器。根据定理 T4，这些反相器对电路输出函数没有影响。实际上，可将每对第二个反相器的反向圆圈画在输入端上，以便给出反相器被取消的图形提示。然而，如果这些反相器被与门和或门吸收，那么在第一级就用与非门、第二级就用或非门来表示。这只是同类门（与非门）的两种不同符号。这样，通过替代门电路，就使两级“与－或”电路（AND-OR circuit）转变为两级“与非－与非”电路（NAND-NAND circuit）。

如果“积之和”表达式中有只包含单个变量的乘积项，则在“与－或”到“与非－与非”转换中可能会多出或失去反相器。例如，在图 3-19 中，W 输入不再需要反相器，但 Z 输入必须加反相器。

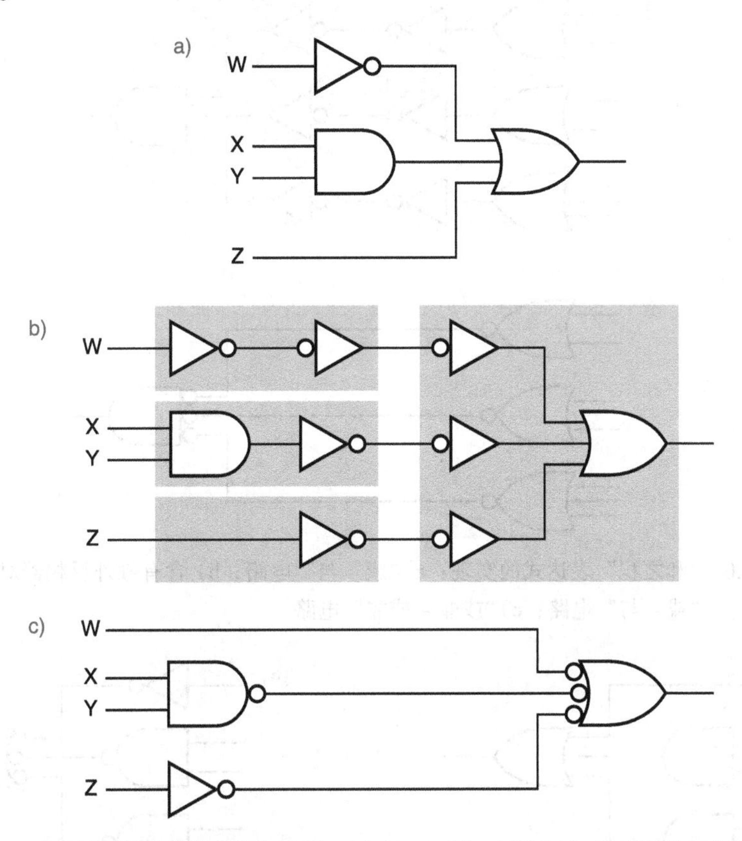

图 3-19　另一种两级“积之和”电路：a)“与－或”电路；b）含有额外反相器对的“与－或”电路；c)“与非－与非”电路

我们已经知道，任何“积之和”表达式都可用两种方法实现：“与－或”电路或者“与非－与非”电路。这句话的对偶句也正确，即任何“和之积”表达式，都可用“或－与”电路或者“或非－或非”电路来实现。图 3-20 显示了一个例子。任何逻辑表达式都可通过“加开”（将括号分配开）而翻译成等效的“和之积”表达式，因此就可用“或－与”电路（OR-AND circuit）和“或非－或非”电路（NOR-NOR circuit）实现。

对任意逻辑电路都可进行同样的处理。例如，图 3-21a 是由与门和或门组成的电路。加上反相器对后，得到图 3-21b。然而，有一个带有单个反相器输入的 2 输入与门不是一个标准类型的门。可用如图 3-21c 那样的单独反相器得到只使用标准类型门（与非门、与门和反相器）的电路。实际上，使用反相器的一种更好的方法如图 3-21d 所示，它省略了一级门延迟，而且底层门变为或非门而不是与门。综合工具可以自动地执行这样的“反相器推动”操作。在 CMOS 技术中，类似与非门和或非门那样的带取反的门比不取反的门（如与门和或门）要快。

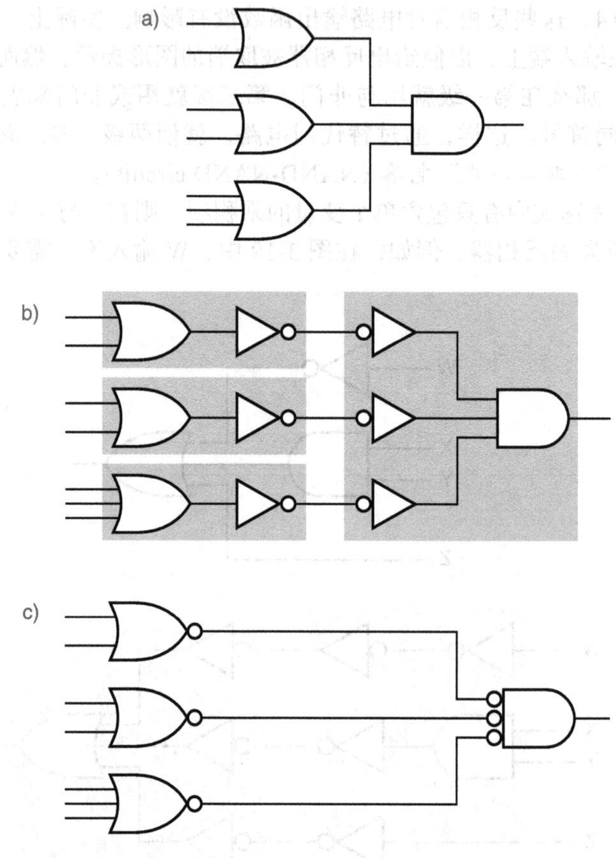

图 3-20　“和之积”表达式的实现：a)“或 – 与”电路；b) 含有额外反相器对的“或 – 与”电路；c)“或非 – 或非”电路

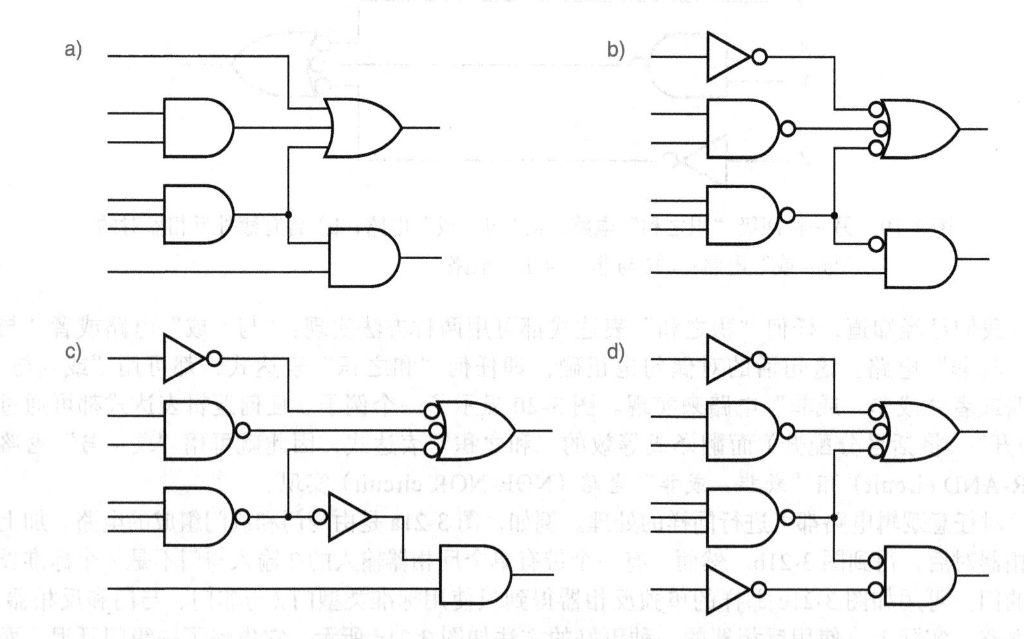

图 3-21　逻辑符号处理：a) 最初的电路；b) 用非标准门转换；c) 用反相器去掉非标准门；d) 更好的反相器替代法

3.3.3 组合电路最小化

从最初的逻辑表达式或其他描述方式直接得到逻辑电路通常是不经济的。标准和以及标准积表达式尤其昂贵，因为可能的最小项和最大项数目（因而门的数目）会随变量数呈指数级增长。我们通过减小所需门的数目和大小来*最小化*（minimize）组合电路。

> **为何要最小化？**
>
> FPGA 没有可编程的与或结构，而是采用了一个可以实现任何 *n* 变量逻辑函数的查询表，其中 *n* 通常为 4 ~ 6。但是，它们的综合工具依旧可以按照这里所描述的方式来实施两级最小化。对于不适合用一个查询表来表达的较大型逻辑函数，经验表明，一个最小化的两级表达式是一个好的“因子分解”的起点，可用于发现一个适合表达为较小型的查询表的集合的多级表达式。因此，在采用分立门电路的 ASIC 的综合中，最小化也非常重要，因为门电路输入的数目是有限制的。
>
> 可编程逻辑器件（PLD）的确采用了一个可编程的与或结构。由于一个 PLD 中门电路的数目是固定的（尽管不是全部的门电路都会用到），因此在用完全部门电路并需要升级为更大型、更慢且更贵的 PLD 之前，你都会觉得多余的门电路是不花钱的。所以，用于 FPGA、ASIC 和 PLD 设计的 EDA 工具都有内建的最小化程序。3.3.3 节和 3.3.4 节的主要目的就是让你感受一下最小化工作是如何进行的。

我们将要学的传统的组合电路最小化方法，是从真值表、最小项列表或最大项列表开始的。如果给出的逻辑函数不是这种形式，那么在使用这种方法之前必须将其转换为合适的形式。例如，若给出任意一个逻辑表达式，则可对每个输入组合估计表达式的值，以构成真值表。最小化方法从三个方面最小化两级“与 – 或”“或 – 与”“与非 – 与非”或者“或非 – 或非”电路：

1. 最小化第一级门的数目。
2. 最小化每个第一级门的输入端数目。
3. 最小化第二级门的输入端数目，这实际上是第一级优化的副作用。然而，最小化方法没有考虑输入反相器的成本，它们假设所有输入变量值及其反码都是现成的，这种情况在一些实现技术尤其是 PLD 中确实如此。具有最小数量的第一级门电路及输入的一个二级实现被称作*最小化和*（minimal sum）或*最小化积*（minimal product）。有些函数有多个最小化和或积。

大多数最小化方法基于结合律 T10 和 T10D 的一般形式：

$$\text{给定乘积项} \cdot Y + \text{给定乘积项} \cdot Y' = \text{给定乘积项}$$
$$(\text{给定求和项} + Y) \cdot (\text{给定求和项} + Y') = \text{给定求和项}$$

也就是说，如果 2 个乘积项或求和项的差别只是 1 个变量的取反和不取反，则可将其结合为单项。这样就省了 1 个门，而且其余的门也减少 1 个输入端。

通过重复运用这种代数方法，就可将图 3-15 中所示的素数检测器的最小项 1、3、5 和 7 进行组合，演算过程如下式：

$$\begin{aligned}
F &= \textstyle\sum_{N_3,N_2,N_1,N_0}(1,2,3,5,7,11,13) \\
&= N_3' \cdot N_2' \cdot N_1' \cdot N_0 + N_3' \cdot N_2' \cdot N_1 \cdot N_0 + N_3' \cdot N_2 \cdot N_1' \cdot N_0 + N_3' \cdot N_2 \cdot N_1 \cdot N_0 + \cdots \\
&= (N_3' \cdot N_2' \cdot N_1' \cdot N_0 + N_3' \cdot N_2' \cdot N_1 \cdot N_0) + (\cdot N_3' \cdot N_2 \cdot N_1' \cdot N_0 + N_3' \cdot N_2 \cdot N_1 \cdot N_0) + \cdots \\
&= N_3' \cdot N_2' \cdot N_0 + N_3' \cdot N_2 \cdot N_0 + \cdots \\
&= N_3' \cdot N_0 + \cdots
\end{aligned}$$

由此而形成的电路如图 3-22 所示，可见它减少了 3 个门，其余的门中有一个还减少了 2 个输入端。

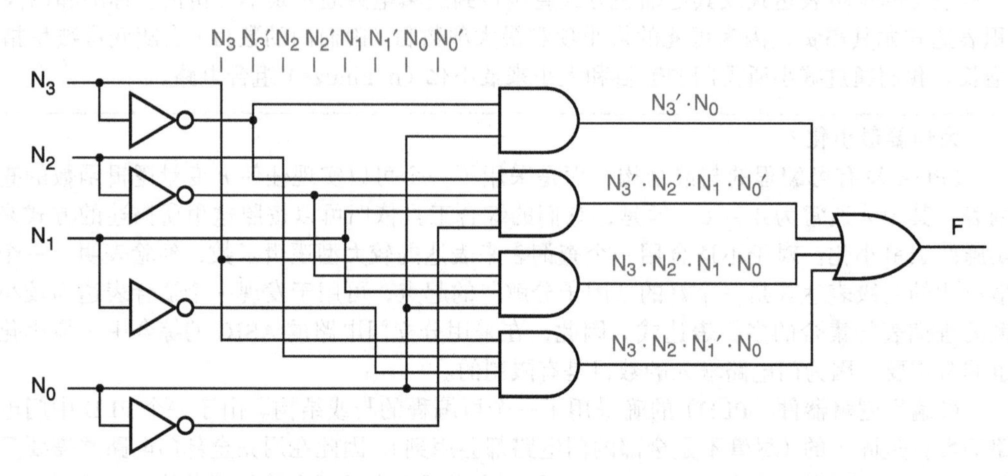

图 3-22　4 位素数检测器的简化“积之和”实现

如果对上述表达式再下点功夫进行化简，那么尽管无法再减少门电路的数目，也还可以再节省几个一级门的输入。然而，要在一堆代数符号中找到可以组合起来的项是比较困难的。在下一节将会看到，不是必须这样做的。

*3.3.4　卡诺图

几十年前，数字逻辑设计者们采用所谓的卡诺图（Karnaugh map）来构建逻辑函数的图形表达，这样一来，可化简的项就可以通过简单且可视化的方式识别出来。卡诺图的关键特性就是其单元的布局：每对相邻的单元所对应的两个最小项只有一个变量不同，一个单元中的变量为原变量，另一个单元中的变量为反变量。应用定理 T10 的泛化形式：term · Y + term · Y′ = term，可以将这一对最小项合并为一个乘项。于是，采用逻辑函数的卡诺图可以合并乘项，从而减少实现这个逻辑函数所需要的与门和输入端的数量。

图 3-23 是有 2、3、4 个变量的逻辑函数的卡诺图。一个 n 输入逻辑函数的卡诺图是一个含有 2^n 个单元的矩阵图，每个单元代表一个可能的输入组合或最小项。卡诺图的行和列都做了标记，这样由单元的行 / 列表头可以确定该单元对应的输入组合。单元中的小数字是真值表中相应的最小项编号。括号标出的是对应变量取 1 的行或列。

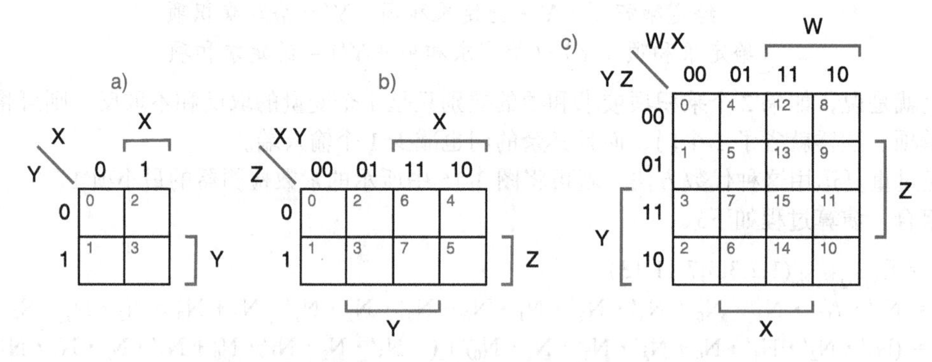

图 3-23　卡诺图：a）2 变量；b）3 变量；c）4 变量

图 3-24 显示如何用卡诺图来最小化素数检测器的逻辑函数。在图 3-24a 中，将逻辑函

数的真值表中的输出 1 复制到卡诺图中与之对应的输入组合（最小项）的数字单元内。在图 3-24b 中，将相邻的 1 单元按照对应的主蕴涵项（prime implicant）的方式组合起来，主蕴涵项是只包含函数输出为 1 所对应的输入组合的乘积项，如果从主蕴涵项中去掉任何一个变量则该项至少包含一个输出为 0 的输入组合。这些乘积项用“尽可能最小”与门来实现，然后将这些与门的输出组合起来得到最小化与或电路，如图 3-24c 所示。这个图中的门电路数量与用代数法化简的图 3-22 中的门电路数量相同，但这个图中有三个门电路的输入端比图 3-22 中的要少一个。其他有趣的例子参见练习题 3.48。

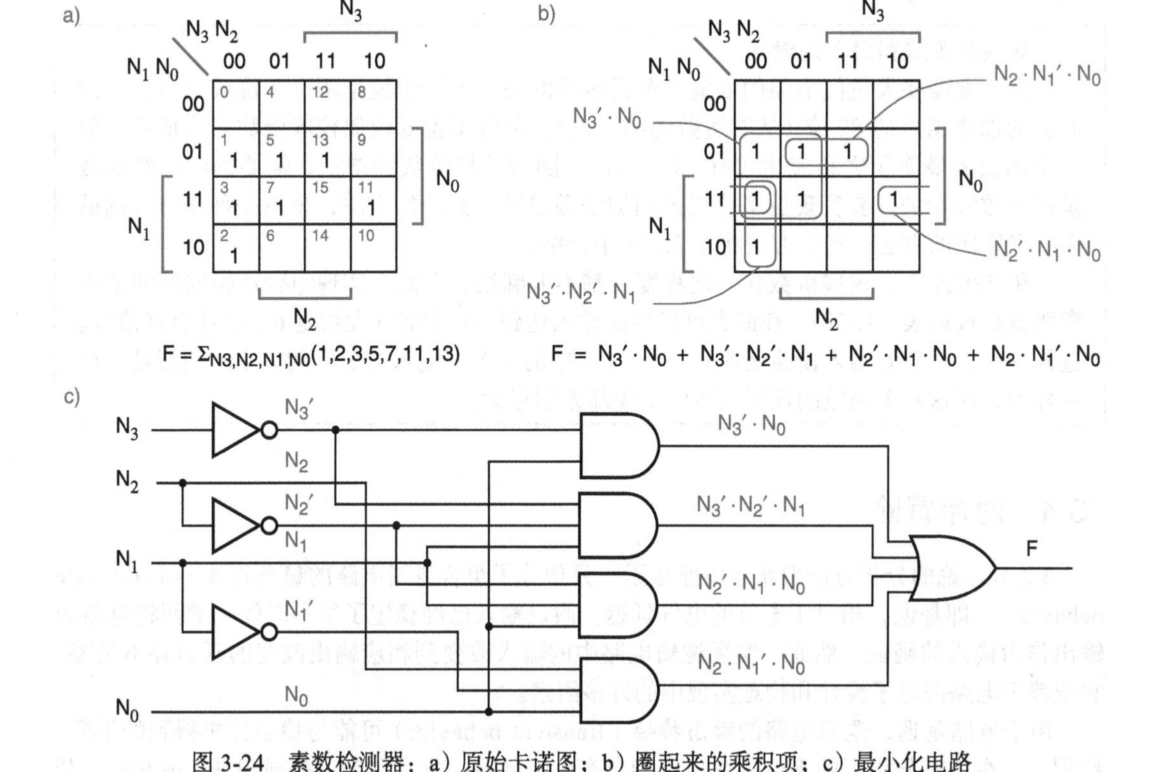

图 3-24　素数检测器：a）原始卡诺图；b）圈起来的乘积项；c）最小化电路

和大多数其他与真值表、最小项或最大项相关的情况一样，卡诺图的规模也会随着输入数量的增长而呈指数级增长。实际中，用卡诺图最小化的最大规模只是 6 个输入的逻辑函数。

卡诺图可以实现小型逻辑函数特性的可视化，这个功能非常有用，可以帮助我们理解实现某些特定大型逻辑函数的挑战性。尤其是 *n* 输入偶校验函数，如果输入中 1 的个数为偶数个，则这个函数的输出就为 1。正如 2.15 节所示，这个校验函数可以用来编码和检测采用检错和纠错码的数据。4 输入偶校验函数的卡诺图如图 3-25 所示，这个图看起来像一个棋盘格。图中没有任何可以合并的相邻 1 单元。因此，这个函数的最小和就是标准和，也就是图中用圆圈圈起来的最小项之和。与之对应的一个二级与或电路有 8 个

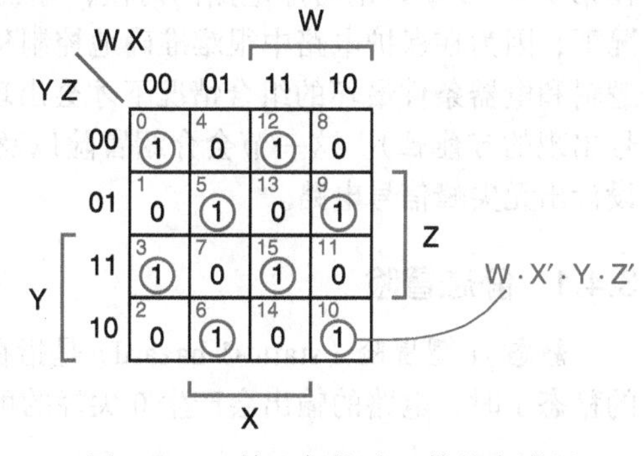

图 3-25　4 输入偶校验函数的卡诺图

4输入与门，用于实现像图的右下角所示的乘积项，以及一个8输入的或门。

对应于更大型的偶校验函数的二级电路的规模会更大；例如，一个6输入函数需要32个与门和一个32输入的或门，这恰好超过了采用单一“层次”CMOS晶体管的电子电路设计的限制。像这样麻烦的逻辑函数可以转而采用两级以上的逻辑电路来实现。例如，一个2^n输入的校验函数可以用一个n级的“树”来实现，这个树有2^n–1个2输入校验函数，而每一个2输入校验函数对应于一个二级逻辑电路，正如我们将在7.3节中看到的那样。

卡诺图还可以用来看到和理解当输入信号变化时组合逻辑电路可能产生的一个短暂且有害的脉冲，下一节就会讨论这个现象。

麻烦的函数和简单的查找

第一级需要大量门电路的6输入逻辑函数的另一个例子就是两个3位或更多位二进制数的加法结果的S2位（从右边数的第三位）。尽管不像6位偶校验函数那么糟糕，但这个函数的最简积之和表达式有18个与门。随着数据位数的增加，需要的门电路的数量呈指数级增加，要实现更多位二进制加法必须采用其他的方法，采用一种非常常用的多级多层次的方法，这个方法将在8.1节中介绍。

在FPGA中，这些函数在一定程度上都不太麻烦。在此，实现组合逻辑问题的基本资源就是查询表（LUT），查询表可以存储输入达到一定数量（大约是6）的任意真值表。这样一来，一个6输入校验函数和一个LUT中的一个6输入与非门的成本和性能是完全一样的；而这两个函数的任何门级的实现却差别很大。

*3.4 时序冒险

3.2节讨论的分析方法忽略了电路延迟，只预计了组合逻辑电路的稳态特性（steady-state behavior）。即是说，相对于电路的电气延迟，假设输入已经稳定了很长时间，继而将电路的输出作为输入的函数。然而，实际逻辑电路中的输入改变到相应输出改变的延迟并不是零，它依赖于电路的电子设计和物理实现中的许多因素。

由于电路延迟，逻辑电路的瞬态特性（transient behavior）可能与稳态分析得到的不同。特别是，在稳态分析下的不变的输出可能会产生短脉冲，常常称为尖峰或闪烁（glitch）。若电路可能产生尖峰，就说它存在冒险（hazard）。闪烁是否实际发生，决定于电路的准确延迟和其他电气特性。

根据电路输出的使用情况，系统的操作会（或不会）受到尖峰信号的不利影响。当我们在第9～13章讨论时序电路的时候，你就会看到这种尖峰信号可能造成的伤害。在这种情况下，因为在保护电路中很难准确地控制延迟和其他电气特性，所以即使尖峰信号只可能在逻辑和电器条件最坏的组合情况下才会出现，逻辑设计者也还是必须准备消除冒险（尖峰信号出现的可能性）。这一节会介绍冒险以及预测和消除冒险的一些工具，使你在必要时可以设计出无尖峰信号电路。

3.4.1 静态冒险

静态-1型冒险（static-1 hazard）是指在对电路功能进行静态分析后，期望输出保持良好的稳态1时，电路的输出会产生0尖峰的可能性。正式的定义如下：

静态-1型冒险是这样的输入组合对：(a) 只有一个输入变量不同；(b) 这两种输入组合都产生1输出。这样在不同输入变量发生转变期间，就有可能发生短暂的0输出。

例如，考虑图 3-26a 的逻辑电路。假设 X 和 Y 都为 1，而 Z 从 1 变到 0。图 4-38b 是时序图，假设每个门或反相器的传输延迟为 1 个单位时间。“静态”分析预计在两种输入组合（X, Y, Z = 111 和 X, Y, Z = 110）下，电路输出都是 1。但时序图却表明：在 Z 的 1-0 转变过程中，因为 Z′ 的反相器存在延迟，所以在一个单位时间内，F 输出为 0。

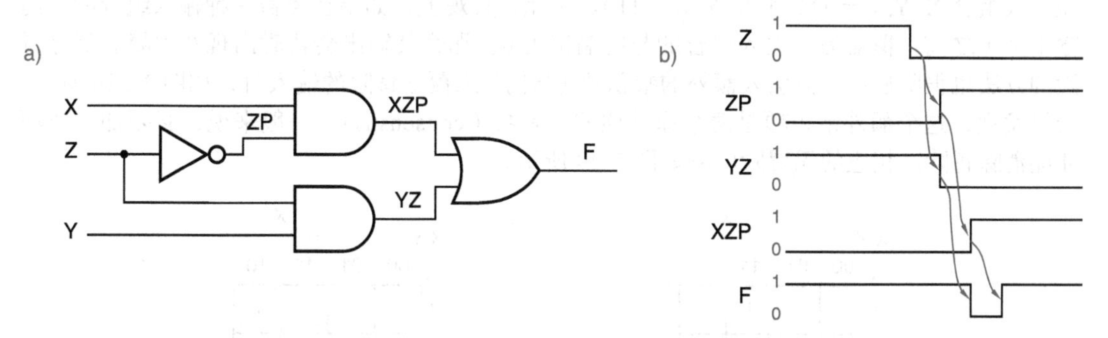

图 3-26　存在静态 -1 型冒险的电路：a）逻辑图；b）时序图

静态 -0 型冒险（static-0 hazard）是指当预期电路有静态 0 输出时却存在产生 1 尖峰的可能性。正式的定义如下：

静态 -0 型冒险是这样的输入组合对：（a）只有一个输入变量不同；（b）这一对输入组合都产生 0 输出。这样在不同输入变量发生转变期间，就有可能产生短暂的 1 输出。

因为静态 -0 型冒险正好是静态 -1 型冒险的对偶，所以图 3-26a 的对偶电路（“或 – 与”电路）也将存在静态 -0 型冒险。

图 3-27a 显示了一种存在 4 个静态 -0 型冒险的“或 – 与”电路。一个冒险发生于 W, X, Y = 000 而 Z 发生变化的时刻，如图 3-27b 所示。学完下一小节后，你将能够找出其他 3 个冒险并消除之。

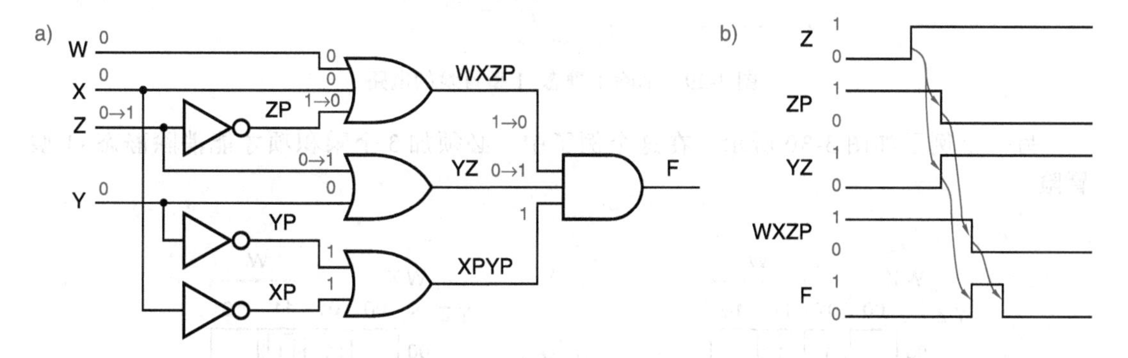

图 3-27　存在静态 -0 型冒险的电路：a）逻辑图；b）时序图

3.4.2　利用卡诺图发现静态冒险

在两级“与 – 或”或“或 – 与”电路中，可用卡诺图检测静态冒险。静态冒险存在与否，取决于逻辑函数的电路设计。

适当地设计两级“与 – 或”电路就不会有静态 -0 型冒险。静态 -0 型冒险只出现于一个变量及其反相信号都输入到同一个与门的电路中，这种电路设计是愚蠢的。然而，这种电路也可能存在静态 -1 型冒险，这可从卡诺图中预测出来。

回忆一下，卡诺图的构造是使得紧邻的两个单元所对应的两个最小项只有一个变量不同——一个是原变量而另一个是反变量。对于静态-1型冒险分析，就是将电路中和与门对应的乘积项圈起来，然后搜寻没有被单独的乘积项所覆盖的两个相邻的1单元。

图3-28a是图3-26电路的卡诺图。从图中可清楚地看到，没有单独的乘积项能同时覆盖输入组合X, Y, Z = 111和X, Y, Z = 110。因此，直观上，如果在覆盖一种输入组合的与门输出为1之前，覆盖另一输入组合的与门输出为0，那么其输出会暂时出现0尖峰。消除冒险的方法也很明显：只需引入额外的乘积项（与门）来覆盖冒险的输入对，如图3-28b所示。结果发现，这个额外乘积项是两个原始项的**一致项**（consensus）。一般来说，必须加一致项才能消除冒险。相应的无冒险电路如图3-29所示。

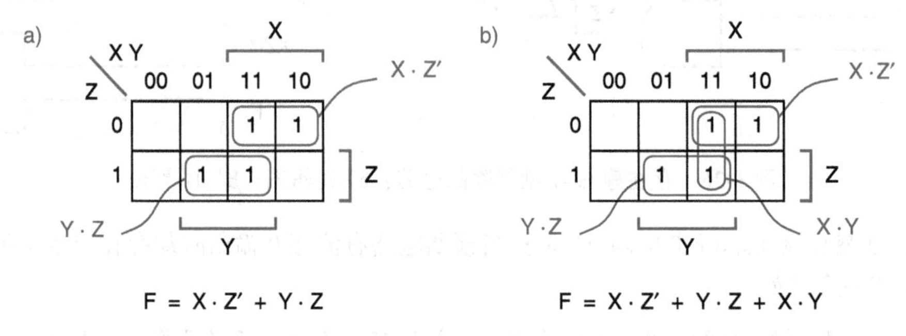

图3-28　图3-26电路的卡诺图：a）原来的设计；b）消除静态-1型冒险

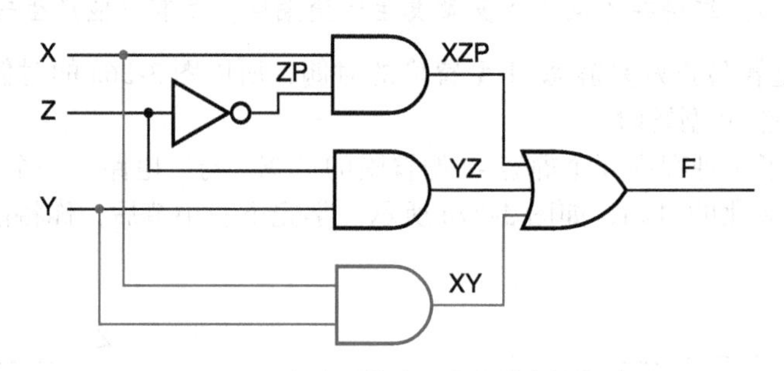

图3-29　消除了静态-1型冒险的电路

另一个例子如图3-30所示。在这个例子中，必须加3个乘积项才能消除静态-1型冒险。

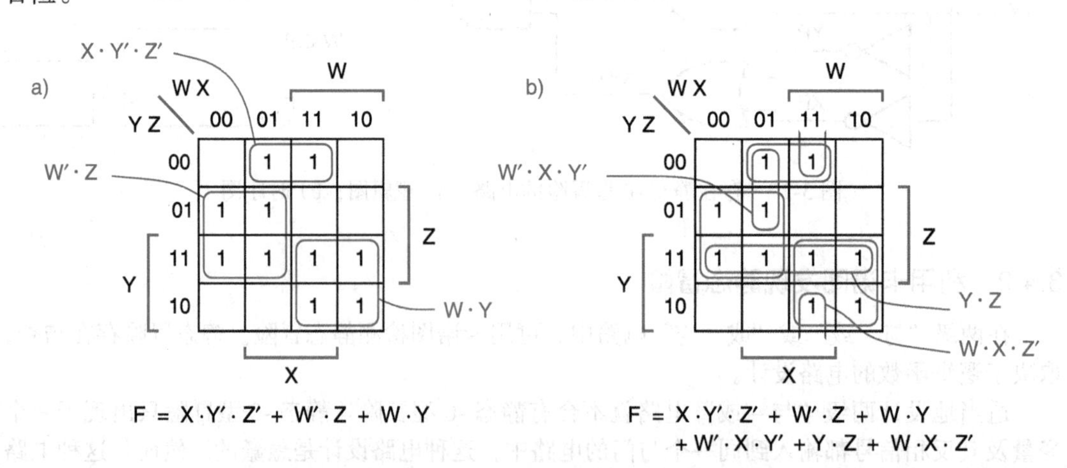

图3-30　另一个“与–或”电路的卡诺图：a）原来的设计；b）覆盖静态-1型冒险的额外乘积项

适当地设计两级“或－与”电路就不会存在静态-1型冒险。然而，也可能有静态-0型冒险。用前述方法中的对偶方法，研究卡诺图的相邻0项，即可检测并消除这些冒险。

3.4.3 动态冒险

动态冒险（dynamic hazard）是指一个输入转变一次而引起输出变化多次的可能性。如果从变化的输入到变化的输出存在具有不同延迟的多个通路，则输出可能会发生多次变化。

例如，考虑如图3-31所示的电路，从输入X到输出F有3条不同通路。一条通路经过1个慢速或门，另一条经过1个更慢速的或门。如果电路输入是W, X, Y, Z = 0,0,0,1，则输出为1。现在假设X输入变为1，并假设除了标为“慢”和“更慢”的门以外，其他的门都很快，那么将发生图中所示的第一次转换，并且输出变为0。最后，标为“慢”的或门输出变化，产生图中所示的第二次转换，输出变为1；而标为“更慢”的或门输出变化，产生图中所示的第三次转换，输出达到最后的0状态。

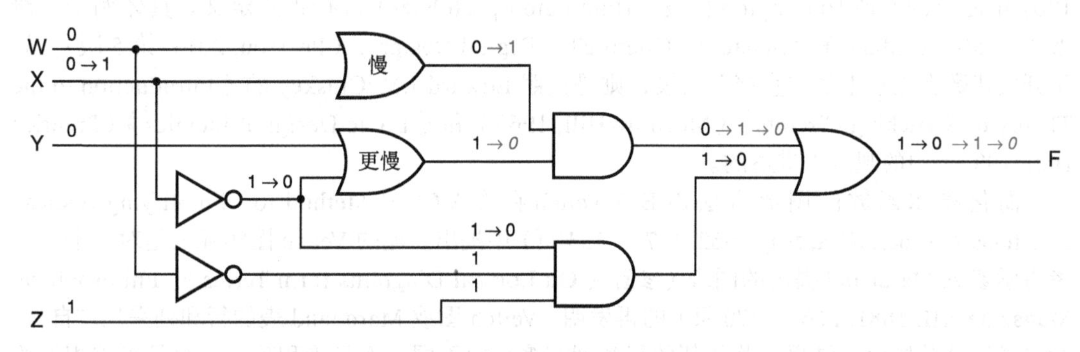

图3-31 存在动态冒险的电路

在适当设计的两级“与－或”或者“或－与”电路（即不会有任何变量及其反相信号都接到同一个第一级门上）中，就不会发生动态冒险。

3.4.4 设计无冒险电路

只在少数情况下，如反馈时序电路设计，要求无冒险组合电路。参考书中讲述的在任意电路中寻找冒险的技术，应用起来是相当困难的。因此，当要求无冒险设计时，最好采用容易分析的电路结构。

多数冒险并不会造成危害！

任何组合电路都可进行冒险分析。然而，一个设计良好的同步数字系统的结构中，其多数电路无须做冒险分析。在同步系统中，组合电路的所有输入都是在特定时刻发生变化的，其输出只有达到稳态后才会被“看到”。一般来说，只在异步时序电路中需要进行冒险的分析和消除，如10.8节讨论的反馈时序电路。很少需要设计这样的电路，但如果需要，理解冒险现象对于设计可靠的电路是非常重要的。

特别是我们已经指出，经过适当设计的两级“与－或”电路是没有静态-0型或动态冒险的。静态-1型冒险可能存在于这样的电路中，但可用前面讲述的卡诺图法检测和消除。如果成本不是问题，那么获得无冒险实现的强有力的方法，就是采用*完全和*（complete sum），也就是逻辑函数所有主蕴涵项之和（参见本书之前的版本以及练习题3.53）。应用对偶性，可为任何逻辑函数设计无冒险“或－与”电路。最后要注意，我们所说的关于“与－

或”电路的一切都自然地适用于相应的“与非 – 与非”设计，关于“或 – 与”电路的一切也适用于“或非 – 或非”电路。

参考资料

“逻辑科学”的布尔发展历史在 Herman H.Goldstine 的《 The Computer from Pascal to von Neumann 》(Princeton University Press, 1972) 一书中有描述。Claude E.Shannon 在《 A Symbolic Analysis of Relay and Switching Circuits 》(Trans. AIEE, Vol.57, 1938, 713 ～ 723 页) 一书中说明了布尔的工作如何应用于逻辑电路。

虽然二值布尔代数是开关代数的基础，但布尔代数不一定只有两个值。对于任意整数 n，存在 2^n 值的布尔代数。具体例子参见 Harold S.Stone 的《 Discrete Mathematical Structures and Their Applications 》(SRA, 1973) 这本书。这种代数可用 E.V.Huntington 于 1907 年提出的所谓 Huntington 假设 (Huntington postulates) 进行正式定义。具体例子，请参阅 M.Morris Mano 和 Michael D. Ciletti 的《 Digital Design 》(Pearson, 2013, 第 5 版)。关于开关代数在工程上的“直接”发展，则是按照 Edward J.McCluskey 的《 Introduction to the Theory of Switching Circuits 》(McGraw-Hill, 1965) 和《 Logic Design Principles 》(Prentice Hall, 1986) 中的观点来讲述的。

简化布尔函数的图形方法由 E.W.Veitch 在《 A Chart Method for Simplifying Boolean Functions 》(Proc. ACM, May 1952, 127 ～ 133 页) 中提出。他的 Veitch 图实际上是对一个英国考古学家 A.Marquand 提出的图表 (参看《 On Logical Diagrams for n Terms 》, Philosophical Magazine XII, 1881, 266 ～ 270 页) 的再发明。Veitch 图或 Marquand 表的行和列采用“自然”的二进制计数顺序，结果有些相邻的行和列有多个值不同，而且乘积项不能总是覆盖相邻的单元。

用卡诺图最小化组合逻辑函数的方法是 Maurice Karnaugh 在《 A Map Method for Synthesis of Combinational Logic Circuits 》(Trans. AIEE, Comm.and Electron., Vol.72, Part Ⅰ, November 1953, 593 ～ 599 页) 一书中提出的。本书之前的版本以及其他一些书籍对这个方法有更详细的讲述。

采用一种所谓的 Quine-McCluskey 算法 (Quine-McCluskey algorithm) 的列表方法可以对变量数量任意大的逻辑函数进行最小化 (至少理论上如此)。这个方法最初提出时是一种纸笔列表的形式，但就像其他算法那样，可以转换为一个计算机程序。本书之前的版本中给出了这样一个程序的详细操作过程。相关的讨论表明，即使对于中等规模的逻辑函数，程序的数据结构和执行时间都非常大，而且这些指标还会随着输入变量数的增加而呈指数级增长。所以，即使使用主存容量达到几十亿字节而且速度最快的计算机，这个算法也只对输入数量相当少 (大约 12 个左右) 的逻辑函数是切实可行的。

Robert K. Brayton 和其他人又提出了另一种启发式的最小化算法——Espresso，该算法的描述参见《 Algorithms for VLSI Synthesis 》(Kluwer Academic Publishers, 1984)。虽然 Espresso 并不保证总能找到逻辑函数的最小实现，但在所需主存容量和计算时间都更加切实可行的情况下，它能够最小化更大规模的逻辑函数，找到接近最小化的实现。因此，在大多数当今的逻辑综合工具中，Espresso 或某一个 Espresso 的派生算法至少常常用来作为最小化逻辑函数的第一步。

在完成最小化之后，现代的综合工具还要执行一些附加的步骤 (如因式分解)，来解决不同实现技术的局限性，比如单个门电路或其他逻辑构件的最大输入数。这类附加步骤的描述参见 Giovanni De Michelli 的《 Synthesis and Optimization of Digital Circuits 》(McGraw-Hill,

1994）。

在本章，我们描述了在两级“与－或”和“或－与”电路中寻找静态冒险的图形方法，但任意组合电路都可做冒险分析。McCluskey 在他的 1965 年和 1986 年的书中定义了电路的 0 集和 1 集，并说明如何用它们来寻找静态冒险。他还定义了 *P* 集和 *S* 集，并说明如何用它们来寻找动态冒险。

在本书中，我们省略了开关理论的许多更深入内容和不同方面，这些在其他书中都有阐述。学习经典开关理论的一个好的起点，是 Zvi Kohavi 和 Niraj K. Jha 的《Switching and Finite Automata Theory》（Cambridge University Press, 2010，第 3 版），该书包括了集合论、对称网络、函数分解、阈值逻辑、错误检测和通路敏感性等方面的内容。另一个重点学术领域（但无多少商业价值）是非二进制多值逻辑（multiple-valued logic），即每个信号线可有两个以上的值，常见的是四个值，以及直接针对多值变量的新逻辑操作。但是，到目前为止，多值逻辑唯一的实际应用是用于存储器，例如，MLC 的 EPROM 闪存的每个物理存储单元用四个离散的模拟电平来存储两位二进制信息。

训练题

3.1　用变量 ENGR、POET 和 RHYME 写出一个逻辑表达式，如果诗人不知道如何押韵且数字设计者喜欢用押韵的信号名，则表达式为 1。

3.2　请用完备归纳法证明定理 T2 ～ T5。

3.3　请用完备归纳法证明定理 T1D ～ T3D 和 T5D。

3.4　请用完备归纳法证明定理 T6 ～ T9。

3.5　根据德·摩根定理，$X + Y \cdot Z$ 的反是 $X' \cdot Y' + Z'$。但当 XYZ = 110 时，这两个函数都为 1。对于同样的输入组合，函数和它的反怎么都为 1 呢？错在哪里？

3.6　请用开关代数定理化简下面的逻辑函数：

(a) $F = W \cdot X \cdot Y \cdot Z \cdot (W \cdot X \cdot Y \cdot Z' + W \cdot X' \cdot Y \cdot Z + W' \cdot X \cdot Y \cdot Z + W \cdot X \cdot Y' \cdot Z)$

(b) $F = A \cdot B + A \cdot B \cdot C' \cdot D + A \cdot B \cdot D \cdot E' + A \cdot B \cdot C' \cdot E + C' \cdot D \cdot E$

(c) $F = M \cdot N \cdot O + Q' \cdot P' \cdot N' + P \cdot R \cdot M + Q' \cdot O \cdot M \cdot P' + M \cdot R$

3.7　请写出下面各个逻辑函数的真值表：

(a) $F = X' \cdot Y + X' \cdot Y' \cdot Z$　　(b) $F = W' \cdot X + Y' \cdot Z' + X' \cdot Z$

(c) $F = W + X' \cdot (Y' + Z)$　　(d) $F = A \cdot B + B' \cdot C + C' \cdot D + D' \cdot A$

(e) $F = V \cdot W + X' \cdot Y' \cdot Z$　　(f) $F = (A' + B' \cdot C \cdot D) \cdot (B + C' + D' \cdot E')$

(g) $F = (W \cdot X)' \cdot (Y' + Z')'$　　(h) $F = (((A + B)' + C')' + D)'$

(i) $F = (A' + B + C) \cdot (A + B' + D') \cdot (B + C' + D') \cdot (A + B + C + D)$

3.8　请写出下面各个逻辑函数的真值表：

(a) $F = X' \cdot Y' \cdot Z' + X \cdot Y \cdot Z + X \cdot Y' \cdot Z'$　(b) $F = M' \cdot N' + M \cdot P' + N \cdot P'$

(c) $F = A \cdot B + A \cdot B' \cdot C' + A' \cdot B \cdot C'$　　(d) $F = A' \cdot B \cdot (C \cdot B \cdot A' + B' \cdot C')$

(e) $F = X \cdot Y \cdot (X' \cdot Y \cdot Z + X \cdot Y' \cdot Z + X' \cdot Y \cdot Z' + X \cdot Y \cdot Z)$

(f) $F = M \cdot N + M' \cdot N' \cdot P$

(g) $F = (A + A') \cdot B + B' \cdot A \cdot C + C' \cdot (A + B') \cdot (A' + B)$

(h) $F = X \cdot Y' + Y \cdot Z + Z' \cdot X'$

3.9　请写出下面各个逻辑函数的标准和及标准积：

(a) $F = \sum_{X,Y}(1,2)$　　(b) $F = \prod_{A,B}(0,1,2)$

(c) $F = \sum_{A,B,C}(2,4,6,7)$　　(d) $F = \prod_{W,X,Y}(0,1,3,4,5)$

(e) $F = X + Y' \cdot Z'$　　(f) $F = V' + (W' \cdot X)'$

3.10 请写出下面各个逻辑函数的标准和及标准积：

(a) $F = \sum_{X,Y,Z}(0,1,3)$　　(b) $F = \prod_{A,B,C}(0,2,4)$

(c) $F = \sum_{A,B,C,D}(1,2,6,7)$　　(d) $F = \prod_{M,N,P}(0,2,3,6,7)$

(e) $F = X + Y' \cdot Z + Y \cdot Z'$　　(f) $F = A' \cdot B + B \cdot C + A$

3.11 数学家会告诉你，其实“1”不是素数。此处假设“1”不是素数，请重新写出素数检测器的最小项列表和标准和式，并重新画出3.3.1节中素数检测器的逻辑图。

3.12 如果一个 n 输入逻辑函数的标准和也是最小和，那么其和式中的每个乘积项有多少个变量？在这种情况下可能有其他的最小和吗？

3.13 为什么输入反相器的成本不包含在“逻辑最小化”中？试给出两个理由。

3.14 假设“1”不是素数，请重新完成图3-24中所示例子的素数检测器最小化。提示：有两个正确答案。

3.15 给2输入偶校验函数另起一个名字。提示：答案在本章的练习题中。

3.16 对下面每个逻辑表达式，用卡诺图找出相应的两级“与–或”或者“或–与”电路的所有静态冒险，并设计实现同样逻辑函数的无冒险电路。

(a) $F = W \cdot X + W' \cdot Y'$　　(b) $F = W \cdot X' \cdot Y' + X \cdot Y' \cdot Z + X \cdot Y$

(c) $F = W \cdot Y + W' \cdot Z' + X \cdot Y' \cdot Z$

(d) $F = W' \cdot X' + Y' \cdot Z + W' \cdot X \cdot Y \cdot Z + W \cdot X \cdot Y \cdot Z'$

(e) $F = W' \cdot Y + X' \cdot Y' + W \cdot X \cdot Z$

(f) $F = W' \cdot X + Y' \cdot Z + W \cdot X \cdot Y \cdot Z + W \cdot X' \cdot Y \cdot Z'$

(g) $F = W \cdot X' \cdot Y' + X \cdot Y' \cdot Z + X \cdot Y$

练习题

3.17 设计一个看似不一般的逻辑电路，它含有1个反馈回路，以及一个只取决于当前输入的输出。

3.18 不使用完备归纳法证明组合定理T10，但假设定理T1 ~ T9和T1D ~ T9D为真。

3.19 不使用完备归纳法证明 $(X + Y') \cdot Y = X \cdot Y$，假设定理T1 ~ T11和T1D ~ T11D为真。

3.20 不使用完备归纳法证明 $(X + Y) \cdot (X' + Z) = X \cdot Z + X' \cdot Y$，假设定理T1 ~ T11和T1D ~ T11D为真。

3.21 请说明：n 输入或门可以用 $n - 1$ 个2输入或门来代替。这句话对或非门适用吗？证明你的答案。

3.22 请问：用4个2输入与门实现 $V \cdot W \cdot X \cdot Y \cdot Z$ 有多少种不同的物理方法？证明你的答案。

3.23 请用开关代数证明：将有 $n + 1$ 个输入的与门或者或门的两个输入端连在一起能得到 n 输入门的功能。

3.24 请用有限归纳法来证明德·摩根定理（T13和T13D）。

3.25 利用开关代数定理，使用尽可能少的反相操作（允许括号求反）重写下面的表达式：

$B' \cdot C + A \cdot C \cdot D' + A' \cdot C + E \cdot B' + E \cdot (A + C) \cdot (A' + D')$

3.26 请证明香农展开定理。（提示：不要被吓倒了；这很简单。）

3.27 广义香农展开定理“取出”不只1个而是 i 个变量，使得逻辑函数能表示为 2^i 项的和或积。请叙述这个广义香农展开定理。

3.28 请说明：如何由广义香农展开定理得到逻辑函数的标准和以及标准积。

3.29　证明或反证下列命题：

(a) 令 A 和 B 为开关代数变量，那么 A · B = 0 且 A + B = 1 蕴涵 A = B′。

(b) 令 X 和 Y 为开关代数表达式，那么 X · Y = 0 且 X + Y = 1 蕴涵 X = Y′。

3.30　异或（XOR）门是 2 输入门，当且仅当只有一个输入为 1 时输出为 1。请写出异或函数的真值表、“积之和”表达式和相应的“与 – 或”电路。

3.31　异或非（NOR 或 XNOR）门是 2 输入门，当且仅当两个输入相等时输出为 1。请写出异或非函数的真值表、“积之和”表达式和相应的“与 – 或”电路。

3.32　从开关代数的观点看，将输入端连在一起的 2 输入 XNOR 门表示了什么函数？它跟真实 XNOR 门的输出情况会有什么不同？

3.33　能够实现任何逻辑函数的逻辑门类型的集合，被称为逻辑门的完全集。例如，2 输入与门、2 输入或门以及反相器是一个完全集，因为任何逻辑函数都能表示为一个变量的“积之和”以及它们的反，而任意输入的“与门”和“或门”都能从 2 输入门得到。请问 2 输入与非门能构成逻辑门的完全集吗？证明你的答案。

3.34　有一个输入被反相的 2 输入与门能形成逻辑门的一个完全集吗？证明你的答案。这种类型的门电路为什么会被称作“禁止”门？是否意味着一个标准的与门是“非禁止的”？

3.35　2 输入 XOR 门能形成逻辑门的一个完全集吗？证明你的答案。

3.36　给下列所描述的每一个组合逻辑功能的输入和输出命名，并说明名字的含义。然后，用真值表或逻辑方程完整地说明其功能。在第二个步骤中，可以为了简化问题而设定中间变量。

(a) 为典型轿车的座舱顶灯定义开 / 关控制信号。

(b) 定义一个信号，当且仅当两个 2 输入数 N 和 M 相等时，该信号才为 1。

(c) 在一个特定的书呆子家族中，每个人 P 都用代 PG(0 是父母) 和性别 PS(为了简单，请只定义一位) 来识别；每个孩子出生时还要给出一个唯一的标识符，从 00 开始。定义一个函数，当且仅当某个人 P 是某个人 Q 的女儿时，函数值才为 1。

(d) 重复问题 (c)，定义一个函数，当且仅当某人 P 是某人 Q 的父亲时，函数值才为 1。

(e) 重复问题 (c)，定义一个函数，当且仅当某人 P 是某人 Q 的弟弟时，函数值才为 1。

(f) 重复问题 (c)，定义一个函数，当且仅当某人 P 和某人 Q 是父母时，函数值才为 1。

3.37　有些人认为有 4 个基本逻辑函数：与、或、非和 BUT。图 3-32 是一个可能的 4 输入、2 输出 BUT 门的符号。请给出一个有用且非平凡的函数来实现 BUT 门。该函数应与名字（BUT）有关。记住：由于符号的对称性，该函数应对每个部分的 A 和 B 输入以及 1 和 2 部分都是对称的。请描述你的 BUT 函数并写出其真值表。

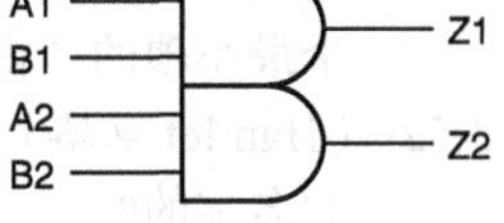

A1
B1
A2
B2
Z1
Z2

图　3-32

3.38　写出上一题所设计的 BUT 门的 Z1 和 Z2 输出的逻辑表达式，并用与门、或门和反相器画出相应的逻辑图。

3.39　请问 n 变量的不同“非凡”逻辑函数有多少个？这里，“非凡”意指所有变量都影响输出。

3.40　多数学生对用定理 T8“乘开”逻辑表达式没有问题，但许多学生对用 T8D“加开”逻辑表达式有障碍。如何用对偶性解决这个问题？

3.41　说明一个综合与或逻辑的工具如何能够自适应地用于综合或与逻辑。

3.42　证明 $F^D(X_1, X_2, \cdots, X_n) = [F(X_1', X_2', \cdots, X_n')]'$

3.43　满足 F = FD 的函数是自对偶逻辑函数。下列哪个函数是自对偶的？(这里，符号⊕表示异或（XOR）操作)。

(a) F = X　　(b) $F = \sum_{X,Y,Z}(0,3,5,6)$

(c) $F = X \cdot Y' + X' \cdot Y$　　(d) $F = W \cdot (X \oplus Y \oplus Z) + W' \cdot (X \oplus Y \oplus Z)'$

(e) 含 7 个变量的函数 F，当且仅当有 4 个或 4 个以上变量为 1 时，F = 1。

(f) 含 10 个变量的函数 F，当且仅当有 5 个或 5 个以上变量为 1 时，F = 1。

3.44 假设信号通过与非门和反相器的延迟时间为 5ns，通过或非门的延迟时间是 6ns，通过非反相器的延迟时间是 9ns，那么图 3-21a、3-21c 和 3-21d 中每一个电路的最慢输出的总体延迟时间是多少？

3.45 n 输入变量的自对偶逻辑函数有多少个？（提示：考虑自对偶函数真值表的结构）

3.46 证明：可写成 $F = X_1 \cdot G(X_2, \cdots, X_n) + X_1' \cdot G^D(X_2, \cdots, X_n)$ 形式的任意 n 输入逻辑函数 $F(X_1, \cdots, X_n)$ 是自对偶的。

3.47 对如图 3-33 所示的"与－异或"电路的输入赋值，使其输出为 $F = \sum_{W,X,Y,Z}(6,7,12,13)$。如果你觉得有帮助的话，可以用卡诺图。如果将与门变成与非门则该如何求解呢？

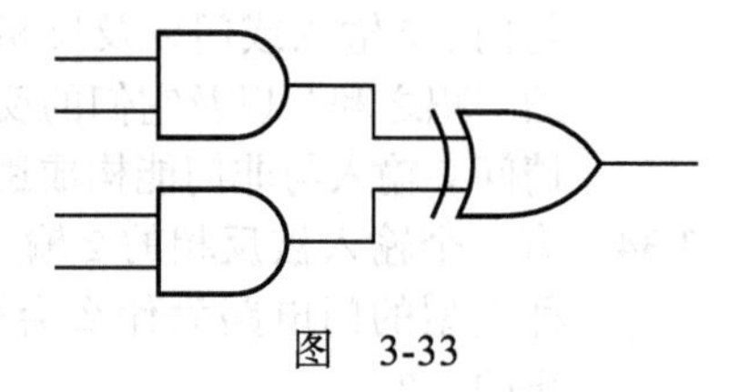

图 3-33

3.48 逻辑函数的卡诺图中的一个可辨识的 1 单元（distinguished 1-cell）是仅被一个主蕴涵项覆盖的单元（以及一个对应的输入组合）。这样的一个质主蕴涵项（essential prime implicant）必定会出现在这个逻辑函数的任何一个最简与或式中。因此，一个有效率的化简算法应该先看质主蕴涵项，然后，再根据需要来选择加入未被覆盖到的 1 单元的其他主蕴涵项（如果有的话）。下列逻辑函数中都有一个或多个质主蕴涵项；求取下列各式的最简与或表达式：

(a) $F = \sum_{X,Y,Z}(1,3,5,6,7)$　　(b) $F = \sum_{W,X,Y,Z}(1,4,5,6,7,9,14,15)$

(c) $F = \prod_{W,X,Y}(1,4,5,6,7)$　　(d) $F = \sum_{W,X,Y,Z}(0,1,6,7,8,9,14,15)$

(e) $F = \prod_{A,B,C,D}(4,5,6,13,15)$　　(f) $F = \sum_{A,B,C,D}(4,5,6,11,13,14,15)$

3.49 一个 3 位"比较器"电路，输入为两个 3 位数，$P = P_2P_1P_0$ 和 $Q = Q_2Q_1Q_0$。设计一个最简的积之和电路，当且仅当 $P<Q$ 时，输出一个 1。

3.50 请用代数方法证明下面的表达式是不是最简与或表达式。也就是说，是否可以删除任何乘积项，如果没有，是否可以从任何乘积项中删除输入变量？

$F = C \cdot D \cdot E' \cdot F' \cdot G + B \cdot C \cdot E \cdot F' \cdot G + A \cdot B \cdot C \cdot D \cdot F' \cdot G$

3.51 给出一个 4 输入的逻辑函数（不是图 3-25 中的那个），该逻辑函数的卡诺图是一个有 8 个最小项的"棋盘"。这样的逻辑函数有没有一个简称？

3.52 （Hamlet 电路）请完成时序图并解释图 3-34 中电路的功能。你知道这个电路是如何得此名字的？

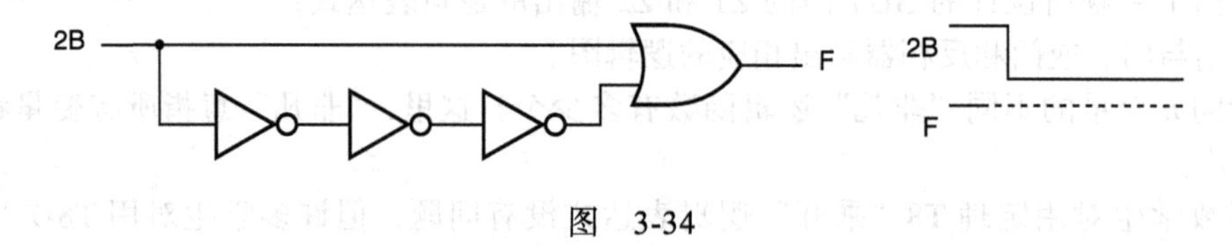

图 3-34

3.53 请证明：对应于逻辑函数完全和的两级"与－或"电路总是无冒险的。

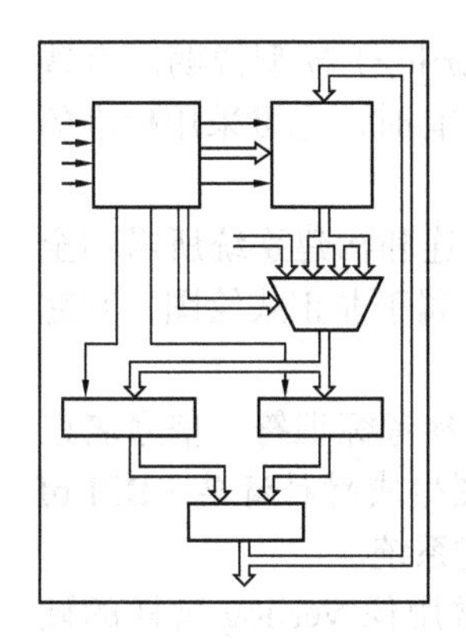

第 4 章

Digital Design: Principles and Practices, Fifth Edition

数字设计实践

本书的目的就是展示现代数字设计中采用的理论原理及实践知识。本章重点讲述常用的实践知识，尤其是组合逻辑电路设计实践的一些知识。到第 13 章再探讨时序电路设计的相关实践。

在此，首先讲述工程文本中不常见的一个内容，即工程师们为确保设计的正确性、可生产性和可维护性而采用的文档的实践知识。然后讲述电路时序的知识，这是数字设计成功的关键性要素。最后，介绍基于 HDL 的数字设计和基于 HDL 环境的“设计流”。

4.1 文档标准

为了数字系统的正确设计和有效维护，有一个好的文档是基本的要求。除了准确性和完备性之外，文档还必须要具有指导性，以便测试工程师、维护技术人员甚至原设计工程师（在设计电路 6 个月后）仅仅通过阅读文档就能够勾画出系统是如何工作的。

虽然文档的类型依赖于系统复杂性以及设计和制造环境，但是一个文档包通常至少应包含下面 6 项：

1. 说明书（specification，简称 spec）准确地描述电路或系统应该做什么，包括所有输入和输出（“接口”）的描述及实现的功能。注意“说明书”不必说明系统要怎样做才能得到其结果，它只需说明结果应该是什么。然而，在许多公司，会把下面讲的一个或几个文件插入到说明书中以便说明系统是怎样同时工作的，这也是常例。

在线文档

因为现今专业工程文档基本是公司的内部网上必要内容之一，所以在电路说明和描述中包含 URL 是非常有用的，这样引用时能够很容易地定位。当然，URL 有时改变为网络和服务器重配置的一种结果，这样可以不必通过公司文档控制系统所赋给的永久性号码去引用文档。

在一个公司内，在线文档是很重要的，也有权威性，以致在每个说明的每一页页脚上都包含“这个文档的印刷版本是非控制性拷贝”的警告。也就是说，印刷版本可能很快就会过时。

2. 方框图（block diagram）是系统主要功能模块及其基本互连的非正式图示描述。

3. 逻辑器件说明（logic-device description）描述了系统中所使用的每个“定制的”器件的功能。（“标准”器件是通过数据表单或生产商所提供的用户手册来说明的。）定制的器件包括：专用集成电路（ASIC）、场可编程阵列（FPGA）、以及可编程逻辑器件（PLD 和 CPLD）。

一般高层级器件说明用英文撰写，而内部构件常以HDL（如Verilog）模型说明。有些内部构件也会用逻辑图、逻辑方程、状态表或是状态图的形式说明。有时，也可采用标准的程序语言（如C语言）对电路建模或是说明电路的部分行为特性。

4. *原理图*（schematic diagram）是系统的电气元件、元件间的互连和构建系统所需的全部细节的正式说明。我们一直在用的术语"*逻辑图*"（logic diagram）属于非正式绘图，它完全没有原理图这么仔细。

在板级设计中，原理图通常由设计者创作，应该包括IC类型、参考标识符、信号名以及物理器件外端信号的引脚编号。大多数原理绘图程序具有从原理图生成材料清单（Bill of Material, BOM）的能力，采购部门根据材料清单订购电气元件以构建系统。

在基于FPGA和PLD的设计中，FPGA或PLD的内部构造通常用像Verilog这样的硬件描述语言来定义，不需要用原理图。但是，EDA工具能够在实施了特定语言的设计之后，生成一个原理图。在该原理图中，除了信号名之外，还包括这个已实施设计中所用到的资源的名称、类型以及各个资源在片上的大概位置。

5. *时序图*（timing diagram）说明作为时间函数的各种逻辑信号的值，包括关键信号之间的因果延迟。

6. *电路描述*（circuit description）是叙述性的文本文件，它跟其他文档一起解释电路内部是怎样工作的。电路描述应当列出电路设计和操作中的任何假设及潜在毛病，并指出何处使用了不明显的设计"技巧"。好的电路描述还包括缩写词和其他专用术语的定义，且注明相关的参考文件。系统中每个"定制的"逻辑器件都应该有各自的电路描述。

7. *测试计划*（test plan）描述了对系统在实际构建前后的正确操作进行测试所需的方法和资源。

你可能已经在多种场合见过方框图。接下来，我们将介绍画方框图的几个规则，然后在本节的剩余部分集中说明组合逻辑电路的原理图。4.2.1节介绍时序图。以Verilog模型的形式来描述逻辑器件的内容将在第5章中讲述，同时，在后续章节中会给出许多相关的实例。在6.1.2节，我们将会看到如何用C语言生成和说明解决设计问题的只读存储器的内容。

电路描述有时会被忽视，但电路描述在实践中是非常重要的。如同有经验的程序员在开始写程序前先做程序设计文档一样，有经验的逻辑设计师在绘制原理图或HDL代码前就已开始写电路描述。不幸的是，电路描述有时在最后才开始编写，甚至有时根本就没写。没有描述的电路难以调试、制造、检验、维护、修改和加强，即使对于最初的设计者，在完成设计六个月后，也是如此。

完整的测试计划的内容超出了本书的讲述范围，但我们会介绍其中的一个方面，特别是Verilog模型的测试平台，会在后面的章节中详细讲述。

勿忘写作！

为了创造伟大的产品，数字设计者必须加强语言和写作技巧，尤其要有合乎逻辑的概括和组织能力。最成功的数字设计师（以及后面的工程主管、系统体系结构设计者、企业家）是那些能有效地与其他人交流想法、建议和决定的人。即使在数字设计实验室里进行修修补补很有趣，也不能以此为借口，在编写文档、做计划、进行交流时敷衍了事。

4.1.1　方框图

方框图（block diagram）展示系统的输入、输出、功能模块、内部数据通路和重要的控制信号。通常方框图不用太详细，也就一页，但是必须清楚。依据不同的系统复杂性，小的方框图可能有3～6个方块，大的方框图可能有10～15个方块。不管怎样，方框图必须展

示最重要的系统元件，以及这些元件怎样共同工作。

大型系统是分层次进行设计和描述的。在顶端层级及其方框图中，系统被分解为几个独立的子系统或模块，它们之间的相互作用需要精确定义。这些子系统或模块的每一个再做进一步必要的分解，直至达到一个恰当的较低层级，在这个层级的所有细节可以完全理解，并可以用现成的组件和工具设计。

图 4-1 是一个方框图的例子。每个方块都以其功能标注，而不是以组成它的各个芯片标注。另一个例子，图 4-2a 为一个 32 位寄存器的方框图表示。如果这个 32 位寄存器由 4 个 8 位寄存器（称为“REG8”）搭建，而此信息对某些阅图的人又很重要的话（比如，考虑价格因素），那么图 4-2a 可画成图 4-2b 的形式。而把方块拆开以展示各个芯片的图 4-2c 是不正确的。

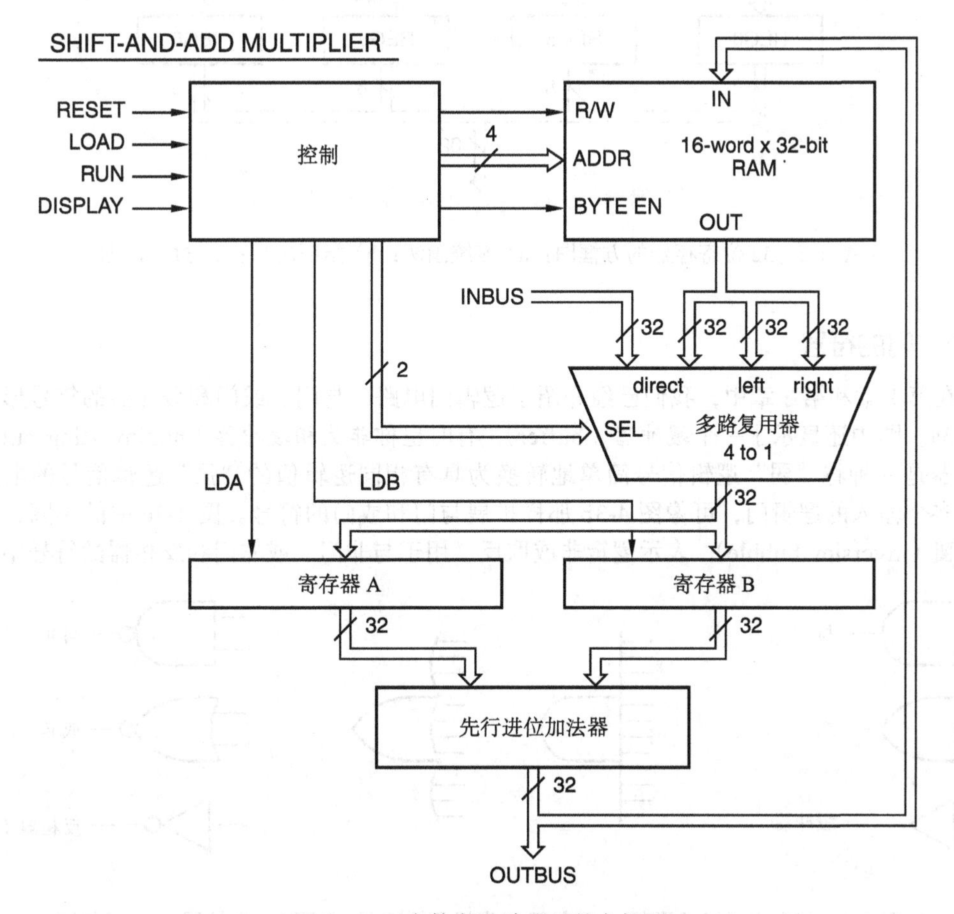

图 4-1　一个数字设计项目的方框图

总线（bus）是两条或更多条相关信号线的集合。在方框图中，总线用一条双线或粗线表示，如图 4-1 所示。斜线和斜线旁边的数字指明总线中包含了多少条信号线，总线宽度也可用总线名表示（如 INBUS[31:0] 或 INBUS[31-0]）。在方框图中，有效电平（稍后定义）和反相圈可以出现也可以不出现，大多数场合，它们在这一层级是不重要的。但是，重要的控制信号和总线应该有名字，通常与较详细的原理图中使用的名字一样。

在方框图中应明确标出控制流和数据流。通常画原理图时，信号从左流向右；但在方框图中这种想法较难实现，因为输入和输出可以在方块的任一侧，且信号流动的方向是随机的。在总线和普通信号线上通常使用箭头以消除不定性。

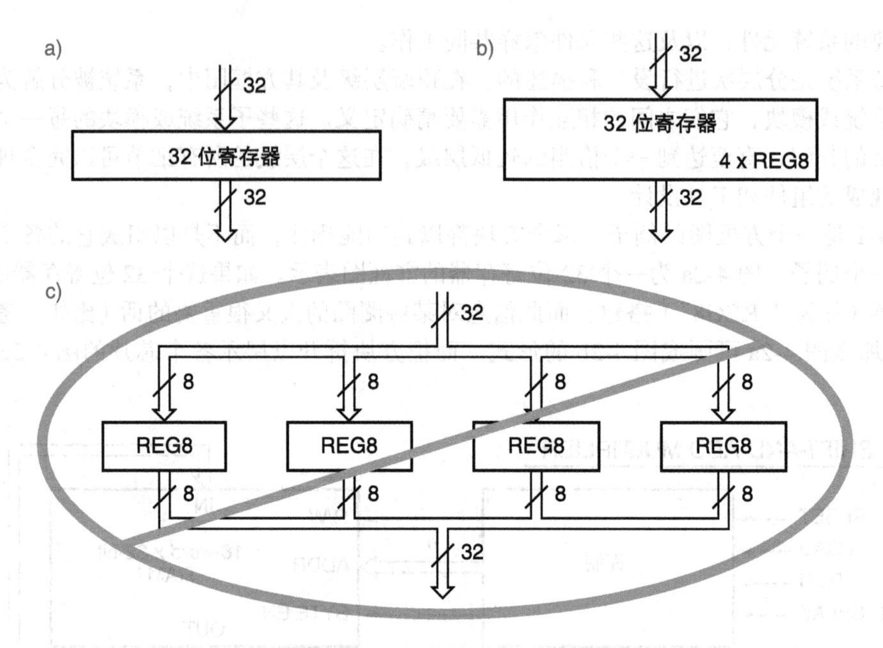

图 4-2　32 位寄存器的方框图：a）笼统画法；b）指明芯片；c）过于详细

4.1.2　门的符号

在第 1 章和第 3 章中，我们已经介绍了逻辑门电路，与门、或门和缓冲器的符号形状见图 4-3a。图中还显示了一个*缓冲器*（buffer），有时也称*非反相缓冲器*（noninverting buffer），缓冲器是一种将“弱”逻辑信号简单地转换为具有相同逻辑值的“强”逻辑信号的电路）。要画多个输入的逻辑门，可像图 4-3b 那样扩展与门和或门的符号。图 4-3c 中的小圈，称为*反相圈*（inversion bubble），表示逻辑非或取反，用于与非门、或非门和反相器的符号中。

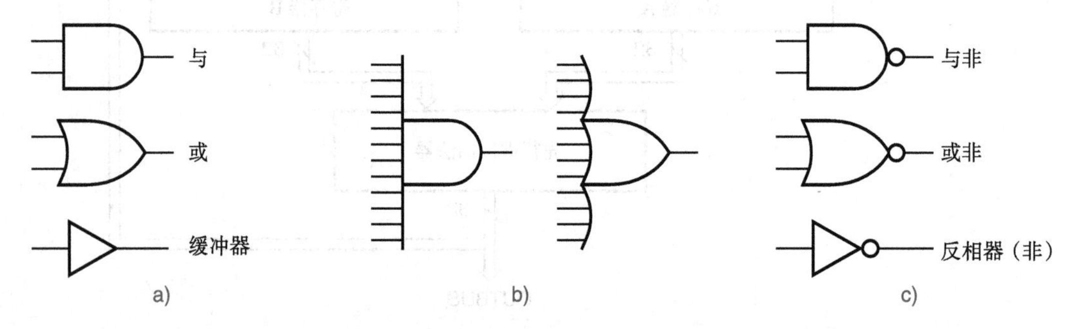

图 4-3　基本逻辑门的形状：a）与门、或门和缓冲器；b）输入端扩展；c）反相圈

正如 3.1.4 节所示，利用广义的德·摩根定理，我们可以处理反相输出门的逻辑表达式。例如，若与非门的输入为 X 和 Y、输出为 Z，则可以写出：

$$Z = (X \cdot Y)' = X' + Y'$$

这就给出了两种不同但等效的与非门符号（见图 3-3）。事实上，这种处理方法也可用于非反相输出门。例如，考虑下面的与门等式：

$$Z = X \cdot Y = ((X \cdot Y)')' = (X' + Y')'$$

因此，一个与门可用输入和输出都带反相圈的或门符号表示。

图 4-4 总结了用这种处理方法得到的标准门的等效符号。尽管成对的两个符号表示相同的逻辑功能，但在逻辑图中选择哪一种符号并不是任意的，至少对于好的文档标准来说它不应该是任意的。如我们将在下面几小节见到的，适当地选择门符号可以使逻辑图更易理解和使用。此外，选择相应的信号名也可以使逻辑图和 HDL 程序更加易懂。

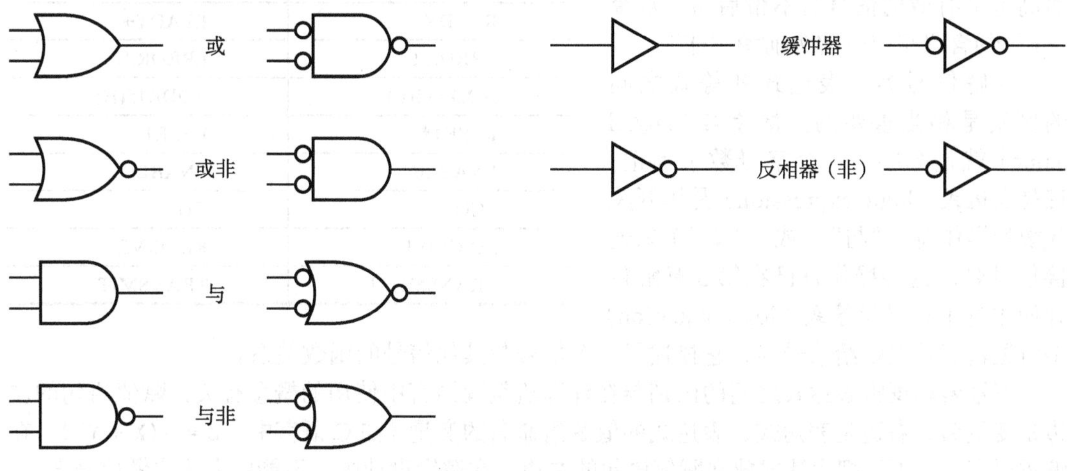

图 4-4 在广义的德・摩根定理下的等效门符号

> **IEEE 标准逻辑符号**
>
> 同美国国家标准学会（ANSI）一起，电气和电子工程师协会（IEEE）已经制定了逻辑信号的标准集。该标准最近的修订版是 ANSI/IEEE Std 91-1984,《IEEE Standard Graphic Symbols for Logic Functions》。对于逻辑门，它既允许矩形符号也允许带特色形状的符号。
>
> 在本书中，我们已经采用并将继续采用带特色形状的符号，而矩形符号在本书的第 2 版以及各种网站上都有描述。

4.1.3 信号名和有效电平

在逻辑电路中，每个输入和输出信号都应有一个可描述的字母－数字标记，即信号名。绘制逻辑电路的 HDL 和大多数 EDA 程序允许在信号名中包含某些特殊字符，如 *、_ 和 $。在第 3 章的分析和综合例子中，我们多半使用单字符信号名（X、Y 等），因为所举的电路不含有任何意思。然而在实际系统中，就如软件程序中的变量名，仔细选择的信号名能将有关信息传递给阅读逻辑图的人员。例如，用信号名表示受控的动作（GO、PAUSE）、检测的条件（READY、ERROR）、传送的数据（INBUS[31:0]），等等。

每个信号名应有其相关的*有效电平*（active level）。一个信号如果在高电平（高态）或“1”时完成命名的动作或表示命名的条件，则称为*高电平有效*（高态有效，active high）。（在正逻辑约定下，整本书都是如此，“高电平”（高态）和“1”是等效的。）一个信号如果在低电平（低态）或“0”时完成命名的动作或表示命名的条件，则称为*低电平有效*（低态有效，active low）。当信号处于有效电平时，称其为*有效*（asserted）；当信号不处于有效电平时，称其为*无效*（deasserted）或*被取消*（negated）。

在电路中每个信号的有效电平（依据某种约定）通常都被指定为信号名的一部分。几种不同的*有效电平命名习惯*（active-level naming convention）见表 4-1。在这些约定或其他的命名约定中选择一种，有时仅凭个人偏好，但更多的时候受工程环境的约束。由于有效电平的标识是信号名的一部分，所以命名约定必须与将要处理信号名的 EDA 工具（如原理图编辑器、HDL 编译器、模拟器等）的输入要求兼容。

在本书中，我们采用表中的最后一行约定：低电平有效的信号名带后缀“_L”，而高电平有效的信号名不带后缀。*后缀*“_L”的含义可以理解为前缀“非”。

表 4-1　每行展示了一种不同的有效电平的命名标准

低电平有效	高电平有效
READY–	READY+
ERROR.L	ERROR.H
ADDR15(L)	ADDR15(H)
RESET*	RESET
ENABLE~	ENABLE
~GO	GO
/RECEIVE	RECEIVE
TRANSMIT_L	TRANSMIT

理解信号名、表达式和等式之间的区别是相当重要的。*信号名*（signal name）就是名字，一个字母数字标记；*逻辑表达式*（logic expression）是用开关代数的操作符（“与”“或”“非”）来连接信号名，这些操作符已在第 3 章解释并使用过了；*逻辑等式*（logic equation）是将逻辑表达式赋给信号名，它描述了一个信号与其他信号的函数关系。

信号名和逻辑表达式之间的区别与在计算机编程语言中使用的概念有关：赋值语句的左边是变量名，右边是表达式，表达式的值赋给命名的变量（如 C 语言中，`Z = -(X + Y)`）。在编程语言中，不能把表达式放在赋值语句的左边。在逻辑设计中，不能用表达式做信号名。

逻辑信号可以有类似 X、READY 和 GO_L 的名字。在 GO_L 中，“_L”只是信号名的一部分，就如同在 C 语言中用于变量名的下划线。没有名为 READY′ 的信号，因为“′”是操作符，READY′ 是表达式。但是可以有两个分别命名为 READY 和 READY_L 的信号，在电路的正常操作中满足 READY_L = READY′。

在 HDL 模型中，大多数的信号都是高电平有效。因为用 1 来表示信号执行所命名的操作时，模型和对应的电路更易于管理和理解。

但是，当芯片或者函数在一个印制电路板上或是一个系统里相互连接时，有些信号（特别是控制信号）可能是低电平有效的。这是因为为了使常常配对出现的器件相互兼容或是为了使抗干扰之类的区域获得更好的性能，某些特定的信号（包括大规模器件上的一些信号）是低电平有效的。

典型的低电平有效信号的实例包括存储器的片选输入信号（兼容性）以及所有类型器件的复位输入信号（兼容性、抗干扰以及开机和关机期间的安全操作）。因此，在基于 HDL 的设计中，只有在以 FPGA、ASIC 或者 PLD 作为目标器件而设计的外部引脚上才最有可能见到和使用低电平有效的信号。

4.1.4　引脚的有效电平

当画与门、或门符号的边框或表示大规模逻辑组件的矩形符号时，我们认为给定逻辑功能只在符号框的内部发生。在图 4-5a 中，我们展示了与门、或门和带有 ENABLE 使能输入的大规模组件的逻辑符号。与门和或门的输入为高电平有效——输入端（或者其他“线路”，取决于所采用的工艺）为 1 才能确保其输出。

同样，大规模组件的 ENABLE 输入为高电平有效，ENABLE 必须为 1 才可使能器件，以实现其功能。在图 4-5b 中显示了相同的逻辑组件，只是其输入和输出引脚均为低电平有效。在符号框内部实现的是完全相同的逻辑功能。反相圈表示要激活逻辑功能，则必须在输入引脚上加 0，当器件“实现其逻辑功能”时输出也是 0。

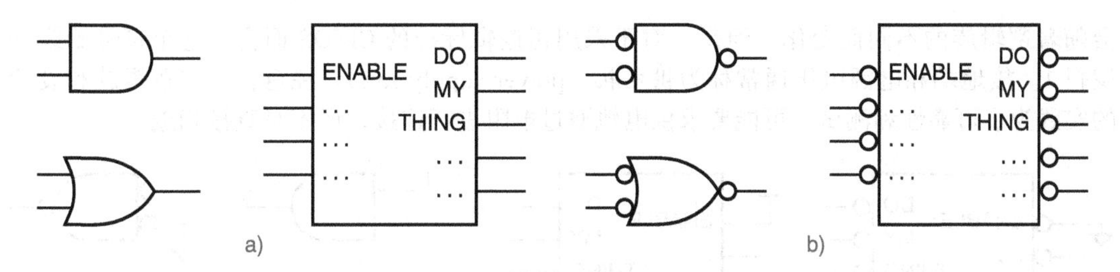

图 4-5 逻辑符号：a）与门、或门和大规模逻辑组件；b）输入和输出均为低电平有效时的相同组件

因此，有效电平是跟门及大规模组件的输入输出引脚联系在一起的。我们用反相圈指示低电平有效的引脚，没有反相圈的引脚表示高电平有效。例如，图 4-6a 中的与门实现 2 个高电平有效输入的逻辑“与”、产生 1 个高电平有效的输出，即如果 2 个输入都有效（为 1），则输出有效（为 1）。图 4-6b 中的与非门也实现“与”的功能，但它产生的是低电平有效的输出。即使是或非门或者或门，采用低电平有效的输入和输出，也可以构建完成与门功能，如图 4-6c 和图 4-6d 所示。可以说，图中的 4 个门完成同样的功能：就每个门而言，如果 2 个输入都有效，则输出有效。

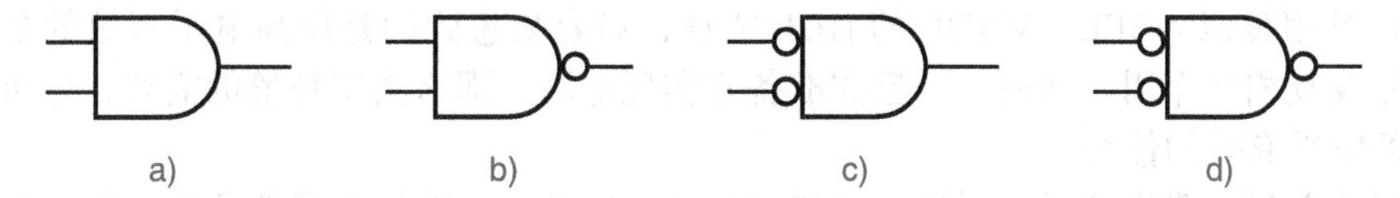

图 4-6 获得“与”功能的四种方法：a）与门；b）与非门；c）或非门；d）或门

图 4-7 对“或”功能表达了同样的意思：就每个门而言，如果 2 个输入中的任何一个有效，则输出就有效。

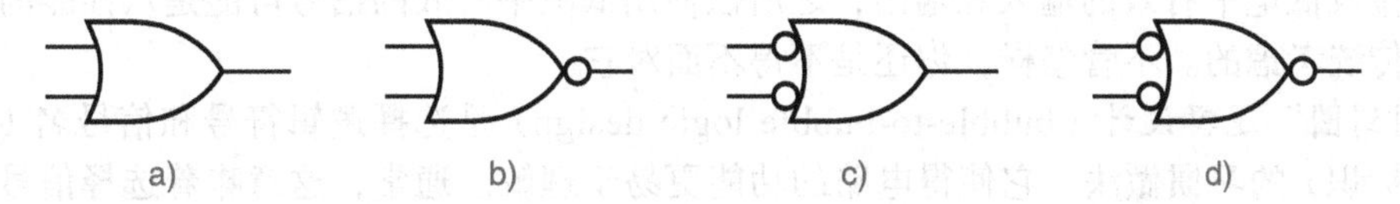

图 4-7 获得“或”功能的四种方法：a）或门；b）或非门；c）与非门；d）与门

非反相缓冲器有时只是用于提高逻辑信号的扇出，其功能不变。图 4-8 表明了反相器和非反相缓冲器的可能逻辑符号，根据有效电平，所有符号都实现同样的功能：当且仅当输入有效时，输出才有效。

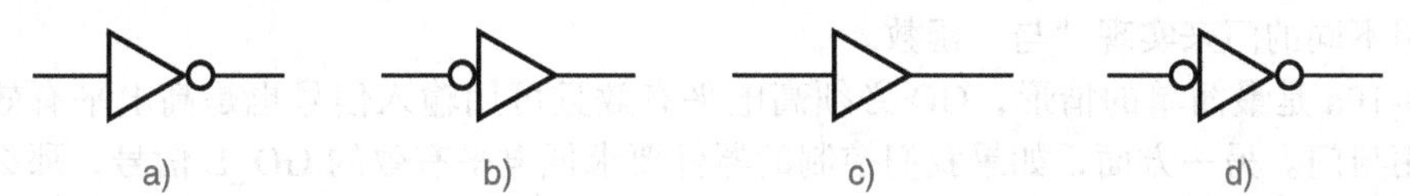

图 4-8 替换逻辑符号：a）反相器；b）反相器；c）非反相缓冲器；d）非反相缓冲器

4.1.5 常量逻辑信号

有时，会需要取值为常量 0 或 1 的逻辑信号。例如，一个大规模逻辑组件可能需要“总是处于使能状态”，或是分立门电路的一个或多个输入端没有使用，而其余的输入端在实现门电路的逻辑功能时是需要使用的。如图 4-9 的几个实例所示。其中，那个向下的小三角形是传统的“接地”或 0 伏特的电子符号。水平短线是电源电压的传统符号，电源电压值可能

会随着逻辑族的不同而变化，但是，对于采用正逻辑标准的CMOS而言，这个符号始终是逻辑1。接地端和电源电压通常称为供电轨（power-supply rail）。注意，一些逻辑族和设计的实践为了可靠性和测试，可能要求供电轨通过电阻进行连接，而不是直接相连。

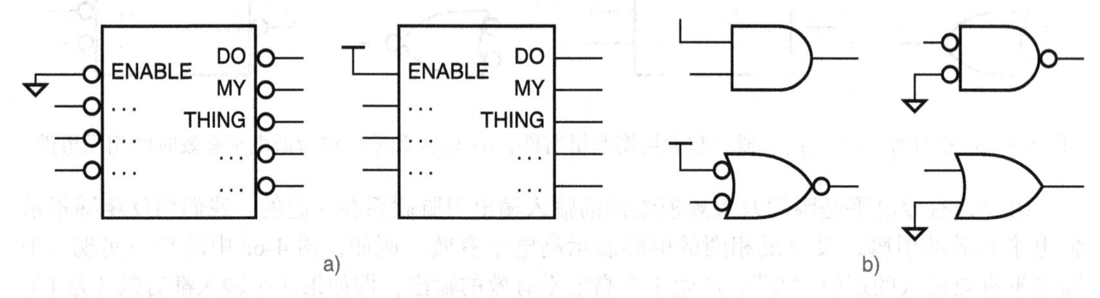

图4-9　未使用的输入端取值为常量0或1：a）大规模逻辑组件；b）单独的门电路

*4.1.6 “圈到圈”逻辑设计

有经验的逻辑电路设计师根据符号框内部实现的逻辑功能画出电路。不管是用分立门电路设计还是用类似ABEL、VHDL的HDL描述，最容易想到的是用高电平有效的名字表示逻辑信号及其相互作用。然而，一旦你准备好实现电路，那么由于环境的需要，你可能不得不处理低电平有效的信号。

当用分立门电路设计时，无论是板级还是ASIC级，关键的要求常常是速度。如我们将在14.1.6节讨论的，一般来讲，由于反相门速度快于非反相门，因此从性能价格上考虑，采用低电平有效的信号具有重要意义。

当用较大规模组件进行设计时，许多组件可能是现成的芯片或其他现有的部件，这些部件已经做成低电平有效的输入和输出，之所以使用低电平有效的信号可能是从性能的改进和多年的传统考虑的。不管怎样，你还是不得不面对它。

“圈到圈”逻辑设计（bubble-to-bubble logic design）是选择逻辑符号和信号名（包括有效电平标识）的习惯做法，它使得电路的功能更易于理解。通常，这意味着选择信号名、门类型和符号以使大多数反相圈“抵消”，且在将所有信号都当作高电平有效的情况下对逻辑图进行分析。

例如，假设当“READY”信号有效且收到“REQUEST”信号时，需要生成器件的“GO”信号。从问题的描述来看，很明显这是“与”函数，在开关代数中应写为GO = READY · REQUEST。然而，根据GO信号要求的有效电平和可用输入信号的有效电平，也可以使用不同的门来实现“与”函数。

图4-10a是最简单的情形，GO必须高电平有效且可用输入信号也是高电平有效，此时可以使用与门。另一方面，如果我们控制的器件要求低电平有效的GO_L信号，那么可以使用与非门，如图4-10b所示；如果可用输入信号是低电平有效，则可以使用或非门或者或门，如图4-10c和图4-10d所示。

可用信号的有效电平不总是与可用门的有效电平相匹配。例如，假设给出输入信号READY_L（低电平有效）和REQUEST（高电平有效），图4-11显示了生成GO的两种不同方法，其中与门所需的有效电平用反相器生成。通常第二种方法更可取，因为反相门（如或非门）一般比非反相门（如与门）速度快。为使输出有效电平与信号名匹配，每种情况下反相器的画法都不同。

为了理解“圈到圈”逻辑设计的好处，考虑图4-12a中的电路，它做什么？在3.2节我们说明了分析这类电路的几种方法，利用这些方法肯定能够得到输出DATA的逻辑表达式。然而，当该电路重画于图4-12b时，可直接从逻辑图读出输出功能，如下所述：当ADATA_L或BDATA_L有效时，输出DATA有效；如果ASEL有效，则当且仅当A有效时，ADATA_L有效，也就是说，ADATA_L是A的拷贝；如果ASEL无效，则BSEL有效且BDATA_L是B的拷贝。换句话说，如果ASEL有效，则DATA是A的拷贝；如果ASEL无效，则DATA是B的拷贝。即使逻辑图中有五个反相圈，我们也只是用心完成了一个反相操作便读懂了电路：假如ASEL无效，则BSEL有效。

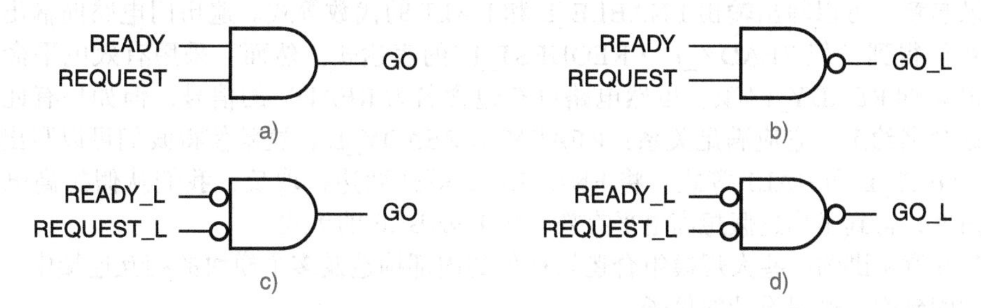

图4-10 产生GO的方法：a）输入和输出高电平有效；b）输入高电平有效，输出低电平有效；c）输入低电平有效，输出高电平有效；d）输入和输出低电平有效

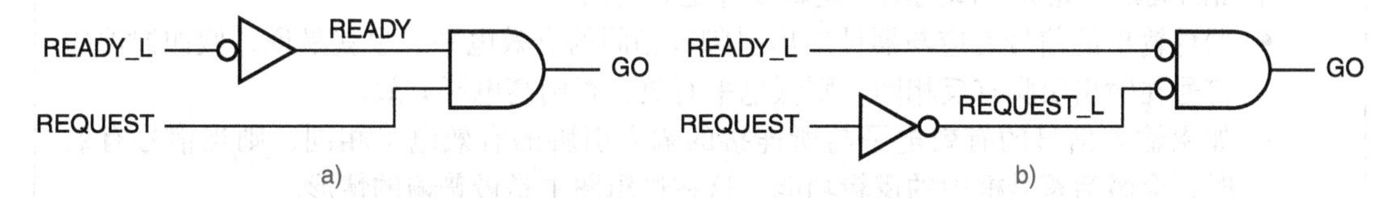

图4-11 具有混合输入电平的另外两种生成GO的方法：a）用与门；b）用或非门

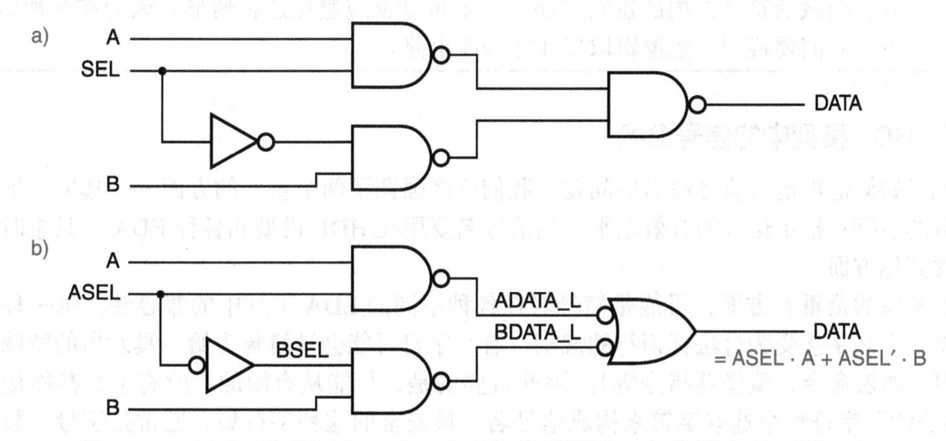

图4-12 2输入多路复用器：a）含义隐藏的逻辑图；b）采用了有效电平标识和替代逻辑符号的含义明确的逻辑图

如果愿意，可以写出输出DATA的代数表达式。利用3.2节的方法，遍历门电路朝着输出简单地扩展表达式，在这样做时，可以忽略抵消的反相圈对，直接写出如图中所示的表达式。

另一个例子如图4-13所示。直接读逻辑图有：如果READY_L和REQUEST_L有效或TEST有效，则ENABLE_L有效；如果READY_L和REQUEST_L不同时有效或LOCK_L有效，则输出HALT有效。我们再一次看到：这个例子只有一处是门输入要求的有效电平与输入信号的电平不匹配，且这一点在电路的字面描述上反映出来了。

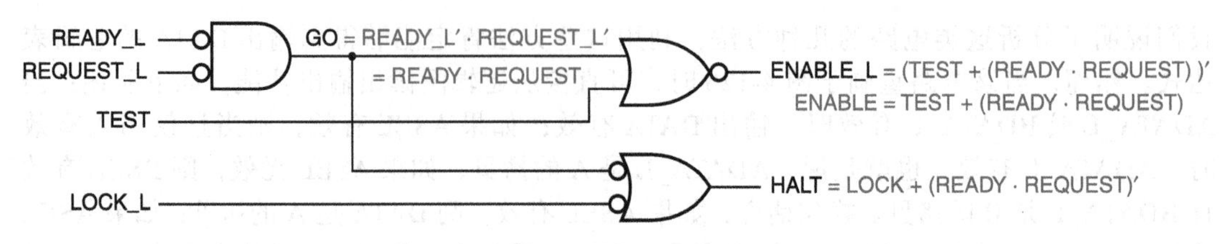

图 4-13　另一个含义明确的逻辑图

如果愿意，可以写出输出 ENABLE_L 和 HALT 的代数等式。遍历门电路向输出扩展表达式，我们得到类似 READY_L′· REQUEST_L′的表达式。然而，采用有效电平命名约定可以化简诸如 READY_L′项。虽然电路没有包含名为 READY 的信号，但如果有此信号的话，根据命名约定，它应满足关系：READY = READY_L′，这就使得我们可以写出图中所示的 ENABLE_L 和 HALT 等式。将 ENABLE_L 等式两边都取反，我们从假想高电平有效输入的角度，得到了描述假想高电平有效输出 ENABLE 的等式。

在第 6 章所讲的一些大规模组合逻辑构件的内部构造及多个模块的相互连接中，将会看到更多"圈到圈"逻辑设计的例子。

"圈到圈"逻辑设计规则

下面的规则对完成"圈到圈"逻辑设计是有用的：

- 器件输出的信号名应与器件输出引脚有相同的有效电平。也就是说，假如器件的符号在输出引脚有反相圈，则低电平有效，否则高电平有效。
- 如果输入信号的有效电平与所连接的输入引脚的有效电平相同，则当信号有效时，会激活符号框内的逻辑功能。这在逻辑图中是最普遍的情形。
- 如果输入信号的有效电平与所连接的输入引脚的有效电平相反，则当信号无效时，会激活符号框内的逻辑功能。只要可能就应避免这种情形，因为在这种情形下，我们要特别留意逻辑取反才能理解电路。

4.1.7　HDL 模型中的信号命名

关于如何适当地为信号命名的问题，我们已经强调了两个重要的方面——选取与信号函数相应的名字；指示信号的有效电平。当信号名要用在 HDL 模型和各种 EDA 工具中时，还要考虑其他方面。

要考虑的最重要方面，可能是信号名在各种不同的 EDA 工具中的兼容性。每一种工具都有将一个名字接受为合法标识符的规则，有些字符可能会被解释为给工具发出的特殊命令或信息（如宏命令、编译器指令等）。因此重要的是，只能从有限的、所有工具都能接受的"最小公约"字符集中选取字符来构成信号名。最安全的这种字符集，通常是字母、数字和下划线"_"，本书中就是这样使用的。

给该信号命名

虽然只为电路的主要输入和输出命名是绝对必要的，但大多数逻辑设计者发现为内部信号命名也是有用的。在电路调试期间，当要指出某个行为奇怪的内部信号时，有个名字可用是不错的。

多数 EDA 工具替没有命名的信号自动地生成标记，但用户选定的名字比计算机生成的名字（如 XSIG1057）更可取。

不同的工具用不同的字符作为标识符的开头。例如，有些工具允许以数字开头，而其他工具则不行。所以，最好是以一个字母作为信号名的开头。有些（或许所有）你所使用的工具也允许使用下划线开头，但在某些环境中，这种信号名在习惯上可能具有特殊的含义或意义。例如，可以作为由编译器或综合器产生的信号名。所以，使用字母来命名信号还是最妥当的。

还有关于字母的大小写问题。在有些 HDL（包括 Verilog）中，大小写字母是有区别的——sig、Sig 和 SIG 表示 3 个不同的信号。在其他（如 VHDL）语言中，不在乎大小写问题。因此，最好不要只在大小写上区分多个信号名。对有些设计者来说，这种区分可能没有任何意义。

在使用大小写字母的问题上，还存在另一个方面要考虑，即程序的可读性问题。从历史上看，软件编程语言使用了几种不同的大小写字母来区分不同的语言元素。在 HDL 编码中最流行的习惯，是使用大写字母来命名常量和其他定义，而用小写字母来命名信号，用带颜色的字母来命名保留字。颜色的使用很容易，因为典型的现代编程语言都了解到文本编辑器能自动地识别保留字，并使用颜色来显示它们。事实上，它们也能识别注释的语法并用不同的颜色表示出来。

以防万一

本书中使用了几种大小写习惯，以便让你能灵活掌握。在程序清单中，保留字使用加黑的小写字母。在小型的例子里，我们通常用大写字母表示信号名，而逻辑等式和原理图中的信号名则用加黑的大写字母表示。在本书后续一些较大型的 Verilog 例子里，则是用小写字母表示信号名（这是 HDL 模型在工业应用中的典型用法）。我们也用大写字母来命名常量标识符。所以，整本书中都不能依靠大小写来表达任何特殊含义。

在我们已经给出的许多例子中，使用后缀“_L”来表示低电平有效的信号。但如果考虑使用小写字母来表示信号名的话，这个后缀就失去了一点吸引力，因为在打字的时候要使用一下 Shift 键，而且还要费神去区分“_l”和“_1”。所以，有些设计环境可以使用不同的后缀，例如，用“_n”来表示低电平有效信号。

一些设计环境还可能使用其他的后缀习惯（有效电平后缀之前或之后），以便传递附加的信息。例如，后缀“_1”“_2”等，可能用来命名一个信号为了扇出而被复制的多个副本。

在 HDL 模型中所用的信号命名是有限制“范围”的，这跟软件编程语言中变量命名的情况是类似的。所以，同样的信号名有可能会在多个模块中重用，而它们所表示的信号却是完全不相关的。既然这样，那么人们必须要很小心。

在启用多个硬件设计者的大型项目中，要保证在公共函数中使用唯一的名字是困难的。例如，每个模块都可能有一个命名为“reset”的复位信号。当恰好采用相同的信号名来标识不同模块的内部信号时，设计工具确实可以弄清楚来龙去脉，但对于设计者而言，弄清楚不同模块的输入和输出采用同一个命名的情况就会比较困难，特别是在这些信号的定义或用途不同的情况下。因此，在大型项目里可以采用一些惯用的名字来确保信号名的唯一性。每个高层次模块都可以赋给一个有两三个字母的、对应于模块名的短标识名（如模块名“ShiftAddMultiplier”可用短标识名“sam”）。这样，所有连接到这个模块的信号都可以使用这个标识名作为前缀（如“sam_reset”）。

选择习惯

我们有很多很好的信号命名习惯，应该坚持使用在目前环境中已经建立的一套特定的习惯做法，这样从长远来看，不管对你还是对他人，你的设计都是可维护的。

4.1.8 绘制布局图

在逻辑图和原理图中，应以输入在左边、输出在右边的“正常”方位来画门的符号。对较大规模逻辑组件的逻辑符号，通常也按输入在左边、输出在右边来画。

在绘制一页完整的原理图时，应使系统输入在左边、输出在右边，信号的流向一般是从左到右。如果页中间出现输入或输出，则应分别将它们扩展到页的左边缘或右边缘，这样，只看页的边缘，读者就能找到所有输入和输出。如果可能，页面上的所有信号通路应连起来；若图变得拥挤，则通路可能会断开，但是断开点应以双向标记，如后面所述。

有时为了看起来清晰，画方框图时不用交叉线，但这在逻辑图中不行。取而代之的是允许线交叉且用点清楚地表示连接处。可是有些 EDA 工具（和某些设计者）还不会画合法的连接点。为了区分交叉线和连接线，通常只允许“T”型连接，如图 4-14 所示。这是在任何场合都要遵守的好习惯。

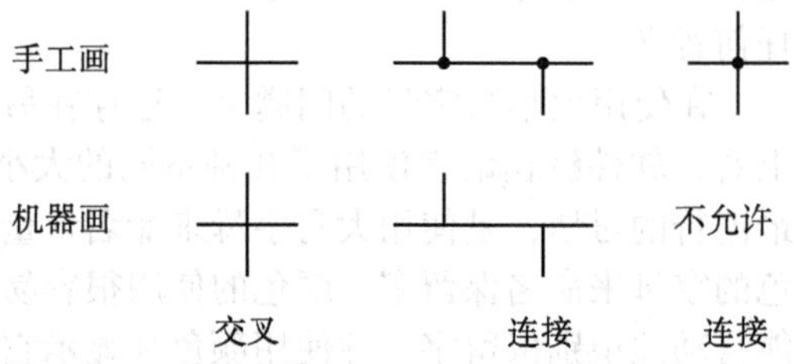

手工画
机器画
不允许
交叉　连接　连接

图 4-14　交叉线和连线

只需单页的原理图最容易处理。绘制原理图时，实际用的纸张最大尺寸可能是 E 号（44" × 34"），虽然作图容量很大，但这样大的纸张用起来不灵活。作图容量和实用性的最好折中是使用 B 号（17" × 11"），这个显示版本能够与典型的计算机 16 × 9 高宽比显示屏完美吻合，而且其打印图能够很容易地折叠在标准的 3-ring 笔记本中，方便保存和快速查阅（如在实验室调试阶段使用）。不管纸张大小，当以横向格式（这也是大多数信号流动的方向）使用纸张时，原理图表现得最好。

一页画不下的原理图应分成若干页，并使页间连接（和混乱）最少，还可以是“平面”结构（flat schematic structure）。如图 4-15 所示，每页都是从总的原理图上刻下来的，而且可以连到任何其他页，仿佛所有页都在一大张纸上。也可以像纸版交通地图（后面用到的是其中一种？）那样，每张图使用一个二维坐标系统，标记从一页到另一页的信号源和目的地（信号标记，signal flag）。对离开页面的信号应标出该信号要去的所有目的地，而对进入页面的信号只要标出信号源即可。也就是说，对进入页面的信号应标明其出处，而不是使用该信号的目的地链中的某一个地方。

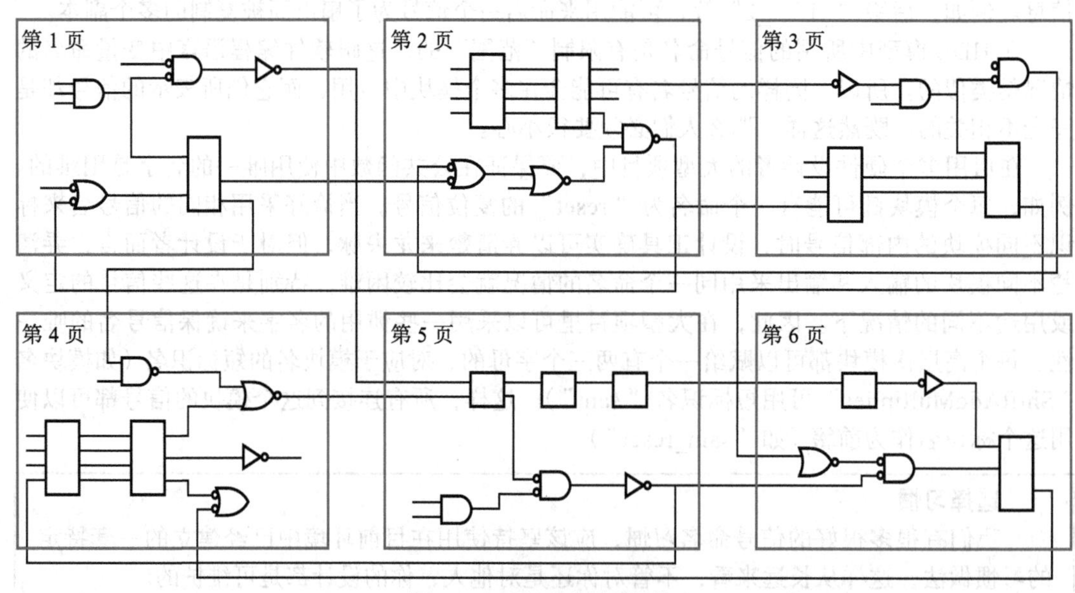

图 4-15　平面原理图结构

像程序那样，原理图也可以分层构造（*分层原理图结构*，hierarchical schematic structure），如图 4-16 所示。在这种方法中，“顶层”原理图就一页，可以是方框图。一般来说，顶层原理图不包括门或其他逻辑元件，它只表示对应于主要子系统的方块以及块间的相互连接。方块或子系统依次在较低层的页上定义，它们可能包含普通的门级描述，或者它们自己可以使用在较低层上定义的方块。如果不止一次地需要用到特定的较低层，那么它可以被较高层的页重用（在编程中叫“调用”）多次。

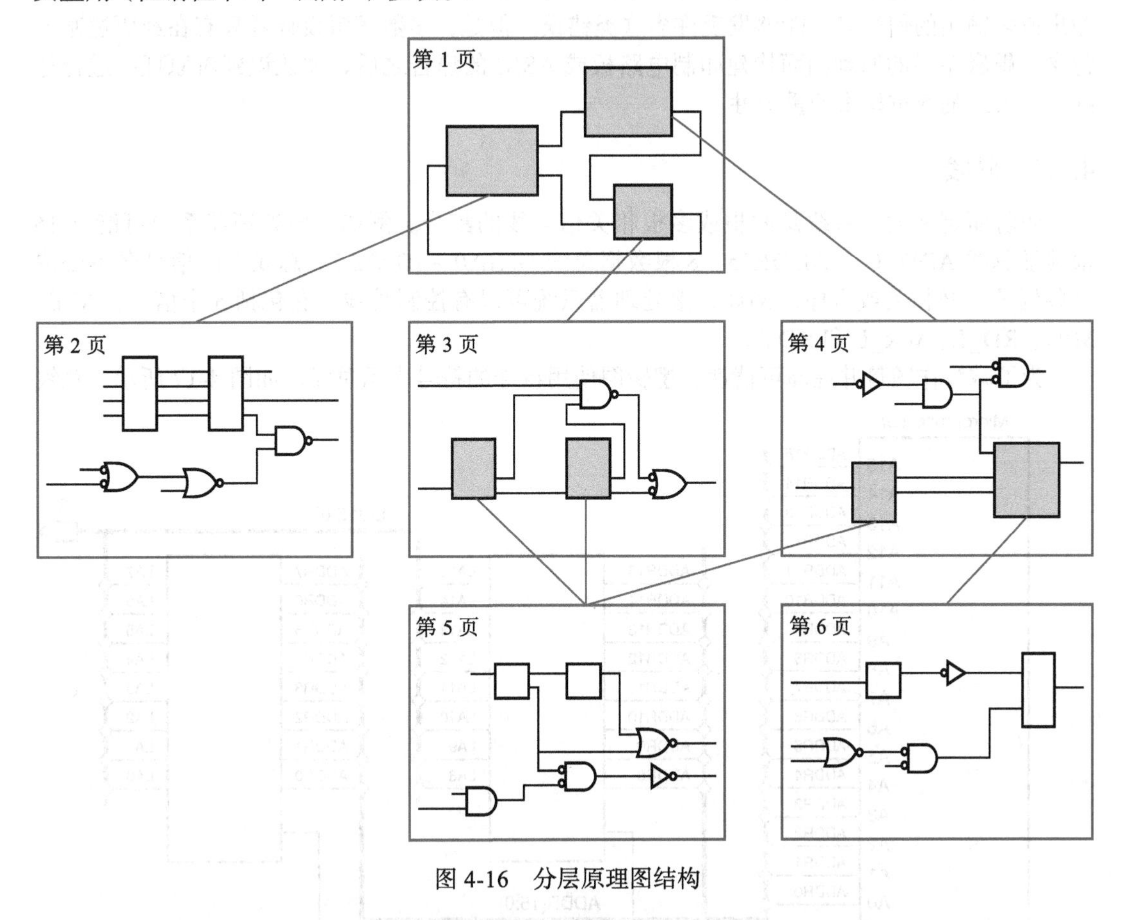

图 4-16　分层原理图结构

HDL（如 Verilog）也支持层次化设计；例如，一个模块可以实例化另一个模块。在层次化设计中，有可能某些模块（或“分层原理图页”）要由门级逻辑图来描述，而其他则用 HDL 模型来描述。在这样的混合环境中，一个原理图页可以包含门和其他现成的 MSI 和 LSI 硬件组件，以及代表 HDL 模块或其他原理图页的构件。

大多数 EDA 环境既支持平面原理图也支持分层原理图。正如 HDL 中那样，在两种形式中适当的信号命名都非常重要，因为可能会出现若干常见的错误：

- 如同任何其他程序一样，原理图条目程序是按你的描述工作的，而不是按你的意图工作的。对不同页上标出的相同信号，如果使用稍微不同的名字，那么它们连不到一起。
- 相反，如果你不小心对平面原理图不同页上的不同信号使用了相同的名字，那么程序将尽职地把它们连在一起，即使用了分离页面标志而并没有连接它们。（在分层原理图中，于分层结构的不同位置重用一个名字通常没什么问题，因为程序会将每个名字与其在分层结构中的位置相对应。）

- 在分层原理图中，必须仔细命名较低层级页面上的外部接口信号。当较高层级用到这些信号时，它们的名字会出现在对应于这些页面的方块内。当使用方块时，很容易调换信号名或使用有效电平不符的信号名，以致产生不正确的结果。
- 这通常不是命名问题，所有绘制原理图的程序仿佛都有某些欺骗行为：看起来连着的信号没有连上。采用图 4-14 中的“T”型连接习惯可以帮助减少这类问题。

幸运的是，大多数绘制原理图的程序都具有检错功能，例如，通过查找没有输入、没有输出或多输出的信号名，能够发现许多这类错误。但是，多数逻辑设计者只有在经历过基于包含了愚蠢错误的原理图而构建印制电路板或 ASIC 的痛苦之后，才认识到对原理图进行仔细的、人工的双重检查的重要性。

4.1.9　总线

如前面定义的，总线是两根或多根相关信号线的集合。例如，微处理器系统可能有 16 根地址总线 ADDR0 ~ ADDR15、8 根数据总线 DATA0 ~ DATA7。总线上的信号名不必像这些例子一样相关或有序，例如，微处理器系统可以有控制总线，它包括 5 个信号：ALE、MIO、RD_L、WR_L 和 RDY。

为了减少作图量并提高可读性，逻辑图使用特殊的符号表示总线。如图 4-17 所示，总线

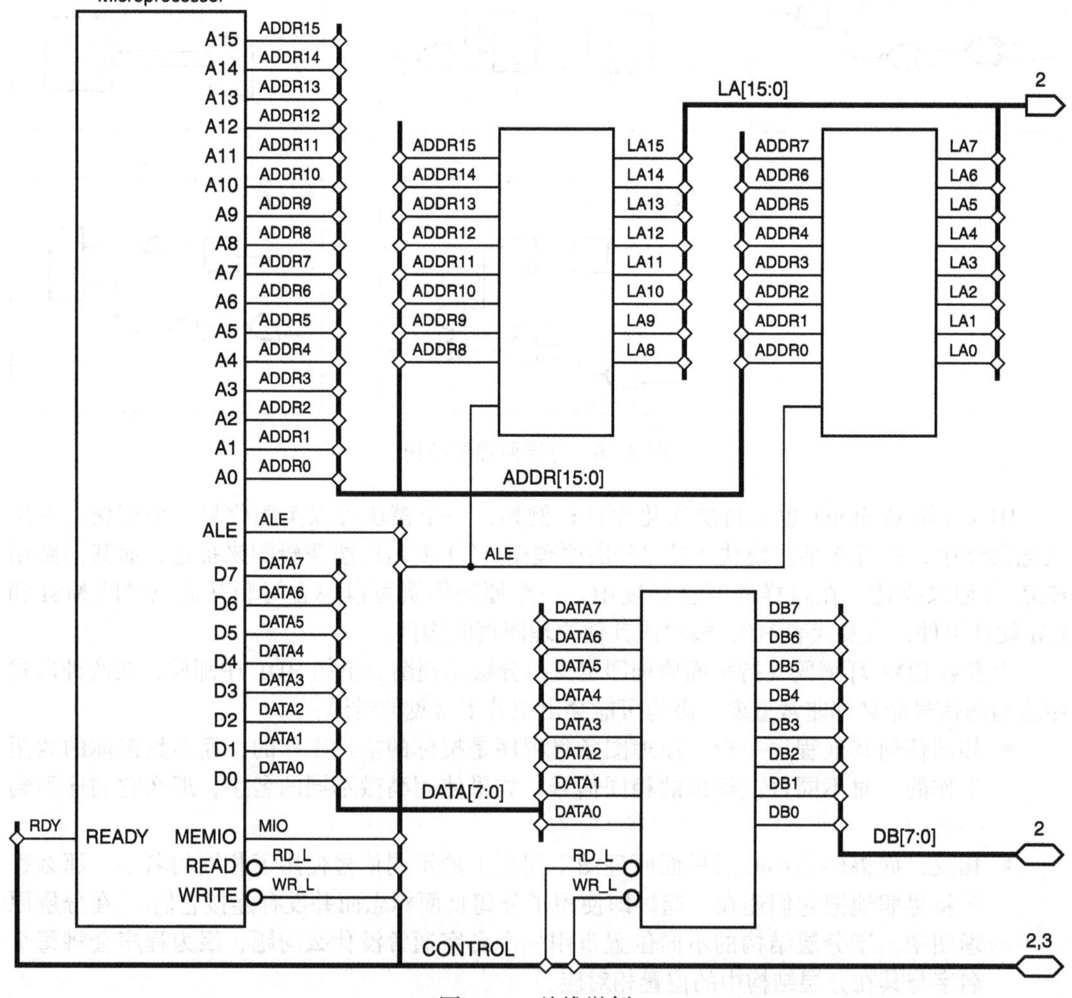

图 4-17　总线举例

有自己的描述性名字，如 ADDR[15:0]、DATA[7:0] 或 CONTROL，总线名可以用括号和冒号表示范围（总线名的范围，range in bus name）。总线用比普通信号线粗的线来画。将普通信号线与总线连接并写上信号名，就可以把各个信号放上总线或从总线取走，通常也使用特殊的连接点，如例子中所示。不同的环境可能采用不同的标准。

EDA 系统始终监视着总线上的各个信号。当由原理图搭建电路时，对总线上信号线的处理方式就仿佛它们是分开画的一样。

图 4-17 右边缘的符号是页间信号标志，它们表示 LA 去第 2 页、DB 为双向且连到第 2 页、CONTROL 为双向且连到第 2 页和第 3 页。

4.1.10 附带的图示信息

如图 4-18 所示，完整的原理图应标示出 IC 类型、参考标识符和引脚编号。IC 类型（IC type）是标识实现给定逻辑功能的集成电路的部件编号，如 2 输入与非门可能标识为 74HCT00 或 74AC00。

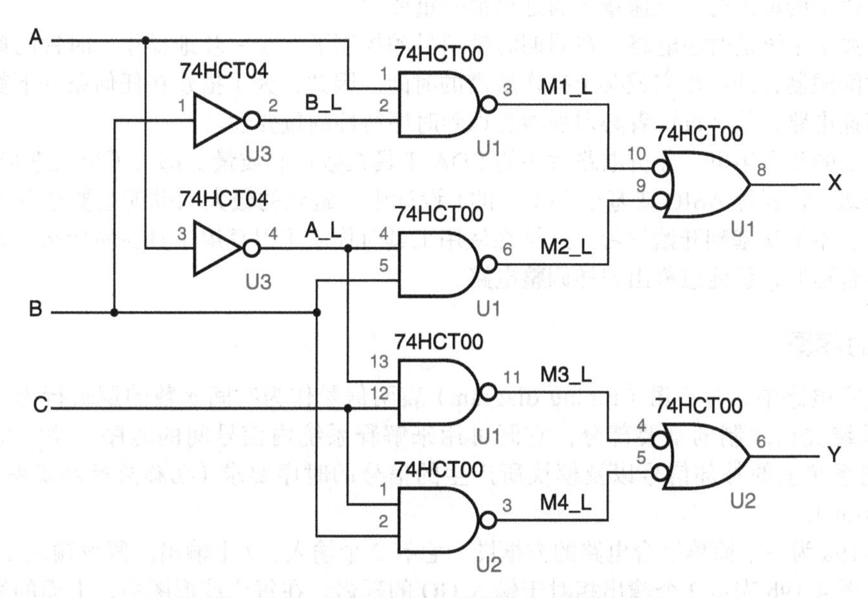

图 4-18 采用几个 SSI 部件的电路的原理图

IC 的参考标识符（reference designator）标识安装于系统中的特定的某个 IC 类型。连同系统的机械文档一起，参考标识符允许在系统装配、测试、维护期间查找特定的 IC。习惯上，IC 的参考标识符以字母 U 开头（表示“单元”）。对于同一个封装中的一个函数，有些 IC 有多个实例，所以，一个原理图可以有多个相同参考标识符的逻辑符号（如图 4-18 的 U1 和 U2 集成电路中的与非门）。

一旦特定的 IC 选好了，引脚编号（pin number）就用来确定引脚上的各个逻辑信号。引脚编号应靠近相应的标准逻辑符号的输入和输出，如图 4-18 所示。

在本书的其余部分，我们将省略大多数例子中的参考标识符和引脚编号。我们例子中的目标器件通常是可编程器件或 ASIC，所以，不再需要引脚编号。即使在“现实世界”的板级设计中，由于组件及其引脚都太小，除非使用非常专业的工具，否则很难对它们进行探测和调试。而且，当你真的进入“现实世界”，准备采用原理图绘制程序为板级设计绘制原理图时，程序会自动为你从组件库中选择的器件提供引脚编号。

还要注意，与刚才原理图所描述的信息具有相同目的的要素也存在于基于 HDL 的设计中，正如在后面的许多 Verilog 例子中将会看到的那样：

- IC 类型与 Verilog 组件或模块名等效。
- 在 Verilog 设计中，每个组件或模块都具有一个唯一的参考标识符，由设计者提供或者由设计工具产生。
- 逻辑信号一般通过组件的字母数字端口名与组件的输入和输出端配对连接。（或者，它们之间可以根据在信号连接列表中的位置连接起来，但是不鼓励使用这种容易出错的方法。）

4.2　电路时序

“时间就是一切”，数字设计也是如此。如将在 14.4 节学习的，实际电路的输出需要时间才能对其输入有响应，现今许多电路和系统是如此快，以至在将输出信号传递到位于板或芯片另一边上的输入时，光速量级的延迟都是重要的。

多数数字系统是时序电路，在周期时钟信号的控制下一步一步地操作，时钟的速度受最坏情况时间限制，即一步完成某个操作所需的时间。因此，为了搭建在任何条件下都能正确工作的高速电路，数字设计者必须强烈意识到时序特性的重要性。

在过去的几十年里，分析电路时序的 EDA 工具在数量和质量上都有了很大进步。还有，在完成板级（特别是 ASIC 或基于 FPGA 的）设计中，碰到的最大问题就是要达到所要求的时序性能。本节从基础开始学习，这样在使用工具时你就可以理解工具在做什么，并且当电路时序不合适时，就能想象出怎样调整电路。

4.2.1　时序图

在数字电路中，*时序图*（timing diagram）表明信号作为时间函数的逻辑行为。时序图是数字系统文档编制的重要部分，它既可用来解释系统内信号间的时序关系，也可用来定义加到系统上的外部信号以及模块所产生的信号的时序要求（*也称为时序说明*，timing specification）。

图 4-19a 为一个简单组合电路的方框图，它有 2 个输入、2 个输出。假设输入 ENB 保持常数值，图 4-19b 表示 2 个输出相对于输入 GO 的延迟。在每个波形图中，上面的线表示逻辑 1，下面的线表示逻辑 0。信号电平的转换用斜线来画，以提醒我们在实际电路中转换不是零时间完成的。

信号从一种状态变化为另一种状态所需要的时间称为*转换时间*（transition time）；更特别的是，从低电平变为高电平的时间称为*上升时间*（rise time），而从高电平变为低电平的时间称为*下降时间*（fall time）。在许多时序图中，包括本书的大多数时序图中，为了简化，时间的测量从信号转换的中点计算。在 14.4 节中会讲述更多关于信号转换的内容。

有时，特别是在复杂时序图中会画出箭头以表明*因果性*（causality）：哪个输入转换导致哪个输出转换。不管怎样，时序图提供的最重要信息是转换之间的*延迟*（delay）要求。

电路中不同的通路可能有不同的延迟。例如，图 4-19b 显示从 GO 到 READY 的延迟小于从 GO 到 DAT 的延迟。同理，从输入 ENB 到输出的延迟可能不同，可用另一个时序图表示。如 4.2.3 节将要讨论的，根据输出是从低到高改变还是从高到低改变，指定通路的延迟可能变化（图中没有展示这种现象）。

单一的时序图可以包含许多不同的延迟规定，每个不同的延迟用不同的标识进行标记，如图中的 t_{RDY} 和 t_{DAT}。在较大的时序图中，为方便参考，常常给延迟标识编号（如 t_1，

t_2，…，t_{42}）。不管怎样，时序图通常有时序表（timing table），表中指定每个延迟的大小和使用延迟的条件。

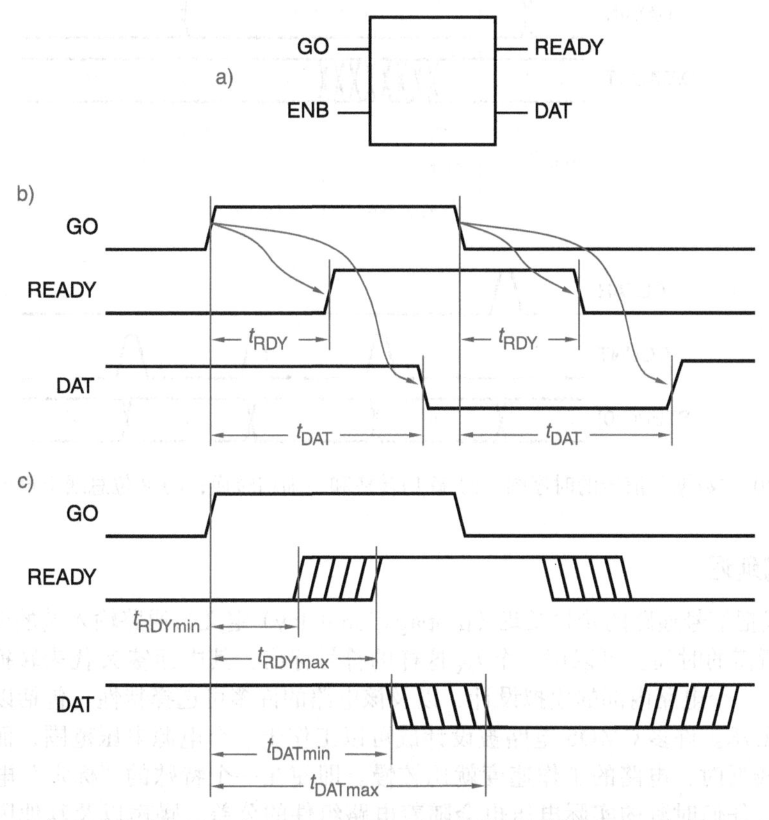

图 4-19　组合电路的时序图：a）电路方框图；b）因果性和传输延迟；c）最小和最大延迟

由于实际数字组件的延迟可能会受电压、温度、生产参数等条件的影响而发生变化，所以很少把延迟指定为单一值。相反，通过对每个延迟给出最小值、典型值、最大值，时序表可以指定一系列值。一系列延迟的想法有时可以移入时序图本身，方法是表示出在不确切的时间要发生的转换，如图 4-19c 所示。

对某些信号，时序图不必表明在特定的时间，信号是从 1 到 0 还是从 0 到 1 变化，而只需表明有变化存在。载有 1 位“数据”的信号有个特性：数据位的实际值根据情况在变化。但是，不管值怎样，在相对于系统“控制”信号的特定时刻，数据位在传送、存储或处理。图 4-20a 为表明这一概念的时序图。“数据”信号通常处于稳定的 0 或 1 值，只在指定的时间发生转换。不确切延迟时间的概念也适用于“数据”信号，如图中的 DATAOUT 信号。

在数字系统中，经常会碰到总线上的一组数据信号由同样的电路进行处理这种情况。此时，总线上的所有信号具有同样的时序，它们可以用时序图上的单根线和时序表中相应的规格说明来表示。如果已知在某个特定时刻的总线数位的特定组合，则有时可在时序图中用二进制、八进制或十六进制数将其表示出来，如图 4-20b 所示。

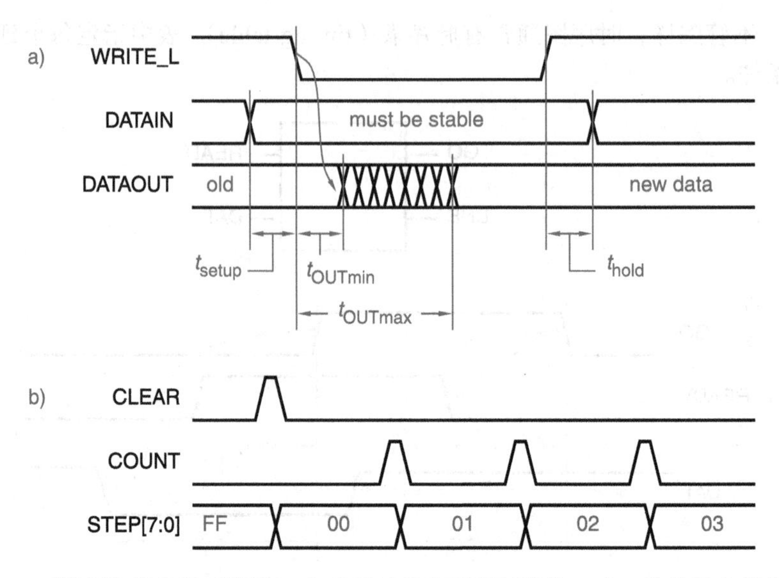

图 4-20　“数据”信号的时序图：a）确切转换和不确切转换；b）8 位总线上值的顺序

4.2.2　传输延迟

我们正式把信号通路的传输延迟（propagation delay）定义为通路输入端的变化引起通路输出端变化所需的时间。可以用一个 t_{pX} 这样的符号标出，其中标签 X 代表转换的路径。传输延迟取决于一个电路内部的模拟设计，以及该电路的许多可选择特性，包括以下特性：

- 电源电压。许多 CMOS 电路被设计成可以工作于一个电源电压范围，而且通常电源电压较低时，电路的工作速度就比较慢。即使在一个特殊的“标定”电源电压的情况下，任何时刻的实际电压也会随着电路组件的公差、噪声以及其他因素的变化而变化，并且延迟也将随着这些变化而增减。
- 温度。电路的速度随着工作温度的变化而变化，而工作温度是随着环境和电路本身及电路所在的大型系统发热情况的变化而变化的。
- 输出负载。电路的输出必须为其他组件的输入提供连续的电流，电流的大小取决于这些输入的电气特性。在电平转换期间，电路的输出还必须为与输入和连线的电容相关的充电和放电过程提供额外的电流。这会影响到信号的上升和下降时间，即使只是从中点测量，这也会影响电路整体的延迟时间。
- 输入的上升和下降时间。同样，如果输入转换时间比较慢的话，与之对应的输出“启动”转换的时间就会比较长。
- 转换方向。输出从低电平转换为高电平的传输延迟（t_{pLH}）可能与输出从高电平转换为低电平的传输延迟（t_{pHL}）不同。发生这种效果的原因可能是电路的内部结构，也可能是与方向相关的电路输出的驱动容量，或者二者兼有。
- 光速延迟。在典型的线路中，电气信号的传输延迟大约是 5ns/m（50ps/cm），这在具有大型物理结构的板级电路中的 IC 之间，以及快速电路的芯片之间，是一个非常有意义的数字。
- 噪声和串扰。信号的电压一般会受到电气噪声以及附近相邻的信号线上正在发生的转换的影响。结果就是输入会稍快或稍慢地达到开关阈值，使得对应通路的延迟变短或变长。
- 制造公差。尽管 IC 的制造过程受到高度精确的控制，但其中还是有些变数，同一个组件的不同批次中电路的速度会不同，即使是取自相同晶片上的一个组件的不同实例也会如此。

面对所有这些可能引起时序变化的原因，要计算出一个电路在一个特定应用和环境下的准确时序是不现实的，但幸运的是，我们不必做这样的计算。取而代之的是依据IC制造厂家所说明的“最大”“典型”以及“最小”传输延迟来做出好的工程估算，并且顺便为更好的测量提供一个小小的“工程边界”。

在以上列出的针对一个给定信号通路的时序变化因素之上，还有另外一个维度：有多个输入和输出的组合逻辑电路可能会有许多不同的内部信号通路，而且，每一个信号通路的传输延迟都可能不一样。因此，IC制造厂家一般会对每一个内部信号通路给出一个延迟说明。当我们在后文讲述几个MSI部件的例子时，就会看到这种情况。

逻辑电路设计者会将IC组合起来构造大型电路，可以使用每个器件的说明来分析大型电路的时序。在简单的设计中，电路的时序分析可以手工完成；在比较复杂的设计中，可以使用时序分析程序。在任何情况下，一个贯穿整个电路的通路的延迟时间等于通路上每个器件的延迟时间之和，如果不能忽略的话，还要加上光速延迟。

在基于ASIC、FPGA和CPLD的设计中，延迟分析还会涉及许多其他因素，大多数情况下一般采用EDA工具来完成这项工作。延迟时间很大程度上取决于这些芯片内部的信号通路，而在以某个芯片为目标芯片的设计完成之前，最终的通路和实际的布局是未知的。所以，时序分析通常会在设计的两个不同阶段进行。

首先，一旦逻辑电路设计完成，便可以利用已知的每个逻辑元件的时序以及通路上各种因素来估算这个阶段通路的延迟时间，如大概的芯片规模和每个输出所驱动的输入数量。据此，设计者可以确定这个顶层设计方法是否能满足时序目标的要求，或者是否需要做更多的工作以开发出更加快速的方法，或者是否需要重新审视项目目标，采用另外一种不同的方法重新设计。

然后，一旦逻辑电路元件安装在了芯片上，信号通路连接完毕，就可以基于已安装的芯片的详细情况、连线的长度以及其他因素更准确地计算出预期的延迟时间。据此，还可以判定设计中的最坏情况通路，并且修改芯片的设计和布局，从而进一步完善电路设计。比如，设计者可以指示设计工具，将关键通路上的元素放置得更近一些，在关键通路上使用更快的“连线”，复制高扇出信号从而减轻这些信号的负载，等等。所有这些改进都可以在不改变基本逻辑设计的情况下进行。

尖峰信号

正如3.4节所示，在稳态分析预测输出不会变化的时间点，组合逻辑电路的输出有时会出现一个短暂的脉冲，这个短脉冲是否出现取决于这个电路实例的实际传输延迟。

4.2.3 时序说明

器件的时序说明可以对每个传输延迟通路和转换方向给出最大延迟值、典型延迟值以及最大延迟值：

- *最大延迟*（maximum delay）。有经验的设计师经常使用这个指标，因为通路的传输延迟“决不会”大于最大延迟。然而，“决不会”的界定在逻辑族间、生产厂家间是不同的。例如，德州仪器过去的74LS和74S TTL双极型器件的“最大”传输延迟说明是在电源电压（V_{CC}）为5.0V，环境温度为25℃，而容性负载非常小（15pF）的条件下给出的。如果电压或温度不同，或者容性负载较大，则延迟可能会更长。另一方面，关于“标定”电压为5.0V的74AC器件的“最大”传输延迟，其说明条件更加保守，电源电压范围为4.5 ~ 5.5V，温度范围为–25 ~ 85℃，而容性负载为50 pF电容负载。

- *典型延迟*（typical delay）。当设计师将在工程实验室的良好环境中生产的产品交到客户手中时，若不希望自己被打扰就常使用这个指标。“典型”延迟是器件在良好的天气下生产、在近于理想的条件下工作时产生的延迟。也许是鉴于依赖“典型”说明的风险，对于许多新的先进CMOS逻辑器件序列，制造厂家已不再采用这样的说明。
- *最小延迟*（minimum delay）。这是通路表现的最短传输延迟，多数设计良好的电路不依赖这个量，也就是说，即使延迟为零，电路也会正常工作。因此，在多数中速逻辑族（包括74LS和74S TTL）中厂家不指明最小延迟。然而，在高速族（包括ECL、74AC和74ACT CMOS）中，要指定非零最小延迟，以帮助设计者满足10.2节将要讨论的锁存器和触发器的时序要求。

要怎样才算是典型？

多数IC（可能99%）表现出的延迟接近“典型的”规格。然而，如果设计一个系统，只有当它的所有（100个）IC都满足“典型”时序规格时才工作，那么概率理论指出63%（$1-0.99^{100}$）的系统不能工作，请看下面的说明……

Murphy定律的推论

Murphy定律指出：“如果某些事会出错，那么终将会出错。”对此有推论：“如果想要出错，它却偏不出错。”

通过前一个说明，你可能认为在工程实验室中有63%的机会检测潜在的时序问题。虽然存在的问题并不是均匀扩散的，但同一批生产的IC都会趋于表现出相同的行为。Murphy的推论设想所有的工程样品将用同样的、“好”批次的IC来构建。因此，暂时一切都工作得很好，足以使系统进入批量生产，使每个人都自满和自我庆祝。

接着，不为生产部门所知的、从供货商那里得到的一批“慢”IC，被用在构建的每个系统中，造成系统都不能工作了。生产工程师到处奔忙，试着分析问题（不容易，因为设计者早就走了，也没写电路说明），同时又因为不能发货，公司就此失去了大把钞票。

*4.2.4　采样时序说明

这一小节将提供一些真实的延迟时间数据，用于思考和手工计算（比如在练习题中）采样延迟时间。其目的就是让你“感知”一下延迟时间计算的复杂性。但是，简单来讲，延迟时间只是为了从器件制造厂家所发布的单独门电路和过去的分立CMOS逻辑序列中选择器件。

表4-2列出了几种74系列CMOS门电路的最小延迟、典型延迟及最大延迟。74AC CMOS系列的工作电压为1.5 ~ 5.5V，而其表中的延迟时间说明是在标定工作电压为5.0V（V_{CC} = 4.5 ~ 5.5V）、温度范围为–25 ~ 85℃、容性负载为50pF的条件下给出的。注意，74AC部件没有说明典型延迟，只有最小延迟和最大延迟。

表4-2　部分CMOS SSI部件的传输延迟（ns）

		74AC @ 5.0V				74HC @ 2.0V			74HC @ 4.5V		
		最小值		最大值		典型值	最大值		典型值	最大值	
部件编号	功能	t_{pLH}	t_{pHL}	t_{pLH}	t_{pHL}	25℃ t_{pd}	25℃ t_{pd}	85℃ t_{pd}	25℃ t_{pd}	25℃ t_{pd}	85℃ t_{pd}
'00	2输入与非	1.9	1.9	6.6	6.6	45	90	115	9	18	23
'02	2输入或非	3.0	3.0	10.4	10.4	45	90	115	9	18	23
'04	反相器	1.7	1.7	5.9	5.9	45	95	120	9	19	24

（续）

		74AC @ 5.0V				74HC @ 2.0V			74HC @ 4.5V		
		最小值		最大值		典型值	最大值		典型值	最大值	
部件编号	功能	t_{pLH}	t_{pHL}	t_{pLH}	t_{pHL}	25℃ t_{pd}	25℃ t_{pd}	85℃ t_{pd}	25℃ t_{pd}	25℃ t_{pd}	85℃ t_{pd}
'08	2输入与	1.0	1.0	8.5	7.5	50	100	125	10	20	25
'10	3输入与非	1.0	1.0	8.0	6.5	35	95	120	10	19	24
'11	3输入与	1.0	1.0	8.5	7.5	35	100	125	10	20	25
'20	4输入与非	1.5	1.5	8.0	7.0	45	110	140	14	22	28
'21	4输入与	1.5	1.5	6.5	7.0	44	110	140	14	22	28
'27	3输入或非	1.5	1.5	8.5	8.5	35	90	115	10	18	23
'30	8输入与非	1.0	1.0	9.5	9.5	41	130	165	15	26	33
'32	2输入或	1.5	1.0	10.0	9.0	50	100	125	10	20	25
'86	2输入异或	1.0	1.0	9.0	9.5	40	100	125	12	20	25

ASIC 和 FPGA 时序说明

ASIC 或 FPGA 内的门电路和较大型模块的时序说明通常不会发布在如本小节给出的这类表中，而是包含在用于分析器件时序的 EDA 工具内。典型的 EDA 工具内的时序说明不是简单地使用最小延迟和最大延迟，而是采用一个更详细的电气模型，基于前面提到的负载和其他因素来获得关于每个门电路实例的更加精确的延迟范围。其中还要考虑到线路的容性和可能的光速延迟，以及 FPGA 中可编程互连的重大电路延迟。整体延迟的计算所涉及的因素繁多，很难用手工方式计算出来。

CMOS SSI 门的所有输入对输出具有同样的传输延迟（这对 ASIC 中的门电路来说不一定正确）。而且，CMOS 输出的输出驱动容量非常对称，所以，输出从低电平到高电平和从高电平到低电平的转换延迟通常是相同的。在表 4-2 的 74AC 那一列中，只有几个情况的 t_{pLH} 和 t_{pHL} 是不同的。

74HC CMOS SSI 系列的延迟说明略有不同。这些器件可以工作于 2.0 ~ 6.0V 之间的任何电压下。制造厂家提供了三个可能电压（2.0V、4.5V 和 6.0V）条件下的延迟说明。在表 4-2 中给出了 V_{CC} = 2.0V 和 4.5V 的延迟说明。注意，与 74AC 不同，74HC 给出的是静态电源电压而非一个电压范围条件下的延迟说明。而且，没有给出最小延迟。最后，每个器件的上升和下降转换的延迟是相等的，或者足够接近，等同于相等，所以，制造厂家对于两个转换方向只给出了一个传输延迟时间 t_{pd}。

表 4-2 中 74HC 系列的第一列给出了典型延迟，这是典型器件工作于环境温度 25℃、容性负载 50pF 以及静态电源电压条件下的延迟。同样工作条件下的最坏情况最大延迟在第二列中给出。最坏情况最大延迟可以达到典型延迟的两倍，甚至更大，这取决于具体器件。如表中第三列的说明，其延迟时间比整个允许温度范围（–45 ~ 85℃）内任何一点的延迟时间都要更大，当然，这个延迟只会出现在最高温度点（85℃），所以，这列才会那样标识。接下来的三列是电源电压为 4.5V 条件下的延迟说明，如表中所示，几乎所有的延迟时间都缩短为原来的 1/5。

5.0V 与 4.5V

老式的双极型逻辑族 TTL，采用的标定电源电压为 5V ± 10%，而且有些 CMOS 逻辑族（包括 74AC 和 74HC）在工作于 5V 的电源电压时，被设计为与 TTL 有一定的兼容性。

所以，74AC 的时序是在电源电压为 5.0V ± 0.5V 的条件下说明的，而 74HC 的时序说明只是在电源电压为4.5V的条件下，这就显得有些奇怪。但是，由于CMOS的最大延迟出现在所给定的电压范围的低端，因此在与电压范围为4.5 ~ 5.5V、标定电压为5V的器件（包括74AC以及TTL）相连时，74HC在电压为4.5V的条件下说明的延迟实际上也可以得到合适的最坏延迟数字。

而且，在使用“典型”数字时必须谨慎。对于74HC部件而言，有些厂家的典型延迟是在4.5V电压和50pF负载条件下给出的，而其他厂家的典型延迟却是在5.0V电压和15pF负载条件下给出的，在此条件下给出的典型延迟会显得小一些。

表4-3给出了一些组合逻辑构件的CMOS MSI版本的延迟说明，这些组合逻辑构件将在第6章介绍。表中的延迟是从一个输入发生转换到所对应的输出发生转换之间的时间，这个延迟取决于是哪个输入引起了哪个输出的变化，如表中标注的“From”和“To”列所示。延迟时间也取决于变化信号所通过的内部路径，但是表中没有列出任何器件这方面的信息。

表4-3　部分CMOS MSI部件的传输延迟（ns）

				74AC @ 5.0V		74HC @ 2.0V			74HC @ 4.5V		
				最小值	最大值	典型值	最大值		典型值	最大值	
部件编号	**功能**	**从**	**到**	t_{pd}	t_{pd}	25℃ t_{pd}	25℃ t_{pd}	85℃ t_{pd}	25℃ t_{pd}	25℃ t_{pd}	85℃ t_{pd}
'138	3-8二进制译码器	任何选择	输出	2.8	10.0	67	180	225	18	36	45
		$\overline{G2A}$, $\overline{G2B}$	输出	2.6	9.1	66	155	195	18	31	39
		G1	输出	2.8	10.0	66	155	195	18	31	39
'139	对偶2-4二进制译码器	任何选择	输出	2.8	9.5	47	175	220	14	35	44
		使能	输出	2.8	9.5	39	175	220	11	35	44
'148	8-3优先编码器	$\overline{I1}$ ~ $\overline{I7}$	$\overline{A0}$ ~ $\overline{A2}$			69	180	225	23	36	45
		$\overline{I0}$ ~ $\overline{I7}$	$\overline{EO}$			60	150	190	20	30	38
		$\overline{I0}$ ~ $\overline{I7}$	$\overline{GS}$			75	190	240	25	38	48
		$\overline{EI}$	$\overline{A0}$ ~ $\overline{A2}$			78	195	245	26	39	49
		$\overline{EI}$	$\overline{GS}$			57	145	180	19	29	36
		$\overline{EI}$	$\overline{EO}$			66	165	205	22	33	41
'151	8-1多路复用器	任何选择	Y	4.7	16.5	94	250	312	30	50	63
		任何选择	$\overline{Y}$	5.1	17.8	94	250	312	30	50	63
		任何数据	Y	3.5	12.3	74	195	244	23	39	49
		任何数据	$\overline{Y}$	3.8	13.5	74	195	244	23	39	49
		使能	Y	3.1	11.1	49	127	159	15	25	32
		使能	$\overline{Y}$	3.5	12.3	49	127	159	15	25	32
'157	2-4多路复用器	选择	输出	3.8	13.2		145	180	12	29	36
		任何数据	输出	2.2	7.7		125	155	10	25	31
		使能	输出	3.6	12.3		135	170	11	27	34
'280	9输入奇偶电路	任何输入	EVEN	5.2	18.2		200	250	17	40	50
		任何输入	ODD	5.4	19.1		200	250	17	40	50
'283	4位加法器	C0	任何Si	4.5	16.0		230	290	19	46	58
		任何Ai, Bi	任何Si	4.7	16.5		210	265	18	42	53
		任何输入	C4	4.5	16.0		195	245	16	39	49
'682	8位比较器	任何输入	输出			130	275	344	26	55	69

为了简化“最坏情况”分析，板级设计者常常采用一个最坏情况延迟（worst-case delay）说明，就是在最坏的电压和温度条件下的最大 t_{pLH} 和 t_{pHL}。于是，一条路径的最坏情况延迟就是路径上每个组件的最坏情况延迟之和，与转换方向和其他电路条件无关。这样计算出来的整个电路的延迟时间可能是一个悲观的结果，但是，这样可以节省分析时间并且总是有效。

估计最小延迟

如果 IC 的最小延迟没有指定，那么保守的设计者就假设最小延迟为零。

如果传输延迟确实趋于零，那么有些电路将不工作，然而为了处理零延迟情形所需的修改电路的费用可能会过高，尤其是人们通常认为这种情形不会发生。要得到总是工作于“合理”条件下的设计，逻辑设计者估计的 IC 的最小延迟通常为公布的典型延迟的 1/5 ~ 1/4。

也可以通过对电路进行模拟分析来确定最小延迟，就像在一个物理设计中实际使用一样，要考虑像负载容量和线路延迟等这些因素。即使 IC 延迟接近于 0，这些外部因素也会对构造最小延迟电路有所贡献。

4.2.5 时序分析工具

为了精确地分析包含多个门和其他器件的电路时序，设计者可能不得不详细地学习器件的逻辑行为。在一个中等规模的电路中，从一组输入信号到一组输出信号有很多条不同的通路，要通过电路来确定最小延迟和最大延迟，必须考虑每一条可能的通路。

组合逻辑电路的每个输入和输出之间都有一条潜在的路径，所以需要检测的路径数量至少是输入数与输出数的乘积。在某些路径上，一个信号可能扇出到多个内部路径上，这些路径又汇合到仅仅一个输出上（如图 3-5 所示），这又进一步增加了需要检测的路径的总数。另一方面，在大型电路中，多个输入或输出可能具有相同的功能和时序路径，这些输入或输出可以依据功能分组并且一起进行分析。例如，在图 3-15 中，所有的“number”输入都有相同的时序路径。在任何情况下，要分析大型电路中所有不同路径的延迟，通常只有在自动化工具的辅助下才是切实可行的。

板级逻辑设计的 EDA 环境中包括了元件库，通常它不仅包含各种逻辑元件的逻辑符号和功能模型，还包含它们的时序模型。模拟器允许加入输入序列，并观察输出怎样、何时产生响应。使用最小、典型、最大延迟值是可以控制的，还可以使用某些延迟值的组合。同样，用于 ASIC 和 FPGA 的 EDA 工具拥有它们内部元件的时序模型。

处理好时序问题是很重要的，是 HDL（Verilog 和 VHDL）的基本能力。正如我们将在第 5 章（关于 Verilog）讲述的，这些 HDL 都有相应的设施用来指定在组件或模块级上的所需延迟。利用模拟器可以将输入序列应用到一个 HDL 模型上，然后观察输出在什么时间产生怎样的响应。你可以决定是否使用最小延迟、典型延迟、最大延迟或是一些组合延迟值。

即使使用了模拟器，也并不是就万事大吉了。往往要求设计者提供输入序列，以供模拟器产生输出（如使用测试平台）。你要知道寻找什么、怎样促使电路产生和保持最坏情况延迟。

如果不使用模拟器也不提供输入序列，那么可以使用时序分析程序（timing-analysis program）（或时序分析器，timing analyzer）。根据综合电路的拓扑结构，这种程序可以自动找出所有可能的延迟通路并打印出一个分类列表（从最慢的开始）。然而，这些结果可能过度悲观，因为在电路正常工作时有些通路实际上是未被使用的，所以设计者仍然要用智慧正确地解释这些结果。

另外，在项目开发的两个或更多阶段期间，特别是如果使用CPLD、FPGA或ASIC来实现设计的话，还可能要检查时序。不管是使用门和构件的原理图还是使用HDL来进行设计，也都要做这种工作。

在设计的早期阶段，很容易使用时序分析器，通过找出所有信号通路并加上各个逻辑元件的已知延迟，即可估计初期实现中的最坏情况通路延迟。然而，这还不能确定最后的实现，只有当完全的设计适合于CPLD或FPGA，或在物理上能安排于ASIC中的时候，才算完成了最后的设计。那时，由于电容性负载、插入以处理繁重负载的较大缓冲器、长导线上的传输延迟，以及早期阶段估计与实际综合电路之间的其他差距，还会出现其他的延迟成分。

刚开始的尝试阶段，综合电路的时序结果可能不满足设计的要求——电路速度可能太慢，而有的部分又可能太快，以致触发器的保持时间不能满足要求（这种情况下，即使低速度电路也不能工作；参见10.2节）。结果，设计者必须改变某部分电路，增加或改变缓冲器和其他组件，重新进行各个模块的内部设计，以便获得更好的时序性能。改变模块之间的信号，甚至要跟老板商量降低项目的性能目标（这是最后的手段）。然后，必须重新综合电路并再次检查时序结果，如此反复处理直到满足性能目标。这就叫*时序终结*（timing closure），对于大型的ASIC和FPGA项目，这可能要经历几个月的时间。

4.3　基于HDL的数字设计

4.3.1　HDL的历史

40年前，数字设计的主要工具包括绘图板（如图1-7所示）、尺子和铅笔，都是用于绘制原理电路图的。20世纪80年代，原理图仍然是描述数字电路和系统的主要形式。直到出现原理图编辑工具之后，才使原理图的构建和维护工作得到简化。在那10年里也有限地使用了硬件描述语言（HDL），主要用于描述逻辑等式，以便使用第一代可编程逻辑器件（PLD）来实现。

20世纪90年代，当PLD、CPLD和FPGA的价格越来越便宜且应用越来越普遍的时候，数字系统设计者更加速了HDL的使用，同时ASIC的集成密度也继续提高，这样仅仅用原理图来描述大规模的电路也很快变得越来越困难，而且有很多ASIC设计者都转向使用HDL作为手段来设计单片系统内的各个模块。目前，HDL是描述ASIC、FPGA或CPLD的顶级和详细模块级设计的最普遍使用的方法，原理图只是在电路板级层次上常被使用，主要用于确定器件和其他MSI部件（如存储器、微处理器和SSI/MSI接口逻辑（如果有的话））之间的互连电路。

第一个获得广泛商业应用的HDL是PALASM（PAL汇编器），它来自PAL器件的发明者Monolithic Memories公司。它于20世纪80年代早期被提出，用于指定由PAL器件实现的逻辑等式。就计算机程序语言而言，PALASM的第一个版本像是汇编语言——它提供基于文本的方法来指定需要编程的信息（在PALASM情况下，就是逻辑等式），仅此而已。PALASM和其他竞争语言（像CUPL和ABEL）的随后发展，使其能力更大，包括进行逻辑最小化、“高级”语句结构（如“`if-then-else`”和“`case`”）以及由高级结构推演出逻辑等式等能力。本书之前的版本中讲述了ABEL语言和设计实例。

HDL的另一个重要发展发生在20世纪80年代中期，出现了VHDL和Verilog。这两种语言都支持模块化和层次化编程（类似C和其他高级计算机程序语言），以及很多类型的高级结构（包括数组、过程、函数调用、条件和迭代语句）。

VHDL 和 Verilog 开始是作为模拟（simulation）语言而推出来的，它们可以描述数字系统的硬件，然后在计算机上模拟数字系统的操作。所以，这些语言的很多特点都跟它们的模拟应用有密切的关系。但是，语言工具后来的发展是要允许基于真实元件的实际硬件设计，以便根据语言的描述而综合出数字电路来。你甚至可能想到要把“HDL”中字母“D”的“描述”含义改为“设计”含义。另一方面，ABEL 开始是作为一种可综合的设计语言推出来的，特别针对 PAL 器件，并且它的模拟能力是后来增加的。

4.3.2 为什么用 HDL

正如我们在第 1 章所阐述的，数字设计正朝着更高层次抽象的方向发展。每个功能实现成本的降低和单个芯片上所能达到的功能层次及集成度的进一步提高，使得这种发展成为可能和必然。

在传统的软件设计中，高级程序语言（如 C、C++ 和 Java）已经提升到了抽象的层次，从而使程序员能够设计出更大、更复杂的系统。虽然比起用手工调试的汇编语言程序，其在性能上会有一些牺牲；但是，假如现在的复杂软件系统必须用汇编语言来编写的话，那就毫无性能可言了——甚至永远也写不完！抛开语言本身来讲，附带的软件库使得通用的功能（例如，创建和管理交互显示窗口）很容易实现，不需要程序员从头开始编写这些程序。

目前，对于最复杂和性能要求最高的器件及系统的硬件设计来讲，情况也是类似的。Verilog 和 VHDL 使得设计者可以在一个较高层次上描述硬件，然后，将一个层次上的多个模块相互连接以实现较高层次的功能。另外，通用的功能模块和子系统（从特定寄存器文件和存储器，到如 USB 和以太网等的串行接口，再到存储器和图形接口）可以从知识产权供应商那里获取，然后与设计者为某个新应用专门定制的可以提供“秘密武器”的电路组合起来，这样一来，就可以将设计者从重复构建通用功能模块的工作中解放出来，同时还可以将所有功能模块都集成到单个 ASIC 或 FPGA 上。

由 VHDL 或 Verilog 综合工具产生的电路，可能不如有经验的设计者手工设计和制作的那么简练或快速，但这些工具却能支持更大系统的设计。当然，为了得到由最先进的 CPLD、FPGA 和 ASIC 技术提供的百万门电路的优越性，这种支持能力也正是我们所要求的。

4.3.3 HDL 的 EDA 工具组

通常，一个集成工具组要处理 HDL 使用中的几个不同方面，我们可以非正式地叫它为“HDL 编译器”，但其实 HDL 工具组含有几个不同的工具，它们都有自己的名称和用途：

- **文本编辑器**（text editor）用于编写、编辑和保存 HDL 程序。因为它是与 HDL 开发系统的其他部分联系在一起的，所以它常常含有 HDL 所规定的特性。例如，能识别跟 HDL 相关联的特定文件名扩展，能识别 HDL 保留字和注释并以不同的颜色显示它们。
- **编译器**（compiler）负责分析 HDL 程序、发现语法错误并领悟出程序真正“说”些什么。典型的 HDL 编译器要产生一个由中间的、技术中性的通常称为 RTL 的数字设计语言编写的文件，这个 RTL 文件是由 HDL 模型所说明的组合电路和时序电路的互连关系及逻辑操作的无歧义描述。但是，这还不是真正的硬件实现。

寄存器传输语言

20世纪80年代综合工具投入应用的时候，人们不再使用HDL，但是，在此之前，非综合型的硬件描述语言已经出现了一段时间。其中最突出的是*寄存器传输语言*（Register-Transfer Language, RTL），它在描述同步系统的操作方面已经使用几十年了。这种语言组合了状态机描述语言的控制流表示法，采取在多比特寄存器上定义和操作的方法。寄存器传输语言在计算机设计中特别有用，它将各个机器语言指令定义成一系列涉及加载、储存、组合和测试寄存器的更加原语化的步骤。

- *综合器*（synthesizer或synthesis tool）根据特定的硬件技术（例如，ASIC、FPGA或CPLD）来完成最终的设计。在进行的过程中，它要引用一个或多个含有目标技术规格（例如，FPGA宏单元的特性和限制，在ASIC中可作为基本构件的门和触发器类型等）的*函数库*（libraries）。函数库也含有大规模组件，如多位加法器、寄存器和计数器等。通过分析RTL描述，综合器就能够“推理”出将设计部分有效地转化为实际的大规模库组件的可能性。综合过程通常有多个步骤，这些步骤可以分解为多个独立的工具，或者至少对用户而言是可见且可控的：
  - ❑ 第一步是将RTL设计*映射*（mapping）到一组目标技术可实现的硬件元件。
  - ❑ 第二步是将所需的元件*布局*（placement）到一个物理级基片（通常是芯片布局）上。在基于FPGA和CPLD的设计中，这个步骤就是在目标芯片上为每个所需的元件分配一个特定的实例或一个可编程资源的芯片集。在ASIC的设计中，这个步骤就是创建所需的门电路、触发器的实例以及其他的基本构件，并在空间上将它们封装在一起。
  - ❑ 在基于FPGA和ASIC的设计中，第三步就是布线（routing）：找到并且构建布局好的元件的输入和输出之间的通路。在CPLD的设计中，互连关系通常是固定的，资源的选择一开始就是以有效的连接关系为基础的。
- *模拟器*（simulator）的输入是HDL模型以及描述硬件所需的输入时序序列。在另一个HDL程序中也可以包含输入序列，它被称为*测试平台*（test bench），用同样的语言编写而成，或者使用另一个工具（称为*波形编辑器*（waveform editor））以图形的方式描述出来。模拟器在所描述的硬件上“运行”被指定的输入序列，确定出硬件内部信号的值以及在指定时间周期内的输出。模拟器的输出可以包含用波形编辑器观看的波形、列出模拟时间内信号值的文本文件以及差错和提示信息，通过这些信息可以大概知道一些非正常条件或信号值偏差等。

对于一个HDL，在典型的EDA工具组里，还可以找到其他几个有用的程序和实用工具：

- *模板生成器*（template generator）产生一个带有公共使用的程序结构说明纲要的文本文件，所以设计者可以“填写空格”以产生某一特殊目的的源代码。模板可能包括输入和输出声明，通用逻辑结构（如译码器、加法器和寄存器），以及测试平台。
- *原理图展示器*（schematic viewer）可以产生对应于某个HDL模型的原理图，这个HDL模型是基于编译器的RTL输出而生成的。这个原理图是对最后被综合出来的电路所能实现的功能的准确表示（但要当心）。编译器输出还没有跟特定的技术相映射并被优化，所以被绘制的电路结构可能跟最后综合出来的结果会有很大的不同。然而，正如我们将在第6章以及后续内容（关于几个基于FPGA的电路实现）中要看到的那样，原理图展示器也可以展示最终综合结果的原理图。

- 芯片展示器（chip viewer）让设计者可以看到综合工具是怎样具体实现一个设计在芯片上的元件的布局和布线的。芯片展示器对于像 FPGA 和 ASIC 这类器件来说非常重要，因为这类器件的布局对最终芯片的电气性能和时序性能有着深远的影响。
- 约束编辑器（constraints editor）使用户可以在工作过程中定义指令和综合器以及其他工具的使用优先权。约束的实例包括：元件布局和布线指令、重要时序需求辨识以及在综合工具可应用的不同顶级策略中做出的选择——综合工具是否需要优化器件速度、资源利用、运行时间或者其他的因素？
- 时序分析器（timing analyzer）能计算出最终芯片上的某些或所有信号通路的延迟时间，并产生一份表示最坏通路及其延迟的报告。
- 后插注解器（back annotator）在原始的 HDL 程序中对应于由时序分析器计算出延迟的地方，插入延迟从句或语句。这样可以在后续的模拟（无论是该源程序本身的模拟还是作为某个大系统的部分模拟）中把预期的时序包括进去。

要想学到有关所有这类工具或更多其他工具组的知识，最好的方法就是要取得使用实际 HDL 工具组（例如，跟本书某些印刷品一起包装的那种工具组）的第一手经验，比如 Xilinx FPGA 的 Vivado 套装，就提供了免费的学生用版本，可以用来创建和调试本书中所有 Verilog 的实例。

4.3.4 基于 HDL 的设计流程

在详细讲述 Verilog 之前，了解一下整个 HDL 设计环境是很有用的。基于 HDL 的设计过程（常被称作设计流程（design flow））包括好几个步骤。这些步骤适用于任一个基于 HDL 的设计过程，用框图概括表示在图 4-21 中。

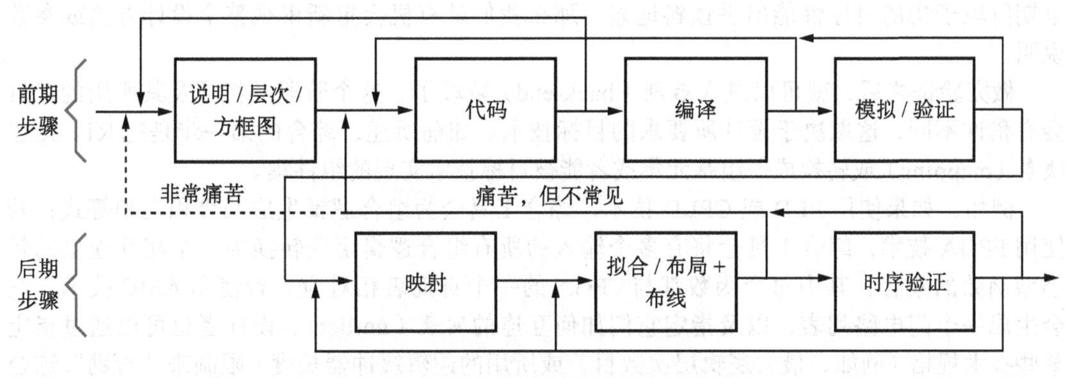

图 4-21 基于 HDL 的设计流程的步骤

所谓的“前期”从设计的功能性说明（specification）开始，并规划出在方框图（block diagram）级实现所需功能的基本方法。像软件程序那样，大型逻辑设计也是分层次的，Verilog 都给出了很好的框架，以便定义模块及其接口，然后再对它填写详细的内容。

下一个步骤是对模块、接口和它们的内部详情编写实际的 HDL 代码。虽然在这一步可以使用任一个文本编辑器，但 HDL 工具组中的编辑器用起来更方便些。HDL 编辑器的特点包括：高亮度显示关键字，自动缩行，为频繁使用的程序结构建立模板，内嵌的语法检查，以及单击后直接进入编译器。

一旦完成一些代码的编写，当然就想把它编译一下看看。HDL 编辑器对代码分析语法错误，并检查它与相关模块的兼容性。它也会产生内部信息，供模拟器处理设计时使用。就像使用其他程序语言的编程那样，不一定非要等到编写完全部代码之后才进行编译。每次只编译一部分代码可以防止出现大量的语法错误、不一致的命名等问题，这样在课题远未结束前就能给你以必要的进步感。

下一步就是最令人满足的步骤——*模拟*（simulation）。HDL模拟器允许定义输入序列并将它应用到设计中去，观察它的输出，而不必去构建实际的物理电路。在小型课题（可能是在数字设计课程的家庭作业中遇到的课题类型）中，可能会采用手工方法去生成输入并观察其输出。但对于大型课题，利用HDL工具组能创建“测试平台”。利用测试平台，可以自动地产生并应用输入序列，并比较输出结果来调整输入序列，以获得所期望的输出。

实际上，模拟只是一个较大的名为*验证*（verification）的步骤的一部分而已。的确，观看模拟电路产生模拟输出是一件让人高兴的事，但模拟的更大目标是*验证*（verify）电路是否能按设计要求那样工作。在一个典型的大型课题中，大量实质性的努力是花费在编写代码阶段的期间和之后，要定义出各种测试案例，使电路在宽范围的逻辑操作条件下进行练习。在这个阶段发现设计上的差错具有很高的价值，否则如果到后面才发现的话，那么所谓的“后期”阶段的所有步骤都必须“返工”。

要注意，至少有两维空间上的验证，即*功能验证*（functional verification）和时序验证（timing verification）。在功能验证中，要考证独立于时序的电路逻辑操作，先把门延迟和其他时序参数都看作零或其他理想值。在时序验证中，要考证包括延迟估值在内的电路操作，并且验证时序逻辑器件（如触发器）的建立、保持和其他时序方面是否满足要求。

在开始后期阶段之前，习惯上是要完成全部的功能验证。然而在这个阶段要进行时序验证，我们的能力往往受到限制，因为时序跟综合和过滤的结果可能会有密切依赖的关系。但是，对完整设计的一个子集进行预先的综合和时序分析还是非常有用的，就是为了获得关于这个子集是否足以支持整体时序要求的一种判断——以后情况只会变差。如果在这个早期阶段子集的时序性能出乎预料地差，那么我们就有机会重新审视整个设计方法或参数说明。

做完验证之后，就可以进入*后期*（back-end）阶段了。这个阶段的特征及其所用的工具会有稍许不同，这取决于设计所要求的目标技术。如前所述，综合的第一步是把RTL描述*映射*（mapping）或转换成一组基元集或者能被目标技术实现的组件集。

例如，如果使用PLD或CPLD技术，综合工具会为组合逻辑生成两级积之和等式；若使用FPGA技术，综合工具会将有多个输入的所有组合逻辑函数转换为一个相互连接的较小型函数的集合，其中每个函数都与FPGA的一个查询表相对应。若使用ASIC技术，它会生成一个门电路列表，以及指定它们如何互连的*网表*（netlist）。设计者也可以通过指定某些技术规格（例如，最大逻辑层次数目，或所用的逻辑缓冲器长度）限制来“帮助”综合工具。

在*拟合*（fitting）步骤中，有个拟合器将已综合的原语或组件映射到可用的器件资源上。对于PLD或CPLD，这意味着要对逻辑等式赋给可用的与/或元件。对于FPGA或ASIC，这意味着要选择宏单元或者以某种模式铺设（布局）各个门电路，并找出在FPGA或ASIC晶片的物理限制范围内能将它们互连起来的方法，这叫作*布局与布线*（place-and-route）过程。设计者通常可以在这个阶段指定附加的约束条件，例如，一个芯片内的模块替换或者外部输入和输出引脚的分配。

“最后”一个步骤是对已拟合电路的*适配后时序验证*（post-fitting timing verification）。只有在这个阶段，由于引线长度、电气负载和其他因素所引起的电路延迟，才能以合理的精度被计算出来。通常就是在这个步骤中，要将在进行功能验证时使用过的相同测试案例再加以应用，不过这一步却是要在即将真实构建的电路上运行。

能行吗！？

作为一名长期从事数字逻辑设计和系统构建的人，我知道当一个电路设计者说“能行”的时候意味着什么。这意味着你能走进实验室，给样机加上电源而不会看到冒烟，再按下复位按钮并使用示波器或逻辑分析仪观察样机，一步一步地完成操作。

但过了好几年，“能行”的含义改变了。在 20 世纪 90 年代后期从事一项新的工作时，我非常高兴地听说用于某个重要新产品的几个关键 ASIC 都在“工作着”。但是后来（仅仅是过了一会儿）我才觉悟出来：这些 ASIC 还只是在模拟中工作着，而且还得经过好多个月的努力去做综合、拟合、时序验证和反复性的工作，才能到达能够定制样机的地步。“能行”的确就像是我的孩子们做家庭作业——“做完啦！”

就像在任何其他创造性过程中那样，可能偶然会有进二步退一步（或更糟）的情况发生。正如我们在图 4-21 中所指出的，在编写代码期间可能会遇到强迫你后退并重新考虑分层的问题，而且在编译完成后，模拟出错时也要重新编写部分的代码。在完成了时序验证之后，一般还必须回到拟合和布局布线过程，建立物理约束，使得这些过程达到更好的结果。

最痛心的问题是在设计后期阶段遇到的问题。例如，如果被综合出来的设计无法跟可用的 FPGA 相拟合，或者无法满足时序要求，那就不得不要返回去重新考虑整个设计方法。值得记住的是，再好的工具也不能替代设计之初的缜密思考。

Xilinx FPGA 设计流程

在第 6 章及其他章节中，将会给出许多 Verilog 模块的例子，而且常常以采用 Vivado 工具套件的 Xilinx 7 系列 FPGA 作为目标器件。所以，有必要在此介绍一下 Xilinx 设计流程中所使用的术语：

- *在精化*（elaboration）阶段，编译器会读取 HDL 文件，并检查语法错误及诸如此类的问题。如果没有发现问题，编译器就会利用“通用的”元件（如门电路、多路复用器、锁存器和触发器）为模型创建一个对应的技术独立的 RTL 描述。还可以利用 Vivado 观看精化后的设计的原理图。
- *在综合*（synthesis）阶段，将模型的 RTL 描述转化为硬件设计，这个硬件设计采用目标 FPGA 中可用的特定硬件资源，包括 LUT（组合逻辑的查询表）、特定类型的锁存器和触发器，以及特殊的元件，如加法器的进位链。在 Vivado 中，还可以观看综合后的设计的原理图。
- *实施*（implementation）阶段有三步：
  - ❑ 第一步是*优化*（optimization），这一步检查错误（比如同一个信号线驱动多个输出），然后，处理综合后的逻辑以减少资源需求，例如，对 LUT 进行组合。
  - ❑ 第二步是*布局*（placement），设置综合后的元件（如 LUT 和触发器）在 FPGA 器件上的物理位置。
  - ❑ 第三步是*布线*（routing），利用器件的可编程互连将布局后的元件的输入和输出相互连接起来。Vivado 无法生成实施后设计的原理图，但是，可以提供布局后元件及其连接的布局视图。

最后一个阶段，Xilinx 称其为*编程与调试*（program and debug），可以利用像“编写比特流”这样的工具来生成一种器件程序设计模式，将设计载入 FPGA 中，用于实验室的调试，还可以传入最终的设计。

在以上任何一步中都可以运行模拟器。精化之后，只能用功能模拟，此时假设延迟为 0 或是理想的时序特性。综合或实现之后，可以用功能和时序模拟。这两种模拟都可以利用综合阶段创建的实际FPGA进行模拟，包括对实施后的模拟情况的优化。在综合之后的模拟运行中，时序模拟采用的是期望延迟的粗略估计。实现之后，就可以基于实际布局和布线的结果，采用更精确的估计。

Vivado工具套件还允许在任何一个阶段中加入“约束”，例如在综合阶段，可以将整体策略设置为使电路面积、性能或工具本身的运行时间最优化。综合器还可以设置为“铺开”设计的层次，这样就可以移动、共享元件，或是优化一个模块的输出与另一个模块的输入之间的连接，或者保存层次结构，以便用于调试或其他目的。在实现阶段，可以将布局、布线以及电能损耗的不同选项设置为有效或无效。

参考资料

想要提高写作能力的数字设计者，应从阅读William Strunk Jr.、E. B. White以及R. Angell的经典之作《Elements of Style》（Pearson, 1999，第4版）开始。最便宜、最简练且非常有用的技术写作指南，可能是Gary Blake和Robert W. Bly的《The Elements of Technical Writing》(Pearson, 2000)。内容较完整的是G. J. Alred、C. T. Brusaw和W. E. Oliu的《Handbook of Technical Writing》(Bedford/St. Martin's, 2015，第11版)。

真实的逻辑器件在厂家出版的数据表和数据手册中都有描述。数据手册汇编的硬拷贝版本过去常常每隔几年发表一次，但近来的趋势是减少或取消硬拷贝版本，取而代之在网上发表最新的信息。关于逻辑族的数据表单和应用注意事项做得较好的网站包括www.ti.com（德州仪器公司），以及www.onsemi.com(正式的是Fairchild Semiconductor)。

对于给定的逻辑族（如74AHCT)，通常所有的厂家都会列出等效的规格说明，所以每个族只用一组数据表单就能够应付。有些说明，特别是时序规格，在不同的厂家之间可能有微小的变化，所以当时序要求很严时，最好检查几个不同的信号源并采用最坏情况，这比说服生产部门只从一个供货商那里购进部件要容易得多。

许多课本都涉及数字设计原理的内容，但是，几乎都没有涉及实践的内容。对于主动的设计者更有用的是其他工程人员所写的文章，有些是以传统方式发表的，如《EDN》，而有些是收集在文选中，如在EDN的设计工程师系列中的Clive Maxfield的书籍。

训练题

4.1　什么文档包含了参考标识符？引脚编号？箭头？

4.2　画出8输入与非门的德·摩根等效符号。

4.3　画出3输入或非门的德·摩根等效符号。

4.4　请问信号名“READY′”错在哪里？

4.5　你也许发现：要保持跟踪逻辑电路中所有信号的有效电平是很烦人的事。为什么不只用非反相门以致所有的信号都是高电平有效呢？

4.6　在“圈到圈”的逻辑设计中，为什么可以将一个有圈的输出与一个无圈的输入连接呢？

4.7　请判断真或假：逻辑门的所有输入都必须带圈，或者都不带圈。并证明答案是正确的。

4.8　重新设计图3-16的报警电路，用反相门代替非反相门，并根据需要增加或者删除反相器。采用圈到圈的逻辑设计的思想画出电路的逻辑图，并对所有信号命名。

4.9　某数字通信系统准备用12个一致的网络端口来设计，哪种原理图结构最适合于设计呢？

4.10 在网上搜寻德州仪器公司的数据手册，查看相关信息，在表 4-2 中为工作电压为 3.3V、负载电容为 15pF 的部件 74AHC 构建新的列。在新的列中给出前四行所需的值。

4.11 利用表 4-2 给出的时序信息，对于低态到高态和高态到低态的转换，确定图 4-22 的电路从 IN 到 OUT 的准确最大传输延迟。对每个门采用单个最坏情况的延迟量重复计算，比较并评论你的结果。

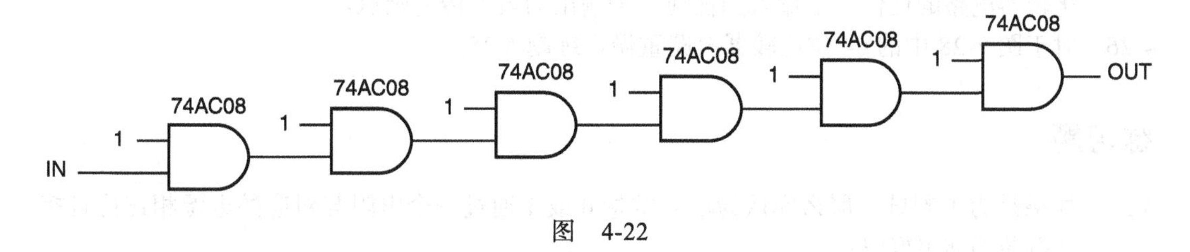

图 4-22

4.12 重做训练题 4.11，用工作电压为 4.5V 的 74AC00 取代 74AC08。

4.13 重做训练题 4.11，用 74AC21（有 3 个输入都为常量 1）取代 74AC08。

4.14 重做训练题 4.11，将 74AC08 中的常量输入 1 用 0 代替。

4.15 估计图 4-23 的电路从 IN 到 OUT 的最小传输延迟，并证明答案是正确的。

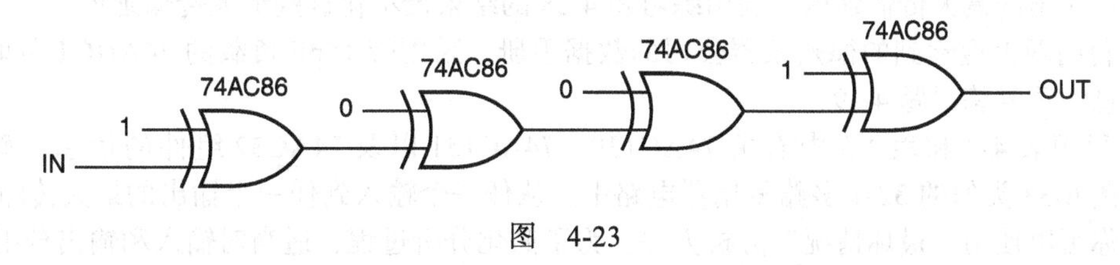

图 4-23

4.16 利用表 4-2 给出的时序信息，对于低态到高态和高态到低态的转换，确定图 4-23 的电路从 IN 到 OUT 的准确最大传输延迟。对每个门采用单个最坏情况的延迟量重复计算，比较并评论你的结果。

4.17 重做训练题 4.15，用工作电压为 4.5V 的 74HC86 取代 74AC86。

4.18 估计图 4-24 的电路从 IN 到 OUT 的最小传输延迟，并证明答案是正确的。

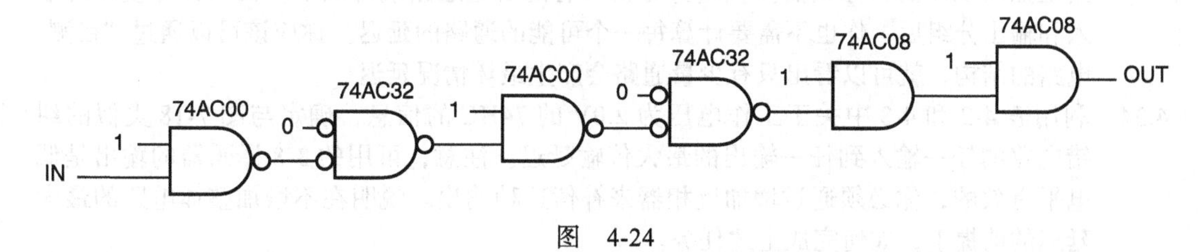

图 4-24

4.19 利用表 4-2 给出的时序信息，对于低态到高态和高态到低态的转换，确定图 4-24 的电路从 IN 到 OUT 的准确最大传输延迟。对每个门采用单个最坏情况的延迟量重复计算，比较并评论你的结果。

4.20 用工作电压为 4.5V 的 74HC86 重做训练题 4.19。

4.21 一个 n 输入 m 输出的组合电路中，不同延迟通路的最小延迟量是多少？

4.22 对于被看作是“数据”输出的输出端的从低态到高态与从高态到低态的转换，时序说明书很少给出不同的说明，为什么？

4.23 假设你的智能手机的微处理器芯片的时钟频率为 2GHz，芯片是边长为 1cm 的正方形。假设片上线路只在 X 轴和 Y 轴方向走线，那么，一个信号的转换在芯片对角线上传输的光速延迟是时钟周期的几分之几？

4.24 一个类似图 6-17 的门级设计的 3-8 译码器的 CMOS 电路，你认为是像图中那样低电平有效的输出会快一些，还是高电平有效输出会快一些？

4.25 利用表 4-3 所给的关于工作电压为 4.5V 的 74HC682 的信息，确定图 7-27 中的 22 位比较器电路的任何一个输入到任何一个输出的最大传输延迟。

4.26 对于图 7-28 中的 64 位比较器电路重做训练题 4.25。

练习题

4.27 如果是为了测试，那么你认为输入常量 0 或 1 通过一个电阻与对应的电源相连比直接与电源相连更好吗？

4.28 在图 6-19 的 5-32 译码器电路中存在多少条不同的输入 – 输出延迟通路？基于表 4-3 中关于 74AC138 的信息，要确定这些通路的延迟实际需要分析多少条通路？提示：有些输入和输出信号可以成组处理。

4.29 利用表 4-3 中关于 74AC138 的信息，确定图 6-19 的 5-32 译码器电路的任一输入到任一输出的最大传输延迟。利用练习题 4.28 的结果最小化这些最大传输延迟。

4.30 利用网上搜索到的德州仪器公司的数据手册，采用带 15pF 负载的 74AHCT 的时序信息，重复练习题 4.29。

4.31 利用表 4-2 和表 4-3 中有关 74AC139、74AC151 以及 74AC32 组件的信息，确定与图 6-33 类似的 32-1 多路复用器电路中，从任一个输入到任一个输出的最大传输延迟。你可以使用“最坏情况”分析方法。为了简化分析过程，适当对输入和输出分组。

4.32 使用 74AC20 和 74AC151 的输出 $\overline{\mathrm{Y}}$，重复练习题 4.31。

4.33 利用表 4-2 和 4-3 中关于工作电压为 2.0V 的 74HC20 和 74HC148 的信息，确定与图 7-13 类似的 32-5 优先编码器的任一输入到任一输出的最大传输延迟。74HC148 的输入和输出是低电平有效的，用于替换每一个“可级联的优先编码器”；另外，还需要为实现“或”功能挑选合适的部件。注意，完成这个练习题，你并不需要理解这个电路是如何工作的，你只需要找出并分析所有的延迟通路就可以了。提示：即使在对输入和输出分组后，你也不需要计算每一个可能的通路的延迟。你应该可以通过“目测”电路的结构，就可以看出只有少量通路会产生最坏情况延迟。

4.34 利用表 4-2 和 4-3 中关于工作电压为 2.0V 的 74HC 的信息，确定与图 7-18 类似的纠错电路的任一输入到任一输出的最大传输延迟。注意，可用的 3-8 译码器的输出是低电平有效的，你必须通过增加反相器来补偿这种输出。说明在不增加整体电路的最大延迟的前提下，如何完成上述任务。

4.35 利用表 4-3 中关于 74AC 部件的信息，确定图 8-7 所示的 16 位加法器的任一输入到任一输出的最大传输延迟。

Verilog 硬件描述语言

```
module ButGate
  (A, B, C, D, Y, Z);
input A, B, C, D;
output reg Y, Z;

always @ (A, B, C, D)
  begin
    if ((A==B)&&(C!=D))
      Y = 1;
    else Y = 0;
    if ((C==D)&&(A!=B))
      Z = 1;
    else Z = 0;
  end
endmodule
```

在 1984 年，Gateway Design Automation 推出了 Verilog HDL（或简称 Verilog）作为硬件描述和模拟的语言专利产品。1988 年，初出茅庐的 Synopsys 公司推出了基于 Verilog 的综合工具；1989 年，Cadence Design Systems 获得了 Gateway 公司的专利。这些都是导致 HDL 广泛应用的重要事件。

Verilog *综合工具*（Verilog synthesis tool）能直接由 Verilog 行为描述生成逻辑电路结构，并将这种结构按照所选择的目标技术加以实现。利用 Verilog，可以设计、模拟和综合任何逻辑电路（从简单的组合电路到复杂的单片微处理器系统）。

Verilog 与 VHDL

目前，Verilog 和 VHDL 都获得了广泛应用，共同拥有大约 60/40 的逻辑综合市场。Verilog 在句法结构上源自 C 语言，而且在某些方面比 C 语言更容易学习和使用；而 VHDL 更像 Ada 语言（DoD 赞助的软件编程语言）。在支持大型项目开发方面，初期阶段的 Verilog 几乎没有什么特性可以超越 VHDL，但在 2001 年加进一些新特性之后，特别是有了 System Verilog 之后，Verilog 追了上来，并已经超越了 VHDL。

将一种语言跟另一种语言在各个方面进行比较，可能要数 David Pellerin 和 Douglas Taylor 在他们所写的书《 VHDL Made Easy ! 》(Prentice Hall, 1997）中阐述得最好：“这两种语言都很容易学但不易掌握，并且一旦学好了其中一种语言，就很容易过渡到另一种语言。”

在本书过去的版本中编写 Verilog/VHDL 时，我就发现他们的意见都是对的。但是，每天甚至每周在二者之间来回选择是非常困难的。既然你手头有这本书，我的意见是：先学好 Verilog，以后再去对付 VHDL。

一件事往往会导致另一件事，1993 年，IEEE 将当时正在使用的语言进行了正式标准化。这样，IEEE 成立了一个标准化工作组，产生了 IEEE 1364-1995 标准，并于 1995 年出版了正式的 Verilog 标准文本（Verilog-1995）。1997 年，Verilog 社团（包括用户、模拟器和综合器供应商）想对该语言做几个增强措施，IEEE 标准化工作组又重新开会，从而形成了一个加强型标准并于 2001 年出版（IEEE 1364-2001, Verilog-2001）。

几年以后，IEEE 标准组对标准做出了一些修正和澄清，并且，在发布的 1364-2005 标准（也称作 Verilog-2005）中增加了几条新的语言特性（本书中并未使用）。然后，一个新的工作组继续语言的开发，创建了 IEEE 标准 1800-2009，也被称为 System Verilog。2009 标准以 Verilog-2001/2005 为其子集，另外又包含了一些重要的关于说明、设计和大型系统正确性验证的新功能特性。

Verilog-2001/2005 包含以下重要特性：

- 设计过程可以按层次进行分解。
- 每个设计元素都有定义好的接口（用于元素之间的连接）和简明的功能规格说明（用于模拟）。
- 功能说明既可利用行为算法亦可利用定义元素操作的实际硬件结构。例如，开始可以用算法来定义元素，以便允许设计验证使用它的高层元素；然后再用好的硬件结构去替换算法定义。
- 并发性、时序和时钟都可以被模型化。Verilog 能够处理异步和同步时序电路结构。
- 可以模拟一个设计的逻辑操作过程和时序情况。

总之，Verilog 开始也是作为文档和模型语言而推出来的，能够明确地描述和模拟数字系统设计的行为过程。但是，综合工具的出现可以将 Verilog 模型转化为实际的硬件实现，进而导致 Verilog 的广泛应用。

如今，事实上所有的商用 Verilog 编译器及相关的工具都支持 Verilog-2001，而不只是支持 Verilog-1995 的特征子集，本书中采用的就是 Verilog-2001。

本章重点讲述 Verilog 的通用语言结构及其在组合逻辑设计中的应用。为此，将介绍一个额外的用于支持时序逻辑设计的特性，并在第 9 章的最后第一次使用这个特性。

恰逢其时

本章的目标是提供关于最常用 Verilog 语言要素的有组织的完整参考和简明教程。然而，人们的学习类型不同，想要一口气就学会 Verilog 或任何语言几乎是不可能的，尤其是在你还未曾用它构建过任何东西之前。

因此，假如你学得真的很好，想要快点儿跳到前面去看看“好东西”，那么，在第 6 章和第 7 章中，每当在一个例子中第一次出现 Verilog 的某个概念或特性时，我都会给出标题为“恰逢其时”的方框注释。在这些方框注释中，我尽量提供足以让你看懂例子的信息，这样你就不用再回到这里。然而，大多数情况下，为了获得准确和完整的定义，你最终还是想要查询这里讲述的许多特性，特别是当你开始写你自己的模型，而有些东西并不像你所期望得那样有效时。

目前，我会建议你花点时间，至少读完本章前面的两三节，或者，如果你真的不耐烦的话，那至少读完第一节。

5.1　Verilog 模型和模块

用 Verilog 进行设计和编程的基本单元是*模块*（module）——包含声明和语句的一个文本文件，如图 5-1a 所示。一个典型的模块对应于一块硬件，这跟传统硬件设计中的“模块”的含义非常雷同。单个模块或共同工作的模块集被称作*硬件模型*（hardware model）。

Verilog 模块有对模块输入和输出的名称和类型的*声明*（declaration）；也有对局部信号、变量、常量和函数的声明，它们被严格应用于模块内部，在模块外部是看不到它们的。剩下的模块包含了对模块的输出和内部信号的操作进行定义或“建模”的*语句*（statement）。

实例与实例化

对你而言，理解实例化的含义至关重要，特别是你有软件背景的时候。简而言之，实例化是创建一个实例，而一个实例则是一片物理硬件（或是一个硬件的仿真）。

对于一个模块，Verilog 通常只会描述一次，并且只会创建一个用于模拟模块功能的软件代码的拷贝，而物理硬件是在综合过程中创建的。在综合后的设计中，一个模块的每个实例都是一片独立的硬件，每片硬件都有在实例化过程规定的输入和输出，以及执行在模块的定义中所规定的操作。一个给定模块的每一个实例都会与这个模块中的其他实例独立且并行地工作。所以，尽管一个模块会不断地使你想到一个软件的过程或子程序，但这两者真的很不一样。

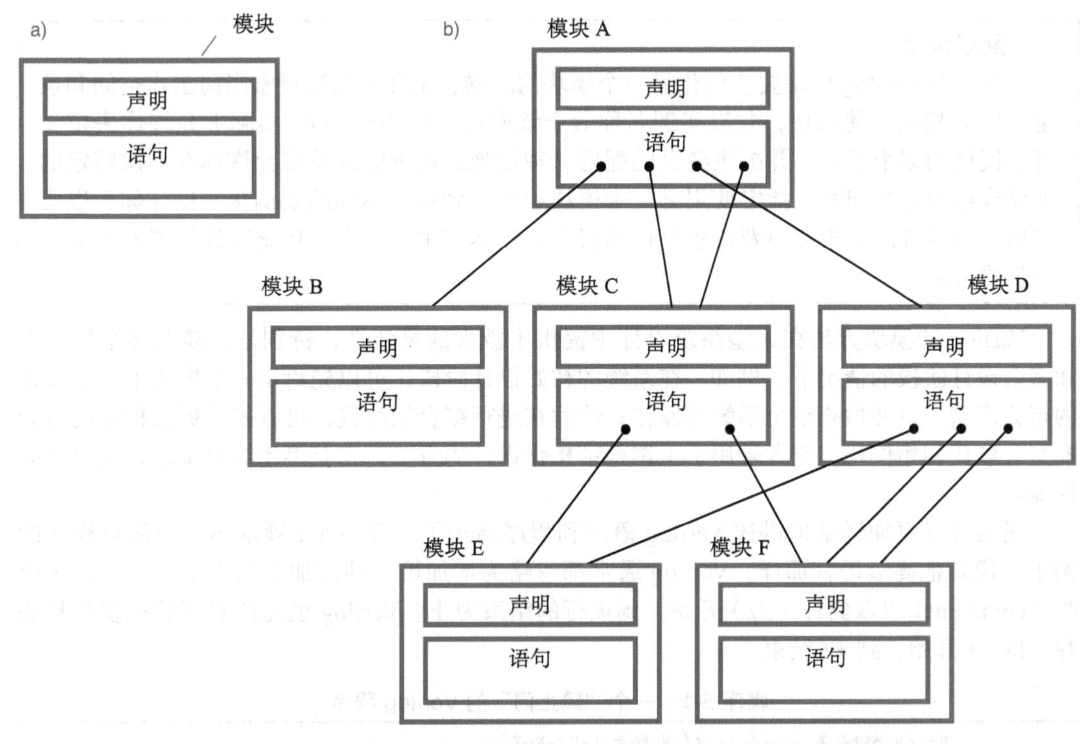

图 5-1　Verilog 模块：a）一个模块；b）模块分层地实例化其他模块

请对一个模块建一个文件

Verilog 语言规范允许将多个模块保存在一个文本文件中，通常文件名的后缀为“.v”。但是大多数设计者还是喜欢在每个文件中只保存一个模块，根据模块名来命名文件的名字（例如，加法器模块文件命名为 adder.v）。这样做只不过是为了处理问题方便。

本书中模块的名字

本书中大多数的模块名都是以字母“Vr”开始的。这是由我开始的一个习惯，为了便于区分本书之前版本中的模块及其文件和 VHDL 模块，也许以后的版本还会这样用。当然，你不必对你的模块名使用这个前缀，但是，如果你曾经在商业环境里创建过 HDL 模型的话，毫无疑问，你也一定会被要求遵循一些其他的局部命名习惯。

Verilog 语句能指定模块在行为上的操作，例如，使用像 `if` 和 `case` 那样熟悉的构造，根据对逻辑条件的测试情况，给信号赋予新的值。语句也可以指定模块在结构上的操作。这时语句要被实例化为其他模块和各自的组件（如门电路和触发器），并指定它们之间的互连关系，与逻辑图等效。

Verilog 模块可以混合地使用行为和结构上的规格指定，分层次地进行，如图 5-1b 所示。正如高级软件编程语言中的过程和函数那样，可以“调用”其他模块，Verilog 模块可以实例化其他模块。一个高层次上的模块可以多次使用较低层次上的模块，多个顶层模块可以使用较低层上的同一个模块。在图中，模块 B、E 和 F 是单独的，它们不对任何其他模块进行实例化。在 Verilog 中，信号、常量和其他定义的适用范围（scope）对每个模块来说都是局部性质的；只有通过使用被声明的输入和输出信号，才能让它们的值在模块之间进行传递。

配置管理

当一个 Verilog 模块要实例化另一个模块的时候，编译器通过搜索当前工作空间和预定义库去找到其他模块，并以实例名称冠于该模块。Verilog-2001 实际上允许你去定义每个模块的多个版本，并提供各自的配置管理设施。这种管理设施允许你在一次特定的编译或综合运行期间，指定使用哪一个模块版本去做每个不同的实例化。这样你可以尝试出不同的方法而避免浪费或重复你的努力。在本书中，不会使用这种设施或对它做进一步的讨论。

Verilog 的模块方法在大型系统设计中提供了极大的灵活性，特别是在涉及多个设计者和多个设计阶段的情况下。例如，在系统的初始设计阶段，可以先给定一个模块来指定大致的行为模型，以便检查整个系统的操作；然后在进行综合的时候，可以采用更加精确的行为模型去取代初始模块，或者采用手工调整结构化设计的方法，来获得比综合实现方法更高的性能。

现在可以更加详细地讲述 Verilog 语法和程序结构了。程序 5-1 展示出一个简单模块的例子。像其他高级语言那样，Verilog 通常都忽略为增加可读性而加进的空格和空行；短注释（comment）以双斜杆（//）开始，到该行的结束为止。Verilog 也允许 C 风格的多行长注释，以 /* 开始，到 */ 结束。

程序 5-1 一个“禁止门”的 Verilog 程序

```
module VrInhibit( X, Y, Z ); // 也称为 'BUT-NOT'
  input X, Y;                // 就如 'X but not Y'
  output Z;                  //(参见 [Klir, 1972])

  assign Z = X & ~Y;
endmodule
```

Verilog 定义了很多特殊的字符串，叫作保留字（reserved word）或关键字（keyword）。这个例子中，含有几个模块——module、input、output、assign 和 endmodule。

用户定义的标识符（identifier）以字母或下连线开头，其中可以含有字母、数字、下划线（_）和美元符（$）（以 $ 开头的标识符表示引用内嵌的系统函数）。本例中的标识符有 VrInhibit、X、Y 和 Z。与 VHDL 不同，Verilog 的关键字和标识符都是区分大小写的，关键字只使用小写字母，而标识符则严格区分大小写（如 XY、xy 和 Xy 都是不同的标识符）。如果在 Verilog 和 VHDL 程序中必须使用相同的标识符，那么在包含这两种语言模块的课题中，字母大小写敏感性就会产生一些问题，但是大多数编译器在处理大型课题的时候都会提供重命名设施。不过，最好不要采用大小写字母来区分不同的标识符。

表 5-1 展示出 Verilog 模块声明（module declaration）的基本语法，它以关键字 module 开头，跟着的是模块名称的标识符和模块输入输出端口的标识符列表。输入输出端口（input and output ports）是该模块与其他模块互相沟通的信号，可以把它们想象成连线，因为它们正是模块通常要实现的东西。

可选的？

我们说在表 5-1 中的声明是可选的，并且即使是输入、输出和双向端口声明，如果模块不具有对应的端口类型，那也是可选的。例如，大多数模块都没有双向端口，产生时钟信号的模块就只有一个输出端口而可能没有输入端口。另外，测试平台模块也没有输入或输出（后面要讨论）。

表 5-1 Verilog 模块声明的语法

```
module  module-name (port-name, port-name, ···, port-name);
    input declarations
    output declarations
    inout declarations
    net declarations
    variable declarations
    parameter declarations
    function declarations
    task declarations

    concurrent statements
endmodule
```

接下来的就是一组可选的声明（在这里和下一小节进行介绍），它们的前后次序无所谓。除了表 5-1 所示的以外，还有一些本书不会用到，故不予列出。跟在模块声明后面的是并发语句（在 5.7 节介绍过），最后该模块以关键字 `endmodule` 结束。

在模块的开头、输入输出列表命名的每个端口，都必须有一个对应的 input、output 或 inout 声明。表 5-2 的前面三行是这些声明的最简单形式，在关键字 `input`、`output` 或 `inout` 后面跟着的是用逗号隔开的对应类型的信号（端口）标识符列表，这些关键字指定的信号方向如下：

- **`input`**：输入到模块的信号。
- **`output`**：由模块输出的信号。注意，这种信号在模块体系结构内部不一定要被“读取”，仅仅是提供给其他模块使用的。在下一小节要介绍一个“`reg`”声明，它可以使得信号是可读取的。
- **`inout`**：该信号可以作为输入或输出。有这种信号的模块一般都用于 PLD 中的三态输入 / 输出引脚。

表 5-2 Verilog 输入 / 输出声明的语法

```
input  identifier, identifier, ···, identifier;
output identifier, identifier, ···, identifier;
inout  identifier, identifier, ···, identifier;
input  [msb:lsb] identifier, identifier, ···, identifier;
output [msb:lsb] identifier, identifier, ···, identifier;
inout  [msb:lsb] identifier, identifier, ···, identifier;
```

上述的输入 / 输出声明都只有 1 位宽，如果要声明多位或“向量”的信号，则还要包括一个范围说明（range specification）指定 [msb:lsb]，表 5-2 中的最后三行就是这种说明。其中，msb 和 lsb 是整数，分别表示一个信号向量（vector）的起始位（最高有效位）和结束位（最低有效位）的下标号数。在一个向量中的信号顺序是从左到右，msb 给出最左边信号的下标。界可以是升序或降序的，如 [7:0]、[0:7] 和 [13:20]，这些都是正确的 8 位界。在 5.3 节，还要进一步说说向量的问题。

减少不安的定义

在 Verilog-2001 中引入了第二种模块端口定义的方法——所谓的“ANSI 风格”的端口说明，与 ANSI C 中所用的函数定义类似。在这种风格中，信号的方向、可选的取值范围说明以及每个端口的名字都列在每个模块名后面的括号列表中，并以逗号相隔，而不是出现于独立的说明中。将程序 5-1 的前三行作为一个简单的例子，如下：

```
module VrInhibit( input X, Y,
                  output Z   );
```

ANSI 风格声明的一个好处就是，可以避免因每个信号名写两次（在模块的端口名列表及后续的声明中）所可能导致的冗余和错误。另一个好处就是，如果每行只写一个信号，就可以有空间为每一个信号编写一个注释，以解释其功能：

```
module  VrInhibit (   // 也称为 "BUT-NOT"
  input X             // 非反相输入
  input Y             // 反相输入
  output Z            // 输出为 "X but not Y"
);
```

本书中偶尔会采用这个第二种声明风格。注意，如果在声明中没有提及端口的类型，那么还是默认为 `wire` 类型。

5.2 逻辑系统、网格、变量和常量

Verilog 使用简单的四值逻辑系统，1 比特的信号只能取 4 种可能值之一：

- `0`：逻辑 0 或假（false）。
- `1`：逻辑 1 或真（true）。
- `x`：未知逻辑值。
- `z`：高阻（如三态逻辑中的高阻态，见 7.1 节）。

Verilog 具有内置的逐位布尔操作符（bitwise Boolean operator），如表 5-3 所示。AND（与）、OR（或）和 XOR（异或）操作符对 1 比特信号进行操作并产生所需的结果，而 NOT（非）操作符是对单个比特的取反操作。XNOR（异或非）操作可以被看作是 XOR 的取反，或者看作是带有第二个取反信号的 XOR 操作，在表中展示了对应于两个不同符号的 XNOR 操作。（异或和异或非在练习题 3.30 和 3.31 中有过介绍）。

表 5-3 Verilog 逻辑系统中的逐位布尔操作符

操作符	操作
&	与
|	或
^	异或
~^, ^~	异或非
~	非

在 Verilog 的布尔操作中，如果有一个或两个输入信号是 `x` 或 `z`，那么除非受到 `z` 的控制，不然其输出就是 `x`。也就是说，如果 OR 操作至少有一个输入是 1，那么其输出总是 1；如果 AND 操作至少有一个输入是 0，那么其输出总是 0。Verilog 的布尔操作也可应用于向量信号（在 5.3 节讨论）。

迄今为止，所使用的词汇“信号”的含义是不太严格的，其实 Verilog 有两类信号——网格和变量。网格（net）大致对应于物理电路中的连线，在 Verilog 结构模型中提供模块与

其他元件之间的连通性。在 Verilog 模块的输入 / 输出端口列表中的信号，常常就是网格。稍后又将回归变量。

Verilog 提供好几种类型的网格，可以由网格声明中的类型名来指定。默认的网格类型是连线（wire）——任何出现在模块输入 / 输出端口列表中但却不出现在网格声明中的信号名，都被假设为 wire 类型。一个 wire 网格只是提供基本的连通性，不隐含其他的功能性。

Verilog 还提供了几个其他网格类型，列于表 5-4 中。supply0 和 supply1 网格类型可以被认为是连接到对应的电源轨线上的永久性连线，并分别提供逻辑常量 0 和 1。其余的类型可以对印刷板系统中的三态逻辑和连线逻辑进行模型化，它们在 CPLD、FPGA 和 ASIC 设计中极少用到，除非是用于对外部引脚跟三态逻辑器件之间连接的模型化。要注意，这些网格类型名都是保留字。

表 5-4 Verilog 网格类型

wire	trior	trireg	supply0
tri	tri0	wand	supply1
triand	tri1	wor	

Verilog 网格声明（net declaration）的语法类似于输入 / 输出声明，如表 5-5 中说明的是 wire 和 tri 网格类型。在标识符后面是所要说明的网格类型的关键字。对于向量网格，则需在标识符列表的前面指定它的“界”。

要记住，网格声明有两个用途：指定模块输入 / 输出端口的网格类型（如果不是 wire 类型的话）；声明将要在模块内的结构描述中建立连通性的信号（网格）。在后面的 5.7 节和 5.8 节中会看到很多这方面的例子。

表 5-5 Verilog 的 wire 和 tri 网格声明的语法

wire *identifier*, *identifier*, …, identifier;
wire [*msb:lsb*] *identifier*, *identifier*, …, *identifier*;

tri *identifier*, *identifier*, …, *identifier*;
tri [*msb:lsb*] *identifier*, *identifier*, …, *identifier*;

Verilog 变量（variable）是在 Verilog 程序执行期间用于存储数值的，它们并没有实际的物理意义，仅用在“过程编码”中（在 5.9 节要讨论）。变量的值可以用在表达式中，也可以跟其他变量组合，或将值赋给其他变量。如在传统的软件编程语言中那样，最普遍使用的变量类型是 reg（寄存）和 integer（整数）。

reg 变量是一个单比特变量或比特向量变量，它的声明如表 5-6 的头两行所示。1 比特 reg 变量的值总是 0、1、x 或 z。reg 变量的主要用途是在 Verilog 过程代码中存储数值。

表 5-6 Verilog 的 reg 和 integer 变量声明的语法

reg *identifier*, *identifier*, …, identifier;
reg [*msb:lsb*] *identifier*, *identifier*, …, *identifier*;

integer *identifier*, *identifier*, …, *identifier*;

表 5-6 的最后一行是对 integer 变量的声明，它的值是一个 32 比特甚至更长的整数，取决于模拟器所采用的字长。integer 变量一般是在 Verilog 过程代码中用来控制重复语句（如 for 循环语句）。实际电路中的整数通常用多比特向量信号进行模型化（在 5.3 节讨论）。

Verilog 的网格与变量之间的差别是很微妙的。一个变量的值只可以在一个模块的过程代码范围内被改变，不能从模块外部去改变它。这样，输入和双向端口就不能有变量类型而必须有网格类型（如 wire）。但是，输出端口既可以有网格也可以有 reg 类型，并且可以驱动其他模块的输入和双向端口。

另一个重要差别（后面将看到）就是：过程代码只可以给变量赋值。如果一个输出端口被声明为 reg 类型，那么模块的过程代码可以像任何其他 reg 类型变量那样使用这个输出端口，但这个输出端口的值总是出现在与其他模块相连的输出端口上。

reg 不是触发器

Verilog 中的变量类型名为 reg 的变量与时序电路中的触发器和寄存器无关。如果你已经知道这些变量是什么，那么立即取消它们与 reg 的关联，否则你就要冒险在很长一段时间都处于混乱的状态！

记住，Verilog 最初只是为模拟而设计的，所以当其设计者想到“reg”时，他们所想的是存储寄存器，或者是用于在模拟程序运行期间跟踪模块值的变量。所以，reg 类型的变量可以用来对时序型或组合型电路的输出建模。一个 reg 类型变量可以包含一位二进制或是一个二进制向量。Verilog 的设计者没有使用一个更好的关键字（如“var”或“bitvar”)，这真是太糟糕了！

在 Verilog 中，时序电路触发器和寄存器是通过完全不同的机制被定义的（在 10.3.2 节将予以介绍）。

因此，如果想编写过程性的 Verilog 代码来指定模块输出的值，基本上有两种方法可做：

1. 说明输出端口具有 reg 类型，并使用过程代码直接给它赋值。

2. 如果不管什么理由都必须把端口声明为网格类型（如 tri)，那么便定义一个内部“输出”reg 变量并指定它的值，然后再将内部 reg 变量的值赋给模块输出网格。

没有类型定义的类型

有时你会看到一个针对输入或输出端口的网格或变量的单独声明（就像类型为 reg 的输出端口通常所做的那样）。在 Verilog-1995 中这是唯一的做法。而 Verilog-2001 中允许你通过端口声明来识别端口的类型，如下例所示：

```
module  Vr3to8deca (G1, G2, G3, A, Y);
  input wire G1, G2, G3;
  input wire [2:0] A;
  output reg [0:7] Y;
```

在 ANSI 风格的声明中也可以这样做。

在书写数值文字（literal）方面，Verilog 有它自己的特殊语法，以适应于描述数字逻辑电路方面的使用。不带有其他修饰符号的十进制数字序列写成的字串，都被解释为十进制数字，这正像你希望的那样。在 Verilog 中也可以使用指定基数、指定位数的数值字串，使用的格式是 *n*'Bdd…d。其中：

- *n* 是给出字串位数大小的十进数字，是所表示的比特数目，而不是数字 dd…d 的数目。
- B 是指定基数的单个字母，是下面几个字母之一：b 或 B（二进制），o 或 O（八进制），h 或 H（十六进制）。
- dd…d 是一个或多个指定基数的数字串。十六进制数字 a-f 写成大、小写都可以。如果数字串的非零位超过了 *n* 位，则可以去掉最左边不需要的数字。如果数字串的非零位不足 *n* 位，则可以按照要求在最左边补零。

表 5-7 给出了文字的实例。在文字中的问号（question mark in literal）“?”相当于“z”。文字的规模被解释为向量的位数，如下一节的例子所示。没有标识规模的文字默认为 32 位或是模拟器或编译器中字的长度；这样可能会引起误会或歧义，所以，对于没有标识规模的文字要谨慎。

表 5-7 Verilog 中文字的例子

文字	含义
1'b0	一个 0 位
1'b1	一个 1 位
1'bx	一个未知位
8'b00000000	一个 8 位全零向量
8'h07	一个有五位 0 和三位 1 的 8 位向量
8'b111	一个同样的 8 位向量（在左边补 0）
16'hF00D	一个让我感到饿的 16 位向量
16'd61453	没那么饿的一个同样的 16 位向量
2'b1011	忽略了最左边的“10”的技巧或错误
4'b1?zz	一个带有三个高阻态位的 4 位向量
8'b01x11xx0	带有一些未知位的一个 8 位向量

Verilog 提供了一种设施以定义模块内的命名常量，这样可以改善代码的可读性和可维护性。参数声明（parameter declaration）具有如表 5-8 所示的语法。若一个标识符被赋给一个常量值，那么在整个当前模块中使用的这个标识符都被赋给了这个常量值。采用逗号隔开的赋值表，可以在单个参数声明中定义多个常量。下面是几个例子：

表 5-8 Verilog 参数声明的语法

```
parameter identifier = value;
parameter identifier = value,
          identifier = value,
          ...
          identifier = value;
```

```
parameter BUS_SIZE = 32,                // 总线的宽度
          MSB = BUS_SIZE-1, LSB = 0;    // 索引的范围
parameter ESC = 7'b0011011;             // ASCII 转义字符
```

参数声明中的“值”（value）可以是简单的常数，或者是常量表达式（constant expression）——涉及多个操作符和常量并包含其他参数的表达式，在编译时间得出这个常量的结果。要注意，参数的有效范围被限制于做出该定义的那个模块中。

没有东西要声明?

Verilog 允许使用未被声明的网格。在结构性源代码中，可以在编译器允许使用网格的上下文中使用一个未被声明的标识符。这种情况下，编译器将会定义一个 wire 类型的标识符，它只在它出现的这个模块中有效。

但是对于有经验的程序员来说，使用未被声明的标识符似乎不是一个好的想法。大型模块中，在一个地方声明所有的标识符，这就很有利于将程序文档化并保证名字之间的一致性。不管是否声明了所有的标识符，如果打错了标识符，通常编译器都会通知并警告你：出现了意外的连线（或者某些情况下的故意的连线），没有任何信号驱动它。

5.3 向量和操作符

如前所述，Verilog 允许各个 1 比特信号分组结合在一起，形成向量（vector）。网格、变量和常量都可以是向量。Verilog 提供与向量相关的操作和约定。一般地，Verilog 能用向量做“好事”，但重要的是要了解它的详情。

为了讨论向量定义，表 5-9 给出了几个例子。在向量定义中，应该把定义内的第一个

（左边）下标号看作是对应于向量最左端的比特位，而第二个（右边）下标号对应于向量最右端的比特位。因此，byte1 的最右端比特位的下标是 0，而 Zbus 的最左端比特位的下标是 1。如例子中所示，下标号从左到右可以是升序的也可是降序的。

表 5-9 Verilog 向量举例

```
reg [7:0] byte1, byte2, byte3;
reg [15:0] word1, word2;
reg [1:16] Zbus;
```

Verilog 提供一种自然的*位选择*（bit-select）语法，用方括号和一个常数（或常量表达式）选择向量中的各个比特位。因此，byte1[7] 就是指 byte1 最左边的一位，而 Zbus[16] 就是指 Zbus 最右边的一位。还有一种*部分选择*（part-select）语法也是自然的，它的表示形式与声明语句相同。这样，Zbus[1:8] 和 Zbus[9:16] 分别表示了 Zbus 的左边字节和右边字节，而 byte1[5:2] 则表示 byte1 的中间 4 个比特位。要注意，部分选择中的下标应该与原始定义的范围说明具有相同的顺序。

正像可以从向量中抽取单个或部分比特位那样，也可以将它们组合成较大的向量。*串接*（concatenation）是使用花括号 {} 来组合两个或多个比特位（或向量）以形成另一个向量。这样，{2'b00, 2'b11} 等效于 4'b0011；而 {byte1,byte1,byte2,byte2} 成为一个 32 位的向量，它的左边是 2 个 byte1 的副本，右边是 2 个 byte2 的副本。Verilog 还有一个*复制操作符* *n*{}（replication operator），可以在串接范围内对一个比特位或向量复制 *n* 次。这样，{2{byte1},2{byte2}} 便与前面的一样，形成相同的 32 位向量。如果 N 是一个常量（就像一个参数那样），那么 {N{1'b1}} 就是一个 N 位全为 1 的向量。

> **"OOPS" 向量操作**
>
> 在进行位选择或部分选择时，如果想要引用（读取）的部分向量中所包含的一个下标超出了向量定义的范围，那么超出向量定义范围的下标的元素所返回的值就为 "x"（未知）。反之，如果想要向部分下标或全部下标都超出向量定义范围的元素中写入值，那么超出范围的部分的赋值操作会被忽略，而其余部分可以正常进行。

在表 5-3 中列出的逐位布尔操作符同样也适用于向量。例如，表达式 byte1 & byte2 产生一个 8 位向量，它是将 byte1 和 byte2 向量的对应位进行逐位逻辑相与而形成的。还有，4'b0011 & 4'b0101 的值等于 4'b0001；~3'b011 等于 3'b100。

不同大小的向量可以使用逐位布尔操作符将它们组合起来。各个向量以最右边位对齐，较短的向量要将左边不够的位填上 0。这样，2'b11 & 4'b0101 应该等效于 4'b0011 & 4'b0101，且其值为 4'b0001。

填 0 的做法一般也可应用于文字。这样，16'b0 就是一个 16 位的常量，其所有位都是 0。然而，如果文字最左边的指定位是 x 或 z，那么向量就要用 x 或 z 来填充。这样，8'bx 等于一个全 x 的 8 位向量，而 8'bz00 则等效为 8'bzzzzzz00。

稍后，会讲到赋值语句，即把表达式的值赋给一个网格或变量。如果表达式结果的尺度比网格或变量的尺度小，那么就要在左边填 0。如果表达式结果的尺度比网格或变量的尺度大，那么就只能利用结果的最右边位。但是，如果表达式的结果是一个整数，那么，这个系统的整数的长度比网格或变量的长度要小，在将这个整数赋值给网格或变量之前，扩展位由符号位填补，所以，要小心一点！

Verilog 具有内置的*算术操作符*（arithmetic operator），如表 5-10 中的前六行所示，默认把向量当作无符号整数来处理；但是，也可以当作有符号的补码整数（如方框注释所述）。一个无符号整数值以"自然"的方式与一个向量相联系，最右边位的权值为 1，靠左边逐位的权值分别是 2 的递增幂。不管向量的下标范围如何，都是正确的。这样，常量 4'b0101 被赋给变量 Zbus[1:16]，则 Zbus 的值就是 5。

加法和减法是最常使用的操作符，而且 Verilog 综合工具知道如何去综合加法器和减法器（例如，参见 8.1.8 节），也允许使用一元加号和减号。大多数综合工具也能处理乘法，虽然所产生的乘法器的规模和速度不如用手工调整设计出来的那么好（参见 8.3.2 节）。除法和取模操作能否综合，取决于具体的工具，一般都不能被综合，除非除数是 2 的幂。在这种情况下，除法操作等效为对被除数的向右移位操作（除法），或者是选取被除数的最右边位（取模）。求幂主要用于测试平台。

表 5-10　Verilog 中的算术操作符和移位操作符

操作符	操作
+	加法
-	减法
*	乘法
/	除法
%	模数（余数）
**	取幂
<<	（逻辑）左移
>>	（逻辑）右移
<<<	算术左移
>>>	算术右移

有符号的算术运算

Verilog-2001 提供了有符号数和无符号数的算术运算。通过在声明中包含一个关键字 signed，就可以将 reg 型变量、网格以及函数的输出声明为有符号数，例如，“reg signed[15:0] A”。同样，也可以将模块的端口声明为有符号数，例如，“output reg signed [15:0] T”。

整型变量以及整型的纯文字总是被当作有符号数。如果在一个基数之前有一个字母“s”或“S”，那么其后的数字化文字也会被当作是有符号数，例如，8'sb11111111 是一个 8 位补码，其整数值就是 –1。一个有符号文字的符号位就是所定义宽度的最左边一位。所以，4'sb1101 的符号位为 1，其整数值为 –3。但是，5'sb1101 的符号位是 0（在左边补入一个 0 之后），其整数值为 13。

在模拟和综合中，有符号数的操作和比较都遵从补码算术运算规则。但是，仅当表达式中所有的操作数都是有符号数时，才采用有符号的操作。否则，在计算表达式之前，所有的有符号操作数都会被转换为无符号数。例如，表达式“4'sb1101+1'b1”的和的整数值就是 14（十进制的 13+1），而不是如你所想的 –3+1=–2，因为 1'b1 是无符号数。要想进行有符号的操作，可以写为“4'sb1101+1”，因为整数总是被当作有符号数。

另一个例子，假设表达式为“(4'sb1110<<1)+1”。这个表达式看起来应该是先将第一个操作数左移一次，得到 1100（这是 –4 的有符号表达），然后加 1，最后的结果是 –3。但是，实际的结果是十进制的整数值 13——怎么会这样呢？问题在于，移位操作符 << 是逻辑移位，所以，其结果会被解释为无符号数，或者十进制数 +12。为了保持移位的结果是有符号数，必须采用算术移位操作符 <<<。

还有另外一种看似简单实则复杂的情形，假设要将一个整型变量 I 的值赋给宽度较大的无符号向量 W，在这种特殊情况下，如果 W 的宽度比系统整型变量的宽度更宽，则在将 I 赋值给 W 时，就会按照 W 的宽度扩展 I 的符号位。但是，假设 I 是先赋值给了一个与整型变量宽度相同的向量 V，然后，V 再赋值给 W。这时，就会进行标准化的向量赋值；也就是不管 V 的 MSB 的值是什么，扩展位都是补 0。

如你所见，有符号的操作很容易出错，给定的 Verilog 的规则通常会像上面所解释的那样，对操作数和结果进行转换，却不会给出任何提醒。所以，如果必须使用有符号的操作，那么便要特别仔细！

Verilog 也有一个对向量的显式移位操作符（shift operator），列于表 5-10 的中间 2 行。有时还会有所谓的逻辑移位操作符（logical shift operator），逻辑移位与刚刚所讲的算术移位不同。对第一个操作数（向左）移位，第二个操作数的值就是移位的次数；在右边被移空出来的位置上填补 0。这样，8'b11010011<<3 的结果就是 8'b10011000。在右移移位操作中，最左边的位置也总是补 0，所以，8'b11010011>>3 的结果就是 8'b00011010。

表 5-10 的最后两行是算术移位操作符（arithmetic shift operator）的结果，结果由第一个操作数是无符号数还是有符号数决定。如果第一个操作数是无符号数，则算术移位结果与逻辑移位的结果相同；如果算术右移的第一个操作数为有符号数，则操作数的符号位（最左边的位）就被移入空位。如果算术左移的第一个操作数为有符号数，则空位补 0，这时的算术移位结果与逻辑左移的结果相同。但是，二者还是有细微的差别，这在"有符号的算术运算"方框注释中已有讨论。

不是我的类型

无符号操作数可以通过 Verilog 内置的类型转换函数 $signed() 转换为有符号数。所以，如果 A 是一个有符号的向量，而 B 是一个无符号的向量，那么"A+$signed(B)"就是二者有符号数之和。同样，有符号的操作数也可以通过内置函数 $unsigned() 转换为无符号数。

注意，类型转换函数并非无所不能，如果你要把一个操作数转换为一个长度比原来短的数，那么函数通常只会把多出来的高位删除。

在使用有符号数的时候必须谨慎，因为在 Verilog 中有几个操作在应用于有符号数时，结果会是无符号数：

- 逻辑移位（<<，>>）：只有算术移位的结果是有符号数。
- 部分选择：对有符号的向量应用部分选择时，虽然会包含最初的符号位，但是，所选出的部分却是无符号的。例如，选择有符号变量 A[15:8] 的高位字节的结果如前面方框注释中的例子所示。
- 一位数总是无符号的。一个包含了一位数和其他数的表达式的有符号运算的结果也是无符号数。例如，"A+1'b1"是无符号数，如果 CIN 是一位变量（进位输入），那么"A+CIN"的结果也是无符号数。

你可以用 $signed 将一个一位无符号数转换为有符号数，但还是要谨慎。1 位整数 b1 的转换值为 -1，而不是 +1，因为最左边一位在转换时会被当作符号位，执行符号位的扩展。将上例改为"A+$signed(CIN)"，会产生一个意想不到的结果。要想得到预期的有符号的结果，"进位"位至少必须是两位，其中符号位为 0；例如，"A+$signed({1'b0,CIN})"。

除了频繁使用的逐位布尔操作符之外，Verilog 也有不频繁使用的布尔约简操作符（boolean reduction operator）。这些操作使用的操作符符号与表 5-3 前面 4 行列出的相同，但它们只对单个向量操作数进行操作。它们使用对应的操作去组合向量中的所有位，然后返回 1 位的结果。这样，如果 Zbus 所有位都为 1，那么 &Zbus 的值就是 1'b1，否则其值就是 1'b0。类似地，如果 byte1 有奇数个 1，那么 ^byte1 的值就是 1'b1，否则其值就是 1'b0。（当然，如果操作数的任一位是 z 或 x 的话，其结果实际上是 1'bx。）

5.4 数组

Verilog-1995 版本在定义和使用 reg 和 integer 变量的一维数组方面，只具有有限的能力。Verilog-2001对这方面的能力进行了扩展，允许使用多维数组以及网格类型的数组元素（比如 wire）。

数组（array）是指相同类型变量的一个有序集合，其中的每个元素都通过数组下标（array index）来选择。基本数组声明的格式如表5-11的前三行所示，Verilog-1995就已经可以支持这种格式了。这里，reg或integer标识符后面跟着一个使用方括号的数组下标范围（界）。这里，start和end是整数常量或常量表达式，用于定义数组下标的可能范围，也就是数组元素的总数。

表5-11　Verilog数组声明的语法

reg *identifier* [*start:end*];
reg [*msb:lsb*] *identifier* [*start:end*];
integer *identifier* [*start:end*];
wire *identifier* [*start:end*];
wire [*msb:lsb*] *identifier* [*start:end*];

正如表中所示，数组元素可以是位（表的第1行）、向量（第2行）或整数（第3行）。在Verilog-2001中，元素也可以是网格类型，如wire或其向量（第4行和第5行）。在一个声明中可以定义出具有相同类型和大小的多个变量（包含不同大小的数组），例如：

```
reg [7:0] byte1, recent[1:5], mem1[0:255], cache[0:511];
```

这里，byte1是一个8位向量，而其他变量分别是含有5个、256个和512个8位向量的数组。

多维数组

Verilog-2001也支持多维数组。在声明中，对每个增加的维要增加一个下标界[开始：结束]，而且为了访问一个元素，每一维都要求一个下标。这样，就可以声明一个二维的字节数组："reg[7:0]mem3[1:10]　[0:255]"，要访问在第5行第7列较低位的那几个字节，就写成：mem3[5][7][3:0]。

为充分利用多维数组的实用性，还有另一种方法来声明一个一维向量数组，也就是一位的二维数组。例如，书中mem1的例子还可以声明为：

```
reg mem2[0:255][7:0];
```

这样定义的数组所存储的信息与mem1声明的完全一样，但是mem2的可访问能力要有限得多。你可能会认为可以将mem2中的一行复制到mem1对应行中，如下：

```
mem1[i] = mem2[i][7:0];
```

但是，这个语句是不合法的。[7:0]实现从一个向量中选择一部分，但我实际上是要从上述二维数组中选择一个8位的子数组。即使上面的语句看起来是对的，但Verilog不具备这个功能。要想将一行二进制数位复制到一个向量中，只能一位一位地完成。所以，将数据声明为一维的向量数组，还是声明为二维的二进制数位数组，取决于你会希望在代码中用怎样的方式访问这组数据。

在程序8-17中有一个使用二维二进制数位数组的例子。在上述程序的后一个版本——程序8-20中，为了求和，需要将数组中的两行转换为两个向量，为此，采用了一个loop语句，将每一位逐个复制到专门定义的一个向量中。另一种方法（参见练习题8.46）就是将数组声明为一维向量数组，这样数组元素就可以直接相加了。

要访问各个数组元素，使用的数组名后跟着所要访问元素的下标（括在方括号内）。例如，recent[1]是指在recent数组内的第1个8位向量元素；recent[i]是指第i个元素，假设i是整数变量且其值在1到5范围内。Verilog-1995不提供直接访问向量数组元素的各个位的方法，必须先将数组元素复制到一个相似大小的reg变量或网格，然后再使用位选择或部分选择的方法去访问所需的位。例如，要读取mem1[117]的第5位，可以先将 mem1[117] 复制到 byte1，然后再访问 byte1[5] 即可。Verilog-2001 提供了更多的功能——可以使用部分选择参数作为第二个下标，如上例中可以写为 mem1[117][5]，或是写为 mem1[i][3:0] 来访问字节 i 的最低几位。

5.5 逻辑操作符和表达式

Verilog 有几个要依赖于真 / 假值的操作符和语句。在 Verilog 中，1'b1 的“1”位值被认为是真（true），而 1'b0 则被认为是假（false）。对于多位值，任何非零值都被认为是真，而只有零值才认为是假。这样的话，4'b0100 就跟 4'b1111 一样是真；在可能的 4 位值中，只有 4'b0000 是假的（但是，请参见练习题 5.32）。

真值和假值可以通过*逻辑操作符*（logical operator）来组合和创建，如表 5-12 所示。逻辑操作是提供 1'b1 的值还是 1'b0 的值，这取决于其结果是真还是假。如果将这样的值赋给一个位长较宽的变量或网格，就要在左边用 0 来扩充。

表 5-12　Verilog 的逻辑操作符

操作符	操作
&&	逻辑与
||	逻辑或
!	逻辑非
==	逻辑相等
!=	逻辑不等
>	大于
>=	大于或等于
<	小于
<=	小于或等于

要记住，在前面三个逻辑操作中，每个操作数的真假性要在它们进行逻辑组合之前确定下来。例如，表达式 4'b0100 && 4'b1011 先要被确定为是“真 && 真”，然后才能得到表达式的值是真。但是，对应的逐位布尔操作 4'b0100 & 4'b1011 其值是 4'b0000，而在逻辑表达式中会认为是假值。

逻辑相等和不相等操作符是对操作数一位一位地进行比较的，仅当对应的位都相等时才是相等的。表 5-12 中最后 4 行的操作符是做大小比较，其中的操作数都被认为是无符号数。

在所有 6 个比较操作中，如果操作数大小是不相等的并且都是无符号数，那么在进行比较之前要将较短的操作数在其左边用 0 扩充。这样，表达式 2'b11 < 4'b0100 是真值，8'h0a < 4'b1001 是假值，而 8'h05==4'b0101 是真值。

如果两个操作数是有符号数，那么较短的那个操作数要进行有符号的扩展——在进行有符号的比较之前，较短的那个操作数的最左边一位将被复制放在左边。因此，表达式 2'bs11<4'bs0100 为真，8'hs08<4'bs1001 为假，而 2'bs11==4'bs1111 为真。

在综合过程中，后面 6 个逻辑操作符会生成昂贵的比较器。在 5.9.6 节的方框注释和 7.4.6 节中会进一步谈到这一点。

逻辑的与布尔的

要正确地理解逻辑操作与对应的逐位布尔操作之间的区别，而且要根据不同环境合理使用它们，这一点很重要。通常，只有当结果被用在条件语句（在后面介绍）中或与条件操作符“?:”一起使用时，才应该使用逻辑操作。而逐位布尔操作就像在组合逻辑中那样，应该组合位和向量，以产生一个值。

由 Verilog 中真与假的定义方法就可以搞明白：当操作数是 1 位宽的时候，逻辑操作符与逐位布尔操作符才有等效的效果。特别是在“非”操作的情况下，有时你看到 ! 与 & 和 | 混合使用的程序例子，而其真实含义就是 ~。虽然这对 C 语言程序员来说是没问题的，但却不是好的做法。因为如果那些 1 位操作数曾经被改变为多位向量的话，那么，! 操作将会产生不想要的结果！

Verilog 的条件操作符 ?:（conditional operator）是依据逻辑表达式的值来选择两个不同表达式中的一个：如果逻辑表达式的值为真，则选择第一个，否则，选择第二个。

在表 5-13 中给出了它的语法和几个例子。在第一个例子中，若 X 为真则表达式的值是 Y，否则其值是 Z。第二个例子是选择两个向量操作数 A 和 B 中的最大者。最后一个例子是说明如何嵌套条件操作。对于复杂的条件操作，为了可读性和准确性，建议尽量使用括号。在程序 5-7 中还会看到设计举例。

表 5-13　Verilog 条件操作符的语法和举例

logical-expression ? true-expression : false-expression

```
X ? Y : Z
(A>B) ? A : B;
(sel==1) ? op1 : (
  (sel==2) ? op2 : (
    (sel==3) ? op3 : (
      (sel==4) ? op4 : 8'bx )))
```

当 Verilog 的比较操作符应用于测试平台（即模拟）时，还有一个重要的微妙之处。一个操作数的一位或是多位的值可以是 “x” 或 “z” ——未知或高阻。如果一个操作数的任何位为 x 或 z，那么表 5-12 中的操作符就会返回一个 x 值。而对于条件操作符以及在像 if 和 for 这样的行为由逻辑表达式的值来决定的语句（稍后介绍）中，x 都会被当作假来处理。

在操作数的值为未知（如测试过程中！）的测试平台上执行比较操作时，通常采用 Verilog 的一种 case 等式（case equality）操作符（如表 5-14 所列）更为合适。这些操作符会一位一位地进行比较，只有每一位的取值（0，1，x 和 z）都匹配时，这两个操作数才被认为是相等的。返回的值总是为真或为假（1'b1 或 1'b0），而不会是 x。但是，这些操作符不用于定义可综合的模块，因为没有对应的能够将 x 和 z 与 “真”（1）和 “假”（0）区分开来的电路元件。

表 5-14　Verilog 的 “case 等式” 操作符

操作符	操作
===	case 相等
!==	case 不等

表达式和操作符的优先级（或者总是遵从你的括号）

迄今为止，已介绍了一些 Verilog 网格和变量类型以及将它们组合成表达式的操作符，可能还不止这些。所有这些东西都可以被组合成提供一个值的表达式（expression）。

像在其他编程语言中那样，每个 Verilog 操作符都有确定其在无括号表达式中操作顺序的优先级别。例如，“非”（NOT）操作符 ~，它的操作优先级要高于 “与”（AND）& 和 “或”（OR）|，所以 ~X&Y 等同于 (~X)&Y。而且，& 优先于 |（但是，在 3.1.5 节里曾讨论过它的潜在陷阱）。因此，W&X|Y&Z 等同于 (W&X)|(Y&Z)。但是，W|X & Y|Z 中的空格没有什么意思，它仍然等同于 W|(X&Y)|Z。

Verilog 参考手册为你提供了已被定义的详细操作符优先级顺序，但是总依赖它不是一个好方法。你可能容易弄错，特别是如果你要频繁地在几种不同的编程语言之间运用不同的操作符和优先级顺序的话。而且，那些阅读你代码的人也可能会不正确地解释你的表达式。因此，虽然 W|X&Y|Z 等同于 W|(X&Y)|Z，但如果你真想表达清楚你的意思，那么就应该采用第二种方法来书写该表达式。

这样，最好的策略就是充分地利用括号来书写表达式，除非只是最常见的对单个变量求反。使用括号后，就不会发生混淆了。

5.6 编译器命令

Verilog 编译器提供了几个控制编译过程的命令，这里介绍其中的两个。所有编译器命令都以（`）符号开头。第一个是编译命令 `include，它的语法如下：

`include 文件名

立即读取指定名字的文件，并把它的内容当作是当前文件的部分内容来处理。经常用这个命令来读取同一个课题中多个模块所共有的那些定义。此命令允许嵌套，即一个 include 的文件中还可包含它自己的 `include 命令。

下一个编译命令是 `define，它的语法如下：

`define 标识符 文本

注意后面没有结尾的分号。编译器执行这个命令是用“文字”去替换后续源代码中出现的所有“标识符”。要记住，这是指“文字的”替换，并不涉及表达式计算或其他处理过程的发生。另外很重要的一点是，要知道这个定义不仅是在当前文件中起作用，而且在给定编译运行期间所处理的所有后续文件（例如，由 include 所包含的文件）中，也是起作用的。

在 5.11 节中还要介绍一个 `timescale 编译命令。

`define 和 parameter

虽然 `define 可以用来定义常量，如总线宽度以及界的起始和结束下标，但最好是能为这样的定义使用 parameter 声明，除非这个常量是一个真正的全局常量。`define 给你带来的运行风险是不得而知的，另一个模块或 include 的文件都可能改变常量的定义，而参数定义却是在一个模块中局部有效的。

5.7 结构化模型

最后可以开始讲述 Verilog 模型方面的内容了。这部分实际上就是指定数字逻辑操作以及最后综合实现的过程，涉及程序 5-1 模块声明中的一系列*并发语句*（concurrent statement）。在本文中要涉及的最重要的并发语句类型，是实例语句、连续赋值语句和 always 语句。由此引出的有关电路设计和描述的三种显著不同的形式，将在本节和后面两节讲述。

三种不同类型的语句以及相应的设计形式，可以在一个 Verilog 模块声明范围内自由地互相混用。在 5.13 节，我们再介绍一个语句类型 initial，它通常用在测试平台中。

在电路描述或建模的*结构化*（strucutral）风格中，将会对每个门电路和其他组件实例化并通过网格互联。这是逻辑图、原理图或网格列表的基于语言的等效形式。

Verilog 有几个*内置门类型*（built-in gate type），如表 5-15 所示。这些门的名字都是保留字。and（与）、or（或）和 xor（异或）门以及它们的补，都可以有任意的输入端数。buf（缓冲）门是一个 1 输入非反相缓冲器，而 not（非）门则是一个反相器。

其余四个门都是具有三态输出的 1 输入缓冲器和反相器，它们由数据输入（或其补码）来驱动输出。如果使能输入为 0 或 1，则按该门的名字那样工作，否则就输出 z(高阻)。例如，bufif0 就是如果使能端输入为 0，则用输入数据驱动输出。

表 5-15　Verilog 的内置门

and	xor	bufif0
nand	xnor	bufif1
or	buf	notif0
nor	not	notif1

并发语句及模拟

一个 Verilog 模块中的每个并发语句都会与同一个模块声明中的其他语句同时“执行”。这种行为特性显然不同于传统的软件程序设计语言，后者的各个语句是按照顺序执行的。在模拟硬件的行为特性时，并发语句是非常必要的，因为这时互连的元件总是持续地相互影响，而不只是在特定的有顺序的时间段内相互影响。

设想这样的情形：一个模块的最后一个并发语句要更新模块的第一个并发语句中的一个信号。在模拟模块的操作时，模拟器要回到第一个语句，用刚刚修改过的信号值去更新第一个语句的结果。事实上，模拟器会持续传输变化并更新结果，直到整个模块达到稳定状态；我们将在 5.12 节对此做更详细的讨论。在模拟输出持续影响输入的真实硬件中，这种行为特性是非常必要的。

典型的设计环境包括一些库，它提供许多其他的预定义组件，如外部引脚的输入 / 输出缓冲器、触发器以及较复杂的功能部件（如译码器和多路复用器）。这些组件在库中各自都有相应的模块声明。

门和其他组件要用*实例语句*（instance statement）将其实例化，表 5-16 给出了实例语句的语法。这些语句要给出组件的名字（如 `and`），跟着是该特定实例的标识符，再跟着的是被括号括起来的、带有表达式（expr）的、与组件端口（输入和输出）相关联的一个列表。在输入或输出端口的情况下，相关的表达式 expr 必须是连接到端口的本地网格的名字。在输入端口的情况下，expr 可以是网格名，或者是求出的与输入端口类型相兼容的值的一个表达式。

表 5-16　Verilog 实例语句的语法

```
component-name instance-identifier ( expr, expr, ···, expr );
component-name instance-identifier ( .port-name(expr),
                                     .port-name(expr),
                                     ...
                                     .port-name(expr) );
```

要注意，实例标识符（如 `U1`）在一个模块内必须是唯一的，但在不同的模块里可以重用。编译器针对每一个实例，基于它在整个设计层次中的位置，创建一个较长的、全局的唯一标识符。利用这个标识符，就可以在系统级模拟和综合过程中跟踪一个指定的实例。而且，实例标识符如果被完全删除的话，编译器会再创建一个。

如表 5-16 中所示，端口关联表允许有两种不同的格式。第一种格式取决于端口名在原始组件定义中的顺序，而局部表达式的列表顺序也要跟端口被假设连接的顺序相同。对于内置的多输入门，所定义的端口名顺序应该是（输出，输入，输入，……），而多个输入端之间的顺序则无所谓。对于内置的三态缓冲器和反相器，所定义的顺序应该是（输出，数据输入，使能输入）。内置的门只能使用第一种格式进行实例化。

利用第一种格式，程序 5-2 展示了一个使用结构化代码和内置门来定义“禁止”门的模块，基本上就是一个具有一个反相输入的与门而已。注意，在模块的第三行并没有声明输出端口 `out` 的类型，因此，这个端口默认为 `wire` 类型。写为“`output wire out`”也会达到完全一样的效果。在本书中，有时会使用关键字“`wire`”，只是为了更清晰的表明，确实想要一个默认的 `wire` 类型，而不是一个 `reg` 类型。

程序 5-2　一个“禁止”门的结构化 Verilog 模型

```
module VrInhibit( in, invin, out ); // 也称为 'BUT-NOT'
  input in, invin;                  // 就如 'in but not invin'
  output out;                       //(参见 [Klir, 1972])
  wire notinvin;

  not U1 (notinvin, invin);
  and U2 (out, in, notinvin);
endmodule
```

比如另一个例子，程序 5-3 定义了一个与图 3-16 所示逻辑图的输入、输出和函数一样的报警电路模块。注意内部信号的局部线路是怎样定义的，还包含三个在逻辑图中没有的信号。

程序 5-3 一个报警电路的结构化 Verilog 模型

```
module VrAlarmCkt (          // 注意 ANSI 风格的声明
  input panic, enable, exiting, window, door, garage,
  output alarm
);
  wire secure, notsecure, notexiting, otheralarm;

  or U1 (alarm, panic, otheralarm);
  and U2 (otheralarm, enable, notexiting, notsecure);
  not U3 (notexiting, exiting);
  not U4 (notsecure, secure);
  and U5 (secure, window, door, garage);
endmodule
```

库组件和用户定义模块既可以用第一种格式也可以用第二种格式进行实例化，虽然最好的编码实践只使用第二种格式。在第二种格式中，端口关联表内的每个项都给出了端口名，而且名字前面以一个句点开头，名字后面跟着的是被括起来的表达式。这里，端口关联表可以按任意顺序列出。例如，程序 5-4 是对两个反相器和三个禁止门模块（程序 5-2）副本的实例化。采用了非常迂回的手法，生成了一个 2 输入异或门。图 5-2 展示了对应的逻辑图。

程序 5-4 一个异或函数的结构化 Verilog 模型

```
module VrSillyXOR(in1, in2, out);
  input in1, in2;
  output out;
  wire inh1, inh2, notinh2, notout;

  VrInh U1 ( .out(inh1), .in(in1), .invin(in2) );
  VrInh U2 ( .out(inh2), .in(in2), .invin(in1) );
  not U3 ( notinh2, inh2 );
  VrInh U4 ( .out(notout), .in(notinh2), .invin(inh1) );
  not U5 ( out, notout );
endmodule
```

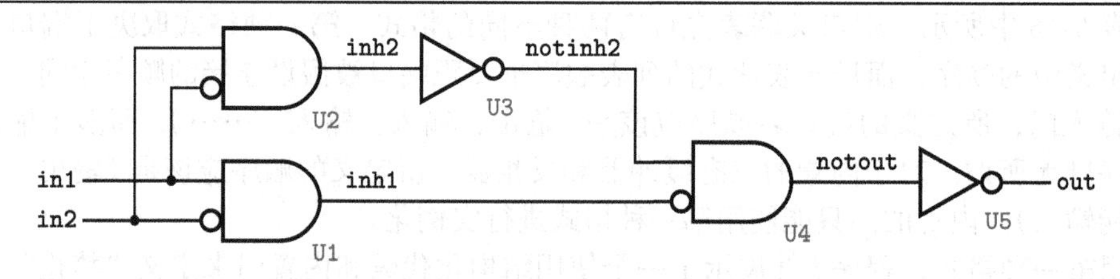

图 5-2 对应于 VrSillyXOR 模块的逻辑图

只有第二种格式是最好的代码习惯，因为第一种格式很容易产生像输入转置这样简单的错误，而且难以发现。在第二种格式中，由于端口的连接关系被清楚地写出来，因此可以以任何顺序列出。

记得在模块举例中列出了一些实例语句。从程序 5-2 到程序 5-4 是并发执行的。在每个模块中，即使语句是以不同次序列出来的，但综合出来的电路是相同的，而且被模拟的电路操作也是相同的。

认真一点的综合

有能力的综合器能够一起分析 VrSillyXOR 模块和 VrInh 模块，并使电路实现约简到单个 2 输入异或门，或者约简目标技术中的等效实现。这样的综合器往往还有一种选择能力，可以关闭全局最优化，强制性地按单个模块进行综合。

在 5.2 节末尾介绍过有关参数的问题，可以很好地用这些参数对结构化模块进行参数化，这样这些模块就可以处理任意长的输入和输出。例如，考虑一个 3 输入多数函数

(majority function)，如果至少有 2 个输入为 1 则产生一个 1 输出，即 OUT = I0 · I1 + I1 · I2 + I0 · I2。对任意长度的输入向量完成多数函数的模块，可以如程序 5-5 所示那样进行定义。

程序 5-5 3 输入多数函数的参数化 Verilog 模型

```
module Maj(OUT, I0, I1, I2);
  parameter WID = 1;
  input [WID-1:0] I0, I1, I2;
  output [WID-1:0] OUT;

  assign OUT = I0 & I1 | I0 & I2 | I1 & I2 ;
endmodule
```

当 Maj 模块使用上一个例子中的语法做实例化时，参数 WID 取它的默认值 1，并且模块是按 1 位向量（位）工作的。但是，实例语句语法有一个可选项，允许实例化模块的参数定义被重叠。在实例语句中，组件名后面跟着的是 # 号和一个被括起来的值表，这些值被模块定义中所用到的参数值替换，它们的顺序应该是相同的。这样，如果 W、X、Y 和 Z 都是 8 位向量的话，那么下面的实例语句将生成一个针对 X、Y 和 Z 的多数函数：

```
Maj  #(8) U1 ( .OUT(W), .I0(x), .I1(y), .I2(z) )
```

当模块只有一个参数时，上述*参数替换*（parameter substitution）方法工作正常，但是，如果模块有多个参数，那就没这么好了。要按顺序列出参数显然就很容易出错。更糟糕的是，如果你只是要将其中一个参数的值从默认值改为别的值，那么你也必须给出列表中所有其他参数的值。因此，Verilog-2001 提供了一种 ANSI 风格的机制来说明某个或所有参数，就是所谓的*已命名参数重定义*（named parameter redefinition）。不用参数值列表，现在一个实例语句可以包含为一个或多个已命名的参数定义新值的列表，与语句后面的端口名 / 表达式列表非常相似。采用这种方法，前面的例子可以写为：

```
Maj #( .WID(8) ) U1 ( .OUT(W), .I0(X), .I1(Y), .I2(Z) );
```

或者，考虑有相同输入和输出，也有三个参数 PARM1、PARM2 和 PARM3 的更复杂的模块 Cmaj。可以采用实例语句只改变其中两个参数的值，如下：

```
Cmaj #( .PARM3(8), .PARM1(4) ) U2 ( .OUT(F), .I0(A), .I1(B), .I2(C) );
```

保留默认值的参数就不要在语句中列出了。

注意，参数可以在模块中定义，而该模块可以以任何的形式（包括后两节将讨论的数据流和过程性的形式）进行编码。但是，参数只能在模块被实例化之后才能被替换。Verilog 提供了另一个参数定义和替换机制（使用 defparam 关键字），但这种机制很容易被错误使用，继而导致错误，所以一般不推荐使用它。

Verilog 的 generate 语句

在某些应用中，往往需要在一个结构体内创建某个特定结构的多个副本，Verilog-2001 满足了这种需求。“generate 程序块”以关键字 generate 开头并以 endgenerate 结束。在一个 generate 程序块内，可以随后引入“行为的”语句（if、case 和 for）来控制是否执行实例和数据流型语句。实例可以用重复循环（for）来产生，而这个循环由一个特定的整数变量类型（genvar）来控制。

Verilog 编译器负责生成唯一的组件标识符，而且如果需要的话，也可以生成所有实例的网格名以及 generate 程序块中由 for 循环产生的网格，所以在模拟和综合过程中能够对它们进行跟踪。第一个 generate 举例出现在程序 7-5 中，并且从第 8 章的程序 8-9 开始会有更多的例子。

5.8 数据流模型

假如 Verilog 仅仅有实例语句，那它只不过就是一种分层的网格列表描述语言而已。“连续赋值语句”允许 Verilog 根据数据流程和电路的操作来描述组合电路，这种描述形式被称为*数据流设计或描述*（dataflow model or description）。

在表 5-17 的第一行展示了*连续赋值语句*（continuous-assignment statement）的基本语法，关键字 assign 后面跟着一个网格的名字，然后是一个等号=，最后是给出所赋的值的表达式。正如表中其他行所表示的，语句也可以指定网格向量的 1 位或部分位，或者是使用标准串接语法的一个串接表示。该语法也有可选项，以便允许指定驱动强度和延迟值，但在针对综合的设计中却不经常使用，并且本书不会讨论和使用。

表 5-17　连续赋值语句的语法

assign 网格 = 表达式
assign 网格 [位下标] = 表达式
assign 网格 [最高位：最低位] = 表达式
assign 网格级联 = 表达式

连续赋值语句计算出等号右边的值，赋给等号左边，如此连续地赋值。在模拟中，除非使用延迟选项，否则这种赋值发生在零模拟时刻。

与实例语句一样，一个模块中的连续赋值语句的顺序无关紧要。如果最后一个语句改变了第一个语句所用到的值，那么模拟器就会返回到第一条语句，根据刚刚改变了的值去更新其结果（如前面提到过的，在 5.12 节有更详细的讨论）。因此，如果一个模块包含有两条语句：“assign X=Y”和“assign Y=~X”，那么对它的模拟就会“永远”循环下去（直到模拟器超时）。对应的被综合出来的电路应该就是一个将其输入端连接到输出端的反相器。如果你确实想构建一个反相器，那么这个反相器将会以一个速率振荡，振荡速率由反相器信号的传输延迟决定。

程序 5-6 展示了一个采用数据流形式编写而成的素数检测器电路（见图 3-24c）的 Verilog 模块。在这种形式中，没有表示出显式的门及其连接，而是采用 Verilog 的逐位布尔操作符直接写出逻辑等式。

程序 5-6　素数检测器的数据流风格 Verilog 模型

```
module Vrprimed (N, F);
input [3:0] N;
output F;
  assign F = (~N[3] & N[0])  |  (~N[3] & ~N[2] &  N[1])
             |  (~N[2] &  N[1] & N[0])  |  (N[2] & ~N[1] & N[0]);
endmodule
```

Verilog 连续赋值语句是无条件的，但如果在右边使用了条件操作符（?:），就可以赋给不同的值。例如，程序 5-7 是同一个素数检测器函数的代码，但它采用了条件操作符。这个操作符很自然地对应于一个 2 输入多路复用器（在 1.13 节介绍过），这是一个基于输入的值来选择两个可能的数据输入之一的器件。因此，在 ASIC 设计中，综合器往往要使用图 5-3 中的电路结构以实现程序 5-7 中的赋值。

程序 5-7　使用了条件操作符的素数检测器代码

```
module Vrprimec (N, F);
input [3:0] N;
output F;
assign F = N[3] ? (N[0] & (N[1]^N[2])) : (N[0] | (~N[2]&N[1]) ) ;
endmodule
```

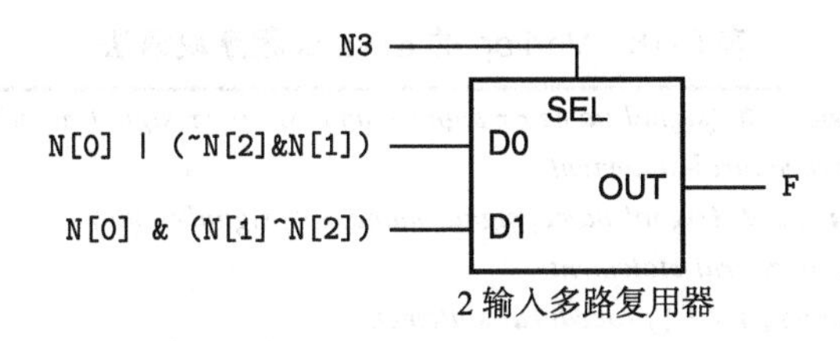

图 5-3 对应于条件操作符的逻辑电路

从何而来?

你可能奇怪：程序 5-7 中的条件表达式从何而来？这是对变量 N3 进行香农分解的结果。参见定理 T15。

在程序 5-8 中展示了一个使用条件操作符的数据流形式的例子，这个例子表现得更自然且更具有启发性。这个模块将三个输入字节之一传送到它的输出端，选择的条件是对应的三个选择输入中哪个在起作用。如果有多个选择输入同时起作用，则由条件操作的嵌套顺序来决定哪个字节被传送——输入 A 具有最高的优先级，C 的优先级最低。若没有选择输入起作用，则输出为 0。

程序 5-8 用于选择一个输入字节的 Verilog 模块

```
module Vrbytesel (A, B, C, selA, selB, selC, Z);
input [7:0] A, B, C;
input selA, selB, selC;
output [7:0] Z;
  assign Z = selA ? A : (
               selB ? B : (
                 selC ? C : 8'b0 )) ;
endmodule
```

5.9 行为化模型（过程代码）

正如在上一个例子中看到的，有时候也可能要使用连续赋值语句和条件操作符来直接描述所需逻辑电路的行为。这是件好事，因为创建一个*行为设计*或*描述*（behavioral model or behavioral description）的能力通常是硬件描述语言的重要特长之一，而对此 Verilog 尤其擅长。然而，对于大多数行为化模型，还要利用一些附加的语言元素才能编写出“过程代码”，这是本节要阐述的。

5.9.1 always 语句与程序块

Verilog 行为设计的关键元素是 always *语句*，表 5-18 展示了它的语法。always 语句对一个或多个“过程语句”做了简短介绍。在表中的语法中，只有一条过程语句。在后面会看到，过程语句的一个类型是“ begin-end 程序块”，它包含其他过程语句的一个列表。这个列表就是有用而又最简单的 always 语句，这也是称之为 always *程序块*的原因。

always 程序块中的过程语句是按顺序执行的，这跟其他软件编程语言一样。然而，always 程序块本身又要跟同一个模块（实例、连续赋值以及 always）中的其他并发语句一起并行地执行。所以，如果一条过程语句改变了用在另一条并发语句中的一个网格或变量的值，就可能会造成该语句被重新执行（下面对此做更详细的解释）。

表 5-18 Verilog 的 always 程序块语法

always @ (*signal-name* or *signal-name* or … or *signal-name*)   *procedural-statement*
always @ (*signal-name*, *signal-name*, … , *signal-name*)   *procedural-statement*
always @ (*) *procedural-statement*
always @ (posedge *signal-name*) *procedural-statement*
always @ (negedge *signal-name*) *procedural-statement*
always *procedural-statement*

在 always 程序块的前三种格式中，总是有一个 @ 符号后面跟着一个用括号括起来的敏感信号列表（sensitivity list），用于说明对 always 程序块的结果有影响的所有信号。在 Verilog-1995 中只允许表 5-18 中 always 语句的第一种格式，其中每个信号名用关键字 or 隔开。这个 or 与逻辑操作无关。Verilog-2001 还允许用逗号隔开。无论发生何种情况，每当敏感信号列表中的信号改变时，Verilog 模拟器都会重新计算过程语句。

Verilog-2001 引入的第三种敏感信号列表的格式（*）是"可能改变结果的所有信号"的一种简写，这种格式将负担给了编译器，由编译器来决定哪个变量应该列入表中——基本上是所有在过程语句中被读到的变量。本书中通常采用这种格式（这样做的原因参见下面的方框注释）。

表 5-18 中敏感信号列表的第四种和第五种格式用于时序电路，将在 5.14 节讨论。always 语句的最后一种格式中没有敏感信号列表。这种 always 语句从模拟的 0 时刻开始运行，然后永远持续循环运行。这在综合时不是好事，但在测试平台中却非常有用。通过在 always 语句中写出显式的延迟时间代码，可以得到一个类似于时钟信号的重复波形。例如，程序 12-6。

一个实例或连续赋值语句也具有敏感信号列表，是一种隐含的列表。在一个实例化组件或模块中的所有输入信号，都是实例语句的隐含敏感信号列表。类似地，在连续赋值语句右边的所有信号，也是其隐含的敏感信号列表。

你应该更敏感（*）

Verilog 模拟器仅当敏感信号列表中有一个或多个信号改变时，才会在 always 程序块内执行过程语句。但是，常常很容易发生这样的事：无意中编写出一个具有不完全（即没有把那些会影响过程语句所产生的结果的所有信号都列出来）敏感信号列表的"组合的"always 程序块。通常，你可能会忘记将一个或多个出现在某个赋值语句右边的信号包括到敏感信号列表中，特别是在修改了模型并增加了新的信号之后。

面对这样的错误，模拟器还是要服从定义，等待某个已列出的信号发生变化，才去执行 always 程序块。所以，程序块的行为将具有部分时序特性，而不是想要的那种组合特性。但是，典型的综合器也不会去生成具有这种奇怪行为的逻辑，而是不理睬你的错误并综合出你想要的组合逻辑。

没问题了，对吧？不对！现在的问题是，模拟器的行为跟所综合出来的逻辑不相符。"不正确的"模拟行为可能会掩盖其他错误，在系统级上给了你所想要的和期望的结果，但是综合出来的电路却可能完全不能正确地工作。

对这种问题的一个解决办法是，对综合器所发出的警告信息要始终密切注意——因为大多数这种信息都会标记出发生这种问题的情况。一个更好的解决方法就是采用通配符"*"作为敏感信号列表。

在模拟的过程中，Verilog 并发语句（如 always 程序块）要么是在执行（executing statement）中，要么是被挂起（suspended statement）。一个并发语句在开始是被挂起的，当敏感信号列表中任一信号改变了值的时候，它就恢复执行，从它的第一条过程语句开始，连续执行直到结束。如果列表中的任一个信号是作为执行并发语句的结果而改变了值，那么它就再次执行。这样连续执行下去，直到语句执行后不再引起任何信号值的改变。在模拟中，所有这些都是在零模拟时刻发生的事。

为了使程序复活过来，编写得合适的并发语句在执行一次或几次后就会挂起。但是，也有可能把语句编写成永不挂起。例如，考虑实例语句“not (X,~X)”，因为每次执行这个语句都会改变 X 值，所以在模拟的零时刻就会永远地执行下去——毫无用处！实际上，模拟器通常都有能够检测这种无用行为的保护措施，在执行一千次左右之后终止这种错误行为。

5.9.2 过程语句

Verilog 具有几个用在 always 程序块内的不同的*过程语句*（procedural statement）。过程语句都有赋值语句、begin-end 程序块、if、case、while 以及 repeat 语句；稍后会对此做出详细描述。还有一些其他的比较少用的类型，由于这些类型是不可综合的，所以本书中将不会涉及。

过程语句是使用类似于软件编程语言（如 C 语言）那样的形式编写而成。它们假设：赋给一个变量的每个值都被保留，直到后续执行的 always 程序块将其改变。在软件编程语言中，这是很自然的行为，但对于 Verilog 模型而言，如果你违背了下一节所阐述的编程指导，那么在模拟和综合的过程中就可能出现不想要的行为特性。

5.9.3 推理出的锁存器

考虑一个 always 程序块，试图创建组合逻辑并将一个值赋给变量 X。很快看到，除了无条件赋值外，Verilog 有条件过程语句（如 if 和 case）来控制是否要执行其他语句（包括赋值语句）。因此，X 可能出现在几个不同赋值语句的左边，而且在某一次执行 always 程序块的过程中，实际上可能没有，也可能其中的一个或多个语句会被执行，这取决于当前的条件值。

在一次通过 always 程序块期间，如果将一个甚至多个值赋给变量 X，则不会有什么问题。因为程序块是在零模拟时刻执行的，而过程语句是顺序执行的，所以最后一次赋给的值会起到支配的作用。但现在假设无值赋给 X。由于这是过程代码，因此模拟器就猜测你并不想给 X 赋值，也就是不想去改变上一次执行 always 程序块时所赋给的值。由此，综合器也就推理出这是一个*锁存器*（latch），创建了一个存储元件以维持前一个 X 值（假如当前的条件就是没有新值赋给变量 X）。在对组合电路建模时，设计者极少会有这种意图。

解决这个问题就是要保证：在通过 always 程序块的每一个可能的执行路径上，要有一个值赋给 X（以及在赋值语句左边的每一个其他变量）。虽然并不想证明什么，但还是会介绍一种很可靠的方法来做到这一点（参见 5.9.7 节的最后一个方框注释）。

5.9.4 赋值语句

最开始需要的两种过程语句就是*阻塞赋值语句*（blocking assignment statement）和*非阻塞赋值语句*（nonblocking assignment statement），它们的语法如表 5-19 所示。过程赋值语句的左边必须是一个变量，但右边可以是一个产生兼容值的表达式，而且可以同时包含网格和变量。

表 5-19　过程赋值语句

variable-name = *expression* ;　// blocking assignment
variable-name <= *expression* ; // nonblocking assignment

阻塞赋值语句的形式和作用都类似于任何其他过程语言（如 C 语言）的赋值语句；而非阻塞赋值语句则有点不同，它立即对右边项进行计算，但却不将结果值赋给左边，要等到整个 always 程序块已经执行完毕后，经一个无穷小延迟才完成赋值。所以，在该程序块的其余部分还可以使用左边的“旧”值。可以把非阻塞赋值读成为“某某变量最终才获得了某某表达式的值”。

为何叫“阻塞”？

之所以取名为阻塞赋值，是因为它阻塞了在同一 always 程序块中后续过程语句的执行，直到实际上已经完成赋值为止。好吧，这是你在任何一种过程性编程语言（如 C 语言或 Java）中都会了解到的，对吗？

你所不知道的是，Verilog 也允许一条过程赋值语句指定一个延迟。尽管这样的延迟可以用于对实际硬件的延迟建模，但是，因为这种延迟是不可综合的，所以在本书中就不去阐述和使用它了。但是如果你真的指定了这样的延迟，那么它就会阻塞 always 程序块其余部分的执行，直到延迟结束后才恢复执行。

为何叫“非阻塞”？

非阻塞赋值（不管是否指定了延迟）允许 always 程序块继续执行，但它还是不同于典型过程性编程语言（如 C 语言或 Java）的赋值。

正如在前面的正文中所说的，非阻塞赋值语句要立即计算出右边项的值，但即使在没有定义延迟（通常在为综合而设计）的情况下，也不会将值赋给左边项，要等到整个 always 程序块完全执行完毕后，经过一个无穷小的延迟，才完成赋值。

如果认为这两种赋值语句之间的微妙差别太难于掌握，便会很伤脑筋，也很容易弄混淆。但幸运的是，如果遵从基本的、一致的编码风格（就像本书中所做的综合实践那样），那么还是很容易掌握该使用哪一种赋值语句的，只要遵从前面所说的简单规则即可。在本节，还将给出一些例子，并且在 10.3 节会更进一步地阐明这些规则的缘由。

学好规则就不糊涂！

下面两个规则非常重要：

- 在想要创建组合逻辑的 always 程序块中，总是使用阻塞赋值（=）。
- 在想要创建时序逻辑的 always 程序块中，总是使用非阻塞赋值（<=）（参见 7.13.1 节）。
- 在同一个 always 程序块中，不要混用阻塞和非阻塞赋值。
- 不要在两个不同的 always 程序块中给同一个变量赋值。

一旦掌握了这些规则，剩下来的事情就是要记住：哪个赋值语句使用哪个赋值操作符。但这也是很容易的事。在非阻塞赋值操作符中的符号“<”是动态输入指示符（>）的一个镜像，它被用在时钟输入边沿触发器的逻辑符号中。所以，在 always 程序块中要用它去生成时序逻辑电路。

为了学习，对程序 5-6 中素数检测器的数据流型 Verilog 代码采用 always 语句进行了重写，如程序 5-9 所示。对于这个程序代码，有几点解释如下：

- 输出信号 F 必须被声明为一个 reg 变量，因为它出现在 always 块中一条赋值语句的左边。
- 赋值语句是一条阻塞语句，如编码指导中建议的那样。

如果想要一个 always 语句在执行时完成两个或多个赋值或其他操作的话，就需要使用下面讲到的“begin-end”程序块。

程序 5-9 使用一个 always 程序块的素数检测器

```
module Vrprimea (N, F);
input [3:0] N;
output reg F;

  always @ (*)
      F = ~N[3] & N[0] | ~N[3] & ~N[2] &  N[1]
        | ~N[2] &  N[1] & N[0] | N[2] & ~N[1] & N[0] ;
endmodule
```

5.9.5 begin-end 程序块

表 5-20 的第一部分展示出 begin-end 程序块的基本语法，它实际上只是由关键词 begin 和 end 括起来的一条或多条过程语句。该表的第二部分表明，begin-end 程序块可以有它自己的局部参数或变量（通常是 integer 或 reg 类型的）。在这种情况下，必须对这个程序块命名，才能在模拟和综合过程中追踪这些项目。另外，即使 begin-end 中没有局部参数和变量，也可以对该程序块命名。

要注意，在 begin-end 程序块范围内的过程语句是按顺序执行的，不像实例、连续赋值和模块顶层的其他 always 语句那样是并发的。当然，在过程代码中，顺序执行本来就是大家所希望的。

表 5-20 Verilog begin-end 程序块的语法

```
begin
  procedural-statement
  ...
  procedural-statement
end
begin : block-name
  variable declarations
  parameter declarations
  procedural-statement
  ...
  procedural-statement
end
```

什么时候使用分号

你可能认为 begin-end 程序块是一个用分号隔开的过程语句列表，但这个看法并不十分正确；其语法恰如前面表中所显示的。像表 5-19 中定义的那样，一条语句中都已经含有一个分号，但 begin-end 程序块中的“end”所带有的分号却是“内置的”。后面还会见到，一个 case 语句中的“endcase”所带有的分号也是内置的。

还有，Verilog 将一个单独的分号定义为一条空语句，所以通常写入一些额外的分号并不碍事。

采用 always 程序块写出的报警电路的行为化模型如程序 5-10 所示。这个模型使用了最初的函数，包括一个中间信号 secure 的定义。这个模型的几个方面值得注意：

- 中间信号被声明为 reg 变量，属于 begin-end 程序块中的局部变量。
- 因为声明了一个局部变量，所以必须对程序块命名。
- 输出 alarm 必须声明为一个 reg 变量，因为是通过一个过程代码赋值给它的。
- 没有在敏感信号列表中使用“*”，而是列出所有的输入，只是为了强调局部 reg 变量可以不用列入敏感信号列表这一事实。如果敏感信号列表中包含了 secure 的话，实际上会收到一个出错的信息，因为在 begin-end 程序块之外，secure 是没有定义的。

- 在这个简单的例子中，并没有什么特殊的理由要求 secure 定义为 always 程序块的局部变量或是在这个模块的顶层定义；所以，两种定义方式都可以。在较大型的模块中，最好定义为局部变量，以免被其他并发语句错误使用。

程序 5-10　在 always 程序块中使用过程赋值语句的报警电路模块

```
module VrAlarmCktb (
  input panic, enable, exiting, window, door, garage,
  output reg alarm
);
  always @ (panic, enable, exiting, window, door, garage)
    begin : Ablk
    reg secure;
      secure = window & door & garage;
      alarm = panic | ( enable & ~exiting & ~(window & door & garage) );
    end
endmodule
```

5.9.6　if 和 if-else 语句

除了简单的赋值和 begin-end 程序块以外，还提供了一些其他的过程语句，能够更强有力地支持设计者去描述电路行为。其中最熟悉的，可能要数 if 语句（其语法如表 5-21 所示）了。在第一个也是最简单形式的语句中，要测试一个条件（condition）（一个逻辑表达式），如果条件为真（即，如果条件的评估值为 1'b1），则执行一条过程语句。

在 if-else 形式中，增加了一个含有另一条过程语句的“else”子句，如果条件为除了真以外的任何其他值（包括“x”，这个值在测试平台中可能会出现），则执行该语句。注意，尽管 if-else 语句可以包含两个分号——用于终止它的两个过程语句——它也还是一个语句。所以，if-else 语句可以用在任何能使用单个语句的地方，例如，用作 always 语句中的过程语句，或是另一个 if-else 语句中的 else 从句。

像其他语言那样，if 和 ifelse 语句是可以嵌套的，表 5-21 中的任何过程语句都可以是 if 语句。而且，在 if-else 中的条件表达式之后直接被嵌套的 if 语句，应该用 begin-end 块将它括起来，以避免不同 if-else 之间存在任何的含糊性。即使像 Verilog 解析器那样十分细心地编写好程序，阅读程序的某些人也依旧可能产生不正确的关联。

表 5-21　Verilog if 语句的语法

```
if ( condition ) procedural-statement
if ( condition ) procedural-statement
else procedural-statement
```

程序 5-11 是使用了嵌套 if 语句的素数检测器模块版本，它定义了一个参数，根据你是否相信 1 是素数，可以改变这个参数。第一个 if 子句处理这个特殊情况，而第二个 if 子句将剩下的情况区分成偶数和奇数。注意到，在父子句的条件之后的直接嵌套的 if 语句两头，使用了 begin-end。

程序 5-11　使用了 if 语句的素数检测器模块

```
module Vrprimei (N, F);
input [3:0] N;
output reg F;
parameter OneIsPrime = 1; // 如果你不认为 1 是素数的话，就把该值变为 0
  always @ (*)
    if (N == 1) F = OneIsPrime;
    else if ( (N % 2) == 0 )
      begin if (N == 2) F = 1; else F = 0; end
    else if (N <= 7) F = 1;
    else if ( (N==11) || (N==13) ) F = 1;
```

```
    else F = 0;
endmodule
```

在程序 5-11 中还注意到，在经过 always 程序块的每个可能的执行通路上，都要给 F 赋一个值。假设不在意地留出第一个“else F=0”子句。那么，如前面讨论过的，每当 N 是偶数（2 除外）的时候，综合器就会推出一个锁存器来保存 F 的过去值。避免锁存器介入的一种方法，就是要保证每个 if 语句都有一个 else 子句，而且要保证在一个 if 或 else 子句中给予赋值的每个变量，在每个其他子句中也要赋给一个值。另一种方法将在后面的方框注释中讨论。

再一次的素数时间

在第 3 章介绍素数检测器时，我解释过数学家认为“1”不是素数。所以，为了适应这种说法，我在程序 5-11 中加入了一个参数。这也使得这个例子变得更为有趣了。

昂贵的比较器？

在编译时，程序 5-11 的 Verilog 代码可能会导致生成与条件表达式对应的总共有 5 个 RTL 的 4 位比较器。例如，如果采用 Xilinx Vivado 工具，对应于详尽 RTL 的逻辑图就有两个相等比较器（“N==11”和“N==13”）以及一个数值比较器（“N<=7”）。我们会担心综合出“昂贵的比较器”吗？

当然不会。所有的比较式中，都会有一个数是常数，且另一个操作数都是一样的。即使 RTL 表明需要三个比较器以及一些其他功能部件，但是，综合工具会把比较器都转换为等效的布尔方程，并把这些方程组合起来，最终创建一个 4 输入的组合函数，然后映射到目标技术中。本节这个素数检测器函数的规模很小，无论 RTL 的起点在哪里，所有版本所产生的综合结果都一样。

5.9.7 case 语句

当必须对两个或多个不同的变量进行测试以确定不同的输出时，正确的编码方法通常是采用一串被嵌套的 if 语句。然而，如果所有的 if 语句都要测试同一个变量（如程序 5-11 中那样），那么最好使用 case 语句（下面要讲述）。

表 5-22 展示了 Verilog case 语句的语法。这个语句以关键词 case 和一个被括起来的“选择表达式”开头，通常该表达式要计算出一个具有一定宽度的 1 比特向量值来。接下来就是一系列的 case 项，每个项都含有一个用逗号分隔的“选择”列表以及一条相应的过程语句。（如果在某个特殊的 case 项中只有一个选择，则可忽略逗号。）还可以包含一个“默认”case 项。语句是以关键词 endcase 结束的。

表 5-22　Verilog case 语句的语法

```
case ( selection-expression )
  choice , … , choice : procedural-statement
  …
  choice , … , choice : procedural-statement
  default : procedural-statement
endcase
```

case 语句的操作很简单：先计算选择表达式，求出与表达式值相匹配的第一个选择，然后执行相应的过程语句。再次强调，case 语句只执行对应最先匹配的那个过程语句。

虽然 case 语句中的某个选择通常只是一个与选择表达式相兼容的常数值，但也可以是一个更为复杂的表达式。这就会导致这样的可能性：有些选择可能会重叠；也就是说，选择表达式的某些值可能会匹配于多个选择。再次强调，case 语句只执行对应最先匹配的那个过程语句。当选择没有重叠时，就说成是“互斥的”，有时也称之为并列 case。在 Verilog 的编码实践中，最好要避免出现非并列 case 语句。

在 case 语句中列出的选择，经常都不是“全包含的”。也就是说，它们不可能包含选择表达式的所有可能值。关键词 default 可用作最后一个 case 项，它表示表达式值中那些未被覆盖的所有其他值。(在语法上，default 后面的冒号是可选的。) 虽然能保证所列出的选择是全包含的，但还是在 case 语句中包含一个 default 选择为好。

非并列 case 语句

当 case 语句中的选择不是互斥（非并列 case）的时候，只有执行第一个匹配的选择所对应的过程语句。为了确保这一点，综合器必须演绎出一个昂贵的“优先编码器”逻辑，才能保证适当的操作。

然而，如果综合器能够确定选择是互斥的，那么它就可以采用较快且稍便宜的“多路复用器”逻辑。因此，一般应该避免编写出非并列 case 语句才对。如果需要优先编码器，就应该明确地编写一个，如使用嵌套 if 语句，或者采用 7.2.2 节所介绍的方法。

有时，也把列出全包含选择的 case 语句称作*完满 case*。在非完满 case 的情况下，综合器会演绎出一个锁存器来，以便保存未被覆盖的情况下输出的过去值。这通常是不希望出现的情况，所以在进行 Verilog 编码实践时最好只使用完满 case 语句。

程序 5-12 是素数检测器的另一个版本，这次是采用了 case 语句进行编程。在这个简单的例子中，case 语句的效果就是为输出函数 F 写出真值表。

程序 5-12　采用 case 语句的素数检测器模块

```
module Vrprimecs (N, F);
input [3:0] N;
output reg F;

  always @ (*)
    case (N)
      4'd1, 4'd2, 4'd3, 4'd5, 4'd7, 4'd11, 4'd13 : F = 1;
      default : F = 0;
    endcase
endmodule
```

程序 5-13 中展示了一个稍微复杂一点的 case 语句应用例子。这个模块根据 2 位选择码 sel 的值，将三个 8 位输入之一传送到它的输出端。如果 sel=3，则 8 位输出被置为 0。这个程序代码有以下两点值得注意：

- 即使前面的选择项是全包含的，也要编写一个 default 选择，这才是一个好的编程实践，特别是在用于模拟的情况下。这样能保证：如果 sel 包括任何 x 或 z 比特，那么会将 x 传播到输出端。如果希望的话，也可以在这里放进一个 Verilog 命令 $display（在 5.10 节中讨论），以便在模拟中标示出这个情况；在综合中 $display 命令会被忽略。
- 每个选择都被编码成 2 位宽的向量。对于大多数 Verilog 编译器，只要简单地用“0，1，2，3”就可以了，请看看下面方框注释中的文字说明。

程序 5-13　采用 case 语句的总线选择器模块

```
module Vrbytecase (A, B, C, sel, Z);
input [7:0] A, B, C;
input [1:0] sel;
output reg [7:0] Z;

  always @ (*)
    case (sel)
```

```
      2'd0 : Z = A;
      2'd1 : Z = B;
      2'd2 : Z = C;
      2'd3 : Z = 8'b0;
      default : Z = 8'bx;
    endcase
endmodule
```

在 case 选择中混用整数和向量

case 语句中的选择表达式和选择的值一般应该是长度相同的向量。如果长度不同的话，就要在较短的向量左边补入 0 来扩展为同样长度。

如果选择值是整数的话，则会被转换为与编译器长度一致的向量，通常是 32 位。如果选择表达式的值是一个 4 位的向量，如程序 5-12，那么大多数 Verilog 编译器会推测你只对整数的低四位感兴趣。然而，在向量长度不匹配这种更复杂的情况下，有些编译器可能会产生意想不到的结果。因此，编译器的供应商建议，对于整数类型的选择值应该显式地写出它们的长度，像程序 5-12 那样。

Verilog 有两个另外的 case 语句，在语法上跟前面讲过的 case 语句是一致的，不同的只是它们使用关键词 casex 和 casez。casez 语句允许在二进制选择常数的一个或多个码位上使用 z 或 ?，如 4'b10??。当选择常数与选择表达式相匹配的时候，这些字符被解释为“无关项”。这两个字符都表示同样的意思，但更喜欢使用 ? 以不跟高阻状态相混淆。casex 语句则允许将 x 用作为“无关项”，但不推荐使用它，因为在模拟中它可能会蕴藏未知（x）值的存在。即便是 casez 语句，也要小心使用，并尽可能避免使用它。但是，在 7.2.2 节的最后，会举一个相关的例子。

避免推理出的锁存器

目前已经知道了，为了避免推理出不必要的锁存器，必须在经过 always 程序块的每个可能的执行通路上，给变量赋一个值。最容易的方法，就是在 always 程序块的开头，无条件地给变量赋默认值。这个方法要跟前面讲过的 if 和 case 语句以及即将介绍的循环语句一起操作。

在有些情况下，要对“x”（未知）变量做适当的默认赋值。如果想要使后续的代码能覆盖所有情况，这倒是个好办法，但在模拟的时候却往往喜欢无意地忽略它们。在其他情况下，则往往喜欢将最普遍需要的结果作为默认值来赋给变量，所以在所有后续的情况中都不需要重复赋值。程序 5-14 中展示了各种例子。

你可能会说：“但是，信号 F 和 special 现在被赋值两次，这会不会在实现电路中引起干扰脉冲呢？”不会的，这些语句是在模拟的零时刻执行的，而 always 程序块的最后一个赋值语句的优先权最高，并且综合器也只会采用最后一个赋值。

程序 5-14　使用默认赋值的素数检测器模块

```
module Vrprimef (N, F, ignore);  // 特殊的素数检测器
input [3:0] N;                   // 告诉数学家何时忽略 F
output reg F, ignore;

  always @ (*) begin
    F = 1'bx; ignore = 1'b0; // defaults
    if (N == 1) begin F = 1; ignore = 1; end
    else if ( (N % 2) == 0 )
      begin if (N == 2) F = 1; else F = 0; end
    else if (N <= 7) F = 1;
```

```
    else if ( (N==11) || (N==13) ) F = 1;
    else F = 0;
  end
endmodule
```

5.9.8 循环语句

另外一类重要的过程语句是循环语句（looping statement），最普遍使用的是 for 语句和 for 循环（其语法展示于表 5-23 中）。这里，loop-index（循环标号）是一个寄存器变量，一般是整数或者 1 位向量；first-expr 是一个表达式，它在开始执行循环的时候算出一个值并赋给 loop-index。

表 5-23 Verilog for 语句的语法

```
for ( loop-index = first-expr ; logical-expression ; loop-index = next-expr )
  procedural-statement

for ( loop-index = first; loop-index <= last; loop-index = loop-index + 1; )
  procedural-statement
```

在初始化 loop-index 之后，for 循环就开始重复地执行过程语句若干次。在每一次重复的开始，它都要计算 logical-expression（逻辑表达式）。若算出的值为假，则 for 循环停止执行；若算出的值为真，则执行 procedureal-statement（过程语句），最后再把 next-expr 值赋给 loop-index，重复继续开始，直到 logical-expression 值是假为止。

针对用于综合的程序，用来控制重复次数的表达式类型是受到限制的。典型地，first-expr 必须是一个常量表达式，必须在编译的时候就确定好 logical-expression 的值，而 next-expr 可以是简单的递增量或递减量值。所以，表 5-23 的最后两行就是 for 语句用于模拟时的典型语法。在 for 循环中的一个过程语句常常就是一个 begin-end 程序块，这样在每一次重复中就可以执行一系列的其他过程语句。

使用 for 循环的一个简单例子，如程序 5-15 所示。模块功能就是比较两个 8 位输入 X 和 Y，如果 X 大于 Y，则输出 gt 为真。程序不是采用 Verilog 内置的操作，而是说明了一个从 LSB 开始逐位比较的 for 循环。在进入循环之前，gt 初始化为 0。在循环中，如果（X[i],Y[i]）为（1,0），则至此有 X>Y，如果（X[i],Y[i]）为（0,1），则至此有 X<Y。如果 X 等于 Y，则 gt 保持上一个循环的值。

程序 5-15 使用 for 循环的 8 位比较器模块

```
module Vrcomp (X, Y, gt);
input [7:0] X, Y;
output reg gt;       // 如果 X>Y 就为 1
integer i;

  always @ (X, Y) begin
    gt = 0; // 从 “不大于” 开始
    for ( i=0 ; i<=7 ; i=i+1 )
      if (X[i] & ~Y[i]) gt = 1;
      else if (~X[i] & Y[i]) gt = 0;
      // 否则，X[i]==Y[i]，且 gt 不变
  end
endmodule
```

for 循环看起来很像是“时序的”，但记住：它的建模是组合逻辑。在模拟中，整个循环是在模拟的零时刻执行的。而循环执行过程中，gt 的中间值不会出现在已综合电路的输

出中。响应一个输入组合的 gt 值只是按照顺序定义。

还有一条跟 Verilog 循环语句相结合使用的语句，但因为对于所有的工具而言，这个语句都是不可综合的，所以，应该避免使用。disable 语句可以用在一个命名的 begin-end 程序块内任何位置，它由关键字 disable 以及跟在其后的程序块名字一起构成，最后是一个分号。当执行它的时候，立即会终止该程序块的执行，块内的后续语句也不执行。例如，程序 5-16 是 8 位比较器从 X 和 Y 的 MSB 开始逐位比较的版本。程序在第一次循环中就执行了一个 disable 语句，因为如果 X[i] 和 Y[i] 不同的话，结果也就确定了。

程序 5-16　使用 for 语句和 disable 语句的 8 位数字比较器

```
module Vrcompdis (X, Y, gt);
input [7:0] X, Y;
output reg gt;     // 如果 X>Y 应该为 1
integer i;

  always @ (*) begin : COMP
    gt = 0; // 默认为“不大于”
    for ( i=7 ; i>=0 ; i=i-1 )
      if ( X[i] & ~Y[i] )
        begin gt = 1; disable COMP; end
      else if ( ~X[i] & Y[i] )
        begin gt = 0; disable COMP; end
  end
endmodule
```

其他 Verilog 循环语句包括 repeat、while 和 forever，它们的语法如表 5-24 所示；每个循环语句控制一个过程语句。repeat 语句是大量地重复执行一条过程语句，重复的次数由 integer-expression 来确定。while 语句则是重复地执行一条过程语句直到 logical-expression 的值为假时为止。而 forever 语句则是“永久地”重复执行一条过程语句。通常，这个过程语句可以是一个包含了一系列其他过程语句的 begin-end 程序块。

表 5-24　Verilog repeat、while 和 forever 语句的语法

```
repeat (integer-expression)
  procedural-statement

while (logical-expression)
  procedural-statement

forever
  procedural-statement
```

比较比较器

正如暗示的那样，比较器例子的目的是说明 for 语句的用法，而不是构造世界上最好的比较器。Verilog 有内置的比较运算，所以，与 Vrcomp 模型等效的最简单形式就是一条数据流语句，“assign gt = (X>Y)”。

大多数工具能够更好地综合执行常用操作的电路。例如，当程序 5-15 或 5-16 以采用 Vivado 工具的 Xilinx 7 系列 FPGA 为目标器件时，已综合的电路在四个逻辑级上使用了四个 LUT，并且最大内部延迟时间为 2.505ns。而在按照上述赋值语句综合出一个内置的比较器时，Vivado 知道怎样利用特定的 FPGA 资源来优化比较器和加法器。所得到的电路还是用了四个 LUT，但是，此时只有两个逻辑级，而且最大延迟时间为 1.526ns。

黄金时间

在程序5-17中再次对素数检测器进行编程，这次是使用了 for 循环。这是一个真正的行为模型——实际上构建了一个组合硬件模型，这个模型是用所有小于N的平方根的奇数（以及大量非素奇数）去除以N。这里也已经将N的码宽增加到了16位，只是闹着玩而已。

这个设计的缺点就是它不是可综合的。for 循环并没有错，但是，如前所述，求模操作（%）只有当除数是2的幂时才是可综合的，正好对应着一次右移操作。对于其他的除法器而言，需要组合除法器电路，而且不是所有的综合器都可以构建出组合除法器电路。想要“展开” for 循环，综合器必须构建超过100个这样的组合除法器。实际上，Xilinx Vivado 工具是可以完成这个工作的，尽管需要采用23个逻辑级上的8362个LUT，最大延迟时间大约是50ns。“别在家里做这件事。”

程序 5-17　使用 for 语句的素数检测器

```
module Vrprimebv (N, F);
input [15:0] N;
output reg F;
reg prime;
integer i;

  always @ (*) begin
    prime = 1;   // 初始化值
    if ( (N==1) || (N==2) ) prime = 1; // 特殊情况
    else if ((N % 2) ==0) prime = 0;   // 偶数，不是素数
    else for ( i = 3 ; i <= 255 ; i = i+2 )
      if ( ((N % i) == 0) && (N != i) )
        prime = 0;   // Set to 0 if N is divisible by any i
    if (prime==1) F = 1; else F = 0;
  end
endmodule
```

while 的事情在哪里？

repeat、while 和 forever 语句不能用来综合组合逻辑，只能用来综合时序逻辑，而且过程语句只能是一个包含有时序控制（用于等待信号边沿）的 begin-end 程序块。这里不讲述这些内容，因为最盛行的 Verilog 编码习惯是坚持采用其他机制（在10.3.2节和10.8.4节中讨论）来创建时序电路的行为描述。在先进的测试平台程序代码中，也可以找到这些语句，但本书中不去涉及它。

5.10　函数和任务

像高级编程语言的函数那样，Verilog 函数接受大量的输入值而返回一个结果。输入的可以是位值或者位向量，而且这些输入值可以是任何变量类型（包括 integer 和 reg 变量，还有少数几个类型本书不予涉及）。

Verilog 函数定义（function definition）的语法如表5-25所示。函数以关键字 function 开头，接着是结果类型的可选指定——整型 integer，位向量 [msb:lsb] 或空格（对于单比特结果的默认表示）。接下来就是函数名和一个分号。

函数输入要按照下面输入声明的次序被列出来，它

表 5-25　Verilog 函数定义的语法

```
function result-type function-name ;
  input declarations
  variable declarations
  parameter declarations

  procedural-statement
endfunction
```

们使用关键字 input 进行声明，类似于对一个模块的声明，声明为单个位或者位向量。函数可以没有任何输出或双向声明，但是如表所示，函数可以声明它自己的局部变量和参数；而不可以声明任何网格、嵌套函数和任务。

函数的“可执行的”部分是一条过程语句。通常，它是含有一系列过程语句的 begin-end 程序块。函数名被隐式定义为一个已声明的结果类型的局部 reg 变量，而且在函数的某个位置上必须给这个变量赋值，然后将该值返回给函数调用者。函数定义以关键字 endfunction 结束。

正如表 5-1 中模块定义所暗示的那样，函数只能在一个模块内部定义。如果需要一个在多个模块中使用的通用函数，则可以在一个文件中单独定义这个函数，然后用编译器命令 `include 将这个函数文件包含到需要这个函数的模块中。

通过写出函数名及后面括号里的表达式列表来*调用*一个函数。按照出现在函数定义中的次序计算出表达式的值，并送给函数的输入端。函数名也可用在表达式中，所以在可能用到相同类型信号的任何地方（always 块中、连续赋值语句中以及同一模块的其他函数中)，都可调用函数。

多输出函数

一个函数只能有一个输出，但是一个简单的技巧就可以让你创建一个具有多个输出的函数——只要在赋给函数名之前将所需要的输出串接起来，然后在调用者中使用部分选择将各个值提取出来。如果采用这个技巧，必须注意被串接信号在函数和调用者中的大小和顺序，它们必须要互相匹配。

函数在零模拟时刻执行，因此它不能含有任何延迟或与时序有关的语句。另外，从一个函数调用到下一个函数调用时，任一个局部变量的值都会丢失，因此函数主要是对共同使用的操作进行编码的一种方法，以便减少编程工作量、最小化不一致性，并改善 Verilog 程序的可读性、模块化和可维护性。

程序 5-18 中的 Verilog 模块是对 SillyXOR 模块（程序 5-4）的行为描述版本。它定义了一个能起到 2 输入禁止门作用的函数 Inhibit，在一个 always 程序块内调用 Inhibit 三次以完成该模块的功能（一种相当广义的异或操作）。局部变量的名字和函数的结构，正好都跟图 5-2 中的逻辑图匹配。

程序 5-18 使用一个“禁止”函数的异或门的 Verilog 模型

```
module VrSillierXOR(in1, in2, out);
  input in1, in2;
  output reg out;

  function Inhibit ;
    input In, invIn;
    Inhibit = In & ~invIn;
  endfunction

  always @ (*) begin : IB
    reg inh1, inh2;
    inh1 = Inhibit(in1,in2);
    inh2 = Inhibit(in2,in1);
    out = ~Inhibit(~inh2,inh1);
  end
endmodule
```

递归的函数调用

在理论上，可以用一条连续赋值语句来替换程序5-18中的 always 程序块：

```
assign  out = ~Inhibit (~Inhibit (in2,in1), Inhibit (in1,in2));
```

然而，大多数 Verilog 工具都不支持递归的函数调用。也就是说，它不让一个函数去调用它自己。在实践中，这类程序结构的实用性一般都得到限制，即使得到工具的支持，也应该避免使用它。

Verilog 任务类似于一个函数，不同的只是它不返回结果。表5-26展示了任务定义（task definition）的语法。它以关键词 task 开头，接着是任务名。与函数不同，任务可以有双向和输出参量，用声明输入参量的方法对它们进行声明，但要使用关键词 inout 和 output。与函数类似，一个任务包含一个过程语句，通常是 begin-end 程序块。任务以关键词 endtask 结束。

表5-26　Verilog 任务定义的语法

```
task task-name;
  input declarations
  inout declarations
  output declarations
  variable declarations
  parameter declarations

  procedural-statement
endtask
```

函数调用可以用在表达式中，而任务调用（task call 有时又叫任务使能（task enable））则是作为语句来使用。像函数那样，利用它的名字和括起来的表达式列表来调用一个任务，这些表达式要跟任务定义中所写的输入、双向和输出声明的顺序联系起来。注意，一个任务不需要声明任何输入或输出，所以括号列表可以没有或是为空。如果有的话，当任务调用时，就会计算与输入对应的表达式的值，而这些值又会被赋值给任务的对应输入参量。当任务执行完成的时候，会将它的双向和输出变量复制给调用程序中的对应“表达式”，这些变量必须是信号名或串接。

在可综合的 Verilog 模块中通常不建议使用任务，而在测试平台中任务却非常有用。虽然在任务中可以设置延迟，但它们不是可综合的，任务只能被综合为组合逻辑。Verilog 综合器根本不能处理任务。要是支持的话，在构造较大型模块的设计中，用户定义的任务倒是很有用的，但本书中不想进一步讨论它。

Verilog 有很多内含的用在测试平台和模拟中的系统任务和函数，包括下列这些：

- $display：这个任务用于将格式化信号值和文本打印到“标准输出”（即简单模拟环境中的系统控制台）上。输给这个任务的参量是一个格式化串（类似于C语言的 printf 函数中所用的）和一个要打印的信号列表。这个任务和其他任务都可以在模块的任何位置上被调用，并且立即按指定的格式打印出信号表，接着输出一个回行字符。
- $write：这个任务的作用跟 $display 一样，但不同的是在打印结束后，它不会自动地输出一个回行字符。
- &monitor：这个任务也类似于 $display，不同的是它连续地起作用，只要信号列表中任何一个信号有变化就会随时将信号表打印出来。虽然在一个模拟范围内可以多次调用 $monitor，但一次只有一个调用起作用，调用 $monitor 就等于取消了过去所指定的监视。
- $monitoroff 和 $monitoron：这两个任务用于关闭和打开由最近一次调用 $monitor 所指定的监视。
- $fflush：这个任务可以清除任何待定的文件输出，包括发送到“标准输出”的任何信息。在某些环境的测试平台中，包含这个任务是有价值的，可以确保在模拟过程结束前总能看到最后的结果，而操作系统却会无情地丢弃所有还未确定的输出。

- $time：这个函数没有参量，只是简单地返回一个当前的模拟时间值。
- $random：这个函数返回一个 32 位的伪随机有符号整数给调用程序，每次调用所返回的值都不一样，用于为测试平台产生“随机”输入。在 Verilog-2001 中完整地定义了模拟器的伪随机数发生器算法，所以任何模拟器都将返回相同的结果序列。为使起点不同，函数中有一个参数，是一个 32 位的有符号整数的种子（seed），种子用于设置获取下一个伪随机结果的初始值。所以，在第一次调用 $random 时包含一个种子值，就可以得到一个不同的伪随机序列。
- $stop：这个任务执行挂起模拟过程并将控制权返回给用户。如果它以参量“(1)”被调用，就会打印出被模拟的时间和位置。

在 5.13 节和后续章节讲到测试平台的时候，会看到使用这些任务和函数的例子，有关这些函数以及 $display 和 $write 的格式化字符串选项的更详细情况，请查阅 Verilog 参考手册。在这种手册里，也可以找到与其他内含任务和函数有关的信息，包括应用于大型测试平台的文件输入 / 输出任务，它允许从一个文件中读进所需要的输入，并把结果写入到另一个文件里。这给创建测试平台输入和分析输出带来了很大的便利，因为可以采用任何你觉得方便的程序设计语言来完成这些工作。

5.11 时间维度

迄今还没有举出任何例子涉及对电路操作的时间维度进行模拟的问题，所有涉及的事情都假设是发生在零模拟时刻。然而，Verilog 有很好的设施用于对时间模型化，而且这的确是有关语言方面的另一个重要维度。本书中，不会很详细地讨论这个主题，只在这里稍做介绍。

Verilog 允许在连续赋值语句中指定一个时间延迟，这个语句以关键词 assign 开头，接着是井号（#）和一个实数（可以包含小数点）。这个数表示延迟值，以时间尺度（time scale）为单位。默认的时间尺度是 1ns，但可以利用工具改变这个值，采用编译器命令 `timescale 来定义，其语法如下：

```
`timescale  time-unit / time-precision
```

这里“time-unit”表示跟任何延迟数以及由 $time、其他系统函数和任务所采用的时间值相联系的新的默认单位。虽然你可能会将“100ps”作为单位，但通常还是采用像“1ps”和“1ns”这样的单位为好，以免造成混淆。另一方面，“时间精度”（time-precision）则常常要给出较小的整数，它指定了模拟器运作的时间粒度。

能够被指定的最小时间粒度（或精度）是 1fs（飞秒，10^{-15}s），芯片还不足以快到满足这个要求。但是，即使以 ns（纳秒，10^{-9}s）时间单位为粒度，一个 32 位的定时器都要“运转”大约 4s 的模拟时间（2^{32}ps）。因此，在 Verilog 中要用一个 64 位的整数来维护时间，可以用关键字 time 来说明 64 位的变量，在模拟中要用到这种变量。前面说过，整型 integer 变量的长度跟编译器有关，可以小到 32 位长。

程序 5-19 是一个使用了延迟的 Verilog 模块，它采用的时间单位是 1ns，时间精度是 100ps（皮秒，10^{-12}s）。赋值语句与图 3-24c 中的各个与操作和或操作相对应，而且与操作包含了一个 2ns 的延迟，或操作包含了一个 3.5ns 的延迟。在综合过程中，这些延迟被忽略，但在模拟中则要在指定的延迟之后才能产生输出。

程序 5-19　素数检测器的有延迟的 Verilog 模型

```
`timescale 1 ns / 100 ps
module Vrprimedly (N, F);
input [3:0] N;
output F;
wire N3L_N0, N3L_N2L_N1, N2L_N1_N0, N2_N1L_N0;

  assign #2 N3L_N0     = ~N[3]              & N[0];
  assign #2 N3L_N2L_N1 = ~N[3] & ~N[2] &  N[1]       ;
  assign #2 N2L_N1_N0  =         ~N[2] &  N[1] & N[0];
  assign #2 N2_N1L_N0  =          N[2] & ~N[1] & N[0];
  assign #3.5 F = N3L_N0 | N3L_N2L_N1 | N2L_N1_N0 | N2_N1L_N0;
endmodule
```

在过程赋值中，可以在 = 或 <= 符号后面写上 # 号和延迟数值来指定延迟。还有，在过程代码块内引用时间维度的另一种方法，就是使用*延迟语句*（delay statement），很简单，只是一个 # 号和一个延迟数值，后面的分号是可选的。这个语句可以用来将过程块挂起一个指定的时间周期。在 5.13 节，将看到在 Verilog 测试平台中如何使用延迟语句。

5.12　模拟

一旦有了语法和语义都正确的 Verilog 模型，就可以使用模拟器来观察它的操作过程了。虽然不想很详细地讲述模拟器的问题，但能基本上理解这样的模拟器如何工作，也是有用处的。

模拟器的运作从零*模拟时刻*（simulation time）开始。在这个时刻，模拟器要将所有信号初始化到它们的默认值“x”，也要对那些已经显式声明了初始值的信号和变量做初始化（还没有介绍过如何去做）。接下来，模拟器就开始执行设计中的所有并发语句。

当然，模拟器不能真正同时模拟所有的并发语句，但它可以采用一个基于时间的*事件表*（event—list）和一个基于所有各个敏感信号列表的*敏感信号矩阵*（sensitivity matrix），假装模仿着去做。每个并发语句（连续赋值、实例、always 或 initial）在模拟器中至少都会产生一个软件*进程*（process）。根据模块的定义，模块实例化会产生附加的进程（例如，程序 5-19 中含有 5 个连续赋值语句的模块，就要产生 5 个软件进程）。

在零模拟时刻，所有软件进程都被调度，并选择其中一个执行。如果其对应的是 always 或 initial 程序块，就执行它的所有过程语句，除非遇到延迟设定或延迟语句，此时将进程挂起。过程语句执行任何被指定的循环行为。当被选进程完成执行或挂起时，就选择另一个进程来执行，如此下去直到所有进程都被执行为止。这便算完成了一个*模拟周期*（simulation cycle）。

在执行期间，进程可以给网格和变量赋予新的值。在不具有延迟设定的阻塞赋值中，立即赋给新的值。如果阻塞和非阻塞赋值具有一个延迟设定，那么就在设定的延迟之后，于事件表中安排一个新的事件项，以便使该赋值起作用。

不具有延迟设定的非阻塞赋值被假设是在零模拟时刻发生的，但实际上是安排在当前模拟时间加上一个“Δ 延迟”（delta delay）。这个 Δ 延迟是一个无限短的时间，以致当前模拟时间加上任意数量的 Δ 延迟仍然等于当前模拟时间。基于这个概念，就允许在零模拟时刻使软件进程多次执行（如果需要的话）。

在一个模拟周期完成之后，扫描事件表以找出表中下一个最早发生改变的信号。这种信号改变的时刻可能只是 Δ 延迟之后，也可能是真实的电路延迟之后，此时就把模拟实践推进到这个时刻上。在任何情况下，一定要做好被调度信号的改变。有些进程可能会对信号的改变很敏感，这在它们的敏感信号列表中都指示出来了。敏感信号矩阵为每个信号指示出，在敏感信号列表中哪个进程具有该信号。凡是对刚刚发生改变的信号敏感的进程，都要在即将开始的下一个模拟周期调度执行。

扫描事件表和执行下一个调度赋值，这就是一个模拟周期两个阶段的操作，不断地进行下去，直到事件表变空为止。这时，模拟就算完成了。

基于事件表的机制，使得并发进程的模拟成为可能，甚至在只有单条线程的单台计算机上也能进行。而且，在改变的信号到达稳定值之前，一个进程或一组进程需经历几个 Δ 延迟，要求多次执行时，Δ 延迟机制保证了正确的操作。这个机制也被用于检测逃逸进程（如“`assign X=~X`”隐含的进程），如果经过 1000 个 Δ 延迟出现了 1000 个模拟周期，而模拟时间却没有推进任何“实在的”数量，那就很可能在某个地方出问题了。

5.13 测试平台

测试平台用于设定一个输入系列，由模拟器加载到基于 HDL 的设计（如一个 Verilog 模块）中。根据硬件测试领域的传统说法，常常将待测试的输入项称为*待测单元*（Unit Under Test, UUT），即便是这时的 UUT 也并不是一个器件，而是描述行为的一个程序而已。

前面曾许诺过要介绍一下 Verilog 并发语句，它通常应用在测试平台中。在表 5-27 中展示了 `initial` 程序块的语法。像 `always` 程序块那样，它含有一条或更多的过程语句，但没有敏感信号列表。`initial` 程序块是在零模拟时刻开始执行一次。同样，`begin-end` 程序块可以被命名，并有它自己的变量和参数声明。

表 5-27　Verilog 的初始化程序块的语法

```
initial
  procedural-statement

initial begin
  procedural-statement
  ...
  procedural-statement
end
```

程序 5-20 是素数检测器的测试平台。以防万一，所设置的默认时间尺度为 1ns。跟所有测试平台一样，这个模块没有输入和输出，开始声明局部信号 `Num` 和 `Prime`，用于激励和观察 UUT 的输出。接着，对 UUT（程序 5-6 中的模块 `Vrprimed`）进行实例化。通过改变实例语句中的模块名，这个测试平台就可以对本章中的任何素数检测器进行实例化，除了程序 5-14(其中有一个额外的输出）和程序 5-17(其输入向量有更多位)。

程序 5-20　素数检测器电路的 Verilog 测试平台

```
`timescale 1 ns / 100 ps
module Vrprime_tb1 () ;
reg [3:0] Num;
wire Prime;

Vrprimed UUT ( .N(Num), .F(Prime) );

  initial begin : TB
    integer i;
    for (i = 0; i <=15; i = i+1 ) begin #10 Num = i;
  end
endmodule
```

测试平台使用一个 `initial` 程序块以及在 `for` 循环内的延迟语句，将 16 种可能的输入组合加到 UUT 上。这只是可能的最简单的测试平台——仅仅只是加上了输入，但并未用任何方式检查这些输入。当一个模拟器运行这个测试平台时，所产生的输出如图 5-4 所示，图中包括了对应于 16 个输入组合的十进制数和 4 位向量 `Num` 的各个位，以及输出值 `Prime`。

这些波形是否有意义，取决于看波形的用户——一项有用但乏味的练习。

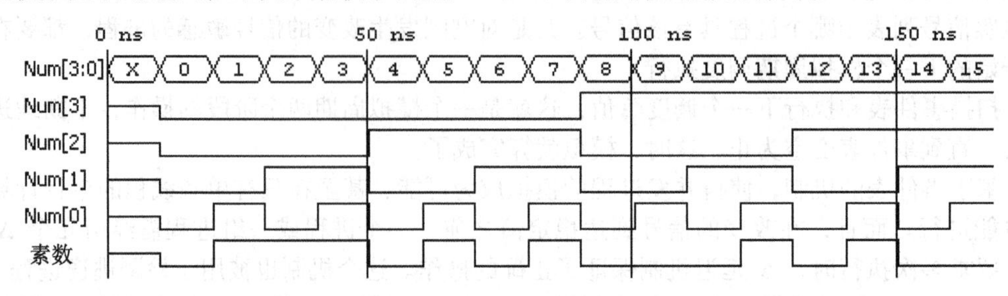

图 5-4　Vrprime_tb1 测试平台所产生的时序波形

在设计测试平台时，为使输出对用户更加友好，多做些努力通常是值得的。例如，可以将前面的测试平台重写为程序 5-21。这个程序调用 $write 和 $display 任务去打印出每一次重复执行的结果，通常是送往“系统主控制台”，或者是重定向到一个文件中，具体由系统环境决定。无论哪一种情况，现在可以查看 UUT 的输出（显示在如表 5-28 所示的文本文件中），而不用分析时序图，阅读一个文本文件比分析时序图要容易得多。还要注意，测试平台采用 case 等式操作符 === 来检测在输出标示有 x 或 z 的情况下的输出是 1 或 0。

程序 5-21　素数检测器电路改进后的测试平台

```
`timescale 1 ns / 100 ps
module Vrprime_tb2 () ;
reg [3:0] Num;
wire Prime;

Vrprimed UUT ( .N(Num), .F(Prime) );

initial begin : TB
  integer i;
  for (i = 0; i <=15; i = i+1 ) begin
    Num = i; #10   // Wait 10 ns per iteration
    $write ("Time: %3d  Number: %2d  Prime? ", $time, Num);
    if (Prime===1) $display ("Yes");
    else if (Prime===0) $display("No");
         else $display("Not sure");
  end
end
endmodule
```

另一种方法常用来评估输入组合数目较大的测试平台，对于一个交互式用户而言，要检测一个输入 / 输出数目较大的测试平台的结果，既不可靠也不可行。所以可编写一个自检测试平台（self-checking test bench），将 UUT 的输出与所期望的输出作比较，如果有错误的话，跟踪错误的数量，并将差异显示出来。

表 5-28　程序 5-21 输出显示的最前面几行

```
Time:  10  Number:  0  Prime? No
Time:  20  Number:  1  Prime? Yes
Time:  30  Number:  2  Prime? Yes
Time:  40  Number:  3  Prime? Yes
Time:  50  Number:  4  Prime? No
Time:  60  Number:  5  Prime? Yes
...
```

本书中，大多数的测试平台举例都是自检测的。例如，程序 5-22 所示就是素数检测器的自检测试平台。这里在 for 循环内使用了一条 case 语句，为每个输入组合枚举出 UUT 输出的期望值。而且，还定义了一个“助手”任务 Check，当 UUT 输出跟期望值不同的时候，打印出一个错误信息。这个测试平台也有一个与一些素数检测器模块一样的编译时间选项——参数 OneIsPrime 的值应该与 UUT 所做的假设值相符。

程序 5-22 素数检测器的自检测试平台

```
`timescale 1 ns / 100 ps
module Vrprime_tbc () ;
reg [3:0] Num;
wire Prime;
integer i, errors;
parameter OneIsPrime = 1; // 如果 1 不是素数就变为 0

task Check;
input xpect;
  if (Prime !== xpect) begin
    $display("Error: N = %b, expect %b, got %b",Num,xpect,Prime);
    errors = errors + 1;
  end
endtask

Vrprimedly UUT ( .N(Num), .F(Prime) );

initial begin
  errors = 0;
  for (i = 0; i <= 15; i = i+1) begin
    Num = i; #10 ;
    case (Num)
      4'd1 : Check(OneIsPrime);
      4'd2, 4'd3, 4'd5, 4'd7, 4'd11, 4'd13 : Check(1);
      default Check(0);
    endcase
  end
  $display("Test ended, %2d errors", errors); $stop(1);
end
endmodule
```

翻车事故

注意在程序 5-22 中，使用了一个 `integer` 变量 `i` 去控制 `for` 循环，而且后来又将这个整数的较低 4 位赋给了循环里面的 `Num`。你可能会问：“为什么不直接用 `Num` 去控制循环呢？”如果这样做的话，就会出现一个微妙的、出意料的问题。因为 `reg` 型变量 `Num` 只有 4 位宽，所以当它是 15 再加 1 时就变成 0 了，就会使 `for` 循环永远进行下去，成了死循环。

在程序 5-22 中，将期望的输出值嵌入到了测试平台代码内，如果输出值太多，这样做就不好玩了。如果可能，那么通过算法来计算出期望输出会有效得多。Verilog 用于测试平台的编程，而非建模，可以做很多你在可综合模型中不能做或是不愿意做的事情。

不知何时 `$stop`

测试平台有些在最后采用了 `$stop`；有些没有用。在交互式测试（正如你可能正在对本书的测试平台所做的那样）中，有没有 `$stop` 都没关系。到达测试平台的末尾时，模拟器仍在运行，但已经没有需要处理的“事件”了。在没有模拟活动之后模拟器应将控制返回给系统控制器，直到当模拟任务激活时所定义的模拟间隔结束为止。

例如，程序 5-23 显示了程序 5-17 的 16 位素数检测器的一个算法自检测试平台。测试平台本身有一个 2^{16} 位的局部数组，索引为 16 位整数值，当且仅当索引为素数时，对应位才为 1。当测试平台运行时，这些位被预先算出并采用“爱拉托逊斯”方法存储于数组中。此后的事情就非常简单了，测试平台将 2^{16} 个可能的输入组合应用于 UUT，并将每个输出结果与正确的值作比较。

程序 5-23　算法创建比较值的自检测试平台

```
`timescale 1 ns / 100 ps
module Vrprimebv_tb ();
reg [15:0] N;
wire F;
reg prime [0:65535];         // 预计算素数的数组；如果 1 为素数，则 prime[i] = 1
integer i, try, errors;
parameter OneIsPrime = 1;    // 如果 1 不是素数就变为 0

Vrprimebv UUT (.N(N), .F(F));

initial begin
  for (i=0; i<=65535; i=i+1) prime[i] = 1; // 所有整数都是潜在的素数
  prime[0] = 0; prime[1] = OneIsPrime;      // 除了 0，也可能还要 1
  for (try=2; try<=255; try=try+1) // 采用“爱拉托逊斯”方法初始化数组
    if (prime[try])                // 划分出多个素数；它们是非素数
      for (i=try+try; i<=65535; i=i+try) prime[i] = 0;//
  // 现在初始化素数数组；检测 UUT 操作
  errors = 0;
  for (i=0; i<=65535; i=i+1) begin
    N = i; #10;
    if (F !== prime[i]) begin
      errors = errors + 1;
      $display("Error: i=%5d, prime=%b, F=%b", i, prime[i], F);
    end
  end
  $display("Test complete, %d errors", errors); $stop(1);
end
endmodule
```

介于这些方法之间的中间方法，就是在编写大型项目的测试平台时，设计者可以利用Verilog的文件I/O功能从文件中读取输入，也可以将输出写入文件。这使得设计者可以采用任何方便且熟悉的程序设计语言，来创建输入及检测输出。在获得了满意的功能和性能之后，设计者还可以保存测试平台的输出文件作为“黄金”参考资料，用到随后的“回归测试”中，以确保此后对设计的修改（通常是为了性能，而非功能）不会改变设计的功能性输出特性。

本节乃至本书的每个测试平台模块都是存储在一个文本文件中，结构如下：

- 声明模块名、UUT的输入和输出信号，以及测试中要用到的任何局部变量。
- 实例化一个或多个UUT，每个实例化都有各自的定义文件。
- 根据需要定义助手任务。
- 创建一个或多个代码块（always 和 initial）用于产生时钟和仿真模式以及检测结果（如果可以用的话）。

然而，有些设计者或他们的公司更喜欢采用另一种文件结构，就是将上述项目分成两个文件：

- “顶层”测试平台文件是一个模块，用于声明UUT的输入和输出信号、实例化一个或多个UUT，还有一个 `include 语句用于取回包含测试平台代码主要部分的*激励文件*（stimulus file）。
- 激励文件包含定义所需局部变量和助手任务、产生时钟和激励模式并检测可用结果的Verilog代码。

这种结构可以更容易地管理项目（其中不同模块具有相同输入和输出并能用相同的测试模式进行检测）——现在测试模式可以只在一个地方编写和修改了。如果模块的信号名或定义稍有不同，或者，模块有未用的信号或在某个特殊应用中有信号与常量相连，那么可以在顶层模块中采用小量的使UUT的输入和输出与现存的激励代码相适应的代码，而不需要修改激励文件（对于另一个应用，可能要把激励文件分离出来，单独使用）。

> **tabs 与 spaces**
>
> 同事们告诉我，选用何种测试平台结构已经成为某些设计者的信仰问题。这就像关于“tabs 与 spaces”哪一个能够最好地实现代码缩排这样常见的争论，这个争论可笑地导致了电视连续剧《Silicon Valley》某一集中刚刚萌芽的关系的结束。
>
> 在任何程序设计语言中，都有许多方式来表达和实现同一件事——或者有时是几乎同一件事，这常常会引起争论。在本书中，将会看到许多这样选择多样的例子。最后，你应该学会和应用你的工作环境所要求的任何一种形式。因此，选择何种形式与“信仰”不那么相关，而是每个人在提高效率方面“达成共识”。

5.14 时序逻辑设计的 Verilog 特性

用 Verilog 来描述时序逻辑电路，只需要再多一个语言特性即可。在此介绍一下这个特性，后面的章节还会涉及这个特性。

大多数基于 Verilog 的数字设计都努力做成使用边缘触发器的时钟时序的同步系统。像组合行为那样，Verilog 中的边缘触发行为也是使用 `always` 程序块来指定，它们之间的差别只体现在 `always` 程序块的敏感信号列表上。

通常，`always` 程序块的执行取决于敏感信号列表中所列出的信号的变化。在信号名的前面放置关键字 `posedge` 或 `negedge`，表明该程序块只有在命名信号的正的（上升）或负的（下降）边缘时刻才被执行。编译器要有效地将时序 `always` 程序块映射到用于综合的可用 RTL 元素中，并且必须匹配特定的“模板”。从 10.3.2 节开始一直到第 13 章，会给出许多时序特性的实例。

5.15 综合

正如本节开始时所提到的，Verilog 原来是用于逻辑电路描述和模拟的语言，只是在后来才被应用于综合的，所以这个语言有几个特性和结构是不能被综合的。然而，本节所介绍的语言子集和程序形式，对大多数工具来说都是可综合的。

另外，所编写的程序代码的好坏，对所综合出来的电路质量有很大的影响。下面列出几个例子：

- 像 `if, else if, else if, ...else` 这样的“串行”结构，可以形成一个对应于测试条件的逻辑门串联链。通常还是使用一个 `case` 语句为好，特别是当条件为互斥的情况下，因此，建议增加一个潜在的更为有效的多路选择器，用于在各种选项中进行选择。
- 过程代码中的循环通常是“开放的”，以便生成多个组合逻辑的副本，循环语句的每一次循环对应一个副本。如果不想使用一系列步骤中的某个组合逻辑副本，那么必须要设计一个时序电路（在后面章节中要讨论）。
- 当使用过程代码中的条件语句时，可能无法为某种输入组合编写出合适的程序代码，因而会使综合器演绎出锁存器来，以便保存旧的、有可能会发生变化的信号值。这种锁存器一般是不希望出现的，也不会影响性能。

此外，有些语言特性和结构还是不可综合的，这要取决于工具的性能。诚然，对于一个特定的工具，必须要查阅文档资料，看看哪些方面是不允许的、允许的以及推荐使用的。通常，一个工具的综合手册会推荐对不同特性和硬件结构建模的模板。

在可预见的未来，为了获得好的结果，使用综合工具的数字设计者需要更加密切地关注编码形式问题。就眼前来说，“好的编码形式”的定义多少取决于综合工具和目标技术这两方面。本书后面内容的例子虽然在语法和语义上都是正确的，但也难以抓住大型 HDL 设计的编码方法的皮毛。基于 HDL 的大型硬件设计的技巧和实践仍然处在迅速发展的过程中。

参考资料

每天都有成千上万的数字设计者在使用 VHDL 和 Verilog，而且有很多不同的提供商都提供了很好的相关编译器和其他工具。目前，VHDL 和 Verilog 有活跃的用户群体，并且就语言和工具的应用和改进问题频繁地举行研讨和会议。因为有了这些活动，你可以很容易地在网上找到最新的 HDL 参考文献、实例和教学材料等。例如，只要搜索“Verilog tutorial”即可获得很多有密切关联的条目。

还有一些是很好的印刷出来的参考资料。如果你正在为我的关于 Verilog 的简洁介绍而纠结，那么就尝试看看 Michael D.Ciletti 的《Starter's Guide to Verilog 2001》(Pearson，2003)。还可以考虑看看 Joseph Cavanaugh 的《Digital Design and Verilog HDL Fundamentals》(CRC Press，2008)，此书就像你正在读的这本书一样，涵盖了采用 Verilog 作为设计语言的常规话题，但其是本书的两倍厚。

> **什么是“LRM”？**
>
> IEEE Std 1364-2001 文档长达 791 页，通常被称为语言参考手册（Language Reference Manual, LRM）。在文档的有些地方会使用缩写词 LRM，但从未给出这个词的定义；要想知道 LRM 的定义，必须读此方框注释或者看看 IEEE 1800-2012 系统 Verilog 标准的第 1315 页。

Verilog HDL 是在“IEEE Standard Verilog Hardware Description Language”(IEEE Std 1364-2001)中定义的。如果你喜欢阅读说明书的话，可以从 IEEE 购买完整的标准文档。还有 Stuart Sutherland 基于上述标准撰写并在他们公司的网站（sutherland-hdl.com）上发表的一篇精彩文档——Verilog-2001 的“Verilog Quick Reference Guide”。

随着 Verilog-2001 标准的发表，各个公司也在不断地扩展基于 Verilog HDL 的设计能力。经过几年的努力，又发布了带有一些 Verilog-2001 扩展的 IEEE Std 1364-2005。但是，与此同时，对于 Verilog 的设计和验证能力有超过 100 个切实有效的改进，并形成了一个语言的超集，称为“System Verilog”，在 IEEE Std 1800-2005 中给出了正式的定义。Verilog 1394 的“清晰”版本最终与 System Verilog 结合，形成了统一的 IEEE Std 1800-2008，这个标准接替了 IEEE 1364。最新的统一标准是 IEEE 1800-2012。本书所使用的所有 Verilog 特性都存在于 Verilog-2001 和其后的版本中。

记住，IEEE 标准是说明书，不是教程。关于 System Verilog 的介绍，请参阅像 Donald Thomas 的《Logic Design and Verification Using System Verilog》(CreateSpace，2016)这样的教材。

如前所述，在网上有大量很好的参考材料，但特别值得一看的是由 Clifford E. Cummings 和他的同事们撰写的文章（可访问 www.sunburst-design.com 或搜索“Cummings Verilog”），文章对 Verilog 的特性、用途和编码形式等都做了实践性的、透彻的阐述。例如，本书前面讨论过的阻塞与非阻塞赋值的规则，就是参考这篇文章而写成的。

本章及本书所有的 Verilog 例子都是采用 Xilinx Vivado 工具套装（Xilinx, Inc., San Jose, CA 95124, www.xilinx.com）中免费的“WebPack”版本进行编译和模拟的。正如大多数其他数字设计工具那样，这个工具也可以在使用 Windows 操作系统的 PC 机上运行。

训练题

5.1 基于图 4-18 中的逻辑电路编写一个对应与非门的结构化 Verilog 模块。

5.2 编写图 6-15 中组合电路的一个结构化 Verilog 模块。

5.3 编写图 3-16 中报警电路的一个数据流风格 Verilog 模块。

5.4 Verilog 内置的“与”和“或”组件可以用于只有一个输入的情况吗？

5.5 采用一个 always 程序块和一个行为化描述风格，编写图 3-16 中报警电路的一个 Verilog 模块。

5.6 编写图 3-5 中逻辑电路的一个结构化 Verilog 模块 Vr3inckt_s。

5.7 编写图 3-5 中逻辑电路的一个数据流风格 Verilog 模块 Vr3inckt_d。

5.8 采用一个 always 程序块和一个行为化描述风格，编写图 3-5 中逻辑电路的一个 Verilog 模块 Vr3inckt_b。

5.9 编写对训练题 5.6 ~ 5.8 所有三个模块进行实例化的 Verilog 测试平台，并将 8 种可能的输入组合以每步为 10ns 的频率加到模块上。不需要测试平台显示每个输入组合所对应的输出值，而是用手工的方式将这些输出与图 3-6 所示的值进行比较。

5.10 编写对训练题 5.6 ~ 5.8 所有三个模块进行实例化的 Verilog 测试平台，并将 8 种可能的输入组合加到模块上。比较测试结果，如果结果有任何不同就显示错误信息。给每个模块中加入一个错误，以确保你所写的错误检测和显示代码能够正常工作。

5.11 用 ANSI 风格声明重写程序 5-2、5-6 或 5-8 的模块。

5.12 想要综合出组合逻辑，应该在 always 程序块中使用哪一个赋值操作符，= 或 <= ？

5.13 在 Verilog 的组合型 always 程序块中，如果将多个值赋给同一个信号，那么当 always 程序块完成执行后，该信号的值是什么？(a) 所有赋值的“与”；(b) 所有赋值的“或”；(c) 最后赋给的值；(d) 要视情况而定。

5.14 假设 A、B 和 C 都是 2 位的 reg 型向量，在进入一个 always 程序块时，其值分别为 2'b01、2'b10 和 2'b11。这个程序块执行了一连串的三个赋值语句，“C=B；A=C；B=A;”。那么，A、B 和 C 最后的值分别为多少？

5.15 语句顺序为“C<=B；A<=C；B<=A;”，重做训练题 5.14。

5.16 编写一个测试平台来检测你针对训练题 5.14 和 5.15 所给的答案。

5.17 以你喜欢的可编程器件作为目标器件，综合程序 5-4 中的 Verilog 模块 VrSillyXOR。确定综合器是否足够聪明，能够只用一个异或门来实现这个模块。

5.18 BUT 门的一个可能的定义是“如果 A1 和 B1 是 1，但 A2 或 B2 有一个是 0，则 Y1 是 1，Y2 的定义与 Y1 对称”。为这样的 BUT 门编写一个行为化风格的 Verilog 模块。

5.19 在有 $stop 语句和没有 $stop 语句的情况下，运行程序 5-22 的测试平台。看看在你的运行环境下二者有什么不同？

练习题

5.20 作为 ANSI 风格的模块声明的一部分，Verilog-2001 有一个语法选项，用于定义参数及其默认值。在网上查找这个内容，并用这个选项重写程序 5-5 中 Maj 模块的声明。

5.21 找到这样一种情况：在 Verilog 的过程代码中额外加入一个分号（被当作空语句）就会产生一个语法错误。

5.22 在程序 5-14 中只用五个字符，就可以将逻辑表达式“(N%2)==0”写为更简短的形式，并且还生成同样的结果。他说得对，那他所说的能获得同样结果的那个公式是什么呢？请对他的公式和原来的表达式做出全面的评价。写出替换公式，并评述其优缺点。

5.23 为一个组合逻辑函数编写 Verilog 模块 VrM35dec，该逻辑函数具有用于表示 0 ~ 63 整数的 6 个输入位 N5 ~ N0 和用于指示是否为 3 或 5 的倍数的两个输出 M3 和 M5。确定一个可用的可编程器件，并确定实现它要使用多少资源。

5.24 完成前一个练习题后，请编写一个 Verilog 测试平台，针对所有可能的输入组合，将你所设计的模块的输出与模拟器用自己的算法计算出来的输出进行比较。如果比较不一致，那么测试平台应该停止测试并显示出实际的、期望的结果。在你原来的 Verilog 模块中设置一个错误并运行该测试平台，以此检验你的测试平台。如果原来的模块中已经有了一个未知的错误并且检测出来了，那你就获得了额外的信心（至少你自己这样感觉）！

5.25 编写一个 Verilog 模块，用于实例化一个 2 输入或门以及一个 BUT 门（训练题 5.18 的组件），以实现 4 输入函数 $F = \sum_{W,X,Y,Z}(5,7,10,11,13,14)$。编写一个测试平台来检查所有 16 种可能输入组合对应的电路的输出，如果有错误，则要显示一个提示信息。

5.26 修改程序 5-17 中的模块 Vrprimebv，可以找出 8 位素数。然后，将这个模块用于一个测试平台，并打印出 0 ~ 255 之间的所有素数。

5.27 对应图 8-1 中的全加器电路，编写一个数据流风格的 Verilog 模块。对该模块的多个副本进行实例化，以便采用图 8-2 中的结构来构建一个 4 位行波进位加法器的结构化 Verilog 模块。

5.28 在完成了练习题 5.27 之后，再编写一个 Verilog 测试平台，对于所有可能的 4 位加数对，测试该加法器。如果实际输出与期望输出不一致，那么测试平台应该停止测试并显示出实际的、期望的结果。

5.29 使用你在练习题 5.27 中定义的模块，沿着图 8-2 的线路，编写一个 16 位行波进位加法器的结构化 Verilog 模块。使用 generate 语句来生成 16 个全加器以及它们的信号连接。

5.30 在完成了练习题 5.29 之后，再编写一个 Verilog 测试平台，采用 $random 函数从两个 16 位加数的 2^{32} 种可能组合中选一个子集，测试该加法器。如果实际输出与期望输出不一致，那么测试平台应该停止测试并显示出实际的、期望的结果。

5.31 编写一个 Verilog 的测试平台，以证明 W|X&Y|Z 和 W|(X&Y)|Z 是一样的。

5.32 研究一下 Verilog，确认 Verilog 如何处理可真可假的“含糊”逻辑值和表达式（如 4'bxx00）。编写一个小的测试平台程序并表明其是像你所说的那样去处理的。

5.33 研究一下 Verilog，并阅读有关 Verilog 文件 I/O 方面的内容。然后，编写一个测试平台，针对所有可能的输入，检验某一个 prime 模块（如程序 5-6、5-7 或 5-9）的输出，从一个文件中读入期望的输出值。

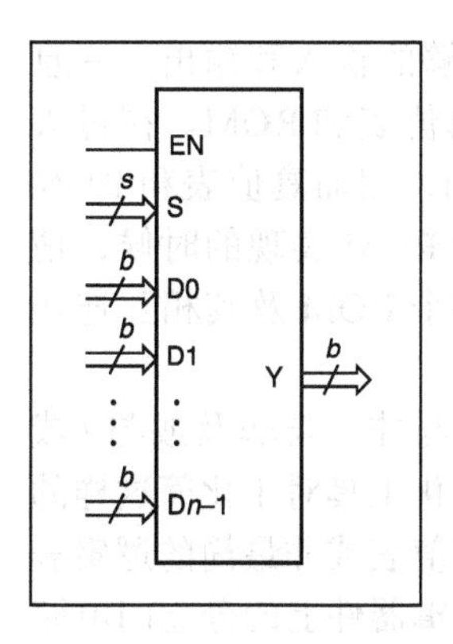

基本组合逻辑元件

第 3 章描述了组合逻辑设计中所采用的基本原理。在此理论基础上，本章将描述许多器件、结构和方法，这些都是工程师用来解决实际数字设计问题的。像在第 4 章我们做过的那样，会给出很多使用单个门电路的例子并绘出逻辑原理图，还会给出使用第 5 章中讲述的硬件描述语言 Verilog 的例子。

实际的组合电路可以有几十个输入和输出，其"积之和"表达式可能需要成百、成千甚至上百万个乘积项，其真值表有数以亿计的行。因此，尽管理论上可行，但大多数实际的组合逻辑设计问题都太庞大了，以致一味凭着"蛮力"是无法解决的。

且慢，你会问："原先人们是怎样构想出如此复杂的逻辑电路的呢？"像软件应用、通信网络和交通网络这些大型的复杂系统通常采用层次化描述，数字系统也不例外。关键是层次化的思想。一个复杂的电路或系统可以表达为许多较小子系统的集合，而对每个子系统的描述就要简单得多了。

在组合逻辑设计中，有几种通用的操作——译码、选择、比较，等等——非常常见，而且也有相应的能够执行这些操作的用门级电路、功能构件或 Verilog 模型实现的结构。正如后续章节中将会看到的，这些结构可以相互组合，以及与时序电路结构组合起来，构建出大型系统。

数字系统是硬件，而且，当系统比较简单、规模比较小时，系统较高层次的设计和说明可以采用方框图，而较低层次则可采用原理图来显示其物理组件及其相互连接的连线。如今，在层次结构中，较低层次的元件通常采用 HDL 来进行说明，并通过预先定义的可以实现所需功能的库组件或是通过定义可以实现这种功能的专用模块来完成实例化。正如你们所知道的，HDL 本身就是层次型的，在 HDL 中可以对除数字系统底层外的其他更多更高层次进行说明。

尽管现代 HDL（如 Verilog 和 VHDL）可以对数字系统或子系统进行结构化的说明——通过定义一个包含系统的物理组件及其相互连接的集合——但是，更常用的方式是对系统或子系统进行行为化的说明。然后，综合工具将这个行为化的说明转化为一个具备所描述行为特性的物理结构。

无论采用何种方式，当需要创建整体设计的一个物理实现的时候，EDA 工具会将这个层次结构的单元及其相互连接"铺平"，并在 ASIC 或者可编程器件（如 FPGA）上实现，可能还会在印制电路板层级上加入与之相连的现成组件。

对组合电路而言，有几种不同的传统方法来描述或说明给定的功能或行为。每一种方法都恰好与一种实现方法相对应，而这个实现方法又与一个或多个现代技术完美匹配，所以，熟悉这些传统方法非常有用：

- *真值表*是用于说明一个组合型逻辑功能的最基础且最详尽的方式，而且可以用只读存储器（ROM）编程实现任何功能——只要这个 ROM 有足够的输入和输出。一旦考虑采用较慢且效率较低的组合逻辑实现方式，就会想到真值表和 ROM。在过去 20 年间，由于采用的 FPGA 系统的规模和性能要求不断增加，因而真值表和 ROM 变得非常重要。即使在要实现的功能规模太大且无法用一个 ROM 实现的时候，情况也大多如此，现代设计工具会将这个功能分解，然后用多个 ROM 及其相互连接来实现。

- *二级积之和与和之积*表达式及其所导出的门级电路（与或 / 与非 – 与非及或与 / 或非 – 或非）是分立 SSI 门电路时代传统逻辑设计的焦点。自动化工具对于化简这样的电路一直非常有效，这个化简过程通常从一个功能说明（如真值表或非最简的逻辑表达式）出发。对于使用位于 ASIC 或包含与或阵列的可编程逻辑器件上的分立门电路来实现的任意逻辑功能而言，这种结构一直非常重要。即使在一个逻辑表达式因规模过大而无法用二级逻辑或一个 FPGA LUT 实现的情况下，经验表明，对于因式分解以及其他的能够将该功能转化为“适合”有效逻辑结构的方法而言，最简二级表达式仍然是一个较好的出发点。
- 在采用 MSI 器件的板级逻辑设计的年代，能够提供许多常用功能的构件是指单个的芯片，类似的构件还出现在许多 ASIC 以及其他组件库中。由于许多设计通常是以所需实现的操作的形式来进行建模的，而设计者可以利用这些操作来构建他们的设计，所以，这些构件还是非常重要的。

构件逻辑（building-block logic）通常用来实现易于用一个词来描述的功能，其大多直接来源于我们第一时间想到的解决问题的方法，例如：

- 识别一个输入值并激活对应的输出。
- 将输入值转换为对应但不同的输出值集合。
- 从多个输入总线中选择一个传送给输出总线。
- 比较输入总线的相等或其他关系（例如，算术小于）。
- 组合输入产生输出（如用加法和减法）。

通常可以利用 HDL 专为此目的提供的语言特征，以一种结构良好且相当简明的方式来描述这些功能的行为特性。正如你所见到的，任何实现这些功能之一的硬件电路通常都具有规整且易于辨识的结构。

另外，还有许多设计问题与普通的构件不匹配。组合逻辑常常会评估一组条件或其他输入，然后激活作为输入的函数的一个或多个输出。在第 3 章中我们给出了几个这样的函数；例如，图 3-16 显示了一个组合逻辑功能的电路，该电路基于六个不同的条件激活一个报警信号。在 7.5 节会给出更多更详尽的例子。这样的逻辑有时被称为“*随机逻辑*”（random logic），但是，这其中确实没有什么是“随机的”；几乎总是有一个确定的、不随机的目的！更好的名字应该是“任意逻辑”。当然，这样的逻辑电路常常以一组逻辑门电路的形式出现，如图 3-16，而这些逻辑门电路被随机地扔在一起（这应该就是最初获得“随机逻辑”这个名字的原因！）。

本章一开始会描述两个“通用的”组合逻辑结构，ROM 和 PLA/PLD，这两个逻辑结构可用于实现任意逻辑功能，包括随机逻辑。然后，讲述译码器和多路复用器，这是两个最常用的组合逻辑构件。我们会描述每个构件的应用，讲解它们的门级构造，还会讲述如何采用 Verilog 说明其行为特性。第 7 章会讲述其他组合构件的这些内容，并以一个“随机逻辑”的例子结束。第 8 章重点讲述算术运算（如加法和乘法）的组合结构。

6.1 只读存储器

你可能已经非常熟悉*只读存储器*（Read-Only Memory, ROM），或者熟悉 ROM 在计算机和便携式设备中的应用，也就是采用超大容量的 ROM 来存储程序和数据。你还可能知道这种 ROM 被称为“闪存”。尽管这些存储器可以被写入，至少最初是可以写入的，但它们中的大多数是只读的；我们会在 15.1 节中谈论相关内容。无论如何，在此，我们将重点讲述用作组合逻辑元件的通常较小型的 ROM 的应用。

基本的 ROM 是一种具有 n 个输入 b 个输出的组合逻辑电路，如图 6-1 所示。就像其他存储器一样，ROM 的内部是一个二维的阵列，其中每一行或一个“位置”都存储一个 b 位的数据“字”。输入被称为*地址输入*（address input），通常命名为 An-1, An-2, …, A1, A0，而且这个位向量 A[n-1:0] 通常声明为 n 位无符号整数。输出被称为*数据输出*（data output），通常命名为 Db-1, Db-2, …, D1, D0。

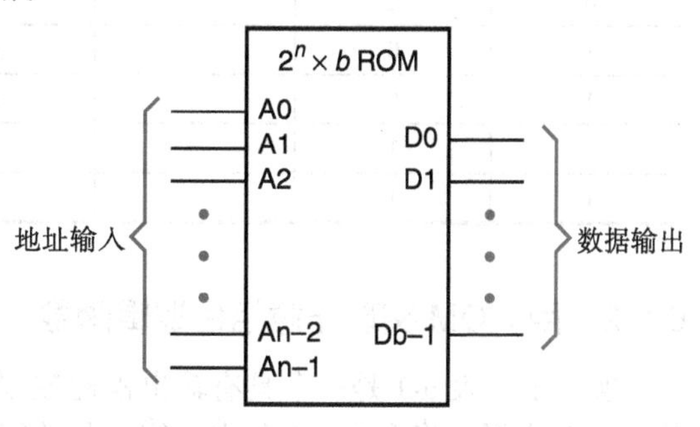

图 6-1 $2^n \times b$ ROM 的基本结构

图 6-2 显示了一个 ROM 操作的时序图。信号值加在地址输入端 [An-1:A0]。一旦输入信号稳定下来，在经过一个传输延迟时间 t_{pd} 之后，数据输出就稳定下来，并等于存储在输入地址中的数据值。尽管 ROM 的名字中有“存储器”这个词，但 ROM 是一个组合电路，因为其输出总是（除了传输延迟）其当前输入的函数。

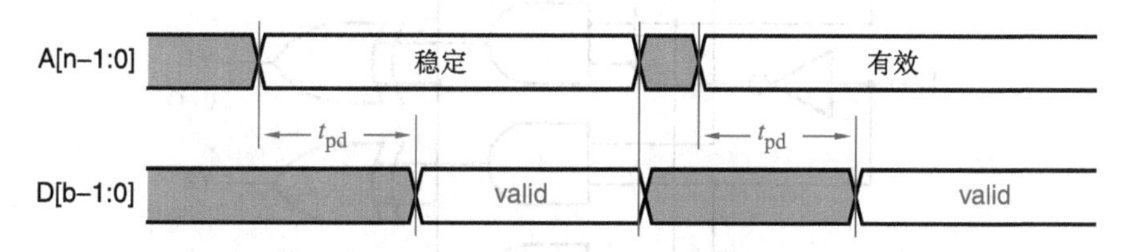

图 6-2 基本的 ROM 时序

所以，可以像任何其他组合逻辑元件那样看待 ROM。ROM 之所以被称为“存储器”，主要是因为其最初的组织范式描述的是它的操作。在对 ROM 编程时，你也可以认为是将信息“存入”ROM——我们将会在 15.1 节中讨论如何去做。

尽管我们将 ROM 看作是一种类型的存储器，但它与许多其他类型的集成电路存储器有一个重要的不同之处。一个真正的 ROM 是一种*非易失性存储器*（nonvolatile memory），也就是说，即使没有给它供电，其中的内容也能被保存下来。

6.1.1 ROM 和真值表

当你意识到 ROM 可以“存储”一个 n 输入 b 输出的组合逻辑函数的真值表时，ROM 是一个组合电路的结论就更加显而易见了。例如，表 6-1 是一个 3 输入 4 输出的组合逻辑函数的真值表；这个真值表可以存储在一个 $2^3 \times 4$（8×4）的 ROM 中。除了信号的传输延迟之外，ROM 的数据输出一直都等于真值表中地址输入所选择的那一行的输出值。

表 6-1　3 输入 4 输出的组合逻辑函数的真值表

输入			输出			
A2	A1	A0	D3	D2	D1	D0
0	0	0	1	1	1	0
0	0	1	1	1	0	1
0	1	0	1	0	1	1
0	1	1	0	1	1	1
1	0	0	0	0	0	1
1	0	1	0	0	1	0
1	1	0	0	1	0	0
1	1	1	1	0	0	0

6.1.2　用 ROM 实现任意组合逻辑函数

实际上，表 6-1 是一个具有输出极性控制的 2-4 译码器的真值表，是一种常用的逻辑函数的简单变形，将会在 6.3 节中介绍。其功能可以用如图 6-3 所示的分立门电路来实现。这样，就有两种不同的方法来构建这种译码器，一种是用分立的门，另一种是用包含真值表的 8 × 4 ROM，如图 6-4 所示。

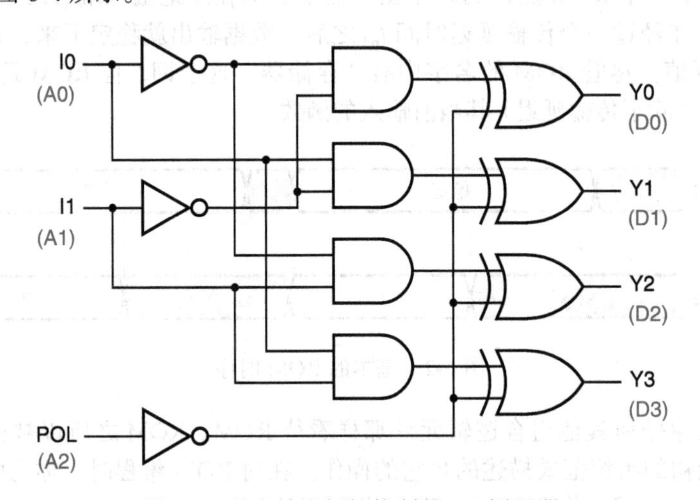

图 6-3　具有输出极性控制的 2-4 译码器

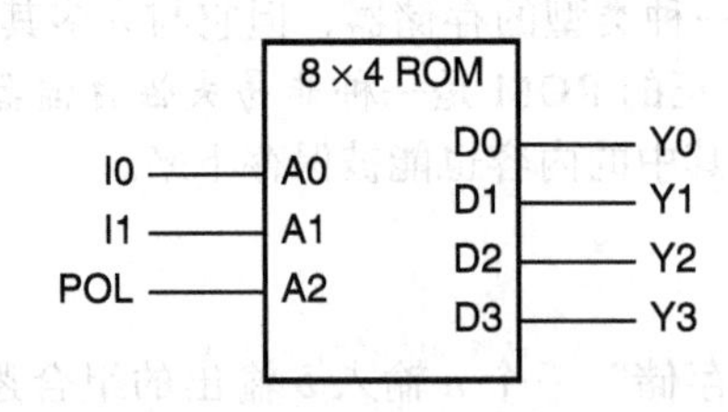

图 6-4　采用存储了表 6-1 的 8 × 4 ROM 来构建的 2-4 译码器的连线

当构造一个 ROM 用来存储给定真值表时，通常从右向左读真值表的输入和输出信号，并将它们以升序标号分配到 ROM 的地址输入端和数据输出端。然后每一个地址或数据组合可被读作相应的二进制整数（以“自然”方式编号的二进制位整数）。当数据文件被加工或编程时，数据文件通常用来指定将要存储在 ROM 中的真值表。数据文件经常以十六进制数字的形式给出地址和数据值。例如，若表 6-1 是个数据文件，就可以说 ROM 地址 0 ~ 7 存储的值分别是 E、D、B、7、1、2、4、8。

> **让我来数数有多少种方法**
>
> 在图 6-4 中，译码器的输入和输出对 ROM 的输入和输出的赋值模式取决于表 6-1 中真值表的结构形式。因此，译码器基于 ROM 的物理实现不是唯一的。也就是说，我们可以以不同的顺序写出这个真值表，并采用物理结构不同的 ROM 来实现同一个逻辑函数，只需要简单地将译码器信号赋值给不同的 ROM 的输入和输出就可以了。看待这个事实的另一种方式就是，我们可以重新命名这个 ROM 的各个地址输入和输出。
>
> 因为输入排列的方式有 3! 种，而输出排列的方式有 4! 种，所以，给 ROM 的输入输出赋值的方式总共有 3! × 4! 或 144 种，每一种都对应着 ROM 中一个真值表的排列。

用 ROM 来构建函数的另一个简单例子，是 4 × 4 无符号二进制数乘法。正如我们将在 8.3 节中看到的那样，乘法器是一种相当复杂的组合电路，而且，这个电路的速度还会比较慢，因为要实现乘法功能需要很多级。另外，可以用一个有连线的 $2^8 \times 8$（256 × 8）ROM 来实现 4 × 4 乘法器，如图 6-5 所示。表 6-2 是 4 × 4 乘法器 ROM 内容的十六进制列表，每一行给出 ROM 的一个起始地址，并且指定了存储在 16 个连续地址中的 8 位数据值。基于 ROM 的设计方法的优点是，通常可以用高级语言编写一个简单程序来计算存储在 ROM 中的内容（参见练习题 6.20）。

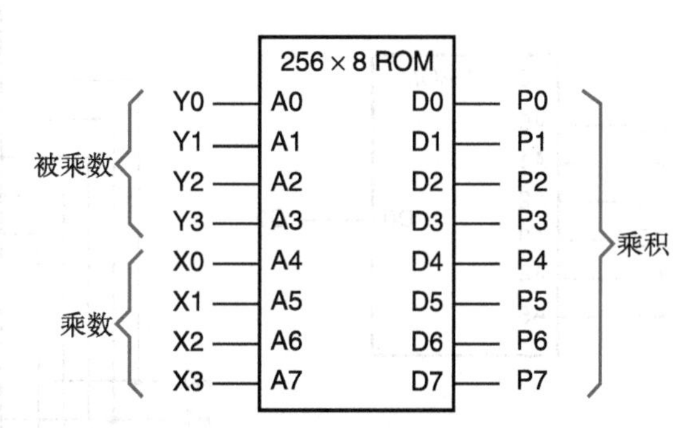

图 6-5　采用 256 × 8 ROM 实现的一个 4 × 4 无符号二进制乘法的连线

表 6-2　指定 4 × 4 乘法器 ROM 内容的十六进制文本文件

00:	00	00	00	00	00	00	00	00	00	00	00	00	00	00	00	00
10:	00	01	02	03	04	05	06	07	08	09	0A	0B	0C	0D	0E	0F
20:	00	02	04	06	08	0A	0C	0E	10	12	14	16	18	1A	1C	1E
30:	00	03	06	09	0C	0F	12	15	18	1B	1E	21	24	27	2A	2D
40:	00	04	08	0C	10	14	18	1C	20	24	28	2C	30	34	38	3C
50:	00	05	0A	0F	14	19	1E	23	28	2D	32	37	3C	41	46	4B
60:	00	06	0C	12	18	1E	24	2A	30	36	3C	42	48	4E	54	5A
70:	00	07	0E	15	1C	23	2A	31	38	3F	46	4D	54	5B	62	69
80:	00	08	10	18	20	28	30	38	40	48	50	58	60	68	70	78
90:	00	09	12	1B	24	2D	36	3F	48	51	5A	63	6C	75	7E	87
A0:	00	0A	14	1E	28	32	3C	46	50	5A	64	6E	78	82	8C	96
B0:	00	0B	16	21	2C	37	42	4D	58	63	6E	79	84	8F	9A	A5
C0:	00	0C	18	24	30	3C	48	54	60	6C	78	84	90	9C	A8	B4
D0:	00	0D	1A	27	34	41	4E	5B	68	75	82	8F	9C	A9	B6	C3
E0:	00	0E	1C	2A	38	46	54	62	70	7E	8C	9A	A8	B6	C4	D2
F0:	00	0F	1E	2D	3C	4B	5A	69	78	87	96	A5	B4	C3	D2	E1

第 15 章有几个关于采用 ROM 实现大型组合逻辑函数的训练题和练习题。

6.1.3 FPGA 查询表

FPGA 采用小型的所谓查询表（LookUp Table, LUT）的只读存储器来实现逻辑函数。通过存储一个（像前一小节所解释的）真值表，就可以实现任何 n 个输入 1 个输出的逻辑函数，其中 n 的范围通常是 4 ~ 6。所以，任何 FPGA 综合工具的一个关键任务就是将输入多于 4 ~ 6 的逻辑函数“分解为”较小型的逻辑函数及其相互连接的集合，每个小型逻辑函数对应于一个可用的 LUT。

在更先进的 FPGA 序列之一的 Xilinx 7 系列中，LUT 有 6 个输入；因此，每个 LUT 都可以被看作一个 64 × 1 位的 ROM，如图 6-6a 所示。但是，每个 LUT 实际上被构造为两个 32 × 1 位的 ROM，共享相同的低地址位 A4 ~ A0，如图 6-6b 所示。最高输入位 A5 用于选择命名为 D6 的输出是来自两个 32 × 1 位的 ROM 中的哪一个，从而在功能上实现了一个完整的 64 × 1 位的 ROM。

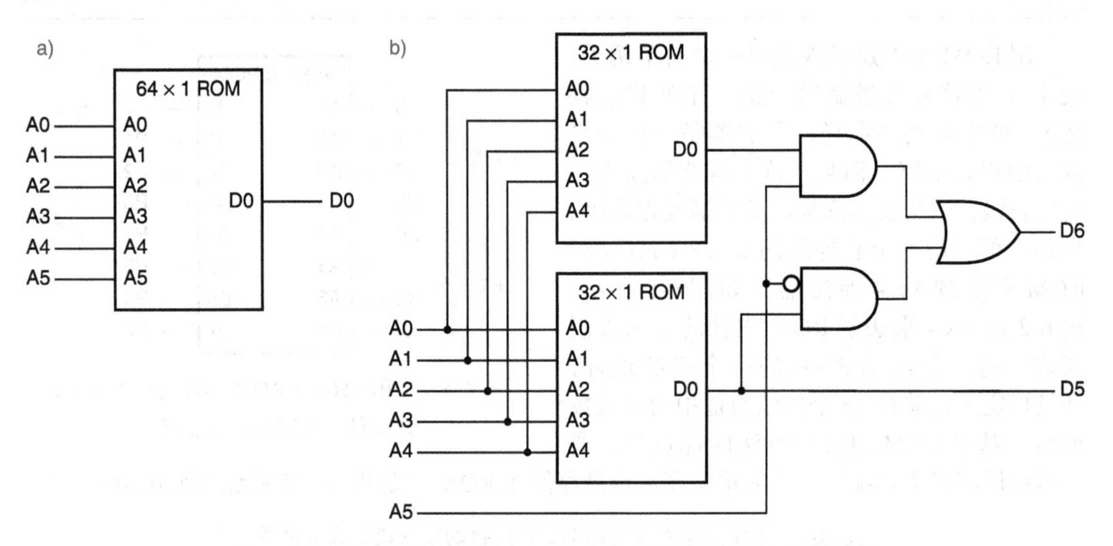

图 6-6　Xilinx 7 系列 6 输入 LUT：a）简单模型；b）实际结构

> **至少像一个 ROM**
>
> 当说到存储于 ROM 中的查询表时，我们就会谈论查询表的正常使用方式——用作一个只读表。但是，从某种角度来说，查询表必须被编程输入到这个“ROM”中，而且完成这个任务有几种不同的方式，这取决于特定的 FPGA 器件。通常，所有 FPGA 查询表的配置数据都存储在一个外部 ROM 芯片中，当系统加电时，这些数据被写入 FPGA 内基于 RAM 的小型查询表中。Xilinx 7 系列就是这样做的。
>
> 有些 FPGA 器件正好在同一个芯片上包含一个可擦除且可编程的 ROM（如闪存）。这就可以省掉一个外部 ROM 芯片，但是，当系统在加电或初始化时，实时的片上配置数据还是要写入基于 RAM 的小型查询表中。
>
> 还有另外的方式，有些 FPGA 实际上确实包含小型片上 ROM，每个 ROM 存储一个查询表，这些 ROM 只能在器件安装到一个系统上时编程一次。与其他方式不同之处在于，这种方法不必要在每一次 FPGA 加电时都重新编程。

图 6-6b 提供了用 LUT 实现任意 5 输入（A4 ~ A0）2 输出逻辑函数的方法。当第六个输入 A5 保持常数值 1 时，上面的 32 × 1 位的 ROM 可以产生出五个输入 A4 ~ A0 所期望的任何一个函数，并输出到 D6。同时，下面的 32 × 1 位的 ROM 可以独立产生出同样输入所

期望的任何一个函数，并输出到 D5。

超出的 LUT？

如果需要实现的组合逻辑函数有（比如说）七个输入，而我们的 FPGA 中的 LUT 只有六个输入，怎么办？幸运是否抛弃了我们？

要解决这个问题，可以按照一个众所周知的函数分解理论，将这个 7 输入的函数或是任何逻辑函数“分解为”两个或多个函数，每一个函数只有六个或更少的输入。完成函数分解的最直接的方法就是采用香农的分解定理，如表 3-3 所示。按照定理 T15，任何 7 输入的函数 $F(X_1, X_2, \cdots, X_7)$ 都可以用两个 6 输入的 LUT 和一个 2 输入的多路复用器（“MUX”）来实现，这个多路复用器依据上面的输入值来选择左边两组输入之一，如图 6-7 所示。

香农分解可以重复进行，例如，可以用两个 7 位的函数来实现 8 输入的函数，然后，再进一步将每一个 7 位的函数分解为两个 6 位的函数。Xilinx 6 系列和后来的 FPGA 实际上都有内置的多路复用器及其连线（称为“F7MUX”和“F8MUX”）。同样，Altera Stratix-IV 和后来的 FPGA 都有 LUT 组合逻辑，用较小型的 LUT 构建较大型的函数。FPGA 综合工具可以采用香农分解和其他方法，利用多个 LUT 来实现更大型的组合逻辑函数。

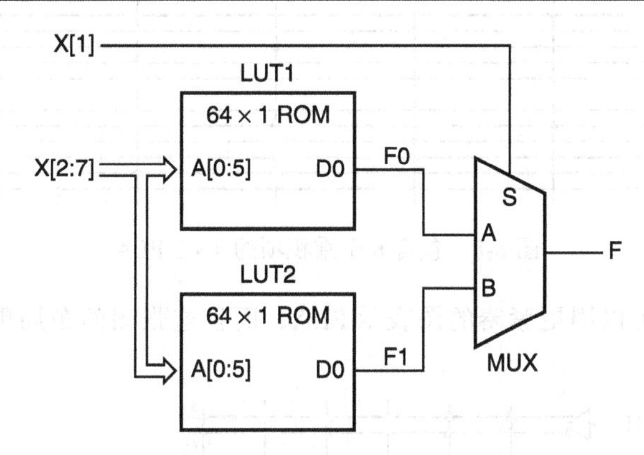

图 6-7　采用两个 LUT 的 7 输入函数的香农分解

*6.2　组合型 PLD

6.2.1　可编程逻辑阵列

历史上第一种 PLD 是可编程逻辑阵列（Programmable Logic Array, PLA），它们是理解现今 PLD 的重要基础。PLA 是组合的二级“与或”器件，对其编程可以实现任何“积之和”逻辑表达式，并且其仅受器件尺寸限制。这些限制是：

- 输入的数目（n）
- 输出的数目（m）
- 乘积项的数目（p）

我们可以把这样的器件描述为“包含 p 个乘积项的 $n \times m$ PLA”。一般 p 远远小于 n 个变量的最小项个数（2^n），因此不像 LUT，PLA 不能实现任意的 n 输入、m 输出逻辑函数，其可用性限定在能够用“积之和”形式表达的函数上，且乘积项的个数等于 p 或小于 p。

包含 p 个乘积项的 $n \times m$ PLA 由 p 个 $2n$ 输入与门和 m 个 p 输入或门组成。图 6-8 显示

了具有 4 个输入、6 个与门和 3 个或门及输出的小型 PLA，每个输入连接在一个缓冲器上，该缓冲器既能产生用于阵列的原信号，又能产生信号的反码。在阵列内，潜在连接用 X 表示，对器件编程就是仅仅产生实际需要的连接。选中的连接用熔丝（fuse）构成，在新型器件中的熔丝并不是真正的熔丝，而是非易失的存储元，可以编程以产生（或不产生）连接。因此每个与门的输入都可以是原始输入信号及其反码的子集。类似地，每个或门的输入都可以是与门输出的任意子集。

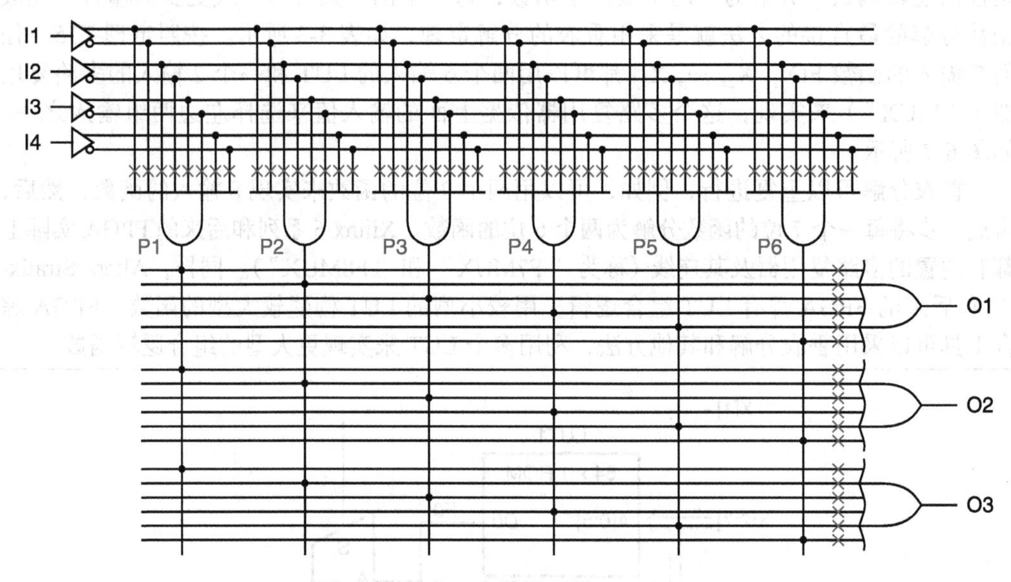

图 6-8　包含 6 个乘积项的 4 × 3 PLA

如图 6-9 所示，可以用更紧凑的图表示 PLA，而且这张图的布局更像实际 PLA 芯片的内部布局。

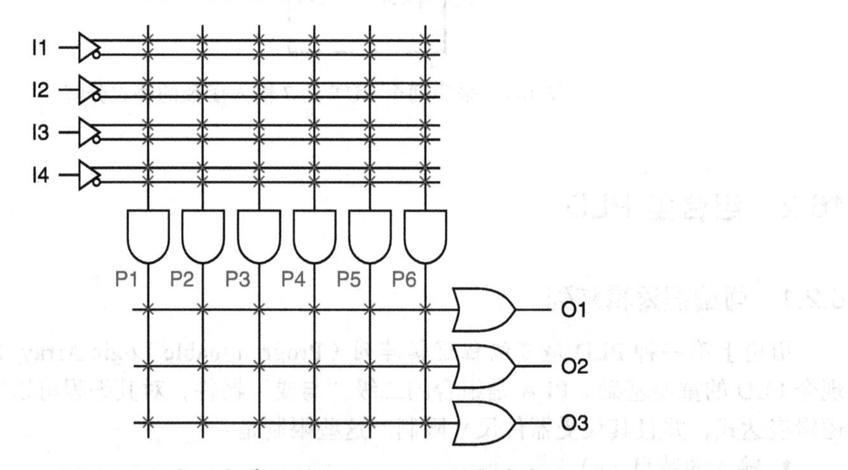

图 6-9　包含 6 个乘积项的 4 × 3 PLA 的紧凑表达

图 6-9 中的 PLA 能够实现 3 个 4 输入组合逻辑函数，要求这些函数能写成“积之和”的形式，每个函数使用 6 个或少于 6 个的不同乘积项。例如：

$$O1 = I1 \cdot I2 + I1' \cdot I2' \cdot I3' \cdot I4'$$

$$O2 = I1 \cdot I3' + I1' \cdot I3 \cdot I4 + I2$$

$$O3 = I1 \cdot I2 + I1 \cdot I3' + I1' \cdot I2' \cdot I4'$$

这些等式一共有 8 个乘积项，但是 O3 等式的头 2 个乘积项分别与 O1 和 O2 等式的第 1 个乘积项相同，如图 6-10 所示的已编程连接模式与上述逻辑等式匹配。

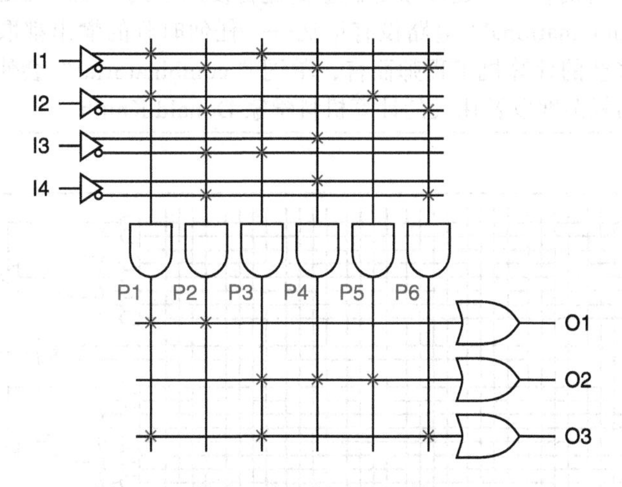

图 6-10　带有三个逻辑方程组的 4 × 3 PLA

我们所举的 PLA 例子，输入、输出和与门（乘积项）太少，没什么用处。*n* 输入的 PLA 可以令人信服地使用 2*n* 个乘积项，实现所有可能的 *n* 变量最小项。在典型的商用 PLA 中，实际的乘积项数目要少得多，每个输出是 4 ~ 16 个数量级，而不管 *n* 值是多少。

6.2.2　可编程阵列逻辑器件

PLA 的特例，也是当今最普遍使用的 PLD 种类，是可编程阵列逻辑（Programmable Array Logic, PAL）器件。与 PLA 中与阵列和或阵列都可以编程不同，PAL 器件的或阵列是固定的。

第一代 PAL 器件在 20 世纪 70 年代末期引入，使用了双极型晶体管技术，而非如今的 CMOS 技术。除了采用有趣的缩写，第一代 PAL 器件的关键创新是使用了固定的或门阵列和双向输入 / 输出引脚。

这些想法由图 6-11 中的 PAL16L8 器件很好地体现出来了。PAL16L8 的可编程与门阵列有 64 行、32 列，它有 64 × 32 = 2048 个熔丝。阵列中的 64 个与门，每个都有 32 个输入，对应着 16 个变量及其反变量。该器件最多有 16 个输入和 8 个输出，这就是“PAL16L8”中“8”与“16”的含义。

PAL16L8 的每个输出引脚都和 8 个与门相联系，其中 7 个与门给固定的 7 输入或门提供输入，第 8 个与门连到输出缓冲器的三态使能输入；仅当第 8 个与门有 1 输出时，缓冲器才被允许并驱动其输出引脚。所以 PAL16L8 的一个输出只能实现可以写为“积之和”形式且乘积项数等于或小于 7 的逻辑函数，每个乘积项可以是任何或全部 16 个输入的函数，但只有 7 个这样的乘积项是有用的。

虽然 PAL16L8 最多有 16 个输入和 8 个输出，但采用的却是只有 18 个输入 / 输出引脚的封装。之所以可以这样节省引脚数，是因为有 6 个可以用作输入、输出或输入 / 输出的双向引脚。现代的可编程器件仍旧采用这种思路，以提升应用的灵活性，也不用为各种不同数量的输入和输出专门设计封装的引脚。

此组合（combinational）不是彼组合（combinatorial）

在介绍 PAL 器件时，一个退步就是制造商流行使用单词“combinatorial”来描述组合电路。组合（combinational）电路没有记忆——任何时刻的输出都取决于当前的输入组合。对于多才多艺的计算机工程师而言，单词“combinatorial”会使他们想到二项式系数、问题求解的复杂度以及伟大的计算机科学家 Donald Knuth。

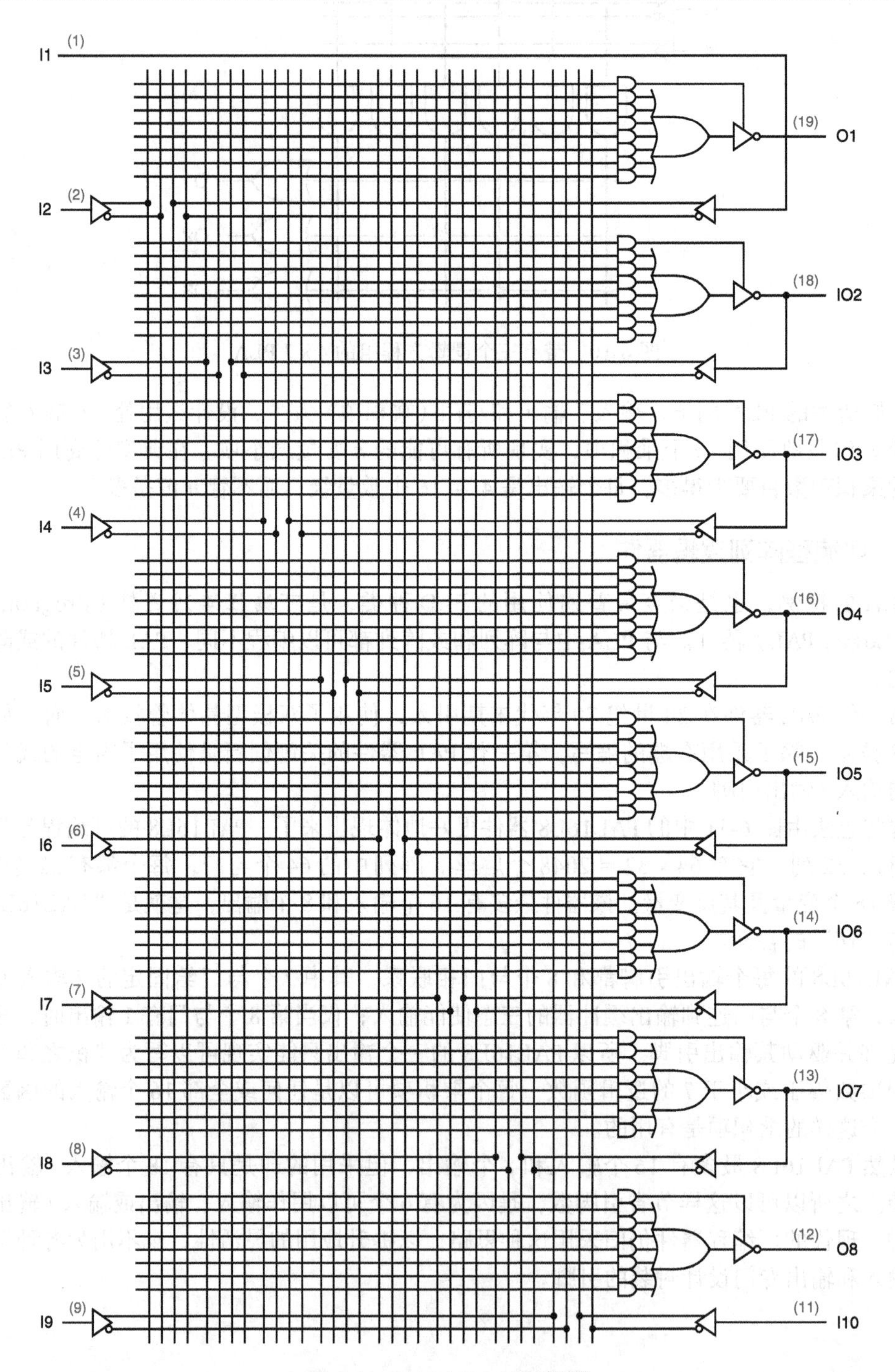

图 6-11　PAL16L8 的逻辑图

6.3　译码和选择

在许多应用中，都需要一种组合逻辑电路，可以依据定义了期望操作的输入值，去激活一个或多个其他电路、元件或者操作。例如，一台计算机可能有四个 USB 端口，每个端口会被一个“使能”输入信号激活。计算机上的一个程序可以提供一个 2 位的“选择”值，用于指定某个特定的时间使用四个 USB 端口中的哪一个。如图 6-12 所示，一个电路可以从一个程序指令中接收到一个 2 位的“端口选择”值，并提供四个输出信号给四个 USB 端口的使能输入信号。可以说这个电路“译码了”端口选择值，也可以称为**译码器**（decoder）。这个例子中的译码器叫作 2-4 **二进制译码器**（2-to-4 binary decoder）。

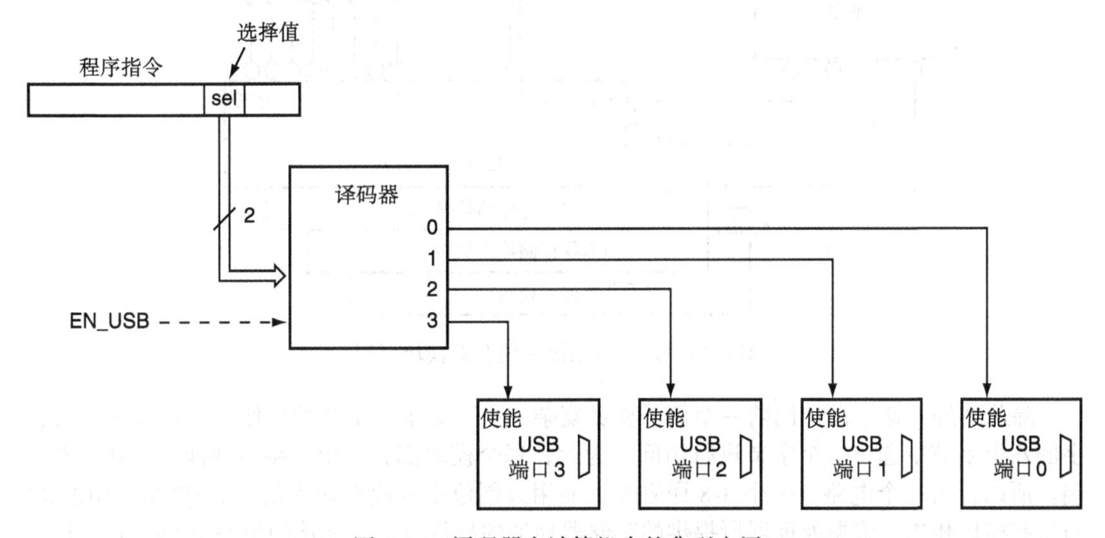

图 6-12　译码器在计算机中的典型应用

本例中的译码器设计要做到，任何时候都不能有超过一个输出有效，而且仅当对应的端口选择值出现在输入端时，对应的那个输出才有效。大多数的译码器都有一个或多个**使能输入端**（enable input），如图 6-12 中的 EN_USB，所以仅当某个使能输入有效时，它所选定的输出才会有效。

译码器的输入编码字的位通常称为**地址位**（address bit）。译码器最常见的应用就是对地址译码，用于选择性地启用存储器、其他组件和器件（比如我们之前所讲的例子），以及计算机中的存储系统，如下例所示。

下面来看一个 64 位的台式机，可以寻址 1TB 或 2^{40} 字节的 RAM 存储器。假设一个“初级”版的系统，构建的存储空间只有 4GB 或 2^{32} 字节，并且采用的是四个不太昂贵的 1GB（2^{30} 字节）存储模块。注意，典型的 64 位计算机的每个存储模块的宽度实际上只有 8 个字节；在这种情况下，每个 1GB 模块存储的是 2^{27} 个 8 字节的值，有时也称为长字。

基于这种考虑，初级系统中的存储器可以采用如图 6-13 所示的寻址方案。要在存储系统中选中一个位置，计算机的处理器需要提供一个 40 位的“物理地址”ADDR，如图中顶部所示。要选中整个 1TB 物理地址空间中最低的 4GB，地址中的 8 个高阶位必须全都是 0；当上述取值为真时，一个 8 输入或非门的输出 EN_MEM 有效。接下来的两位从四个模块中选中包含编址长字的模块。EN_MEM 信号启动一个 2-4 译码器，对地址信号的 30 和 31 位译码，使译码器四个输出中的一个有效，译码器的每一个输出信号启动一个对应的 1GB 存储模块。注意，译码器有低电平有效的输出端与模块的 EN 输入匹配。剩余的 27 个地址位同时与四个模块相连，用于选择被启动模块中的编址长字。

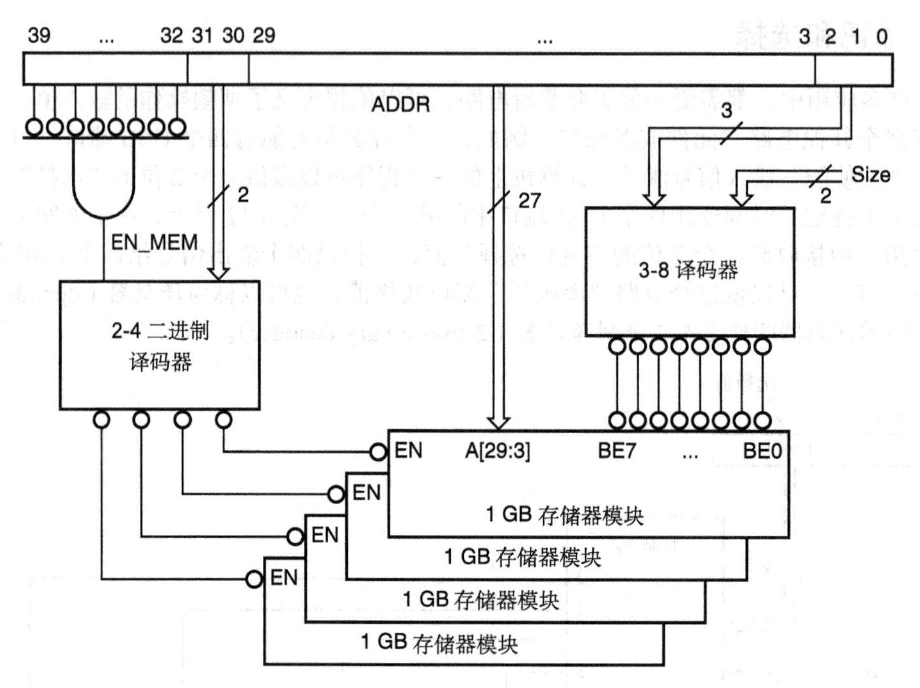

图 6-13　计算机系统中的存储模块译码

除此之外，这个设计比前一个例子要更复杂一点。对于 1 字节的操作，必须从选中的长字的八个字节中选出一个字节进行访问。为此，每个模块都有八个“字节使能”（BE）输入端。所以，另一个电路，一个 3-8 译码器，要用来创建字节使能输入信号 BE[7:0]，BE[7:0] 与所有模块相连，依据处理器所提供的存储器地址的最低三位，来选中模块中的一个字节。

但稍等，还有！除了长字和单个字节，有些计算机指令可能还会访问 16 位的半字或 32 位的字。因此，计算机处理器提供（而且 3-8 译码器也会采用）两个附加输入位，用于表明操作的规模：00 ~ 11 分别对应着操作规模为 1、2、4 或 8 字节。这种译码器必须根据操作规模使多个字节使能输出端有效，并且必须根据地址位的最低三位来决定有效的字节或字；例如，用 BE3 和 BE2 在任意地址末尾为 010 的单元中寻址一个 2 字节的操作。所以，这种译码器多少会比这个例子和上个例子中的 2-4 译码器要复杂一些。而且，这种译码器还有一个特别的特性，就是这种译码器可以有多个输出同时有效。

*6.3.1　一种更加数学化的译码器定义

我们可以采用 2.10 到 2.13 节中所介绍的“代码”的思想来定义译码器。在这种定义中，译码器（decoder）是任何一种多输入、多输出的组合逻辑电路，可以将输入编码字转换或“映射”为输出编码字，输入代码和输出代码是不同的。基于这种定义，译码器电路的通用结构如图 6-14 所示。使能输入端（如果有的话）必须在译码器执行正常映射功能时有效。否则，译码器就会把所有的输入编码字映射为一个“无效”的输出编码字。

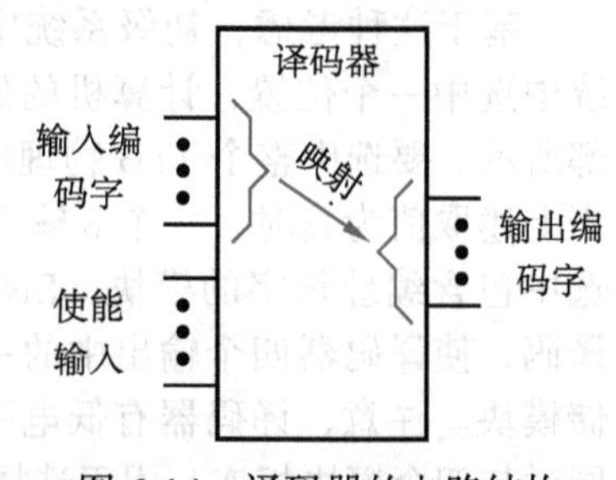

图 6-14　译码器的电路结构

最常用的输入代码就是 n 位二进制代码，其中一个 n 位的字代表 2^n 个不同的编码值中的一个，通常是整数值 $0 \sim 2^{n-1}$，与 USB 例子和存储器例子一样。一个 n 位二进制代码有时会被截断以表达少于 2^n 个值。例如，有 5 个 USB 端口的计算机，就会采用 3 位的“选择”值，用二进制值 001 ~ 101 选择 USB 端口 1 ~ 5，而其余的值就没有用了。在另一个例子中，BCD 码使用 4 位的组合 0000 ~ 1001 表示十进制数 0 ~ 9，而组合 1010 ~ 1111 就没有使用了。

最常用的输出代码是 n 中取 1 码，输出有 n 位，但是，每次只能有一位有效，就像 USB 和存储器例子中的 2-4 译码器。注意，n 不一定要是 2 的幂，但通常都会是。在输出高电平有效的 4 中取 1 码中，正常的编码字是 0001、0010、0100 和 1000，而 0000 是“无效”编码字。如果输出是低电平有效，则正常的编码字就是 1110、1101、1011 和 0111，而 1111 就是“无效”的编码字。

6.3.2 二进制译码器

我们马上就会看到，像 2-4 二进制译码器这样的简单译码器的门级设计非常简单。稍后，我们会继续讲述简单的和比较复杂的译码器的基于 HDL 的模型。

最常用的译码器电路是 n–2^n 二进制译码器；这种译码器的输入为 n 位二进制编码，输出为 2^n 中取 1 码。当你需要基于 n 位输入值精确地激活 2^n 个输出之一时，要用到二进制译码器。

例如，2-4 译码器（可用到 USB 和存储器例子中）的输入和输出如图 6-15a 所示，真值表见表 6-3。输入编码字 A1 和 A0 分别代表一个在 0 ~ 3 范围内的整数。对于输出编码字 Y3、Y2、Y1、Y0，当且仅当输入编码字是二进制数 i 且使能输入 EN 为 1 时，Yi 等于 1。如果 EN 为 0，则所有的输出均等于 0。2-4 译码器的门级电路如图 6-15b 所示。图中顶部的每根垂线末端的字符所标出的是信号的表达式；每个表达式不是输入信号就是输入信号的补。每个与门对输入编码字 A1、A0 的一种组合进行*译码*（decode）。

表 6-3 2-4 二进制译码器的真值表

输入			输出			
EN	A1	A0	Y3	Y2	Y1	Y0
0	x	x	0	0	0	0
1	0	0	0	0	0	1
1	0	1	0	0	1	0
1	1	0	0	1	0	0
1	1	1	1	0	0	0

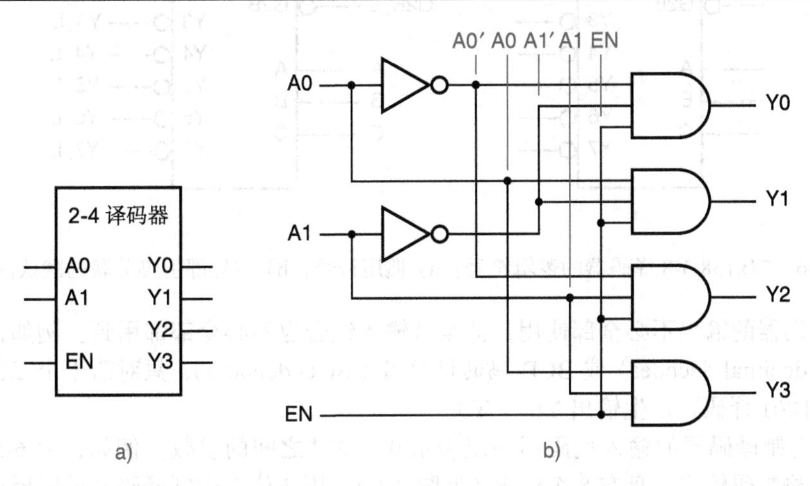

图 6-15 2-4 译码器：a）输入和输出；b）逻辑图

二进制译码器的真值表在输入组合部分引入了“无关”符号。对某些输入组合，如果一个或多个输入值不影响输出值，则将这些输入组合用“x”标记，表示“无关”。这一约定大大减少了真值表的行数，也使得输入功能更加清楚。

根据2-4译码器的真值表和逻辑图可以很容易地创建和理解具有更多的输入和输出的二进制译码器，有时信号的有效电平也会有所不同。例如，表6-4是一个输出低电平有效并且有三个使能输入端的3-8译码器的真值表，三个使能端必须都有效才能启动选择的输出。这个真值表对应的电路是作为非常流行的MSI译码器部件出售的74x138，其逻辑符号如图6-16a所示，其内部的逻辑图如图6-17所示。注意，译码器的真值表与逻辑图相匹配，并且以器件的外部引脚的形式说明了其功能，即图6-16b中的信号。符号框内所执行的功能的真值表是不同的（参见训练题6.6）。

表6-4 74x138 3-8译码器的真值表

输入						输出							
G1	G2A_L	G2B_L	C	B	A	Y7_L	Y6_L	Y5_L	Y4_L	Y3_L	Y2_L	Y1_L	Y0_L
0	x	x	x	x	x	1	1	1	1	1	1	1	1
x	1	x	x	x	x	1	1	1	1	1	1	1	1
x	x	1	x	x	x	1	1	1	1	1	1	1	1
1	0	0	0	0	0	1	1	1	1	1	1	1	0
1	0	0	0	0	1	1	1	1	1	1	1	0	1
1	0	0	0	1	0	1	1	1	1	1	0	1	1
1	0	0	0	1	1	1	1	1	1	0	1	1	1
1	0	0	1	0	0	1	1	1	0	1	1	1	1
1	0	0	1	0	1	1	1	0	1	1	1	1	1
1	0	0	1	1	0	1	0	1	1	1	1	1	1
1	0	0	1	1	1	0	1	1	1	1	1	1	1

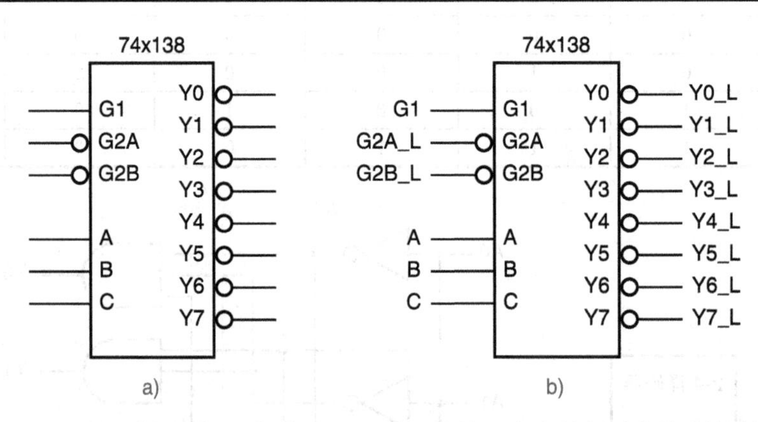

图6-16 74x138 3-8译码器的逻辑符号：a）惯用符号；b）与外部引脚关联的默认信号名

一个译码器的输出不必全部使用，甚至其输入组合也不必全部都用到。例如，一个十进制译码器（decimal decoder）或BCD码的译码器（BCD decoder），只对前十个二进制输入组合0000 ~ 1001译码，产生输出Y0 ~ Y9。

n 位二进制译码器的输入代码不一定表示 $0 \sim 2^{n-1}$ 之间的整数。例如，表6-5为机械编码盘的3位格雷码输出，盘有8个位置（见图2-6）。用3位二进制译码器可以译出这8个位置，采用的方法是指定适当的信号作为译码器的输出，如图6-18所示。

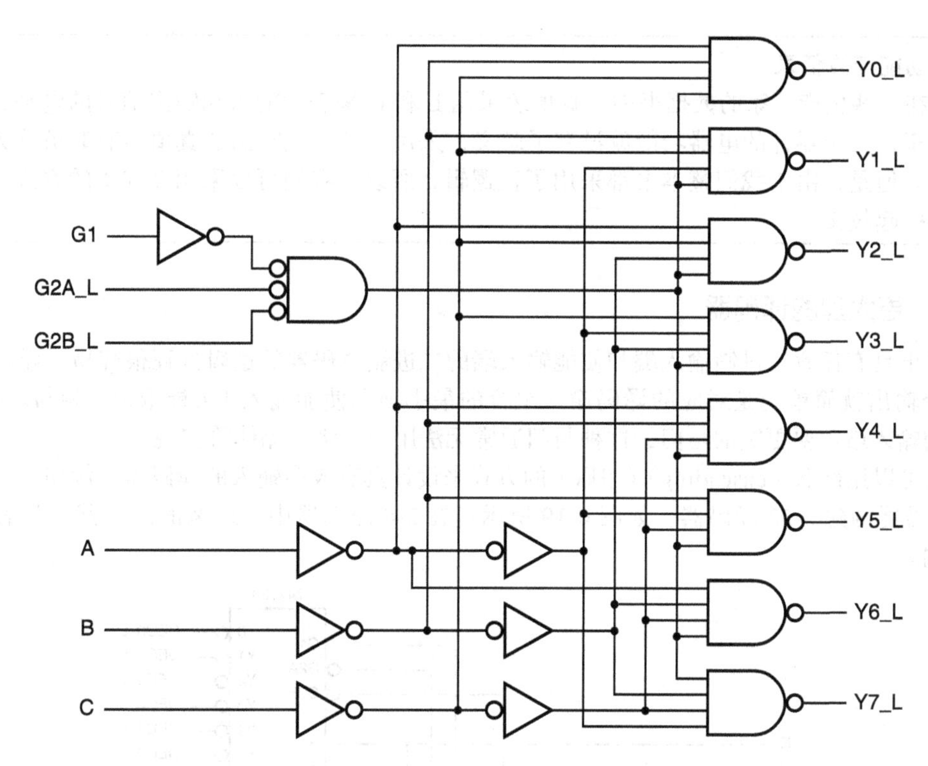

图 6-17　74x138 3-8 译码器的逻辑图

表 6-5　3 位机械编码盘的位置编码

盘上的位置	A2	A1	A0	二进制译码器输出
0°	0	0	0	Y0
45°	0	0	1	Y1
90°	0	1	1	Y3
135°	0	1	0	Y2
180°	1	1	0	Y6
225°	1	1	1	Y7
270°	1	0	1	Y5
315°	1	0	0	Y4

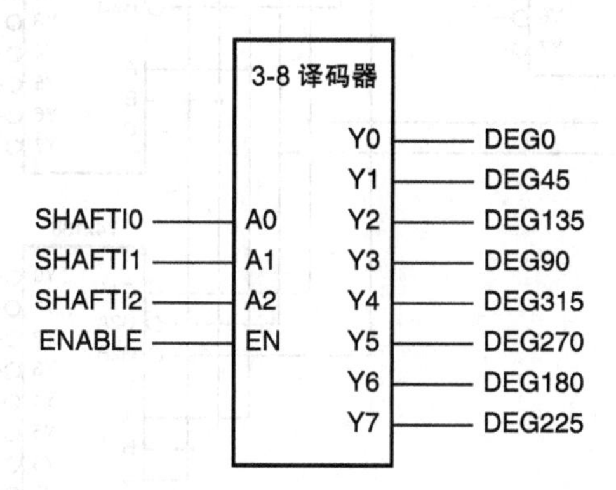

图 6-18　采用 3-8 二进制译码器来译码格雷码

> **功能与真值表**
>
> 在一些生产厂家的数据书中，真值表采用L和H来表示输入和输出信号的电平，这样一来，关于器件的电器功能就没有了歧义；采用这种方式写出的真值表有时被称为功能表。但是，由于我们整本书都采用了正逻辑，所以，我们可以采用0和1的方式，而不会引起歧义。

6.3.3　更大型的译码器

写出具有任意二进制输入端和使能输入端的二进制译码器的逻辑方程很容易。译码器的每一个输出就简单地是对应的译码输入组合的最小项和使能输入（可能取反）相与。但是，更多的输入就需要更宽的与门，这种与门通常无法用一“级”晶体管实现。

也可以用级联（cascading）（串联）的方式来设计具有较多输入的译码器。例如，可以用3-8译码器构建5-32译码器，如图6-19所示。在3-8译码器中，最宽的门电路也只有四个输入端。

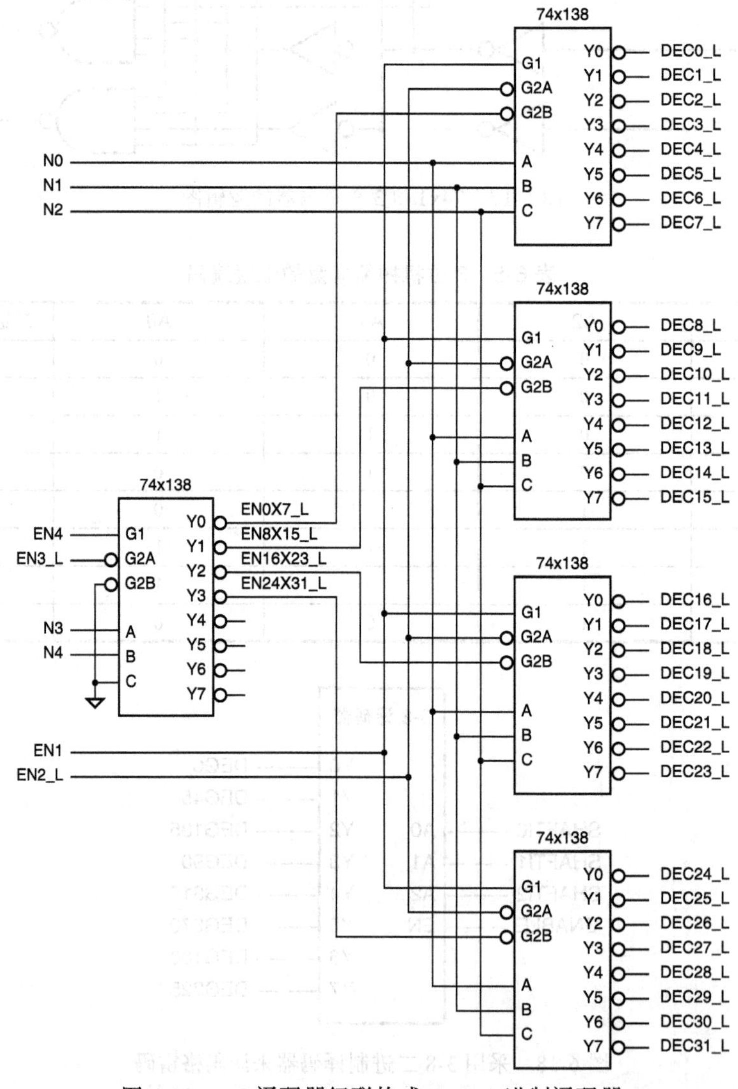

图6-19　3-8译码器级联构成5-32二进制译码器

在 ASIC 和定制的 VLSI 中，常常需要构建具有很多输入和输出的译码器。例如，存储器芯片中的译码器很轻易地就会具有十个或更多的地址信号输入以及上千个输出。在这些应用中，会采用一种所谓的预译码（predecoding）的方法，来适应目标工艺对于门输入数量的限制，同时，还会优化门电路的晶体管以及各个门之间的连线在芯片上的布局。预译码结构的设计也可以用来最小化电路的延迟，电路的延迟不仅受到一个信号通路中门电路的数量的影响，也会受到与每个门的输出相连的门的输入数量的影响。

如图 6-20 所示，是一种可能的 6-64 二进制译码器的结构。其思路就是将整个地址分为两个或更多个组，每组中的位数相同或相近，然后分别对各组信号译码。这个例子有三个 2 位组：A5-4、A3-2 以及 A1-0。每个 *n* 位组有各自的第一级 *n*–2*ⁿ* 二进制译码器，所以，这个例子有三个 2-4 译码器。然后，整个译码器的输出可以通过在下一级中采用与门以组合合适的预译码信号而获得，每一个预译码的信号源于一个预译码器，对应着整个译码器每一个输出的输入组合。

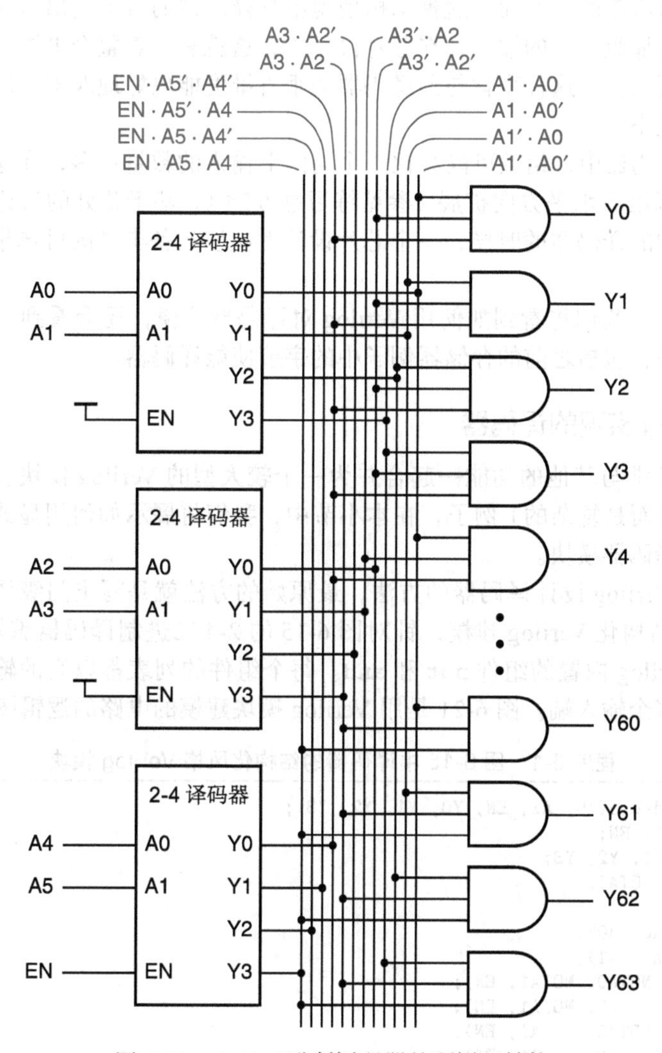

图 6-20 6-64 二进制译码器的预译码结构

例如，从图 6-20 中可以看出，输出 Y2 的与门组合了预译码器 A5-4=00、A3-2=00 以及 A1-0=10 的输出。输出 Y61 的与门组合了预译码器 A5-4=11、A3-2=11 以及 A1-0=01

的输出。

注意，图中整个译码器的使能输入只需要出现在一个2-4预译码器上。所以，最下面的那个预译码器用的是3输入的与门，而其他的预译码器则只需要用2输入的与门。因此，这个设计中，所需与门的最大宽度是3。

如你所知，反相门一般比非反相门要快，所以在图6-20中，可以考虑采用低电平有效的2-4预译码器，并且把与门换成与之互补的或非门。然而，还要注意，每个预译码器的输出要驱动16个输入。在芯片设计中，如果预译码器是借助与非门、规模适合驱动16个输入的反相器以及相互连接的长长的线路来实现的，那么这样的预译码器的输出有可能会快一些。

除了如图6-20所示的预译码器之外，6-64译码器还可以有其他结构形式的预译码器。例如，输入地址信号可以只分成两个3位组，所以，就可以用两个3-8译码器作为预译码器。这样就会增加预译码器中与门的宽度，从而增加了垂线的根数，从12根增加到16根，这些都不是我们所希望的。然而，这种结构使得由预译码器的每个输出所驱动的输入的数量减半，省去了最后那组与门的输入，在芯片设计中，这就意味着整个电路会更小，垂直维度上就可以封装得更紧密。这种变化与预译码器的垂直维度能更好地匹配，所构造的整个译码器的矩形面积也更小。

在更大型的译码器中，组数可能会比一个与门上输入的数量还多，在这种情况下，结构中的附加层级可以沿着水平方向扩展（参见练习题6.24）。基于此处的讨论，你会明白，在设计一个非常大型的译码器的时候，一个芯片设计者应该具备丰富的可选集，并要进行多方的权衡。

在下一小节中，我们将看到如何用Verilog对译码器建模，还会看到一些更加复杂的译码器的例子及应用，包括之前的存储器例子中的字节使能译码器。

6.3.4　用Verilog实现的译码器

译码型逻辑常常与其他的功能一起合并为一个较大型的Verilog模块。然而，这里要涉及的不是大型的（而是复杂的）例子，在本小节中，我们将展示如何用显式的译码输出来定义和测试单独的译码器模块。

有几种使用Verilog设计译码器的方法，最原始的方法就是写出门级译码器电路的等效形式。为了实践结构化Verilog建模，针对图6-15的2-4二进制译码器编写了程序6-1。这个设计采用了Verilog内置的组件 not 和 and。每个组件的列表都以它的输出端开始，接着是组件的一个或多个输入端。图6-21是用Verilog模块建模的电路的逻辑图。

程序6-1　图6-15中译码器的结构化风格Verilog模块

```
module Vr2to4dec_s(A0, A1, EN, Y0, Y1, Y2, Y3);
  input A0, A1, EN;
  output Y0, Y1, Y2, Y3;
  wire NOTA0, NOTA1;

  not U1 (NOTA0, A0);
  not U2 (NOTA1, A1);
  and U3 (Y0, NOTA0, NOTA1, EN);
  and U4 (Y1,    A0, NOTA1, EN);
  and U5 (Y2, NOTA0,    A1, EN);
  and U6 (Y3,    A0,    A1, EN);
endmodule
```

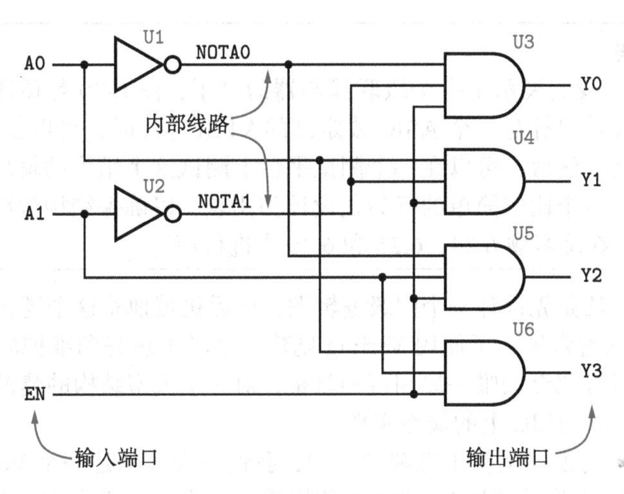

图 6-21 2-4 译码器的结构化模型的逻辑图

恰逢其时

程序 6-1 中的 Verilog

在还未学习第 5 章的情况下，这个方框注释以及其他具有类似标题的方框注释用于介绍在本章中第一次使用的 Verilog 概念。关于这些概念的更多详情可以在第 5 章中找到。

一个 Verilog 模型从关键字 `module` 和一个模块的端口名的括号列表开始，这些端口名就只是信号名。注意，在 Verilog 中 `case` 是关键字，信号命名只允许使用文字、数字以及特殊字符 `_` 和 `$`。

声明模块端口类型的 Verilog 语法有两种类型，但本书中大多采用的语法形式是，在模块一开始的输入和输出端口声明中定义每个信号的类型。输入端口定义采用的形式是，`input` 关键字后面跟着端口的规模、网格的类型说明以及所定义端口的命名的选项列表；输出端口也是如此，关键字是 `output`。本例中输入和输出的声明中没有选项说明，所以信号都采用了缺省规模和类型，即“1 位的 wire 类型”。

Verilog 的“ wire”对应着物理电路中的一个信号线，提供模块之间或者一个模块中的建模元件之间的一位信号连接。就后一种情况而言，局部信号就像本例中那样用 `wire` 关键字来声明。一个模块中所有局部命名的适用范围都仅限于这个模块，就像大多数程序设计语言一样。

Verilog 采用四值逻辑系统；1 位信号（比如一个线路）就只能取四个值：`0`、`1`、`z`（高阻）或 `x`（未知，仅在模拟时有意义）。

Verilog 中的声明和语句必须用分号结束，除非是用有“内置”分号的终止关键字结束，比如稍后将看到的 `end`、`endcase` 或诸如此类的关键字。

Verilog 支持几种不同类型的建模逻辑，第一种就是结构型。采用基于文本的语句，这种语言用于说明最原始的门电路以及较大型的元件之间的相互连接。几种门电路的类型是内置的，对应的关键字包括：`not`、`and`、`nand`、`or`、`nor`、`xor` 以及 `xnor`。

在程序 6-1 的主体部分，第一个语句通过列出一个逻辑门对应的关键字 `not`，后面跟一个由设计者选定的参考标识符，再跟一个包含输出信号线路及其一个或多个输入的顺序括号列表，来“实例化”这个内置的逻辑门。

第二个语句实例化另一个非门，而其余的四个语句实例化 3 输入的与门，每一个门的实例化语句都是列出输出线路名，后跟三个输入信号名。总之，这六个语句对图 6-15 所示电路中的门电路组件及其相互之间的连线建模。

模块以 `endmodule` 关键字结束。

级联和预译码

在图 6-19 中，我们展示了一个级联译码器的例子，图 6-20 是预译码的例子。当这样一个译码器的设计目标是一个 ASIC 或定制的 VLSI 芯片时，可以创建一个 Verilog 模型来模拟这个结构。然后，可以在一个测试平台上测试这个结构的输出，可以是算法上的测试，也可以与一个比较简单的行为化设计相比较，以确保结构说明中的连接不会出错。相关内容将会在练习题 6.23、6.25 和 6.26 中进行探讨。

刚才所展示的方法是先设计一个门级逻辑图，然后机械地将这个逻辑图转换为一个等效的网表，这样的方法通常失去了使用 Verilog 创建一个易于理解和维护的设计的目的。采用这种结构化方法设计译码器的唯一原因可能就是，对一个大型结构的建模和测试要先于其采用级联或预译码方式在 ASIC 上的最终实现。

为了使得译码器的设计更易于理解和维护，我们一般会创建一个 Verilog 模块而非采用结构化模型。一种可能就是使用 Verilog 的数据流风格来显示正在发生什么事，如程序 6-2 所示。在此，我们使用了一个连续赋值语句来对每个输出线路赋值，如果 `EN` 为 0，则输出设置为 0。如果 `EN` 为 1，则输出值由一个条件表达式决定，仅当 2 位向量 `{A1, A0}` 的当前值选中了这个输出时，这个条件表达式的值才为 1。

程序 6-2　2-4 二进制译码器的数据流风格 Verilog 模块

```
module Vr2to4dec_d(A0, A1, EN, Y0, Y1, Y2, Y3);
  input A0, A1, EN;
  output Y0, Y1, Y2, Y3;

  assign Y0 = EN ? ({A1,A0}==2'b00) : 0;
  assign Y1 = EN ? ({A1,A0}==2'b01) : 0;
  assign Y2 = EN ? ({A1,A0}==2'b10) : 0;
  assign Y3 = EN ? ({A1,A0}==2'b11) : 0;
endmodule
```

恰逢其时

程序 6-2 中的 Verilog

这个模型的模块名与第一个模型的不同，但输入和输出名与第一个模型相同。这是设计者为了确保这个模型的功能与第一个模型相同（或至少是正确）而做出的决定。

与第一个模型一样，输入和输出声明为缺省值，即 1 位的 wire 类型。但是，没有定义另外的内部连线，因为没有用到。

这个模块采用了“数据流”风格建模。每个组合输出的值通过一个由 `assign` 关键字引出的“连续赋值语句”来说明。这个语句得名的原因是，在模型以及由该模型所导出的综合电路中，等号右边的值被连续地赋给了等号左边的信号名。也就是说，右边的值任何时候发生任何变化，左边的信号都会立即做出反应并变化，在实际电路中会有延迟，或当模拟时在模型中会有延迟说明（本例中没有）。

注意，连续赋值语句是并发“执行”的。在对应的实际电路中，计算右边值的所有门或其他组件都会并行地操作。而且，模拟器会在同一个模拟时间执行所有的赋值语句。

现在我们可以讲一讲程序 6-2 的连续赋值语句中每一个赋值的右边实际上正在进行怎样的计算了，每个赋值语句都采用了所谓的“条件操作符”，其语法形式为：*逻辑表达式 ? 为真 - 表达式 : 为假 - 表达式*。这个操作符的结果取决于*逻辑表达式*的真或假，如果逻辑表达式为真，则结果就等于*为真 - 表达式*的值，否则，就等于*为假 - 表达式*的值。本例中，*逻辑表达式*只有一个取值为 0 或 1 的信号线。在 Verilog 中，1 位值的 1 代表“为真”，0 代表“为假”。

在比号（:）两边的*为真 - 表达式*和*为假 - 表达式*所产生的值必须与等号左边的信号取值相匹配（或至少兼容）。在本例中，每个语句的*为假 - 表达式*都是 0，这是一个整数的常量，直接赋值给 1 位信号线。当一个整数被赋值给一个信号线或是与一个信号线相比较时，Verilog 会使用整数的最低有效位（LSB），在这种情况下，当然是 0。

本例中的*为真 - 表达式*是一个括号逻辑表达式，这个表达式是一个为真或为假的值。在 Verilog 中，将一个逻辑值赋给一条连线或与一条连线上的值进行比较时，会用一个 1 位二进制的值来表达这个逻辑值，1 表示为真，0 表示为假。

在括号内的逻辑表达式引入了几个新意。Verilog 支持向量，这些向量是 1 位元素（如 1 位信号线）的一维数组。大括号可以用来将多位级联为一个向量，所以 `{A1,A0}` 是一个最高有效位（MSB）为 `A1`、最低有效位（LSB）为 `A0` 的 2 位向量。

Verilog 还支持向量文字，用 ' 标示。在本例中，2 是文字内二进制数的位数，' 表示这是文字，而 `b` 是接下来这个数字的基数，本例的基数是二进制。所以，四个语句中的文字都是 2 位向量，取值为二进制的 00 ~ 11。数字也可以采用其他的基数，所以，文字 `2'b11` 也可以写为 2'd3（十进制）、2'h3（十六进制）或 2'o3（八进制）。无论采用何种基数，开始的数字（2）总是二进制数的位数，而且总是写为十进制数字。

每个语句中括号内的逻辑表达式都是一个相等比较式。就像 C 语言和一些其他的程序设计语言一样，`==` 操作符执行相等的比较。在每个语句中，都是将一个 2 位向量 `{A1,A0}`（对应于译码器的地址输入）与右边的一个 2 位文字相比较。如果地址输入信号与对应输出信号的数字 `i` 相匹配，那么赋值语句就会将对应的输出信号 `Yi` 设置为 1，否则就设置为 0。

说明译码器的另一种方法（也可能是最易读和最易维护的方法）就是使用 Verilog 的行为化风格模型。实际上，Verilog 对译码器的行为特性建模，有几种不同的方式。方法之一如程序 6-3 所示。此处采用了一个 `always` 语句，其敏感信号列表包括译码器的所有输入。注意，现在将输出变量声明为 `reg` 类型，故而可以在过程语句中对输出变量赋值。用一个 `if` 语句来测试使能输入。如果 `EN` 为 0，则所有输出都设置为 0。当 `EN` 有效时，译码器的功能非常完美地转化成 HDL 代码，并且基于当前的输入组合激活一个输出：用一个 `case` 语句检查地址输入，并给对应的输出赋值。

程序 6-3　2-4 二进制译码器的行为化风格 Verilog 模块

```
module Vr2to4dec_b1(A0, A1, EN, Y0, Y1, Y2, Y3);
  input A0, A1, EN;
  output reg Y0, Y1, Y2, Y3;

  always @ (A0, A1, EN)
    if (EN==1)
      {Y3,Y2,Y1,Y0} = 4'b0000;
    else
      case ({A1,A0})
        2'b00: {Y3,Y2,Y1,Y0} = 4'b0001;
        2'b01: {Y3,Y2,Y1,Y0} = 4'b0010;
        2'b10: {Y3,Y2,Y1,Y0} = 4'b0100;
        2'b11: {Y3,Y2,Y1,Y0} = 4'b1000;
        default: {Y3,Y2,Y1,Y0} = 4'b0000;
      endcase
endmodule
```

`case` 语句中的 `default` 选项用于应对模拟中 `A0` 或 `A1` 为 `x` 或 `z` 的情况；在这种情况下，将输出值设置为 `4'bxxxx` 更为明智，以免传输误差。

reg 不是寄存器

在程序 6-3 和其他程序中，Y0 被声明为 reg 变量，这样就可以在 always 程序块内设置它的值。但要记住，不管什么名字，Verilog 的 reg 声明都不会生成一个硬件寄存器（用于存储的一组触发器），它只是简单地为模拟器和综合器生成一个内部变量而已。关于在 Verilog 模块中生成触发器的机理，将在 10.3 节讨论。

恰逢其时

程序 6-3 中的 Verilog

行为化风格的 Verilog 建模采用“过程代码”来定义稍后会综合为硬件的逻辑行为。用于综合的逻辑建模的关键要求就是使用代码“模板”，编译器知道如何将这些模板翻译成后续实际硬件目标所对应的 RTL 结构。

理解 Verilog 行为化建模的一个非常重要的概念就是 reg 变量的使用。在过程代码（procedural code）中，只有 reg 变量可以被赋值，wire 类型就不行。撇开这个差劲的关键字命名，reg 并不是硬件中的寄存器！ reg 是用在一个模块内的一个软件变量，并且通常是用过程代码中的语句来对它赋值。在一个电路中，reg 可能有（也可能没有）物理意义，这取决于在 Verilog 模块中是如何使用它的。

在程序 6-3 的模型中，output 声明中的关键字 reg 指明，所命名的输出在这个模块中用作 reg 变量。但是，在这个模块中的每一个这样的 reg 变量的当前值，都会连续地被赋给所命名的输出端口信号，也就是与其他模块连接的线路。局部 reg 变量也可以声明为只能用于模块内部，但本例中没有这样的局部 reg 变量。

用 always 关键字引入过程代码。后面紧跟一个信号名的括号列表，称为“敏感信号列表”。如果一个或多个所列信号的值发生变化，那么列表后面的语句就会在零模拟时刻执行。由这个模型综合出的硬件也会模仿这个行为特性。如果这个语句的执行又引起了列表中一个信号的进一步变化，那么这个语句会再次运行，且依旧在零模拟时刻。这个执行过程持续进行，直到列表中所有的信号都稳定为止，但是，如果稍后列表中有任何信号发生变化，那么这个过程又会开始。

在本例中，跟在敏感信号列表后面的过程语句是一个 if-else 语句，由 if 关键字引入。if 关键字用于测试括号内的逻辑表达式，这个表达式后面跟了一个语句，如果这个表达式为真，则执行这个语句。如果可选的 else 关键字出现的话，那么在表达式为假时，就执行 else 后面的语句。

在本例中，EN 为 0，则输出变量 {Y3,Y2,Y1,Y0}（另一个级联）被置为 0。否则，就执行“case”后面的语句。

case 关键字引入了一个 Verilog 的 case 语句。case 后面跟了一个用括号括起来的“选择表达式”，在这个语句应用的大多数情况下，这个选择表达式的值为一个整数或一个向量。接下来是一个 case 项序列，本例中有 5 个 case 项。每个 case 项由一个“选择”开始，后面是一个分号，然后是一个过程语句。case 语句会找到第一个其值与选择表达式相匹配的选择，并执行对应的过程语句。如果没有找到匹配的选择，但有可选的 default 选择的话，就执行对应的语句。

在本例中，选择表达式是一个 2 位的向量 {A1,A0}，而 case 项枚举了所有可能的四种二进制值，每一种情况下，都为输出 {Y3,Y2,Y1,Y0} 设置了一个对应的二进制常量。

case 语句以 endcase 关键字结束，endcase 关键字有“内置的”语句终止分号。而模块则通常以 endmodule 结束。

程序 6-3 中的过程语句从某种角度讲单单只是模拟了译码器的真值表。要用这种方法对更大型的译码器建模，则必须写出更多的 case 语句和更长的赋值语句的文字，这比较容易产生错误。采用程序 6-4 中的方法可以更好地捕捉到译码器的行为特性，这是一个简单的模块，但有几个方面值得注意：

- 声明了一个 4 位 reg 向量变量 IY 作为输出的“内部”版本，以便设置一个单独的由代码中的整型变量 i 来选择的位编码。
- 尽管代码看起来可能非常“顺序化”，先是 IY 的初始化，然后可能会在 for 循环中对 IY 内的某一位进行置位，但在模拟时，这些操作都是在零模拟时刻执行的。
- 同样，在综合时，for 循环仅仅是一条指令，指示工具综合出一个组合逻辑结构，该结构的功能就是将 {A1,A0} 与循环中 i 的四个可能值逐一进行比较，并依据匹配的结果（假设为 i），将 IY 的第 i 位置为 1。这可以看作是针对按顺序说明的 IY[i] 输出的组合逻辑方程。
- always 程序块中的最后一个语句是将 IY 的值赋给模块的输出变量。如果我们在一开始就将输入和输出声明为向量 A[1:0] 和 Y[3:0]，那么便可以避免这个额外的工作（以及级联的 {A1,A0}），但是，我们要在稍后的另一个例子里再这样做。

程序 6-4　另一个 2-4 二进制译码器的行为化风格 Verilog 模块

```
module Vr2to4dec_b2(A0, A1, EN, Y0, Y1, Y2, Y3);
  input A0, A1, EN;
  output reg Y0, Y1, Y2, Y3;
  reg [3:0] IY;
  integer i;

  always @ (A0 or A1 or EN) begin
    IY = 4'b0000;                // 默认，输出都为 0
    if (EN==1)                   // 如果使能有效……
      for (i=0; i<=3; i=i+1) // 设置输出位 i，其中 i={A1,A0}
        if (i == {A1,A0}) IY[i] = 1;
    {Y3,Y2,Y1,Y0} = IY;          // 将内部变量复制给输出
  end
endmodule
```

仅仅是为了多样化

在 Verilog 中可以有许多不同类型的选择，但从缩进和空格到语法都是不变的。雇主有时会要求采用一种特定的类型，只是为了保持一个设计团队设计风格的一致性。在本书中，不同的例子还是会采用几种不同的风格，以便向读者展示并提醒读者可以使用的几种不同的语法选项。

例如，本节中，有时会出现一个敏感信号列表以及用 or 或者逗号隔开的单个的信号名，有时又会采用通配符“ * ”代替，通配符代表“对该程序块有影响的所有信号”。

你会看到，1 位的逻辑值 1 有时会非常精确地写成“1'b1”，而有时又只是简单地写为“1”，从技术上讲，这就是一个整型常量，但是，当用来与任何 1 位信号匹配，或与任何变量比较，或对任何变量赋值时，Verilog 的编译器会将其翻译为“1'b1”。

正如你在程序 6-3 和 6-12 中看到的，case 语句的“选项”可以用二进制（也可以用十进制）的文字表达，但是，为了避免发生 5.9.7 节第二个方框注释中所描述的问题，此处决不能用整数表达。

恰逢其时

程序 6-4 中的 Verilog

这个模块的声明与第一个行为化模块相同，但是，这个模块还声明了一个内部的 reg 变量 IY，IY 是一个四位的向量，这个向量基本上复制了四个输出端口的各位。声明中的 [3:0] 说明向量元素的数字从左到右分别为 3 ~ 0。向量元素的数字也可以是升序的，而且可以用任何下标作为开始和结束。

模块声明了 reg 变量 IY，使得后面可以用特定的向量运算来说明译码器的行为特性，而向量运算对分开命名的输出端口位来说是不能使用的。模块还声明了一个整型变量 i，用于控制 for 循环，稍后会对此做出解释。

always 语句中的敏感信号列表采用了 or 关键字而非逗号作为分隔符。这个 or 关键字和或功能或者 Verilog 内置的 or 组件无关。它只是源于最初的 Verilog-1995 的可选语法。

正如许多其他的语言，Verilog 支持程序块结构代码，就是可以用于代替单个语句的一系列语句。在 Verilog 中，程序块由 begin 关键字开始，包含一系列的过程语句，最后以 end 关键字结束。程序块中的过程语句按顺序执行。在本例中，跟在 always 后面的 begin-end 程序块被看作是一个过程语句，可创建一个“always 程序块”。

本例中引入了 Verilog 的 for 循环，以 for 关键字开始。接着是一个括号列表，其中包含三个元素，用来处理循环索引变量，循环索引变量通常是一个整数（本例中是 i），用于控制循环的行为。第一个元素给循环索引变量赋初值，第二个元素是一个评估循环体的执行优先级的逻辑表达式，逻辑表达式必须为真，循环体才会被执行；而每执行一次循环体，第三个元素就给循环索引变量赋下一个值。循环体是一个过程语句，而本例中就是一个 if 语句，在这里没有使用 else 从句。

这个模块中第一次出现了另一个 Verilog 特性，就是使用方括号 []，通过“位选择”的说明来选择向量的一位。位选择是一个表达式，其值是一个整数或者可以转换为一个整数。这个整数值当然表示所选择的二进制数位。我们还可以选择一个二进制位的范围，用分号分隔的两个整数来实现这种“部分选择”；其表示选择向量中从开始下标到结束下标之间连续的各位二进制数字，正如下例中所看到的。

又一个译码器的行为化模型如程序 6-5 所示。这是所有版本中最简练的。在将输出位初始化为全 0 之后，其只需用索引 {A1, A0} 将 IY 位设置为 1。

程序 6-5　又一个 2-4 译码器的行为化风格 Verilog 模块

```
module Vr2to4dec_b3(A0, A1, EN, Y0, Y1, Y2, Y3);
  input A0, A1, EN;
  output reg Y0, Y1, Y2, Y3;
  reg [3:0] IY;

  always @ (A0, A1, EN) begin
    IY = 4'b0000;                    // 默认，输出都为 0
    if (EN==1) IY[{A1,A0}] = 1;  // 如果使能有效，则设置选中的输出位
    {Y3,Y2,Y1,Y0} = IY;             // 将内部变量复制给输出
  end
endmodule
```

恰逢其时

程序 6-5 中的 Verilog

这个模块中其实没有什么真正新的内容，但是，有一些内容使用了一点点技巧；你看出来了吗？记住，语法 IY[*p*] 用来搜寻一个“部分选择”*p*，这个 *p* 说明了一个向量的一

部分。在本例中，级联 {A1,A0} 是一个 2 位向量，编译器会把该向量看作是一个部分选择的整数范围。所以，表达式 IY[{A1,A0}] 表示取向量 IY 的 {A1,A0} 之间的二进制位。

即使译码器的设计非常简单，我们也应该写一个测试平台，以确保设计的正确性。程序 6-6 就是完成这个任务的自检测试平台。对于只有三个输入的译码器，就只有八个不同的输入组合，这个测试平台采用一个变量 i 来逐一检查这些组合。然而，测试平台不是对着表 6-3 的真值表来检查译码器的输出 Y，而是将译码器的使能输入和地址输入的功能包含在 if 语句中。这样就对设计者所创建的译码器和测试平台逻辑起到了“双向检测”的作用。由于这五个译码器模块都有相同的输入、输出和功能，所以，这个测试平台可以用于这五个译码器中的任何一个，只需要改变一行代码——就是实例化 UUT 的那一行代码。

程序 6-6 2-4 译码器的测试平台

```
`timescale 1 ns / 100 ps
module Vr2to4dec_tb () ;
  reg A0s, A1s, ENs;
  wire Y0s, Y1s, Y2s, Y3s;
  integer i, errors;
  reg [3:0] expectY;

  Vr2to4dec_s UUT ( .A0(A0s),.A1(A1s),.EN(ENs), // 实例化待测单元
                    .Y0(Y0s),.Y1(Y1s),.Y2(Y2s),.Y3(Y3s) );
  initial begin
    errors = 0;
    for (i=0; i<=7; i=i+1) begin
      {ENs, A1s, A0s} = i;                        // 应用测试输入组合
      #10 ;
      expectY = 4'b0000;                          // 如果 EN=0，则没有有效的期望输出
      if (ENs==1) expectY[{A1s,A0s}] = 1'b1; // 否则，输出 {A1,A0} 应该置为有效
      if ({Y3s,Y2s,Y1s,Y0s} !== expectY) begin
        $display("Error: EN A1A0 = %b %b%b, Y3Y2Y1Y0 = %b%b%b%b",
                ENs, A1s, A0s, Y3s, Y2s, Y1s, Y0s);
        errors = errors + 1;
      end
    end
    $display("Test complete, %d errors",errors);
  end
endmodule
```

在一个像这样简单的设计中，即使第一次运行，测试平台也很可能会发现没有错误。但是，总可以（建议）在 UUT 中插入一个或两个错误，以确保测试平台是真的可以检测到错误。训练题 6.8 就是一个关于如何非常容易地在本例中“测试测试平台”的有点像谜语的问题。

恰逢其时

程序 6-6 中的 Verilog

Verilog 的测试平台并不对硬件建模，它只是一个程序，模拟器通过执行这个程序，将输入加到一个硬件模型的输入端，并观察其输出，这个硬件模型通常被称为“待测单元”(UUT)。测试平台本身一般没有输入和输出，因而，模块名后面跟的是一个空的列表。

测试平台通过列出 UUT 的名字、一个设计者选择的参考标识符（本例中是 UUT），以及一个输入 / 输出关联的列表，来实例化 UUT。每个关联都有一个圆点，后面跟着 UUT 的输入和输出信号，接着是包含了应该与这个 UUT 的输入或输出“连接”的局部信号名的括号。UUT 的输出必须与 wire 类型的信号相连，因此，Y1s ~ Y4s 都声明为这种类型。

测试平台的第一组声明定义了三个 reg 变量 A0s、A1s 和 ENs，它们是 UUT 的输入。测试平台采用过程代码给这些变量（也就是 UUT 的输入变量）赋值。

initial 关键字引入过程代码，模拟器会在模块开始的零时刻运行一次这个过程代码。接着是一个过程语句，通常是一个 begin-end 程序块，用于创建一个“initial 程序块”。

initial 程序块的主体将错误计数设置为 0，然后，是一个 for 循环，每循环一次，就执行一个 begin-end 程序块。这个程序块的第一个语句给 UUT 的输入赋值，这个赋值式的左边是一个 3 位的向量，右边是一个整数。对于这样一个“不匹配”的赋值式，Verilog 会截断这个整数值，从最低有效位开始，截取位数与向量长度相匹配的那部分整数。因此，所赋予的值的范围是二进制的 000 到 111。

下一个语句，“#10;”，指示模拟器延迟模拟时间 10 个单位，这个单位就是模块一开始的 `timescale 指令中列出来的第一个值（1ns）。每隔 10ns，就会有一个新的输入值提供给 UUT。

下一个语句将 expectY 设置为全 0，而且，如果 ENs 为 1，则 if 语句将 expectY 中由 {A1s,A0s} 选中的位设置为 1。第二个 if 语句将输出值 {Y3s,Y2s,Y1s,Y0s} 与所期望的输出 expectY 进行比较。一个精细之处就是，采用这种“状况不等操作符”!==，适合于处理模拟中可能出现的输出 Yi 的值为 x 或 z 的情况。如果没有任何错配，则会执行 begin-end 程序块，以显示错误及错误计数的增量。

错误由内置的系统任务 $display 显示，会在系统控制台显示一行文本（用一个“newline”终止）。这个显示语句中语法参数与 C 语言中格式化 I/O 的参数相似。第一个参数是一个格式为字符串的文本（以 " 为界），说明要打印的内容。这个字符串中的每一个 %f 都是另一个参数的占位符，用字母 f 说明这个参数打印的格式，其中 b 是二进制的意思，其他的可选项包括 d、h 和 o。在格式化字符串之后，是按顺序替换占位符附加参数的当前值。占位符的数量必须与附加参数的数量相匹配。

initial 程序块中的最后一个语句指示测试的结束，并显示发现的错误的个数。通常，模块用 endmodule 结束。

当一个模块可能被重复用于不同的设计中时，将模块参数化会比较有意义，这使模块的关键特性参数很容易修改，而不必重写整个模块。就这个译码器而言，地址位数和输出位数是关键参数。基于之前的行为化设计，程序 6-7 给出了一个 n–s 二进制译码器，其中，n 是地址位数，s 是输出位数，通常是 2^n。在这个版本中，我们将 A 和 Y 都声明为向量，以便参数化代码，A 的位数的缺省值为 3，Y 的位数的缺省值为 8。由于不再需要临时变量 IY，因此代码也得以简化。还有两件事情值得注意：

- 我们将 Y 初始化为 0，这是一个整型常量。但是，编译器通常把这个整型常量转换为一个位向量，将左边补 0，扩展为与所要赋值的向量 Y 的位数相匹配。如果要将 Y 初始化为全 1 的向量，那么这种快捷方式就不再适用了。
- 如前所述，所有的行为都发生在零模拟时刻。即使在两个不同的地方对 Y 赋值，也只有最后所赋的那个值会出现在模拟或综合电路的输出端。

基于前一个测试平台，还可以为参数化的二进制译码器写出另外一个新的测试平台，如程序 6-8 所示。注意，在实例化为 UUT 时，这个程序传递给译码器的正好是它自己的参数值，碰巧是一样的，但参数值可以变化。还要注意，计算 for 循环的边界时，参数 N 的使用，循环体将会执行 2^{N+1} 次。最后，请注意，我们在测试平台中使用了与 UUT 中相同的信号名——由于作用域规则，编译器要把每一件事情都搞清楚。我们在许多其他的测试平台中都是这样做的，但是，你有选择权。

程序 6-7 参数化 N-S 二进制译码器模块

```
module VrNtoSbindec(A, EN, Y);
parameter N=3, S=8;
  input [N-1:0] A;
  input EN;
  output reg [S-1:0] Y;

  always @ (*) begin
    Y = 0;                    // 默认，输出都为 0
    if (EN==1) Y[A] = 1;      // 如果使能有效，则设置选中的输出位
  end
endmodule
```

程序 6-8 *n-s* 位二进制译码器模块的参数化测试平台

```
`timescale 1 ns / 100 ps
module VrNtoSbindec_tb () ;
parameter N=3, S=8;
  reg [N-1:0] A;
  reg EN;
  wire [S-1:0] Y;
  integer i, errors;
  reg [S-1:0] expectY;

  VrNtoSbindec #(.N(N),.S(S)) UUT ( .A(A),.EN(EN),.Y(Y) );    // Instantiate the UUT
  initial begin
    errors = 0;
    for (i=0; i<(2**(N+1)); i=i+1) begin
      {EN, A} = i;                              // 应用测试输入组合
      #10 ;
      expectY = 0;                              // 如果 EN=0，则没有有效的期望输出
      if (EN==1) expectY[A] = 1'b1;             // 否则，输出 A 应该置为有效
      if (Y !== expectY) begin
        $display("Error: EN A = %b %b, Y = %b", EN, A, Y);
        errors = errors + 1;
      end
    end
    $display("Test complete, %d errors",errors);
  end
endmodule
```

恰逢其时

程序 6-7 和 6-8 中的 Verilog

关键字 parameter 引入了一个声明，为模块中后面要用到的已命名参数赋予常量值。在一个声明中可以给多个参数赋值，各参数之间用逗号隔开。在测试平台或其他模块中对模块实例化时，可以采用与“给信号本身赋值”类似的方法，给模块中的参数赋予新的常量值。模块名后面是一个 # 号，接着是一个包括参数名及其新值的括号列表。

在程序 6-7 中，敏感信号列表内的通配符“*”意味着“所有信号都有可能会影响这个 always 程序块”。这就给编译器增加了负担，编译器需要去分辨哪个信号变化会引起这个程序块重新执行。在程序 6-8 中，for 语句“控制”部分的求幂运算用“**”表示。

出乎预料，但并非 bug

即使 S 不是 2 的 N 次幂，程序 6-7 中的代码也一样有效。例如，假设设置 S 为 6，构造一个 3-6 译码器，那么译码器的输出为 Y[5:0]，而地址输入组合 110 和 111 不会选中任何输出。显然，当 A 为 110 或 111 时，代码功能会出错，因为要将 Y[A] 中没有的位设置为 1。然而，Verilog 语言参考手册澄清了这个问题，对向量赋值如果超出了向量的长度，那么简单地忽略这个赋值操作就可以了（参见 5.3 节第一个方框注释）。在这种情况下，程序 6-8 中的测试平台会基于同样的原因而正常工作。

一旦定义了像 VrNtoSbindec 这样的“通用”模块，那么在其他设计中就可以将其当作构件来使用。例如，假设我们需要一个 3-8 译码器模块，其功能要与 MSI 部件 74x138 一样——两个低电平有效和一个高电平有效的使能输入端，以及低电平有效的输出端。这样的一个 Vr74x138 模块可以基于 VrNtoSbindec 进行层次化定义。模块之间的层次化关系如图 6-22 所示，对应的 Verilog 代码如程序 6-9 所示。顶层模块 Vr74x138 实例化 VrNtoSbindec，说明了与其输入和输出端相连的信号，以及要赋给其参数的常量值。顶层模块中还有连续赋值语句，用于组合使能信号，并根据需要实现高电平有效的形式。

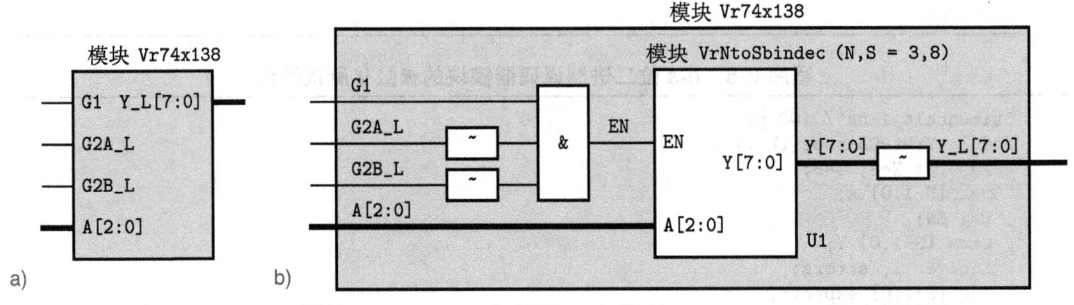

图 6-22　Verilog 模块 Vr74x138：a）顶层；b）带有 VrNtoSbindec 的内部结构

程序 6-9　与 74x138 类似的 3-8 译码器的层次化定义

```
module Vr74x138(G1, G2A_L, G2B_L, A, Y_L);
  input G1, G2A_L, G2B_L;
  input [2:0] A;
  output [7:0] Y_L;
  wire [7:0] Y;

  assign EN = G1 & ~G2A_L & ~G1A_L;   // 转换、组合使能
  assign Y_L = ~Y;                    // 转换输出
  VrNtoSbindec #(.N(3),.S(8)) U1 (.EN(EN),.A(A),.Y(Y));
endmodule
```

名字的匹配

在图 6-22 中，模块的端口名画在对应的模块方框的里面。与模块所用的端口连线的信号名是画在信号线上的。注意，信号名与端口名可能匹配，但也不一定。Verilog 的编译器会弄清楚每一种情况，将一个作用域与每一个名字相关联。在这种情况下对变量名和参数名的处理方法，完全与结构层次化的过程性程序设计语言（如 C 语言）所采用的方法类似。

恰逢其时

用于程序 6-9 的 Verilog

关于我们的例子，第一次在程序 6-9 中使用了 Verilog 的用于组合信号的“逐位逻辑”算符。针对每一位或多位向量的非、与、或运算，分别用符号 ~、&、| 表示。用于向量时，这些运算会对应每一位逐位进行。

Verilog 还有另一个不同的运算集，用于组合逻辑表达式中的真值，表示为 !、&&、||，并且将会出现在稍后的另一个例子中。二者的区别很细微，但却很重要。

6.3.5　定制的译码器

定制译码器可以有多种不同的方式。在基于 HDL 的设计中，这样的定制一般会在较大型的模块设计中用到，此时，译码功能是包含在其他功能模块中的。定制通常很容易完成，可能包括以下几种情况：

- 输入和数据输出的数量不同，某些情况下，数据输出的数量小于 2^n，而且无效地址输入组合也可能不同。
- 低电平有效的输入（特别是使能输入）或输出；
- 两个或更多个地址输入组合对应同一个输出有效；
- 一个输入组合对应多个输出有效。

我们所讲述的与图 6-13 相关的存储器模块的译码，就是一个有趣的例子。在进行 Verilog 的设计之前，我们做一个简化的假设：当运算的长度比一个字节大时，操作数的地址会与对应这个长度的边界“对齐”。也就是说，对于半字、字以及长字的运算，操作数的地址分别是 2、4 和 8 的倍数。

创建存储器模块使能端（EN_L[3:0]）和字节使能端（BE_L[7:0]）的 Verilog 模块如程序 6-10 所示。模块的输入是存储器地址的最高 10 位以及最低 3 位，而运算的长度为 2 位。模块内部的使能信号采用了 `reg` 向量 `EN` 和 `BE`，在模块的最后，还采用连续赋值语句创建了所要求的外部低电平有效输出。用一个 `parameter` 语句定义了运算长度的编码。

程序 6-10 图 6-13 中存储器模块的译码器的 Verilog 模型

```
module Vrmemdec (HADDR, LADDR, SIZE, EN_L, BE_L);
  input [39:30] HADDR;
  input [2:0] LADDR;
  input [1:0] SIZE;
  output [3:0] EN_L;         // 低电平有效输出
  output [7:0] BE_L;
  reg EN_MEM;                // 内部主存储器使能
  reg [3:0] EN;              // 高电平有效的内部版输出
  reg [7:0] BE;
  integer i;

  parameter BYTE  = 2'b00,  // 对操作规模编码
            HWORD = 2'b01,
            WORD  = 2'b10,
            LWORD = 2'b11;

  always @ (*) begin
    EN = 4'b0000; BE = 8'h00;              // 默认，输出无效
    EN_MEM = (HADDR[39:32] == 8'h00);      // 首先检测存储器是否处于使能状态
    if (EN_MEM) begin
      for (i=0; i<=3; i=i+1)               // 使 HADDR 地址对应的模块有效
        if (HADDR[31:30] == i) EN[i] = 1'b1;
      if (SIZE == LWORD) BE = 8'hFF;       // 长字，所有字节有效
      else if (SIZE == WORD) begin         // 字（4个字节）
        if (LADDR == 3'b000) BE = 8'h0F;   // 对齐 LADDR，字节有效
        else if (LADDR == 3'b100) BE = 8'hF0;
      end                                  // 否则，无效
      else if (SIZE == HWORD)              // 半字（2个字节）
        case (LADDR)
          3'b000: BE = 8'b00000011;        // 对齐 LADDR 的四种情况
          3'b010: BE = 8'b00001100;
          3'b100: BE = 8'b00110000;
          3'b110: BE = 8'b11000000;
          default BE = 8'b00000000;        // 如果 LADDR 不齐，则无效
        endcase
      else                                 // SIZE == BYTE
        for (i=0; i<=7; i=i+1)
          if (LADDR == i) BE[i] = 1'b1;
    end
  end

  assign EN_L = ~EN; assign BE_L = ~BE;  // 构建低电平有效的模块输出
endmodule
```

模块采用 always 程序块构建译码器的行为化模型，首先检测地址的高 8 位，以确定存储器是否处于使能状态。如果是的话，for 循环使 EN 中与被选中的存储器模块对应的位有效，用地址输入位 HADDR[31:30] 选中存储器模块。接着是字节使能信号计算，对于四种可能运算长度的每一种都要进行单独计算。为了演示说明，模块中使用了四种不同的方法。对于长字运算，无条件地将 BE 设置为全 1。对于字运算，用一个 if 语句将 BE 各位设置为合适的值，使四个低阶字节或四个高阶字节有效，具体由低阶地址位 LADDR[2:0] 的值决定。对于半字运算，用一个 case 语句来使合适的两个字节有效。而对于字节运算，用一个 for 循环对三个低阶地址位简洁译码，使对应的一个字节有效，就跟这个 always 程序块最开始的 for 循环对 HADDR[31:30] 译码的方式一样。

一个译码器的自检测试平台如程序 6-11 中的两个部分所示。第一部分是声明部分；定义了一个任务 displayerrors，用于在发现一个错误时计数错误和显示 UUT 的输入和输出，并实例化 UUT。第二个部分包含测试平台的主体——一个 initial 程序块。

程序 6-11　程序 6-10 的 Vrmemdec 模块的测试平台模块

```
module Vrmemdec_tb();
  reg [39:30] HADDR;
  reg [2:0] LADDR;
  reg [1:0] SIZE;
  wire [3:0] EN_L;
  wire [7:0] BE_L;
  reg [3:0] EN, ENMASK;      // 高电平有效的内部版输出
  reg [7:0] BE, BEMASK;;
  reg [1:0] MADDR;           // 用于设置模块地址 (HADDR[31:30])
  integer i, ahi, alo, sz, errors;

  parameter BYTE  = 2'b00,  // 对操作规模编码
            HWORD = 2'b01,
            WORD  = 2'b10,
            LWORD = 2'b11;

  task displayerror;
    begin
      errors = errors+1;
      $display("Error: HADDR=%10b, LADDR=%3b, SIZE=%2b, EN=%4b, BE=%8b",
               HADDR, LADDR, SIZE, EN, BE);
    end
  endtask

  Vrmemdec UUT ( .HADDR(HADDR), .LADDR(LADDR),              // 实例化 UUT
                 .SIZE(SIZE), .EN_L(EN_L), .BE_L(BE_L) );


  initial begin
    errors = 0;
    for (ahi=0; ahi<1024; ahi=ahi+1) for (alo=0; alo<8; alo=alo+1)
        for (sz=0; sz<4; sz=sz+1) begin
      HADDR = ahi; LADDR = alo; SIZE = sz; // 建立 UUT 输入
      MADDR = HADDR[31:30];                 // 设置 HADDR 的模块选择部分
      #10 ;                                 // 等待有效的译码器输出
      EN = ~EN_L;  BE = ~BE_L;              // 获取高电平有效版本
      ENMASK = ~(2**(MADDR));               // 除选定模块的有效位之外的所有位
      if (HADDR[39:32]!=8'b0) begin         // 记忆无效
        if (EN!==4'b0000) displayerror;
      end else begin                        // 记忆有效
        if ( (EN[MADDR] !== 1'b1) || ((EN & ENMASK)!==4'b0000) ) // 检测 EN 的错误
          displayerror;
        if (SIZE==BYTE)                     // 按照 SIZE 检测 BE 的错误
          begin
            BEMASK = ~(2**(LADDR));         // 除选定字节的 BE 位之外的所有位
            if ( (BE[LADDR] !== 1'b1) || ((BE & BEMASK)!==8'h00) ) displayerror;
          end
        else if (SIZE==HWORD)
          case (LADDR)
            3'b000: if (BE !== 8'b00000011) displayerror;
```

```
          3'b010: if (BE !== 8'b00001100) displayerror;
          3'b100: if (BE !== 8'b00110000) displayerror;
          3'b110: if (BE !== 8'b11000000) displayerror;
          default if (BE !== 8'b00000000) displayerror;
        endcase
      else if (SIZE==WORD)
        case (LADDR)
          3'b000: if (BE !== 8'b00001111) displayerror;
          3'b100: if (BE !== 8'b11110000) displayerror;
          default if (BE !== 8'b00000000) displayerror;
        endcase
      else        // SIZE == LWORD
        if ((LADDR==3'b000) && (BE !== 8'b11111111)) displayerror;
        else if ((LADDR!=3'b000) && (BE !== 8'b00000000)) displayerror;
    end
  end
end
endmodule
```

可以看到，测试平台采用三重 for 循环，将 HADDR、LADDR 和 SIZE 的所有可能的组合都加到了 UUT 上。对于每一种组合，首先检测是否可以使整个存储器有效。如果不是，就要确保所有的使能信号都无效。否则，就进一步检测模块使能信号和字节使能信号（EN[3:0] 和 BE[7:0]）的值对于当前的输入组合来说是否正确。对于模块使能，检测是否与 HADDR[31:30] 当前值对应的 EN 位为 1，且其余位都为 0。注意代码是如何构造 4 位变量 ENMASK 的，使其中除了应该为 1 的那一位之外，其余位也都为 1，并且用一个与运算将这一位从 EN 中“抠取”出来，使得 EN 的其余位可以和 0 比较。

恰逢其时

程序 6-11 中的 Verilog

在模块最开始声明的 Verilog“任务”，主要用于测试平台，以使任务自动地重复执行，或是提升模块的结构化和可读性。一个任务以 task 关键字开始，接着是任务名和分号。一个任务可以有输入和输出参数，参数的声明必须在任务名的后面，使用关键字 input 和 output，就像在模块中的一样；在本例中没有任务。任务还可以声明局部变量（reg 或 integer，但没有 wire），这些局部变量的值不会从一次任务调用保留到另一次调用。任务的声明后面是一个过程语句，通常是 begin-end 程序块，而且以关键字 endtask 结束。

对于我们已经见过的组合信号，除了布尔操作符，Verilog 还有一些不同的操作符，用于控制 if 和 for 这类语句的逻辑表达式中的真值的组合。与 C 语言类似，Verilog 用 !、&& 和 || 分别表示非、与以及或。如果给一个信号赋予一个真值，那么采用一个 1 位值，1 表示为真，0 表示为假。如果草率地使用逻辑操作符，则会引起一些令人沮丧的 bug，参见 5.5 节开始的讨论。

在检测了模块使能之后，测试平台就会根据 SIZE 的不同而采用不同的代码来检测字节使能。对于字节运算，采用与模块使能代码类似的方法，确保选中的字节所对应的 BE 位为 1，其余位都为 0。对于其他的运算长度，则将 BE 向量作为低阶地址位的函数与其期望值进行比较。

注意，测试平台一般期望所有长度的运算在地址边界上是“对齐的”，正如我们在最初的问题陈述中所指出的。如果地址边界没有对齐，则期望 BE 的位都为 0。在测试平台上运行程序 6-10 中的 Verilog 模块表明，这个模块不是特别正确——对于长字运算，我们没有检测到合适的对齐。纠正这个错误的工作留到练习题 6.29。

下一小节将给出另一个经典的译码器例子，这种译码器一次有多个输出有效。

6.3.6　七段译码器

看一看你的手腕，可能就会见到七段显示器（seven-segment display）。这种显示器常常使用发光二极管（LED）或液晶显示器（LCD）元件，在手表、计算器和仪器中显示十进制数码。如图 6-23a 所示，通过点亮七个线段的子集就可以显示数码。

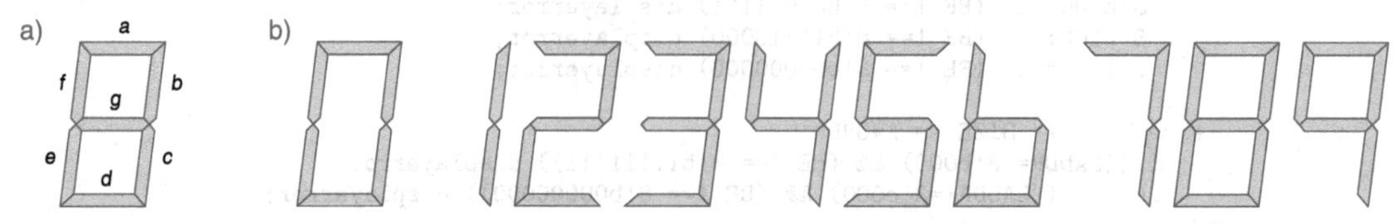

图 6-23　七段显示：a）段标识；b）十进制数字

七段译码器（seven-segment decoder）将 4 位 BCD 码作为其输入编码，而将"七段码"作为其输出代码（图 6-23b 画出了一般的"七段码"）。这可能是除二进制译码器外最好的译码器例子。

程序 6-12 是一个七段译码器的 Verilog 程序，它有 4 位 BCD 码输入 DIG、高电平有效使能输入 EN 以及段输出 SEGA ~ SEGG。要注意，这里采用了串接和辅助变量 SEGS，使得程序更具可读性。针对不同的编码和特性，模型很容易被修改。例如，给数字 6 和 9 增加一个"尾巴"(练习题 6.37)，或者显示十六进制数字 A ~ F(原来是将这些输入组合当作"无关项"处理的)(练习题 6.38)。

程序 6-12　七段译码器的 Verilog 程序

```
module Vr7segdec(DIG, EN, SEGA, SEGB, SEGC, SEGD,
                 SEGE, SEGF, SEGG);
  input [3:0] DIG;
  input EN;
  output reg SEGA, SEGB, SEGC, SEGD, SEGE, SEGF, SEGG;
  reg [1:7] SEGS;
  always @ (DIG or EN or SEGS) begin
    if (EN)
      case (DIG)
    // Segment patterns  abcdefg
        4'd0:  SEGS = 7'b1111110;  // 0
        4'd1:  SEGS = 7'b0110000;  // 1
        4'd2:  SEGS = 7'b1101101;  // 2
        4'd3:  SEGS = 7'b1111001;  // 3
        4'd4:  SEGS = 7'b0110011;  // 4
        4'd5:  SEGS = 7'b1011011;  // 5
        4'd6:  SEGS = 7'b0011111;  // 6 (no 'tail')
        4'd7:  SEGS = 7'b1110000;  // 7
        4'd8:  SEGS = 7'b1111111;  // 8
        4'd9:  SEGS = 7'b1110011;  // 9 (no 'tail')
        default SEGS = 7'bxxxxxxx;
      endcase
    else SEGS = 7'b0000000;
    {SEGA, SEGB, SEGC, SEGD, SEGE, SEGF, SEGG} = SEGS;
  end
endmodule
```

我不在乎

注意，程序 6-12 的七段译码器模块中，在 default 的情况下，输出 SEGS 的七位都指定为 x，有些综合器将其解释为"无关项"。如果正常运算中不会出现非十进制数输入值的话，那么无关项可以使综合器减少门级实现所需的门电路的数量，例如，用 ASIC

实现时。另一方面，如果译码器采用像 FPGA 的查询表那样的实现，那么无关项就不会节省任何结构，这种情况下，设计者最好用全 0 或全 1 来代替 x。

测试平台的一个技巧

程序 6-13 是七段译码器的一个测试平台。测试平台仅仅单步调试 DIG 的 16 个可能的输入组合，并显示每一个输入对应的输出。然而，这个测试平台却很不寻常，它不是显示一个输出值的列表，而是重现七段显示器的可视化外观，会显示出与每段输出对应的空格、下划线、竖线以及换行线。研究一下这个程序，或者最好是试试这段程序！

程序 6-13 七段译码器的 Verilog 测试平台

```
`timescale 1ns / 100ps
module Vr7seg_tb ();
  reg EN;
  reg [3:0] DIG;
  wire SEGA, SEGB, SEGC, SEGD, SEGE, SEGF, SEGG;
  integer i;

  Vr7segdec UUT (.DIG(DIG),.EN(EN),.SEGA(SEGA),.SEGB(SEGB),
    .SEGC(SEGC),.SEGD(SEGD),.SEGE(SEGE),.SEGF(SEGF),.SEGG(SEGG));
  initial begin
    EN = 1; // Enable all
   for (i=0; i<16; i=i+1)
    begin
     DIG = i;
     #5 ;
     $write("Iteration %0d\n", i);
     if (SEGA) $write(" __\n"); else $write("\n");
     if (SEGF) $write("|"); else $write(" ");
     if (SEGG) $write("__"); else $write("  ");
     if (SEGB) $write("|\n"); else $write("\n");
     if (SEGE) $write("|"); else $write(" ");
     if (SEGD) $write("__"); else $write("  ");
     if (SEGC) $write("|\n"); else $write("\n");
     #5 ;
    end
    $write("Done\n");
  end
endmodule
```

恰逢其时

程序 6-13 中的 Verilog

这个测试平台使用了 Verilog 内置的 `$write` 任务，这个任务的行为与 `$display` 完全一样，但是在 `$display` 输出的最后没有附加的换行符。采用 `$write` 更便于一段一段地显示数字的结构。

每个 `if` 语句中的“逻辑表达式”都只是 1 位 wire 类型的值，技术上讲，不是一个真值。一个“合适的”逻辑表达式会是“ `SEGA==1'b1`”。但是，编译器会将 1 位值 1 当作“为真”。像这样简单的情况，似乎采用条件表达式的简洁形式会更清楚一些。

6.3.7 二进制编码器

在 6.3.1 节中，我们将译码器定义为任何多输入、多输出的组合逻辑电路，可以把输入编码字变换为一种不同的输出编码字。基于这个定义，实现与二进制译码器反向的变换的电路也是一个译码器，但是，这样的电路通常被称为*二进制编码器*（binary encoder）。如图

6-24a 所示，其输入编码是一个 2^n 中取 1 的编码，输出是 n 位二进制编码。输入为 I0 ~ I7、输出为 Y0 ~ Y2 的 8-3 编码器的等式如下：

$$Y0 = I1 + I3 + I5 + I7$$
$$Y1 = I2 + I3 + I6 + I7$$
$$Y2 = I4 + I5 + I6 + I7$$

对应的逻辑电路如图 6-24b 所示。一般来说，2^n–n 编码器可由 n 个 2^{n-1} 输入的或门构建。如果在 i 的二进制表示中，位 j 等于 1，那么输入编码的位 i 就连于或门输出 j。

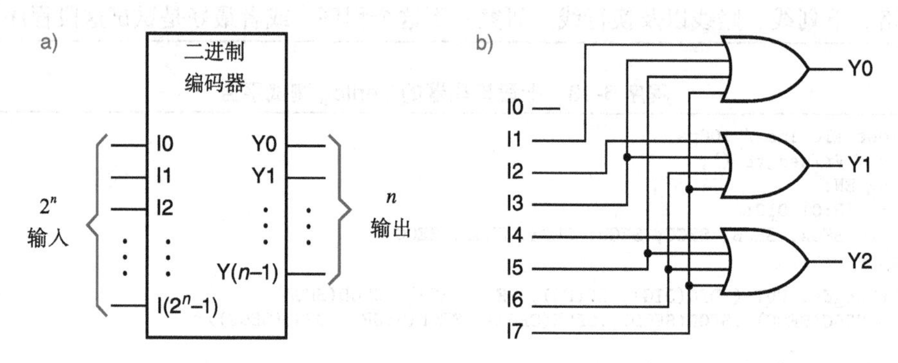

图 6-24　二进制编码器：a）一般结构；b）8-3 编码器

只有一个输入确切有效时，标准二进制编码器的输出才有意义；也就是说，期望的输入是 2^n 个编码中取 1 个输入。如果有两个或多个输入同时有效，那么输出就完全没有用了——输出编码字是所有有效输入对应的编码字按位相或。对于多个输入同时有效的情况，设计者可以采用“优先编码器”，优先编码器的输出编码字是有效输入中优先级最高的输入所对应的编码字。“优先级”是依据输入的编号决定的。优先编码器的设计将在稍后的 7.2 节中讲述。

6.4　多路复用器

在前一节中，我们看到，译码和选择是许多应用的基本需求，已经有特定的电路——译码器——来与之匹配。一种常见的选择操作是从一个数据源中挑选数据，这个数据源是要从一个共享的存储媒体传送到一个目的地的数据；因为这种操作非常常用，所以有一个专用的名称——*多路复用*（multiplexing）。在数字应用中，典型的媒介就是一个线路或总线，可能就是一条光纤电缆或者一个无线电频道。

多路复用器（multiplexer）是一种数据开关——它从 n 个数据源中选一个数据，连到其输出端，如图 6-25 所示。输入选择信号 S 从 n 个数据输入中选择一个传送到输出端，还可以提供一个可选的使能输入 EN，用于允许或阻止这个传送。如果输入选择信号 S 有 s 位，则 n 最多可以是 2^s。每一个数据源和输出都可以像图中所示那样，是一位的数据；或者也可以是数据宽度为 b 的总线，而其中每 1 位的开关都受相同的 S 和 EN 输入的控制，正如接下来将会展示的。另外，多路复用器也常常简写为 mux。

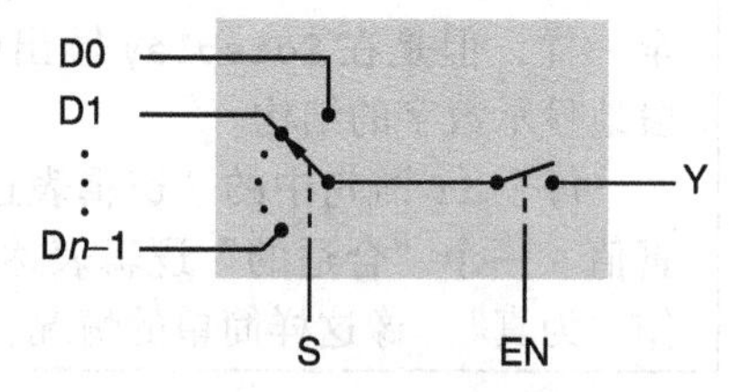

图 6-25　多路复用器等效的多路开关

多路复用器与二进制译码器相似，因为它们都实现选择功能，而且都会基于选择实现数据传送。因而，多路复用器可以被当作是（而实际上也是这样实现的）一个由二进制译码器控制的单个开关的集合，如图 6-26 所示。多路复用器的使能输入端和选择输入端与译码器的使能输入端和地址输入端相连。译码器的输出与各个开关相连，每个开关对应一个编号的数据源。对于标准二进制译码器，每次至多激活一个开关，并且将这个开关连通的数据传送到输出端 Y。

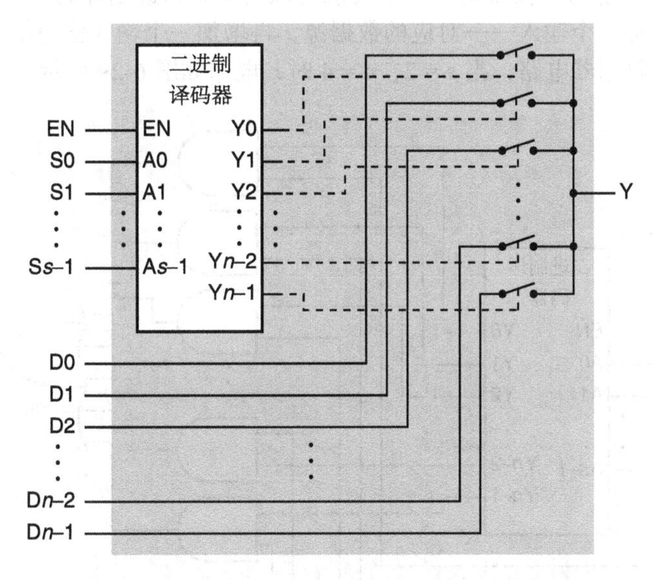

图 6-26　用一个译码器和开关实现的多路复用器

用 CMOS 电路实现多路复用器的方式，通常与图 6-26 所示的完全一样，因为它们都有一个组件——晶体管门电路——用作开关而且传输延迟非常小（参见 14.5.1 节）。例如，如图 6-27 所示，就是一个 2 输入、1 位宽的 mux 的晶体管级 CMOS 电路。最左边的一对晶体管就是一个 CMOS 反相器，而另外两对 CMOS 晶体管，每对都是一个传输门。当 S 为 1 时，D1 到 Y 的通路导通，而 S 为 0 时，D0 到 Y 的通路导通。当 S 的状态发生变化时，要求反相器和传输门随之变化的延迟时间是典型的 CMOS 的延迟时间，但是，一旦电路布局完成，通过使能传输门的延迟非常快，几乎跟先进 CMOS 技术中一条线路上的传输速度一样快。

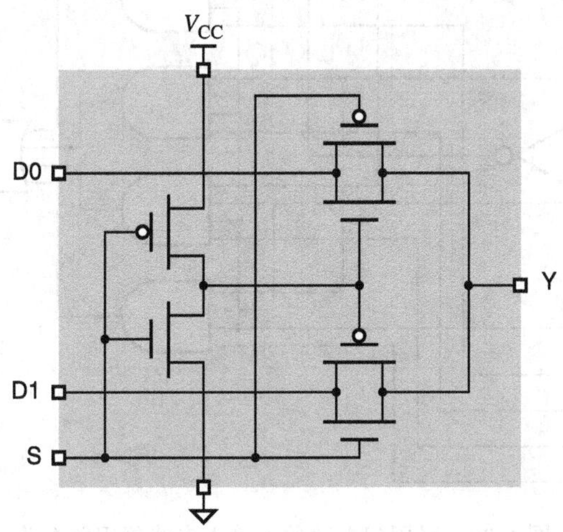

图 6-27　采用 CMOS 传输门的 2 输入多路复用器

6.4.1 门级多路复用器电路

由于没有开关可用，因此多路复用器的门级实现是不一样的。取而代之，采用译码器的输出作为与门的使能输入信号，每个数据源对应一个与门，然后，将所有与门的输出用一个或门组合起来，如图 6-28 所示。如果你将这个电路与标准二进制译码器的电路仔细比较，就会意识到其中 n 个与门所实现的“与”功能可以与 s–n 二进制译码器中的 n 个与门合并，只要给每个与门增加一个输入——对应的数据源，再增加一个输入作为使能输入，就可以构成典型的门级多路复用器电路，当 $s = 2$，$n = 4$ 时，电路如图 6-29 所示。

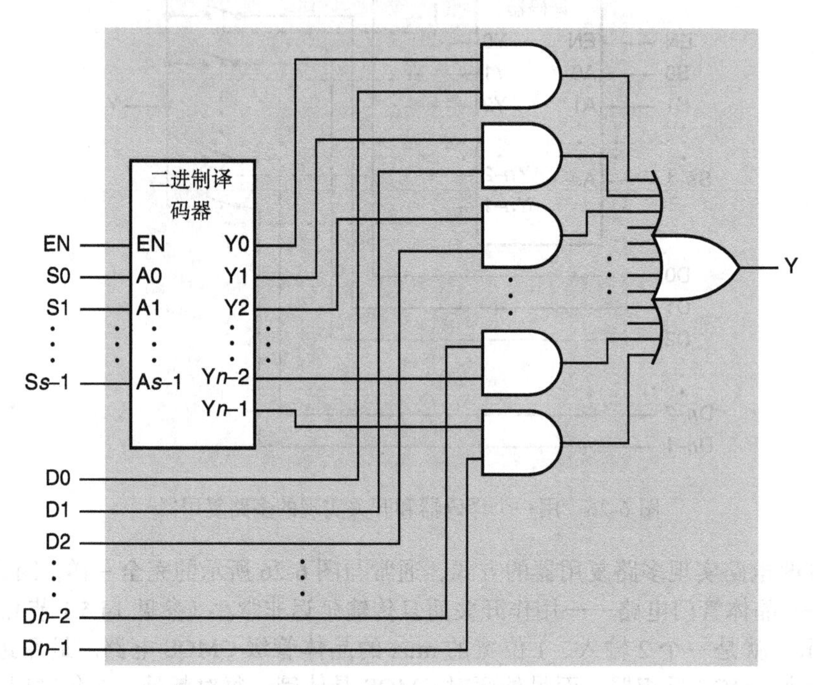

图 6-28　采用译码器和门电路的多路复用器电路

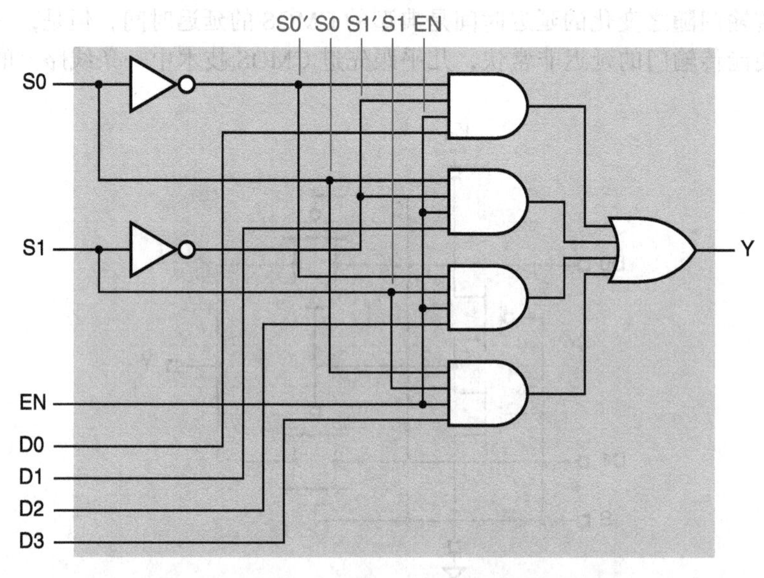

图 6-29　采用门电路的 4 输入多路复用器电路

同样，8 输入 1 位输出的多路复用器（8-input, 1-output multiplexer）的逻辑图如图 6-30a 所示，其传统的逻辑符号如图 6-30b 所示。从 mux 字面描述来看，多路复用器的功能是显而易见的，但是，我们还是在表 6-6 中列出了其真值表，用于说明真值表的另一种扩展形式。迄今为止，所有的真值表都是对每一个输入组合说明对应的输出是 0 或 1。在表 6-6 中，表头的“输入”部分只列出了“控制”输入；说明输出是一个常量（这种情况下，是 0），或者是“数据”（例如，D0）输入的一个简单逻辑函数。这种符号省略了表中的八列和八行，而且比一个大型真值表更清楚地表达了逻辑函数。

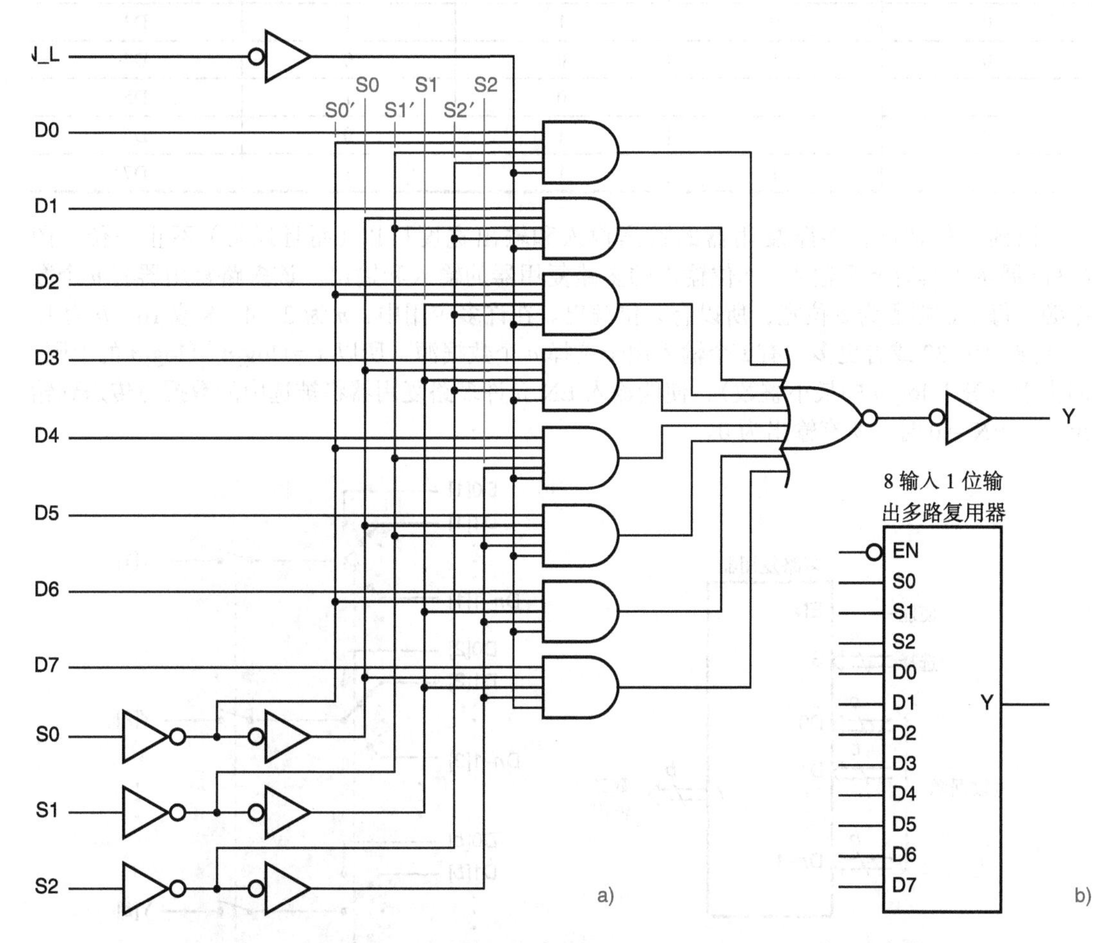

图 6-30　一个 8 输入 1 位输出的多路复用器：a）逻辑图；b）传统逻辑符号

额外的反相器

注意，图 6-30 中的逻辑图里有一些额外的反相器。正如 14.4 节中所讨论的，如果任何给定的输入信号需要驱动的门电路比较多，那么电路的性能就会变差，影响大小取决于电路的实现，尤其是基于 ASIC 的实现。EN_L 端（低电平有效）和 S 输入端所接的额外反相器提供了额外的电气缓冲，这些反相器为驱动多路复用器电路或其他逻辑电路隐藏了多路复用器内部的八个与门。

在最现代化的环境中，综合器会自动考虑为了性能要求而增加额外的缓冲。图 6-30 中的逻辑图源自 MSI 8 输入多路复用器组件，该组件的每一个芯片都有这样的缓存结构。

表 6-6　8 输入 1 位输出多路复用器的真值表

输入				输出
EN_L	S2	S1	S0	Y
1	x	x	x	0
0	0	0	0	D0
0	0	0	1	D1
0	0	1	0	D2
0	0	1	1	D3
0	1	0	0	D4
0	1	0	1	D5
0	1	1	0	D6
0	1	1	1	D7

回到一般情况，多路复用器的数据输入和输出宽度可以（而且通常）不止一位。图 6-31a 展示了具有 n 个输入、b 位输出的多路复用器的输入和输出。该多路复用器有 n 个数据源，每个数据源为 b 位宽，所以有 b 位输出。在许多应用中，n 为 2、4、8 或 16，b 为 1、2、4、8、16、32 或者更多。有 s 个输入用于选择 n 个数据源，所以 $s=\lceil \log_2 n \rceil$（$\log_2 n$ 的上限，即大于或等于 $\log_2 n$ 的最小整数）；使能输入 EN 允许多路复用器将被选中的数据源传送到输出，当 EN = 0 时，所有输出为 0。

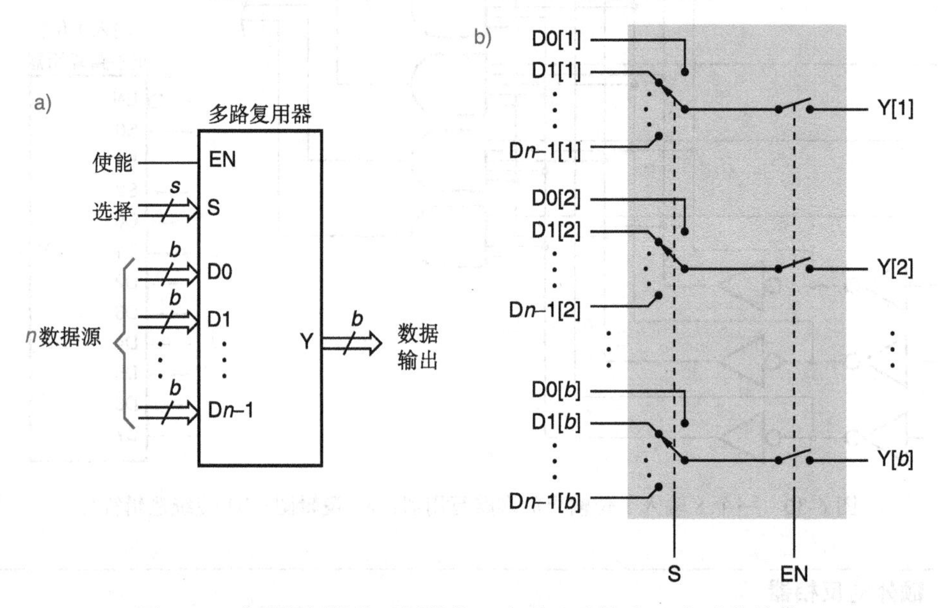

图 6-31　多路复用器的通用结构：a）输入和输出；b）功能等效

图 6-31b 显示了与多路复用器大体等效的开关电路。然而，除非另外说明，多路复用器不是一个单向器件：信息只能从输入（左边）流向输出（右边）。只有真实的开关才允许信息双向流动。注意，来自特定数据源的 b 位数据（如 D0）是通过 b 个开关传播的，每个开关都对应着由 n 个不同数据源提供的 n 个输入。

多路复用器的输入可以少到只有两个。图 6-32 展示了一个 2 输入 4 位输出的多路复用器（2-input, 4-bit multiplexer）的门级电路，该电路从 2 个 4 位输入中选择一个输出，还有一个低电平有效的使能输入端。如表 6-7 所示，我们采用了扩展形式的真值表，使得对器件的描述既简洁又易于理解。（此处的图和表所采用的信号名与图 6-31b 的信号名稍有不同，与最初实现同样功能的 MSI 器件的命名方式一致。）

表 6-7　2 输入 4 位输出多路复用器的真值表

输入		输出			
EN_L	S	1Y	2Y	3Y	4Y
1	x	0	0	0	0
0	0	1D0	2D0	3D0	4D0
0	1	1D1	2D1	3D1	4D1

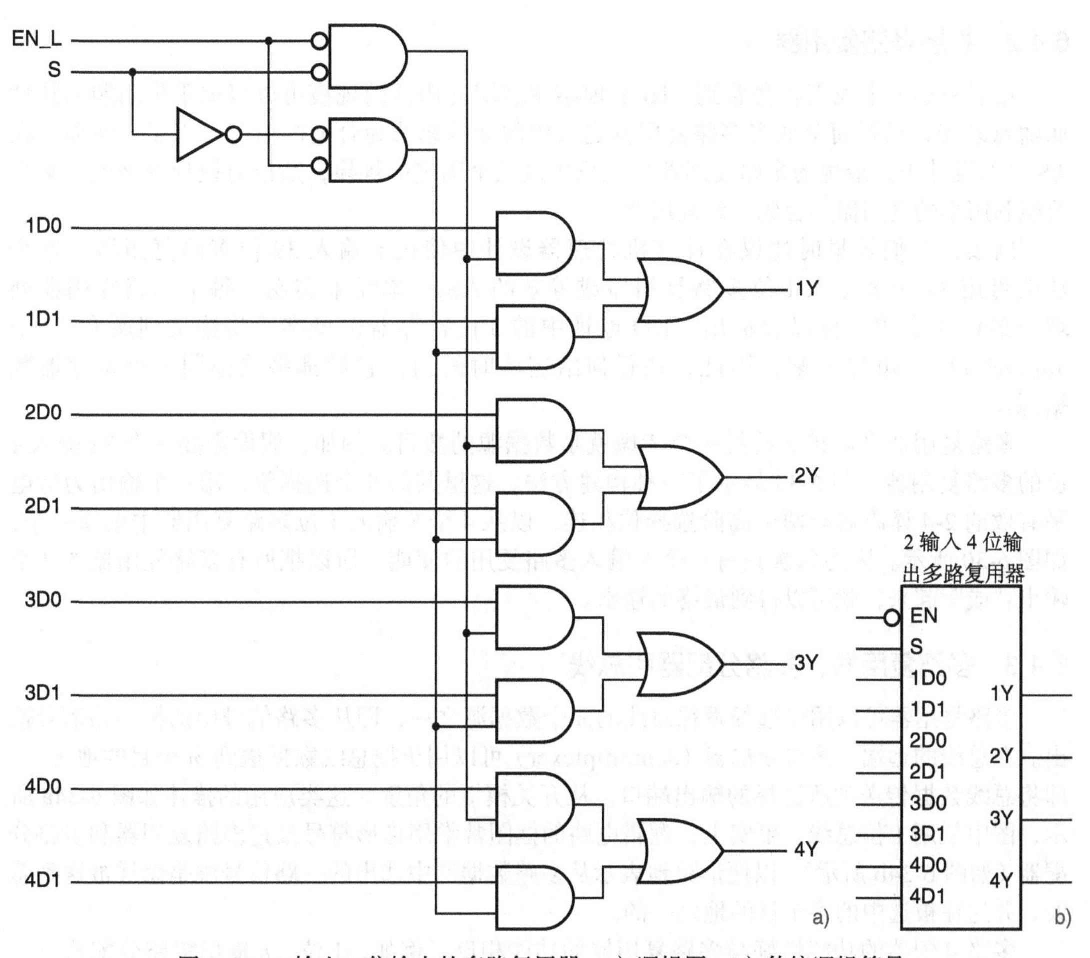

图 6-32　2 输入 4 位输出的多路复用器：a）逻辑图；b）传统逻辑符号

显然，在需要将数据从多个数据源通过开关传送到目的地的所有应用中，多路复用器都是非常有用的器件。在微处理器系统中，多路复用器最常见的应用就是用在输入 / 输出（I/O）器件中，这些 I/O 器件有几个用于存储数据和控制信息的寄存器，可以通过软件选择周期性地读取其中任何一个寄存器。假设有 8 个 32 位寄存器，则要用 I/O 地址中的 3 位字段来选择读取其中的哪一个寄存器。这个 3 位字段与一个 8 输入 32 位的多路复用器相连，多路复用器的数据输出与微处理器的数据总线相连，用于读取选中的寄存器。

实现双向传送

如图 6-29 和图 6-30 所示，当多路复用器是用门级电路实现时，信息流只能从输入向输出单向传送。然而有些技术，特别是 CMOS 传输门，实际上可以实现双向的逻辑控制开关，其结构与图 6-26 相仿。采用这样的技术所构造的类似多路复用器的器件通常称为“多路复用器 / 多路分配器”，因为这个器件可以从左边的多个数据源中选择一个与右边的单个目的地相连，就像一个多路复用器，也可以将右边的单个数据源与左边多个目的地中被选中的那个连接，就像一个多路分配器。这种器件有时也被称作“开关”。

6.4.2 扩展多路复用器

在下一小节中我们将会看到，HDL 模型中多路复用器的规模可以根据手头问题的特性而随意改变，只要简单地将多路复用器定义中的参数修改为合适的值就可以了。然而，在 ASIC 的设计中，最优的多路复用器单元只提供几个固定的规模，所以对设计者来说，必须要能利用小的复用器集合成大的复用器。

例如，我们较早时建议在计算机处理器设计中使用 8 输入 32 位多路复用器，这个功能可用 32 个 8 输入 1 位多路复用器或等效的 ASIC 单元来实现，每个多路复用器处理全部输入中的一位以及输出。I/O 地址中的 3 位寄存器选择字段将连接到所有 32 个 mux 的 S2 ~ S0 输入端，因此，在任何给定的时间内，它们都将选择同一个寄存器数据源。

多路复用器可以扩展的另一个考虑就是数据源的数目。例如，假设需要一个 32 输入 1 位的多路复用器；图 6-33 显示了一种构建方法，这里共需 5 个选择位，用一个输出为低电平有效的 2-4 译码器与两个高阶选择位相连，以从 4 个 8 输入 1 位多路复用器中选择一个，如图 6-30 所示。因为每次只有一个 8 输入多路复用器使能，所以把所有多路复用器的 4 个输出“或”起来，就可以得到最终的输出。

6.4.3 多路复用器、多路分配器和总线

多路复用器可以用于选择发往总线的 n 个数据源之一，即从多路信号中选择一路信号输出。在总线的远端，*多路分配器*（demultiplexer）可以用于把总线数据送到 m 个目的地之一，即将总线数据传送到所选择的输出端口。从开关模拟的角度，这类应用的描述如图 6-34a 所示，图中使用 1 位总线。事实上，逻辑电路的框图常常用梯形符号描述多路复用器和多路分配器（如图 6-34b 所示），以便形象地表示从多路数据源中选出的一路信号源是怎样被送到总线，并送往被选中的多个目的地之一的。

多路分配器的功能恰好与多路复用器的功能相反。例如，1 位、n 输出多路分配器有一个数据输入和 s 个选择输入，s 个选择输入用于选择 $n = 2^s$ 个数据输出之一。在正常操作中，除了被选中的输出以外，所有输出都为 0，被选中的输出等于数据输入。这个定义可以推广到 b 位、n 输出的多路分配器，这样的器件有 b 个数据输入，其 s 个选择输入选择 $n = 2^s$ 个 b 位数据输出集合之一。

带使能输入的二进制译码器可以用作多路分配器，如图 6-35 所示。译码器的使能输入与数据线相连，其选择输入决定用数据位去驱动哪一条输出线，而其余的输出线无效。

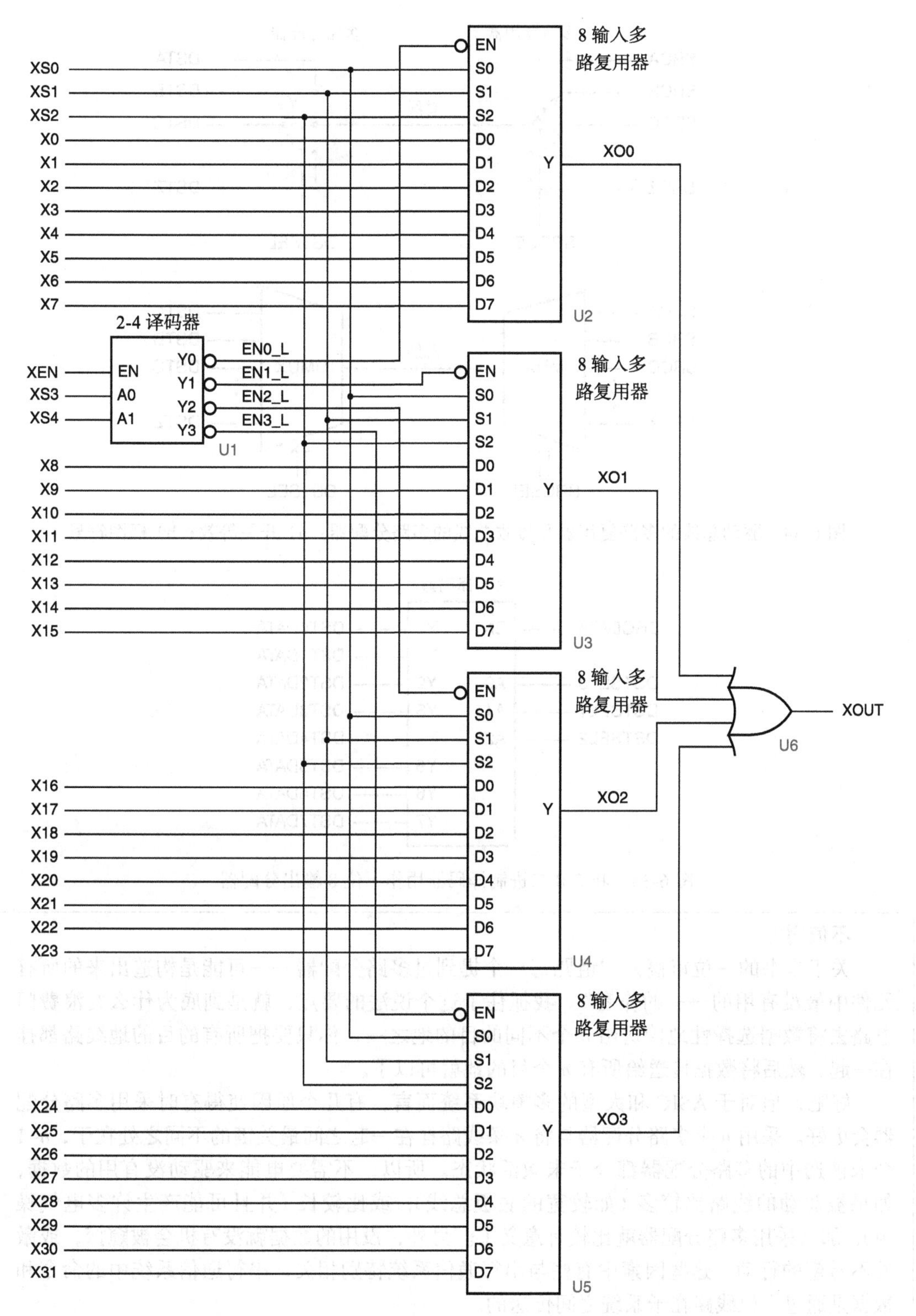

图 6-33 用 8 输入多路复用器组合成 32 输入多路复用器

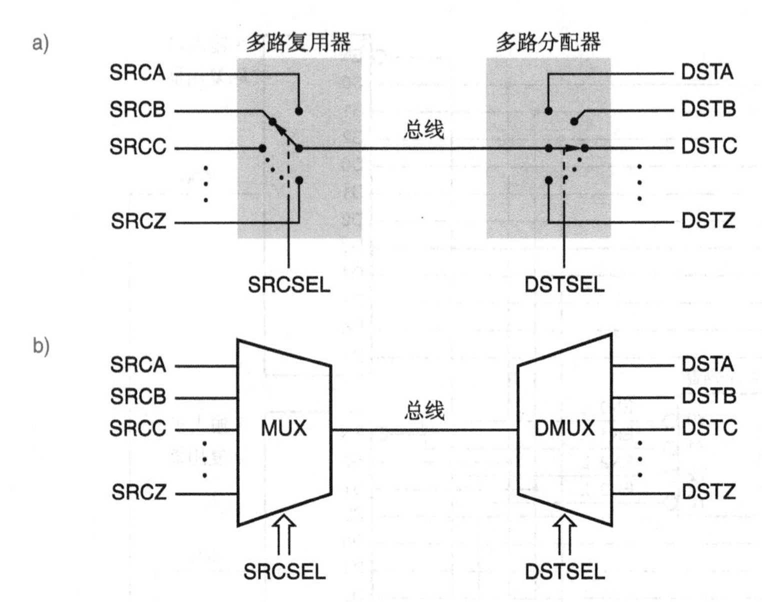

图 6-34 驱动总线的多路复用器和接收总线的多路分配器：a）开关等效；b）框图符号

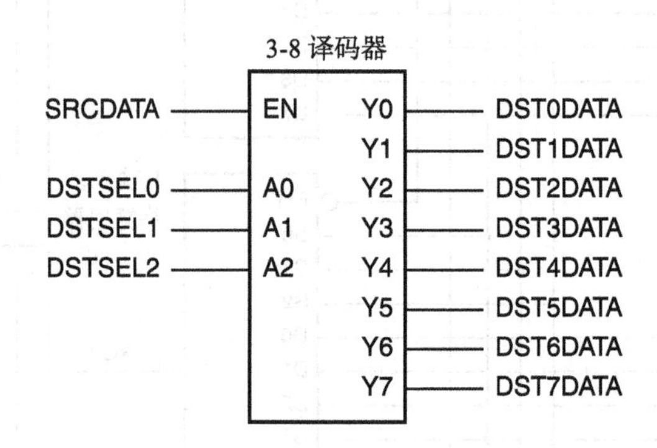

图 6-35 将 3-8 二进制译码器用作 1 位 8 输出分配器

不值得?

关于本书的一位审稿人“诅咒每一个提到过多路分配器——可能是构造出来的所有元件中最没有用的——的作者”。我抓住了这个说法的要点，就是到底为什么要浪费门电路去将数据选择性地传送给 n 个不同的目的地之一，你只要把所有的目的地线路都挂在一起，然后将数据传送给所有 n 个目的地就可以了。

好吧，但对于 ASIC 和大型的多模块系统而言，有几个原因使得有时采用多路分配器会更好。采用 n 个多路分配器与将 n 条线路挂在一起之间最关键的不同之处在于，n–1 个未被选中的多路分配器都处于未激活状态。所以，不需要电能来驱动没有用的数据，如果被驱动的线路比较多（如较宽的底板总线），或比较长（并且可能产生许多电气噪声），那么采用多路分配器就比较有意义了。另外，没用的数据就没有机会被窥探，或激发不希望的行动。这些因素中有些与串行通信系统特别相关，串行通信系统中的命令和数据是通过一根线路在子系统之间传送的。

6.4.4 用 Verilog 实现多路复用器

多路复用器很容易用 Verilog 来描述，还可以采用几种不同的方式。在数据流风格中，可以使用一系列条件操作符 (?:) 来提供所需的功能，程序 6-14 是一个 4 输入 8 位多路复用器的数据流风格 Verilog 模块。

程序 6-14　2 输入 8 位多路复用器的数据流 Verilog 模块

```
module Vrmux2in8b_d(EN_L, S, D0, D1, Y);
  input EN_L, S;
  input [1:8] D0, D1;
  output [1:8] Y;
  assign Y = (~EN_L == 1'b0) ? 8'b0 : (
             (S == 1'd0) ? D0: (
               (S == 1'd1) ? D1: 8'bx));
endmodule
```

恰逢其时

程序 6-14 中的 Verilog

如果一个 Verilog 向量的位数比它要赋值或要组合的向量的位数少，那么会在左边补 0，以使其长度与操作匹配。因此，文字 8'b0 等效于 8'b00000000。但是，如果在补位之前，最左边是 x 或 z，那就用这个值去填补左边的位置；所以，8'bx 就等效于 8'bxxxxxxxx。

编写多路复用器的行为化风格的代码，有几种可供选择的方法。一种方法是采用一系列多重 if 语句，一个 if 语句对应一个选择输入值，如程序 6-15 所示，这是一个 2 输入 8 位的多路复用器。然而，当选择值比较多时，由于多重语句会比较深，这种方法很快就变得不适合了。

程序 6-15　采用多重 if 语句的行为化 Verilog 模块

```
module Vrmux2in8b_b(EN_L, S, D0, D1, Y);
  input EN_L, S;
  input [1:8] D0, D1;
  output reg [1:8] Y;
  always @ (*) begin
    if (~EN_L == 1'b0) Y = 8'b0;
    else if (S == 1'b0) Y = D0;
      else if (S == 1'b1) Y = D1;
        else Y = 8'bx;
  end
endmodule
```

另一种更加自然的方法就是采用 case 语句，一个选择输入值对应一个 case 语句，如程序 6-16 所示。这种方法更易读，也更好维护，特别是在有许多情况（选择输入值）的时候。如果多路复用器的真值表是采用表 6-6 或 6-7 这样的扩展且简洁的形式，那么这个代码也能够很自然顺畅地从多路复用器的真值表过渡过来。

程序 6-16　采用 case 语句的 4 输入 8 位多路复用器的行为化 Verilog 模块

```
module Vrmux4in8b(EN_L, S, A, B, C, D, Y);
  input EN_L;
  input [1:0] S;
  input [1:8] A, B, C, D;
  output reg [1:8] Y;
  always @ (*) begin
    if (~EN_L == 1'b0) Y = 8'b0;
    else case (S)
      2'd0: Y = A;
      2'd1: Y = B;
      2'd2: Y = C;
```

```
      2'd3: Y = D;
      default: Y = 8'bx;
    endcase
  end
endmodule
```

如你所想，要扩展基于 case 的行为化多路复用器模块，只需要增加 case 或修改特定的 case 就可以了，非常简单直接。例如，考虑一个专用的符合表 6-8 所列的选择准则的 4 输入 18 位多路复用器。程序 6-17 就是一个这样的基于 case 语句的多路复用器模块。

表 6-8　一个专用的 4 输入 18 位多路复用器的功能表

S2	S1	S0	选择的输入
0	0	0	A
0	0	1	B
0	1	0	A
0	1	1	C
1	0	0	A
1	0	1	D
1	1	0	A
1	1	1	B

程序 6-17　一个专用的 4 输入 18 位多路复用器的行为化 Verilog 模块

```
module Vrmux4in18b(S, A, B, C, D, Y);
  input [2:0] S;
  input [1:18] A, B, C, D;
  output reg [1:18] Y;

  always @ (*)
    case (S)
      3'd0, 3'd2, 3'd4, 3'd6: Y = A;
      3'd1, 3'd7: Y = B;
      3'd3: Y = C;
      3'd5: Y = D;
      default: Y = 18'bx;
    endcase
endmodule
```

在本小节的每一个模块例子中，如果选择输入是无效的（例如，包含 z 或 x），那么输出总线就被置为“未知”，以便在模拟时发现错误。

程序 6-18 是一个 2 输入 8 位多路复用器的自检测试平台；可以用在任何一个模块中，因为这些模块都具有相同的输入 / 输出信号和功能。注意，这个测试平台有一个用户定义的任务 displayerror，这个任务省去了归类和整理代码的主体，使我们可以集中精力在测试状况上，接下来会对此做进一步讨论。

程序 6-18　2 输入 8 位多路复用器的 Verilog 测试平台

```
`timescale 1 ns / 100 ps
module Vrmux2in8b_tb ();
  reg EN, S;
  reg [1:8] D0, D1;
  wire [1:8] Y;
  integer i, errors;

  task displayerror;
    begin
```

```
        errors = errors+1;
        $display("Error: EN=%b, S=%b, D0=%b, D1=%b, Y=%b", EN, S, D0, D1, Y);
      end
    endtask

    Vrmux2in8b_b UUT ( .EN_L(~EN), .S(S), .D0(D0), .D1(D1), .Y(Y) );

    initial begin
      errors = 0;
      for (i=0; i<2500; i=i+1) begin
        EN = 0; S = 0; #10 ;
        if (Y !== 0) displayerror;
        S = 1; #10 ;
        if (Y !== 0) displayerror;
        EN = 1; D0 = $random % 256; D1 = $random % 256;
        S = 0; #10 ;
        if (Y !== D0) displayerror;
        S = 1; #10 ;
        if (Y !== D1) displayerror;
      end
      $display("Test done, %d errors",errors);
    end
  endmodule
```

对于任何 n 输入的组合逻辑电路，至少从理论上讲，可以设计出测试状况，用于锻炼电路并检测其对应所有 2^n 个可能输入组合的输出。但是，如果 n 比较大，这样做就不实际了。对于 2 输入 8 位多路复用器，n 为 18（大约 250 000 个输入组合），而要运行一次耗尽型测试需要几秒钟。对于 16 位的版本（有 34 个输入），运行上述测试，就需要等待整晚，甚至更长时间，因此，具有更多输入或是功能更加复杂的电路测试，不可能采用这种方式。所以，作为一种可以适用于所有这些例子的方法，程序 6-18 中的测试平台采用了 Verilog 内置的 `$random` 函数（描述参见 5.10 节），用于产生数量较少的伪随机输入。

可以省略的情况

对于程序 6-18 中多路复用器的测试平台，你可能会问，为什么在 S 为无效的情况下还要测试 S 的两个值呢？在这样的情况下，S 是无关项。这是对的——在多路复用器已经建立了正确模型的情况下。但是，当存在简单的代码错误和打字错误时，就不一定对了，这正是我们想要检测到的问题（参见练习题 6.43）。

对于任何既有“控制”输入又有“数据”输入的电路，最重要的都是检测控制输入信号的所有组合，因为被测试模块在应用这些输入时，变化最多，也最有可能出错。

数据输入也应该用多个值来检测，但如果要统一处理数据总线，通常采用 Verilog 向量，则只需要采用相当少量的随机数据输入组合进行检测，一般就可以确保电路功能的正确性。如果存在任何特殊的“极端情况”，则需要不同的处理，否则就可能引发电路问题，应该在测试平台中明确地编码这些情况；我们的多路复用器中没有这种情况。

所以，程序 6-18 中的 `Vrmux2in8_tb` 测试平台测试了多路复用器的 8 位数据输入 D0 和 D1 的 2500 种随机组合（尽管 25 种就够了，但如果不是必须的话，为什么要这么吝啬呢？）。对于每一个数据输入组合，都要测试所有四种控制输入信号的组合——使能输入信号的有效或无效以及选择输入信号 S 的两个值之一。

在第 7 章中，我们将继续学习更多的组合逻辑元件。

参考资料

John Birkner 和 H. T. Chua 于 1978 年在 Monolithic Memories 公司（MMI）发明了第一

个 PAL 器件，因为这一发明，发明者获得了美国专利，MMI 给每位发明者分别购买了一辆 Porsche 和 Mercedes 新车！可见它在技术上的价值（指 PAL 器件，不是指两辆快车）。Advanced Micro Devices（AMD）在 20 世纪 80 年代初期就拥有了 MMI，并成为新的 PLD 和 CPLD 的最主要发展商和供应商。不久后，该子公司把 PLD 业务卖给了先前的竞争者 Lattice Semiconductor。

同时，FPGA 的架构也建立和发展起来了，特性上的关键改革源于 Xilinx 公司和 Altera 公司之间的激烈竞争，2015 年英特尔并购了 Altera 公司。近年来，新的 CPLD 的开发已经停止，主要是因为 FPGA 的架构已经得到了更为有效的发展。然而，许多供应商还是继续提供“传统的”PLD 和 CPLD，因为这些器件仍在低密度应用中使用着，特别是在低成本或低功耗成为重要考虑因素的情况下。

学习可编程器件的最好资源可能是由这些器件的厂家提供的。Xilinx 公司在网上（www.xilinx.com）发布了一系列易于理解的 FPGA 和 CPLD 的数据手册、用户指南以及应用注意事项。其他的易于理解的网站包括 GAL 的发明者 Lattice Semiconductor（www.latticesemi.com）以及英特尔的“可编程解决方案组”，还有其最初的 URL（www.altera.com）。

训练题

6.1　给出 3 个在真值表中需要数以亿计的行来描述的组合逻辑电路的例子。对每个电路，描述其输入和输出，准确地指出真值表包含多少行；不需要写出真值表（提示：在第 6 ~ 8 章就能找到几个这样的电路）。

6.2　本章章首图中所示的是什么逻辑元件？描述这个元件的输入、输出、相关参数以及功能。

6.3　你认为哪一个 CMOS 电路更快些，输出为高电平有效的译码器还是输出为低电平有效的译码器？

6.4　图 6-6 中 Xilinx 7 系列的 LUT 输出被命名为“D5”和“D6”，而不是“D0”和“D1”，你认为是为什么？

6.5　证明：图 6-11 中 PAL16L8 的一个高电平有效输出可以是总共七个和项（包含可用的变量）的任何乘式。

6.6　按照表 6-4 的风格，写出 74x138 逻辑符号框架内所执行的逻辑功能的真值表。

6.7　指出用一块或多块 74x138 二进制译码器以及与非门，如何构建下面每个单输出或多输出的逻辑功能（提示：每个实现应该等效于一个最小项之和）。

(a) $F = \sum_{X,Y,Z}(2,5,7)$　　(b) $F = \prod_{A,B,C}(2,4,5,6,7)$

(c) $F = \sum_{A,B,C,D}(0,6,10,14)$　　(d) $F = \sum_{W,X,Y,Z}(1,4,5,6,11,12,13,15)$

(e) $F = \sum_{W,X,Y,Z}(0,2,4,7)$　　(f) $F = \sum_{A,B,C,D}(8,11,12,15)$

$G = \sum_{W,X,Y}(1,2,3,5)$

6.8　针对程序 6-1 的 2-4 译码器模块 `Vr2to4dec_s`，运行程序 6-6 的测试平台，表明没有错误。然后，再运行三次，每次 `Vr2to4dec_s` 中仅仅插入或删除一个字符，使得测试平台报告 2、4 和 8 个错误。

6.9　当作者对程序 6-2 中的 2-4 译码器模块 `Vr2todec_d` 的最初版本运行测试平台时，以一种最有趣的方式检测到一个大错误。作者无意中在四个地方把 `{A1,A0}` 输成了 `{Y1,Y0}`，而模块编译的结果是 OK 的——没有语法错误。尝试一下，看看在运行测试平台时模拟器会做什么？为什么？

6.10　对应于图 6-3 中所示的带有极性控制的 2-4 二进制译码器，编写一个结构化风格的 Verilog 模块 `Vr2to4decp_s`。像逻辑图中那样，采用单个信号名，而不用向量。

6.11 对应于图 6-3 中所示的带有极性控制的 2-4 二进制译码器，编写一个数据流风格的 Verilog 模块 Vr2to4decp_d。用一个向量 I[1:0] 表示选择输入，一个向量 Y[0:3] 表示输出。

6.12 对应于图 6-3 中所示的带有极性控制的 2-4 二进制译码器，编写一个行为化风格的 Verilog 模块 Vr2to4decp_b。用一个向量 I[1:0] 表示选择输入，一个向量 Y[0:3] 表示输出。确保你的代码不会构建出一个"推理出的锁存器"。

6.13 编写一个测试平台 Vr2to4dec_tb，实例化训练题 6.10、6.11 和 6.12 中的三个 2-4 译码器，验证对于所有输入组合，这三个译码器所产生的输出都是一样的。如果有任何不一样，则显示输入组合和对应的输出。如果没有检测到任何不匹配，则在其中一个模块中插入某种类型的一个错误，并验证测试平台能够给出错误信息。

6.14 编写一个与图 6-24 的二进制编码器对应的结构化风格的 Verilog 模块 Vr8to3enc_s。

6.15 编写一个 3-8 二进制译码器的 Verilog 模块 Vr3to8dec_bc，带有低电平有效的输出 Y_L[7:0] 以及四个使能输入 G1、G2、G3_L 和 G4_L，当 G1、G2 或者 G3_L 和 G4_L 同时有效时，选中的输出才能有效。你所要编写的模块应该实例化程序 6-7 的 VrNtoSbindec，并且使用其他语句来满足上述设计要求。

6.16 编写一个"幸运 / 质数编码器"的 Verilog 模块 Vrluckyprime，该编码器带有一个 8 位的输入（表示一个无符号的二进制整数）以及表明输入数值是否为素数或是否可以被 7 整除的两个输出位。

6.17 完成了前一个练习题之后，编写一个 Verilog 测试平台，针对所有可能的输入组合，将你所设计的模块的输出与模拟器用自己的算法计算出来的输出进行比较，显示所有的不匹配情况。在原来的 Verilog 模块中设置一个错误，以此检验你的测试平台。

6.18 按照表 6-7 所示的 2 输入 4 位多路复用器的功能表，编写一个行为化 Verilog 模块 Vrmux2in4b。将数据输入和输出向量命名为 D0、D1 和 Y，各个变量的下标为 1 ~ 4。

6.19 编写一个 Verilog 测试平台 Vrmux2in4b_tb，用于检测训练题 6.18 中模块 Vrmux2in4b 的功能的正确性。对于功能性输入的每一个值，应该针对数据输入值的所有组合，检测输出的正确性，如果存在错误，则显示一个有意义的错误信息。在 Vrmux2in4b 中插入一个或多个错误，以验证测试平台能够给出错误信息。

练习题

6.20 用你最喜欢的程序设计语言编写代码，以生成与表 6-2 格式相同的一个 4 × 4 乘法器 ROM 的内容。

6.21 假设由于硅技术的进步，可以在已经有一个 64 × 1 位的 LUT ROM 的芯片面积上放置一个 64 × 4 位的"ROM"，该 LUT ROM 可以实现任何 6 变量的逻辑函数。设计额外的电路并编写使用说明，在 64 × 4 位的 ROM 的输出 D8 上实现任意一个 8 输入（A0 ~ A7）的逻辑函数，在输出 D7 和 D8 上实现任意两个 7 输入（A0 ~ A6）的逻辑函数，或者在输出 D5 ~ D8 上实现任意四个 6 输入（A0 ~ A5）的逻辑函数。

6.22 前一个练习题中，在不增加任何输入或输出的情况下，可以增加必要的电路，你能否提供使用手册，用上述 ROM 同时实现任意一个 7 输入（A0 ~ A6）的函数以及两个 6 输入（A0 ~ A5）的函数。说明怎样完成这个任务，或者解释为什么做不到。

6.23 编写一个 6-64 二进制译码器的 Verilog 模块 Vr6to64decpre，利用 generate 语句构建一个与图 6-20 等效的预译码结构。还要编写一个自检测试平台，用于测试模块是否能够正确操作。

6.24　利用多级预译码结构，勾勒出一个没有使能输入的 8-256 二进制译码器。假设一个与门的最大输入数量为 2，那么你的设计中，必须将输入（2 个一组）分为四组，并且第一级要采用 2-4 译码器。说明每一级垂直方向的元件数和级与级之间垂直线路的数量。还要写出每一级信号的几个典型等式。

6.25　编写带有一个使能输入的 9-512 二进制译码器的 Verilog 模块 `Vr9to512decpre`，利用 `generate` 语句构建一个与图 6-20 相同的预译码结构。你应该实例化第一级的译码器模块 `Vr3to8decb`，除此之外，还要使用若干只有 3 个输入的与门。再编写一个功能相同的简单行为化模块 `Vr9to512decb`，以及一个测试平台 `Vr9to512dec_tb2`，用于比较这两个译码器的输出。

6.26　编写一个 8-256 二进制译码器的 Verilog 模块 `Vr8to256decpre`，利用 `generate` 语句为其构建一个练习题 6.24 所描述的多级预译码结构。再编写一个功能相同的简单行为化模块 `Vr8to256decb`，以及一个测试平台 `Vr8to256dec_tb2`，用于比较这两个译码器的输出。

6.27　为拥有如表 6-9 所示的功能表的定制译码器设计一个 Verilog 模块 `Vrmultidec8`。针对功能表，采用一种易于编写和检查的代码风格。

表　6-9

CS_L	A2	A1	A0	有效的输出
1	x	x	x	none
0	0	0	x	BILL
0	0	x	0	MARY
0	0	1	x	JOAN
0	0	x	1	PAUL
0	1	0	x	ANNA
0	1	x	0	FRED
0	1	1	x	ATIF
0	x	1	1	KAT

6.28　为表 6-9 中所示的定制译码器编写另一个功能表，该功能表包含 CS_L 为 0 的所有八行（没有无关项输入）。在最后一列列出与每一个输入组合对应的所有有效的输出。为了再次确认你的答案，编写一个实例化 `Vrmultidec8` 的测试平台，并显示与每一个输入组合对应的有效输出信号的名字。

6.29　修改程序 6-10 中的 Verilog 存储器译码器模块，使其可以处理长字操作过程中的对齐错误。用程序 6-11 中的测试平台测试新的模块。

6.30　并非所有的计算机都要求较短字长的存储器操作，必须与对应的地址边界对齐。修改程序 6-10 的 Verilog 存储器译码器模块，用于这样的环境：只要整个已编址的半字或字在同一个长字中，那么任何半字或字操作都是合法的。例如，一个地址为 3 的字操作，会选择存储器中第一个长字的 3 ~ 6 字节，而地址为 5 ~ 7 的字操作就是不合法的。还要提供一个新的输出 `AERR`，如果尝试一个非法的操作，那么这个输出就会有效，以确保在这种情况下，`BE` 所有的输出位都是无效的。

6.31　修改程序 6-11 中的测试平台，以便用于练习题 6.30 的存储器的非对齐译码器。

6.32　请表示出如何用一个输出低电平有效的 3-8 译码器和四个 2 输入与非门构建下面所有的 4 个函数：

$F1 = X' \cdot Y' \cdot Z' + X \cdot Y \cdot Z'$ $\quad F2 = X' \cdot Y' \cdot Z + X' \cdot Y \cdot Z'$

$F3 = X' \cdot Y \cdot Z' + X \cdot Y' \cdot Z$ $\quad F4 = X \cdot Y' \cdot Z' + X' \cdot Y \cdot Z$

6.33 一个特定的系统有一个 3 位的输出 N[2:0]，表示一个 0 ~ 7 的整数。设计者要在由高电平有效的信号 L[1:7] 驱动的 LED 中显示这七个值，LED 显示的数字与 N 的值对应（L[1] 驱动第一个 LED 发光）。使用一个输出高电平有效的 3-8 译码器和不超过八个的 2 输入或门，画出将 N[2:0] 转换为 L[1:7]（有时称为*一元码*或*温度计码*）的编码器电路的逻辑图。

6.34 编写练习题 6.33 中 3-7 二进制一元码转换器的 Verilog 模块 `Vrbin3una7`，并编写一个测试平台 `Vrbin3una7_tb` 以检测模块操作是否正确。

6.35 采用 `generate` 语句，编写练习题 6.33 所描述的 3-7 二进制一元码转换器的 Verilog 模块 `Vrbin3una7_g`。如果你还没有编写测试平台，那么可编写一个测试平台 `Vrbin3una7_tb` 以检测模块操作是否正确。

6.36 基于练习题 6.33 的描述，编写一个参数化 Verilog 模块 `VrbinBunaM`，利用 `generate` 语句，实现一个 *B* 位到 *M* 位的二进制一元码转换器。如果 *M* 比 *B* 位数的最大值小，那么当 N[B-1:0] 的值比 *M* 大时，你的电路应该点亮所有的 LED。编写一个测试平台 `VrbinBunaM_tb`，在算法上检测模块操作的正确性。

图 6-36

6.37 从程序 6-12 开始，编写一个新的七段译码器的 Verilog 模块 `Vr7segE`，使得数字 6 和 9 带有如图 6-36 所示的尾巴。另外，对于非十进制输入 1010 ~ 1111，显示字符 “E”。用程序 6-13 中的测试平台来检测你的模块。

6.38 从程序 6-12 开始，编写一个新的七段译码器的 Verilog 模块 `Vr7segx`，具有如下增强的性能：

- 2 个新的输入（ENHEX 和 ERRDET）控制段输出译码。
- 若 ENHEX = 0，则输出与程序 6-12 的行为匹配。
- 若 ENHEX = 1，则数字 6 和 9 的输出带有尾巴且数字 A ~ F 的输出由 ERRDET 控制。
- 若 ENHEX = 1 且 ERRDET = 0，则数字 A ~ F 的输出显示如图 6-37 所示的字母 A ~ F。
- 若 ENHEX = 1 且 ERRDET = 1，则数字 A ~ F 的显示像一个没有句号的问号，如图 6-37 所示。

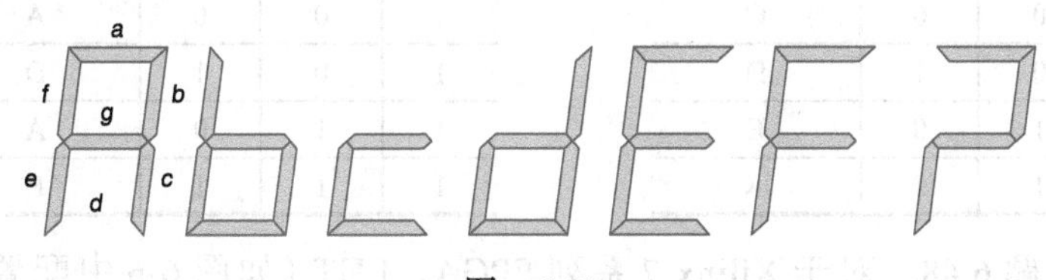

图 6-37

6.39 更新并利用程序 6-13 的测试平台来检测练习题 6.38 中增强后的七段译码器。

6.40 为有八个输入 I[0:7] 和一个输出 VALID 的模块 `Vr1of8check` 编写行为化 Verilog 代码。当且仅当输入是 8 中取 1 码中的一个有效编码字时，输出才为 1。

6.41 只用 4 个 8 输入与非门画出 16-4 编码器的逻辑图。在你的设计中，输入和输出的有效电平是什么？

6.42 设计一个 10-4 编码器的门级电路，输入用 10 中取 1 码，输出用一种类似于普通 BCD

码的编码，但是输入 8 和 9 的编码分别为“E”和“F”。

6.43 删除程序 6-18 的测试平台中的第二个 if 语句。然后，在程序 6-15 的 2 输入 8 位多路复用器模块中插入一个简单的排印错误，使得模块在某些情况下无法正常工作，但是，修改后的测试平台又无法检测到这个错误。提示：只要将一个字符串变成一个不同的字符串就可以了。

6.44 假设你正在研发一种技术，要用原生单元非常有效地实现任何宽度的 4 输入多路复用器，而定制的多路复用器比较慢且比较大。说明在这个技术中，如何用一个 4 输入 18 位的多路复用器，以及一个输入为 S[2:0]、输出为 CC[1:0] 的“代码转换器”，来实现表 6-8 的功能，并且，当 S[2:0] 分别为 A、B、C、D 时，CC=00, 01, 10, 11。写出这个代码转换器的逻辑表达式。

6.45 用练习题 6.44 的代码转换器，编写一个与程序 6-17 有同样输入的 Verilog 模块 Vrmux4in18b_cc。采用一种易于理解的层次化的代码风格，如果需要不同的标准模式，还要易于变化且易于修改，以便在综合工具无法自动推理出多路复用器单元时，实例化原生的 4 输入多路复用器单元。

6.46 继续练习题 6.45，以你喜欢的 FPGA 为目标器件，综合模块 Vrmux4in18b_cc 以及程序 6-17 中原来的模块。确定在两个模块的实现中，各需要多少个 LUT，如果二者所使用的数量不同，请解释造成这种不同的原因。

6.47 为定制的有 5 个 8 位输入总线（A、B、C、D、E）的多路复用器编写一个 Verilog 模块 Vrabcdemux，该多路复用器根据表 6-10 选定 5 输入总线中的一个来驱动 8 位输出总线 T。用你最喜欢的 FPGA 来综合这个模块，并确定要用多少内部资源。

6.48 编写一个与练习题 6.47 类似的定制多路复用器的 Verilog 模块 Vrabcdemux2，但是，该多路复用器根据表 6-11 来选定哪个输入总线去驱动输出总线 T。用你最喜欢的 FPGA 来综合这个模块，并确定要用多少内部资源。将本练习题的答案与练习题 6.47 比较，如果所需的资源数量不同，请解释原因。

表 6-10

S2	S1	S0	选择的输入
0	0	0	A
0	0	1	B
0	1	0	B
0	1	1	C
1	0	0	C
1	0	1	D
1	1	0	E
1	1	1	A

表 6-11

S2	S1	S0	选择的输入
0	0	0	A
0	0	1	B
0	1	0	A
0	1	1	C
1	0	0	A
1	0	1	D
1	1	0	A
1	1	1	E

6.49 继续练习题 6.48，对于 Xilinx 7 系列 FPGA，LUT（如图 6-6 中配置的那样）有六个输入以及至多两个输出，重写上述层次化模块以构建一个使用更少资源的模块 Vrabcdemux3。提示：可以减少到 12 个 LUT。

6.50 为定制的有 4 个 8 位输入总线（P、Q、R、T）的多路复用器编写一个行为化 Verilog 模块 Vrpqrtmux，用 3 个选择输入 S[2:0] 根据表 6-12 从总线中选定一个来驱动 8 位输出总线 Y。

表 6-12

S2	S1	S0	选择的输入
0	0	0	P
0	0	1	Q
0	1	0	Q
0	1	1	P
1	0	0	R
1	0	1	P
1	1	0	R
1	1	1	T

6.51 重复练习题 6.50，构建一个新的还有两个控制输入 C[1:0] 的模块 `Vrpqrtmuxc`，当控制输入 C[1:0] 分别为 00、01、10 或 11 时，输出总线 Y 分别为选中的输入总线、输入总线的补、全 0 或全 1。

6.52 用你喜欢的可编程器件作为目标器件，综合练习题 6.51 中的模块，并确定要用多少内部资源。然后，改变 C[1:0] 中的选择编码，并确定资源效用是否改变。如果没有变化，就尝试其他的编码或代码方法。然后，解释资源效用变化或保持不变的原因。

6.53 74H87 是一种古老的 0/1/ 真值 / 取补 TTL 元件，根据 2 位控制输入的值决定输出为全 0、全 1、4 位输入或 4 位输入的补。编写一个实现同样功能的 *n* 位输入向量的参数化 Verilog 模块。

第 7 章

Digital Design: Principles and Practices, Fifth Edition

更多的组合构件

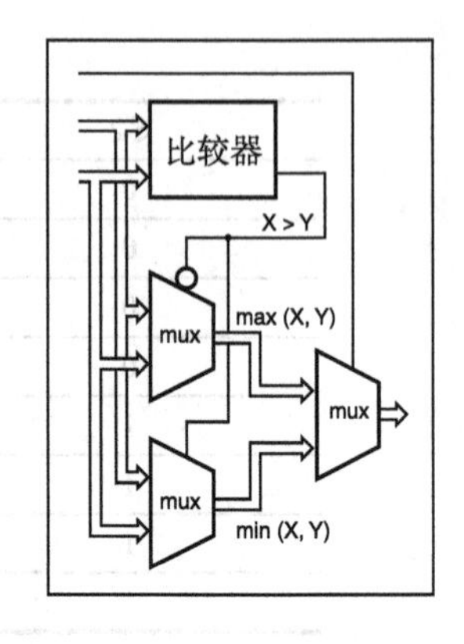

本章继续讨论组合构件。我们从三态器件开始，三态器件可以“断开”其输出与信号线的连接，否则其输出就会被 0 和 1 驱动。然后，讲述优先编码器，就是用于“挑选一个获胜者”的器件。接着，介绍异或门和奇偶校验函数，在数字系统中，它们是构造检错和纠错电路的基本构件。

随后，是相当长的一段关于等式和数值比较器的讨论。你也许会认为数值比较器是一种算术功能，这种看法也是对的，因为两个数可以通过用一个数减去另一个数的方法来比较。然而，比较也可以不用减法来完成，这就是本章要展示的方法，而实现比较的算术电路将推后到第 8 章。另外，因为比较器电路会相当大，所以，这是一个非凡的综合例子，可用于研究以 FPGA 为目标器件的各种不同 Verilog 模型的综合结果。

本章将以一个相当大型的“随机逻辑”的例子结束，这个例子的规模大到在没有一个像 Verilog 这么好的 HDL 的情况下，你可能都不会去尝试。

你可能更愿意跳到第 9 章的状态机，开始学习时序电路。当然可以，但本章和第 8 章的内容也非常重要，所以在某些时候，你应该有计划地回来看看。

7.1 三态器件

我们将在 14.5.3 节描述输出可能为 0、1 或高阻（“Hi-Z”）这三态之一的 CMOS 器件的电气设计，本节仅说明如何使用它们。在第三种状态中，除了一些在数字分析内可以忽略的小模拟信号的影响以外，三态门的行为就像没有跟电路连接一样。在这里介绍三态器件非常合适，因为在印制电路板级，三态门的用途很广泛，可以作为多路复用器的替换品，用来从多个数据源中选择一个传送到一个或多个目的地。

7.1.1 三态缓冲器

最基本的三态器件是三态缓冲器（three-state buffer），常常也称作三态驱动器（three-state driver）。图 7-1 显示了 4 种物理上不同的三态缓冲器的逻辑符号：基本符号是非反相缓冲器（见图 7-1a、图 7-1b）或反相器（见图 7-1c、图 7-1d），在符号顶部的附加信号为三态使能（three-state enable）输入，它可能是高电平有效（见图 7-1a、图 7-1c），也可能是低电平有效（见图 7-1b、图 7-1d）。当使能输入有效时，器件像普通的缓冲器或反相器一样工作；当使能输入无

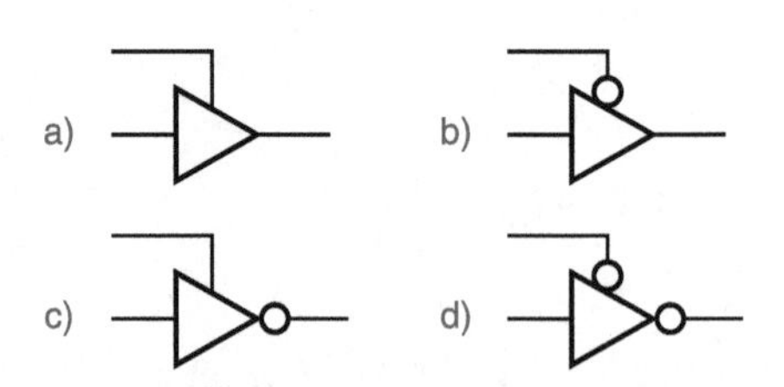

图 7-1 各种三态缓冲器：a)、b）不反相；c)、d）反相；a)、c）高电平使能；b)、d）低电平使能

效时，器件输出“悬空”，也就是高阻（Hi-Z）、断开状态，且在功能上它好像根本不存在。

三态器件允许多个信号源共享单个“同线”，条件是线上每次仅有一个器件“谈话”。图7-2给出了一个例子，3个输入位SSRC2～SSRC0选择8个数据源之一，数据源可以驱动单根线SDATA。输出低电平有效的3-8译码器保证在8根SEL线中每次只有1根有效，进而只允许1个三态缓冲器驱动SDATA。但假如EN线无效，则没有一个三态缓冲器被“使能”，在这种情况下，SDATA上的逻辑值是未被定义的。

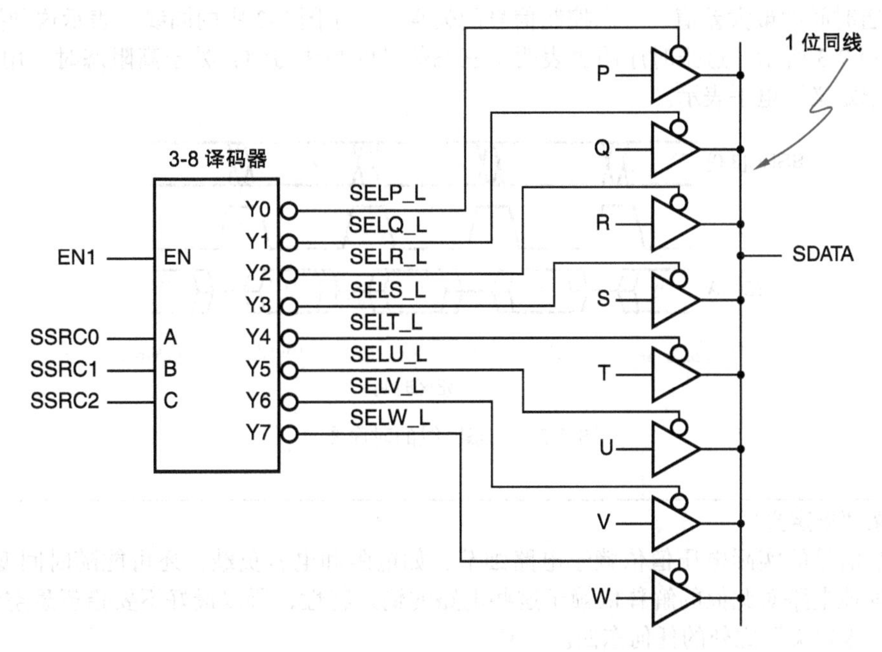

图 7-2　8个信号源共享1根三态同线

对典型的三态器件，进入高阻态比离开高阻态快。用数据表中的参数来讲，t_{pLZ}和t_{pHZ}都小于t_{pZL}和t_{pZH}。这意味着如果两个三态器件的输出连于同一根同线，我们在禁止一个三态器件的同时使能另一个三态器件，那么第一个器件将在第二个器件进入同线之前离开同线。这一点是重要的，因为如果两个器件同时驱动同线，且两个器件欲保持相反的输出值（0和1），那么系统中将有额外的电流流过并产生噪声，这常常被称作冲突（fighting），见14.5.7节的讨论。

三态器件的应用

三态输出很少用于片上，也就是ASIC和FPGA里。尽管多路复用器需要更多的芯片面积用于门电路和连线，但是，采用多路复用器通常能够比片上三态输出提供更好的性能。另外，采用多路复用器还避免了使用片上三态器件的一些问题，比如，总线处于悬空状态时额外的电能损耗、驱动源变化时的电气噪声、EDA工具无法对电气性能建模以及电路测试中的困难。

然而，三态输出和总线广泛应用于片外系统。在印制电路板上，三态输出和总线总是用于微处理器、存储器以及各种各样的协处理器和接口芯片之间的连接，包括定制的ASIC和FPGA（AISC和FPGA中通常会有一个或多个三态输出端口）。在系统级，三态常常用于模块之间的连接，例如，大型网络路由器中的各个网络接口之间的连接，以及台式计算机或笔记本电脑中插入扩展存储器槽的DIMM。

不幸的是，延迟和时序失真使不同三态器件的使能输入很难“同时”变化。即使这是可能的，但如果源于速度不同的逻辑系列（或者不同日期生产的不同 IC）的三态器件连于同一根同线，那么还是会有问题。“快”器件的接通时间（t_{pZL} 或 t_{pZH}）可能比“慢”器件的关断时间（t_{pLZ} 或 t_{pHZ}）短，输出也许依然会产生冲突。

使用三态器件唯一真正安全的方法是设计控制逻辑，以保证同线上有一段死区时间（dead time），在此期间不应有任何器件驱动同线。死区时间必须足够长，要考虑到器件关断时间和接通时间的最大差值、三态控制信号的失真。对于图 7-2 中的同线，表示这种操作的时序图如图 7-3 所示。这张时序图也表明了三态信号的画法习惯：处于高阻态时，用 0 和 1 中间的“未定义”电平表示。

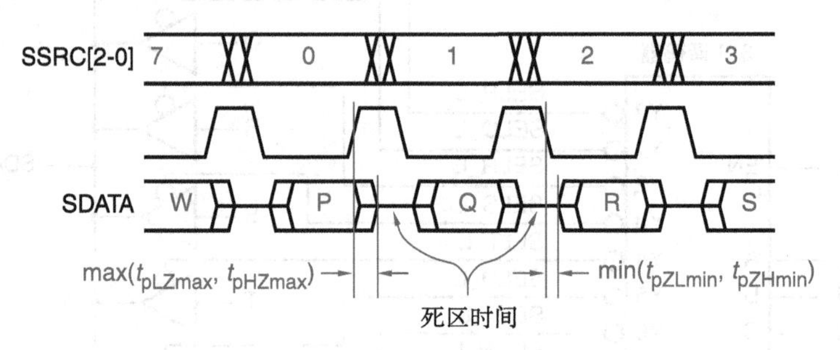

图 7-3　三态同线的时序图

定义“未定义”

悬空信号的实际电压值依赖于电路细节，如电阻和电容负载，还可能随时间变化。而且，其他电路对此值的解释依赖于这些电路的输入特性，所以最好不要指望悬空信号是除了“未定义”之外的任何东西。

有时在三态同线上使用上拉电阻以保证把悬空值拉至高电平并解释为逻辑 1，这在驱动 CMOS 器件的同线上尤为重要，当 CMOS 器件的输入电压在逻辑 0 和逻辑 1 中间时，它可能消耗额外的电流。基于 CMOS 的系统中的另一种悬空值就是采用“总线保持器”，总线保持器是一个时序电路，在没有其他器件主动驱动共享总线时，总线保持器会主动保持共享总线上的最后一个值，如 10.5.2 节所述。

*7.1.2　标准 MSI 三态缓冲器

与逻辑门一样，几个独立的三态缓冲器可以封装在单个 SSI 集成电路块中。但是，大多数同线应用使用具有多个数据位的总线。如在 8 位微处理器系统中，数据总线为 8 位宽，通常外围设备在总线上每次放置 8 位数据，因此一个外围设备允许 8 个三态驱动器同时驱动总线。如在图 7-2 的应用中那样，独立的使能输入不是必需的。

所以在宽总线应用中，为了减少封装尺寸，多数常用的 MSI 部件包含带有公共使能输入的多个三态缓冲器。例如，图 7-4 展示了八进制非反相三态缓冲器 74x541 的逻辑图和逻辑符号，八进制（octal）意味着 74x541 包含 8 个独立的缓冲器。必须让两个使能输入 G1_L 和 G2_L 都有效，才能允许器件的三态输出有效。在缓冲器符号里面的小矩形符号表示滞后（hysteresis），如我们在 14.5.2 节解释的，滞后是输入的一个电气特性，它改善了噪声抗扰性，74x541 的输入一般有 0.4 V 的滞后。

还有许多其他可用的八进制三态缓冲器。例如，74x540 和 74x541 是一样的，除了 74x540 包含反相缓冲器。还有 16 位，甚至 32 位的三态缓冲器，如 16 位的 74x16541 和 32

位的 74x32244。第一个部件的功能与封装在一起的两个 74x541 一样，而第二个部件有 8 个独立的 4 位组，且每一组都有一个单独的使能输入。这些部件都集成在一个较大的封装里，当然，需要更多的引脚。

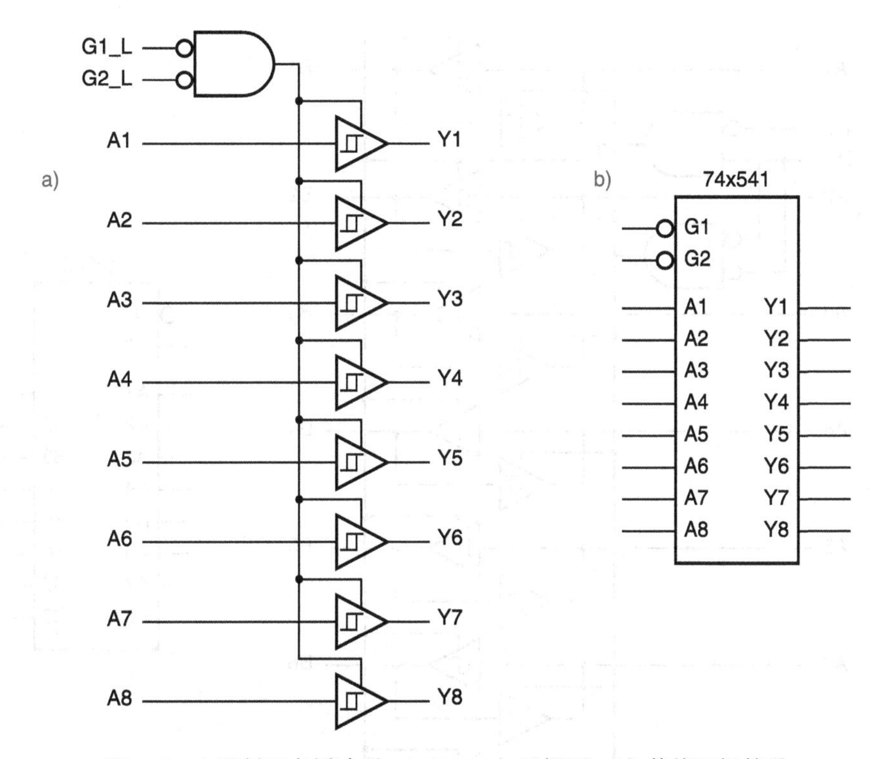

图 7-4 八进制三态缓冲器 74x541：a）逻辑图；b）传统逻辑符号

图 7-5 展示了带 8 位数据总线 DB[0-7] 的某微处理器的一部分，74x541 被用作输入端口。微处理器通过使 INSEL1 有效来选择输入端口 1，通过使 READ 有效来请求读操作。被选中的 74x541 通过将用户提供的输入数据驱动到微处理器的数据总线上来响应。当不同的 INSEL 线随同 READ 一起有效时，可以选中其他输入端口。

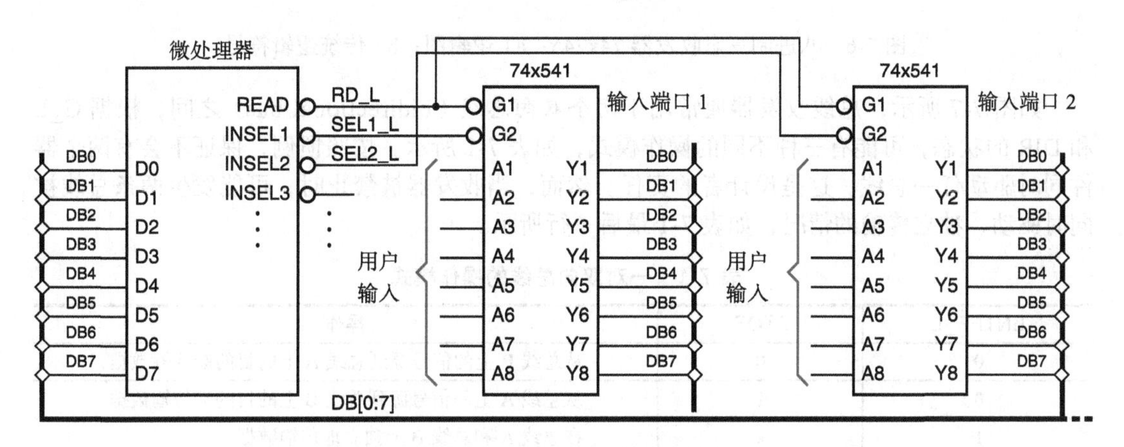

图 7-5 使用 74x541 作为微处理器的输入端口

总线收发器（bus transceiver）包含三态缓冲器对，每对引脚之间以相反方向连接，所以数据可以双向传输。例如，图 7-6 展示了八进制三态收发器 74x245 的逻辑图和逻辑符号。DIR 输入决定传输方向，是从 A 到 B(DIR = 1）还是从 B 到 A(DIR = 0)。只有 G_L 有效，三态缓冲器才能按选定的方向传输数据。

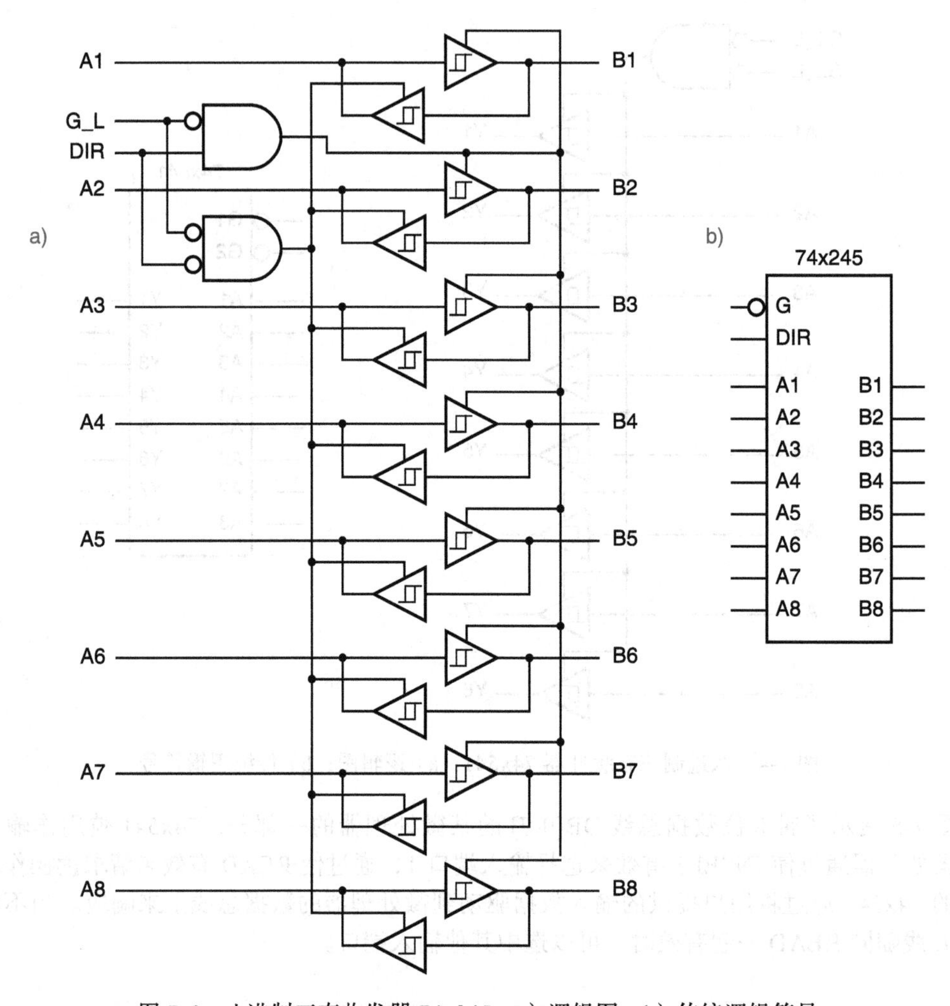

图 7-6　八进制三态收发器 74x245：a）逻辑图；b）传统逻辑符号

如图 7-7 所示，总线收发器通常用于两个双向总线（bidirectional bus）之间，根据 G_L 和 DIR 的状态，可能有三种不同的操作模式，如表 7-1 所示。按照惯例，保证不会有两个器件同时驱动任一总线，这是设计者的责任。然而，当收发器被禁止时，可能发生两条总线被同时驱动、独立传输的情况，如表 7-1 最后一行所示。

表 7-1　一对双向总线的操作模式

ENTFR_L	ATOB	操作
0	0	从总线 B 上的信号源到总线 A 上的目的端传输数据
0	1	从总线 A 上的信号源到总线 B 上的目的端传输数据
1	x	在总线 A 和总线 B 上独立地传输数据

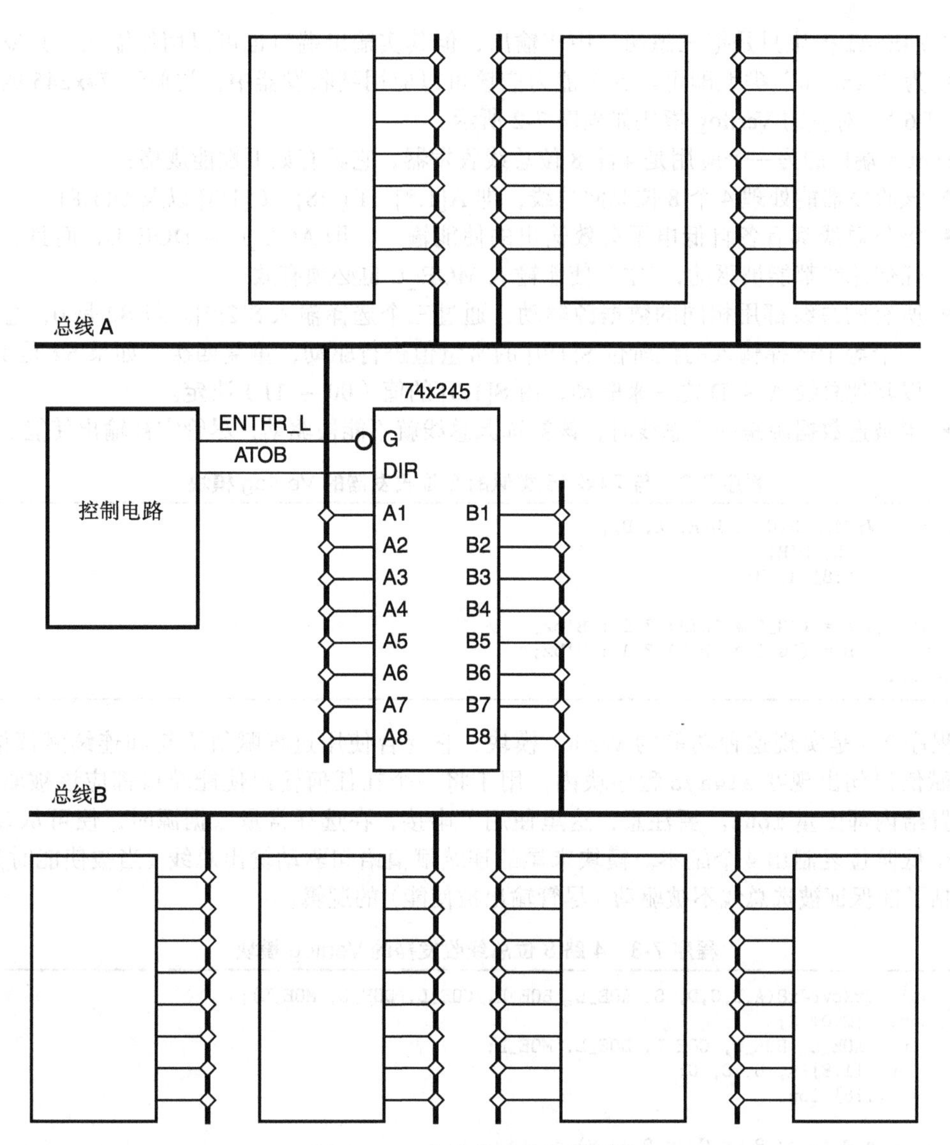

图 7-7 双向总线和收发器操作

7.1.3 用 Verilog 实现三态输出

Verilog 为高阻态内设了位数据值“z”，所以它很容易指定三态输出。例如，程序 7-1 是一个类似于 74x541 的 8 位非反相三态缓冲器的 Verilog 模块。它采用一个条件操作符(?:)，只用了一条连续赋值语句来指定输出。如果器件被使能，就将输入赋给输出，否则就输出 8 位“z”。

程序 7-1 与 74x541 类似的 8 位三态驱动器的 Verilog 模块

```
module Vr74x541(G1_L, G2_L, A, Y);
  input G1_L, G2_L;
  input [1:8] A;
  output [1:8] Y;

  assign Y = (~G1_L & ~G2_L) ? A : 8'bz;
endmodule
```

Vr74x541 模块只是把三态端口用作输出，但其实输出端口也可以用作输入，只要将它们声明为“inout”类型即可。这个能力应该可以应用到收发器中，类似于 74x245 的功能（见图 7-6）。对应的 Verilog 模块如程序 7-2 所示。

inout 端口的另一个应用是 4 路 8 位总线收发器，它具有如下性能规格：

- 该收发器能处理 4 个 8 位双向总线，即 A[1:8]、B[1:8]、C[1:8] 以及 D[1:8]。
- 每条总线都有各自低电平有效输出的使能输入，即 AOE_L ~ DOE_L，而且，为使任何总线都能被驱动，“主”使能输入 MOE_L 也必须有效。
- 所有的总线都用相同的数据源驱动，通过三个选择输入 S[2:0]。若 S2 是 0，总线以一个等于选择输入的低阶位 S[1:0] 的常量值进行驱动，重复四次。如果 S2 是 1，则以其他总线 A ~ D 之一来驱动，由 S[1:0] 的值（00 ~ 11）决定。
- 当被选数据源是一个总线时，该被选源总线就不能被驱动，尽管它被输出使能。

程序 7-2　与 74x245 类似的 8 位收发器的 Verilog 模块

```
module Vr74x245(G_L, DIR, A, B);
  input G_L, DIR;
  inout [1:8] A, B;

  assign A = (~G_L & ~DIR) ? B : 8'bz;
  assign B = (~G_L &  DIR) ? A : 8'bz;
endmodule
```

程序 7-3 是实现这种功能的 Verilog 模块，它混合使用过程赋值语句和连续赋值语句。过程赋值语句出现在 always 程序块内，用于将一个在任何输出使能端口都应该被驱动的值，置给内部变量 ibus。要注意，这里使用了串接，在选择常量数据源时，便可从 S[2:0] 的两个低阶位复制出 4 个副本。模块末尾的连续赋值语句驱动输出总线（当被使能时），并且包括了能保证被选总线不被驱动（尽管输出被使能）的逻辑。

程序 7-3　4 路 8 位总线收发器的 Verilog 模块

```
module VrXcvr4x8(A,B,C,D, S, AOE_L, BOE_L, COE_L, DOE_L, MOE_L);
  input [2:0] S;
  input AOE_L, BOE_L, COE_L, DOE_L, MOE_L;
  inout [1:8] A, B, C, D;
  reg [1:8] ibus;

  always @ (A or B or C or D or S) begin
    if (S[2] == 0) ibus = {4{S[1:0]}};
    else case (S[1:0])
      2'b00: ibus = A;
      2'b01: ibus = B;
      2'b10: ibus = C;
      2'b11: ibus = D;
    endcase
  end

  assign A = ((~AOE_L & ~MOE_L) && (S[2:0]!=3'b100)) ? ibus:8'bz;
  assign B = ((~BOE_L & ~MOE_L) && (S[2:0]!=3'b101)) ? ibus:8'bz;
  assign C = ((~COE_L & ~MOE_L) && (S[2:0]!=3'b110)) ? ibus:8'bz;
  assign D = ((~DOE_L & ~MOE_L) && (S[2:0]!=3'b111)) ? ibus:8'bz;
endmodule
```

7.1.4 用 FPGA 实现三态输出

一些老的 FPGA 器件提供三态元件来驱动内部总线，但是，现代的 FPGA 不再这样做了。现代的 FPGA 通常采用多路复用器，从多个数据源中选择一个，以驱动内部总线，如 6.4 节所述。然而，所有的 FPGA、CPLD 和 ASIC 库都提供三态输入 / 输出单元，以驱动外部引脚。三态总线还广泛应用于板级设计中，以简化多个组件（如微处理器、存储器以及输入 / 输出接口）之间相互通信所需的连线，如图 7-5 和 7-7 所示。

图 7-8 展示了典型 FPGA 中的一个输入 / 输出缓冲单元。在 Xilinx 库中，这个单元是一个名为 IOBUF 的预定义组件。IOBUF 包含一个输入缓冲器，其输出在图的左边，名为“O”。IOBUF 还包含一个输入为“I”的三态缓冲器以及三态无效输入“T”（当 T 为 1 时，输出为 Hi-Z）。组件右边的名为“IO”的信号直接与 FPGA IC 封装的一个 I/O 引脚相连。

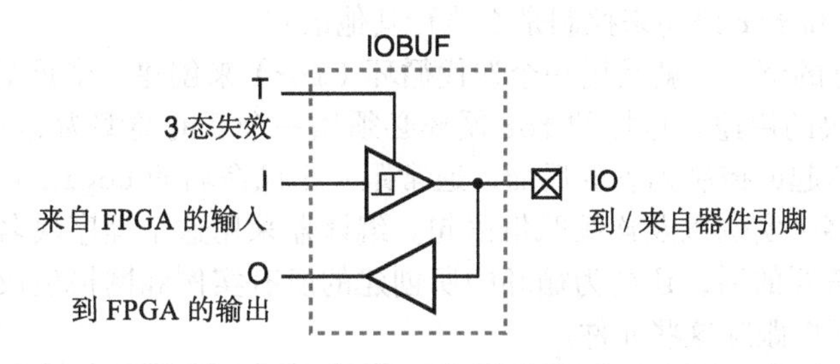

图 7-8 输入 / 输出缓冲器组件 IOBUF

与任何其他库组件一样，FPGA 的 IOBUF 可以用一个实例化语句显式地实例化。（注意，如果与 IO 相连的信号未定义为外部引脚，则会导致一个综合错误。）像前面的例子那样，如果在过程代码中说明了一个外部的三态输出并且每一个都说明为设计中的“顶层”模块，那么综合引擎也可以就此“推出”一个 IOBUF。

用于 FPGA 和 ASIC 内部的模块不使用三态输出，而是为这些模块的输入和输出定义单独的总线，如程序 7-4 所示。然而，有时可能需要采用一个现成的“内部”模块设计，并将这个模块的输入和输出直接与一个外部的三态总线连在一起。为了使用三态输出，可以通过在一个像程序 7-5 那样的顶层模块中嵌入这样的模块，来将该模块与外部三态总线连在一起，而不需要修改模块的代码。顶层模块照原样实例化，然后，采用一个生成块（参见方框注释）来将 8 个 `IOBUF` 单元实例化为外部 I/O。声明内部线路 `IBUS` 和 `OBUS`，以实现 `VrmyModule` 和 `IOBUF` 单元之间的连接。

程序 7-4 8 位输入和输出总线模块中的声明

```
module VrmyModule(CLK, I1, I2, IBUS, O1, O2, OBUS);
  input CLK, I1, I2;
  input [7:0] IBUS;
  output O1, O2;
  output [7:0] OBUS;
  ...
```

程序 7-5 包含 VrmyModule 的顶层 Verilog 模块

```
module VrmyDesign_top(CLK, IN1, IN2, OUT1, OUT2, IOBUS, IOBUS_OE);
  input CLK, IN1, IN2, IOBUS_OE;
  inout [7:0] IOBUS;
  output OUT1, OOT2;
  wire [7:0] INBUS, OUTBUS;
  genvar g;
  Vrmymodule U1 (.CLK(CLK), .I1(IN1), .I2(IN2), .O1(OUT1),
                 .O2(OUT2), .IBUS(INBUS), .OBUS(OUTBUS) );
```

```
generate
  for (g=0; g<=7; g=g+1) begin: io
    IOBUF U2 (.I(OUTBUS[g]), .O(INBUS[g]),
              .IO(IOBUS[g]), .T(~IOBUS_OE) );
  end;
endgenerate
endmodule
```

生成块

Verilog-2001 支持生成块的创建。生成块就是利用算法语句创建一个结构化模型或数据流模型。生成块以关键字 `generate` 开始，以 `endgenerate` 结束。在生成块中，可以使用 `if`、`case` 和 `for` 语句来控制是否执行其他语句。

生成块最常见的例子，就是用一个迭代循环（`for`）来创建一个重复的硬件结构，这也是本书中生成块的用途。这样的 `for` 循环必须用一个新的类型为 `genvar` 的整型变量来控制，其括号括起的控制列表的后面，通常跟一个已命名的 `begin-end` 程序块，程序块内包含一个或多个实例以及连续赋值语句。编译器采用这个程序块名生成唯一的标识符，并且，如果需要的话，还会为循环中所创建的所有实例和网格生成网格名，以便在模拟和综合期间可以跟踪这些元件。

图 7-9 展示了一个由工具生成的综合设计结果的原理图，省略了 1 ~ 6 位的 I/O 缓冲器。我们还将最上面的 IOBUF 组件扩大，以看看里面有什么：如你所料，有一个输入缓冲器和一个三态输出缓冲器。

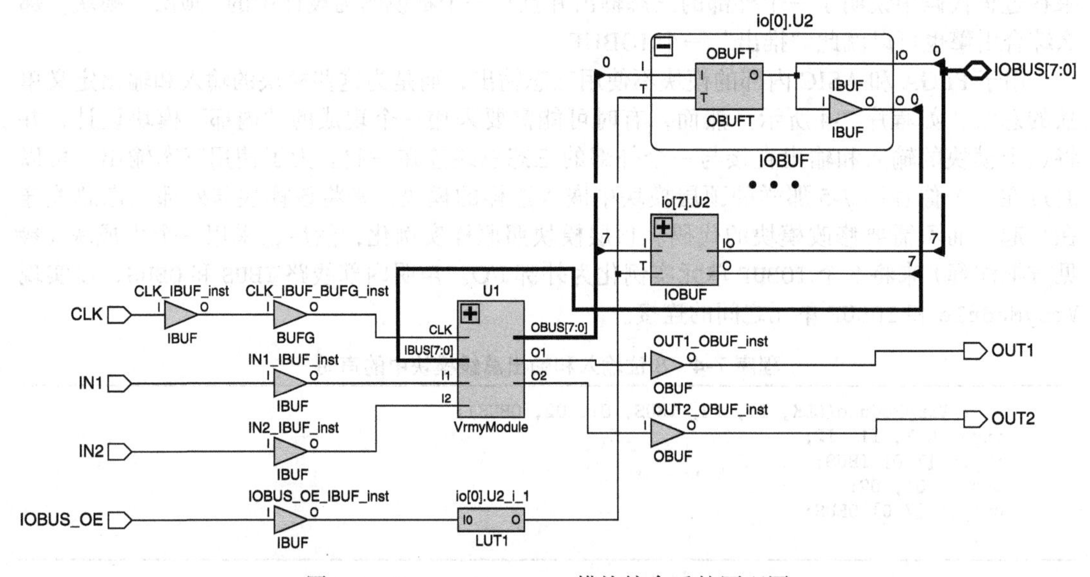

图 7-9 `VrmyDesign_top` 模块综合后的原理图

7.2 优先编码器

在如 7.1 节例子所示的共享总线系统中，不同器件可能会在不同的时间驱动总线，而且，必须提供一些机制，以确保每次只能有一个器件访问总线。在其他的应用中，多个实体可能会同时请求使用同一个资源或服务，而这个资源或服务一次只能授权给一个实体；在微处理器的输入 / 输出子系统中，可能是中断请求。在这些系统和应用中，通常最多有 2^n 个输入，每个输入代表一个对服务的请求（如图 7-10 所示），而且，很可能多个请求同时出现。

我们在 6.3.7 节（二进制编码器）中已经看到，2^n 中取 1 的输入端的有效信号可以很容易地转换为对应的二进制数，但是，如果是多个输入信号同时有效呢？解决的方法是为输入线指定优先级（priority），所以当多个请求有效时，编码器产生最高优先级的请求编号，这样的器件称作*优先编码器*（priority encoder）。

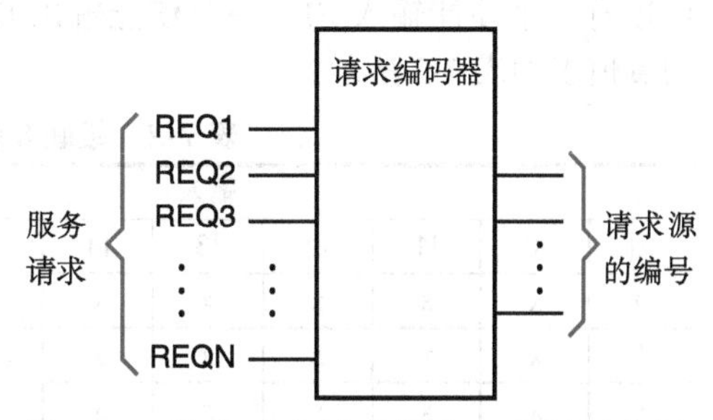

图 7-10 带有 2^n 个请求源和一个用于在任何时刻指明有效请求信号的“请求编码器”的系统

8 输入优先编码器的逻辑符号如图 7-11 所示。输入 I7 具有最高优先级；其他输入的优先级按照编号顺序递减。输出 A2 ~ A0 包含具有最高优先级的有效输入编号（若有的话）；如果没有输入有效，则输出 IDLE 有效。

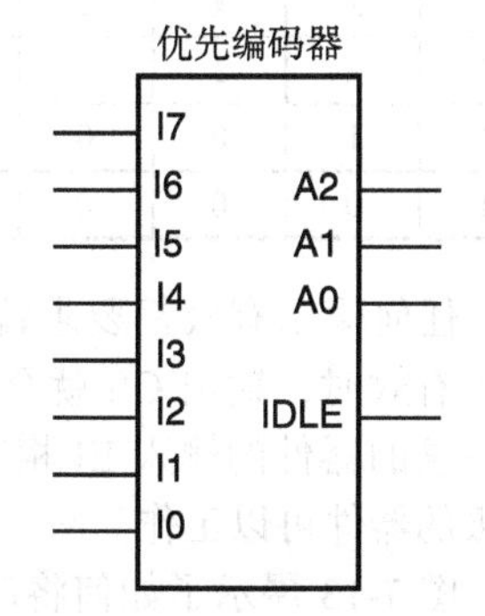

图 7-11 通用 8 输入优先编码器的逻辑符号

采用 HDL（如 Verilog）中的语言结构说明优先编码器，相当地简单和自然，但是，为了更易于理解，先来看看采用逻辑方程的说明。为了写出优先编码器输出的逻辑方程，我们首先定义 8 个中间变量 H0 ~ H7，当且仅当 I*n* 是值为 1 的输入中优先级最高的，H*n* 才为 1：

$$
\begin{aligned}
H7 &= I7 \\
H6 &= I6 \cdot I7' \\
H5 &= I5 \cdot I6' \cdot I7' \\
&\cdots \\
H0 &= I0 \cdot I1' \cdot I2' \cdot I3' \cdot I4' \cdot I5' \cdot I6' \cdot I7'
\end{aligned}
$$

注意，这是因为这些信号定义为任何时间最多只能有一个有效。采用这些符号，输出 A2 ~ A0 的等式类似于简单二进制编码器的等式：

$$
\begin{aligned}
A2 &= H4 + H5 + H6 + H7 \\
A1 &= H2 + H3 + H6 + H7 \\
A0 &= H1 + H3 + H5 + H7
\end{aligned}
$$

如果没有输入为 1，那么输出 IDLE 为 1：

$$
\begin{aligned}
IDLE &= (I0 + I1 + I2 + I3 + I4 + I5 + I6 + I7)' \\
&= I0' \cdot I1' \cdot I2' \cdot I3' \cdot I4' \cdot I5' \cdot I6' \cdot I7'
\end{aligned}
$$

7.2.1 级联优先编码器

将前面所讲述的方程和方法直接扩展，就可以构造出任意输入数量的优先编码器。然而，有的情况是，输入分布在两个或多个子系统里，而子系统本身要按照优先级顺序排列，所以，要识别出最高优先级子系统中优先级最高的有效输入。在这种情况下，采用专门为每个子系统中所有输入单独构造的一个*级联优先编码器*（cascadable priority encoder），可以将多个子系统中的信息组合或*级联*（cascade）起来，然后，再将这些子系统的输出组合起来。

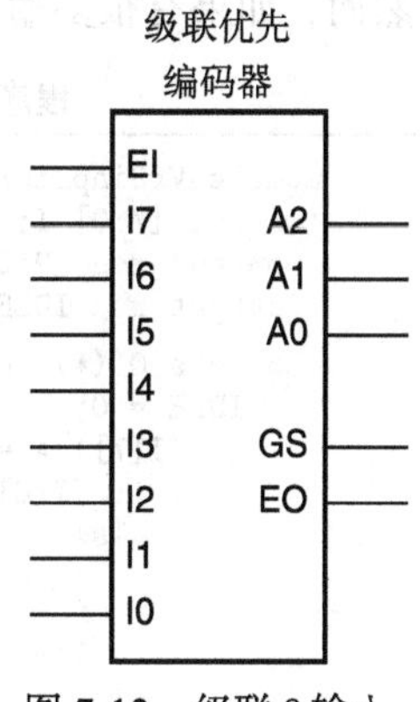

图 7-12 级联 8 输入优先编码器的逻辑符号

图 7-12 是一个 8 输入级联优先编码器的逻辑符号，这个优先编

码器可以用在每一个子系统里。除了通常所需的输入 I7 ~ I0 和输出 A2 ~ A0 之外，这个器件还有一个使能输入 EI，一个使能输出 EO，以及一个“组选择”输出 GS。这个器件完整的真值表如表 7-2 所示。

表 7-2　级联 8 输入优先编码器的真值表

输入									输出				
EI	I0	I1	I2	I3	I4	I5	I6	I7	A2	A1	A0	GS	EO
0	x	x	x	x	x	x	x	x	0	0	0	0	0
1	x	x	x	x	x	x	x	1	1	1	1	1	0
1	x	x	x	x	x	x	1	0	1	1	0	1	0
1	x	x	x	x	x	1	0	0	1	0	1	1	0
1	x	x	x	x	1	0	0	0	1	0	0	1	0
1	x	x	x	1	0	0	0	0	0	1	1	1	0
1	x	x	1	0	0	0	0	0	0	1	0	1	0
1	x	1	0	0	0	0	0	0	0	0	1	1	0
1	1	0	0	0	0	0	0	0	0	0	0	1	0
1	0	0	0	0	0	0	0	0	0	0	0	0	1

任何输出有效都要求输入 EI 必须有效。当器件处于工作状态，并且有一个或多个请求输入有效时，输出 GS 就会有效。输出 EO 用于级联——专门设计用来与另一个处理低优先级请求的器件的输入 EI 相连。如果 EI 有效，而没有请求输入有效，那么 EO 有效，使低优先级的器件可以工作。

图 7-13 展示了如何将四个这样的级联优先编码器连接起来，接收 32 个请求输入，并产生 5 位输出 RA4 ~ RA0，指出优先级最高的请求设备。由于任何时间只能有至多一个器件的输出 A2 ~ A0 有效，因此可以将各个器件的输出或起来以得到 RA2 ~ RA0。同样，各个输出 GS 可以组合成一个 4-2 编码器，用于产生 RA4 和 RA3。如果任何一个输出 GS 有效，则输出 RGS 就有效。

7.2.2　用 Verilog 实现优先编码器

用 Verilog 对优先编码器的行为建模，可以有多种方式。一种方式就是采用多重的 Verilog `if` 语句序列，如程序 7-6 所示。这种方式与我们对优先编码器行为的理解完美匹配。然而，如果有很多输入的话，这种方法就会比较笨拙且容易出错。

程序 7-6　采用多重 `if` 语句的 8 输入优先编码器的 Verilog 模块

```
module Vr8inprior2(I, A, IDLE);
  input [7:0] I;
  output reg [2:0] A;
  output reg IDLE;
  always @ (*) begin
    IDLE = 0;
    if (I[7]) A = 3'd7;
    else if (I[6]) A = 3'd6;
         else if (I[5]) A = 3'd5;
            else if (I[4]) A = 3'd4;
                 else if (I[3]) A = 3'd3;
                      else if (I[2]) A = 3'd2;
                           else if (I[1]) A = 3'd1;
                                else if (I[0]) A = 3'd0;
                                     else begin A = 3'd0; IDLE = 1; end;
  end
endmodule
```

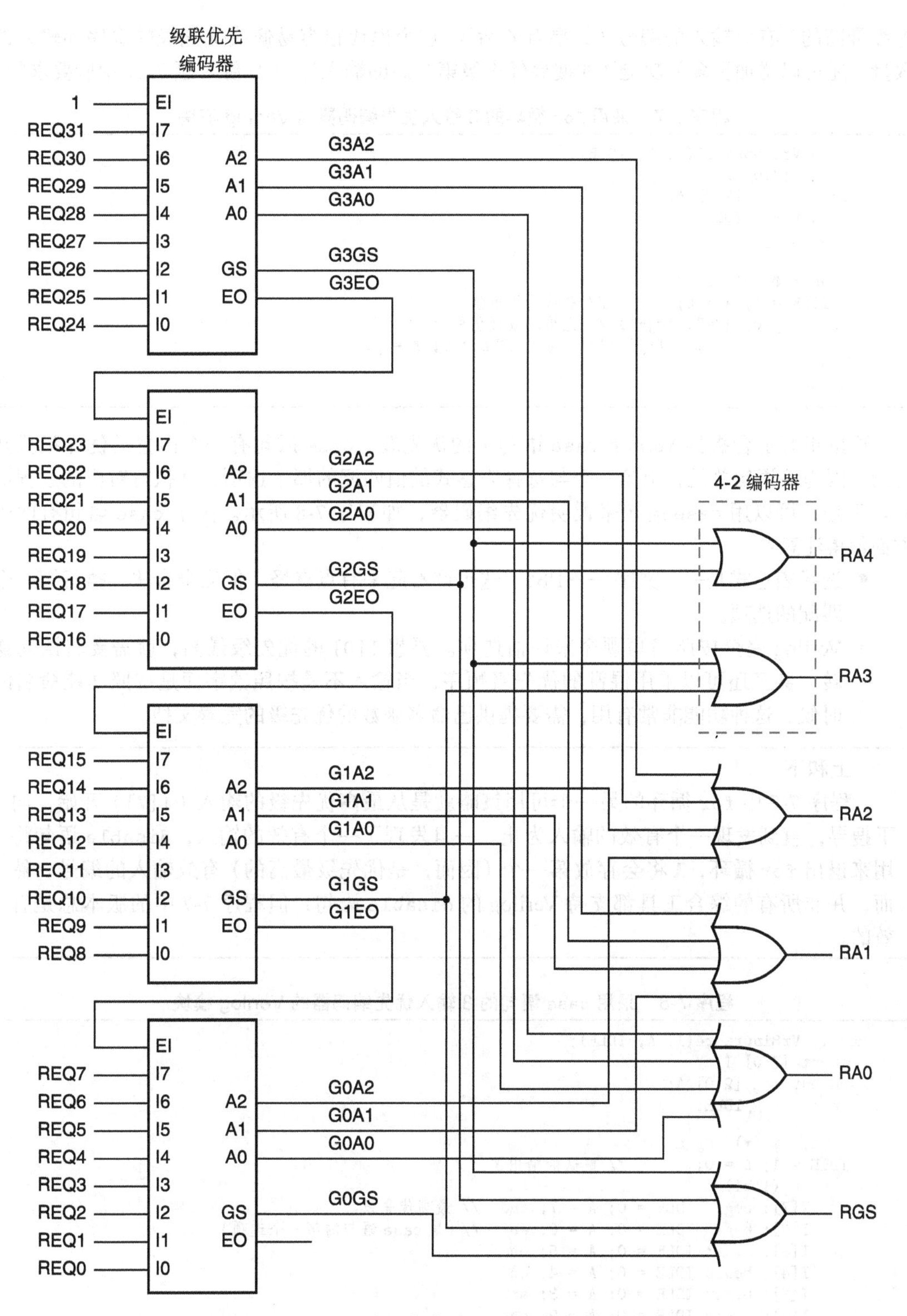

图 7-13　4 个 8 输入优先编码器级联处理 32 个请求

另外，可以采用 for 循环来构建优先编码器的行为化模型，如程序 7-7 所示。always 程序块中的最前面两个语句，用于初始化输出，就像没有找到任何有效的输入一样。然后，用 for 循环从低级到高级搜寻一个有效的输入。最后，在 A 中存放最后找到的（因此，是优先级最高的）有效输入的编号（如果有的话）。这个模块很容易修改优先级的次序和输入的数量，还可以增加更多的功能（如搜寻优先级第二高的输入），正如练习题 7.27 中所要求的。

程序 7-7　采用 for 循环的 8 输入优先编码器的 Verilog 模块

```
module Vr8inprior3(I, A, IDLE);
  input [7:0] I;
  output reg [2:0] A;
  output reg IDLE;
  integer j;

  always @ (*) begin
    IDLE = 1; A = 0;        // 默认的输出值
    for (j=0; j<=7; j=j+1) // 先检测较低优先级
              if (I[j]==1) begin IDLE = 0; A = j; end
  end
endmodule
```

这里正好适合提到 Verilog case 语句中的优先级：case 语句有一个内置的优先级排队行为，因为该语句总是找出第一个与选择表达式的值匹配的那个选项，并执行对应的过程语句。于是，可以用 case 语句来说明优先编码器，如程序 7-8 所示。关于 case 语句有两个方面值得注意：

- 选择表达式是一个文字——1'b1。这也许看起来有点奇怪，但完全合法。执行第一个匹配的选项。
- Verilog 完全按照书写顺序来评估选项。要想 I[0] 的优先级最高，就需要将语句逆转。甚至还可以采用混乱的优先级顺序，当输入不是按照数字而是按照功能命名的时候，这种功能非常有用，需要提供已命名函数的优先级的完善文档。

> **上和下**
>
> 程序 7-7 中 for 循环的另一个可用策略就是从最高优先级的输入（I[7]）开始，向下搜寻，直到发现一个有效的输入为止。一旦发现了一个有效的输入，disable 语句将用来退出 for 循环，A 将会存放第一个（因而，是优先级最高的）有效输入的编号。然而，并非所有的综合工具都支持 Verilog 的 disable 语句，但程序 7-7 中的版本总是有效的。

程序 7-8　采用 case 语句的 8 输入优先编码器的 Verilog 模块

```
module Vr8inprior4(I, A, IDLE);
  input [7:0] I;
  output reg [2:0] A;
  output reg IDLE;

  always @ (*) begin
  IDLE = 1; A = 0;          // 默认的输出值
    case (1'b1)
      I[7]: begin IDLE = 0; A = 7; end  // 最高优先级
      I[6]: begin IDLE = 0; A = 6; end  //（是 case 语句的第一个选项）
      I[5]: begin IDLE = 0; A = 5; end
      I[4]: begin IDLE = 0; A = 4; end
      I[3]: begin IDLE = 0; A = 3; end
      I[2]: begin IDLE = 0; A = 2; end
      I[1]: begin IDLE = 0; A = 1; end
      I[0]: begin IDLE = 0; A = 0; end
    endcase
  end
endmodule
```

程序 7-9 是 8 输入优先编码器的一个自检测试平台。程序循环检测所有 256 个可能的输入组合，并用一个 if 语句检测每个输入组合的多种潜在错误条件，检测到错误时，显示对应的输入组合及其输出。前两个条件检测 IDLE 的值，当输入向量 I 为 0 时，IDLE 的值应该为 1。接下来的两个条件检测当 I 不为 0 时 A 的值。

程序 7-9 8 输入优先编码器模块的测试平台

```
`timescale 1 ns / 100 ps
module Vr8inprior_tb();
  reg [7:0] I;
  wire [2:0] A;
  wire IDLE;
  integer ii, errors;

  Vr8inprior1 UUT ( .I(I), .A(A), .IDLE(IDLE) );

  initial begin
    errors = 0;
    for (ii=0; ii<256; ii=ii+1) begin
      I = ii;
      #10 ;
      if (                                       // 辨识所有错误情况
           ( (I==8'b0)  && (IDLE!=1'b1) )      // 应为空
        || ( (I>8'b0)  && (IDLE==1'b1) )      // 不应为空
        || ( (I>8'b0)  && (I<2**A)       )      // I 应该至少为 2**A
        || ( (I>8'b0)  && (I>=2**(A+1) ) ) ) //    但不少于 2**(A+1)
        begin
          errors = errors+1;
          $display("Error: I=%b, A=%b, IDLE=%b", I, A, IDLE);
        end
      end
    $display("Test done, %d errors\n",errors);
  end
endmodule
```

测试平台利用 I 的位编号和数值与 A 的定义之间的偶然因果关系作为测试条件。对于一个给定的 A 的值，输入位 A 为 1，所以，I 的整数值至少是 2**A(即 2^A)。然而，对于 A 为最高优先级位的情况，A 的位编号不会更高，所以，I 的整数值一定小于 2**(A+1)。这些条件中所包含的逻辑与任何优先编码器模块建模的逻辑不同，这样其实比较好。如果测试平台只是机械地模仿用于模块中的测试条件，那么其很容易漏过设计者思想中的错误（但是，看看练习题 7.17）。

漏过了一个错误

在 A 包含 x 或 z 的情况下，程序 7-9 中的测试平台捕捉不到错误。果真如此的话，两个涉及 I 和 A 的比较，都会返回一个 x 值，这个值不被认为是“为真”，所以，也就不会计入错误。

因此，错误情况列表中需要多检测一种情况——A 是否包含 x 或 z。一种简单的方法就是，使用表达式“ ^A===1'bx”。如果 A 中包含了 x 或 z，那么简化的异或算子将返回一个 x 值。

开始我的案例

用 Verilog 的 case 语句对优先编码器建模还有另外一种方法，这次是用 casez。我把这个描述放在此注释里，所以，如果你觉得已经够了，就可以忽略这个内容。

偶尔使用的 casez 语句允许把“无关项”作为选项；一个无关位用“?”表示。程序 7-10 是用 casez 为 8 输入优先编码器建模的程序。在选择表达式里采用了输入变量 I 而不是一个常量，使得这个 case 语句感觉更自然一些。但是，和程序 7-8 一样，还是要求（还需要有效的文档）选项按照优先级的顺序来写。所以，编写和理解任何版本的程序，都要求你记住 Verilog 的 case 语句所构建的行为的优先次序。为优先编码器建模，我还是最喜欢采用一种没有这个要求的 case 语句；请你在练习题 7.19 中找到这个方法。

程序 7-10　采用 casez 语句的 8 输入优先编码器的 Verilog 模块

```
module Vr8inprior5(I, A, IDLE);
input [7:0] I;
  output reg [2:0] A;
  output reg IDLE;

always @ (*) begin
  IDLE = 1; A = 0;         // 默认的输出值
  casez(I)
      8'b1???????: begin IDLE = 0; A = 7; end
      8'b?1??????: begin IDLE = 0; A = 6; end
      8'b??1?????: begin IDLE = 0; A = 5; end
      8'b???1????: begin IDLE = 0; A = 4; end
      8'b????1???: begin IDLE = 0; A = 3; end
      8'b?????1??: begin IDLE = 0; A = 2; end
      8'b??????1?: begin IDLE = 0; A = 1; end
      8'b???????1: begin IDLE = 0; A = 0; end
    endcase
  end
endmodule
```

7.3 异或门和奇偶校验功能

本节介绍异或及相关的功能，这些功能在四种主要的应用中有着重要的作用：

- *比较*。一个异或门可以用来比较两个数是否相等，而多个异或门的输出组合起来，可以实现多位数是否相等的比较。
- *奇偶发生和校验*。一个多位的异或函数可以计算“模 2 和”或输入的奇偶，这些功能为检测和纠正数据传送与存储过程中的错误提供了一种方法，具体解释参见 2.15 节。
- *加法*。异或函数可以用来形成加法中和的各个二进制位。
- *计数*。被称为二进制计数器的时序电路，在进行计数时，采用异或来形成每一位的下一个值，既可以用作 T 触发器的部件，也可以作为次态逻辑的一个显式函数。

在这一节，我们会给出前两种应用的例子，而第三种应用会在第 8 章中讲述。在 10.2.6 节的 T 触发器和第 11.1.3 节的二进制计数器中也会再次看到异或门。

7.3.1 异或门和异或非门

异或（eXclusive OR, XOR）门是 2 输入门，如果恰好只有一个输入为 1，则输出为 1。换句话说，如果其 2 个输入是不同的，则异或门产生 1 输出。*异或非*（eXclusive NOR, XNOR）门（或者*同或门*，equivalence gate）则刚好相反，即如果其 2 个输入是相同的，则产生 1 输出。这两个函数的真值表如表 7-3 所示。“异或”操作有时用符号“⊕”，即

$$X \oplus Y = X' \cdot Y + X \cdot Y'$$

“异或”不是开关代数的基本运算之一，如后所见，分立的异或门通常用作如奇偶树和比较

器这类较大型函数的组件。

大多数开关技术不能直接实现“异或”功能，而是使用多个门来设计异或，如图 7-14a 和 7-14b 所示。如图 7-14c 所示的设计或是其变形常常出现在 CMOS 的 ASIC 器件库里，因为这种 2 输入 1 位的多路复用器可以用少量晶体管实现，而这些晶体管被构造成一对对的 CMOS 传输门，可以依据 Y 是 0 或 1 来传送 X 的真值或 X 的补（参见练习题 7.32）。

表 7-3　异或和异或非函数的真值表

X	Y	X ⊕ Y（异或）	(X ⊕ Y)′（异或非）
0	0	0	1
0	1	1	0
1	0	1	0
1	1	0	1

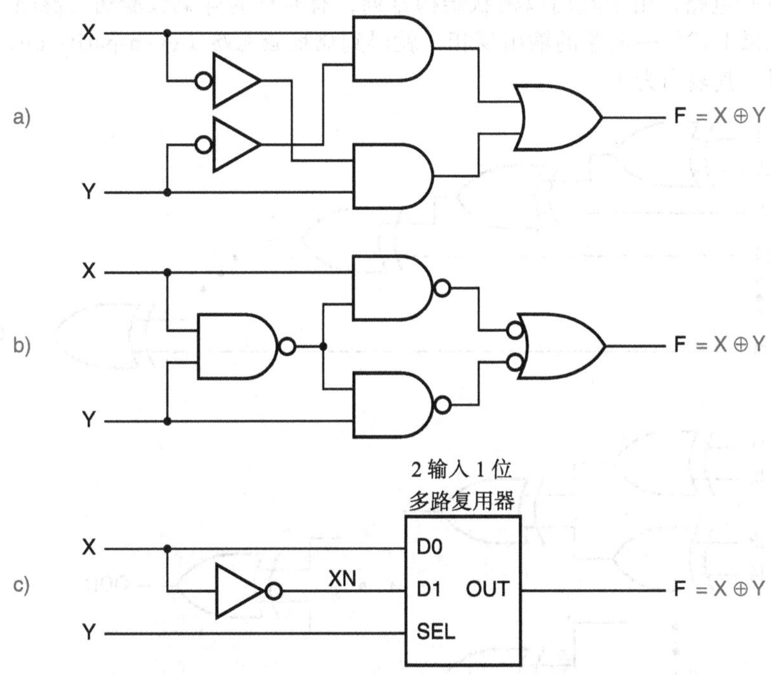

图 7-14　2 输入异或函数的多门设计：a）与或门；b）三级与非门；c）基于多路复用器

异或门和异或非门的逻辑符号如图 7-15 所示，每个门有 4 个等效符号，所有这些可供选择的符号都是一个简单规则的推论：

- 对异或门或者异或非门的任何两个信号（输入或输出）都可以取反，而不改变结果的逻辑功能。

在“圈到圈”逻辑设计中，我们选用最能表达要实现的逻辑功能的符号。

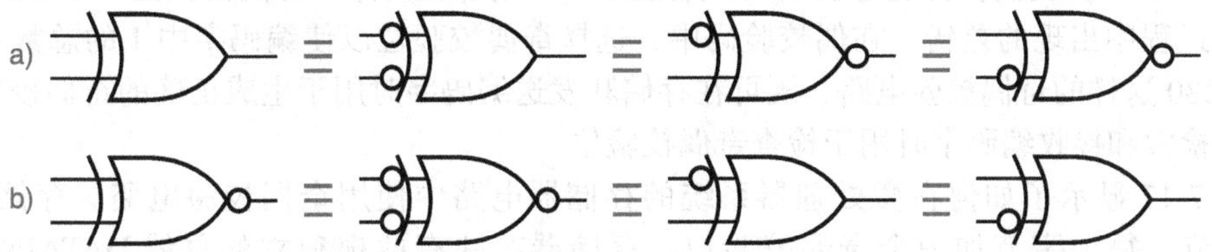

a)　≡　≡　≡

b)　≡　≡　≡

图 7-15　等效符号：a）异或门；b）异或非门

每个PLD和CPLD器件的输出都会连到一个异或门上，而这个异或门的另一个输入是可编程的，用于输出极性选择。而且，许多FPGA在其可配置的逻辑块中都会提供异或门，用于时钟输入和复位输入的极性选择，图7-14c就是这样电路的典型实现，并且，采用SEL作为编程输入。为了提高速度，2输入多路复用器通常采用图6-27中的传输门来实现。（有些）这类器件中的逻辑块也会包含异或门，这些异或门的输入是乘积项或LUT的输出，用于支持加法器和计数器的有效实现。在FPGA和ASIC组件库中也很容易找到异或门和异或非门，因为它们是HDL的基元。

7.3.2 奇偶校验电路

如图7-16a所示，n个异或门可以级联，形成具有$n+1$个输入和单一输出的电路，称作奇校验电路（odd-parity circuit），因为如果其输入有奇数个1，则其输出为1。图7-16b中的电路也是奇校验电路，由于其门以树状结构排列，有时称为奇偶校验树（parity tree），所以速度较快。如果上述任一电路的输出反相，就得到偶校验电路（even-parity circuit），当输入有偶数个1时，其输出为1。

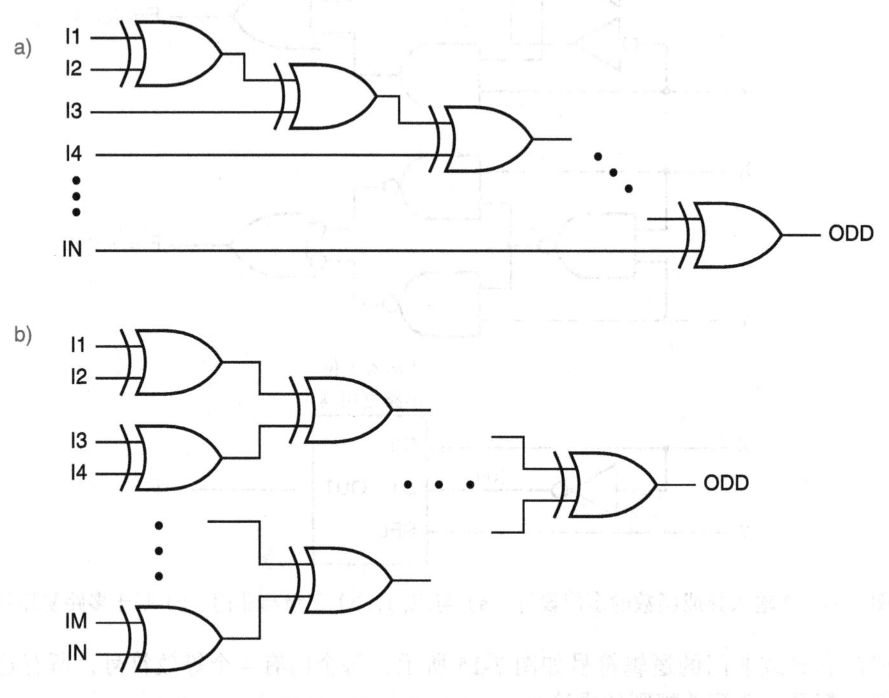

图7-16 级联异或门：a）菊花链式连接；b）树状连接

7.3.3 奇偶校验的应用

在2.15节，我们曾讲述过检错码，它使用一个附加位（称作奇偶校验位）检测数据传送和存储过程中出现的差错。在偶校验码中，选择奇偶校验位以使编码字中1的总数为偶数。像74x280这样的奇偶校验电路，既可在存储和发送编码字时用于生成正确的奇偶校验位值，也可在检索和接收编码字时用于检查奇偶校验位。

图7-17显示了如何在微处理器系统的存储器电路中使用奇偶校验电路。存储器存储8位字节，每个字节加一个奇偶校验位。存储器芯片有两根独立的总线DATAIN[0:7]和DATAOUT[0:7]，分别用于数据的送入和送出。两根控制线读（RD）和写（WR）用于指明所

需的操作是读还是写，而出错（ERROR）信号有效时表示在读操作期间发现奇偶错。存储器芯片的详细内容（诸如地址输入）此处没有表示出来，而将在第 15 章中讲述。就奇偶校验而言，我们只关注数据到存储器的连接。

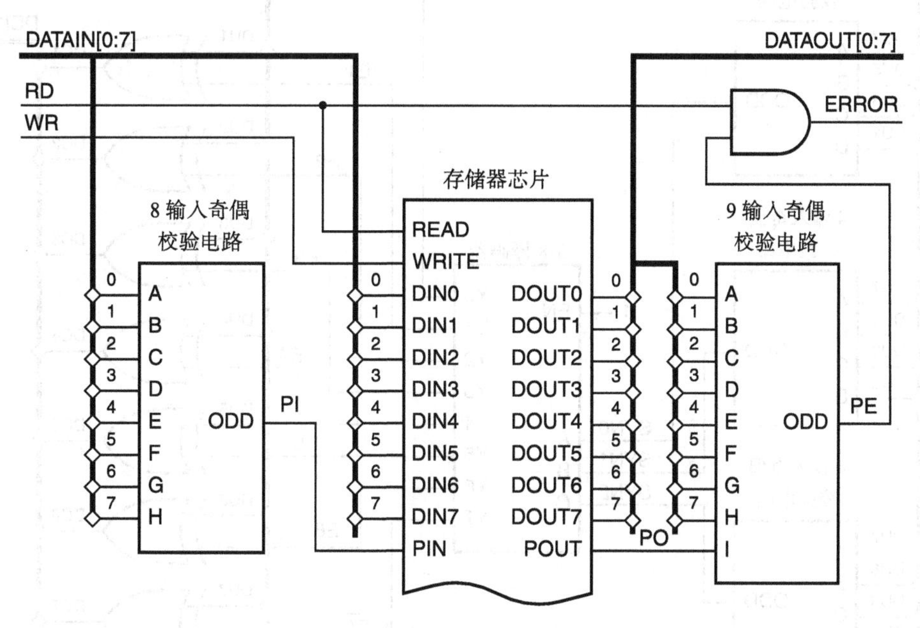

图 7-17　8 位宽存储系统的奇偶校验生成和检测

要将一个字节存入存储器芯片，我们需指定地址（未表示出来），将该字节放上总线 DATAIN[0-7]，并使写控制信号 WR 有效。如果这个字节有奇数位相同，则 8 输入的奇偶校验电路会使其输出 ODD 有效，并把这个输出值放到 PI 上。这个值会和这个 8 位数据一起存到同一个地址的存储单元里。

要读出一个字节，我们需指定地址，使读控制信号 RD 有效；该字节值出现在 DATAOUT[0-7]，其校验位出现在 PO。如果 9 位值有奇数位相同，则 9 输入的奇偶校验电路输出 ODD 有效，表明发生了一个错误。因此，如果 RD 有效且读出的 9 位值有奇数位相同，则与门的输出 ERROR 就有效。

奇偶校验电路也可以跟大多数的纠错码（如 2.15.3 节描述的汉明码）一起使用。在图 2-13 中说明了 7 位汉明码的奇偶校验矩阵；我们可以使用这种编码来纠错，如图 7-18 所示。一个 7 位字，可能包含 1 个出现于 DU[1-7] 的错。用 3 个 4 输入奇偶校验电路来检测由奇偶校验矩阵定义的 3 个位组的奇偶性。这些输出形成出错位组（或检验子），若有错的话，出错位组表示出错的输入位的编号。3-8 译码器用于译出出错位组。如果出错位组为 0（000），那么 NOERROR 信号有效，要不然就通过取反来纠正出错位，纠错后，正确的编码字出现在 DC 总线上。

两种用法

在采用同一个双向总线实现读和写的 8 位存储器系统中，可以有一个与总线相连的 9 位奇偶校验电路，用于生成和检测奇偶校验码，如图 7-19 所示。在写操作期间，控制逻辑迫使奇偶校验电路的第 9 个输入为 0，以便生成恰当的写入校验值。在读操作期间，第 9 个输入与存储器的奇偶校验输出相连，以便奇偶校验电路对整个 9 位奇偶校验码进行校验。

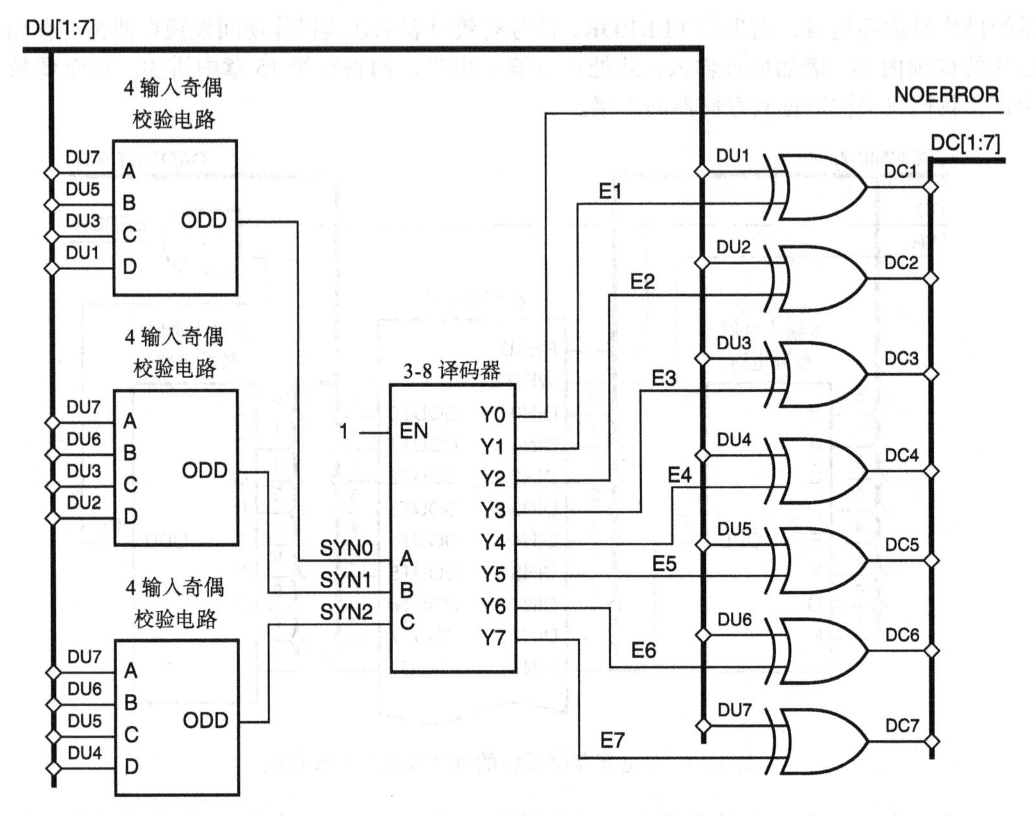

图 7-18　7 位汉明码的纠错电路

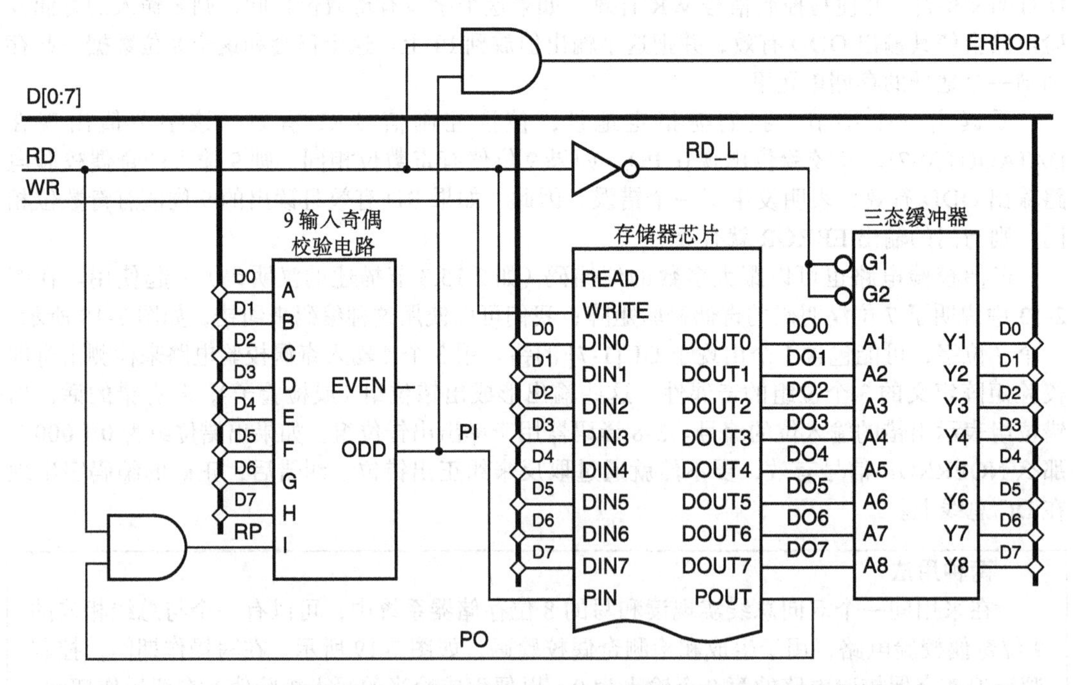

图 7-19　带有共享 I/O 总线的 8 位宽存储器的奇偶校验生成和检测

7.3.4 用 Verilog 实现异或门和奇偶校验电路

在 Verilog 中，分别使用操作符 ^ 和 ~^ 来实现异或和异或非功能。例如，程序 7-11 是一个使用异或操作符的 3 输入异或器件的数据流风格模块。在行为上来描述异或和校验功能，也是可能的，程序 7-12 描述了一个类似 7.3.3 节所用电路的 9 输入奇偶校验功能。

程序 7-11　3 输入异或器件的数据流风格 Verilog 模块

```
module Vrxor3(A, B, C, Y);
  input A, B, C;
  output Y;

  assign Y = A ^ B ^ C;
endmodule
```

程序 7-12　9 输入奇偶校验电路的行为化 Verilog 模块

```
module Vrparity9(I, ODD);
  input [1:9] I;
  output reg ODD;
  integer j;

  always @ (*) begin
    ODD = 1'b0;
    for (j =1; j <= 9; j = j+1)
      if (I[j]) ODD = ~ODD;
  end
endmodule
```

典型的 ASIC 和 FPGA 库含有 2 输入和 3 输入的异或和异或非函数作为基元。在晶体管级的 CMOS 中，采用传输门通常可以非常有效地实现这些基元，见练习题 7.32 中的例子。利用这些基元还可以构建快速而紧凑的异或树。

当对包含大量异或函数的 Verilog 模块进行综合时，综合工具会尽其所能地针对目标器件技术实现所要求的功能。然而，典型的 Verilog 综合工具尚不能根据像程序 7-12 那样的行为化模型来创建有效的树型结构，而只能采用结构化模型来实现我们之所需。

例如，程序 7-13 是一个 9 输入异或函数的结构化 Verilog 模块，该函数被实现为一个两级的 3 输入异或树。在这个例子中，我们使用前面定义的 Vrxor3 模块作为异或树的基本构件。在 ASIC 中，我们用 ASIC 库中的一个 3 输入异或基元来替换 Vrxor3 模块。

程序 7-13　9 输入奇偶校验电路的结构化 Verilog 模块

```
module Vrparity9s(I, ODD);
  input [1:9] I;
  output ODD;
  wire Y1, Y2, Y3;

  Vrxor3 U1 (I[1], I[2], I[3], Y1);
  Vrxor3 U2 (I[4], I[5], I[6], Y2);
  Vrxor3 U3 (I[7], I[8], I[9], Y3);
  Vrxor3 U4 (Y1, Y2, Y3, ODD);
endmodule
```

最后一个例子是图 7-18 的汉明译码器电路的行为化 Verilog 模块，如程序 7-14 所示。这里定义了一个函数 syndrome，以便返回一个 7 位数据输入向量 D 的 3 位出错位组。在主 always 程序块中，被纠正数据输出向量 DC 开始被设置为等于未纠正的数据向量 DU，然后调用 syndrome 函数去获得 3 位出错位组。若出错位组为 0，则表明没有发生差错或发生了不可检测的差错，将输出 NOERROR 置为 1；如果出错位组非零，就将 DC 的对应位取反，从而纠正这个被假设的 1 位错，然后将 NOERROR 清零。

程序 7-14　汉明纠错的行为化 Verilog 模块

```
module Vrhamcorr(DU, DC, NOERROR);
  input [7:1] DU;
  output reg [7:1] DC;
  output reg NOERROR;
  integer i;

  function [2:0] syndrome;
    input [7:1] D;
    begin
      syndrome[0] = D[1] ^ D[3] ^ D[5] ^ D[7];
      syndrome[1] = D[2] ^ D[3] ^ D[6] ^ D[7];
      syndrome[2] = D[4] ^ D[5] ^ D[6] ^ D[7];
    end
  endfunction

  always @ (*) begin
    DC = DU;
    i = syndrome(DU);
    if (i == 3'b0) NOERROR = 1'b1;
    else begin
      NOERROR = 1'b0; DC[i] = ~DU[i];
    end
  end
endmodule
```

恰逢其时

程序 7-14 中的 Verilog

Verilog 模块可以声明一个局部函数，并将结果返回给调用程序。声明以关键字 function 开始，后面跟一个结果的类型、函数名以及分号。该函数可以有一个或多个输入和局部变量。函数的声明之后是一个过程语句，通常是 begin-end 程序块，最后是关键字 endfunction。函数名被隐性地定义为一个局部的、类型为所声明的结果类型的 reg 变量，而且，在函数的某个地方，必须给这个变量赋一个值。这个值会返回给该函数的调用程序。在模块中调用函数的方法是，写出函数名，后面跟一个表达式的括号列表，其中的表达式用于给函数的输入变量赋值，然后执行过程语句。

程序 7-15 是汉明纠错模块的一个自检测试平台。该测试平台采用了一个高层次的功能化方法。对于每个可能的数据位的组合（只有 16 个），可以计算出三个检测位，构造一个 7 位的向量 DI。然后，将 DI 及其七种变化（每个对应 1 位错）应用于汉明纠错模块的 DU 输入端。对于每种情况，都要检测 DC 端是否返回了正确的纠错结果，以及 NOERROR 是否输出正确的值。对于更宽的数据总线的汉明纠错模块也可以采用同样的测试方法，除了数据值应该随机选取，而不用检测所有的数据值，使测试时间在可以接受的范围内。

程序 7-15　汉明纠错模块的测试平台

```
`timescale 1 ns / 100 ps
module Vrhamcorr_tb();
  reg [7:1] DI, DU;
  wire [7:1] DC;
  wire NOERR;
  reg [3:0] DATA;
  integer nib, i, errors;

Vrhamcorr UUT (.DU(DU), .DC(DC), .NOERROR(NOERR));

initial begin
  errors = 0;
  for (nib=0; nib<=15; nib=nib+1) begin
    DATA[3:0] = nib;
    DI[7:5] = DATA[3:1]; DI[3] = DATA[0]; // 合并数据值
```

```
      DI[4] = DI[7] ^ DI[6] ^ DI[5];         // 合并检测位
      DI[2] = DI[7] ^ DI[6] ^ DI[3];
      DI[1] = DI[7] ^ DI[5] ^ DI[3];
      DU = DI; #10 ;                // 检测无错的情况
      if ((DC!==DI) || (NOERR!==1'b1)) begin
        errors = errors + 1;
        $display("Error, DI=%b, DU=%b, DC=%b, NOERR=%b",DI,DU,DC,NOERR);
      end
      for (i=1; i<=7; i=i+1) begin       // 在每位的位置插入错误
        DU = DI; DU[i] = ~DI[i]; #10 ;  // 并检测纠错功能
          if ((DC!==DI) || (NOERR!==1'b0)) begin
            errors = errors + 1;
            $display("Error, DI=%b, DU=%b, DC=%b, NOERR=%b",DI,DU,DC,NOERR);
          end
      end
    end
    $display("Test completed, %0d errors",errors);
  end
  endmodule
```

有时，他们只是不听

Xilinx 7 系列的 FPGA 中，基本的组合逻辑构件是 6 输入 1 输出的查询表（LUT），可以实现任何 6 输入的逻辑函数，包括 6 输入的奇偶校验函数。因此，用七个 LUT，一个 Xilinx 7 系列的 FPGA 就可以实现与程序 7-13（Vrparity9s）结构相似的 36 输入的奇偶校验树，而最大延迟路径只需要经过两级逻辑电路（LUT）。

所以，我用 VrXOR6（一个行为化模块）编写了 Vrparity36s（一个结构化模块）的代码，并测试了一下。可以确信，综合后的设计是一个有七个 LUT 的树，其中六个在第一级，实现 6 输入的异或，第二级用一个基于 LUT 的 6 输入异或门将前一级的输出组合起来。奇怪的是，尽管如此，第一级 LUT 的输入也依旧是混乱的——最前面的六个输入并没有像在 Vrparity36s 中说明的那样连接到第一级的第一个 LUT 上，后面的也是如此。

接着，我尝试综合了一个用行为化模型说明的 36 输入异或模块，Vrparity36，该模块是通过将程序 7-12 中的“9”全部替换为“36”而构建的。如你所料，在优化之前，综合工具所显示的电路是一个像图 7-16a 那样的长度为 36 个门的异或门的菊花链。但是，优化之后，综合器仍旧给出了一个有七个 LUT 的树，而且与结构化设计一样，输入的连接还是混乱的。现代的综合工具非常好，我们必须相信它们能够为行为化说明的设计发现最有效的可行结构。但是，为什么综合工具在电路的第一级不能遵循结构化程序所说明的连接模式呢？

事实上，在默认的情况下，一个好的综合工具会将一个层次化说明的设计（比如 Vrparity36s）“铺平”，使其可以有更多机会去优化综合后的设计——以获得 EDA 工业所提倡的“较高的 QoR”（结果质量），并且，它们也只是优化逻辑函数的顶层输出（对于 Vrparity36 和 Vrparity36s 而言，就是 ODD）。

由于行为化和结构化代码最终说明的输出函数都是一样的，所以，在这个例子中，综合器给出的两种情况的优化电路结构都是一样的。但是，在优化定义中并不包括为教授们把输入连接按照顺序完美排列。

无论各个模块是用结构化还是用行为化说明的，设计者都有很多理由喜欢维持大型 Verilog 模型中说明的层次结构。除了便于理解综合后的电路结构之外，喜欢这样做的理由还包括易于时序分析和调试。因此，典型的综合工具都包括许多选项，用于约束综合器的行为和优化过程的应用。

> 采用 Xilinx Vivado 工具，能够在我的 Vrxor6 模块的定义中插入 keep_hierarchy 综合约束，这样就可以强制综合器在一个或多个 LUT（本例中是一个）的一个专用集中保持模块的所有逻辑结构。这使得综合后的电路就是我想要的样子——如此完美，我不得不向你展示，如图 7-20 所示。

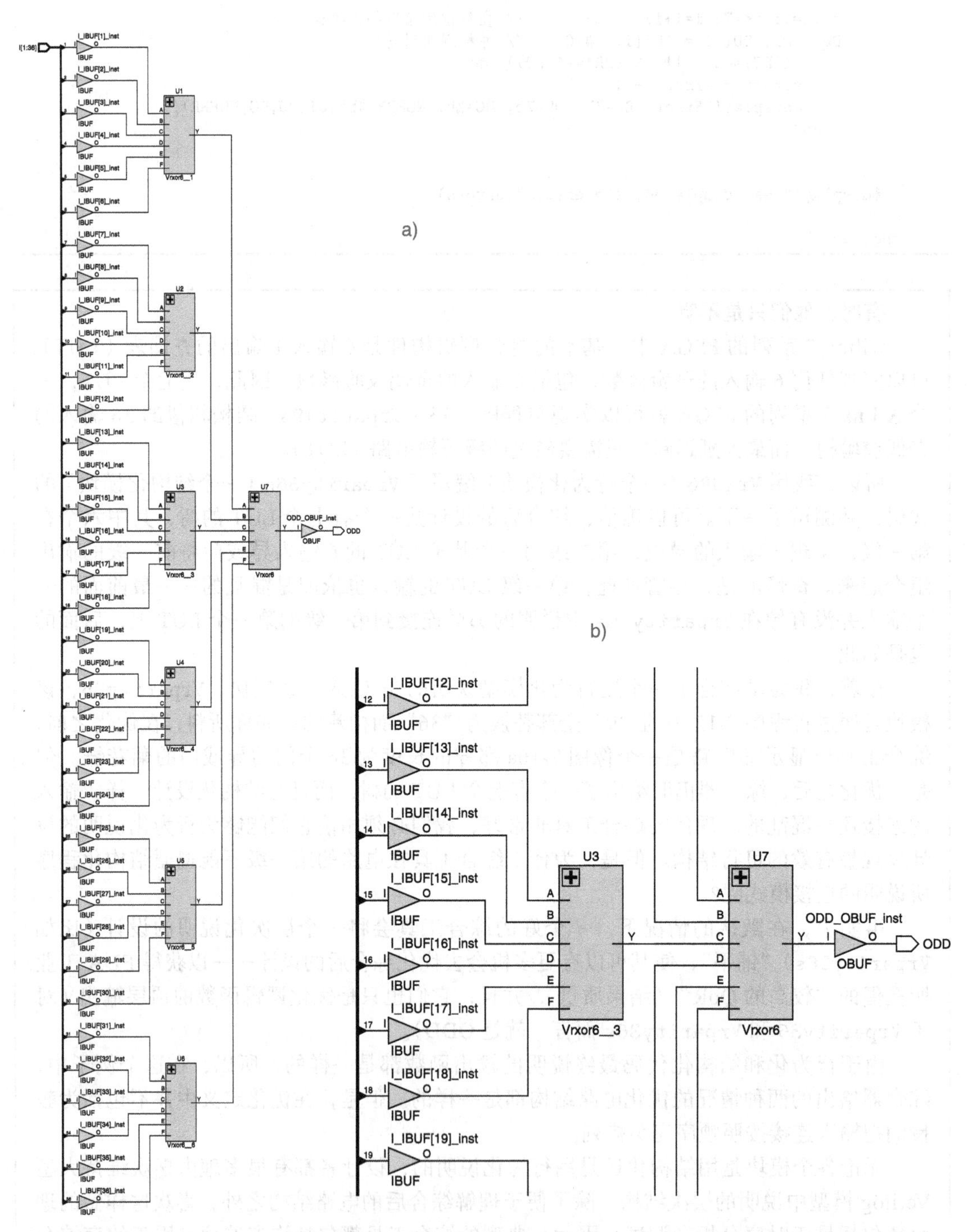

图 7-20　综合后 EDA 工具生成的 Vr36paritys 模块的逻辑图：a）完整的；b）中间部分

7.4 比较器

在计算机系统、设备接口以及许多其他的应用中比较两个二进制字是否相等，这是常用的操作。例如，在图 2-7(a) 中，显示了通过将“设备选择”字与预定的“设备 ID”进行比较来使能设备的系统结构。比较两个二进制字并指示它们是否相等的电路叫作比较器（comparator）。有些比较器将其输入字解释为有符号或无符号数，还能指出字之间的算术关系（大于或小于），这些器件常称作数值比较器（magnitude comparator）。

本节中，所有的数值比较器都是针对无符号数的。当输入是有符号的补码数时，如果操作数的符号相同，则可以产生正确的大于和小于的结果。但是，如果操作数的符号不同，那么所产生的结果正好与正确的结果相反。任何 MSB 为 1 的无符号数都大于 MSB 为 0 的无符号数。然而，在有符号数的解释中，任何 MSB 为 1 的数都是负数，所以，会小于任何正数（即 MSB=0）。表 7-4 展示了 4 位向量比较的例子，包括对应的十进制数。

表 7-4　4 位有符号和无符号向量的比较

无符号的解释	有符号的解释
0101 > 0001(5 > 1)	0101 > 0001(5 > 1)
1110 > 1001(14 > 9)	1110 > 1001(−2 > −7)
1111 > 0000(15 > 0)	1111 < 0000(−1 < 0)
1011 > 0100(11 > 4)	1011 < 0100(−5<4)

7.4.1 比较器结构

异或门和异或非门可以被视为 1 位比较器。图 7-21a 中将 2 输入异或门作为 1 位比较器，如果输入不同，则高电平有效的输出 DIFF 有效（即为高）。4 个异或门的输出相“或”就能生成 4 位比较器（如图 7-21b 所示）。如果任一输入位对（Ai 和 Bi，i = 0,1,2,3）不同，则 DIFF 输出就有效。利用 n 个异或门和一个 n 输入的或门，就可以构建一个 n 位比较器。

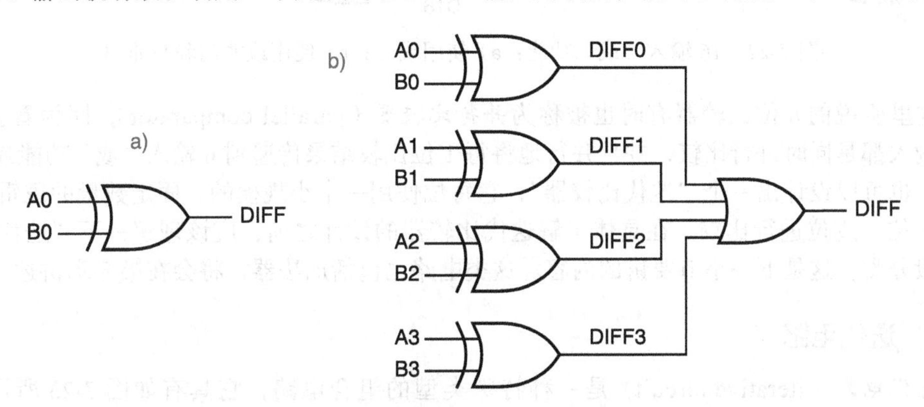

图 7-21　使用异或门的比较器：a）1 位比较器；b）4 位比较器

构造比较器的宽门电路

对于任何工艺生产的单个与门或者或门，它的宽度都存在实际的限制。通过级联单个与 / 或门，即可获得较宽的与 / 或功能，就像图 7-16 所示的那种较宽的异或功能。在那个例子中，通过将门电路按类似树型结构（而不是线性级联）组织起来，即可获得较快的电路。

对于一个宽的与 / 或功能，有一个机会可以使得电路的速度更快些。在晶体管级层次，反相门通常要比非反相门更快和更小。例如，与门电路一般是设计成一个与非门再接一个反相器，就像图 14-15 那样。图 7-22 展示了构建 16 输入或功能的两种不同方法。在

图 7-22a 中，使用了两级或门，这实际上产生了晶体管级层次上的四级门延迟。在图 7-22b 中，我们使用了一级或非门再后接一级与非门，这样只产生两级门延迟，而且电路规模也较小。

以上分析是针对“典型的”内部门电路设计。在一个特定的应用中，电路的面积和延迟可能会随着神秘的技术细节的变化而变化。所以，在基于 HDL 的 ASIC、FPGA 和 PLD 的设计中，通常最好忽略这些细节，就让综合工具为你服务，构造出最好的实现。只要知道，通常，需要非常宽的门电路的逻辑功能不仅更大型，而且还会比只需要窄门电路的逻辑功能要慢。

比较器也可以用异或非门来构建，有时称之为“等价”门。如果一个 2 输入异或非门的两个输入相等，那么便会产生一个输出 1。多位比较器可以每位用一个异或非门来构建，把它们所有的输出相“与”在一起即可。若各个位都成对相等，则该“与”功能输出为 1。

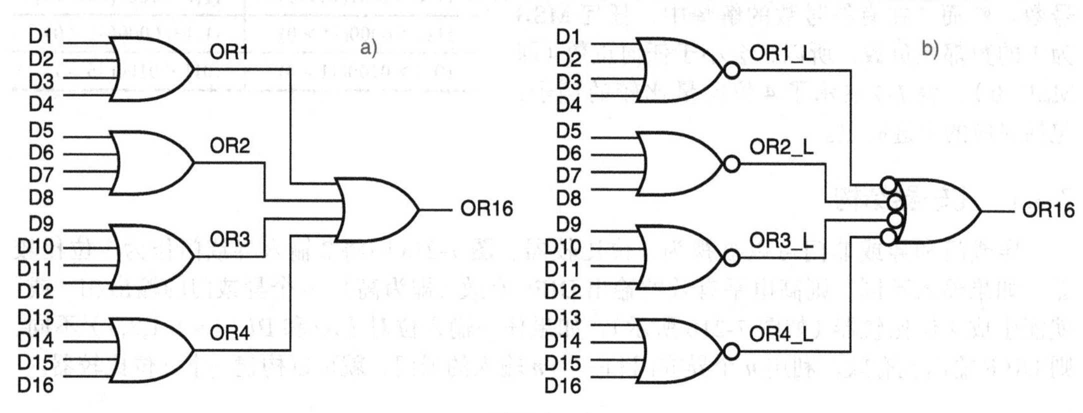

图 7-22　16 输入“或”功能：a) 使用或门；b) 使用或非门和与非门

这里所说的 *n* 位比较器有时也被称为*并行比较器*（parallel comparator），因为看上去每一对输入都是同时进行比较，并且并行地将每 1 位比较结果传递到 n 输入“或”功能或“与”功能。也可以设计出一个“迭代比较器”，它每位使用一个小规模的、固定数量的逻辑单元，一次一位，逐位进行比较。在具体了解迭代比较器的设计之前，应该理解一下“迭代电路”的一般分类，这是下一小节要讲的内容。这类电路也包括加法器，将会在第 8 章讲述。

7.4.2 迭代电路

迭代电路（iterative circuit）是一种特殊类型的组合电路，它具有如图 7-23 所示的结构。电路包括 *n* 个相同的模块；每个模块既有*主输入*（primary input）和*主输出*（primary output），也有*级联输入*（cascading input）和*级联输出*（cascading output）；最左边的级联输入称为*边界输入*（boundary input），在多数迭代电路中，它被接入固定的逻辑值；最右边的级联输出称作*边界输出*（boundary output），它通常提供重要的信息。

迭代电路非常适合能用简单迭代算法解决的那些问题：

1. 置 C_0 为其初值且置 i 为 0。
2. 用 C_i 和 PI_i 确定 PO_i 和 C_{i+1} 的值。
3. 递增 i。
4. 如果 $i<n$，返回第 2 步。

在迭代电路中，使用分开的组合电路对每个 i 值执行步骤 2，所以步骤 2 ～ 4 的循环是“摊开”的。

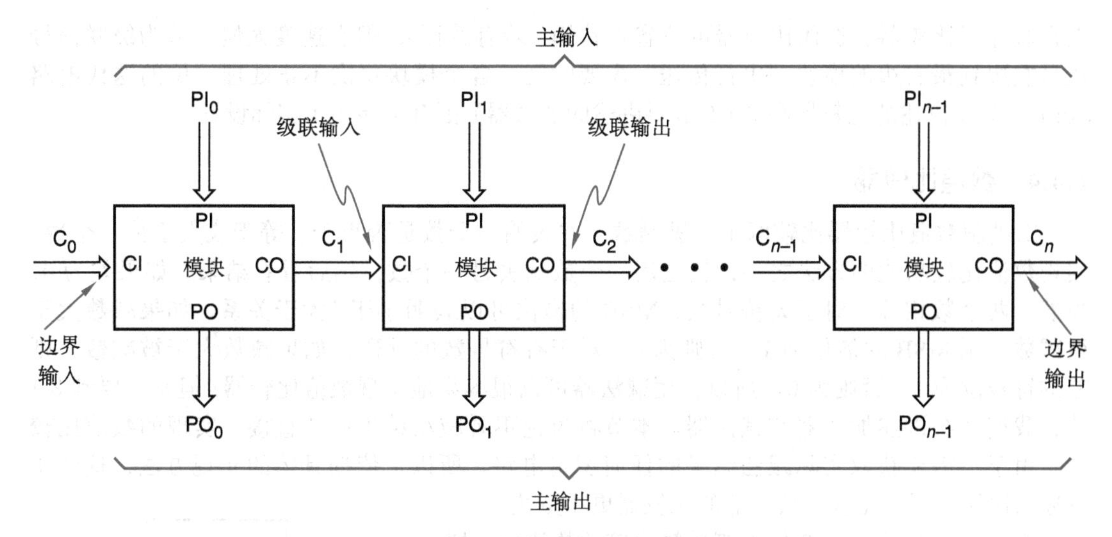

图 7-23　迭代组合电路的一般结构

迭代电路的例子包括下一小节的比较器电路以及 8.1.2 节和 8.1.5 节的串行进位加法器。在 11.3 节中，我们将探讨迭代电路与相应的以离散时间步骤来执行上述 4 步算法的时序电路之间的关系。

7.4.3 迭代比较器电路

我们可以逐步逐位地对两个 n 位数值 X 和 Y 进行比较，在每一步用单个位 EQ_i 来跟踪迄今是否所有的位对都相等：

1. 置 EQ_0 为 1 且置 i 为 0。
2. 如果 $EQ_i = 1$ 且 X_i 和 Y_i 相等，那么置 EQ_{i+1} 为 1，否则置 EQ_{i+1} 为 0。
3. 递增 i。
4. 如果 $i<n$，返回第 2 步。

图 7-24 显示了相应的迭代电路。注意这个电路没有主输出，边界输出是我们最感兴趣的。其他迭代电路（如 8.1.2 节的串行进位加法器）则有感兴趣的主输出。

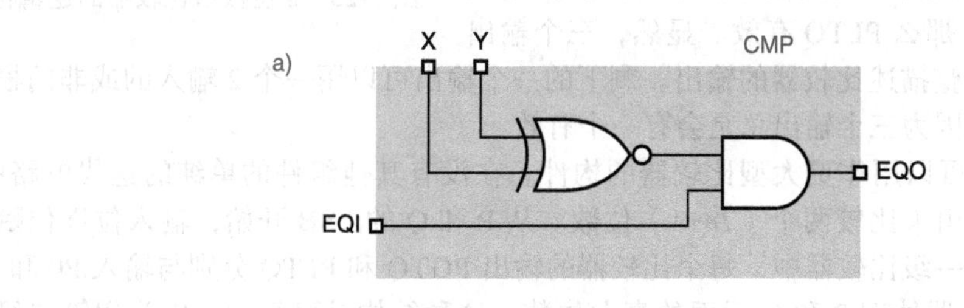

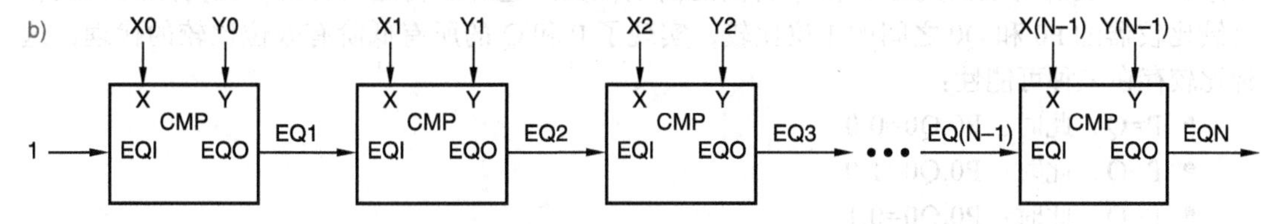

图 7-24　迭代比较器电路：a）1 位模块；b）完整电路

如果在本小节的迭代比较器电路和前面所示的并行比较器之间做出选择的话，你可能会更喜欢并行比较器。迭代比较器可节省点费用（若有的话），但它速度太慢，因为级联信号从最左边到最右边的模块“串行传送”需要时间。各个模块每次不止处理一位的迭代电路（如下一节要讲述的比较器和 8.1.5 节要讲述的加法器）更有可能用于实际设计。

7.4.4　数值比较器

二进制数值比较器比较两个二进制数，并表明一个数是否小于、等于或大于另一个数。实现数值比较功能的方法之一，就是用一个数减去另一个数，然后看看结果。如果差为 0，当然，两个数相等。对于无符号数，MSB 的借位可以表明小于 / 大于关系，如果减数大于被减数，则 MSB 的借位为 1，否则为 0。对于有符号数的补码，如果减数大于被减数，则差的符号位为 1，否则为 0。所以，用减法器可以很容易地实现数值比较器；但是，要到 8.1 节，我们才会讲述加法器和减法器。本节将讨论不看减法结果而“直接”实现的数值比较器。由于不需要获取实际减法结果的任何逻辑电路，所以，依据具体的实现方法，这节所讲述的比较器可以比基于减法器的比较器更小更快。

图 7-25 是实现两个 8 位无符号数比较的数值比较器的逻辑符号。该比较器的三个高电平有效输出，用于表明两个 8 位输入 P[7:0] 和 Q[7:0] 的比较关系，其中 7 是最高有效位。

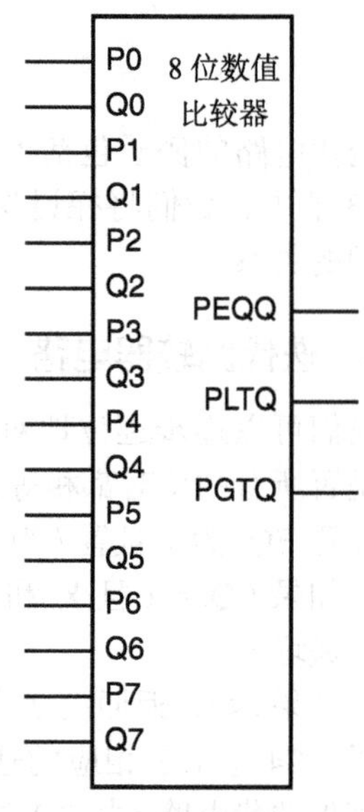

图 7-25　8 位数值比较器的逻辑符号

该数值比较器的逻辑图如图 7-26 所示。上半组电路用于检测两个 8 位输入字是否相等。如果两个输入相等，则异或非门的输出有效，如果所有 8 位对应相等，则输出 PEQQ 有效。下半组电路用于算术地比较输入字，如果 P>Q，则 PGTQ 有效。每个与门与一对输入位（P*i*,Q*i*）以及零个或多个异或非门的输出相连。如果（P*i*,Q*i*）为（1,0）且所有高阶位都成对地相等，则使得 PGTQ 为 1。

尽管可以采用同样的思路来构造“小于”输出，但是，这个电路只用了两个 2 输入或非门来实现“小于”输出，所付出的代价是延迟时间稍微多了一点：如果其他两个输出都无效，那么 PLTQ 有效。显然，三个输出中任何两个就可以完整描述比较器的输出。剩下的一个输出可以用一个 2 输入的或非门根据其他两个输出得到，因为三个输出总是会有一个有效。

8 位数值比较器可以用作更大型比较器的构件。在没有其他组件的单纯的迭代电路中，*n* 个 8 位比较器可以用来比较两个（7*n*+1）位数。从 P 和 Q 的 LSB 开始，输入位逐位赋值给这个比较器。在下一级比较器中，每个比较器的输出 PGTQ 和 PLTQ 分别与输入 P0 和 Q0 相连，下一级的比较器处理 P 和 Q 后面的高七位数。这种结构是可行的，因为用第二级和后续比较器的 P0 和 Q0 之间的 1 位比较，实现了 P 和 Q 的所有低阶有效位比较的代理，这种比较存在三种可能性：

- P=Q，此时：P0,Q0=0,0
- P>Q，此时：P0,Q0=1,0
- P<Q，此时：P0,Q0=0,1

图 7-27 说明了一个 22 位比较器的这种连接结构。

基于以上方法，可以用九个 8 位比较器构造一个 64 位比较器。因为这些比较器都是串行连接，所以，从任何一个数的 LSB 开始到得到整个 64 位比较器的输出，其总体延迟时间是一个 8 位比较器延迟时间的 9 倍。

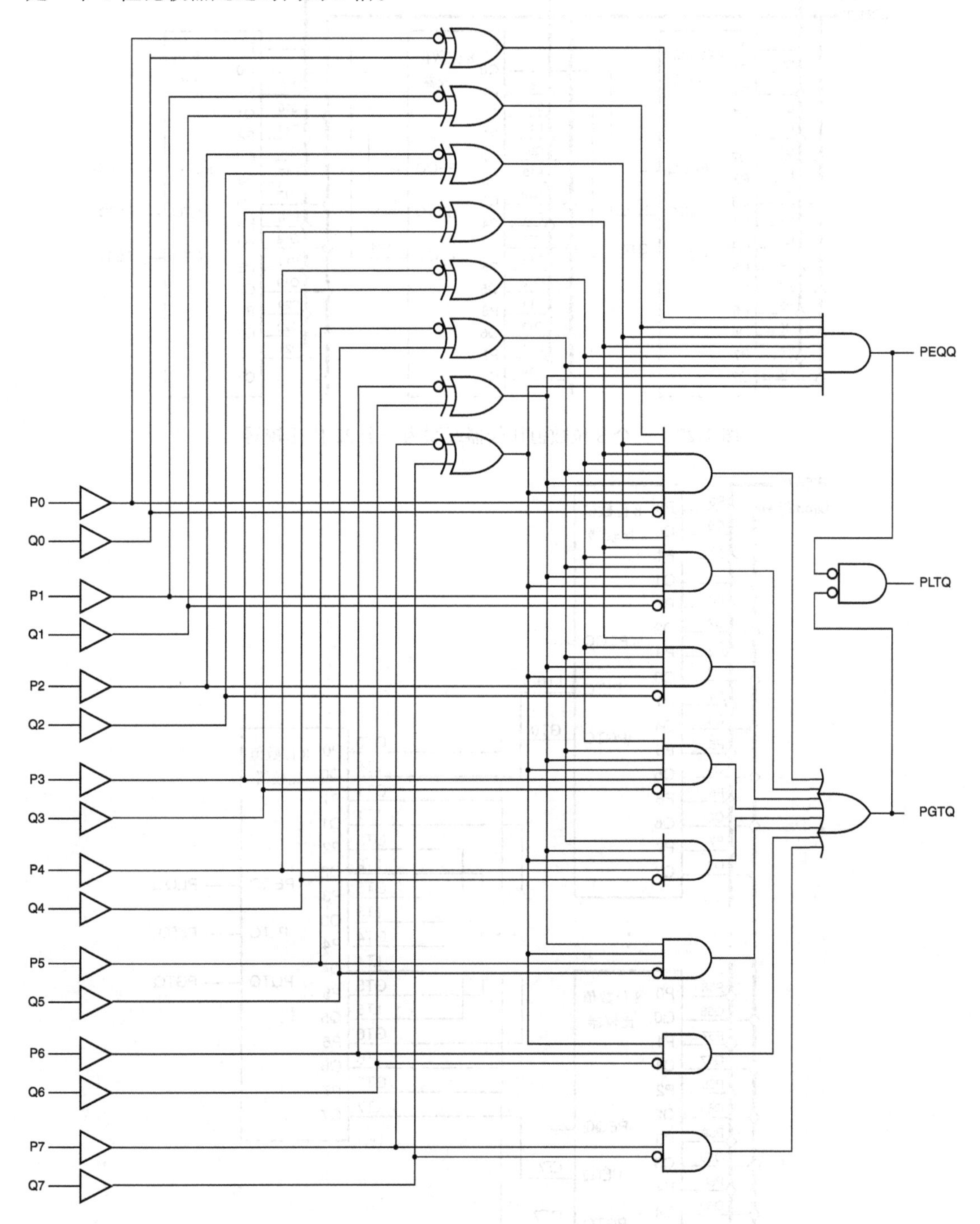

图 7-26 8 位数值比较器的逻辑图

但是，还有更好的方法——用两级 8 位比较器，将 9 个比较器配置在一棵树里。64 位的输入 P[63:0] 和 Q[63:0] 分别与第一级的 8 个比较器相连。这些比较器的输出 P0 ~ P7 和 Q0 ~ Q7 分别与第二级的一个比较器的输入按照高低顺序相连，如图 7-28 所示。因此，从任何一个输入到 64 位比较器的输出的总体延迟时间就只是一个 8 位比较器延迟时间的两倍。

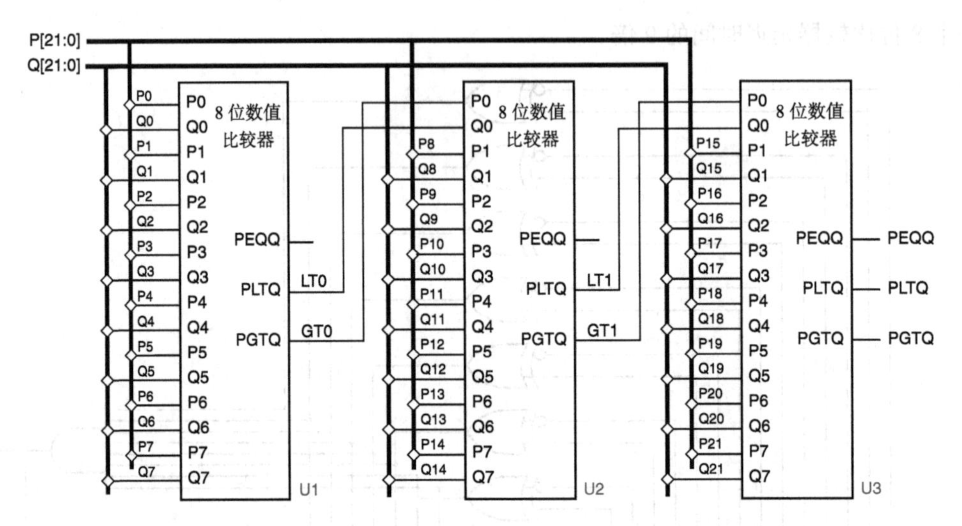

图 7-27　三个 8 位数值比较器级联为一个 22 位比较器

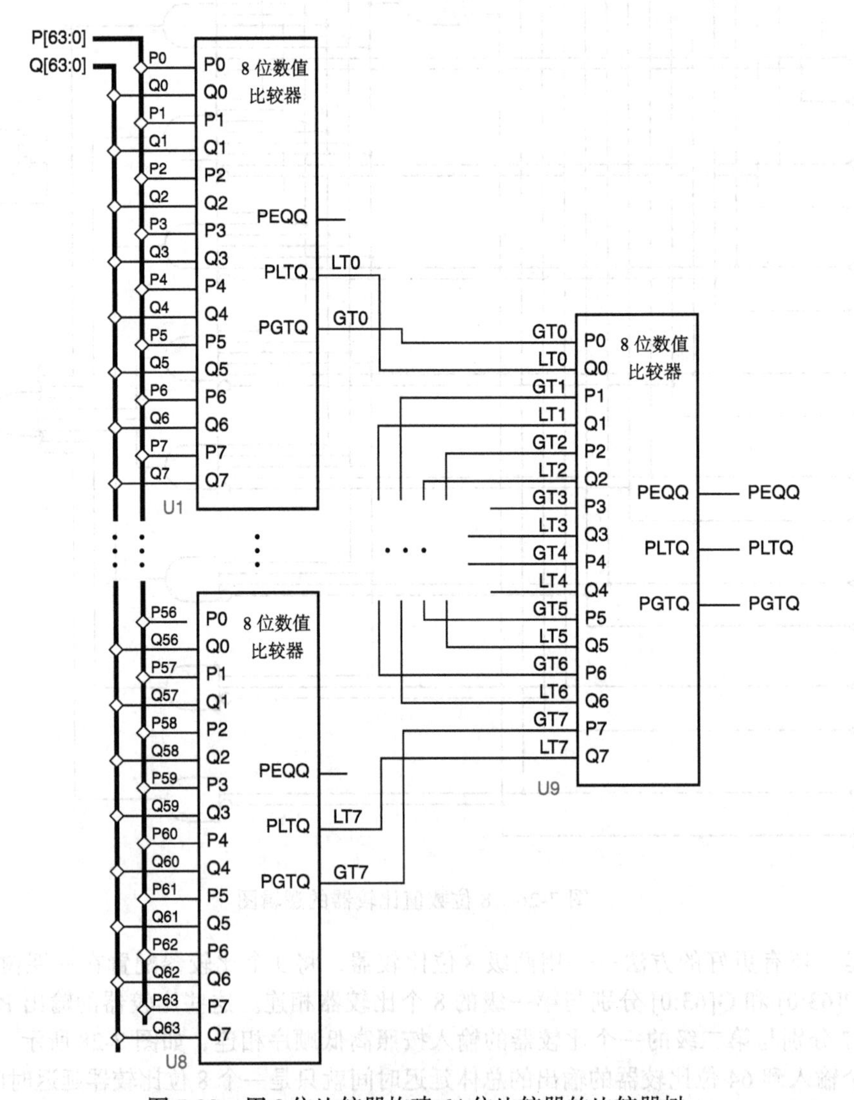

图 7-28　用 8 位比较器构建 64 位比较器的比较器树

7.4.5 用 HDL 实现比较器

HDL（如 Verilog）都含有内置的操作符，用于位向量和数值的比较。所以，比较器可以很容易地使用 HDL 来进行设计，因为 EDA 工具会为你承担重任。但是，认为比较器只是在设计中易于说明，可能更为合适。只要在 HDL 模型中使用几条简单的关系表达式，就能综合出许多大型的、可能比较慢的比较器来。所以重要的是，要有一种感觉，当在程序中指定比较操作的时候，究竟要综合什么类型的逻辑。

编写 HDL 模型来比较两个位向量是相等还是不等，这是很容易的事，对于 Verilog 而言，在关系表达式中使用操作符如“`==`”和“`!=`”就可以了。因此，给定关系表达式“`(P==Q)`”(这里 P 和 Q 是位向量，各有 n 个元素)，编译器就会生成逻辑表达式：

$$((P1 \oplus Q1) + (P2 \oplus Q2) + \cdots + (Pn \oplus Qn))'$$

其中“$\oplus$”是异或操作符。逻辑表达式“`P!=Q`”则正好是上式的补操作，或者

$$(P1 \oplus Q1) + (P2 \oplus Q2) + \cdots + (Pn \oplus Qn)$$

在前面的逻辑表达式中，是利用了一个 2 输入异或功能来比较每个位的。由于 2 输入异或功能可以用两个乘积项之和来实现，所以整个表达式即可（如带有分立门电路的 ASIC 或 PLD）实现为一个相对适度的、$2n$ 个乘积项的取补之和：

$$((P1 \cdot Q1' + P1' \cdot Q1) + (P2 \cdot Q2' + P2' \cdot Q2) + \cdots + (Pn \cdot Qn' + Pn' \cdot Qn))'$$

数值比较又是另一回事了——用 HDL 综合工具构建大于或小于的条件逻辑至少有三种不同的方法，并且，三种方法都会综合出一个非常大型的电路：

1. 采用减法器，将一个 n 位数从另一个数中减去，通过借位输出来确定大于 / 小于条件状态，而且，如果需要的话，可以从 n 位差输出中推出相等的条件状态。减掉电路中对条件输出没有贡献的电路。

2. 无论是否需要相等条件，都采用一个异或门来（像上述等式那样）检测两个数的每一位是否相等。并将这些异或门的输出用一组与门组合起来，每位对应一个与门，后面再接一个或门，像图 7-26 那样，用于确定大于 / 小于条件。

3. 采用迭代的方法，创建一个规模固定的等式的嵌套集，每一位对应一个等式，然后，尽可能用最好的方法处理这些等式，以获得一种适合目标实现技术的结构。

这三种方法最终都应该产生相同的逻辑表达式，但是，因为起点的结构不同，所以，逻辑表达式最后的实现也可能不一样。因而，一个以一种特定的实现技术为目标的 HDL 工具，会采用有可能在这种技术条件下产生出最有效电路的方法。例如，用于第三种方法的等式，如下所述。

例如，考虑一个关系表达式“`(P>Q)`”，为了构造相应的逻辑表达式，HDL 可以首先建立形如下式的 n 个等式：

$$Gi = (Pi \cdot (Qi' + Gi{-}1)) + (Pi' \cdot Qi' \cdot Gi{-}1)$$

根据定义，$i = 1 \sim n$，且 $G0 = 0$。在效果上，这是一个大于函数的、以最低有效位开始的迭代（有些人愿意称其为回归）定义。若 P 大于 Q（就第 i 位而言），则变量 Gi 有效。在 Pi 为 1 且 Qi 为 0 或前一位的 P 大于 Q 时，该式成立；或者，在 Pi 和 Qi 都为 0 且 P 大于 Q（对于前一个位）时，该式也是正确的。

“`(P>Q)`”的逻辑等式就是 Gn 的等式，所以在生成上述的 n 个等式后，HDL 编译器就把它们汇集成单一的、仅仅包含 P 和 Q 元素的 Gn 等式。要做到这点，只需将 Gn-1 等式替换到 Gn 等式的右边项，然后再在这个结果中替换 Gn-2 等式，如此下去，直到把 G0 替换成

0为止。在针对PLD或其他积之和的编译器实现中，最后一步就是要从Gn等式推导出一个最小积之和表达式来。在其他情况下，综合工具只需要构建一个长的逻辑链，其长度与Gn表达式中嵌套的层数对应，然后，基于目标技术的限制（比如，每个ASIC门或FPGA LUT的可用输入数量），采用工具内部的“标准化”方法来优化这个长的逻辑链。

比较比较器电路的压缩

将一个迭代电路压缩为一个两级积之和的实现，通常会导致乘积项呈指数级增长。一个*n*位比较器，要压缩大于和小于功能，则需要2^n–1个乘积项。因此，数据位数超过几位的比较器，要想用ASIC或PLD中的两级与或电路来实现，实际上是不可能的；需要的乘积项太多了。

基于FPGA的实现也受此限制。典型的FPGA采用LUT来实现组合逻辑功能，而一个典型的LUT只有六个输入，对于只有一个输出的3位比较器是足够了。

对于更大型的比较器，编译器可以综合出一组较小型的比较器，然后，将这些比较器的输出级联或组合起来，以获得较大型的比较器的输出结果。有些FPGA（如Xilinx 7系列）有特别的“进位”逻辑块，用来优化加法器和减法器的规模和性能。当有这种逻辑块可用时，编译器实现比较的最好策略通常就是综合出一个减法器，然后根据减法器输出推出比较的输出。

7.4.6　用Verilog实现比较器

像其他HDL那样，Verilog含有内置的比较操作符：>、>=、<、<=、==、!=　等。这些操作符可应用于位向量。位向量被解释为无符号数，不管对它怎样计数，左边总是最高有效位。Verilog-2001也支持带符号的算术运算，采用5.3节第2个方框注释中所述的语言扩充办法来实现。当比较操作用在Verilog模块里的时候，由编译器将这种操作综合出相应的比较器逻辑。

通常Verilog只做“the right thing”[⊖]，以便匹配不同长度的操作数。对于无符号操作数，较短的数则用“0”在左边补齐。对于有符号的操作数，则可以在较短数的左边用符号位补齐，但是，也可能不可以。（再次参考5.3节第2个方框注释。）所以，对于复杂的长度失配情况，最好是明确地凑足较短的操作数。

综合出来的比较器逻辑电路的规模和速度取决于所采用的目标技术以及Verilog编译器的优化能力。相等与不等检验器规模较小，速度较快；正如7.4.5节所述，它们可以由*n*个异或门（或者异或非门）加上一个*n*输入与门或者或门构成。异或门和异或非门都是并行操作的，使用类似树型的结构就可以构建出一个任何规模的、相当快速的与门（或者或门）。

检测大于或小于条件需要更大型的电路。正如之前所讨论的，编译器有几种可供选择的方法，具体采用何种方法取决于目标实现技术。

比较操作通常不会单独出现，而是嵌入在较大型的Verilog模块中。但是，在本小节剩余的内容中，我们还是会给出几个单独的比较器的例子，以便探讨其结果，并为你提供一些编写Verilog代码的不同方法的例子。但是，除非是性能要求特别高，否则，设计者不必为挑选特殊的代码形式或结构而担忧；而且，正如你将会看到的，特殊的代码也并不能保证最好的结果。

程序7-16是创建如图7-25所示的8位数值比较器的行为化Verilog模块的第一次尝试。其输出表明了P是大于、小于或等于Q。但是，这个程序有两个问题。

⊖ 这里的“right”是“正确”和“右边”的双关词。——译者注

程序 7-16 8 位数值比较器的 Verilog 模块

```
module Vr8bitcmp_xi(P, Q, PGTQ, PEQQ, PLTQ);
  input [7:0] P, Q;
  output reg PGTQ, PEQQ, PLTQ;

  always @ (*)
    if (P == Q)
      begin PGTQ = 1'b0; PEQQ = 1'b1; PLTQ = 1'b0; end
    else if (P > Q)
      begin PGTQ = 1'b1; PEQQ = 1'b0; PLTQ = 1'b0; end
    else if (P < Q)
      begin PGTQ = 1'b0; PEQQ = 1'b0; PLTQ = 1'b1; end
endmodule
```

首先，尽管代码中有三个 `if` 从句，可以完美覆盖所有可能的比较结果，但是，Verilog 的编译器可不知道这些。它所知道的是，在没有匹配的 `if` 条件的情况下，没有规定新的条件输出值。按照惯例，编译器会“推理出一个锁存器”，用来保留原先的条件输出值，但这并不是设计者的意图。你可能会认为这样做没有什么损害，因为无匹配的情况永远不会真正发生，但是，即使你根本不用存储原先的值，推理出的锁存器也还是会增加最后综合出来的电路规模和延迟。

程序 7-16 中推理出锁存器的问题可以避免，只要确保所有情况下都有一个值赋给输出。我们就这样做了，在这个例子的最后，增加了一个 `else` 从句，如程序 7-17 所示。实际上，我们知道这个 `else` 从句决不会被用到（因为前面三个比较结果总有一个为真），所以，我们其实并不在意这个语句的输出值是什么，故而将它们都设置为“ `x`”，因为有些工具把赋值式右边的“`x`”解释为“无关项”，可以用来优化综合后的电路。

程序 7-17 8 位数值比较器模块的第二次尝试

```
module Vr8bitcmp_xc(P, Q, PGTQ, PEQQ, PLTQ);
  input [7:0] P, Q;
  output reg PGTQ, PEQQ, PLTQ;

  always @ (*)
    if (P == Q)
      begin PGTQ = 1'b0; PEQQ = 1'b1; PLTQ = 1'b0; end
    else if (P > Q)
      begin PGTQ = 1'b1; PEQQ = 1'b0; PLTQ = 1'b0; end
    else if (P < Q)
      begin PGTQ = 1'b0; PEQQ = 1'b0; PLTQ = 1'b1; end
    else
      begin PGTQ = 1'bx; PEQQ = 1'bx; PLTQ = 1'bx; end
endmodule
```

但是，这个新的模型还有一个问题。典型的 Verilog 编译器不够聪明，并不知道这三个比较结果是相互排斥的，而且，如果前两个输出无效的话，那么第三个输出就肯定有效。因此，编译器会综合出两个数值比较器，一个用于“ `P>Q`”的情况，另一个用于“ `P<Q`”的情况，这就需要更多有效的芯片资源。这个问题在程序 7-18 中得到了解决，其中，我们利用了比较器的功能性知识，如果前两个测试都不为真的话，就将小于条件的输出设置为有效，而不需要做多余的小于测试。但是，这样会增加一点延迟时间（小于输出必须在其他两个条件无效后的一个门电路（或 LUT）延迟时间中才会有效），尽管如此，对于大多数应用而言，能够节省芯片资源当然更好。

为比较器建模的另一种方法如程序 7-19 所示，采用数据流风格 Verilog 代码。这个模块利用一个连续赋值语句来说明每个条件的输出值。像程序 7-17 一样，编译器正好有机会为 `PLTQ` 综合出一个额外的比较器。编译器不知道这个条件可以从大于和等于条件推出，所以，在程序 7-20 中，我们把这个条件明确地列出来。

程序 7-18　纠正后的 8 位数值比较器模块

```
module Vr8bitcmp(P, Q, PGTQ, PEQQ, PLTQ);
  input [7:0] P, Q;
  output reg PGTQ, PEQQ, PLTQ;

  always @ (*)
    if (P == Q)
      begin PGTQ = 1'b0; PEQQ = 1'b1; PLTQ = 1'b0; end
    else if (P > Q)
      begin PGTQ = 1'b1; PEQQ = 1'b0; PLTQ = 1'b0; end
    else
      begin PGTQ = 1'b0; PEQQ = 1'b0; PLTQ = 1'b1; end
endmodule
```

程序 7-19　采用连续赋值语句的比较器模块

```
module Vr8bitcmp_dx(P, Q, PGTQ, PEQQ, PLTQ);
  input [7:0] P, Q;
  output PGTQ, PEQQ, PLTQ;

  assign PGTQ = ( (P > Q) ? 1'b1 : 1'b0 ) ;
  assign PEQQ = ( (P == Q) ? 1'b1 : 1'b0 ) ;
  assign PLTQ = ( (P < Q) ? 1'b1 : 1'b0 ) ;
endmodule
```

程序 7-20　采用连续赋值语句并删除了隐含的额外比较器的比较器模块

```
module Vr8bitcmp_d(P, Q, PGTQ, PEQQ, PLTQ);
  input [7:0] P, Q;
  output PGTQ, PEQQ, PLTQ;

  assign PGTQ = ( (P > Q) ? 1'b1 : 1'b0 ) ;
  assign PEQQ = ( (P == Q) ? 1'b1 : 1'b0 ) ;
  assign PLTQ = ~PGTQ & ~PEQQ;
endmodule
```

更大型的比较器又会怎样呢？我们之前展示的任何模块都可以很容易地改为任意位数位向量的比较器，只需要在模块开始的部分修改 P 和 Q 的定义就可以了。如果使用了许多不同宽度的比较器，那么采用一个宽度设置的参数会比较好，这样，在实例化模块时说明这个参数的值就可以了。程序 7-20 的参数化版本如程序 7-21 所示，其宽度参数（N）的默认值为 8。

程序 7-21　带有向量宽度参数的比较器模块

```
module VrNbitcmp_d(P, Q, PGTQ, PEQQ, PLTQ);
  parameter N=8;
  input [N-1:0] P, Q;
  output PGTQ, PEQQ, PLTQ;

  assign PGTQ = ( (P > Q) ? 1'b1 : 1'b0 ) ;
  assign PEQQ = ( (P == Q) ? 1'b1 : 1'b0 ) ;
  assign PLTQ = ~PGTQ & ~PEQQ;
endmodule
```

如果比较器的目标器件是需要两级积之和实现的 PLD，那么宽度非常大的比较器模块可能会“爆炸”，而用于 FPGA 和 ASIC 的高质量 EDA 工具，通过采用更多级的逻辑结构，可以综合出一个更好的合理实现，即使是一个非常大型的比较器（如 64 位）。正如我们之前所讨论的，可以基于减法器来设计比较器，而大多数 EDA 工具（以及一些 FPGA 和 ASIC 技术）有专门用于优化加法器和减法器（自然也包括了比较器）的工具。

然而，如果不想留有错漏的话，通过更详细地说明和构造大型比较器设计，事实上可以获得速度和规模都比较好的结果。7.4.4 节最后一段所讲述的树结构，就是达成这个目标的一个比较好的基础。

程序 7-22 就是一个基于我们之前讲述的两级层次结构的顶层结构化模型，第一级采用了八个 8 位比较器（Vr8bitcmp），第二级用了一个。模块中声明了 8 位线路 GT、EQ 和 LT，用于将第一级比较器的输出与第二级比较器的输入相连。注意，EQ 线路并不为 Vr64bitcmp_sh 提供输出，但是，必须声明这个线路，用于在第一级比较器 U1-U8 的实例化中承载没有用的输出 PEQQ。EQ 线路及其相关的逻辑只用来创建其上的信号，在优化期间，综合工具会自动将这些部分都剪掉。

程序 7-22　采用 9 个 8 位数值比较器构成的 64 位数值比较器的层次型结构化 Verilog 模块

```
module Vr64bitcmp_sh(P, Q, PGTQ, PEQQ, PLTQ);
  input [63:0] P, Q;
  output PGTQ, PEQQ, PLTQ;
  wire [7:0] GT, EQ, LT;

  Vr8bitcmp U1(P[7:0], Q[7:0], GT[0], EQ[0], LT[0]);
  Vr8bitcmp U2(P[15:8], Q[15:8], GT[1], EQ[1], LT[1]);
  Vr8bitcmp U3(P[23:16], Q[23:16], GT[2], EQ[2], LT[2]);
  Vr8bitcmp U4(P[31:24], Q[31:24], GT[3], EQ[3], LT[3]);
  Vr8bitcmp U5(P[39:32], Q[39:32], GT[4], EQ[4], LT[4]);
  Vr8bitcmp U6(P[47:40], Q[47:40], GT[5], EQ[5], LT[5]);
  Vr8bitcmp U7(P[55:48], Q[55:48], GT[6], EQ[6], LT[6]);
  Vr8bitcmp U8(P[63:56], Q[63:56], GT[7], EQ[7], LT[7]);
  Vr8bitcmp U9(GT, LT, PGTQ, PEQQ, PLTQ);
endmodule
```

只是一个建议

EDA 工具只能利用层次型说明作为综合的起点。先进的工具都有能力将一个模块输出附近的逻辑与该模块所驱动的另一个模块输入附近的逻辑组合起来或相互分享，目的就是优化延迟时间或资源的利用率，或者二者兼备。但是，在这样做的过程中，可能会模糊或消除最初说明的模块之间的界限。例如，在程序 7-22 的模块中，所实现的电路可能没有任何信号，因为此处信号的功能（意味着相同的逻辑表达式）应与 Verilog 代码中的 GT 和 LT 信号相同。

无论优化的效益如何，设计者们都可能还有自己的要求（如易于调试），以便在实现的电路里保留最初说明的层次和信号，而先进的工具就可以让设计者通过规定“约束”来达到这样的目的。例如，Xilinx 工具允许在 Verilog 模块定义中包含 keep_hierarchy 约束，以阻止综合工具将这个模块的某部分与其他模块合并，这样便可迫使综合工具完全保留代码里原先定义的输入和输出信号。

在一次测试运行中，我采用 Xilinx Vivado 工具在一个大型的高性能 FPGA 中实现程序 7-22。我在恰当的位置使用了 keep_hierarchy 约束，于是工具产生了一个实现，有 82 个 LUT 并且最坏延迟时间大约是 17.4ns，而在代码中说明的层次结构和中间变量都清清楚楚地出现在最后的原理图和网格列表中。删除约束会使所产生实现的延迟时间与之相同，但是，只有 75 个 LUT，而且最初定义的层次结构和中间信号全部都消失了。

7.4.7 比较器测试平台

比较器很容易进行行为化的描述，你可能会奇怪，是否还有必要写出一个测试平台来确认你的设计是否正确呢？当然，总是有可能因为书写错误而产生一个综合正确但功能错误的描述，特别是当比较器嵌入到一个大型模块里的时候。而在结构化模型中，出错的机会更多。所以，我们现在来看一个简单的比较器测试平台，然后指出测试比较器时可能出现的一些陷阱以及下一章将要涉及的算术元素。

程序 7-23 是前一小节中比较器的自检测试平台。由于这是参数化的描述，因此可以用于不同宽度的比较器，不仅仅是 8 位的。这个测试平台并没有检测所有可能的输入组合，而是利用 Verilog 的 `$random` 任务来产生随机输入——如果比较器的宽度为 16 位或更多，那么，穷举测试运行时间就会太长了。因为这样的比较器的输入是 8 位输入的两倍，有上百万的输入组合。如程序中所写，这个测试平台将适度的 10 000 个伪随机输入组合应用于 UUT。

程序 7-23　*N* 位比较器的测试平台

```
`timescale 1 ns / 100 ps
module VrNbitcmp_tb();
  parameter N = 8;      // 比较器 UUT 的输入宽度
  parameter SEED = 1;  // 如果愿意，可以在此设置一个不同的伪随机种子
  reg [N-1:0] P, Q;
  wire PGTQ, PEQQ, PLTQ;
  integer ii, errors;

  Vr8bitcmp_sh UUT ( .P(P), .Q(Q), .PGTQ(PGTQ), .PEQQ(PEQQ), .PLTQ(PLTQ) );

  initial begin
    errors = 0;
    P = $random(SEED);    // 基于种子参数设置模式
    for (ii=0; ii<10000; ii=ii+1) begin
      P = $random; Q = $random;
      #10 ;
      if ( (PGTQ !== (P>Q)) || (PLTQ !== (P<Q)) || (PEQQ !== (P==Q)) ) begin
        errors = errors + 1;
        $display("P=%b(%0d), Q=%b(%0d), PGTQ=%b, PEQQ=%b, PLTQ=%b",
                 P, P, Q, Q, PGTQ, PEQQ, PLTQ);
      end
    end
    $display("Test done, %0d errors", errors);
  end
endmodule
```

每次 `for` 循环中，测试平台都会利用 `$random` 产生两个新的随机数赋给 `P` 和 `Q`。回忆一下，无论运行 Verilog 工具的主机的数据宽度是多少，`$random` 总是返回一个 32 位的有符号整数结果。因为遵从将一个整数赋值给一个无符号向量的通用规则，所以，这个整数结果的 *N* 个低阶位就分别复制给了 `P` 和 `Q`。稍后还会再次讨论这个问题。

对于程序 7-16 到程序 7-21 的所有比较器，这个测试平台都运行良好，这使我们多了一些信心，关于这些简单比较器的设计，我们做对了。但是，这个测试平台有两个方面值得注意。第一，测试平台并没有检测程序 7-16 中那个并不需要的锁存器是否出现了，因为这些锁存器（如前所述）对于电路功能而言并没有用。它们只是会增加综合电路的规模和延迟时间。发现这样的锁存器唯一实际的方法，不是通过模拟和测试平台，而是注意综合过程中所产生的警告信息。例如，Vivado 会警告：“`[Synth 8-327] inferring latch for variable PGTQ_reg [Vr8bitcmp_xi.v:7] (2 more like this)`”。

这个测试平台第二个值得注意的方面，只有当你真正认真思考，或者在测试平台运行过程中碰巧看到了 UUT 所产生的输出波形时，才会发现。相当出乎预料，在几乎每一次测试循环中，UUT 的输出 `PGTQ` 和 `PLTQ` 总有一个有效，而 `PEQQ` 却几乎总是无效——在 10 000 次测试循环中 `PEQQ` 有效的情况只有几十次！很快你就会说“咄”——因为 `P` 和 `Q` 是 8 位伪随机数，它们相等的平均概率是 256 分之一，而且，还要假设这个 `$random` 具有连续产生

两个低阶 8 位值相等的伪随机数的能力（并非所有的伪随机数发生器都有这种能力，取决于其构造方式）。

本例测试的是 8 位比较器；如果测试 16 位的比较器，那么 PEQQ 的覆盖范围会更加糟糕，伪随机输入使输出 PEQQ 有效的概率只是 65 000 分之一。解决这个问题的方法，就是修改测试平台，产生更多次相等的情况，并与之前比较容易出现的那些情况一起进行检测。新版程序（VrNbitcmp_tb2）的 initial 程序块和一个辅助任务，如程序 7-24 所示。这里，只生成了一个随机数，但在每个 for 循环中执行了两次测试。首先，将当前的随机数输入到 P 和 Q，以测试它们是否相等。然后，生成一个新的随机数，并输入给 Q，以测试是大于还是小于的情况。

程序 7-24　*N* 位比较器的一个已改进测试平台的主体

```
    task checkcmp;
      if ( (PGTQ !== (P>Q)) || (PLTQ !== (P<Q)) || (PEQQ !== (P==Q)) ) begin
        errors = errors + 1;
        $display("P=%b(%0d), Q=%b(%0d), PGTQ=%b, PEQQ=%b, PLTQ=%b",
                 P, P, Q, Q, PGTQ, PEQQ, PLTQ);
      end
    endtask

    initial begin
      errors = 0;
      P = $random(SEED);     // 基于种子参数设置模式
      for (ii=0; ii<10000; ii=ii+1) begin
        Q = P; #10 ; checkcmp;          // 很多 = 的情况
        P = $random; #10 ; checkcmp;  // ……以及大多数！ = 的情况
      end
      $display("Test done, %0d errors", errors);
    end
  endmodule
```

这个例子是为了表明，对于“随机的”测试输入，即使是“数据”输入，也不必提供数据通路中潜在错误的均匀覆盖。回顾图 7-26 的门级比较器设计，你会发现，输出 PEQQ 的产生逻辑与 PGTQ 和 PLTQ 的逻辑有所不同，所以，有必要对 PEQQ 做单独且全面的测试。在 FPGA 或其他技术的综合实现中，特别是对于结构化设计，犯错的机会更大，比如级联中出现了错误的连接，这类错误会影响 PEQQ，但不会影响其他输出，并且涉及的也只是输入组合的一个较小子集。

因此，在比较器以及所有“数据通路”电路中，设计者都会去识别每个需要特殊处理或会导致不寻常输出的输入组合，并设计测试平台的输入以充分演练这些情况，这非常重要。

总之，我们还没有测试程序 7-22 中的 64 位比较器。之前的两个测试平台都可以用来测试这个比较器，但测试效果都不会太好。再次回忆一下，$random 返回的是一个 32 位的有符号整数的结果。如果 P 和 Q 的宽度比 32 位大，那么编译器在把随机值赋给 P 或 Q 之前会先扩展符号位以达到要求的数据宽度。所以，P 和 Q 的高阶位（31 位以上的位）会是全 0 或全 1，对于这些位而言，这样的测试输入集并不是非常有效。

这个问题可以通过进一步提升测试平台来弥补。在新版程序（VrNbitcmp_tb3）中，如果 P 的宽度超过 32 位，那么用一组多次调用 $random 来分段填充 P 的语句，来替代原来的一个“P=$random”语句：

```
P[31:0] = $random;
if (N>32) P[63:32] = $random;
if (N>64) P[95:64] = $random;
if (N>32) P[127:96] = $random;
```

上述代码是为向量宽度多达 128 位的测试平台设计的。你可能会想，要删除宽度 128 位的限制，最好写出一个更通用的 for 循环，根据特定的 N 值，按照需要多次调用 $random。也许你是对的，但上述方法需要一个变量作为 P 的下标，用于 $random 的赋值，而大多数的 Verilog 编译器都不支持这种操作，即使在模拟时也不行。

理解程序 7-16 至程序 7-21 中的比较器设计在任意宽度向量操作数上运行的情况非常重要，即使这些向量的宽度比工具的"本机"整数宽度还要宽。如今，工具的"本机"整数宽度至少是 32 位及以上，最常见的是 64 位。确实如此，因为现代 Verilog 工具知道如何模拟和综合对于更宽向量的比较操作；Verilog 参考手册（LRM）要求至少支持 64K 位的向量宽度。

构建比较器测试平台（或任意测试平台）的另一种方法，就是针对一个合适的输入集，将 UUT 的输出与一个参考设计的输出进行比较。在程序 7-25 中，我们用 VrNbitcmp_d(U1) 作为参考设计，在比较向量（甚至是比较宽的向量）的时候，基于对 Verilog 做" the right thing"的信任，我们采用了其内置的操作数。然后，我们针对 10 000 个相等的数据序列和 10 000 个大多不相等的随机输入，将参考设计的输出与 UUT（64 位的层次型模块 Vr64bitcmp_sh）的输出做了比较，结果与本节中其他测试平台所得到的结果非常相似。

程序 7-25　采用一个参考 UUT（U1）的 *N* 位比较器测试平台

```
`timescale 1 ns / 100 ps
module VrNbitcmp_tb4();
  parameter N = 64;      // 比较器 UUT 的输入宽度
  parameter SEED = 1;  // 如果愿意，可以在此设置一个不同的伪随机种子
  reg [N-1:0] P, Q;
  wire PGTQ1, PEQQ1, PLTQ1, PGTQ2, PEQQ2, PLTQ2;
  integer ii, errors;

  task checkcmp;
    begin
      if ( (PGTQ1 !== PGTQ2) ||
           (PLTQ1 !== PLTQ2) ||
           (PEQQ1 !== PEQQ2) ) begin
      errors = errors + 1;
      $display("P=%b(%0d), Q=%b(%0d), PGTQ1=%b, PEQQ1=%b, PLTQ1=%b, PGTQ2=%b, PEQQ2=",
                 "%b, PLTQ2=%b", P, P, Q, Q, PGTQ1, PEQQ1, PLTQ1, PGTQ2, PEQQ2, PLTQ2);
      end
    end
  endtask

  VrNbitcmp_d #(.N(N)) U1 ( .P(P), .Q(Q), .PGTQ(PGTQ1), .PEQQ(PEQQ1), .PLTQ(PLTQ1) );
  Vr64bitcmp_sh UUT ( .P(P), .Q(Q), .PGTQ(PGTQ2), .PEQQ(PEQQ2), .PLTQ(PLTQ2) );

  initial begin
    errors = 0;
    P = $random(SEED);           // 基于种子参数设置模式
    for (ii=0; ii<10000; ii=ii+1) begin
      Q = P; #10 ; checkcmp; // 很多 = 的情况
      P[31:0] = $random;
      if (N>32) P[63:32] = $random;
      if (N>64) P[95:64] = $random;
      if (N>96) P[127:96] = $random;
      #10 ; checkcmp;          // ……以及大多数! = 的情况
    end
    $display("Test done, %0d errors", errors);
  end
endmodule
```

略过一下

也许你已经非常棒了，想要跳过下面这一小节的可选内容。这个小节都是关于如何权衡用不同方法设计的比较器的性能，针对一个特别典型的技术——大型的高性能FPGA。如果你马上要撸起袖子，开始投入一个需要许多（或性能非常好的）比较器的项目，你会发现下一小节的细节和讨论非常有启发作用。如果不是的话，则略过这一小节，把以下内容打包带走就可以了：

- 现代的综合工具非常善于为采用行为化说明的比较器创建规模合理且高性能的实现，所以，你用“你自己的”结构化或层次型设计，也几乎不可能将性能提升超过10% ~ 15%。
- 采用任何给定的设计所获得的结果很大程度上取决于目标技术（可能有也可能没有用于优化算术功能（包括比较器）的元素）以及综合工具的能力。
- 层次型设计“在纸上”看起来很好，而且通常会产生最小数量的逻辑层级和最短的“逻辑延迟”。但是，还是要依赖于目标技术，只不过“因人而异”。在下一小节的以FPGA为目标的例子中，内部线路和输入/输出缓冲器的延迟占据了总体延迟的主要部分：在我们的大型81位层次型比较器中，上述延迟在总体15.64ns的延迟中占了15.14ns。

*7.4.8 比较比较器的性能

既然已经给出了许多不同的比较器设计，就可以比较这些比较器在一个特定技术中的相对速度和规模。这个练习采用的是以大型高性能FPGA为目标器件的Xilinx Vivado工具。在这种FPGA中的每个可配置的逻辑片都有一个“CARRY4”逻辑元件，该元件包括四个LUT的每一个集合。CARRY4元件可以用来优化大型加法器和减法器的性能；而且，无论是否使用，这个元件都是在逻辑片中“免费”（除了延迟）提供的。因此，Vivado综合工具尝试采用减法器来实现数值比较器——这是我们在7.4.5中提出的第一个比较器设计方法。

表7-5中列出了从程序7-16到程序7-20所给出的采用不同代码类型的8位数值比较器模块的关键结果，表中的每一行对应一种代码风格（在表的前四列标出）的比较器。表的后面六列给出了以下信息（延迟时间的单位是ns）：

- “LUT的数目”是优化后所用的LUT的总数，包括“免费的”CARRY4元件（如果有的话）。
- “逻辑层次”是从输入到输出的最坏情况下的逻辑层数，包括LUT、CARRY4元件（如果有的话），以及驱动输入和输出开关芯片的输入和输出缓冲器。
- “延迟”（估计值）是在用工具综合电路之后但于芯片上对电路进行实际布局和走线之前的最坏情况延迟的估计值，包括到芯片输入/输出引脚的连接。
- “延迟”（实际值）是在将电路布局到芯片上之后计算出来的实际最坏情况延迟。
- “逻辑延迟”是由LUT、CARRY4元件以及输入/输出缓冲器引起的部分延迟；其中忽略了片上线路的延迟。
- “比较器延迟”是只有实际比较器逻辑的延迟——不包括片上线路和输入/输出缓冲器的延迟。

第一个模块`Vr8bitcmp_xi`的最坏情况信号通路有六级逻辑，其估计延迟为8.57ns，而布局后计算出来最终的延迟为10.50ns。有趣的是，最终延迟中大约一半（或一半以上）的延迟都是片上线路的延迟——片上线路只是把一个逻辑元件的输出与另一个的输入相连。在`Vr8bitcmp_xi`中，只有5.10ns的延迟是逻辑元件的延迟——LUT、CARRY4元件以及输入/

输出缓冲器。进一步探讨会发现，在逻辑元件的延迟中，输入/输出缓冲器的延迟占了大多数；只有1.53ns是实际实现比较功能的四级LUT和CARRY4元件的延迟。

表7-5　带有不同代码风格的8位比较器的综合和实现结果

模块名	位数	代码风格	备注	LUT的数目	逻辑层次	延迟（估计值）	延迟（实际值）	逻辑延迟	比较器延迟
Vr8bitcmp_xi	8	行为化	推理出的锁存器	18	6	8.57	10.50	5.10	1.53
Vr8bitcmp_xc	8	行为化	额外的比较器	14	5	6.88	9.09	4.34	0.78
Vr8bitcmp	8	行为化		10	5	6.88	9.21	4.21	0.63
Vr8bitcmp_dx	8	数据流	额外的比较器	12	4	6.26	8.09	4.10	0.53
Vr8bitcmp_d	8	数据流		9	5	6.88	9.23	4.30	0.73

即使在这五个比较器模块的速度中起主导作用的是线路以及输入/输出，我们也依旧可以看到差异。显然，在Vr8bitcmp_xi中由综合工具推理出不想要的锁存器还是有代价的——在Vr8bitcmp_xc中删除这个锁存器之后，节省了延迟时间和LUT。删除Vr8bitcmp中额外的比较器可以节省LUT，但是对延迟的影响不大。事实上，逻辑延迟降低的同时，最终延迟会升高，这可能是因为布局中的怪异现象。

Vr8bitcmp_dx数据流模块比Vr8bitcmp_xc还额外多了一个比较器，但是前者的实现规模更小，速度更快，并且少了一级逻辑。删除Vr8bitcmp_dx中那个额外的比较器，可以进一步减少LUT的数量，但是多了一级逻辑，延迟增加了——为什么呢？因为在这种情况下，编译器会忠实地将PLTQ实现为PEQQ和PGTQ的函数，正如程序7-20所说明的，这就需要多一级的逻辑，而且这一级逻辑是综合工具无法删除的。

一般而言，明确地从其他信号推出一个信号，说明了一个更加"串行"的设计，并且在减少"冗余"逻辑的同时，会增加延迟时间。记住，所有这些Verilog模块说明的是同一个8位比较器的逻辑功能，但是，即使对于这样一个相当小型的设计，综合工具也无法探索所有可能的实现和可优化的机会。所以，具体的综合结果还是取决于综合过程的起点。

在表7-5所列出的五个不同的8位比较器模块设计中，Vr8bitcmp_dx有着最快的实现，而Vr8bitcmp_d有着规模最小的实现。常言道："因人而异"；在这种情况下，综合结果作为目标技术、综合工具、总体代码风格甚至代码的细微细节的函数，所有这些因素都可能会导致综合工具沿着某一个路径而不是另一个路径实现。从这些例子中，可以确定两件事情，首先，综合工具推理出的锁存器是不好的；其次，当输出是单独说明而不是由其他输出推出的时候，需要在电路规模和速度之间作权衡。

还可以探索不同规模的比较器模块的结果，并给这样的混合比较器增加层次型实现。典型FPGA技术（包括用于表7-5的Xilinx 7系列）中的LUT只有六个输入，对于3位比较器的一个输出是足够了。表7-6的第一行显示了一个这样的3位比较器的规模和延迟。这个比较器三个输出中的每一个输出都由一个LUT产生，延迟时间只有0.13ns，如表7-6的最后一列所示。但是，与其他例子一样，片上线路和输入/输出缓冲器在相当大的程度上增加了整体电路的延迟。

要构建更大型的比较器，一种较为有效的方法可能就是从3位比较器（每个输出对应一个LUT）出发，以它为构件，为大型比较器建立层次型基于树结构的模型，我们将在7.4.4节的最后对此做出解释。如图7-29所示，一个9位比较器的树的第一层，可以用三个3位比较器来构建，然后，在第二层用一个3位比较器将前一层的输出组合起来。一个27位的比较器，可以采用三个这样的9位比较器来构建，再用一个3位比较器将这三个9位比较器的输出组合起来。而一个81位的比较器，则可以采用三个这样的27位比较器来构建，再用一个 3 位比较器将这三个 27 位比较器的输出组合起来。这个 81 位比较器的顶层及后面各层的 Verilog 代码如程序 7-26 所示。

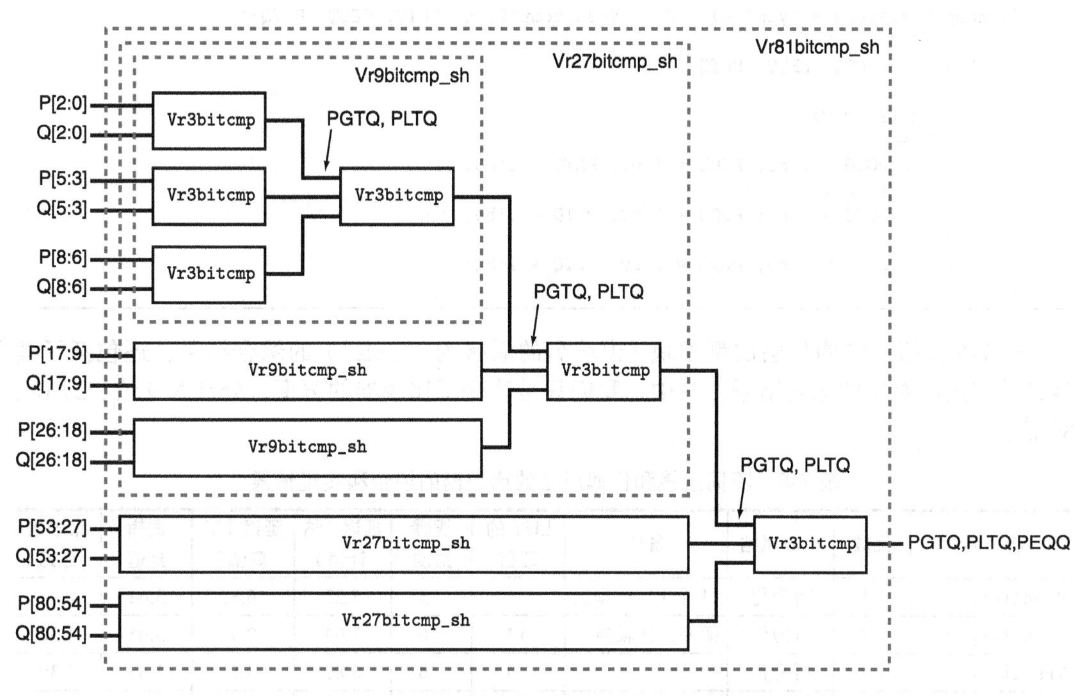

图 7-29　采用 3 位比较器构建的 81 位比较器的层次结构

程序 7-26　图 7-29 的 81 位比较器的结构化 Verilog 程序

```
module Vr81bitcmp_sh(P, Q, PGTQ, PEQQ, PLTQ);
  input [80:0] P, Q;
  output PGTQ, PEQQ, PLTQ;
  wire  GT0, EQ0, LT0, GT1, EQ1, LT1, GT2, EQ2, LT2;

  Vr27bitcmp_sh U3(P[80:54], Q[80:54], GT2, EQ2, LT2);
  Vr27bitcmp_sh U2(P[53:27], Q[53:27], GT1, EQ1, LT1);
  Vr27bitcmp_sh U1(P[26:0], Q[26:0], GT0, EQ0, LT0);
  Vr3bitcmp U4({GT2, GT1, GT0}, {LT2, LT1, LT0}, PGTQ, PEQQ, PLTQ);
endmodule

(* keep_hierarchy = "yes" *) module Vr27bitcmp_sh(P, Q, PGTQ, PEQQ, PLTQ);
  input [26:0] P, Q;
  output PGTQ, PEQQ, PLTQ;
  wire  GT0, EQ0, LT0, GT1, EQ1, LT1, GT2, EQ2, LT2;

  Vr9bitcmp_sh U3(P[26:18], Q[26:18], GT2, EQ2, LT2);
  Vr9bitcmp_sh U2(P[17:9], Q[17:9], GT1, EQ1, LT1);
  Vr9bitcmp_sh U1(P[8:0], Q[8:0], GT0, EQ0, LT0);
  Vr3bitcmp U4({GT2, GT1, GT0}, {LT2, LT1, LT0}, PGTQ, PEQQ, PLTQ);
endmodule

(* keep_hierarchy = "yes" *) module Vr9bitcmp_sh(P, Q, PGTQ, PEQQ, PLTQ);
  input [8:0] P, Q;
  output PGTQ, PEQQ, PLTQ;
  wire  GT0, EQ0, LT0, GT1, EQ1, LT1, GT2, EQ2, LT2;

  Vr3bitcmp U3(P[8:6], Q[8:6], GT2, EQ2, LT2);
  Vr3bitcmp U2(P[5:3], Q[5:3], GT1, EQ1, LT1);
  Vr3bitcmp U1(P[2:0], Q[2:0], GT0, EQ0, LT0);
```

```
  Vr3bitcmp U4({GT2, GT1, GT0}, {LT2, LT1, LT0}, PGTQ, PEQQ, PLTQ);
endmodule

(* keep_hierarchy = "yes" *) module Vr3bitcmp(P, Q, PGTQ, PEQQ, PLTQ);
  input [2:0] P, Q;
  output reg PGTQ, PEQQ, PLTQ;

  always @ (P or Q)
    if (P == Q)
      begin PGTQ = 1'b0; PEQQ = 1'b1; PLTQ = 1'b0; end
    else if (P > Q)
      begin PGTQ = 1'b1; PEQQ = 1'b0; PLTQ = 1'b0; end
    else
      begin PGTQ = 1'b0; PEQQ = 1'b0; PLTQ = 1'b1; end
endmodule
```

表7-6包括了结构化层次型模块（模块名的后缀为“_sh”）的综合结果，还包括了其他设计方法所对应的综合结果，其中，我们只是改变了比较器的宽度，分别为9位、27位、81位。

表7-6 不同规模和代码风格的比较器的综合和实现结果

模块名	位数	代码风格	备注	LUT的数目	逻辑层次	延迟（估计值）	延迟（实际值）	逻辑延迟	比较器延迟
Vr3bitcmp	3	行为化	11个LUT/输出	3	3	5.23	6.88	3.62	0.13
Vr9bitcmp_xc	9	行为化	额外的比较器	14	6	7.04	9.93	5.05	1.30
Vr9bitcmp	9	行为化		9	6	6.81	9.51	5.05	1.30
Vr9bitcmp_dx	9	数据流	额外的比较器	13	5	6.37	8.43	4.67	0.91
Vr9bitcmp_d	9	数据流		9	5	6.81	9.47	4.66	0.98
Vr9bitcmp_sh	9	层次型		9	4	6.48	8.26	3.82	0.25
Vr27bitcmp_xc	27	行为化	额外的比较器	38	8	7.30	14.12	5.17	1.60
Vr27bitcmp	27	行为化		24	7	7.05	14.00	5.22	1.65
Vr27bitcmp_dx	27	数据流	额外的比较器	37	7	6.46	12.87	4.83	1.26
Vr27bitcmp_d	27	数据流		24	7	7.02	13.54	4.95	1.38
Vr27bitcmp_sh	27	层次型		27	5	7.74	13.61	3.94	0.38
Vr81bitcmp_xc	81	行为化	额外的比较器	110	15	8.01	16.66	5.96	2.39
Vr81bitcmp	81	行为化		69	15	7.86	16.42	6.11	2.54
Vr81bitcmp_dx	81	数据流	额外的比较器	109	14	7.42	15.40	5.64	2.07
Vr81bitcmp_d	81	数据流		69	14	7.86	16.27	5.75	2.18
Vr81bitcmp_sh	81	层次型		81	6	8.99	15.64	4.15	0.50

由表7-6可见，在一个后缀为“_sh”的层次型设计中，当我们将输入宽度变为原来的三倍时，所用的LUT的数量也变成原来的三倍，但实现实际比较器功能所要增加的延迟仅仅是一层逻辑的延迟时间，每一层大约是0.13ns。然而，对于每一种设计，输入/输出缓冲器和片上线路的延迟还是占了最终延迟的主要部分。

在所有9位比较器和27位比较器之间，延迟时间发生了一个大的跃进。这并不是因为在27位比较器中存在任何特殊且糟糕的事情，而是在目标技术中，现在输入和输出的数量（57）大到需要使用实际FPGA芯片两边的I/O引脚。结果就是，有些信号通路必须穿过整个芯片，因而增加了最坏情况的线路延迟。

检查表7-6中9位、27位和81位的行为化和数据流风格设计，可知所有的结果都与表7-5对应的8位比较器设计的结果类似。需要额外增加比较器的设计就要求更多的LUT，尽管在某些（并非所有）情况下，这个额外的比较器会导致最终的延迟时间变短。对于并非如此的情况，如 Vr27bitcmp_xc 与 Vr27bitcmp，额外的比较器减少了逻辑延迟，但线路延迟的增加会更多——因为有更多的 LUT 需要相互连接，占据了芯片上更大的面积。

将每一个层次型设计与同样规模的行为化和数据流型设计比较，我们发现，层次型设计具有最一致且可推定的规模和逻辑延迟。然而，其他的设计（特别是因为采用了“免费”的 CARRY4 元件）有时会更小或更快，有时二者兼备。

所以，这一切意味着什么呢？在以 FPGA 技术为目标的实现中，线路延迟占据了整体延迟的很大一部分，因而，降低了逻辑层次减少所带来的效益，而像 CARRY4 这样的“免费”资源的应用，又减少了采用有效的层次型方法的相对优势。如果对于同样的设计，以典型的 ASIC 技术为目标技术，那么结果可能会不同，因为 ASIC 技术中的每一个门所消耗的芯片面积和连线是不可编程的，因而会更快。

建模的选择和实现

正如你从本节例子中所看到的，对于任何给定的技术，很难预测一种特定的 Verilog 建模类型是否会产生规模最小或速度最快的设计实现。就如其他类型的编程和代码，主要目标是确保易于理解和易于维护，仅当必要时才会专注于性能（较小规模或较高速度）。

也与其他类型的编程一样，80/20 规则始终有效：20% 的代码对 80% 的性能负责。因此，在确定对整体性能影响最大的设计部分之前，设计者不必过度担心性能的调优。

*7.5 用 Verilog 实现的随机逻辑示例

本章或前一章所讲述的构件功能的结构，或者下一章将要讲述的算术功能的结构，都非常可能无法满足一个组合逻辑电路的需求。而尝试直接写出这个组合电路的逻辑等式则非常具有挑战性。更直截了当的做法是，按照需求写出行为化 Verilog 程序，然后综合出对应的电路。

一个这样的“随机逻辑”示例是能够为一字棋游戏（传统的儿童 X 和 O 游戏）的玩家选择下一步走法的组合电路。电路的输入是游戏 3 × 3 网格的当前状态的编码，输出要确定下一步走棋的网格单元。为避免“O”和“0”在后面的 Verilog 代码中引起混淆，我们将第二个玩家叫作“Y”。

对网格中一个单元的状态编码有许多不同的方法。因为游戏具有对称性，我们采用了稍后有用的对称编码：

00　单元为空。

10　单元上有 X。

01　单元上有 Y。

所以，可以将 3 × 3 网格的状态编码为一个 18 位的二进制代码——其中 9 位表示哪些单元里有 X，另外 9 位表示哪些单元里有 Y。在本小节的整个一字棋游戏的 Verilog 模块中，都将采用一对 9 位向量 X[1:9] 和 Y[1:9] 来表示这个游戏的网格。某个向量的某一位为 1，表示对应玩家在对应的单元有一个标记。图 7-30 显示了信号名与网格中单元的对应关系。

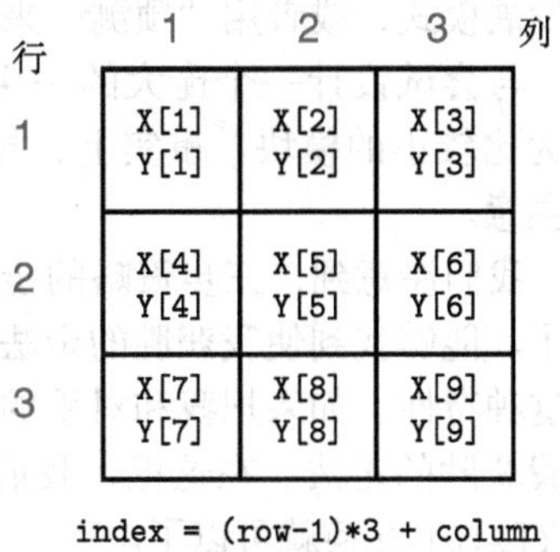

行 \ 列	1	2	3
1	X[1] Y[1]	X[2] Y[2]	X[3] Y[3]
2	X[4] Y[4]	X[5] Y[5]	X[6] Y[6]
3	X[7] Y[7]	X[8] Y[8]	X[9] Y[9]

index = (row-1)*3 + column

图 7-30　一字棋网格和 Verilog 信号名

采用图中所给的公式，实现网格中的二维坐标和 X[1:9] 或 Y[1:9] 中的二进制数之间的相互转换。

还需要一个编码用于表示走法。一个玩家有9种可能的走法，所以，这个编码应该定义9个值，外加一个值表示无路可走的情况。在程序7-27中参数的定义对应于其中一种可能的4位走法的编码。像“MOVE12”这样的名字表示走到网格的第1行第2列。不同的编码定义所对应的电路的大小和快慢可能会不一样。表中的参数定义存储在文件 TTTdefs.v 中，需要的时候，用 include 将文件包含到模块中。这样一来，在后面任何地方都可以非常方便地修改编码，而不需要改变使用这个文件的模块（如练习题7.50）。

程序 7-27 一字棋项目的 TTTdefs.v 定义文件

```
parameter MOVE11 = 4'b1000,
          MOVE12 = 4'b0100,
          MOVE13 = 4'b0010,
          MOVE21 = 4'b0001,
          MOVE22 = 4'b1100,
          MOVE23 = 4'b0111,
          MOVE31 = 4'b1011,
          MOVE32 = 4'b1101,
          MOVE33 = 4'b1110,
          NONE   = 4'b0000;
```

一字棋，万一你不知道

一字棋游戏是两个玩家在一个 3×3 的单元格上玩，单元格一开始都是空的。一个玩家是“X”，另一个就是“O”。两个玩家轮流在空的单元格上放置他们的标记；“X”总是先走。哪个玩家有三个标记出现在同一行、同一列或对角线，哪个玩家就赢了。尽管先走的玩家（X）稍有优势，但事实表明，两个聪明的玩家总是以平局结束；网格填满前，哪个玩家也做不到三个标记在同一行。

现在，我们需要一种策略用于选择下一步的走法，然后，就可以创建一个可以使用这种策略的行为模型。我们尝试模仿人的走法的典型策略，遵从如下步骤：

1. 先找到有两个我的标记（X或Y，取决于我是哪个玩家）以及一个空单元的一行、一列或一条对角线。如果找到的话，就把我的标记放在这个空单元里；于是我就赢了！

2. 否则，找到有两个对手的标记（X或Y，取决于我是哪个玩家）以及一个空单元的一行、一列或一条对角线。如果找到的话，就把我的标记放在这个空单元里，以阻断对手取胜的可能性。

3. 否则，基于经验选一个单元。例如，如果中间的单元是空的，那么通常占据这个空单元是好的选择。否则，选择角落的单元也是一种好的选择。聪明的玩家还会注意并阻断对手的发展模式，或者用“预测”来选择一个好的走法。

与尝试设计一个庞大的一字棋的走法搜索电路相比，更有意义的做法是，尝试将其分解为比较小的模块。事实上，按照这一节开头所给出的三步策略来进行分块，似乎是一个好主意。

我们注意到，三步策略的步骤1和2非常相似；唯一不同的就是，玩家和对手的角色对换了。能够找到使我获胜的走法的电路，也可以找到阻断对手获胜的走法。换另一个角度看待这种特性，如果把我和对手的编码互换，找到使我获胜的走法的电路，那么也可以找到阻断我获胜的走法。在这里，我们的对称编码得到了回报——玩家互换只需要将信号 X[1:9] 和 Y[1:9] 互换就可以了。

> **Verilog-2001 的限制**
>
> 将一字棋游戏的网格声明为两个二维数组 X[1:3][1:3] 和 Y[1:3][1:3] 比较好。不幸的是，Verilog-2001 不允许用数组作为模块端口，但是，在一字棋电路的层次型设计中需要这样。因此，我们把 X 和 Y 声明为简单的 9 位向量，并且将网格单元的位置“i,j”转换成向量中的一个二进制数，如图 7-30 所示。

记住这一点，我们就可以用同一个模块 TwoInRow 的两个副本来实现步骤 1 和步骤 2，如图 7-31 所示。注意，信号 X[1:9] 与第一个 TwoInRow 模块的最上面的那个输入相连，类似地，信号 Y[1:9] 与第二个 TwoInRow 模块的最下面的那个输入相连。第三个模块 Pick，如果 U1 里有可用的走法，就从中选择一个获胜的走法；否则，如果 U2 里有可用的走法，就从中选择一个阻断对手获胜的走法；否则，就利用“经验”(步骤 3）选择一个走法。

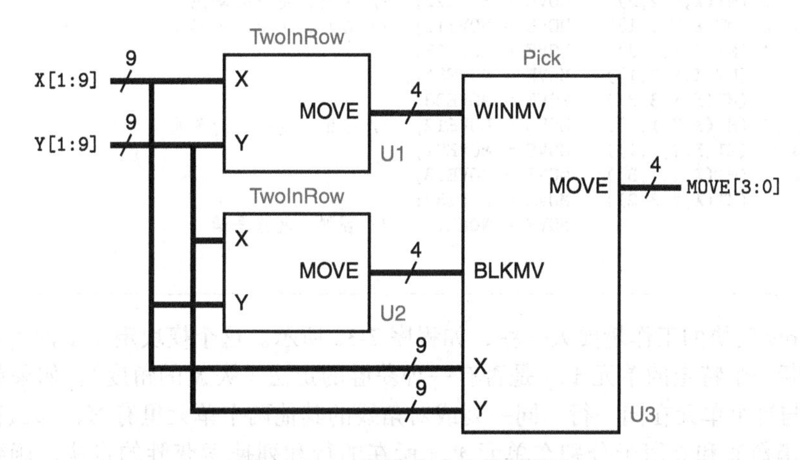

图 7-31 一字棋游戏的模块划分

程序 7-28 是顶层模块 GETMOVE 的结构化 Verilog 代码。这个模块实例化为两个其他的模块 TwoInRow 和 Pick，将在稍后进行定义。这个模块只有两个内部信号 WIN 和 BLK，用于从 TwoInRow 的两个实例中，将获胜和阻断的走法传送到 Pick，如图 7-31 所示。这个模块的语句部分只有三个语句，用于实例化图中的三个方框。

程序 7-28 用于选择一步走法的顶层结构化 Verilog 模块

```
module GETMOVE ( X, Y, MOVE );
  input [1:9] X, Y ;
  output [3:0] MOVE;
  wire [3:0] WIN, BLK;

  TwoInRow U1 ( .X(X), .Y(Y), .MOVE(WIN) );
  TwoInRow U2 ( .X(Y), .Y(X), .MOVE(BLK) );
  Pick U3 ( .X(X), .Y(Y), .WINMV(WIN), .BLKMV(BLK), .MOVE(MOVE) );
endmodule
```

现在需要设计图 7-31 中的每一个模块。采用“自顶向下”的方法来完成设计，然后再设计 Pick。在自顶向下的设计中，为了测试和完善高层的模块，可能会“接入”低层模块的简化版本，尽管在这里没有必要这样做。程序 7-29 中的 Pick 模块采用相当直截了当的深度嵌套 if-else 语句，用于选择一个走法。获胜的走法优先级最高，其次是阻断对方获胜的走法。否则，对每一个单元调用一次 MT 函数，从最好的位置（中间）到最差的位置（边上），找到一个可用的走法。

程序 7-29　选择一个获胜或阻断的一字棋走法，否则利用“经验”选择一个走法的 Verilog 模块

```
module Pick ( X, Y, WINMV, BLKMV, MOVE);
  input [1:9] X, Y;
  input [3:0] WINMV, BLKMV;
  output reg [3:0] MOVE;
  `include "TTTdefs.v"

  function MT;  // Determine if cell i,j is empty
    input [1:9] X, Y;
    input [1:0] i, j;
    MT = ~X[(i-1)*3+j] & ~Y[(i-1)*3+j];
  endfunction

  always @ (X or Y or WINMV or BLKMV) begin // 如果有效，则选择：
    if      (WINMV != NONE) MOVE = WINMV;   // 获胜走法
    else if (BLKMV != NONE) MOVE = BLKMV;   // 否则，阻断走法
    else if (MT(X,Y,2,2))   MOVE = MOVE22;  // 否则，走中心单元
    else if (MT(X,Y,1,1))   MOVE = MOVE11;  // 否则，走角上的单元
    else if (MT(X,Y,1,3))   MOVE = MOVE13;
    else if (MT(X,Y,3,1))   MOVE = MOVE31;
    else if (MT(X,Y,3,3))   MOVE = MOVE33;
    else if (MT(X,Y,1,2))   MOVE = MOVE12;  // 否则，走边上的单元
    else if (MT(X,Y,2,1))   MOVE = MOVE21;
    else if (MT(X,Y,2,3))   MOVE = MOVE23;
    else if (MT(X,Y,3,2))   MOVE = MOVE32;
    else                    MOVE = NONE;    // 否则，网格全满
  end
endmodule
```

TwoInRow 模块的工作量要大一些，如程序 7-30 所示。这个模块定义了四个函数，每个函数用于判断一个特定的单元 `i,j` 是否有一种获胜的走法（从 X 的角度）。如果单元 `i,j` 是空的，而且与这个单元在同一行、同一列或对角线的其他两个单元里有 X，那么存在一步获胜的走法。函数 `R` 和 `C` 用于分别在单元 `i,j` 所在的行和列搜索获胜的走法。函数 `D` 和 `E` 用于搜索两个对角线。

在模块的 `always` 程序块中，有九个 1 位变量 `G11-G13`，用于表明各个单元是否可能有获胜的走法。如果存在获胜的走法，那么在程序块开始处的赋值语句就将每个变量设置为 1，然后，调用和合并所有适合于单元 `i,j` 的函数。

模块剩余的部分是一系列深度嵌套的 `if-else` 语句，用于搜索所有可能的获胜走法的单元。如果没有可能获胜的单元，则赋值为 `NONE`。如我们在前面所看到的，用程序 7-28 的 `Pick` 来实例化 `TwoInRow` 模块的两个实例，就完成了整个一字棋游戏的建模。

程序 7-30　TwoInRow 模块的行为化 Verilog 程序

```
module TwoInRow ( X, Y, MOVE );
  input [1:9] X, Y;
  output reg [3:0] MOVE;
  reg G11, G12, G13, G21, G22, G23, G31, G32, G33;
  `include "TTTdefs.v"

  function R;  // 找到 2 个棋子在一行中，且该行有空单元 i,j
    input [1:9] X, Y;
    input [1:0] i, j;
    integer jj;
    begin
      R = 1'b1;
      for (jj=1; jj<=3; jj=jj+1)
        if (jj==j) R = R & ~X[(i-1)*3+jj] & ~Y[(i-1)*3+jj];
        else R = R & X[(i-1)*3+jj];
    end
  endfunction
```

```
  function C;  // 找到2个棋子在一列中，且该列有空单元i,j
    input [1:9] X, Y;
    input [1:0] i, j;
    integer ii;
    begin
      C = 1'b1;
      for (ii=1; ii<=3; ii=ii+1)
        if (ii==i) C = C & ~X[(ii-1)*3+j] & ~Y[(ii-1)*3+j];
        else C = C & X[(ii-1)*3+j];
    end
  endfunction

  function D;             // 找到2个棋子在对角线上，且该对角线有空单元i,j
    input [1:9] X, Y;  // 对于对角线11、22、33
    input [1:0] i, j;
    integer ii;
    begin
      D = 1'b1;
      for (ii=1; ii<=3; ii=ii+1)
        if (ii==i) D = D & ~X[(ii-1)*3+ii] & ~Y[(ii-1)*3+ii];
        else D = D & X[(ii-1)*3+ii];
    end
  endfunction

function E;             // 找到2个棋子在对角线上，且该对角线有空单元i,j
    input [1:9] X, Y; // 对于对角线13、22、31
    input [1:0] i, j;
    integer ii;
    begin
      E = 1'b1;
      for (ii=1; ii<=3; ii=ii+1)
        if (ii==i) E = E & ~X[(ii-1)*3+4-ii] & ~Y[(ii-1)*3+4-ii];
        else E = E & X[(ii-1)*3+4-ii];
    end
  endfunction

  always @ (X or Y) begin
    G11 = R(X,Y,1,1) | C(X,Y,1,1) | D(X,Y,1,1);
    G12 = R(X,Y,1,2) | C(X,Y,1,2);
    G13 = R(X,Y,1,3) | C(X,Y,1,3) | E(X,Y,1,3);
    G21 = R(X,Y,2,1) | C(X,Y,2,1);
    G22 = R(X,Y,2,2) | C(X,Y,2,2) | D(X,Y,2,2) | E(X,Y,2,2);
    G23 = R(X,Y,2,3) | C(X,Y,2,3);
    G31 = R(X,Y,3,1) | C(X,Y,3,1) | E(X,Y,3,1);
    G32 = R(X,Y,3,2) | C(X,Y,3,2);
    G33 = R(X,Y,3,3) | C(X,Y,3,3) | D(X,Y,3,3);
    if      (G11) MOVE = MOVE11;
    else if (G12) MOVE = MOVE12;
    else if (G13) MOVE = MOVE13;
    else if (G21) MOVE = MOVE21;
    else if (G22) MOVE = MOVE22;
    else if (G23) MOVE = MOVE23;
    else if (G31) MOVE = MOVE31;
    else if (G32) MOVE = MOVE32;
    else if (G33) MOVE = MOVE33;
    else          MOVE = NONE;
  end
endmodule
```

另一种情况

当我的一字棋模型的目标技术是采用 Vivado 工具的 Xilinx7 系列 FPGA 时，综合后的设计用了 63 个 LUT，而最大延迟通路是 5 个 LUT。

由于 `TwoInRow` 中嵌套的 `if-else` 语句创建了一个排序的优先编码器，可以用像程序7-8中那种类型的一个 `case` 语句来代替 `if-else` 语句。所以，为了获得更好的综合结果，我采用了新的代码，如程序7-31所示。令我惊讶的是，新的设计用了668个LUT！单单 `TwoInRow` 所需要的LUT就是原来的10倍（210与21）！

因为不敢相信自己的眼睛，我写了一个测试平台来比较所有 2^{18} 种输入组合对应的 `TwoInRow` 两个版本的输出，希望能够找到一个错误或至少一个语义差别，从而导致一种版本的功能综合起来比另一种困难得多。但没有，两个模型执行的功能完全一样。

所以，这个经历的寓意是什么呢？非常大型的“随机逻辑”功能似乎也会给出随机的综合结果，对于同一件事采用不同的模型，你可能会获得非常好（或非常差）的结果。

程序7-31　采用 case 语句检测2个棋子在一行的情况

```
case (1'b1)
  (G11): MOVE = MOVE11;
  (G12): MOVE = MOVE12;
  (G13): MOVE = MOVE13;
  (G21): MOVE = MOVE21;
  (G22): MOVE = MOVE22;
  (G23): MOVE = MOVE23;
  (G31): MOVE = MOVE31;
  (G32): MOVE = MOVE32;
  (G33): MOVE = MOVE33;
  default MOVE = NONE;
endcase
```

休息一会儿

第8章将会讨论更多的组合逻辑功能，包括门级、构件以及像本章这样的Verilog描述。所有这些功能都是Verilog内置的操作符：比较、加法、移位、乘法和除法。因此，如果你正在进行基于HDL的设计，而且实现的规模和性能都不重要，那么，采用Verilog的操作符并把重任交给综合工具就非常合情合理。实际上，通常在许多应用中，基于HDL的设计最初编写、测试和综合的都是行为化模型，仅当规模和性能出现问题时，才会回头采用面向目标技术的（也许是结构化的）模块。

为此，你现在跳过第8章，直接去学习第9章开始讲述的“好东西”——时序电路——是完全可以的。

训练题

7.1　图7-32中电路的严重错误之处是什么？给出一种修改电路的方法，去除该严重错误。

7.2　图7-9中标记为“LUT1”块的功能是什么？

7.3　为一个32输入的优先编码器编写行为化风格的Verilog模块 `Vr32inprior3`，该编码器的输入、输出和功能跟程序7-7中的8输入优先编码器类似。以FPGA为目标器件，综合各个模块，比较它们的大小和速度——所用LUT的数量和LUT的延迟度。

7.4　可以用 2^n–1个异或门建立一个 2^n 输入的奇校验电路。描述两种不同结构的电路，其中一个电路可以给出最小的输入到输出的最坏情况传输延迟，另外一个给出最大传输延迟。对于每种结构，说明最坏情况下异或门延迟的数值，并且描述一个电路结构比另一个电路好的一种情形。

7.5　一个特定的像图7-16a风格的校验电路，使用了奇数个异或门。这样生成的是奇校验电路、偶校验电路，还是两种都不是？如果两者都不是，那它生成的功能是什么？

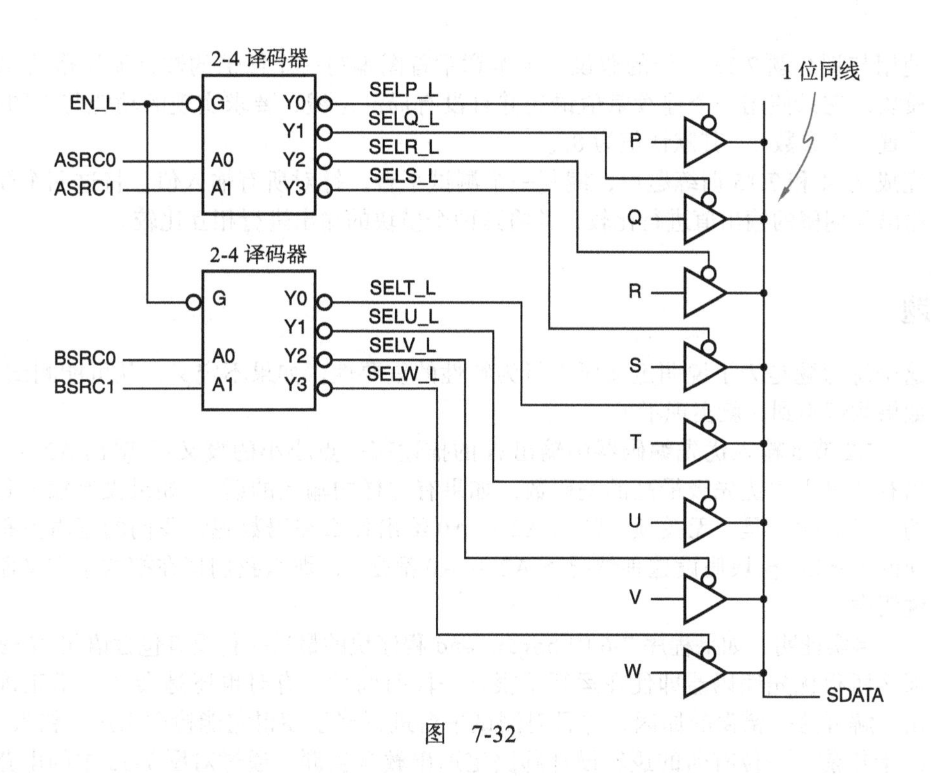

图 7-32

7.6 按照如图 6-6 所示的结构，采用 Xilinx7 系列的 LUT 可以实现的偶校验函数的最大输入数是多少？

7.7 构造一个表格，展示用 Xilinx7 系列的 LUT 构建的 *n* 输入偶校验树的 LUT 数量和速度（LUT 的最大延迟数值）。对于表格中的每一行，第一列给出 *n* 值的范围，第二列和第三列分别给出所需 LUT 的数量及任意输入到输出信号路径上的最大 LUT 数量。你的表格要有足够的行来包括 *n* 从 1 到 99 的所有取值。如果你愿意，可以编写并综合一个 Verilog 模块 `Vrbigxor`，用来抽样检查表格中关键断点处的几个条目的正确性。

7.8 假设你需要使用一个像 74x138 那样的输出为低电平有效的 3-8 译码器，实现一个如图 7-18 所示的汉明码纠错电路。为了不增加 8 个反相器来翻转译码器输出的有效电平，需要对电路做怎样的修改？

7.9 按照图 7-21b 的风格，用异或门和与门画出一个 4 位比较器的逻辑图，确保使用与其有效电平相对应的逻辑符号和信号名。

7.10 从图 7-26 的数值比较器逻辑框图开始，写一个输出 `PEQQ` 关于输入的逻辑表达式。

7.11 为带有 2 个 *n* 位输入向量 `P` 和 `Q` 以及 3 个输出 `PGTQ`、`PLTQ` 和 `PEQQ` 的比较器，编写一个参数化的行为化 Verilog 模块 `VrNbitcmp`。使用程序 7-24 中的测试平台，检测 `N` 的值为 8 和 32 时你的模块的正确性。

7.12 改进图 7-26 中的数值比较器逻辑图，增加两个额外的输出 SPLTQ 和 SPGTQ，给出两个有符号数补码的比较结果。不用重画整个逻辑图，只需描述如何把添加的逻辑门连接到已有的信号上。

7.13 用文字简洁地描述本章章首图所实现的功能，假设顶端的输入命名为 SEL，*n* 位输入总线按顺序分别为 X 和 Y，*n* 位输出总线为 Z。

7.14 使用与训练题 7.13 一样的假设，为本章章首图编写一个数据流风格的 Verilog 模块，对所有信号（包括对应于上图中命名为内部信号的局部连线）使用连续赋值方式。设置一个参数 *n*，其默认值为 8。

7.15 使用与训练题 7.13 一样的假设，为本章章首图编写一个简洁的数据流风格的 Verilog 模块，它只使用一个连续赋值语句并且没有局部连线，要求实现的功能与上图一样。设置一个参数 n，其默认值为 8。。

7.16 完成 7.14 和 7.15 训练题后，编写一个测试平台，针对所有输入值，将这两个模块的输出与期望的输出值进行比较，并将这两个模块的输出进行相互比较。

练习题

7.17 这个练习题是为了说明定义所需行为特性的重要性。如果不定义，就可能测试不到，如果测试不到，就实现不了。

7.2 节 8 输入优先编码器中输出 A 的描述有一点小小的歧义：“输出 A2 ~ A0 给出有效输入中优先级最高的编码数，如果有这样的输入的话。”如果没有输入是有效的，或者输入是“无关项”那么 A2 ~ A0 给出什么编码数呢？我们的逻辑方程和后面的 Verilog 模块假设这种情况下 A2 ~ A0 都是 0，那么我们现在把这个定义添加到说明中。

事实证明，如果程序 7-6 中 `begin-end` 程序块的最后一行没有包含语句“`A=3'd0`”，那么所得优先编码器即使在运行了很长一段时间后，有时也还是会产生不正确的输出。解释这一错误的原因，并且对测试平台进行修改使得它能检测出这一错误。

7.18 二十年前，一位有名的逻辑设计师决定退出教学生涯，通过对图 7-33 中的电路设计申请牌照来开展未来的生活。

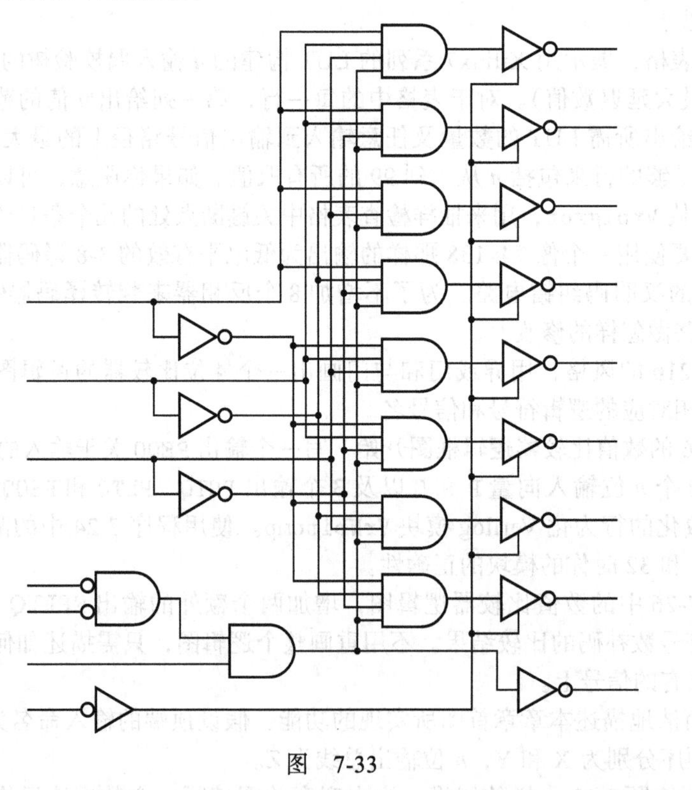

图　7-33

(a) 使用合适的信号名标记电路的输入和输出，包括信号有效性的表示。

(b) 电路完成的功能是什么？具体描述所有输入输出之间的逻辑关系。

(c) 绘制出涉及电路数据表格部分的逻辑符号。

(d) 给电路编写一个行为化 Verilog 模型。

(e) 新的电路和什么标准内置块存在竞争？你认为它会成功地成为 MSI 的一部分吗？

7.19 使用 casez 语句修改程序 7-10 中的 8 输入优先编码器模块，以便可以不按照优先顺序编写 case 语句中的 case 选择条件。针对最初写的选择条件顺序和扰乱后的选择条件顺序，使用程序 7-9 中的测试平台检测修改后的新的模块是否能正确运行。提示：原模块中必须修改的字符不到三打。

7.20 编写一个行为化风格的 Verilog 模块 Vr8inpriorcasc，其输入、输出和功能与图 7-12 给出的可级联 8 输入优先编码器完全一样。以 FPGA 为目标器件综合该模块，确定其大小和速度——LUT 的数量和 LUT 的延迟度。

7.21 用 4 个可级联 8 输入优先编码器 Vr8inpriorcasc 的副本，编写一个 32 输入优先编码器的结构化风格的 Verilog 模块 Vr32inpriorcasc，其中这个 8 输入优先编码器 Vr8inpriorcasc 是练习题 7.20 中优先编码器基于图 7-13 的结构的版本。以 FPGA 为目标器件综合该模块，和训练题 7.3 中“简单”的 32 输入优先编码器比较大小和速度——LUT 的数量和 LUT 的延迟度。如果有的话，改进的性能值得这额外的努力付出吗？

7.22 修改训练题 7.3 和练习题 7.21 中的 32 输入优先编码器模块，使得它们只有 24 个输入。然后编写一个实例化它们的测试平台，对所有 1600 万种输入组合比较它们的结果。它们的结果总是相同吗？如果不是，对此进行解释。自然地，测试平台必须对这个模块使用不同信号名，并且一个模块中的 IDLE 实际上等于另外一个模块的 ~RGS。

7.23 画一个电路的逻辑图，它使用图 7-12 的可级联优先编码器来解决 8 个低电平有效的输入 I0_L ~ I7_L 之间的优先级，其中输入 I7_L 的优先级最高。电路产生低电平有效的地址输出 A2_L ~ A0_L，表示有效输入中优先级最高的编号数。如果没有有效的输入，那么 A2_L ~ A0_L 的值应当为 111，并且此时低电平有效的 IDLE_L 输出应当有效。除了优先编码器以外，还可以使用分立门电路。确保所有信号的命名都要与其有效电平相对应。

7.24 画一个电路的逻辑图，用图 7-12 的可级联优先编码器来解决 8 个低电平有效输入 I0 ~ I7 之间的优先级，其中输入 I0 的优先级最高。电路产生低电平有效的地址输出 A2_L ~ A0_L，表示有效输入中优先级最高的编号数。如果至少有一个输入有效，那么输出 AVALID 应当有效。除了优先编码器以外，还可以使用分立门电路，但是要最小化所使用的门电路的数量。确保所有的信号的命名都要与其有效电平相对应。

7.25 练习题 7.24 的目的是想证明，要始终维持激活电平符号的一致性是不可能的，除非你愿意为用于不同场合的构件定义不同的逻辑符号。作为参考，可以增加图 7-12 中可级联优先编码器的引脚数，然后针对练习题 7.24 中的器件，定义另一个具有相同引脚数并能够保持这种一致性的符号。

7.26 设计一个组合逻辑电路，它有 8 个高电平有效的请求输入 R0 ~ R7 和 8 个输出 A2 ~ A0、AVALID、B2 ~ B0 及 BVALID，其中输入 R7 的优先级最高，输出“A”识别出最高优先级的有效输入，输出 B 识别出优先级第二高的有效输入。你的设计可以使用分立门电路、译码器以及图 7-11 中的 8 输入优先编码器。

7.27 用 Verilog 重做练习题 7.26，编写一个行为化模块 Vr2prior，并且选择你最喜欢的可编程器件对它进行综合。提示：使用一个 for 循环，在同一循环内兼顾优先级最高的输入和优先级第二高的输入，从优先级最高到最低的方向运行。

7.28 练习题 7.27 建议的方法很容易编码实现，但是还有可能获得更好的结果。利用嵌套的

if 语句编写一个新的模块 Vr2priori，采用与程序 7-6 一样的方式确定最高优先级输入，然后使用第二组嵌套的 if 语句寻找优先级第二高的输入。综合这个新的模块，比较它和第一个版本的模块的规模与延迟时间。即使新模块的综合结果更好，但值得这样做吗？

7.29 编写一个测试平台来实例化练习题 7.27 和 7.28 中的 2 个优先编码器，验证对于所有输入取值组合，它们产生的输出是否都相同。如果出现输出不同，那么显示输入取值和对应的输出值。对其中一个模块插入某种错误，验证显示代码是否能够正常工作。

7.30 基于程序 7-7，编写一个优先编码器模块 Vr8inprior_dis，其 for 循环从优先级最高的输入开始，向下搜寻，当找到一个有效的输入时使用 Verilog 中的 disable 语句退出循环。选择你喜欢的可编程器件来综合程序 7-7 和你的模块，并比较它们的综合结果。（注意：不是所有的 Verilog 工具都支持 disable 语句。）

7.31 写出图 7-34 中 CMOS 电路实现的逻辑功能的真值表并画出逻辑图。（电路包含了图 1-16 中介绍过的传输门。）

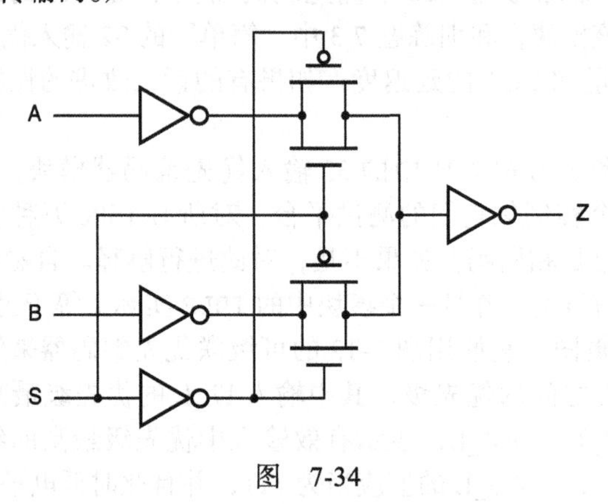

图　7-34

7.32 图 7-35 给出的 CMOS 电路实现的逻辑功能是什么？

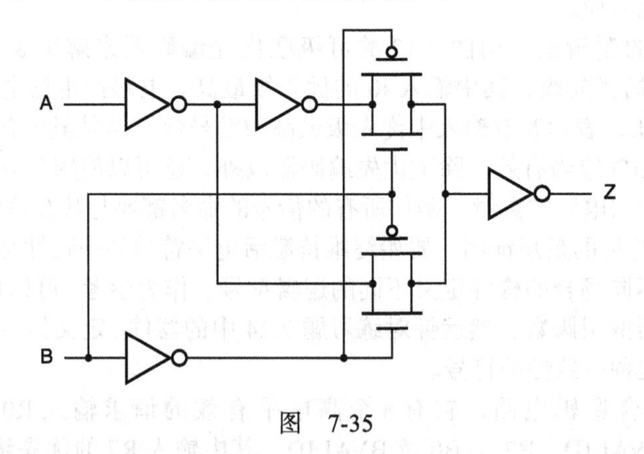

图　7-35

7.33 给程序 6-16 中多路复用器的 Verilog 模块添加一个三态输出控制输入信号 OE。你的解决方案中只能有一个 always 程序块。

7.34 一位数字设计师在创建图 7-19 的电路时意外地用与非门代替了电路中的与门，他发现电路仍能正常工作，除了 ERROR 信号的有效性发生变化外。这怎么可能？

7.35 编写一个汉明码编码器的 Verilog 模块，它有 4 位数据输入 DI[3:0] 和输出位 DO[6:0]，其中 DO[3:0] 等于 DI[3:0]，当 DI[3:0] 对应于位 7653 时，DO[6:4] 对

应于图 2-13 的汉明码矩阵的检测位 421，按从左到右的顺序保持所有的相应位序。

7.36 用多一个的输入位 DU[8] 和相应的输出位 DC[8] 更新程序 7-14 的汉明码纠错模块，与第八位是整个总线的奇校验位的数据总线一起，创建一个距离为 4 的编码。再添加一个新的输出 UCERR 表示出现了无法纠正的错误。

7.37 用以下八个 72 位常量，说明了带有 64 个数据位和 8 个奇偶校验位的距离为 4 的汉明码的一组奇偶校验方程，每一个方程代表奇偶校验矩阵中的一行：

```
C[1] = 72'h80000000000000007f; C[2] = 72'h400000003ffffff80;
C[3] = 72'h20001fffc0007fff80; C[4] = 72'h100fe03fc07f807f80;
C[5] = 72'h0871e3c3c78787878f; C[6] = 72'h04b66cccd9999999b3;
C[7] = 72'h02dab5556aaaaaaad5; C[8] = 72'hffffffffffffffffff;
```

假设位被编号为 D[71:0]，位 D[71:64] 是校验位，位 D[63:0] 是数据位。基于这些奇偶校验方程编写一个汉明码编码器的 Verilog 模块 Vrhamenc64，该编码器有 64 位数据输入端 DI[63:0] 和一个 72 位编码数据输出端 DO[71:0]。

7.38 基于程序 7-14 并加上练习题 7.36 中的输出 UCERR，利用练习题 7.37 中的奇偶校验方程，为可以使用这个代码的 72 位总线编写一个汉明码纠错译码器的 Verilog 模型。

7.39 编写一个测试平台把练习题 7.37 中模块的输出连接到练习题 7.38 中模块的输入，确保对于随机输入数据序列，所有 64 位输出和输入都匹配。两个模块匹配应当是非常容易的。一旦两个模块匹配上了，便更新测试平台，以在模块之间的 72 位连接内插入 1 位、2 位、3 位的随机错误。记录每种错误的情况下，无法纠错的次数。应该不会再有任何的 1 位、2 位错误无法纠正的情况了。

7.40 针对图 7-24 中的迭代比较器电路编写一个 4 步迭代算法。

7.41 利用硬件描述语言的“generate”功能，为采用图 7-24 结构的 16 位迭代比较器编写一个 Verilog 模块 Vr16bitcmpg。写一个测试平台 Vr16bitcmpg_tb，对于随机输入组合，比较你的模块和 Verilog 的内置比较操作。

7.42 7.4.7 节建议的测试平台 VrNbitcmp_tb3，可以测试输入高达 128 位的比较器。用一个 for 循环重写对 P 赋予随机值的语句，使得测试平台可以对任意宽度的输入向量进行测试。修改后的测试平台在你的环境中能够成功地编译和运行吗？如果不能，那么你是否能够找到一种编码方法使得在你的环境下它能够对任意宽度的向量进行测试？而不用像我们 7.4.7 节所做的，为了获得 128 位的宽度而写一个长长的赋值列表。

7.43 利用 Verilog 中的有符号声明和算术操作，修改程序 7-18 中的 Verilog 模块，创建一个新的可以使用有符号输入向量的模块 Vr8bitscmp。编写或者修改一个测试平台以确保你的新模块能够正常地工作。然后修改模块，测试模块对 80 位有符号输入数比较的正确性，并且确认测试结果的正确性不依赖于系统的整数宽度或由 $random 返回的结果宽度。

7.44 给一个输入为 n 位向量 P、Q，输出为 PGTQ、PLTQ 和 PEQQ 的比较器编写一个参数化的行为化 Verilog 模块 VrNbitscmp。你的模块既对无符号数向量进行比较，也对有符号数向量进行比较，并且它有一个控制输入 SGN，当它有效时输入被当作有符号数。修改测试平台 VrNbitscmp_tb2，针对随机输入向量和 SGN 输入值检测模块工作的正确性。这个练习题中使用 Verilog 的有符号声明和算术操作真的有用吗？

7.45 一位学生错误地认为 Verilog 的“>”和“<”关联操作只能用于整数，而不能用于向量，并且编写了一个 N 位比较器模块 VrNbitcmp_err，如程序 7-32 所示。该模块被综合时没有错误，并且在 N 为 8、16 甚至 31 的情况下，在程序 7-24 的测试平台中运行也没有出现错误。然而，当 N 为 32 时，测试平台在迭代到大约一半的时候显示出现了错误，错误总数超过了 5000 个。分析和解释出错的原因，并且指出是模块中、

测试平台中，还是二者中都有的什么特定的问题导致了这样的错误行为。在 N 为 32 的情况下，所编写的模块在实际中会产生正确的结果吗？

程序 7-32

```
module VrNbitcmp_err(P, Q, PGTQ, PEQQ, PLTQ);
  parameter N = 8;
  input [N-1:0] P, Q;
  output reg PGTQ, PEQQ, PLTQ;
  integer IP, IQ;

  always @ (P or Q) begin
    IP = P; IQ = Q;
    if (IP == IQ)
      begin PGTQ = 1'b0; PEQQ = 1'b1; PLTQ = 1'b0; end
    else if (IP > IQ)
      begin PGTQ = 1'b1; PEQQ = 1'b0; PLTQ = 1'b0; end
    else
      begin PGTQ = 1'b0; PEQQ = 1'b0; PLTQ = 1'b1; end
  end
endmodule
```

7.46　使用三个图 7-25 中给出的那种 8 位比较器和少量分立门电路来设计一个 24 位的比较器，实现两个 24 位的无符号数 P 和 Q 的比较，并且给出两个输出结果，分别表示 P = Q 或 P > Q。

7.47　“BUT”门（见练习题 3.37）的一种可能定义是：如果 A1 和 B1 都是 1 且 A2 和 B2 中有一个是 0，那么 Y1 为 1；Y2 的定义与 Y1 的定义对称。列出真值表并且写出 BUT 门输出的积之和表达式。使用布尔代数或者卡诺图对输出表达式进行最小化化简。假设只有非补的输入可用，画出表达式的与非 - 与非电路的逻辑图。可以使用反相器和 2、3 或者 4 输入的与非门。

7.48　如果你已经学完了第 14 章，或者是学习了相同内容的章节，那么使用最少数量的晶体管，对练习题 7.47 中定义的 BUT 门完成一种 CMOS 门级的设计。可以使用总共有 4 个输入的反相器、AOI 门或者 OAI 门、传输门或者其他的晶体管级技巧。写出输出表达式（不必是两级的积之和形式）并且画出逻辑图。

7.49　运算函数 $F = \Sigma_{W,X,Y,Z}(5,7,10,11,13,14)$。也就是，描述怎样使用一个练习题 7.47 中的 BUT 门和一个 2 输入的或门来实现函数 F。

7.50　以你喜欢的 FPGA 为目标器件来综合 7.5 节的一字棋（Tic-Tac-Toe）设计，并且确定需要使用多少内部资源。然后，通过给文件 `TTTdefs.v` 中的移动定义不同的编码方式，以尽量减少所需的内部资源数。

7.51　给一字棋 `TwoInRow` 模块编写一个测试平台，像 7.5 节第 3 个方框注释中所讨论的，比较所有 2^{18} 种输入组合下两个不同版本模块的输出结果。编写代码以图形化地显示在结果不一致的情况下两个模块的 `MOVE` 输出和网格状态，这一步是可选的。为了检测测试平台的正确性，插入一个错误，作者设置了一个很难发现的精彩的错误，互换了一个 UUT 实例中的 `X` 和 `Y`。

7.52　7.5 节中一字棋模块的一个糟糕方面就是，每次需要检索向量中的一个二进制位值时，该模块直接地、易错地、丑陋地使用了一个公式来计算与网格位置 `i,j` 相对应的一个 9 位向量中合适位的下标。编写一个 Verilog 函数 `ix(i,j)` 干净利落地完成这一功能，然后，修改原来的模块以调用该函数，并且检测模块修改后的正确性。声明该函数的最佳地点是哪里？

7.53　在 7.5 节的一字棋模块中，作为玩家 Y 与先走步的智能玩家 X 对弈，如果 X 的前两步走法是（3,2）和（2,3），那么将会进入到图 7-36 所描述的网格状态。从这开始 X 将会失败。编写一个测试平台并运行，以证明这个结论是对的。然后修改 `Pick` 模块以避免 X 在这种情况及类似情况下失败，使用测试平台验证你设计的正确性。并且，综合你的新顶层模块，和原来模块所需资源的数量进行比较。改善后的游戏能否证明多使用的资源是合理的？

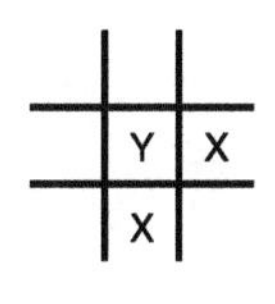

图　7-36

第 8 章

Digital Design: Principles and Practices, Fifth Edition

组合算术元件

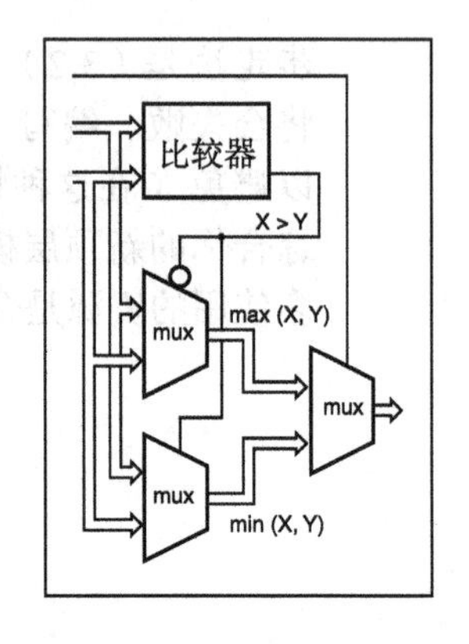

本章将介绍可以执行算术功能的组合逻辑元件——加法器、移位器、乘法器和除法器。如果你在做一个基于 HDL 的设计，那么当需要上述算术功能时，通常会考虑使用内置的操作符，并且使用综合工具来担负重任。本章的目的是为超出这些工具能力范围的情况做好准备。

在全定制的 VLSI 和半定制的 ASIC 芯片中，有许多可用的结构。在此，设计者可以通过规定门电路的精确配置来实现一个功能，甚至控制芯片的物理布局。但是，在许多情况下，设计者不需要做这样的工作。VLSI 和 ASIC 的组件库可能已经包含预配置的、或许是常用功能的参数化模块，如加法和乘法。在这种情况下，设计者的主要任务就是了解可用的选项，并用一种综合工具可以识别出可用预配置模块的方式来说明所需的算术功能。

另一方面，对 FPGA 芯片需要设置其基本的逻辑功能。对组合逻辑而言，无法定制门级结构，只有用 LUT 的可编程互连方法。但是，FPGA 芯片还可以包含特定的内部结构，综合工具可以用来优化算术功能或其他常用功能。因此，FPGA 芯片的最佳使用方法就是让综合工具来弄清楚该怎么做。你只需要在结果不尽人意时，“帮它”做些什么。

与一个好的 FPGA 设计工具相比，本章中的结构在规模和性能方面的改进几乎都没有超过 10% ~ 15%，实际上性能可能还会变差。尽管如此，在 8.2.2 节的桶形移位器设计中，通过对速度的轻微改变（加或减），能够将实际规模减小 50%。在 ASIC 设计中，也会出现“因人而异”的情况，这取决于综合工具和可用的算术功能库的质量。

8.1 加法和减法

在数字系统中，加法是最常执行的算术操作。*加法器*（adder）采用第 2 章所述的加法规则来组合两个算术操作数。如我们在 2.6 节所展示的，加法规则和加法器既可用于无符号数也可用于二进制补码数。减法可以视为被减数与变补的减数相加，因此用加法器就能够实现减法，但是也可以构建直接完成减法的*减法器*（subtractor）电路。8.1.7 节将讲到的称作 ALU 的 ASIC 模块和 MSI 器件可以根据提供给器件的操作码去实现加法、减法或几种其他的操作。

8.1.1 半加器和全加器

最简单的加法器叫作*半加器*（half adder），它将两个 1 位二进制操作数 A 和 B 相加，产生一个 2 位和。和的范围为 0 ~ 2（基于 10），要求用 2 位表示。和的较低位命名为 HS（半加和），较高位命名为 CO（半加进位或进位输出）。对于 HS 和 CO，可以写出下面的表达式：

$$
\begin{aligned}
HS &= A \oplus B \\
&= A \cdot B' + A' \cdot B \\
CO &= A \cdot B
\end{aligned}
$$

要对多于 1 位的操作数相加，则必须提供位与位之间的进位。为此，可用称作*全加器*（full adder）的构件。除了加数位输入 A 和 B，全加器还有进位输入 CIN（来自低位的进位），3 个输入的和的范围是 0 ~ 3，仍然能用两个输出位表示：S（全加和）和 COUT（送给高位的进位），满足下面的表达式：

$$
\begin{aligned}
S &= A \oplus B \oplus CIN \\
&= A \cdot B' \cdot CIN' + A' \cdot B \cdot CIN' + A' \cdot B' \cdot CIN + A \cdot B \cdot CIN \\
COUT &= A \cdot B + A \cdot CIN + B \cdot CIN
\end{aligned}
$$

其中，如果输入有奇数个 1，则 S 为 1；如果输入有两个或两个以上的 1，则 COUT 为 1。这些表达式表示的操作与表 2-3 中二进制加法表指定的操作相同。

实现全加器表达式的一种可能电路如图 8-1a 所示，相应的逻辑符号如图 8-1b 所示。有时也采用如图 8-1c 所示的符号，这样全加器级联时可以画得更清晰，如下一小节所述。

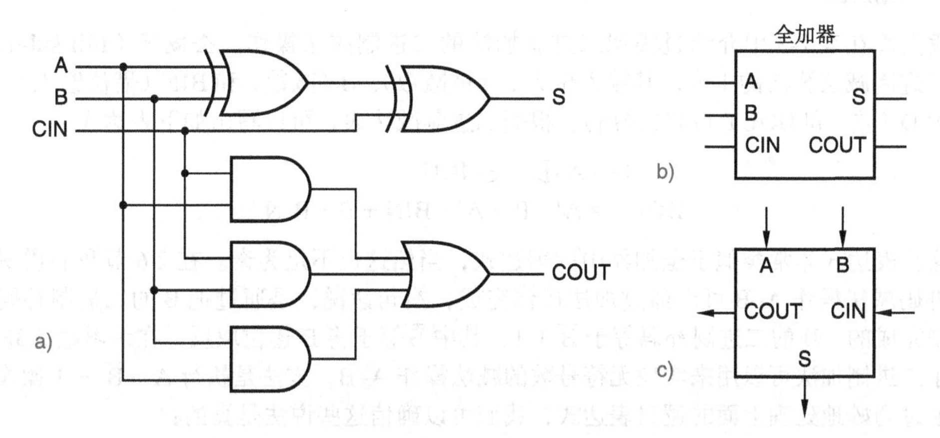

图 8-1 全加器：a）门级逻辑图；b）逻辑符号；c）适于级联的替代逻辑符号

8.1.2 串行进位加法器

两个二进制字，每个 *n* 位，可以用*串行进位加法器*（ripple adder，又叫*行波进位加法器*）相加。串行进位加法器为 *n* 个全加器的级联，每个处理 1 位。图 8-2 为 4 位串行进位加法器电路，最低有效位的进位输入（c_0）通常置为 0，每个全加器的进位输出连到高一位全加器（下一个最高有效全加器）的进位输入。串行进位加法器是 7.4.2 节定义的迭代电路的典型实例。

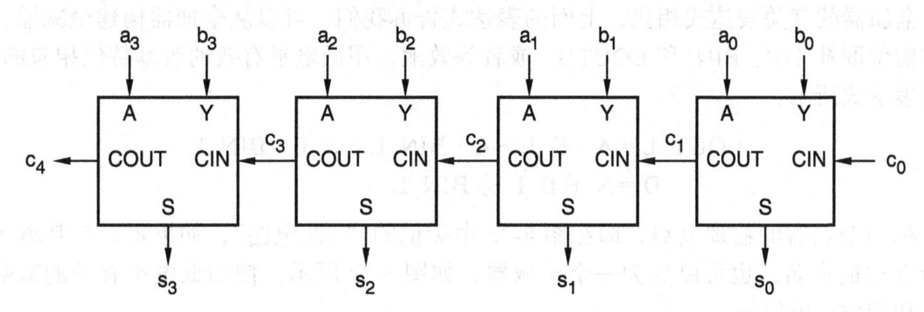

图 8-2 4 位串行进位加法器

串行进位加法器速度很慢，因为在最坏情况下，进位必须从最低有效全加器传到最高有效全加器，例如，一个加数是 11…11 而另一个加数是 00…01，这种情况就发生了。假设同时给出所有加数位，那么总的最坏情况延迟为：

$$t_{ADD} = t_{ABCout} + (n-2) \times t_{CinCout} + t_{CinS}$$

其中，t_{ABCout} 为最低有效级上从 A 或 B 到 COUT 的延迟，$t_{CinCout}$ 为每个 $n-2$ 中间级上从 CIN 到 COUT 的延迟，t_{CinS} 为最高有效级上从 CIN 到 S 的延迟。

要构建速度较快的加法器，可以用两级逻辑求出每个输出和 s_i。方法是依据 a_0 ~ a_i、b_0 ~ b_i、c_0 写出 s_i 的表达式，总共 $2_i + 3$ 个输入然后“乘开”或“加开”以获得“积之和”或“和之积”表达式，并构建相应的“与或”或者“或与”电路。不幸的是，超过 s_2 后，所得的表达式有太多的项数，并要求太多的一级门，以及比一般可能的二级门输入数要多的输入。例如，假设 $c_0 = 0$，仅是 s_2 的“与或”电路就要求 14 个 4 输入与门、4 个 5 输入与门以及 1 个 18 输入或门，较高级和位的情况则更糟。不过，要构建只有几级延迟且所用门数目更加合理的加法器，还是有可能的，在 8.1.4 节将会看到这一点。

8.1.3 减法器

我们曾在表 2-3 中介绍过类似二进制加法的二进制减法操作。全减器（full subtractor）处理二进制减法算法的 1 位，其输入位为 A（被减数）、B（减数）和 BIN（借位输入），其输出位为 D（差）和 BOUT（借位输出）。根据二进制减法表，可以写出如下表达式：

$$D = A \oplus B \oplus BIN$$
$$BOUT = A' \cdot B + A' \cdot BIN + B \cdot BIN$$

这些表达式非常类似于全加器中的表达式，当然这也不足为奇。在 2.6 节我们说明了二进制补码减法操作 A–B 可以通过加法操作完成，换句话说，是通过把 B 的二进制补码加到 A 上来完成的。B 的二进制补码等于 $\overline{B} + 1$，其中 $\overline{B}$ 等于将 B 逐位取反。在练习题 2.38 中还说明了二进制加法可以用来实现无符号数的减法操作 A–B，方法是执行 $A + \overline{B} + 1$ 操作。现在，通过巧妙地处理上面的逻辑表达式，我们可以确信这些说法是真的：

$$\begin{aligned} D &= A \oplus B \oplus BIN \\ &= A \oplus B' \oplus BIN' && \text{（异或输入取反）} \\ BOUT &= A' \cdot B + A' \cdot BIN + B \cdot BIN \\ BOUT' &= (A + B') \cdot (A + BIN') \cdot (B' + BIN') && \text{（广义德・摩根定理）} \\ &= A \cdot B' + A \cdot BIN' + B' \cdot BIN' && \text{（乘开并简化）} \end{aligned}$$

对于最后一个处理，回想一下：我们可以把一个异或门的两个输入取反而不影响所实现的功能。

与全加器的有关表达式相比，上面的表达式告诉我们：可以从全加器构建全减器，通过减数和借位取补（B′、BIN′ 和 BOUT′），或者等效地，用低电平有效的版本替代相应的信号，如下列表达式所示：

$$BOUT\_L = A \cdot B\_L + A \cdot BIN\_L + B\_L \cdot BIN\_L$$
$$D = A \oplus B\_L \oplus BIN\_L$$

通常，称为全加器的物理电路，即在图 8-3a 中标记的“FA 电路”，如果重新对其输入和输出进行合适的命名，也可以变为一个全减器，如图 8-3c 所示，使用低电平有效的减数、借位输入和借位输出信号。

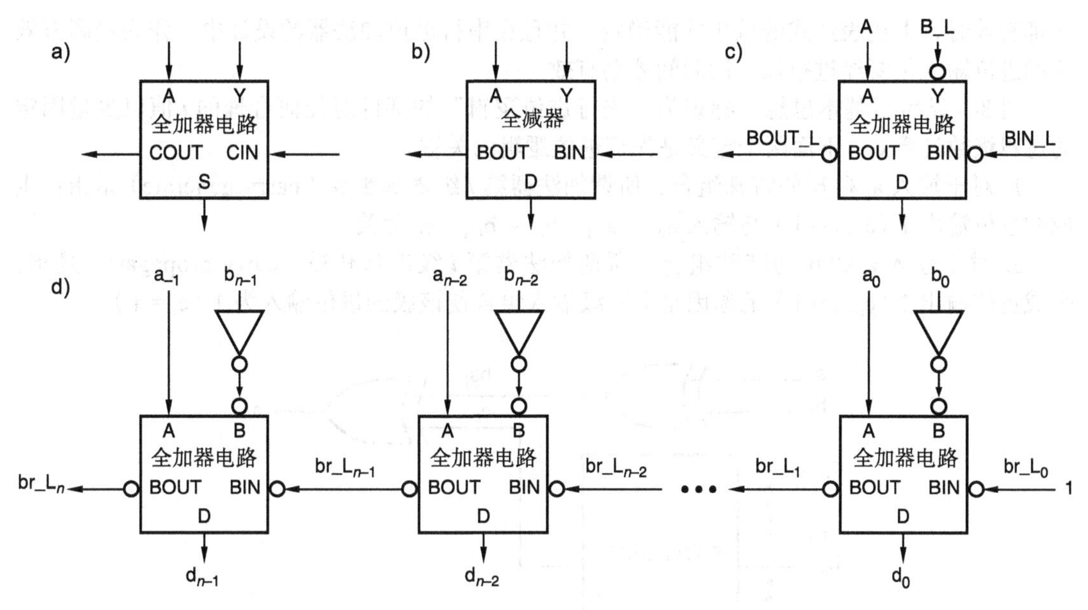

图 8-3　利用加法器设计减法器：a)“FA”全加器电路；b) 通用全减器；c) 将 a) 中器件解释为全减器；d) 串行借位减法器

因此，对于两个 n 位高电平有效的操作数，要搭建串行借位减法器，可以使用 n 个 FA 电路和反相器，如图 8-3d 所示。注意对于减法操作，最低有效位的借位输入应该取消（没有借位），这意味着对于低电平有效的输入而言，该物理引脚必须为 1 或高电平，这一点刚好与加法中的情形相反。在加法中，同样的输入引脚是高电平有效的进位输入，为 0 或低电平。最高有效位所表示的借位是低电平有效的，与用相同的 FA 电路所构建的串行加法器正好相反。

回到第 2 章的数学上，我们可以说明这种处理适合于所有的加法器和减法器电路，而不仅仅是串行进位加法器和减法器。也就是说，任何 n 位加法器电路都可以用作减法器，方法是将减数取反、将进位输入和进位输出处理成具有相反有效电平的借位信号。本节剩下的部分只讨论加法电路，条件是它们很容易用来做减法。

如 7.4.4 节讨论的，减法器可以用来作为大小比较器。考虑一下 A–B 的运算情况。如果这个运算产生了一个借位，那么 B > A。构建较小型数值比较器的一种方法就是从一个减法器开始，但删掉所有仅用来产生每位差值的逻辑电路（通常是每位一个异或门）；比较结果只需要最后的借位。如果想判断 B 是否大于或等于 A，则可以保留每位的差值，并检测它们是否都为 0，如果全部差值都为 0，那么就有 A 等于 B。但是，就具体应用而言，一个更有效的设计就是互换减法器操作数以确定是否有 A > B；如果不是，那么就有 B ≥ A。

8.1.4　先行进位加法器

如前所述，加法器是非常重要的逻辑元件，所以多年来都花费很大的努力去提高它们的性能。在这一节中，将学习最著名的加速方法，称为先行进位（carry lookahead）。

二进制加法器第 i 位和的逻辑表达式实际上可以非常简单地写为：

$$s_i = a_i \oplus b_i \oplus c_i$$

虽然所有加数位通常都输入到加法器，并且差不多都会同时有效，但仅当所有的进位输入都有效时，上述表达式的输出才能确定。并且在串行进位加法器的设计中，作为最高有效位的进位输入位要经过很长一段时间才会有效。

图 8-4 显示了基本思想。标识为“先行进位逻辑”的部件对任何合理的 i 值以少量固定的逻辑级数计算 c_i。下面两个定义是先行进位逻辑的关键：

1. 对于输入 a_i 和 b_i 的特殊组合，所谓加法器第 i 级*进位生成*（carry generate）是指：生成的进位输出 1（$c_{i+1}=1$）与输入 $a_0 \sim a_{i-1}$、$b_0 \sim b_{i-1}$、c_0 无关。

2. 对于输入 a_i 和 b_i 的特殊组合，所谓加法器第 i 级*进位传递*（carry propagate）是指：生成进位输出 1（$c_{i+1}=1$）的原因是下一级输入组合使该级的进位输入为 1（$c_i=1$）。

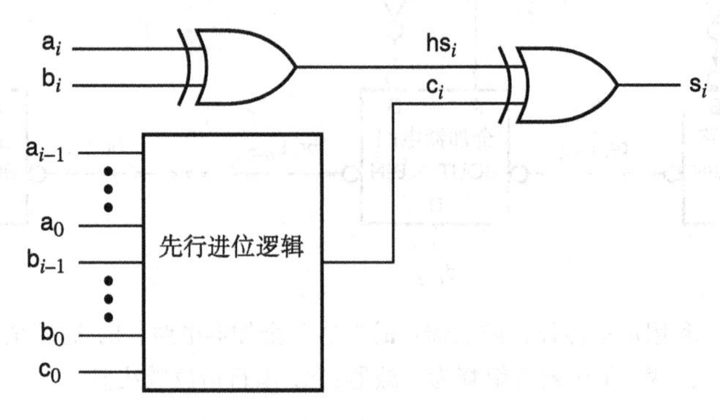

图 8-4　一个先行进位加法器的结构

对应于这些定义，就先行进位加法器的每一级而言，可以写出关于进位生成信号 g_i 的逻辑表达式：

$$g_i = a_i \cdot b_i$$

也就是说，如果两个加数位都为 1，则这一级无条件地生成进位。

按照第二个定义，可以写出并且使用两个不同的进位传输信号 p_i 中的任何一个。如果一个加数位确定是 1，那么第一个表达式将传输一个进位：

$$p_i = a_i \oplus b_i$$

第二个表达式用于识别两个加数位是否都是 1，由于无论怎样都只会生成一位进位，因此只“传送”一个进位也是可以的，故而可以用或而不是异或来组合这两个进位数：

$$p_i = a_i + b_i$$

传输信号的第二个版本有时也被称为进位“激活”信号，因为无论如何，传入的进位都是一样的。

就具体的实现技术而言，或门和或非门可能比异或门速度更快体积更小，第二个版本的 p_i 会更好。另一方面，就加法器的整体设计而言，其他地方可能也明确需要半加信号（HS_i），而半加的表达式恰好与上面第一个 p_i 表达式相同，所以正好可以在这两个地方都使用这些信号。在任一种情况下，依据进位生成信号和进位传递信号，现在这一级的进位输出可以写为：

$$c_{i+1} = g_i + p_i \cdot c_i$$

也就是说，如果生成进位或者传输进位且进位输入为 1，那么这一级就产生一个进位。为了消除串行进位，要对每一级递归地展开 c_i 项并乘开，以得到二级“与或”表达式。运用这一技术，对于前四级加法器有下面的进位表达式：

$$
\begin{aligned}
c_1 &= g_0 + p_0 \cdot c_0 \\
c_2 &= g_1 + p_1 \cdot c_1 \\
&= g_1 + p_1 \cdot (g_0 + p_0 \cdot c_0) \\
&= g_1 + p_1 \cdot g_0 + p_1 \cdot p_0 \cdot c_0 \\
c_3 &= g_2 + p_2 \cdot c_2 \\
&= g_2 + p_2 \cdot (g_1 + p_1 \cdot g_0 + p_1 \cdot p_0 \cdot c_0) \\
&= g_2 + p_2 \cdot g_1 + p_2 \cdot p_1 \cdot g_0 + p_2 \cdot p_1 \cdot p_0 \cdot c_0 \\
c_4 &= g_3 + p_3 \cdot c_3 \\
&= g_3 + p_3 \cdot (g_2 + p_2 \cdot g_1 + p_2 \cdot p_1 \cdot g_0 + p_2 \cdot p_1 \cdot p_0 \cdot c_0) \\
&= g_3 + p_3 \cdot g_2 + p_3 \cdot p_2 \cdot g_1 + p_3 \cdot p_2 \cdot p_1 \cdot g_0 + p_3 \cdot p_2 \cdot p_1 \cdot p_0 \cdot c_0
\end{aligned}
$$

每个表达式都与有三级延迟的电路相对应，第一级延迟对应进位生成信号和进位传递信号，后两级延迟对应上面的“积之和”式。对于图 8-4 中标识为“先行进位逻辑”的部件，*先行进位加法器*（carry lookahead adder）在每个加法器级使用诸如此类的三级表达式。某一级的和输出是通过将该级的进位与两个加数位组合而得到的，如图 8-4 所示。

在任何给定的技术中，超过某一特定位的进位表达式无法在仅有三级的逻辑结构中有效地实现，因为其中的门电路需要太多的输入。但是采用两级或以上的逻辑结构可以构建更宽的与和或的功能。一种更经济的方法就是，只在一个规模较小的组内使用先行进位，其进位表达式就可以在三级逻辑结构上实现，然后组间使用串行进位。下一小节将展示使用这种方法构建的传统的 4 位 MSI 加法器，这种加法器在某些 ASIC 库中可以用作高效门级设计的基础。

8.1.5 组间串行进位加法器

74x283 是一种 MSI 的 4 位二进制加法器，它只用了几级逻辑来形成和及进位输出。图 8-5 是 74x283 的逻辑符号。

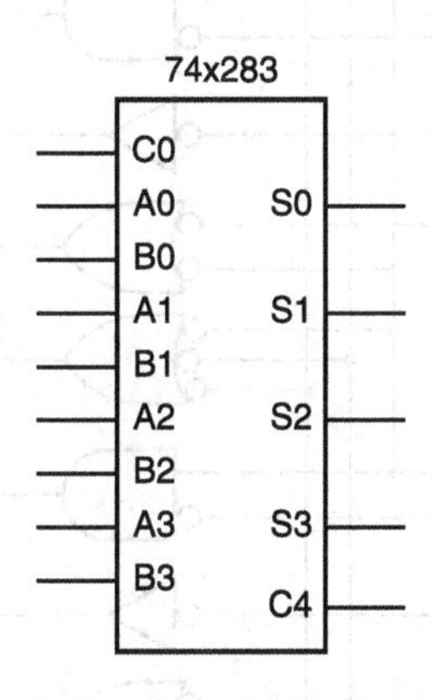

图 8-5 带有内部先行进位的 4 位二进制加法器 74x283 的传统逻辑符号

'283 的逻辑图如图 8-6 所示，其中有几个与前一小节所述的通用先行进位设计相关的细节，值得注意。首先，它使用进位传输信号的“或”版本，即 $p_i = a_i + b_i$。其次，它生成低电平有效的进位生成信号（g_i'）和进位传输信号（p_i'），因为反相门通常快于非反相门；再次，它采用了先进的代数方法来处理半加和表达式，如下：

$$
\begin{aligned}
hs_i &= a_i \oplus b_i \\
&= a_i \cdot b_i' + a_i' \cdot b_i
\end{aligned}
$$

$$= a_i \cdot b_i' + a_i \cdot a_i' + a_i' \cdot b_i + b_i \cdot b_i'$$
$$= (a_i + b_i) \cdot (a_i' + b_i')$$
$$= (a_i + b_i) \cdot (a_i \cdot b_i)'$$
$$= p_i \cdot g_i'$$

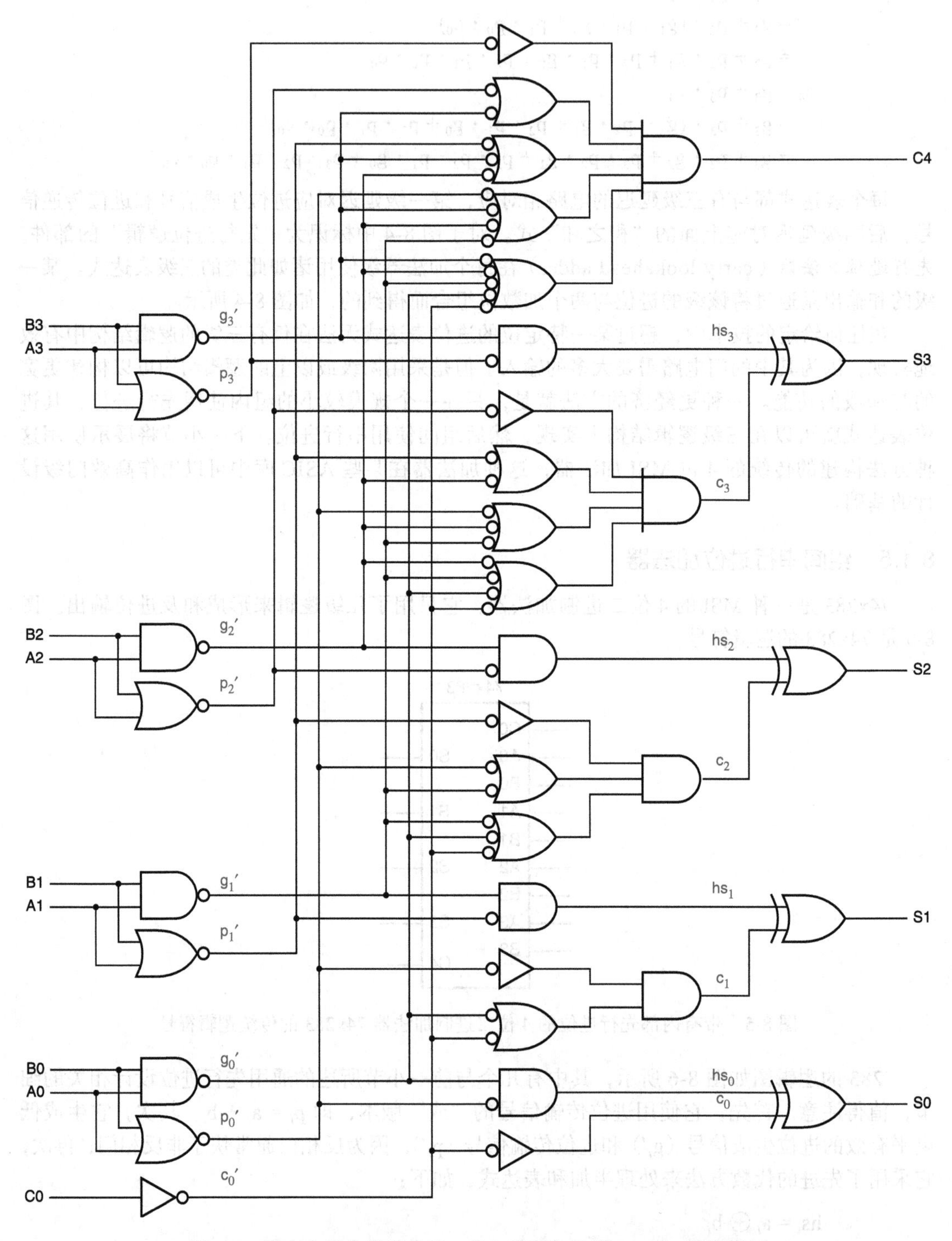

图 8-6　带有内部先行进位的 4 位二进制加法器 74x283 的逻辑图

进位的处理

与前面小节中的通用先行进位表达式相比，要了解 74x283 中的进位表达式是如何工作的，需要一点洞察力和一些算术的处理。首先，是 c_{i+1} 表达式使用了 $p_i \cdot g_i$ 而不是 g_i，这对输出没有影响，原因是当 g_i 为 1 时 p_i 总为 1。然而，它可使表达式进行因式分解，如下：

$$c_{i+1} = p_i \cdot g_i + p_i \cdot c_i = p_i \cdot (g_i + c_i)$$

这样就有了下面用于电路的进位表达式：

$$\begin{aligned}
c_1 &= p_0 \cdot (g_0 + c_0) \\
c_2 &= p_1 \cdot (g_1 + c_1) \\
&= p_1 \cdot (g_1 + p_0 \cdot (g_0 + c_0)) \\
&= p_1 \cdot (g_1 + p_0) \cdot (g_1 + g_0 + c_0) \\
c_3 &= p_2 \cdot (g_2 + c_2) \\
&= p_2 \cdot (g_2 + p_1 \cdot (g_1 + p_0) \cdot (g_1 + g_0 + c_0)) \\
&= p_2 \cdot (g_2 + p_1) \cdot (g_2 + g_1 + p_0) \cdot (g_2 + g_1 + g_0 + c_0) \\
c_4 &= p_3 \cdot (g_3 + c_3) \\
&= p_3 \cdot (g_3 + p_2 \cdot (g_2 + p_1) \cdot (g_2 + g_1 + p_0) \cdot (g_2 + g_1 + g_0 + c_0)) \\
&= p_3 \cdot (g_3 + p_2) \cdot (g_3 + g_2 + p_1) \cdot (g_3 + g_2 + g_1 + p_0) \cdot (g_3 + g_2 + g_1 + g_0 + c_0)
\end{aligned}$$

如果你已经领会这些表达式的推导，且通过阅读 '283 的逻辑图能得出同样的结论，那么恭喜你！你已经很好地掌握了开关代数！否则，需要复习 3.1 节和 3.2 节。

因此，可以用带反相输入的与门而不是异或门产生每位半加和。通常它要比异或门更小且更快。

最后，正如我们将在 14.1.7 节中介绍的，'283 使用与单个 CMOS 反相门的延迟大约相等的“反相－或－与”结构（“与－或－反相”的德·摩根等效）生成进位信号。因此，'283 从 C0 输入到 C4 输出的传输延迟很短，大约等于 2 个反相门的延迟。所以，简单地将低位 '283 的进位输出与高位 '283 的进位输入级联，就可以生成多于 4 位的、速度相当快的组间串行进位加法器（group-ripple adder）。如图 8-7 所示为 16 位加法器，在这个电路中，C0 到 C16 的总传输延迟约等于 8 个反相门的延迟。

8.1.6 组间先行进位

前一小节已展示了如何在各个先行进位加法器之间实现串行进位（行波进位）——这很容易。但是，在没有串行进位的情况下，实际上可以将先行进位传送给下一级，为每一个 n 位的加法器组生成组间先行进位（group-carry lookahead）输出，然后，在两级逻辑结构中将这些先行进位组合起来，为所有的组提供进位输入。

图 8-8 展示的是 4 个 4 位组的组间先行进位思想。每组加法器都有先行进位信号输出：Gg 和 Pg。如果加法器生成一个进位，那么对应的输出 Gg 有效——也就是说，如果产生了一个先行进位输出（C4 ＝ 1），那么无论是否有进位输入（即使 C0 = 0）。利用 8.1.4 节中定义的加法器内部的生成和传输信号，就可以创建 Gg 的两级积之和表达式：

$$Gg = g_3 + p_3 \cdot g_2 + p_3 \cdot p_2 \cdot g_1 + p_3 \cdot p_2 \cdot p_1 \cdot g_0$$

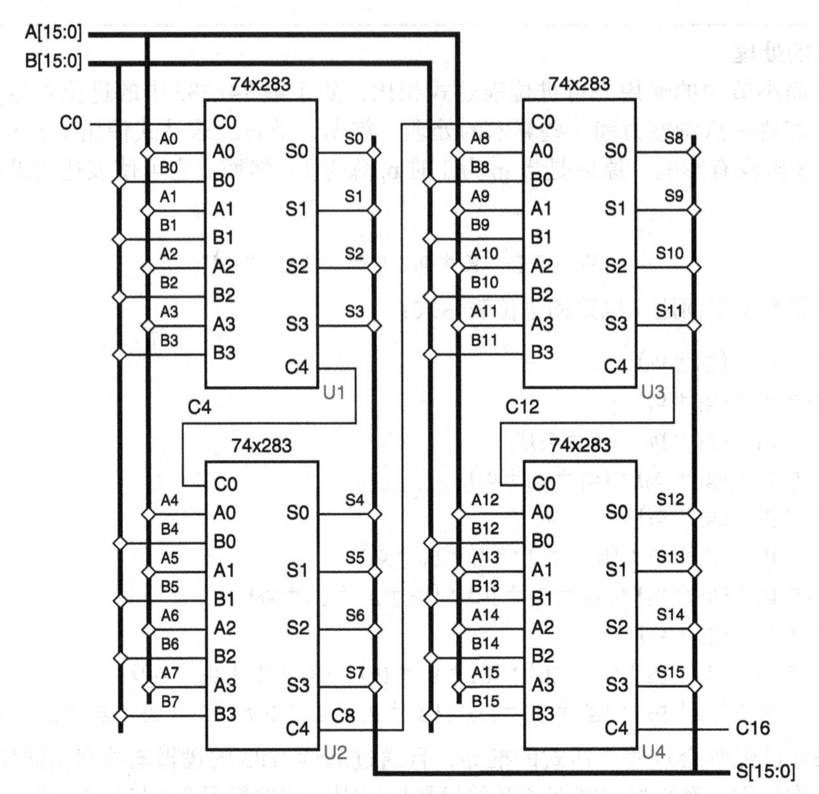

图 8-7　4 位一组的 16 位组间串行进位加法器

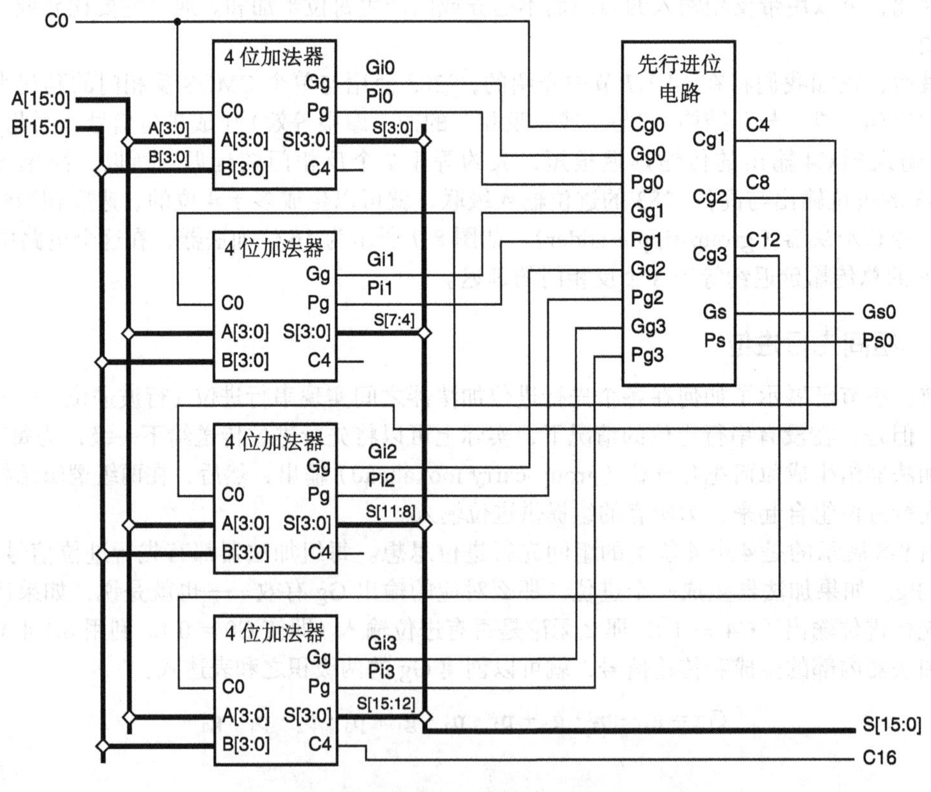

图 8-8　4 位一组的 16 位组间先行进位加法器

也就是说，如果最高有效段生成一个进位，或者如果由较低段生成的进位要通过最高有效段传输，那么 ALU 就生成一个进位。如果 ALU 要传输一个进位（也就是说，如果有一个进位输入从而要产生一个进位输出），那么 Pi 输出就有效：

$$Pg = p_3 \cdot p_2 \cdot p_1 \cdot p_0$$

如图所示，从各组传送过来的这些 Gg 和 Pg 信号，在一个 4 组的组间*先行进位电路*（lookahead carry circuit）中组合起来，基于低阶组的进位输入和先行进位输出确定三个高阶组的进位输入。这个电路使用的先行进位表达式，可以通过将 8.1.4 节的基本先行进位表达式“加起来”而得到：

$$c_{i+1} = g_i + p_i \cdot c_i$$

对前 3 个 i 值展开，得到下面的表达式：

$$Cg1 = Gg0 + Pg0 \cdot Cg0$$
$$Cg2 = Gg1 + Pg1 \cdot Gg0 + Pg1 \cdot Pg0 \cdot Cg0$$
$$Cg3 = Gg2 + Pg2 \cdot Gg2 + Pg2 \cdot Pg1 \cdot Gg0 + Pg2 \cdot Pg1 \cdot Pg0 \cdot Gg0$$

这个先行进位机制可以被扩展，以构造更宽更快的加法器。注意，图 8-8 中的先行进位电路有自己的 Gs 和 Ps 输出，如果图中 16 位的“超级组”分别生成或传输一个进位，那么这两个输出就会有效。因此，要获得一个快速的 64 位加法器，可以复制出图 8-8 这样的 4 个 16 位的超级组，超级组的先行输出 Gs0-3 和 Ps0-3 分别连接它们自己的第二级先行进位电路，以生成更高一级的超级组的进位输入。与 16 位的加法器相比，这种结构只是增加了第二级先行进位电路的延迟，通常是另外两种门电路的延迟。与这种结构等效的 Verilog 模型，如后面的程序 8-9 所示。

还要注意图 8-8 中的 C16，C16 是 16 位加法器的进位输出，来自高阶的 4 位组。先行进位电路还可以采用与构建 Cg1、Cg2 和 Cg3 相同的方式来构建 C16，将 C16 构建为加法器输入的函数。确定哪种方式更快的工作留到练习题 8.18。

*8.1.7 MSI 算术逻辑单元

算术逻辑单元（Arithmetic and Logic Unit, ALU）是一种组合电路，它能够对 2 个 b 位操作数进行若干不同的算术和逻辑操作，要执行的操作由一组功能选择输入来指定。典型的 MSI ALU 是 4 位的，有 3 ~ 5 个功能选择输入，允许执行多达 32 种不同的操作。

图 8-9a 和图 8-9b 分别为 74x381 和 74x382 的传统 MSI ALU 的逻辑符号。它们每一个都提供了 8 种不同的功能，详细说明见表 8-1。注意表中标识符 A、B 和 F 是指 4 位字 A3 ~ A0、B3 ~ B0 和 F3 ~ F0；以及符号“·”“+”和“⊕”表示逻辑“与”、逻辑“或”、逻辑“异或”操作。

两种 ALU 的不同之处在于，’381 提供低电平有效的组间先行进位输出，而 ’382 提供串行进位输出和溢出输出。如图 8-9c 所示的是 74x182 的逻辑符号，它是 ’381 使用的先行进位电路，带有低电平有效的先行进位输入和输出。

在历史上，构建两种不同形式的 ALU，是为了取代包含两组输出的较大型部件，因为 IC 封装的引脚限制为 20 个。如今，典型的 FPGA 和 ASIC 都会提供一个包含两组输出的组件，而综合工具会裁剪掉特定应用中不用的输出所对应的额外逻辑结构。

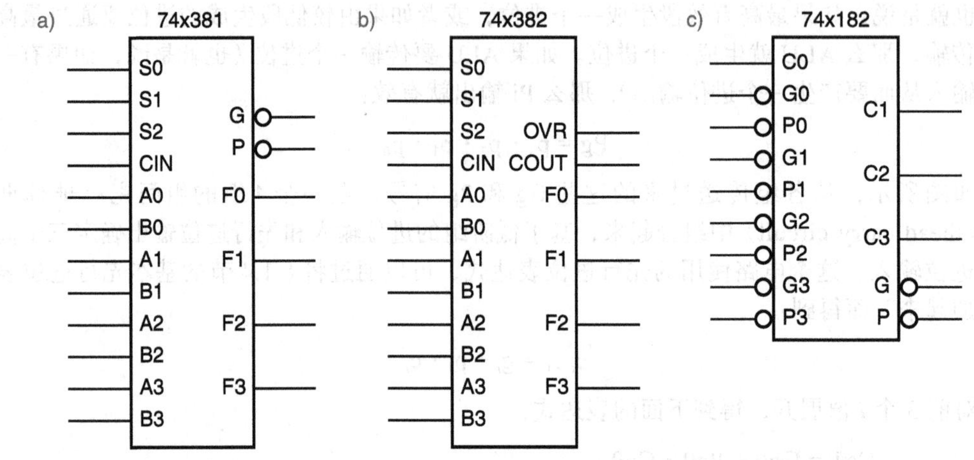

图 8-9　传统 ALU 组件的逻辑符号：a）74x381；b）74x382；c）74x182

表 8-1　4 位 ALU（74x381 和 74x382）实现的功能

输入			功能
S2	S1	S0	
0	0	0	F = 0000
0	0	1	F = B minus A minus 1 plus CIN
0	1	0	F = A minus B minus 1 plus CIN
0	1	1	F = A plus B plus CIN
1	0	0	F = A ⊕ B
1	0	1	F = A + B
1	1	0	F = A · B
1	1	1	F = 1111

8.1.8　用 Verilog 实现加法器

Verilog 有用于位向量的内部加法（+）和减法（-）操作符。程序 8-1 展示的是最简单的加法器模块，用一个参数 N 来指定加数与和的宽度。由于一个 *n* 位的无符号数的加法可以产生一个 *n*+1 位的和，所以，赋值语句的左侧将进位输出 COUT 与 *n* 位输出和 S 级联起来，接收到 *n*+1 位的和。

程序 8-1　一个简单的 Verilog 加法器模块

```
module VrNbitadder(A, B, CIN, S, COUT);
  parameter N=16;  // 加数与和的宽度
  input [N-1:0] A, B;
  input CIN;
  output [N-1:0] S;
  output COUT;

  assign {COUT, S} = A + B + CIN;
endmodule
```

在 Verilog-2001 中，位向量被认为是无符号数或二进制补码的有符号数。正如我们在 2.6 节所给出的，尽管对位向量有两种不同的解释，但它们的加法运算和减法运算实际上是完全一样的。这是因为 Verilog 编译器不必知道对所使用的位向量采用的是哪一种解释，对于两种不同的解释，它综合出来的电路都是一样的。只有在对进位、借位和溢出条件的处理上，才会因为解释的不同而不同，而这种不同与加法运算和减法运算本身无关。

例如，程序 8-2 给出了展示两种解释的 Verilog 模块。在第一个加法中，8 位的加数 A 与 B 以及和 S 都被看成是二进制补码数。在二进制补码加法中，最高位的任何进位都被舍掉，所以和值 S 的位数与加数的位数相同。由于在这个模块中没有用到最高位的进位，所以 Verilog 编译器综合出的逻辑电路也不会有相关部分。（如果和 S 的位数定义为 9 位（即定义为 S[8:0] 的话），就应该有 S[8]。）这里定义了一个附加输出位 OVFL 用于表示任何溢出的情况，如果两个加数的符号相同，而和的符号却与加数的符号不同，那么就表明发生了溢出。

程序 8-2　带有有符号数和无符号数加法的 Verilog 模块

```
module Vradders(A, B, C, D, S, T, OVFL, COUT);
  input [7:0] A, B, C, D;
  output [7:0] S, T;
  output OVFL, COUT;

  // S 和 OVFL——有符号数的解释
  assign S = A + B;
  assign OVFL = (A[7]==B[7]) && (S[7]!=A[7]);
  // S 和 OVFL——无符号数的解释
  assign {COUT, T} = C + D;
endmodule
```

在第二个加法中，8 位加数 C 和 D 被看成是无符号数。因此，所得到的和可能需要 9 位数来表达，本来我们应该把和 T 定义为 9 位位向量用于保存全部和。但这里还是像前面一样把和 T 定义为 8 位位向量，并单独定义了一个 1 位输出 COUT 用于保存和的最高位，其被分配给 COUT 和 T 的 9 位级联。

从所要求的门电路的数目来看，加法和减法是相当昂贵的，所以大多数的 Verilog 编译器会尽可能地重复使用加法器模块。例如，程序 8-3 就是包含两种不同加法的一个 Verilog 模块。如果 Verilog 编译器从字面上理解程序 8-3 中的 Verilog 代码，那么综合出的电路如图 8-10a 所示。但是，许多编译器却非常聪明，它们所采用的方法如图 8-10b 所示。这种方法不是综合出

程序 8-3　允许分享同一个加法器的 Verilog 模块

```
module Vraddersh(SEL, A, B, C, D, S);
  input SEL;
  input [7:0] A, B, C, D;
  output reg [7:0] S;

  always @ (*)
    if (SEL) S = A + B;
    else S = C + D;
endmodule
```

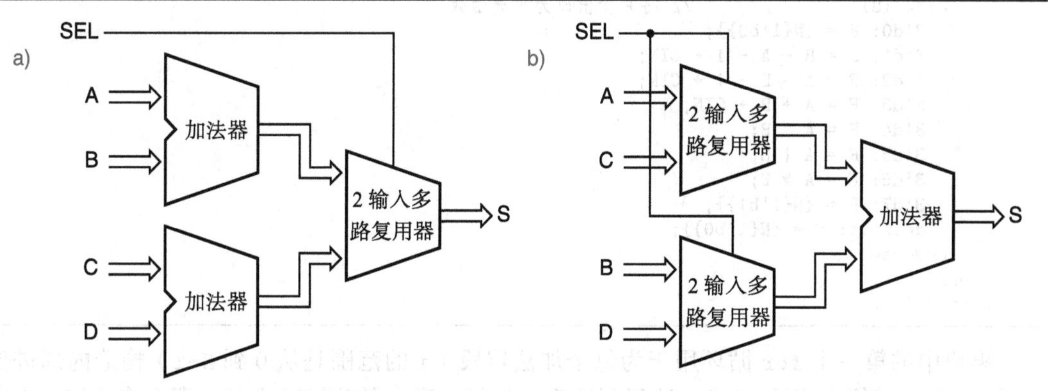

图 8-10　综合可选加法的两种方法：a）两个加法器和一个可选求和电路；b）带有可选输入端的一个加法器

两个加法器，而是用一个多路复用器从两个加法器的输出中选择一个作为输出，这样编译器只会综合出一个加法器，并且这个加法器的输入就是多路复用器的输出。这样所得的电路实现就会比较小，因为一个 *n* 位 2 输入多路复用器比一个 *n* 位二进制加法器要小一些。

只是为了说明 Verilog 的不同应用形式，程序 8-4 给出了另一个模块，该模块所定义的功能与程序 8-3 中的功能完全一样，而这个模块采用的是连续赋值语句和条件操作符。一般编译器针对上述不同模块而综合出的电路应该都是一样的。

程序 8-4　采用连续赋值语句的程序 8-3 的另一个版本

```
module Vraddersc(SEL, A, B, C, D, S);
  input SEL;
  input [7:0] A, B, C, D;
  output [7:0] S;

  assign S = (SEL) ? A + B : C + D;
endmodule
```

为了更好地说明，采用加法和减法的更加复杂的 Verilog 模块如程序 8-5 所示。除了 8 位输入和 8 位输出之外，这个模块的功能与 74x381 ALU 的功能一样，包含了组间输出信号的产生和传输，除了 *n* 位的输入和输出是由参数 N（缺省值为 8）来说明的。

程序 8-5　一个类似于 *n* 位 ALU 74x381 的 Verilog 模块

```
module VrNbitALU(S, A, B, CIN, F, G_L, P_L);
  parameter N = 8;   // 操作数宽度
  input [2:0] S;
  input [N-1:0] A, B;
  input CIN;
  output reg [N-1:0] F;
  output reg G_L, P_L;
  reg GG, GP;          // G和P输出的累计vars
  reg [N-1:0] G, P;  // 每个比特位置的G和P
  integer i;

  always @ (*) begin
    for (i = 0; i <= N-1; i = i + 1) begin
      G[i] = (A[i]^(S==3'd1)) & (B[i]^(S==3'd2)); // 生成
      P[i] = (A[i]^(S==3'd1)) | (B[i]^(S==3'd2)); // 传输
    end
    GG = G[0]; GP = P[0];  // 为N位组累计G和P
    for (i = 1; i <= N-1; i = i + 1) begin
      GG = G[i] | (GG & P[i]);
      GP = P[i] & GP;
    end
    G_L = ~GG;  P_L = ~GP; // 将输出设为累计值
    case (S)               // 将F输出设为可选函数
      3'd0: F = {N{1'b0}};
      3'd1: F = B - A - 1 + CIN;
      3'd2: F = A - B - 1 + CIN;
      3'd3: F = A + B + CIN;
      3'd4: F = A ^ B;
      3'd5: F = A | B;
      3'd6: F = A & B;
      3'd7: F = {N{1'b1}};
      default: F = {N{1'b0}};
    endcase
  end
endmodule
```

模块中的第一个 `for` 循环用于为每个加法器段（`i` 的范围是从 0 到 `N-1`）构造内部进位信号 `G[i]` 及其传递信号 `P[i]`；这里要注意，如果 `A` 和 `B` 的位被减去了，那么将如何补充它们。第二个 `for` 循环组合这些信号以创建 *n* 位组的组进位信号 `G_L` 及其传输信号 `P_L`。这些信号都是采用自然迭代的方法定义的（即通过 for 循环定义的）。在第 i 次迭代中，变量 GG 表明 ALU 是否会生成一个加法器第 i 段的进位——第 i 段是生成一个进位（当 G[i] = 1 时）还是传输前一段所生成的进位（在 for 循环的第 i-1 次迭代中 P[i] = 1 且 GG 为 1）。注意，由于 GG 是 always 程序块中的一个变量（定义为 reg，非 wire），因此，每次迭代对它的赋值都会马上有效，并且马上传递给下一次迭代。输出信号 G_L 只是最后一次迭代后 GG 值的补。

与此类似，在第 i 次迭代中，变量 GP 表明 ALU 是否会传输加法器第 i 段的进位，也就是说，通过该段的所有 P[i] 信号是否都为 1。GP 最后的值是所有 i 所对应 P[i] 信号的“与”，而且输出信号 P_L 是这个值的补。

case 语句用于从 8 个输出函数 F 中选择一个。这 8 个函数中有 3 个都涉及加法或减法运算，而代码的写法是由综合加法器和减法器模块的 Verilog 编译器决定的。

大型加法器的性能

可以尝试通过编写代码，基于已知的 GG 和 GP 变量以及 CIN 信号来定义说明每一级 i 的进位 C[i]，对程序 8-5 中的 Verilog 程序进行微调，为编译器提供帮助。也就是说，如果前一级的 GG 为 1，或者 GP 为 1 且 CIN 为 1，那么输入到第 i 级的进位 C[i] 就为 1。然后，可以根据加法和减法的具体情况定义输出函数 F，而不需要使用 Verilog 内置的加法和减法操作符；例如，对于情况 3（加法），F=A^B^C；对于情况 1（减法），F= ~ A^B^C。（参见练习题 8.32。）

但是这样做真的有帮助吗？答案取决于目标技术和编译器。例如，当使用与 7.4.6 节中的比较器案例相同的 FPGA 7 系列作为目标器件，并且采用 Xilinx Vivado 工具时，微调后版本所用到的芯片资源略有减少——21 个 LUT，原版本用到了 24 个 LUT。但是实际上，微调后版本的速度变慢了（总的延迟时间从 10.15ns 变为 11.12ns），这是因为编译器并不会使用 FPGA 的 CARRY4 元件来优化加法器的性能——可怜的编译器甚至不知道正在综合的器件是一个加法器。

在用某个给定的目标技术实现像 ALU 这类高级功能时，综合工具通常会帮助设计者寻找合适的已由技术开发者优化好的库元件。例如，在 ASIC 的“标准元件”库中，已经手工完成了一个像 74x381 这样的 ALU 的门级设计，这样的 ALU 通常会比以任何可比较的 FPGA 或 ASIC 技术为目标的编译器根据行为化代码综合出的 ALU 更小和更快。

如果得不到合适的库函数，那么怎么办呢？就像本例这样，让编译器看到想要实现的高级功能会比较好。编译器可能更熟悉在目标技术中优化性能的更好方法。

程序 8-6 的测试平台可以用来检查任何带有组间先行进位输出的 *n* 位加法器的加法操作。例如，要测试程序 8-5 中 *n* 位 ALU 的加法功能，就输入一个常量给功能选择输入 S 以实现加法运算，从而实例化 VrNbitALU。因为 *n* 相对较小（一般不会使用超过 8 位的先行组间进位），测试平台采用嵌套的 for 循环来遍历所有可能的加法和进位输入组合：对于默认的 8 位加数，所有输入组合数为 2^{17}。

程序 8-6　N 位组间先行进位加法器的测试平台

```
`timescale 1ns/100ps
module VrNbitgcladd_tb();
  parameter N = 8;   // 操作数宽度
  reg [N-1:0] A, B;
  reg CIN;
  wire [N-1:0] S;
  wire G_L, P_L;
  integer ai, bi, ci, errors;
  reg xpectG, xpectP;
  reg [N-1:0] xpectS;
```

```
  VrNbitALU #(.N(N)) UUT (.S(3'b011),.A(A),.B(B),.CIN(CIN),.F(S),.G_L(G_L),.P_L(P_L));

  task checkadd ();
    begin
      xpectS = A+B+CIN;  xpectG = ((A+B) >= 2**N);
      xpectP = (&(A|B)===1'b1);             // 如果在 (A|B) 的每一位都有一个 1, 则 P=1
      if ( (xpectS !== S) || (xpectG !== ~G_L) || (xpectP !== ~P_L) ) begin
        errors = errors + 1;
        $write("ERROR: CIN,A,B = %1b,%8b,%8b, S,G_L,P_L = %8b,%1b,%1b,");
        $display(" should be %8b,%1b,%1b", CIN,A,B, S,G_L,P_L, xpectS,~xpectG,~xpectP);
      end
    end
  endtask

  initial begin
    errors = 0;
    for (ci=0; ci<=1; ci=ci+1)
      for (ai=0; ai<2**N; ai=ai+1)
        for (bi=0; bi<2**N; bi=bi+1) begin
          A = ai; B = bi; CIN = ci;   #10 ;  // 应用测试向量并等待
          checkadd;                          // 检测值
        end
    $display("Errors: %d", errors); $stop(1);
  end
endmodule
```

测试平台使用一个 checkadd 任务针对和的期望值、先行进位的生成以及传输值来检测每次迭代的输出结果。和的期望值可以使用 Verilog 内置的加法函数计算得到；如果在没有进位输入的情况下，A 与 B 的和所需要的位数大于 n，那么生成值为 1；如果每一位至少有一个加数中有一个 1，那么传输值为 1。

对大型加法器而言，例如对于 16 位或更宽的加数，将所有可能的输入组合都检查一遍是不切实际的。因此，对于大型加法器，无论其内部设计如何，都需要能够产生随机输入的测试平台。但是，与我们看到的比较器的测试平台一样，这些“随机”的输入应该仔细选择或调整，以演练一些特殊情况。

程序 8-7 展示的是一个有进位输出的 n 位加法器的测试平台。这个测试平台有几个方面需要注意：

- 与许多测试平台一样，要对操作数宽度进行参数化，并将宽度参数传给 UUT。
- UUT 就是程序 8-1 中的简单的 n 位加法器模块，但是可以用于检测任何 n 位加法器。
- 前面的组间先行进位加法器测试平台中的 checkadd 任务使用了“(A+B)>=2**N”表达式，来决定加法器是否会产生一个进位。这个表达式可用于较窄的加法器，但对较宽的加法器就不行了。注意到这个表达式的右边是一个整数，依据 Verilog 的工具环境可知，其宽度只有 32 位。另一方面，这个加法表达式的左边是针对向量的操作，依据 Verilog 的 LRM，在程序 8-7 中这个向量的宽度可达 64K 位。当然，许多应用中的加法器至少都有 64 ~ 128 位。因此，对右边而言，新的测试平台构建了一个带有单个前导位 1 的 n+1 位向量，因此，模拟器是执行 n 位向量而不是整数的比较。
- 另一个与宽度相关的问题是随机的测试输入的生成。回想一下，由 Verilog 系统函数 $random 产生的结果，是一个 32 位的有符号的整数，当被赋值给一个更宽的向量时，是通过符号扩展来补位的。无法为宽度超过 32 位的加法器提供非常全面的测试。我们的测试平台使用一个 while 循环，能够根据需要构建任意宽度的测试向量，这次是 32 位的，通过多次调用 $random 获得。
- 依靠 UUT 的内部执行，可能只能测试一些逻辑的几种情况。特别是进位传输逻辑（如果有的话），仅当组间传输的 A 和 B 输入是精确地逐位互补时，才能进行测试。否则，进位传输可能会被完全阻断，或者进位生成成为主导逻辑。因此，在每一次迭代中，对于 CIN 的值为 0 和 1 的情况，测试平台将一个随机值及其逐位取补值输入给 A 和 B，所产生的 COUT 值应当为 0 和 1。然后，测试平台会生成一个不相关的随机数给 A，并且检查 CIN 值为 0 和 1 时的加法运算。

程序 8-7 使用随机测试输入的宽加法器的加法器测试平台

```
`timescale 1ns/100ps
module VrNbitadder_tb();
  parameter N = 64;   // 操作数宽度
  parameter SEED = 1; // 不同随机序列的变化
  reg [N-1:0] A, B;
  reg CIN;
  wire [N-1:0] S;
  wire COUT;
  integer i, errors, msb;
  reg xpectCOUT;
  reg [N-1:0] xpectS;

  VrNbitadder #(.N(N)) UUT ( .A(A), .B(B), .CIN(CIN), .S(S), .COUT(COUT) );

  task checkadd;
    begin
      xpectS = A+B+CIN;  xpectCOUT = ( (A+B+CIN) >= {1'b1,{N{1'b0}}} );
      if ( (xpectCOUT!==COUT) || (xpectS!==S) ) begin
        errors = errors + 1;
        $display("ERROR: CIN,A,B = %1b,%8b,%8b, COUT,S = %1b,%8b, should be %1b,%8b",
                 CIN, A, B, COUT, S, xpectCOUT, xpectS );
      end
    end
  endtask

  initial begin
    errors = 0;
    A = $random(SEED);      // 基于种子参数设置模式
    for (i=0; i<10000; i=i+1) begin
      B = ~A; CIN = 0;  #10 ; checkadd; // 应用测试向量，以及比较、等待、检测
      CIN = 1; #10 ; checkadd;          // 检测 CIN 的两个值
      msb = 31; A[31:0] = $random;      // 获得随机数，可能大于 32 位的宽度
      while (msb < N-1) begin A = A<<32; A[31:0] = $random; msb = msb+32; end
      CIN = 0; #10 ; checkadd;          // 再次检测
      CIN = 1; #10 ; checkadd;          // 尝试 CIN 的两个值
    end
    $display("Errors: %0d", errors); $stop(1);
  end
endmodule
```

通常，当使用内置的 Verilog 语言结构来说明一个加法器模块时，应该相信综合工具会做“正确的事情”。但是，如果是完成一个加法器电路的定制结构化设计，那么像程序 8-7 这样的测试平台对检查设计工作非常有效。例如，程序 8-8 和 8-9 是一个结构化 Verilog 模块的集合，利用图 8-8 的组间先行进位结构，实现了一个 16 位的加法器。

程序 8-8 分层的组间先行进位加法器设计的底层模块

```
module VrNbitGCLAadder(A, B, CIN, S, Gg, Pg);
  parameter N = 4;   // 操作数宽度
  input [N-1:0] A, B;
  input CIN;
  output reg [N-1:0] S;
  output reg Gg, Pg;
  reg GGa, GPa;           // 为 Gg 和 Pg 输出累计 vars
  reg [N-1:0] G, P, C;  // 每个位上的 G、P 和 C
  integer i;
```

```
  always @ (*) begin
    for (i = 0; i <= N-1; i = i + 1) begin
      G[i] = A[i] & B[i];    // 每一位的生成和传输
      P[i] = A[i] | B[i];
    end
    GGa = G[0]; GPa = P[0];  // 为 N 位组累计 Gg 和 PG
    C[0] = CIN;              // 向 LSB 输入
    for (i = 1; i <= N-1; i = i + 1) begin
      C[i] = GGa | (CIN & GPa);   // 从前面位输入
      GGa = G[i] | (GGa & P[i]);
      GPa = P[i] & GPa;
    end
    Gg = GGa;  Pg = GPa; // 将输出设为最终累计值
    S = A ^ B ^ C;   // 计算和
  end
endmodule

module Vr4iLACckt(C0, Gg, Pg, C, Gs, Ps);
  input C0;
  input [3:0] Gg, Pg;  // 注意，在这个版本中，G 和 P 的输入和输出是高电平有效
  output reg [4:1] C;
  output reg Gs, Ps;

  always @ (C0 or Gg or Pg) begin
    C[1] = Gg[0] | (Pg[0] & C0);     // 将输出返回给组
    C[2] = Gg[1] | (Pg[1] & C[1]);
    C[3] = Gg[2] | (Pg[2] & C[2]);
    C[4] = Gg[3] | (Pg[3] & C[3]);  // 最后进位输出相与
    Gs = Gg[3] | (Pg[3] & Gg[2]) | (Pg[3] & Pg[2] & Gg[1])  // 生成和传输
               | (Pg[3] & Pg[2] & Pg[1] & Gg[0]);           // 用于超组
    Ps = &Pg;
  end

endmodule
```

第一个模块 VrNbitGCLAadder，是一个参数化的 n 位组间先行进位加法器，与程序 8-5 加法部分的设计是一样的。第二个模块 Vr4iLACckt，是一个 4 输入的先行进位电路，其功能与 74x182 相似。

程序 8-9 中的第三个模块 Vr16bGCLAadder_s，将四个 VrNbitGCLAadder（N=4）和一个 Vr4iLACckt 实例化，创建了一个 16 位的组间先行进位加法器，且带有自己的超组间先行进位输出。16 位模块的四个实例可以进一步与另一个 Vr4iLACckt 的实例组合，构造一个 64 位的加法器，像练习题 8.25 所要求的那样。

程序 8-9　带有四个 4 位组的 16 位组间先行进位加法器的顶层模块

```
module Vr16bGCLAadder_s(A, B, CIN, S, Gs, Ps, COUT);
  input [15:0] A, B;
  input CIN;
  output wire [15:0] S;
  output wire Gs, Ps, COUT; // 生成、传输、执行 16 位加法器
  wire [3:0] Gi, Pi;        // 4 位一组的生成和传输输出
  wire [4:0] C;             // 4 位 一组的进位输入；16 位进位输出
  genvar g;
  assign C[0] = CIN;
  generate
    for (g=0; g<=3; g=g+1) begin : a    // 生成四个 4 位加法器
      VrNbitGCLAadder #(.N(4)) U1 ( .A(A[(4*g+3):4*g]),.B(B[(4*g+3):4*g]),.CIN(C[g]),
                            .S(S[(4*g+3):4*g]),.Gg(Gi[g]),.Pg(Pi[g]) );
    end
  endgenerate
  // 现在连接先行进位电路
  Vr4iLACckt U2 ( .C0(CIN), .Gg(Gi), .Pg(Pi), .C(C[4:1]), .Gs(Gs), .Ps(Ps) );
```

```
    // 如果我们还需要一个进位输出，那么用这个方法可以得到
    assign COUT = C[4]; // 或这种方法：分配 COUT = Gs |(CIN & Ps)
  endmodule
```

注意，Vr16bGCLAadder_s 创建了四个 4 位加法器的实例，并使用一个 generate 程序块（参见 7.1.4 节的方框注释）将它们的输入和输出连接起来。另一种方法是使用四个独立的组件实例，但需要在两种方案之间进行权衡。写出四个实例可能会更加清晰，并且，如果相互连接实际上是以各个信号而非以下标为 g 的向量位来命名的话，就必须选择这种方案。尽管用 generate 程序块来给出正确的下标表达式会难一点，但是，一旦完成了这一步，模块可能会更少出错。

如图 8-11 所示的是编译器基于 Vr16bGCLAadder_s 模块定义所产生的层次结构原理图。注意编译器是如何使用 begin-end 程序块名和 genvar 下标来命名生成的组件的。除了使用总线标识的进位和先行进位信号之外，这个原理图与图 8-8 中的结构完美匹配。

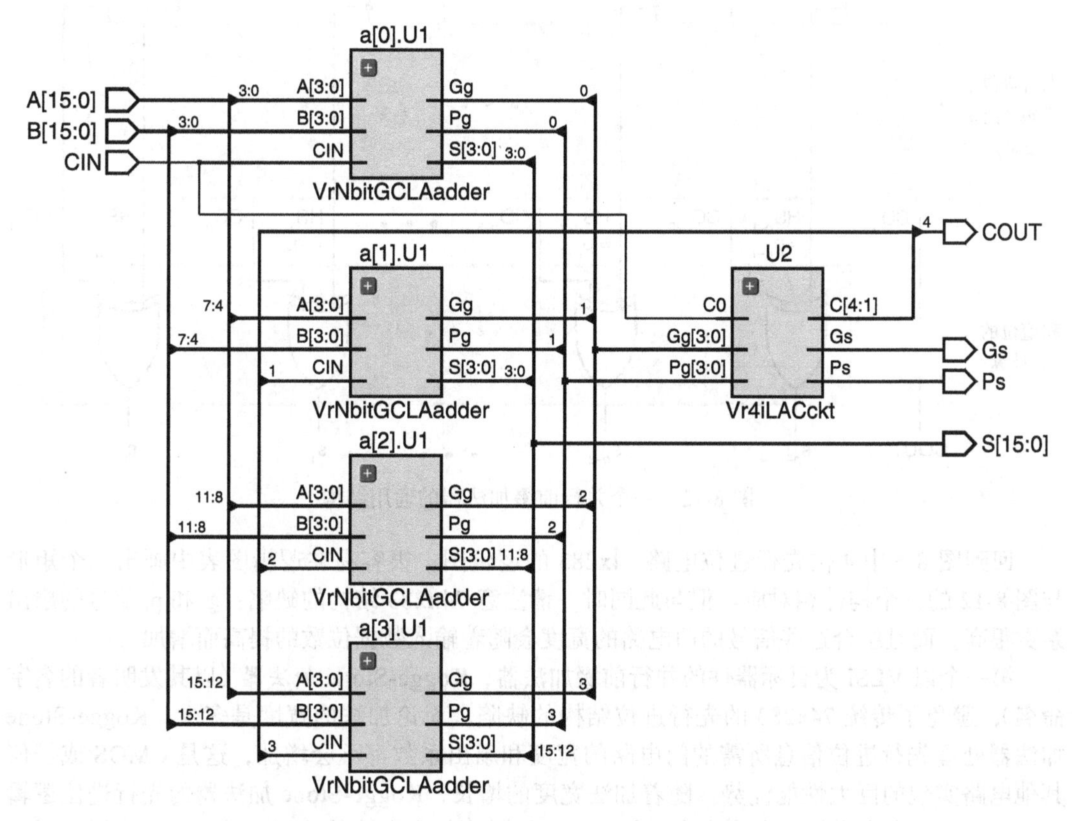

图 8-11　一个 16 位组间先行进位加法器的分层

*8.1.9　并行前缀加法器

8.1.4 节中的先行进位加法器结构只是所谓的*并行前缀加法器*（parallel-prefix adder）结构中的一种。“前缀”一词在关于这些加法器如何工作的数学描述中有正式的含义，但也仅是指用加法器输入预先计算的结果，通常是计算出的每一位的生成和传输信号。正如我们在 8.1.4 节中所看到的，加法中的所有位都可以并行计算，其也是因此而得名。

一个 *n* 位并行前缀加法器的通用结构有三个构件，如图 8-12 所示。最顶层的构件接收加数，并且还会并行计算出初始前缀——生成和传输信号。下一个构件接收初始前缀以及输

入到加法的 LSB 位置的进位 CIN，并且计算出所有位的各个进位信号。这个构件在不同的并行前缀加法器中使用不同的结构和策略，包含中间前缀的计算，以优化电路的延迟时间、电路面积或两者兼备。最下面的构件接收进位信号，并与来自顶层构件的半加和信号（如中间构件“下面的”布线所示）组合，每位和用一个异或门。注意到，VLSI 和 ASIC 通常使用如图所示的异或版本的传输信号，因为底部构件还要使用这些半加和信号。

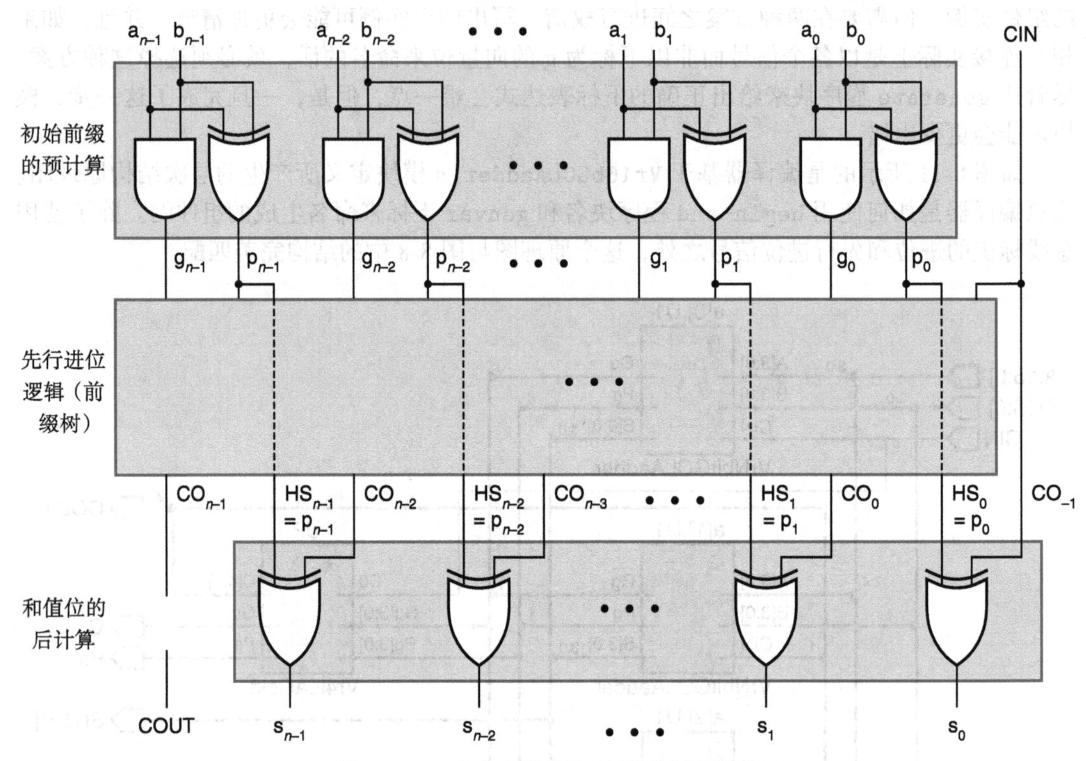

图 8-12　一个并行前缀加法器的通用结构

回到图 8-6 中 4 位先行进位电路 74x283 的逻辑图，很容易在逻辑图表中画出三个矩形与图 8-12 的三个构件相对应。但与此同时，请注意 74x283 结构的缺陷：g_i 和 p_i 信号的扇出系数很高，而且组合这些信号的门电路的宽度会随着输入数据位数的提高而增加。

第一个以 VLSI 为目标器件的并行前缀加法器，Kogge-Stone *加法器*（以其发明者的名字命名），避免了传统 74x283 的先行进位结构的缺陷。无论加法的宽度是多少，Kogge-Stone 加法器处理先行进位信息所需的门电路的宽度和扇出系数都不会增加，这是 CMOS 或任何其他电路实现的巨大性能优势。随着加法宽度的增长，Kogge-Stone 加法器的先行进位逻辑的“层级”确实会增加一个或多个，但是，这样只会使得电路的速度变慢。具体来说，对于最坏情况进位路径，加法宽度增加一倍，只会增加两个门的延迟——一个与 - 或或者一个等价的与非 - 与非。在看到整体设计之后，就会明白这是怎样实现的了。

8.1.4 节中传统的先行进位结构考虑了每一位的先行进位信息——生成和传输信号。Kogge-Stone 加法器也是以相同的方式开始的，在先行逻辑的第一级考虑了每一位。但在每一个后续层级中，其将每一个组间位的宽度增加一倍，如 2、4、8 或更多，直至增加到期望的加法器的宽度。在展示整体结构如何完成其功能之前，必须给出几个定义。

Kogge-Stone 加法器将位置 i 的先行进位信息表达为一个前缀，称为 GPN_i，GPN_i 是一个信号对，由两个元素（GN_i，PN_i）组成，其中如果生成了一个进位，则 GN_i 有效，如果一个进位已经传输到一组至多 N 个相邻位的位置上，则 PN_i 有效。（后面将详述为什么是“至多”。）按照这种定义，$G1_i$ 和 $P1_i$ 就是在 8.1.4 节中定义的 1 位（N=1）位置的传统的生成和传输信号了，即：

$$G1_i = a_i \cdot b_i$$
$$P1_i = a_i \oplus b_i$$
$$GP1_i = (G1_i,\ P1_i)$$

对于较大的 N 值，GPN_i 定义中的数位组从左边的位 i 开始，再继续到右边，即按照降序到 i–N+1 位。在先行进位逻辑的每一层，N 值翻一倍，所以 N=1,2,4,8，…。

依照定义，可以设计出一个简单的规模固定的“GPN 归约电路”（GPR），将两个相邻数位组的 GPN_i 前缀组合成一个 GPM_i 前缀，其中 $M = 2N$，于是，GPM_i 可以为 2 倍宽的数位组提供先行进位信息。GPR 电路实现下列表达式：

$$GM_i = GN_i + PN_i \cdot GN_{i-N}$$
$$PM_i = PN_i \cdot PN_{i-N}$$
$$GPM_i = (GM_i,\ PM_i)$$

也就是说，如果左半边生成了一个进位，那么倍宽组会生成一个进位；或者如果左半边传输了一个进位且右半边生成了一个进位。而且，如果左右两个半边都传输了一个进位，那么倍宽组会传输一个进位。GPR 电路执行的功能有时也被称为“基本进位操作”（FCO）。

图 8-13a 表示的是 GPR 电路的逻辑图。将输入画在顶端，输出画在底部，这样作图是为了与前缀图（prefix graph）的布局相匹配。前缀图描述了前缀加法器中应用这种电路的进位的生成和传输。同样的电路也用于先行进位逻辑的所有层级，但正如后面将会看到的，要在电路的边界上稍作修剪。

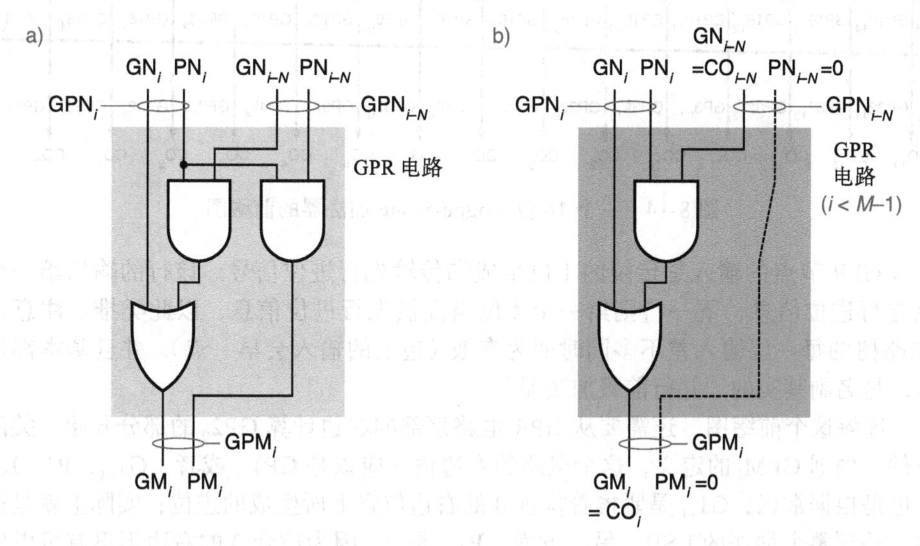

图 8-13 GPN 还原电路：a）全电路；b）边界上修剪电路

所以，Kogge-Stone 加法器的基本思想并不是那么难。在先行进位逻辑的第一层，在所有的 1 位组上创建传统的生成和传输信号——对一个 n 位加法器来说就是 n 个 $GP1_i$ 生成 / 传输信号对。在先行进位逻辑的第二层，将每个 $GP1_i$ 对与其右边的信号对组合起来，创建 $GP2_i$ 信号对。在先行进位逻辑的第三层，将每个 $GP2_i$ 对与其右边的信号对组合起来，创建 $GP4_i$ 信号对。然后再将这些信号对组合起来创建 $GP8_i$ 信号对，以此类推。但最终可以停下来。

考虑 16 位加法器的情况。$GP16_{15}$ 信号对会告诉我们，包含 15 ~ 0 位加法的 16 位组是否会生成或传输一个进位。这是加法的所有位，所以，只需要将进位输入与 LSB 组合起来，以确定加法的第 15 位是否会产生一个进位输出。并且完成这些功能只需要 5 层的 GPR 电路（对于输入组宽是 1,2,4,8,16 位而言）。一般情况下，一个 n 位加法器通常需要 $\lceil \log_2(n+1) \rceil$ 层的 GPR 电路。

图 8-14 说明了这一策略，图中是一个 16 位 Kogge-Stone 加法器的前缀图（又称为前缀树，prefix tree）。这就是图 8-12 的通用并行前缀加法器结构中要“插入”的部分。图 8-14 中的每一个圈或“节点”都表示一个 GPR 电路的实例，以及来自顶部的两个相邻 N 位组的 GPN 前缀和对应的去到底部的 $2N$ 位组的 GPM 前缀。

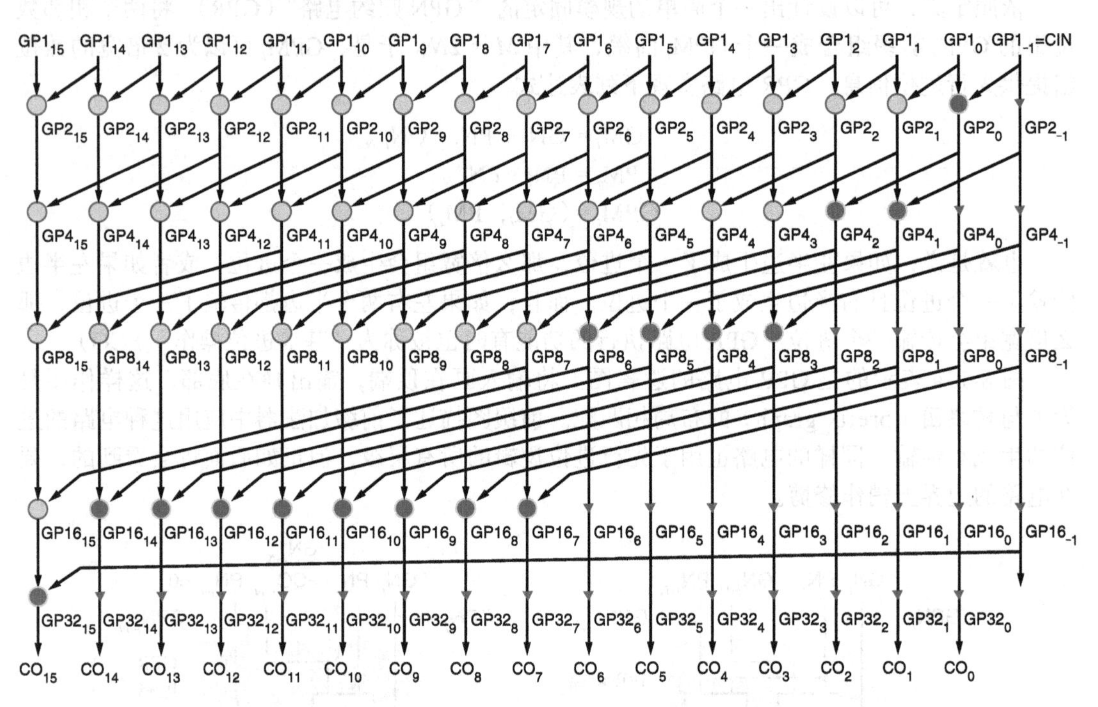

图 8-14　一个 16 位 Kogge-Stone 加法器的前缀图

顶行 GPR 节点的输入是传统的 1 位生成和传输先行进位信号。该行的输出给一个 2 位组提供先行进位信息，下一行则给一个 4 位组提供先行进位信息，以此类推。注意，这个 GPR 电路树的每一层输入差不多同时变为有效（边上的输入会早一点），并且基本都是并行处理的，是名副其实的“并行前缀加法器”。

为了理解这个前缀图，还需要从 GPR 电路顶部的右边计算 $GP2_0$ 的部分开始，关注一下边界条件。根据 GPM_i 的定义，这个电路的右边输入应该是 $GP1_{-1}$ 或者（$G1_{-1}$，$P1_{-1}$）。按照惯例，也是根据常识，$G1_{-1}$ 是紧挨着位置 0 的右边位置上所生成的进位；实际上就是进位输入 CIN，是到整个加法的 LSB。另一方面，$P1_{-1}$ 是 0，因为位置 0 的右边不再有可以生成传输到位置 0 的进位的位。因为 $P1_{-1}$ 是 0，所以可以针对边界情况裁剪 GPR 电路，如图 8-13b 所示；在图 8-14 中，用更深色的圆圈表示的裁剪后的 GPR 电路。注意，裁剪后的 GPR 电路的 GM_i 输出实际上是这个位上的最终进位输出 CO_i，而 PM_i 输出为 0，因为后续层不再有生成或传输进位输入。

理解其余边界条件最简单的方法，就是从假设前缀图中每一层的每一位上可能都需要一个 GPR 电路开始，看看这个假设能引导我们做什么。现在，考虑计算 $GP4_0$ 的第二层 GPR 电路。除了 $GP2_0$ =（$G2_0$，$P2_0$）之外，其他输入应该是 $GP2_{-2}$ =（$G2_{-2}$，$P2_{-2}$）。但是在组 −1

的右边没有组，所以，这些“信号”（如果有的话）应该总是 0。考虑图 8-13a 中有这些 0 输入的情况下的操作，这个电路可以被裁剪为一个缓冲器，甚至是简单地复制 $GP2_0$ 或将 $GP2_0$ 重命名为 $GP4_0$ 的一根连线。在图 8-14 中，用一个小的三角形表示这个缓冲器或连线。在 $GP4_0$ 和所有后续 GPN_0 前缀中，传输组件 PN_0 为 0，生成组件 GN_i 实际上就是 CO_0，即第 0 位的进位输出。

GPR 电路一般情况下是根据 GPN_i 和 GPN_{i-N} 来计算 GPM_i，以此类推：

- 如果 $i+1<N$，则不可能向右生成 N 位进位，GPN_i 就是 GPM_i 的简单复制；传输元素为 0，生成元素就是进位输出 CO_i。
- 另外，如果 $i+1<M$，则上面的组可能生成并传输一个进位，但没有东西传输到右边，所以图 8-13b 使用了裁剪后的 GPR 电路。
- 否则，使用图 8-13a 所示的完整 GPR 电路（即不是边界的情况）。

观察图 8-14 中的整个前缀图，进位输出的最低有效位的延迟路径最短。最高有效位的延迟路径最长，经过了 GPR 电路中的五层，每层有两个门电路的延迟。

回顾一下，如图 8-14 所示的先行进位逻辑只是图 8-12 中整个加法器的“中间”部分。底部是一组异或门，在图的底层将每一个进位输出信号 CO_i 与对应的半加和 $HS_i = A_i \oplus B_i$ 组合起来。在典型的 ASIC 实现中，用于前缀树的传输信号 $P1_i$ 的异或版本也可以（如图 8-12 所示）用作 HS_i 信号。

综上所述，正如之前所承诺的，对于每个宽度加倍的加法的 GPR 电路，Kogge-Stone 先行进位结构只是增加了两个门电路的延迟。GPR 电路中每个门的输入数量是固定的而且很小——只有 2 个输入。整个结构中的每个逻辑信号的扇出系数也比较小——大多数情况下，GN_i 的扇出系数是 2，PN_i 的扇出系数是 3；对于边界情况，CIN 的扇出系数不会超过前缀图的级数（图 8-14 中是 5），而其他进位信号的扇出系数会更少（还可参见 8.1.10 节的方框注释）。

正如本小节开始时所指出的，使用不同的前缀图，可以对并行前缀加法器的性能做出不同的取舍。例如，图 8-15 展示了一个 16 位 Brent-Kung 加法器的前缀图。这个先行进位结构用到的 GPR 电路和互连比 Kogge-Stone 加法器用到的要少得多，用到的 ASIC 的电路面积也更小。但是，另一方面，最坏情况的延迟路径更长，路径沿途上的大多数节点的扇出系数也更多，会导致更慢的性能。在两种极端之间，也有一种综合结构可共享两者的特性，还会在电路的速度和规模之间达到最优平衡——这取决于特定的技术和应用对“最优”的定义。

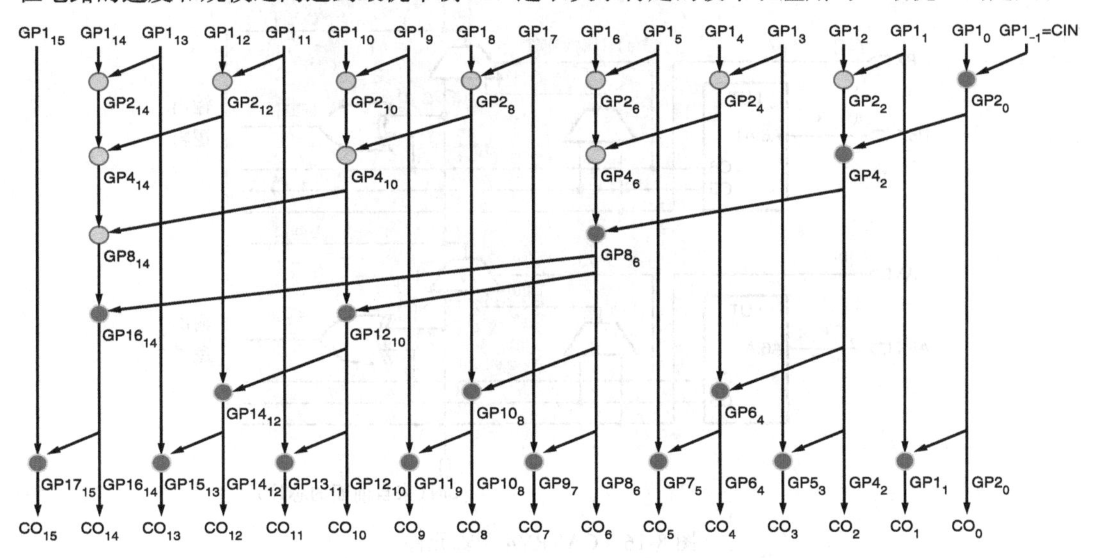

图 8-15　一个 16 位 Brent-Kung 加法器的前缀图

*8.1.10　FPGA CARRY4 元件

在比较器和加法器的FPGA实现的讨论中，已经提到过CARRY4元件（CARRY4 element），CARRY4元件常用于优化性能。现在知道了几种不同的加速加法器进位路径的方法，那么CARRY4是什么呢？是组间先行进位逻辑吗？不是。是前缀加法器逻辑吗？也不是。它只是一个4位串行进位链；而且，在大型加法器中，多个CARRY4元件之间的进位也是串行的。即使进位链很长，CARRY4也可以实现很快速的加法，通过在CARRY4内部和CARRY4元件之间采用一种巧妙的信号拓扑结构和快速技术，所实现的电路的整体延迟比用一个FPGA中常规LUT的可编程互连实现的总延迟要低得多。

图8-16展示的是FPGA Xilinx 7系列中CARRY4元件的环境和结构。FPGA中所有的6输入LUT都是每四个为一组，与触发器和其他逻辑（10.7节中将会介绍）一起，布局在一个芯片里。图中的逻辑包含：

- 四个部分，用Xilinx的文字命名为“A”到“D”，每部分都有一个带有6个地址输入和2个输出的LUT，输出是5个或6个输入的函数（参见6.1.3节中的解释）。
- 每个部分还有一个辅助的（或“额外”的）输入，AX到DX。

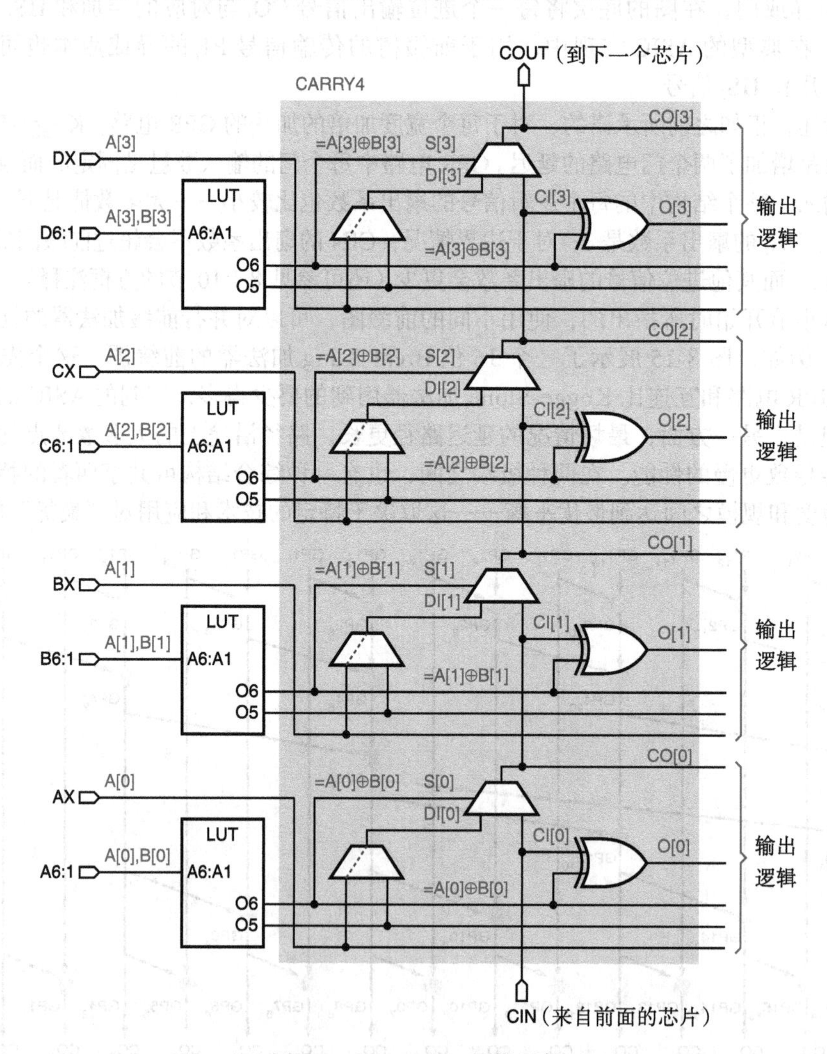

图8-16　CARRY4逻辑元件

- 每个部分的可编程多路复用器用于在额外输入和 LUT O5 输出中做出选择，在这种应用中总是编程为选择额外输入。
- 每个部分的多路复用器都要受对应 LUT O6 输出的控制。这个多路复用器在串行进位链中，从芯片的底部贯穿到顶部。
- 每个部分的异或门将输入的进位和 LUT O6 输出组合起来。
- 阴影区域就是 CARRY4 元件。输入在线上表示，包括进位选择位 S[3:0]，数据输入 DI[3:0]（在这个应用中被编程为 DX ~ AX），以及芯片的进位输入 CIN。CARRY4 的输出包括异或输出 O[3:0]，进位输出 CO[3:0]，以及芯片的进位输出 COUT。

使用芯片的 CARRY4 元件和四个 LUT 实现的 4 位加法如图所示：

- 一个加数，比如 A[3:0]，输入到芯片的额外输入 DX ~ AX。
- 第一个加数和第二个加数，比如 B[3:0]，可以输入到 LUT 的地址输入端。注意，第二个加数的每一位可以是一个最多有 5 个独立信号的组合逻辑函数，因为每个 LUT 有 6 个可用的输入。
- 每个 LUT 对加数的每一位（A[*i*] 和 B[*i*]），进行组合，即 A[*i*] ⊕ B[*i*]，结果就是第 *i* 位的半加和，再与输入到这个位置的进位异或，就得到了这一位的和 O[*i*]。这个结果也用作传输信号，如下所述。
- 传输信号 A[*i*] ⊕ B[*i*] 控制着进位链中位置 *i* 处的多路复用器。如果传输信号值为 1，则多路复用器选择从下面输入的进位，否则，选择 A[*i*]。为什么选择 A[*i*] 呢？如果要在这一位生成一个进位，那么 A[*i*] 和 B[*i*] 必须都是 1。如果没有进位生成，则 A[*i*] 和 B[*i*] 必须都是 0。如果需要一个进位，那么 A[*i*] 恰好总是这个位置上生成的进位值。
- 每个多路复用器的进位输出会同时传输到上面的部分或芯片，以及芯片的输出逻辑（以便用于别处，但在 CARRY4 的这种应用中不常用）。

那为什么 CARRY4 如此快速呢？有两个原因。第一，每个位置的进位输出和下一位的进位输入之间的连接固定使用了 FPGA 芯片处理中最快类型的“连线”（通常是金属的）；这种在 4 位片内和 4 位片间的进位传送确实是最快的，因为它们在 FPGA 芯片中是以“垂直”堆栈的形式布局。而 FPGA 中 LUT 之间的普通连接贯穿了可编程互连，速度要慢很多。

第二，进位链中的双输入多路复用器，可以使用 6.4 节所描述的传输门来实现。一旦一个多路复用器传输门的选择输入由 LUT 的输出建立起来（对于这个应用中所有的 LUT，其输出恰好都是并行的），那么通过选中的多路复用器路径的进位延迟是非常小的。实际上，在典型的 FPGA 7 系列中，从 CIN 穿过一个芯片的整条 CARRY4 串行进位链，到上面芯片的 CIN 的“垂直”延迟，都与从 LUT 地址输入端到达并穿过输出逻辑（要到达其他 LUT 必须穿过输出逻辑）的任何其他信号的“水平”延迟一样；而且，此时甚至没有把可编程互连结构到下一个 LUT 的潜在延迟算进去。

所以，在 FPGA Xilinx 7 系列中，即使是一个使用 CARRY4 元件的 64 位行波加法器，都比使用了图 8-8 和练习题 8.25 中的结构构造的 64 位组间先行进位加法器要快，二者的最坏情况延迟分别是 15.37ns 和 19.58ns。而且，行波加法器更紧凑——64 个 LUT 加上 17 个“自由的”CARRY4 元件（每位一个 LUT），对比 141 个 LUT（每位至少两个 LUT）。故事的寓意在于，在准备尝试改进之前，设计者理应给综合工具一个机会，利用特定技术的内置方法来优化设计。工具的方法可能“足够好”，或者就像本例这样，比设计师最好的设计还要好。

还是并行前缀加法器

抱歉，关于并行前缀加法器还有一些内容要讲。从布局上来说，我把相关讨论放到这里，就可以将关于 CARRY4 的描述的大多数内容都一起放在前两页里。

所以，将图 8-13 中的许多实例插入图 8-14，然后再将其插入图 8-12 后所得到的加法器电路，真的能够正常工作吗？现在正好是一个机会，你可以通过为这个结构编写一个层次化模型，然后，利用像程序 8-7 那样的测试平台（参见练习题 8.33）以对这个模型进行测试，并将结果与 Verilog 内置的加法函数的结果比对，以找出上述问题的答案。

实际上，设计者在为一个特定且关键的区域（如加法或乘法）中性能要求较高的 ASIC 或商用芯片设计一个定制的电路模块时，也要进行类似的演练。原先的设计可能使用的是行为化说明，而最优化的定制模块可能要使用结构化说明，然后再转换为门级的实现，为了最优化规模和速度，甚至还可能通过手工方式进行电路的布局。这种结构化设计的功能的正确性，还需要利用能够将其输出与原先的行为化说明的结果进行比较的测试平台来检测。就这里所涉及的并行前缀加法器的情况而言，由于加法是 Verilog 内置的函数，因此很容易写出一个正确的行为化说明。

8.2　移位和旋转

数据位的移位和旋转是计算机程序中常见的操作。*移位*（shifting）是将此位移动到左边或右边的一个或几个位置，在移动方向的末端允许额外的位“脱落”，并在另一端提供新位（通常是 0）。*旋转*（rotating）非常相似，除了移动方向末端的“脱落”位是拿去填补另一端的空缺位置外。旋转有时称为*循环移位*（circular shifting）。

如果数据字表示无符号整数，那么将数据字向左边移动一位，右边的空缺位置补一个 0，便相当于乘以 2。无符号数据字向右边移动一位，左边的空缺位置补一个 0，则相当于除以 2，丢弃末端“脱落”的任何余数（即向零取整）。其有时被称为*逻辑移位*（logical shifting），不管是否打算做一个无符号数的算术。

如果数据字表示一个有符号数的补码整数，那么操作有点不同，称为*算术移位*（arithmetic shifting）。算术左移依然是 0 移入右边，相当于乘以 2，但在一台计算机里，如果在移位中最左边的符号位发生改变，那么这种移位可能会标识为“溢出”，因为超出了可以表示的数的范围。算术右移有点像除以 2（参见方框注释），并且将最左边的符号位复制到左端，保持数据字的符号位不变。

8.2.1　桶形移位器

桶形移位器（barrel shifter）是一个组合逻辑电路，有 n 位数据输入、n 位数据输出和一组控制输入，用于说明如何在输入和输出之间移动数据。桶形移位器是微处理器 CPU 的部件，通常可以说明其移位的方向（左边或右边）、移位的类型（循环、逻辑或算术）和移位的数目（典型的是 0 到 n–1 位，但是有时也是 0 到 n 位）。

完成讨论

大多数计算机语言中，整数除法的正式定义是，非整数商舍入为接近 0 的相邻整数值。但是，如果想用算术右移实现将一个负的补码整数除以 2，那么商会趋于负无穷。来看一个最简单的例子，–1 的补码表示是全 1。一个全 1 字的算术右移得到的还是全 1 字，依然表示 –1。按照上面的正式定义，正确结果是 0（余数为 -1）。所以，当你用右移来做 2 的幂次的除法时，你必须十分小心并且谨防可能出现意想不到的结果。

这一小节介绍一种简单的只能循环左移的 16 位桶形移位器的设计，使用 4 位的控制输入 S[3:0] 来说明移位的数目。例如，如果输入字为 ABCDEFGHIJKLMNOP（每个字母表示 1 位），并且控制输入是 0101（5），那么输出的字串为 FGHIJKLMNOPABCDE。

从一个角度看，这个问题似乎很简单。用一个受移位控制输入控制的 16 位多路复用器就可以获得每一位输出，其中，多路复用器的每个数据输入与合适的数据位相连。但是，如果观察一下设计的细节，就可以看出，需要在多路复用电路的速度和规模之间进行权衡。

首先考虑采用 16 个 1 位宽 16 位输入的多路复用器的门级设计，每个多路复用器都是如图 6-30 所示的 8 输入多路复用器的 16 位输入版本。这个设计可以改造为桶形移位器，如下：

- 不需要使能输入。
- 可以用 4 对反相器来创建和缓存控制输入信号 S[3:0] 的真值和补的版本。
- 第一级的每个与门需要 5 个输入——1 个用于数据输入，4 个用于译码对应的控制输入值 S[3:0]。
- 输出的或门需要 16 个输入。由于在一级中构建有这么多输入的门电路是不现实的，所以，可以按照图 7-22 的样式实现。
- 为了优化 CMOS 技术中的规模和速度，与 – 或电路当然可以用等效的与非 – 与非电路实现。

所得到的多路复用器的逻辑符号如图 8-17a 所示。

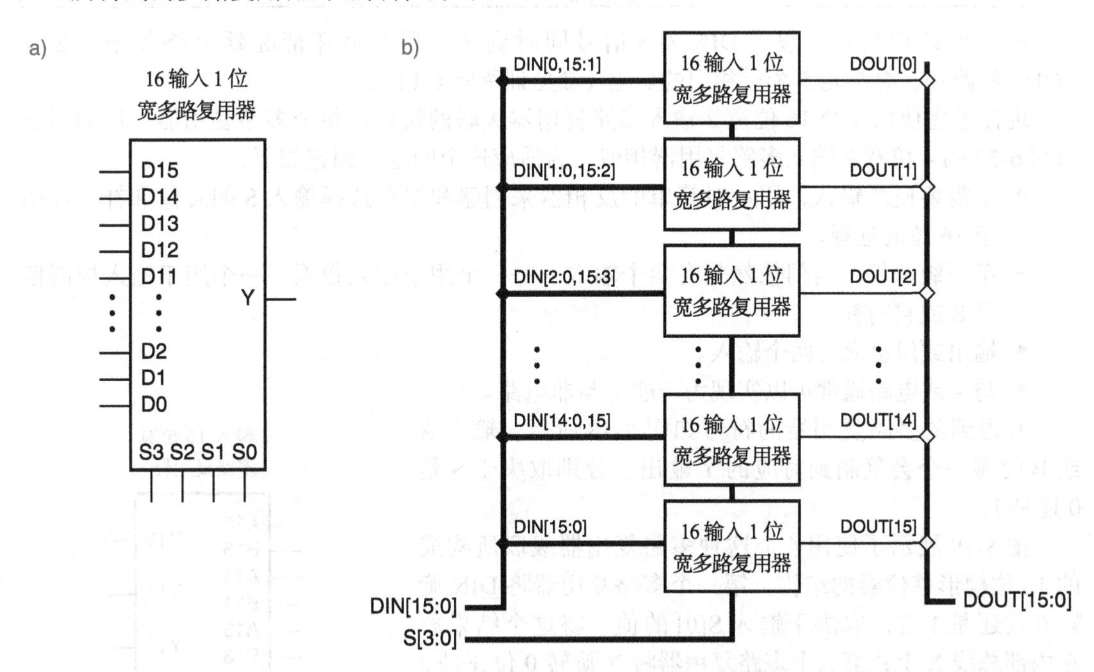

图 8-17　16 位桶形移位器设计：a）16 输入 1 位多路复用器组件；b）左循环移位连接

整个桶形移位器设计使用了 16 个 16 输入多路复用器，其连接如图 8-17b 所示。所有复用器的选择输入一起与输入 S[3:0] 相连，该输入说明了移位的数量。每个复用器的数据输入按从左到右的顺序连接到输入总线的 D15 ~ D0，例如，在顶层的多路复用器中，DIN[0] 连接 D15，DIN[15] 连接 D14，以此类推，直到 DIN[1] 连接 D0。

现在，来考虑一下这个桶形移位器设计在一个 ASIC 芯片上实现的规模和性能。上述每个 16 输入多路复用器都需要 8 个反相器、16 个 5 输入的与非门、1 个 16 输入的与非门（可能用 4 个 4 输入的与非门、1 个 4 输入的或非门和 1 个反相器实现）。到第 14 章将会看到，在输入数量较少（最多4个）的CMOS门电路中，所需晶体管的数量是输入数的2倍。如上所列，每个多路复用器有8+80+16+4+1=109个输入或218个晶体管，或者16个多路复用器总共有3488个晶体管。为DIN和S总线上的每个信号提供一个缓冲器会是个好主意，因为每个信号要驱动16个输入（每个复用器1个）。这样一来，总共需要约3500个晶体管。

缓冲器晶体管

CMOS中的一个反相缓冲器（即反相器）只用两个晶体管，而一个非反相缓冲器却要用四个晶体管。假设晶体管的计数中用的是反相缓冲器。对此，S总线没问题，因为只要对多路复用器的数据输入重新命名就可以匹配。而对于DIN总线，现在输入到多路复用器的是变补后的数据，而不是在输出上加了一个反相器，只要删除16输入与非门实现中最后的反相器就可以了，这样一来，还可以让多路复用器的速度快一点。

可能改变的大小

晶体管计数只是提供了桶形移位器电路所需ASIC芯片面积的粗略估计。与其他门电路相较而言，为了均衡延迟，输入较多或负载较重的门电路所用的晶体管的规模也会比较大。而且，还没有考虑连线所需要的面积，就当前的设计而言，连线所占据的面积相当大，因为每个数据输入都要与所有16个多路复用器相连。

这个设计相当快。假设DIN和S信号同时到达，那么最坏情况延迟路径是从S到DOUT的路径，总共是5个反相门的延迟（参见训练题8.12）。

现在考虑使用4个16位宽2输入多路复用器级联的设计，每个多路复用器使用的门都与图6-32的4位宽2输入多路复用器相似，为适应这个问题，调整如下：

- 不需要使能输入，用一对简单的反相器来创建和缓存选择输入S的真值和补，以用于16位的选择。
- 第一级的每个与门依然只有两个输入——一个用于输入数据，一个用于输入控制信号S或它的补。
- 输出或门也只有两个输入。
- 与-或电路通常可以实现为与非-与非电路。

所得到的多路复用器的符号如图8-18所示。输入A或B的哪一个会复制到对应的Y输出，分别取决于S是0还是1。

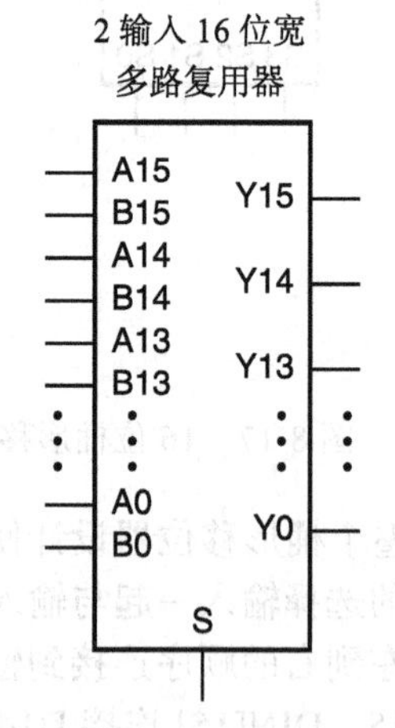

图8-18　2输入16位宽多路复用器的逻辑符号

图8-19展示了使用4个这种多路复用器级联所构成的16位桶形移位器的结构。第一个多路复用器将DIN旋转0位还是1位，取决于输入S[0]的值，将这个结果放在内部总线X上；第二个多路复用器将X旋转0位还是2位，取决于输入S[1]的值；第三个多路复用器将Y旋转0位还是4位，取决于输入S[2]的值；最后一个多路复用器将Z旋转0位还是8位，取决于输入S[3]的值。旋转位置的总数将与S[3:0]表示的无符号整数值相等。

现在比较一下这种桶形移位器设计和前一个桶形移位器的规模和性能。上述每个2输入多路复用器都需要2个反相器和48个2输入与非门，每个多路复用器总共是98个输入或196个晶体管，或者4个复用器总共是784个晶体管。DIN和S总线可能不需要任何的缓冲器，因为 DIN 的每一位只驱动 2 个输入，而 S 的每一位只驱动 4 个输入。这比前一个设计小得太多，前一个设计总共需要 3500 个晶体管。

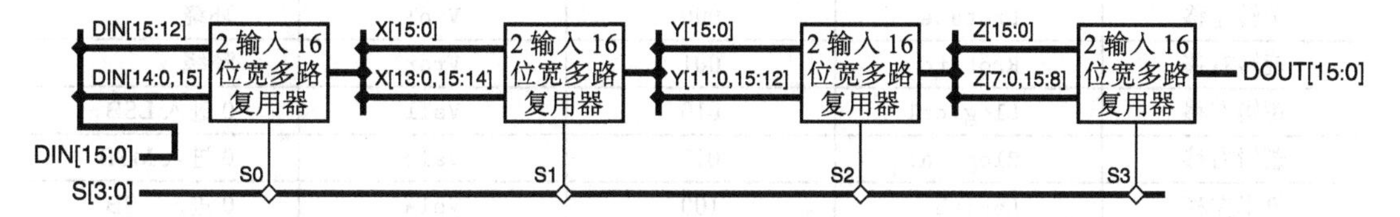

图 8-19 使用 2 输入多路复用器的左循环移位的 16 位桶形移位器设计

这种设计与前一个设计的均衡性比较结果是，这种设计似乎没那么快。最坏情况延迟路径总共有 10 个反相门的延迟——第一个多路复用器有 4 个，而其他的各有 2 个。尽管这个设计中的每个门电路可能比前一个设计中的要快一些，因为这些门电路的输入较少，但这可能并不足以弥补，因为最坏情况延迟路径的门电路数量是前一个设计的两倍。

另一个构建 2 输入多路复用器的方法是使用 CMOS 传输门，就如 6.4 节中所讨论的。多路复用器的每一位都只需要 2 个传输门或 4 个晶体管，如图 8-20 所示。S 及其补 S_L 控制着穿过每个传输门到达输出的路径。与基于门电路的多路复用器一样，用一对反相器提供所有 16 位的 S 和 S_L。因此，每个用这种方法构造的多路复用器都只需要 68 个晶体管。

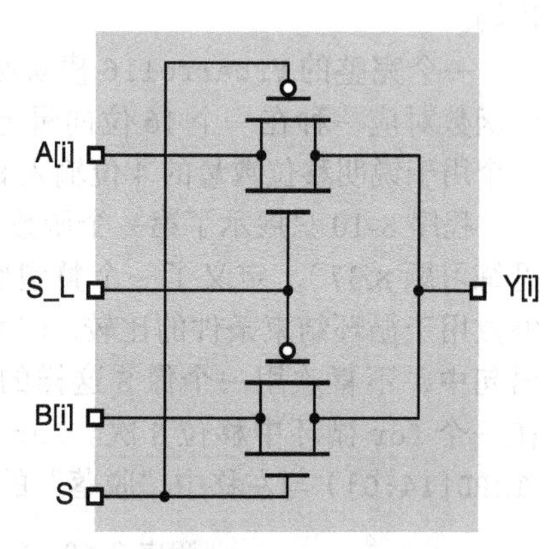

图 8-20 使用传输门的 2 输入 1 位多路复用器

而且，一旦传输控制有效，信号通过传输门的延迟非常短，在最先进的 CMOS 技术中，几乎和连线一样快。当这些多路复用器按照图 8-19 所示方式使用时，其中的传输门正好以串联方式布置，数据线上可能需要额外的缓冲器，以确保信号的速度与完整性。即使考虑所有这些因素，采用基于传输门的多路复用器的如图 8-19 所示的实现，在相同的 CMOS 技术中，也可能至少与图 8-17b 所示的基于与非门的实现一样快，但前者的规模只有后者的十分之一。因此，这个方法是定制 VLSI 和 ASIC 芯片中最常用的一种方法。

8.2.2 用 Verilog 实现桶形移位器

在前一小节中，说明了如何设计一个简单的只能实现循环左移的桶形移位器。而在这里将会展示，面向 FPGA 或 ASIC 的实现如何用 Verilog 对一个功能更强的桶形移位器的行为和结构建模。

我们的目标是可以完成 6 种不同类型的移位的 16 位桶形移位器，移位类型由一个 3 位移位模式输入 C[2:0] 说明，详情见表 8-2。一个 4 位移位数量输入 S[3:0] 说明了移位的数量。例如，若 C 说明为逻辑右移，输入字为 ABCDEFGHIJKLMNOP，S[3:0] 是 0110（6），则输出字为 000000ABCDEFGHIJ。

在 8.2 节的开始提到过，算术左移和逻辑左移的移位操作实际上是相同的；而在计算机的处理器中，甚至在 Verilog 中，二者可能有不同的副作用，具体情况取决于所用的版本。目前的桶形移位器设计中，两种移位都是做相同的事情，即使用两个不同的 C[2:0] 代码来说明它们，也不需要复制两份移位电路图。

表 8-2　桶形移位器的移位类型、编码和函数名

移位类型	名称	编码	函数	备注
旋转左移	Lrotate	000	Vrol	环绕
旋转右移	Rrotate	001	Vror	环绕
逻辑左移	Llogical	010	Vsll	0 进入 LSB
逻辑右移	Rlogical	011	Vslr	0 进入 MSB
算术左移	Larith	100	Vsla	0 进入 LSB
算术右移	Rarith	101	Vsra	复制 MSB

表中列出的移位类型是循环（旋转）、逻辑和算术，每个都有左右两个方向。程序 8-10 是从一个 16 位桶形移位器的 Verilog 行为化模块中摘出来的，该桶形移位器可以实现不同移位类型和方向的所有 6 种组合的移位。在模块声明中，4 位控制输入 S 给出移位的数量，3 位控制输入 C 给出移位的模式（类型和方向）。一个 parameter 语句按照表 8-2 定义了控制代码。

一个完整的 Vrbarrel16 模块必须定义 6 个移位函数，列在表 8-2 的“函数”列中，每个函数对应一种在一个 16 位向量上操作的移位类型。每个函数有一个 16 位输入 D[15:0]，一个用于说明移位数量的 4 位输入 S[3:0]，以及一个 16 位输出。

程序 8-10 只展示了第一个函数（Vrol）的细节；其余函数是类似的，只需改变一行（参见练习题 8.37）。定义了一个整型变量 ii 来控制循环，以及一个变量 N 来保持与 S 等价的整数用于循环结束条件的比较。（参见 5.13 节的方框注释，解释了为什么在 for 循环的控制语句中，不喜欢用一个像 S 这样的位向量。）输入向量 D 赋值给一个局部变量 TMPD，TMPD 在一个 for 循环中移位 N 次。for 循环体只是一个赋值语句，将输入数据最右边的 15 位（TMPD[14:0]）与左移中“脱落”的最左端位（TMPD[15]）级联起来。

程序 8-10　6 函数桶形移位器的 Verilog 行为化描述

```
module Vrbarrel16 (DIN, S, C, DOUT);
  input [15:0] DIN;           // 数据输入
  input [3:0] S;              // 移位总数, 0 ~ 15
  input [2:0] C;              // 模式控制
  output [15:0] DOUT;         // 数据总线输出
  reg [15:0] DOUT;
  parameter Lrotate  = 3'b000, // 定义编码
            Rrotate  = 3'b001, // 不同的移位模式
            Llogical = 3'b010,
            Rlogical = 3'b011,
            Larith   = 3'b100,
            Rarith   = 3'b101;
  function [15:0] Vrol;
    input [15:0] D;
    input [3:0] S;
    integer ii, N;
    reg [15:0] TMPD;
    begin
      N = S; TMPD = D;
      for (ii=1; ii<=N; ii=ii+1) TMPD = {TMPD[14:0], TMPD[15]};
      Vrol = TMPD;
    end
  endfunction
  ...
  always @ (DIN or S or C)
    case (C)
      Lrotate :  DOUT = Vrol(DIN,S);
      Rrotate :  DOUT = Vror(DIN,S);
```

```
      Llogical : DOUT = Vsll(DIN,S);
      Rlogical : DOUT = Vsrl(DIN,S);
      Larith :   DOUT = Vsla(DIN,S);
      Rarith :   DOUT = Vsra(DIN,S);
      default :  DOUT = DIN;
    endcase
endmodule
```

其他移位类型可以用 5 种其他移位函数中类似的操作来创建。对于一些移位类型，可以利用 Verilog 内置的移位操作符（参见练习题 8.38）来创建。注意，这 6 种移位函数可以不必用 Vrbarrel16 模块的其他非行为化版本来定义，如后面将会讲述的结构化版本。而且，基于之前所描述的逻辑左移和算术左移，Vsll 和 Vsla 函数也应该是一样的。

在函数声明之后，模块的剩余部分是一个 always 程序块。其中，一个 case 语句通过调用合适的移位函数（基于模块控制输入 C 的值），将一个结果赋给 DOUT。

程序 8-10 的 Verilog 模块是桶形移位器的一个很好的行为描述，但大部分的综合工具都不能据此综合出一个电路。问题在于，大部分工具要求 for 循环的范围在综合时是静止的。而 Vrol 函数中 for 循环的范围是动态的；在电路工作的过程中，for 循环的范围取决于输入信号 S 的值。

修改 for 循环中的一行，就可以重写处理函数和其他类似的函数：

```
for (ii=1; ii<=15; ii=ii+1) if (ii<=N) TMPD = {TMPD[14:0], TMPD[15]};
```

这没有太多的不同，但是修改后的版本（Vrbarrel16_f）就能够综合了。当以 FPGA Xilinx 7 系列为目标器件并使用 Vivado 工具时，所得到的实现电路需要 146 个 LUT，并且在最坏情况延迟路径上有三个 LUT 和一个快速的专用多路复用器（F7MUX，参见 6.1.3 节的方框注释）。当然，还可以做得更好。

优化实现的第一步，就是用四个 16 位 2 输入多路复用器的级联来完成循环左移，如图 8-19 所示。可以用程序 8-11 中的 Verilog 模块来表示相同类型的行为和结构。虽然这个模块使用了一个 always 程序块，并且采用一种“行为化”代码风格，但我们完全相信，大多数的综合工具会为模块中的每一个“ if ”语句生成一个 2 输入的多路复用器，从而创建出相似的级联结构。在针对 FPGA 做更进一步的优化后，综合工具可能会做得更好。例如，Vivado 工具创建了一个像图 8-19 那样的更精细的设计，并且在针对 LUT 优化后，综合后所得到的电路需要 32 个 LUT，而最坏情况延迟路径上只有 2 个 LUT。

程序 8-11 仅能循环左移的 16 位桶形移位器的 Verilog 程序

```
module Vrrol16 (DIN, S, DOUT);
  input [15:0] DIN;          // 数据输入
  input [3:0] S;             // 移位总数, 0 ~ 15
  output [15:0] DOUT;        // 数据总线输出
  reg [15:0] DOUT, X, Y, Z;

  always @ (DIN or S) begin
    if (S[0] == 1'b1) X = {DIN[14:0], DIN[15]}; else X = DIN;
    if (S[1] == 1'b1) Y = {X[13:0], X[15:14]}; else Y = X;
    if (S[2] == 1'b1) Z = {Y[11:0], Y[15:12]}; else Z = Y;
    if (S[3] == 1'b1) DOUT = {Z[7:0], Z[15:8]}; else DOUT = Z;
  end

endmodule
```

当然，我们的问题陈述是针对一个可以左右移位的桶形移位器。程序 8-12 修改了前面的模块，实现了在任何一个方向上的循环移位。程序 8-12 中添加了一个输入 DIR，用于说明移位的方向：0 是左移，1 是右移。每级移位由一个 case 语句说明，case 语句根据 DIR

的值和控制这一级的 S 位来从四种可能性中选择一种。除了每级有一个 3 输入多路复用器之外，这种精细的设计看起来与前一个设计非常相似，而且综合后所得到的电路需要 64 个 LUT，最坏情况延迟路径上有 2 个 LUT 和 1 个 F7MUX。

程序 8-12　可左右循环移位的 16 位桶形移位器的 Verilog 程序

```
module Vrrolr16 (DIN, S, DIR, DOUT);
  input [15:0] DIN;          // 数据输入
  input [3:0] S;             // 移位总数, 0 ~ 15
  input DIR;                 // 移位方向, 0 向左, 1 向右
  output [15:0] DOUT;        // 数据总线输出
  reg [15:0] DOUT, X, Y, Z;

  always @ (*) begin
    case ( {S[0], DIR} )
      2'b00, 2'b01 : X = DIN;
      2'b10 :        X = {DIN[14:0], DIN[15]};
      2'b11 :        X = {DIN[0], DIN[15:1]};
      default :      X = 16'bx;
    endcase
    case ( {S[1], DIR} )
      2'b00, 2'b01 : Y = X;
      2'b10 :        Y = {X[13:0], X[15:14]};
      2'b11 :        Y = {X[1:0], X[15:2]};
      default :      Y = 16'bx;
    endcase
    case ( {S[2], DIR} )
      2'b00, 2'b01 : Z = Y;
      2'b10 :        Z = {Y[11:0], Y[15:12]};
      2'b11 :        Z = {Y[3:0], Y[15:4]};
      default :      Z = 16'bx;
    endcase
    case ( {S[3], DIR} )
      2'b00, 2'b01 : DOUT = Z;
      2'b10, 2'b11 : DOUT = {Z[7:0], Z[15:8]};
      default :      DOUT = 16'bx;
    endcase
  end
endmodule
```

所以，现在有了一个可以实现循环左移或循环右移的桶形移位器，但还没完——还需要考虑两个方向上的逻辑移位和算术移位。图 8-21 展示了完成这个设计的策略。从刚完成的组件 ROLR16 开始，使用作为 C 的函数的其他逻辑结构来控制移位方向。

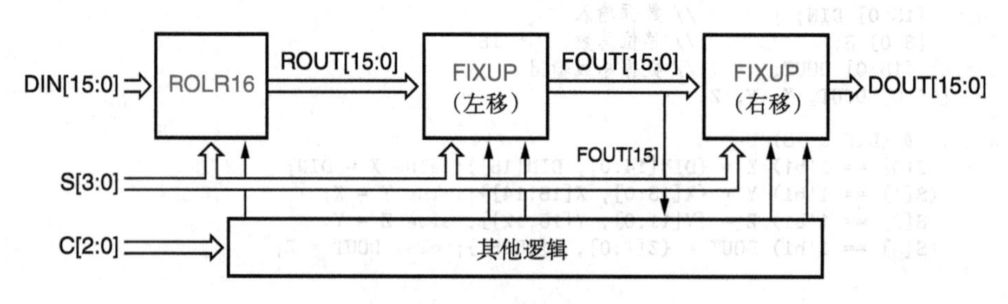

图 8-21　桶形移位器组件

下面，如果要实现逻辑移位或算术移位，必须“固定”几个结果位。对于 n 位的逻辑左移或算术左移，最右边 n–1 位必须设置为 0。对于 n 位的逻辑右移或算术右移，最左边 n–1 位必须分别设置为 0 或原先最左边位的值。

如图 8-21 所示，我们的策略就是，循环移位器（ROLR16）后面接一个固定电路（FIXUP），用于为逻辑左移或算术左移插入合适的低阶位，后面再接另一个固定电路，用于为逻辑右移或算术右移插入合适的高阶位。

程序 8-13 是这个左移固定电路的行为化 Verilog 模块。这个电路有 16 位的数据输入和输出，DIN 和 DOUT。它的控制输入是移位总数 S、使能输入 FEN 以及插入到固定数据位的新值 FDAT。对于每个输出位 DOUT[ii]，如果电路处于使能状态且 ii 比 S 小，那么电路会输出固定位的值；否则，电路就会输出未修改过的数据输入 DIN[ii]。

程序 8-13　左移修改的行为化 Verilog 模块

```
module Vrfixup (DIN, S, FEN, FDAT, DOUT);
  input [15:0] DIN;        // 数据输入
  input [3:0] S;           // 移位总数, 0 ~ 16
  input FEN, FDAT;         // 固定使能和数据
  output [15:0] DOUT;      // 数据总线输出
  reg [15:0] DOUT;
  integer ii;

  always @ (DIN or S or FEN or FDAT)
    for (ii=0; ii<=15; ii=ii+1)
      if ( (ii < S) && (FEN == 1'b1) ) DOUT[ii] = FDAT;
      else DOUT[ii] = DIN[ii];
endmodule
```

对于右移，从数据字的另一端开始固定，所以，似乎需要第二种版本的固定电路。但是，如果像我们马上会看到的，只是颠倒输入和输出位，那就可以使用原先的版本了。

程序 8-14 是用于完整 6 函数 16 位桶形移位器的结构化 Verilog 模块，采用了图 8-21 中的设计方法。该模块的输入、输出和 Vrbarrel16_S 的参数与原先程序 8-10 中的一样。模块实例化了 Vrrolr16 和 Vrfixup 的两个例子，还用了几个赋值语句来创建所需的控制信号（就是图 8-21 中的“其他逻辑”）。

程序 8-14　6 函数桶形移位器的结构化 Verilog 模块

```
module Vrbarrel16_s (DIN, S, C, DOUT);
  input [15:0] DIN;            // 数据输入
  input [3:0] S;               // 移位总数, 0 ~ 15
  input [2:0] C;               // 控制模式
  output [15:0] DOUT;          // 数据总线输出
  wire [15:0] DOUT;
  wire [15:0] ROUT, FOUT, RFIXIN, RFIXOUT;   // 局部导线
  wire DIR_RIGHT, FIX_RIGHT, FIX_RIGHT_DAT, FIX_LEFT, FIX_LEFT_DAT;
  genvar ii;
  parameter Lrotate  = 3'b000, // 定义编码
            Rrotate  = 3'b001, // 不同的移位模式
            Llogical = 3'b010,
            Rlogical = 3'b011,
            Larith   = 3'b100,
            Rarith   = 3'b101,
            unused1  = 3'b110,
            unused2  = 3'b111;

  assign DIR_RIGHT = ((C==Rrotate) || (C==Rlogical) || (C==Rarith))     ? 1'b1 : 1'b0;
  assign FIX_LEFT  = ((DIR_RIGHT==1'b0) && ((C==Llogical)||(C==Larith))) ? 1'b1 : 1'b0;
  assign FIX_RIGHT = ((DIR_RIGHT==1'b1) && ((C==Rlogical)||(C==Rarith))) ? 1'b1 : 1'b0;
  assign FIX_LEFT_DAT  = (C == Larith) ? DIN[0] : 1'b0;
  assign FIX_RIGHT_DAT = (C == Rarith) ? DIN[15] : 1'b0;
  Vrrolr16 U1 ( .DIN(DIN), .S(S), .DIR(DIR_RIGHT), .DOUT(ROUT) );
  Vrfixup U2 ( .DIN(ROUT), .S(S), .FEN(FIX_LEFT), .FDAT(FIX_LEFT_DAT), .DOUT(FOUT) );
  generate
    for (ii=0; ii<=15; ii=ii+1)
```

```
    begin : U3 assign RFIXIN[ii] = FOUT[15-ii]; end
  endgenerate
  Vrfixup U4 (.DIN(RFIXIN),.S(S),.FEN(FIX_RIGHT),.FDAT(FIX_RIGHT_DAT),.DOUT(RFIXOUT));
  generate
    for (ii=0; ii<=15; ii=ii+1)
    begin : U5 assign DOUT[ii] = RFIXOUT[15-ii]; end
  endgenerate
endmodule
```

如果C说明为一种右移，那么第一个赋值语句使DIR_RIGHT有效。根据逻辑移位和算术移位的需要，接下来的4个赋值用于为使能输入FIX_LEFT和FIX_RIGHT，以及左移/右移固定电路的固定数据FIX_LEFT_DAT和FIX_RIGHT_DAT设置合适的值。

信息隐藏方式

基于C的编码，你可能想要用“DIR_RIGHT<=C[0]”替换程序8-14中的第一个赋值语句，可以保证导出更有效的控制位的实现——只是一条连线！但是，这会违反信息隐藏的编程原则，从而导致一个可能的错误。

我们在Vrbarrel16模块声明中，利用parameter定义编写了移位编码。模块的剩余部分并不依赖于编码的细节。假设我们不过是按上述建议修改了代码。如果稍后其他人（或我们自己）来了，并用不同的编码修改了parameter定义，那么，模块的剩余部分将不会用新的编码！

为了提高程序的可读性，程序8-14的模块中所有语句都是按照数据流的实际顺序列写的，即使它们是并发执行的。首先，Vrrolr16（U1）被实例化为实现规定的基本的循环左移或循环右移。它的输出与第一个用于处理逻辑左移和算术左移的固定位的组件Vrfixup（U2）的输入相连。接着是一个生成程序块，用于为下一个组件Vrfixup（U4）颠倒数据输入的顺序，而组件Vrfixup用于处理逻辑右移和算术右移的固定位。最后一个生成程序块取消前面的位颠倒操作。注意，在综合中，这两个生成程序块不会生成任何逻辑；只是调换连线。

当以FPGA Xilinx 7系列为目标器件并使用Vivado工具时，程序8-14的模块用到了131个LUT，并且其最坏情况延迟路径上有三个LUT和一个快速专用多路复用器。因此，它的规模与原先行为化说明的设计相比减小了10%但速度一样。进一步的改进至少可以减少40%的规模，但所得电路的最坏情况延迟路径会稍微高或低一点（参见练习题8.41和8.42）。

程序8-15展示的是一个桶形移位器的测试平台。程序8-10没有展示输入到C的3位模式控制值的参数定义，以及实现六种移位的行为化定义函数，其中的第一种移位（Vrol）如程序8-10所示。如前所述，这些函数按照这样的写法通常是不可综合的，但它们在模拟中却能完美工作。并且它们满足通常的测试平台的目标：使用与被测试单元不同的方法来实现功能，这样更容易发现概念上的错误和“打印错误”。

在这个测试平台中，一个Verilog任务checksh将C的每一个值所对应的UUT的输出（DOUT），与对应函数产生的移位值作比较，或者当两个未用值的其中之一输入到C时，与不移位的输入（DIN）比较。通常，checksh使用案例（不）相等操作符（!==），而不是简单的不相等操作符（!=），因此UUT产生的任何值为x和z的输出都会被当作检测到错误。

你瞧，程序8-15的测试平台确实可以发现程序8-14的桶形移位器中的错误；你看到问题了吗？在该测试平台中，我们假设当C为两个未用值之一时，UUT会将DIN不变地复制到DOUT。但是，在实际的桶形移位器的设计中，并没有这样的规定，并且在最初的功能描述中，也没有陈述这种情况下会发生什么。分析程序8-14或测试平台的输出，你会看到实际上发生了什么：输入循环左移了S位。

程序 8-15 6 函数桶形移位器的 Verilog 测试平台

```
`timescale 1 ns / 100 ps
module Vrbarrel16_tb () ;
  reg [15:0] DIN;                 // 数据输入
  reg [3:0] S;                    // 移位总数, 0 ~ 15
  reg [2:0] C;                    // 模式控制
  wire [15:0] DOUT;               // 数据总线输出
  integer i, sh, errors;
  parameter SEED = 1;

  task checksh;  // 将 UUT 输出 (DOUT) 和期望输出 (WANT) 进行比较的任务
    input [15:0] WANT;
    begin
      if (WANT!==DOUT) begin
        errors = errors + 1;
        $display("Error: C=%3b, S=%4b, DIN=%16b, want %16b, got %16b",
                 C, S, DIN, WANT, DOUT);
      end
    end
  endtask

  Vrbarrel16_s UUT ( .DIN(DIN), .S(S), .C(C), .DOUT(DOUT) );

  initial begin
    errors = 0; DIN = $random(SEED);
    for (i=0; i<2500; i=i+1) begin          // 测试 2500 个随机输入数据向量
      DIN = $random;                         // 应用随机数据输入
      for (sh=0; sh<=15; sh=sh+1) begin     // 测试所有可能的移位数量
        S = sh;                              // 应用移位数量
                                             // 并测试所有 8 位控制值
        C = Lrotate; #10  ; checksh(Vrol(DIN,S));
        C = Rrotate; #10  ; checksh(Vror(DIN,S));
        C = Llogical; #10 ; checksh(Vsll(DIN,S));
        C = Rlogical; #10 ; checksh(Vsrl(DIN,S));
        C = Larith; #10   ; checksh(Vsla(DIN,S));
        C = Rarith; #10   ; checksh(Vsra(DIN,S));
        C = unused1; #10  ; checksh(DIN);
        C = unused2; #10  ; checksh(DIN);
      end
    end
    $display("Test done, %0d errors", errors);
    $stop(1);
  end
endmodule
```

所以在这个例子中，测试平台发现了问题说明本身的一个“错误”。当选择了一个“未用”的模式时，可能需要也可能不需要将输入复制到输出，具体操作由具体的应用决定。如果需要，则一定要修改设计（参见练习题 8.43）。如果不需要，则应该更新测试平台。无论哪种方式，都应该从说明中删除歧义。

8.3 乘法

乘法是一种常见的操作，可以通过时序电路来完成，使用我们在 2.8 节简要描述的移位 – 累加算法。但我们还没有设计时序电路。可以按照这节的阐述，用组合电路来完成设计。Verilog 的内置乘法操作符会综合出一个组合型的乘法器。

8.3.1 组合乘法器结构

虽然移位 – 累加算法是模拟手算十进制数乘法的过程，但是乘法过程没有内在的“时序性”或“时间依赖性”，也就是说，给出两个 n 位输入字 X 和 Y，写出作为 X 和 Y 组合函数的 $2n$ 位乘积 $P = X \cdot Y$ 的真值表是可能的。组合乘法器（combinational multiplier）就是具备这种真值表的逻辑电路。

大多数组合乘法都是基于手算的移位 – 累加算法而实现的。图 8-22 说明了 8 × 8 乘法器的基本思想，被乘数 $X = x_7x_6x_5x_4x_3x_2x_1x_0$，乘数 $Y = y_7y_6y_5y_4y_3y_2y_1y_0$，$X$ 和 Y 均为无符号整数。我们称每行为一个乘积分量（product component)，它表示移位的被乘数，根据对应的乘数数位乘以 0 或 1。每个小盒子表示乘积分量的一个位 $y_i \cdot x_j$，即乘数的第 y_i 位和被乘数的第 x_j 位的逻辑 “与”。将所有乘积分量加在一起就得到乘积 $P = p_{15}p_{14}\cdots p_2p_1p_0$，占 16 位。

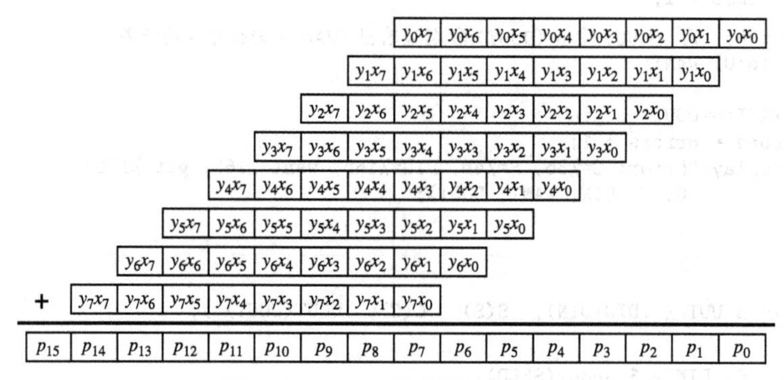

图 8-22　8 × 8 乘法器的部分积

图 8-23 显示了将所有乘积分量加起来的一种方法。在此，把乘积分量的位拆开以留出空隙，每个 “+” 盒子是与图 8-1c 等效的全加器。在每行全加器中连接进位信号以形成 8 位串行加法器。所以，第一个串行加法器组合头两个乘积分量，结果产生第一个部分积（见

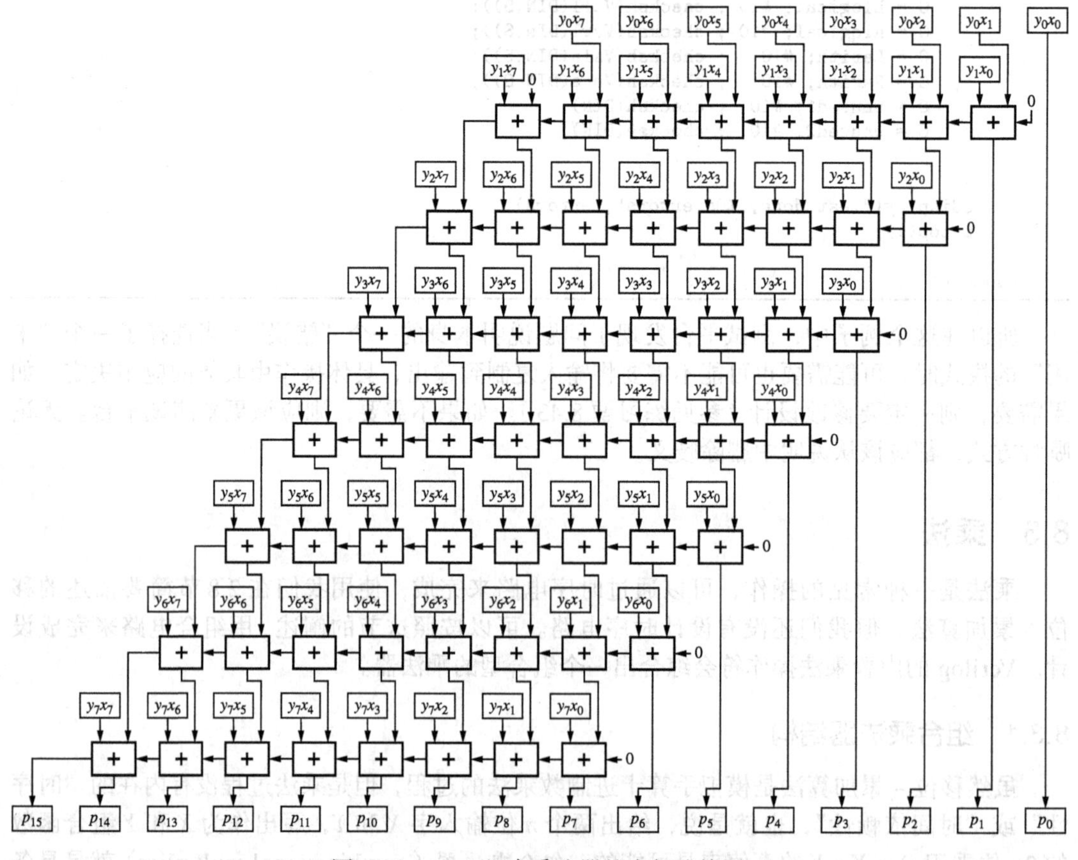

图 8-23　8 × 8 组合乘法器的内部连接图

2.8 节中的定义)。接下来的加法器将每个部分积与下一个乘积分量进行组合。

研究图 8-23 电路的传输延迟是很有趣的。在最坏情况下，最低有效加法器（y_0x_1 和 y_1x_0）的输入能影响到乘积的最高有效位（p_{15}）。为简单起见，假设从全加器任一输入到其任一输出的延迟是相等的，为 t_{pd}，那么最坏情况通路历经 20 个全加器，故延迟为 $20t_{pd}$。如果每个延迟是不同的，那么答案依赖于相关的延迟（参见练习题 8.44）。

一般而言，组合乘法器通常构造为一个全加器的阵列，因此这种乘法器通常称为*阵列乘法器*（array multiplier）。除了图 8-23 外，还有许多其他的结构可用，这些结构通常会有更好的性能，并且会提供对特定目标技术进行优化的机会。这里，只探讨另外一种不同的结构形式，最初是受到了一种特殊类型的时序型乘法器的启发。

时序乘法器（sequential multiplier）使用单个加法器和一个寄存器来累加部分积。部分积寄存器被初始化为第一个乘积分量。对于 $n \times n$ 位乘法，需要 $n-1$ 步且使用 $n-1$ 次加法器，因为剩下的 $n-1$ 个乘积分量，每个都要加到部分积寄存器上。

有些时序乘法器使用名为*进位保留加法*（carry-save addition）的技巧来加速乘法过程。其思路是：断开串行进位加法器的进位链，以缩短每次加法的延迟。这一点可以这样实现：将第 j 步第 i 位的进位输出连到下一步（第 $j+1$ 步）第 $i+1$ 位的进位输入。当最后一个乘积分量加完后，还需要多做一步，在这一步中进位信号以通常的方法连接，并允许其信号从最低有效位到最高有效位串行传递。

运用进位保留加法的 8×8 乘法器的等效组合电路如图 8-24 所示。注意在头 7 行中，每

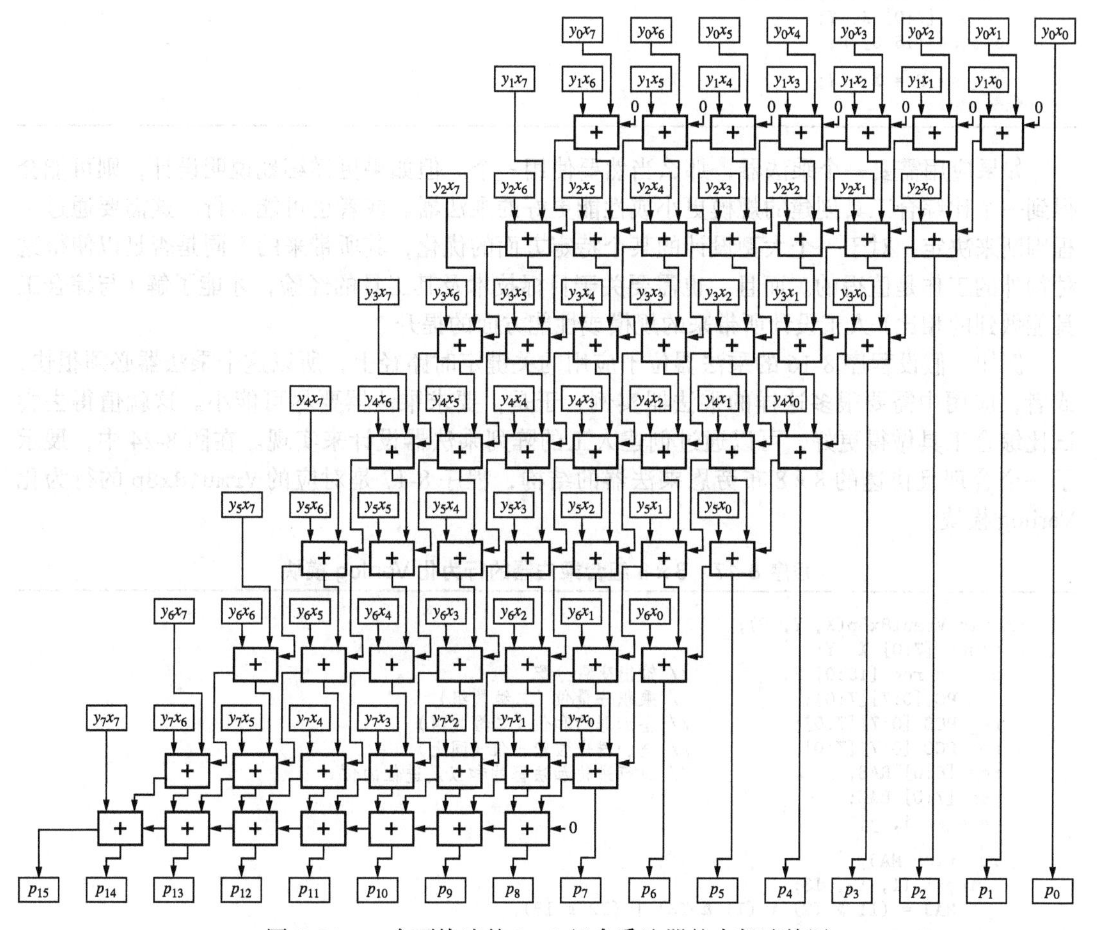

图 8-24　一个更快速的 8×8 组合乘法器的内部连接图

个全加器的进位输出连到它下面的加法器的输入。在全加器的第8行，连接进位以创建常规的串行进位加法器。虽然这个加法与前一个加法使用完全相同的逻辑量（64个2输入与门和56个全加器），但其延迟却是实实在在地缩短了，其最坏情况延迟通路只历经了14个全加器。这个设计称为*布劳恩乘法器*（Braun multiplier），还有很多的改进形式。例如，在最后一行使用先行进位加法器或并行前缀加法器，可以进一步减少它的延迟。

对于VLSI和ASIC的实现而言，组合乘法器的常规结构是较理想的。在微处理器、数字电视以及其他应用中，快速乘法的重要性导致人们更多地探讨组合乘法器，使其具有更好的结构（请见参考资料）。

*8.3.2　用Verilog实现乘法

Verilog有一个内置的乘法操作符“*”，这个操作符用于两个无符号的位向量的乘法运算。所得到的乘积的宽度是两个输入向量的宽度之和。因此，在Verilog中定义无符号乘法运算非常容易，程序8-16就是两个8位二进制输入数据的乘法运算，乘积是16位位向量。但是，乘法器的定义不能够太随意。因为当目标器件是FPGA Xilinx 7系列时，这种简单的代码所创建的组合电路要使用超过70个LUT，并且其最坏情况输入–输出路径上有大约10级逻辑（LUT和CARRY4元件）。

程序8-16　8×8组合乘法器的Verilog模块

```
module Vrmul8x8i(X, Y, P);
  input [7:0] X, Y;
  output [15:0] P;

  assign P = X * Y;
endmodule
```

如果应用需要一个乘法器，那么当然要使用一个。但如果更详细地说明设计，则可能会得到一个比综合工具创建的规模更小或性能更好的乘法器。或者也可能不行。这需要通过工程判断来决定，对于一个大型设计的某个特定方面的优化，其所带来的不同是否足以使得这种额外的工作是值得的。而且，也需要关于目标技术及其工具的经验，才能了解（与综合工具能做到的相比）人工设计所带来的规模或性能方面的提升。

例如，假设程序8-16的乘法器位于应用的关键定时路径上，所以这个乘法器必须很快，或者，应用中需要很多这样的乘法器实例，于是，要求乘法器要尽可能小。这就值得去尝试比综合工具做得更好，可以通过创建人工的阵列乘法器设计来实现。在图8-24中，展示了一个合理且快速的8×8布劳恩乘法器的结构，程序8-17是对应的`Vrmul8x8p`的行为化Verilog模块。

程序8-17　8×8组合乘法器的行为化Verilog模块

```
module Vrmul8x8p(X, Y, P);
  input [7:0] X, Y;
  output reg [15:0] P;          // 输出变量分配
  reg PC [0:7][7:0];            // 乘积分量位（二维数组）
  reg PCS [0:7][7:0];           // 全加器的和位（二维数组）
  reg PCC [0:7][7:0];           // 全加器进位输出位（同上）
  reg [6:0] RAS;                // 串行进位加法器的和以及进位的位
  reg [7:0] RAC;
  integer i, j;

  function MAJ;
    input I1, I2, I3;
      MAJ = (I1 & I2) | (I1 & I3) | (I2 & I3);
  endfunction
```

```
  always @ (*) begin
    for (i=0; i<=7; i=i+1)
      for (j=0; j<=7; j=j+1)
        PC[i][j] = Y[i] ? X [j] : 1'b0; // 获得乘积分量位
    for (j=0; j<=7; j=j+1) begin
      PCS[0][j] = PC[0][j];  // 设置第一行“虚拟”全加器（图中未展示）的输出
      PCC[0][j] = 1'b0;
    end
    for (i=1; i<=7; i=i+1) begin  // 做所有“真实”的全加器
      for (j=0; j<=6; j=j+1)
        PCS[i][j] = PC[i][j] [illegible] ][j+1] ^ PCC[i-1][j];
        PCC[i][j] = MAJ(PC[i][j], PCS[i-1][j+1], PCC[i-1][j]);
      end
      PCS[i][7] = PC[i][7];
    end
    RAC[0] = 1'b0;      // 不要进位到最后一个串行进位加法器
    for (i=0; i<=6; i=i+1) begin                 // 最终的串行进位加法器
      RAS[i] = PCS[7][i+1] ^ PCC[7][i] ^ RAC[i];      // 和
      RAC[i+1] = MAJ(PCS[7][i+1], PCC[7][i], RAC[i]); // 进位的位
    end
    for (i=0; i<=7; i=i+1) begin
      P[i] = PCS[i][0];  // 来自全加器和的第一个乘积 8 位
    end
    for (i=8; i<=14; i=i+1)
      P[i] = RAS[i-8];    // 来自串行进位加法器和的下一个 7 位
    P[15] = RAC[7];       // 来自串行进位加法器执行的最后一位
  end
endmodule
```

该模块首先声明其输入、输出和内部变量。二维数组用于内部变量 PC、PCS 和 PCC，这些变量都有 8 个元素，下标从 0 ~ 7，其中每一个元素都是一个 8 位二进制 reg[7:0]，每个位向量的下标从 7 ~ 0。变量 PC 用于存放乘积分量位，变量 PCS 和 PCC 分别存放全加器的主要行的和以及进位输出。位向量 RAS 和 RAC 用于存放最后那个串行进位加法器的和以及进位输出。整形变量 i 和 j 可用作行和列的循环下标。图 8-25 给出了图 8-24 的乘法器电路中的信号与 Verilog 模块中对应变量名之间的关系。

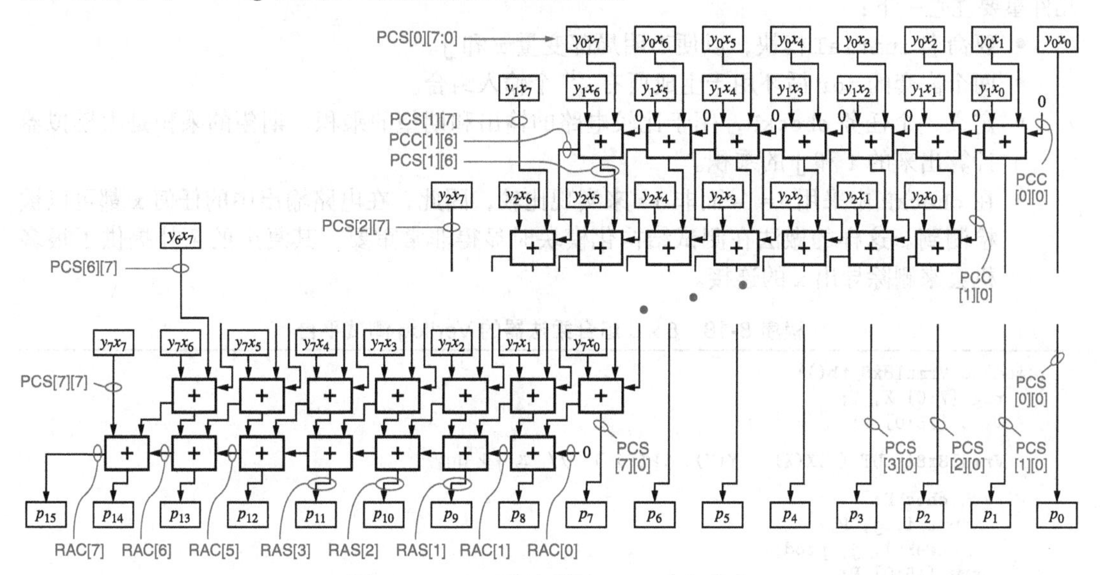

图 8-25　8 × 8 乘法器的 Verilog 变量名

接下来定义的函数 MAJ 用于执行 3 位输入的主要功能；该函数稍后用来产生全加器的进位输出。

在这个模块的主体部分中，第一个嵌套 for 语句产生出 8 行，每行 8 位，共 64 个乘积分量位。每位 PC[i][j] 不是等于相应乘积位 X[j] 就是等于 0，这取决于相应乘积位 Y[i] 的值。下面的 for 循环语句利用第 0 行“虚拟”全加器的概念（图中未展示），初始化乘法器顶部的边界条件，“虚拟”全加器的和输出等于 PC 位的第一行，其进行输出等于 0。

第二个嵌套 for 语句对应于图 8-24 中的 49 个加法器（但不包括最后的那个串行进位加法器）的主要数组。要注意，下标的范围（i 从 1 到 7，j 从 0 到 6）与“移位”如何对应，在图中非常明显。这样，全加器的输出 PCS[i][j] 和 PCC[i][j] 就可以由上面的 PCS 和 PCC 行正确导出。和的最左端的输出位 PCS[i][7] 作为特殊情况处理，将它设置为与位 PC[i][7] 相等，而 PCC[i][7] 没用，因此不用计算。

接下来的 for 循环对应于图 8-24 中最后的那个串行进位加法器。最后两个 for 循环和最后的那个语句用来将适当加法器输出赋给乘法器的输出信号。

注意，程序 8-17 中的 Verilog 模块尽可能地对图 8-24 的逻辑门电路进行了说明，尽管综合器根据这个行为特性代码可以创建出与图 8-24 完全不同的电路结构。在目标器件不是 ASIC 而是 FPGA 的情况下，确实会这样。在 ASIC 中，综合器可能会遵从行为特性代码的结构，但也不是必然如此。如果想要控制结构，那么必须使用结构化 Verilog，正如下面将要讨论的。但是首先，来检查一下到目前为止所做的工作。

一维思考

可以用一维的向量数组代替二维的位数组以重写程序 8-17。如果你正在使用传统的工具，那么这个方法可以用于 Verilog-1995，因为 Verilog-1995 不支持多维数组。该方法还有其他的优点和缺点（参见练习题 8.46）。

程序 8-18 是用于 8×8 乘法器模块的 Verilog 测试平台。代码开始部分的模块实例化确定了要测试的版本、到目前为止显示的两个版本或者接下来的结构化模型。该测试平台采用“蛮力”测试法，针对所对应的期望输出检测每一种可能的输入组合。关于这个测试平台有几件事要注意一下：

- 要命名 initial 模块，以便声明局部变量 i 和 j。
- 两个嵌套的 for 循环用于生成所有 2^{16} 个输入组合。
- 定义一个任务 checkP，用于比较电路的输出和期望的乘积，期望的乘积是由模拟器计算出来的 i 和 j 的乘积。
- 在 checkP 中采用 !== 而非 != 来实现比较，因此，在电路输出中的任何 x 都可以被检测到。这样的做法在测试结构化模块时显得非常重要；其复杂的拓扑提供了很多机会来删除导出 x 的连接。

程序 8-18　8×8 组合乘法器的 Verilog 测试平台

```
module Vrmul8x8_tb();
  reg [7:0] X, Y;
  wire [15:0] P;

  Vrmul8x8i UUT ( .X(X), .Y(Y), .P(P) ); // 实例化 UUT

  task checkP;
    input i, j, P;
    integer i, j, prod;
    reg [15:0] P;
    begin
      prod = i*j;
      if (P !== prod) begin
        $display($time," Error: i=%d, j=%d, expected %d (%16b), got %d (%16b)",
                 i, j, prod, prod, P, P); end;
```

```
      end
    endtask
    initial begin : TB    // 在时间为 0 时开始测试
      integer i, j;
      for ( i=0; i<=255; i=i+1 )
        for ( j=0; j<=255; j=j+1 ) begin
          X = i; Y = j;
          #10;              // 等待 10ns，然后检测结果
          checkP (i, j, P);
        end
      $display($time," Test ended );       // 测试结束
    end
  endmodule
```

令人印象深刻的是，模拟器竟然可以如此快速地模拟这个已综合模块的上千个门电路；对于所有 65 536 个输入，一台 2Ghz 的笔记本电脑大约只需要 3 秒钟就可以完成模拟。当然，对于更大型的设计（如 16×16 的乘法），要像前面有些例子那样，用生成随机输入的模式，而不是用穷尽的方法。

接下来，将展示一个 8×8 布劳恩乘法器的结构化 Verilog 模块。它使用专门的在程序 8-19 中定义的全加器组件 FAblk，FAblk 就像一个全加器，除了两对输入在输入给全加器之前要先相与之外：A0 和 A1 相与得到通常的 A，B0 和 B1 相与得到通常的 B。

程序 8-19　已优化的结构化代码的全加器模块

```
(* keep_hierarchy = "yes" *) module FAblk(A0, A1, B0, B1, CIN, S, COUT);
  input A0, A1, B0, B1, CIN; // 全加器的与项，得到 A 和 B 输入
  output S, COUT;

  function MAJ;
    input I1, I2, I3;
      MAJ = (I1 & I2) | (I1 & I3) | (I2 & I3);
  endfunction

  assign S = (A0 & A1) ^ (B0 & B1) ^ CIN;
  assign COUT = MAJ ((A0 & A1), (B0 & B1), CIN) ;
endmodule
```

因此，正好可以在 FAblk 内部处理程序 8-17 的乘积分量项 PC[i][j]；这是高效的，因为当上述结构化模块的目标器件是 Xilinx 7 系列和其他的 FPGA 时，其中的每个 2 输出的 FAblk（包括乘积分量位的生成）都恰好适合于一个配置成两个 5 输入 LUT 的 6 输入 LUT（参见图 6-6）。模块定义中还包含 keep_hierarchy 约束，以迫使综合工具在综合中保持 FAblk 的信号在一起，使得 FAblk 的输入和输出在综合后的电路中仍然完全按照代码所定义的方式出现并且可见。这种方法为设计者提供了更多对（从模型综合出来的）电路结构的控制权，这也许是 ASIC 实现所期望的。

程序 8-20 是完整的结构化模块。这个模块使用生成程序块创建了全加器组件（FAblk）及其连接（按照图 8-25 中所示的模式）的实际二维结构。用于全加器第一行的 FAblk 的 CIN 输入被设置为 0；对应于乘积分量位的两个输入被输入到 A；另外两个输入到 B。当 FAblk 用于图 8-25 的第二行和后续行时，大多数情况下，只用了 B 的一个输入（B0）来接收来自上面行的输出和；B 的另一个输入（B1）被设置为 1。但是，在每一行最左边的 FAblk 中，A 和 B 的两对输入都会用来构成乘积分量位。

程序 8-20 另一个有趣的方面是，使用 Verilog 内置的加法函数来做最后的加法，而不是像程序 8-17 那样说明一个串行进位加法器。最后一个 for 循环从二维的 PCS 和 PCC 数组中抽取所需的位，创建一个向量对，并用内置的加法操作符将向量对组合起来。这样设计的想

法是，当综合器遇到一个显式加法、一个常规的运算时，就应该能够构建出一个非常适合于目标技术的实现，至少能够与人工设计的一样好。与使用 FAblk 模块的串行进位加法器相比，这种实现可能规模更小或速度更快，也可能二者兼备。在 FPGA Xilinx 7 系列的案例中，我们知道，综合器能够很好地完成任务，利用 7 系列的 CARRY4 元件，创建出紧凑且快速的加法器。并且在这个例子中，所得到的结果确实既小又快。

程序 8-20　8×8 组合乘法器的结构化 Verilog 模块

```
module Vrmul8x8sho(X, Y, P);
  input [7:0] X, Y;
  output [15:0] P;
  wire PCS [0:7][7:0];            // 全加器的和位
  wire PCC [0:7][7:0];            // 全加器进位输出位
  wire [6:0] PCSv, PCCV;          // 最后加法使用的临时向量
  genvar i, j;

  generate
    for (j=0; j<=6; j=j+1) begin: FAgenrow1 // FA 的行 1 有两个与项
                                            // 每个 A 和 B 输入都有，但 CIN（1'b0）没有
      FAblk U1 (.A0(Y[1]), .A1(X[j]), .B0(Y[0]), .B1(X[j+1]), .CIN(1'b0),
                .S(PCS[1][j]), .COUT(PCC[1][j]));
    end
    // 保留 FA 行有两个 A 输入的与项，将 B 和 CIN 输入相加
    for (i=2; i<=7; i=i+1) begin: FAgenrow
      for (j=0; j<=5; j=j+1) begin: col // 大多数的 FA 只在 A 输入上有两个与项
        FAblk U2 (.A0(Y[i]), .A1(X[j]), .B0(PCS[i-1][j+1]), .B1(1'b1),
                  .CIN(PCC[i-1][j]), .S(PCS[i][j]), .COUT(PCC[i][j]));
      end
      // 每一行最左边的 FA 是特殊的，在 A 和 B 输入上使用两个与项
      FAblk U3 (.A0(Y[i]), .A1(X[6]), .B0(Y[i-1]), .B1(X[7]), .CIN(PCC[i-1][6]),
                .S(PCS[i][6]), .COUT(PCC[i][6]));
    end
  endgenerate

  // 考虑边界情况，做最后的加法，并且连接上输出
  assign PCS[7][7] = Y[7] & X[7];  assign PCC[7][7] = 1'b0;;   // 边界情况
  assign P[0] = X[0] & Y[0];                                  // 乘积的 LSB
  for (i=1; i<=7; i=i+1) assign P[i] = PCS[i][0]; // 来自 FA 和的下一个 7 位
  for (j=0; j<=6; j=j+1) begin
    assign PCSV[j] = PCS[7][j+1]; // 针对最后的 8 位加法使用内置加法函数编造向量
    assign PCCV[j] = PCC[7][j];
  end
  assign P[15:8] = PCSV + PCCV;   //    ……以获得乘积的 8 MSB
endmodule
```

FPGA 优化的结构化 Verilog 代码的性能结果

以 FPGA Xilinx 7 系列为目标器件，图 8-24 和图 8-25 中的乘法器结构都可以非常有效。回想一下，7 系列的 LUT 可以实现两个任意的 5 输入逻辑函数。程序 8-19 中的增强型全加器 FAblk 与 7 系列 LUT 的容量完美匹配，所以正好适合于用一个 7 系列 LUT 实现。

出于比较的目的，我针对 FPGA Xilinx 7 系列使用 Xilinx Vivado 工具，综合了所有的 Vrmul8x8 模块。真实的行为化架构（程序 8-16 中的 Vrmul8x8i）获得了很好的 QoR（结果质量），使用了 71 个 LUT 且最坏情况延迟为 13.38ns。而对于显示的行为化架构（程序 8-17 中的 Vrmul8x8p），尽管在创建中我做了很多工作，但得到的结果却比较差，使用了 75 个 LUT 且最坏情况延迟为 14.83ns。一个结构化版本 Vrmul8x8s，与程序 8-20 相似，但其是用串行进位加法器作为最后的加法器（没用 CARRY4 元件），使用了 75 个 LUT 且最坏情况延迟为 20.49ns。程序 8-20 的优化后的结构化版本 Vrmul8x8sho

使用的 LUT 最少（只有 57 个），且最坏情况延迟是 16.96ns，仍然比简写的行为化版本 Vrmu18x8i 的工具实现要长得多。

通常，针对不同的技术（如 ASIC），4 个版本相应的 QoR 都会非常不同，即使使用同一个软件工具的不同版本，也是如此，因为工具的内部算法可能会被“微调”。实际在一年前，当我用工具的早期版本综合同一个模块时，还是手工版本 Vrmu18x8sho 获胜呢！

*8.4 除法

在计算机和数字应用中，除法不像乘法那么常用，但也依然会用到。与乘法一样，除法也可以用时序电路实现，通常是基于移位 – 减算法，正如 2.9 节中简述的。为了提高性能，还设计了许多不同形式的算法。

本节将讲述最基本的一次一位的移位 – 减除法算法，然后演示如何用 Verilog 模块建模，并综合出一个组合电路。实现除法的一个简单方法就是只用 Verilog 内置的除法操作符，继而综合出一个组合除法器；但是，依据具体的应用和工具，通过基于基本算法创建自己的除法电路模型，不用费太多力气就可能得到更有效的电路。

8.4.1 基本无符号二进制除法算法

如 2.9 节所述，计算机中典型的除法指令是用一个 n 位除数去除一个 $2n$ 位的被除数，得到一个 n 位的商和一个 n 位的余数。并且为除数为 0 或者商的位数超过 n 位的情况设置一个“溢出”条件位。在本节中，为简单起见，就用一个 n 位除数去除一个 n 位被除数，得到的商总是能表示为 n 位，并且不考虑除数为 0 的情况。

在算法中将使用 4 个 n 位变量：

- DVND——被除数
- DVSR——除数
- QUOT——商
- REM——余数

除法的定义是 DVND = QUOT × DVSR + REM。即使基本算法只使用 n 位输入和输出，也还是要用一个 $2n$ 位的寄存器或变量，称为 RDIV——“简化”的被除数。除法开始时，RDIV 左半部分初始化为 0，右半部分载入 DVND。算法重复以下步骤 n 次，从左至右计算出商的各位，i 初始化为 n–1：

1. RDIV 左移 1 位。

2. 将 DVSR 与 RDIV 的左半部分作比较。如果 DVSR 小于或等于 RDIV[$2n$–1:n]，则将差值（RDIV[$2n$–1:n]– DVSR）载入左半部分 RDIV[$2n$–1:n]，并且将 QUOT 的第 i 位设置为 1；否则，将 QUOT 的第 i 位设置为 0。然后，i 减 1：重复上述步骤，直到 $i = 0$。

n 步结束后，QUOT 的所有位都被置为合适的值，并且左半部分 RDIV[$2n$–1:n] 就是 REM 的值。

第 2 步的小于或等于的比较可以用减法实现——如果 RDIV[$2n$–1:n]–DVSR 没有从 MSB 借位，那么 DVSR 小于或等于 RDIV[$2n$–1:n]。这很方便，因为当没有借位时，可以将减法结果放入一个变量 DIFF 中，然后将这个变量载入 RDIV 的左半部分。图 8-26 展示了如何使用这个变量。

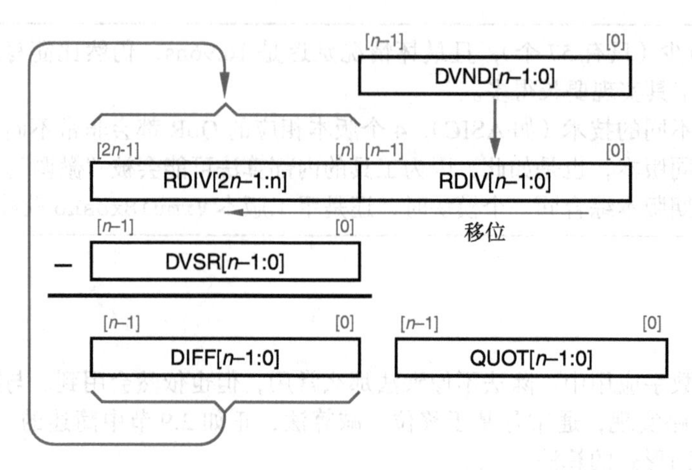

图 8-26　除法算法中使用的变量

8.4.2　用 Verilog 实现除法

在 Verilog 中，使用语言内置的除法和模的操作符（/ 和 %），很容易定义一个整数除法。程序 8-21 是计算 32 位商和余数的模块，使用了内置操作符和前一小节中定义的变量。它也会检查除数为 0 的情况，如果发生了，则将 QUOT 和 REM 设为全 1。

程序 8-21　32 位除法的 Verilog 模块

```
module Vrdiv32by32 ( DVND, DVSR, QUOT, REM );
  input  [31:0] DVND, DVSR;
  output reg [31:0] QUOT;
  output reg [31:0] REM;

  always @ (DVND, DVSR) begin
    if (DVSR==32'b0)
      begin QUOT = 32'hffffffff; REM = 32'hffffffff; end
    else begin
      QUOT = DVND / DVSR;
      REM = DVND % DVSR;
    end
  endmodule
```

当程序 8-21 以 FPGA Xilinx 7 系列为目标器件，并使用 Vivado 2016.3 工具时，综合后的组合电路使用大约 2200 个 LUT。尽管前一小节的算法中的余数是计算商时自然得到的副产品，但综合工具似乎不会利用程序 8-21 中的余数——只会为 QUOT 或 REM 两者之一综合出一个电路，该电路只用了 1100 个 LUT。

也可以编写一个结构化 Verilog 模块，使用前面小节中的算法和变量，将商和余数一起计算，如程序 8-22 所示。这个模块计算出来了组合的结果，采用一个由 33 个 64 位向量 RDIV 组成的数组作为 RDIV 的初始值，生成程序块中的 for 循环迭代 32 次，每次迭代之后都会更新 RDIV 的值。另一个数组 SDIV 保存每次迭代开始时移位后的 RDIV 值，用于后续计算；还有一个由 33 位向量构成的数组 DIFF，用于保持每次迭代中的减法的值。注意 DIFF 和减法被设置为 33 位宽，是为了将源自第 31 位的借位保存在 MSB（第 32 位）中。

在综合中，for 循环中的第一个 assign 语句不会生成任何逻辑；从效果上讲，它只是为现行迭代复制（重命名）信号。第二个 assign 语句会为每次迭代创建一个真实的 32 位减法器，而第三个 assign 语句则会创建一个 32 位多路复用器，依据借位 DIF[g][32] 从两个输入中选择一个，并复制（重命名）选中的 32 位的信号。最后一个 assign 语句按照

DIF[g][32] 设置商的一位的值。在 for 循环之后，从 RDIV 最后值的左半部分复制出（重命名）余数。

程序 8-22　32×32 组合除法器的结构化 Verilog 模块

```
module Vrdiv32by32_s ( DVND, DVSR, QUOT, REM ); // 32 位整数除法器
  input [31:0] DVND, DVSR;                      // 32 位被除数和除数
  output wire [31:0] QUOT, REM;                 // 32 位商和余数
  wire [63:0] RDIV[31:-1], SDIV[31:0];          // 减少和移位后的被除数
  wire [32:0] DIFF[31:0];                       // 试验差异
  genvar g;

  assign RDIV[31] = {32'b0,DVND};
  generate
    for (g=31; g>=0; g=g-1) begin: SUB
      assign SDIV[g] = RDIV[g]<<1;
      assign DIFF[g] = {1'b0,SDIV[g][63:32]} - {1'b0,DVSR};
      assign RDIV[g-1] = {(DIFF[g][32]? SDIV[g][63:32] : DIFF[g][31:0]),SDIV[g][31:0]};
      assign QUOT[g] = DIFF[g][32] ? 0 : 1;
    end
  endgenerate
  assign REM = RDIV[-1][63:32];
endmodule
```

当程序 8-22 以 FPGA Xilinx 7 系列为目标器件，并使用 Vivado 2016.3 工具时，综合后的组合电路只使用大约 1500 个 LUT。因此，当同时需要 QUOT 和 REM 时，人工模块比工具综合出来的电路小 25%。但是，当只需要一个结果时，用工具内置的方法综合出来的除法电路会更有效。

程序 8-23 展示的是除法器的测试平台。它使用 Verilog 内置的 $random 函数生成 32 位的测试输入，并且 DispResults 任务会显示每对输入的被除数、除数，以及分别由 UUT 和 Verilog 模拟器内置的 / 和 % 产生的商和余数，在输出的第一行和第二行列出。如果愿意，这个任务还可以很容易地修改为比较结果并跟踪错误的数量（参见训练题 8.15）。

程序 8-23　32×32 组合除法器的测试平台

```
`timescale 1ns/100ps
module Vrdiv32by32_tb ( );
  reg [31:0] DVND, DVSR;
  wire [31:0] QUOT;
  wire [31:0] REM;
  integer i;

  task DispResults;
    begin
      $display("DVND,DVSR,QUOT,REM: %010d,%010d,%010d,%010d", DVND, DVSR, QUOT, REM);
      $display("DVND/DVSR,DVND%%DVSR:                       %010d,%010d",
               DVND/DVSR, DVND%DVSR);
    end
  endtask
  Vrdiv32by32_s UUT ( .DVND(DVND), .DVSR(DVSR), .QUOT(QUOT), .REM(REM) );
  initial begin
    DVND = 0; DVSR = 0; #50 DispResults; // 首先检查几个除 0 的情况
    for (i=1; i<=10; i=i+1) begin
      DVND = $random; DVSR = 0; #50 DispResults;
    end
    for (i=1; i<=100; i=i+1) begin          // 测试全 32 位随机的 DVND 和 DVSR
      DVND = $random; DVSR = $random ; #50 DispResults;
    end
    for (i=1; i<=1000; i=i+1) begin         // 还用 8 位 DVSR 为较大的 QUOT 测试
      DVND = $random; DVSR = $random & 8'hff; #50 DispResults;
```

```
    end
  $stop(1);
  end
endmodule
```

测试平台第一个 for 循环开始时会检查几种除 0 的情况。如果仔细研究程序 8-22 中的逻辑，那么你可以发现除 0 的结果是什么，但还是应该运行测试平台来确认一下（参见练习题 8.49）。第二个 for 循环利用针对两个操作数的随机值来检查 UUT 的操作。因为大多数随机生成的 32 位操作数在高阶位上都会有几个 1，所以这些操作数都是数值相近的大数，因而商通常会很小——大约有一半的时间为 0。最后一个 for 循环，将随机除数减少为 8 位，所以更可能生成很大的商和“有趣的”除数，如 0 和 1。

除以常量比除以变量更有效，也有应用需要这种除法。一个典型的例子是，将二进制数转换成 BCD 数字串；例如，使用 2.3 节中描述的算法在七段发光二极管上显示。这个算法将给定的二进制数重复除以 10，从右向左产生 BCD 数字，每一个数字都是除以 10 的余数。

假设需要将 32 位的二进制数转换成 BCD 数字串。一个无符号的 32 位二进制数的最大值是 $2^{32}-1$ 或 4 294 967 295，对应的十进制数有 10 位。所以如果用组合电路来完成转换，就需要 9 个除以 10 电路的实例，这个将在本小节的后面介绍。用 10 个实例就可以很好地实现除以 10 电路。

程序 8-24 是一个非常简单和直观的除以 10 模块，使用了 Verilog 内置的除法和模的操作符。它的输出是两个，一个 32 位商和一个 4 位余数，因为二进制 –BCD 电路需要这两个输出。当以 FPGA Xilinx 7 系列为目标器件，并使用 Vivado 2016.3 工具时，综合后的组合电路使用了 614 个 LUT。注意，在转换算法的后续步骤中，Vrdiv10 模块的高阶被除数和商需要的位数越来越少，所以当把这些模块组合起来时，综合工具有望裁剪掉任何不需要的逻辑。而且，与程序 8-21 中完整的 32 × 32 除法器（1100 个 LUT）相比，似乎使用常量的除数并没有节省很多电路结构；也许还可以做得更好。

程序 8-24　一个 32 位数除以 10 的 Verilog 模块

```
module Vrdiv10 ( D, QUOT, REM );  // 除以 10 的整数除法
  input [31:0] D;                 // 32 位的被除数
  output reg [31:0] QUOT;         // 32 位的商
  output reg [3:0] REM;           // 4 位的余数 (<10)

  always @ (D) begin
    QUOT = D / 10;
    REM = D % 10;
  end
endmodule
```

我们知道，当商和余数都需要时，程序 8-22 的结构化 32 × 32 除法器比使用 Verilog 内置操作符的除法器规模更小，因此，用常量除数实例化这个除法器会综合出一个更好的电路。程序 8-25 展示了如何完成上述工作。除数设置为一个 32 位的常量，十进制的值为 10，而我们知道，余数只有 4 位，被返回给一个 32 位的内部连线 IWIRE，随后用其对 SEM 赋值。不幸的是，综合工具对这个版本的电路可做的优化较少，综合结果要 747 个 LUT。但是我们不会放弃！

程序 8-25　一个 32 位数除以常数 10 的层次化模块

```
module Vrdiv10_sf ( D, QUOT, REM ); // 除以 10 的整数除法
  input [31:0] D;                   // 32 位的被除数
  output wire [31:0] QUOT;          // 32 位的商
  output wire [3:0] REM;            // 4 位的余数 (<10)
  wire [31:0] IREM;                 // 分配内部 REM
```

```
  Vrdiv32by32_s U1 (.DVND(D),.DVSR(32'd10),.QUOT(QUOT),.REM(IREM));
  assign REM = IREM[3:0];
endmodule
```

程序 8-26 是一个除以 10 的结构化模块，使用了与前面结构化模块相同的基本除法算法，但有如下几方面的优化：

- 概念上，是在 RDIV 中的 32 位被除数不移位的情况下，将 4 位常量除数向右移位；在更通用的算法中，是将 RDIV 中的 64 位被除数左移，并用零来补位。
- 因为知道除数是 4 位宽，它可在第一次试验减法的 RDIV[31:28] 下“对齐”，消除前三个试验减法和所有位，除了通用算法中 0 初始化的 RDIV 左半部分的 1 位（RDIV 现在只有 33 位宽）。

程序 8-26　一个 32 位数除以常数 10 的已优化结构化模块

```
module Vrdiv10_so ( D, QUOT, REM ); // 除以 10 的整数除法
  input [31:0] D;                   // 32 位的被除数
  output wire [31:0] QUOT;          // 32 位的商
  output wire [3:0] REM;            // 4 位的余数（<10）
  wire [32:0] RDIV[28:-1];          // 减少的被除数（除了 g=28 外，没使用 MSB）
  wire [4:0] DIFF[28:0];            // 试验差异
  genvar g;

  assign RDIV[28] = {1'b0,D};  assign QUOT[31:29] = 3'b000;
  generate
    for (g=28; g>=0; g=g-1) begin: SUB
      assign DIFF[g] = RDIV[g][g+4:g] - 5'b01010;
      assign RDIV[g-1][g+3:g] = DIFF[g][4] ? RDIV[g][g+3:g]  : DIFF[g][3:0];
      if (g>=1) assign RDIV[g-1][g-1:0] = RDIV[g][g-1:0]; // No copy on last iteration
      assign QUOT[g] = DIFF[g][4] ? 0 : 1;
    end
  endgenerate
  assign REM = RDIV[-1][3:0];
endmodule
```

- 因为已知的 4 位除数，商最左边的 3 位总是 0。
- 试验除法的操作数和结果明确地制定为 5 位宽——4 位给除数，左边第 5 位捕捉借位。

这个版本只需要 84 个 LUT，这么大的提升，令人很难相信设计是对的！但是我们构造了一个测试平台去验证，如程序 8-27 所示。本小节中的三个除以 10 模块都通过了测试，没有错误。

程序 8-27　除以 10 模块的测试平台

```
`timescale 1ns/100ps
module Vrdiv10_tb ( );
  reg [31:0] D;
  wire [31:0] QUOT;
  wire [3:0] REM;
  integer i;

  Vrdiv10_so UUT ( .D(D), .QUOT(QUOT), .REM(REM) );

  initial begin
    for (i=1; i<=1000; i=i+1) begin
      D = $random; #10 ;
      $display ("Random number:  %010d",D);
      $display ("DIV by 10, REM: %010d, %1d", QUOT, REM);
      if ((QUOT!==D/10) || (REM!==D%10)) $display("*****ERROR*****");
    end
  $stop(1);
  end
endmodule
```

现在，有了一个挺不错的除以 10 模块，可以继续设计完整的 32 位二进制到 BCD 的转换电路了。如程序 8-28 所示，利用一个结构化方法来完成这项工作并不是太困难。这个模块实例化了 9 个 Vrdiv_so 模块的副本，将输出 QUOT 逐个传送给下一个模块的 D 输入。REM 输出是 BCD 数字，从右向左生成，并被压缩成一个 40 位的向量，以便保存 10 个 4 位数。第 9 个，也就是最后一个除以 10 模块是一个特殊情况，其中输出 QUOT 的 4 个低阶位实际上是 BCD 数字的最高有效位。

程序 8-28　32 位二进制转换成 10 位 BCD 的 Verilog 模块

```
module Vrbintodec32 ( BIN, DEC );
  input [31:0] BIN;
  output wire [39:0] DEC;
  wire [31:0] quot [9:0];
  genvar g;

  assign quot[0] = BIN;
  generate
    for (g=0; g<=8; g=g+1) begin: DIV
      Vrdiv10_so U1 (.D(quot[g]), .QUOT(quot[g+1]), .REM(DEC[4*g+3:4*g]));
    end
  endgenerate
  assign DEC[39:36] = quot[9][3:0];
endmodule
```

当程序 8-28 以 FPGA Xilinx 7 系列为目标器件，并使用 Vivado 2016.3 工具时，综合后的组合电路有 18 级，使用了 332 个 LUT，最大延迟大约是 16ns。如果用原先的 Vrdiv10 模块重新综合的话，结果是一个 210 级的电路，使用了 5766 个 LUT，延迟大约是 88ns。所以，当使用有成千上万个 LUT 的 FPGA 作为目标器件时，付出额外的努力去优化设计仍然是非常值得的。

非自然的选择

程序 8-28 的模块中使用了 40 位向量来输出 10 个 BCD 数字。可能更自然的做法是将输出声明为一个 4 位向量的数组。例如，“output wire[3:0]DIGITS[9:0]”，这样更容易选择每个数字。但是标准的 Verilog 不会允许用数组作为输入端或输出端；为了得到上述功能，必须转而使用 SystemVerilog。所以，唯一的选择就是像这样，将数组压缩成一个向量，并且在模块需要的时候再解压。

参考资料

关于算术操作的算法描述，可查阅 Milos Ercegovac 和 Tomas Lang 的书《Digital Arithmetic》（Morgan Kaufmann, 2003）。关于算术技术和浮点数系统的更详尽讨论，参见 Shlomo Waser 和 Michael J. Flynn 的书《Introduction to Arithmetic for Digital Systems Designers》（Oxford University Press, 1995）。

关于算术算法和实现的详细且综合的处理，在 Behrooz Parhami 的《Computer Arithmetic》（Oxford University Press, 2009, 第 2 版）一书中可查到。一本特别聚焦于 Verilog 实现的书是 Joseph Cavanaugh 的《Computer Arithmetic and Verilog HDL Fundamentals》（CRC Press, 2009）。

训练题

8.1 试写出 s_3 的代数表达式，这是一个二进制加法器的第 4 个和位，写成输入 a_0、a_1、a_2、a_3、b_0、b_1、b_2 以及 b_3 的一个函数，假设 $c_0 = 0$，不要试图“乘开”或最小化表达式。

8.2 假设一个反相门有 1 个单位的延迟，一个没有取补输入的与 - 或或者或 - 与电路有 2 个单位的延迟，而一个 XOR 或 XNOR 门有 3 个单位的延迟。图 8-2 的 4 位串行进位加法器中从任何输入到任何输出的最坏情况延迟是多少？进位输出的最坏情况延迟是多少？

8.3 使用与训练题 8.2 相同的假设，确定从任何输入到任何的总和输出的最坏情况延迟，以及图 8-6 的 4 位先行进位加法器中进位输出的最坏情况延迟。

8.4 利用表 4-3 中有关 74HC 组件工作于 4.5V 条件下的信息，确定图 8-7 的 16 位组间串行进位加法器中从任何输入到任何输出的最大传输延迟。

8.5 假设利用 8.1.6 节的表达式提供组间先行进位输出，来为图 8-6 中所示的 4 位先行进位加法器增加相应的组间先行进位输出。使用与训练题 8.2 相同的假设，确定从任何输入到任何组间先行进位输出的最坏情况延迟。

8.6 为一个有两个 8 位输入 `A` 和 `B` 的加法器编写一个数据流风格的 Verilog 模块 `Vradder8`，该加法器有进位输入 `CIN`，8 位和输出 `S`，以及进位输出 `COUT`。

8.7 编写一个数据流风格的 Verilog 模块 `Vr74x182`，实现与先行进位电路 74x182 相同的功能，但是带有高电平有效的生成和传输信号。

8.8 编写一个简单的行为化 Verilog 模块 `Vraddbytes64`，实现一个电路，其功能是在一个 64 位的长字 `D` 中执行字节的求和，每个字节都被看作是一个无符号整数，并返回一个 12 位的结果 `S`。

8.9 编写测试平台 `Vraddbytes64_tb`，检测训练题 8.8 的模块是否能对 `D` 上 10 000 个随机输入值进行正确操作。

8.10 使用 `generate` 针对模块 `Vraddbytes64_g` 重做训练题 8.8 和 8.9。

8.11 编写一个简单的行为化 Verilog 模块 `Vrcnt1s`，实现有一个 32 位输入 `D` 和一个 5 位输出 `SUM` 的 1 计数电路，其输出 `SUM` 是 `D` 中给出 1 的位数。

8.12 对于图 8-17 的桶形移位器设计，使用文中的设计假设，构想从 DIN 和 S 到 DOUT 的延迟通路，确定在最坏情况通路上有多少个反相门。一定要读 8.2.1 节的方框注释。

8.13 假设在 DIN 和 S 上使用非反相缓冲器，重做训练题 8.12。

8.14 图 8-17 或图 8-19，哪种 16 位桶形移位器设计可能需要更多的芯片区域用于连线？

8.15 修改程序 8-23 的测试平台，以比较 UUT 和 Verilog 内置函数在每种情况下产生的结果，并运行更大量的情况。确保你的代码能够合理处理除以 0 的情况。

练习题

8.16 假设图 8-8 的 4 位加法器没有输出 C4。（有些带有组间先行进位输出的 MSI 加法器就是这种情况。）写出整个加法的进位输出（“C16”）关于图中现有信号的逻辑方程。

8.17 假设一个反相门有 1 个单位的延迟，一个没有取补输入的与 - 或或者或 - 与电路有 2 个单位的延迟，一个 XOR 或 XNOR 门有 3 个单位的延迟。确定图 8-8 的 16 位组间先行进位加法器中从任何输入到任何输出的最大传输延迟是多少？进一步假设，先行进位逻辑是使用 8.1.6 节的表达式实现的；同样，确定进位输出的延迟。你可以在训练题 8.3 和 8.5 结果的基础上做。

8.18　假设图 8-8 中的输出 C16 是在先行进位电路内部实现的，所用的逻辑与 8.1.6 节最后段落中建议的其他进位输出的逻辑相同。使用与练习题 8.17 相同的假设，确定这样的 C16 输出延迟是否比练习题 8.17 中计算的延迟要短。

8.19　重做训练题 8.8 和 8.9，但是将 D 的每个字节都看作是有符号的整数，并产生一个 16 位的有符号输出。

8.20　为一个带有输入 A、B 和 CIN，以及输出 S、G 和 P 的 2 位组间先行进位加法器，编写一个数据流风格的 Verilog 模块 Vr2bgcladder（注意，生成和传输信号都是高电平有效的）。

8.21　通过实例化训练题 8.7 的模块 Vr74x182 以及练习题 8.20 中 Vr2bgcladder 的四个副本，来编写一个 8 位组间先行进位加法器的结构化 Verilog 模块 Vr8bgcladder_s。8 位模块应该与 2 位模块有相同类型的输入和输出。

8.22　编写一个测试平台模块 Vr8bgcladder_tb，来实例化练习题 8.21 的 8 位加法器，检测全部 2^{17} 个输入组合的输出的正确性。如果第一次通过了测试，那么在你的加法器模块中插入一个或多个错误，以确保你的错误检测和错误显示代码运行正常。

8.23　以 FPGA Xilinx 7 系列为目标器件，综合练习题 8.21 的 8 位加法器模块 Vr8bgcladder_s。并以同样的 FPGA 为目标器件，综合训练题 8.6 的 Vradder8。比较两种设计需要的资源（LUT 的数量）和它们的速度（最坏情况延迟）。对任何明显的差异进行评价和解释。根据你的观察，针对基于 FPGA 的加法器，是否一种设计方法会优于另一种方法？

8.24　找到一种方法，删除程序 8-5 中的一个字符，使得 Verilog 编译器检测不到错误，综合后的模块也总是产生正确的输出和，但是程序 8-6 的测试平台此时却检测出了成千上万的错误。（这个练习的目的是坚定你对测试平台效用的信念！）

8.25　通过实例化程序 8-8 和 8-9 的模块 Vr16bGCLAadder_s 和 Vr4iLACckt，为 64 位组间先行进位加法器编写一个结构化层次型 Verilog 模块 Vr64bGCLAadder_s。改编程序 8-7 的测试平台以检测你的模块，包括测试 64 位加法器的超超组的先行进位输出的代码。

8.26　从图 8-6 中 74x283 的逻辑图出发，依据输入写出输出 S2 的逻辑表达式，并用代数方法证明，与描述的一样，S2 确实等于二进制加法中的第三位和。可以假设 c_0=0（即忽略 c_0）。

8.27　估算一个 32 位二进制加法器的输出 c_{32} 的最小积之和表达式中乘积项的数目。要比“数十亿”更具体，并证明你的答案。

8.28　使用 16 个 4 位组间先行进位加法器和 5 个 4 组间先行进位电路，画出 64 位快速加法器的逻辑图。针对 4 位加法器，只需要展示 Gg 和 Pg 输出，以及进位输入和输出。

8.29　采用一个生成语句，为一个结构类似于 4 位加法器 74x283 的 8 位先行进位加法器编写一个结构化 Verilog 模块 Vr74x283_8s。用程序 8-7 的测试平台来检查你的设计。

8.30　通过增加 COUT(进位输出）和 OVFL(溢出）输出，来改进程序 8-5 中的 Verilog 模块，这是一个类似于 74x381 的 ALU。编写或修改一个测试平台来验证你的设计。

8.31　相比于图 8-8，图 8-11 是否会产生任何不同的信号？解释产生任何差异的原因。

8.32　修改表 8-5 中的 Verilog 模块（类似于 74x381 的 ALU)，加入一个 n 位变量 C，并利用 C 计算和与差，正如 8.1.8 节方框注释中所讨论的。编写或修改一个测试平台，对所有输入的组合，验证你的设计的加法和减法操作。

8.33　基于图 8-12、图 8-13 和图 8-14，编写一个 16 位 Kogge-Stone 加法器的层次化 Verilog 模块。使用 generate 语句和 for 循环来实例化所有的 GRP 电路；不要“手动”连接所有的输入和输出。使用程序 8-7 的测试平台来检查你的模块是否正确操作。

8.34 图 8-15 中 Brent-Kung 前缀加法器图的 GPN 前缀的 N 值不全是 2 的幂。为什么？

8.35 基于图 8-12、图 8-13 和图 8-15，编写一个 16 位 Brent-Kung 加法器的层次化 Verilog 模块。使用 `generate` 语句和 `for` 循环来尽可能好地实例化 GRP 电路；不要“手动”连接所有的输入和输出。使用程序 8-7 的测试平台来检查你的模块是否正确操作。

8.36 为带有一个 32 位输入 `D` 和一个 5 位输出 `SUM` 的 1 计数电路编写一个结构化 Verilog 模块 `Vrcnt1s_s`，`SUM` 是 `D` 中 1 的个数。你的结构化模块应将 `D` 分解成 b 位的块，其中 b 是你喜欢的 FPGA 中 LUT 的输入数目，例如，Xilinx 7 系列中 LUT 的输入数目就是 6 个。定义一个模块 CNTb，如 CNT6，用于计算一个 b 位块中 1 的数目。然后多次实例化 `Vrcnt1s_s` 的 CNTb，并将这些结果相加，获得最终的 `SUM` 值。用选中的 FPGA 系列综合你的设计，并与训练题 8.11 中简单的行为化方法比较规模和速度。（提示：具体情况由工具的版本决定，作者的设计在规模和速度方面能够分别提高 10% 和 5%。你也可以探索其他的层次化结构。）

8.37 使用表 8-2 所定义的对应移位操作，为程序 8-10 所需要的 `Vror`、`Vsll`、`Vsrl`、`Vsla` 和 `Vsra` 编写 Verilog 函数。

8.38 确定表 8-10 内 Verilog 函数 `Vror`、`Vsll`、`Vsrl`、`Vsla` 和 `Vsra` 中的哪一个，可以使用 Verilog 内置的移位操作而不是使用 `for` 循环很容易地编码，继而编写和测试新的代码。

8.39 针对随机数据输入和所有可能的控制输入组合，为程序 8-12 中左移 / 右移桶形移位器的 Verilog 模块编写测试平台 `Vrrolr16_tb`，并使用这个测试平台来测试这个 Verilog 模块。

8.40 重新设计程序 8-12 中左移 / 右移桶形移位器的 Verilog 模块，创建一个新模块 `Vrrolr16_h`，在 `DIR` 为 1 的情况下，采用一个适当修改的 `S` 值，来简单地实例化程序 8-11 中的 `Vrrol16` 模块。使用练习题 8.39 中的测试平台来测试你的设计。假设综合器忠实地遵从了每个模块版本的隐含结构，讨论每个版本的优缺点。然后，以你喜欢的可编程器件作为各个模块的目标器件，并确定设计方法的选择是否会在实现的规模和速度上造成任何差异。

8.41 重写程序 8-14 中的模块 `Vrbarrel16_s`，使用如图 8-27 所示的结构来创建一个新模块 `Vrbarrel16_sr`。利用现有的 ROL16 和 FIXUP 模块；由你来决定是用 MAGIC 还是其他逻辑。比较综合后的新模块和原先模块的规模和速度。

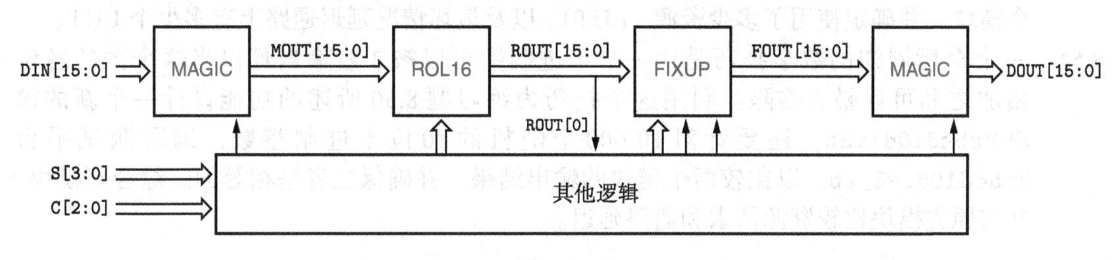

图 8-27

8.42 使用练习题 8.40 中的 `Vrrolr16_h`，重写程序 8-14 中的 `Vrbarrel16_s` 模块，并以你喜欢的可编程器件作为目标器件。比较综合后的新模块、原先的模块以及从 8.41 题中任选的 `Vrbarrel16_sr` 的规模和速度。

8.43 修改程序 8-14 的 `Vrbarrel16_s` 模块，当输入到 `C` 的值是任何一个无效的模式值时，使得模块的输出 `DOUT` 复制输入 `DIN`。尝试最小化对规模和速度的影响，并与原先的模块作比较。

8.44　确定图8-23中乘法器的最坏情况传输延迟，假设从任何全加器的输入到它的输出和的传输延迟，是到进位输出的延迟的2倍。假设是相反的关系，那么重新计算上述延迟。如果你正在从头开始设计加法器单元，那么你最喜欢将哪条通路设计为最短延迟？是否存在最优化的均衡设计？

8.45　针对图8-24中的乘法器，重做前面的练习题。

8.46　修改程序8-17的Vrmul8x8p乘法器模块，用1字节宽向量的一维数组来表示PC、PCS和PCC。这种方法的优缺点是什么？使用程序8-18的测试平台来测试你的模块。选做：两种版本的综合结果是一样的吗？

8.47　当我在使用Xilinx Vivado工具版本2016.3，并以FPGA 7系列为目标器件来综合程序8-20的Vrmul8x8sho模块时，即使可以像图6-6那样，用配置为两个5输入LUT的一个LUT来清楚明了地实现这个模块，但综合工具却无视选择的设置，坚持使用两个独立的6输入LUT来实现每个FAblk。这迫使我做一个变通方案——定义一个新的结构化的"FAblkLUT"模块，作为Xilinx 7系列LUT6_2库组件的一个单独实例。为此，我不得不为两个输出函数手动创建真值表，然后将它们转换成一个64位的字符串，用于在实例化时，利用INIT参数来初始化LUT6_2库组件的查询表。想清楚怎么做，并编写FAblkLUT模块。将你的FAblkLUT代入Vrmul8x8sho模块中以检查你的工作，并用Vrmul8x8_tb测试。

8.48　使用Xilinx Vivado工具的最新版本，综合程序8-20的Vrmul8x8sho模块，以FPGA 7系列为目标器件。确定Xilinx是否解决了导致练习题8.47出现的上述"局限性"（有些人会认为是错误）。综合模块中要用到多少个LUT？

8.49　研究程序8-22中32位除法器的结构化Verilog模块的逻辑，并确定当DVSR是0时会产生什么结果，包括DVND也是0的情况。运行程序8-23的测试平台来确认你的分析，以及产生这些结果的原因。修改这个模块，使其在除以0的情况下产生与程序8-21相同的结果，再次在两个模块上运行测试平台来确认结果。以你喜欢的FPGA为目标器件，比较原先模块和修改后模块的资源需求。

8.50　设计一个Verilog模块Vrbcd10div3，它的输入是封装在一个40位向量DIGS中的10位BCD整数。这个模块的输出应该是单个信号DIV3，如果输入数字可被3整除，那么它就是1。利用Verilog内置的乘法和加法操作来计算10位数字的等效二进制数，并除以3；不要设计任何定制的乘以10或除以3的电路。用你喜欢的FPGA来综合这个模块，并确定使用了多少资源（LUT），以及最坏情况延迟通路上有多少个LUT。

8.51　一个众所周知的数学技巧是，一个十进制数可以被3整除当且仅当这个数的各位相加之和可以被3整除。利用这个技巧为练习题8.50所述的功能设计一个新的模块Vrbcd10div3t。还要针对10 000个随机的10位十进制整数，编写测试平台Vrbcd10div3_tb，以比较两个模块的输出结果，并确保二者是相等的。综合新模块，并与原先模块比较资源需求和通路延迟。

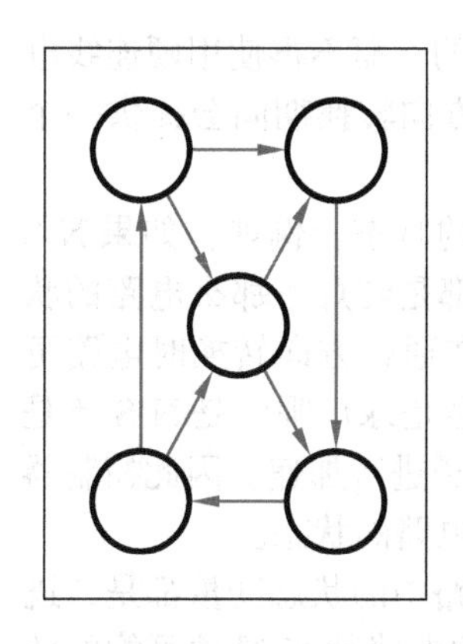

第9章

Digital Design: Principles and Practices, Fifth Edition

状 态 机

前面我们提到逻辑电路可分为两大类："组合"逻辑电路和"时序"逻辑电路。组合逻辑电路的输出只取决于当前的输入。时序逻辑电路的输出不仅取决于当前的输入，而且取决于过去的输入序列，在时间上可能要倒回到任意远去。在实际应用中，几乎所有的逻辑电路都是时序电路，因为几乎所有的应用都需要时序电路提供的这种功能。

为了描述组合逻辑电路的功能，可以使用一个输入 / 输出表——真值表——简单地说明在各种可能的输入组合下电路的输出值。只要输入组合的取值不是太长的话，这种功能描述方法还是挺实用的。

对于时序电路你可能也会想到拓展此方法，也使用一个输入 / 输出表，将作为到目前为止已经接收到的输入组合取值序列的函数的输出值列出来。但是需要一个多长的输入组合取值序列呢？如前所述，时序电路的输出可能由任意长时间内所接收到的输入决定，而电路可能已经运行了很长一段时间。

例如，在第3章的引论部分描述的一个上 / 下按键操作的风扇转速控制电路。对于上述风扇转速控制电路而言，想要仅仅依据预定的上下按动次数来确定当前的转速，通常是不可能的，无论这个次数是1、10或是1000；电路实际接收到的按动次数可能比这个预定的次数要多得多。

9.1 状态机基础

如果知道当前风扇转速的"状态"，就可以确定风扇转速控制电路当前的输出了，而这个"状态"非常容易确定。从业数字设计几十年来，我所见过的关于"状态"的最好定义出现在 Herbert Hellerman 的《Digital Computer System Principles》(McGraw-Hill，1967）一书中：

> 时序电路的*状态*（state）是一个*状态变量*（state variable）集合，这些状态变量在任意时刻的值都包含了为确定电路的未来行为而必须考虑的所有历史信息。

在风扇转速控制器的例子中，风扇转速是现态。对于一个三速风扇而言，这个现态可以存储为一个2位二进制状态变量，这种2位二进制状态变量分别代表十进制数0到3，0对应着"off"状态，而3对应着最高风扇转速状态。给定现态（风扇转速 0 ~ 3），就可以把下一个状态作为输入（即上 / 下按动按钮）的函数，从而预测出下一个状态。

当然，我们需要更多的状态变量来描述时序电路的操作——需要知道，一个电路在任意给定的状态下会对一个给定的输入做出怎样的反应。电路的这种信息可以用一组表格进行正式的说明，我们将在9.2节对此做详细描述。

时序电路的另一个简单例子可以是交通灯控制器。（这里我说"可以是"是因为，如今的交通灯控制器是使用一个微处理器运行一个控制算法程序来实现的，而不再使用硬连线电路。）来看一个控制南北和东西车流的时序电路，为了安全，通行方向转换期间会提供一个双红灯间隔，并且还有一个“红灯闪烁”操作模式。

在交通灯例子中，不能仅仅根据输出来推断控制器电路当前的状态。例如，如果N-S灯绿E-W灯红，那么我们知道电路当前的状态。但如果两个方向都是红灯，那么电路的状态是什么呢？对于红灯闪烁操作，所有的灯可能都会闪烁。或者在通行方向转换时电路可能会处在一个双红间隔内，如果是这样的话接下来哪一个方向将会是绿灯呢？是N-S还是E-W？司机们可能会各自猜测下一个控制灯的方向并冒着危险对车子进行加速。因此控制器电路的现态可以决定当前的输出，但当前电路的输出不能总是表明电路的状态。

相反，必须回到状态的定义和状态变量的概念上。数字逻辑电路中的状态变量都是二进制值，对应着电路中的某些逻辑信号。具有 n 位二进制状态变量的电路就有 2^n 种可能的状态。尽管是一个很大的数目，但它总归有限，绝不可能是无限的。所以，有时也将时序电路称为*有限状态机*（Finite State Machine，FSM），更常简称为*状态机*（state machine）。

状态变量并不需要具有直接的物理意义，而且描述一个特定时序电路的状态变量有许多方法可供选择，鉴于种种原因各类方法都是有意义的。例如，在交通灯控制器中，为了简化，假定没有黄灯，则需要六种状态：两种状态用于表示N-S绿灯和之后的双红，两种状态用于表示E-W绿灯和之后的双红，两种状态用于表示红灯闪烁（在双红与双灭之间循环）。可以用一个3位二进制数对这些状态进行编码，并且按照这个3位二进制编码的函数构建一个组合逻辑电路来控制交通灯的亮灭。或者使用具有某种物理意义的6位二进制编码来表示：N-S和E-W方向的绿灯与红灯（4位直接控制各方向的灯），其余2位用于区分三种状态中绿灯都灭以及两个红灯都亮的情况。虽然这6个状态位可编码至多64种不同的状态，但在交通灯控制器中只需要使用6种不同组合表达6种不同的状态。

非有限状态机

最近，有一群数学家提出了非有限状态机的思想，但他们仍只是忙着列出状态机的状态……很抱歉，这只是一个笑话。无限状态机是有数学模型的（如图灵机），它们一般包括一个小的有限状态机控制单元，以及海量辅助存储器（如磁带）。

状态什么时候发生改变呢？大多数时序电路的状态变化所发生的时间是由一个自运行的*时钟*（clock）信号来规定的。图9-1给出了典型时钟信号的时序原理图和术语。习惯上说，如果状态在时钟信号的上升沿（由低态转到高态）发生变化，则称时钟信号是高电平有效；如果它们在时钟信号的下降沿发生改变，则称时钟信号是低电平有效。状态发生改变的边沿可以称作*触发沿*（triggering edge）或者*有效沿*（active edge）。*时钟周期*（clock period）是指两次连续同向转换之间的时间，而*时钟频率*（clock frequency）是时钟周期的倒数。触发沿通常称作*时钟沿*（clock tick）。*占空比*（duty cycle）是时钟信号的有效时间（例如，对于一个高电平有效的时钟是指高态的时间）与时钟周期的百分比。如图9-1所示，状态变化仅在时钟的触发沿进行，触发沿之间状态保持不变。

快速时钟

频率高达4GHz的典型时钟不会配置在印制电路板（PCB）级上；而是将一个较慢的时钟（如200MHz的时钟）配置给内部运行速度较快的集成电路（IC），比如微处理器。每一个这样的IC都有一个片上的数字锁相环（DPLL），它能在内部生成频率是参考频率200MHz的整数倍的时钟。这个倍数可以动态地改变，例如，当微处理器没有太多事情需要做时，可以降低它的工作频率以节省电能。

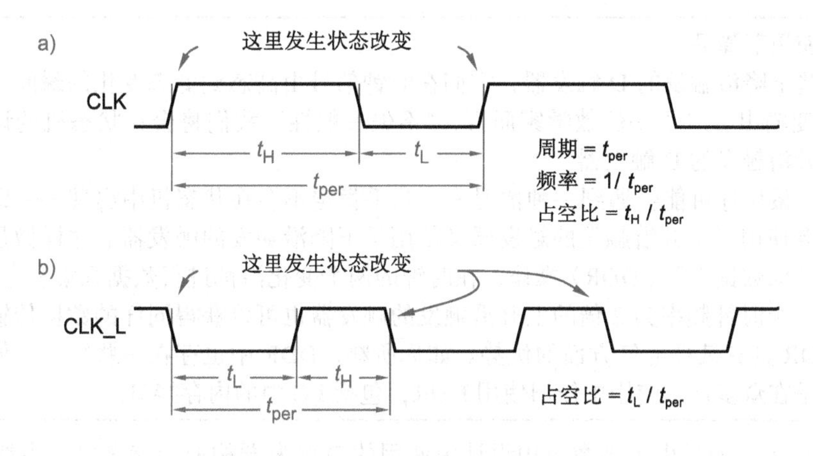

图 9-1 时钟信号：a）高电平有效；b）低电平有效

典型的数字系统（从电子表到高级计算机）都采用石英晶体振荡器来产生自运行时钟信号。时钟频率的范围从 32.768 kHz（用于电子表）到 4GHz（用于周期时间为 250ps 的 CMOS 微处理器）。在 PCB 级上，使用 CMOS 部件的典型系统的时钟频率范围是 5MHz ~ 500MHz。最高的时钟频率通常只能由一个内部生成时钟在片上获得，如 4GHz 微处理器的例子。

大多数时序电路和几乎所有的状态机都使用一种特定类型的元件——边沿触发的 D 触发器——来存储它们的状态变量。上升沿触发的 D 触发器（positive-edge-triggered D flip-flop）逻辑符号图如图 9-2a 所示，“功能表”如图 9-2b 所示。电路的输入是 D 和 CLK，输出有 Q 以及可选的 Q 的补输出 QN。输出只在控制信号 CLK 的上升沿变化。当 CLK 从低态转换到高态时，电路对输入 D 进行采样，并把输出 Q 置为当前输入 D 的值；如果有 QN 的话，便把它的值置为 D 的反。在时钟信号从低态到高态变化期间触发器输出 Q（及 QN）保持以前的值不变。图 9-3 展现了一个 D 触发器针对所举例的输入序列的功能特性。

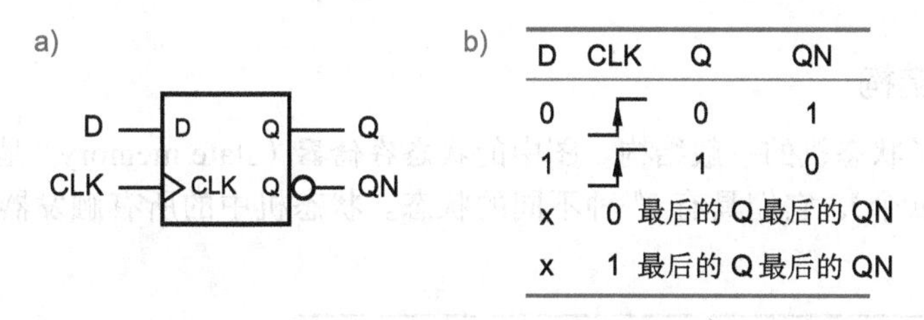

D	CLK	Q	QN
0	↑	0	1
1	↑	1	0
x	0	最后的 Q	最后的 QN
x	1	最后的 Q	最后的 QN

图 9-2 上升沿触发的 D 触发器：a）逻辑符号；b）功能表

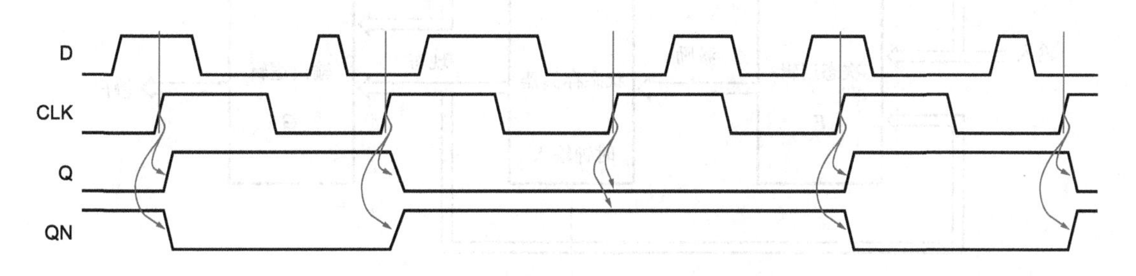

图 9-3 上升沿触发的 D 触发器的功能特性

> **不要使用下降沿**
>
> 也有些下降沿触发的D触发器，它们在时钟信号由高态到低态变化的瞬间采集输入信号并改变输出。对于一位数学家而言，“不失一般性”我们将会在状态机的讨论中坚持使用上升沿触发的D触发器。
>
> 然而，最后你可能会遇到一种情况——几乎肯定不会在状态机中出现——即是同一个电路中既使用了上升沿触发的触发器又使用了下降沿触发的触发器。这样做是为了获得所谓的“双数据率”（DDR）操作，在时钟的两个变化沿都进行数据采集和存储操作。虽然使用一个时钟频率为2倍的上升沿触发的触发器也可以获得同样的数据传输率，但是使用DDR具有某种电气方面的优势。如你所料，DDR中也存在一些缺点，但最后的折中考虑是在众多常见应用中依旧使用DDR，包括PC中的内存接口。

本章重点关注的是由大多数应用设计中使用的D触发器构成的状态机，当然也会涉及一些其他类型的时序电路。*反馈时序电路*（feedback sequential circuit）采用普通的门电路和反馈回路来实现逻辑电路中的记忆能力，由此构成时序逻辑构件（如D触发器）。大多数数字电路设计者从来不会从原理图着手设计这种电路，因为在许多元件或器件库中都存在这种电路。从原理图开始设计反馈时序电路有助于很好地理解它的功能，我们将在10.8节对它做简单介绍。其他的时序电路类型（如通用基本型、多脉冲型以及多相电路）有时在高性能系统和VLSI中十分有用，这将在后续内容中讨论。

9.2 状态机结构和分析

历史上曾经使用过几种不同的方法和存储元件来创建状态机，但今天使用得最多的却是边沿触发D触发器构成的时钟同步状态机（clocked synchronous state machine）。“时钟”是指这些存储元件采用了一个时钟输入，而“同步”意味着构成“状态机”的所有触发器都使用同一个时钟信号。这样一种状态机只有在时钟信号的触发边沿（或“触发沿”）出现时，才改变状态。

9.2.1 状态机结构

图9-4给出了状态机的一般结构。图中的*状态存储器*（state memory）是存储状态机现态的一组触发器（n个），它们具有2^n种不同的状态。状态机中的所有触发器都被连接到一个

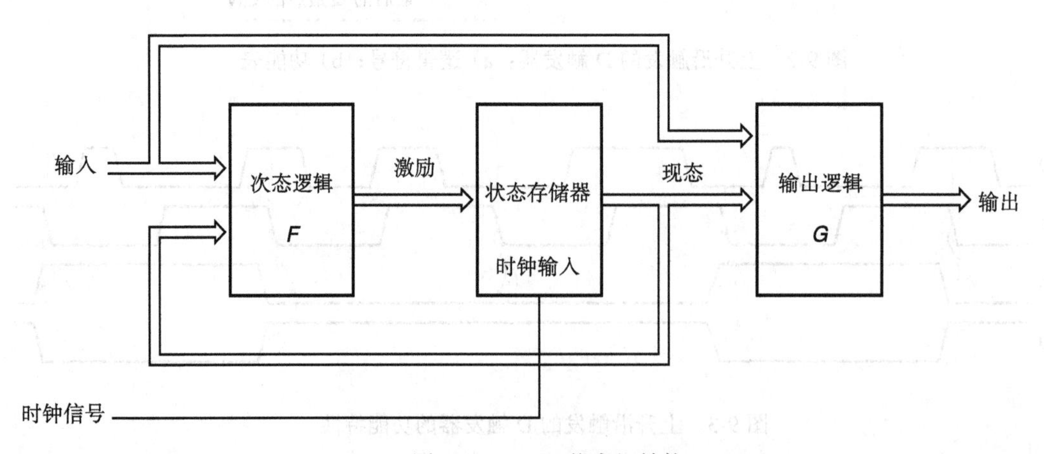

图9-4　Mealy状态机结构

公共时钟信号，它们在时钟信号的每一个*触发沿*（tick）上改变状态。触发器的类型决定触发沿的构成。大多数状态机都使用上升沿触发D触发器，故而其触发沿就是时钟信号的上升沿。

图9-4中状态机的次态，由*次态逻辑*（next-state logic）*F*来确定，而*F*是现态和输入的函数。状态机的输出由*输出逻辑*（output logic）*G*来确定，而*G*也是现态和输入的函数。*F*和*G*都是严格的组合逻辑电路。于是，可以写出：

次态 = *F*（现态，输入）

输出 = *G*（现态，输入）

9.2.2 输出逻辑

如图9-4所示，如果一个时序电路的输出同时取决于状态和输入这两者，那么称该时序电路为Mealy机。在有些时序电路中，其输出只由状态决定，即：

输出 = *G*（现态）

这样的时序电路称为*Moore机*，它的一般结构形式如图9-5所示。

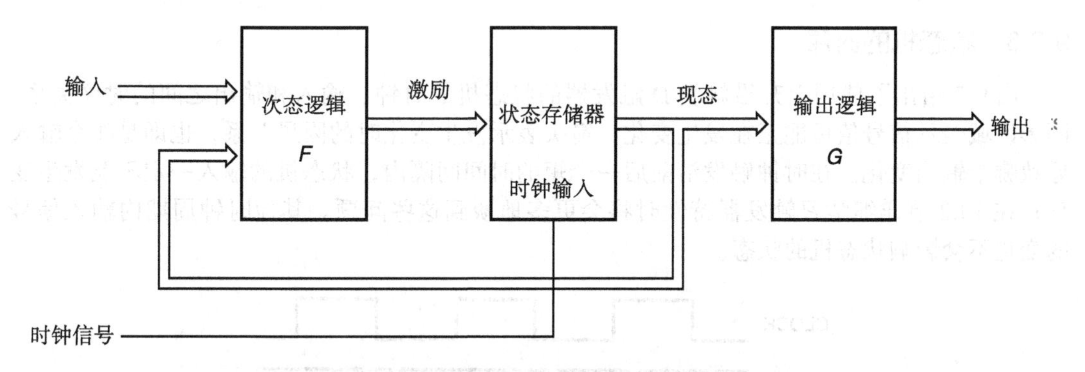

图9-5　Moore状态机结构

显然，这两类状态机模型之间唯一的不同之处，就是输出的生成方式不同。实际上，许多状态机都必须被划归为Mealy机，因为它们有一个或者多个取决于输入和状态的Mealy型输出（Mealy-type output）。然而，在这些状态机中，有一部分也有一个或者多个只取决于状态的*Moore型输出*（Moore-type output）。

在高速电路的设计中，保证状态机尽快地产生输出，并且在每个时钟周期内保持不变，这一点是十分必要的。实现这一特性的一种途径，就是对状态进行编码，这样就可以把状态变量本身用作输出。这种方式称为*输出编码状态赋值*（output-coded state assignment）；采用这种方法能得到一个Moore机，如图9-5所示，其中输出逻辑是空的，仅由导线组成。

另一种方法就是设计状态机，使其在一个时钟周期内的输出，取决于前一个时钟周期内的状态和输入。我们称这种输出为*流水线输出*（pipelined output），流水线输出就是给状态机的输出部分增加另外的存储器元件（触发器），如图9-6中的Mealy机所示。

用合适的电路或者线路处理，可以将一种状态机模型映射成另一种状态机模型。例如，可以将Mealy机中产生流水线输出的触发器看作状态存储器元件的一部分，这样就得到了一个具有输出编码状态赋值的Moore机。

将状态机准确地分为哪种类型并不重要。真正重要的是对输出结构如何考虑，以及怎样使它满足整体设计目标的需要，包括时序和灵活性的考虑。例如，流水线输出的时序特性是非常不错的，但只有在前面一个时钟周期就能断定所需的下一个输出值时，才使用流水线输出方式。在任何给定的应用中，对于不同的输出信号可以采用不同的方式。例如，在12.1.5节中会看到，可以在Verilog中用不同的语句结构来定义不同的输出方式。

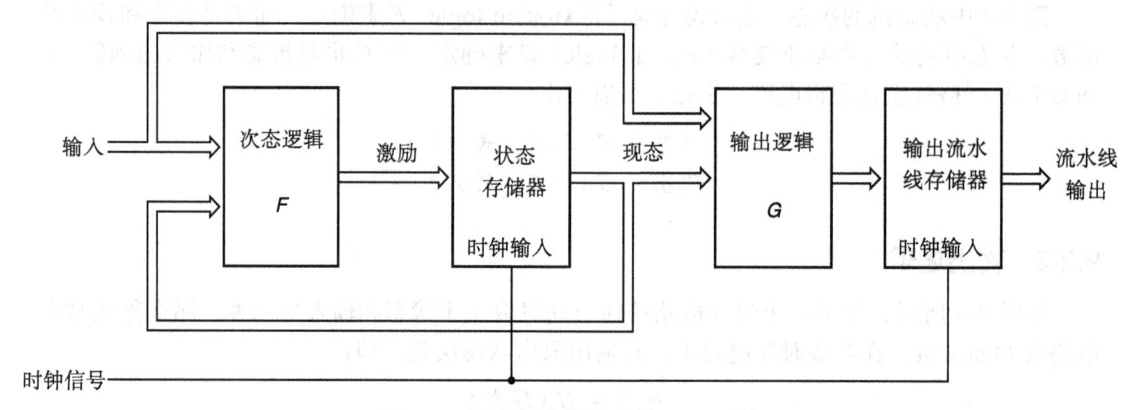

图9-6　具有流水线输出的Mealy机

9.2.3　状态机的时序

图9-7给出了使用上升沿触发D触发器的状态机的时钟、输入和输出之间的时序关系。阴影区域表示信号值可能正在发生变化，箭头表示发生变化时的因果关系，也即是哪个输入导致哪个输出变化。在时钟触发沿前后一个短的时间间隔内，状态机的输入一定不能发生变化；在10.2节详细学习触发器特性时将会更多地谈到这些问题。其他时钟周期内输入信号的变化不会影响状态机的状态。

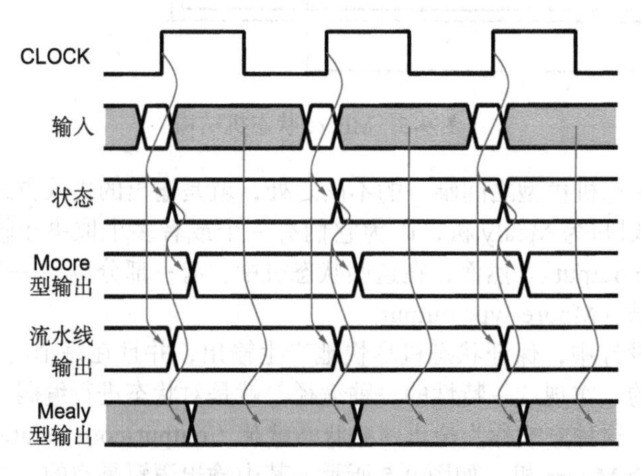

图9-7　状态机的时序

状态变量只在时钟触发沿之后发生改变。只是状态的函数的Moore型输出也只在时钟触发沿之后发生改变。另一方面，流水线输出的改变几乎和状态输出的变化同时进行，因为它们都是由触发器的输出直接产生，这些触发器和状态触发器具有相同的速度且由相同的时钟进行同步。

和Moore型输出一样，Mealy型输出随状态变量的变化而变化。由于Mealy型输出也是状态机输入的函数，因此每当状态机输入变化时，输出也会变化，具体取决于输出方程的表达式。

9.2.4 使用D触发器的状态机分析

有时候，在没有其他描述的情况下，需要根据状态机的逻辑电路对其行为进行预测。为实现这个预测，考虑前面给出的关于状态机的形式定义：

次态＝F（现态，输入信号）

输出＝G（现态，输入信号）

回顾关于“状态”的概念，它蕴涵着我们需要知道的关于电路历史的所有情况。第一个方程式告诉我们，下一个需要知道的情况可以由现在已知的情况和当前的输入来确定；第二个方程式告诉我们，当前的输出可由相同的信息来确定。时序电路分析的目的就是要确定次态函数和输出函数，以便对电路的行为特性做出预测。

进行状态机的分析有 3 个基本步骤：

1. 确定次态函数 F 和输出函数 G。

2. 用 F 和 G 构造一个状态 / 输出表（state/output table）。对于现态和输入的每一个可能组合，这个表都会完全地指定电路的次态和输出。

3.（可选）用图形的形式表示出上一步得到的信息，即画出状态图（state diagram）。

图 9-8 表示了一个由两个上升沿触发 D 触发器所构成的简单状态机。要确定次态函数 F，首先必须考虑状态存储器的特性。当时钟信号的上升沿到来时，每一个 D 触发器会采样其 D 输入信号，并把它传送到 Q 端输出。因此，要确定下一个 Q 的值（表示为 Q*），必须首先确定 D 的当前值。

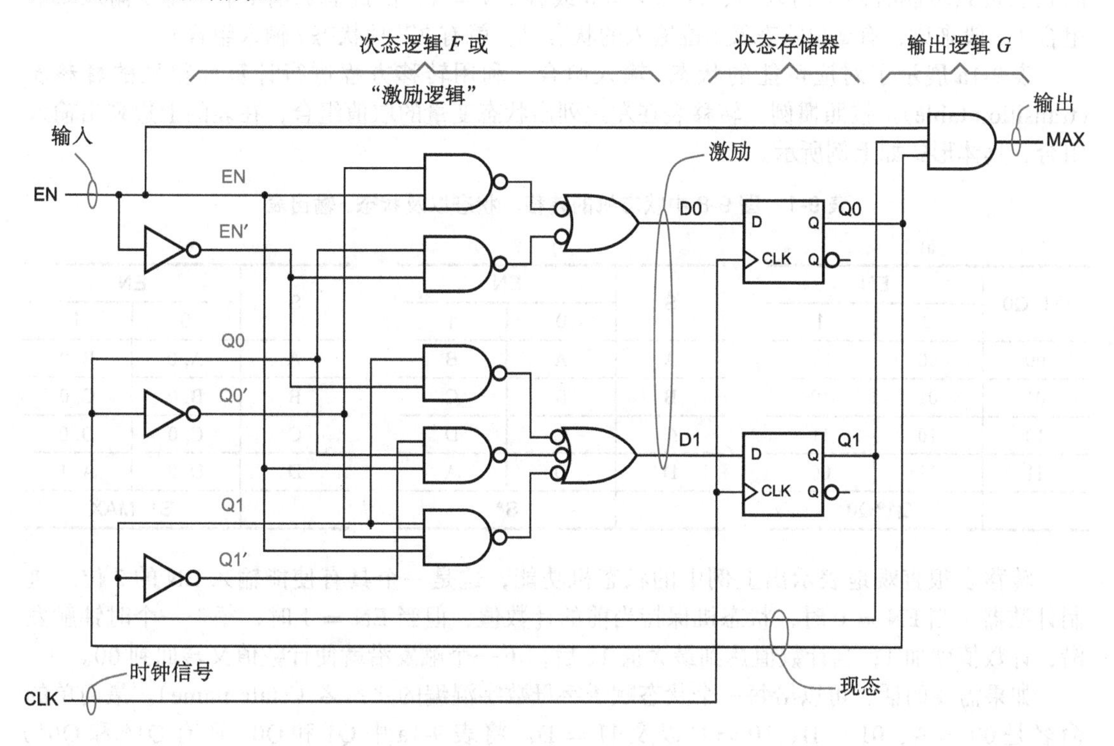

图 9-8 由上升沿触发 D 触发器构成的状态机

在图 9-8 中有两个 D 触发器，其输出端的信号分别记为 Q0 和 Q1。这两个输出就是状态变量，它们的值就是状态机当前的状态值。与之相对应，将两个 D 触发器的 D 输入信号分别记为 D0 和 D1。这些输入信号在每一个时钟触发沿向 D 触发器提供激励（excitation）。

激励信号为现态和输入的函数，创建这些函数的电路通常被称为*激励逻辑*（excitation logic）。可以从逻辑图中导出*激励方程*（excitation equation）：

$$D0 = Q0 \cdot EN' + Q0' \cdot EN$$
$$D1 = Q1 \cdot EN' + Q1' \cdot Q0 \cdot EN + Q1 \cdot Q0' \cdot EN$$

按前面说过的做法，在状态变量名上加一个星号“*”后缀来表示经过一个时钟触发沿后该状态变量的下一个值，如 Q0* 或者 Q1*。因为在一个时钟触发沿之后下一个触发沿到达之前，D 触发器的输出值就是输入 D 的值，利用状态变量下一个值的方程，可以描述出例子中状态机的次态函数：

$$Q0^* = D0$$
$$Q1^* = D1$$

将激励方程代入 D0 和 D1 中，可以写出：

$$Q0^* = Q0 \cdot EN' + Q0' \cdot EN$$
$$Q1^* = Q1 \cdot EN' + Q1' \cdot Q0 \cdot EN + Q1 \cdot Q0' \cdot EN$$

这些方程式把状态变量的下一个值表示成现态和输入的函数，称之为*转移方程*（transition equation）。

对于现态和输入值的每个组合，转移方程预测出次态。每一种状态用两位二进制数表示，Q0 和 Q1 的当前值为：(Q1Q0) = 00、01、10 或者 11。对于每一种状态，本例中所用的状态机只可能有两个输入值，即 EN = 0 或者 EN = 1，因此总共有 8 种状态 / 输入取值组合（一般来讲，有 s 位状态及 i 位输入的状态机，就有 2^{s+i} 种状态 / 输入组合）。

表 9-1a 展示了对应可能的状态 / 输入组合，利用转移方程进行计算而得到的*转移表*（transition table）。按照惯例，转移表在左边列出状态变量的取值组合，在表的上边列出输入组合，具体形式如上例所示。

表 9-1　图 9-8 中状态机的转移、状态以及状态 / 输出表

a)

Q1 Q0	EN	
	0	1
00	00	01
01	01	10
10	10	11
11	11	00
	Q1*Q0*	

b)

S	EN	
	0	1
A	A	B
B	B	C
C	C	D
D	D	A
	S*	

c)

S	EN	
	0	1
A	A, 0	B, 0
B	B, 0	C, 0
C	C, 0	D, 0
D	D, 0	A, 1
	S*, MAX	

转移表很直观地表示出上例中的状态机功能，这是一个具有使能输入 EN 的 2 位二进制计数器。当 EN = 0 时，状态机保持当前的计数值，但当 EN = 1 时，每来一个时钟触发沿，计数值就加 1；当计数值达到最大值 11 后，下一个触发沿就使计数值又转回到 00。

如果需要的话，可以给每一个状态赋予字母数字混编的*状态名*（state name）。最简单的命名是 00 = A、01 = B、10 = C 以及 11 = D。将表 9-1a 中 Q1 和 Q0（还有 Q1* 和 Q0*）的取值组合用其状态名代替，就可得到*状态表*（state table）（见表 9-1b）。表中的 S 代表现态，而 S* 代表状态机的次态。由于在复杂的状态机中可以用已定义的状态名来表达状态组合，因此状态表通常比转移表容易理解。但是，状态表所包含的信息比转移表要少，因为在状态表中未能指明每个命名状态中状态变量的二进制值。

一旦得到了状态表，接下来就是分析状态机的输出逻辑。在上例的状态机中只有一个输出，并且这个输出是现态和输入的函数（这是一个 Mealy 状态机）。因此，可以写出单个输出方程（output equation）如下：

$$MAX = Q1 \cdot Q0 \cdot EN$$

由此方程式预测到的输出行为，可以与次态信息进行组合而产生一个状态 / 输出表（state/output table），如表 9-1c 所示。

表 9-2 Moore 机的状态 / 输出表

S	EN		MAXS
	0	1	
A	A	B	0
B	B	C	0
C	C	D	0
D	D	A	1
	S*		

Moore 机的状态 / 输出表要比 Mealy 机的稍为简单些。例如，在如图 9-8 所示的电路中，假设从产生 MAX 输出的与门中去掉 EN 信号，产生出一个 Moore 型输出 MAXS。于是，MAXS 只是状态的函数，并且在状态 / 输出表中 MAXS 只需要 1 列就行了，与输入值无关。表 9-2 中展示了这些情况。

状态图（state diagram）以图形方式表示出状态 / 输出表中的信息。状态图中每一个状态对应着一个圆圈（或是节点（node）），每一个箭头（或是有向弧线（directed arc））表示一个转移。图 9-9 展示了上例中状态机的状态图。每个圆圈中的字母就是一个状态名；每个箭头表示出从一个给定的状态点出发，到达一个与给定的输入组合有关的次态。同时，箭头上也标出了该输入组合在给定状态下所产生的输出值。

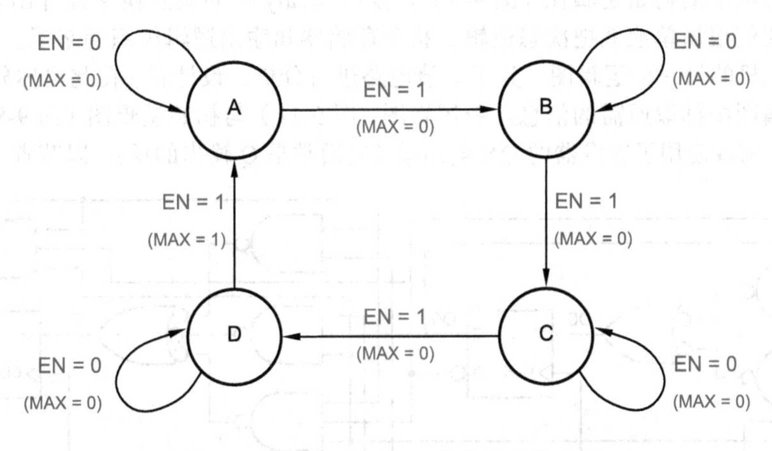

图 9-9 表 9-1 中 Mealy 状态机的状态图

Moore 机的状态图要相对简单些。在这种情况下，由于输出只是状态的函数，因此输出值可以标在状态的圆圈内。采用这种习惯表示的 Moore 机状态图如图 9-10 所示。

小箭头，到处是小箭头

因为在我们的例子中，状态机只有一个输入，所以只有两种可能的输入组合，而且对应每个状态就只有两个离开的箭头。在一个有 *n* 个输入的状态机中，对应每个状态就会有 2^n 个离开的箭头。如果 *n* 较大的话，状态图就会显得杂乱。稍后在图 9-14 中我们将介绍一种习惯画法，其中每一个状态都不必针对每一种输入组合画一个离开的箭头，而只有对应每一个次态才需要一个离开的箭头。

澄清一个问题

在 Mealy 状态机的状态图中，输出值的记法有一点误导读者。请记住，当状态机处于所示状态并且箭头上的输入离开该状态时，就会一直产生图中所列出的输出值，并非只在状态机转移为次态时才出现输出。

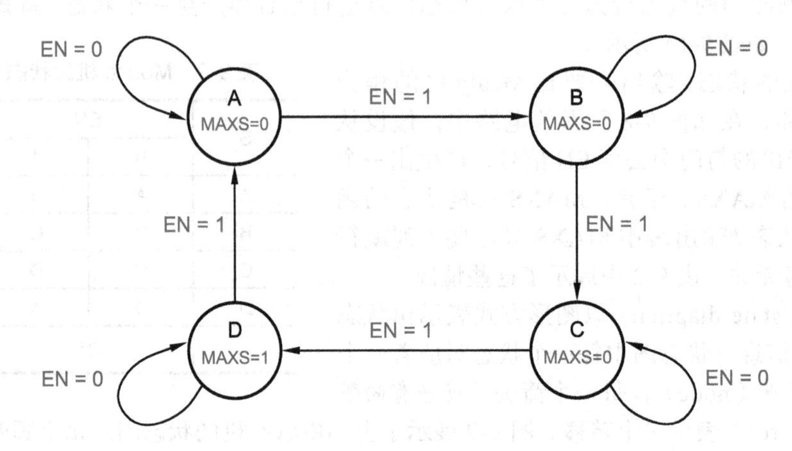

图 9-10 表 9-2 中 Moore 状态机的状态图

示例状态机中的初始逻辑图（图 9-8）是按照 Mealy 机的概念模型设计出来的。然而，这种形式让我们很简单地就把次态逻辑、状态存储器和输出逻辑组织起来了。图 9-11 中给出了同一状态机的另一种逻辑图。为了对该电路进行分析，设计者（在此也称分析员）可以从所示的逻辑图中抽取所需的信息。新逻辑图（图 9-11）与初始逻辑图（图 9-8）唯一的不同之处就是，前者使用了触发器的 QN 输出端（它通常是 Q 输出的反），以节省一些反相器。

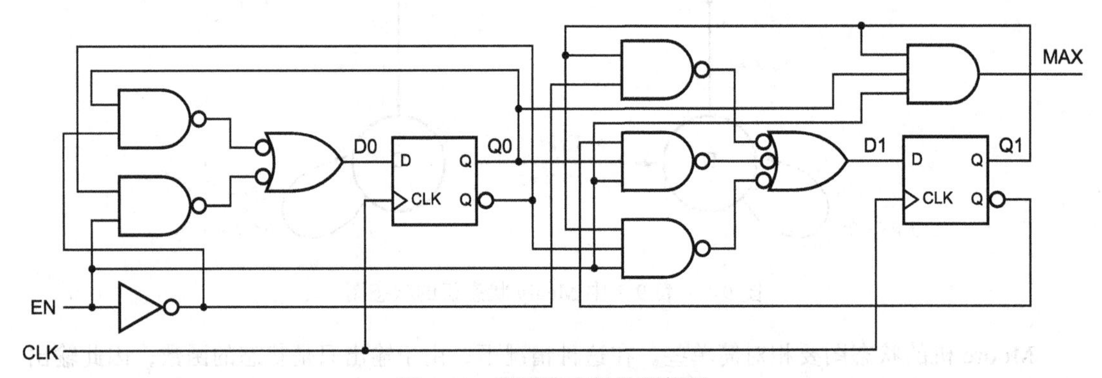

图 9-11 重画状态机的逻辑图

归纳一下，分析 D 触发器状态机的详细步骤如下：

1. 根据逻辑图或者激励逻辑的其他描述，确定 D 触发器输入（D0、D1 等）的激励方程。
2. 将每个状态变量的次态值符号代入相应激励方程的左边以获得转移方程。
3. 用转移方程构造转移表。
4. 确定输出方程。
5. 在转移表中对每一种状态组合（对于 Moore 型机）或者状态 / 输入组合（对于 Mealy 型机）添加输出值，以创建转移 / 输出表（transition/output table）。
6.（可选）对状态命名并用状态名代替转移 / 输出表中的状态变量取值组合，就得到了状态 / 输出表。

7.（可选）对应状态 / 输出表画出状态图。

建议性的画法

利用转移、状态和输出表，可以构造一个时序图。时序图可以表示出状态机在任何期望的起始状态和输入序列的作用下所产生的行为。例如，图 9-12 就表示了当一个起始状态为 00(A) 且 EN 输入端为特定模式时，例子中状态机的行为。

注意，EN 输入只在 CLOCK 输入信号的上升触发沿影响次态。也就是说，只有在 CLOCK 的上升触发沿 EN = 1 时，计数器才会记数。另一方面，由于 MAX 是 Mealy 型输出，所以它的值会一直受 EN 信号的影响。如果我们像课本中所建议的那样，还提供一个 Moore 型输出 MAXS 的话，那么这个输出值就如图 9-10 所示，只取决于状态。

时序图的画法应能表示：输出 MAX 和 MAXS 的变化比引起这些输出变化的状态和输入变化要稍微滞后一点，从而反映出输出的组合逻辑电路的延迟。自然，这种画法仅仅只是一种建议，其精确的时序通常要用 4.2.1 节中给出的那种时序表来表示。

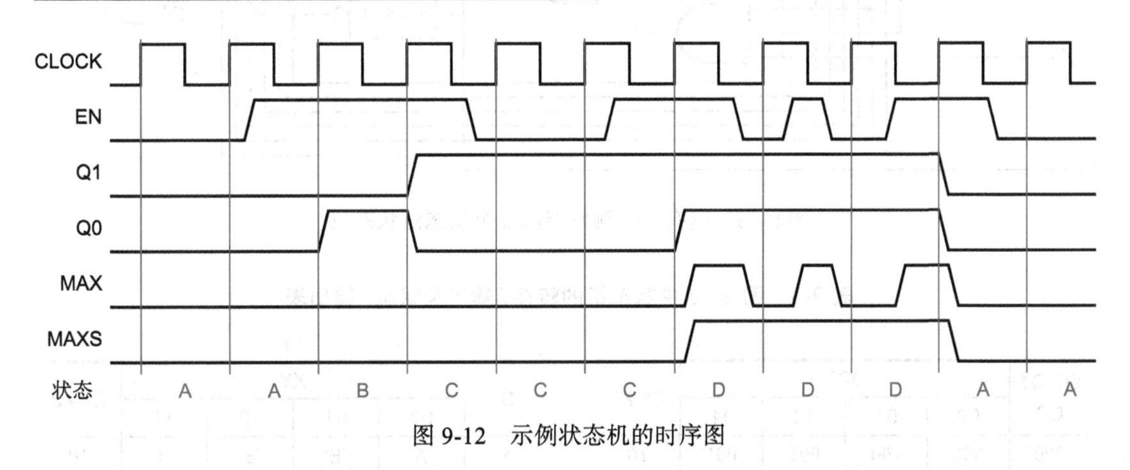

图 9-12　示例状态机的时序图

我们将依据上述完整的步骤顺序来分析另一个如图 9-13 所示的状态机。观察上述逻辑图，可以得到激励方程如下：

$$D0 = Q1' \cdot X + Q0 \cdot X' + Q2$$
$$D1 = Q2' \cdot Q0 \cdot X + Q1 \cdot X' + Q2 \cdot Q1$$
$$D2 = Q2 \cdot Q0' + Q0' \cdot X' \cdot Y$$

将上述激励方程代入 D 触发器的特征方程，就得到转移方程：

$$Q0^* = Q1' \cdot X + Q0 \cdot X' + Q2$$
$$Q1^* = Q2' \cdot Q0 \cdot X + Q1 \cdot X' + Q2 \cdot Q1$$
$$Q2^* = Q2 \cdot Q0' + Q0' \cdot X' \cdot Y$$

基于这些方程的转移表如表 9-3a 所示。观察逻辑电路图，即可写出两个输出方程：

$$Z1 = Q2 + Q1' + Q0'$$
$$Z2 = Q2 \cdot Q1 + Q2 \cdot Q0'$$

得到的输出值列出在表 9-3a 的最后一列。给每一个状态命名为 A ~ H，由此可以得到状态 / 输出表，如表 9-3b 所示。

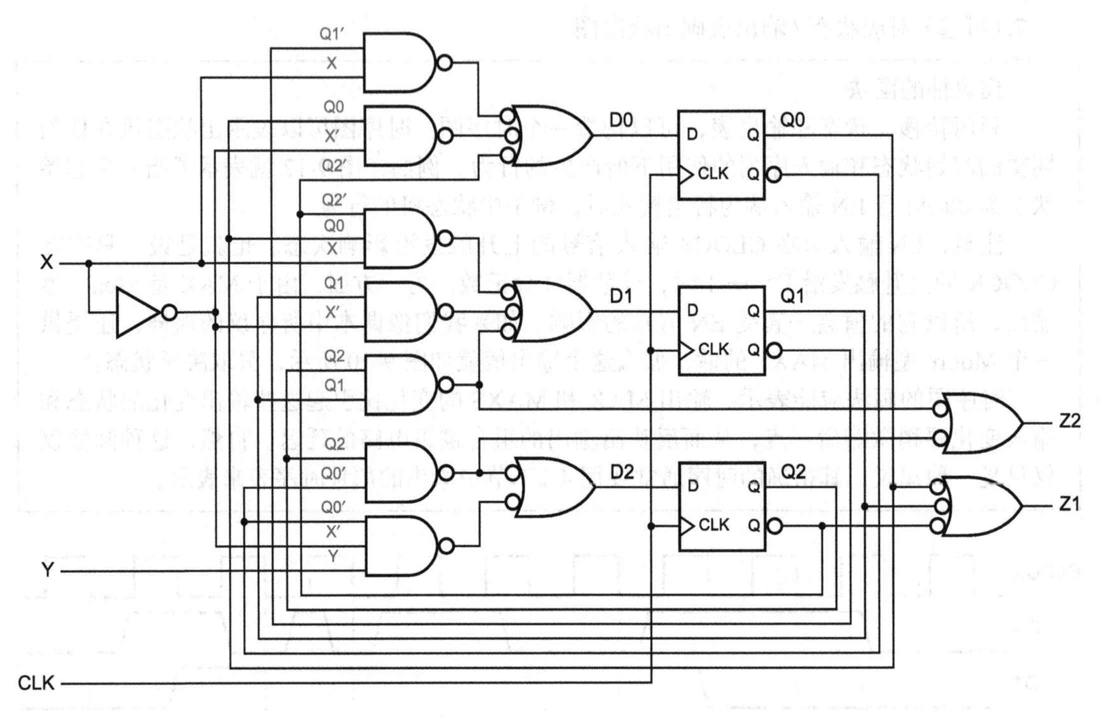

图 9-13 具有 3 个触发器和 8 个状态的状态机

表 9-3 图 9-13 中状态机的转移 / 输出及状态 / 输出表

a)

Q2 Q1 Q0	XY 00	01	10	11	Z1 Z2
000	000	100	001	001	10
001	001	001	011	011	10
010	010	110	000	000	10
011	011	011	010	010	00
100	101	101	101	101	11
101	001	001	001	001	10
110	111	111	111	111	11
111	011	011	011	011	11
	Q2*Q1*Q0*				

b)

S	XY 00	01	10	11	Z1 Z2
A	A	E	B	B	10
B	B	B	D	D	10
C	C	G	A	A	10
D	D	D	C	C	00
E	F	F	F	F	11
F	B	B	B	B	10
G	H	H	H	H	11
H	D	D	D	D	11
	S*				

该例中状态机的状态图如图 9-14 所示。由于例中的状态机是 Moore 型机，因而每一个状态值对应着一个输出值。这个例子蕴含着另外一个更加高效的标记多输入状态机中状态转移的方法。不是给状态表中每一个状态转移画一根弧线，而是给每对不同的状态转移画一根弧线，由出发状态指向末状态。每一根弧线上都标有**转移表达式**（transition expression），当某一组输入组合使某一个转移表达式的值为 1 时，就会发生相应的转移。

那么如何生成图 9-14 中的转移表达式呢？从状态表出发，对于特定的现态和次态的转移表达式，可以将它写成引起这次转移的输入组合的最小项之和。如果需要的话，可以把表达式最小化，以压缩的形式给出信息。例如，有状态 A 的 3 个转移：

A → A: XY=00 $X' \cdot Y'$

A → E: XY=01 $X' \cdot Y'$

A → B: XY=10, 11 $X \cdot Y' + X \cdot Y = X$

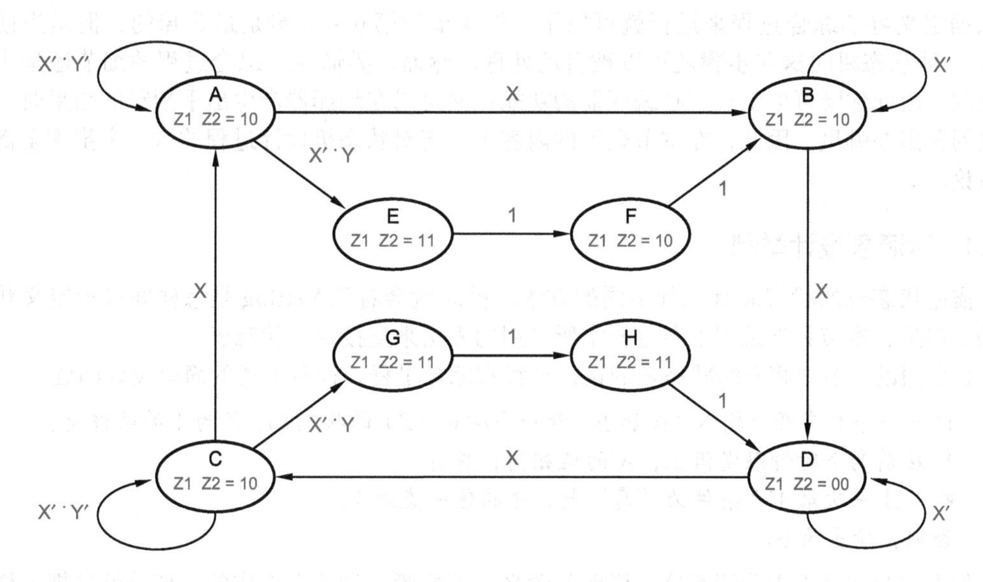

图 9-14 对应于表 9-3 的状态图

注意如果离开某个状态的所有转移指向同一个次态，那么最小化后最小项之和将会是逻辑值 1。当然标记为“1”的转移总会发生。

9.3 用状态表设计状态机

除了数字系统整体架构的设计之外，状态机设计可能是数字设计者最具创造性的任务。有几种不同的设计状态机的方法，包括从一开始就用像 Verilog 这样的 HDL 进行设计描述。然而，传统的设计方式是从一个非正式的文字描述或文字说明开始，进而画出状态表或状态图，其步骤跟前一节所用的分析过程刚好相反：

1. 依据对功能要求的文字描述或文字说明，构造出状态 / 输出表，并用助记符给状态命名（也可能是从状态图或者 ASM 图出发进行设计，这种设计方法将在 9.4 节和 9.5 节中介绍）。

2.（可选）将状态 / 输出表中的状态数目最小化。

3. 选择一组状态变量，并将状态变量的取值组合赋给每一个已经命名的状态。

4. 将状态变量组合代入状态 / 输出表中，建立转移 / 输出表，它表示对于每一种状态 / 输入组合，所需的次态变量组合和输出。

5. 选择一种触发器作为状态存储器。在今天的实现技术中，几乎不再选择——人们总是使用边沿触发 D 触发器，这是一个非常好的选择。

6. 构造激励表，它包括了一些激励值，用于获得每一种状态 / 输入组合对应的次态。

7. 由激励表推导出激励方程。

8. 由转移 / 输出表推导出输出方程。

9. 画出逻辑图，图中应表示出状态变量存储元件，并实现所要求的激励方程以及输出方程逻辑电路。

这一节中将对传统状态机设计的每一个基本步骤进行描述。第 1 步是最重要的，因为这一步才是设计者在进行设计，通过一个创造性的过程将（也许是模糊的）状态机的英语文字描述变成一个形式的表格描述。有经验的设计者几乎不用第2步，但第3步就要用到设计者的许多经验了。

一旦前面三步已经完成，那么剩下步骤的完成就只需“转动旋钮”。这意思是说，只要依据定义好的综合过程来进行就可以了。第4步和第6 ~ 9步是最乏味的，但是当使用HDL设计状态机时这些步骤就可以被自动处理。然而，弄懂这一综合过程的细节还是十分重要的，由此你既可以了解这种编译器的功能；又可以在编译器产生出乎预料的结果时，搞清楚问题出在哪里。因此，在本节余下的内容里，将对状态机设计过程的这9个步骤全都加以讨论。

9.3.1 状态表设计举例

描述状态机的状态表有几种不同的方法。稍后就会看到Verilog是怎样间接地定义状态表的。但是，本节只涉及用上节分析中所采用的表格来直接定义状态表。

在后面的小节中将介绍状态表的设计过程和综合过程，针对下述的简单设计问题：

设计一个具有两个输入（A和B）和一个输出（Z）的状态机，Z为1的条件是：

- 在前两个时钟触发沿上，A的值相同；或者
- 从上一次第1个条件为“真”起，B的值一直为1。

否则，输出为0。

如果这时你并不十分清楚这一说明的含义，不要紧。设计者工作的一部分就是把这样的信息说明转变为一个意义清晰的状态表（或是HDL的等式）；即使这个状态表与最初的设计意图并不完全吻合，但至少为进一步讨论和改进设计提供了一个基础。或者在状态表的改进中，你可能会发现最初的问题描述语句是含糊不清的或者有些简单错误且必须进行校正。

作为附加的“提示”或者要求，状态表设计问题常常还包括时序图，用以表示状态机在某个或者多个输入序列作用下的期望特性。这样的时序图不太可能准确地给出在所有可能输入作用下的状态机的特性，但它却是讨论问题的较好的出发点，并且可以用来作为基准，以检验所提出的设计是否合适。图9-15就是举例的状态机中状态表设计问题的时序图。

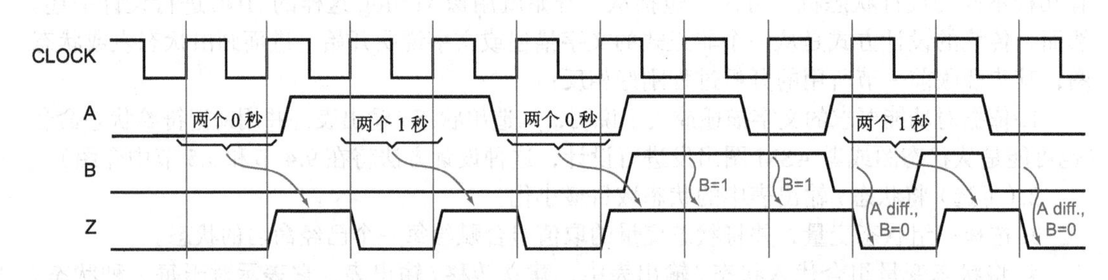

图9-15　示例状态机的时序图

状态机设计就像是一种编程过程

设计状态机（使用状态表、状态图、ASM图或是HDL程序）是一个创造性的过程，与编写一个计算机程序有些相似之处：

- 从关于输入和输出的精确描述开始，但它们之间的关系描述也可能是一种含糊的描述，而且通常没有任何信息说明怎样由输入得到所期望的输出。
- 在设计过程中，必须在不同的实现方法中做出选择，有时采用通常的做法，有时却带有随意性。

- 还必须弄清和处理好在原始的问题描述中没有提到的一些特殊情况。
- 在设计过程中，可能必须在头脑中保存几条思路。
- 由于设计过程不是一种算法，用有限的状态数或者编码位数无法保证一定能够完成状态表或程序的要求。但是，除非是为政府部门工作，否则你必须试着去做。
- 当最终运行状态机或程序时，它应该正确地完成所指定的功能——不多也不少。
- 第一次的设计不一定保证成功，可能必须进行调试并多次重复整个设计过程。
- 用于定义状态机的 HDL 模型实际上看起来也像其他的计算机程序一样令人不快！

虽然状态机的设计具有挑战性，但不必畏惧。如果以前已经编写过一些有效的程序，那么就能够完成状态机的设计。

状态表设计的第一步就是构造一块模板。从文字描述来看，例中的状态机是一个 Moore 机，它的输出仅仅取决于当前的状态，也就是说，取决于前一个时钟周期所发生的情况。于是，如图 9-16a 所示，为每个可能的输入组合提供一列用于表示次态，同时还提供一个输出列。输入组合列的书写顺序对于设计过程的这一部分并没有影响，但一般是按照格雷码的顺序来书写，相邻两列之间只有一个输入值发生变化。这是本书以前版本的一个习惯用法，其中的输入组合顺序（卡诺图中使用的顺序）简化了激励方程的手动推导过程。在 Mealy 机中，通常不要输出列，而是把输出值和状态值列在一起。最左边一列只是每一个状态含义的英文助记符，或者是与状态相关的“历史”。

a)

意义	S	AB 00	01	11	10	Z
初始状态	INIT					0
	...					
	...					
	...					
		S*				

b)

意义	S	AB 00	01	11	10	Z
初始状态	INIT	A0	A0	A1	A1	0
在 A 上收到一个 0	A0					0
在 A 上收到一个 1	A1					0
		S*				

c)

意义	S	AB 00	01	11	10	Z
初始状态	INIT	A0	A0	A1	A1	0
在 A 上收到一个 0	A0	OK	OK	A1	A1	0
在 A 上收到一个 1	A1					0
收到两个相同的输入 A	OK					1
		S*				

d)

意义	S	AB 00	01	11	10	Z
初始状态	INIT	A0	A0	A1	A1	0
在 A 上收到一个 0	A0	OK	OK	A1	A1	0
在 A 上收到一个 1	A1	A0	A0	OK	OK	0
收到两个相同的输入 A	OK					1
		S*				

图 9-16 状态表的演变过程

文字描述并没有规定在一开机时会发生什么情况，所以只有临时假设一下。假设系统刚加电时，机器进入一个*初始状态*（initial state），在例中叫作 INIT。将初始状态（INIT）名写在第 1 行，同时要留下足够的空间来写其他行（状态），以完成设计。我们也可以把初始状态填为 Z 的值。从一般意义上讲，初始状态值应该是 0，因为在开始前是没有输入的。

接着在 INIT 行填写次态项。在 A 输入端至少出现连续两个 1 之前，输出 Z 不会为 1，所以写出的两个状态是 A0 和 A1，用来“记住”前一个时钟触发沿到来时 A 的值，如图 9-16b 所示。因为还不满足输出为 1 的条件，所以这两种情况下输出都为 0。状态 A0 的确切含义是：“在前一个时钟触发沿上得到 $A = 0$，在此刻之前 $A \neq 0$，并且自从出现了一对相同的 A 输入后，B 一直不为 1。”对状态 A1 的定义也是类似的。由此可知，这个状态机至少有三个状态，所以表中留有两个以上的空行。但是，这种趋势可不太好！为了填写一个状态

（INIT）对应的次态项，必须创建两个新状态 A0 和 A1。如果照这样下去，很有可能就会有4097个状态了！为避免发生这种情况，应该注意寻找那些与可能要创建的新状态具有相同意义的现有状态。下面就来看看如何进行这一操作。

在状态 A0 中，前一个时钟触发沿上 A 输入为 0，因此如果 A 再次为 0，那么就进入一个新的状态 OK，并且 Z = 1，如图 9-16c 所示。如果 A 为 1，那么在一行里就没有出现连续两个相同的输入，因此进入状态 A1，记住我们已输入了一个 1。而在状态 A1 中，也是一样，如图 9-16d 所示，如果这同一行的第 2 个输入也为 1，则进入状态 OK，或者如果第 2 个输入为 0，则进入状态 A0。

一旦进入了 OK 状态，根据状态机描述，只要 B = 1，不管 A 输入是什么，机器都会保持在这个状态上，如图 9-17a 所示。如果 B = 0，就又要找同一行 A 端输入的两个 1 或者两个 0 了。然而，在这种情况下会有一点问题。当前的 A 输入可能是同一行中的第 2 个相同输入，但也可能不是，所以状态可能仍是 OK 或者会进入 A0 或 A1。可见，关于状态 OK 的定义太广泛了，以至它无法“记住”足够的信息以明确下一个状态是什么。

a)

意义	S	AB 00	01	11	10	Z
初始状态	INIT	A0	A0	A1	A1	0
在 A 上收到一个 0	A0	OK	OK	A1	A1	0
在 A 上收到一个 1	A1	A0	A0	OK	OK	0
收到两个相同的输入 A	OK	?	OK	OK	?	1
		S*				

b)

意义	S	AB 00	01	11	10	Z
初始状态	INIT	A0	A0	A1	A1	0
在 A 上收到一个 0	A0	OK0	OK0	A1	A1	0
在 A 上收到一个 1	A1	A0	A0	OK1	OK1	0
两个相同，最终 A=0	OK0					1
两个相同，最终 A=1	OK1					1
		S*				

c)

意义	S	AB 00	01	11	10	Z
初始状态	INIT	A0	A0	A1	A1	0
在 A 上收到一个 0	A0	OK0	OK0	A1	A1	0
在 A 上收到一个 1	A1	A0	A0	OK1	OK1	0
两个相同，最终 A=0	OK0	OK0	OK0	OK1	A1	1
两个相同，最终 A=1	OK1					1
		S*				

d)

意义	S	AB 00	01	11	10	Z
初始状态	INIT	A0	A0	A1	A1	0
在 A 上收到一个 0	A0	OK0	OK0	A1	A1	0
在 A 上收到一个 1	A1	A0	A0	OK1	OK1	0
两个相同，最终 A=0	OK0	OK0	OK0	OK1	A1	1
两个相同，最终 A=1	OK1	A0	OK0	OK1	OK1	1
		S*				

图 9-17　状态表的进一步演变

在图 9-17b 中给出了问题的解决办法，即将 OK 状态一分为二（OK0 和 OK1），用来记住前一个 A 的输入。而 OK0 和 OK1 的所有次态就可以在现有的状态中选取，如图 9-17c 和图 9-17d 所示。例如，在状态为 OK0 时，如果 A = 0，则保持在状态 OK0；不需要用一个新的状态来“记住”同一行中出现三个 0 的情况，因为状态机描述中并没有要求对这一情况加以区分。这样，我们就已经构成了一个“完整”的状态表，这是当前描述有限状态机的状态表。为便于清晰核查，图 9-18 重复了图 9-15 的时序图，并且列出了根据最后的状态表应该访问的那些状态名。

初始状态与空闲状态

本小节的示例状态机只在复位（reset）期间才访问它的初始状态。许多状态机将空闲状态作为复位时的状态，每当机器被复位或者没有什么特别的操作时就进入这个状态。

实现可靠复位

为使系统正常运作，状态机的硬件设计应该能够保证机器在加电时进入一个已知的初始状态，如在这一设计实例中的 INIT 状态。大多数系统都有一个在加电期间有效的 RESET 信号。

随着集成度的增加，近年来复位电路已经变得越来越复杂了，通常被称为“电压监测器”。在加电期间，当复位电路检测到电源电压接近电压最大值的一个阈值（比如 3.3V 系统中的 3V）时，会随后提供一个延迟（如 200 ms），以确保所有部件（包括振荡器）在系统“可置位”前有时间稳定下来。复位电路也检测下降时的电压，当电压下降至低于阈值电压时会立即重启系统。

除了电源电压检测外，典型的电压监测器还有一个手动输入复位按钮和一个“看门狗定时器”逻辑输入。看门狗定时器被用在更为复杂的系统中，如果软件或者其他逻辑不能周期性地改变看门狗输入信号的值，那么它就会重启系统。

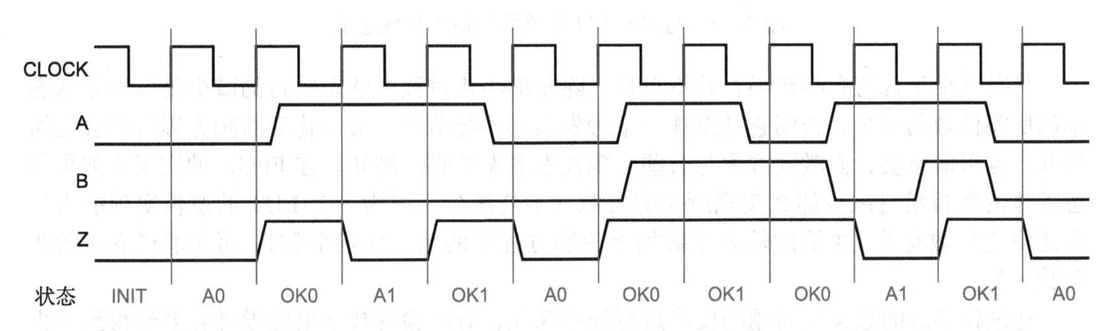

图 9-18　示例状态机的时序图和状态序列

*9.3.2　状态最小化

图 9-17d 是原始文字描述的“最小化”状态表，在某种意义上包含最少的可能状态。图 9-19 显示了其他一些具有更多状态的状态表，它们同样也能完成操作功能。可以采用形式化过程来最小化这种状态表中的状态数目。如果能删除更多的状态，那么所需的状态变量就会更少（例如，把 9 个状态变为 8 个或者更少，就可以把状态触发器的数量由 4 个减少为 3 个）。

形式化的最小化过程的基本思想就是识别等效状态（equivalent state）。如果通过观察状态机当前和将来的输出（而非内部状态变量）不可能对某两个状态进行区分的话，那么这两个状态就是等效状态。两个等效状态可以用一个状态来代替。

如果以下两个条件为真，那么状态 S1 和 S2 就是等效的。第一，S1 和 S2 必须在状态机输出端上产生相同的输出值；对于 Mealy 机，这一条必须对所有的输入组合都为真。第二，对于每一种输入组合，S1 和 S2 必须具有相同的次态或者等效的次态。

于是，采用形式化的状态最小化过程即可发现：图 9-19a 中的状态 OK00 和 OKA0 是等效的，因为它们产生相同的输出并且它们的次态项是一样的。由于这两个状态是等效的，因此可以将状态 OK00 删除，并且以后表中凡是出现 OK00 的地方都用 OKA0 代替，反之亦然。同样，状态 OK11 和状态 OKA1 也是等效的。

为了最小化图 9-19b 中的状态表，采用形式化过程的同时必须用一点循环推理。状态 OK00、A110 以及 AE10 都产生相同的输出，而且它们的次态项也几乎是一样的，所以它们可能是等效的。若 A001 和 AE01 是等效的，那么上述的三个状态就是等效的。类似地，若 A110 和 AE10 是等效的，那么 OK11、A001 和 AE01 都是等效的。换句话说，如果在第二组里的状态是等效的，那么第一组里的状态也是等效的，反之亦然。那么，就这样继续下去并说它们都是等效的。

a)

意义	S	AB 00	01	11	10	Z
初始状态	INIT	A0	A0	A1	A1	0
在A上收到一个0	A0	OK00	OK00	A1	A1	0
在A上收到一个1	A1	A0	A0	OK11	OK11	0
在A上收到一个00	OK00	OK00	OK00	OKA1	A1	1
在A上收到一个11	OK11	A0	OKA0	OK11	OK11	1
OK，在A上收到一个0	OKA0	OK00	OK00	OKA1	A1	1
OK，在A上收到一个1	OKA1	A0	OKA0	OK11	OK11	1
		S*				

b)

意义	S	AB 00	01	11	10	Z
初始状态	INIT	A0	A0	A1	A1	0
在A上收到一个0	A0	OK00	OK00	A1	A1	0
在A上收到一个1	A1	A0	A0	OK11	OK11	0
在A上收到一个00	OK00	OK00	OK00	A001	A1	1
在A上收到一个11	OK11	A0	A110	OK11	OK11	1
在A、B为1时收到一个001	A001	A0	AE10	OK11	OK11	1
在A、B为1时收到一个110	A110	OK00	OK00	AE01	A1	1
在A、B为1时收到一个bb…10	AE10	OK00	OK00	AE01	A1	1
在A、B为1时收到一个bb…01	AE01	A0	AE10	OK11	OK11	1
		S*				

图9-19　与图9-17d等效的非最小化状态表

状态最小化真的有必要吗？并不总是。除非最小化过程中状态数目的减少足以导致状态编码所需位数的减少，否则它甚至连一个触发器都不能节省。最小化后激励方程可能会更简单些，也可能不会，而激励方程与有些实现技术毫无关联。例如，在FPGA的实现中如果状态变量的数目没有减少那么实现所需的资源就不会减少，因为一个LUT的逻辑实现能力只和逻辑变量数有关（主要的输入个数加上激励方程中的状态变量个数），而和逻辑变量的积项数无关。

通过将状态的意义与问题的要求进行细心匹配，有经验的数字电路设计者要想得到最少或接近最少数目的状态变量几乎不成问题，根本不用正规的最小化过程。而且有些情况下，增加状态的数目还可能简化设计过程或者降低设计成本，所以即使是自动的状态最小化过程也不一定是有帮助的。在下一小节的讨论中，设计者还可以在设计过程中的状态赋值期间进一步完善状态机。

9.3.3　状态赋值

设计过程的下一步，就是确定要表示状态表中的状态需要多少位二进制变量，并且给每一个已命名的状态赋予一个特定的组合。将赋给一个特定状态的二进制数的组合称为*状态编码*（coded state）。在一个具有 n 个触发器的机器中，*状态的总数*（total number of states）为 2^n，那么用来编码 s 个状态，需要的触发器的数目为 $\lceil \log_2 s \rceil$，即取大于或者等于 $\lceil \log_2 s \rceil$ 的最小整数。

表9-4　示例问题的状态和输出表

S	AB 00	01	11	10	Z
INIT	A0	A0	A1	A1	0
A0	OK0	OK0	A1	A1	0
A1	A0	A0	OK1	OK1	0
OK0	OK0	OK0	OK1	A1	1
OK1	A0	OK0	OK1	OK1	1
	S*				

这里我们将使用表9-4中示例状态机的状态/输出表作为参考。这个状态机有5个状态，因此需要3个触发器。当然，3个触发器总共可以提供8个状态，所以有 $8-5=3$ 个*无效状态*（unused state）。在本节的最后将讨论无效状态的几种处理方法。现在要应付的是5个状态编码的许多种不同选择。表9-5中已经给出了几种编码方式。

要用 2^n 种可能的二进制数组合给 s 个编码状态赋值，最简单的方法就是按照二进制计数顺序选用排在最前面的 s 个二进制整数，如表9-5中的第1列就是采用这种赋值方法。在下述情况下，这种赋值通常是个好的选择：

- 你正在使用 HDL 设计状态机，并且你想获得某种特别的东西以便你能够在仿真中测试状态机的功能行为。

表 9-5　表 9-4 中状态机的可能状态赋值

状态名	赋值			
	最简单的赋值 Q1 ~ Q3	分解后的赋值 Q1 ~ Q3	单热点赋值 Q1 ~ Q5	准单热点赋值 Q1 ~ Q4
INIT	000	000	00001	0000
A0	001	100	00010	0001
A1	010	101	00100	0010
OK0	011	110	01000	0100
OK1	100	111	10000	1000

组合数学

从 n 种可能的状态中选择 m 种编码状态的方法数目可由**二项式系数**（binomial coefficient）给出，记为$\binom{n}{m}$，其值为$\frac{n!}{m!\cdot(n=m)!}$。（在前面 2.10 节中关于十进制编码的内容里也用到了二项式系数。）在我们的例子里，从 8 种可能的状态中选出 5 种编码状态，一共有$\binom{8}{5}$种不同的方法。而且，对于采用不同方法所得到的 5 种已命名状态，又有 5! 种不同的赋值方式。所以，将例子中的状态机的 5 种状态赋给 3 位二进制变量的方法有$\frac{8!}{5!\cdot 3!}\cdot 5!$种，即有 6720 种不同的方法。我们没有时间来看所有这些可能性。

- 你的设计中将只使用一个状态机的实例，因此最小化的实现代价不是重点。
- 就系统的性能而言状态机的时序性能（如时钟到输出的传输时间以及最大时钟频率等）不是关键。
- 不需要现态的无毛刺译码，因此在状态变化时有多个状态变量变化也是可以的。
- 在仿真或者真实硬件的调试中，没有必要通过一个信号的观察来确定当前的状态。

但是，最简单的状态赋值方式并不一定总能得到最简单的激励方程、输出方程和最终的逻辑电路，最终的逻辑电路可能不是最方便调试的。事实上，状态赋值方式通常对电路的成本和性能有着很大的影响，同时输出的编码和时序还会跟其他的系统因素相互作用，影响状态机使用的便利性和代价。

那么，对于一个给定的问题，怎样选择最好的状态赋值方式呢？一般来讲，找到最佳赋值方式的唯一途径，就是把所用的赋值方式都试一遍。即使对于学生而言，这一工作量也是非常地大。大多数数字电路设计者依赖经验和一些实践指南，以求实现合理的状态赋值：

- 选择一个在机器初始化时很容易进入的状态作为初始状态编码（通常是 00…00 或者 11…11），常规的做法是给一个或多个时钟触发沿声明一个专用的“重置”（reset）输入。
- 使每次转移时要发生改变的状态变量数目最小化。
- 使一组相关状态（即多数状态转移都要停留的一组状态）中不变化的状态变量数目最大化。
- 发现和利用问题描述中的对称性以及相应状态表中的对称性。也就是说，假如一个或一组状态与另一个或一组状态的含义基本相同，那么一旦完成了对前者的状态赋值，后者就可以采用类似的赋值，只需要改变 1 位即可。

- 如果存在无效状态（即如果 $s < 2^n$，其中 $n = \lceil \log_2 s \rceil$），则应从可用状态变量组合中选择能够最好地达到预期目标的状态编码。也就是说，不要局限于选择最前面的 s 个 n 位二进制整数。
- 将状态变量组分解为分离的位或字段，相对于状态机的输入效果或者输出特性，每一位或字段都具有明确的定义。
- 可以考虑使用多于最小值的状态变量数，以便实现可能的分解赋值。

在表 9-5 的“分解后的”状态赋值中采用了上述的一些思路。如前所述，初始状态是 000，这一初始状态可以很容易地通过异步（给触发器 CLR 输入端加 RESET 信号）或者同步（将 RESET′ 与所有 D 触发器的输入相与）的方式设置。在一个典型的基于 FPGA 或者 PLD 的实现中，或多或少有一种实现可以“免费”获取，或者两种实现都可“免费”获取。状态赋值中使用 1 个位的 Q1 来指示机器是否处于 INIT 状态，而且当 Q1 为 1 时，可以用 Q2 和 Q3 来区分除 INIT 状态外的其他 4 种状态。

参见表 9-5 中的“分解后的”列，列中的非 INIT 状态是按照二进制数的计数顺序赋值的，但这只是一次巧合。状态位 Q2 和 Q3 的含义都各自与状态机输入和输出的上下文有关。Q3 给出了 A 的前一个值，而 Q2 表示出在现态下满足输出 1 的条件。通过这种分解二进制状态变量含义的方法，可以期望：与将非 INIT 状态的 Q2、Q3 组合进行随机赋值的方式相比，它的次态和输出逻辑就有可能要简单些。本节的后续内容将基于这种赋值方式来继续讨论状态机的设计。

有时候在一个更大的电路中需要对状态机的现态进行译码以供使用，并且有些场合要求译码输出是“无毛刺”的——例如，译码输出被应用到触发器的异步输入，或者被用作几个不同的时钟信号。如果在一次状态变化过程中有多个状态变量发生改变，那么要获得无毛刺译码是不可能的。例如，在表 9-5“最简单”的状态赋值中，状态 A0（001）和状态 A1（010）之间的转换，可以简单地看作是状态 OK0（011）或者 INIT（000），这取决于触发器 Q2 和 Q3 的输出时序（例如，0 变到 1 的时序跟 1 变到 0 的不同）。因此，对状态 OK0 或者 INIT 译码的 3 输入与门在 A0 ~ A1 转换期间可能会产生一个短暂的毛刺。

如果在每次状态转换中都只有一个状态变量变化，那么获得无毛刺译码是可能的。提供这一属性的状态赋值有时被称作**格雷赋值**（Gray assignment），后面的格雷编码也有同样的属性。对一个给定状态表进行格雷赋值的潜在好处是可以通过**状态相邻图**（state adjacency diagram）的方式进行分析，状态相邻图是一个简化的状态图，忽略了自循环并且不显示其他的状态转换方向（A → B 的转换被画作与 B → A 的转换相同）以及引起状态转换的输入组合。示例状态机（见表 9-4）的状态相邻图如图 9-20a 所示。为了获得无毛刺译码，在给每对相邻的状态对赋值时让它们只有一位不同。

结果证明，本例中纯属偶然，表 9-5 给出的状态赋值对所有的“主”状态具有状态相邻图的属性——除了 INIT 以外的所有状态——如图 9-20b 所示。对于这个特定的状态相邻图，这是所能做到的最好结果。这虽然有点伤脑筋，但是经过反复实验后，至少你自己会确信，对于 INIT、A0、A1 循环或者任何具有奇数个状态的循环而言，找不到可以使每对相邻状态只有一位不同的状态编码赋值方法。A0 可以译作 INIT 到 A1 状态变化的一个状态。一般来说，为了成功，必须将相邻图的节点和弧线与 n 维立方体（见图 2-8）上相应的节点和弧线匹配起来。

所幸还有另一种更简单的、可以用于任何状态机的无毛刺译码的方式——**单热点赋值**（one-hot assignment），如表 9-5 所示。这种赋值方式采用的状态变量数比最小值要多，每一个状态用一个二进制位来表示。单热点赋值法除了简单外，它还有另一个优点就是通常能使得激励方程比较简单，这是因为每一个触发器只在进入一个状态的转移时才被置为 1。就调试而言，这也是一种便利的状态赋值，因为只需要观察一个信号就可以判定状态机什么时候进入到一个特定的状态。

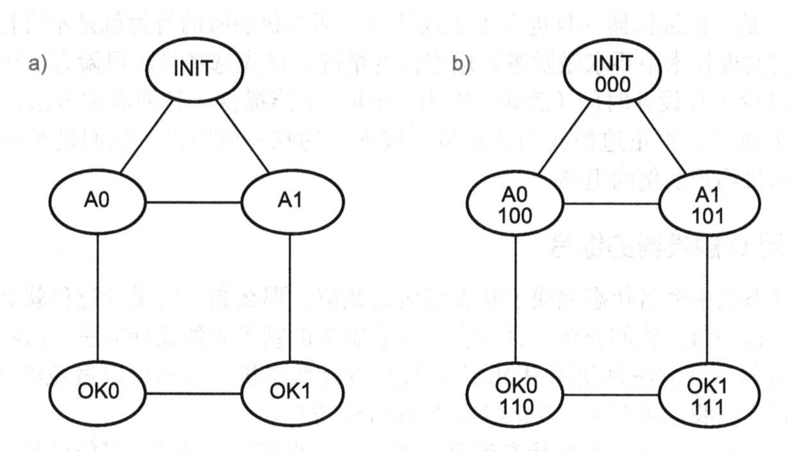

图 9-20 表 9-4 状态表的相邻图

扯平

如前所述，如果状态循环的长度是奇数，那么就不可能对状态编码，使得在有奇数个状态的循环中每次状态转换只有一位发生改变。然而，如果循环的长度是偶数，那么就可以实现这种编码，先从 2^n 个纯格雷编码开始，这个格雷码编码数 2^n 至少要和所需的循环长度一样大，然后重复地删除代码对直到获得所需的编码数。

由于格雷码是一种“反射码”，因此可以立即删除“反射线”上下的编码字，“反射线”位于编码字列表的中间，新获得的相邻编码字仍然只有一位不同（最高有效位 MSB 不同），如表 2-8 所示。还有另外一种方式，可以删除编码字列表中的第一个和最后一个状态。无论哪种方式，都可重复此过程直到你获得所需的偶数个编码字。

单热点赋值法的一个显著缺点（特别是对于状态数很多的状态机），就是它所需的状态数比采用最少触发器法设计的状态数要多得多。然而，如果时序性能非常重要，且系统中的其他一些部分也需要尽可能快地知道进入了一个特定状态，那么单热点赋值法就是一种理想的编码方式。不需要另外的组合电路对特定的状态进行译码；时钟触发沿作用于状态变量的触发器输出之后，所需的信号会立即有效。

表 9-5 的最后一列采用的是一种“准单热点赋值”，主要是因为初始状态没有采用单热点赋值。这样做很有意义，因为大多数存储元件初始化为全 0 态比较容易，而且机器运行起来后不会再进入初始状态了。练习题 9.22 就是采用这种状态赋值法来完成状态机设计的。

现在来考虑一下，当 n 个触发器的状态变量数 2^n 比所要求的状态数 s 要大时，就要考虑*无效状态*（unused state）的处理问题。有两种有效的处理方法，选用哪种方法取决于应用要求：

- *最小风险法*。这种方法假设状态机可能由于某种原因会进入未用的（或称“无效的”）状态，这个原因可能是硬件的失效、出乎预料的输入信号或者设计错误。因此应弄清所有未用的状态变量组合，并且对应每一种无效状态都规定一个明确的次态项，从而使得对于任何一种输入组合，无效状态都能进入“初始”状态、“空闲”状态或者其他一些“安全”状态中。如果初始状态编码是 00…00，那么在有些设计方法中，这是一个自然的结局。

- *最小成本法*。这种方法假设机器永远不会进入无效状态。因此，在转移表和激励表中，无效状态的次态可标为“无关”项。在大多数情况下，这样做可以简化激励逻辑。但是，如果机器一旦进入了无效状态，那么状态机的行为就是不可把握的了。

对于当前实现技术中要求激励逻辑成本低的情况，优先选择最小风险方法更合理些，它可能还可以减少工程设计时间（例如，因为 Verilog 不能提供一种便利的方法以在激励逻辑中指定“无关项”）。真正迫使我们选择最小成本法的唯一原因是，我们是否正在设计一个包含大量状态机物理实例的电路。

*9.3.4 采用 D 触发器的综合

一旦对状态机中命名状态完成了状态编码的赋值，那么剩下的设计过程就真的只是“转动旋钮”了。这一节，我们介绍一种适合小型状态机的基于表的设计方法，以状态表为设计起点。但更好的一种方法是使用 HDL 语言直接设计状态机，这样可以避免给状态表填入 0 和 1 的易错过程。我们将在 9.6 节介绍这种 Verilog 方法。

一旦有了状态表并且已选好状态编码，那么下一步就是在状态（可能已最小化）表中用状态编码取代命名的状态，就得到了*转移表*（transition table）。转移表展示了与每一种当前编码状态和输入组合相对应的下一编码状态。表 9-4 所列举的状态机如果采用了表 9-5 的“分解后的”赋值法，那么所得的转移表和输出表如表 9-6 所示。

表 9-6 示例问题的输出表和转移 / 激励表

Q1 Q2 Q3	A B				Z
	00	01	11	10	
000	100	100	101	101	0
100	110	110	101	101	0
101	100	100	111	111	0
110	110	110	111	101	1
111	100	110	111	111	1
	Q1*Q2*Q3* or D1 D2 D3				

由于状态存储器采用的是 D 触发器，因此转移表中的值——编码状态变量的下一个值——也就是“激励”值，要从各个起始状态转移到各个次态，必须将“激励”值输入到对应的 D 触发器的输入端。如表 9-6 的底部所示，为了表现上述事实，给出了另外一种命名表格条目的方法，我们称它为*转移 / 激励表*（transition/excitation table）。

转移 / 激励表像一个多输出的真值表，在本例中它是 5 变量（A, B, Q1, Q2, Q3）的 3 个组合逻辑函数（D1, D2, D3）。现在我们有了一个表格化描述的激励逻辑，按照该逻辑把状态存储器（D 触发器）连接起来就可以实现状态机。然而，除非状态变量的所有 2^n 种可能的取值都能以行的形式出现在转移 / 激励表中，否则，对这些逻辑函数的描述就是不完整的。这时必须决定是采用最小风险法还是最小成本法来处理无效状态：

- 在最小风险处理方法中，针对源自无效状态的所有转换，为其选择合理的缺省目标状态，如复位状态 reset 或者无意义状态 idle，并且在综合激励逻辑时对无效状态做合理的安排。
- 在最小成本处理方法中，在综合激励逻辑时将所有源自无效状态的转换当作“无关项”处理。

根据采用的实现技术和设计环境，在实现逻辑函数时至少有两种方法：

1. 对于一个门级设计，不论是 ASIC 还是 PLA 或 PLD，都可以给每个函数推导出一个最小的两级“积之和”或“和之积”的表达式，并且实现相应表达式的逻辑电路（与或式、与非 - 与非式等）。

2. 对于一个基于 FPGA 的设计，可以把转移 / 激励表转换为一组与之对应的 LUT。

所带来的问题是，如何使用上面的第一种方法把一个像表 9-6 那样的多输出真值表转换为逻辑方程，或者使用上面的第二种方法转换为 LUT。在“以前糟糕的日子里”，我们有时通过手动方式应用卡诺图解决这类小问题（如果你感兴趣的话，可以到本书第 4 版的 7.4.4 节中看看这个例子）。然而，一个设计者应该尽可能地使用自动化工具解决此类问题，这样不仅可以减少设计过程中的工作量，还可以减少错误。

使用上面两种方法之一处理无效状态的 Verilog 模块如程序 9-1 所示。该程序基本上把转移 / 激励表中次态的入口都嵌入到一个 `case` 语句中，其选项由当前的状态 / 输入组合来选择，即 5 位的值 `{Q1,Q2,Q3,A,B}`，选择语句中的每种条件都带有一个把表中所列的次态值赋给 `{D1,D2,D3}` 的语句。通过编写 `default` 选项，将未说明的状态 / 输入取值组合转换到全 0 或者 INIT 状态，建立了最小风险处理方法。

别太激动

在用 D 触发器设计状态机时，激励表就是对转移表进行简单的重命名。这是因为 D 触发器的特性方程非常简单：Q*=D。使用 D 触发器，要去到一个特定的已编码的次态，只要简单地将这个状态的编码值输入到状态触发器的 D 输入端就可以了。

但是，对于其他类型的触发器而言，这种方法就不再适用。例如，如果你不得不用带有使能端的 T 触发器来构建状态存储器，那么当状态变量的下一个值与当前值不同时，激励表中每个输入都是 EN=1，而当状态变量的下一个值与当前值相同时，则是 EN=0。如果使用的是 J-K 触发器，那么每次状态转移都会对应于两个输入，一个是 J 的值，另一个是 K 的值。

程序 9-1 表 9-6 指定的转移逻辑的 Verilog 模块

```
module VrExTrantbl(Q1, Q2, Q3, A, B, D1, D2, D3);
  input Q1, Q2, Q3, A, B;
  output reg D1, D2, D3;
  reg [4:0] incomb;
  reg [2:0] d;

  always @ (*) begin
    incomb = {Q1, Q2, Q3, A, B};
    case (incomb)
       5'b00000:d=3'b100; 5'b00001:d=3'b100; 5'b00011:d=3'b101; 5'b00010:d=3'b101;
       5'b10000:d=3'b110; 5'b10001:d=3'b110; 5'b10011:d=3'b101; 5'b10010:d=3'b101;
       5'b10100:d=3'b100; 5'b10101:d=3'b100; 5'b10111:d=3'b111; 5'b10110:d=3'b111;
       5'b11000:d=3'b110; 5'b11001:d=3'b110; 5'b11011:d=3'b111; 5'b11010:d=3'b101;
       5'b11100:d=3'b100; 5'b11101:d=3'b110; 5'b11111:d=3'b111; 5'b11110:d=3'b111;
       default: d=3'b000;
    endcase
    {D1, D2, D3} = d;
  end
endmodule
```

在第二种处理方法中，当程序 9-1 以 FPGA 为目标器件并使用 Xilinx Vivado 工具时，编译器和综合器产生与转移 / 激励表对应的位模式，并把这些位下载到 3 个实现 D1、D2 和 D3 的 LUT 中。令人高兴的是，如果你知道去哪里查看的话，编译器和综合器会推导并显示出这 3 个信号的最小化积之和方程，这些方程可以应用到第一种方法中：

$$D1=Q1+Q2' \cdot Q3'$$
$$D2=Q1 \cdot Q3' \cdot A'+Q1 \cdot Q3 \cdot A+Q1 \cdot Q2 \cdot B$$
$$D3=Q1 \cdot A+Q2' \cdot Q3' \cdot A$$

幸运的是这些方程与更早前提到的使用老式的基于卡诺图的最小化方法推导出的方程完

全一样。(参见后文使用 Verilog 的“最小成本方法”的方框注释。)

图 9-21 给出了带 3 个 LUT 的逻辑图，它是 Vivado 导出的应用第一种方法的基于 FPGA 的实现。尽管 Xilinx 7 系列的 LUT 能够实现多达 6 个变量的任意组合逻辑函数，但是通过最小化激励方程后，综合工具已经推断出，只需要一个 3 输入的 LUT 和一个 4 输入的 LUT 就可以分别实现输出 D1 和 D3。

从表到方程

“轻而易举地”从转移 / 激励表中导出激励方程并非那么有趣。在过去，我们还要费力地把表中给出的激励值复制到卡诺图中，这是一个单调沉闷且容易出错的过程。对于无效状态，在最小风险处理方式中，还要输入每个无效状态所转移到的默认状态的编码值；至少有一种情况是容易做的，如果默认状态的编码值是全 0 或全 1——仅需输入全 0 或全 1。在最小成本处理方式中，输入“无关项”作为无效状态的激励值。然后，针对上面的任何一种处理方法，要使用卡诺图手动地导出最小化的逻辑表达式，该表达式最终被转换为一个电路。

如今，有了逻辑最小化软件，能够完成最小化工作并轻松地推导出激励方程。例如，在程序 9-1 中，我们就迫使 Verilog 为我们完成了上述工作。然而为了创建程序 9-1，我们必须把转移 / 激励表复制到 Verilog 模块中，这个乏味又易错的过程仍然不能被去除。我们也许可以使用一个 `parameter` 语句来定义次态的编码，这样可以去除某些乏味易错的过程（因此，我们可以在 `case` 选项中写出，如“`5'b00000:d=A0`”）。但最好的去除这个乏味易错方法的方式就是，一开始便不创建转移 / 激励表！

当我们使用 HDL 设计状态机时，编译器内部会根据我们对次态行为和状态编码的高层次说明，推出激励方程，并对它们做合理的最小化，然后综合器根据所选目标技术创建这些方程的一个实现，可以是单个的 ASIC 门实现、PLD 实现或者 FPGA 中的 LUT 实现。接下来会看到一些这样的例子。

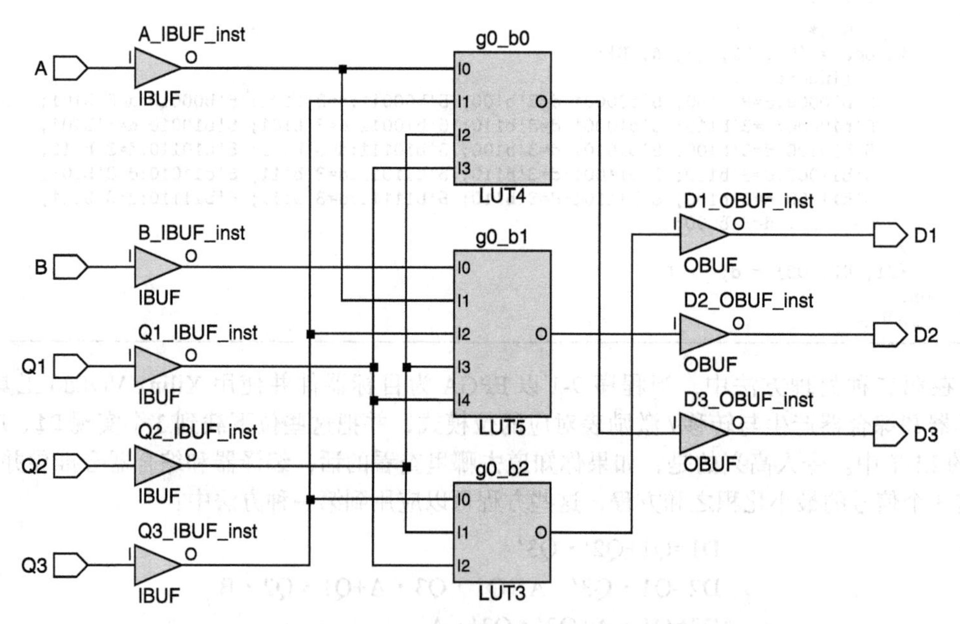

图 9-21　由程序 9-1 导出的激励方程的 Xilinx FPGA 逻辑图

最小成本方法

在例子中如果我们选择推导最小成本激励方程，那么无效状态的次态项就应标为“无关项”。如果使用老式的卡诺图映射法推导其激励方程（见本书前面版本中的描述），那么其中的两个方程会比以前的要简单些：

$$D1 = 1$$
$$D2 = Q1 \cdot Q3' \cdot A' + Q3 \cdot A + Q2 \cdot B$$
$$D3 = A$$

对程序 9-1 做对应的修改，就是把 `default` 条件的次态改为“`d=3'bxxx`”。不幸的是，右边看起来像 3 个无关项的位，其实不是无关项。在 Verilog 中“x”表示“未知”，不是“无关”项。综合过程中，这些 x 的位可以当作“无关项”处理，也可以不作“无关项”处理，取决于所用的综合工具。例如，Vivado 工具把 x 当作 0 处理，并且综合与原始模块中完全一样的激励逻辑。因此，当使用 Verilog 设计和实现状态机时，无效状态的最小风险处理方法应该是令人满意的，它通常是最好的选择。

由表 9-6 中的信息可以很容易地直接求得输出方程。输出方程要比激励方程简单些，因为输出只是状态的函数。可以用卡诺图来求得输出方程，但最小风险的输出函数可以通过代数的方法得到，输出方程就是使输出 Z 的值为 1 的两个编码状态项之和（110 和 111），即：

$$Z = Q1 \cdot Q2 \cdot Q3' + Q1 \cdot Q2 \cdot Q3$$
$$= Q1 \cdot Q2$$

至此，状态机设计工作就要完成了。最后一步就是，通过可以综合或者创建出电路的逻辑图、HDL 或者其他表示形式，将激励逻辑和输出逻辑与状态存储器按照图 9-5 的结构连接起来。

这个例子已经从原则上表明，怎样从文字描述到状态表，再到次态的逻辑方程和输出逻辑，设计并综合出状态机。在这个方法中，状态表既有其优点也有其麻烦的一面：

- 状态表用定义的方式，说明了每一种现态和输入取值组合的次态。创建状态表时要求设计者直接考虑各种可能情况——这是其优点。
- 状态表的规模及创建状态表所需的工作量都随着状态数的增加而呈指数级增长。这是不可避免的。
- 状态表的规模随着输入数的增加而呈指数级增长，每增加一个输入，状态表的规模就翻一倍。这使得设计具有多个输入的状态机既困难又乏味。

9.3.5 超越状态表

由于状态表的规模会随着输入数的增加而呈指数级增长，因此需要有一种状态机的设计方法，其工作量更多的是和每个状态中使用的次态决策的复杂度呈线性关系，而不是和被检查的输入数有关。还有另外两种传统的状态机的描述性结构具有这种所期望的属性。第一种是状态图；在 9.2 节末尾的状态机分析中列举了状态图的例子，并且将会在 9.4 节中介绍如何用它们进行设计。

在 9.4 节中将会看到，状态图中存在的潜在歧义导致了第二种结构，即算法状态机（Algorithmic State Machine，ASM）图，而 ASM 图不再有歧义，并且在 9.5 节会讲述 ASM 图。ASM 图和早期的状态机描述语言以及现代的 HDL 都极为相似，HDL 使用人们熟悉的程序设计结构（如 `if-then-else` 和 `case` 语句）以及布尔条件表达式来清晰地描述次态的行为。实际上，如果你想只使用 HDL 设计状态机，那么就可以跳过本章接下来的两节，尽管它们在技术和历史方面有些有趣的事。我们将在9.6节预先浏览下使用Verilog进行的状态机设计，然后在第12章学习其完整的设计过程和大量Verilog状态机的例子。

*9.4　用状态图设计状态机

大多数人喜欢采用图形法来进行设计，为此，常用状态图来设计小规模和中规模的状态机；本节会给出一个设计举例。一旦有了状态图，就可以把状态图编码为像后文中程序9-2那样的Verilog模型。

重温一下*状态图*（state diagram）的定义，每一个状态用一个圆圈（或*节点*，node）表示，每一个状态转移用一根箭头（或者*有方向的弧线*，directed arc）表示。每根弧线上标记有*转移表达式*（transition expression），使得转移表达式的值为1的输入组合才会引起标记好的状态转移。

状态图的设计与状态表的设计相似，正如9.3.1节中所讲的，很像是编写程序。但是，状态图的设计和状态表的设计有一个基本的不同，这个不同使得设计状态图比较简单，但也比较容易出错：

- 状态表是采用一种穷举列表的方法，列出所有状态/输入组合的次态，清晰明了。
- 状态图包含了一组标有转移表达式的弧线。即使有很多输入，每条弧线也只需要一个转移表达式。但是，在构造状态图时不能保证：在离开特定状态的弧线上标记的转移表达式，是否能一次性准确地涵盖所有输入组合。

在构造不合适的（有二义性的）状态图中，有些状态/输入组合可能没有确定的次态，这种情况是我们所不希望的；而另外一些状态/输入组合又可能对应着多个次态，这显然是错误的。因此，在设计状态图时必须仔细地考虑清楚。

在9.2节中分析状态机时，对状态图没有任何顾虑。从电路的逻辑图中推导出转移方程，并且使用所得的状态表就能够推出转移表达式，用到对应的状态图中。为了使用状态图来设计状态机，要按照相反的过程进行，并且有一个一开始就必须遵守的重要规则，以避免创建出有歧义的状态图。离开一个特定状态的弧线上的转移表达式必须是相互排斥且完备的：

- 对于同一个输入组合没有两个转移表达式的值会等于1，因为对于一个输入组合，状态机不可能有两个次态。
- 对于每一个可能的输入组合，必须有转移表达式的值为1，因此所有的次态都是定义好的。

在状态图设计的例子中必须铭记这一点。

雷鸟车尾灯示例

这个例子就是设计控制1965年福特雷鸟车（如图9-22所示）的尾灯的状态机。车尾每边有3个灯，这些灯轮流按顺序亮起，以表示车子的转向，如图9-23所表示的那样。状态机有2个输入信号（LEFT和RIGHT），它们分别表示驾驶员左转和右转的要求。另外还有1个应急闪烁输入（HAZ），它要求车尾灯工作在告警状态，即所有6个灯轮流协调地闪烁。还假设有一个单独运行的时钟信号，该信号的频率等于这些灯所期望的闪烁频率。

给定上述要求，设计出一个时钟同步状态机来控制雷鸟车尾灯。接下来将设计一个Moore机，这样就单独由状态来决定哪个灯亮，哪个灯灭。左转时，状态机就在4个状态中循环，右边的灯都不亮而左边的0、1、2或3个灯亮。类似地，右转时状态机应该在4个状态中循环，左边的灯都不亮而右边的0、1、2或3个灯亮。在告警模式下，只要求有两种状态，所有的灯都亮和所有的灯都灭。

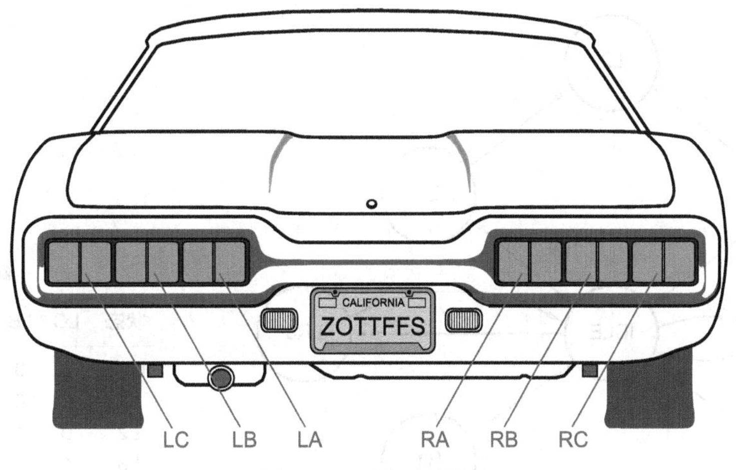

图 9-22　雷鸟车尾灯

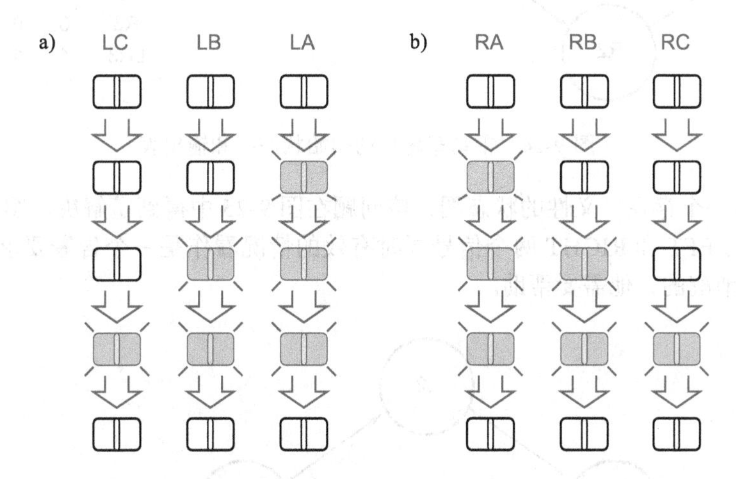

图 9-23　雷鸟车尾灯闪烁顺序：a）左转；b）右转

图 9-24 显示了该状态机最原始的状态图。定义 1 个中性的 IDLE（空闲）状态表示所有的灯都灭的情况。当要求左转时，机器将经过 1、2 和 3 个灯亮这 3 种状态，然后回到状态 IDLE；右转时的过程也是一样的。在告警模式下，机器在 IDLE 状态和 6 个灯都亮的状态之间来回变换。由于输出的数目太多，所以单独列一个输出表而不是把输出值直接写在状态图中。即使还没有给已命名的状态编码赋值，也可以由输出表得到输出方程，只需要把每一个输出变量表示为使其值为 1 的输入变量之和。

$$LA = L1 + L2 + L3 + LR3 \qquad RA = R1 + R2 + R3 + LR3$$
$$LB = L2 + L3 + LR3 \qquad RB = R2 + R3 + LR3$$
$$LC = L3 + LR3 \qquad RC = R3 + LR3$$

如图 9-24 所示的状态图有一个很大的问题——它无法适当地处理多个输入同时有效的情况。例如，在 IDLE 状态时，如果 LEFT 和 HAZ 同时有效会怎么样？根据状态图，机器将会进入两种状态——L1 和 LR3，这当然是不可能出现的。实际上，机器只可能有一种次态，即可能是 L1 或 LR3，或者是一个完全不相关的（也可能是未用的）第 3 种状态，这个结果取决于实现状态机的具体形式（见练习题 9.37 和 9.40）。

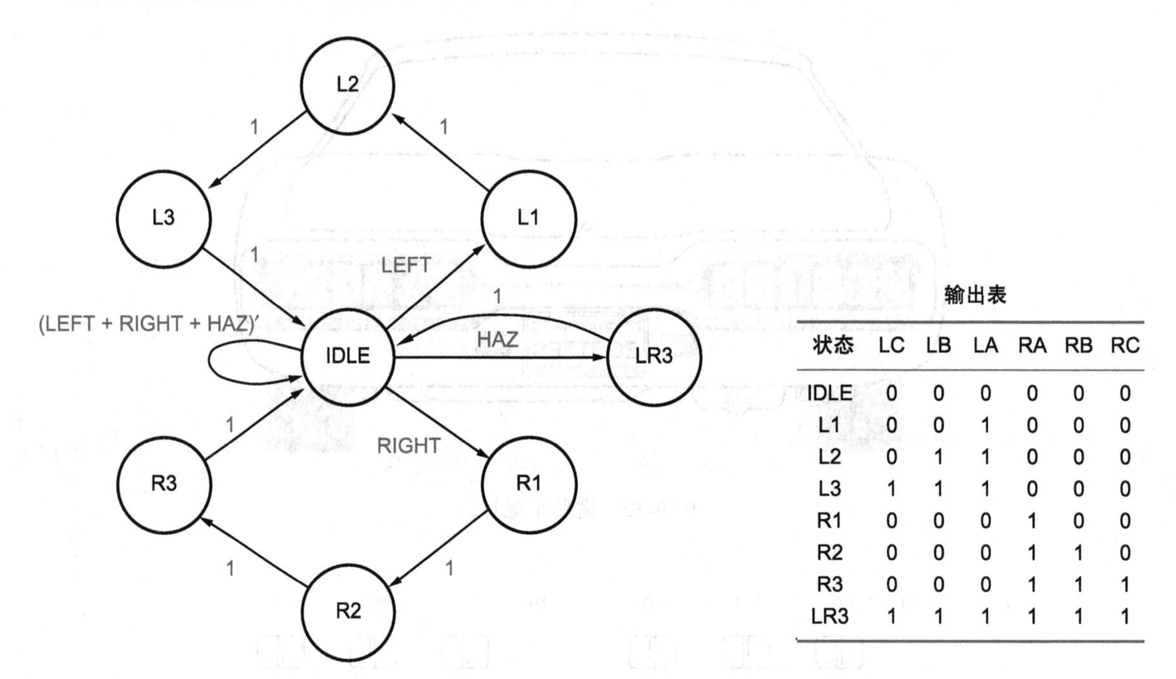

输出表

状态	LC	LB	LA	RA	RB	RC
IDLE	0	0	0	0	0	0
L1	0	0	1	0	0	0
L2	0	1	1	0	0	0
L3	1	1	1	0	0	0
R1	0	0	0	1	0	0
R2	0	0	0	1	1	0
R3	0	0	0	1	1	1
LR3	1	1	1	1	1	1

图 9-24　雷鸟车尾灯的初始状态图和输出表

图 9-24 是一个存在二义性的状态图，该问题在图 9-25 中得到了解决。图中先给出 HAZ 输入，而且把 LEFT 和 RIGHT 两个信号同时有效的情况看作是一个告警要求，因为此时驾驶员显然是不清醒的，他需要帮助。

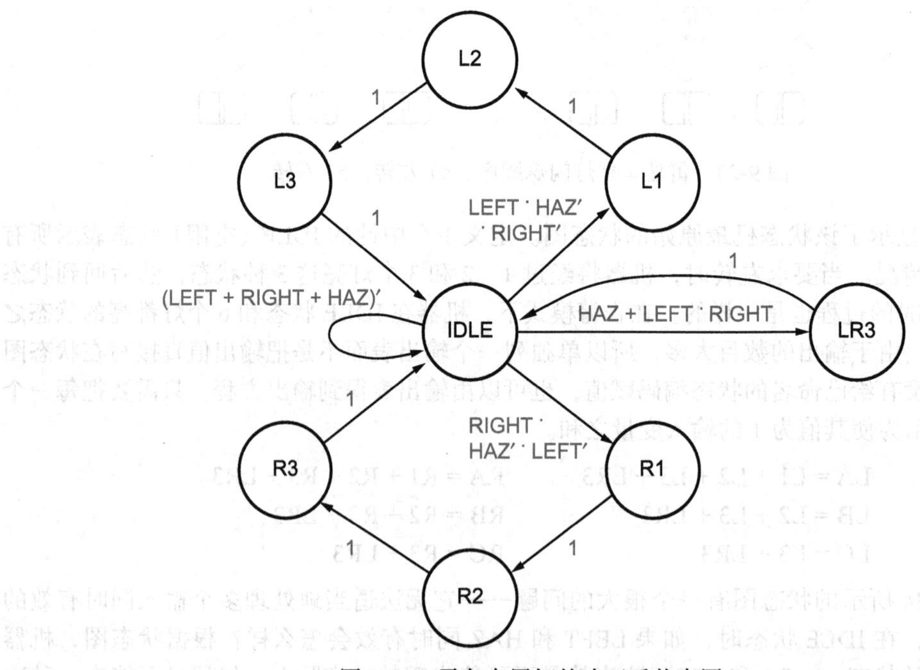

图 9-25　雷鸟车尾灯的改正后状态图

我们怎么知道新的状态图是没有二义性的（也即，离开每一个状态的弧线上所标出的转移表达式都是互斥且完备的）呢？该状态图或者任何其他状态图的这种特性，可以通过以下两个步骤，用代数的方法来证明：

1. *互斥性*（mutual exclusion）。对于每一个状态，互斥性表示：在离开这一状态的弧线上所标的任意一对转移表达式的逻辑积等于0。如果有 n 条弧线，就要计算 $n(n-1)/2$ 次逻辑积。

2. *完备性*（all inclusion）。对于每一种状态，完备性表示：在离开这一状态的弧线上所标的所有转移表达式的逻辑和等于1。

证明状态图没有二义性的工作从原理上讲可能是困难的，但实际上，对于小规模的状态图而言，证明工作并不太困难。在图9-25中，大多数状态都只有一条弧线和一个标为1的转移表达式，所以验证该状态图是很简单的。真正的工作就只是要验证IDLE状态。IDLE状态有4条转移线离开，只需要在草稿纸上列出3个输入的8种组合，并且检查每一个转移表达式所包含的组合。对于每一种组合都应进行准确的核查。作为另一个例子，可以参看前面图9-14中的状态图，也可以用心算来进行验证。

现在已经准备好为雷鸟车尾灯状态机综合出电路来。与状态表的综合不一样，下一步是选择状态编码。状态图有8个状态，所以最少需要3个触发器来对这些状态进行编码。显然，有许多状态赋值方式（精确地讲有8！种），在表9-7中选用了其中一种方式。做这种选择的理由如下：

1. 初始（空闲）状态000与典型的D触发器是兼容的，因为这些触发器很容易初始化为0状态。

表9-7　雷鸟车尾灯状态机的状态赋值

状态	Q2	Q1	Q0
IDLE	0	0	0
L1	0	0	1
L2	0	1	1
L3	0	1	0
R1	1	0	1
R2	1	1	1
R3	1	1	0
LR3	1	0	0

2. 对于左转循环（IDLE → L1 → L2 → L3 → IDLE），两个状态变量（Q1和Q0）采用的“计数”顺序是格雷码的顺序。这样可以使每次状态转移时发生变化的状态变量数最少，从而简化激励逻辑。

3. 基于状态图的对称性，在右转循环期间，状态变量Q1和Q0采用与左转循环相同的“计数”顺序，而用Q2来区别左转循环和右转循环。

4. 剩下的状态变量组合用来表示状态LR3。

下一步就是列出某种正规的转移表来。但是，这里采用的格式必须与9.3.4节中的转移表不同，因为状态图中的转移表是由转移表达式来指定的，而不是由次态的穷举列表方法来指定的。我们将这个新格式的表称为*转移列表*（transition list），因为这种表中的每一行对应着状态图中的一个转移或者弧线。

表9-8是图9-25中状态图和表9-7中状态赋值的转移列表。每一行都包含了现态、次态以及状态图中对应弧线上的转移表达式。现态和次态的命名和编码也在表中展示出来。状态名用来作为参考，而状态的编码用来推导转移方程。

表9-8　雷鸟车尾灯状态机的转移列表

S	Q2	Q1	Q0	转移表达式	S*	Q2*	Q1*	Q0*
IDLE	0	0	0	(LEFT + RIGHT + HAZ)′	IDLE	0	0	0
IDLE	0	0	0	LEFT · HAZ′ · RIGHT′	L1	0	0	1
IDLE	0	0	0	HAZ + LEFT · RIGHT	LR3	1	0	0
IDLE	0	0	0	RIGHT · HAZ′ · LEFT′	R1	1	0	1
L1	0	0	1	1	L2	0	1	1

（续）

S	Q2	Q1	Q0	转移表达式	S*	Q2*	Q1*	Q0*
L2	0	1	1	1	L3	0	1	0
L3	0	1	0	1	IDLE	0	0	0
R1	1	0	1	1	R2	1	1	1
R2	1	1	1	1	R3	1	1	0
R3	1	1	0	1	IDLE	0	0	0
LR3	1	0	0	1	IDLE	0	0	0

一旦有了转移列表，余下的综合步骤就真的是“轻而易举”了。转移方程是根据现态和输入来定义每个次态变量V*。转移列表可以看成是一种混合的真值表，表中清楚地列出了现态的状态变量组合，并用代数方法列出了输入取值组合。观察转移表中的次态V*，可以看到是一系列的0和1，这一列包含了不同的（不出错的情况下应是所有的）状态 / 输入取值组合对应的次态V*的值。

一个*转移p项*（transition p-term）就是该行现态的最小项与转移表达式的乘积。转移方程中对应于V*列中值为1的转移表的每一行，都有一个转移p项。因此，Q2*的转移方程可以写作Q2*为1的4行所对应的p项之和：

$$
\begin{aligned}
Q2^* = & Q2' \cdot Q1' \cdot Q0' \cdot (HAZ+LEFT \cdot RIGHT) \\
& +Q2' \cdot Q1' \cdot Q0' \cdot (RIGHT \cdot HAZ' \cdot LEFT') \\
& +Q2 \cdot Q1' \cdot Q0 \\
& +Q2 \cdot Q1 \cdot Q0
\end{aligned}
$$

Q1*和Q2*的方程留作练习题（9.26）。

用D触发器作为状态存储器，转移方程就是D触发器输入的激励方程，并且可以在目标技术中综合它们。现在设计几乎全部完成了，只剩下输出逻辑。在这个特别的例子里，已经在本小节的开始用状态的符号名写出了Moore型输出的方程，因此只需要用最小项替换相应的状态名；实际上我们已经完成了这个步骤。

在本书第4版的7.6 ~ 7.7节中可以找到更多使用状态图设计状态机的例子。然而，在创建无二义性的状态图的过程中所额外付出的工作和担心，值得我们考虑另一个更无忧的图形化定义状态机的方法，如下一节所描述的方法。

*9.5　用ASM图设计状态机

算法状态机图（ASM图）是状态机行为的图形化说明，它看起来更像是一个程序员的流程图而不是状态图。图9-26给出了ASM图中用到的几个基本要素：

- *状态框*（state box）。ASM图给每个状态分配一个状态框，框上有状态名和可选的状态编码，并包含一个在该状态下有效的Moore型输出列表（未列出该状态下无效的输出）。状态框与状态图中节点的最大区别是状态框只有一个表示次态转移的出口，用一根离开状态框的转移箭头指出。这根箭头指向另外一个状态框或一个决策框。
- *决策框*（decision box）。一根转移箭头被一个包含有条件表达式的决策框分成两个可能的转移方向，*条件表达式*（condition expression）是一个与状态机输入有关的逻辑表达式。对于表达式值为1的输入组合，出口路径标记为1；否则，出口路径标记为0。每一个出口路径都指向一个状态框或另外一个决策框。当一个状态有多个次态时，可以一连串放置多个条件表达式不同的决策框。

- 条件输出框（conditional output box）。这个部分被放置在决策框出口路径的顶部，用于说明 Mealy 型的输出。输出框列出了在现态（这个现态就是沿着这个路径回溯找到的状态框的状态）下有效的输出，并给定了在下一时钟触发沿会选择通往这个条件输出框的路径的输入组合。与状态图中 Mealy 型输出的标注类似，这里也会有一点误导，因为输出通常是在满足条件的整个时钟周期内有效，而不是仅仅在状态转移发生的时钟触发沿才有效。

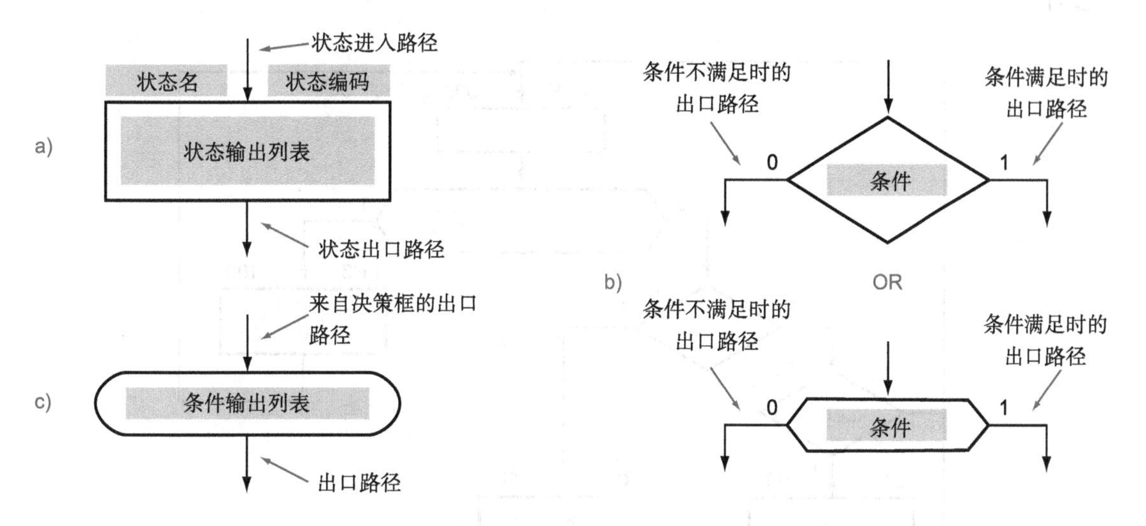

图 9-26　ASM 图的要素：a）状态框；b）决策框；c）条件输出框

图 9-27 给出了几个简单的 ASM 图，图中包含了综合中要使用的状态变量的名字。第一幅图 9-27a 是一个自由运行的“4 分频计数器”。使用 2 位二进制（Q1Q0）编码其状态，还有一个在状态 D 下有效的 Moore 型输出 MAX。图 9-27b 中提供了一个使能输入 EN，它只在状态 A 时被测试。最后在图 9-27c 中使用了一个单热点状态编码，而现在 MAX 是一个 Mealy 型输出。注意，状态 D 到 A 的转移仍然是无条件的；底部的决策框只影响是否经过条件输出框。

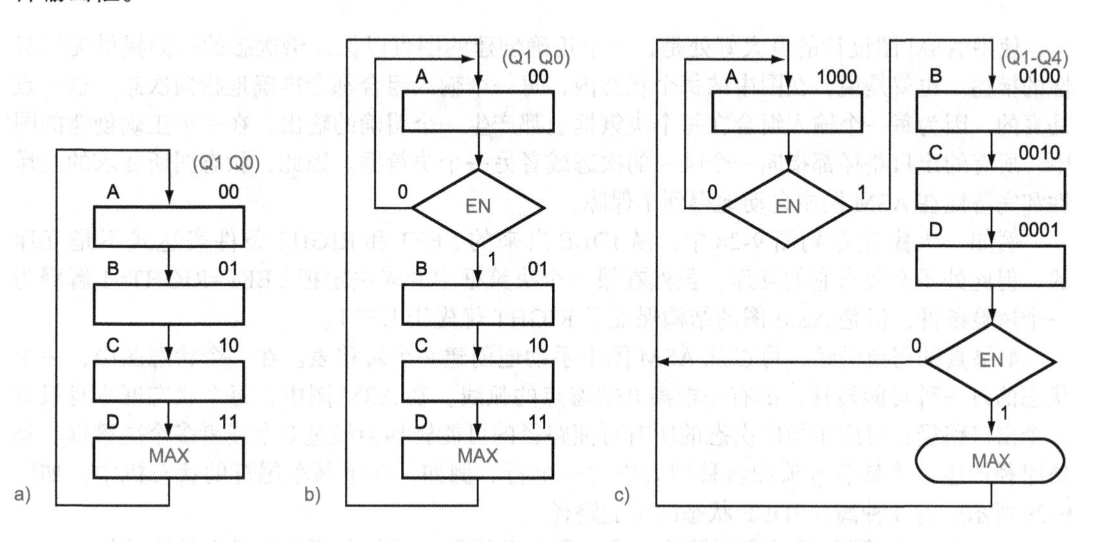

图 9-27　ASM 图：a）自由运行的模 4 计数器；b）带使能端的模 4 计数器；c）带 Mealy 型输出的模 4 计数器

雷鸟车尾灯的 ASM 图

图 9-28 给出了前一节雷鸟车尾灯示例的 ASM 图。在原来基于状态图的设计中，IDLE 状态有几个转移去向，ASM 图中需要几个决策框串起来定义始于 IDLE 的转移。每个状态框包含有一列该状态下有效的输出。绘图习惯是比较随意的，例如，可以选择决策框最方便的一端画出口路径。建议你好好地研究下 ASM 图，以确保自己可以用 ASM 图很好地完成设计。

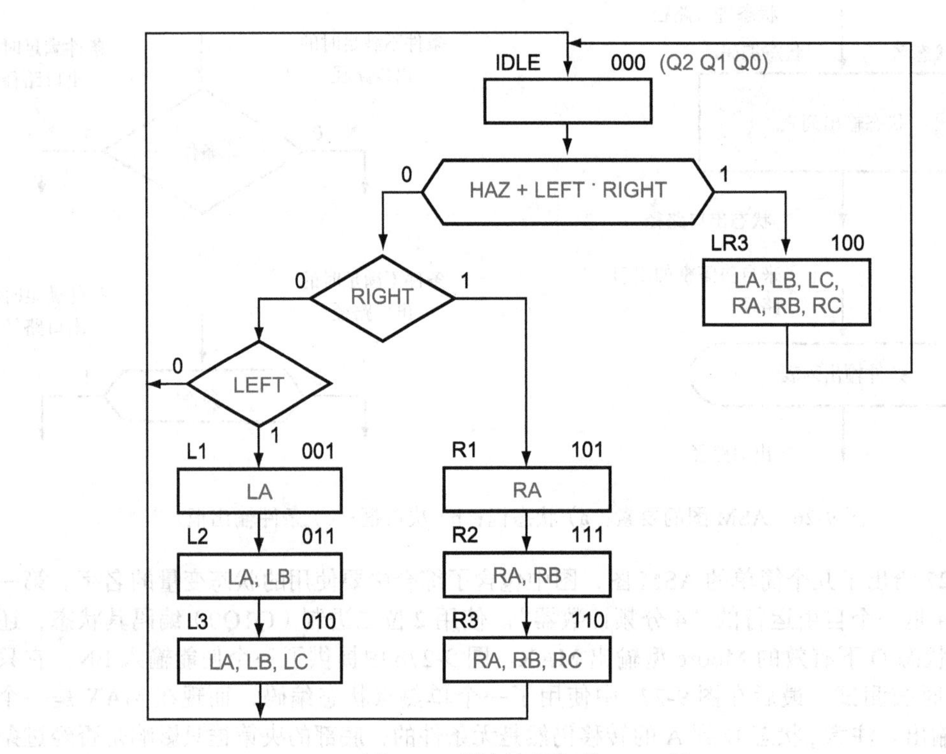

图 9-28 雷鸟车尾灯的 ASM 图

使用 ASM 图设计的最大好处是，一个正确创建的图可以保证给次态的行为提供无二义性的描述。也就是说，在图中的每个状态内，每一个输入组合都会准确地指向次态。这一点是真的，因为每一个输入组合在每个决策框上都产生一个明确的输出，在一个正确创建的图中，所有的出口路径都指向一个唯一的次态或者另一个决策框。因此，状态图所要求的互斥性和完备性在 ASM 图中自动地得到了保障。

例如，大家注意到图 9-28 中，从 IDLE 出来的 LEFT 和 RIGHT 条件表达式不是互斥的，但此处不必要求它们互斥。虽然在第一个决策框中并未决定把 LEFT=RIGHT=1 解释为一个风险条件，但是 ASM 图的结构保证了 RIGHT 优先于 LEFT。

如果真的需要的话，可以从 ASM 图中手动地创建一个转移表。在一个状态图中，一个状态的每一种可能转移，都有一根离开状态点的弧线。在 ASM 图中，每个状态框本身只有一个出口路径；对应于指向次态的所有可能路径的可能转移会经过 0 个或者多个决策框。每条路径产生一个转移 p 项和转移列表中的一个行。例如，在雷鸟车尾灯的状态机中，如图 9-29 所示，有 4 种离开 IDLE 状态的可能路径。

和一个 ASM 图路径对应的转移 p 项，是现态的最小项与在所选路径上的决策框中的条件表达式的逻辑积。如果所选路径是经过决策框的“0”（为假）出口，那么就对条件表达式取反，否则条件表达式保持原样不变。因此，图 9-28 中的 IDLE 状态具有表 9-9 中给出的转移 p 项。剩余的状态没有经过条件框，每个状态就只有一个转移 p 项，即是其现态的最小项。

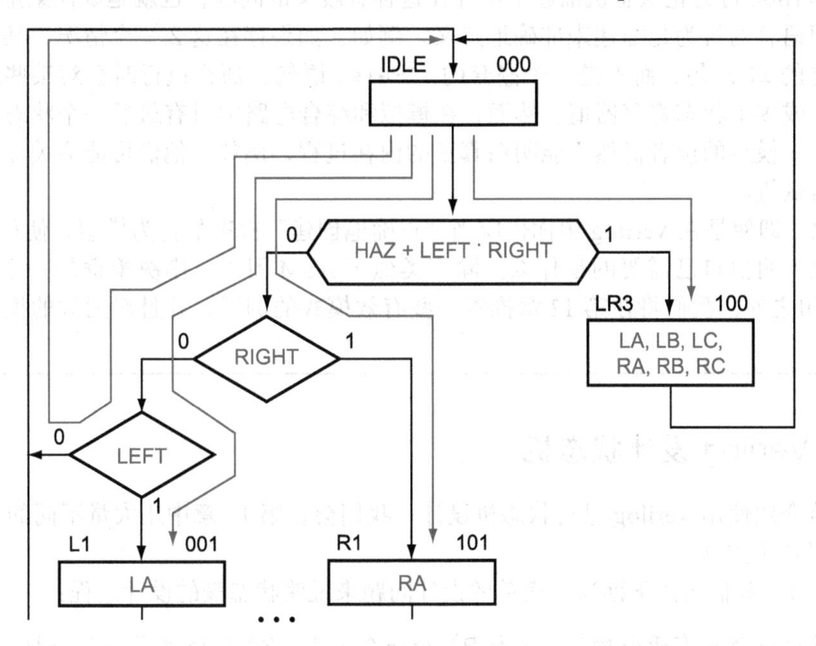

图 9-29　雷鸟车状态机中离开 IDLE 状态的路径

表 9-9　图 9-28 中 IDLE 状态的转移 p 项

条件表达式值			转移 p 项	S*
HAZ + LEFT · RIGHT	RIGHT	LEFT		
1	–	–	Q2′ · Q1′ · Q0′ · (HAZ + LEFT · RIGHT)	LR3
0	1	–	Q2′ · Q1′ · Q0′ · (HAZ + LEFT · RIGHT)′ · (RIGHT)	R1
0	0	1	Q2′ · Q1′ · Q0′ · (HAZ + LEFT · RIGHT)′ · (RIGHT)′ · (LEFT)	L1
0	0	0	Q2′ · Q1′ · Q0′ · (HAZ + LEFT · RIGHT)′ · (RIGHT)′ · (LEFT)′	IDLE

从数学上讲，表 9-9 中的转移 p 项是和针对同一状态机用基于状态图的设计导出的表 9-8 中的内容相等的（为了看出它们的相等关系你必须做一点小小的布尔代数运算，见习题 9.29）。一旦得到了所有的转移 p 项，就可以用这里所描述的相同方式推导出所有状态变量的转移方程：一个变量的转移方程就是转移列表中使该次态变量值为 1 的行上的转移 p 项。

使用嵌套的 `if-else` 语句定义状态机的行为时，HDL 编译器推导激励方程必须完成的事情与创建推导 p 项的过程以及创建转移列表的过程很相似。因此，即使你从来不需要创建一个 ASM 图，但至少你应该明白 HDL 编译器和综合器怎样才能从你的行为化描述中创建一个有效的状态机。

不正确创建的 ASM 图（及 Verilog 状态机）

在这一节，我们花了大量篇幅来讨论一个正确创建的 ASM 图是怎样对一个状态机行为做出无二义性的描述的。那么什么是不正确创建的 ASM 图呢？

有些 ASM 图的作者允许一个状态框上有 2 个或者更多的出口路径，这是典型的状态图的特性——有多根弧线离开一个节点——这样会导致歧义。如果一个状态框有 2 个或者更多的出口路径，那么就要有 2 个或者更多个并行的决策框。如果它们的条件表达式不是互斥和完备的，那我们得到的 ASM 图就是有歧义的。

在 Verilog 行为化状态机描述中不存在这种有歧义的问题，也就是说任意正确的模型都可以用语言的行为化描述来准确地定义。例如，如果存在这么一个情况，某个状态有多个独立的 `if` 语句，而不是一个嵌套的 `if-else` 语句，那么执行时会对某些输入组合赋予 2 个或多个状态寄存器值。然而，在模拟和综合电路中只有最后一个状态寄存器赋值会生效。模型的读者仍然不能明白真正的内在过程，例如，他们可能会关注第一个状态寄存器赋值。

因此，即使是在 Verilog 中你也应当“正确地创建”次态的行为模型，使得读者（包括你自己）明白自己需要的是什么。除了类似于 ASM 图中一串决策框的一个嵌套 `if-else` 语句之外，我们将在第 12 章推荐一些有效模式的例子，并且对无效的模式给出些警告。

9.6　用 Verilog 设计状态机

这一节介绍使用 Verilog 进行状态机设计；我们会在第 12 章中用大量不同的方法和例子来深度探讨这个主题。

在 9.3 节，我们曾用下面这个简单的设计问题来说明状态表的设计过程：

> 设计一个具有两个输入（A 和 B）和一个输出（Z）的时钟同步状态机，Z 为 1 的条件是：
> - 在前两个时钟触发沿上，A 的值相同，或者
> - 从上一次第一个条件为真起，B 的值一直为 1，
>
> 否则，输出为 0。

在 Verilog 环境中，有许多创建满足所述需求的模块的方法。这里只看一种，其他方法将在第 12 章介绍。

在 9.3.1 节已经为上面的问题生成了状态表和输出表，接下来要做的仅仅是“转动旋钮”而已。我们必须考虑问题需求并评估状态机操作上的不同条件。因此我们将继续前行，使用前面那个状态表作为实现状态机的 Verilog 模块的基础。虽然在许多情况下不用写出状态表就可以设计一个状态机，但这个情况将在第 12 章讨论。这里，将描述怎样把一个已有的状态表转换成一个 Verilog 模块，而不用像 9.3.2 ~ 9.3.4 节中那么复杂忙乱。

表 9-10　示例状态机的状态表和输出表

S	AB				
	00	01	11	10	Z
INIT	A0	A0	A1	A1	0
A0	OK0	OK0	A1	A1	0
A1	A0	A0	OK1	OK1	0
OK0	OK0	OK0	OK1	A1	1
OK1	A0	OK0	OK1	OK1	1
	S*				

再次写出了状态表，如表 9-10 所示。尽管正在使用的状态表是手动创建的，但这里最大的不同是，不用手动创建转移 / 激励表。而是通过五步直接把状态表转换成与其对应的 Verilog 模块：

1. 声明输入、输出及局部变量。由于将用行为化代码来说明机器的操作，因此输出和局部变量的类型应当是“`reg`”。

2. 用 `parameter` 语句给每个命名的状态赋予状态 – 变量的取值组合。

3. 第一个 `always` 程序块用于创建状态存储器，对应于图 9-5 中通用 Moore 状态机结构中的状态存储器。

4. 第二个 always 程序块定义次态的行为，对应于图 9-5 中通用 Moore 状态机结构中的次态（激励）逻辑 F。

5. 第三个 always 程序块定义输出逻辑，对应于图 9-5 中的输出逻辑 G。

图 9-30 展示了 3 个 Verilog 的 always 程序块是怎样与通用 Moore 状态机结构相对应的。和本例状态表对应的完整 Verilog 模块如程序 9-2 所示。

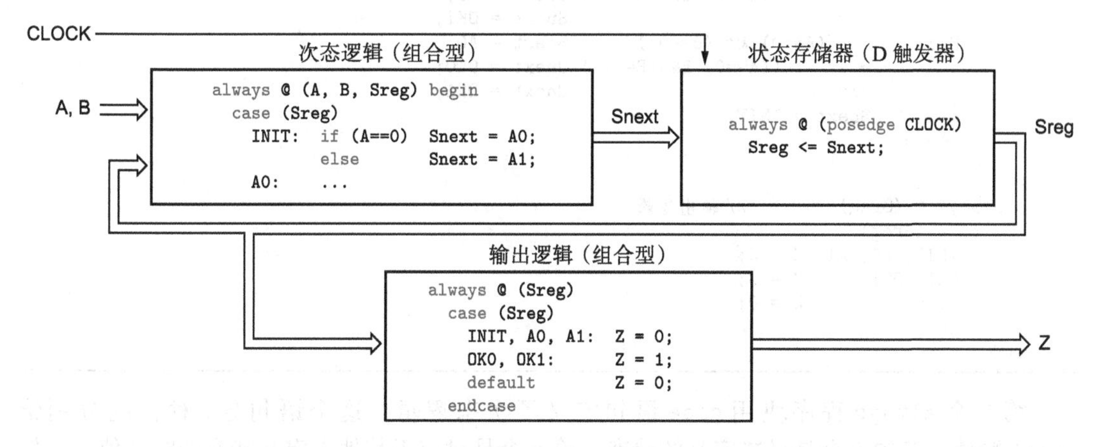

图 9-30 用 Verilog 编码形式实现的 Moore 状态机结构

按照通常习惯，在这个例子中，在 Verilog 模块的声明部分定义了输入和输出信号 CLOCK、A、B 和 Z。接着，模块为状态机的现态和次态声明了 reg 变量 Sreg 和 Snext。

值得注意的是，模块利用 parameter 语句来说明状态赋值，定义了一个常量，将状态机的 5 个状态与 1 个唯一的多位二进制值关联起来。这里使用了表 9-5 中"最简单"的状态赋值方式，使用了 8 种可用 3 位二进制组合中的前 5 种。当然，也可以使用表中的任意一种状态赋值，如果用作状态编码的二进制数位数多于 3 位，则只需要简单地改变下 parameter 语句的定义以及 Sreg 和 Snext 的宽度。在这个设计方法中，通过使用 parameter 语句，让编译器帮我们完成了乏味且易出错的工作，即将状态名换成状态值的工作。

模块中的第一个 always 程序块是一个"时序 always 程序块"，用于生成状态存储器。尤其是，这个程序段的敏感信号列表中使用了 Verilog 的关键词 posedge（参见 5.14 节），因此这个程序段只在名为 CLOCK 的信号的上升沿执行，此时，会将次态 Snext 载入到状态触发器 Sreg[2:0] 中。在综合过程中，将为 Sreg 推出一个上升沿触发的 D 触发器。在接下来的四章中，将会看到许多利用时序 always 程序块这样创建触发器的例子。

程序 9-2 状态机示例的 Verilog 模块

```
module VrSMex( CLOCK, A, B, Z );
  input CLOCK, A, B;
  output reg Z;
  reg [2:0] Sreg, Snext;          // 状态寄存器和次态

  parameter [2:0] INIT = 3'b000, // 定义状态
                  A0   = 3'b001,
                  A1   = 3'b010,
                  OK0  = 3'b011,
                  OK1  = 3'b100;

  always @ (posedge CLOCK)        // 创建状态存储器
    Sreg <= Snext;

  always @ (A, B, Sreg) begin     // 次态逻辑
    case (Sreg)
```

```
      INIT:   if (A==0)  Snext = A0;
              else       Snext = A1;
      A0:     if (A==0)  Snext = OK0;
              else       Snext = A1;
      A1:     if (A==0)  Snext = A0;
              else       Snext = OK1;
      OK0:    if (A==0)  Snext = OK0;
              else if ((A==1) && (B==0)) Snext = A1;
              else                       Snext = OK1;
      OK1:    if ((A==0) && (B==0))      Snext = A0;
              else if ((A==0) && (B==1)) Snext = OK0;
              else                       Snext = OK1;
      default Snext = INIT;
    endcase
  end

  always @ (Sreg)          // 输出逻辑
    case (Sreg)
      INIT, A0, A1: Z = 0;
      OK0, OK1:     Z = 1;
      default       Z = 0;
    endcase
endmodule
```

第二个always程序块用case语句定义了次态逻辑。这个语句分6种情况分别给Snext赋值，其中5个是显式定义的状态，第6个是对应于其他未定义状态的默认值。为保证健壮性（最小风险），在默认情况下，使状态机回到INIT状态。

在每一个case语句的选项中，都使用了一个“if”语句以及最后的那个“else”来确保总有值赋给Snext。如果有一个状态/输入组合没有相应的值赋给Snext，那么Verilog编译器就会推演出一个我们不想要的锁存器给Snext，用于保持这些组合下Snext的值。

在公式化程序9-2中的if语句以及测试用的布尔条件时，并没有模仿状态表中4个输入组合的列，为输入A和B所有可能的4种组合分别写出一个独立的子句。而是在后续过程中，通过回顾最初建立状态表时所用的前提条件，来在心理上部分地简化了各种条件。例如，我们知道从状态INIT出来的转移只取决于A的值，那么我们就不需要单独测试B为0还是1。

程序9-2中第三个也是最后一个的always程序块，用于处理状态机的单个Moore型输出Z，Z的值被设置为现态的组合函数。在这里，定义Mealy型输出也很容易，只要在每种枚举情况下，把Z的值设置为输入以及现态的函数就可以了。如果这样做的话，那输入也会被显式地（或者仅仅是使用速记符*）加入到always程序块的敏感信号列表中。

在Verilog中可以用许多不同的方式来说明状态机，在第12章将会介绍其中的几种，包括不用状态表或状态图的直接编码法。在第12章之前，将在第10章学习一些基本的时序电路元件，比如用于状态机和其他时序电路的D触发器。所有的时钟同步的时序电路从技术上讲都是状态机，但有些时序电路很常用且易于描述，因此它们有自己专用的名字——计数器和移位寄存器——将在第11章中学习它们并了解它们的一些应用。在第12章，将再次讲述应用Verilog的状态机，包括状态机的设计和测试平台。

参考资料

本章讨论的时钟同步状态机是更通用的*脉冲模式电路*（pulse-mode circuit）的一种特殊情况。脉冲模式电路有一个或者多个*脉冲输入*（pulse input），使得：（1）每次只发出一个脉冲；（2）当一个脉冲出现时，非脉冲输入端是稳定的；（3）只有脉冲能引起状态变化；（4）一个脉冲最多只能引起一个状态变化。在时钟同步状态机中，时钟是单个脉冲输入，而一个“脉冲”是一个时钟触发点。但是，也可以构建有多个脉冲输入的电路，而且可以使用存储元件而不是大家所熟悉的边沿触发器。在 Edward J. McCluskey 的《 Logic Design Principles 》(Prentice Hall，1986）一书中对这些可能性做了非常彻底的讨论。

McCluskey 以及其他人所讨论的一种特别重要的脉冲模式电路就是二相锁存机（two-phase latch machine）。Carver Mead 和 Lynn Conway 在《 Introduction to VLSI Systems 》（Addison-Wesley，1980）一书中讨论了 VLSI 电路中二相时钟方法的基本原理。通过采用由非重复时钟信号驱动的两个锁存器，这些状态机从根本上消除了由于边沿触发器中存在的称为“本质风险”的内部时序依赖性而进入错误状态的可能性。

约简某个特定状态表的方法将在高级的逻辑设计课本中介绍，包括上述 1986 年出版的那本书。关于这些方法的更加数学化的讨论，以及关于时序机设计的其他一些理论课题，可在 Zvi Kohavi 和 Niraj K. Jha 所著的《 Switching and Finite Automata Theory 》(哥伦比亚大学出版社，2010，第 3 版）一书中看到。

所谓的 ASM 图表是由 Hewlett-Packard 实验室的 Thomas E. Osborne 首先提出的，后来又由 Osborne 的同事 Christopher R. Clare 在《 Designing Logic Systems Using State Machines 》（McGraw-Hill，1973）一书中做了进一步的扩展。用 ASM 图表设计和综合的方法，还可以在许多关于数字设计的课本中找到，包括本书的前两个版本。

训练题

9.1 一个时钟信号 CLK，高态 HIGH 的时间是 10ns，低态 LOW 的时间是 30ns。它的频率和占空比是多少？

9.2 一个时钟信号 CLK，高态 HIGH 的时间是 8ns，低态 LOW 的时间是 12ns。它的频率和占空比是多少？

9.3 在状态存储器为 7 个触发器的状态机里有多少个状态？

9.4 分析图 9-31 中的状态机。写出激励方程、激励 / 转移表以及状态 / 输出表（状态 Q1 Q2 = 00 ~ 11 使用状态名 A ~ D）。

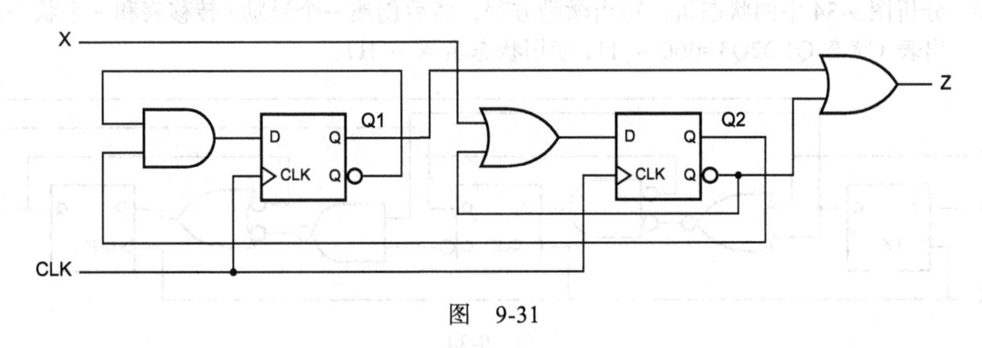

图 9-31

9.5 重做训练题 9.4，将激励逻辑中的与门改成与非门，或门改成或非门。新的状态表与原来那个状态表有什么关系？

9.6 重做训练题 9.4，交换逻辑图中的与门和或门。新的状态 / 输出表大小是原来状态 / 输出表的 2 倍吗？请解释。

9.7 分析图 9-32 中的状态机。写出激励方程，然后创建一个激励 / 转移表和一个状态 / 输出表（状态 Q1Q2Q3=000 ~ 111 使用状态名 A ~ H）。

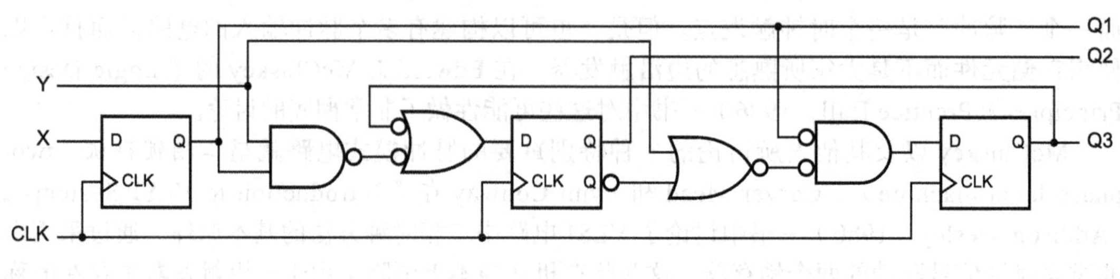

图　9-32

9.8　分析有3个触发器、2个输入A和B及一个输出Z的状态机，它的激励方程和输出方程如下所示。创建一个激励/转移表和一个状态/输出表，状态Q1Q2Q3=000 ~ 111使用状态名A ~ H。

$$Q1^* = A$$
$$Q2^* = Q1$$
$$Q3^* = B \cdot (Q3+(Q2' \oplus Q1))$$
$$Z = Q3 + (Q2' \oplus Q1)$$

9.9　分析图9-33中的状态机。写出激励方程、激励/转移表以及状态/输出表（状态Q1Q2Q3 = 000 ~ 111使用状态名A ~ H）。

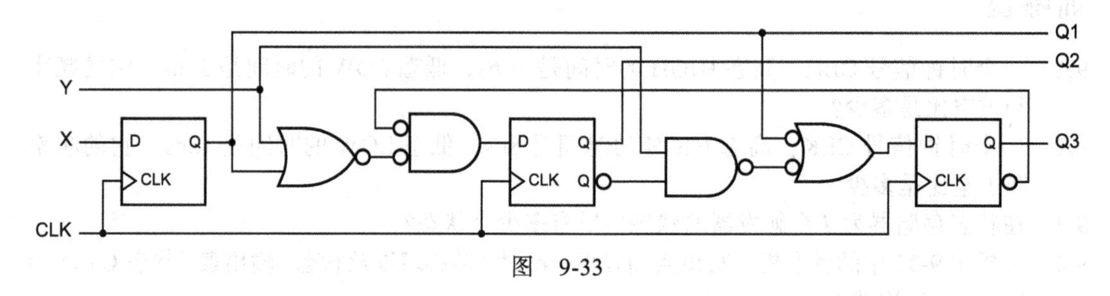

图　9-33

9.10　分析图9-34中的状态机。写出激励方程，然后创建一个激励/转移表和一个状态/输出表（状态Q1Q2Q3=000 ~ 111使用状态名A ~ H）。

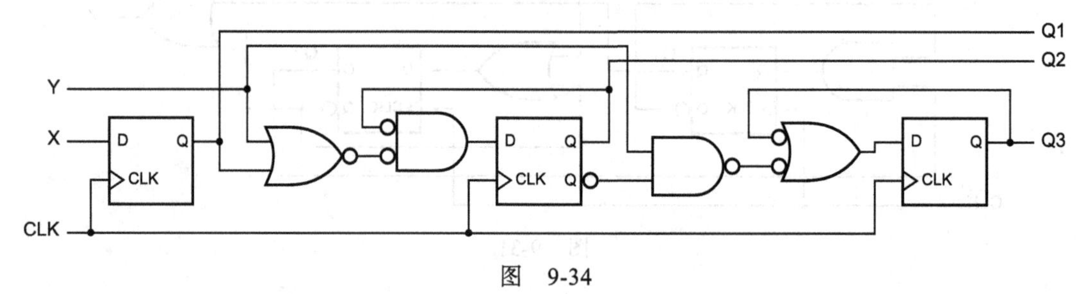

图　9-34

9.11　图9-34中状态机的输出是它的状态变量。假设变换一下，状态机拥有一个输出，其输出方程是Z=Q2 · Q3′。找出状态机中相等的状态，并且创建一个等效的具有更少状态的状态/输出表。

9.12　分析图9-35中的状态机。写出激励方程，然后创建一个激励/转移表和一个状态/输出表（状态Q2Q1Q0 = 000 ~ 111使用状态名A ~ H）。

9.13　画出表9-4所描述的状态机的状态图。

9.14　创建一个和图9-36中状态图等效的状态表。注意，状态图是按照惯例绘制的，即除非输入条件明确地出现，否则，状态不会发生改变。

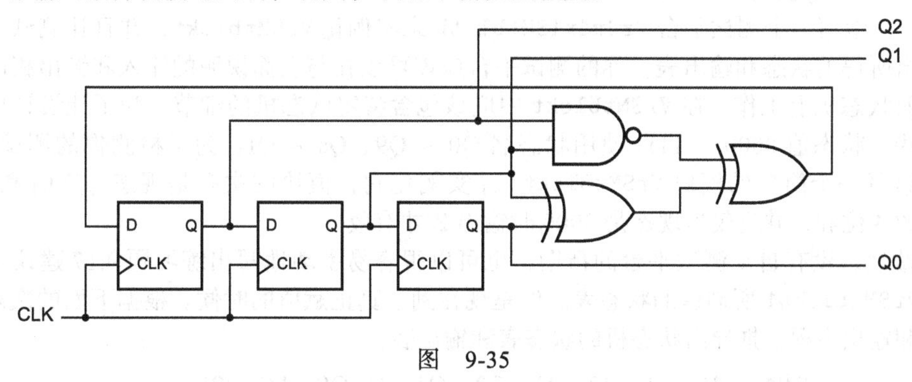

图 9-35

9.15 创建一个和图 9-37 等效的状态表和输出表。注意，状态图是按照惯例绘制的，即除非输入条件明确地出现，否则，状态不会发生改变。

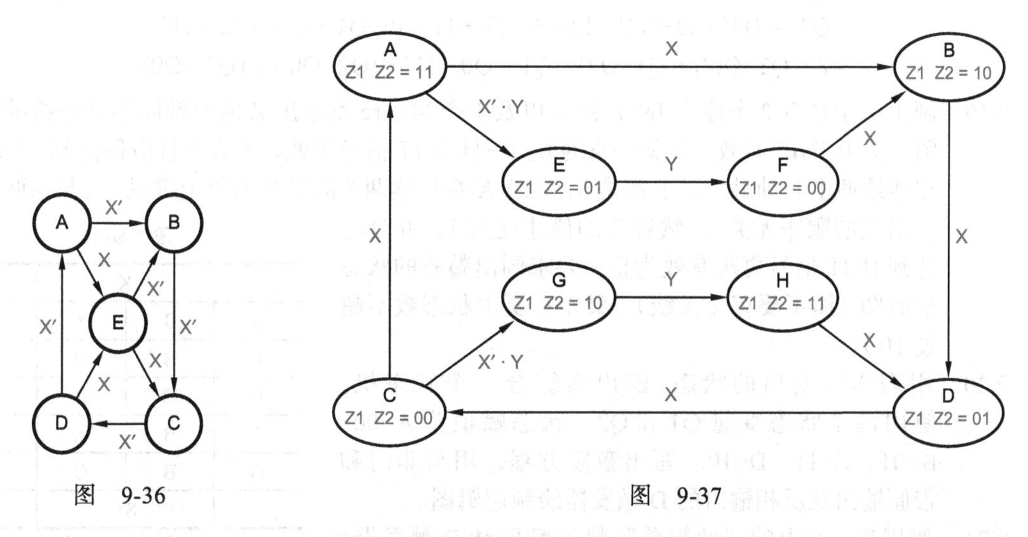

图 9-36　　　　图 9-37

9.16 设计一个状态机，对一个串行数据线上所接收到的数据字进行偶校验。电路应该有两个输入 SYNC 和 DATA，以及一个时钟信号 CLOCK。每个输入数据字中的位数是可变化的，但是 SYNC 只在第一个数据位到达之前的时钟周期内和最后一个数据位的时间内有效。下一个数据字的第一个数据位时间内 SYNC 是无效的；如果在最后一个数据位之后 SYNC 还保持有效，那么在连续的两个数据字之间会有一间隔。电路要有一个 Moore 型输出 ERROR，如果接收到的数据字中 1 的个数是奇数个，那么在该字最后一位之后的一个时钟周期内，ERROR 有效。要求使用少于 8 个状态来完成此设计。给你的设计创建一个状态表并对每个状态的意义和目的做简要的描述。

练习题

9.17 你已经学习了 9.2 节中状态机分析的知识，并且你的教授给了一个逻辑图要求你导出一个状态机的状态 / 输出表，该状态机有 4 个输入 I3 ~ I0，一个 Moore 型输出 Z 和有 4 个输出分别为 Q3 ~ Q0 的边沿触发 D 触发器。你意识到状态表将有 16 行和 16 列，并且感到推导出 256 种所有可能的次态入口真的很痛苦。然而，你手头有一个可用的 Verilog 模拟器，并且你不用花太多时间就可以创建一个结构化或者数据流风格的 Verilog 模块 VrSMtblckt，这个模块可以帮你完成大部分的工作。

编写一个测试平台 Vr4x4x1SMtbl_tb 来实例化 VrSMtblckt，并且让测试平台输出所得的状态和输出表。你的测试平台应该可以在与上面说明的输入和输出相同的任何状态机上工作，在 VrSMtblckt 中应该包含特定状态机的细节。为了让设计更容易些，状态值 0000 ~ 1111 使用状态名 Q0 ~ Q9、Qa ~ Qf。为了检测你的测试平台，编写一个简单的模块 VrSMtblckt1 并实例化它，模块的次态是现态 Q[3:0] 和 I[3:0] 的 4 位和，并且仅当现态是 0000 时输出 Z 才有效。

9.18 诚然，没有自动测试平台的帮助，也可以很容易手动地写出练习题 9.17 建议的模块 VrSMtblckt1 所创建的状态表。但是现在到了真正赋值的时候。根据下面的次态方程和输出方程，推导出状态机的状态表和输出表：

$$Q0^* = Q3' \cdot Q1' \cdot I0' + Q3 \cdot Q2 \cdot Q1 \cdot I1 + Q0 \cdot I3' \cdot I2'$$
$$Q1^* = (Q1' + I0' + I3 \cdot I2) \cdot (Q3 + Q2' + Q0' \cdot I1')$$
$$Q2^* = Q2 \cdot (I3' \cdot I1 \cdot I0 + I3 \cdot I2' \cdot I0 + Q3' \cdot I3 \cdot I2' + Q0 \cdot I3 \cdot I2)$$
$$Q3^* = Q3' \cdot I3 + Q2' \cdot I2 + I3 \cdot I2 \cdot I1 \cdot I0 + Q1 \cdot Q0' \cdot I2 \cdot I1'$$
$$Z = (Q3 + Q0') \cdot Q1 + Q2' \cdot Q1 \cdot Q0 + Q1' \cdot (Q2 + Q0') \cdot (Q2' + Q0)$$

9.19 画出一个具有 2 个输入 INIT 和 X 以及 1 个 Moore 型输出 Z 的时钟同步状态机的状态图。只要 INIT 有效，Z 就一直为 0。一旦 INIT 信号无效，Z 为 0 且应保持到：（1）X 在连续两个时钟触发沿上都是 0；（2）X 在连续两个时钟触发沿上都是 1（与这两种情况出现的顺序无关）。然后 Z 的值才变为 1，并且保持到 INIT 信号再次有效为止。要求画出整齐的状态平面图（即不要有交叉线）（提示：要求状态数不超过 10）。

9.20 用表 9-11 给出的状态 / 输出表综合一个状态机。使用两个状态变量 Q1 和 Q2，状态赋值为 A=00、B=01、C=11、D=10。写出激励方程，用与非门和带原输出及反相输出的 D 触发器绘制逻辑图。

表 9-11

	X		
S	0	1	Z
A	B	D	0
B	C	B	0
C	B	A	1
D	B	C	0
	S*		

9.21 使用表 9-5 中的“最简单”状态赋值和 D 触发器，给表 9-4 中的状态表写一个新的转移表，并推导出最小风险处理方法下的激励方程和输出方程。将 9.3.4 节最后一个方框注释中的方程与你的激励方程和输出逻辑实现的成本（当用两级与或门电路实现时）进行比较。

9.22 使用表 9-5 中的“准单热点赋值法”重做练习题 9.21。

9.23 确定使用 9.3.4 节最后一个方框注释中激励方程的状态机的完整 8 个状态的状态表。把原先状态表中的无效状态（001、010 和 011）命名为 U1、U2 和 U3。画出它的状态图并解释无效状态的行为。

9.24 请列出图 9-38 中状态图的所有二义性。

9.25 完善图 9-25 的状态图或者图 9-28 的 ASM 图，在转向期间如果检测到风险条件，那么要求状态机立即进入到风险 – 闪烁状态，而在转向期间如果转向信号无效，那么状态机要立即进入到无效状态。

9.26 基于表 9-8 中的转移表，推导出雷鸟车尾灯状态机 Q1* 和 Q0* 的转移方程。状态赋值策略在所获的各种方程中是否发挥了作用，对此进行评价并解释它们是怎样起到作用的。

9.27 综合出图 9-25 中状态图的逻辑电路，使用 6 个变量进行状态编码，输出 LA ~ LC 和

RA ~ RC 就是状态变量本身。给每一个状态变量写一个 p 项之和形式的转移表和转移方程，对转移 / 激励方程进行简化，使之适合 D 触发器的实现。

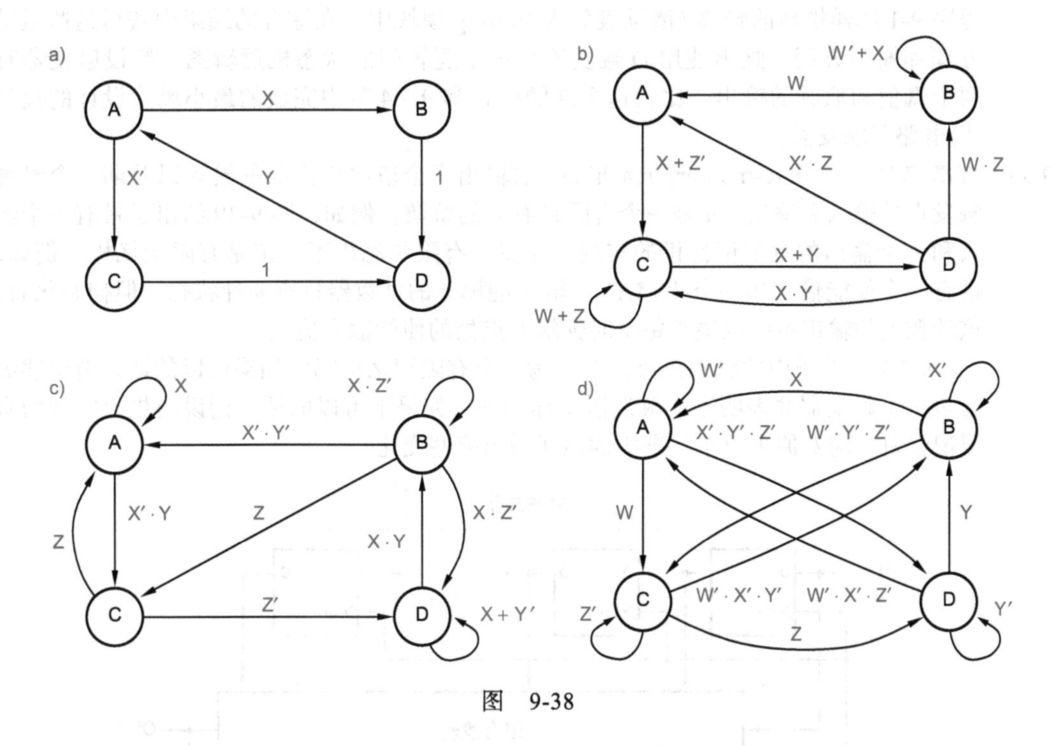

图 9-38

9.28 使用练习题 9.25 改进后的状态图或者 ASM 图，重新做练习题 9.27。

9.29 使用开关代数，证明从表 9-9 雷鸟车尾灯 ASM 图推导出的 IDLE 状态的转移 p 项，与从状态图推导出的表 9-8 中对应的转移 p 项相等。

9.30 给一个“粘性计数器”状态机创建一个无歧义的状态图或 ASM 图，该状态机有 8 个状态 S0 ~ S7。除了 CLOCK，这个状态机还应该有两个输入 RESET 和 ENABLE，以及一个输出 DONE。每当 RESET 有效时，状态机就进入状态 S0。当 RESET 无效且 ENABLE 有效时，状态机进入下一计数状态。然而，一旦到达状态 S7，就会停留在这个状态直到 RESET 再次有效。当且仅当状态机的状态为 S7 且 ENABLE 有效时，输出 DONE 为 1。

9.31 给一个状态机创建一个无歧义的状态图或 ASM 图，它有一个输入 X 和一个检测 X 变化的 Moore 型输出 EDGE。状态机在每个时钟触发沿到达时检测输入 X，如果该触发沿到达时 X 的值与之前一个时钟触发沿 X 的值不同则输出 EDGE 有效。若有需要则可给状态使用名字 A、B、C 等。创建一个与状态图对应的状态表和输出表。

9.32 给一个状态机创建一个无歧义的状态图或 ASM 图，它有两个输入 X 和 INIT，以及两个可靠地检测输入 X 变化的 Moore 型输出 EDGE 和 MISS。状态机在每个时钟触发沿到达时检测输入 X，如果该触发沿到达时 X 的值与之前一个时钟触发沿 X 的值不同则输出 EDGE 有效。一旦 EDGE 有效，它就一直保持有效直至 INIT 有效且持续至少一个触发沿为止。EDGE 有效之后，如果在 INIT 有效之前已经过去了一个或多个时钟触发沿，那么 MISS 输出有效，并且持续到 INIT 有效为止。

9.33 在许多应用中，如果在复位信号撤销之后状态机就立刻开始正常地工作，那么复位信号作用之后不久或一段时间内，状态机产生的输出是不相关的。如果把这个想法应用到表 9-4，那么状态 INIT 可以被去除，且只需要 2 个状态变量来给余下的 4 个状态编码。用这个想法重新设计状态机。编写一个新的状态表和针对 D 触发器的转移 / 激励表。推导出激励方程和输出方程；你可以从逻辑代数的角度推导这些方程，也可以像程序 9-1 那样把新的转移 / 激励表放入 Verilog 模块中，在综合的结果中获得这些激励方程和输出方程。画出使用 D 触发器和单个逻辑门的状态机逻辑图，假设触发器有两个真值和取补的输出。比较这个新的设计和 9.3.4 节中完成的最小风险设计的代价（门电路和触发器）。

9.34 有限记忆机（finite-memory-machine）的输出完全取决于当前的输入以及前 n 个时钟触发点的输入和输出，n 是一个有限且有界的整数。例如，图 9-39 给出了带有一个输入和一个输出的有限记忆机的实现。注意，有限状态机不一定是有限记忆机。例如，带有一个使能输入和一个“MAX”输出的模 n 的计数器只有 n 种状态，但初始化后，该计数器的输出可能取决于每个时钟触发点处的使能输入值。

9.3.1 节例子中的状态机可以实现为一个有限记忆机吗？如果可以的话，请讲述需要多少个触发器并表明这些触发器怎样排列；如果不可以的话，请说明想要实现为有限记忆机，应对原来那个状态机的描述做出哪些变化。

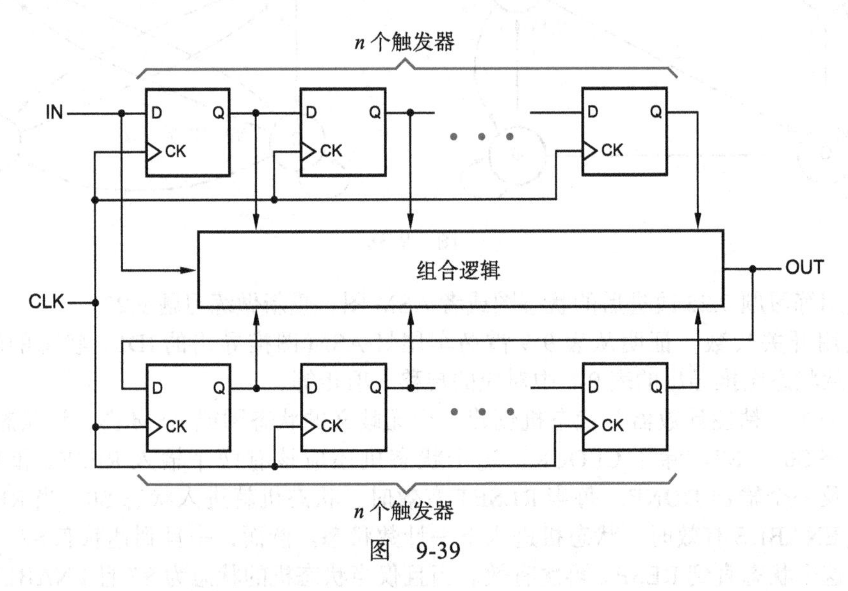

图 9-39

9.35 为图 9-24 的二义性状态图综合一个逻辑电路。使用表 9-7 中的状态赋值。编写一个转移列表，写出一个状态变量 p 项之和形式的转移方程，以及一个简化了的适合使用 D 触发器实现的转移 / 激励方程。从状态 IDLE 开始，对于下面关于（LEFT, RIGHT, HAZ）的每一种输入组合：（1, 0, 1）、（0, 1, 1）、（1, 1, 0）、（1, 1, 1），确定电路真正的次态。针对这些情况评论机器的行为。

9.36 图 9-22 中个性化的车牌是指什么？（提示：它是作者的旧车牌，一位计算机工程师的 OTTFFSS 版本）。

9.37 假设对于一个状态 SA 和一个输入组合 I，一个二义性状态图指示有两个次态 SB 和 SC。这次转移的真正次态 SD 取决于状态机的实现。如果使用 9.4 中的方法综合状态机，以获得适合 D 触发器实现的转移 / 激励方程，那么 SB、SC 和 SD 编码状态之间的关系是什么？请做出解释。

9.38 重做练习题 9.37，对于状态 SA 和输入组合 I，二义性状态机不指定次态。这次转移中真正次态 SD 的编码是什么？

9.39 在 9.4 节的状态机综合方法中，如果对于特定的变量 V*，转移列表的列中 0 值比 1

值更少，那么可能更容易推导出反变量的转移方程，也就是 V*′等于 p 项之和，其中 V*=0。请解释这个方法为什么可行。

9.40 假设对于所有的状态变量，使用该方法（V*′等于 p 项之和，其中 V*=0）综合状态机，重做练习题 9.37 和 9.38。

9.41 假设对于状态 SA 和一个输入组合 I，二义性状态机没有定义次态。这种转移的真正次态 SD 取决于状态机的实现。假设使用方法（V*′等于 p 项之和，其中 V*=1）综合状态机，以获得 D 触发器的转移 / 激励方程。SD 的状态编码是什么？对此做出解释。

9.42 假设使用方法（V*′等于 p 项之和，其中 V*=0）综合状态机，重做练习题 9.41。

9.43 应用程序 9-2 的风格，编写一个与图 9-25 的状态图相应的 Verilog 模块。并编写一个测试平台，能够图形化地显示典型输入序列对应的状态机的输出序列。建议：每个灯的状态序列可以根据灯是亮还是灭分别显示为“ O”或“ .”；例如，在一个左转过程中。

```
... ...
..O ...
.OO ...
OOO ...
```

9.44 应用程序 9-2 的风格，基于训练题 9.14 中的状态图，编写一个 Verilog 模块。使用“最简单”的状态赋值。

9.45 更新练习题 9.17 中的 Verilog 测试平台，包含一个函数 `writeS`，用于显示输出状态 `A ~ P` 而非 `Q0 ~ Qa`。使用同一习题中的状态机来检测该测试平台。

9.46 编写一个与训练题 9.12 的状态机中激励逻辑对应的 Verilog 模块。使用练习题 9.45 中的测试平台输出状态机的状态表。和训练题 9.12 的输出结果进行比较；如果它们结果不同，则找出原因并更正错误之处。

9.47 应用程序 9-2 的风格，基于你在训练题 9.16 中设计奇偶检测状态机时的状态图，编写一个 Verilog 模块。并编写一个测试平台，可以为状态机生成典型的输入序列，包括不同字长的数据字，奇数和偶数的数据字，以及有时间间隔的数据字。建议：你可能会发现编写一个任务“ `Genser(N,W,P,G)`”来帮助完成工作会非常有用，这个任务在 *N* 位数据字（`W`）上添加 1 个奇或偶校验位（`P`），形成一个 *N*+1 位的序列数据模式，后面跟着 0 个或者多个时钟周期（`G`）的间隔，这样就不必写出每种不同测试模式的所有细节。

第 10 章

Digital Design: Principles and Practices, Fifth Edition

时序逻辑元件

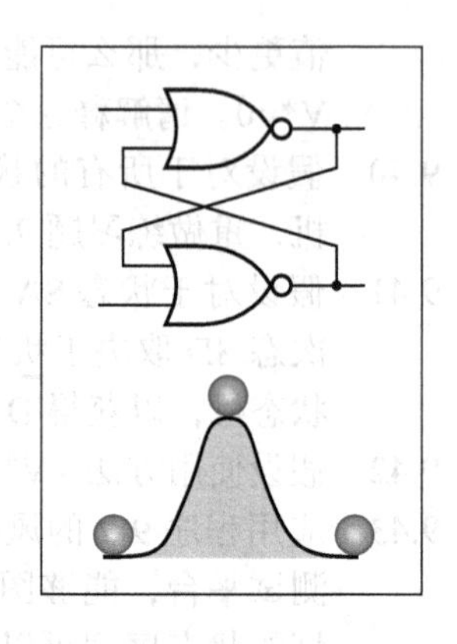

在前一章中我们提到了边沿触发 D 触发器，它是状态机中存储状态最常用的一种元件。但也有其他类型的存储元件，它们在非状态机的应用中显得更加实用或更加高效。锁存器就是这类存储元件，它基于控制输入的电平而不是边沿去捕捉一个条件或信息，就电路面积而言它们只有边沿触发触发器的一半大小。还有带多个控制输入的边沿触发器件，它们在某些应用中非常有用。最后，大多数元件都有各种不同的形式，还都带有独立的初始化（复位）输入，当电路启动时可以迫使元件进入期望的状态值，而不用考虑其他输入端的情况。

本章将从最简单的时序元件开始，然后再继续努力讲述更复杂的元件。除了功能特性，时序也是时序元件的一个非常重要的特性，因此我们将会仔细研究元件输入端的时序要求和输出端的时序特性。为了准备好在更大型的电路中实际应用时序元件，将会学习怎样把这些元件组合起来，怎样与构件、FPGA 以及 PLD 中的其他元件相连，以及怎样从元件库中直接引用它们或者由行为化 HDL 代码直接“推理”出来。最后，将以可选内容“反馈时序电路”结束本章，这部分内容有助于帮助解释这些时序元件的内部是如何操作的。

10.1 双稳态元件

最简单的时序电路是由形成一个反馈回路的一对反相器构成的，如图 10-1 所示。这个时序电路没有输入，但却有两个输出，即 Q 和 Q_L。

图 10-1 构成双稳态元件的一对反相器

10.1.1 数字分析

图 10-1 中的电路通常被称为*双稳态*（bistable）电路，因为严格的数字分析表明，该电路具有两种稳定状态。假如 Q 为高电平，那么下面反相器的输入就为高电平，于是输出为低电平；这又迫使上面的反相器输出维持为高电平，这是一种稳定状态。反之，如果 Q 为低电平，那么下面的反相器就是输入为低电平，而输出为高电平，从而迫使 Q 维持为低电平，这是另一种稳定状态。可以采用一个状态变量，即信号 Q 的状态来描述电路的状态。那么就有两种可能的状态，即 Q = 0 和 Q = 1。

双稳态元件太简单了，它没有输入，因此也无法改变或控制它的状态。只要一接上电源，它就随机出现两种状态中的一种，并永久地保持这一状态。尽管如此，这一电路仍十分有助于说明问题，我们将在 10.5.2 节中实际介绍它的几种应用。

10.1.2 模拟分析

如果从模拟的观点来看它的工作过程的话，对双稳态的分析可以揭示出更多的内容。对于非电子工程专业的读者，这里先介绍一下一个 1 输入 1 输出模拟电路的**传输函数**（transfer function）：它是一个数学函数，针对一个给定的输入电压它产生一个“稳定的”输出电压，也即是，在经历了任意动态作用之后能够保持在一个稳定的输出电压上。虽然可以通过对模拟电路的细致分析计算出传输函数，但就我们的目的而言，在图中简单地描绘出来就够了，有时也称之为**电压传输图**（voltage transfer diagram）。

图 10-2a 给出了使用 3V 电源供电的典型 CMOS 反相器的传输函数。垂直数轴上绘制的输出电压是输入电压的函数 $V_{out} = T(V_{in})$。当 V_{in} 小于 1V 时，V_{out} 接近 3V；当 V_{in} 比 2V 大时 V_{out} 接近 0V。但是当 V_{in} 处于 1 ~ 2V 的“中间状态”时，只要 V_{in} 一升高 V_{out} 就迅速降低，V_{in} 一降低 V_{out} 就迅速升高。从模拟电路的角度看，反相器在图像的这个区域具有非常高的**增益**（gain），因为输入电压一个小小的变化会在输出端产生更大的电压变化。

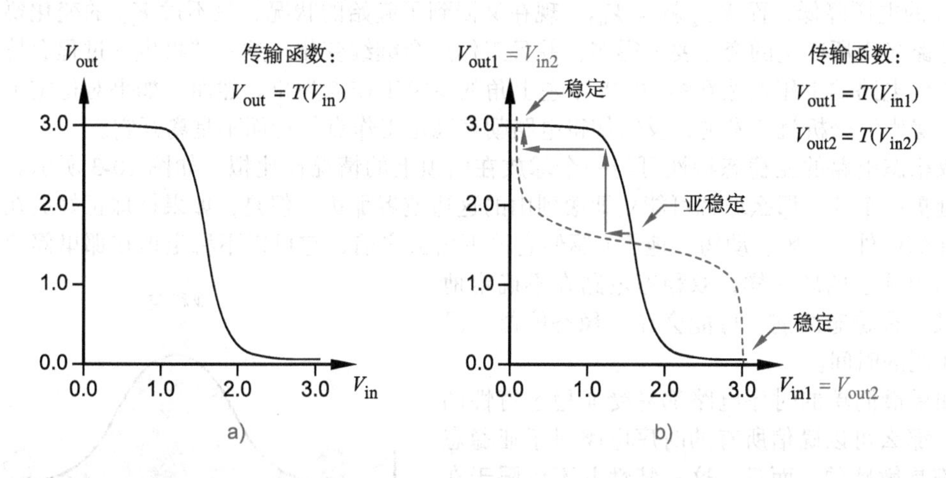

图 10-2 传输函数：a）针对单个 CMOS 反相器；b）针对双稳态反馈回路中的一对反相器

当两个反相器如图 10-1 那样连接成一个反馈回路时，就有 $V_{in1} = V_{out2}$，$V_{in2} = V_{out1}$。因此，可以在具有合适坐标标记的同一个图中，同时画出两个反相器的传输函数。因此，在图 10-2b 中，实线是和 10-2a 图中一样的传输函数，应用于图 10-1 顶部的反相器。虚线是底部反相器的传输函数，它的输入绘制在垂直轴上，输出绘制在水平轴上。

只考虑双稳态反馈回路的稳态特性而不考虑其动态效应时，若两个反相器的输入电压和输出电压是恒定的 DC（直流）值，并且该值与回路连接形式和反相器传递函数保持一致，那么这个回路就是处于平衡状态的。也就是说，必须满足：

$$\begin{aligned} V_{in1} &= V_{out2} \\ &= T(V_{in2}) \\ &= T(V_{out1}) \\ &= T(T(V_{in1})) \end{aligned}$$

同样，必须满足：

$$V_{in2} = T(T(V_{in2}))$$

可以采用图解法从图 10-2b 中找到这些平衡点，它们是两个传输函数曲线的相交点。令人惊讶的是，在图中找到的平衡点不是 2 个而是 3 个。其中标有“稳态”（stable）的 2 个平衡点对应着前面数字分析时所确定的 2 个状态，即 Q 为 0（低电平）或 Q 为 1（高电平）。

图中标有名为“**亚稳态**”（metastable state）的第 3 个平衡点，正好处在 V_{out1} 曲线和 V_{out2} 曲线的有效逻辑 1 电平和有效逻辑 0 电平的中间位置上，所以在这点上的 Q 和 Q_L 值不是有效的逻辑信号。然而，这个点却满足回路方程。如果能够使电路工作于亚稳态点，那么从理论上说电路可以无限期地停留在该状态。这种特性称为*亚稳定性*（metastability）。

10.1.3　亚稳态特性

对亚稳态情况的进一步分析表明，对它的命名十分恰当。这个点并不是真正稳定的，因为随机的噪声会驱使工作于亚稳态点的电路转移到一个稳定的工作点上去。下面将对这一情况进行说明。

假定双稳态电路正好准确地工作于如图10-2b所示的亚稳态点上。现在假设有少量的电路噪声使得 V_{in1} 减少了一点点，这一微量变化使得 V_{out1} 增加一点点。但是由于 V_{out1} 产生 V_{in2}，从始于亚稳态点附近而终于第二条传输函数曲线的第一个水平箭头开始观察，此时要求 V_{out2} 的电压降低，而 V_{out2} 就是 V_{in1}。现在又回到了起始的状况，只不过 V_{in1} 的变化要比最初由电路噪声所产生的变化要大得多，并且工作点会继续变化。这一“再生”过程会持续进行，直到电路的工作点达到图10-2b中左上角的稳定工作点为止。然而，如果对稳定工作点进行“噪声”分析就会发现，反馈使得电路朝着稳定工作点靠近而不是离开它。

双稳态电路的亚稳态特性可与一个球放在山顶上的情况作比拟，如图10-3所示。如果在高处扔一个球，那么球就可能立即滚到山的这边或者那边。但是，如果把球正好放在山顶上，在随机外力（风、动物、地震）驱使它滚下山去之前，它可以不稳定地在那里停留一会儿。与山顶上的球一样，双稳态电路在不确定地进入某一种稳态之前，可能会在亚稳态停留一段不可预测的时间。

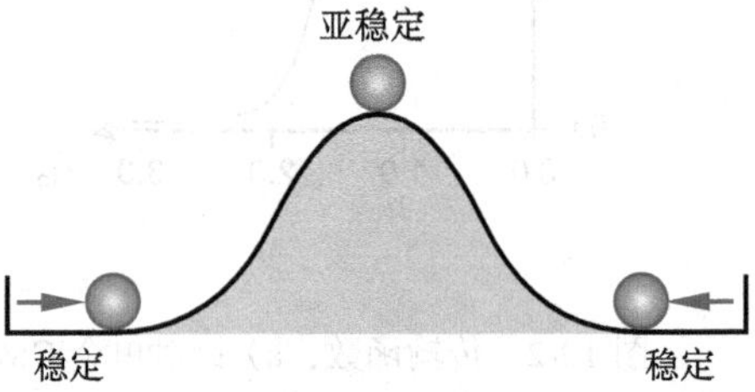

亚稳定

稳定　稳定

图10-3　用“球与山”模拟亚稳态特性

如果最简单的时序电路都易受亚稳态特性的影响，那么可以确信所有的时序电路对于亚稳态特性都是敏感的。而且，这一特性并不仅限于在加电源时才发生。

再回到“球与山”的模拟中，如果我们想要把球从山的一边踢到另一边去的话，想想会发生什么情况。如果踢的力量很大（Superman），那么球会越过山顶而停在山另一边的稳定点处。如果踢的力量较弱（Clark Kent），那么球就会落回最初的起始位置。但是，如果踢的力量正好（Charlie Brown），那么球会到达山顶，在那里摇摇欲坠，并最终落回山的这一边或那一边。

这一情形与锁存器和触发器在临界触发条件下所发生的情况完全相类似。例如下面就要学到的S-R锁存器，加在S输入端的脉冲会使锁存器的状态从0状态变到1状态。对S输入端有一个最小脉冲宽度的限制。若所加脉冲的宽度与这一宽度限制相同或比这一宽度限制更大的话，锁存器的状态立即变为1状态。若所加脉冲的宽度比这一宽度限制要小，则锁存器就可能进入亚稳态。一旦锁存器进入了亚稳态，它的行为就取决于“山的形状”了。用高增益、快速工艺制作的锁存器和触发器会比用低性能工艺制作的锁存器和触发器更快地脱离亚稳态。

我们将在下一节中结合几种特定的锁存器和触发器，并在13.4节中就同步设计方法和同步器失效等问题介绍更多关于亚稳态的内容。

10.2　锁存器和触发器

锁存器和触发器是大多数时序电路的基本构件。典型的数字系统大都使用锁存器和触发器，在标准集成电路中它们是功能确定的预封装器件。在ASIC设计环境中，锁存器和触发器都是由 ASIC 提供商规定的预定义单元。然而，在标准的 IC 或 ASIC 中，每一个锁存器或者触发器单元，一般都设计成反馈时序电路，由独立的逻辑门电路与反馈回路构成。为了更好地理解预封装元件的特性，我们要进一步学习这些分立元件的设计。

有一种时序器件，这种器件平时对输入进行采样，并只在时钟信号变化的那一瞬间改变其输出，数字设计者将这种器件称为*触发器*（flip-flop）。大多数数字设计者又把另外一种时序器件称为*锁存器*（latch），这种器件不断监测其所有输入，并在任何时刻都会改变其输出（尽管有些时候要求使能有效才行）。本文中就遵守这一标准惯例。然而，有些课本和数字设计者会（不正确地）把“锁存器”也说成是“触发器”。

在任何情况下，由于锁存器的功能特性与触发器有很大的不同，因此对于逻辑设计者而言，知道设计中使用哪一种类型的器件十分重要，可以通过器件的部分数字（如 74x374 与 74x373）或者 FPGA 或 ASIC 库元件名（如 TLAT 与 DFF）去了解各种器件的情况。在下面的小节中，首先讨论最常用的锁存器和触发器类型。

10.2.1　S-R 锁存器

一个由两个 2 输入或非门构成的有控制输入的最简时序电路如图 10-4a 所示，它被称为 *S-R（置位 – 复位）锁存器*。电路有两个输入（S 和 R）和两个输出（标记为 Q 和 QN），其中 QN 通常是 Q 的反。信号 QN 有时也记为 $\overline{Q}$ 或者 Q_L。S-R 锁存器通常用于检测一个事件的发生，当这个事件发生时使用输入端 S“置位”锁存器，然后再使用输入端 R“复位”锁存器。

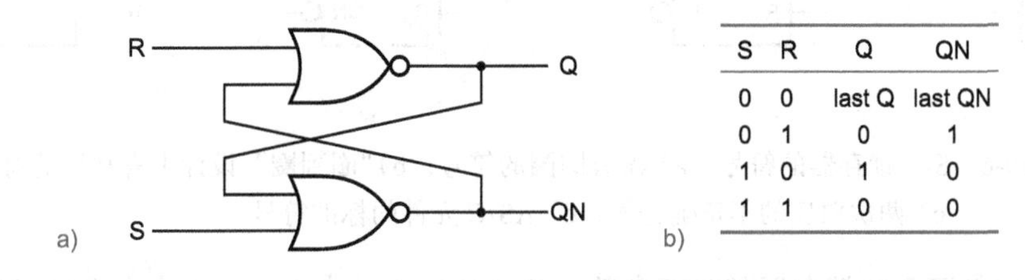

S	R	Q	QN
0	0	last Q	last QN
0	1	0	1
1	0	1	0
1	1	0	0

图 10-4　S-R 锁存器：a）使用或非门设计的电路；b）功能表

如果 S 和 R 都为 0，则电路的特性就像一个双稳态元件，由反馈回路维持两个逻辑状态之一，即 Q = 0 或者 Q = 1。如图 10-4b 所示，S 信号有效或者 R 信号有效都可以使得反馈回路进入一种期望的状态。S 进行*置位*（set）或者*预置*（preset），使 Q 输出为 1；R 进行*复位*（reset）或者*清除*（clear），使 Q 输出为 0。在 S 或者 R 的输入被取消之后，锁存器保持在它被置位的那个状态。图 10-5a 表示出 S-R 在一个典型的输入序列作用下的功能特性。图中带箭头的线表示因果关系，即哪些输入的变化会引起哪些输出的变化。

$\overline{Q}$ 与 QN

在大多数 S-R 锁存器的应用中，QN（或称为 $\overline{Q}$）输出总是 Q 输出的反。然而，其命名并非十分正确，因为有时这个输出并不是 Q 的反。比如在图 10-5b 中的好几处，如果 R 和 S 二者都是 1，那么两个输出都被强制为 0。一旦取消某一个输入，则两个输出又重新恢复到通常的互补状态。但是，若两个输入同时取消，则锁存器将进入一个不可预知的状态，而事实上这个状态可能是振荡状态或者亚稳态。如果加在 S 或 R 端的“1”脉冲太短，那么也可能引起亚稳定性。

图 10-6 中给出了表示同一个 S-R 锁存器电路的四个不同的逻辑符号。这些符号的不同之处主要是对取反输出端的处理方式不同。从历史上讲，第一种符号（见图 10-6a）是把低

电平有效端（或者说是取反信号端）放在功能方框里。但是，在“圈到圈”逻辑设计中，喜欢使用第二种符号（见图10-6b），它把取反圆圈表示在功能方框之外。符号的第三种形式（见图10-6c）显然是错误的，因为圆圈对已经取反的输出QN再次取反了。第四种符号（见图10-6d）出现在ASIC库中，用于对同一电路的独立描述。它没有遵循常规的做法把输入输出名字放在矩形框内，但这样标示在技术上是正确的；可以看作与图10-6a等效，但把信号名写在外面是一种更引人注意的符号形状。

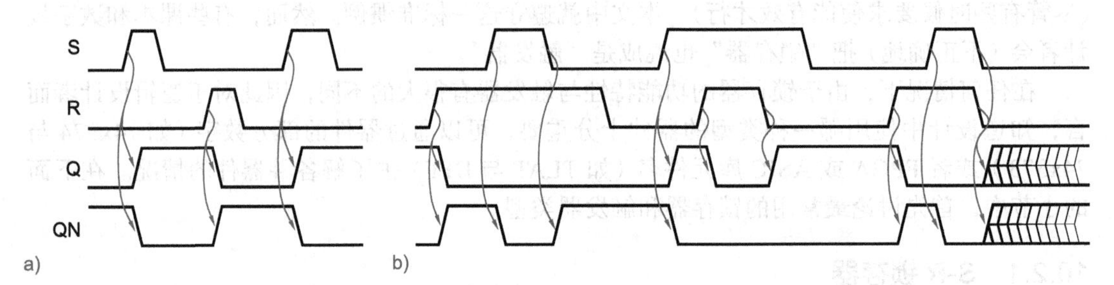

图10-5　S-R锁存器的典型操作：a)“正常的”输入；b) S和R同时起作用

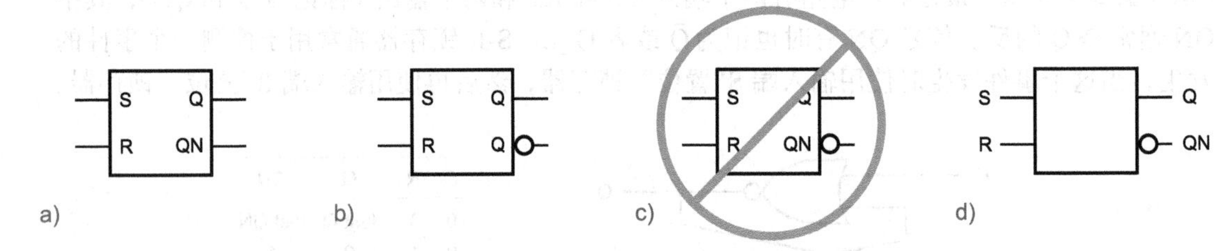

图10-6　S-R锁存器的符号：a) 没有圆圈的符号；b)“圈到圈”设计中喜欢用的符号；c) 两次取反的不正确符号；d) ASIC元件的标准符号

图10-7定义了S-R锁存器的时间参数。传播延迟（propagation delay）是指从输入发生变化到它所引起的输出发生变化的这段时间。一个给定的锁存器或者触发器，对于不同的输入－输出信号对，可能有几种不同的传播延迟规格。也就是说，输出从低到高变化与从高到低变化时，传播延迟的规格可以是不同的。对于S-R锁存器，当S输入信号从低电平变为高电平时，引起输出信号Q从低电平变为高电平，所以传播延迟为$t_{pLH(SQ)}$，如图10-7中所示的跳变(1)。类似地，当R输入信号从低电平变为高电平时，引起输出信号Q从高电平变为低电平，此时的传播延迟为$t_{pHL(RQ)}$，如图10-7中所示的跳变(2)。QN端的变化情况未在图中显示，其传播延迟应该分别为$t_{pHL(SQN)}$和$t_{pLH(RQN)}$。

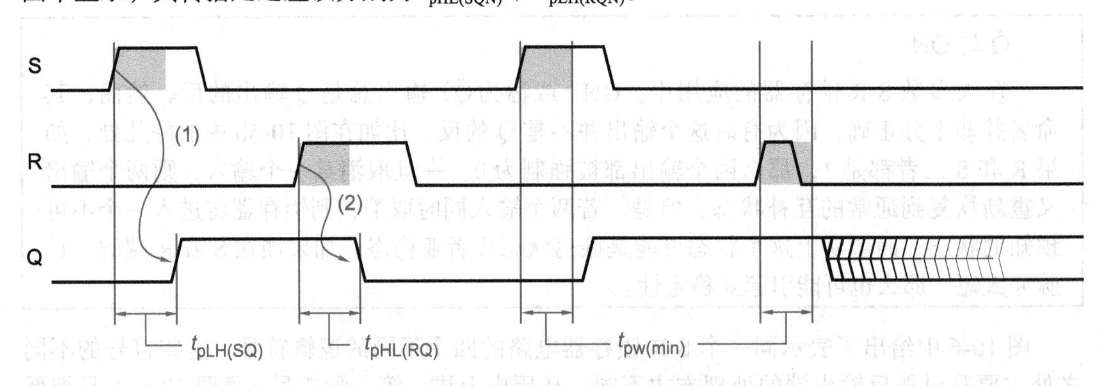

图10-7　S-R锁存器的时间参数

要多接近才算是“同时”？

如前所述，如果 S 和 R 端的输入信号同时取反的话，S-R 锁存器就会进入亚稳态。商用锁存器的技术规范常常（并非总是）要定义“同时”这一度量概念（例如，S 和 R 彼此是在 5 ns 内被取反的）。这一参数有时也称为恢复时间 t_{rec}。恢复时间就是 S 和 R 端的信号被看成非同时取反的最小延迟时间，这个时间与最小脉宽的规定密切相关。这两个参数规范用于测量在状态变化期间锁存器反馈回路达到稳定所需的时间。

通常要对 S 和 R 端的输入信号规定*最小脉冲宽度*（minimum-pulse-width）。如图 10-7 所示，如果加在输入端 S 和 R 上的信号脉宽小于最小脉宽 $t_{pw(min)}$，那么锁存器就可能进入亚稳态，并且停留在这一状态上的时间将是随机的。要确保锁存器脱离亚稳态，只有在 S 或 R 端加一个满足或超过最小脉宽要求的脉冲才行。

10.2.2 $\overline{S}$-$\overline{R}$ 锁存器

具有低态有效的置位和复位输入的 $\overline{S}$-$\overline{R}$ *锁存器*（读作“S 非 R 非锁存器”）可以用与非门构成，如图 10-8a 所示。因为与非门的速度、规模等性能比或非门要好，所以在 CMOS 逻辑系列和 ASIC 库中，$\overline{S}$-$\overline{R}$ 锁存器要比 S-R 锁存器更常用。

如图 10-8b 的功能表所示，除了两点主要的不同之外，$\overline{S}$-$\overline{R}$ 锁存器的其他操作与 S-R 锁存器是一样的。第一点不同是 $\overline{S}$ 和 $\overline{R}$ 都是低电平有效的，所以当 $\overline{R}$ = $\overline{S}$ = 1 时，锁存器保持它的前一状态。其低电平有效输入的情况，在如图 10-8c 所示的符号中清楚地表示出来了。第二点，则是当 $\overline{S}$ 和 $\overline{R}$ 输入同时起作用时，锁存器的两个输出信号都为 1，而不是像 S-R 锁存器那样，输出同时为 0。除了这些区别以外，$\overline{S}$-$\overline{R}$ 锁存器的操作与 S-R 锁存器相同，就连时间参数和亚稳态方面的情况也都是一样的。

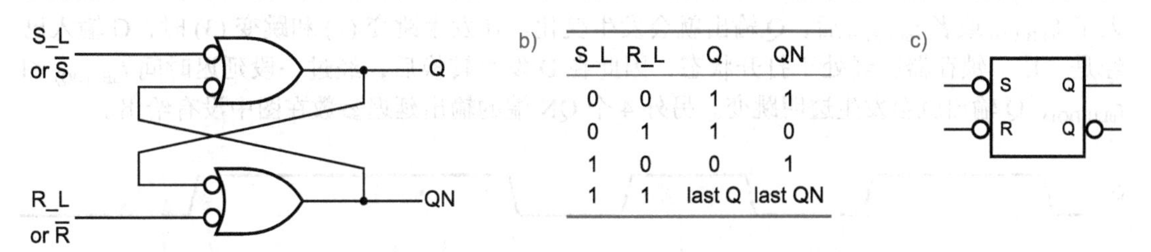

S_L	R_L	Q	QN
0	0	1	1
0	1	1	0
1	0	0	1
1	1	last Q	last QN

图 10-8　$\overline{S}$-$\overline{R}$ 锁存器：a）使用与非门设计的电路；b）功能表；c）逻辑符号

10.2.3 D 锁存器

S-R 锁存器在控制应用中十分有用。在这类应用中，常常要设置一个标志位来对某些条件做出反应，而当这些条件变化后又可以对该标志位复位。所以，此时需要稍微独立地控制对输入信号的置位和复位。但是，也常常需要用锁存器简单地存储一些信息位串，如出现在一根信号线上的每一个二进制位，我们想要把它存储在某个地方。有一种 *D 锁存器*可以用在这类应用中。

D 锁存器如图 10-9 所示。其逻辑图的右端部分就是一个 $\overline{S}$-$\overline{R}$ 锁存器。在左边多提供了两个与非门，当控制输入 G 有效时使得 $\overline{S}$ 和 $\overline{R}$ 中某一个有效，哪一个有效由输入数据 D 的值决定。这样，就消除了 S 和 R 端同时起作用的尴尬局面。D 锁存器的控制输入端标为 G，有时也命名为 ENABLE、CLK 或 C 端，而且在有些 D 锁存器设计中，该端是低电平有效的，并且总要提出最小脉宽的要求。

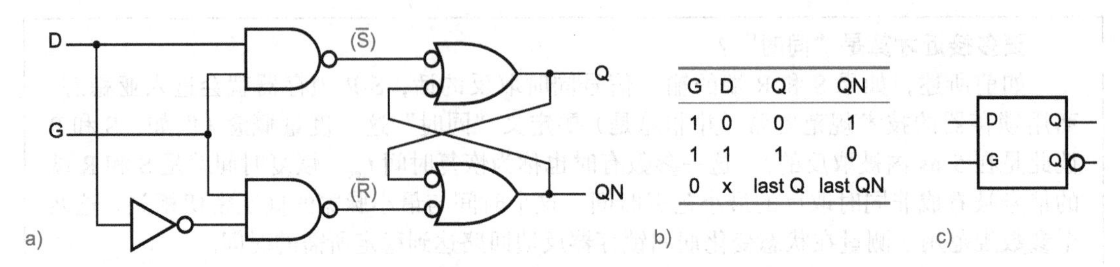

图 10-9　D 锁存器：a）使用与非门设计的电路；b）功能表；c）逻辑符号

图 10-10 中给出了 D 锁存器功能行为的一个例子。当 G 输入有效时，Q 输出与 D 输入一致。这时，称锁存器为“打开”，并且从 D 输入端到 Q 输出端的通道是“透明的”。因此，D 锁存器常常被称为透明锁存器（transparent latch）。当 G 端的输入取消之后，锁存器就“关闭”了；只要 G 端保持未用状态，Q 输出就保持上一次的值而不再对 D 端的输入做出响应。

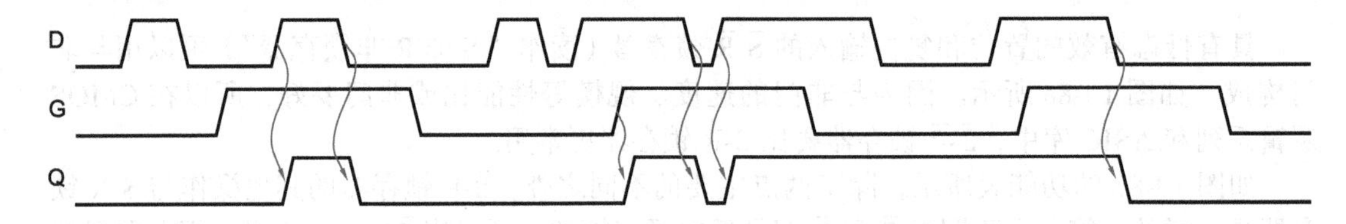

图 10-10　在不同输入作用下的 D 锁存器的功能特性

更为详细的 D 锁存器时序特性如图 10-11 所示。图中表示了信号从 G 端或者 D 端输入到 Q 输出的 4 个不同的延迟参数。例如，在发生跳变 (1) 和跳变 (4) 时，锁存器最初是“关闭”的，并且 D 输入与 Q 输出正好相反，这样当 G 变为 1 后，锁存器就“打开”，并且在延迟了 $t_{pLH(GQ)}$ 或者 $t_{pHL(GQ)}$ 后，Q 输出就会发生变化。在发生跳变 (2) 和跳变 (3) 时，G 输入已经是“1”，锁存器已经处于打开状态，因此在 D 发生转换后，经过一段延迟时间 $t_{pHL(DQ)}$ 和 $t_{pLH(DQ)}$，Q 输出就会发生透明跳变。另外 4 个 QN 端的输出延迟参数在图中没有给出。

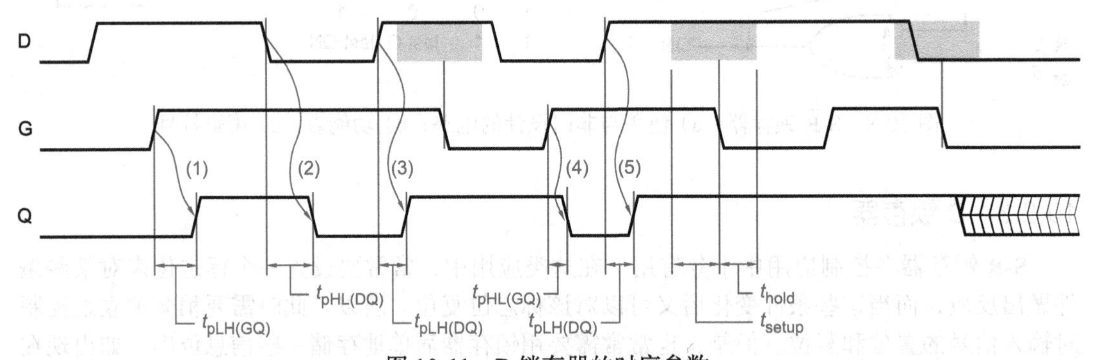

图 10-11　D 锁存器的时序参数

虽然 D 锁存器消除了 S-R 锁存器的 S = R = 1 的问题，但是亚稳定性的问题依然存在。如图 10-11 所示，在 G 信号的下降沿附近有一个时间窗（画有阴影的部分），在这段时间内 D 输入一定不能变化。这一窗口从 G 下降（锁存）沿前的 t_{setup} 开始（t_{setup} 被称为建立时间（setup time）），到 G 下降沿后的 t_{hold} 结束（t_{hold} 被称为保持时间（hold time））。如果 D 输入信号在建立和保持时间窗内的任何时刻发生变化，那么锁存器的输出就是不可预测的，并且可能进入亚稳态，如图中最后一个锁存边触发点所示。

10.2.4 边沿触发 D 触发器

在第 9 章已经介绍了上升沿触发 D 触发器（positive-edge-triggered D flip-flop），它是存储状态机状态变量最常用的时序元件。D 触发器不需要成为正式状态机的一部分，可以简单地用它来存储一个数据位。它跟锁存器的不同之处是其边沿触发的行为特性：边沿触发 D 触发器只在控制信号 CLK 的上升沿（上升沿触发）处采样输入 D 的值，并且改变其输出 Q 和 QN。

如图 10-12 所示，一对 D 锁存器可以构成一个上升沿触发 D 触发器。第 1 个锁存器被称为主（master）锁存器，当 CLK（时钟信号）为 0 时，主锁存器打开并且跟踪输入信号的变化。当 CLK 从 0 变到 1 时，主锁存器关闭，并且它的输出传送到第 2 个锁存器，这个锁存器被称为从（slave）锁存器。从锁存器在 CLK 为 1 期间始终保持打开，但是由于主锁存器在此期间处于关闭状态并且其输出保持不变，因此从锁存器的输出只在这一期间的开始时刻发生变化。

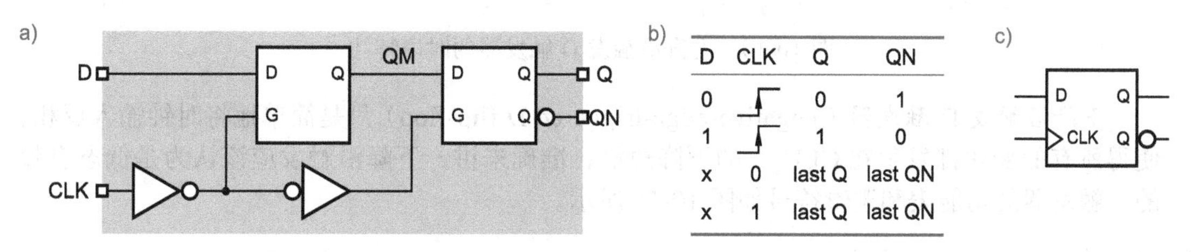

图 10-12　上升沿触发 D 触发器：a）使用 D 锁存器设计的电路；b）功能表；c）逻辑符号

D 触发器的 CLK 输入端的三角形符号表示触发器的边沿触发特性，称为动态输入指示符（dynamic-input indicator）。图 10-13 展示了在几种输入变化的作用下触发器功能特性的例子。显示的信号 QM 是主触发器的输出。注意，只在 CLK 为 0 的区间，QM 才会发生变化。当 CLK 变为 1 后，QM 的值被传送给 Q，并且在 CLK 再次变为 0 之前，QM 都不发生变化。

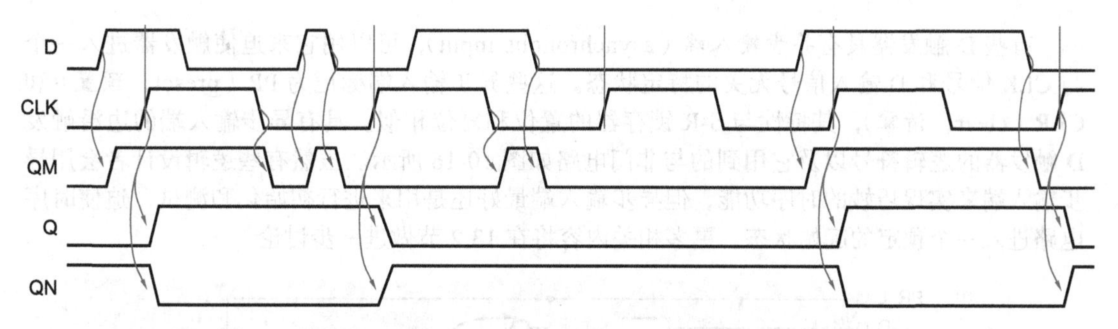

图 10-13　上升沿触发 D 触发器的功能特性

图 10-14 更详细地展示了 D 触发器的时序特性。所有的传播延迟都是从 CLK 的上升沿开始测量的，这是因为输出只在这个时刻发生变化。对于从低电平变到高电平和从高电平变到低电平的输出变化，对延迟的定义是不同的。

像 D 锁存器那样，边沿触发 D 触发器也存在着一个建立和保持时间窗，在这段时间内 D 端的输入一定不能变化。这一窗口时间也是在 CLK 信号的触发沿附近，在图 10-14 中用阴影部分表示。若未能满足建立时间和保持时间的要求，那么触发器的输出通常会进入一个稳定状态，尽管这个状态不可预知，但它不是 0 就是 1。然而，有时输出也可能会振荡或者进入一个界于 0 和 1 之间的亚稳态，如图中第 2 个时钟到最后一个时钟边沿的情况。如果触发器进入亚稳态，则它只有在经过一个随机的延迟后，才会自己回到一个稳定状态，正如将在 13.4 节中讲述的那样。如图中最后一个时钟边沿所示，也可以在一个时钟触发边沿加上一个满足建立时间和保持时间要求的 D 输入信号，迫使触发器进入一个稳定状态。

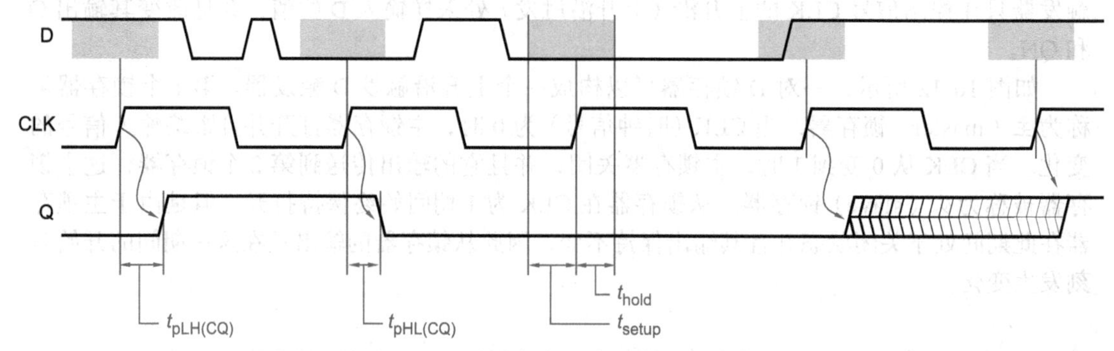

图 10-14　上升沿触发 D 触发器的时序特性

下降沿触发 D 触发器（negative-edge-triggered D flip-flop）只是简单地将时钟输入反相，使得所有的变化都发生在 CLK_L 的下降边沿；准确来讲，下降沿触发应该认为是低态有效的。触发器的功能表和逻辑符号如图 10-15 所示。

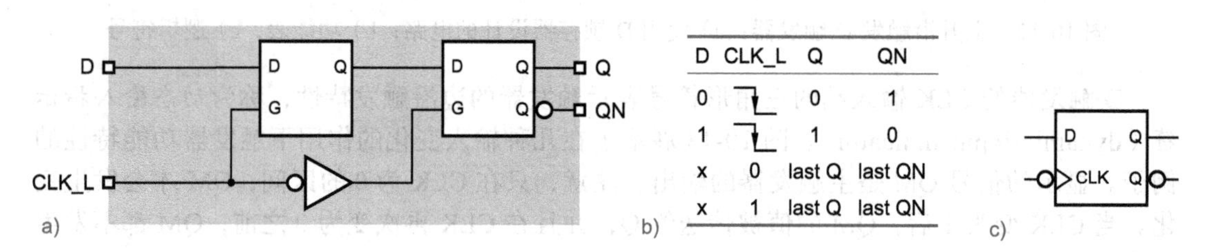

D	CLK_L	Q	QN
0	↓	0	1
1	↓	1	0
x	0	last Q	last QN
x	1	last Q	last QN

图 10-15　下降沿触发 D 触发器：a）使用 D 锁存器设计的电路；b）功能表；c）逻辑符号

有些 D 触发器具有**异步输入端**（asynchronous input），可以用它来迫使触发器进入一个与 CLK 信号和 D 输入信号无关的特定状态。这些异步输入端标记为 PR（preset，**预置**）和 CLR（clear，**清零**），其特性与 S-R 锁存器的置位和复位相似。具有异步输入端的边沿触发 D 触发器的逻辑符号以及它用到的与非门电路如图 10-16 所示。虽然有些逻辑设计者会用异步输入端来实现巧妙的时序功能，但异步输入端最好还是用来进行初始化和测试，迫使时序电路进入一个预定的起始状态。更多相关内容将在 13.2 节做进一步讨论。

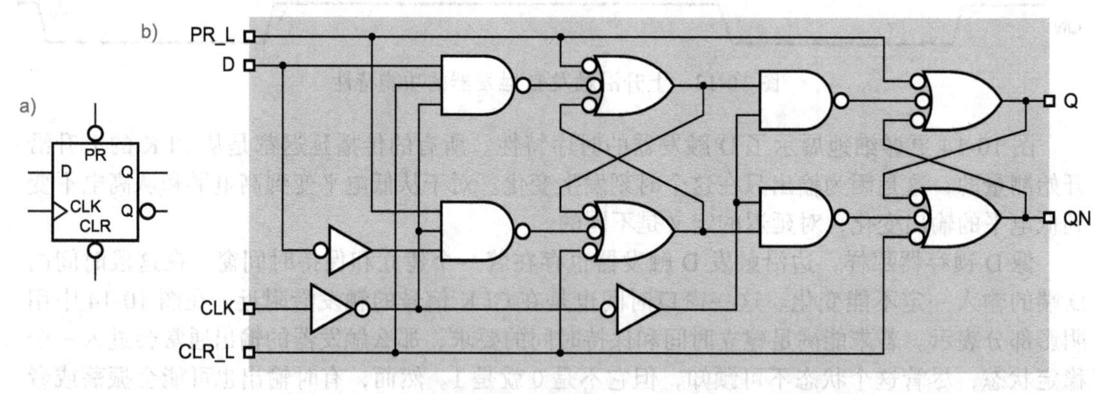

图 10-16　具有预置和清零端的上升沿触发 D 触发器：a）逻辑符号；b）使用与非门设计的电路

> **保持时间冲突**
>
> 如果一个触发器或者锁存器输入不能满足相对于另外一个输入的时序要求，像输入信号 CLK 或者 G，那么这种情况被称为建立或者保持时间的冲突。微处理器架构师 John Chu 写了一部很好的科幻短篇小说，小说的书名跟本框内的名字一样；你很容易理解小说中杜撰的这个概念（参见练习题 10.59）。

10.2.5　具有使能端的边沿触发 D 触发器

D 触发器都必须具备的一个共同功能，就是在时钟边沿能够保持最后一次储存的值（而非加载新的值）。只要增加一个使能输入（enable input），又称为 EN，或者 CN（即时钟使能（clock enable））就可以了。正如“时钟使能”这个名称所描述的，这个额外的输入功能并不是通过控制时钟而获得的，而是如图 10-17a 那样，用一个 2 输入多路复用器来控制加在内部触发器 D 输入端的值。如果 EN 有效，则选择了外部 D 端的输入；如果 EN 无效，则选择的是触发器现在的输出。最终的功能表如图 10-17b 所示，触发器的符号如图 10-17c 所示。有些触发器的使能端是低电平有效的，以使能输入端上的反相圈表示。

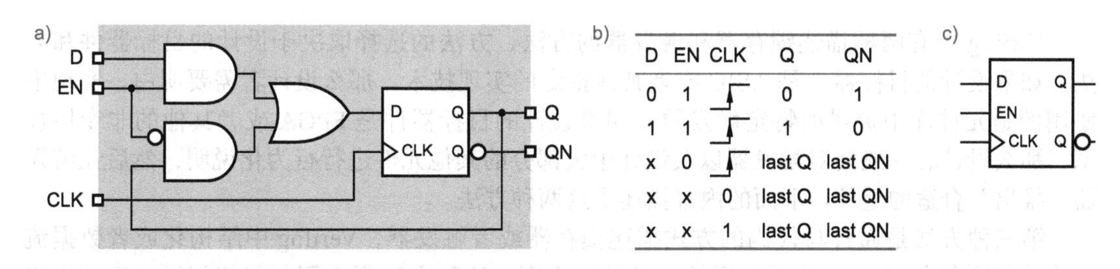

D	EN	CLK	Q	QN
0	1	↑	0	1
1	1	↑	1	0
x	0	↑	last Q	last QN
x	x	0	last Q	last QN
x	x	1	last Q	last QN

图 10-17　具有使能端的上升沿触发 D 触发器：a）设计电路；b）功能表；c）逻辑符号

10.2.6　T 触发器

T（toggle，交替翻转）触发器在每一个时钟脉冲的有效边沿都会改变状态。图 10-18 给出了上升沿触发 T 触发器的逻辑符号，并说明了其特性。注意，触发器 Q 端的输出信号频率正好是 T 端输入信号频率的一半。如图 10-19a 所示，可以用 D 触发器构造 T 触发器。T 触发器最常用在计数器和分频器中，将在 11.1 节中介绍。

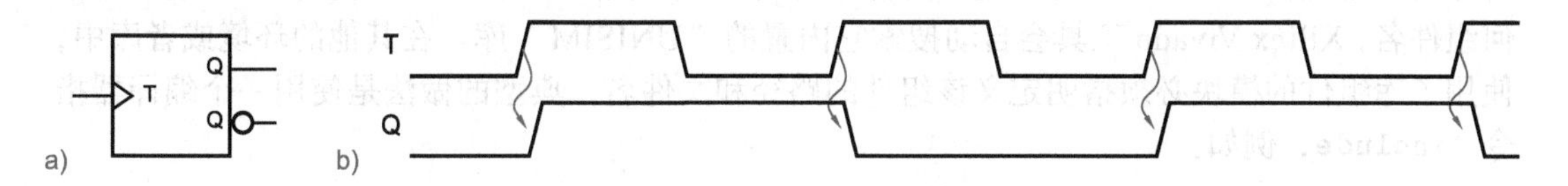

图 10-18　上升沿触发 T 触发器：a）逻辑符号；b）功能特性

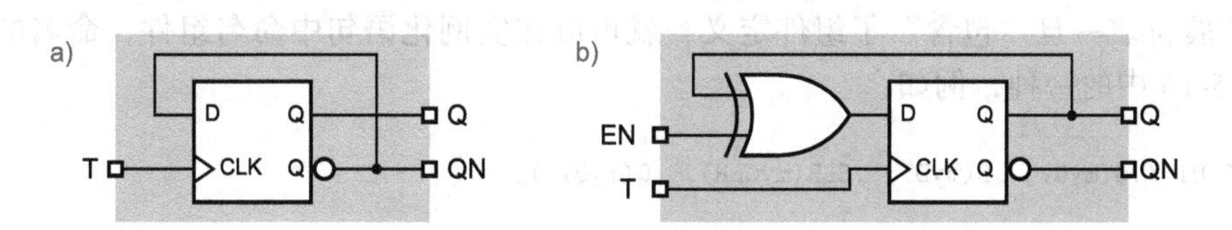

图 10-19　使用 D 触发器构成的 T 触发器电路：a）基本电路；b）带使能端

在T触发器的许多应用中，并不需要T触发器在每一个时钟边沿都翻转。在这些应用中，可以使用具有使能端的T触发器（T flip-flop with enable）。如图10-20所示，只有当使能信号EN有效时，这种T触发器的状态才会在时钟触发沿到来时发生改变。像其他边沿触发的触发器的D、CE输入那样，EN输入也必须满足关于时钟触发沿的建立时间和保持时间的技术规格说明。只需简单修改一下图10-19a中的电路，就可以提供一个EN输入，如图10-19b所示。

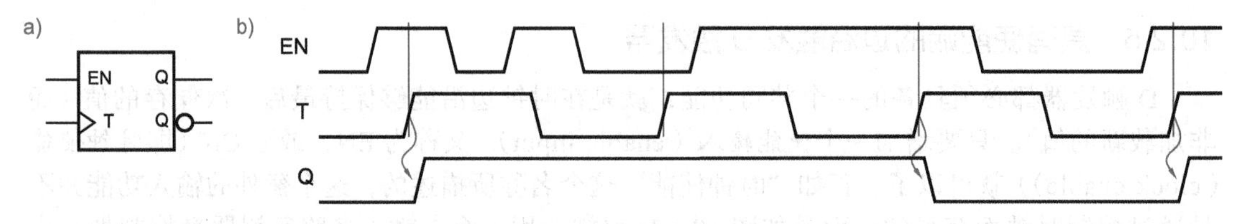

图10-20　具有使能端的上升沿触发T触发器：a）逻辑符号；b）功能特性

10.3　用Verilog实现锁存器和触发器

Verilog中有两种描述锁存器和触发器的方法，方法的选择取决于设计的目标器件和方法。如果设计的目标器件是ASIC或者其他指定的实现技术，那么设计者需要明白，实现中使用的是元件库中提供的特定触发器。如果设计的目标器件是FPGA或者其他的非专用技术，那么设计者一般要对触发器以及设计中大部分的其他元件进行行为化说明，然后让编译器"推出"合适的组件。下面的内容描述了这两种方法。

第三种方法是通过写代码的方式描述锁存器或者触发器，Verilog中结构化或者数据流风格的代码等价于10.2节所介绍的各种门级实现。这种方法很少用，即使用过，后面也将不再提及。

10.3.1　实例化语句和库元件

在5.7节中介绍了结构化编码风格中使用的实例化语句，用于在一个设计中实例化Verilog内置的逻辑门。还展示了怎样使用这些语句来实例化我们自己设计的元件或模块。也可以用供应商或者同事提供的组件库来实例化模块。

是否需要在Verilog代码中做什么特别的事情，使得编译器能够"找到"实例化语句中所命名的组件，这取决于设计环境和组件本身的特性。例如，对于用户的模块中未定义的任何组件名，Xilinx Vivado工具会自动搜索它内置的"UNISIM"库。在其他的环境或者库中，使用了库组件的模块必须指明定义该组件的路径和文件名，典型的做法是使用一个编译器指令 `` `include ``，例如：

```
`include "C:/Xilinx/Vivado/2016.2/ids/ISE/verilog/src/unisims/LDC.v"
```

在Xilinx环境中，组件定义的基本文件名总是和元件名一样（这个例子中是LDC），后面带 .v 扩展符。一旦"包含"了组件定义，就可以在实例化语句中命名组件，命名的形式可以是表5-16中的一种，例如：

```
LDC U1 (.G(myG), .D(myD), .CLR(myCLR), .Q(myQ) );
```

在ASIC供应商提供的一个典型库中有许多不同的锁存器和触发器组件。10.2节描述的大多数类型都是平常常用的，也包含有可能具有更少输入或者额外输入的不同形式的组件——例如，有PR输入但没有CLR输入的D触发器，或者有CLR输入但没有PR输入的D触发器。当结构化Verilog代码的目标器件是ASIC时，像上例那样的实例化会产生一个门级或者晶体管级实现，并且准确地实现所规定的功能，不会更多。

表10-1列出了位于三个不同组件库中的一些锁存器和触发器。不同的组件有不同的输入和输出，如异步清零和预置数、同步置数和复位以及同步时钟使能。“异步”意味着有效的输入在任何时候都有效；“同步”意味着只有在时钟触发沿处输入才有效。注意，类似函数的信号名和函数名会因供应商的不同而不同，比如“置数”与“预置数”。

表中的前两列描述了Xilinx供给ISE 8.1工具的“统一”库中的组件，这些组件可以与多种FPGA和PLD（包括许多老式的“传统”部件）一起使用。第一列是组件名，与Verilog实例化语句中出现的一样，第二列给出组件的非时钟输入名。在Xilinx库中，触发器的时钟输入总是被命名为“C”，而锁存器或者触发器的输出总是被命名为“Q”。

表10-1 Xilinx和LSI逻辑库中的一些锁存器和上升沿触发触发器

Xilinx ISE 8.1的名字和输入		Xilinx 7系列的名字和输入		大规模集成电路逻辑ASIC的名字和输入		功 能
				LSR0	S,R	S-R latch
LDCE	D,G,GE,CLR	LDCE	D,G,GE,CLR			D latch w/ gate-enable, async clear
LDPE	D,G,GE,PRE	LDPE	D,G,GE,PRE			D latch w/ gate-enable, async preset
				LD1	D,G	D latch
				LD3	D,G,CD	D latch w/ async clear
FD	D			FD1	D	D f-f
FDC	D,CLR			FD2	D,CD	D f-f w/ async clear
FDCP	D,CLR,PRE			FD3	D,CD,SD	D f-f w/ async clear, preset
FDE	D,CE					D f-f w/ clock enable
FDCE	D,CLR,CE	FDCE	D,CLR,CE	FDCE	D,CLR,CE	D f-f w/ async clear, clk enable
FDPE	D,PRE,CE	FDPE	D,PRE,CE			D f-f w/ async preset, clk enable
FDRE	D,R,CE	FDRE	D,R,CE			D f-f w/ sync reset, clk enable
FDSE	D,S,CE	FDSE	D,S,CE			D f-f w/ sync set, clk enable
FDR	D,R			FDS2	D,CR	D f-f w/ sync reset
FDS	D,S					D f-f w/ sync set
FDSRE	D,S,R,CE					D f-f w/ sync set, reset, clk enable
FTC	T,CLR					T f-f w/ enable, async clear
				FT2	CD	T f-f w/ async clear

在统一库中的组件类型几乎都不能“天然地”用于各种Xilinx器件——必须查询Xilinx文档来确定一种给定的类型能否用于一个特定的器件。如果不能，那么综合工具将会创建一个相同功能的电路，但是要使用更多内部的器件资源来实现那个功能。例如，为了在一个只有D触发器的FPGA中获得T触发器，综合工具将会按图10-19的风格，把D触发器和一些组合逻辑结合起来实现T触发器。

表10-1的接下来两列，给出了7系列FPGA的UNISIM库中通过Xilinx Vivado工具提

供的锁存器和触发器组件。在这种情况下，这个库只提供在它们的可配置逻辑块（CLB）内利用“免费”资源可以综合出来的触发器类型——不消耗其他的资源，比如 LUT 保留这些资源便于在同一个 CLB 内实现用户指定的组合逻辑。

表中最后两列是 LSI 逻辑 ASIC 库中的一些锁存器和触发器组件。那个库中列出的每一个器件都提供了 QN 输出和 Q 输出。

程序 10-1 是一个 Verilog 模块，它实例化了表 10-1 中每一种 7 系列的锁存器和触发器，每个组件都有不同的连接结构。两个 D 锁存器被连接到不同的 G 控制输入，G1 和 G2。第一个锁存器的“门使能”（GE）输入被连接到输入信号 GE，该信号和输入 G 相与后可以打开锁存器，但是，第二个锁存器的“门使能”信号被设置为常数 1。同样，4 个 D 触发器中的 2 个使用输入信号 GE 作为它们的时钟使能（CE）输入，而另外 2 个 D 触发器的时钟使能信号一直处于有效状态。

程序 10-1　实例化锁存器和触发器的结构化模块

```
module VrFFandLatches(CLK, D[1:4], G1, G2, GE, CLR, PR, Q[1:6]);
  input CLK, G1, G2, GE, CLR, PR;
  input [1:4] D;
  output [1:6] Q;

  LDCE U1 ( .G(G1), .GE(GE), .D(D[1]), .CLR(CLR), .Q(Q[1]) );
  LDPE U2 ( .G(G2), .GE(1'b1), .D(D[2]), .PRE(PR), .Q(Q[2]) );
  FDCE U3 ( .C(CLK), .CE(1'b1), .D(D[1]), .CLR(CLR), .Q(Q[3]) );
  FDPE U4 ( .C(CLK), .CE(GE), .D(D[2]), .PRE(PR), .Q(Q[4]) );
  FDRE U5 ( .C(CLK), .CE(1'b1), .D(D[3]), .R(CLR), .Q(Q[5]) );
  FDSE U6 ( .C(CLK), .CE(GE), .D(D[4]), .S(PR), .Q(Q[6]) );

endmodule
```

所有器件的异步和同步清零端及复位端都连接到一个公共的 CLR 信号上；同样，预置数和置数输入端被连接到公共的 PR 信号上。在模块级上，只有 4 个唯一的输入 D，2 个 D 锁存器和前 2 个 D 触发器使用相同的输入。但是每个组件都有不同的输出——必须如此。

程序 10-2 是 VrFFandLatches 模块的测试平台。它实例化模块，创建了一个周期为 20ns 的自由运行的时钟信号 Tclk，还生成了模块中使用的其他输入信号。在测试的前期，PR 和 CLR 信号就被置为无效，以便在后期能够观察到其他输入信号的影响。周期性地改变其他输入——锁存器使能信号和数据，这些输入信号的周期各不相同，与时钟周期也不相同，以便对不同的时序情形进行观察。图 10-21 给出了功能仿真中测试平台所产生的波形。

模块以 Xilinx FPGA 为目标器件，该器件有一个“全局复位”信号，当对器件加电和编程时，该信号可以使所有的锁存器和触发器保持在初始状态。虽然 Verilog 模块里没有这样一个复位信号，但是 Vivado 工具会模拟实现它，它在仿真开始的前 100ns 内让所有被仿真的锁存器和触发器保持初始状态。因此，如图 10-21 所示，测试平台产生的波形中“我们感兴趣”的一部分开始于 100ns 左右。

程序 10-2　锁存器和触发器模型的测试平台

```
`timescale 1 ns / 100 ps
module VrFFandLatchTB ();
reg Tclk, G1, G2, GE, CLR, PR, D1, D2;
wire Q1, Q2, Q3, Q4, Q5, Q6;

VrFFandLatches UUT ( .CLK(Tclk), .D1(D1), .D2(D2),
      .G1(G1), .G2(G2), .GE(GE), .CLR(CLR), .PR(PR),
```

```
      .Q({Q1,Q2,Q3,Q4,Q5,Q6}) );              // 初始化 UUT

  always begin // 创建周期为 20ns 的自运行测试时钟
    #0.2 Tclk = 1; #10; // 高电平为 10ns (为了波形可读性有一个小的偏移)
    Tclk = 0; #9.8;      // 低电平为 10ns
  end

  always begin                       // 在 15ns 周期内改变 D1 和 D2
    #2 D1 = ~D1; D2 = ~D2; // Tclk 触发沿的 2ns 偏移
    #5 D2 = ~D2;
    #5 D1 = ~D1; #3 ;
  end

  always begin              // 每隔 20ns 改变 G1, 每隔 30ns 改变 G2
    #4  G1 = ~G1; G2 = ~G2;  // 同时偏移 4ns
    #20 G1 = ~G1; #10 G2 = ~G2; #10 G1 = ~G1; #16 ;
  end

  always begin     // 每隔 60ns 改变 GE, 同时偏移 2ns
    #2 GE = ~GE; #58 ;
  end

  initial begin              这是起始时间 0 需要完成的
    CLR = 1; PR = 1;         // 应用清零和预置位
    D1 = 0; D2 = 1;          // 初始化输入 D 为所需波形
    GE = 0; G1 = 0; G2 = 0;    // 锁存器初始化为关闭状态
    #100                     // 等待 100ns 后 FPGA 的全局复位
    #15                      // 什么都不做
    CLR = 0; PR = 0;         // 现在撤销清零和预置位信号
    #300                     // 再运行 300ns
    $stop(1);                // 结束测试
  end
  endmodule
```

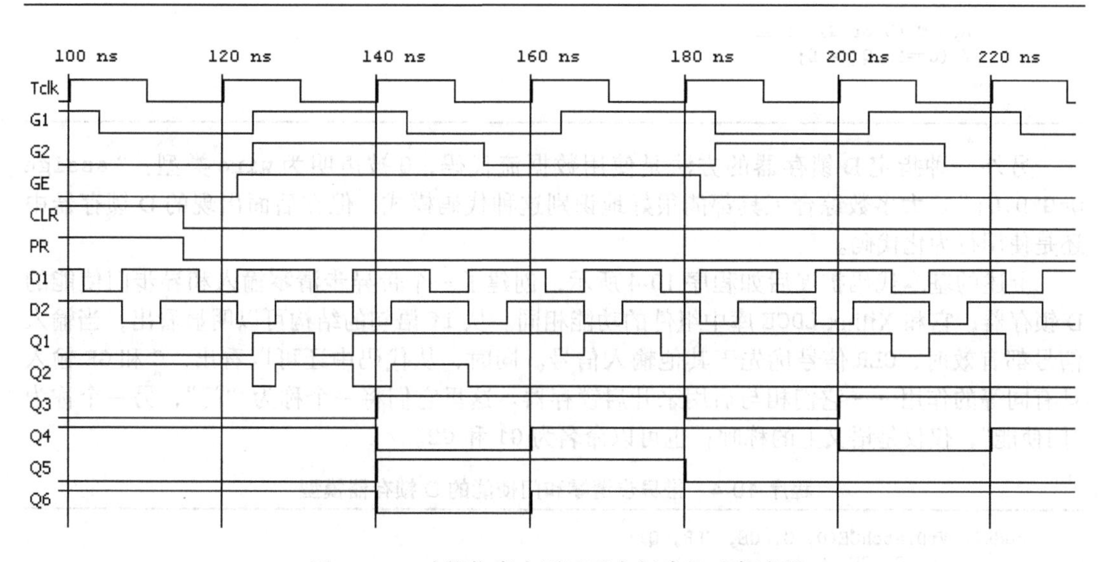

图 10-21 功能仿真中测试平台创建的时序波形

从波形图中可以看出，组件的输出 Q1 ~ Q6 保持为初始化值，直到 115ns，PR 和 CLR 信号变为无效。输出 Q1 由 GE 输入为常数 1 的 D 锁存器产生，只要 G1 有效（在 144ns、184ns 和 204ns）它就跟随输入 D1 变化，当 G1 无效时就锁存它的输出（在 144ns、184ns 和 204ns）。第 2 个锁存器的输出 Q2，在 G2 和 GE 都有效时就跟随 D2（在 124ns），当其中一个信号无效时就锁存输出（在 154ns）。Q3 ~ Q6 是模块中边沿触发的触发器的输出，因此只有在相应的时钟使能信号有效（Q3 ~ Q4 的时钟使能信号为常数 1，Q5 ~ Q6 的时钟使能信号使用了信号 GE)，且时钟信号 Tclk 的触发沿（上升沿）到达时输出才改变。

10.3.2 行为化锁存器和触发器模型

在 Verilog 中可以对锁存器和触发器进行行为化建模，事实上这也是描述锁存器和触发器最常见的方法。人们设计 Verilog 编译器来识别这些行为的非常特定的代码模式（参见本小节第一个方框注释），根据目标器件所采用的技术，综合工具将会“推出”一个合适的组件或者可编程器件资源来实现每种行为。这一节将学习 10.2 节所介绍的常用锁存器和触发器类型的行为化模块和代码模式。

程序 10-3 给出了对一个基本 D 锁存器建模的行为化 Verilog 代码。当 D 或 G 中任意一个改变时都可能影响锁存器的输出，因此这些输入都放在 always 程序块的敏感信号列表中；也可以使用只有“ * ”的敏感信号列表。注意 if 语句没有相应的 else 子句。写完组合电路的行为化 Verilog 代码后，你可能会发现这样令人不安，所以请牢记，在像 if 和 case 这样的条件语句中应当覆盖所有的可能情况，以避免生成推理出的锁存器。好了，就目前的情况而言，倒是需要推理出一个锁存器，因此代码中没有考虑 G 为 0 的选项。故而模拟器会意识到，在 G 为 0 时 Q 应当保持不变，而综合引擎也会意识到这里需要一个锁存器。然而，如果在代码中包含一个冗余的“ else Q<=Q”条件，那么通过代码仍然会推理出同样的 D 锁存器。

程序 10-3　一个基本 D 锁存器的行为化模型

```
module VrDlatch(D, G, Q);
  input D, G;
  output reg Q;

  always @ (D or G) begin
    if (G==1) Q <= D;
  end
endmodule
```

另外一种指定 D 锁存器的方法是使用数据流代码，Q 被声明为 wire 类型：“ assign Q=G?D:Q;”。大多数综合工具都能很好地识别这种代码模式，但在后面出现的 D 锁存器中还是使用行为化代码。

上述的基本代码扩展后如程序 10-4 所示，创建了一个带异步清零输入和异步门使能的 D 锁存器，它和 Xilinx LDCE 库中组件的功能相同。从 if 语句的结构可以明显看出，当输入信号都有效时，CLR 信号优先于其他输入信号。同时，从代码中还可以看出，G 和 GE 输入具有同等的作用——它们相与后用来开启锁存器。这里它们将一个称为“门”，另一个称为“门使能”，仅仅是语义上的称呼；也可以命名为 G1 和 G2。

程序 10-4　带异步清零和门使能的 D 锁存器模型

```
module VrDlatchCE(D, G, GE, CLR, Q);
  input D, G, GE, CLR;
  output reg Q;

  always @ (D or G or GE or CLR) begin
    if (CLR==1) Q <= 0;
    else if ((G==1)&&(GE==1)) Q <= D;
  end
endmodule
```

行为化模型的一个优点是可以很容易地在模型中说明其他的逻辑，并与存储元件结合起来。例如，假设需要一个像程序 6-7 那样的 *n-s* 二进制译码器，但要带一个“锁存”使能输入。当使能输入 G 有效时，这个新译码器的输出 Y[S-1:0] 对输入进行译码。当 G 无效时在 Y[S-1:0] 上保持最后一次译码输出值，并且当一个新的 CLR 输入有效时就清除所有的输出。程序 10-5 给出了这种行为化代码。这里，有效的 CLR 输入优先于其他有效的输入信号，包括输入信号 G。当 CLR 无效且 G 有效时，输出 Y[S-1:0] 对 A[N-1:0] 上的输入组合进行译码，并且当 G 无效时输出值保持不变。

程序 10-5　带锁存输出的 *n-s* 位译码器行为化代码

```
module VrNtoSdec_latch(G, CLR, A, Y);
parameter N=3, S=8;
  input [N-1:0] A;
  input G, CLR;
  output reg [S-1] Y;
  integer i;

  always @ (*) begin
    if (CLR) Y <= 0;
    else if (G) begin
      Y <= 0;
      for (i=0; i<=S-1; i=i+1)
          if (i == A) Y[i] <= 1;
      end
  end
endmodule
```

当 $n = 3$ 且 $s = 8$ 时，以 7 系列的 FPGA 为目标器件，用 Xilinx Vivado 工具综合程序 10-5 的电路如图 10-22 所示。逻辑图的左边包含 8 个实现 3 输入与功能的 LUT，这个 3 输入的与门对 A[2:0] 译码，逻辑图的右边有 8 个变形的 LDCE D 锁存器，像所要求的那样，由 CLR 和 G 控制。

下一个要探讨的器件是边沿触发的，为了在 Verilog 中对它进行建模，需要使用 5.14 节简要介绍过的关键字 posedge 和 negedge。回顾一下 always 程序块中的敏感信号列表，其中一个关键字被放在一个信号名前面，表明该程序块应当在对应信号指定的边沿到来时被执行。

因此，可以非常简单地对一个基本的上升沿触发 D 触发器建模，如程序 10-6 所示。always 程序块在 CLK 的上升沿被执行，执行后 Q 获得 D 的值。其他时间什么也不做，因此 Q 至少在下一个上升沿到达之前会保持一个值不变。

程序 10-6　一个基本 D 触发器的行为化模型

```
module VrDff(CLK, D, Q);
  input CLK, D;
  output reg Q;
  always @ (posedge CLK)
    Q <= D;
endmodule
```

如程序 10-7 所示，只要添加少量的代码和一些说明就可以增加一个异步清零输入。敏感信号列表现在包含了 CLR 输入，它当然可以改变输出。但为什么 CLR 这样一个异步输入使用了 posedge 关键字呢？答案之一就是，这是一种给所需特性进行编码的常规方法。一旦 CLR 开始有效（上升沿），就会执行 always 程序块，程序块内的 if 语句对输出 Q 清零然后退出。另一方面，如果正在执行 always 程序块并且 CLR 无效，那么必定会在 CLK 的上升沿执行 always 程序块，从而将 Q 置为等于 D。顺便提一下，删除关键字“posedge”就会出错，因为这样一来，CLR 出现任何变化都会执行 always 程序块；当 CLR 由 1 变到 0 时，即使没有出现 CLK 的边沿，也会执行 else 子句并把 Q 置为等于 D。

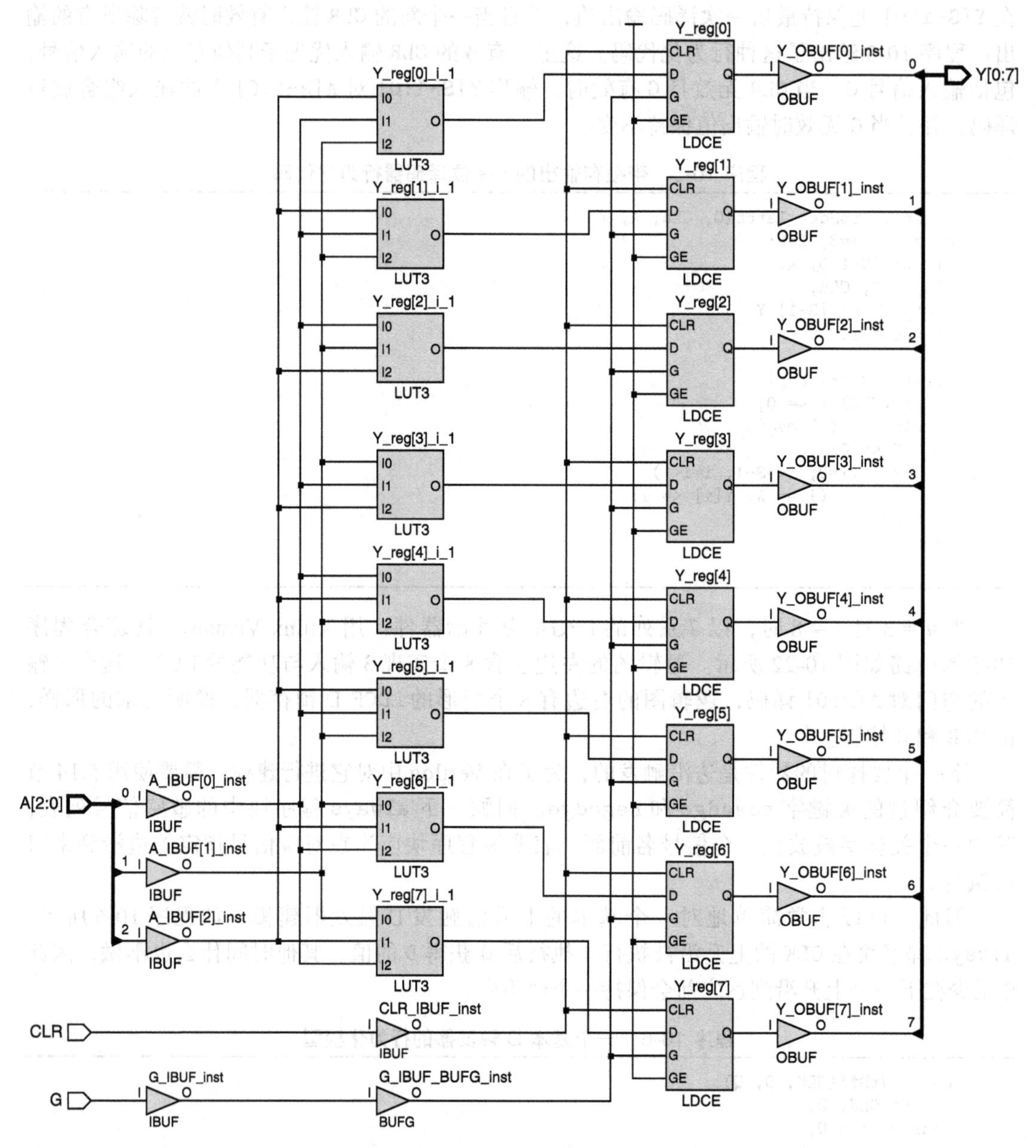

图 10-22 锁存 3-8 译码器的综合电路

程序 10-7 带异步清零端的 D 触发器行为化模型

```
module VrDffC(CLK, CLR, D, Q);
  input CLK, CLR, D;
  output reg Q;

  always @ (posedge CLK or posedge CLR)
    if (CLR==1) Q <= 0;
    else Q <= D;
endmodule
```

程序 10-7 中 D 触发器的异步清零信号“为什么这么写”的另一种答案是：“因为我是这

么说的。”(详细信息参见本小节第一个方框注释。)

在一个典型的基于 FPGA 或 CPLD 的设计环境中，触发器不需要有 QN 输出，因为正常来讲，下一段组合逻辑可以在不需要任何代价的情况下对任何输入信号进行取反。然而，假设一定要对输出 QN 建模，那么程序 10-8 就是一种提供 QN 输出的尝试。你能发现其中的错误吗？请记住，非阻塞型赋值操作符 <= 使得这个赋值操作的完成晚于 always 程序块。所以，通过“QN<=~Q”给 QN 的赋值是 ~Q 过去的值；因此这个模型中 QN 等于 ~Q，但是滞后了一个时钟周期。

程序 10-8 带有 QN 输出的 D 触发器错误模型

```
module VrDffCNoops(CLK, CLR, D, Q, QN);
  input CLK, CLR, D;
  output reg Q, QN;

  always @ (posedge CLK or posedge CLR) begin
    if (CLR==1) Q <= 0;
    else Q <= D;
    QN <= ~Q;
  end
endmodule
```

错误的行为

这是一个提醒你的好时机，Verilog 最初是被设计为*模拟语言*以供使用的，后来对它做了些改变以适于综合。虽然该语言和模拟语义在定义时都很好地遵循了 IEEE 标准 1364 和 1800，但是，在怎样把一个 Verilog 模块综合成真实的硬件方面，还没有完整的实现标准；只有关于应用最广泛的 Verilog 结构的通用工业协议。在综合过程中，Verilog 工具会检查模块中预定义的通用代码模式——模板——并把它们和触发器这样的物理组件进行匹配。这个过程通常被称为“推理”，但结果可能会非常可怕！

编写一个可以被模拟的 Verilog 模型非常容易，但是可能没有工具能够将这个模型综合成真实的硬件。同样，说明一种能够在模拟中按照期望正常工作的行为很容易，但是综合出的硬件可能会运行效率不高甚至出错，因为综合工具没有匹配模板，推理出了无效或者错误的硬件。

例如，考虑一个带异步清零的 D 触发器，行为化描述代码如程序 10-7 所示。这是一种 Xilinx 语法，用于在 FPGA 中推理出 FDCE 触发器，推理出的 FDCE 触发器能够正常工作。但是假设你调换了 if-else 语句中的条件和顺序，如下所示：

```
if (CLR==0) Q <= D;
    else Q <= 0;
```

它们在意思上没有什么不同，对吗？然而，当 Xilinx Vivado 工具综合修改过的模块时，得到的逻辑电路如图 10-23 所示。不仅电路规模变得更大了，需要一个 FDPE、一个 LDCE 和三个 LUT，更糟的是，它运行起来是错误的！发生了什么？经过一番研究之后，我在 Xilinx UG901 综合手册中找到了以下关于串行 always 程序块的语句：

如果对可选的异步控制信号建模，always 程序块使用的结构是：

```
always @ (posedge CLK or posedge ACTRL)
begin
  if (ACTRL)
    <asynchronous part>
  else
    <synchronous part>
 end
```

不是“是”，而是“必须是”上面的语法结构。如果像前面的例子那样，颠倒异步和同步操作部分的顺序，那结果就难以预料了！

当你写一个用于综合的行为化 Verilog 代码时，最下面那一行所采用的格式必须与工具所期望的模板相匹配。想要知道期望模板的格式，则必须读读综合工具的说明文档。对于大多数通用的元件而言（比如带有异步清零的 D 触发器），综合工具里都有“标准的”（但没有正式地标准化）模板。因此，综合后的模拟是弄清楚电路是否如你所期望的那样正常工作的唯一可信途径（遗憾的是，这些警告都是经过了深思熟虑的）。

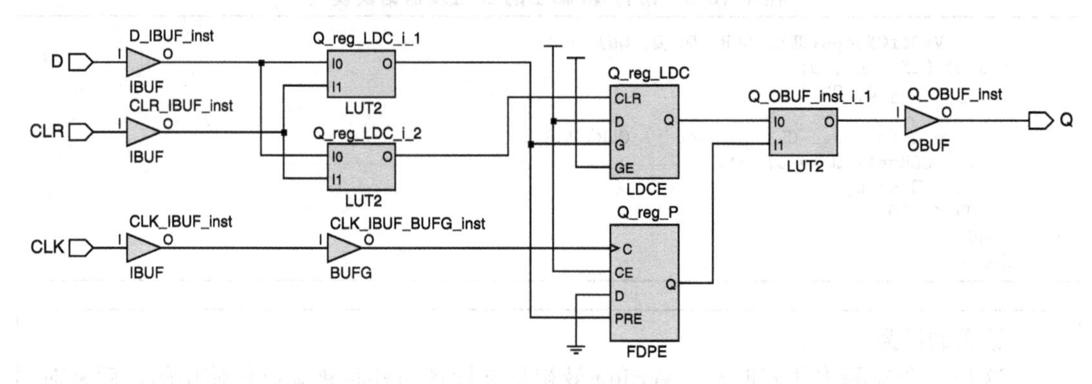

图 10-23　带异步清零的错误综合 D 触发器

改正代码中错误的方法有几种。在程序 10-9 中，在每一个需要设置 QN 的地方，使用 **begin-end** 程序段来正确地设置 QN。这仍然是一种纯行为化的模型。另外一种改正错误的方法是，如程序 10-10 所示，在程序 10-7 原先的行为化代码中加入一个数据流风格的连续赋值，使得 QN 总是 Q 的补。这样也可以；这种方法也很方便，大多数设计者更喜欢这种方法。

程序 10-9　带 QN 输出的 D 触发器改正后的行为化模型

```
module VrDffCN(CLK, CLR, D, Q, QN);
  input CLK, CLR, D;
  output reg Q, QN;

  always @ (posedge CLK or posedge CLR)
    if (CLR==1) begin Q <= 0; QN <= 1; end
    else begin Q <= D; QN <= ~D; end
endmodule
```

程序 10-10　带 QN 输出的 D 触发器另一种改正后的模型

```
module VrDffCN2(CLK, CLR, D, Q, QN);
  input CLK, CLR, D;
  output reg Q;
  output QN;

  always @ (posedge CLK or posedge CLR)
    if (CLR==1) Q <= 0;
    else Q <= D;
  assign QN = ~Q;
endmodule
```

在时序型 always 程序块中总是使用非阻塞型赋值

在所有触发器例子中，我们都使用了非阻塞型赋值操作符“<=”来给 Q 赋值。即使使用阻塞型的赋值操作“=”，这些模块也能够被正确地编译和综合，但在时序型 always 程序块中为什么仍旧总是使用非阻塞型的赋值呢？这里面是有些微妙的原因的。

在有多个时序型 always 程序块并且使用阻塞型赋值的模型中，模拟的结果会随着模拟器选择执行那些 always 程序块的顺序的不同而不同。使用非阻塞型赋值可以确保，在给赋值语句的左边赋予新的值之前，会先计算出赋值语句右边的值。这使得赋值的结果与赋值语句右边的计算顺序无关。这方面更多的细节参见 Clifford Cumming 在 1998 年撰写的一篇优秀论文，论文题目是“State-Machine Coding Styles for Synthesis”。

以前的定时器有一种存储技巧，用于提醒它们使用哪一种赋值操作。边沿触发触发器的逻辑符号的时钟输入信号上有一个小的楔形——动态指示符。而用于时钟型 always 程序块中的非阻塞型赋值的操作符，也有一个类似的“<=”形式的楔形。

什么是 S-R 锁存器？

本节没有给出 S-R 锁存器建模的 Verilog 行为化代码。基本锁存器可以非常简单——一对交叉耦合的与非门或者或非门——在 Verilog 中进行行为化建模可能会非常棘手。如果你真的需要一个 S-R 锁存器，那么最好使用能够在 ASIC 中直接综合出交叉耦合的与非门或者或非门的结构化或者数据流风格代码来进行说明。(但是，如果选择可编程器件作为目标器件，那就要小心了，参见练习题 10.36。)

如果 S-R 锁存器只有一个输出 Q，那对它进行行为化建模是很容易的。例如，考虑如下的建模片段：

```
always @ (S or R)
  if (S==1) Q <= 1;
   else if (R==1) Q <= 0;
```

这种功能上置位信号优先于复位信号的 S-R 锁存器叫作*置位优先*（set-dominant）锁存器。类似地，也可以用下面的代码描述一个*复位优先*（reset-dominant）的 S-R 锁存器：

```
always @ (S or R)
  if (R==1) Q <= 0;
   else if (S==1) Q <= 1;
```

如果还想有一个 QN 输出的锁存器，那问题就来了，当 S 和 R 同时有效时需要对 Q 和 QN 都为 0 或者都为 1 的情况进行正确建模。设计一个可综合的行为化代码，并且综合出的电路能像一对耦合的与非门或者或非门电路那样高效正确地实现锁存器的功能，这对你来讲是一个挑战，尤其是当代码的目标器件是可编程器件时。(参见练习题 10.35。)

最后一个 D 触发器的例子，与 Xilinx FDSE 库组件一样，有一个同步置位输入端 S 和一个时钟使能输入端 CE。这个组件的 Verilog 模型如程序 10-11 所示。注意在 if 语句中最后没有 else 子句。如果 S 和 CE 都无效，那么保持前一个 Q 值。与程序 10-3 中的 D 锁存器一样，这个代码似乎看起来和我们的习惯有些冲突，我们习惯在组合逻辑中使用最后 else 子句，以免创建推理出的锁存器，但是在这种时序逻辑中不必或者不会这样做。

创建其他类型的边沿触发触发器的行为化模型比较简单明了，就留给读者在一系列的练习题中完成（参见练习题 10.21 ~ 10.23，10.37 ~ 10.38）。

程序 10-11　带有时钟使能端和同步置位端的 D 触发器行为化模型

```
module VrDffSE(CLK, S, CE, D, Q);
  input CLK, S, CE, D;
  output reg Q;
  always @ (posedge CLK)
    if (S==1) Q <= 1;
    else if (CE==1) Q <= D;
endmodule
```

10.3.3　更多关于用 Verilog 实现时钟的讨论

在一个时钟同步电路的测试平台中，你需要做的一件事情是生成一个系统时钟信号。可以很容易地使用 always 程序块来实现，如程序 10-12 所示，它是一个占空比为 60%、频率为 100MHz 的时钟周期信号。在时间 0 处 initial 程序块把 MCLK 设置为 1。然后，always 程序块等待 6ns 把 MCLK 设置为 0，再等待 4ns 把 MCLK 设置为 1，如此重复。这样每隔 10ns 产生一个上升沿。注意，使用指令 `timescale 来建立一个模拟器，它的缺省时间单位是 1ns，精度是 100ps。

程序 10-12　测试平台内的时钟发生器

```
`timescale 1 ns / 100 ps
module Vrmclkgen(MCLK);
  output reg MCLK;

initial begin
  MCLK = 1;                // 从时间 0 开始启动一个时钟
end

always begin               // 自由运行时钟周期为 10ns
  #6 MCLK = 0;             // 高电平为 6ns
  #4 MCLK = 1;   end       // 低电平为 4ns
endmodule
```

微小的偏移

本书许多测试平台中的自由运行时钟和其他生成的输入，通常被定义为带有微小的偏移，如 0.1ns，因此它们的边沿不会精确地落在 5ns 或 10ns 的边界处。那正是作者要吹毛求疵之处。Xilinx Vivado 时序图中的垂直参考线是画在信号转换的上边而不是下边。因此，如果一个信号变换准确地出现在参考间隔的整倍数处，即使参考线采用了不同的颜色，也还是会被掩盖掉。作者说“我的方式看起来更好”，作者的代码通常是这样写的：

```
always begin          // 10ns 时钟发生器
  #5.9 MCLK = 0;      // 6ns 的高电平
  #4 MCLK = 1;        // 4ns 的低电平
  #0.1 ;              // 为了可读性包含 0.1ns 的偏移
end
```

10.4　多位寄存器和锁存器

共用一个时钟输入信号的两个或两个以上的 D 触发器组合在一起，就称为寄存器（register）。在 9.6 节中使用 Verilog 创建寄存器来存储状态机中的状态变量。一个单独的寄存器也可以用来存储不相关的二进制数或者控制信息，唯一真正的限制就是所有的数位都要用同一个时钟信号进行存储操作。

10.4.1 MSI 寄存器和锁存器

许多数字系统（包括计算机、电子通信器件以及立体声设备）每次处理的信息都是 8 位、16 位、32 位或 64 位的，因此在输入 / 输出系统和其他系统中，仍然偶尔使用可以处理更大型数据块的 MSI 型 IC。八进制边沿触发 D 触发器 74x374 就是这种 MSI 型 IC，它也被简单地称为 8 位寄存器（这里的“八进制”是指器件中有八个部分）。

如图 10-24a 所示，74x374 包含 8 个边沿 D 触发器，它们都是在公共时钟输入信号 CLK 的上升沿同时采样输入信号并改变其输出信号。每个触发器的输出都驱动一个三态缓冲器，而三态缓冲器又驱动一个高电平有效的输出。所有的三态门都共用一个低电平有效的输入端 OE_L。和其他三态输出一样，当 OE_L 是无效时，’374 的输出就像芯片没有连接上信号线一样，如果 OE_L 有效则芯片被驱动工作。

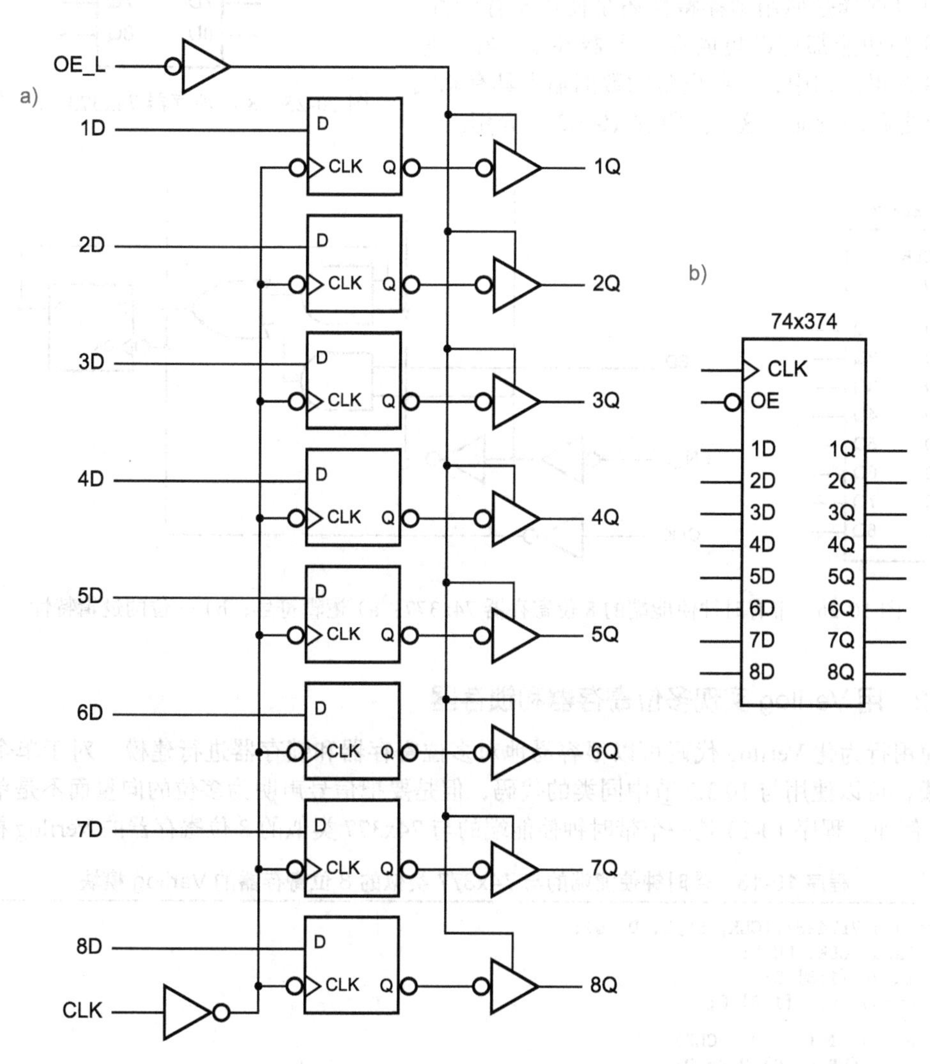

图 10-24　8 位寄存器 74x374：a）逻辑图；b）传统的逻辑符号

74x373 是 74x374 的一个变种，它的符号如图 10-25 所示。’373 型器件用 D 锁存器代替了 74x374 中的边沿触发 D 触发器。因此，每当 G 信号有效时，它的输出就等于相应的输入；而且当 G 信号无效时，锁存器存起来的是 G 信号取消瞬间的输入值。

74x377的符号如图10-26a所示，这是一个与'374类似的边沿触发寄存器，但它没有三态输出。而且，它的引脚1是低电平有效的时钟使能输入端EN_L。如果EN_L在时钟的上升沿处有效（即为低电平），那么触发器就从数据输入端接收数据；否则，触发器就保持当前值不变（见图10-26b）。

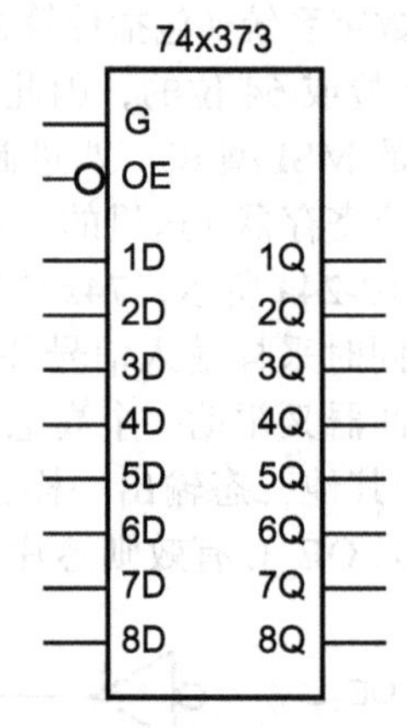

图10-25　8位锁存器74x373的逻辑符号

多引脚表面安装的封装形式，可以容纳更宽的寄存器、驱动器以及收发器。16位的器件是最普遍的，但还有18位（用于字节奇偶校验）和32位的器件。而且，较大型组件可以提供更多的控制功能，如清零、时钟使能控制、多输出使能控制，甚至可以选择是使用锁存特性还是使用寄存特性，所有这些功能都可以集成在一个器件中。在一些CMOS逻辑系列中，一些设备的数据输入具有总线保持器电路的特征，这一点将在10.5.2节介绍。

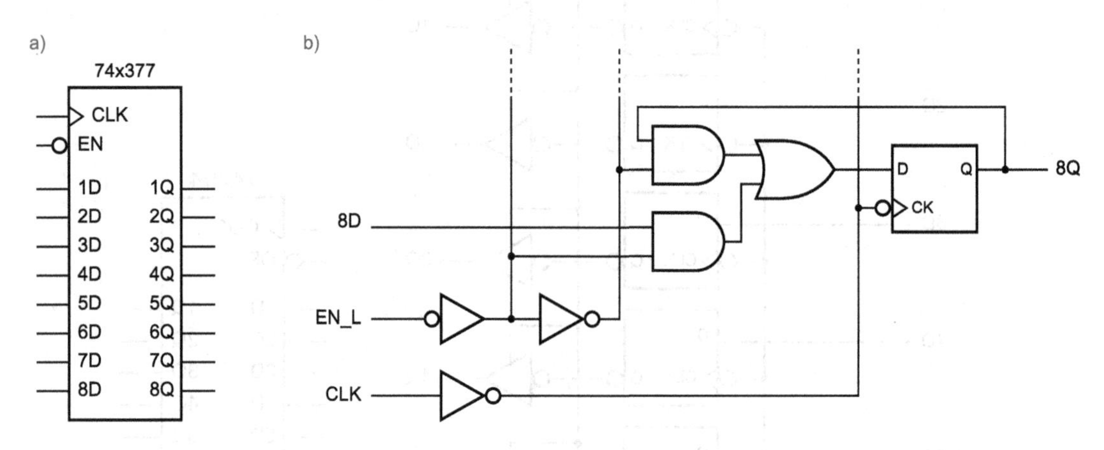

图10-26　带有时钟使能端的8位寄存器74x377：a）逻辑符号；b）一位的逻辑特性

10.4.2　用Verilog实现多位寄存器和锁存器

使用行为化Verilog代码可以很容易地对多位寄存器和锁存器进行建模。对于单个器件的建模，可以使用与10.3.2节中同类的代码，但是要把信号声明为多位的向量而不是单独的1位。例如，程序10-13是一个带时钟使能端的与74x377类似的8位寄存器的Verilog模块。

程序10-13　带时钟使能端的与74x377类似的8位寄存器的Verilog模块

```
module Vr74x377(CLK, EN_L, D, Q);
  input CLK, EN_L;
  input [1:8] D;
  output reg [1:8] Q;

  always @ (posedge CLK)
    if (EN_L==0) Q <= D;
endmodule
```

在Verilog中很容易定义带多个输入和附加特性的寄存器。例如，程序10-14是一个带有三态输出、时钟使能输入、输出使能和同步清零输入的16位寄存器的模块。一个内部信号向量IQ用于保持触发器的输出，并且像7.1.3节那样定义了三态输出和输出使能。

程序 10-14 多功能 16 位寄存器的 Verilog 模块

```
module Vrreg16( CLK, CLKEN, OE, CLR, D, Q );
  input CLK, CLKEN, OE, CLR;
  input [1:16] D;
  output [1:16] Q;
  reg [1:16] IQ;

  always @ (posedge CLK or posedge CLR)
    if (CLR==1) IQ <= 16'b0;
    else if (CLKEN==1) IQ <= D;

  assign Q = (OE==1) ? IQ : 16'bz;
endmodule
```

对于定义通用组件的 Verilog 模块，可以一如既往地参数化，以便实例化时带有不同的选项——特别是数据宽度的选择。例如，程序 10-14 中的 16 位寄存器，可以通过包含“parameter WID=16”和其他的声明来一起参数化，并将所有出现“16”的地方用“WID”替换。当实例化器件时，寄存器的宽度默认为 16 位，但是，通过在实例化语句中说明一个期望的值，就可以轻易地获得任意宽度的寄存器，例如：

```
Vrreg #(.WID(24)) U1 ( .CLK(myCLK), .CLKEN(myCLKEN), .OE(myOE),
                       .CLR(myCLR), .D(myD), .Q(myQ) );
```

*10.5 各种各样的锁存器和双稳态器件的应用

这里讲述一下 S-R 锁存器和双稳态器件这两种简单但很普遍的应用。

10.5.1 开关消颤

简单的双稳态器件和锁存器常常用于开关消颤。通过对电灯、垃圾处理以及其他器具的了解，我们都应该熟悉电子开关。在数字系统中，经常将与逻辑值为 1 和 0 的电源相连的开关作为“用户输入”。但是，在数字逻辑的应用中，还必须考虑开关操作的另一个方面，即时间尺度。我们常做的一个简单的闭合和断开操作，对于动作较慢的人类来说，是瞬时性的动作，但是高速的数字逻辑电路却可以将它分为几个阶段。

图 10-27a 显示了如何用一个单刀单掷（SPST）开关来生成一个逻辑输入。当开关打开时，通过一个上拉电阻提供一个逻辑值 1（高电平）；而开关闭合时，开关就与地相接，提供一个逻辑值 0（低电平）。

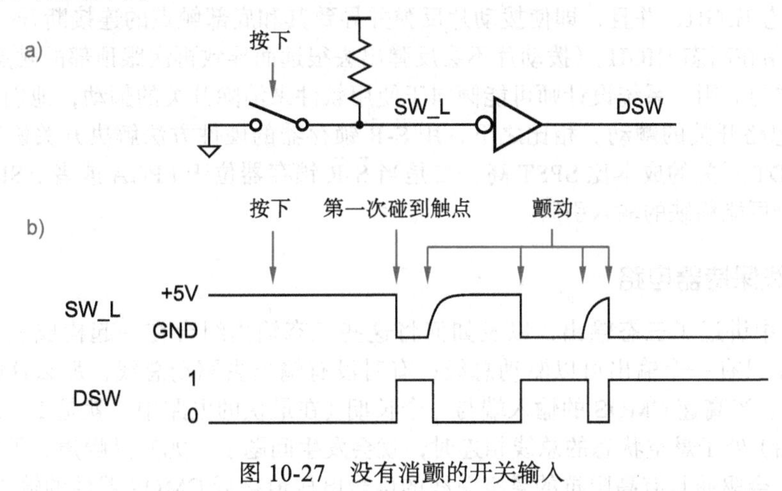

图 10-27 没有消颤的开关输入

如图 10-27b 所示，推下开关后要过一会儿拨动片才会与下面的触点接触。一旦拨动片与触点接触，那么其并不会长期停留在那里，而是要经过几次弹跳后才会最终稳定下来。结果就是每一次开关的闭合动作都会引起 SW_L 和 DSW 逻辑信号的几次转换。这种特性称为*触点颤动*（contact bounce）。典型的开关颤动时间为 10ms ~ 20 ms，相对于逻辑门的开关时间而言，这是一个相当长的时间了。

触点颤动现象是否成为问题，取决于开关的具体应用。例如，有些计算机和其他的设备就有用小开关提供的配置信息，因为这种小开关的大小与一个双列直插式封装（DIP）的大小相同，故称之为 *DIP 开关*（DIP switch）。由于 DIP 开关只在计算机处于非活动状态时才会变化，所以这种开关没有问题。如果用像按钮这样的开关来计数或者记录一些事件（例如，竞争中的重叠），那么开关颤动现象就会成为问题。这时必须提供一个电路（在基于微处理器的系统中是采用软件）来使*开关消颤*（debounce），以保证对于每一个外部事件只产生一个信号变化或脉冲。

可以使用一个 $\overline{S}$-$\overline{R}$ 锁存器和上拉电阻来消除单刀双掷（SPDT）开关的颤动，如图 10-28 所示。开关的触点和拨动片有一种“先断后合”的特性，因此在这个开关下压的过程当中，拨动片端子有部分时间是处于“悬浮”状态的。在按下按钮之前，上面的触点使 SWR_L 信号保持为 0 V，即有效的逻辑 0，它使得 DSW_L 保持为高态 HIGH，DSW 保持为低态 LOW——锁存器处于复位状态。当第一次按下按钮且拨动片端子正悬浮的时候，锁存器仍然处于“复位”状态并且维持 DSW 为低态 LOW。

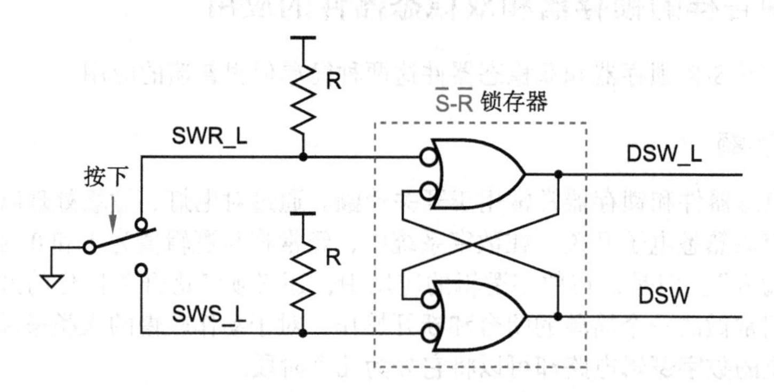

图 10-28　使用 $\overline{S}$-$\overline{R}$ 锁存器进行消颤的开关输入

最后，当拨动片撞击到底部的触点时，SWS_L 被上拉电阻拉至 0V，锁存器置位。因此，DSW 进入高态 HIGH，并且，即使拨动片反弹并导致其和底部触点的连接断开一次或多次，DSW 也还停留在高态 HIGH。（拨动片不会反弹出去很远而导致再次跟顶部的触点接触。）

依据具体的应用，系统设计师可能倾向于使用软件来消除开关的颤动，他们使用时间延迟来简单地忽略开关的颤动。相比之下，用 $\overline{S}$-$\overline{R}$ 锁存器的硬件方法解决开关颤动有几个缺点，一是 SPDT 开关的成本比 SPST 高，二是当 $\overline{S}$-$\overline{R}$ 锁存器位于 FPGA 或者 ASIC 中时，需要多消耗一个可能稀缺的输入引脚。

10.5.2　总线保持器电路

在 7.1 节中讲述了三态输出，以及如何将这些三态输出组合在一起构成三态总线。任何时刻，最多只有一个输出可以驱动总线；有时没有输出去驱动总线，那么这时的总线就是“悬空的”。当高速 CMOS 的输入端与一个长期（在最快的电路中，就是 1 个或 2 个以上的时钟触发沿）处于悬空状态的总线相连时，就会发生问题了。尤其是噪声、干扰以及其他的影响因素，会驱使具有高阻抗的悬空总线的信号电压值接近 CMOS 器件的输入开关阈值，这样又会造成流入器件输出端的电流过大。为此，理想且通常的做法就是，用上拉电阻将处于悬空状态的总线快速地拉升到一个有效的高态逻辑电平。

上拉电阻并非都是好事，它们价格贵，而且要占用印制电路板宝贵的面积。同时，在高速电路中，上拉电阻阻值的选择也是一个大问题。如果选择的阻值太大，当总线由低电平变为悬空状态时，由于 RC 时间常数大，从低电平上拉（到高电平）的转换就会较慢，而且输入值要接近开关阈值所需的时间太长。如果上拉电阻太小，那么器件使总线变为低电平所要消耗的电流就太多，甚至会到比总线上 CMOS 输入消耗的电源还多的地步。

解决这个问题的方法就是不用上拉电阻，而用如图 10-29 所示的有源总线保持器电路（bus-holder circuit）来代替。这个电路只不过就是一个带有电阻反馈回路的双稳态电路。总线保持器的 INOUT 信号与三态总线中需要保持的那个线路相连。当现在的三态输出要使该线路由低电平（或高电平）变为悬空状态时，总线保持器右边的那个反相器使得线路保持在原来的状态。当三态输出要使该线路由低电平变为高电平，或者由高电平变为低电平时，三态总线就通过电阻 R 吸收或者提供一个附加的小电流给总线保持器。这个附加电流只会持续较短的时间，这个时间就是双稳态电路进入另一个新稳态所需要的时间。

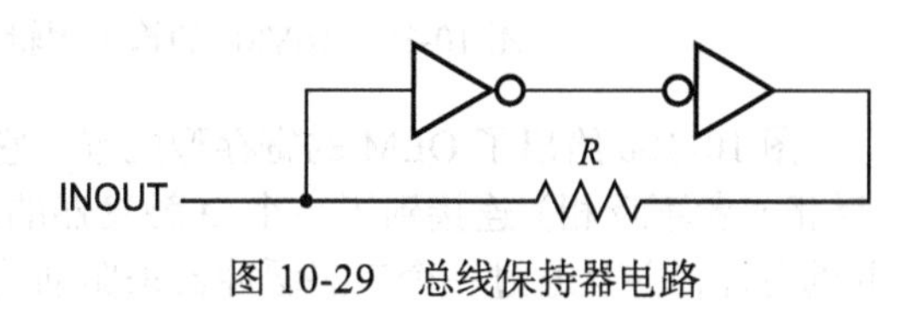

图 10-29　总线保持器电路

选择总线保持器中电阻 R 的阻值时，应使保持总线线路上具有低的过载电流（R 值较高时）和好的噪声容限（R 值较低时）。一个典型的例子就是 3.3V CMOS LVC 系列中的总线保持器电路，规定最大的电流值为 500μA，也就是说 $R \approx 3.3/0.0005\text{k}\Omega = 6.6\text{k}\Omega$。

总线保持器电路常常被嵌入到另一个 MSI 器件中，如八进制 CMOS 总线驱动器或者收发器。它们不需要额外的引脚，占用的芯片面积也很小，所以它们实质上是免费的。而且，在同一根信号线上有多个（n 个）总线保持器也不会有问题，只要在开关的几纳秒内，总线保持器能够提供 n 倍的过载电流就可以了。

注意，在接有许多 TTL 型输入的总线上，总线保持器通常没有效率，因为 TTL 输入需要很大的输入电流，尤其是处于低态 LOW 时。当总线保持器尽力去维持总线的低态 LOW 时，很大的输入电流会在它连接的电阻上产生很大的压降，从而提升处于低态 LOW 的总线电压，升高的电压有可能达到一个非逻辑电压值，这是非常糟糕的。

*10.6　时序 PLD

最早的双极型 PLD 系列器件的特性是，有的器件只有组合型输出，有的器件只有寄存型输出，而还有的器件有一定数量的不同类型的输出。在 6.2.2 节介绍过组合型 PAL16L8，而寄存型的在本书前面一版也介绍过。所有这些输出类型的器件都将被多功能的 CMOS *通用阵列逻辑器件*（Generic Array Logic (GAL) device）替代，输出的类型是组合型还是寄存型可以在对器件进行编程时选择，这里要描述的就是这个问题。当系统需要少量不贵的可编程的“粘合”逻辑时也可使用这些器件。

GAL16V8（亦称为“16V8”）PLD 有 8 个输出，它是第一代可编程逻辑器件中的一种，允许用户为每个输出在一个*输出逻辑宏单元*（Output Logic Macrocell，OLM）中选择两种或多种配置。OLM 的组合型配置如图 10-30a 所示。它看起来有点像原先的 PAL16L8 的输出配置（参见图 6-11）——7 个或起来的乘积项，第 8 项是控制三态输出使能的项——在信号通路上还有一个额外的非常有用的可配置反相器。

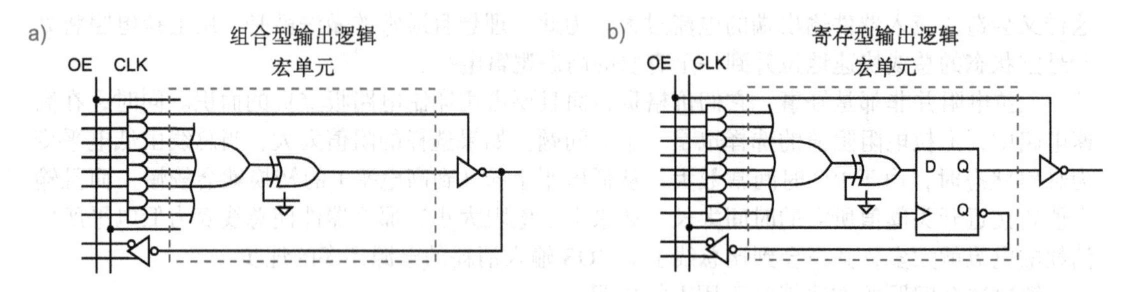

图 10-30 16V8R 的输出逻辑宏单元：a）组合型；b）寄存型

图 10-30b 给出了 OLM 的寄存型配置，它的 8 个乘积项都连接到了或门，并且把逻辑和（反相或者不反相）连接到了一个 D 触发器的输入端。器件中所有的 D 触发器使用同一个公共的时钟，并且通过一个三态缓冲器来驱动输出引脚，这个三态缓冲器由一个公共的输出使能信号控制。图 10-31 给出了在 16V8 的配置中，当所有的输出全部编程为寄存型时的器件结构，但可以用这种方式配置任意数量的输出。

另外两种普遍应用的 PLD 所需的容量比 16V8 稍大些。20V8 和 16V8 类似，但是它多了 4 个只能作为输入的引脚。20V8 中的每一个乘积项都有 20 个信号以及这些信号的反（12 个只能作为输入的引脚和 8 个输入 / 输出引脚），因此，“20V8”中有“20”个引脚。

22V10 和 20V8（22）的信号引脚数量相同，但是比 20V8 具有更多内部架构上的“优点”，包括下面几个方面：

- 有 10 个输出，以及 10 个而不是 8 个 OLM。
- 每个输出有其自身乘积项控制的三态使能。
- 每个或门输入最多有 16 个乘积项，最少 8 个乘积项。
- 有一个全局同步预置位信号，它由一个化乘积项控制，当预置位信号有效时，在时钟的上升沿把内部所有触发器置位为 1。
- 有一个全局异步复位信号，它由一个乘积项控制，当该信号有效时把内部所有触发器复位为 0。
- 内部触发器的公共时钟信号也可以用作任何乘积项的组合型输入。

推出了上面的器件后，借助从设计师那里学习到的成功和失败经验，PLD 制造商显著地演化改进了他们宏单元的结构，这些设计师为实际电路选择每一代结构上都连续的目标器件。例如，为了利用逐渐增加的芯片密度，PLD 制造商创造了更为复杂的结构，用于在一个复杂的 PLD 芯片内互连多个 PLD。然而随着芯片密度的增加，经验证明 FPGA 结构能比 PLD 和 CPLD 结构进化出更高的效率，因此当今最新的密度最高且性能最好的可编程器件是 FPGA。

10.7 FPGA 时序逻辑元件

过去的这些年，在规模上，以及在容量和复杂性方面，FPGA 都经历了巨大的演变。15.5 节将从各个方面讲述一种最新结构的 Xilinx 7 系列，但是现在只关注与之前介绍过的组合型 LUT 配套使用的 Xilinx 7 系列时序元件。

我们在 1.10 节提到过，FPGA 逻辑总体上把逻辑结构分割成大量的**可配置逻辑块**（Configurable Logic Block，CLB），单个逻辑块比一个 PLD 还要小。它们分布在具有复杂可编程内部连线的整个芯片上，并且整个阵列被可编程 I/O 块围绕。一个典型的 FPGA 可配置逻辑块的能力要比典型的 PLD 小得多，但是 FPGA 芯片所包含的逻辑块却比同样大小的

CPLD 所包含的 PLD 要多得多。现代的 FPGA 至少有几百个 CLB，最大的有几万个。15.5 节将探讨 FPGA 的可编程连接与 I/O，但这里关注的是逻辑块。

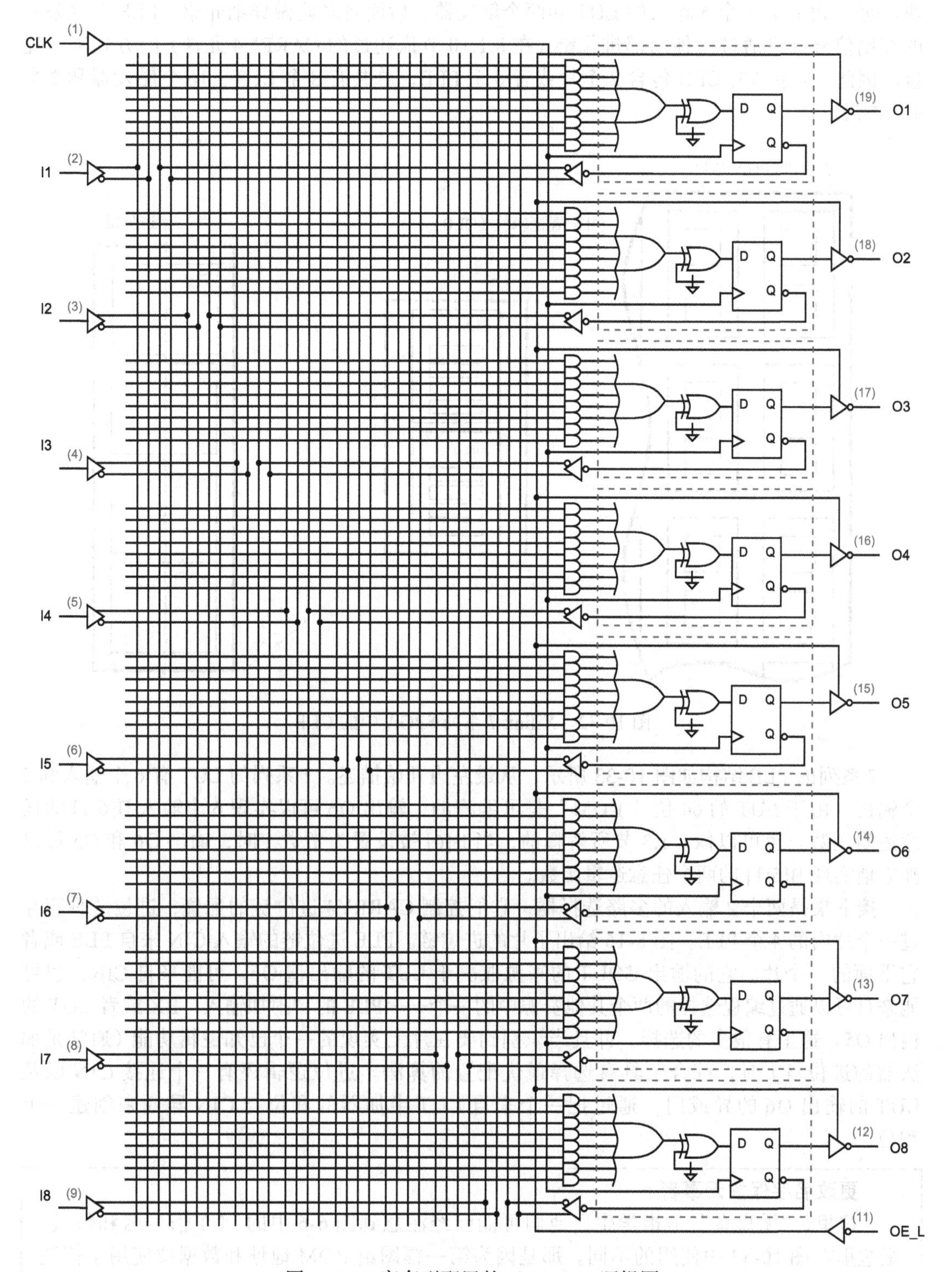

图 10-31 寄存型配置的 GAL16V8 逻辑图

图 10-32 给出了 Xilinx 7 系列 FPGA 芯片的一些内部结构。每个 CLB 包含两个片（slice），每个片有 4 个被称为可编程逻辑元件（Programmable Logic Element，PLE）的逻辑块。每个 PLE 有一个 6 输入的 LUT 和两个触发器，后面将对此做详细介绍。PLE 有些公共的控制信号并且通过一种内部进位链（在 8.1.10 节描述过的 CARRY4 元件）的方式进行连接。因此，7 系列的 CLB 包含 2 个片或者 8 个 PLE，总共有 8 个 LUT、16 个触发器和 2 个 4 位的进位链。

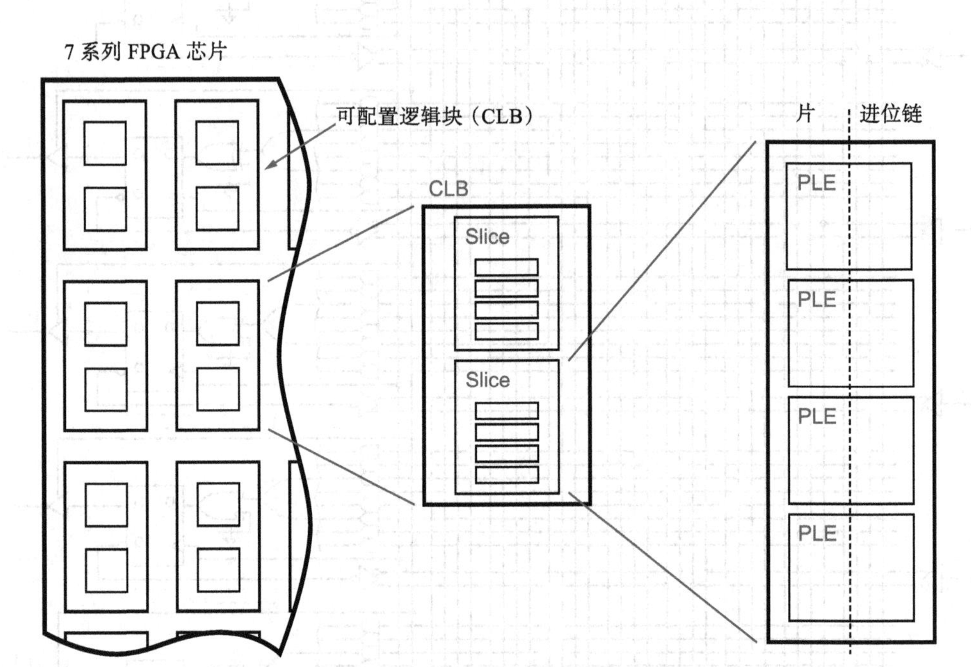

图 10-32 Xilinx 7 系列 FPGA 中的 CLB

7 系列的 PLE 结构如图 10-33 所示，从最左边开始描述。7 系列的 LUT 有 6 个输入和 2 个输出。由于 LUT 的 64 位“ROM”是可编程的，输出 O6 可以实现 6 个输入 B[6:1] 的任意逻辑函数。也可以像 6.1.3 节所解释的，当 B[6] 被设置为常数 1 时，输出 O6 和 O5 可以独立地实现 B[5:1] 的两个任意逻辑函数。

接下来是两个 2 输入的多路选择器，它们控制 CARRY4 进位链的配置，进位链垂直穿过一个片内的 4 个 PLE。图 8-16 给出了片的进位链。PLE 进位链的输入 CIN 来自 PLE 或者它下面的一个片。它的输出 COUT 的来源取决于 LUT 的输出值 O6，可能来自 CIN，也可能来自可以通过编程选择的两个其他资源中的一个——PLE 的“附加输入”BX 或者 LUT 的输出 O5。这里有很多的选择，并且当识别到要在片上实现的一个已知逻辑功能（通常是加法器的进位链）时，综合工具有选择最优配置的算法。进位逻辑还有一个连接 CIN 以及 LUT 的输出 O6 的异或门，通过把一个来自 LUT 半加器的和位与 CIN 异或来创建一个和位。

更改名字保护无辜者

这里，“无辜者”是指学生，他们可能已经注意到图 6-6 中的 LUT 信号名和数量，跟这里在图 10-33 中使用的不同。那是因为第一幅图给 ROM 地址和数据位使用了传统的编号（像 6.1 节所介绍的），而这里是遵循了 Xilinx 的命名规则，好奇心会引导他们去看看 Xilinx 文档。

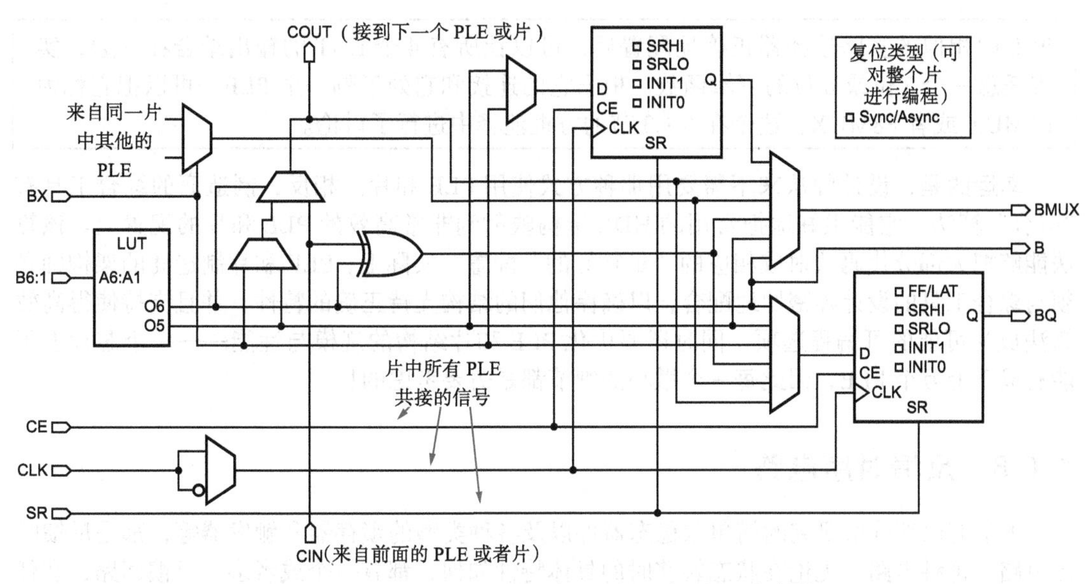

图 10-33　Xilinx 7 系列可编程逻辑元件（PLE）结构

完成这些预备工作后，终于可以来描述 PLE 的两个存储元件了。第一个存储元件是 D 触发器，可以用编程的方式从 BX 或者 LUT 的输出 O5 获得其输入 D。第二个存储元件，可以被编程为一个 D 触发器或者一个 D 锁存器，同样可以通过编程方式从 BX、LUT 的输出 O5 或 O6、XOR 的输出或者 COUT 获得其输入 D。

这两种 PLE 的存储元件（实际上是同一个片上的所有存储元件）都使用同一个时钟信号 CLK，可以在片级上对 CLK 进行编程，从而使其为高电平有效或者低电平有效。当第二个存储元件被编程为一个锁存器时，CLK 扮演输入 G（使能端）的作用。片上还有所有存储元件都要使用的高电平有效的时钟使能信号 CE。这看起来好像已经有很多选择了，但等一等，还有更多的选项！

可以使用片上的公共 SR（置位 – 复位）信号来对存储元件进行置位或者复位。如每个存储元件符号内“复选框”所建议的，可以对每个存储元件进行编程，把 SR 设置为置位信号，复位信号，或者根本不使用。并且可以对片本身进行编程，把片上的所有置位、复位信号设置为同步或异步的信号。同样，在系统初始化时——也即是系统加电或者“全局复位”信号有效时，每个存储元件的初始状态可以被编程为 0 或者 1。

最后来看一下 PLE 的输出。有一个专用的组合型输出 B，就是 LUT 的输出 O6。第二个组合型输出 BMUX 由一个多路选择器驱动，多路选择器可以通过编程的方式选择触发器左边的输出 COUT、异或门的输出 O5 或者 O6。图中右边第 3 个输出被专门用作第 2 个触发器的输出 BQ。别忘了，还有前面讨论过的 PLE 顶部的进位链输出 COUT。

一个逻辑设计者需要对 PLE 和片结构具有丰富的经验，这样他才能够高效地把任意给定的时序逻辑电路映射到最高效的配置上。有些事情可能很简单，例如根据设计的需要，选择一个锁存器或者一个触发器，以及复位信号的类型和极性。但其他的就不会都这么简单明了，比如选择两个触发器中的哪一个、哪个信号使用寄存型输出、选择哪一个寄存型输出及怎样使用旁路输入和进位链。

神秘的多路选择器

上面已经描述了 PLE 的所有主要特性，当考虑 4 个 PLE 组合在一个片内时，7 系列的片具有更多的优势。例如，位于 PLE 左上角的多路选择器，当和同一片上其他

PLE内相似的多路选择器正确地配置后，可以让所有4个LUT的输出结合在一起，实现任意一个7位或8位的逻辑函数。根据它的连接和它处于哪一个PLE，可以把它称为F7MUX或者F8MUX，这个在6.1.3节的方框注释中进行了讨论。

幸运的是，设计师从来不需要用那种方式使用PLE和片。相反，制造商的综合工具有"拟合"算法，它能很好地把常用的HDL结构映射到非常高效的PLE和片的配置上。该算法能够把大部分代码映射成相应的"足够好的"配置。实际上，PLE和片制造商的架构师必须与综合工具的设计师密切地配合，以确保他们的结构支持正确的特性，并且支持使得高效算法成为可能的可编程选项，同时还要优化PLE和片结构的规模与性能——一个芯片上可能有成千上万个PLE，因此每一个微小的细节都是需要考虑的！

*10.8　反馈时序电路

本章前面部分所研究的简单双稳态器件以及各种类型的锁存器和触发器等，都是反馈时序电路。每种电路，无论在状态转移时的具体特性如何，都有一个或者多个反馈回路，在任何时候这些反馈回路总是存储着0或者1。反馈回路是记忆元件，电路的特性取决于电路当前的输入和回路中存储的值。这一节将通过分析这种反馈时序电路来理解其工作过程。

10.8.1　基本分析

反馈时序电路是*基本模式电路*（fundamental-mode circuit）的最普通示例。在这样的电路中，其输入信号一般不允许同时变化。分析过程中假设每一次只有一个输入发生变化，两次连续变化的时间间隔足以使电路达到一个稳定的内部状态。这与带时钟控制的电路不同，时钟控制的电路中的多个输入信号可以随意发生变化而不会影响电路的状态，所有的输入值是被（时钟触发沿）采样的，所以引起状态变化的时间取决于时钟信号。

靠你自己掌握反馈电路原理

逻辑电路设计者很少遇到要分析和设计反馈时序电路的问题。一般最常用的反馈时序电路就是触发器和锁存器，它们通常作为基本构件被用在较大型时序电路的设计中。而它们内部的结构设计和操作说明通常由IC制造厂家提供。

甚至一个ASIC设计者，也不需要设计门级的触发器或者锁存器电路，因为这些元件都是由特殊ASIC技术常用的"库"来提供的。至于现成的触发器和锁存器到底是"如何工作的"，你可能仍然不太清楚。那么，这一节就教你如何来分析这种电路。

类似时钟同步状态机，反馈时序电路也可以构造成Mealy机或者Moore机，如图10-34所示。一个具有n个反馈回路的电路，就有n个二进制状态变量以及2^n种状态。

要分析反馈时序电路，必须将图10-34中的反馈回路断开，使得存储在每个回路的下一状态值可以被预测为电路的输入值以及存储在所有回路中的当前状态值的一个函数。图10-35显示了怎样在"与非"电路中针对仅有一个反馈回路的D锁存器进行分析。如图所示，从概念上讲，通过插入一个虚构的缓冲器就能将回路断开。缓冲器的输出定义为Y，在本例中是一个单状态变量。

只有一个回路

从图10-35中电路的画法来看，该电路像是有两个反馈回路。然而，一旦如图中所示，断开一个回路，那么电路中也就没有别的回路了。也就是说，每一个信号都可以表示为除自身以外其他信号的组合函数。

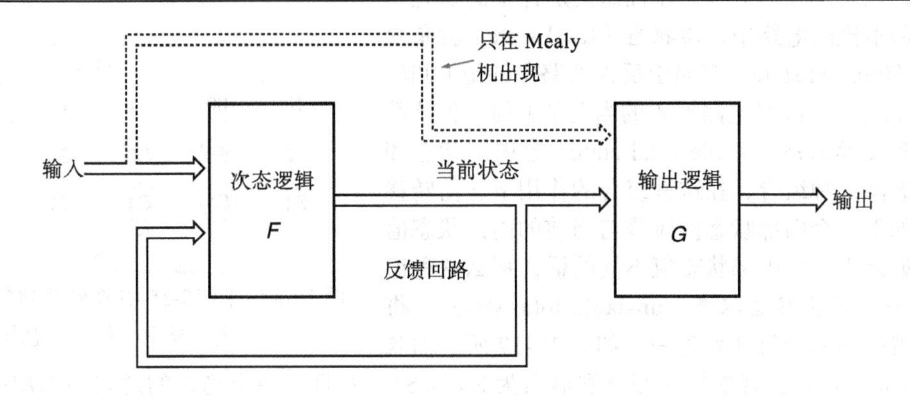

图 10-34　Mealy 机和 Moore 机的反馈时序电路结构

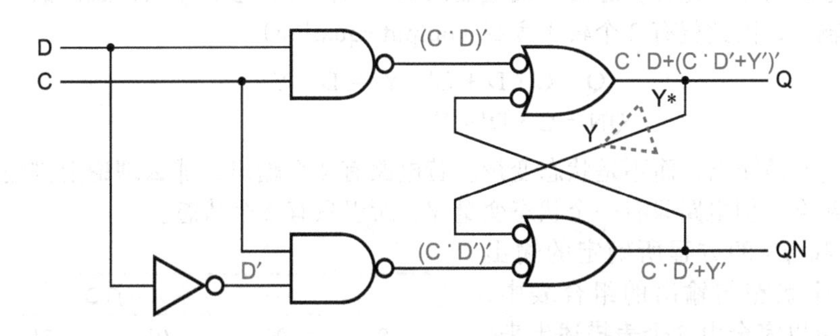

图 10-35　D 锁存器的反馈分析

假设虚构缓冲器的传播延迟是 10 ns（其实可能是任意非零值），并且电路中所有其他元件的延迟都为 0。如果知道电路的当前状态（Y）和输入（D 和 C），那么就可以在 10 ns 内预测到 Y 的值。Y 的下一状态值（记为 Y*）是当前状态和输入的组合逻辑函数。这样，通过观察电路图，就可以写出 Y* 的*激励方程*（excitation equation）：

$$\begin{aligned} Y^* &= (C \cdot D) + (C \cdot D' + Y')' \\ &= C \cdot D + C' \cdot Y + D \cdot Y \end{aligned}$$

现在可以把反馈回路（以及电路）的状态写成当前状态和输入的函数，并且以转移表的形式列举出来，如图 10-36 所示。*转移表*（transition table）中的每一个元素，表示在相应的当前状态和输入组合发生 10 ns（或者是任何其他假设的延迟时间）后，虚构缓冲器的输出值。

	CD			
Y	00	01	11	10
0	0	0	1	0
1	1	1	1	0
	Y*			

图 10-36　图 10-35 中 D 锁存器的转移表

状态变量的每一种可能取值组合都对应着转移表中的一行，所以一个有 n 个反馈回路的电路，其转移表就有 2^n 行。表中每一列对应着一组可能的输入组合，所以一个有 m 个输入的电路的转移表就有 2^m 列。

由定义可知，反馈时序电路这样的基本模式电路，并没有用时钟来控制电路在何时去采样输入值，而是认为电路会时刻地（如果愿意的话，也可以认为是每 10 ns）对当前状态和输入值做出评估。根据每一次评估的结果，电路就会转入相应的次态，这个状态可以由转移表来预测。大多数情况下的次态和当前状态相同，这就是基本模式操作的本质。下面将给出一些定义，以帮助我们对这一特性做更加详细的研究。

在基本模式电路中，*总状态*（total state）就是*内部状态*（internal state）（存储于反馈回路中的值）和*输入状态*（input state）（电路输入的当前值）的一种特殊组合。*稳定总状态*（stable total state）是内部状态和输入状态的一种组合，在这种组合的作用下，由转移表确定的下一个内部状态值应该与当前的内部状态值相同。如果下一个内部状态值不同的话，那么这种组合就是一个*不稳定总状态*（unstable total state）。将D锁存器的转移表重新列为一个如图10-37所示的*状态表*（state table），其中将状态分别命名为S0和S1，并且每一个稳定的总状态都用一个圆圈圈住。

S	CD 00	01	11	10
S0	(S0)	(S0)	S1	(S0)
S1	(S1)	(S1)	(S1)	S0
	S*			

图10-37　图10-35中D锁存器的状态表，显示了稳定的总状态

要完成电路的分析过程，还必须确定输出如何与内部状态和输入构成函数关系。上述电路中有2个输出，因此就有2个*输出方程*（output equation）：

$$Q = C \cdot D + C' \cdot Y + D \cdot Y$$
$$QN = C \cdot D' + Y'$$

注意，Q和QN是输出，而不是状态变量。若电路有2个输出，那么理论上讲输出就有4种不同的取值组合，但电路只有一个状态变量Y，所以只有2个状态。

把由Q和QN的方程所确定的输出值，列入一个状态与输出的组合表中，电路的操作可以完全由这个表描述出来，这个表如图10-38所示。虽然正常情况下Q和QN的值是相反的，但它们有时也会具有相同的值。如图10-37的表中CD = 11这一列，当由状态S0变到S1时，就出现了Q和QN同时为1的情况。

S	CD 00	01	11	10
S0	(S0), 01	(S0), 01	S1, 11	(S0), 01
S1	(S1), 10	(S1), 10	(S1), 10	S0, 01
	S*, Q QN			

图10-38　D锁存器的状态表和输出表

现在可以用转移表和输出表来预测电路的特性。首先要注意的是，在状态表中，列的取值顺序是按照卡诺图或者格雷码的顺序来写的，这样表中每两个相邻的列的输入值只有一位不同。由于已经假设每次只有一个输入发生变化，并且在发生另一次输入变化之前，电路已经处于一个稳定的总状态，所以这种列表的格式有利于分析问题。

任意时刻，电路都会处于一个特定的内部状态，并且都会有一个特定的输入。我们将这种组合称为电路的总状态。如图10-39所示，就从稳定的总状态“S0/00”（S = S0，CD = 00）开始。现在，假设D变到1，那么总状态就会转移到右边的那个单元，这个新的稳定总状态是S0/01。D输入是不同的，但内部状态和输出值与原来的一样。接下来，将C变为1，于是总状态又向右转移一个单元到了S0/11，这个总状

S	CD 00	01	11	10
S0	(S0), 01	(S0), 01	S1, 11	(S0), 01
S1	(S1), 10	(S1), 10	(S1), 10	S0, 01
	S*, Q QN			

图10-39　对D锁存器的几个转移的分析

态是不稳定的。这个单元中的次态项使电路转移到了内部状态 S1，所以总状态将会下移一个单元，到达 S1/11。检查一下新单元中的次态项，发现它已经到达了一个稳定的总状态。采用这种方法，我们就可以对任何一个期望的输入变化序列所引起的电路行为进行跟踪。

现在再来考虑输入同时发生变化的情况。尽管实际中输入信号“几乎同时”发生变化的情况是有可能发生的，但在分析时序电路的特性时，仍然必须假设没有任何事情会真正地同时发生。电路元件本身的延迟（它取决于电压、温度、结构参数）的不断变化，就决定了事件同时发生的不可能性。这也就意味着，从电路操作的观点看，一组 *n* 个输入看来是“同时”变化，实际上是以 *n*! 个不同顺序中的任何一种顺序在发生变化。

例如，考虑如图 10-40 所示的 D 锁存器的操作。假设起始的稳定总状态为 S1/11。现在假设 C 和 D 同时变为 0，而实际上的电路表现是好像某个输入先变成 0。假设是 C 先变成 0，于是两个向左的箭头表明电路最终达到稳定的总状态 S1/00。然而，如果是 D 先发生变化，那么另一组箭头序列表明了电路最终达到稳定的总状态 S0/00。所以，电路最终的状态是不可预测的，这就暗示着：如果硬要让 C 和 D 同时为 0 的话，反馈回路实际上就变成是亚稳态的。与“同时”的概念密切相关的时间间隔，就是 D 锁存器的建立和保持时间窗。

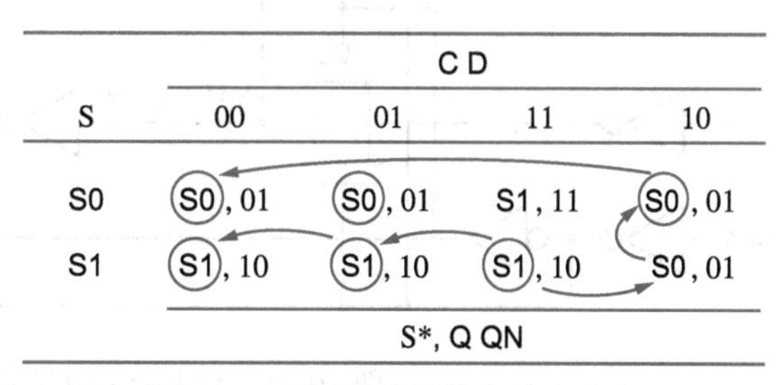

S	CD 00	01	11	10
S0	S0, 01	S0, 01	S1, 11	S0, 01
S1	S1, 10	S1, 10	S1, 10	S0, 01
	S*, Q QN			

图 10-40　D 锁存器的多输入改变

输入的同时变化也不总是会引起不可预测的行为。但是，必须在分析了所有可能输入变化引起的结果后，才可以下结论。如果在所有情况下都得出同一结果，那么电路的输出就是可以预测的。例如，考虑 D 锁存器的起始状态为 S0/00，而 C 和 D 同时从 0 变为 1 的情况，此时电路的最终状态总是 S1/11。这种情况相当于实践中这样的一个现象：在 C 由 0 到 1 的转变过程中，D 锁存器对 D 输入数据没有建立保持的需求。

10.8.2　分析具有多个反馈回路的电路

在具有多个反馈回路的电路中，必须断开所有的回路，并且为每一个断开了的回路设置一个虚构缓冲器和状态变量。对于一个给定电路中的反馈回路，有许多种断开方式（数学家们把这些方式称为**割集**（cut set））。那么又怎样知道哪一种方式最好呢？答案是任何一种**最小割集**（minimal cut set）都可以。所谓最小割集，就是断点数最少的那种集合。数学家可以提供一个算法，用来寻找最小割集，但数字电路设计者主要的工作对象是一些小型的电路，所以用眼睛就可以找到最小割集。

对于同一个电路，采用的割集不同，那么所得到的激励方程、转移表以及状态 / 输出表也就不同。然而，由一个最小割集得到的稳定总状态，跟由另一个最小割集得到的稳定总状态是一一对应的。也就是说，由不同的最小割集得到的状态 / 输出表所表示的输入 / 输出特性是一样的，只是状态的命名和编码不同而已。

如果采用多于最小断点数的割集去分析反馈时序电路，那么所得的状态 / 输出表仍可以正确地描述电路特性。但是，假设多用了 *m* 个额外断点，那么这个分析过程中所用到的状态变量数，将是必需状态数的 2^m 倍。采用正规的状态最小化过程可以将这个较大的表简化为合适的大小，但是，最好还是在一开始就选用最小割集。

一个好的带有多个反馈回路的时序电路的例子是边沿触发 D 触发器。CMOS 触发器在它们的反馈回路中常使用传输门。例如，图 10-41 给出了上升沿触发 D 触发器“FD1Q”的电路设计，“FD1Q”是 CMOS 门阵列中 LSI 逻辑的老系列 LCA500K。只要识别出了反馈回路，那么对这种触发器的分析就和对基于纯逻辑门的设计分析方法一样。图 10-41 有两个反馈回路，在由 CLK 和 CLK′控制的像多路选择器那样的配置中，每个反馈回路都有一对传输门，产生如下的循环方程：

Y1*=CLK′ · D′+CLK · Y1

Y2*=CLK · Y1′+CLK′ · Y2

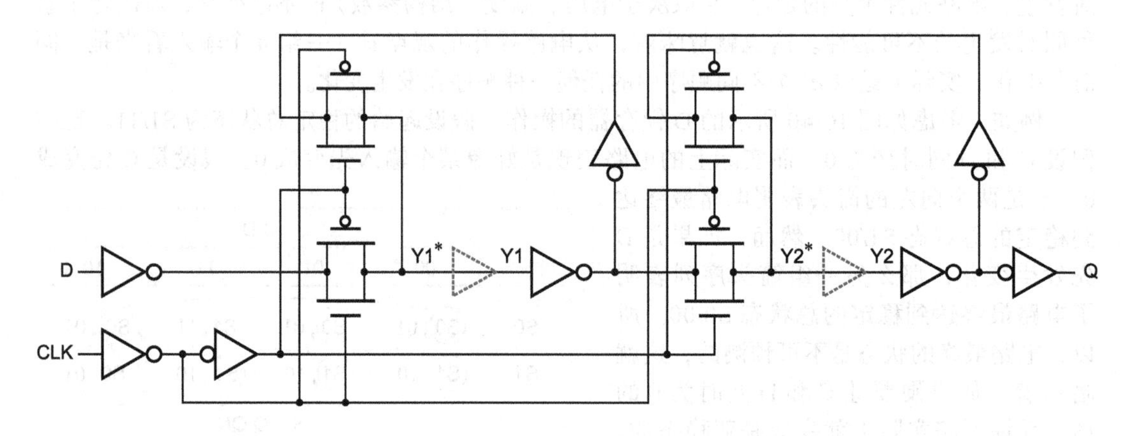

图 10-41　对上升沿触发 CMOS D 触发器的分析

除了从数据 D 通向 Y2* 的两个数据反相器外（Y1* 方程中出现 1 次，且在 Y2* 方程中再次出现），这些方程让我想起图 10-12 中 D 触发器的主 / 从锁存结构。相应的转移表如图 10-42 所示，稳定总状态被圈了出来。

	CLK D			
Y1 Y2	00	01	11	10
00	10	(00)	01	01
01	11	(01)	(01)	(01)
10	(10)	00	(10)	(10)
11	(11)	01	10	10
	Y1* Y2*			

图 10-42　图 10-41 中 D 触发器的转移表

在由一个稳定总状态转移到下一个稳定总状态的过程中，有两个或者多个状态变量发生变化时，带多个状态变量的转移表可能会有竞争（race）。在一个*临界竞争*（critical race）中，最终的状态取决于变量变化的顺序。幸运的是，对图 10-42 表格中所有可能的转移进行检查后，发现这里没有临界竞争；实际上根本就没有竞争。因为我们是在分析一个成熟的商业化设计，本应期望的也是这样；然而，它的操作可能会不可靠，这取决于电压、温度以及月相等因素的影响。

就这一点而言，不再只讲状态变量。相反，会命名状态变量的组合，并且确定每一个状态 / 输入组合下的输出值，以获得像图 10-43 那样的状态 / 输出表。有些电路为了从一个稳定总状态进入下一个稳定总状态可能需要经历多个“跳跃”。那就需要对这种电路的状态表做进一步的简化，以创建一个*流程表*（flow table），该表去除了多个跳跃并且只给出每次转移后的最终目标状态。

可以在图 10-44 给出的一系列状态转移中观察到触发器的边沿触发特性。假设触发器从内部状态 S1/10 开始。这时，触发器正在存储一个 0（因为 Q=0），CLK 是 1，D 是 0。现在假设把 D 变为 1；流程表显示向左移动了一个单元格，但仍然是同一个稳定总状态（带有相同的输出值）。只要需要，D 的值可以在 0 和 1 之间变换，这样就只在这两个单元格中前后跳动。同样，如果 D 为 1，让 CLK 的值在 0 和 1 之间随意改变，那么也是在同一行上的两个单元格之间前后跳动。然而，如果D和CLK都变为0，那么便会移动到内部状态S3；但输出Q仍然是1未变。现在，如果把D变回为0，就又回到了S1行，且可以重复这个行为。

S	CLK D 00	01	11	10
S0	S2 , 0	(S0), 0	S1 , 0	S1 , 0
S1	S3 , 1	(S1), 1	(S1), 1	(S1), 1
S2	(S2), 0	S0 , 0	(S2), 0	(S2), 0
S3	(S3), 1	S1 , 1	S2 , 1	S2 , 1
	S^* , Q			

图 10-43　图 10-41 中 D 触发器的状态 / 输出表

S	CLK D 00	01	11	10
S0	S2 , 0	(S0), 0	S1 , 0	S1 , 0
S1	S3 , 1	(S1), 1	(S1), 1	(S1), 1
S2	(S2), 0	S0 , 0	(S2), 0	(S2), 0
S3	(S3), 1	S1 , 1	S2 , 1	S2 , 1
	S^* , Q			

图 10-44　展示 D 触发器边沿触发特性的状态表和输出表

当内部状态为S3，而CLK变为1时，揭开真相的时刻最终来临。这时状态转移到内部状态S2，其中的输出Q（在CLK的上升沿到来之际捕捉此时D的值）变为0。在导致Q由1变为0的CLK的上升沿处，就状态S2和S0而言，也可以观察到同样的行为特性。

10.8.3 反馈时序电路设计

前一小节分析过的反馈时序电路展现了非常合理的行为特性，因为毕竟它们是已被使用多年的锁存器和触发器电路。然而，如果给出一个门电路和反馈回路的“随机”组合，就不一定可以获得“合理”的时序电路特性了。在极少数情况下，可能根本不能获得一个时序电路（参见练习题10.48）；在大多数情况下，获得的电路对某些输入组合或者全部的输入组合可能是不稳定的（参见练习题10.56）。

因此，从某种程度上来说，反馈时序电路的设计是一门黑色艺术，只有极少数的数字设计师在实践它。本书以前的版本中给出了一些简单的反馈时序电路设计的例子。基本的设计步骤如下：

1. 根据电路的文字描述创建一个原始流程表（primitive flow table）。为了使得事情简单些，这个流程表的每一行只有一个稳定的总状态。
2. 使用正规的最小化过程来最小化流程表中的状态数。
3. 给命名状态寻找一种无竞争的状态编码赋值，并根据需要添加辅助的状态或者分裂状态。消除临界竞争可能会比较复杂，可能还会显著增加状态的数量。
4. 创建转移表。
5. 确定与转移表对应的激励方程。
6. 寻找一种无静态冒险的激励方程实现。如果激励方程有冒险，那么它的输出在输入信号变化过程中可能会出现“毛刺”，并且这个毛刺可能导致反馈回路离开它当前的状态，即使激励方程要求它应当在输入信号变化的前后停留在同一个状态。
7. 检查实质性冒险（essential hazard），实质性冒险就是输入变化时电路进入一个不正确的次态的可能性。这种冒险是电路的流表中固有的，跟逻辑实现无关，并且，只有保证电路内特定反馈回路上的延迟比特定输入逻辑通路上的最大延迟还大时，才可以消除这种冒险。
8. 绘制逻辑图。

对于所有的反馈时序电路，最简单的除外，第7步是最难的。结果表明，一个基本模式电路至少要有3个状态，才会出现实质性冒险，因此锁存器不会有实质性冒险。另一方面，所有的触发器（在时钟边沿采样输入信号的电路）也不会出现实质性冒险。这就是数字设计师总是使用预设计的触发器的原因，它们已经被建模好且在一系列的操作条件下进行过测试，而不是"自说自话"。

10.8.4 用Verilog实现反馈时序电路

Verilog处理反馈时序电路的基本机制是always程序块和模拟器的事件列表。反馈时序电路会随着输入的变化而相应地改变状态，通过输入变化在反馈回路中的传输直到反馈回路达到稳定，这些状态变化才显现出来。在模拟中，模拟器把信号的变化放到事件列表中，调度进程在"delta时间"内反复运行，并传输这些信号变化，直到没有信号变化可以被调度为止。

程序10-15是一个S-R锁存器的数据流风格Verilog代码，等价于一对交叉耦合的或非门电路。在模拟中，两个连续赋值语句中的每一个相当于一个5.12节中所讨论的软件进程。这些进程相互作用，模仿S-R锁存器的简单锁存行为。为了产生更有趣的模拟结果，模块内的每个赋值语句中包含有一条timescale指令和一个1ns的延迟。

程序10-15　一个带有交叉耦合或非门的S-R锁存器的数据流风格Verilog代码

```
`timescale 1 ns / 100 ps
module VrSRlatchNOR_d ( S, R, Q, QN );
input S, R;
  output Q, QN;
  assign #1 QN = ~(S | Q);
  assign #1 Q  = ~(R | QN);
endmodule
```

在10.2.1节介绍S-R锁存器时，图10-5中给出了一个特定输入系列的时序图。为了测试上述Verilog模块，使用同样的输入时序创建一个测试平台。模拟器得到的时序图如图10-45所示。Verilog模拟当然能够可靠地处理S和R同时有效的情况。

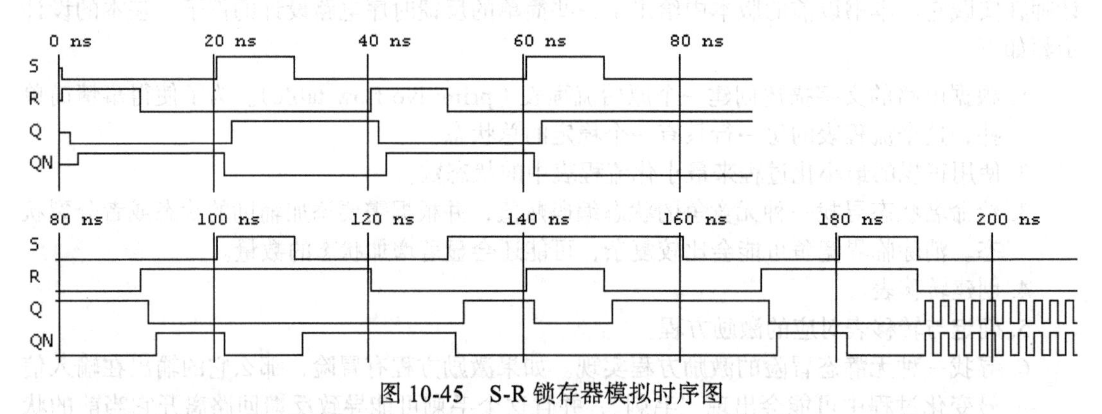

图10-45　S-R锁存器模拟时序图

结构化锁存器代码

一个与程序10-15具有相同功能的S-R锁存器模块，通过实例化一对Verilog内置的或非门，可以写成结构化风格的代码，或者用一个always程序块写成行为化风格的代码。这些模块在模拟和综合中的结果都与原先的模块等效，除了S和R出现同时无效的情况以外（当遇上这种不常见的情况时，取决于模拟器的处理）。

模拟中最有趣的结果出现在最后，当 S 和 R 同时无效时。回忆下 10.2.1 节第一个方框注释，一个真实的 S-R 锁存器，在这种情况会出现振荡或者进入到一个亚稳定状态。如果写程序 10-15 时没有 1ns 的延迟，那么事实上模拟可能会永远地循环下去，因为每执行一个赋值语句的就会触发另一个赋值语句的执行。重复执行多次之后，一个设计良好的模拟器将会发现这个问题——例如，注意到 delta 时间不断推进，而模拟时间却停滞不前——于是停止循环，Xilinx Vivado 模拟器就是这样处理这种情况的。

然而，将一个 1ns 的延迟放回原位，如果真实的电路特性与所模拟的情况相同——信号上升和下降的时间都为 0、精确的信号延迟、没有噪声或其他寄生电子效应——那么实际上还是能看到振荡的出现。在一个真实的电路中，振荡可能会出现，但更多的是像正弦波变化那样出现，或者两个输出都滑入一个处于高电平 HIGH 与低电平 LOW 之间的亚稳态，经历一个不确定的时间后，输出最终进入到一种稳定状态或者另一种稳定状态。

参考资料

关于亚稳定性问题已经讨论了很长时间。几千年前希腊哲学家就写过关于这种不确定性问题的著作。名为 Devo 的一群现代哲学家，在他们的一个题名为《 Freedom of Choice 》的歌曲集里，也唱过有关亚稳定性的歌。美国国会仍然不能找到怎样"保存"社会安全的方法。并且我在之前的版本中也这样说过。

本章描述的锁存器和触发器远不是当今普遍使用的类型。本章展现的锁存器和触发器的 Verilog 模型，应当可以跟任何供应商的综合工具匹配，如果目标技术中有对应元件的话，综合工具就应该可以"推理出"展现过的元件。但可以绝对肯定的是，最好的参考书是你正在使用的某种综合工具的文档以及你选作目标技术的相关文档。例如，想一想 10.3.2 节第一个方框注释中所描述的、令人惊奇的错误。

如果目标技术中没有你要的锁存器或者触发器，那么综合工具不会放弃，而是默默地创建一个绝对丑陋和低效的仿真品，像练习题 10.50 那样。你最好是重建你的逻辑，使用更加通用的触发器或者锁存器。避免出现这种情况的唯一方式是认真阅读并理解供应商的文档。

对反馈时序电路设计和分析的更为完整的高水平讨论，可以在你正在读的这本书更早期的版本中找到。它完全可以满足你的好奇心。但如果你想从头开始实际设计一个这样的电路，那么就应该参阅一个或多个关于该主题的真正权威且综合的经典著作，如 Edward J.McCluskey 的《 Logic Design Principles 》(Prentice Hall，1986) 以及 Zvi Kohavi 和 Niraj K.Jha 的《 Switching and Finite Automata Theory 》(哥伦比亚大学出版社，2010，第 3 版)。

训练题

10.1 给出两个发生在运动中的亚稳定性的例子，除本章讨论过的以外。

10.2 (20 世纪 60 年代) The Lovin' Spoonful 唱过的关于亚稳定性的歌曲是什么？

10.3 (20 世纪 80 年代) 找出 Devo 的《 Freedom of Choice 》专辑中同名的那首歌的抒情部分，并把关于亚稳定性的那几行写出来。

10.4 (21 世纪) 找一首本世纪流行的歌曲，找出其中有关亚稳定性的抒情诗并写出几行。

10.5 在一个置位 – 复位锁存器中，从置位输入端到输出 Q 端的传输延迟，你认为是在一对与非门建立的锁存器中快些还是在一对或非门建立的锁存器中快些？对此做出解释。

10.6 对还是错：当一个 S-R 锁存器中复位和置位信号同时有效时，输出 Q 进入到逻辑值 0 和 1 之间一半的非逻辑电压范围。如果是对的，解释发生的原因；如果是错的，描述其正确所需的条件（如果有的话）。

10.7　20年60年代滚石乐队演奏的抒情诗与图10-6c相比有哪些地方是相同的？

10.8　画出图10-4中S-R锁存器的输出波形，其输入波形如图10-46所示。假设输入和输出信号的上升和下降时间为0，或非门的传输延迟是10 ns（图中每个时间分段是10 ns）。

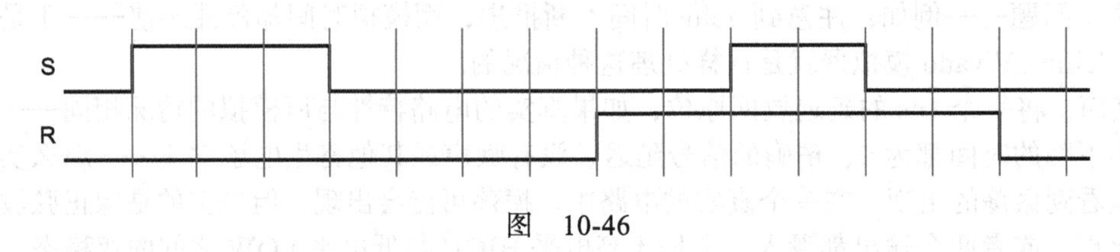

图　10-46

10.9　用图10-47中的输入波形重做训练题10.8。结果可能难以置信，但是这个特性在转移时间比传输延迟短的真实器件中确实会发生。

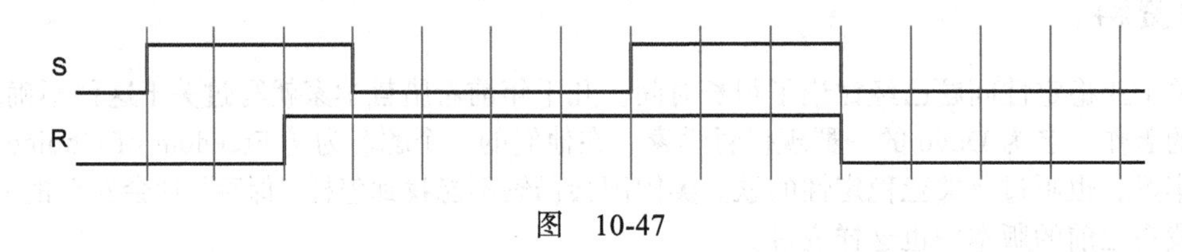

图　10-47

10.10　用一对交叉耦合的或非门来建立一个带Q输出端的S-R锁存器。锁存器是置位操作优先还是复位操作优先？

10.11　用一对交叉耦合的与非门来建立一个带Q输出端的$\overline{S}$-$\overline{R}$锁存器。锁存器是置位操作优先还是复位操作优先？

10.12　编写一个和图10-4中S-R锁存器相对应的结构化Verilog模块`VrSRlatchNOR_s`。使用Verilog内置的`nor`组件，并应用`` `timescale``编译器指令给每个门的传输指定一个1ns的模拟延迟，并且在每个`nor`关键字后使用延迟说明符“`#1`”。

10.13　给训练题10.12中的S-R锁存器创建一个Verilog测试平台。在测试平台中，为S和R创建时序如图10-46和图10-47所示的输入波形。运行测试平台，打印或画出模拟器的输入和输出波形（S、R、Q和QN）。在最后一次输入变化时模拟器做出了什么反应？

10.14　编写一个与图10-8中S-R锁存器对应的结构化Verilog模块`VrSRlatchNAND_s`。使用Verilog内置的`nand`组件，给每个门的传输说明一个1ns的模拟延迟。然后，将训练题10.13中的测试平台按照原先说明的那样，用于测试这个模块，按照需要把输入修改为低电平有效。

10.15　对于相同的输入序列，训练题10.12和10.14中的锁存器在什么情况下（如果有的话）会产生不同的输出？为了有助于找出答案，可以编写一个和训练题10.13中类似的测试平台来实例化这两个模块。

10.16　一个*上升沿触发的S-R触发器*具有两个控制输入S和R，它们的作用和S-R锁存器中的相同，只不过这里只在CLK输入的上升沿对控制输入进行采样并改变输出的状态。请说明怎样使用一个D触发器和组合逻辑来建立一个置位优先的S-R触发器。

10.17　一个*上升沿触发的J-K触发器*具有两个控制输入J和K，它们在CLK的上升沿控制器件的行为。如果只有J有效，那么输出Q被置位为1；如果只有K有效，那么输出Q被清零；如果JK都有效，那么Q被翻转；如果JK都无效则Q保持不变。请说明怎样使用一个D触发器和组合逻辑来构建一个J-K触发器。

10.18 请说明怎样使用一个 J-K 触发器来构建一个带使能的 T 触发器。

10.19 图 10-19b 展示了怎样使用一个 D 触发器和组合逻辑来构建一个带使能的 T 触发器。请说明怎样使用一个带使能的 T 触发器和组合逻辑来构建一个 D 触发器。

10.20 请说明怎样使用图 10-16 中的那种上升沿触发 D 触发器（并且不用其他的组件）来构建一个 S-R 锁存器。

10.21 给一个带使能端和低电平有效的异步清零端的下降沿触发 D 触发器编写一个行为化 Verilog 模块 VrDnegEC。再编写一个实例化你的触发器的测试平台，并用综合的输入序列演练这个触发器的操作。

10.22 给一个带使能端的上升沿触发 T 触发器编写一个行为化 Verilog 模块 VrTposE。也编写一个实例化你的触发器的测试平台，并用综合的输入序列演练这个触发器的操作。

10.23 给一个带低电平有效异步预置位输入端的上升沿触发 J-K 触发器编写一个行为化 Verilog 模块 VrJKposP。也编写一个实例化你的触发器的测试平台，并用综合的输入序列演练这个触发器的操作。

10.24 在一个 Xilinx 7 系列片中，可被利用的边沿触发 D 触发器的最大数量是多少？如果有的话，什么样的控制输入必须和所有这些触发器相同？（你可能必须查阅 Xilinx 文档。）

10.25 在一个 Xilinx 7 系列片中，可被利用的 D 锁存器的最大数量是多少？对于所有这些锁存器而言，什么控制输入（如果有的话）必须相同？（你可能必须查阅 Xilinx 的文档。）

10.26 给一个多位寄存器编写一个参数化的行为化 Verilog 模块 Vrreg_WID，该寄存器有宽度位 WID（缺省值是 16）、时钟使能 CLKEN、三态输出使能 OE 以及同步清零 CLR。

10.27 编写一个结构化 Verilog 模块 Vr74x377_s，它的特性和程序 10-13 相同。你的模块应该从你最喜欢的可编程器件的组件库中实例化合适的触发器。编写一个测试平台来实例化 Vr74x377_s 和 Vr74x377，针对综合的输入序列，比较它们的结果。

10.28 编写一个行为化 Verilog 模块 Vr74x373，它的功能和 MSI 组件 74x373 相同，包含有三态输出。编写一个测试平台，针对综合的输入序列来演练你的模块。

10.29 编写一个结构化 Verilog 模块 Vr74x373_s，它的特性和训练题 10.28 中的 Vr74x373 相同。你的模块应该从你最喜欢的可编程器件的组件库中实例化合适的触发器。编写一个测试平台来实例化 Vr74x373_s 和 Vr74x373，针对综合的输入序列，比较它们的结果。

练习题

10.30 通过分析图 10-9 中 D 锁存器内部的反馈回路，来解释当其建立和保持时间不相符时，亚稳定性是如何出现的。

10.31 除了亚稳态之外，描述一种图 10-16 中边沿触发 D 触发器的输出 Q 和 QN 可能不是互补的情况，且这种情况可持续任意长时间。

10.32 除了 10.2.3 节最后一段描述的情况外，确定其他 D 锁存器的输出可能出现亚稳态的情况并进行讨论。这种情况跟什么样的 D 锁存器的时序规定有关？

10.33 编写一个参数化的 Verilog 测试平台 VrNtoSdec_latch_tb，针对一个综合的输入集，检测程序 10-5 中的锁存译码器。

10.34 编写一个行为化 Verilog 模块，它和图 10-4 中的 S-R 锁存器具有相同的输入和输出，并且能够全方位且可靠地模拟 S-R 锁存器的行为特性（除了可能的亚稳定性）。综合你的模块，以你最喜欢的可编程器件为目标器件，将你的模块综合后所需的资源数量与使用一对交叉耦合的或非门的分立式门级实现进行比较。

10.35 编写一个行为化 Verilog 模块，它和图 10-8 中的 $\overline{S}$-$\overline{R}$ 锁存器具有相同的输入和输出，并且能够全方位且可靠地模拟 S-R 锁存器的行为特性（除了可能的亚稳定性）。综合你的模块，以你最喜欢的可编程器件为目标器件，将你的模块综合后所需的资源数量与使用一对交叉耦合的与非门的分立式门级实现进行比较。

10.36 应用 Xilinx Vivado 工具，作者写了一个针对训练题 10.12 的解决方案，并且以 Xilinx7 系列的 FPGA 为目标器件，所得到的实现的原理图如图 10-48 所示。这里，LUT2 的输出是 QN=S′·Q′，LUT3 的输出是 Q=R′·(S+Q)。可否保证这个实现能够可靠地模拟它所依据的一对交叉耦合或非门的行为，请做出解释。

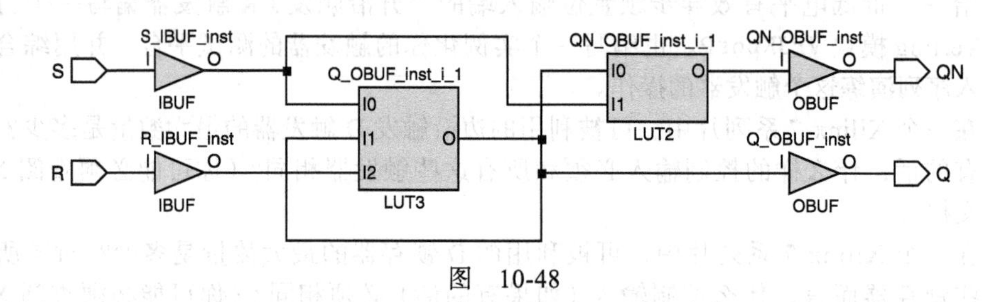

图 10-48

10.37 一位著名的逻辑设计师决定退出教学，通过对一种新的上升沿触发器件（JFW 触发器）申请专利许可证而发财。除了时钟输入 CLK，这个器件还有一个输出 Q 和三个在时钟 CLK 上升沿控制器件行为的输入：

J 在没有其他控制输入有效时，把输出 Q 置为 1。

F 翻转输入 J 的意思；也就是说，如果 J 有效则把输出 Q 清零，如果 J 无效则对输出 Q 进行翻转。

W 无论如何——如果 J 无效，则把输出 Q 置为一个周期前 Q 的值，如果 F 有效则翻转一个周期前 Q 的值。如果 J 是和 W 一起有效的，那么器件把 Q 和它存储的当前 Q 值设置为（W 无效时）下一个 Q 的值。

给这个器件编写一个行为化 Verilog 模块 `VrJFWff`。在不添加复位输入的情况下，是否存在一种方法，可以使器件在一个时钟周期内从一个未知状态初始化为一个确定的状态（清零或预置位）？你认为这个器件会在市场上获得成功吗？或者会完全失败？解释你的理由。

10.38 编写一个测试平台来演练练习题 10.37 中的 JFW 触发器。通过在输入 J、F、W 上应用 16 个时钟周期内的输入序列 111-000 后接 000-111（按二进制计数顺序），检测该器件操作的正确性。Q 上的输出序列应该是 0011 0100 0011 1100。

10.39 说明 10.5.2 节中展示的总线保持器电路是如何被用来创建一个消颤后开关的输入的。

10.40 假设要求你设计一个电路，它能用一个 SPST（单刀双掷）开关来生成一个消颤后的逻辑输入。那么你面对的根本性问题是什么？

10.41 图 10-49 展现了给 SPDT 按键开关接通电源的另一种方法，这种开关可以在 CMOS 系统中提供一个逻辑输入。顶部的触点与逻辑 1 相连，底部的触点与逻辑 0 相连。和大多数开关一样，这个开关也有“先断后合”的特性，因此当按钮被推下或释放时，SW 信号会在悬浮状态停留几个毫秒。给开关电路添加模拟和数字组件，以获得一个消颤的 SW 信号，按钮被按下或释放时，消颤的

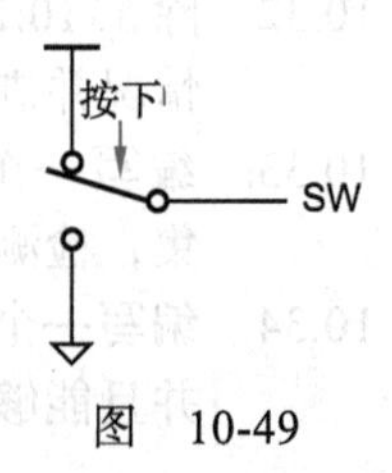

图 10-49

SW 信号会停留在一个有效的逻辑状态。

10.42 寻找一种消除练习题 10.41 中 SW 信号的颤动以及消除该信号的方法，并且只使用标准 CMOS MSI 器件的一个引脚。在网上查找，找到一个或者更多个可以帮你完成这个功能的标准器件。

10.43 一个聪明但没有模拟知识或者经验的设计师，想通过只用一个有“先合后断”特性的开关来替换练习题 10.41 中的开关，以解决该题中“悬浮 SW”的问题。有人第一次按下开关接通电源时会发生什么？

10.44 把一个特别的 Xilinx 7 系列片配置为三个 D 锁存器。在同样一个片上可以利用的边沿触发 D 触发器有多少个？（提示：你必须去网上搜寻正确的答案；在本书中没有）。

10.45 尽管状态机决不会采用这种方法创建，但这道习题只是要挑战你对锁存器和时序概念的理解。假设用带有高电平有效 G 输入的 D 触发器来设计结构如图 9-4 所示的时钟同步状态机，而不是使用边沿触发 D 触发器作为存储元件。要使次态正常，下面的时间参数之间应该满足什么关系？

t_{Fmin}, t_{Fmax}　次态逻辑的最小和最大传输延迟。
t_{GQmin}, t_{GQmax}　D 锁存器从时钟触发到产生输出的最小和最大延迟。
t_{DQmin}, t_{DQmax}　D 锁存器从输入数据到产生输出的最小和最大延迟。
t_{setup}, t_{hold}　D 锁存器的建立和保持时间。
t_H, t_L　时钟的高电平和低电平持续时间。

10.46 假设输入信号 PR_L 和 CLR_L 总是 1，分析图 10-16 中的反馈时序电路。推导出激励方程，创建一个转移表，分析转移表以确定是否存在临界竞争和非临界竞争。给状态命名，写出一个状态 / 输出表，如果不同的话，就再写一个流程 / 输出表。说明该电路完成的功能和图 10-42 完全一样。

10.47 说明用一个将进位输出连接到进位输入的二进制加法器创建的一个反码加法器是一个反馈时序电路。

10.48 画出有一个反馈回路的电路的逻辑图，但这个电路不是时序电路。也就是说，电路的输出应当只是当前输入的函数。为了证明你的这个结论，断开回路并把它当作一个反馈时序电路来分析，证明每个输入组合对应的输出都不依赖于“状态”。

10.49 任意实际的单回路反馈时序电路都只是一个 S-R 或者 D 锁存器的变种，它的激励方程都具有以下形式：

$$Q^* = (\text{强制项}) + (\text{保持项}) \cdot Q$$

如果上述激励方程中的 Q 用 Q′代替的话，那么不存在任何具有这种激励方程的实际电路，为什么？

10.50 如表 10-1 所示，Xilinx ISE 库有边沿触发的 D 触发器器件 FDCP，它有两个异步输入信号——清零和预置位，功能与图 10-16 类似。然而，Xilinx 7 系列的 FPGA 中却没有这样一个触发器组件。如果在一个用户的 Verilog 模块中实例化一个 FDCP，那么 Vivado 工具使用两个本地可用的边沿触发的触发器、一个 D 锁存器和一个 3 输入的 LUT 来模拟这个器件，如图 10-50 所示。LUT 的函数是 O=I0 · I2′ + I1 · I2。用文字描述这个电路是如何工作的，并且编写一个测试平台来演练在综合输入序列下这个 FDCP 的操作。是异步置位输入优先还是复位输入优先？

10.51 一般来说，反馈时序电路的激励逻辑必须是没有 3.4 节中所定义的静态冒险和动态冒险的，例如，考虑一个 D 锁存器，它的激励逻辑是一个两级的与或电路，具有像练习题 10.49 那样的形式，同时带有一个强制项 C · D 和一个保持项 C′。找出激励逻

辑中的静态 -1 冒险，并解释当出现冒险的输入转移时，锁存器可能会怎样操作。确定怎样修改激励逻辑以消除冒险。

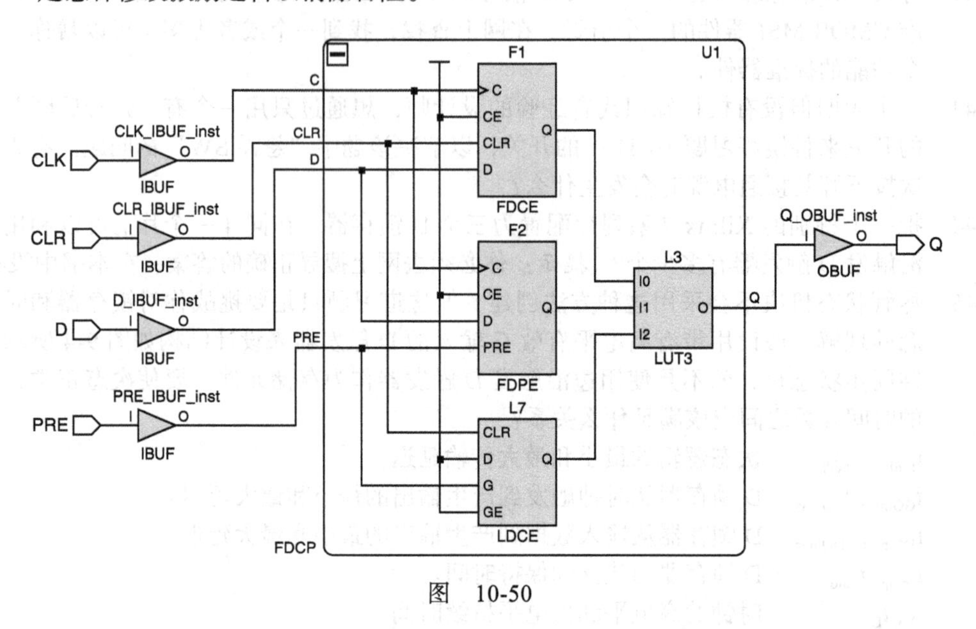

图　10-50

10.52　按照下面描述的条件，对练习题 10.51 最初描述的锁存器电路进行模拟。使用一个结构化 Verilog 模块，模块的每个门都有 1ns 的延迟，或者以手工方式绘制输出波形，并假设每个门有 1ns 的延迟。在有冒险的输入转移时，该电路如何工作？接下来，只是把电路中反相器的延迟增加到 3ns，重复模拟过程并解释所得结果。在真实的电路中你认为会发生什么？

10.53　比较图 10-51 的电路和图 10-9 的 D 锁存器。证明这两个电路的功能是一样的。图 10-51 的电路以何种方式用于一些商业的锁存器中，其性能会比图 10-9 的 D 锁存器更好？

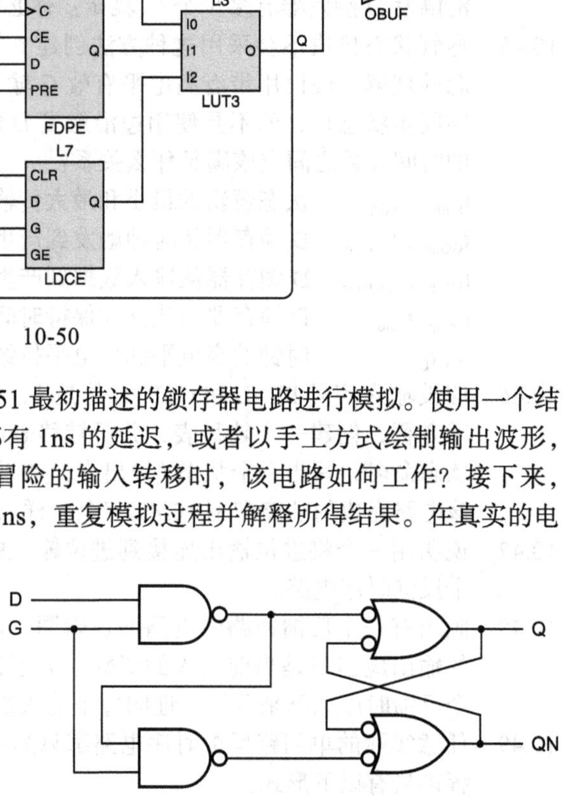

图　10-51

10.54　假设你在设计一个需要使用 S-R 触发器的电路，并且以只有 LUT、边沿触发 D 触发器和 D 锁存器的 FPGA 为目标器件。FPGA 没有本地的 S-R 触发器，甚至连简单的像与非门和或非门这样的门电路，都需要使用 LUT 来实现。前面你已经预读并研究了这个（13.5 节的）谜题，因此你知道不可能用一对交叉耦合的 LUT 安全地实现 S-R 触发器。并且 FPGA 的边沿触发 D 触发器和 D 锁存器都有异步输入 CLR，但你不想使用它们，因为在复位时其他的信号需要使用它。描述在这种环境下只使用可用的元件，如何安全地实现一个 S-R 触发器。在什么情况下（如果有的话），它的行为特性和由交叉耦合的与非门或者或非门设计的 S-R 触发器不同？

10.55　BUT 反转器（flop）可以用如图 10-52 所示的 NBUT 门来构造（NBUT 门只是一个带有反相输出的 BUT 门；关于 BUT 门的定义，请参见练习题 3.37）。请把 BUT 反转器当作一个反馈时序电路来进行分析，写出激励方程、转移表、流程表。试问：这个电路适合做什么？或者反问：它是不是一个反转器？

10.56 根据图 10-53 中的异步 BUT 翻转器重做练习题 10.55。

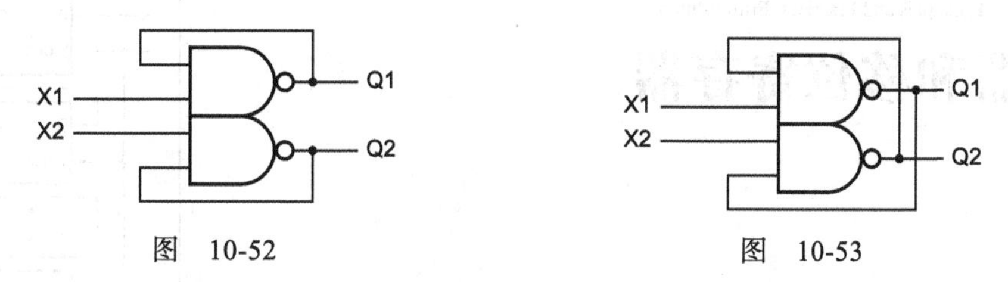

图 10-52　　　　图 10-53

10.57 一个“聪明”的学生 Sam 基于练习题 3.37 中的定义，使用一个可获取的 2-4 译码器创建了一个 BUT 门，如图 10-54 所示。这个电路看起来有反馈，但 Sam 在分析了电路的所有 16 个输入组合后，确信这个电路是组合型的。他把每一个输入组合应用到 A1、A2、B1 和 B2，假设 Z1 和 Z2 的值是正确的，然后检查译码器和反相器的输出是否符合假设。这个电路针对 16 种可能的输入组合似乎都可以正常工作。

但在模拟过程中，当输入瞬时从全 0 变为全 1 时，经过 5000 个模拟周期后模拟器会停止，这表明输出还不稳定。并且，当把电路构建出来后，尝试相同的输入变换，电路的输出在稳定下来之前时常会振荡。把该电路作为一个反馈时序电路来分析并解释为什么会发生这种情况。

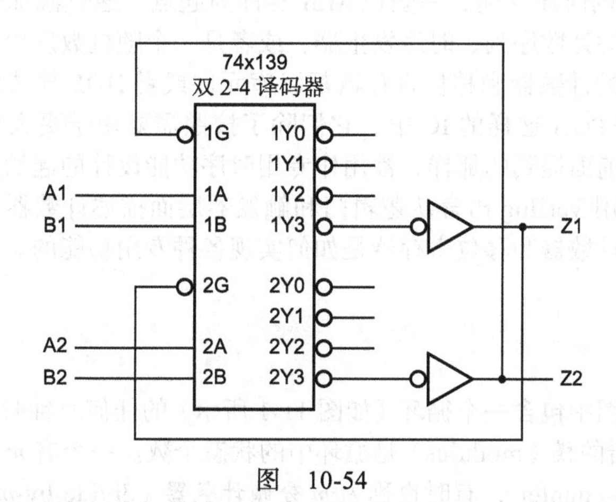

图 10-54

10.58 设计一个文字触发器——依据触发器的状态，它可以从两种方式中选择一种对逻辑字谜做出正确的回答。这样一个器件如何可以调整用于政治舞台呢？

10.59 阅读 John Chu 的科幻短篇小说《 Hold-Time Violations 》，引用前言的段落并做出解释。冲突是怎样被消除的？类似的方法可以用到数字逻辑中吗？

第 11 章

Digital Design: Principles and Practices, Fifth Edition

计数器和移位寄存器

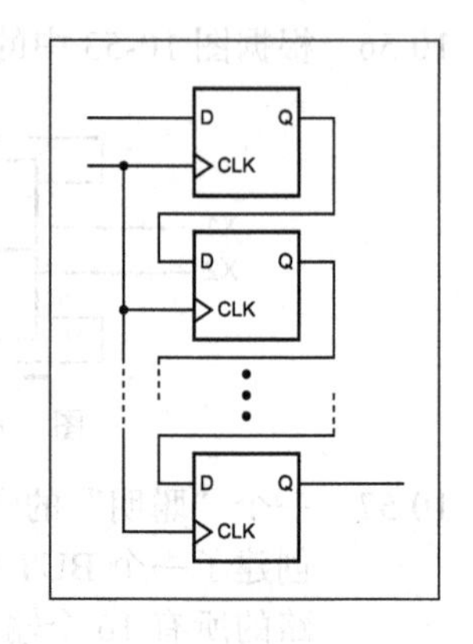

从技术上讲，任意一个时序电路都是一个状态机，它有记忆元件、激励逻辑、输出逻辑和定义好的次态行为。然而，由于有一些时序电路非常常用，因此它们都有自己专有的名字——计数器和移位寄存器。

在基于 MSI 设计的年代，许多不同的预设计的单片计数器和移位寄存器电路都已经商用化，每一种都有自己的 IC 包。由于这些器件无处不在，因而设计者们开发了几种不同的方法来实现更加精巧的时序功能，一般以 MSI 器件为起点，通过添加少量门电路来获得更专业的功能，如定制的计数序列、时序发生器，或者是一个随机数发生器。

当然，今天使用的计数器和移位寄存器都以库元件或者 HDL 模块的形式嵌入在更大型的像 ASIC、PLD 和 FPGA 这样的 IC 中。它们除了按照需要用于更大型的设计，以实现基本功能之外，还会像前面提到的那样，被用作专用时序功能设计的起始元件。

因此，这一章将用 Verilog 语言从逻辑门和触发器层面描述计数器和移位寄存器的基本设计，还将展示这些计数器和移位寄存器是如何实现各种专用功能的。

11.1 计数器

一般来说，状态图中包含一个循环（如图 11-1 所示）的任何时钟时序电路都可称为计数器（counter）。计数器的模（modulus）是循环中的状态个数。一个有 *m* 个状态的计数器称为模 *m* 计数器（modulo-counter），有时也称为 *m* 分频计数器（divide-by-*m* counter）。如果一个计数器的模不是 2 的幂，那么就会有多余状态，在正常工作时是不用这些状态的。

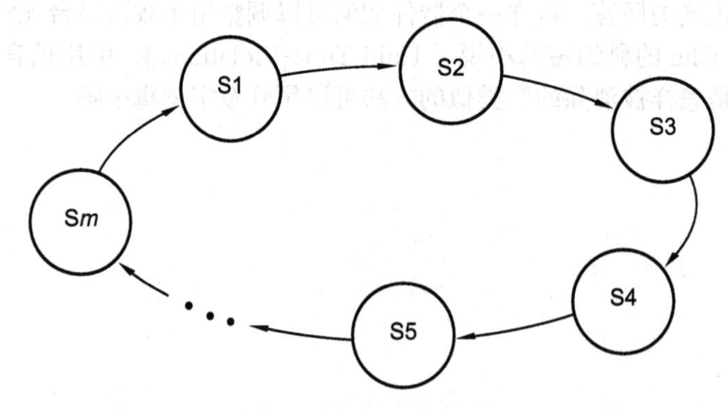

图 11-1　计数器状态图的一般结构——单个循环

最常用的计数器可能就是 *n* 位二进制计数器（*n*-bit binary counter）。这样的计数器有 *n*

个触发器及 2^n 种状态，这些状态的循环顺序是 0, 1, 2,···, 2^n–1, 0, 1,···。其中，每一种状态都被编码成对应的 n 位二进制整数。

11.1.1 行波计数器

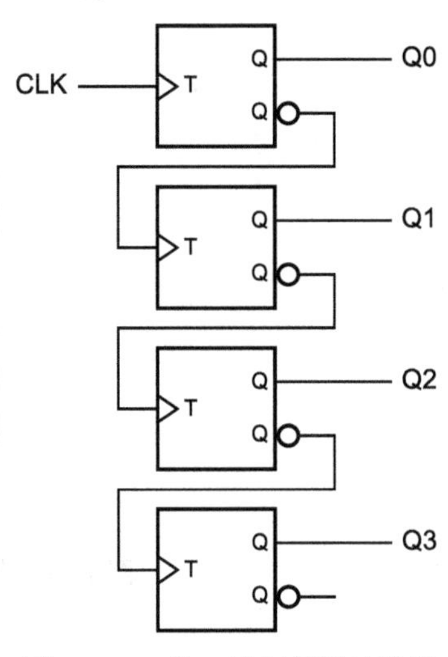

图 11-2 4 位二进制行波计数器

只用 n 个触发器而不用其他组件就可以构成一个 n 位二进制计数器（n 可以取任意值）。图 11-2 就是一个这样的计数器，这里 n = 4。前面讲过，T 触发器在时钟输入的每一个上升沿都会改变状态（即翻转）。于是，当且仅当前一位由 1 变到 0 后，下一位就会马上翻转。这个变化正好符合一般的二进制计数顺序，当某一位由 1 变到 0，这一位就会向高位产生一个进位。把这种计数器称为*行波计数器*（ripple counter），因为进位信息像波浪一样由低位到高位，每次传送一位。

虽然行波计数器所需要的组件比任何其他类型的计数器所需要的都少，但代价就是它比任何其他类型计数器的速度都慢。在最坏的情况下，当必须改变最高位时，CLK 的上升沿到来后要经过 $n \cdot t_{TQ}$ 时间，输出才会有效，其中 t_{TQ} 是 T 触发器从输入到输出的传输延迟。另外，行波计数器不能很好地（或者是完全不能）适用于基于 FPGA 或者 PLD 的设计，因为其中所有的触发器或触发器组共享一个公共的时钟信号。

因此，行波计数器在实际应用中使用得很少，但在一些低功耗的应用中还是有用的，如数字手表。每当触发器的时钟脉冲到来时，即使它的状态不发生变化，也都会消耗额外的“动态”能量。而在行波计数器中，只有最低位的触发器是按照全时钟频率工作，每一个较高位的触发器按照低一位的一半的时钟频率工作，所以每一个较高位的触发器所消耗的动态能量是其低一位的一半。

11.1.2 同步计数器

同步计数器（synchronous counter）中的所有触发器共用一个 CLK 信号，因此在经过仅仅 t_{TQ}（ns）的延迟后，所有的触发器输出都同时变化。如图 11-3 所示，这时需要使用带有使能输入端的 T 触发器，即当且仅当 EN 有效时，触发器的输出才会在 T 信号的上升沿处发生翻转。EN 输入端的组合逻辑电路决定了在每一个 T 信号的上升沿处，是哪一个触发器发生翻转（如果有的话）。

如图 11-3 所示，也可以采用一个主计数使能信号 CNTEN 来实现控制。每一个 T 触发器要发生翻转的充要条件是 CNTEN 信号有效且所有的低阶计数位都为 1。与二进制行波计数器一样，同步 n 位二进制计数器的每一位都可以用一定数量的逻辑元件来实现——在这种情况下，计数器的 1 位是用一个带使能端的 T 触发器和一个 2 输入与门来实现的。

图 11-3 中的计数器结构有时被称为*同步串行计数器*（synchronous serial counter），这是因为组合型的使能信号由最低位到最高位串行传输。如果时钟周期太短的话，计数器最低位（LSB）的变化可能来不及传送到最高位（MSB）。并且，在一个基于 FPGA 或者 PLD 的实现中，串行使能链根本就不能高效地实现。这些问题可以像图 11-4 那样得到解决，每一个 EN 输入都用一个专门的与门来驱动，这样 CNTEN 信号到达各个触发器的 EN 输入端就只需要经过一级逻辑电路。这就是所谓的*同步并行计数器*（synchronous parallel counter），是最快的二进制计数器的结构形式。

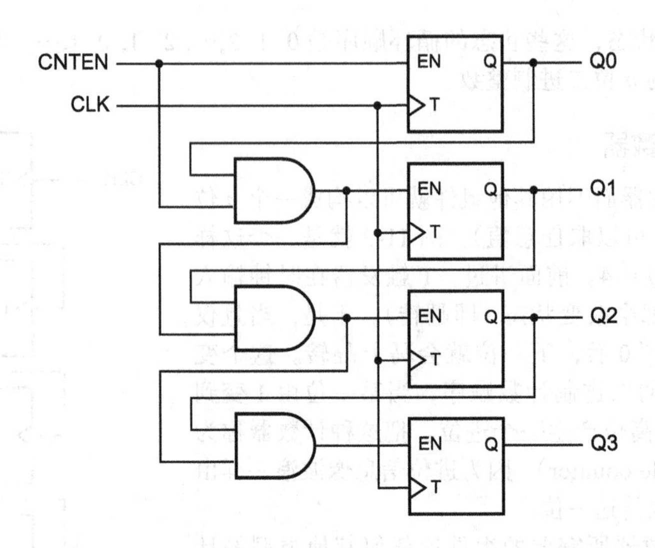

图 11-3 带有串行使能逻辑的同步 4 位二进制计数器

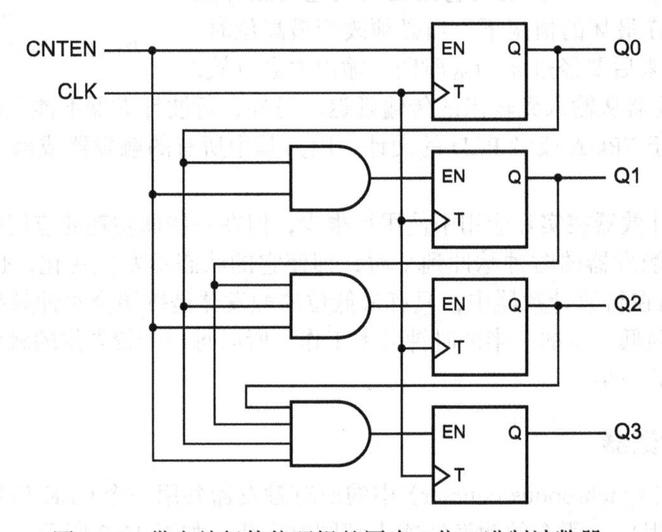

图 11-4 带有并行使能逻辑的同步 4 位二进制计数器

11.1.3 一个通用的 4 位计数器电路

基于当时最流行的 MSI 计数器 74x163，本节将描述一个带有同步载入端和清零端的同步 4 位二进制计数器的门级设计，简称为 CNTR4U。如今大多数的设计者都会利用 HDL 模型来构建一个这样的计数器，但学习 163 器件的内部结构还是值得的，因为它的设计经典而高效。

CNTR4U 的内部逻辑图如图 11-5 所示，其功能用状态表归纳为表 11-1（省略了位于“中间”的现态 0010 ~ 1100）。

CNTR4U 的内部采用的是 D 触发器而非 T 触发器，这样便于实现载入和清零功能。这样也方便大家学习 CNTR4U，因为几乎所有的 FPGA 和 PLD 内部都只使用 D 触发器。每个 D 触发器的输入都由一个 2 输入多路复用器驱动，这个复用器由一个或门和两个与门构成。如果输入信号 CLR_L 有效，那么多路复用器的输出就为 0。反之，如果输入信号 LD 有效，那么上面的与门就把输入数据（D3、D2、D1 或者 D0）传送到输出端。如果 CLR_L 和 LD

都无效，那么下面的与门就把“异或非”门（XNOR）的输出传送到多路复用器的输出端。

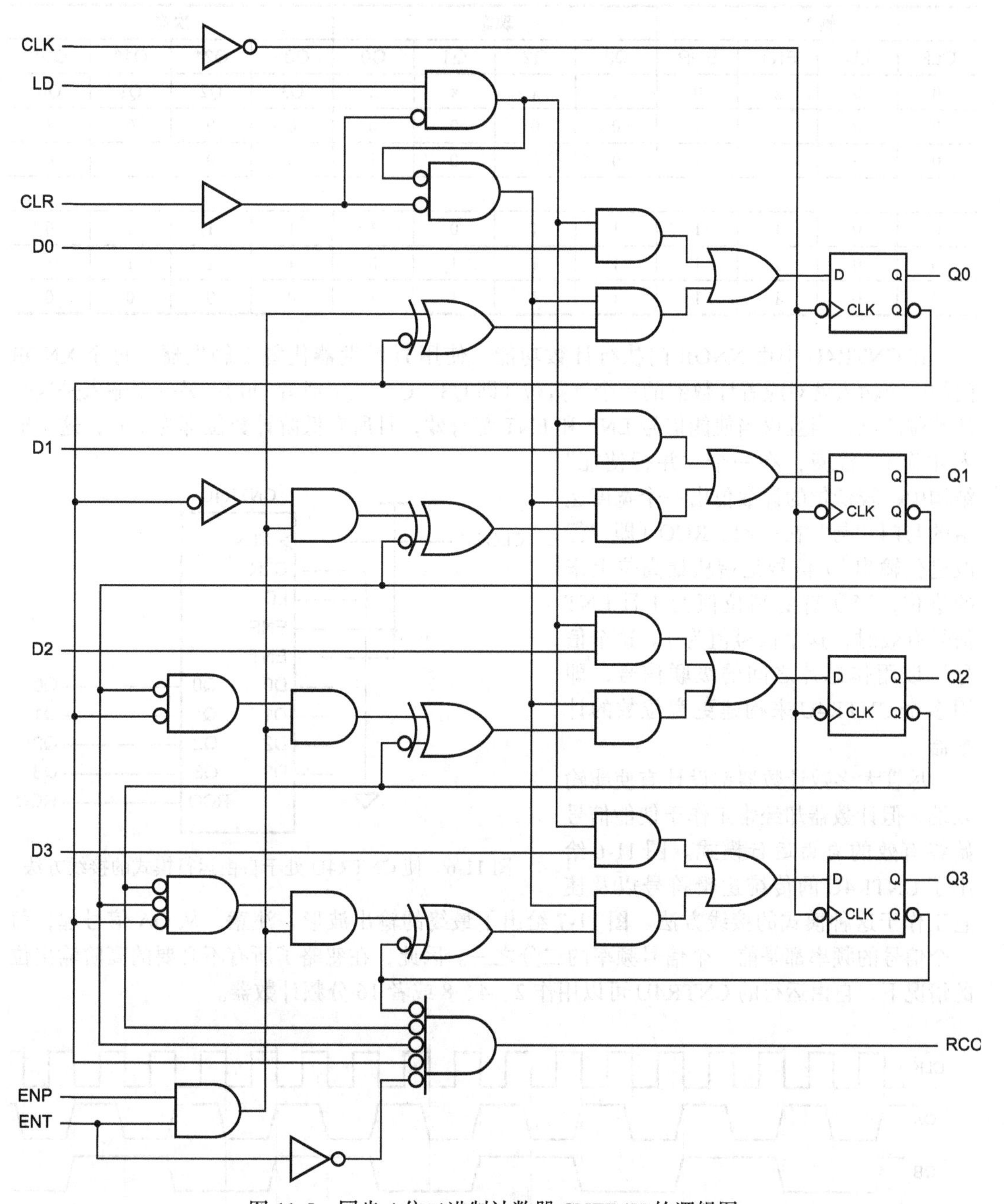

图 11-5　同步 4 位二进制计数器 CNTR4U 的逻辑图

表 11-1　4 位二进制计数器 CNTR4U 的状态表

输入				现态				次态			
CLR	LD	ENT	ENP	Q3	Q2	Q1	Q0	Q3*	Q2*	Q1*	Q0*
1	x	x	x	x	x	x	x	0	0	0	0
0	1	x	x	x	x	x	x	D3	D2	D1	D0
0	0	0	x	x	x	x	x	Q3	Q2	Q1	Q0

（续）

输入				现态				次态			
CLR	LD	ENT	ENP	Q3	Q2	Q1	Q0	Q3*	Q2*	Q1*	Q0*
0	0	x	0	x	x	x	x	Q3	Q2	Q1	Q0
0	0	1	1	0	0	0	0	0	0	0	1
0	0	1	1	0	0	0	1	0	0	1	0
						...					
0	0	1	1	1	1	0	1	1	1	1	0
0	0	1	1	1	1	1	0	1	1	1	1
0	0	1	1	1	1	1	1	0	0	0	0

在CNTR4U中由XNOR门执行计数功能，使用D触发器代替T触发器。每个XNOR门的一个输入就对应着计数器的一个计数位（即Q3、Q2、Q1或者Q0）；另一个输入是这个计数位的反，当且仅当使能信号ENP和ENT都有效，且所有低阶计数位都为1时，这个输入才为1。注意，在一个“并行使能”结构中，较低位的计数位由一个宽度递增的与门“与”在一起。RCO（即“行波进位输出”）信号是指从最高位上来的进位，当所有的高位值为1且ENT信号有效时，这个信号值为1。这个信号可以用作芯片之间的级联信号，即用多个CNTR4U来构建更宽位数的计数器。

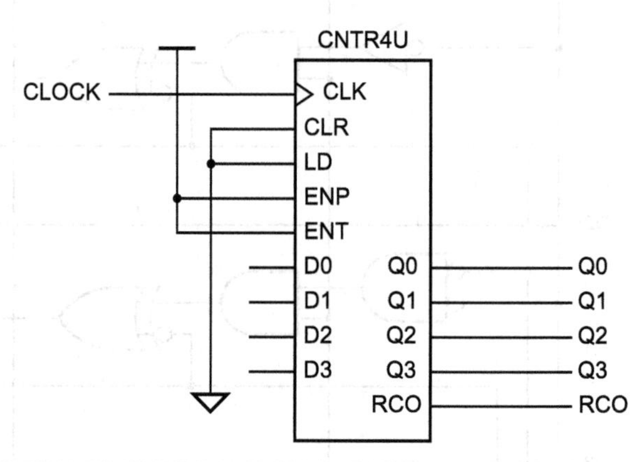

图11-6　使CNTR4U处于自由运行模式的接线方法

尽管大多数计数器都设计有使能输入端，但计数器却经常工作于使能信号始终有效的自由运行模式。图11-6给出了CNTR4U的传统逻辑符号以及使它工作于这种模式的接线方法。图11-7给出了最终的输出波形。注意，从QA信号起，每一个信号的频率都是前一个信号频率的二分之一。因此，在忽略了所有不必要的高阶输出位的情况下，自由运行的CNTR4U可以用作2、4、8或者16分频计数器。

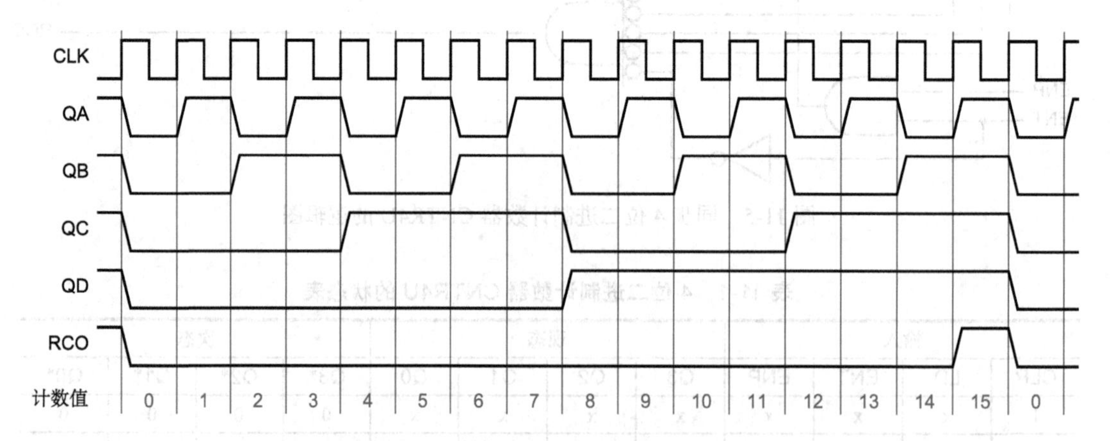

图11-7　处于自由运行模式的16分频计数器的时钟和输出波形

虽然 CNTR4U 是模 16 计数器，但可以利用 CLR 或者 LD 输入信号来缩短正常的计数序列，从而使它变为模值小于 16 的计数器。例如，要构造一个从 0 到 $N-1$ 计数的模 N 计数器，就要设计已输入到 CLR 端的高电平有效信号，这个信号在计数状态为 $N-1$ 时有效。这样，就使计数器的状态在下一个时钟沿到来时回到 0。实现这个设想的典型方法就是用一个与门，这个与门的输入是 $N-1$ 的二进制编码中取值为 1 的那些状态位。请记住：这个输入端 CLR 是一个同步清零信号，这个方法不适合用于实现异步清零输入。还可以在不使用额外门电路的情况下构造一个模 N 计数器，计数状态从 $16-N$ 到 15（参见训练题 11.4）。

11.1.4 二进制计数器状态的译码

二进制计数器可以与一个译码器相连，以得到一组 m 中取 1 码信号，即每一种计数状态都有一个译码输出信号有效。这种结构适合于用计数器来控制一组设备，每一种不同的计数状态启动一个不同的设备。在这种方法中，译码器的每一个输出都启动一个不同的设备。

如图 11-8 所示，将 CNTR4U 接成一个模 8 的计数器，并与一个 3-8 译码器相连以产生 8 个译码输出信号，每一个输出信号都对应着计数器的一种计数状态。图 11-9 给出了这个电路的典型时序关系。每个译码输出只在对应的时钟周期内有效。

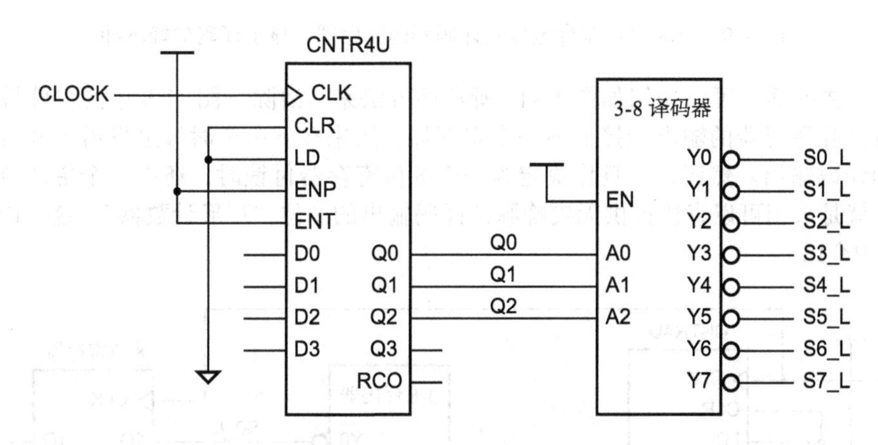

图 11-8 模 8 二进制计数器及译码器

注意，如果在一次状态转移中有两个或者两个以上的计数位同时发生变化，那么即使 CNTR4U 的输出没有尖峰脉冲（glitch，也称为“毛刺”）并且 3-8 译码器输出没有任何的静态冒险，译码器的输出端也依旧可能产生“尖峰脉冲”。在同步计数器（如 CNTR4U）中，输出不可能准确地同时变化。更重要的是，在一个译码器中，不同的信号通路具有不同的延迟，例如经过从 A1 到 Y1_L 的通路就比经过从 A0 到 Y1_L 的通路要快。因此，即使输入同时由 011 变到 100，但译码器的表现好像输入出现了短暂的 001，这时输出 Y1_L 就可能产生一个尖峰脉冲。从前面给出的例子可以看出，在二进制译码器功能的任何实现形式中都可能产生尖峰脉冲，因此这个问题就是一个*功能性冒险*（function hazard）的例子。

在大多数应用中，图 11-9 所画出的译码器输出信号可以用来作为寄存器、计数器以及其他器件的功能输入信号，这些器件都会在时钟边沿采样这些输入信号（例如，带时钟使能的多位寄存器的 CE 信号，或者另一个 CNTR4U 的 LD 或 ENP 信号）。在这种情况下，图中的译码尖峰脉冲不成问题，因为这些尖峰脉冲是在时钟触发沿到来之后才产生的，并且在译码器输出被其他边沿触发设备采样时，尖峰脉冲在下一个时钟到来之前便已消失了。然而，如果译码器的输出信号是作为 $\overline{\text{S}}$-$\overline{\text{R}}$ 锁存器的 S_L 和 R_L 输入信号的话，尖峰脉冲就成问题了。同样，可以将这些潜在的尖峰脉冲作为边沿触发器件的时钟，这就是否定之否定的定义。

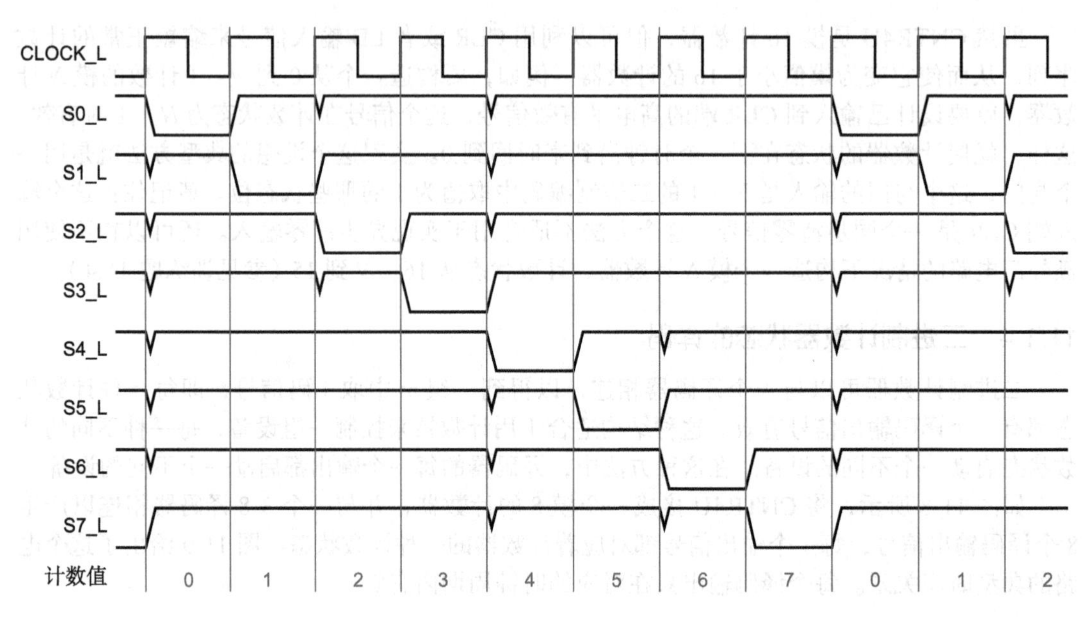

图 11-9　模 8 二进制计数器及译码器的时序图，显示译码尖峰脉冲

如果必要的话，可以采用如图 11-10 所示的方法来“清除”图 11-9 中的尖峰脉冲，这个方法就是在译码器的输出端接上另一个寄存器，用来在下一个时钟触发沿到来时采样已经稳定的译码输出。然而，一旦你决定为一个 8 位寄存器付钱时，还有一个更加节省的解决办法，就是采用可以直接提供无尖峰脉冲译码输出的 8 位“环形计数器”，这个内容将在 11.2.3 节中介绍。

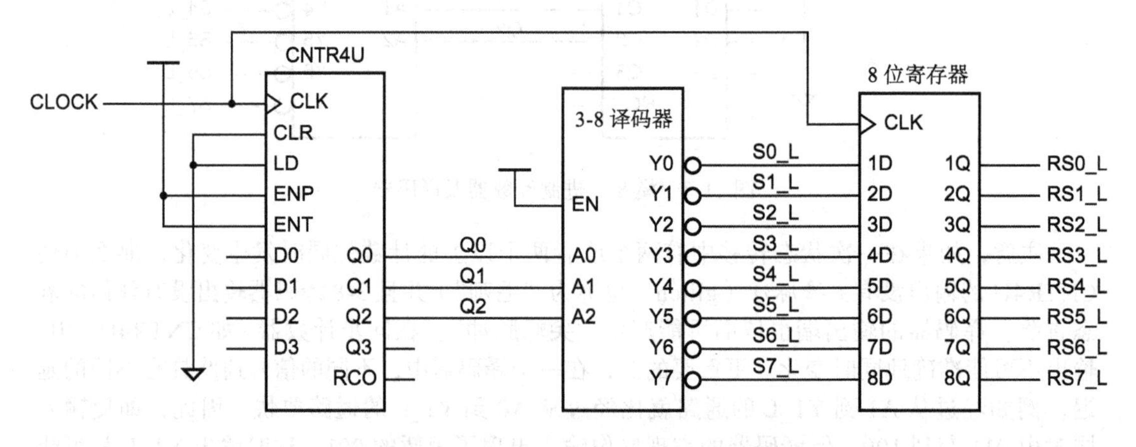

图 11-10　无尖峰脉冲输出的模 8 二进制计数器及译码器

11.1.5　用 Verilog 实现计数器

用 Verilog 定义计数器非常简单。程序 11-1 是前一小节计数器 CNTR4U 的行为化 Verilog 模型。在程序的第一个 `always` 程序块中，使用关键字 `posedge` 来定义边沿触发的行为特性，然后用一系列基于控制输入的 `if-else` 语句来决定计数器的次态行为。使用第二个 `always` 程序块来说明组合输出 `RCO` 的行为。

程序 11-1　4 位通用二进制计数器 CNTR4U 的 Verilog 模块

```
module Vrcntr4u( CLK, CLR, LD, ENP, ENT, D, Q, RCO );
  input CLK, CLR, LD, ENP, ENT;
  input [3:0] D;
  output reg [3:0] Q;
  output reg RCO;

  always @ (posedge CLK)  // 创建 f-f 计数器的特性
    if (CLR == 1)                        Q <= 4'd0;
    else if (LD == 1)                    Q <= D;
    else if ((ENT == 1) && (ENP == 1)) Q <= Q + 1;
    else                                 Q <= Q;

  always @ (Q or ENT)      // 创建组合输出 RCO
    if ((ENT == 1) && (Q == 4'd15))     RCO = 1;
    else                                 RCO = 0;
endmodule
```

请注意，这个计数器模块使用加法来定义计数，但一个典型的综合工具不会综合一个完整的加法器来实现这个操作。因为计数器加法加的是一个常数，所以综合工具将会最低限度地减少所需的逻辑器件数量。如果目标技术具有精简计数器实现（比如 XOR 门或者 T 触发器）的特性，那么（如果综合工具能判断出设计者是在定义一个计数器）综合工具就会“推理出”计数器。

修改上述计数器程序从而使其具有其他特性非常容易。例如，程序 11-2 显示了怎样修改两个 always 程序块，以使程序实现十进制（10 分频）计数特性。最终的计数器从 0 ~ 9 进行计数并一直重复着。

程序 11-2　4 位十进制计数器模块 Vrcntr4udec 的 Verilog 代码

```
  always @ (posedge CLK)  // 创建 f-f 计数器的特性
    if (CLR)                              Q <= 4'd0;
    else if (LD)                          Q <= D;
    else if (ENT && ENP && (Q == 4'd9))  Q <= 4'd0;
    else if (ENT && ENP)                  Q <= Q + 1;
    else                                  Q <= Q;

  always @ (Q or ENT)       // 创建组合输出 RCO
    if (ENT && (Q == 4'd9))               RCO = 1;
    else                                  RCO = 0;
```

接着，程序 11-3 显示了将上述程序修改为余 3 十进制计数序列（从 3 ~ 12 计数，不断重复）。对于某些应用来说，余 3 十进制计数序列是很有用的，因为它的较高位是一个方波（占空比为 50%）。

程序 11-3　余 3 十进制计数器模块 Vrexcess3 的 Verilog 代码

```
  always @ (posedge CLK)   // 创建 f-f 计数器的特性
    if (CLR)                               Q <= 4'd3;
    else if (LD)                           Q <= D;
    else if (ENT && ENP && (Q == 4'd12))  Q <= 4'd3;
    else if (ENT && ENP)                   Q <= Q + 1;
    else                                   Q <= Q;
  always @ (Q or ENT)      // 创建组合输出 RCO
    if (ENT && (Q == 4'd12))               RCO = 1;
    else                                   RCO = 0;
```

最后，程序 11-4 为 4 位递增 / 递减计数器的 Verilog 模块，增加一个输入信号 UPDN 来控制计数的方向。注意递减计数中减法的计数过程，以及由计数方向决定的 RCO 逻辑：当进行递增计数时，若计数值达到 15 则 RCO 有效；当进行递减计数时，若计数值达到 0 则 RCO 有效。

程序 11-4　4 位递增 / 递减计数器的 Verilog 模块

```
module Vrupdn4 (CLK, CLR, LD, ENP, ENT, UPDN, D, Q, RCO);
  input CLK, CLR, LD, ENP, ENT, UPDN;
  input [3:0] D;
  output reg [3:0] Q;
  output reg RCO;

  always @ (posedge CLK)        // 创建 f-f 计数器的特性
    if (CLR)                                   Q <= 4'd0;
    else if (LD)                               Q <= D;
    else if (ENT && ENP &&  UPDN)              Q <= Q + 1;
    else if (ENT && ENP && !UPDN)              Q <= Q - 1;
    else                                       Q <= Q;

  always @ (Q or ENT or UPDN)  // 创建组合输出 RCO
    if       (ENT &&  UPDN && (Q == 4'd15))  RCO = 1;
    else if (ENT && !UPDN && (Q == 4'd0 ))  RCO = 1;
    else                                      RCO = 0;
endmodule
```

通过在第一个 always 程序块的敏感信号列表中添加“posedge CLR”，很容易使得任意一个这样的计数器的清零端是异步的。

其他的是什么？

程序 11-1 到 11-4 中的“else Q<=Q”条件是不必要的。Verilog 的编译器、模拟器和综合器都知道，在时钟边沿处没有对输出赋予新值时，采用行为化方式说明的触发器会保持输出不变。因此在程序 10-11 中，可以不在带有时钟使能信号的 D 触发器行为模型内包含这样一个 else 语句。然而从程序的可读性和可维护性考虑，如果赋值情况的列表比较长的话，还是包含这样的 else 语句更好，这里以及后面的程序 11-11 都是这样处理的。

包含“else Q<=Q”语句的程序在实现时效率会更高还是更低，这取决于综合工具。在这种情况下，Xilinx Vivado 工具会使时钟信号失效，只在有新值需要赋给 Q 时，才用 7 系列 FPGA 中可以“免费”使用的时钟使能输入来使时钟有效。一个不太精细的工具可能会综合出一个多路选择器，用图 10-17a 那样的形式，把 D 触发器输出 Q 的值反馈回其输入端。

如程序 11-5 所示，四种不同形式的计数器全部都可以在同一个测试平台进行实例化和运行。和之前的其他测试平台不同，这个测试平台不是自检测的，它仅仅给计数器提供计数所需的输入信号。然后，设计者可以通过检查所得到的波形来确定计数序列的正确性，而典型计数器的计数序列是非常简单明了的。图 11-11 给出了模拟器产生的波形。

程序 11-5　执行 4 位计数器的 Verilog 测试平台

```
`timescale 1 ns / 100 ps
module VrcntrTB1 ();
  reg CLK, CLR, LD, ENP, ENT, UPDN;
  reg [3:0] D;
  wire [3:0] cntr4uQ, cntr4decQ, excess3Q, updn4Q;
  wire cntr4uRCO, cntr4decRCO, excess3RCO, updn4RCO;

  always begin                // 时钟发生器的周期为 10ns
    #5.5 CLK = 0;             // 高电平为 5.5ns
    #4.0 CLK = 1;             // 低电平为 4.0ns
    #0.5 ;                    // 为了可读性，增加 0.5ns 的高电平
  end
```

```
  Vrcntr4u    U1 ( .CLK(CLK), .CLR(CLR), .LD(LD), .ENP(ENP), .ENT(ENT), .D(D),
                   .Q(cntr4uQ), .RCO(cntr4uRCO) );
  Vrcntr4dec U2 ( .CLK(CLK), .CLR(CLR), .LD(LD), .ENP(ENP), .ENT(ENT), .D(D),
                   .Q(cntr4decQ), .RCO(cntr4decRCO) );
  Vrexcess3   U3 ( .CLK(CLK), .CLR(CLR), .LD(LD), .ENP(ENP), .ENT(ENT), .D(D),
                   .Q(excess3Q), .RCO(excess3RCO) );
  Vrupdn4     U4 ( .CLK(CLK), .CLR(CLR), .LD(LD), .ENP(ENP), .ENT(ENT), .D(D),
                   .UPDN(UPDN), .Q(updn4Q), .RCO(updn4RCO) );

  initial begin
    CLR = 0; LD = 0; ENP = 0; ENT =0; D = 0; UPDN = 0;   // 所有输入为 0
    #105 ;                       // 等待 FPGA 全局复位信号结束
    CLR = 1; D = 4'b1111; #10   // 确定计数器清零
    #10 ;
    CLR = 0; LD = 1; #10         // 现在载入数据 1111
    LD = 0; ENP = 1; #10         // 还没有计数（ENT 不为 1）
    ENT = 1; UPDN = 1; #40       // 现在开始计数 4 个时钟触发沿（递增方式）
    UPDN = 0; #40                // 然后计数 6 个时钟触发沿（递减方式）
    UPDN = 1; #200               // 最后计数 20 个时钟触发沿（递增方式）
    ENP = 0; #30                 // 停止计数
    $stop(1);
  end
endmodule
```

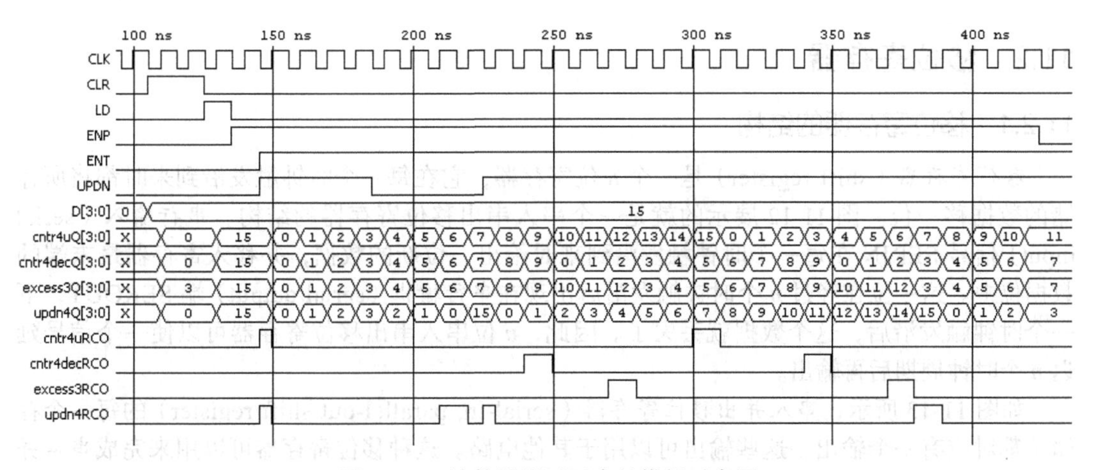

图 11-11 计数器测试平台的模拟时序图

前一小节展示了如何通过对二进制计数器的输出进行译码来为一组器件提供一组相互排斥的“使能”输入信号。程序 11-6 中给出了具有类似功能的 Verilog 模块。模块中的第一个 always 程序块创建了一个 3 位计数器，但与其他 Verilog 计数器不同，这个计数器的触发器在模块外面是不可见的。第二个 always 程序块是组合型的，它对计数器的输出进行译码以产生外部输出。

程序 11-6 3 位计数器及其译码输出的 Verilog 代码

```
module Vr3bitctrdec ( CLK, CLR, S_L );
  input CLK, CLR;
  output reg [0:7] S_L;
  reg [2:0] Q;
  integer i;

  always @ (posedge CLK) // 创建 f-f 计数器的特性
    if (CLR)      Q <= 3'd0;
    else          Q <= Q + 1;

  always @ (Q) begin   // 对计数器状态译码以产生输出
```

```
    S_L = 8'b11111111;
    for (i=0; i<=7; i=i+1)
      if (i == Q) S_L[i] = 0;
  end
endmodule
```

前一小节还讲述了如何通过在计数器输出端连接一个寄存器来产生无尖峰脉冲的计数器译码输出，同样可以创建一个具有相同功能的 Verilog 模块。这个模块的声明部分和程序 11-6 的完全一样，但是用一个时序型 always 程序块替换了原程序中的时序型 always 程序块和组合型 always 程序块，如程序 11-7 所示。

程序 11-7　带有寄存型译码输出的 3 位计数器模块 Vr3bitctrdecreg 的 Verilog 变化

```
always @ (posedge CLK) begin
  if (CLR)      Q <= 3'd0;    // 创建 f-f 计数器的特性
  else          Q <= Q + 1;
  S_L <= 8'b11111111;        // 输出缺省值是无效的
  for (i=0; i<=7; i=i+1)     // 对计数器状态译码以断言一个低电平有效的输出
    if (i == Q) S_L[i] <= 0;
end
```

11.2　移位寄存器

11.2.1　移位寄存器的结构

移位寄存器（shift register）是一个 n 位寄存器，它在每一个时钟触发沿到来时都将所存储的数据移一位。图 11-12 展示的就是一个串入串出移位寄存器的结构。串行输入（serial input）信号 SERIN 在每一个时钟触发沿到来时给出一位新的数据，并移入寄存器最末端的数据位中。这一位在经过 n 个时钟触发沿后出现在串行输出（serial output）端 SEROUT，下一个时钟触发沿后，这个数据就丢失了。因此，n 位串入串出移位寄存器可以使一个信号延迟 n 个时钟周期后再输出。

如图 11-13 所示，串入并出移位寄存器（serial-in, parallel-out shift register）的每一个存储位都对应有一个输出，这些输出可以用于其他电路。这种移位寄存器可以用来完成串 - 并转换（serial-to-parallel conversion）。

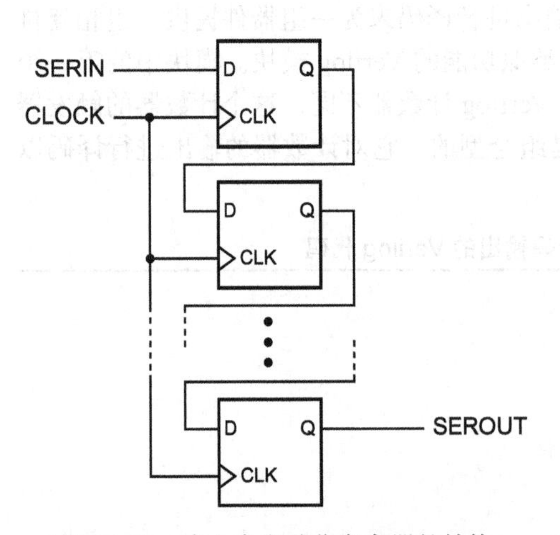

图 11-12　串入串出移位寄存器的结构

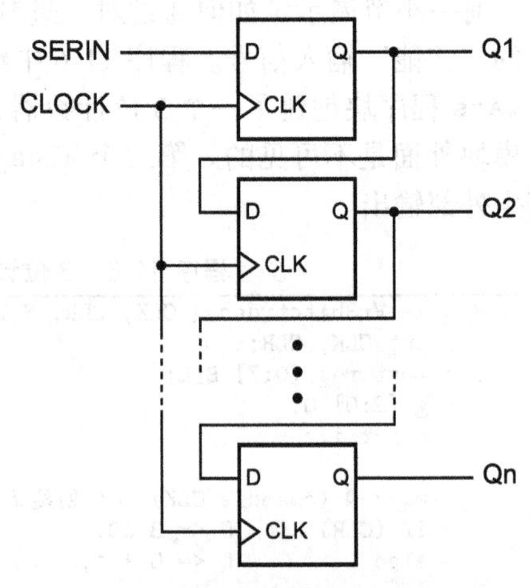

图 11-13　串入并出移位寄存器的结构

相反地，还可能构造出**并入串出移位寄存器**（parallel-in, serial-out shift register），它的一般结构如图 11-14 所示。在每个时钟触发沿到来时，或者从输入端（1D ~ ND）载入新的数据，或者对当前存储的内容进行移位，具体执行什么操作取决于控制输入端 LOAD/SHIFT 的值（这个输入端也可以命名为 LOAD 或者 SHIFT_L）。从内部来讲，这种器件在每个 D 触发器的输入端接有一个 2 输入多路复用器，用来在这两种情况之间做出选择。并入串出移位寄存器可以用来完成**并 - 串转换**（parallel-to-serial conversion）。

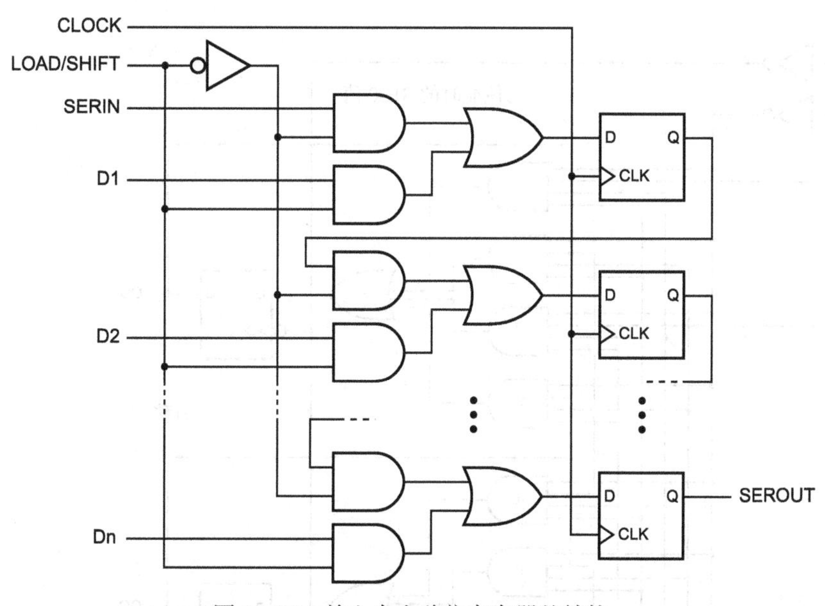

图 11-14 并入串出移位寄存器的结构

如果给并入型移位寄存器的每一个存储位都设置一个输出的话，就构成了**并入并出移位寄存器**（parallel-in, parallel-out shift register），如图 11-15 所示。在前面讲到的几种移位寄存器的应用都可以采用这种移位寄存器来实现。

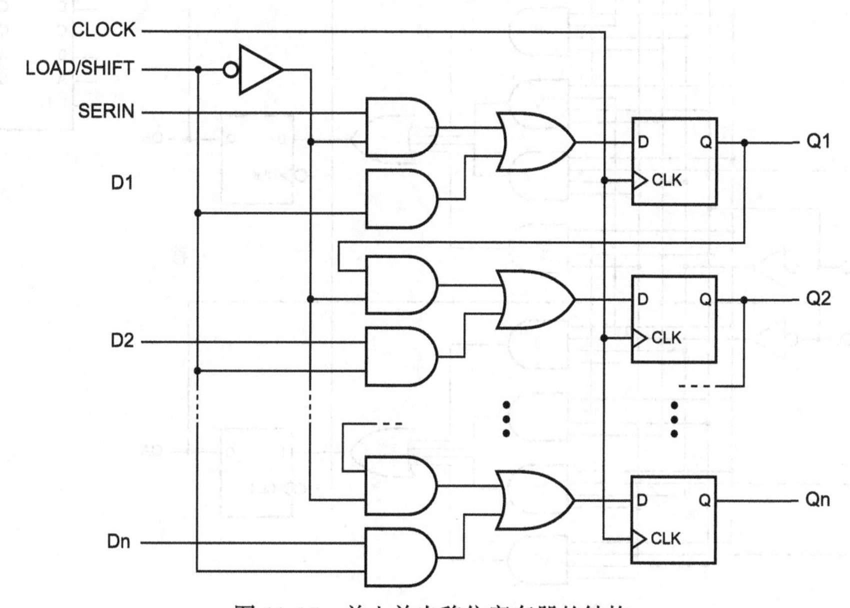

图 11-15 并入并出移位寄存器的结构

前面给出的所有移位寄存器都被称为单向移位寄存器（unidirectional shift register），因为这些寄存器的内容都只能朝一个方向移动。**双向移位寄存器**（bidirectional shift register）则可以根据控制输入信号的状态，向两个方向中的一个移动。将这个改进与寄存器在每个时钟边沿处的载入或保持的功能相结合，就可以创建一个通用的移位寄存器。因此，图 11-16a 是一个带有同步清零功能的 4 位宽通用移位寄存器的逻辑图，称为 SHRG4U，其逻辑符号如图 11-16b 所示。这两个方向就是所谓的“左”和“右”。当然，逻辑图和逻辑符号不一定

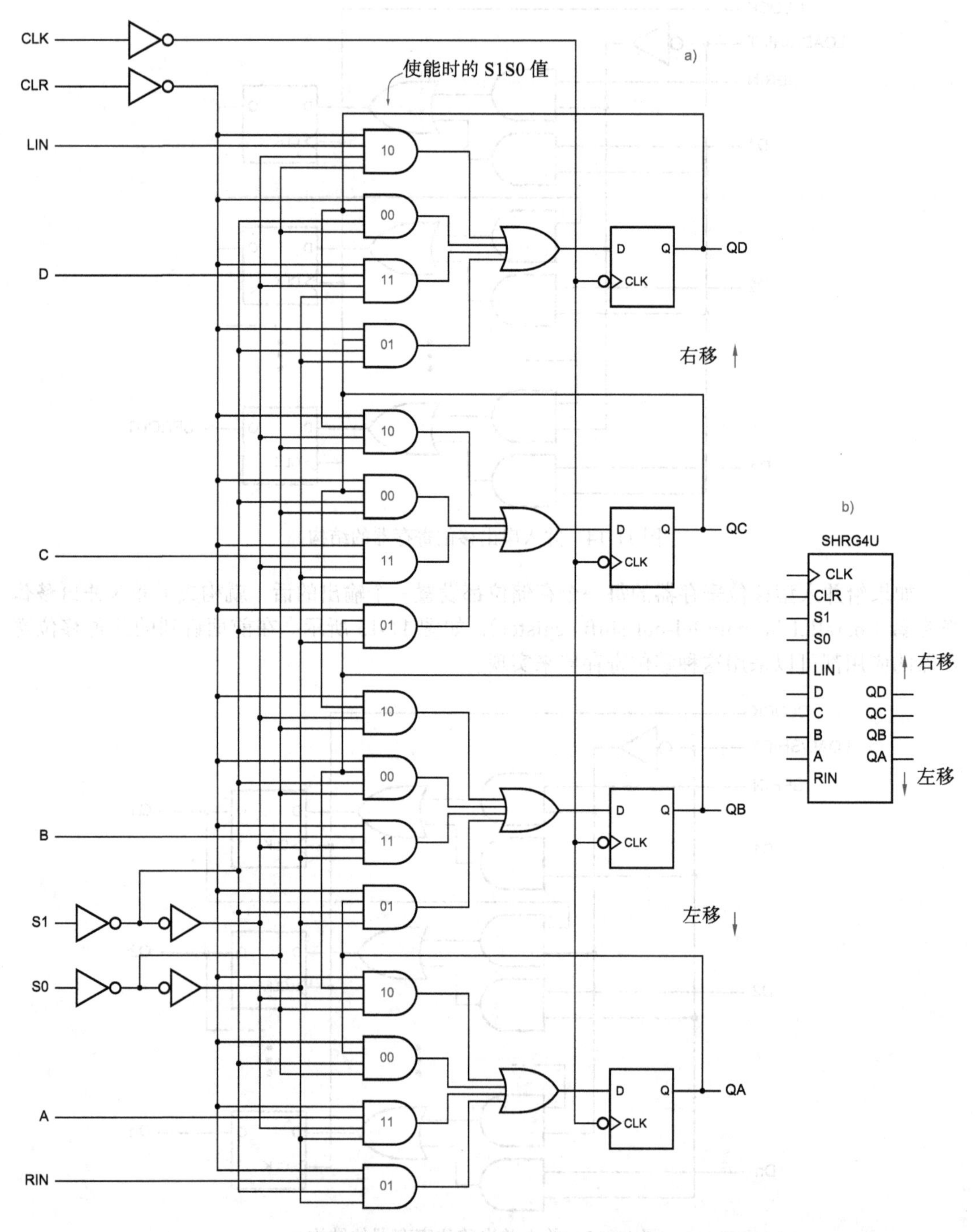

图 11-16　4 位通用移位寄存器 SHRG4U：a）逻辑图；b）逻辑符号

要画成向左或者向右。在 SHRG4U 中，*左移*就意味着“从 QD 移到 QA”，而*右移*就意味着“从 QA 移到 QD”。如果把图 11-16 中的逻辑图和逻辑符号都顺时针转 90 度，那么就符合这种说法。

表 11-2 是 SHRG4U 的功能表。这是一个经过高度压缩的功能表，因为这个表中没有包含大多数的输入（A ~ D、RIN、LIN）和现态 QA ~ QD。然而，通过将次态表达为这些隐含变量的函数，这个表完全能够定义出在现态和输入的所有 2^{13} 种可能取值组合下，SHRG4U 的所有操作，而且这个表确实比一个有 8192 行的表要强。

表 11-2　4 位通用移位寄存器 SHRG4U 的功能表

功能	输入			次态			
	CLR	S1	S0	QA*	QB*	QC*	QD*
清零	1	x	x	0	0	0	0
保持	0	0	0	QA	QB	QC	QD
右移	0	0	1	RIN	QA	QB	QC
左移	0	1	0	QB	QC	QD	LIN
载入	0	1	1	A	B	C	D

注意，虽然 SHRG4U 的 LIN（左输入）输入从概念上讲是位于芯片的“右边”，但它确实是寄存器实现左移位时的串行输入。同样，位于“左边”的 RIN 是右移位时的串行输入。

11.2.2　移位寄存器型计数器

串 – 并转换是移位寄存器的“数据”应用，而移位寄存器还有“非数据”应用。移位寄存器可以与组合逻辑电路相连，构成具有循环状态图的状态机。这样的电路称为*移位寄存器型计数器*（shift-register counter）。与二进制计数器不同，移位寄存器型计数器的计数顺序既不是二进制的升序也不是降序，但这种计数器在许多“控制”领域的应用中却十分有用。下面三个小节将会给出三种不同的构建移位寄存器型计数器的方法。每种方法都会产生一种不同的计数序列，每种方法都有各自的特殊优点。

11.2.3　环形计数器

用一个 n 位移位寄存器构成的最简单的具有 n 种状态的移位寄存器型计数器，被称为*环形计数器*（ring counter）。图 11-17 就是一个 4 位环形计数器的逻辑图。通常将通用移位寄存器 SHRG4U 连接成具有左移功能的形式（并且 S1S0 通常为 10）。然而，当 RESET 信号有效时，这个左移寄存器的内容（S1S0 为 11 并且其加载 A ~ D）被置为 0001（参见 SHRG4U 的功能表，即表 11-2）。一旦 RESET 信号被取消，那么每来一个时钟触发沿，SHRG4U 的内容就左移一位。串行输入端 LIN 与“最左边”的输出位相连，所以次态依次为 0010，0100，1000，0001，0010，…。于是，计数器就重复经历这 4 种状态。时序

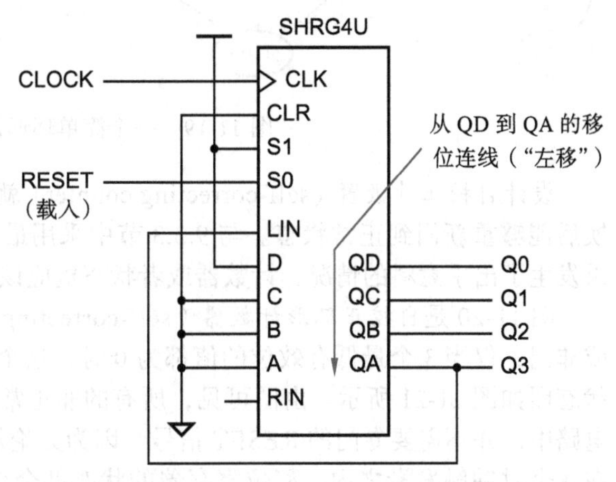

图 11-17　带有单个“1”循环的 4 位 4 状态环形计数器的最简单设计

图如图 11-18 所示。一般来讲，*n* 位环形计数器在一个循环中会依次经历 *n* 种状态。

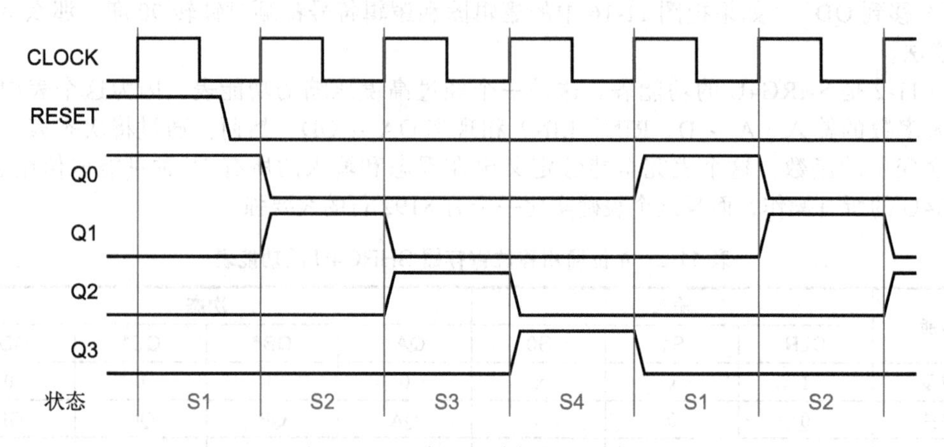

图 11-18　4 位环形计数器的时序图

图 11-17 中的环形计数器存在一个主要问题，即这种计数器不具有鲁棒性。如果输出中那个唯一的 1 由于暂时性的硬件故障而丢失的话，计数器就会进入状态 0000，并且永远停留在这个状态。同样，如果输出中被额外地置入了一个 1（即产生了状态 0101）的话，计数器就会进入到一个不正确的状态循环中，并且永远停留在这个循环中。如果画出包含上述电路所有 16 种状态的完整状态图，那么这些问题就很明显了。如图 11-19 所示，在状态图中，有 12 种状态都不属于正常计数循环中的状态。如果一个尖峰脉冲使得计数器脱离了正常的循环，那么它就只好待在正常循环之外了，除非再有另一个尖峰脉冲把它推回去。

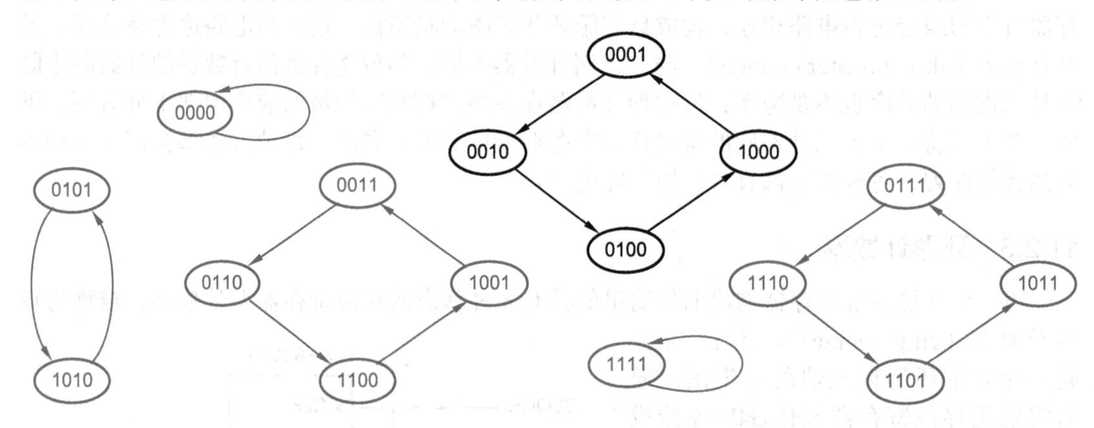

图 11-19　一个简单环形计数器的状态图

设计自校正计数器（self-correcting counter）就是要使所有的非正常状态在经过一定的变换后能够重新回到正常状态。与 9.3.3 节中采用最小风险法来实现状态赋值的原因一样，如果发生了出乎意料的情况，计数器或者状态机应该能够进入一个"安全"的状态。

图 11-20 是自校正环形计数器（self-correcting ring counter）的电路。电路中采用了一个或非门，仅当 3 个最低有效位的值都为 0 时，这个或非门才会向 LIN 端移入一个 1。所得的状态图如图 11-21 所示。由图可见，所有的非正常状态都被引回到正常循环中。注意在这个电路中，并不需要专门的 RESET 信号，因为无论加电时这个移位寄存器的初始状态是什么，在 4 个时钟触发沿之内，移位寄存器的状态都会变为 0001。但是，如果要确保计数器和系统中其他的部件同步，或者要在模拟过程中提供一个已知的起始点，那么还需要一个专门的

复位信号（参见练习题 11.45）。

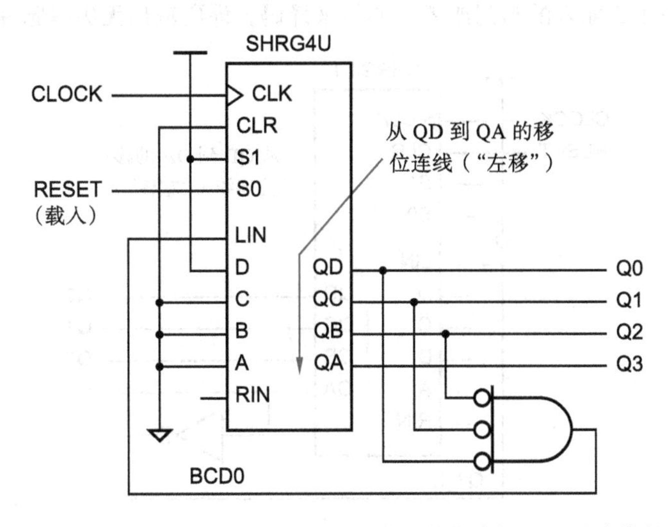

图 11-20 带有单个“1”循环的 4 位 4 状态自校正环形计数器

一般情况下，一个 n 位的自校正环形计数器要使用 1 个有 $n-1$ 输入的或非门，来实现在 $n-1$ 个时钟触发沿内 1 个非正常状态的校正。

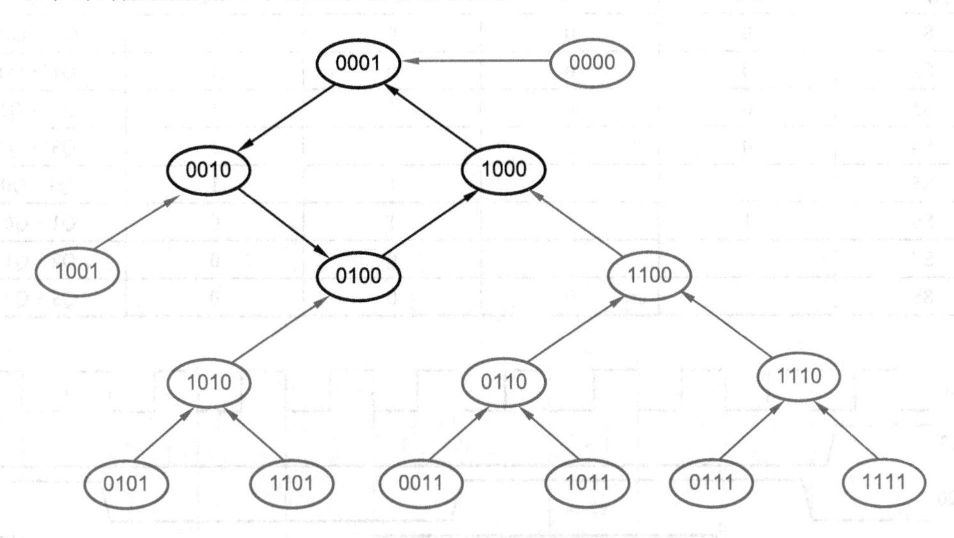

图 11-21 自校正环形计数器的状态图

就控制领域的应用而言，环形计数器主要的吸引力就在于：它的状态是直接以 n 中取 1 的译码形式出现在触发器的输出端的。也就是说，对应每一种状态，只有一个触发器的输出是有效的。而且，与图 11-8 中的二进制计数器和译码器的方法比较，这里的这些输出都是“无尖峰脉冲”的。

*11.2.4 Johnson 计数器

把 n 位移位寄存器的串行输出取反，反馈到串行输入端，就构成了一个具有 2^n 种状态的计数器，称为*扭环形*（twisted-ring，或者 Moebius，或者 Johnson）*计数器*。图 11-22 就是这种计数器的基本电路，图 11-23 是其对应的时序图。这个计数器的正常状态列在表 11-3

中。如表中所示，如果每个触发器的输出真值及其反都有效的话，那么计数器的每一个正常状态就都可以用一个 2 输入的与门或者与非门来译码，译码输出无尖峰脉冲。

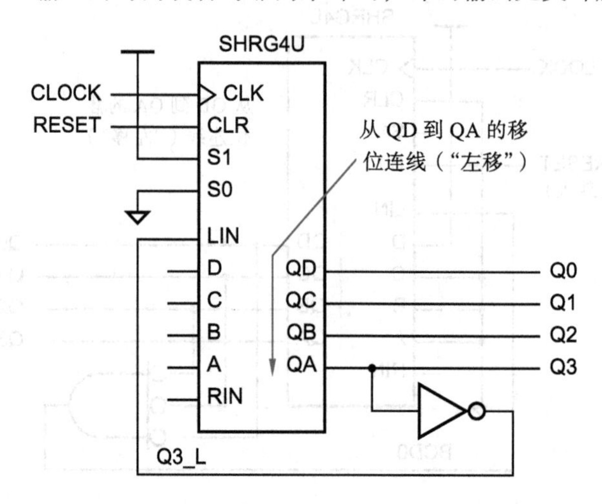

图 11-22　基本的 4 位 8 状态 Johnson 计数器

表 11-3　4 位 Johnson 计数器的状态

状态名	Q3	Q2	Q1	Q0	译码
S1	0	0	0	0	Q3′ · Q0′
S2	0	0	0	1	Q1′ · Q0
S3	0	0	1	1	Q2′ · Q1
S4	0	1	1	1	Q3′ · Q2
S5	1	1	1	1	Q3 · Q0
S6	1	1	1	0	Q1 · Q0′
S7	1	1	0	0	Q2 · Q1′
S8	1	0	0	0	Q3 · Q2′

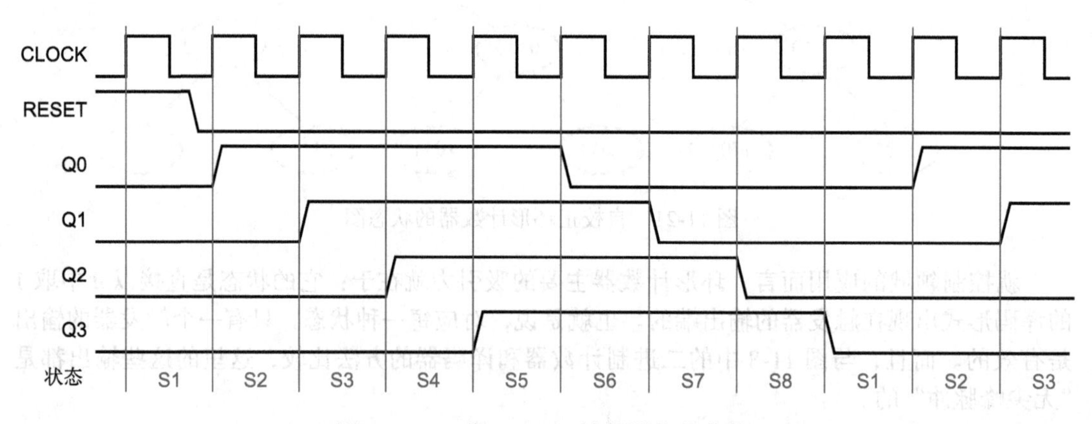

图 11-23　4 位 Johnson 计数器的时序图

一个 n 位 Johnson 计数器有 2^n-2n 个非正常状态，因此与环形计数器一样也存在鲁棒性问题。一个 4 位自校正 Johnson 计数器（self-correcting Johnson counter）的设计如图 11-24 所示。每当这个电路现态为 0xx0 时，次态就是 0001。类似地，采用一个 2 输入或非门电路，也可以用来校正任意位的 Johnson 计数器，这样的校正电路要求：每当现态为 0x⋯x0

时，次态就为00…01。

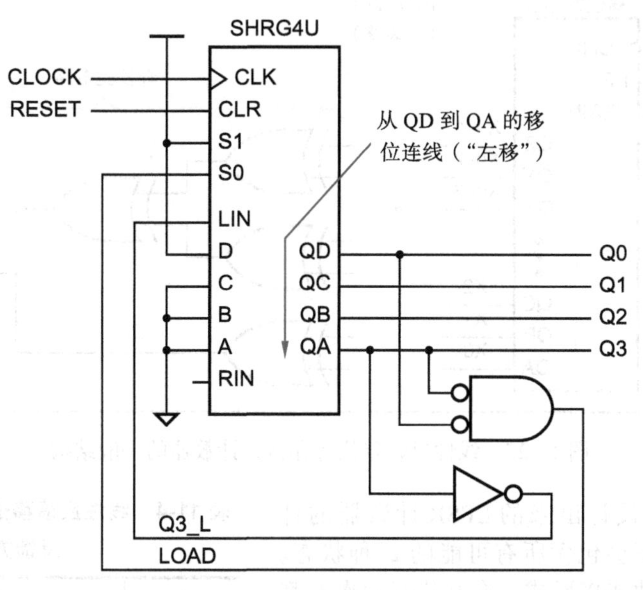

图11-24 4位8状态自校正Johnson计数器

> **自校正电路本身就有校正能力！**
>
> 我们可以证实，自校正电路可以采用如下方式来校正所有的非正常状态。非正常状态都可以写成x…x10x…x的形式，不能写成这种形式的状态就是正常状态（即00…00、11…11、01…1、0…01…1和0…01）。因此，在$n-2$个时钟触发沿内，移位寄存器肯定会包含状态10x…x，那么，再一个时钟触发沿后就包含状态0x…x0，然后再来一个时钟触发沿，就进入正常状态00…01了。

11.2.5 线性反馈移位寄存器型计数器

到目前为止，所讲到的n位移位寄存器型计数器的正常状态数目，都远远小于最大值2^n。*n位线性反馈移位寄存器型*（LFSR）*计数器*（*n*-bit linear feedback shift-register counter）有2^n-1种有效状态，几乎就是有效状态数的最大值。这种计数器通常称为*最大长度序列发生器*（maximum-length sequence generator）。

LFSR计数器的设计是基于*有限域*（finite field）理论，这个理论是由法国数学家Évariste Galois（1811—1832）提出的。此后不久，他就在两个政治派别的一次冲突中丧生了。LFSR计数器的操作对应于有2^n个元素的有限域中的操作。

图11-25给出了一个n位LFSR计数器的结构。将移位寄存器特定的一部分输出位的模2和，与移位寄存器串行输入端相连。这个反馈连接形式决定了计数器的状态循环顺序。通常，输出总是按图中所示的方向进行编码和移位的。

利用有限域理论，对于n为任意值，至少可以找到一种反馈方程，使得计数器的计数循环包含所有2^n-1种非零状态。这就是所谓的*最大长度序列*（maximum-length sequence）。

表11-4中列出了对于给定的值可以实现最大长度序列的反馈方程。对应于每一个大于3的n值，都有许多其他的反馈方程可以实现最大长度序列，并且每一个反馈方程都不同。

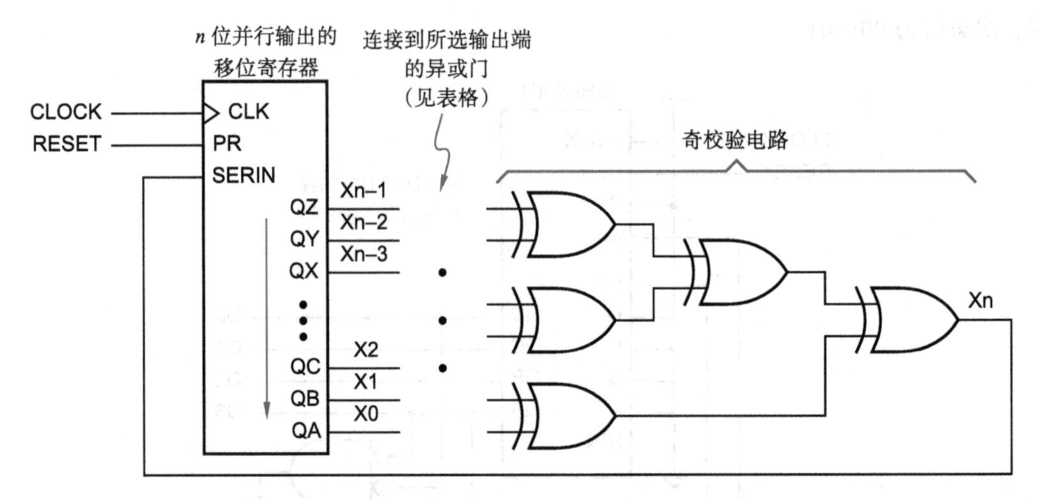

图 11-25　线性反馈移位寄存器型计数器的一般结构

按照图 11-25 设计出来的 LFSR 计数器的计数循环中，永远不会包含所有可能的 2^n 种状态。因为无论采用哪种连接形式，全 0 状态的次态都是全 0。

图 11-26 是 3 位 LFSR 计数器的逻辑图。这个计数器的状态序列如表 11-5 的前 3 列所示。由任意一个非零状态出发，表中给出复位后的起始状态 100，对于一个 7 状态的计数器，它在回到起始状态 100 之前会经历其他 6 个状态。

LFSR 计数器经过改造可以有 2^n 种状态，即包含全 0 状态，改造后的结构如图 11-26 的 3 位计数器所示。最终得到的状态序列在表 11-5 的最后 3 列上显示。对于一个 *n* 位 LFSR 计数器而言，只要外加 1 个异或门以及 1 个 *n* – 1 输入的或非门（并且这个或非门的输入与除了 X0 以外的其他所有寄存器输出相连），就可以实现上述功能。

表 11-4　线性反馈移位寄存器型计数器的反馈方程

n	反馈方程
2	X2 = X1 ⊕ X0
3	X3 = X1 ⊕ X0
4	X4 = X1 ⊕ X0
5	X5 = X2 ⊕ X0
6	X6 = X1 ⊕ X0
7	X7 = X3 ⊕ X0
8	X8 = X4 ⊕ X3 ⊕ X2 ⊕ X0
12	X12 = X6 ⊕ X4 ⊕ X1 ⊕ X0
16	X16 = X5 ⊕ X4 ⊕ X3 ⊕ X0
20	X20 = X3 ⊕ X0
24	X24 = X7 ⊕ X2 ⊕ X1 ⊕ X0
28	X28 = X3 ⊕ X0
32	X32 = X22 ⊕ X2 ⊕ X1 ⊕ X0

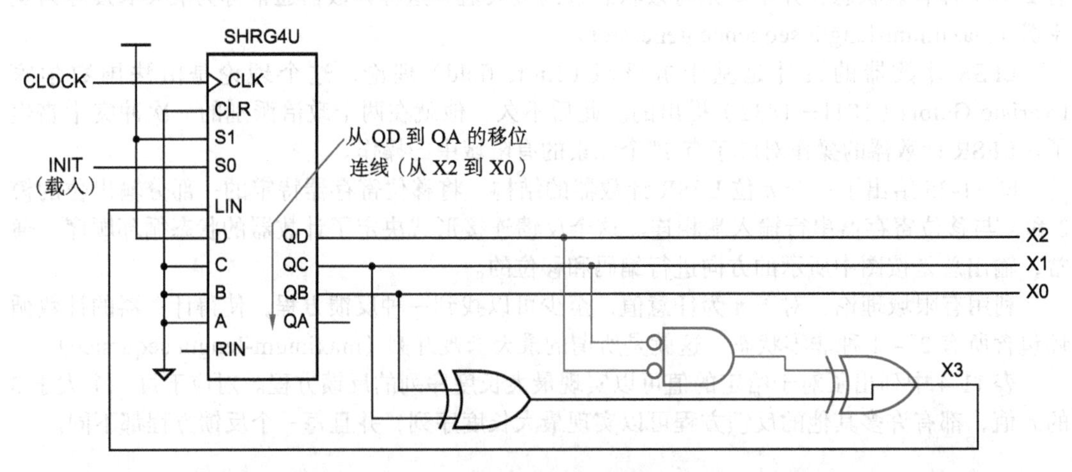

图 11-26　3 位 LFSR 计数器，对全 0 状态所做的修改即加上从点 E 和 F 到点 G 的内容

表 11-5 图 11-26 中 3 位 LFSR 计数器的状态序列

原来的序列			修改后的序列		
X2	X1	X0	X2	X1	X0
1	0	0	1	0	0
0	1	0	0	1	0
1	0	1	1	0	1
1	1	0	1	1	0
1	1	1	1	1	1
0	1	1	0	1	1
0	0	1	0	0	1
1	0	0	0	0	0
.	.	.	1	0	0
.	.	.	.	.	.

LFSR 计数器的状态并不是按照二进制计数顺序出现的。然而，在 LFSR 计数器的典型应用场合中，这个特性是一个优点。LFSR 计数器的典型应用就是用于产生逻辑电路的测试输入信号。在大多数情况下，LFSR 计数器的“伪随机”计数序列可能比二进制计数序列更易于检测到逻辑电路中的错误，特别是如果仅使用 2^n 个可能的 n 位值的子集。LFSR 也可以用在检错及纠错码的编码和译码电路中，包括 CRC 码，这种编码在 2.15.4 节中介绍过。

在数据通信领域中，LFSR 计数器常常用来“加扰”和“解扰”通过高速调制解调器和网络（包括 100Mbps 和 1Gbps 以太网）接口传送的数据模式。通过对 LFSR 使用同频率的时钟，并将其输出中的一位与用户串行数据流中的后续位异或起来，就可以完成这个功能。即使在用户数据流中包含了一长串的 0 或 1 的情况下，把这个用户的数据流与 LFSR 的伪随机输出相连，也可以改善传送信号的直流平衡，并且能产生出更多的电平转换次数，使得接收器能够很容易地恢复出接收信号中的时钟信息。对于解扰，接收器使用具有相同计数序列的 LFSR，初始化为从输入数据流中的相同点开始，并且将相同的 LFSR 输出位与数据流异或起来。

在域内操作

有限域包含一些数目有限的元素以及两个满足一定特性的操作符（即加法和乘法）。具有 P 个元素的有限域的例子，就是模 P 的整数集合（其中 P 为质数）。在这个域中的操作符是模 P 的加法运算和乘法运算。

依据有限域理论，如果由一个非零元素 E 起，对该元素反复地乘以一个“原始”元素 α，经过 $P-2$ 步后，在变回到元素 E 之前就可以产生出这个域中其余所有的非零元素。这表明，在有 P 个元素的域中，从 2 到 $P-1$ 范围内的任意整数都可以作为原始元素。比如，你自己就可以采用 $P=7$ 和 $\alpha=2$ 来试一试，域中的元素从 0 到 6，而域中的运算是模 7 的加法和减法。

上一段描述包含了最大长度序列发生器中的基本思想。然而，要把这个思想用到数字电路中，还需要一个有 2^n 个元素的域，其中的 n 值由具体应用决定。一方面，我们是幸运的，因为已经证明了：对于任意整数 n，只要 P 为质数（包括 $P=2$），就存在 P^n 个元素的有限域。另一方面，我们又是不幸的，因为当 $n>1$ 时，具有 P^n（包括 2^n）个元素的域的运算，与一般的整数加法和乘法运算差别很大。而且，寻找原始元素也比较困难。

如果你像我一样对数学感兴趣，那么可能也会被这个有限域理论所吸引（参见本章参考资料）。不然，你就把这段内容当作“烹饪手册”来相信和使用它吧！

11.2.6　用 Verilog 实现移位寄存器

很容易用 Verilog 对移位寄存器做行为化的描述，包括前面几小节所遇到的所有类型和应用；下面来学习其中的几种。

Verilog 模块中串入并出的移位寄存器的行为化代码如程序 11-8 所示，其中的几个方面值得注意。移位寄存器的宽度是参数化的，默认的宽度值为 8 位。使用连接符“{}”和部分选择符“[]”创建一个由 Q 最右边的各位和串行输入构成的 8 位移位向量——这是一个“左”移的结果。也可以使用 Verilog 的移位操作符“Q<=(Q<<1)|SERIN”来实现移位，但你必须完全理解在这个构建过程中，Verilog 是如何工作的：移位后 Q 的最右边位是 0，并且在或操作之前 SERIN 的左边补入 0 值（还是参见训练题 11.16）。通过对程序 11-8 中的模块进行修改，把 Q 只声明为 reg 类型（不是 output 类型），并且给 Q[7] 赋予一个独立声明的 wire 型输出值 SEROUT，就可以获得一个串入串出的移位寄存器。

程序 11-8　串入并出 8 位移位寄存器的 Verilog 模块

```
module Vr8bitSRparout ( CLK, CLR, SERIN, Q );
  input CLK, CLR, SERIN;
  output reg [WID-1:0] Q;
  parameter WID = 8;

  always @ (posedge CLK)
    if (CLR == 1) Q <= 0;               // 同步清零
    else Q <= {Q[WID-2:0], SERIN};    // 移位
endmodule
```

对应于 4 位通用移位寄存器 SHRG4U 的 Verilog 行为化模块，如程序 11-9 所示。用级联符将输入和输出组合起来构成一个向量，以便进行移位操作的描述和编码。使用 case 语句依据 S1 和 S0 的函数来选择合适的操作，包括 S1S0 值为 00 时无操作的情况，此时保持寄存器的值。这是一种“完整的情况”（选择列表包含了选择表达式所有可能的取值），因此，除非模拟时 S1 或 S0 出现了 x 值或者 z 值，否则缺省的情况永远都不会出现。

程序 11-9　通用 4 位移位寄存器的 Verilog 模块

```
module Vrshrg4u( CLK, CLR, RIN,LIN, S0,S1, A,B,C,D, QA,QB,QC,QD )
  input CLK, CLR, S0, S1, RIN, LIN, A, B, C, D;
  output reg QA, QB, QC, QD;

  always @ (posedge CLK) begin
    if (CLR == 1'b1) {QA,QB,QC,QD} <= 4'b0;
    else case ({S1,S0})
      2'b00: ;                                  // 保持
      2'b01: {QA,QB,QC,QD} <= {RIN,QA,QB,QC}; // 右移
      2'b10: {QA,QB,QC,QD} <= {QB,QC,QD,LIN}; // 左移
      2'b11: {QA,QB,QC,QD} <= {A,B,C,D};      // 载入
      default: {QA,QB,QC,QD} <= 4'bx;          // 不会发生
    endcase
  end
endmodule
```

移位寄存器模块的测试平台如程序 11-10 所示。测试平台的测试策略有三个部分，用于检测模块在一个综合输入数据集上操作的正确性。第一部分针对输入 A ~ D 的全部 16 种取值组合，检测载入、保持和同步清零功能。之后，第二部分针对输入 A ~ D、RIN 和 LIN 的

全部64种取值组合，检测右移功能的正确性。该部分的最后两个语句特别重要，因为当错误使用输入时很容易出现编码错误（例如，输入出现了交换使用的情况）。注意：测试平台是把UUT的右移结果跟Verilog的内置移位操作结果进行比较，这是对使用了部分选择符和级联符的另一种形式的UUT进行复核检测。测试平台的第三部分用同样的方法检测左移功能。

程序 11-10 4位通用移位寄存器的Verilog测试平台

```
module Vrshrg4u_tb() ;
reg Tclk, CLR, S0, S1, RIN, LIN;
reg [3:0] I;      // A-D = I[3:0]
wire [3:0] Q;     // QA-QD = Q[3:0]
Vrshrg4u UUT ( .CLK(Tclk), .CLR(CLR), .RIN(RIN), .LIN(LIN), .S0(S0), .S1(S1),
               .A(I[3]), .B(I[2]), .C(I[1]), .D(I[0]),
               .QA(Q[3]), .QB(Q[2]), .QC(Q[1]), .QD(Q[0]) );
always begin
  #0.5 ; Tclk = 1'b1; #5 ;                 // 上升沿将会出现在10.5ns、20.5ns等时间处
  Tclk = 1'b0; #4.5 ;
end
initial begin : TB
integer ii, j;
  #116 ;                                   // 等待FPGA复位信号结束
  RIN = 1'b0; LIN = 1'b0;                  // 不必检查RIN和LIN
  $display("Starting load, hold, and clear test");
  for (ii=0; ii<=15; ii=ii+1) begin  // 载入并保持所有输入数据的组合
    CLR = 1'b0; {S1,S0} = 2'b11; I[3:0] = ii; #10 ;  // 载入下一值，等待触发沿
    if (Q != I[3:0]) $display("S1S0=11, ABCD=%4b, QA-QD=%4b, load failed", I, Q);
    {S1,S0} = 2'b00; #10 ;                 // 保持，等待触发沿
    if (Q != I[3:0]) $display("S1S0=00, ABCD=%4b, now QA-QD=%4b, hold fails",I,Q);
    CLR = 1'b1; #10 ;                      // 清零并给出一个有效的循环
    if (Q != 4'b0) $display("CLR=1, QA-QD=%4b, clear failed", Q);
  end
  $display("Clear, load, and hold test completed");
  CLR = 1'b0;                              // 测试平台的其他部分不清零
  $display("Starting shift-right test for all states");
  for (ii=0; ii<=63; ii=ii+1) begin  // 现在从所有的起始状态测试右移
    {S1,S0} = 2'b11; {LIN, RIN, I[3:0]} = ii[5:0]; #10 ; // 载入下一值，等待触发沿
    {S1,S0} = 2'b01;  #10 ;                // 右移，等待触发沿
    if (Q != ((I>>1) | (RIN<<3)) )
      $display("S1S0=01, old QA-QD=%4b, LIN,RIN=%2b, QA-QD=%4b, shift-right failed",
        I, {LIN,RIN}, Q);
  end
  $display("All states shift-right test completed");
  $display("Starting shift-left test for all states");
  for (ii=0; ii<=63; ii=ii+1) begin  // 现在从所有的起始状态测试左移
    {S1,S0} = 2'b11; {LIN, RIN, I[3:0]} = ii[5:0]; #10 ; // 载入下一值，等待触发沿
    {S1,S0} = 2'b10;  #10 ;                // 左移，等待触发沿
    if (Q != ((I<<1) | {3'b000,LIN}) )
      $display("S1S0=10, old QA-QD=%4b, LIN,RIN=%2b, QA-QD=%4b, shift-left failed",
          I, {LIN,RIN}, Q);
  end
  $display("All states shift-left test completed");
end
endmodule
```

接下来，我们来看一个功能扩展后的8位并入并出通用移位寄存器，扩展的功能由3个功能选择输入信号控制，如表11-6所示。除了能够实现SHRG4U的保持、载入和移位功能外，还能够执行表格中所定义的循环和算术移位操作。程序11-11给出了相应的行为化Verilog代码。`case`语句用来定义选择输入信号`S[2:0]`的8种可能值所对应的移位寄存器的操作。和前面的一样，对`Q`的7个位及第8个位应用级联符和部分选择符来创建一个8位二进制向量。

表 11-6　功能扩展后的 8 位移位寄存器功能表

功能	输入				次态							
	CLR	S2	S1	S0	Q7*	Q6*	Q5*	Q4*	Q3*	Q2*	Q1*	Q0*
Clear	1	0	0	0	0	0	0	0	0	0	0	0
Hold	0	x	x	x	Q7	Q6	Q5	Q4	Q3	Q2	Q1	Q0
Load	0	0	0	1	D7	D6	D5	D4	D3	D2	D1	D0
Shift right	0	0	1	0	RIN	Q7	Q6	Q5	Q4	Q3	Q2	Q1
Shift left	0	0	1	1	Q6	Q5	Q4	Q3	Q2	Q1	Q0	LIN
Shift circular right	0	1	0	0	Q0	Q7	Q6	Q5	Q4	Q3	Q2	Q1
Shift circular left	0	1	0	1	Q6	Q5	Q4	Q3	Q2	Q1	Q0	Q7
Shift arithmetic right	0	1	1	07	Q7	Q7	Q6	Q5	Q4	Q3	Q2	Q1
Shift arithmetic left	0	1	1	1	Q6	Q5	Q4	Q3	Q2	Q1	Q0	0

程序 11-11　功能扩展后的 8 位移位寄存器 Verilog 模块

```
module Vrshrg8ext ( CLK, CLR, RIN, LIN, S, D, Q );
  input CLK, CLR, RIN, LIN;
  input [2:0] S;
  input [7:0] D;
  output reg [7:0] Q;

  always @ (posedge CLK)
    if (CLR == 1) Q <= 0;
    else case (S)
      3'd0: Q <= Q;                 // 保持
      3'd1: Q <= D;                 // 载入
      3'd2: Q <= {RIN, Q[7:1]};     // 右移
      3'd3: Q <= {Q[6:0], LIN};     // 左移
      3'd4: Q <= {Q[0], Q[7:1]};    // 循环右移
      3'd5: Q <= {Q[6:0], Q[7]};    // 循环左移
      3'd6: Q <= {Q[7], Q[7:1]};    // 算术右移
      3'd7: Q <= {Q[6:0], 1'b0};    // 算术左移
      default Q <= 8'bx;            // 不会出现
    endcase
endmodule
```

接着来看移位寄存器型计数器。程序 11-12 是一个 8 位自同步环形计数器的 Verilog 模块。另外添加了两个前面图 11-20 的设计中所没有的功能：只有当 CNTEN 有效时才允许计数，并且提供了一个 INIT 输入，来迫使计数器进入到一个初始状态 S[7:0]=00000001。INIT 和 CNTEN 都是同步输入，在时钟的上升沿处有效。

可能程序 11-12 中最有趣的特征是，用“&”实现向量的布尔约简“与”操作，这种用法很少见。表达式“&(~S[6:0])”对 S 的 7 个高阶位进行取反，然后将所有位与起来。当且仅当 S 的低阶位是 0000000 时该表达式的值才为 1，这也正是使用 11.2.3 节中所描述的方法作为自同步串行输入信号所需要的。

程序 11-12　8 位自同步环形计数器 Verilog 模块

```
module Vr8bitringctr ( CLK, INIT, CNTEN, S );
  input CLK, INIT, CNTEN;
  output reg [7:0] S;

  always @ (posedge CLK)
    if (INIT == 1)         S <= 8'b00000001;            // 同步初始化
    else if (CNTEN == 1) S <= {S[6:0], &(~S[6:0])}; // 移位, 自同步逻辑
    else                   S <= S;         // 不需要的, 如果忽略 S 将不会变化
endmodule
```

11.2.7 时序发生器举例

在数字系统中，环形计数器通常用来产生多相时钟信号或使能信号，而对于不同的数字系统，其需求也是多种多样的。易于建模和修改的能力是基于 HDL 设计的一个显著优点。

图 11-27 给出了一个具有 6 相不同操作的数字系统可能要用到的一组时钟或使能信号。每相信号持续两个主时钟信号 CLK 的时钟周期，在该时间内对应低电平有效的相使能信号 Pi_L 有效。如果额外提供一个触发器 T1 来区分每相的两个时钟沿，使得在每相的第二个时钟沿处进行移位，那么就可以使用一个环形计数器来实现上述时序信号。下面定义几个附加功能的控制输入：

RESET　当该输入有效时，输出无效。在 RESET 无效后计数器总是进入到相 1 的第一个触发沿。

RUN　当该输入有效时，允许计数器前进到当前相的第二个触发沿，或者前进到下一相的第一个触发沿；否则，当前相的当前主时钟会被延长。

RESTART　该输入有效时使得计数器返回到相 1 的第一个触发沿，即便 RUN 无效时也是如此。

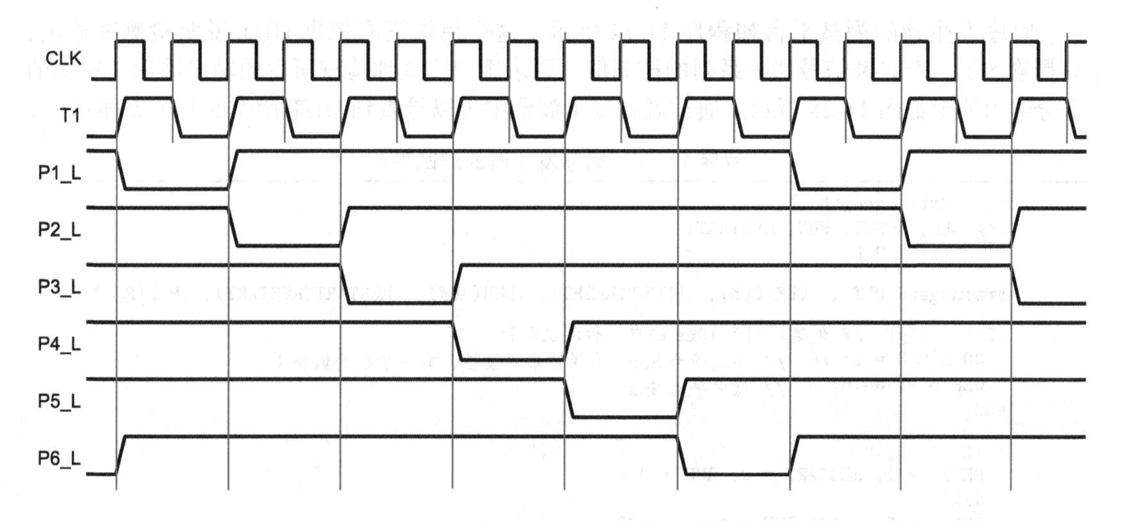

图 11-27　某种数字系统中使用的 6 相时序波形

能够提供相应特性的 Verilog 模块如程序 11-13 所示。一个 6 位二进制高电平有效变量 IP 最终用作电路的输出，这个内部信号通过连续的赋值语句取反后，即获得所要求的 6 位二进制低电平有效输出信号 P_L。复位期间，IP 被维持在全 0 状态，输出都是无效的。复位信号一旦变为无效（由对全 0 状态的识别来决定）或者如果 RESTART 有效，那么移位寄存器被载入一个 1。如果 RUN 有效则对 T1 取反，并且如果 T1 为 0 则对寄存器进行移位。移位操作使用前面说明的与图 11-20 有关的自校正逻辑。

程序 11-13　6 相时序发生器的 Verilog 模块

```
module Vrtimegen6 ( CLK, RESET, RUN, RESTART, P_L );
  input CLK, RESET, RUN, RESTART;
  output [1:6] P_L;
  reg [1:6] IP;  // 内部高电平有效的相位信号
  reg T1;        // 相内的第一个触发沿

  always @ (posedge CLK)
    if (RESET == 1) begin T1 <= 1; IP <= 6'b0; end
    else if ( (IP == 6'b0) || (RESTART == 1) )
```

```
    begin T1 <= 1; IP <= 6'b100000; end
  else if (RUN == 1)
    begin T1 <= ~T1; if (T1==0) IP <= {(IP[1:5]==0),IP[1:5]}; end
 assign P_L = ~IP;  // 低电平有效的相位输出
endmodule
```

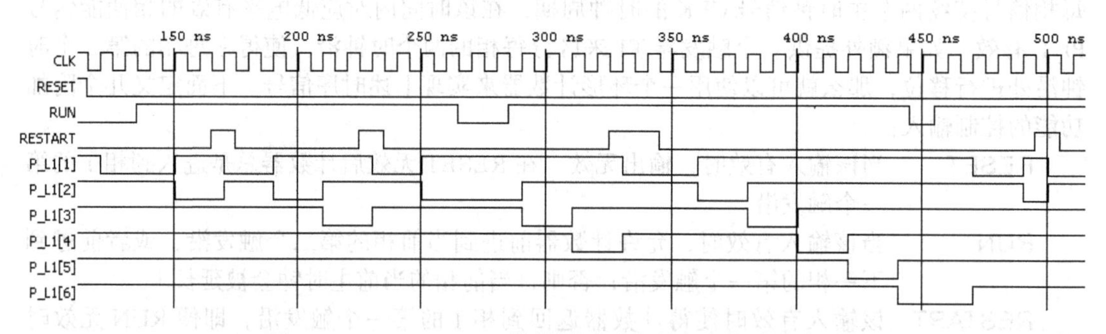

图 11-28　Vrtimegen6 模块测试平台所产生的时序波形

时序发生器的测试平台如程序 11-14 所示。这个模块没有依据 UUT 说明检测其输出；只是输入了一个时钟信号和一系列的控制值，要求用户直观地检查所得的输出波形。所得的部分输出波形如图 11-28 所示。通过观察输出波形中可以检查到 UUT 操作的几个方面：

程序 11-14　时序发生器的测试平台

```
module Vrtimegen_tb ();
  reg CLK, RESET, RUN, RESTART;
  wire [1:6] P_L;

  Vrtimegen6 UUT ( .CLK(CLK), .RESET(RESET), .RUN(RUN), .RESTART(RESTART), .P_L(P_L) );

  always begin // 创建周期为 10ns 的自运行测试时钟
    #0.5 CLK = 1; #5; // 高电平为 5ns（为了波形可读性，有一个小的偏移）
    CLK = 0; #4.5;    // 低电平为 5ns
  end

  initial begin
    RESET = 1; RESTART = 0; RUN = 0;
    #115
    RESET = 0;   #20 RUN = 1;      #30
    RESTART = 1; #10 RESTART = 0; #50
    RESTART = 1; #10 RESTART = 0; #30  RUN = 0; #20 RUN = 1; #40
    RESTART = 1; #20 RESTART = 0; #100 RUN = 0; #10 RUN = 1; #40
    RESTART = 1; #10 RESTART = 0; #150
    RESTART = 1; #10 RESTART = 0; #180
    $stop(1);
  end
endmodule
```

- 当 RESET 信号被释放后，如预期的进入相 1 的操作。由于 RUN 目前仍然无效，因此在相 1 的前半部分，输出“保持”不变。当 RUN 有效后，就进入相 1 的后半部分，然后进入到相 2。
- RESTART 有效时输出序列返回到相 1。
- RESTART 有效作用时间可以超过一个时钟周期，这样会延长相 1 的时间。
- RESTART 可能会出现在一个相的两个时钟周期的末尾或者中间。如果是出现在中间，那么该相的后一个时钟周期会被放弃。
- 使 RUN 无效，会相应延长当前相的时间。
- 相 6 之后，如期望的那样，输出周期返回到相 1。

像这样一个在测试平台中的测试情况集，仅仅综合了设计者能够想到的所有情况，只检测了 UUT 以及设计者能够直观地识别出的错误和不需要的输出。这个例子既没有检测到所有可能的情况，也没有像自检测平台那样自动地检测输出结果。但是它足以检测模块基本操作的正确性，并且也已经展示了在规格说明和结果模块中设计者需要修改或更全面地说明的一些行为特性（参见练习题 11.55）。

在给出另一种时序发生器之前，正好先来介绍一个不同形式的测试平台的文件结构，它本质上跟前面的测试平台完全一样，但会更适合某些设计者和某些场合。在进入下一个时序发生器时，就会看到不同结构的测试平台的作用。

程序 11-14 的测试平台及前面的每一个测试平台，都是先声明 UUT 的输入和输出信号，实例化 UUT，继而用 Verilog 代码模拟 UUT。之前的一些测试平台也包含这里的测试 UUT 输出的代码，以及用于检测和显示结果的 “helper” 任务。这里的文件结构具有更小的顶层测试平台文件，其顶层测试平台文件只包含前面的两个部分，后面跟了一个 `` `include `` 语句：

- 声明 UUT 的输入和输出。
- 实例化一个或多个 UUT。
- 使用一个 `` `include `` 语句去取回“激励文件”，该文件包含生成时钟和激励模式、检测结果、定义局部变量和 “helper” 任务所需的 Verilog 测试代码。

注意：激励文件并没有定义一个模块，它只是在顶层测试平台自身的模块中出现。程序 11-15 和 11-16 分别给出了这个顶层测试平台和另一种风格的激励文件，这两个程序都是从程序 11-14 原先的测试平台中简单抽取出来的。程序 11-16 还将用于本小节中其他的顶层测试平台。

程序 11-15　时序发生器的另一种风格的顶层测试平台

```
module Vrtimegen_tba ();
  reg CLK, RESET, RUN, RESTART;
  wire [1:6] P_L;

  Vrtimegen6 UUT ( .CLK(CLK), .RESET(RESET), .RUN(RUN), .RESTART(RESTART), .P_L(P_L) );

`include "Vrtimegen_stim.v"

endmodule
```

程序 11-16　另一种风格的时序发生器测试平台的激励文件

```
always begin // create free-running test clock with 10 ns period
  #0.5 CLK = 1; #5; // 高电平为 5ns(为了波形可读性，有一个小的偏移)
  CLK = 0; #4.5;    // 低电平为 5ns
end

initial begin
  RESET = 1; RESTART = 0; RUN = 0;
  #115
  RESET = 0;    #20 RUN = 1;      #30
  RESTART = 1; #10 RESTART = 0; #50
  RESTART = 1; #10 RESTART = 0; #30  RUN = 0; #20 RUN = 1; #40
  RESTART = 1; #20 RESTART = 0; #100 RUN = 0; #10 RUN = 1; #40
  RESTART = 1; #10 RESTART = 0; #150
  RESTART = 1; #10 RESTART = 0; #180
  $stop(1);
end
```

现在来看一个前面时序发生器的改进版，它在某些应用领域非常有用。新的设计必须在每相的第二个时钟周期内产生有效的输出波形，所产生的输出波形如图 11-29 所示。还要保证波形 Pi_L 的有效部分完全不重叠，即使是在短暂的相位转换期间也不能重叠。这一点在某些应用中非常重要，例如，给驱动同一个三态总线的多个器件提供的输出使能的输入信号。新设计中的这个变化是很细微的，但对设计方法产生的影响却是很重大的。

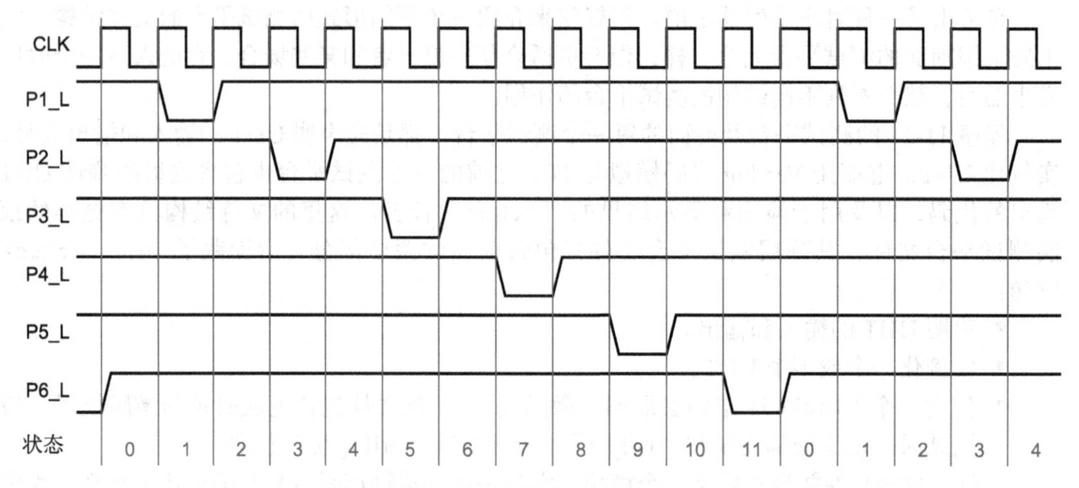

图 11-29　一数字系统修改后的时序波形

在原来的设计中使用了一个 6 位环形计数器和一个辅助的状态位 T1 来跟踪每个相中的两个状态。但是，对于新的输出波形而言，这是不可能的。在两个低电平有效的脉冲之间的状态中（图 11-29 中 STATE=0、2、4 等的状态），相位输出都是无效的，因此不可能再利用它们来推测下一个将出现的状态是什么。需要使用其他的方式来进行状态跟踪。

有许多不同的方法可以解决这个问题。用程序 11-13 来获得图 11-29 中输出波形的一种显而易见的方法，就是保持 `IP` 的定义不变，把每个 2 时钟周期宽度的相位与 `T1` 进行“与”组合，使得 `P_L` 只在两个时钟周期中的第 2 个周期内有效，于是对每一个相 `i`，都有 `P_L[i]=~(IP[i]&~T1)`。然而如果这些信号本身要被用作时钟信号的话，这种方法就不好了，因为可能会出现尖峰脉冲，接下来将对此做出解释。

不考虑模块实现的目标器件——ASIC、FPGA 或者 PLD——Pi 和 T1 都是由同一个主时钟 CLK 同步的触发器输出。尽管这些信号在几乎完全相同的时间发生改变，但它们的时序决不会完全一致。一个输出的变化可能会比另一个更慢，这叫作*输出时序偏差*（output timing skew）。例如，假设在图 11-29 中，由状态 1 转换到状态 2 时，触发器的输出 `IP[2]` 变为 1 先于 `~T1` 变为 0。这时，在任意一个实现 `P_L[2]=~(IP[2]&~T1)` 的组合逻辑电路的输出端，都可能会出现一个短暂的尖峰脉冲。

为了获得无尖峰脉冲的输出，这个电路的设计应当使得每一相的输出都是一个寄存型的输出。一种解决方法是，构建一个 12 位的环形计数器并且只用交替的输出来产生期望的波形。程序 11-17 是一个实现这个功能的 Verilog 模块。第一个 `always` 程序块是程序的时序部分，用于创建带有所需初始化和移位功能的 12 个触发器。第二个 `always` 程序块是程序的组合逻辑部分，只用于交替地“挑选”移位寄存器输出并对它们进行取反。

程序 11-17　修改后的 6 相时序发生器 Verilog 模块

```
module Vrtimegen12r ( MCLK, RESET, RUN, RESTART, P_L );
  input MCLK, RESET, RUN, RESTART;
  output reg [1:6] P_L;
```

```
  reg [1:12] IP;          // 内部高电平有效的相位信号

  always @ (posedge MCLK)
    if (RESET == 1) IP <= 12'b0;
    else if ( (IP == 12'b0) || (RESTART == 1) ) IP <= 12'h800;
    else if (RUN == 1) IP <= {IP[12],IP[1:11]};
    else IP <= IP;

  always @ (*) // 组合输出逻辑——仅仅是取反
      for (ii=1; ii<=6; ii=ii+1) P_L[ii] = ~IP[2*ii];
endmodule
```

另一种方法就是，因为输出波形是在12个状态中循环，所以可构建一个模12的二进制计数器并对计数器的状态输出进行译码。程序11-18给出了使用这种方法的Verilog模块。计数器的状态和图11-29中的“STATE”(状态)值相对应。由于输出的相必须是无尖峰脉冲的，因此必须提前一个循环周期进行译码，并把译码值存储在寄存器中，然后在正确的时间输出寄存器的值。还要注意，在`always`程序块的开始部分，当P_L被`case`语句置位为1时，如果RESET有效，那么紧跟其后的`if-else`语句可能会改变P_L的值。因此，在复位期间输出都是无效的。

额外的收获

注意，和前面的模块相比，程序11-17和11-18中新的时序发生器碰巧给主时钟信号使用了一个不同的名字(用MCLK代替CLK)，但可选用的测试平台文件结构使我们不必复制剩余的测试代码，就可以轻松地完成实例化工作。如果我们后续想增强激励文件(`Vrtimegen_stim.v`)的检测能力，那么这个可选用的测试平台文件结构也是非常有用的，因为不必在两个或多个测试平台中再去更新相同的代码。

程序11-18 基于计数器的修改后6相时序发生器的Verilog模块

```
module Vrtimegen12ct1 ( MCLK, RESET, RUN, RESTART, P_L );
  input MCLK, RESET, RUN, RESTART;
  output reg [1:6] P_L;
  reg [3:0] S;        // 模12计数器的内部状态变量

  always @ (posedge MCLK) begin
    if (RUN == 1) begin
      P_L <= 6'b111111;                // 所有输出的缺省值为无效
      case (S)                         // 让计数1,3,5,7,9,11中合适的输出有效
        4'd1:  P_L[1] <= 0;
        4'd3:  P_L[2] <= 0;
        4'd5:  P_L[3] <= 0;            // 注意如果RESET或RESTART有效，那么这些在下面可能会被重叠
        4'd7:  P_L[4] <= 0;
        4'd9:  P_L[5] <= 0;
        4'd11: P_L[6] <= 0;
      endcase
    end
    if (RESET == 1) begin S <= 0; P_L <= 6'b111111; end // 复位条件
    else if (RUN == 1) begin                            // 运行条件
      if ((RESTART==1)           S <= 0;                // 从任意状态重启
      else if (S == 11)          S <= 0;                // 循环
      else if (RUN == 1)         S <=  S+1;             // 正常计数
    end
    // 如果没有复位、重启或者运行，则保持状态不变
  end
endmodule
```

修改后输出波形的两个新模块的顶层测试平台如程序11-19所示。这个测试平台实例化

了这两个模块，以便对它们的输出波形进行比较，如图 11-30 所示。第一个模块的输出波形 P_L1[1:6] 看起来是对的，它的特性与从原先时序发生器的设计中观察到的特性非常相似：

程序 11-19 修改后 6 相时序发生器的顶层测试平台

```
module Vrtimegen_tba12 ();
  reg CLK, RESET, RUN, RESTART;
  wire [1:6] P_L1, P_L2;

  Vrtimegen12r   U1 (.MCLK(CLK),.RESET(RESET),.RUN(RUN),.RESTART(RESTART),.P_L(P_L1));
  Vrtimegen12ct1 U2 (.MCLK(CLK),.RESET(RESET),.RUN(RUN),.RESTART(RESTART),.P_L(P_L2));

`include "Vrtimegen_stim.v"
endmodule
```

- 当释放 RESET 后，操作也许会按照要求在相 1 开始，但还不能完全确定。因为 RUN 仍然是无效的，在相 1 的前半部分，P_L1[1] 会"保持"。在 RUN 有效后，操作进入相 1 的后半部分，此时 P_L1[1] 有效，然后进入相 2。
- 有效的 RESTART 信号会使输出序列返回到相 1。
- RESTART 信号的作用时间可能会超过一个时钟周期，这将会延长相 1 的前"半"部分，使得 P_L1[1] 仍然无效。
- RESTART 信号可能在 P_L1[i] 有效或无效的时候出现。若在 P_L1[i] 无效的时候出现，那么相 i 的后半部分将会被终止，并且两个时钟周期内都没有有效的相位信号(若 RESTART 持续的时间超过一个时钟周期，则没有有效相位输出的时间会更长)。
- RUN 的无效会相应地延长当前相的时间。是相位信号的无效部分还是有效部分会被扩展，取决于 RUN 失效的时间点。
- 经过 6 个相位后，输出循环会如期望的那样，回到相 1。

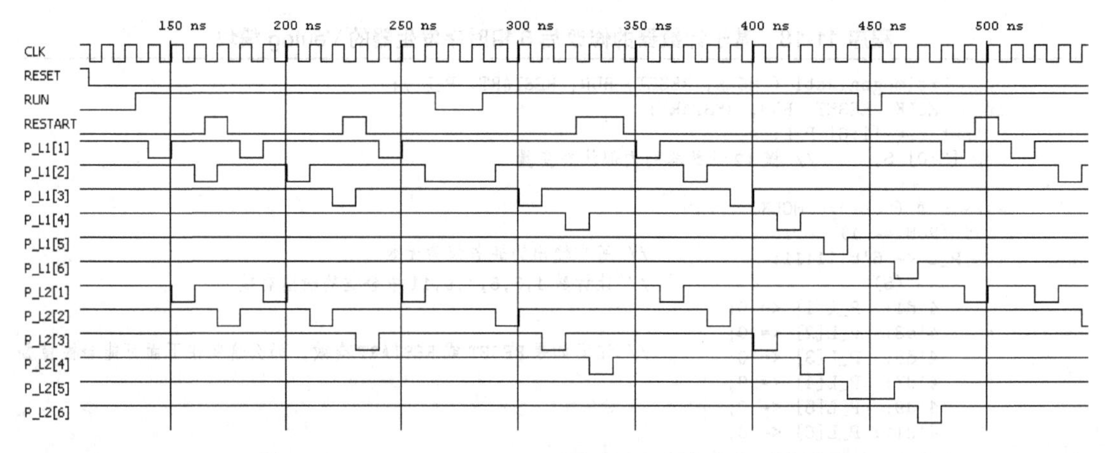

图 11-30 Vrtimegen_tba12 测试平台所产生的时序波形

在第二个模块的输出波形 P_L2[1:6] 中，立刻出现了一个问题：它输出的相位信号比第一个模块输出的信号迟一个时钟周期！但经过简单的思考后，会立即发现其中的原因。为了消除输出的尖峰脉冲，把译码后的相位输出存储在一个寄存器中，这将会使输出信号延迟一个时钟周期。通过在每相的前半部分译码对应寄存器中的状态，就可以消除这个延时，因此寄存的输出信号在一个时钟周期后有效，即在该相的后半部分有效。需要完成的改变如程序 11-20 所示。

重新运行测试平台以比较 Vrtimegen12ct2 和 Vrtimegen12r 的输出，我们发现除了一个“极端情况”（corner case），其他的输出结果完全一致。查找并修正这个“极端情况”的工作留作练习题 11.52。

程序 11-20　改正后的基于计数器的时序发生器 Verilog 代码

```
module Vrtimegen12ct2 ( MCLK, RESET, RUN, RESTART, P_L );
  ...
    case (S)           // 在计数为 0,2,4,6,8,10 之后的触发沿中让合适的输出有效
      4'd0: P_L[1] <= 0;
      4'd2: P_L[2] <= 0;
      4'd4: P_L[3] <= 0; // 如果 RESET 或 RESTART 有效，那么这些在下面可能会被重叠
      4'd6: P_L[4] <= 0;
      4'd8: P_L[5] <= 0;
      4'd10:P_L[6] <= 0;
    endcase
  ...
```

综合的结果

程序 11-17 中修改后的 6 相时序发生器，本质上是一个带有一些额外特性的 12 位环形计数器，因此它使用 12 个触发器和一些附加逻辑来实现额外的特性——以 Xilinx 7 系列 FPGA 作为目标器件时，需要使用 8 个 LUT。相应地，程序 11-20 中基于计数器实现的时序发生器只需要 4 个触发器来实现模 12 计数器，但需要 6 个触发器来创建无尖峰脉冲的输出，因此，总共需要 10 个触发器以及 6 个 LUT 来实现附加的逻辑。

因此，基于计数器的版本的规模要小一些，而且其所得到的目标 FPGA 中的最坏情况延迟通路也会短一些，运行速度也会提升 10%。但是，我认为采用环形计数器的版本更容易设计。两种方法都很好，都被我收入囊中。

11.2.8 LFSR 举例

最后一个例子涉及使用 11.2.5 节中设计方法的 LFSR。程序 11-21 是一个有 N 位输出 QX[N-1:0] 的 LFSR 的参数化 Verilog 模块。相应的参数定义如下：

- N 是 LFSR 的位宽，缺省值为 8。
- FE[N-1:0] 定义反馈方程，方程的每一个输出位都有一个 1，它的值从左到右对应 QX[N-1] 递降到 QX[0]。缺省值是表 11-4 中 $n = 8$ 的行。
- SEED 是 QX[N-1:0] 的初始化值。任意一个非零的 SEED 值都会生成一个最大长度序列，全 0 的 SEED 值会使 QX 停留在全 0 的状态。

程序 11-21　一个 2 到 N 位的 LFSR 的参数化 Verilog 模块

```
module Vrlfsr ( CLK, RESET, RUN, QX );
  parameter N = 8;                 // LFSR 的宽度
  parameter FE = 8'b00011101;      // 定义 1 位的反馈方程
  parameter SEED = 8'b00000001;    // 定义初始状态值（起点）
  input CLK, RESET, RUN;
  output reg [N-1:0] QX;           // LFSR 的状态位
  reg XN;                          // 进入 QX[N-1] 的反馈值
  integer i;

  always @ (posedge CLK) begin
    if (RESET == 1) QX <= SEED;
    else if (RUN == 1) begin
      XN = 0;
      for (i=0; i<N; i=i+1)        // 对 QX 中与反馈方程非零项对应的位做异或运算
        XN = XN ^ (FE[i] & QX[i]);
      QX <= {XN, QX[N-1:1]};       // 右移，从左边的 XN 进入
    end
```

```
  end
endmodule
```

当然，只有选择了合适的反馈方程，LFSR 才能生成一个最大长度序列，例如从表 11-4 中进行选择。检测 `Vrlfsr` 模块操作正确性的测试平台如程序 11-22 所示。重置 LFSR 后，把作为种子值的 LFSR 输出存储在变量 `SeedQX` 中。如果 LFSR 操作正确，那么这个值将会在恰好经过了 2^n-1 个时钟周期后再次出现。

程序 11-22　N 位 LFSR 的 Verilog 测试平台

```
module Vrlfsr_tb ();
  parameter N = 8;
  reg CLK, RESET, RUN;
  wire [N-1:0] QX;
  reg [N-1:0] seedQX;   // 捕获 QX 的起始值
  integer steps;        // 计数步数

  Vrlfsr UUT (.CLK(CLK),.RESET(RESET),.RUN(RUN),.QX(QX));

  always begin // 创建周期为 10ns 的自运行测试时钟
    #0.2 CLK = 1; #5; // 高电平为 5ns（为了波形可读性有个极小的偏移）
    CLK = 0; #4.8;    // 低电平为 5ns
  end

  initial begin
    RESET = 1; RUN = 0; #115
    RESET = 0;    #20
    seedQX = QX; steps = 1;
    RUN = 1;      #10             // 执行一步
    while ((QX != seedQX) && (steps < 2**N)) begin // 继续执行
      steps = steps + 1; #10 ;        // 直到再次回到起点值或者执行了太多步数为止
    end
    $display("Executed %0d steps, QX = %b\n",steps,QX);
    if ((QX != seedQX)) $display("Seed %b never repeated!\n",seedQX);
  end
endmodule
```

测试平台的结果

我在 Xilinx Vivado 模拟器上运行 LFSR 测试平台，测试了表 11-4 中所有的反馈函数，它们都通过了测试。这个 32 位的 LFSR 的模拟过程在我的 Windows 笔记本电脑上跑了大约 10 个小时——超过 4 亿步！而且，为了成功地完成这个测试，我不得不关闭波形输出，以避免用尽电脑的所有磁盘存储空间。这些波形确实相当单调无趣。

测试平台使用一个 `while` 语句来执行时间上是一个时钟周期的循环，计算经历了多少个时钟周期（步），并在每一步比较 `QX` 和 `seedQX` 的值。当二者匹配时，模拟器就显示经历过的步数并停止模拟。如果 2^n 步过后没有出现匹配，那么测试平台就终止 `while` 循环。注意只有当 n 比模拟器使用的整数宽度小时才可以进行正常的测试。

像 11.2.5 节所提到的，有时候会使用 LFSR 来产生随机数。许多年前，在“互动交互艺术”流行之前，作者的朋友（数字设计者）JC Heater 构造了一个整合基于白噪声的随机数发生器的交互艺术程序段。它的基本思想是，生成一系列的多位随机十进制数字，每隔几秒就生成一个新的数，并且在一个大而亮的多位七段显示器上显示生成的这个随机数序列。令人惊异的是，经过的路人会停下来盯住显示屏很长时间，等待像地址或生日这样“令人感兴趣”的数字出现。

可以编写一个实例化这两个现成模块的 Verilog 模块，来实现 Heater 的这个艺术化创造版本的10位随机数发生器。如程序11-23所示，Vrrandomart模块用创建32位LFSR所需的参数来实例化Vrlfsr，并且把LFSR的输出与一个由程序8-28给出的32位到10位的二－十进制译码器模块Vrbintodec32连接起来。模块的输出DIGITS[39:0]包含10个4位BCD码数字，这些数字通过内置的译码器连接到七段显示器。另外，可以在模块中加入10个七段译码器来增强模块的功能，这样一来，模块的输出就可以直接驱动七段显示器了（参见练习题11.72）。

程序11-23　基于LFSR的交互艺术项目的Verilog模块

```
module Vrrandomart ( CLK, RESET, RUN, DIGITS );
  input CLK, RESET, RUN;
  output wire [39:0] DIGITS; // 七段显示器的数字
  wire [31:0] RAND;

  Vrlfsr #(.N(32), .FE(32'h00400007), .SEED(32'h12345679)) U2
    (.CLK(CLK), .RESET(RESET), .RUN(RUN), .QX(RAND));
  Vrbintodec32 U3 (.BIN(RAND), .DEC(DIGITS));
endmodule
```

Vrrandomart模块的测试平台如程序11-24所示。如果用该平台来完成综合后的功能测试或者时序模拟，那么这个测试过程可能非常慢，慢到你可以有时间享受盯着计算机屏幕上滚动的输出值，并等待你自己的“重要数字”出现的过程。

程序11-24　基于LFSR的交互艺术项目的Verilog测试平台

```
`timescale 1ns/100ps
module Vrrandomart_tb ();
  reg CLK, RESET, RUN;
  wire [39:0] DIGITS;        // 七段显示器的数字
  integer i,d;
  reg [39:0] dg;

  Vrrandomart UUT ( .CLK(CLK), .RESET(RESET), .RUN(RUN), .DIGITS(DIGITS) );

  always begin          // 创建周期为50ns的自运行测试时钟
    CLK = 0; #25;       // 高电平为25ns
    CLK = 1; #25;       // 低电平为25ns
  end

  initial begin
    RESET = 1; RUN = 0;
    #150 RESET = 0; RUN = 1;
    for (i=1; i<=1000; i=i+1) begin
      #50 $write ("Random number: ");
      dg = DIGITS;
      for (d=9; d>=0; d=d-1)
        begin $write ("%1d", dg[39:36]); dg = dg << 4; end
      $write ("\n");
    end
    $stop(1);
  end
endmodule
```

*11.3　迭代电路与时序电路

我们在7.4.2节中介绍过迭代电路。一个由n个模块构成的迭代电路，其功能可以用由某个模块的1个副本构成的时序电路来完成，但要求经过n步（时钟触发沿）才会得到结果。这是数字设计中空间/时间折中的一个很好的例子。

如图 11-31 所示，在时序电路结构中，触发器用来存储每一级最后所得的级联输出，而这个级联输出又作为下一级开始时的级联输入。在第 1 个时钟触发沿到来之前，必须将触发器初始化为边界输入值，而在第 n 个时钟触发沿到来之后，触发器应该包含边界输出值。

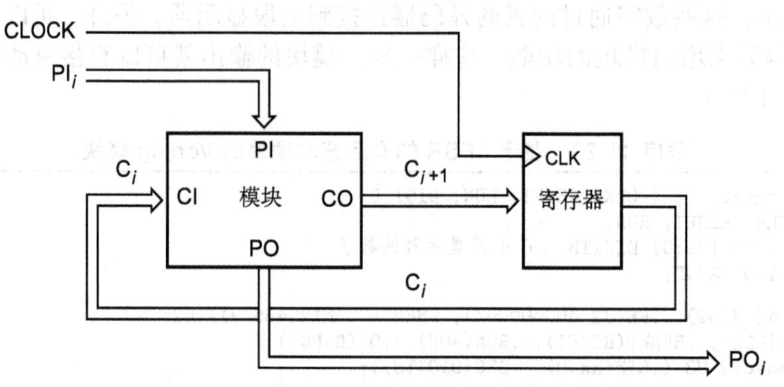

图 11-31　时序电路形式的迭代电路的一般结构

由于迭代电路是组合逻辑电路，电路所有的主输入和边界输入都可以同时有效，而且电路的主输出和边界输出在组合延迟之后会同时有效。在时序电路形式的迭代电路中，主输入必须按顺序传递，每个时钟触发沿传递 1 位，而主输出也必须按照类似的时序关系产生。因此，通常采用串出移位寄存器来提供输入信号，而采用串入移位寄存器来收集输出信号。为此，常常把“迭代接口件”(iterative widget) 的时序电路形式称为“串行接口件”。

例如，图 11-32 是串行比较器电路的基本结构。阴影框中的电路与用在图 7-24 中迭代比较器内的模块相同。图 11-33 画出了带有同步复位输入的详细电路，当 RESET_L 信号有效时，就在下一个时钟触发沿到来之际将级联触发器的初始值置为 1。这个级联触发器的初始值与迭代比较器中的边界输入相对应。

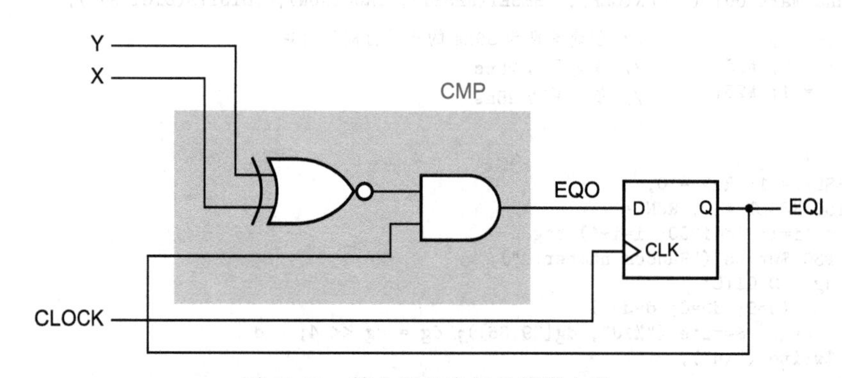

图 11-32　简化后的串行比较器电路

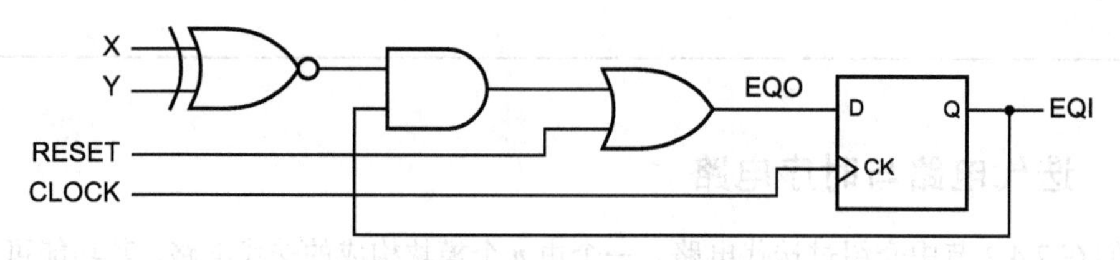

图 11-33　详细的串行比较器电路

采用串行比较器进行 n 位数据的比较需要 $n+1$ 个时钟触发沿。在第 1 个时钟触发沿到来时，RESET_L 信号有效。在接下来的 n 个触发沿，RESET_L 信号无效，而 n 个数据位依次加到数据输入端。在最后一个触发沿到来之后的时钟周期内，EQI 端输出比较结果。图 11-34 是两个连续 4 位数比较过程的时序图。EQO 波形中的尖峰脉冲表明正在稳定组合输出，以便对新输入的 X 和 Y 值做出响应。

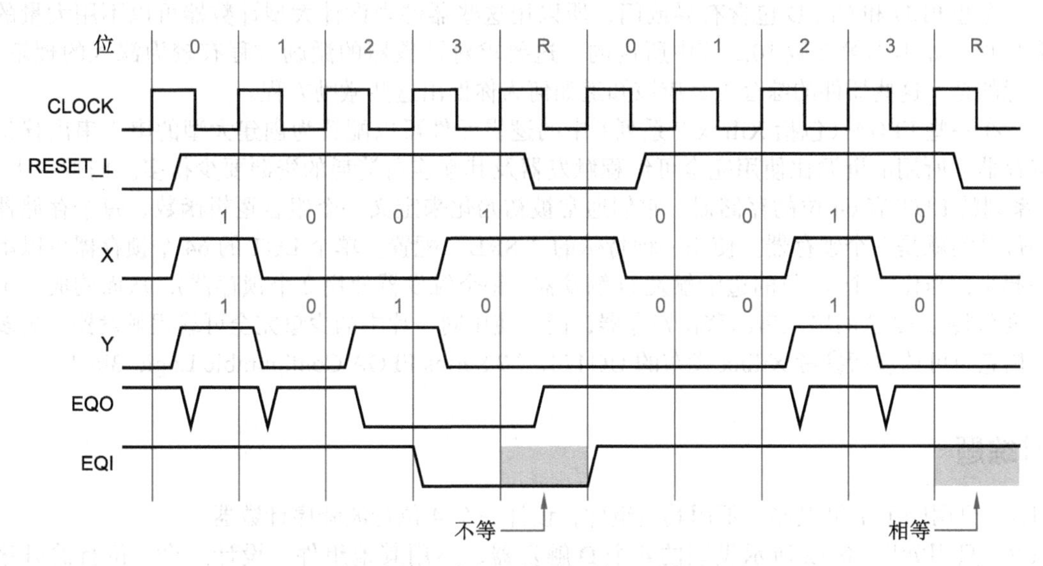

图 11-34　串行比较器电路的时序图

如图 11-35 所示，可以用一个全加器和一个 D 触发器来构造一个加数为任何长度的**串行二进制加法器**（serial binary adder）。触发器用来存储相加的连续位之间的进位，在复位时，触发器内容被清零。加数位从 LSB 开始，由 A 和 B 输入端串行地输入，而得到的和则以同样的顺序出现在 S 输出端。

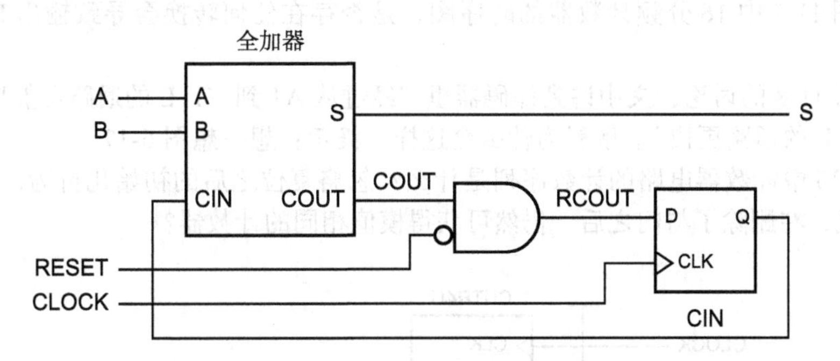

图 11-35　串行二进制加法器电路

由于早期的数字逻辑电路规模大、成本高，许多计算机和计算器都采用串行加法器和其他的迭代电路串联形式来执行算术操作。尽管现在这些算术电路不太常用了，但它们可以提醒我们，要注意数字设计中可能存在的空间 / 时间折中问题。也可以考虑将迭代电路和相应的时序电路应用于实现每一个基本运算单位大于一位二进制的情况，如半字节或字节（例如，参见练习题 11.75 ~ 11.76）。

参考资料

逻辑冒险至少在 20 世纪 50 年代就为人们所知了，而功能性冒险的概念是 Edward J.

McCluskey 在《Logic Design Principles》(Prentice Hall, 1986）一书中提出的。Galois 域理论是几个世纪以前发明的，它们可以应用于纠错码以及本章的 LFSR 计数器中，在关于编码理论入门的书籍中都有介绍，这类书包括 A. M. Michelson 和 A. H. Levesque 的《Error-Control Techniques for Digital Communication》(Wiley-Interscience, 1985）。

有些 PLD 和 CPLD 包含有异或门，所以用这些器件来设计大型计数器可以不用大量的乘积项。如本书第 2 版 10.5 节中所说的，这要求对计数器的激励方程有较为深入的理解。幸运的是，这些器件的综合工具应该知道如何为你推出这些激励方程。

在一些 FPGA（包括 Xilinx 7 系列）中的逻辑元件可以配置为创建大型的串入串出移位寄存器，所用的资源比使用完全可编程触发器及其互连所消耗的资源要少得多。回顾一下，7 系列的 LUT 有 64 位的存储器，它们通常被初始化来定义一个组合逻辑函数，每个存储器的位其实就是一个锁存器。使用一种特殊的"SRL"配置，单个 LUT 的 64 个锁存器可以串联起来，当作一个 32 位的边沿触发 D 触发器（每个触发器使用 2 个锁存器)，从而构成一个长度总共为 32 位的串入串出移位寄存器，而不使用同一片中的少量完全可编程触发器。更多的信息与可选项请参考 Xilinx 发布的 UG474,《7 Series FPGA Configurable Logic Block》。

训练题

11.1　只用四个 T 触发器，不用其他组件，设计一个 4 位行波降序计数器。

11.2　只用如图 10-12 所示类型的 4 个 D 触发器，不用其他组件，设计一个 4 位行波升序计数器。

11.3　假设 D 触发器从时钟到输出的传输延迟是 5ns。训练题 11.2 中的 4 位行波计数器从时钟到输出的最大传输延迟是多少？

11.4　在不使用其他逻辑门的情况下，描述使用 CNTR4U 来构建计数循环为 $16-N$ 到 15 的模 N 计数器所需的连接。

11.5　思考图 11-7 中 16 分频计数器的时序图，是否存在任何转换会导致输出 RCO 有尖峰脉冲？

11.6　关于图 11-8 的讨论，文中讲到译码器里"经过从 A1 到 Y1_L 的通路可能比经过从 A0 到 Y1_L 的通路更快"。解释为什么会这样。提示：想一想图 6-17。

11.7　图 11-36 中计数器电路的计数序列是什么？忽略复位之后的初始化行为，是否存在一种方式，在删除了与门之后，仍然可获得模值相同的计数器？

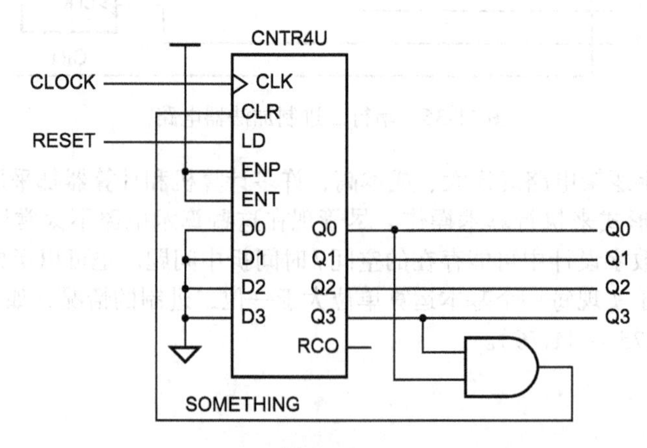

图　11-36

11.8 如果把图 11-36 中底部与门的输入 Q0 替换为 Q2，那么计数电路的计数序列是什么？

11.9 一个计数器 CNTR4U 与输入信号 ENP、ENT 相连，而 D3 端总是为高电平，输入端 D0 ~ D2 总是为低电平；输入信号 LD = QA · QC，而输入信号 CLR = Q1 · Q3。输入信号 CLK 与一个自由运行的时钟信号相连。画出这个电路的逻辑图。假设计数器的起始状态为 0000，写出接下来 15 个时钟触发沿内 Q3 ~ Q0 的输出序列。

11.10 在不使用其他逻辑的情况下，级联多个 CNTR4U 的实例可以构造出一个任意大位数（4*n* 位）的二进制计数器。确定并描述级联的结构：RCO 输出应该怎么连接，以及哪些控制输入要一起连接到同一个输入端，以控制整个 4*n* 位的计数器？

11.11 假设译码器的内部结构如图 6-17 所示，并且每个内部的门电路的延迟为 10ns，确定图 11-9 中 3-8 译码器的输出 Y2_L 上尖峰脉冲的宽度。

11.12 某个时钟信号 CLK 频率为 100MHz 的设计，要求一个占空比为 50%、频率为 10MHz 的时钟信号 CLK10。对于 11.1.5 节中给出的 Verilog 模块，当模块的时钟信号是 CLK 时，找出符合所需时钟信号特性的一个或多个 Verilog 模块的输出。

11.13 编写一个 Verilog 测试平台，实例化程序 11-6 和程序 11-7 中带有译码输出的两种版本的 3 位计数器，在几十个时钟周期内运行测试平台。检查所得的输出波形，确认除了滞后一个时钟周期外，第 2 个版本的计数器输出和第一个的相同。

11.14 在程序 11-7 中加入一个错误来重复训练题 11.13：把最后一个 `S_L` 的非阻塞型赋值更改为阻塞型赋值。这个错误会怎样改变模块的输出，为什么？然后，把所有四个非阻塞型赋值都更改为阻塞型赋值，再次运行测试平台并解释输出的行为。你违反了什么规则？

11.15 CNTR4UD 是和二进制计数器 CNTR4U 具有相同输入输出的升序 / 降序计数器，增加一个 UP/DN 输入，用于控制计数器是升序（UP/DN=1）还是降序计数。RCO 输出的功能也取决于 UP/DN；当升序计数时它在 1111 状态有效，当是降序计数时它在 0000 状态有效。图 11-37 电路的计数序列是什么？

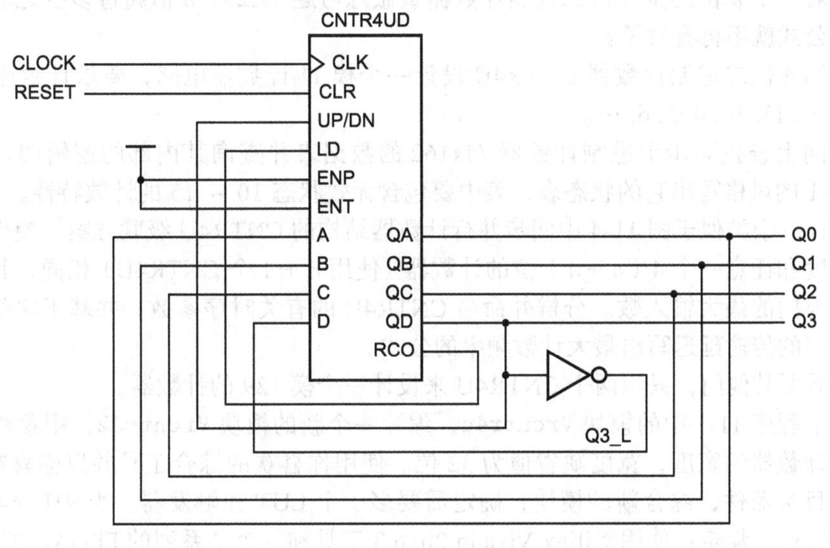

图 11-37

11.16 程序 11-8 中的移位寄存器模块使用了部分选择符和级联符来说明左移后的值，但文中也提供了另一种使用 Verilog 内置的移位操作符来说明左移值的方法。基于这两种方法，编写出两个不同的 Verilog 表达式来说明右移值。

11.17　根据图 11-25 和表 11-4 设计的 5 位 LFSR 计数器，写出起始状态为 0001 时该计数器前面 10 个状态的序列。

11.18　在 5.5 节第一个方框注释中解释过，从技术上讲，在某些应用中可以使用按位取非（~）代替逻辑非（!）。但是程序 11-13 中的连续赋值语句却不属于这种情况。如果你错误地使用了逻辑非，那么请确定会发生什么情况。

11.19　在把一个 3 输入与非门替换为或非门后，一个数字设计者创建了一个如图 11-20 所示的自同步环形计数器。所得电路的计数序列是什么？这个计数器仍然自同步的吗？

11.20　编写一个 n 位自同步环形计数器的参数化 Verilog 模块 Vrringn，它有同步输入端 INIT 和 CNTEN 及输出 Q_L[n-1:0]，n 的缺省值为 6。这个计数器应当有一个循环的 0 值，当 INIT 有效时状态从 Q_L[0] 开始，当 CNTEN 为 1 时，每一个时钟触发沿状态左移一次。

11.21　编写一个和图 11-2 类似的 4 位行波计数器的 Verilog 模块，增加一个复位输入。也许你不想做这个令人讨厌的事，但请用你喜欢的 FPGA 作为你模块的目标器件，并且对综合和实现（布局与布线）的结果进行评论。

练习题

11.22　如果你不需要一直读取计数器的值，那么限制行波计数器最大计数速度的因素是什么？在什么时间可以读取计数值？

11.23　写出图 11-3 的同步串行二进制计数器电路的最大时钟频率公式。在你的公式中，用 t_{TQ} 表示 T 触发器中从 T 到 Q 的传输延迟，t_{setup} 表示从输入 EN 到 T 的上升沿的建立时间，t_{AND} 表示一个与门的延迟。

11.24　针对图 11-4 中的同步并行二进制计数器电路重做练习题 11.23，并比较它们的结果。

11.25　针对一个 n 位同步串行二进制计数器重做练习题 11.23。

11.26　针对一个 n 位同步并行二进制计数器重做练习题 11.23。n 值超过多少之后，你的计算公式就不再有效了？

11.27　采用 4 位二进制计数器 UNTR4U 设计一个模 11 计数器电路，要求计数序列为 4, 5, 6, …, 13, 14, 4, 5, 6, …。

11.28　在网上查找同步十进制计数器 74x162 的数据表并查询其内部的逻辑图，按照表格 11-1 的风格写出它的状态表，表中要包含无效状态 10 ~ 15 的计数特性。

11.29　设计一个类似于图 11-4 中同步并行计数器结构的 CNTR4U 级联方案，使得最大计数速度和任意一个 4（$n+1$）位的计数器（使用 $n+1$ 个 CNTR4U）相同，其中 n 是高速与门的最大输入数。分辨并命名 CNTR4U 的有关时序参数，并基于这些参数以及与门的传输延迟写出最大计数频率的公式。

11.30　不需要其他门，只用两个 CNTR4U 来设计一个模 129 的计数器。

11.31　基于程序 11-1 中的模块 Vrcntr4u，编写一个新的模块 Vrcntr32，用参数 WID 来设置计数器的宽度，宽度缺省值为 32 位。使用你喜欢的综合工具并以你喜欢的 FPGA 为目标器件，综合新的模块，确定需要多少个 LUT 和触发器。当 WID=64 时重复上述工作。提示：使用 Xilinx Vivado 2016.3 工具和一个 7 系列的 FPGA，所需 LUT 的数量至少比计数器的宽度多 25%。

11.32　基于程序 11-5 编写一个 Verilog 测试平台 Vrcntr32，以测试练习题 11.31 中的模块。根据实例化后计数器的宽度，确保新的测试平台检测了由全 1 翻转到全 0 之前和之后的几个时钟周期，不必运行（检测！）其他数量庞大的计数周期。

11.33 给一个带清零和载入端的 8 位模 N 计数器编写一个 Verilog 模块，其中 N 的值由模块中的常数 N 来说明。

11.34 重做前一个练习题，但是 N 的值由一个值决定，这个值在控制信号“MLOAD”有效时，从数据输入端载入到第二个 8 位寄存器中。当多于一个控制信号有效时在文档中使用注释记录发生了什么；在这些情况下，你的设计应该表现出合理的特性。

11.35 设计一个带有 4 个输入 N3、N2、N1 和 N0 的时钟同步电路，这 4 个输入代表一个范围为 0 ~ 15 的整数 N。电路只有一个输出 Z，在任意 16 个时钟周期区间（假设在所观察的 16 个时钟周期区间，N 保持为一个常数不变），每过 N 个时钟沿，输出就有效。（提示：用带有 CNTR4U 的组合逻辑建立一个自由运行的 16 分频的计数器。使 Z 有效的时钟沿的分布应尽可能均匀，也就是说，当 $N = 8$ 时，每 16 个时钟沿 Z 有效两次，当 N=4 时，每 16 个时钟沿 Z 有效四次，以此类推。）

11.36 修改练习题 11.35 中的电路，使得在每 16 个时钟周期内，Z 产生 N 次转换。所得的电路被称为二进制率乘法器，曾经被当作 TTL MSI 部件 7497 销售（提示：用前一级的输出作为时钟的门控信号）。

11.37 使用一个 8 位的输入 N7 ~ N0 来重做练习题 11.35 和 11.36，针对可用的可编程器件使用行为化 Verilog 模块来为这个设计建模。

11.38 采用一个 CNTR4UD（参见训练题 11.15）和最多一个分立逻辑门，设计一个模 16 计数器。计数序列如下：7, 6, 5, 4, 3, 2, 1, 0, 8, 9, 10, 11, 12, 13, 14, 15, 7, …。

11.39 为一个 n 位计数器编写 Verilog 模块，实现的计数序列与练习题 11.38 中的相同。代码中计数器的规模可以随一个常数值 N 的变化而变化。

11.40 编写一个二进制升序 / 降序计数器的 Verilog 模块，计划用作一个 20 层建筑中的垂直电梯的控制器。计数器要有使能输入端和升序 / 降序控制输入端。当采用降序计数时，它应当停留在状态 1；采用升序计数时，停留在状态 20，并且在任何模式下都会跳过状态 13。编写一个测试平台，在一个综合输入集上检测模块运行的正确性。

11.41 如 11.1 节所定义的，计数器就是一个状态图为单循环的任意时序电路。编写一个 Verilog 模块 Vr4bitanyctr，它有两个输入 CLK 和 RESET，一个 4 位输出 Q[3:0]。模块应当在一个列表中说明所期望的计数序列，并且通过修改一行，就可以轻松地将该列表修改为所期望的任意 16 状态 4 位计数序列。复位时，你的模块应当返回到列表中的第一个状态。编写一个测试平台 Vr4bitanyetr_tb，在几十个时钟周期内运行你的模块，以便观察到它的计数序列。先用一个有序的计数序列测试你的模块，然后使用杂乱的计数序列测试。提示：研究下 Verilog 初始化 reg 数组的功能并加以应用。

11.42 参照程序 11-9，为一个 n 位通用移位寄存器编写一个参数化的 Verilog 模块 Vrshrgnu，n 的缺省值为 8。

11.43 基于程序 11-10，编写一个参数化的 Verilog 测试平台 Vrshrgnu_tb 来检测练习题 11.42 中的 Vrshrgnu 模块。使用 Verilog 的函数 $random 来给移位寄存器载入随机数，不论 n 的值为多大，每个函数都用 1000 个随机数进行测试。

11.44 假设要求你设计一个串行计算机，它一次移动并处理一个数据位。你必须决定的第一件事，就是首先传递并处理哪个位，是 LSB 还是 MSB。你会怎么选择，为什么？

11.45 编写一个没有复位输入的 4 位自同步环形计数器的 Verilog 模块，编写一个测试平台把计数器初始化到一个未知状态（全部为状态 x），然后在几十个时钟周期内运行测试平台。模拟过程中计数器有出现过自同步吗？在 Verilog 中是否有办法模拟出真实电路中发生了什么？如果有的话，解释并评述删除了实际复位输入所需的附加电路后的值。

11.46 给程序 11-12 中的自同步环形计数器编写一个 Verilog 测试平台，检测计数器是否总能在 n 个时钟周期内，从 256 个可能状态中的任意一个返回到有效状态。并且使用测试平台确定（或者证实，如果你认为你已经知道了的话）n 的值。不要对原先的模块做任何修改。然而，应该通过将原先模块中的 [6:0] 改为 [7:0] 来检测测试平台发现错误的能力。这是一个在本章初稿中真实出现的错误。

11.47 写出状态为 11111110，11111101，…，01111111 的 8 位自校正计数器的 Verilog 模块。要求计数器有复位输入和使能输入，当复位信号有效时计数器回到初始状态，只有当使能信号有效时才计数。

11.48 写出只有一个循环 1 的 8 位自检错环形计数器的 Verilog 模块 Vr8bitringsed。设计的计数器一旦检测到错误状态——输出没有 1 或者多于一个 1——就进入到全 0 状态，使输出 ERROR 有效并停留在全 0 状态直至计数器复位。当你的模块以你喜欢的 FPGA 作为目标器件时，与“普通的”8 位自校正环形计数器相比，这个计数器所需的资源有何不同之处？

11.49 编写一个测试平台来检测练习题 11.48 中 Vr8bitringsed 模块的操作，确保当计数器达到 248 个可能无效状态中的任意一个时，能够进入到“错误”状态。你能找到一个不必对 UUT 设计做任何修改（比如，在 UUT 中提供新的输入，以载入无效的起始状态）而编写出这样一个测试平台或者使用综合工具的方法吗？如果不可以，你能够做到最好的是什么？

11.50 编写一个 12 状态自校正 Johnson 计数器的 Verilog 模块。再编写一个测试平台模拟计数器，检测输出波形是否正确。以你喜欢的 FPGA 为目标器件综合模块，并且确定它需要多少资源（触发器和 LUT）。

11.51 修改练习题 11.50 中的模块，为其提供一个新的输入 TSTLD，当时钟触发沿处该信号有效时，从一组新输入的数据中给计数器的触发器载入一个任意值。编写一个使用 TSTLD 和新输入数据的测试平台，确定计数器最终能否从任意可能的起始状态返回到正常的 Johnson 计数序列。你的测试平台要能够显示每一个可能的起始状态，并能够表明计数器是否从起始状态返回到了 Johnson 计数序列，以及它无法返回的起始状态数。通过运行一个非自校正版本的 Johnson 计数器来检测你的测试平台。

11.52 更新程序 11-19 中的测试平台，以实例化时序发生器模块 Vrtimegen12r 和 Vrtimegen12ct2。运行测试平台并表明这两个模块的大多数输出是匹配的，但至少找出一种输出不匹配的情况。完成一个修正后的模块 Vrtimegen12ct3，使得它们的输出完全匹配，重新运行测试平台加以证明。

11.53 编写一个与程序 11-19 中测试平台一起使用的新激励文件 Vrtimegen_stim2.v，新版测试平台要在每个时间步骤上比较两个 UUT 的输出，并且在输出不同时给出提示信息。用 Vrtimegen12r 和 Vrtimegen12ct2 作为 UUT 来对新版测试平台进行检测。

11.54 从你对练习题 11.53 的解答开始，更新激励文件，以用算法的方式生成一组综合的激励输入，RUN 和 RESTART 都有效、都无效及有效无效重叠的时间长度可以改变。使用新的激励文件来比较 Vrtimegen12r 与 Vrtimegen12ct2 及 Vrtimegen12ct3 的输出结果（你在练习题 11.52 中已经解答过的），并且确定是否有任何极端情况。

11.55 修改程序 11-13 中的时序发生器模块 Vrtimegen6，使得当 RUN 无效时，时序发生器不停止运行，直到当前有效的相位信号变为无效时才停止运行（即，相位信号决不会缩短或者加长）。使用测试平台 Vrtimegen_tb 来检测修改后模块的正确性，如有必要，可以添加额外的测试。

11.56 修改程序 11-13 中的时序发生器模块 Vrtimegen6，使得即使在相位开始时 RESTART 就有效了，相位也总能维持至少两个时钟周期的时间。然而 RESET 还是要立即生效。使用测试平台 Vrtimegen_tb 来检测修改后模块的正确性，如有必要，可以添加额外的测试。

11.57 假设使用时序发生器模块 Vrtimegen12r 或者 Vrtimegen12ct2 来控制一个动态存储系统，要求一次读或写存储器的过程需要完成所有 6 个相位。如果在一次写操作过程中，还没有完成 6 个相位时，时序发生器被复位或者重启，存储内容将会被破坏。修改模块以避免出现这种问题。

11.58 设计两个不同的 2 位 4 状态计数器，每个设计中只能使用两个像图 10-12c 中那种边沿触发的 D 触发器，不能用其他的门电路。

11.59 只用 4 个 D 触发器和 8 个门电路，设计一个 4 位 Johnson 计数器，并对 8 个计数状态进行译码。计数器不需要自校正功能。

11.60 写出 8 位 Johnson 计数器的 Verilog 模块。起始状态为全零，要有复位和使能输入端。当复位信号有效时，计数器回到起始状态。只有当使能输入信号有效时才计数。

11.61 证明要产生最大长度的序列，必须把移位寄存器输出的偶数连接到 n 位 LFSR 计数器的奇校验电路上。（注意：这只是一个必要但非充分条件；并且，尽管表 11-4 和你期望证明的完全一致，但简单地引用这个表格并不是一个证明过程！）

11.62 证明要产生最大长度序列，那么在任何一个 LFSR 反馈方程的右边都必须有 X0。（注意：假设 LFSR 位的顺序和移位方向都与文中给出的一样；也就是说，LFSR 计数器右移就移向 X0。）

11.63 假设根据图 11-25 和表格 11-4 设计了一个 n 位的 LFSR 计数器。如果把奇校验电路转换为偶校验电路，那么请证明获得的电路是一个有 2^n-1 个状态的计数器，包含除 11…11 之外的所有状态。

11.64 除了表 11-4 所给出的方程外，另外寻找一个可以使 4 位 LFSR 计数器产生最大长度序列的反馈方程。

11.65 给定一个能够产生最大长度序列（即 2^n-1 种状态）的 n 位 LFSR 计数器，请证明：把一个另加的异或门和一个有 $n-1$ 个输入的或非门连成如图 11-26 所示的形式，就可以得到一个有 2^n 种状态的计数器。

11.66 请证明：如果用与非门代替练习题 11.65 中的或非门，那么同样也可以得到一个有 2^n 种状态的计数器，只不过计数状态的顺序不同。

11.67 在程序 11-21 的 Verilog LFSR 模块中，寻找一种方法，以便利用 Verilog 的约简操作符删除 for 循环。使用程序 11-22 中的测试平台来检测新模块的正确性。选择你喜欢的可编程器件作为目标器件，综合这两个模块。它们的综合结果相同吗？或者，如果你无法判断，那它们需要的资源相同吗？

11.68 对程序 11-22 中的测试平台进行修改以创建一个新的测试平台 Vrlfsr_tbc，即使 LFSR 的宽度和整数一样大或者更大，该测试平台也能够正确运行。寻找一种不用花费整个晚上甚至更长时间进行测试的方法。

11.69 针对一个 10 位 LFSR 计数器，尝试猜测一个可以产生最大长度序列的多项式。使用程序 11-22 中的测试平台来检测你的每一个猜测是否都正确。

11.70 完成练习题 11.69 后，修改测试平台，寻找并显示所有产生最大长度序列的 10 位多项式。它们有多少个？

11.71 设计一个迭代电路，检查带有一个偶校验位的 16 位数据字的奇偶性。数据字各位的传送顺序是否重要？

11.72　用一个输出能够直接驱动10个七段显示器的各段输入的层次化设计来实例化程序11-23中的`Vrrandomart`模块；利用程序6-12中的模块`Vr7segdec`。

11.73　设计师JC Heater告诉本书作者，他原先的随机数交互艺术还有另一个吸引某些观看者的特性。有一个或多个前导0的随机数出现的频率不高——每增加一个0，概率就会减少十倍。为了突出这些情况，七段译码逻辑包含“前导0消隐”操作（不显示前导0）。设计一个改进的`Vrrandomart_b1`模块，加入“前导0消隐”特性且它的输出能够直接驱动10个七段显示器的段输入。你可以合并使用程序6-12的`Vr7segdec`模块。

11.74　设计一个每一级都有一个输入B_i，且有两个边界输出（X、Y）的迭代电路，要求当输入B_i中至少有两个1时，$X = 1$；当输入B_i中至少有两个连续的1时，$Y = 1$。

11.75　基于程序8-28中的组合逻辑Verilog模块`Vrbintodec32`，画一个把32位二进制数转换为10个BCD数字的迭代电路结构草图。指出电路的边界输入和输出，主输入和主输出，以及及级联输入和输出。

11.76　编写一个时钟时序电路的Verilog模块`Vrbintodec32_seq`，该电路执行与练习题11.75中迭代电路完成相同的转换功能，在10个时钟周期中只使用一个`Vrdiv10_so`模块的实例。除了时钟输入CLK外，你的模块还应该有32位的数据输入端DIN，有效时间为一个时钟周期的启动转换的控制输入LOAD，以及一个4位的输出DIG。在LOAD有效后的10个时钟周期内，和DIN对应的BCD数字要按照最低有效位在前的方式出现在DIG上。你的电路所使用的触发器不能多于40个。

11.77　给程序11.76中的模块编写一个自检测试平台。

11.78　给一个时序电路编写一个结构化Verilog模块`Vrrev8ser`，带有输入CLK、RESET、SERIN和输出SEROUT，具有复位信号作用之后每8个时钟周期重复一次的行为特性。电路在SERIN上接收8位输入，每个时钟触发沿接收一位。第8个时钟触发沿后，在SEROUT上以反序方式一次性输出这个8位数。在这期间，还要接收接下来的8位数，一旦收齐后将会立即以反序方式输出。在复位后的第一次8个时钟周期内，SEROUT应当为0。

接下来有一个挑战。你的设计只能实例化为一个`Vrcntr4u`和两个`Vrshrg4u`组件，并且不能包含任何其他的寄存器，但可以包含少量的限于单个连续赋值语句的组合逻辑。注意组件`Vrcntr4u`和`Vrshrg4u`具备的功能比应用中所需要的多，但在综合中会删除掉这些不用的逻辑。编写一个测试平台，针对1000个8位随机输入（8000个时钟沿），检测这个模块操作的正确性。

```
module ButSM (
  input CLK, A, B, C, D,
  output reg Q1, Q2
 );
always @ (posedge CLK)
 begin
  if ((A==B)&&(C!=D))
   {Q1,Q2}<={1'b1,~Q1};
  else Q1 <= 0;
  if ((C==D)&&(A!=B))
   {Q1,Q2}<={~Q2,1'b1};
  else Q2 <= 0;
 end
endmodule
```

第 12 章

Digital Design: Principles and Practices, Fifth Edition

用 Verilog 实现状态机

用 Verilog 构建状态机有许多可能的编码风格，包括使用完全不一致的风格。有些风格，特别是一种不一致的风格，保证可以让你陷入困境。如果没有一致性编码风格的规范，那么相当容易写出综合性正确，但其模拟器的操作、综合后硬件的操作以及你认为机器应该完成的操作都不一样的 Verilog 代码！

12.1 节将会介绍的基本编码风格，已经被数字设计专家使用多年，出错的概率最小。这种风格的优点之一就是将一个状态机的操作和结构的主要部分分离开来，使得其设计易于理解和维护。我们还会看到这种风格的一些变形和简化的形式。最终，你在自己的设计中采用何种风格，完全由你自己的设计组织或设计团队专用的标准来决定。

测试平台是状态机设计的重要伙伴，正如 12.2 节将会讨论的，构造测试平台也有几种不同的方法。随后，本章其余的内容将会讲述几个状态机的例子，并零散地介绍几个新的概念，包括“无关”状态编码以及状态机分解。

12.1 Verilog 状态机编码风格

12.1.1 基本的编码风格

基本 Verilog 状态机编码风格与图 9-4 和图 9-5 中的 Mealy 型和 Moore 型状态机相匹配。这种代码可以分为三个部分：

- **状态存储器**。可以以行为化形式说明，采用对时钟信号边沿（如 10.3.2 节和程序 10-6 中所示的边沿触发 D 触发器）敏感的 always 程序块；或者采用一个带有显式触发器实例化的结构化风格说明，如 10.3.1 节所述。
- **次态（激励）逻辑**。这个逻辑被写为一个组合的 always 程序块，其敏感信号列表包括状态机的现态和输入。这个程序块通常包含一个 case 语句，用于列举出所有可能的现态的值。
- **输出逻辑**。这是另一个对现态和输入敏感的组合 always 程序块。该程序块可能包括也可能不包括一个 case 语句，这取决于输出函数的复杂度。

每一节中的详细代码都有可能变化。当次态和输出逻辑说明紧密相连时，可能希望将次态和输出逻辑组合到一个组合 always 程序块中，其实，是组合在一个 case 语句中。在使用流水线输出时，输出存储器可以和状态存储器一起说明，或者也可以使用一个单独的 always 程序块或结构化代码。你们已经看过了支持状态机设计所需的全部 Verilog 特性，但我们随后还会更新你的记忆。

图 12-1 展示了下一小节的状态机示例中编码风格和状态机结构之间的关系。任何编码

风格还有另外两个非常重要的方面：用于定义状态编码的 parameter 语句和状态存储器的复位能力，如我们将会看到的那样。

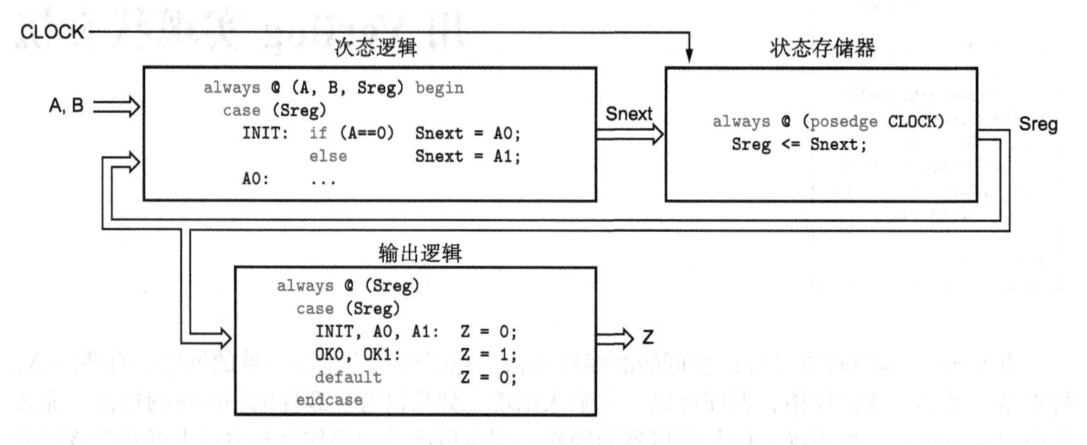

图 12-1　Verilog 编码风格所隐含的 Moore 型状态机结构

12.1.2　一个 Verilog 状态机举例

在 9.3 节，我们曾用下面这个简单的设计问题来说明状态表的设计过程：

设计一个具有两个输入（A 和 B）和一个输出（Z）的时钟同步状态机，Z 为 1 的条件是：

- 在前两个时钟触发沿上，A 的值相同；或者
- 从上一次第 1 个条件为真起，B 的值一直为 1。

否则，输出为 0。

在 9.3 节中已经列出了这个状态机的状态/输出表，并将这个状态表重写在表 12-1 中，还有相应的 Verilog 模块，再次给出如程序 12-1 所示。

表 12-1　状态机示例的状态和输出表

S	AB				
	00	01	11	10	Z
INIT	A0	A0	A1	A1	0
A0	OK0	OK0	A1	A1	0
A1	A0	A0	OK1	OK1	0
OK0	OK0	OK0	OK1	A1	1
OK1	A0	OK0	OK1	OK1	1
	S*				

程序 12-1　状态机示例的 Verilog 程序

```
module VrSMex( CLOCK, A, B, Z );
  input CLOCK, A, B;
  output reg Z;
  reg [2:0] Sreg, Snext;          // 状态寄存器和次态
  parameter [2:0] INIT = 3'b000, // 定义状态
                  A0   = 3'b001,
                  A1   = 3'b010,
                  OK0  = 3'b011,
                  OK1  = 3'b100;

  always @ (posedge CLOCK) // 创建状态存储器
    Sreg <= Snext;

  always @ (A, B, Sreg) begin // 次态逻辑
    case (Sreg)
      INIT:    if (A==0)                  Snext = A0;
               else                       Snext = A1;
      A0:      if (A==0)                  Snext = OK0;
```

```
          else                   Snext = A1;
    A1:   if (A==0)              Snext = A0;
          else                   Snext = OK1;
    OK0:  if (A==0)              Snext = OK0;
          else if ((A==1) && (B==0)) Snext = A1;
          else                   Snext = OK1;
    OK1:  if ((A==0) && (B==0))  Snext = A0;
          else if ((A==0) && (B==1)) Snext = OK0;
          else                   Snext = OK1;
    default Snext = INIT;
  endcase
end

always @ (Sreg)          // 输出逻辑
  case (Sreg)
    INIT, A0, A1: Z = 0;
    OK0, OK1:     Z = 1;
    default       Z = 0;
  endcase
endmodule
```

按照通常习惯，在这个示例中，在 Verilog 模块的声明部分定义了输入和输出信号 CLOCK、A、B 和 Z。接着，模块为状态机的现态和次态定义了变量 Sreg 和 Snext。最后，利用 parameter 语句来说明状态赋值，为状态机五个状态分别定义了一个唯一的常量。这里，只是按顺序给状态机赋予了五个 3 位二进制值，但是，通过修改 parameter 语句中的定义，就可以实现不同的状态赋值。状态编码多于 3 位时，还要求 Sreg 和 Snext 的宽度做出相应的改变。

模块中的第一个 always 程序块生成状态存储器。这个程序块在 CLOCK 的上升沿执行，并将次态 Snext 加载到状态寄存器 Sreg 中。在综合过程中，将为 Sreg 推理出一个上升沿触发的 D 触发器。

第二个 always 程序块用一个 case 语句说明了次态逻辑。这个 case 语句依据六种情况来为 Snext 赋值，对应于其中的五种情况，都明确地定义了状态值；而对于其余未定义的状态，则赋予一个默认值。考虑到鲁棒性，默认情况下，使状态机回到 INIT 状态。

每个 “if” 语句最后都有一个 “else”，以确保总会给 Snext 赋一个值。如果对于任何状态 / 输入组合，都没有给 Snext 赋值，那么 Verilog 编译器会推理出一个不必要的锁存器，用于为这些组合对应的未被赋值的 Snext 保持原来的值。

程序 12-1 中第三个也是最后一个 always 程序块，用于处理状态机的单个 Moore 型输出 Z，Z 的值被设置为只是状态的函数。在这里，定义 Mealy 型输出也很容易，只要在每种枚举情况下，把 Z 的值设置为输入以及当前状态的函数就可以了。如果这样做，那么输入也会被加入到 always 程序块的敏感信号列表中，采用显式表示或者只是加入一个简写 “*” 表示。

如果输出逻辑不复杂的话，特别像本例这样的 Moore 型状态机，采用一个连续赋值语句来说明输出可能更加方便。在本例中最后的 always 程序块可以用仅仅一个连续赋值语句取代：

```
assign Z = (Sreg==OK0) || (Sreg==OK1);
```

当然，还必须将 Z 声明为 wire 类型而非 reg 类型。

次态编码风格的变化

正如我们在 5.9.7 节后面介绍 case 语句时所推荐的，最好的 Verilog 代码实践规范，就是只写完整的 case 语句——即覆盖了所有可能选择的 case 语句，可以给出明确的说明，也可以利用默认的情况。程序 12-1 后面的那个次态 case 语句就是第二种情况。

然而，有些设计者愿意在 case 语句的前面加一行代码，“Snext = INIT”。这样就为 case 语句没有覆盖所有状态 / 输入组合的情况，建立了一个状态机的“默认”次态。而放在 case 语句最后的默认值只用于处理无效状态，对于其他情况下存在的任何未覆盖的输入组合不会做出任何处理。针对程序 12-1 中的任何状态，这里没有这样未覆盖的输入组合，因为每种情况都有一个 if 语句与之对应，最后的 else 从句处理了任何未被明确检测的输入组合。但是，除了设计者的关注，在代码中没有其他情况可以使这个从句的条件为真。

发生在状态机中的另一种有用变化就是让大多数的状态迁移都停留在现态。于是，可以在 case 语句的前面加一行代码“Snext = Sreg”，维持现态作为默认的选项。

然而，还有一种变化就是将默认选项设置为“Snext = 3'bx”（或者是状态寄存器具有的任何宽度）。在模拟中，这样可以确保如果次态逻辑遇到了一个未说明的状态 / 输入组合，则次态就会是未定义的值（x），在模拟中就很容易被检测到。

最后，你可能注意到了，次态 always 程序块中围绕 case 语句的 begin-end 程序块在语法上并非真的必要，因为 case 语句是 always 后面必需的单个过程语句。然而，如果想要在 always 程序块中加入任何其他的语句，那么还是需要 begin-end 的，比如要给 Snext 赋予一个默认值。

12.1.3　组合的状态存储器和次态逻辑

程序 12-1 中三个 always 程序块的结构表明（至少对于设计者是如此），我们构建了一个带有图 12-1 中三个功能块的状态机——状态存储器、次态（激励）逻辑以及输出逻辑。这种结构还很容易实例化为显式的用于状态存储器的触发器或寄存器组件，而不需要编译器从行为化描述中推理出这些组件。

另一方面，还取决于设计环境，当 Verilog 编译器在处理次态逻辑时，它未必“知道”这是一个状态机的次态逻辑。它所知道的只是，这是一个组合逻辑，而编译器可能会在对状态机的编译中做一些傻事，比如推理出锁存器，用于未说明的状态 / 输入组合。为此，有些设计者愿意将状态存储器和次态逻辑一起放在一个 always 程序块中。在第 11 章中所有的计数器和移位寄存器都是采用这种编码风格，从技术上讲，计数器和移位寄存器都是状态机。

将状态存储器和次态逻辑组合在一起，前一个状态机中的前两个 always 程序块就可以重写为一个新的模块 VrSMexc，如程序 12-2 所示。在序列 always 程序块中，可以直接采用非阻塞型赋值语句对 Sreg 的次态值进行设置。例如，即使删掉程序 12-2 中最后的那个 else 从句，综合后的电路也还是一样的。

程序 12-2　VrSMexc 中组合的状态存储器和次态逻辑

```
always @ (posedge CLOCK) // State memory and next-state logic
  case (Sreg)
    INIT:   if (A==0)  Sreg <= A0;
            else       Sreg <= A1;
    A0:     if (A==0)  Sreg <= OK0;
            else       Sreg <= A1;
    A1:     if (A==0)  Sreg <= A0;
            else       Sreg <= OK1;
    OK0:    if (A==0)  Sreg <= OK0;
            else if ((A==1) && (B==0)) Sreg <= A1;
            else                       Sreg <= OK1;
```

```
      OK1:    if ((A==0) && (B==0))      Sreg <= A0;
              else if ((A==0) && (B==1)) Sreg <= OK0;
              else                       Sreg <= OK1;
      default Sreg <= INIT;
    endcase
```

12.1.4 复位输入

状态机和其他的时钟时序电路一般都应该有一个复位或初始化输入，以迫使它们进入一个已知的起始状态。即使在实际操作中，起始状态不重要——例如，计数器的唯一目标就是为其他电路提供一个频率较低的输出信号——通常在模拟的过程中（以及在提供一个已知起点的器件测试中）才会需要初始化输入。

复位或初始化输入可以是同步或异步的。后者利用触发器的异步预置位输入或清零输入，它们可以优先于器件的 CLOCK（时钟）和其他输入，在任何时刻有效。同步复位和初始化输入可以采用专门为此目的提供的触发器控制输入，比如在表 10-1 中介绍的触发器库组件 FDRE 和 FDSE 的同步输入 R 和 S。或者，可以通过在触发器的正常同步输入端加上组合逻辑信号和门电路来实现，例如，将正常的信号输入 D 和 R′ 相与或者和 S 相或。

程序 12-3 展示了两个很容易综合的状态存储器，这两个状态存储器都有一个高电平有效的 RESET（复位）输入，第一个是同步的，第二个是异步的。正如 10.3.2 节第一个方框注释所述，有些综合工具对于行为化说明的异步复位信号比较挑剔，要求异步赋值要写在 if 从句中，而同步赋值要写在 else 从句中。

程序 12-3　针对新的模块 VrSMexrs 和 VrSMexra，用 Verilog 实现状态机的同步和异步复位

```
// 带有高电平有效同步复位端的状态存储器
always @ (posedge CLOCK) // 构建状态存储器
    if (RESET==1) Sreg <= INIT; else Sreg <= Snext;

// 带有高电平有效异步复位端的状态存储器
always @ (posedge CLOCK or posedge RESET)// 构建状态存储器
    if (RESET==1) Sreg <= INIT; else Sreg <= Snext;
```

复位信号所确定的初始状态不一定是全 0 或全 1，但提供任意起始状态值的电路的成本会随着目标技术的变化而变化。例如，我们注意到，对于如图 10-33 所示的 Xilinx 7 系列 FPGA 而言，每个触发器的 S/R 输入都可以在初始化时编程设置为 S（置位）或 R（复位）。另一方面，在 22V10 PLD（参见 10.6 节）中，所有的触发器都必须一起设置为置位或复位。

异步初始化输入可以在任何时刻有效，但一般不能在任何时刻无效。如果其无效的时刻与时钟触发沿的时刻太接近的话，就会出现一个问题。有些触发器会对这个触发沿做出反应，而另一些则不会，并且系统可能会在一种无效状态下开始操作。在比较大型的电路和系统中，这个问题更有可能比较简单，因为延迟有更多的机会在实际电路和系统中带来变化。为了避免这个问题，无论初始化输入是同步的还是异步的，来自外部信号源的复位信号通常要与内部时钟或输入到内部触发器之前的时钟信号同步。这样的复位同步电路的详情当然由系统的时序和启动顺序需求决定。

太多编码风格

ABEL，用于可编程 PLD 的早期 HDL，其用于状态机设计时基本上只有一种编码风格；Verilog 却允许有多种风格。为什么？ Verilog 所提供的所有不同的编码风格实际上没有什么有意义的改进，倒是提供了许多让你陷入麻烦的方法。

答案就在这两种语言的历史中。ABEL先设计出来，最先作为硬件描述语言，并且立即被用到实际器件设计和数字系统设计项目中。另一方面，Verilog是作为一种模拟语言设计出来的，而且是非常通用的一种模拟语言。Verilog的特性最初是以模拟的需要为指导方针，包括在计算机还不是这么快和这么便宜的时候得到快速模拟性能的需要。Verilog作为综合工具使用是后来的事情。

所以，当采用Verilog设计状态机时，设计者可以决定采用一种一致性的编码风格，这种风格应该避免错误，并让团队的其他成员易于识别和维护。通常，设计者的公司会发布并维护风格指南。但如果没有的话，就自由选择这里推荐的指导方针吧！

12.1.5 用Verilog实现Moore型流水线输出

我们的Verilog状态机示例还可以有另一个有趣的变化。正如写出的那样，这个模块定义了一个结构如图12-1所示的标准Moore型状态机。但是，可以把这个状态机转换为结构如图12-2所示的带有流水线输出的状态机。为此，只需要说明一个“下一输出”变量Zn并且将程序12-1中原来的Verilog状态存储器和输出代码用程序12-4中的代码代替，对应的结构如图12-2所示。此时，Z不是由输入和Sreg计算得到，输出逻辑会根据输入和Snext来计算Zn。Zn的值被载入到流水线输出寄存器中，等下一个时钟触发沿到来时产生Z。

程序12-4 流水线输出的Verilog代码

```
always @ (posedge CLOCK)  // 创建输出寄存器——如果希望的话，可
  Z <= Zn;                   以与状态存储器组合起来

always @ (Snext)          // 输出逻辑
  case (Snext)
    INIT, A0, A1: Zn = 0;
    OK0, OK1:     Zn = 1;
    default       Zn = 0;
  endcase
```

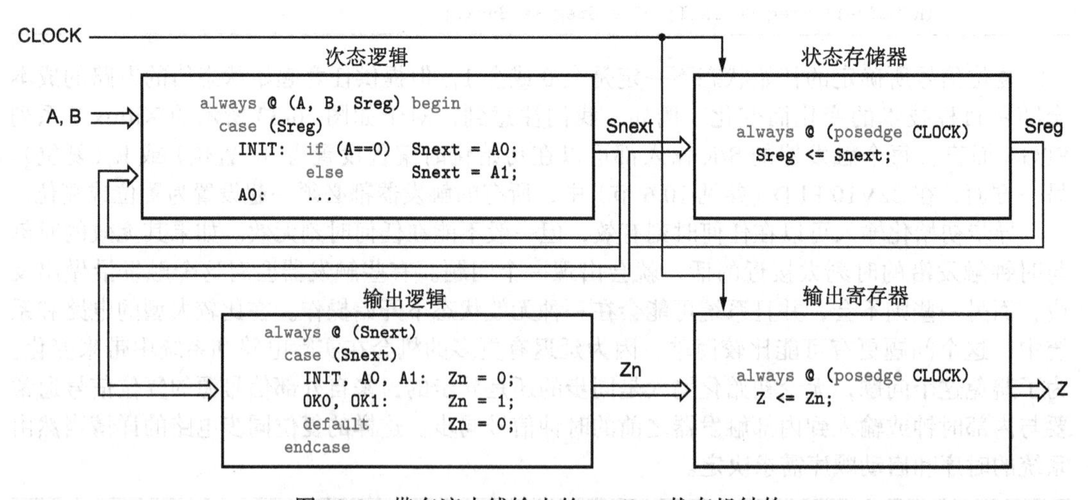

图12-2 带有流水线输出的Verilog状态机结构

除了时序之外，新状态机与原先状态机的行为特性没有明显区别。将寄存器输出直接作为输出Z已经减少了从CLOCK到Z的传输延迟，但与此同时，又增加了A和B到CLOCK的建立时间要求，A和B上的变化除了要经过次态逻辑的延迟，还必须及时通过输出逻辑来满

足输出触发器 D 输入端的建立时间要求。实际上，这些额外的延迟是否会真的发生，取决于实现技术和综合工具。当这个新的设计是以一个 Xilinx FPGA 为目标器件并采用它们的 Vivado 工具时，综合器能够将 Zn 的逻辑结构"铺平"，以适应于放入一个 LUT 中，用于驱动输出（Z）触发器的输入 D。因此，Zn 到输入 D 的时序通路大约与 Snext 的任何一位到状态存储器的输入 D 的时序通路一样。

12.1.6 不用状态表的直接 Verilog 编程

到目前为止，在状态机设计的例子中，所展现的所有变化都要依赖于最初在 9.3.1 节中用手工构造出来的状态表。然而，其实可以直接编写 Verilog 模型而根本不用构建状态表或状态图。

基于前面关于设计问题的最初描述，简化的关键思路就是把 A 的最后一个值从状态定义中去掉，用一个单独的寄存器来跟踪这个状态（即 LASTA）。然后，只需要定义两个非 INIT 状态：LOOKING（"还在寻找匹配值"）以及 OK（"找到了匹配值或自从上次匹配之后 B 的值一直为 1"）。

基于上述方法的 Verilog 模块如程序 12-5 所示。第一个 always 程序段创建状态存储器和 LASTA 寄存器。第二个 always 程序段利用简化方法创建次态逻辑。输出 Z 就是简单的组合型 OK 状态译码，所以用连续赋值语句，而不必用烦琐的 always 程序块和 case 语句，即可生成输出 Z。注意，这要求把 Z 定义为 wire 型而不是 reg 型。

程序 12-5　简化后的 Verilog 状态机设计

```
module VrSMexa( CLOCK, RESET, A, B, Z );
input CLOCK, RESET, A, B;
output wire Z;    // declared as wire for continuous assignment
reg LASTA;                    // LASTA 保存最后一个 A 值
reg [1:0] Sreg, Snext;        // 状态寄存器和次态
parameter [1:0] INIT    = 2'b00, // 定义状态
                LOOKING = 2'b10,
                OK      = 2'b11;

always @ (posedge CLOCK) begin // 状态存储器(带有同步复位端)
  if (RESET==1) Sreg <= INIT; else Sreg <= Snext;
  LASTA <= A;
end

always @ (A, B, LASTA, Sreg) begin  // 次态逻辑
  case (Sreg)
    INIT:    Snext = LOOKING;
    LOOKING: if (A==LASTA)         Snext = OK;
             else                  Snext = LOOKING;
    OK:      if (B==1 || A==LASTA) Snext = OK;
             else                  Snext = LOOKING;
    default                        Snext = INIT;
  endcase
end

assign Z = (Sreg==OK) ? 1 : 0;      // 输出逻辑
endmodule
```

程序 12-5 中的次态逻辑比原来那个更易于理解，而且与文字描述的相关性也更明显，另外，还避免了列写状态表的麻烦。显然，这就是基于 HDL 的状态机设计的全部了。本章中关于这个例子的其余开发设计，都不再使用状态表和状态图。在可选读的下一节之后，我们还会看看状态机的测试平台。

*12.1.7 状态机抽取

有些Verilog综合工具有从HDL代码中识别状态机的特性。一旦识别出一个状态机，综合工具就会对此做出一些有趣的事情，比如尝试不同的状态编码或采用适合于目标技术的"特殊的"优化方法。在Xilinx Vivado工具套装中，这个特性被称为FSM抽取。状态机抽取的规定模板包括如下要求：

- 次态行为是通过一个case语句说明的，其中选择表达式是状态变量，状态变量本身就是reg类型的多位向量。
- 状态变量只能赋予常量值，如果不能直接赋常量值，也要以一种工具可以理解的间接方式赋予常量值。例如，在我们所推荐的编码风格中，用变量Snext对Sreg赋值，而Snext只能是常量值，Vivado就可以据此做出判断。
- 不同常量值（状态）的数目至少是某个最小值；在Vivado中这个最小值默认为5。
- 尽管不是严格的要求，但理想情况下，常量值最好在一个parameter语句中定义。
- 不能对状态变量的一位或部分多位赋值。
- 状态变量不能声明为模块的输出。

一旦综合工具识别出了一个状态机，就会将其转换为一种内部的符号表示。据此，大多数通用的优化工具就会尝试不同的状态编码，并按照某种测度（比如电路的整体规模或时序性能）选择能够给出最好结果的编码。在Vivado中有几种编码可供选择，工具可以自动尝试也可以由用户强制选择：

- *时序*。状态编码遵循最小位数原则，并且常量值按照内部符号表示中的二进制计数顺序来赋值。这个赋值顺序可以与原来case语句中的赋值顺序不一样。
- *格雷码*。状态也可以按照与状态机次态行为的循环结构相匹配的格雷码的计数顺序赋值。这种方式只在状态机有一个主循环结构或其他长状态链而没有分支时才能有效工作。采用格雷码的目的就是每次状态迁移时，只有一个状态变量变化，但如果状态的数目不是偶数的话，即使只有一个循环结构，这个目的也无法完全达到（参见9.3.3节第二个方框注释）。
- *Johnson计数器*。状态机循环结构（如果有的话）中的状态可以按照Johnson计数器的计数顺序赋值。注意，一个n位的Johnson计数器最多可提供$2n$种状态。Johnson编码最主要的优点就是，即使没有说明次态行为的循环结构，每种状态也可以仅从两个状态位（无论状态总共有多少位）译码。这可以减少总体的资源需求，特别是在一个FPGA中，如果要对状态的所有位译码，再加上输入，就需要不止一个LUT了。
- *单热点码*。每种状态都有一位对应为1，其余位都为0，所以n位状态变量可表达n种状态。这种编码方式需要的触发器最多，但其状态译码最简单。构造出来的电路可能会比较快，而用于译码的逻辑层级会比较少。

状态机的优化和变换（比如采用不同的状态编码）对于声明它们的模块而言是局部的。这也就是状态变量声明为模块的输出不能改变状态机的原因——任何重编码的状态赋值都会出现在模块的外部，而使用这个输出的其他模块却并不知道。如果状态变量是局部的，而输出是随后依据状态变量推算出来的，那么就没有问题；综合工具可以构建逻辑，从新的状态编码推算出同样的输出值。

在第11章的所有时序模块中，寄存器都声明为模块输出，这是综合工具不会尝试对任何这样的寄存器做状态机抽取的原因之一。另一个原因就是，所有的这些寄存器在一个或多个地方都被变量而非常量赋值。然而，本章中大部分状态机的例子都可以使用状态机抽取。在12.5节中会看到一个特别的例子。

12.2 Verilog 状态机测试平台

在 5.13 节中我们已经解释了 Verilog 测试平台的一般概念。状态机的测试平台有四个基本的组成部分：

1. 对测试平台模块本身的声明。注意，这个模块没有自己的输入和输出。

2. 待测状态机实体的组件实例化，通常称为被测单元（UUT）。

3. 创建自由运行时钟的 `always` 语句。

4. 初始化 UUT 的语句，用来给出在每一个时钟触发沿，加到输入端的测试向量序列，并检查输出的期望值。

第 4 部分需要的工作量最大，通常比组合电路的工作量大。对于输入数量相当少的组合电路而言，我们通常可以采用“暴力”的方法，应用所有可能的输入，检测电路的输出并与“功能性的”期望结果（例如，选择或译码值、算术结果等）做比较。实现易于描述的功能的时序电路更是如此，比如第 11 章的计数器和移位寄存器。一般状态机的功能可能不那么容易描述；其权威性的描述可能只有状态表或状态图（如果有的话），或者 HDL 代码本身。但是，HDL 代码的正确性正是我们要检测的对象——这就是鸡和蛋的问题！我们怎样才能设计出一个可以检测状态机所有情况的测试序列呢？

对于这个问题的简短回答就是，与组合电路和第 11 章中功能性说明的时序电路相似，我们将尝试从与创建状态表、状态图或 HDL 代码本身不同的视角，来看待状态机测试平台的设计。这样完成测试平台构造的方法至少有两种。

12.2.1 状态机测试平台构造方法

将第一种方法与之前关于状态机设计的叙述进行对比可知，仅仅通过看一个输入序列的示例及其产生的输出波形，你无法很容易地设计出状态机。但是，没什么能够阻止我们通过检查一个输入序列的示例在状态机中所产生的实际输出波形，来查看我们设计出来的状态机是否可以按照期望工作。为使这个方法确实有效，这个输入序列必须能够全面检测这个状态机，并采用以下两种方式之一来实现这个要求：

1. 这个输入序列应该能够引导状态机遍历每一个正常的状态，并最终找出每个正常状态的所有可能的状态迁移。

2. 输入序列应该能够在各种各样可能的环境和异常情况下，演练状态机的每一个“特性”。

第一种方法可以做到相当精确，因为有些工具在模拟的过程中可以追踪到执行的是模块的哪一个 HDL 语句。即使工具本身不能做到，我们也可人为修改状态机的次态逻辑（`case` 语句）以进行追踪，正如接下来会看到的那样。

第二种方法稍微“柔和”一点，但这种方法有一个益处——在这个阶段，我们考虑的状态机特性及其变化与一开始编写次态逻辑时考虑的可以稍有不同，因此，可以有机会更全面地思考状态机的特性及其变化。

无论设计者采用以上哪种方法来生成输入序列，人工地检查结果的输出波形，并依据状态机的高层描述确定状态机是否正确，仍旧是设计者的职责所在。这个过程要求大力关注细节。

第二种构造方法就是创建一个自检测试平台，其目标和利益与创建组合电路及第 11 章中更容易描述的时序功能的自检测试平台非常相似。我们必须再一次构造一个能够全面演练状态机的输入序列。但是，在这种情况下，我们要一步一步地检测状态机的输出，以确认其结果是否与状态机的高层描述所期望的输出相匹配。

应用第二种方法的一种可能方式，就是检测状态机的每一个状态（对于 Moore 型状态机）或每一个状态 / 输入组合（对于 Mealy 型状态机）所对应的输出，但这只是对状态机的状态图、状态 / 输出表或 HDL 描述的机械模仿。在第二种方法中，构造更高层次的输入序列来演练状态机的每一个特性和变化，然后检测同一层次的输出结果——这可能更有意义。

在构造自检测试平台的过程中，我们非常有可能在预测某些输入序列对应的状态机输出时出错。因此，测试平台的构造和使用可能是一个反复发现和纠正测试平台以及 UUT 中错误的过程。

最后，还有第三种测试平台，与前面章节中所述的一些组合电路的测试平台类似。如果已经有一个已知的能够准确实现所期望操作的“黄金”模块，就可以编写一个测试平台，针对全面的输入序列，将任何新实现的输出与这个黄金模块的对应输出进行比较。在这种情况下，不需要对这个模块的功能有严密的理解。而只需要采用第一种方法，构造这个测试平台的输入序列，以确保遍历黄金模块的每一个正常状态并最终找出每个正常状态的所有可能的状态迁移。

12.2.2 测试平台举例

下面用我们熟悉的程序 12-1 中的状态机示例来说明测试平台的构造方法。值得注意的第一件事就是这个状态机没有复位输入端，所以不能进行适当的模拟。因为其状态存储器无法初始化，其起始状态未知。所以只能测试像程序 12-3、程序 12-4 和程序 12-5 这样有复位输入版本的状态机。记住这一点，就可以按照第一种构造方法编写测试平台模块，如程序 12-6 所示。

程序 12-6　将输入序列输入到状态机 VrSMex 的测试平台

```
`timescale 1ns/100ps
module VrSMex_tbv ();
  reg Tclk, RST, A, B;
  wire Z;
  reg [1:32] Avec, Bvec;
  parameter Aseq = 30'b110010010000111010110010110111,
            Bseq = 30'b000011111000000111000111010000;
  integer i;

  VrSMex UUT ( .CLOCK(Tclk), .RESET(RST), .A(A), .B(B), .Z(Z) ); // 实例化 UUT

  always begin          // 创建周期为 10ns 的自由运行测试时钟
    #0.5 Tclk = 1; #5; // 高电平为 5ns（为波形可读性设置小的偏移）
    Tclk = 0; #4.5;    // 低电平为 5ns
  end

  initial begin    // 在 0 时刻启动时要做的事情
    $monitor("Time:%d  RST=%b Tclk=%b A=%b B=%b Z=%b",
             $time, RST, Tclk, A, B, Z); // 追踪所有信号
    RST = 1;    // 应用复位
    A = 1; B = 1;  // A 和 B 也都是 1
    Tclk = 1;      // 在 0 时刻启动时钟为 1
    Avec = Aseq; Bvec = Bseq;              // 初始化输入序列向量 A 和 B
    #115;          // Wait 115 ns
    RST = 0;       // unreset
    for (i=1; i<=30; i=i+1) begin // 输入 30 个时钟周期的输入序列
      A = Avec[1]; Avec = Avec<<1;
      B = Bvec[1]; Bvec = Bvec<<1;
      #10 ;
    end
    $stop(1);                              // 测试结束
  end
endmodule
```

该模块的第一部分声明了一个局部变量，加到输入端，并观测状态机的输出。还声明了两个“测试向量”Avec 和 Bvec，这两个测试向量被初始化为 30 位的常量，并按顺序插入测试平台主体的 A 和 B 中，每个时钟触发沿插入一位。第二部分实例化状态机，并把该组件命名为“UUT”。通常，局部变量名可以与端口名相同，也可以不同。

接下来，always 程序块创建了一个时钟周期为 10ns 的自由运行时钟信号 Tclk。由于运行的是不包含时序信息的功能模拟，因此采用什么时钟周期无关紧要。然而，一个微妙之处在于，无论采用何种周期，时钟信号在 0 时刻从未定义转变为 1 的时候，可能被看成是一个上升沿，并且状态触发器会做出相应的反应。但是，无须理会这些情况，在测试开始时要保持复位输入有效。

initial 程序块用于输入实际的测试输入。由于现在是刚刚开始，因此由一个 $monitor 任务开始，每当系统控制台上有任何一个信号变化时，这个任务就可以显示出所有的信号值。复位信号有效会保持一段时间。其最开始的 100ns 超出了 Xilinx FPGA 环境中“全局复位”所需要的时间，关于这个时间已经在之前解释程序 10-2 时讲过了。另外的 15ns 到达了第二个后复位时钟周期的中间，在这个时间之前，状态机应该已经设法达到了 INIT 状态。

在复位输入无效之后，测试平台会执行一个 for 循环，用于由输入 Aseq 和 Bseq 定义的测试输入 A 和 B，并用 30 个时钟周期（每个 10ns）移出 Avec 和 Bvec。由于有 $monitor 任务，因此结果输出 Z 可以在系统的控制台上观察到，也可以通过模拟器的波形显示出来。

尽管测试向量 Aseq 和 Bseq 是特意选择的，但却缺乏深入的思考。Aseq 和 Bseq 用于提供 A 的逐次值，A 的值有时匹配，有时不匹配；还用于将 A 上的值与 B 上的值组合，B 的值有时会无意中维持输出 Z 的值为 1，有时又不会。所选择的测试向量能够遍历 UUT 中的所有状态并检测到这些状态的所有迁移吗？如果不用工具跟踪这个过程，就难以回答这个问题，或者可以像我们稍后将展示的那样，插装 UUT 的次态代码。然而，如图 12-3 中的波形所示，该测试平台在输出 Z 上确实创建了比较好的各种各样的响应，而且在仔细观察后可以看出，输出 Z 确实与基于状态机功能说明所期望的输出相匹配。

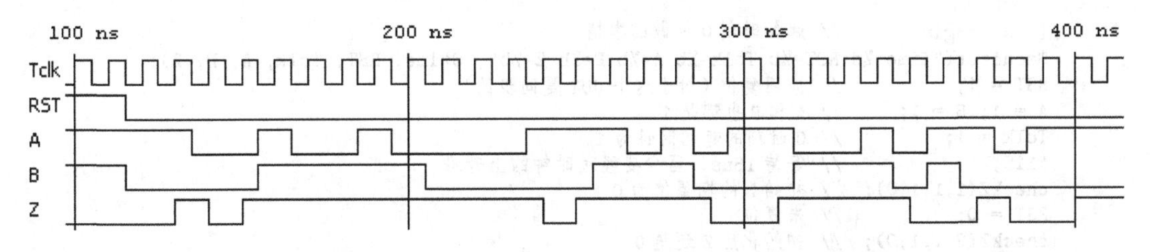

图 12-3 VrSMex_tbv 的测试平台所产生的时序波形

第二种构造方法，即自检测试平台，如程序 12-7 所示。这个程序最开始的部分与第一个测试平台相似，但没有定义测试向量；后面的部分会包含测试序列。然而，这个程序却定义了一个任务 checkZ，用于应用测试输入并将模拟输出 Z 与期望值比较，如果二者有所不同，则显示错误信息并停止模拟过程。定义这个任务是为了节省测试代码中的字符输入量和其他琐碎的内容，和以前一样，这个任务在复位输入无效前的 115ns 处开始执行。

由于状态定义“隐藏”在 UUT 模块定义中，因此测试平台不能直接检测状态。但是，要知道 INIT 状态对应的输出应该为 0，因而如果在这个时候输出 Z 不为 0 的话，就要先让任务 checkZ 来显示信息并停止模拟过程。然后，使 RST 无效并再次调用 checkZ，将下一个值输入到 A 和 B，等待 10ns，再比较新的 Z 值和所期望的输出。如果任何实际的输出值与期望值不匹配，就停止模拟过程并显示错误信息，以便我们调查问题。

注意，测试平台正在检测的是状态机的功能性行为特性，差不多就是最初的文字描述的层级。除了一点关于初始化时应该实现的功能的特殊认识，对于状态机实际的内部状态，测试平台没有任何参考资料。所以，同一个测试平台可以用于有不同状态或状态赋值，或者有其他细微不同的同一个状态机的不同版本。

要看到隐藏的信息

除了通过测试平台实例化的特定UUT端口定义外，Verilog还故意隐藏了模块实现的内部工作过程。但是，出于调试的目的，最好了解一下实现的内部情况。所以，当在一个交互式的模拟器上运行测试平台时，它具有停止运行并显示（UUT模块实现时的）信号值等功能。

程序 12-7　状态机 VrSMex 的 Verilog 自检测试平台

```
`timescale 1ns/100ps
module VrSMex_tb ();
reg Tclk, RST, A, B;
wire Z;

VrSMexa UUT ( .CLOCK(Tclk), .RESET(RST), .A(A), .B(B), .Z(Z) ); // 初始化 UUT

task checkZ;  // 用于应用输入、等待、检测输出以及出错时显示的任务
  input stepnum, ai, bi, expectZ;
  integer stepnum; reg ai, bi, expectZ;
  begin
    A = ai; B = bi; #10 ;
    if (Z != expectZ) begin
      $display($time," Error, step %d, expected %b, got %b",
               stepnum, expectZ, Z); $stop(1); end;
  end
endtask

always begin      // 创建周期为 10ns 的自由运行测试时钟
  #6 Tclk = 0;  // 高电平为 6ns
  #4 Tclk = 1;  // 低电平为 4ns
end

initial begin         // 起始时刻 0 要做的事情
  $monitor("Time:%d RST=%b Tclk=%b A=%b B=%b Z=%b", $time, RST, Tclk, A, B, Z);
  RST = 1;            // 应用复位（对于这个 UUT 是同步的）
  A = 1; B = 1;       // A 和 B 也都是 1
  Tclk = 1;           // 0 时刻的起始时钟为 1
  #115;               // 等待 15ns，至少要经过时钟的上升沿
  checkZ(1,1,1,0);  // 初始 Z 的期望值为 0
  RST = 0;            // 未复位
  checkZ(2,1,1,0);  // 初始化后 Z 还是 0
  checkZ(3,1,0,1);  // 两个 1 在一行中，要置 Z=1
  checkZ(4,0,1,1);  // B=1，则 Z 应保持为 1
  checkZ(5,1,0,0);  // B=0，则 Z 复位
  checkZ(6,0,1,0);  // B=1，但不用保持
  checkZ(7,0,0,1);  // 但是，现在两个 0 在一行中
  checkZ(8,1,1,1);  // B=1，则 Z 应该保持为 1
  checkZ(9,0,0,0);  // B=0，则 Z 复位
  $stop(1);           // 结束测试
  end
endmodule
```

假设通过之前测试平台的测试，或在实际应用中已经验证状态机 VrSMexa 的性能是令人满意的，因而我们就愿意将其当作一个“黄金”参考设计来使用。在第三种测试平台的构造方法中，就可以针对这个参考设计来检测同一个状态机的另一个设计。程序 12-8 展示了这种方法。新的测试平台实例化了两个 UUT，第一个就是那个“黄金”模块 VrSMexa，而

第二个模块就是程序 12-4 中的流水线输出版本。在创建了通常的时钟和信号初始化之后，测试平台执行一个 for 循环，将一个利用 Verilog 内置的 $random 函数（只用 LSB）随机生成的对应 3000 个触发沿的输入序列应用到两个 UUT 上。在每个时钟沿对两个 UUT 的输出 Z 进行比较，并标记出任何不匹配的情况。

为这个状态机生成有效的随机输入序列非常容易，但也并非总是如此。“随机”输入也不是总能产生出所有常规的操作场景，这取决于具体的状态机。我们在一些组合电路中也看到过这种情况，比如 7.4.7 节的比较器。在时序电路中，要验证实现一个或多个功能特性的状态机的结构，可能需要构建一个非常特定的长输入序列。因此，即使是基于一个“黄金”模块进行测试，也必须提供一个能够验证状态机所有特性的定制输入序列，而不能仅仅指望一个随机的输入序列。

程序 12-8 用一个长的随机输入序列比较状态机 VrSMex 的测试平台

```
`timescale 1ns/100ps
module VrSMex_tbr ();
reg Tclk, RST, A, B;
wire Z1, Z2;
integer i;

VrSMexa U1 ( .CLOCK(Tclk), .RESET(RST), .A(A), .B(B), .Z(Z1) ); // 初始化 UUT
VrSMexp U2 ( .CLOCK(Tclk), .RESET(RST), .A(A), .B(B), .Z(Z2) ); // 初始化 UUT

always begin    // 创建周期为 10ns 的自由运行测试时钟
  #6 Tclk = 0;  // 高电平为 6ns
  #4 Tclk = 1;  // 低电平为 4ns
end

initial begin
  RST = 1;          // 应用复位
  A = 1; B = 1;     // A 和 B 也都是 1
  Tclk = 1;         // 0 时刻的起始时钟为 1
  #115;             // 等待 115ns
  RST = 0;          // 未复位
  for (i=1; i<=3000; i=i+1) begin // 应用 3000 个时钟沿的随机输入序列
    A = $random; // 获取新随机数的 LSB
    B = $random; // 获取下一个随机数的 LSB
    #10 ;
    if (Z1 !== Z2) $display("Iteration %d error, Z1,Z2 = %b,%b", i, Z1, Z2);
  end
  $display("Test completed");
  $stop(1);         // 结束测试
  end
endmodule
```

关于复位的思考

如果你尝试过的话，你可能确实无法接受没有复位的状态机的模拟。模拟器会把触发器初始化为一个已知的状态，通常为 0，而不是一个未知的状态。在本节所述的状态机例子中，通过简单的状态赋值，将初始状态 INIT 赋值为全 0，无论如何，这正是我们想要的状态。

这种行为特性可能是精确的，但却很危险。因为只要可以平滑地加电，许多 PLD 和 FPGA 就可以保证其中触发器的初始状态为 0，所以模拟器将触发器的初始状态置为 0，也是精确地模拟了物理的设计。但许多原因使得这样做是危险的，部分原因解释如下。

在电路正常运行期间的某些时间点，电源电压可能会出现一个尖峰脉冲，而这个脉冲可能足以改变一些触发器的状态，但又不足以激活器件的自动加电复位电路。这可能会使得状态机处于一种未知的状态，却无法回到正常状态。在实验室调试的过程中，你可能不会注意到这个潜在的陷阱。

在设计的过程中，你可能会改变状态机的状态编码，从而导致器件的加电复位状态不再是所有情况下都有效的状态。但是，在模拟过程中你也可能没有注意到这种情况。

在游戏的后期，你（或你的生产部门；或就此而言，你的继任者）可能会将包含你状态机的 PLD 或 FPGA 改为一个具有不同的（或没有保障的）加电复位状态的器件。然后，将修改后的器件匆忙投入生产，而没有人注意到问题所在。

由于状态机总是在没有复位的情况下“正常工作”，因此所有这些情况在模拟过程中都无法发现。故而请始终为状态机提供一个复位功能，并且在模拟的过程中试用。

12.2.3 为测试检查次态逻辑

之前提到，可以“检查”一个 UUT 的次态逻辑，以确定一种测试模式是否演练了所有的状态迁移。注意，这个工作必须在 UUT 而不是测试平台中完成，因为具有不同状态和状态迁移的不同但等效的状态机，可以实现同一个给定的功能性行为特性。为检查程序 12-1 中的状态机 VrSMex，需要修改程序如程序 12-9 所示。在模块的开始，定义了一个“全局”整数变量 savetr 以及一个有两个输入的任务 Tchk：一个整数 tr 表示状态迁移的次数，一个向量 next 表示次态的值。当调用这个任务时，就会置 Snext 为 next，置 savetr 为 tr。构建状态存储器的 always 程序块被修改为显示当前时钟沿已经发生并保存的状态迁移次数。最后一步用于修改次态逻辑：以前每一个给 Snext 赋予一个次态值的地方，都被替换为调用一次带有一个唯一整数和对应次态值的 Tchk。

程序 12-9　修改模块 VrSMex 以显示发生的状态迁移

```
integer savetr;  // 存储发生转移的标号的整数变量

task Tchk;       // 显示和实现状态迁移的任务
  input tr, next;
  integer tr; reg [2:0] next;
  begin
    Snext = next;
    savetr = tr;
  end
endtask

always @ (posedge CLOCK)        // 构建状态存储器
  if (RESET==1) Sreg <= INIT;   // 同步复位
  else begin
    Sreg <= Snext; // 保存新的状态并显示引出这个新状态的迁移
    $display("Time: %4d, took transition %2d",$time,savetr);
  end

always @ (A, B, Sreg) begin             // 次态逻辑
  case (Sreg)
    INIT:   if (A==0)                   Tchk(1,A0);
            else                        Tchk(2,A1);
    A0:     if (A==0)                   Tchk(3,OK0);
            else                        Tchk(4,A1);
    A1:     if (A==0)                   Tchk(5,A0);
            else                        Tchk(6,OK1);
    OK0:    if (A==0)                   Tchk(7,OK0);
            else if ((A==1) && (B==0)) Tchk(8,A1);
            else                        Tchk(9,OK1);
    OK1:    if ((A==0) && (B==0))       Tchk(10,A0);
            else if ((A==0) && (B==1)) Tchk(11,OK0);
```

```
          else                          Tchk(12,OK1);
      default                           Tchk(13,INIT);
    endcase
  end
```

当我们在一个检查过的模块上运行测试平台时，每个状态迁移的标号都会显示出来。采用程序 12-6 中的 30 个输入测试序列，显示表明 1 号、5 号、13 号状态迁移从未发生。没有发生 1 号迁移是有道理的，因为测试平台只在 A=1 的情况下离开一次 INIT 状态。并且，我们也从未期望在正常（没有错误）的操作中会发生 13 号（默认情况）迁移。但是，不通过检查，很难发现 5 号迁移不会出现。

我们也可以在检查过的模块上运行程序 12-7 的自检测试平台。这个“手工制作”的测试平台确实比前面那个差很多，未能检测到 1 号、4 号、7 号、12 号和 13 号迁移。更新两个测试平台，以完整覆盖所有的状态迁移，这放在练习题 12.6 和 12.7 中进行。

别着急！

次态逻辑调用 Tchk 时马上显示 tr 的值有些太早了，因为这是一个组合逻辑，在时钟沿到来之前，Snext 可能会发生进一步的变化。并不是对 Snext 有影响的所有输入都必然会同时变化，所以在最终将 Snext 存入 Sreg 的时钟沿到来之前，Snext 可能会经历多次变化。我们感兴趣的仅仅是最后一次发生的状态迁移的标号。

没那么容易

检测“所有可能”发生的次态迁移，并不像一开始在本例中看到的那样简单。在次态逻辑的一个 if 或 else 从句中出现的一次迁移，实际上可以由多个不同的输入组合引发，取决于 if 条件。例如，B=0 或 B=1 会引起程序 12-9 中的 1 号、3 号、5 号和 7 号迁移。但是，在测试平台操作的过程中，对于 B 取任意一个值，都会显示上述的每一个迁移号，即使其他的 B 值从未出现。

另外，对所列出的每一个状态迁移至少检测一次，是对次态逻辑非常有效的明智检查。如果有一个列出的迁移没有检测到，然后又发现难以激发这个状态迁移，那么就表明在次态逻辑中或设计者对状态机应该如何工作的理解中有一个错误。

12.2.4 总结

用手工的方式为大型状态机创建一个可理解的功能测试模式是一个很痛苦的过程。测试模式要遍历所有的状态并利用所有的状态变换，而我们的例子并非如此！使用这些模式时，必须确保每一步状态机的行为特性都“有意义”。这比确保状态机执行代码所要求的操作更重要，在大多数情况下状态机都会按要求行事，因为你利用了自动化工具，实现从代码到实现的变换。更重要的是确保在所有的情况下，代码所要求的操作都是有意义的。这对于较少使用的所谓“极端情况”来说尤为重要。只有实践和（通常是糟糕的）经验可以保证这一步的成功。

要构建生产时用来检测硬件错误的测试模式，就是另一回事了。在此假设状态机的功能定义是正确的，并且要验证所构造的硬件是否匹配特定的行为特性。为这个目的设计的测试模式通常也最好是交给自动测试模式生成程序来完成。这种程序通常采用一个已实现电路的门级或其他组件级的描述来产生测试向量，而不是从一个 Verilog 的描述开始。用这种方法，基于目标器件预期的物理故障模式，可以构建出更有可能捕捉错误的测试模式。

12.3　1计数器

本章第一个新 Verilog 例子就是"1 计数机器"，其功能说明如下：

设计一个带有两个输入（X 和 Y）以及一个输出（Z）的时钟同步状态机。如果从复位之后，输入到 X 和 Y 端的 1 的个数是 4 的倍数的话，输出就为 1；否则，输出为 0。

看第一眼，你可能会觉得这个状态机需要无穷种状态，因为要计数任意长时间的输入 1 的个数。但是，由于输出表达的是输入接收到的 1 的数量是否为 4 的模数，所以，4 种状态就足够跟踪计数状态，也就是状态编码只需要 2 位变量 Q[1:0]。

在这个例子中，我们可以好好利用一下 Verilog 的算术功能（特别是加法），以简化编码任务。程序 12-10 就是完成这项任务的 Verilog 模块。我们不用给状态命名并用四种情况的 case 语句定义次态逻辑，只是用 2 位二进制数对状态编码，然后依据输入到 X 和 Y 的 1 的个数利用加法将状态推进 0、1 或 2。如果 Q[1:0] 为 0，则输出逻辑就简单地将 Z 置为有效。

程序 12-10　1 计数机器的 Verilog 模块

```
module VronescntSM( CLOCK, RESET, X, Y, Z );
  input CLOCK, RESET, X, Y;
  output reg Z;
  reg [1:0] Q, Qnext;

  always @ (posedge CLOCK)                    // 创建状态存储器
    if (RESET==1) Q <= 0; else Q <= Qnext; // 同步复位

  always @ (X, Y, Q)         // 次态逻辑
    if (X & Y) Qnext = Q + 2;
    else if (X | Y) Qnext = Q + 1;
    else Qnext = Q;

  always @ (Q) begin         // 输出逻辑
    if (Q==0) Z = 1; else Z = 0;
  end
endmodule
```

从表面上看，这是一个很容易理解的简单例子——代码看起来似乎非常自然——所以，与其详细论述其逻辑，不如讲讲 Verilog 编码中的一些微妙之处和潜在的陷阱，以及当综合工具处理代码时"罩子底下"正在发生什么。

所以，我们来仔细分析一下次态逻辑中的第一个 if 语句，这个语句用于测试 X 和 Y 是否都是 1，如果是的话，Q 就加上 2。如何进行条件测试以及编译器看到了什么呢？表达式"X&Y"对两个 1 位输入信号实现逐位的布尔与运算，其结果为一个 1 位信号。if 语句寻找一个真 / 假值，这是一个 1 位信号，如果这个值为 1'b1，则这个信号为真，如果这个值为 1'b0 或其他值，包括 1'bx（模拟中的"未知"值），则这个信号为假。写出条件的一种技术上更为正确但也更加繁杂的方法就是"(X==1'b1)&&(Y==1'b1)"，该表达式先将输入 X 和 Y 与合适的信号值比较，得到真 / 假结果，然后再将结果用逻辑与操作符 && 组合起来。参见 5.5 节中关于逻辑操作符和表达式的讨论。

这个 if 语句的下一个微妙之处就是如何将 Q 加上 2。在这个模块中，"Q"已经被定义为一个 2 位向量（默认为无符号的），而"2"是一个整数常量，正好是一个正的"有符号"数。由于操作数至少有一个是无符号的，Verilog 的加法操作默认为无符号数的运算，因而可以在模拟和综合中得到我们所期望的结果。不同的操作数类型会得出不同的结果。参见 5.3 节关于向量和算术的讨论。

为什么这些微妙之处很重要呢？这与应用、编码细节以及环境有关，你可能会面对模拟

过程与实际电路的操作不匹配、模拟中未检测到未知值（1'bx）或者电路和模拟操作都不正确的情况（例如，你天真地期望像“(2'b10&1'b1)”这样的表达式的值为“真”）。

当然，还有许多其他的方法来编码程序 12-10 中次态逻辑的加法运算，并且不改变其含义。一种简洁的方法就是完全避免使用 if 语句，而直接用 X 加 Y 再加 Q[1:0] 来代替，如下所示：

```
Qnext = Q + {1'b0,X} + {1'b0,Y};
```

可以用于这个状态机的另一种编码风格的选项就是将状态寄存器和次态逻辑（即，最开始用两个 always 语句）组合为一个时序的 always 语句，如程序 12-11 所示。就这样一个简单的状态机而言，在所有的细节都已经讲过和做过之后，上述编码风格的变化不会改变综合后电路的结果，这个状态机在 Xilinx 7 系列 FPGA 上的实现只需要两个触发器和两个 LUT。

程序 12-11　状态存储器和次态逻辑的组合

```
  always @ (posedge CLOCK)              // 创建状态存储器……
     if (RESET==1) Q <= 0;              // 同步复位
     else if (X & Y) Q <= Q + 2;        // ……以及次态逻辑
     else if (X | Y) Q <= Q + 1;
//   else Q <= Q;                       // 可选的
```

程序 12-12 是 1 计数机器的一个自检测试平台。该程序遵照我们所推荐的方法，用了一种不同于状态机内部所用方法的方式来确定状态机的输出。在本例中，首先随机生成状态机的输入 X 和 Y，然后计算当前和。为了算出每个时钟周期的期望输出值，程序利用 Verilog 的模运算操作符，将当前和除以 4，并把结果应用到一个逻辑表达式中，如果结果的余数为 0，则逻辑表达式的值为 1。

程序 12-12　1 计数机器的 Verilog 自检测试平台

```
module VronescntSM_tb ();
  reg Tclk, RST, X, Y;
  wire Z;
  integer i, sum;

  VronescntSM UUT (.CLOCK(Tclk), .RESET(RST), .X(X), .Y(Y), .Z(Z)); // 初始化 UUT

  always begin    // 创建周期为 10ns 的自由运行测试时钟
    #6 Tclk = 0;  // 高电平为 6ns
    #4 Tclk = 1;  // 低电平为 4ns
  end

  initial begin
    RST = 1;              // 应用复位
    X = 0; Y = 0;         // 开始输入为 0
    Tclk = 1;             // 0 时刻的起始时钟为 1
    #115;                 // 等待 115ns
    RST = 0;              // 未复位
    sum = 0;              // 跟踪测试输入中 1 的个数
    for (i=1; i<=3000; i=i+1) begin     // 应用 3000 个时钟沿的随机输入
      X = $random;       // 获取新随机数的 LSB
      Y = $random;       // 获取下一个随机数的 LSB
      sum = sum + X + Y;
      #10 ;
      if (Z!==((sum % 4)===0)) $display("Iteration %4d error, sum=%0d, Z=%b",i,sum,Z);
    end
    $stop(1);             // 结束测试
  end
endmodule
```

12.4 组合锁

接下来的例子是“组合锁”状态机，它会在接收到一组特定的二进制输入序列后激活“解锁”输出，还提供一个“提示”输出，用于指导用户了解如何使用这个组合锁：

> 设计一个具有1个输入（X）和2个输出（UNLK和HINT）的时钟同步状态机。当且仅当X为0，且在前面7个脉冲触发沿到来之际X接收到的输入序列为0110111（最右边的那一位是最近接收到的）时，输出UNLK为1。当且仅当X的当前值是上述序列中的一个正确值以使状态机逐步接近于“解锁”（即UNLK = 1）状态时，输出HINT为1。

从上面的文字描述可以明显地看出，这是一个Mealy机。输出UNLK的值取决于X端过去输入的历史和当前的输入值，而HINT的值取决于机器的状态值和当前的X输入（其实，如果当前的X输入产生HINT = 0，那么就提示使用者应在下一个时钟触发沿到来前改变X的输入值）。

这个状态机的要求与前一个例子有些不一样，但让我们试一下。至少对于输出UNLK而言，似乎很明显，我们需要知道到目前为止已经看到的输入序列，以便确定下一个输入是会使我们离目标更进一步，还是会迫使我们回溯。于是，至少针对输出UNLK，我们可以构造一个样本、状态定义、次态逻辑以及输出逻辑，如程序12-13所示。这里，我们使用了与目前已经接收到的组合序列的初始部分所对应的状态名。

程序12-13　组合锁状态机的Verilog模块

```
module VrcomblockSM( CLOCK, RESET, X, UNLK, HINT );
  input CLOCK, RESET, X;
  output wire UNLK, HINT;   // 将连续赋值声明为连线
  reg [2:0] Sreg, Snext;    // 状态寄存器和次态
  parameter [7:1] COMBINATION = 7'b0110111; // 未用，但放在这里作为参考
  parameter [2:0] GOTZIP     = 3'b000, // 定义状态编码
                  GOT0       = 3'b001, // 每个状态表明我们已接收到的内容离解锁序列更近了
                  GOT01      = 3'b011,    一步
                  GOT011     = 3'b010, //
                  GOT0110    = 3'b110, // 状态采用格雷码，以潜在地简化激励逻辑
                  GOT01101   = 3'b111,
                  GOT011011  = 3'b101,
                  GOT0110111 = 3'b100;

  always @ (posedge CLOCK)   // 状态存储器（带有同步复位端）
    if (RESET==1) Sreg <= GOTZIP;
    else Sreg <= Snext;

  always @ (Sreg or X)        // 次态逻辑
    case (Sreg)
      GOTZIP:     if (X) Snext = GOTZIP;     else Snext = GOT0;
      GOT0:       if (X) Snext = GOT01;      else Snext = GOT0;
      GOT01:      if (X) Snext = GOT011;     else Snext = GOT0;
      GOT011:     if (X) Snext = GOTZIP;     else Snext = GOT0110;
      GOT0110:    if (X) Snext = GOT01101;   else Snext = GOT0;
      GOT01101:   if (X) Snext = GOT011011;  else Snext = GOT0;
      GOT011011:  if (X) Snext = GOT0110111; else Snext = GOT0110;
      GOT0110111: if (X) Snext = GOTZIP;     else Snext = GOT0;
      default:                                    Snext = GOTZIP;
    endcase
  // 输出逻辑——检测组合
  assign UNLK = ( (Sreg==GOT0110111) && (X==0) ) ? 1 : 0;
  assign HINT = 1'b0;  // 还未弄清楚怎样做
endmodule
```

在次态 case 语句中，每个 case 语句如果获得正确的输入，就会转移到下一个状态，否则就返回。但并不总是需要一直返回到最开始（GOTZIP 或 GOTO）；有时一个错误的输入只会使我们部分返回（例如，在接收到一个 0 之后进入 GOTO11011 状态）。

注意，程序 12-13 中将 HINT 输出置为 0，是因为我们还未找到一种正确生成这个输出的简单方法；回头我们再来探讨这个问题。事实上，编写次态逻辑也不太容易。我们必须基于特定的解锁组合，定义状态名，然后按照次态与输入组合匹配的需求裁剪每个次态的 case 语句中的 if 语句。除此之外，在不匹配的情况下，还必须寻找不用全程返回到开始，只需要部分返回的机会。而且，如果需要修改这个状态机，以识别另一个不同的输入组合，那就必须从头再来一遍。如果将输入组合设置为一个变量，存放在与变量对应的寄存器中，而不是一个设计 - 时间常量，那么这个方法便根本用不了。必须找到一种更好的方法！

这个问题把我们带到了关于有限记忆状态机的话题。组合锁状态机的输出总是由当前输入和之前的七个输入来确定。通常，一个有限记忆状态机的输出完全取决于当前的输入和之前 *n* 个时钟沿的输入和输出，其中 *n* 为一个有限的有界整数。组合锁显然属于这一类状态机。图 12-4 显示了一个带有 1 输入和 1 输出的有限记忆状态机的一般结构。

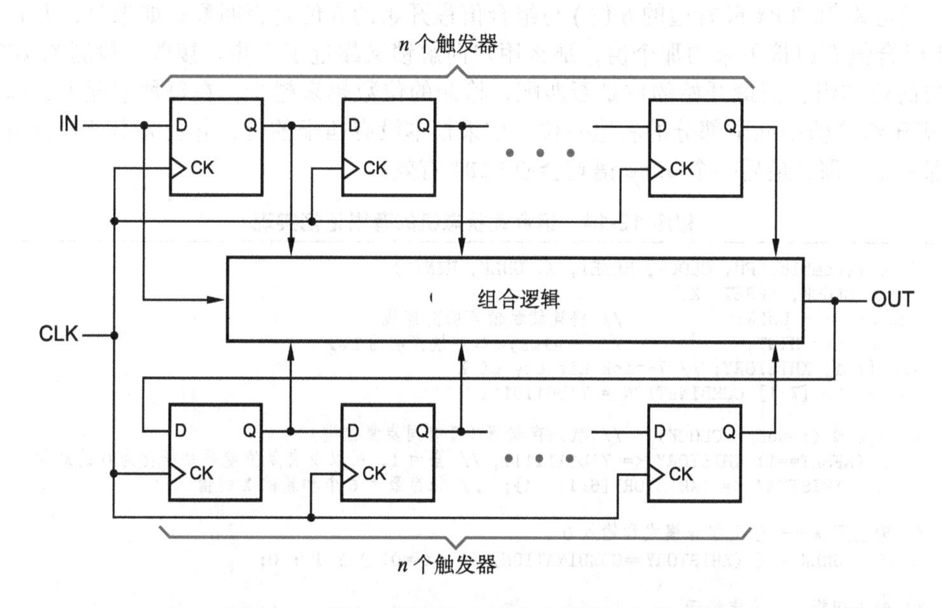

图 12-4　带有 1 输入和 1 输出的有限记忆状态机

要按照有限记忆状态机来实现组合锁，需要提供一个 7 位的存储器，用于存储 X 上最近接收到的七个输入值，然后就可以通过将存储的值和组合值比较，并检测当前的输入 X 是否为 0，来确定输出 UNLK ；本例中不需要考虑之前的输出值。程序 12-14 是采用这种方法实现组合锁的 Verilog 模块。

利用有限记忆状态机的方法，组合锁的设计就变得简单多了。根本没有次态逻辑；全部都有效地包括在寄存器“XHISTORY”的定义中了。而输出逻辑只需要将 XHISTORY 与解锁组合值比较并检测当前的 X 值是否为 0。注意，即使这个组合值是存储在一个寄存器中的变量，或是通过专门的输入信号端输入的值，这个设计也可以正常工作。

最后回到如何计算输出 HINT 的问题。在采用了这样一个非常有效的产生 UNLK 的通用方法之后，再用模块中所定义的、只适合于一种特定组合值的 HINT 的设计，就不那么令人满意了。另外，我们还要避免使用像原先程序 12-13 中次态逻辑那样的需要一位一位分析组合值的容易出错的代码结构。

值得吗？

采用有限记忆状态机设计的一个缺点就是，与采用定制的状态含义最优化的设计相比，这种设计几乎总是会需要更多的状态存储器。在将程序 12-13 中的目标器件确定为一个 Xilinx 7 系列的 FPGA 时，Vivado 工具会综合出一个用 2 个 LUT 和 3 个寄存器来存储状态的电路。当我综合程序 12-14 时，这个程序是一个更简单且更少出错的有限记忆状态机的设计，结果是用了 3 个 LUT 和 7 个寄存器来存储状态。

付出这些额外的资源是值得的吗？在本书中，是的——对于某类电路（相对于大型且重复的结构，如存储阵列）而言，节省工程时间总是胜过节省晶体管。如果考虑到所采用的目标器件是包含了 53 200 个 LUT 和 106 400 个寄存器的 7 系列 FPGA，那么这个结论就更加正确了。

解决办法如程序 12-14 的最后一个 always 程序块所示，该程序块包含一个长长的嵌套 if-else 语句链。这个语句链一开始，就检测 X 上的 7 位历史数据是否与解锁组合值匹配；如果是，并且当前 X 等于所要求的 0，那么 HINT 有效。否则，检测最近接收到的 6 位二进制值（就是 XHISTORY 最右边的 6 位）与组合值最开始的 6 位是否匹配；如果是，并且当前 X 等于组合值右边接下来的那个值，那么用户向解锁又靠近了一步。接着，检测 XHISTORY 最右边的位和组合值最开始的位是否匹配，检测的位数越来越少，在每种情况下，都设置 HINT 等于组合值中匹配部分的右边一位。如果根本没有匹配的位，并且 X 等于组合值最开始的那一位，那么最后一个 else 语句会使 HINT 有效。

程序 12-14　组合锁状态机的有限记忆实现

```
module VrcomblockFM( CLOCK, RESET, X, UNLK, HINT );
  input CLOCK, RESET, X;
  output wire UNLK;          // 将连续赋值声明为连线
  output reg HINT;           // 将 always 程序块声明为 reg
  reg [7:1] XHISTORY; // 7-tick history of X
  parameter [7:1] COMBINATION = 7'b0110111;

  always @ (posedge CLOCK)   // 状态存储器（带有同步复位端）
    if (RESET==1) XHISTORY <= 7'b1111111; // 全为 1，所以没有复位就是初始化为 0 的幻觉
    else XHISTORY <= {XHISTORY[6:1], X};  // 保存最近 6 个和新的 X 的值

 // 输出逻辑——检测组合模式和输入 0
  assign UNLK = ( (XHISTORY==COMBINATION) && (X==0) ) ? 1 : 0;

 // 输出逻辑——确定提示
  always @ (XHISTORY or X)
    if (XHISTORY[7:1]==COMBINATION) HINT = (X==0);
    else if (XHISTORY[6:1]==COMBINATION[7:2]) HINT = (X==COMBINATION[1]);
    else if (XHISTORY[5:1]==COMBINATION[7:3]) HINT = (X==COMBINATION[2]);
    else if (XHISTORY[4:1]==COMBINATION[7:4]) HINT = (X==COMBINATION[3]);
    else if (XHISTORY[3:1]==COMBINATION[7:5]) HINT = (X==COMBINATION[4]);
    else if (XHISTORY[2:1]==COMBINATION[7:6]) HINT = (X==COMBINATION[5]);
    else if (XHISTORY[1]==COMBINATION[7])     HINT = (X==COMBINATION[6]);
    else HINT = (X==COMBINATION[7]);
endmodule
```

嵌套 if-else 语句的优先顺序非常重要——确保状态机能够尽可能给出最好的提示。例如，如果 XHISTORY 为 7'b1011011，那么基于最右边的三位会建议输入一个 0，以驱使状态机在此后的三个时钟沿后（后面的输入为 111）到达最终的状态。但是，最好基于最右边的六位建议输入一个 1，这样在接下来的时钟沿后就能到达最终的状态。与此相关，在程序 12-13 中令人烦恼的（确定合适的只做部分回溯的时间）问题，会因为这个方法中的优先顺序而不存在。这个方法的另一个优点就是 HINT 的输出逻辑，就像 UNLK 的输出逻辑一样，

即使解锁组合值是一个变量，也可以正常工作。

现在因为有了这两种相当不同的组合锁状态机的设计，正好适合用一个测试平台来测试，以比较这两种设计（针对一个长的随机输入序列）的输出。参见练习题 12.38 和 12.39。

12.5 雷鸟车尾灯

我们在 9.4.1 节中描述了雷鸟车尾灯状态机的功能，图 12-5 再次画出了 1965 年福特雷鸟车的尾灯。这个尾灯状态机有 3 个输入（分别表示左转、右转和危险信号），以及 2 个输出集合，分别包含 3 个输出，按照顺序表明轿车两边的 3 个信号灯，如图 12-6 所示。

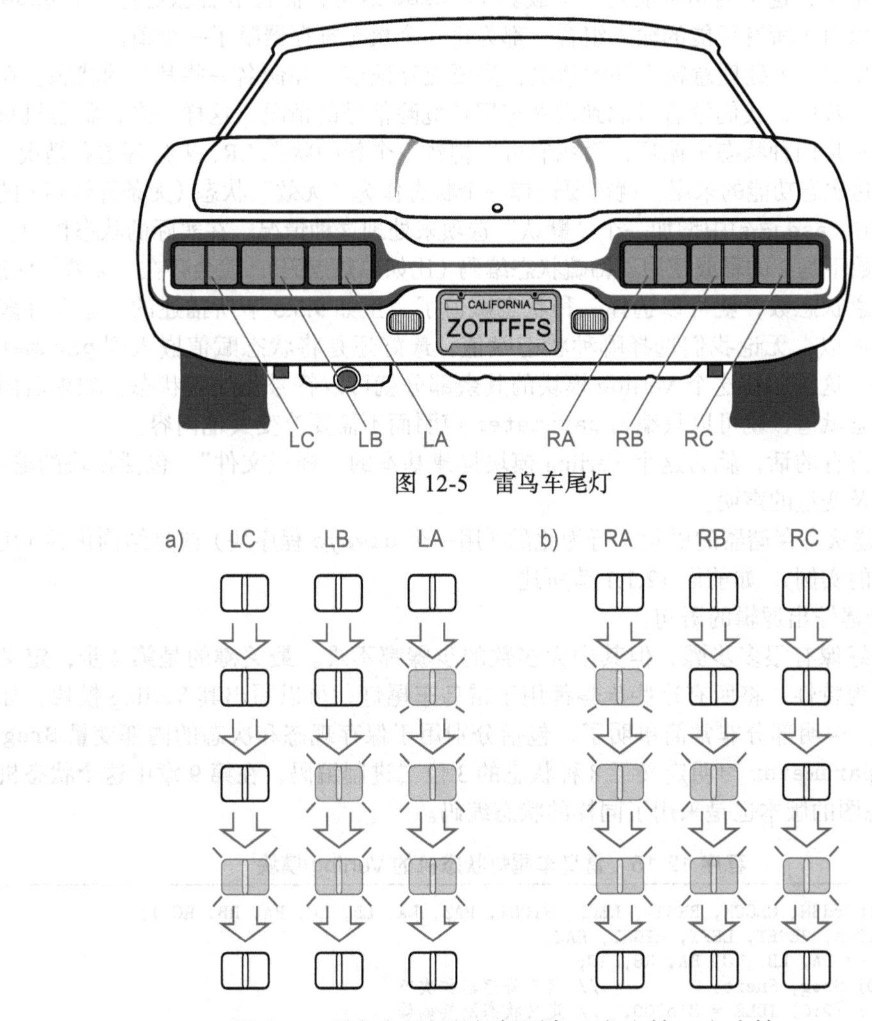

图 12-5　雷鸟车尾灯

图 12-6　雷鸟车尾灯的闪烁顺序：a）左转；b）右转

用 Verilog 设计这个或任何状态机需要的几个步骤：

1. 确定状态机的输入和输出。上面已经完成了这个步骤，对输入输出做了非正式的说明。
2. 定义实现状态机所需要的状态集，即命名每个状态，我们接下来就要完成这个步骤。也许我们不能立即想到所有的状态，但在考虑状态的次态条件时，可以意识到需要定义更多的状态。

对于雷鸟车尾灯而言，需要一个状态来表示所有灯都灭掉的情况（称为 IDLE），然后，还需要 3 个状态，分别表示 1 ~ 3 个左转和右转灯亮的情况（称为 L1 ~ L3 和 R1 ~ R3）。对于大多数状态机和环境而言，为状态命名和含义建档的最好方式就是代码本身。

3. 选择或定义另外一个状态，来表示复位之后的初始状态。对于雷鸟车尾灯而言，IDLE 就非常适合作为初始状态。
4. 在我们首选的行为化风格 Verilog 状态机编码中，构建一个 case 语句的框架，其中“选择表达式”就是状态寄存器，而每一个“选项”就是一个已命名的状态。对于每一个已命名的状态，编写一个语句，将次态描述为状态机输入的函数。在我们首选的编码风格中，这个语句可能是一个嵌套 if-else 语句，而且最后总是有一个 else 从句，所以对于所有可能的输入组合，都为每一个次态寄存器赋了一个值。
5. 在第 4 步中，为处理意料之外的情况，需要交互地定义和命名一些其他的状态。在上面的第 2 步中，我们没有考虑到雷鸟车尾灯危险信号的情况，这样一来，状态机只在两种而不是四种状态中循环，而我们可以构建一个新的状态 LR3 来处理这种情况。
6. 一旦到达次态功能的末尾，就需要选择一个状态作为“无效”状态（无条件转移）的次态，并在 case 语句中增加一个“默认”选项来处理这种情况。在实际的状态机中，如果状态数不是 2 的幂或使用了稀疏状态编码（比如单热点码），就会存在“无效”状态。
7. 既然知道状态数，就可以选择一种状态赋值了。正如 9.3.3 节所描述的，总有许多可能性。所以，无论我们选择哪种状态赋值，最好还是将状态赋值嵌入到 parameter 声明中。这样，在这个 Verilog 模块的其余部分就可以符号化处理状态，如果后面要改变状态赋值，就可以只编辑 parameter 声明而不需要改变其他内容。
8. 如果还没有的话，就为这个 Verilog 模块构建基本的“样板文件”，包括模块的输入 / 输出以及变量的声明。
9. 编写创建状态存储器的语句，行为化的（用一个 always 程序块）或是结构化的（用一个组件的实例），如前面 12.1.1 节所述。
10. 编写创建输出逻辑的语句。

这看起来好像有很多步骤，但其中大多数的步骤都不难。最关键的是第 4 步，定义状态机的次态行为特性。将所有这些步骤都用于雷鸟车尾灯，可以写出其 Verilog 模块，如程序 12-15 所示。声明部分非常简单明了，包括分别用于保存现态和次态的内部变量 Sreg 和 Snext。一个 parameter 声明定义了 8 种状态的 3 位二进制编码，在第 9 章中这个状态机的 ASM 表和状态图的版本也是采用了同样的状态编码。

程序 12-15　雷鸟车尾灯状态机的 Verilog 模块

```
module VrTbirdSM( CLOCK, RESET, LEFT, RIGHT, HAZ, LA, LB, LC, RA, RB, RC );
  input CLOCK, RESET, LEFT, RIGHT, HAZ;
  output reg LA, LB, LC, RA, RB, RC;
  reg [2:0] Sreg, Snext;          // 状态寄存器和次态
  parameter [2:0] IDLE = 3'b000,  // 定义状态及其编码
                  L1   = 3'b001,  // 左转，一个灯亮
                  L2   = 3'b011,  // 左转，两个灯亮
                  L3   = 3'b010,  // 左转，三个灯亮
                  R1   = 3'b101,  // 右转，一个灯亮
                  R2   = 3'b111,  // 右转，两个灯亮
                  R3   = 3'b110,  // 右转，三个灯亮
                  LR3  = 3'b100;  // 危险，所有灯亮

  always @ (posedge CLOCK or posedge RESET)          // 创建状态存储器
    if (RESET==1) Sreg <= IDLE; else Sreg <= Snext;  // 异步复位
```

```
  always @ (LEFT, RIGHT, HAZ, Sreg) begin                // 次态逻辑
    case (Sreg)
      IDLE:   if (HAZ | (LEFT & RIGHT) ) Snext = LR3;
              else if (RIGHT)            Snext = R1;
              else if (LEFT)             Snext = L1;
              else                       Snext = IDLE;
      R1:     Snext = R2;
      R2:     Snext = R3;
      R3:     Snext = IDLE;
      L1:     Snext = L2;
      L2:     Snext = L3;
      L3:     Snext = IDLE;
      LR3:    Snext = IDLE;
      default Snext = IDLE;
    endcase
  end

  always @ (Sreg) begin                                // 输出逻辑
    case (Sreg)
      IDLE:   {LC,LB,LA,RA,RB,RC} = 6'b000000;  // 所有灯全灭
      R1:     {LC,LB,LA,RA,RB,RC} = 6'b000100;  // 建立循环模式
      R2:     {LC,LB,LA,RA,RB,RC} = 6'b000110;  // 对于右转
      R3:     {LC,LB,LA,RA,RB,RC} = 6'b000111;
      L1:     {LC,LB,LA,RA,RB,RC} = 6'b001000;  // 以及左转
      L2:     {LC,LB,LA,RA,RB,RC} = 6'b011000;
      L3:     {LC,LB,LA,RA,RB,RC} = 6'b111000;
      LR3:    {LC,LB,LA,RA,RB,RC} = 6'b111111;  // 所有灯闪烁，表示危险
      default {LC,LB,LA,RA,RB,RC} = 6'b000000;  // 处于任何无效状态时所有灯灭
    endcase
  end
endmodule
```

第一个 always 程序块创建了这个 3 位状态寄存器 Sreg，包括一个异步复位输入。第二个 always 程序块是这个状态机的核心，该程序块带有一个 case 语句，定义了 8 种状态的次态行为特性。最后一个 always 程序块也有一个 case 语句，其中每个状态对应一个赋值语句，用于定义 6 个只是现态的函数的 Moore 型输出。

状态机的行为化 Verilog 描述非常容易修改，然后，采用可用的工具重新综合状态机就可以了。例如，雷鸟车尾灯原先的设计中只在 IDLE 状态检测 HAZ 输入。从功能上来讲，更希望状态机在 HAZ 输入一有效时，就尽快启动危险信号的闪烁。要做到这一点，只需要修改原先状态机中的次态逻辑，如程序 12-16。现在，会在每个“转向”状态检测 HAZ 输入；如果这个输入有效，那么接下来就进入危险闪烁状态 LR3。

程序 12-16　改进后的雷鸟车尾灯状态机的 Verilog 次态逻辑

```
always @ (LEFT, RIGHT, HAZ, Sreg) begin                // 次态逻辑
  case (Sreg)
    IDLE:   if (HAZ | (LEFT & RIGHT) ) Snext = LR3;
            else if (RIGHT)            Snext = R1;
            else if (LEFT)             Snext = L1;
            else                       Snext = IDLE;
    R1:     if (HAZ) Snext = LR3; else Snext = R2;
    R2:     if (HAZ) Snext = LR3; else Snext = R3;
    R3:     if (HAZ) Snext = LR3; else Snext = IDLE;
    L1:     if (HAZ) Snext = LR3; else Snext = L2;
    L2:     if (HAZ) Snext = LR3; else Snext = L3;
    L3:     if (HAZ) Snext = LR3; else Snext = IDLE;
    LR3:    Snext = IDLE;
    default Snext = IDLE;
  endcase
end
```

另一种可能的变化就是将状态赋值改为输出编码赋值的形式。这种改变不需要改变次态逻辑（而是改变状态寄存器和 parameter 声明），以及输出逻辑，如程序 12-17 所示。

程序 12-17 针对输出编码状态赋值进行更改后的雷鸟车尾灯状态机的 Verilog 模块

```
module VrTbirdSMeoc( CLOCK, RESET, LEFT, RIGHT, HAZ, LA, LB, LC, RA, RB, RC );
  input CLOCK, RESET, LEFT, RIGHT, HAZ;
  output reg LA, LB, LC, RA, RB, RC;
  reg [5:0] Sreg, Snext;                  // 状态寄存器和次态
  parameter [5:0] IDLE = 6'b000000,       // 定义状态及其编码
                  L1   = 6'b001000,       // 左转，一个灯亮
                  L2   = 6'b011000,       // 左转，两个灯亮
                  L3   = 6'b111000,       // 左转，三个灯亮
                  R1   = 6'b000100,       // 右转，一个灯亮
                  R2   = 6'b000110,       // 右转，两个灯亮
                  R3   = 6'b000111,       // 右转，三个灯亮
                  LR3  = 6'b111111;       // 危险，所有灯亮
...
  always @ (Sreg)                  // Output logic
    {LC,LB,LA,RA,RB,RC} = Sreg;
endmodule
```

由于雷鸟车尾灯如此“显而易见”，因此这个状态机是一个精彩的例子——测试平台针对一个典型的输入序列，可以用 LED 的形式显示其对应的检测输出（参见练习题 12.23）。

Vivado 的 FSM 抽取

这是我第一次利用 Xilinx Vivado 综合工具运行了三个版本的雷鸟车尾灯状态机，令我惊讶的是，这三种版本综合的结果都非常相似。其原因在于 Vivado 的“FSM 抽取”选项是默认开启的。正如 12.1.7 节所解释的，这个特性会分析 Verilog 模块，并寻找一种有限状态机的结构（FSM）。如果找到了，综合工具就会抛开设计者的状态编码，而选择一种它认为好的编码。

就这三个雷鸟车尾灯的例子而言，Vivado 选用了“序列”状态赋值，采用的是最少的状态位数，并按照二进制计数顺序赋值。所以，程序 12-15 和 12-16 中的 Vivado 状态赋值的次态逻辑稍有不同，采用了相似但不同的 3 位编码。如果将程序 12-16 中的状态赋值改为程序 12-17 中的状态赋值，即使程序 12-17 中显式地调用了一个 6 位输出编码状态赋值，两个程序产生的也是同一个综合电路！但是，一旦取消“FSM 抽取”选项，综合工具就会忠实且精确地使用模块中说明的状态赋值来实现综合。

所以，Vivado 的状态赋值到底好不好呢？当上述状态机以 Xilinx 7 系列 FPGA 为目标器件时，程序 12-15 需要 9 个 LUT，程序 12-16 和 12-17 需要 8 个 LUT。但是，当采用设计者（我的）原来的设计时，程序 12-15 只用了 4 个 LUT，程序 12-16 和 12-17 只用了 5 个 LUT。所以，到目前为止，有经验的设计者还是比工具做得好！

12.6 重新设计交通灯控制器

接下来的例子也来源于驾驶领域。在加利福尼亚州，特别是在森尼维尔市，交通灯控制器的设计是为了最大化交叉路口处汽车的等待时间。在一个不常用的路口（这种路口如果在芝加哥的话，可能只有一个“减速”标志），有一些传感器和信号灯如图 12-7 所示。这些信号灯受一个状态机的控制，该状态机的工作时钟频率为 1Hz，其输入来自传感器和一个定时器的两个信号：

NSCAR　当南北方向的道路上，有车经过了交叉路口两边的任何一个传感器时，这个传感器的输出有效。

EWCAR　当东西方向的道路上，有车经过了交叉路口两边的任何一个传感器时，这个传感器的输出有效。

TMLONG　从定时器启动开始，经过了5分钟以上，这个定时器输出就有效；这个信号会一直有效，直到定时器复位。

TMSHORT 从定时器启动开始，经过了5秒钟以上，这个定时器输出就有效；这个信号会一直有效，直到定时器复位。

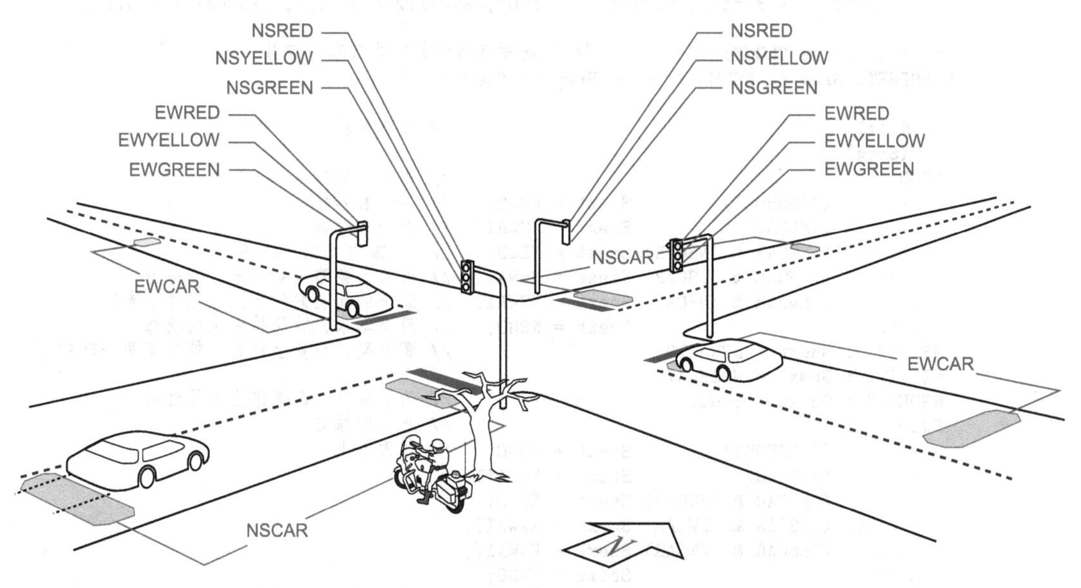

图 12-7　加利福尼亚州森尼维尔市一个交叉路口的交通传感器和信号灯

这个状态机有七个输出：

NSRED，NSYELLOW，NSGREEN　控制南北的信号灯；

EWRED，EWYELLOW，EWGREEN　控制东西的信号灯；

TMRESET　该信号有效时，使定时器复位，并使 TMSHORT 和 TMLONG 无效。当 TMRESET 无效时，定时器开始计时。

程序 12-18 的 Verilog 模块嵌入了一种典型的市政批准的交通灯控制算法。这种算法会产生“智能”交通灯的两个常见行为。在晚上，当交通状况比较轻松时，交通控制会让一辆车在交通灯处停留的时间不超过5分钟，除非一辆车接近交叉方向的路口，否则此时交通控制会阻止交叉方向车流，最终让等待的车辆通过。（“提前预警”传感器距离交叉路口足够远，在接近路口的车辆到达路口之前，交通灯就变了。）在白天，当车流量比较大并且两个方向上都总有车辆在等待时，控制器会使交通灯每隔5秒循环一次，这样就最小化了交叉路口的使用效率，最大化了每个人的等待时间，为了解决这个问题，因此创造了一个增税的公共需求。

程序 12-18 中的次态逻辑具有我们的典型风格，就是采用一个 `case` 语句来说明每个状态的行为，其中还包含了 `if-else` 语句用来（根据需要）检测输入相关性。至于输出逻辑，这是一个 Moore 型状态机；每个输出信号都只是状态的函数。然而在本例中，输出逻辑没有用 `case` 语句，而是用了连续赋值语句。单独对每一个交通灯进行思考并写出对应的表达式（出现灯应该亮的状态时，对应信号有效），就可以很容易地写出交通灯的操作代码。另外，也可以用 `case` 语句重写输出逻辑，对应练习在练习题 12.30 中。

程序 12-18　针对输出编码状态赋值进行更改后的森尼维尔市交通灯控制器的 Verilog 模块

```
module Vrsvale ( CLOCK, RESET, NSCAR, EWCAR, TMSHORT, TMLONG,
                 OVERRIDE, FLASHCLK, NSRED, NSYELLOW, NSGREEN,
                 EWRED, EWYELLOW, EWGREEN, TMRESET );
  input CLOCK, RESET, NSCAR, EWCAR, TMSHORT, TMLONG, OVERRIDE, FLASHCLK;
  output NSRED, NSYELLOW, NSGREEN, EWRED, EWYELLOW, EWGREEN, TMRESET;
  reg [2:0] Sreg, Snext;           // 状态寄存器和次态
                                   // 状态编码
  parameter NSGO    = 3'b000, NSWAIT  = 3'b001, NSWAIT2 = 3'b010, NSDELAY = 3'b011,
            EWGO    = 3'b100, EWWAIT  = 3'b101, EWWAIT2 = 3'b110, EWDELAY = 3'b111;

  always @ (posedge CLOCK)           // 创建带有同步复位的状态存储器
    if (RESET) Sreg <= NSDELAY; else Sreg <= Snext;

  always @ (*)                                           // 次态逻辑
    case (Sreg)
      NSGO :                                             // 南北向绿灯
        if      (~TMSHORT)          Snext = NSGO;        // 最小 5 秒钟
        else if (TMLONG)            Snext = NSWAIT;      // 最大 5 分钟
        else if ( EWCAR & ~NSCAR)   Snext = NSGO;        // 让 EW 方向的汽车等待
        else if ( EWCAR &  NSCAR)   Snext = NSWAIT;      // 如果两条路上都有车，则逆行
        else if (~EWCAR &  NSCAR)   Snext = NSWAIT;      // 新来的南北向的车？让它停下来！
        else                        Snext = NSGO;        // 没有车来，就保持原来的状态
      NSWAIT  : Snext = NSWAIT2;                         // 黄灯亮，为安全起见，持续亮两个时钟沿
      NSWAIT2 : Snext = NSDELAY;
      NSDELAY : Snext = EWGO;                            // 为了安全，两条路上都是红灯
      EWGO    :                                          // 东西向绿灯
        if      (~TMSHORT)          Snext = EWGO;        // 行为同上
        else if (TMLONG)            Snext = EWWAIT;
        else if ( NSCAR & ~EWCAR)   Snext = EWGO;
        else if ( NSCAR &  EWCAR)   Snext = EWWAIT;
        else if (~NSCAR &  EWCAR)   Snext = EWWAIT;
        else                        Snext = EWGO;
      EWWAIT  : Snext = EWWAIT2;
      EWWAIT2 : Snext = EWDELAY;
      EWDELAY : Snext = NSGO;
      default : Snext = NSDELAY;                         //“复位”状态
    endcase

  assign TMRESET  = (Sreg==NSWAIT2 || Sreg==EWWAIT2);
  assign NSRED    = (OVERRIDE) ? FLASHCLK :
                    (Sreg!=NSGO && Sreg!=NSWAIT && Sreg!=NSWAIT2);
  assign NSYELLOW = (OVERRIDE) ? 0 : (Sreg==NSWAIT || Sreg==NSWAIT2);
  assign NSGREEN  = (OVERRIDE) ? 0 : (Sreg==NSGO);
  assign EWRED    = (OVERRIDE) ? FLASHCLK :
                    (Sreg!=EWGO && Sreg!=EWWAIT && Sreg!=EWWAIT2);
  assign EWYELLOW = (OVERRIDE) ? 0 : (Sreg==EWWAIT || Sreg==EWWAIT2);
  assign EWGREEN  = (OVERRIDE) ? 0 : (Sreg==EWGO);
endmodule
```

程序 12-18 中的状态编码是简单的二进制编码。程序 12-19 是采用一种输出编码状态赋值修改之后的程序。一个唯一的交通灯输出值就可以识别出许多状态。但有 3 个状态对单看交通灯是无法辨别的：（NSWAIT，NSWAIT2）、（EWWAIT，EWWAIT2）以及（NSDELAY，EWDELAY）。我们可以通过增加一个状态变量 Sreg[7] 或“EXTRA”来解决这个问题，对于每一对中的两个状态，这个变量会取不同的值。因此，如 NSWAIT 和 NSWAIT2 有相同的状态编码，它们对应的 7 位交通灯输出值中的 1 ~ 6 位也是相同的，但第 7 位不同。

程序 12-19　采用输出编码状态赋值的森尼维尔市交通灯控制器的变化

```
reg [1:7] Sreg, Snext;     // 状态寄存器和次态
// 输出编码赋值的位：[1]NSRED, [2]NSYELLOW, [3]NSGREEN, [4]EWRED, [5]EWYELLOW, [6]
//   EWGREEN, [7] (EXTRA)
```

```
  parameter NSGO     = 7'b0011000,  // 状态编码
            NSWAIT   = 7'b0101000,
            NSWAIT2  = 7'b0101001,
            NSDELAY  = 7'b1001000,
            EWGO     = 7'b1000010,
            EWWAIT   = 7'b1000100,
            EWWAIT2  = 7'b1000101,
            EWDELAY  = 7'b1001001;
...
                                    // 输出逻辑
  assign TMRESET  = (Sreg==NSWAIT2 || Sreg==EWWAIT2);
  assign {NSRED, NSYELLOW, NSGREEN, EWRED, EWYELLOW, EWGREEN} = Sreg[1:6];
```

这个状态机的说明还有另一种可能的变化，就是提供一个输入 OVERRIDE，警察可以利用这个信号来禁用所有正常的控制器操作，并且只要这个输入有效，就使交通灯进入一种红色全闪模式。这样，警察就可以人工清理由这项精彩的发明所引起的交通混乱了。由于全0（所有灯都灭）的状态还可以使用，因此利用输出编码赋值可以很容易地进行改进。在程序 12-20 中，有 3 处改变：

- 给模块增加了一个输入 OVERRIDE。
- 定义了一个新的状态 `ALLOFF`，其状态编码为全 0。
- 如果 OVERRIDE 无效，就将原先的次态 `case` 语句放在一个 `if-else` 语句的 `else` 从句中，并执行这个 `case` 语句，只要 OVERRIDE 有效，就执行一个新的 `case` 语句，进入循环闪烁。

程序 12-20　给输出编码状态的交通灯状态机增加 OVERRIDE 后的改变

```
module Vrsvaleocov ( CLOCK, RESET, NSCAR, EWCAR, TMSHORT, TMLONG, OVERRIDE,
                     NSRED, NSYELLOW, NSGREEN, EWRED, EWYELLOW, EWGREEN, TMRESET );
  input CLOCK, RESET, NSCAR, EWCAR, TMSHORT, TMLONG, OVERRIDE;
  ...
  parameter NSGO     = 7'b0011000,  // 状态编码
            ...
            EWDELAY = 7'b1001001,
            ALLOFF  = 7'b0000000;
  ...
  always @ (*)                              // 次态逻辑
  if (OVERRIDE)                             // 如果 OVERRIDE 有效，则全部闪红灯
    case (Sreg)
      ALLOFF  : Snext = NSDELAY;            // 双闪红灯
      NSDELAY : Snext = ALLOFF;
      default : Snext = NSDELAY;            // 超控状态一开始就到这里
    endcase
  else                                      // 正常操作
    case (Sreg)
      NSGO :     ...                        // 南北绿灯……
```

由于新状态 `ALLOFF` 的编码正好是循环闪烁的全灭状态所对应的输出值，因此输出逻辑不需要变，然后，用一个现成的状态 `NSDELAY` 表示全红的状态。

作为一个“显而易见”的应用，森尼维尔市交通灯是另一个这样的测试平台的例子——应用一个简单的综合输入集并能显示出对应交通灯模式的结果（参见练习题 12.32）。一个更强大、也许更令人沮丧的测试平台，会创建一个随机的交通到达模式，然后统计性能指标，如交叉路口处的平均吞吐率、平均等待时间（参见练习题 12.33）。

山景城的交通灯

据报道，Google 在 2016 年 3 月捐款 250 000 美元给森尼维尔市，以更新其交通灯软件。我猜想，在 25 年间，本书之前每一个版本中的持续呼吁，不足以成为这个城市增

加其自身投入的动力。

当然，Google的总部在山景城的附近，山景城的交通灯甚至在Google进驻之前就运行良好。森尼维尔市应该可以获得同样性能的交通灯，还可能更便宜，只需要将与他们交通灯等效的程序12-18中的次态逻辑 NSGO 和 EWGO，用与传统算法更接近的一些方式来代替，正如练习题12.31所要求的。

12.7　猜谜游戏

状态机设计的另一个例子就是“猜谜游戏”，这个设计可作为娱乐实验室的项目。

设计一个时钟同步状态机，它具有4个与按钮相连的输入（G1 ~ G4）和4个输出（L1 ~ L4），分别与4个灯（或者LED）相连，这些灯与相似编号的按钮相邻。另外，还有一个ERR输出信号与一个红灯相连。正常的情况下，L1 ~ L4的输出应呈现4中选1的模式。在每一个时钟触发沿，这个模式就旋转一个位置。时钟频率约为4 Hz。

“猜”的意思就是按下一个按钮，这时有一个输入Gi有效。当任意一个输入Gi有效时，如果按下了另一个“错误”按钮，那么ERR输出就会有效。即是说，如果在时钟触发沿所测得的Gi的输入数与时钟触发沿到来前就有效的灯输出不相同的话，就显示ERR信息。一旦完成了一次猜测，游戏就停止并且ERR输出会维持1个或多个时钟触发沿，直到输入Gi取消，游戏又恢复进行。

显然，必须设置4种状态，旋转模式的每一个位置对应一个状态，并且至少还需要一个状态来表示游戏停止。第一次尝试的一种可能的次态逻辑如程序12-21所示。只要没有Gi输入有效，机器就在4个状态S1 ~ S4中循环，但在做出一次猜测后，机器就进入STOP状态。在处于类似计数的状态时，每一个Li输出都有效。

程序 12-21　第一次尝试猜谜游戏的次态逻辑的Verilog模块

```
always @ (*)   // 次态逻辑
  case (Sreg)
    S1  : if (G1 | G2 | G3 | G4) Snext = STOP; else Snext = S2;
    S2  : if (G1 | G2 | G3 | G4) Snext = STOP; else Snext = S3;
    S3  : if (G1 | G2 | G3 | G4) Snext = STOP; else Snext = S4;
    S4  : if (G1 | G2 | G3 | G4) Snext = STOP; else Snext = S1;
    STOP: if (~G1 & ~G2 & ~G3 & ~G4) Snext = S1; else Snext = STOP;
  endcase
```

程序12-21中次态行为的唯一问题，就是它在STOP状态时无法“记住”猜测的结果是否正确，所以也就无法控制ERR输出。这个问题在如程序12-22所示的完整Verilog模块中得到了解决，其中有两个“停止”状态，SOK和SERR。如果猜测结果不正确，机器就进入SERR状态，这时ERR为有效；否则，进入SOK状态。三个状态变量编码了六种状态。虽然在关于机器功能的文字描述中没有这样的要求，但在状态图的设计中，当使用者想要通过同时按下两个或者多个按钮，或者通过在停止状态时改变其猜测方式来愚弄机器的话，就要求机器进入SERR状态。

程序12-22中的输出逻辑只是对现态译码，并使合适的Moore型输出有效。由于在每一个命名状态中，都会产生一个不同的输出组合，因此我们可以用输出作为输出编码状态赋值中的状态变量。在这个状态机的一个输出编码版本中，设置 Sreg 和 Snext 的宽度为5位，然后，改变 parameter 声明和输出逻辑，如程序12-23所示。

程序 12-22　修正后的猜谜游戏的完整 Verilog 模块

```
module Vrggame ( CLOCK, RESET, G1, G2, G3, G4, L1, L2, L3, L4, ERR );
  input CLOCK, RESET, G1, G2, G3, G4;
  output reg L1, L2, L3, L4, ERR;
  reg [2:0] Sreg, Snext;     // 状态寄存器和次态

  parameter S1   = 3'b001,  // 对 4 个运行状态进行状态编码
            S2   = 3'b010,
            S3   = 3'b011,
            S4   = 3'b100,
            SOK  = 3'b101,  // OK 状态，以及
            SERR = 3'b110;  // 错误状态

  always @ (posedge CLOCK)  // 创建带有同步复位端的状态存储器
    if (RESET) Sreg <= SOK; else Sreg <= Snext;

  always @ (G1 or G2 or G3 or G4 or Sreg)    // 次态逻辑
    case (Sreg)
      S1  : if (G2 | G3 | G4) Snext = SERR;
            else if (G1)      Snext = SOK;
            else              Snext = S2;
      S2  : if (G1 | G3 | G4) Snext = SERR;
            else if (G2)      Snext = SOK;
            else              Snext = S3;
      S3  : if (G1 | G2 | G4) Snext = SERR;
            else if (G3)      Snext = SOK;
            else              Snext = S4;
      S4  : if (G1 | G2 | G3) Snext = SERR;
            else if (G4)      Snext = SOK;
            else              Snext = S1;
      SOK : if (~G1 & ~G2 & ~G3 & ~G4) Snext = S1; else Snext = SOK;
      SERR: if (~G1 & ~G2 & ~G3 & ~G4) Snext = S1; else Snext = SERR;
      default : Snext = SOK;
    endcase

  always @ (Sreg) begin       // 输出逻辑
    L1  = (Sreg == S1); L2  = (Sreg == S2); L3  = (Sreg == S3);
    L4  = (Sreg == S4); ERR = (Sreg == SERR);
  end

endmodule
```

程序 12-23　输出编码猜谜游戏状态机的 Verilog 代码的改变

```
module Vrggameoc ( CLOCK, RESET, G1, G2, G3, G4, L1, L2, L3, L4, ERR );
  input CLOCK, RESET, G1, G2, G3, G4;
  output wire L1, L2, L3, L4, ERR;
  reg [4:0] Sreg, Snext;      // 状态寄存器和次态
  parameter S1   = 5'b10000, // 输出编码状态赋值
            S2   = 5'b01000, // 对 4 个运行状态
            S3   = 5'b00100,
            S4   = 5'b00010,
            SOK  = 5'b00000, // OK 状态，以及
            SERR = 5'b00001; // 错误状态
...
  assign {L1,L2,L3,L4,ERR} = Sreg;   // 输出逻辑
endmodule
```

获得优势

输出编码状态赋值的主要优点就是，Moore 型输出几乎在时钟触发沿出现后立即变为有效，没有从状态存储器的新内容推出输出所需要的组合逻辑延迟。输出编码所需要的逻辑资源可能更少，也可能更多，这取决于具体的状态机。

例如，当程序12-22的目标器件是一个Xilinx 7系列的FPGA时，Vivado综合工具综合的电路，用了12个LUT以及3个用于状态存储的寄存器。在综合（输出编码版本的）程序12-23时，多了2个寄存器用于状态存储，而用到的LUT减少为9个——资源需求方面的一点点净变化。另外，玩游戏时，输出编码版本所节省的几皮秒的LED延迟带来的利益，对于玩家而言真是太棒了！

猜谜游戏状态机的一个自检测试平台如程序12-24所示。该测试平台用一个手工构造的输入序列进行单步调试，以检测各种情形下状态机的操作。每一步都会调用一个任务checkLEDs，其输入是一个步数值和这一步所对应的LED输出的期望值。如果LED显示了一个预料之外的值，那么测试平台就会停止测试，以便用户探究出错的原因。当然，这个测试平台可以用于程序12-22或程序12-23所描述的任何一个版本的状态机。

程序12-24 猜谜游戏的测试平台

```
`timescale 1ns/1ns
module Vrggame_tb ();
reg Tclk, RST, G1, G2, G3, G4;
wire L1, L2, L3, L4, ERR;

Vrggame UUT ( .CLOCK(Tclk), .RESET(RST), .G1(G1), .G2(G2), .G3(G3), .G4(G4),
              .L1(L1), .L2(L2), .L3(L3), .L4(L4), .ERR(ERR) );

task checkLEDs;
  input stepnum, expL1, expL2, expL3, expL4, expERR;
  integer stepnum; reg expL1, expL2, expL3, expL4, expERR;
  begin
    if ( {L1, L2, L3, L4, ERR} != { expL1, expL2, expL3, expL4, expERR} ) begin
      $display($time," Error, step %d, expected %5b, got %5b", stepnum,
         { expL1, expL2, expL3, expL4, expERR}, {L1, L2, L3, L4, ERR} );
      $stop(1); end
  end
endtask

always begin     // 创建周期为10ns的自由运行测试时钟
  #5 Tclk = 0;  // 高电平为6ns
  #5 Tclk = 1;  // 低电平为4ns
end

initial begin
  RST = 1;       // 应用复位
  {G1,G2,G3,G4} = 4'b0000; // 所有猜测输入为0
  Tclk = 1;       // 0时刻的起始时钟为1
  #115;           // 等待115ns
  checkLEDs(1,0,0,0,0,0);   // 复位时所有LED的期望状态为关闭
  RST = 0;        // 未复位
  #10;           checkLEDs( 2,1,0,0,0,0);  // 未复位后，LED循环旋转
  #10;           checkLEDs( 3,0,1,0,0,0);  // 还未猜测，只是检测旋转
  #10;           checkLEDs( 4,0,0,1,0,0);
  #10;           checkLEDs( 5,0,0,0,1,0);
  #10;           checkLEDs( 6,1,0,0,0,0);  // OK，回到L1
  G1 = 1; #10;   checkLEDs( 7,0,0,0,0,0);  // 应该是正确的猜测
  #10;           checkLEDs( 8,0,0,0,0,0);  // 只要G1还处于开启状态，就停在这里
  G1 = 0; #10;   checkLEDs( 9,1,0,0,0,0);  // 释放G1并继续；又从L1开始
  G2 = 1; #10;   checkLEDs(10,0,0,0,0,1);  // 猜错了一次，应该开启ERR
  #10;           checkLEDs(11,0,0,0,0,1);  // 只要G2还处于开启状态，就停在这里
  #10;           checkLEDs(12,0,0,0,0,1);  // 只要G2还处于开启状态，就停在这里
  G2 = 0; #10;   checkLEDs(13,1,0,0,0,0);  // 释放G2并继续；又从L1开始
  G1 = 1;                                  // 按下多个键来愚弄机器
  G2 = 1; #10;   checkLEDs(14,0,0,0,0,1);  // 应该开启ERR
  $stop(1);                                // 结束测试
end
endmodule
```

程序 12-24 中的输入序列还远非全面的输入。该输入序列甚至都没有检测状态机对于输入 G3 和 G4 的操作。如你所想，构建一个可以演练所有可能性的输入序列以及给出每次调用 checkLEDs 时的期望输出是非常艰难的。所以，这个状态机是应用一个生成随机输入并用算法检测输出结果的测试平台的非常好的候选实例。在 12.9.1 节，我们将探讨设计这个状态机的另一个版本的方法。

*12.8 “无关”状态编码

这里是引入“无关”状态编码思想的最合适的地方。在 12.7 节的程序 12-23 中，只用了 5 变量的 32 种编码状态中的 6 种。剩余的状态都没有用，按照次态逻辑中的默认情况，这些未用状态的次态都是 SOK 或 00000。我们之前没有探讨过的另一种未用状态的处理方法，就是通过在次态逻辑的 case 语句的现态编码（Sreg 的值）中谨慎地应用“无关”项来实现的。

表 12-2 给出了猜谜游戏机采用上述方法后的状态编码，该表是由程序 12-23 中用到的输出编码状态赋值得到的。在这个例子中，对于 Sreg 的 32 个可能的现态值，每一个都准确地对应着一个“无关”状态编码（例如，10111 = xS1，00101 = xS3）。但是，与程序 12-23 一样，所有“无关”状态的次态都采用同一个状态编码。

表 12-2　采用“无关”项的猜谜游戏的现态编码

状态	L1	L2	L3	L4	ERR
xS1	1	x	x	x	x
xS2	0	1	x	x	x
xS3	0	0	1	x	x
xS4	0	0	0	1	x
xSOK	0	0	0	0	0
xSERR	0	0	0	0	1

在 Verilog 模块中可以使用“无关”现态编码，如程序 12-25 所示。可以跟以前一样，在 parameter 声明中定义次态，但需要第二个 parameter 声明来定义现态，其中在某些位置要使用 ?，如表 12-2 所示。回忆一下，在 Verilog 的文字中，“?”的含义与“z”(“高阻”）一样，但具体含义取决于综合工具套件，“?”也可以解释为“无关”。在这样的工具套件中，编译器和综合器可以利用“无关”项来简化组合逻辑。

程序 12-25　采用“无关”现态编码的猜谜游戏的 Verilog 模块

```
module Vrggamedc ( CLOCK, RESET, G1, G2, G3, G4, L1, L2, L3, L4, ERR );
  input CLOCK, RESET, G1, G2, G3, G4;
  output wire L1, L2, L3, L4, ERR;
  reg [1:5] Sreg, Snext;       // 状态寄存器和次态
  parameter S1   = 5'b10000,   // 输出编码状态赋值
            S2   = 5'b01000,   //   针对 4 个运行状态，
            S3   = 5'b00100,
            S4   = 5'b00010,
            SOK  = 5'b00000,   //   OK 状态，以及
            SERR = 5'b00001;   //   错误状态
  parameter zS1  = 5'b1????,   // 对带有无关项的情况进行状态编码
            zS2  = 5'b01???,   //   针对 4 个运行状态，
            zS3  = 5'b001??,
            zS4  = 5'b0001?,
            zSOK = 5'b00000,   //   OK 状态，以及
            zSERR = 5'b00001;  //   错误状态
  always @ (posedge CLOCK)      // 创建带有同步复位端的状态存储器
    if (RESET) Sreg <= SOK; else Sreg <= Snext;
  always @ (G1 or G2 or G3 or G4 or Sreg)        // 次态逻辑
   casez (Sreg)
     zS1  : if (G2 | G3 | G4) Snext = SERR;
            else if (G1)      Snext = SOK;
            else              Snext = S2;
     zS2  : if (G1 | G3 | G4) Snext = SERR;
```

```
            else if (G2)       Snext = SOK;
            else               Snext = S3;
      zS3  : if (G1 | G2 | G4) Snext = SERR;
            else if (G3)       Snext = SOK;
            else               Snext = S4;
      zS4  : if (G1 | G2 | G3) Snext = SERR;
            else if (G4)       Snext = SOK;
            else               Snext = S1;
      zSOK : if (~G1 & ~G2 & ~G3 & ~G4) Snext = S1; else Snext = SOK;
      zSERR: if (~G1 & ~G2 & ~G3 & ~G4) Snext = S1; else Snext = SERR;
      default : Snext = SOK;
    endcase
  assign {L1,L2,L3,L4,ERR} = Sreg;    // 输出逻辑
endmodule
```

程序 12-25 的次态逻辑中另一个重要的变化就是用 casez 取代了 case 关键字。casez 语句允许 z（或等效的？）出现在 case 的选项中——像第二个 parameter 声明中的现态定义那样——并提醒编译器和综合器在创建 case 逻辑时，将 z 当成“无关”项对待。

在这种方法中，每一个未用现态的行为都与附近的“正常”状态一样，图 12-8 说明了这一概念。这样机器会具有较好的特性，如果机器不小心进入到未用状态，那么它将会回到“正常”状态。而且还允许对次态逻辑做一些简化。当程序 12-25 以 Xilinx 7 系列 FPGA 为目标器件并使用 Vivado 工具时，综合出的状态机只需要 7 个 LUT，而之前较好的程序 12-23，还需要 9 个 LUT。

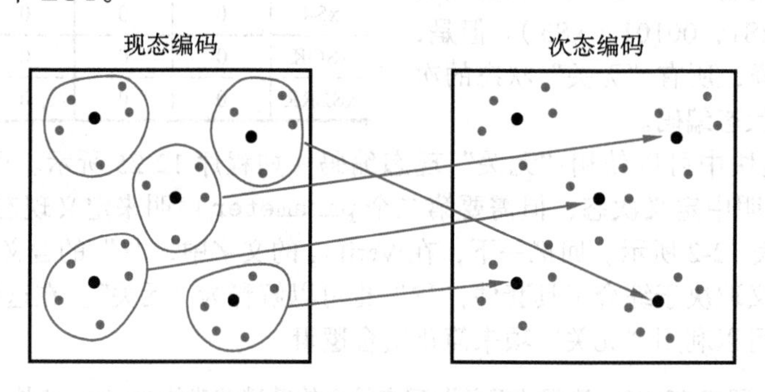

图 12-8　用“无关”项对现态进行状态赋值

然而，还是要非常谨慎地使用这种方法。首先，必须确认正确地定义了“无关”状态编码，特别是它们之间要是互斥且完备的。如果不是完备的，而你又没有说明默认的情况，那么综合工具就会创建“推理出的锁存器”来为当前没有匹配的情况保留前一个选项的值，即使这些情况在实际中决不会出现。而且，如果它们之间不是互斥的，那么就会出现一个“非并行的 case 语句”；于是，综合工具会创建优先逻辑，以确保只执行第一个匹配的情况，即使多项匹配的情况在实际中还是决不会出现（因为它们都是未用状态）。其次，在一个较大型的设计中，如果你的设计在别的什么地方出了错，而真实的错误会传播到“无关”情况中，那么模拟器会屏蔽这些错误，模拟后的行为可能就会与综合后的行为不匹配。

不支持这种情况

在程序 12-25 中使用 casez 而非 case，这很重要。就 Verilog 的编译器而言，用“case”也不会错；Verilog 编译器确实允许在 case 语句的选项中使用 z。模拟器会将 z 正确地认定为高阻值，并在执行这些选项时创建未知输出。因为在实际的电路中不能生成未知（“x”）输出，综合器创建的电路没有与这些选项对应的逻辑。它也许会提醒你，但不会将此作为错误，停止综合或给出标示。

12.9　状态机分解

正如程序设计语言中的大型过程或函数，大型的状态机也很难概念化、设计以及调试。因此，在面对大型状态机的问题时，数字电路设计者常常要寻找机会使用较小的状态机集合来解决问题。

有一个较为完善的*状态机分解*（state-machine decomposition）理论，可以用来分析任何给定的单片式状态机，以确定该状态机是否可以用较小型状态机的集合来实现。但是，对于那些首先想要回避大型状态机设计的设计者，分解理论可能就不太有用了。而有实际经验的设计者总是尽量将原始的设计问题构造成自然的分层结构，以使得子机的用途和功能很明显，甚至不必写出等效的单片式状态机的状态表、状态图或 HDL 模型。

最简单也最常用的分解形式，由图 12-9 来说明。*主机*（main machine）用于提供基本的输入和输出，并且执行上一层次的控制算法。*子机*（submachine）在主机的控制下完成下一层次的步骤，还可以有选择地处理一些主要的输入和输出。

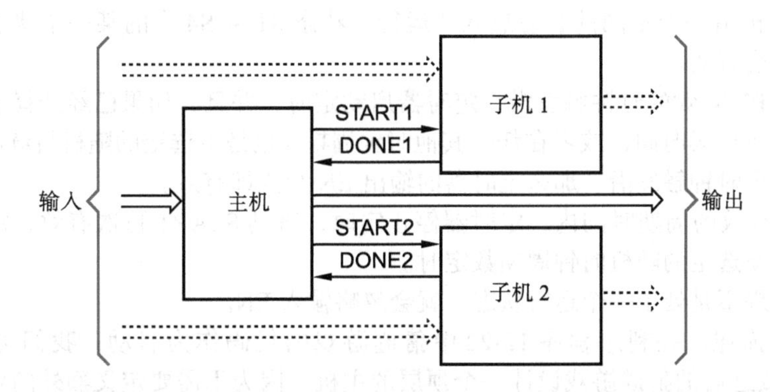

图 12-9　一种典型的分层状态机结构

Verilog 所提供的层次结构最适合用于分解大型的状态机。用主机和子机之间的通信来定义输入和输出会比较容易。另外，可以先“去掉”编写子机的细节代码，而直接设计主机。由于设计者（关于子机的功能和通信）的想法会随着主机设计的过程而变化，所以这种做法特别有用。最后，主机和子机的设计可以采用不同的编码风格；例如，主机用行为化风格，而子机用结构化风格，这样就可以利用现成的库组件来设计子机。

也许最常用的子机就是计数器了。主机开始启动计数器工作，这时它希望在某个特定的主状态能保持 n 个时钟触发沿。当第 n 个时钟触发沿发生时，计数器使得一个 DONE 信号有效。把主机设计成一直处于等待状态直到 DONE 信号有效为止。这要求主机增加一个额外的输入和一个额外的输出（START 和 DONE），但是却减少了 $n-1$ 个状态。

又是猜谜游戏

采用这种分解状态机方法的例子，是以 12.7 节中介绍的猜谜游戏为基础的。最初的猜谜游戏在经过几分钟的练习后就很容易取胜了，因为灯的状态循环频率是非常恒定的 4Hz。要使游戏更具挑战性，可以大大提升时钟频率（比如 50Hz），并且编程让 LED 的每一个状态的保持时间为任意长。这样游戏者就要真正做出判断：一个给定的 LED 在某一状态上保持的时间是否足以让他按下按钮。

改进后的猜谜游戏的框图如图 12-10 所示。只有在输入 EN 有效时 LED 才会从一个状态变到下一状态，除此以外，主机与原来基本一样。EN 输入来自一个随机持续时间定时器，一旦输入 START 变为有效，这个定时器就开始运行。

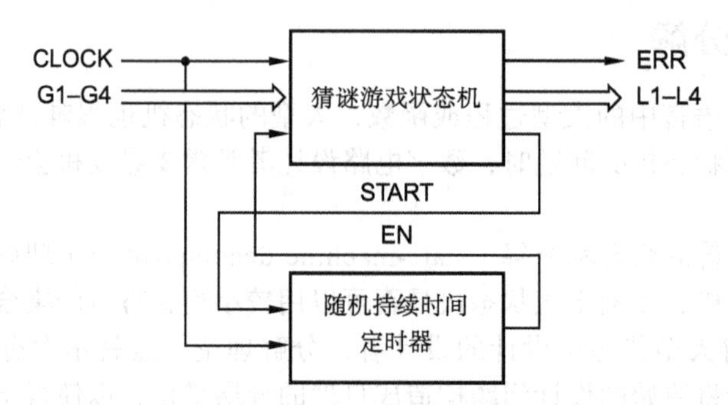

图 12-10 带有随机延迟的猜谜游戏的框图

图 12-10 中只画出了 EN 信号和 START 信号，没有定义主机和定时器之间的通信协议，这个协议既需要思路也需要文档，举例如下：

- 输入 EN 和 RUN 分别由主机和子机在 CLOCK 的边沿进行检测。
- 仅当主机由一个不同的状态进入"运行"状态 S1 ~ S4 中的某一个状态时，START 信号才会有效。
- 在 START 有效的时钟触发沿，定时器启动定时，并且，如果已经选择了一个时钟周期的随机持续时间，或者在任何其他时钟周期（也是由选定的随机持续时间决定）之后的那个时钟触发沿，那么定时器的输出 EN 会立即有效。
- 在 EN 有效的周期时间内，定时器停止定时，直到 START 再次有效，定时器再次按照一个新选定的随机时钟周期数定时。
- 主机如果不是处于一个运行状态，就会忽略输入 EN。

基于上述描述，并利用程序 12-22 中猜谜游戏的代码作为启动，我们可以为如程序 12-26 所示的改进后的猜谜游戏设计一个顶层的主机。因为不需要定义额外的状态，所以状态定义与原先模块中的定义一样，并且次态逻辑也是类似的。但对于每一个"运行"状态，仅当 EN 为 1 时才会进入次态；否则，就停留在现态不变。

程序 12-26 改进后猜谜游戏的顶层 Verilog 模块

```
module Vrggamemain ( CLOCK, RESET, G1, G2, G3, G4, EN, L1, L2, L3, L4, ERR, START );
  input CLOCK, RESET, G1, G2, G3, G4, EN;
  output reg L1, L2, L3, L4, ERR, START;
  reg [2:0] Sreg, Snext;  // 状态寄存器和次态

  parameter S1   = 3'b001,  // 状态编码，针对 4 个运行状态，
            S2   = 3'b010,
            S3   = 3'b011,
            S4   = 3'b100,
            SOK  = 3'b101,  // OK 状态，以及错误状态
            SERR = 3'b110;

  always @ (posedge CLOCK)// 创建带有同步复位端的状态存储器
    if (RESET) Sreg <= SOK; else Sreg <= Snext;

  always @ (*)  // Next-state logic
    case (Sreg)
      S1  : if (G2 | G3 | G4) Snext = SERR;
            else if (G1)      Snext = SOK;
            else if (EN)      Snext = S2;
            else              Snext = S1;
      S2  : if (G1 | G3 | G4) Snext = SERR;
            else if (G2)      Snext = SOK;
            else if (EN)      Snext = S3;
            else              Snext = S2;
```

```
      S3   : if (G1 | G2 | G4) Snext = SERR;
             else if (G3)      Snext = SOK;
             else if (EN)      Snext = S4;
             else              Snext = S3;
      S4   : if (G1 | G2 | G3) Snext = SERR;
             else if (G4)      Snext = SOK;
             else if (EN)      Snext = S1;
             else              Snext = S4;
      SOK  : if (~G1 & ~G2 & ~G3 & ~G4) Snext = S1; else Snext = SOK;
      SERR: if (~G1 & ~G2 & ~G3 & ~G4) Snext = S1; else Snext = SERR;
      default : Snext = SOK;
    endcase

  always @ (Sreg or Snext) begin          // 输出逻辑
    L1  = (Sreg == S1);  L2  = (Sreg == S2);  L3  = (Sreg == S3);
    L4  = (Sreg == S4);  ERR = (Sreg == SERR);
    START = (Snext != Sreg) & ( (Snext==S1)|(Snext==S2)|(Snext==S3)|(Snext==S4) );
  end

endmodule
```

输出 START 的代码也很重要。这里，仅当次态与现态不同且次态是四个“运行”状态之一时，START 才会有效。注意，由于 START 由 SNEXT 决定，而 SNEXT 又与现态和主要的输入依次相关，因此 START 是 Mealy 型输出。但是，依据上述机器内部的通信协议，定时器只在 CLOCK 的触发沿才会查看 START 的值。

要完成猜谜游戏的功能，还需要一个作为随机定时器的子机。稍后，我们会展示如何构建一个伪随机定时器，但为简单起见，我们可以先“接入”一个持续时间固定为三个时钟周期的简单定时器，如程序 12-27 所示。这个模块的计数变量 CNT 只有两位，用于支持最大计数值 3，最大计数值定义为参数 MAXCNT。采用这个比较短的固定延迟的定时器，便于我们调试子机与主机之间的通信，还包含了像延迟为 1 这样的极端情况。

程序 12-27　猜谜游戏的简单固定定时器

```
module Vrggameftimer ( CLOCK, RESET, START, EN );
  input CLOCK, RESET, START;
  output wire EN;
  reg [1:0] CNT;          // 足以计数到 3 的位数
  parameter MAXCNT = 2;  // MAXCNT 的时钟沿 (1、2 或 3) 之后 EN 有效

  always @ (posedge CLOCK)
    if (RESET) CNT <= 0;      // 当 CNT 为 0 时计数器停止
    else if (START) CNT <= 1;
    else if ((CNT!=0) && (CNT!=MAXCNT)) CNT=CNT+1; // 启动后持续计数，但命中 MAXCNT 之后就
    else CNT <= 0;                                   //    停止计数

  assign EN = (CNT==MAXCNT);   // 达到 MAXCNT 时，EN 持续有效一个时钟周期
endmodule
```

接下来就是创建一个顶层模块，用于实例化主机和定时器以及二者的连接，如图 12-10 所示。程序 12-28 给出了这个模块 Vrggametop。注意，这个模块中定时器 Vrggameftimer 的实例化参数 MAXCNT 为 1，所以 LED 的状态在每个时钟周期都会变化一次。这样一来，这个新的状态机与原先程序 12-22 所构造的状态机的操作是一样的，我们还可以用程序 12-24 中现成的测试平台来测试这个新的状态机。就我们的测试结果而言，在原先的测试平台中实例化 Vrggametop 是可行的，并且这个模块通过了测试。稍后我们还会构造一个更为全面的测试平台。既然我们已经知道了子机之间的基本通信（至少对这种情况而言）是正确可行的，那么，我们就可以开始设计真正的随机定时器子机了。

程序 12-28　猜谜游戏的顶层 Verilog 模块

```
module Vrggametop ( CLOCK, RESET, G1, G2, G3, G4, L1, L2, L3, L4, ERR );
  input CLOCK, RESET, G1, G2, G3, G4;
  output wire L1, L2, L3, L4, ERR;
  wire START, EN;    // 主机与定时器之间的通信
// 实例化主机
  Vrggamemain U1 (.CLOCK(CLOCK), .RESET(RESET), .G1(G1), .G2(G2), .G3(G3), .G4(G4),
                 .L1(L1),.L2(L2),.L3(L3), L4(L4), ERR(ERR),.START(START),.EN(EN));
// 实例化定时器
  Vrggameftimer #(.MAXCNT(1)) U2 (.CLOCK(CLOCK),.RESET(RESET),.START(START),.EN(EN));
endmodule
```

可以用一个 LFSR 来生成伪随机序列，一个 LED 的“开启”时间由这个 LFSR 的计数序列决定。在程序 11-21 中我们编写了一个 LFSR 模块 Vrlfsr，当该模块的输入 RUN 有效时，模块开始运行。新猜谜游戏定时器模块 Vrggameptimer（如程序 12-29 所示）将 Vrlfsr 实例化为宽度为 24 位的变量。该模块还定义了一个与 LFSR 的输入 RUN 相连的一位状态变量 RUNL。新的定时器模块在等待一个随机的时间后使 EN 有效，采用的策略如下：

- 当 START 有效时，将 RUNL 置为 1，这个信号会启动 LFSR 运行。
- 对 LFSR 的低三位译码，于是在 LFSR 运行期间，当 LFSR 的低三位等于一个特定的预设值（3'b111）时，使 EN 有效，这使得猜谜游戏的 LED 进入下一个状态。注意，EN 是一个 Mealy 型输出。
- 在时钟周期的最后阶段，对预设值译码，并将 RUNL 置为 0，这个信号使 LFSR 停止运行，直到 RUNL 再次有效。

程序 12-29　采用 LSFR 输出位的猜谜游戏的伪随机定时器

```
module Vrggameptimer ( CLOCK, RESET, START, EN );
  input CLOCK, RESET, START;
  output wire EN;
  reg RUNL;
  wire [23:0] QX;

Vrlfsr #(.N(24),.FE(24'b10000111)) U1 (.CLK(CLOCK), .RESET(RESET), .RUN(RUN), .QX(QX));

  always @ (posedge CLOCK)
    if (RESET) RUNL <= 1'b0;                        // 复位期间全部停止
    else if (START) RUNL <= 1'b1;                   // 启动 LFSR 运行
    else if (QX[2:0]==3'b111) RUNL <= 1'b0;         // 平均 8 个时钟沿后停止

  assign EN = ( (QX[2:0]==3'b111) && (RUNL==1'b1) ); // 当 LFSR 正在运行时，EN 有效
endmodule
```

在 START、RUNL、EN 和 LFSR 的交互操作中还有一些微妙之处，特别是 EN 要定义为 Mealy 型输出以及上面所述的第三步。在 RUNL 被置为 0 的同时，LFSR 会迁移到下一个随机状态，于是，在下一个时钟周期内 LFSR 的低阶位会有所不同。而且，在第三步中，在对预设值进行译码时，如果 START 已经是有效的，那么 RUNL 就会仍旧保持为 1，并且在下一个时钟周期 LFSR 还会继续运行。如果 LFSR 的低阶位中包含了一个比较长的 1 的数据串，那么这些微妙之处也可以确保 LED 的状态在每个时钟沿都会迁移一次，而不是每隔一个时钟沿迁移一次。

使用一个 n 位的 LFSR，EN 的“开启”时间范围就是 1 ~ n 个时钟周期。当然，n 的值越大，LED“开启”的时间范围就越大，游戏的可预测性就会减少，从而产生更多的乐趣。

另一种基于 LFSR 的方法，就是用一个计数器取代原先的固定时间定时器，并且根据 LFSR 的 QX 输出位或其子集动态地定义最大计数时间。但是，这会导致高度的可预测性。

总之，LFSR 的隐含组件就是一个移位寄存器，就其并行输出 QX[N-1:0] 而言，每一个后续值都只是前一个值带着一个新的高阶位右移一次的结果。将 QX 看作是一个数字化的持续时间，则每一个后续值不会短于前一个持续时间的一半，也许会长很多，这样就提供了一个很容易获胜的策略。消除这种可预测性的方法和途径将在练习题 12.42 和 12.46 中进行探讨。

一种改进的猜谜游戏机的测试平台如程序 12-30 所示。这个测试平台会随机地给出猜测输入。与人不同，测试平台可以在一个时钟周期内做出反应，并且知道 LED 的全部状态，所以测试平台可以确定游戏对于正确的猜测和错误的猜测是否做出了正确的反应，从而自动地检测游戏的性能。这个测试平台的主体是一个 for 循环，该循环用上述方法检查 10 000 个随机输入的结果，因此这个测试平台可以非常透彻地检测猜谜游戏机。

程序 12-30　带有一个自动化方法的猜谜游戏的自检测试平台

```
`timescale 1ns/100ps
module Vrggame_tba ();
reg Tclk, RST, G1, G2, G3, G4;
wire L1, L2, L3, L4, ERR;
integer ii, j, rand;
reg [1:4] CL, GL;        // 当前和猜测的 LED 模式
parameter MAXwait = 4;

Vrggametop UUT ( .CLOCK(Tclk), .RESET(RST), .G1(G1), .G2(G2), .G3(G3), .G4(G4),
                 .L1(L1), .L2(L2), .L3(L3), .L4(L4), .ERR(ERR) );

always begin     // 创建周期为 10ns 的自由运行测试时钟
  #5 Tclk = 0;  // 低电平为 5ns
  #5 Tclk = 1;  // 高电平为 5ns
end

initial begin    // 0 时刻要开始做的事情
  RST = 1;       // 输入复位信号
  {G1,G2,G3,G4} = 4'b0000;  // 所有的猜测输入都是 0
  Tclk = 1;      // 0 时刻，启动时钟值为 1
  #115;          // 等待 115ns
  RST = 0; #20 ;// 取消复位并生效
  for (ii=1; ii<=10000; ii=ii+1) begin
    for (j=1; j<=100; j=j+1) if ({L1,L2,L3,L4} == 4'b0) #10 ; // 等待 LED 开启
    if ({L1,L2,L3,L4} == 4'b0) begin  // 如果等待的时间太长，则显示出错并停止
      $display("Time: %d  No LED on after 100 ticks",$time);
      $stop(1); end;
    rand = $random % (MAXwait+1); if (rand<0) rand = -rand;
      #(10*rand);                              // 猜测前，延迟 0 ~ MAXwait 个时钟沿
    GL = {L1,L2,L3,L4};                        // 保存 LED 的模式用于猜测
    rand = $random % (MAXwait+1); if (rand<0) rand = -rand;
      #(10*rand);                              // 延迟 0 ~ MAXwait 个时钟沿来做出猜测
    CL = {L1,L2,L3,L4};                        // 做出猜测时的 LED 模式
    {G1,G2,G3,G4} = GL;                        // 用所保存的模式做出猜测
    #10 ;                                      // 等待识别猜测
    if ({L1,L2,L3,L4} != 4'b0)                 // 期望所有的 LED 关闭
      $display("Time: %d  LEDs not all off, L1-4=%4b",$time,{L1,L2,L3,L4});
    if (GL==CL) begin                          // 猜测是对的
      if (ERR==1) $display("Time: %d  Incorrect ERR assertion",$time);
    end                                        // 否则，猜测是错的
    else if (ERR==0) $display("Time: %d  Missed ERR assertion",$time);
    rand = $random % (MAXwait+1); if (rand<0) rand = -rand;
    #(10*rand);                                // 在释放 PB 之前，延迟 0 ~ MAXwait 个时钟沿
    {G1,G2,G3,G4} = 4'b0;                      // 使猜测输入无效，并继续循环
  end;
  $stop(1);                                    // 结束测试
end
endmodule
```

测试平台在三个地方执行了随机延迟，并用一个参数 MAXwait 规定了这些延迟的最大时钟周期数。initial 程序块完成所需信号的初始化，FPGA 启动延迟，然后执行主要的 for 循环。延迟时间都是对准的，以便 for 循环在每个 10ns 的时钟周期的中间改变输入和测试输出。

为使这个游戏更具挑战性，有些版本的状态机还可以不在一次转换的一开始就开启 LED，这种测试平台允许 LED 的开启时间达到 100 个时钟周期。一旦一个 LED 已经开启了，那么测试平台会等待第一个延迟时间后，再去观察 LED 的状态。然后，测试平台“看到”LED 的状态并将其存入一个变量 GL，用于最后的猜测。但在实际做出猜测之前，再等待第二个延迟时间。延迟之后，测试平台将当前可能是已经改变的 LED 状态存入变量 CL。一个时钟周期之后，状态机会通过关闭所有 LED 来对猜测做出反应。测试平台将 GL 和 CL 进行比较，以确定猜测是否正确，并检查状态机对应的 ERR 输出。最后，在等待了第三个延迟时间之后，测试平台会释放按键（猜测输入）并回到主循环最开始的地方。

尽管程序 12-30 中的测试平台可以很好地检测状态机对于“正常”猜测的操作，但这个测试平台还远不够完备。例如，它没有检测到 LED 总是显示一种一次只有一个 LED 亮的合法状态，也没有检测状态机监测“欺诈”的能力，比如多个猜测输入同时有效。在练习题 12.43 中将会要求对上述问题进行改进。

一个随机的代价昂贵的错误

我在编写程序 12-30 中的测试平台时，遇到了一个错误，这个错误如此糟糕，以致模拟器产生出一个荒唐的结果并且有时会崩溃，而我花了几个小时才找出这个错误。在这个错误上我花费了太多的时间，结果就是使得本书的例子少了一个。所以我在这里分享这个错误，希望你们能够避免犯同样的错误。

请注意（用 Verilog 内置的 $random 函数来获取随机数的）三个地方的代码，并将其范围调整为 0 ~ MAXwait。我原先的代码中遗漏了 if 语句。回忆一下，$random 返回的值是一个 32 位的有符号整数。而 Verilog 的取模操作 a%b 的定义是取模结果的符号与第一个操作数的符号相同。所以，我原先的代码会返回一个负的随机延迟。当我发现这个错误时，我感觉这个错误是如此明显，又如此可笑。

不幸的是，不同的模拟器处理负延迟的方式不同，包括将负延迟强制置为 0，或给出出错信息或警告。Vivado 就默默地容忍了这个错误。就我的情况而言，所获的可识别且令人恼火的线索有时是在时序波形中会出现短黑线，有时是我自己要显示的信息顺序不对。后者动摇了我对整个软件系统的信心，但最终也引导我找到了错误。

12.10　三部曲游戏

“三部曲游戏”是一种两个人玩的游戏，游戏开始有三堆硬币、木棍或其他物体，每堆物体的数量分别为 3、5 和 7。两个玩家轮流上场，每一轮的玩家必须从物体数量不为 0 的一堆中移走一个或多个物体——只能从同一堆中移走物体。游戏的输家就是移走最后剩下的那一个物体的人。

我们可以设计一个状态机来追踪游戏过程中每一堆物体的数量。这个状态机特别适合用带有三个计数器 H1、H2 和 H3 的分解状态机来实现，每个计数器的输出分别代表了每一堆所剩的物体的数量，而主机还有另外的输入和输出，如下所列：

RST　　这个输入初始化计数器 H1、H2 和 H3 为 3、5 和 7。

T1、T2、T3　这是与已编号的堆有关的三个输入。

NEXT　　这个输出表示轮到下一个玩家开始玩。

OVER　　这个输出表示现在所有堆都是空的，游戏结束。

这些输入都是在自由运行的 CLK 信号的上升沿处采样。如前所述，当 RST 有效时，初始化三个计数器。随后，游戏的“用户界面”是基于输入 T1 ~ T3 的，这些输入由按键驱动，状态输出 NEXT 和 OVER 在 LED 上显示，而计数器的输出 H1 ~ H3 可以驱动 7 段显示器。

当一个玩家准备开始时，状态机使 NEXT 有效，并且 NEXT 保持有效直到玩家开始玩游戏为止。玩家在 CLK 的一个或多个边沿处（不必是连续的）使 Ti 有效，每次状态机都会使计数器 Hi 递减。正确的操作必须是状态机不能使计数器递减到小于 0。而且，一旦用户选定递减一个计数器，那么以后也只能递减这个计数器。用户可以通过将所选定的计数器一直递减到 0，或使另一个输入 Tj（而不是当前输入 Ti）有效，来表示这一轮结束。此时，状态机会使 NEXT 有效，并准备好接收一个新的动作，除非所有的计数器都已经为 0，这种情况下，状态机就会使 DONE 有效，并等待 RST 信号。

上述说明中，我们希望用户可以将输入 Ti 与时钟 CLK 同步，但这个期望对于一个人类用户来说真的很不合理，除非时钟频率非常慢，只是 1Hz 的一小部分。那我们干脆就假设这个自由运行时钟 CLK 的频率任意快。因而，我们需要一个电路来接收持续时间任意长的一个按键输入信号 Pi，这个按键信号的前沿出现之后会使一个输出 Ti 有效，但 Ti 有效的时间只持续一个时钟周期。程序 12-31 就是一个前沿检测器模块，通过在两个连续的时钟沿之间存储 `Pi` 信号并寻找跟在一个 1 后面的 0 来实现这个功能。因此，我们可以用一个按键输入 `Pi` 作为这个模块的一个实例，以获得一个适合作为主机输入的与按键对应的边沿检测信号 `Ti`。（我们假设按键输入已经做了“消颤”处理；其余的内容参见练习题 12.52 和 12.53。）

NIM 游戏

三部曲游戏这个名字与游戏是从三堆物体开始的现实没有关系。在很多年前，我和家人在夏威夷的一次一天游艇旅游中，跟船上的船员学会了玩这个游戏，因为游艇的名字叫三部曲，所以从那之后，我的家人总是这样称呼这个游戏。

这个游戏实际上只是一种非常老旧的众所周知的数学游戏 NIM 的一个版本，NIM 游戏有类似的规则，但可以有不同的初始配置——可以是任意数量的堆，而每堆物体的数量也可以是任意的。并且在传统的 NIM 游戏中，拿走最后一个物体的玩家获胜，而在三部曲游戏中，拿走最后一个物体的玩家却是输家。按照正常的规则，玩到输被称为 misère 玩法。

做一次简单的网络搜索，你就会发现许多关于如何在 NIM 游戏中获胜的策略。本节所设计的分解状态机仅仅只跟踪记录了堆的状态，并且只假设了三部曲游戏的初始配置。你还可以把这个状态机与其他逻辑组合起来，创建一个可以和人一起玩三部曲游戏的状态机（参见练习题 12.59）。由于一个睿智的先玩的玩家总是可以获胜，因此你在设计这样的状态机时，肯定想要让你先玩，但你也可以让机器先玩，来测试一下你设计的状态机。

程序 12-31　前沿检测器模块

```
module Vredgedet ( CLK, P, T ); // 边沿检测器模块
  input CLK, P;                 // 检测 P 的上升沿
  output reg  T;                // 在边沿上持续有效一个时钟周期
  reg SP1, SP2;                 // 用 CLK 同步 P

  always @ (posedge CLK) begin
    SP1 <= P; SP2 <= SP1;
```

```
    T <= SP1 & ~SP2;
  end
endmodule
```

我们还需要一个 Verilog 模块作为堆计数器。我们可以将程序 11-4 中的计数器 Vrupdn4 用合适的值进行实例化以实现这个功能，并且依靠综合工具对这个电路进行修剪，以去掉一些不需要的逻辑。然而，这个模块所要求的功能太简单了，所以我们可以很容易地定义一个新的模块来完成这个功能，如程序 12-32 所示。由于我们正在做这件事，因此我们把这个计数器设计得非常具有“依赖性”，在达到最小计数值之后，即使这个计数器还是有效的，它也不会计数 0 以下的数值。这迟早用得着。

程序 12-32　三部曲状态机定制的降序计数器

```
module Vrtrilctr ( CLK, LD, EN, Q );
  parameter N = 3;                    // 初始值为 ICNT 的 N 位降序计数器
  parameter ICNT = 7;
  input CLK, LD, EN;
  output reg [N-1:0] Q;               // 计数值
  always @ (posedge CLK) begin
    if (LD) Q <= ICNT;
    else if (EN && (Q!=0)) Q <= Q-1; // 以防万一，停留在状态 0
    else Q <= Q;
  end
endmodule
```

现在我们准备好处理整个状态机了。顶层状态机与子机之间的关系如图 12-11 所示。有三个实例，每一个 Vredgedet 模块（按键边沿检测器）和 Vrtrilctr 模块（堆计数器）。它们与一个主模块 Vrtrilogymain（稍后讲述）相连，并且它们之间在顶层模块 Vrtrilogytop 中相互连接，如程序 12-33 所示。

程序 12-33　三部曲游戏的顶层结构化模块

```
module Vrtrilogytop ( CLK, RST, P1, P2, P3, H1, H2, H3, NEXT, OVER );
  input CLK, RST;                    // 时钟和复位信号
  input P1, P2, P3;                  // 输入按键
  output [1:0] H1;                   // 堆计数器
  output [2:0] H2, H3;
  output NEXT, OVER;                 // 下一步及游戏结束状态
  wire T1, T2, T3;                   // 来自按键的边沿信号检测
  wire [1:3] CNTEN;                  // 堆计数器的计数使能信号
  Vredgedet E1 (.CLK(CLK), .P(P1), .T(T1)); // 边沿检测器
  Vredgedet E2 (.CLK(CLK), .P(P2), .T(T2));
  Vredgedet E3 (.CLK(CLK), .P(P3), .T(T3));                    // 堆计数器
  Vrtrilctr #(.N(2),.ICNT(3)) C1 (.CLK(CLK), .LD(RST), .EN(CNTEN[1]), .Q(H1));
  Vrtrilctr #(.N(3),.ICNT(5)) C2 (.CLK(CLK), .LD(RST), .EN(CNTEN[2]), .Q(H2));
  Vrtrilctr #(.N(3),.ICNT(7)) C3 (.CLK(CLK), .LD(RST), .EN(CNTEN[3]), .Q(H3));
  Vrtrilogymain M1 (.CLK(CLK), .RST(RST), .T1(T1), .T2(T2), .T3(T3), .CNTEN(CNTEN),
                    .H1(H1), .H2(H2), .H3(H3), .NEXT(NEXT), .OVER(OVER));
endmodule
```

主模块的声明如程序 12-34 所示。

输入包括 CLK、RST 以及经过边沿检测的按键信号 T1 ~ T3。其余的输入是堆计数器的输出 H1 ~ H3，当一个玩家正在玩或者游戏结束的时候，都需要检测这几个信号。注意，H1 计数器只需要两位（计数初始值为 3）而其他两个都需要三位。模块的输出是三个堆计数器的计数使能信号 CNTEN[1:3]，以及游戏的状态信号 NEXT 和 OVER。该模块还要为次态和状态寄存器声明 reg 型变量。稍后，在弄清楚了需要的状态之后，还需要一个 parameter

语句来定义次态编码。

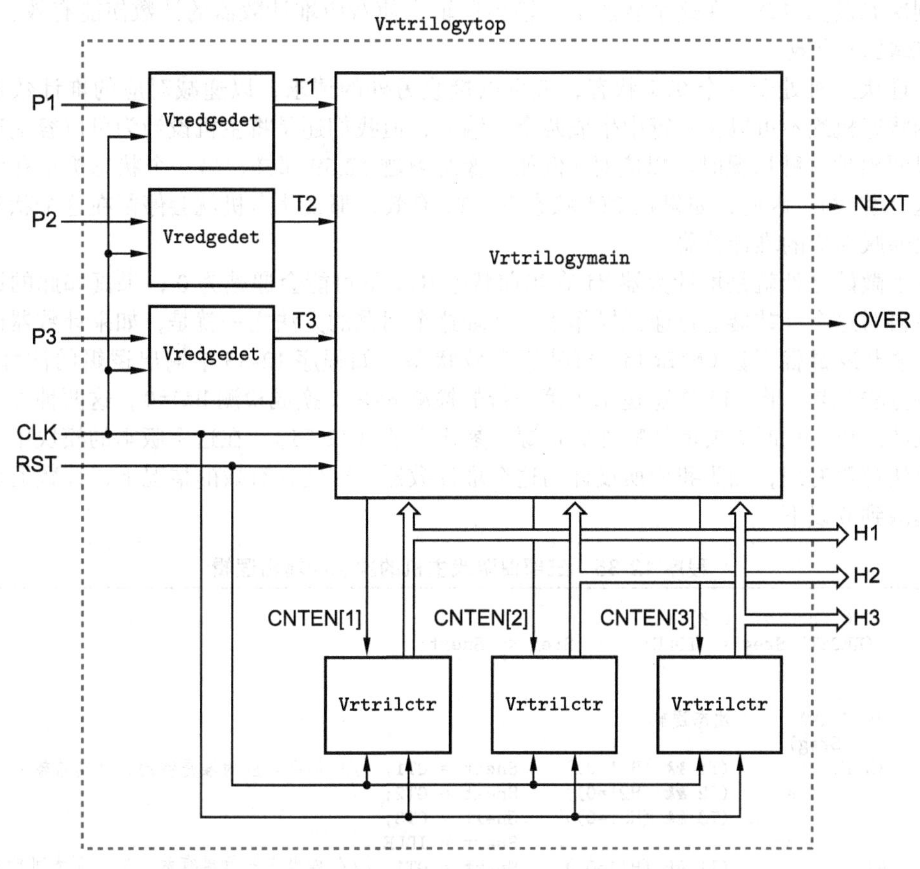

图 12-11 三部曲游戏的顶层模块和子模块

程序 12-34 三部曲游戏的主机声明

```
module Vrtrilogymain ( CLK, RESET, T1, T2, T3, H1, H2, H3, CNTEN, NEXT, OVER );
  input CLK, RESET;                  // 时钟和复位信号
  input T1, T2, T3;                  // 输入转换检测
  input [1:0] H1;                    // 堆计数器
  input [2:0] H2, H3;
  output [1:3] CNTEN;                // 堆计数器的计数使能信号
  output NEXT, OVER;                 // 下一步及游戏结束状态
  reg [3:0] Snext, Sreg;

  parameter IDLE = 4'b0000,         // 状态编码
            GT1  = 4'b0001,
            WT1  = 4'b0101,
            GT2  = 4'b0010,
            WT2  = 4'b0110,
            GT3  = 4'b0011,
            WT3  = 4'b0111,
            CHK  = 4'b0100,
            DONE = 4'b1000;
```

程序 12-35 给出了状态机的次态和输出逻辑。当 RESET 有效时，一个比较好的初始状态是 IDLE 状态，我们也是这样设置的。在输出逻辑中，当状态机处于初始状态时，使 NEXT 有效，从而发出一轮游戏开始的信号。次态逻辑中的一个关键点就是一个玩家一旦从一个特定的堆中取走了一个物体，那么这个玩家在这一轮结束之前，必须只能从这一堆继续取走物

体。因此，IDLE 状态会有不同的次态，取决于哪一个输入 Ti 有效；例如，如果 T1 首先有效，则次态就为 GT1。在这个状态下，输出逻辑会使对应堆计数器的计数使能有效，例如，使 CNTEN[1] 有效。

一旦状态机处于一个 GTi 状态，就可以接收另外的请求，以递减对应的堆计数器。边沿检测状态机绝不可以在一行中生成两个 1 输入，但我们还是将主机设计为可以容纳这种情况，以便出现这种情况时可以应对（例如，像练习题 12.59 那样，另一个状态机正在跟一个人玩这个游戏）。因此，如果在 GTi 状态下，Ti 有效，那么状态机就会停留在这个状态，以便再次递减对应的堆计数器。

一个微妙之处就是堆计数器 Hi 在当前状态 GTi 下可能会递减为 0；果真如此的话，就不应该再对这个计数器进行递减操作了。处理这个问题的方法之一就是，如果计数器已经为 0 了，输出逻辑就不让 CNTEN[i] 再处于有效状态，如程序 12-35 中输出逻辑的注释所示。另一种方法就是，将 GTi 次态逻辑中第一行的检测 Hi>=1 换成检测 Hi!=0；这两种方法都会导致在状态机实现时需要增加额外的资源（参见练习题 12.55）。在这个版本的模块中，我们两种方法都没有用，因为我们所设计的这个堆计数器，即使在有效的情况下，计数值也恰好不会递减到 0 以下。

程序 12-35　三部曲游戏主机的次态和输出逻辑

```
always @ (posedge CLK) begin
  if (RESET) Sreg <= IDLE; else Sreg <= Snext;
end

always @ (*)   // 次态逻辑
  case (Sreg)
    IDLE: if      (T1 && (H1!=0))    Snext = GT1;  // 如果对应的堆是空的，则忽略输入
          else if (T2 && (H2!=0))    Snext = GT2;
          else if (T3 && (H3!=0))    Snext = GT3;
          else                       Snext = IDLE;
    GT1:  if      (T1 && (H1!=0))    Snext = GT1;  // 如果在一行里有两个 T1（不太可能），则递
          else if (H1==0)            Snext = CHK;  //   减堆
          else if (T2 || T3)         Snext = CHK;  // 如果堆是空的或者是其他的 Ti，则转去
          else                       Snext = WT1;  //   CHK；否则，等待
    WT1:  if      (T1 && (H1!=0))    Snext = GT1;  // 递减另一个 T1
          else if (H1==0)            Snext = CHK;  // 如果堆是空的或者是其他的 Ti，则转去
          else if (T2 || T3)         Snext = CHK;  //   CHK
          else                       Snext = WT1;  // 否则，等待
    CHK:  if ((H1==0) && (H2==0) && (H3==0))
                                     Snext = DONE; // 如果所有堆都为空，则完成
          else                       Snext = IDLE; // 否则，进入新一轮
    DONE:                            Snext = DONE; // 游戏结束，等待 RESET
    GT2:  if      (T2 && (H2!=0))    Snext = GT2;  // 与 GT1、WT1 的逻辑相同
          else if (H2==0)            Snext = CHK;
          else if (T1 || T3)         Snext = CHK;
          else                       Snext = WT2;
    WT2:  if      (T2 && (H2!=0))    Snext = GT2;
          else if (H2==0)            Snext = CHK;
          else if (T1 || T3)         Snext = CHK;
          else                       Snext = WT2;
    GT3:  if      (T3 && (H3!=0))    Snext = GT3;  // 与 GT1、WT1 的逻辑相同
          else if (H3==0)            Snext = CHK;
          else if (T1 || T2)         Snext = CHK;
          else                       Snext = WT3;
    WT3:  if      (T3 && (H3!=0))    Snext = GT3;
          else if (H3==0)            Snext = CHK;
          else if (T1 || T2)         Snext = CHK;
          else                       Snext = WT3;
    default                          Snext = IDLE;
  endcase
```

```
                        // 输出逻辑
    assign CNTEN[1] = (Sreg==GT1);  // 根据计数器的设计也可选用 && (H1!=0)
    assign CNTEN[2] = (Sreg==GT2);  // 同上，可选用 && (H2!=0)
    assign CNTEN[3] = (Sreg==GT3);  // 同上，可选用 && (H3!=0)
    assign NEXT = (Sreg==IDLE);
    assign OVER = (Sreg==DONE);

endmodule
```

FSM 抽取

与本节我们所描述的状态赋值相比，用 Xilinx 的 Vivado 工具中的 FSM 抽取所选择的状态赋值真是太差劲了，而我们的状态赋值也不过是无中生有地依据了 Vrtrilogymain 模块的输出逻辑中的对称性。用程序 12-34 中所写的状态赋值，综合后的模块用到了 4 个触发器和 16 个 LUT。而采用“自动”模式中的 FSM 抽取，Vivado 所构造出来的“时序”赋值功能，用到的触发器的数量还是 4 个，但却用了 35 个 LUT！即便迫使工具采用“格雷码”赋值，综合后也要用到 24 个 LUT。如果选择“ Johnson”赋值或“单热点”赋值，那么用到的触发器更多，而用到的 LUT 分别是 30 个和 24 个。是时候为有经验的设计者喊万岁了！

如前所述，在正常的操作环境下，一个 Ti 输入不会在一行的两个时钟沿处有效。但是，Ti 会在后面再次或多次有效，因此在次态逻辑中为每一个堆设置了一个“等待状态”WTi，在这种状态下，状态机离开 GTi 状态，并等待下一次输入。如果对应的输入 Ti 再次有效，那么状态机再次进入 GTi 状态，并且重复上述周期过程。

GTi 和 WTi 的次态逻辑都会通过对应堆计数器是否为 0 或是否有另外一个 Ti 输入变为有效来检测这一轮是否结束。无论出现哪种情况，状态机都会进入一个 CHK 状态，并检测所有的堆，以确定游戏是否结束。如果所有堆都是空的，那么状态机就转移到 DONE 状态，并停留在这个状态，直到下一个 RESET 信号出现，在等待 RESET 信号出现的过程中，状态机会使 OVER 信号有效。否则，如果 NEXT 信号有效的话，状态机就回到 IDLE 状态，开始另一轮游戏。

在完成了次态和输出逻辑之后，我们再绕回到状态赋值。这个状态机总共有 9 个状态，所以需要 4 位状态变量。通常，将复位状态（IDLE）编码为全 0 较合理。在其余的状态赋值中，我们要尽量利用状态机的对称性。有三个 GTi/WTi 状态对，所以，我们用两个低阶位的三个不同非零组合来编码这三个状态，用两个高阶位 00 和 01 来区分 GTi 和 WTi。由于只有 9 种状态，不是 10 种或更多，因此只需要 4 位二进制数的组合，其中最高二进制位（MSB）为 1，比如用 1000 表示状态 DONE；那么，不需要额外的逻辑来生成输出 OVER，输出 OVER 就可以直接等于 MSB。于是，就可以用 0100 组合来表示 NEXT 了。

三部曲游戏的一个简单测试平台如程序 12-36 所示。与猜谜游戏的第一个测试平台一样，这个测试平台也是通过一个任务，将用户构造的一个行动序列输入给游戏。这个任务 MOVE 的调用参数包括堆的编号、按键的次数以及按键后每堆物体数的期望值。每次行动之后，测试平台都会显示这个行动、每堆所剩下的物体数以及输出 NEXT 和 OVER，而且，如果物体的计数值与期望值有任何不同之处的话，测试平台也会标示出错误。

当然，程序 12-36 中用户构造的行动序列是不全面的，甚至没有检测到输出 NEXT 和 OVER。还可以设计一个能够创建随机行动的测试平台，用不同的行动序列多次玩游戏，并自动地检测结果，就像程序 12-30 所示的猜谜游戏那样（参见练习题 12.61）。

程序 12-36　三部曲游戏的测试平台

```
`timescale 1ns/100ps
module Vrtrilogy_tb ();
  reg CLK, RST, P1, P2, P3;            // 各个输入
  wire [1:0] H1; wire [2:0] H2, H3; // 堆计数器
  wire NEXT, OVER;                     // 下一步及游戏结束状态

  Vrtrilogytop UUT ( .CLK(CLK), .RST(RST), .P1(P1), .P2(P2), .P3(P3),
                     .H1(H1), .H2(H2), .H3(H3), .NEXT(NEXT), .OVER(OVER) );

  task Move;
    input integer heap, n, exp1, exp2, exp3;
    integer ii;
    begin
      for (ii=1; ii<=n; ii=ii+1) begin // 按下按钮（堆）n 次
        #(70 + ($random % 30)); // 随机 (70+-29) 直到 PB 按下
        case (heap)
          1: P1 = 1; 2: P2 = 1; 3: P3 = 1; default ;
        endcase
        #(70 + ($random % 30)); // 随机 (70+-29) 按下的持续时间
        P1 = 0; P2 = 0; P3 = 0;
      end
      if ((H1!==exp1) || (H2!==exp2) || (H3!==exp3)) $write("Error: ");
      else $write("       ");
      $display("HEAP:N  H1 H2 H3  NEXT OVER %1d:%1d  %1d %1d %1d  %1b %1b",
               heap, n, H1, H2, H3, NEXT, OVER);
    end
  endtask

  always begin   // 创建周期为 10ns 的自由运行测试时钟
    #6 CLK = 0;  // 高电平为 6ns
    #4 CLK = 1;  // 低电平为 4ns
  end

  initial begin
    CLK = 1; RST = 1; P1 = 0; P2 = 0; P3 = 0;
    #115 RST = 0;
    Move(0,0,3,5,7); // 检测堆的初始化
    Move(1,1,2,5,7); // 玩一轮
    Move(3,1,2,5,7); // 结束这一轮
    Move(2,2,2,3,7); // 玩一轮
    Move(1,1,2,3,7); // 结束这一轮
    Move(3,7,2,3,0); // 玩并结束一轮
    Move(3,1,2,3,0); // 尝试违规的一轮
    Move(1,2,0,3,0); // 玩并结束一轮
    Move(2,2,0,1,0); // 玩一轮
    Move(1,1,0,1,0); // 结束一轮
    Move(2,1,0,0,0); // 玩最后一轮
    $stop(1) ;
  end
endmodule
```

参考资料

Verilog 支持很多种不同的状态机编码风格，事实是太多了。我们所推荐的状态机的编码风格是基于 1998 年 Clifford E. Cummings 写的名为“State-Machine Coding Styles for Synthesis”的论文。在他的网站（www.sunburst-design.com/papers）上还可以找到 Cummings 的许多其他有趣的论文。例如，其中两篇（与 Don Mills 和 Steve Golson 共同撰写）非常详细地描述了一般的状态机和时序系统采用同步和异步复位信号的优点和缺点。

对于模拟和硬件测试而言，复位输入都是很重要的，但利用一个所谓的“同步化序列”的输入序列是有可能迫使一些状态机从任何未知状态进入一个已知状态的。例如，一个不带

数据载入或清零输入端的 *n* 位串行移位寄存器还是可以被强制进入全 0 的状态，只要在 *n* 个时钟沿移入 *n* 个 0 就可以了。同样，只要经过足够长时间的升序或降序计数，一个"依赖性"的升序 / 降序计数器就可以被强制进入一个已知的状态。实际上，有一个发展得非常完善但却几乎被人们所遗忘的同步化序列的理论和实践，还有 Frederick C.Hennie 在《Finite-State Models for Logical Machines》一书中所描述的不那么强大的"homing experiments"。但是，除非在你的书架上有这本老旧的经典著作，否则就请记得在你设计的每一个状态机中都提供一个复位输入。

状态机分解的数学理论已经研究了多年；Zvi Kohavi 和 Niraj K.Jha 在他们的经典著作《Switching and Finite Automata Theory》(剑桥大学出版社，2010，第 3 版）中讨论了这个话题。他们还讨论了同步化序列和，并把二者与测试时序电路的问题联系起来。

训练题

12.1　为图 9-37 中所示的状态图所描述的状态机编写一个 Verilog 模块。注意，该状态图是按照惯例画的，即除非清楚地标出了输入条件，否则就表示状态不变。复位时，状态机的状态从状态 A 开始。

12.2　给图 9-36 中状态图描述的状态机编写一个 Verilog 模块。复位时，状态机初始状态为 A。

12.3　编写一个测试平台运行训练题 12.2 中你编写的 Verilog 状态机，确保图 9-36 状态图中状态的转移至少发生一次。可以使用 12.2.3 节中的方法。

12.4　编写一个状态 / 输出表（如表 9-11 所示）的状态机的 Verilog 模块。使用两个状态变量 Q1 和 Q2，状态赋值为 A=00、B=01、C=11、D=10，并且提供一个 RESET 输入将状态机初始化为状态 A。再画一个和状态表等效的状态图。

12.5　编写一个 Verilog 测试平台演练训练题 12.4 中的状态机，输入序列中每种可能的状态转移至少出现一次。在你的状态图上画出一条状态转移顺序的路径及测试平台访问状态的路径。

12.6　更新程序 12-6 中的测试平台，使得它能执行程序 12-9 中 `VrSMexra_chk` 模块里的状态转移 1、5 和 13。

12.7　更新程序 12-7 中的自检测试平台，使得它能检测出程序 12-9 中 `VrSMexra_chk` 模块里状态转移 1、4、7、12 和 13 的正确性。

12.8　给只有一个输入 X 和一个 Moore 型输出 EDGE 的状态机编写一个 Verilog 模块 `Vredge`，输出用于检测 X 上的变化。状态机在每个时钟触发沿检测输入 X，如果这个时钟沿处 X 的值跟前面一个时钟沿处的值不同，则 EDGE 有效。使用 12.1.6 节中的"直接编码"方法。

12.9　给有两个输入（INIT 和 X）和一个 Moore 型输出（Z）的状态机编写一个 Verilog 模块 `Vrgettwo`。只要 INIT 有效，Z 便一直是 0。一旦 INIT 无效，Z 应当仍然为 0，直到输入 X 出现在两个连续的时钟周期内值为 0 且连续两个时钟周期内值为 1 的情况，Z 的值才变为 1，X 出现 0 值和 1 值的顺序无关。使用 12.1.6 节中的"直接编码"方法。

12.10　给训练题 12.9 中的状态机 `Vrgettwo` 编写一个自检测试平台，`INIT` 有效之后，紧接着是在 X 上输入有 20 个二进制数的随机序列。然后，使 `INIT` 再次有效，紧接着再输入一个不同的 20 位二进制数的随机序列，用不同的随机序列重复这个过程 20 次。

12.11　在运行程序 12-7 中的测试平台时，画出程序 12-5 中 Verilog 状态机的输入、输出和状态变量（包括 `lastA`）的时序图。尽量用手动方式画出这个时序图，或者也可以通过运行测试平台来获得时序图。

12.12　运行程序 12-7 中的 Verilog 测试平台，验证对于一个或多个状态机 VrSMex 的其他版本，该平台也能正常工作。然后，在 UUT 的 VrSMexa 版本的 OK 状态中引入一个错误，将 B 的值从 1 换为 0 进行检测，证实测试平台能够发现这个错误。最后，你能够在 UUT 中插入一个测试平台发现不了的错误吗？

12.13　给有 8 个状态 S0 ~ S7 的状态机"粘合计数器"编写一个 Verilog 模块，按二进制计数顺序给每个状态赋值。除 CLOCK 之外，状态机还应该有两个输入（RESET 和 ENABLE）和一个输出（DONE）。每当 RESET 有效时状态机就应当进入状态 S0。当 RESET 无效且 ENABLE 有效时，状态机应当进入下一个计数状态。然而，一旦到达状态 S7，就应当停留在该状态直到 RESET 再次有效为止。当且仅当状态机处于状态 S7 且 ENABLE 有效时，输出 DONE 才为 1。

12.14　编写一个测试平台，检测你在训练题 12.13 中设计的粘合计数器操作的正确性。

12.15　编写一个和训练题 12.13 描述的状态机类似的 Verilog 状态机模块，不同之处是：ENABLE 有效时，该计数器"计数前进 2 步再后退 1 步"。状态机还应当有一个额外的输出 BACK，如果 ENABLE 有效且状态机会在下一个时钟沿到达时后退计数，则该输出有效。一旦状态机进入到状态 S7，那么它就不再后退计数。给你的模块添加注释，描述你实现这一功能的策略及需要额外添加多少个状态位？

12.16　编写一个测试平台，检测你在训练题 12.15 中设计的粘合计数器操作的正确性。

12.17　更新程序 12-22 中的猜谜游戏状态机，增加一个输出"OK"，当游戏在一次正确的猜测后停止时，该输出有效。然后更新程序 12-24 的测试平台使它可以提供并测试这个额外的输出。

12.18　就编码风格而言，在程序 12-16 中，通过在 case 语句之前把现态赋值给 Snext，就可以删除每个 case 语句中最后的 else 条件。对模块做这样的修改并且证明综合出的模块与修改前的完全一样（对于大多数综合工具而言）。你可以运行程序 12-30 的测试平台来验证任何情况下它都能正常工作。

12.19　增强程序 12-24 中的猜谜游戏测试平台，使得它能检测出 G3 和 G4 按钮产生的正确与错误猜测。

练习题

12.20　画出本章章首图所示 Verilog 模块中状态机的状态图，给 Q1Q2 的 4 种状态组合 S00 ~ S11 命名，并且只给引起状态变化的输入条件标出弧线和写出表达式（不要自循环）。你能用文字简单地描述出状态机的功能吗？

12.21　给有两个输入（X 和 INIT）和两个 Moore 型输出（EDGE 和 MISS）的状态机编写一个 Verilog 模块 Vredgemiss。状态机要可靠地检测输入 X 上的变化。状态机在每个时钟沿检测输入 X，如果在这个时钟沿的 X 值与前面一个时钟沿的值不同，状态机就使 EDGE 有效。EDGE 一旦有效，就一直保持有效直到 INIT 有效且至少维持一个时钟周期。如果在 EDGE 有效后 INIT 有效前，错过了一个或多个时钟沿，那么输出 MISS 有效。并且 MISS 在 INIT 有效前一直维持有效。注意"边界"情况。特别是，INIT 正好在一个时钟沿上有效，则仍然是 EDGE 有效，而 MISS 无效。

12.22　编写一个测试平台来检测练习题 12.21 中状态机 Vredgemiss 功能的正确性。特别注意边界条件。

12.23　编写能够图形化显示 12.5 节雷鸟车尾灯状态机对应于一个综合输入序列的所有输出

的测试平台。建议：灯的状态序列可能使用“0”或“.”显示，表示一个灯是亮还是灭；例如，在一次左转中：

```
... ...
..0 ...
.00 ...
000 ...
```

12.24 图 12-5 中的个性化牌照是指什么？（提示：它是作者的老牌照，一位计算机工程师版本的 OTTFFSS）。

12.25 把程序 12-15 中的雷鸟车尾灯状态机转换成等效的有流水线输出的模块 VrTbirdSMp。编写一个测试平台，针对一个综合的输入序列，比较这个新模块和旧模块 VrTbirdSM 的输出。

12.26 用带有 FSM 抽取器的 Xilinx 工具，以你喜欢的 FPGA 为目标器件，对程序 12-16 中的 VrTbirdSMe 模块综合 6 次，每一次综合都指定使用下面 6 种状态赋值风格中的一种：off 型、时序型、GRAY 型、Johnson 型、单热点型和自动型。并且在 FSM 抽取器无效的（属性中选择“off”）情况下综合程序 12-17 中的模块 VrTbirdSMeoc。每一次综合运行时，都要创建一个表格记录下面的这些结果：使用的 LUT 数量、使用的触发器数量、最大时钟频率和时钟输入到任意模块输出的最大延迟。酌情参照 12.1.7 节讨论的特性，对结果进行评述。

12.27 针对程序 12-28 中的模块 Vrsvale 重做练习题 12.26。除了 Vrsvale 的 6 个结果外，还包括像程序 12-19 那样修改后的模块 Vrsvaleoc 的结果，综合时不使用 FSM 抽取器。

12.28 Xilinx Vivado 2016.3 工具不能对程序 12-20 中的 Vrsvaleocov 模块执行 FSM 抽取。找出不能抽取的原因，并且对模块进行更新，创建一个支持 FSM 抽取的等效模块 Vrsvaleocov_fsme。

12.29 针对你在练习题 12.28 中创建的模块 Vrsvaleocov_fsme 重做练习题 12.26。

12.30 修改程序 12-18 中的状态机 Vrsvale，构造一个新的模块 Vrsvale_cs，它的输出逻辑中使用 case 语句。编写一个测试平台，针对一个综合输入序列，比较这两个模块的输出结果，并且验证它们的输出是相等的。用你喜欢的 FPGA 作为目标器件，比较两个模块的综合结果。

12.31 修改程序 12-18 中的状态机 Vrsvale，创建一个新的模块 Vrmtnview，使它的次态行为更合理，并且尝试最小化汽车的等待时间。你不必异想天开，但可以假设最长的定时器被减少到 2 分钟。

12.32 编写一个测试平台，针对综合输入序列，图形化地显示程序 12-18 中 Sunnyvale 交通灯状态机的输出。

12.33 编写一个测试平台，用一个汽车到达传感器的随机序列来模拟程序 12-18 中 Sunnyvale 交通灯状态机，测量每辆汽车的等待时间，并且计算十字路口处的平均等待时间、流量（每小时通过的汽车数）和一个较长的时间间隔内（如 1 小时）最大的汽车队列长度（等待的汽车数）。做出如下的假设：

- 汽车只从北面和东面到达，每个方向独立选择 3 ~ 18 秒的随机间隔时间。
- 任何方向等待队列中不超过 30 辆汽车；如果超过了这个数的话，汽车就会调头回家。
- 当一个灯由红变成绿时，等待队列中的第一辆汽车（如果有的话）立即通过十字路口，并且只要灯还是绿的话，下一辆汽车在 6 秒后通过，剩下的汽车每隔 3 秒通过一辆。

- 如果在一个方向的队列有超过 10 辆汽车在等待，那么队列中的驾驶员可以把黄灯当作绿灯继续通过。
- 如果灯已经变绿而队列是空的，那么到达传感器处的汽车会立即通过十字路口。

12.34 把每个方向上汽车到达的时间间隔设置为 3 ~ 66 秒，重新运行练习题 12.33 中的测试平台。十字路口的性能指标会发生什么变化？

12.35 用练习题 12.33 的测试平台重新运行练习题 12.31 中的状态机 `Vrmtnview`。比较两种不同状态机在十字路口的性能指标。

12.36 斐波那契序列是一个整数序列，序列中每一个整数是前两个整数之和。当序列中最前面的两个整数都被定义为 1 时，斐波那契序列是 1,1,2,3,5,8,13，…。一个斐波那契数是一个出现在斐波那契序列中的整数。

编写一个分解的 Verilog 状态机，当状态是斐波那契数时它的单个输出位有效。为了测试令 $n = 8$，但编写代码时要求 n 能够按照需要很方便地改变它的值。除了输入信号 CLOCK 外，状态机还应当有两个输入、RESET 以及一个 n 位数据总线 D，用于载入前两个已定义的斐波那契数（通常是 1 和 1）。这个状态机应该有两个输出：FIB 和 DONE。

RESET 信号无效后的第一个时钟沿处，应该从总线 D 将第一个已定义的斐波那契数（通常是 1）载入一个内部的 n 位计数器 A。在第二个时钟沿处，应该从总线 D 将第二个已定义的斐波那契数（通常也是 1）载入第二个内部的 n 位计数器 B，并使输出 FIB 有效。

对于后续的时钟沿处，仅当 FIB 上一次有效之后的第 j 个时钟沿处，FIB 才会再次有效，其中 j 是斐波那契序列中的下一个数（从第一个开始）。如有需要你可以再定义一个内部的 n 位计数器 C，以及一个顶层状态机，用来控制整体的操作。最后一个 n 位斐波那契序列数使 FIB 有效后，再过一段时间，状态机使 DONE 有效，然后等待 RESET 再次有效。

12.37 编写一个测试平台来检测你在练习题 12.36 中设计的状态机操作的正确性，当斐波那契序列的前两个数是 1 和 1 时，确认状态机只在合适的时钟沿（2,3,4,6,9,14，…）处使输出 FIB 有效，然后在一个合理的时间段内使 DONE 有效。

12.38 编写一个测试平台，针对 5000 个时钟沿上的随机输入系列，对程序 12-13 和 12-14 中的组合锁状态机的 `UNLK` 输出结果进行相互比较。对它们输出结果中的不同之处进行解释并加以修正。你预计 `UNLK` 有效的次数是多少？而它真正有效的次数又是多少呢？

12.39 改进程序 12-13 中的组合锁状态机，增加一个实际有效的输出 `HINT`。采用一种特别的方法，这个方法只需要写出一个与现态和输入有关的 `HINT` 的方程。使用练习题 12.38 中的测试平台来测试改进后的状态机，先对测试平台进行更新，以便还可以比较 `HINT` 的输出结果。

12.40 以你喜欢的可编程器件作为目标器件，综合程序 12-14 和练习题 12.39 中两种不同的组合锁状态机。比较这两种设计方法所需的资源。

12.41 重新设计 12.5 节中的雷鸟车尾灯状态机，让它拥有停车灯和刹车灯功能。当输入 BRAKE 有效时，所有的灯要立即亮，直到 BRAKE 无效为止，这一功能与其他功能完全无关。当 PARK 输入有效时，每个灯都按照 50% 的亮度亮起来，PARK 无效时又全部灭了。通过一个占空比为 30% 的 100Hz 信号 DIMCLK 驱动车灯来实现这个功能。把这个 Verilog 设计划分成你认为合适的多个模块，而顶层设计只能以一个可编程器件作为目标器件。并且写一个简短的系统工作说明书。

12.42 编写一个新的随机定时器模块 Vrggamertimer，用于程序 12-28 中分解的猜谜游戏状态机。新的模块和模块 Vrggameftimer 一样会用到一个计数器，但这个计数器的 8 位最大值，每当 START 有效时，要根据 8 位 LFSR 的并行输出 QX[7:0] 进行设置。每当 START 有效时，LFSR 本身只前进一个状态。

12.43 改进程序 12-30 中的猜谜游戏测试平台，使得它能检测以下更多的游戏功能：（1）如果用户在一次猜测中同时按下了两个或多个猜测按钮，游戏要能检测到这种错误；（2）当游戏停止时用户又按了一次猜测按钮，游戏要能检测到这种错误；（3）当游戏在运行时每个时钟沿处只能有一个 LED 亮。注意测试平台不仅按顺序检测亮的 LED；在另一个游戏版本中，乱序可以是增加游戏难度的一种特性。

12.44 当猜谜游戏测试平台完全按照程序 12-30 的配置运行且实例化了 Vrggametop 中的伪随机定时器时，在 10 000 次猜测中使用 G4 猜测输入的次数不到 200 次。使用固定定时器且 MAXCNT=3 时，则没有用到输入 G3 或 G4。对这种现象的原因做出解释，并改进测试平台让测试过程能够更加均匀地覆盖各种猜测输入。

12.45 给猜谜游戏编写一个测试平台，不让任何竞猜输入有效，仅仅是连续运行游戏 10 000 个时钟沿。这个测试平台利用程序 12-29 中原先的模块 Vrggameptimer 来检测 Vrggametop 模块，并且观察 L1 ~ L4 上的输出波形。然后再用练习题 12.42 中的 Vrggamertimer 模块。就加大获胜的难度而言，这个模块的输出波形似乎更为“随机”？你能给出一种有效的策略，可以在其中一个模块或者两个模块内赢得游戏吗？

12.46 用一个 24 位的 LFSR 重做练习题 12.42。计数器仍然只有 8 位，从 LFSR 的低阶位载入。用练习题 12.45 中的测试平台 Vrggame_tbc 观察新模块的输出特性。对于更大型的 LFSR，MAXCNT 某些时候会是全 0；一切都能正常工作吗？在这种情况下 LED 有多少个时钟沿没有发生变化？如果有的话，以什么方式，这个更大型的 LFSR 使得游戏更难以获胜？

12.47 对练习题 12.42 中的随机定时器模块 Vrggamertimer 做简单的修改，在不需要显著（即使需要）增加芯片资源的情况下，使得 LED 的时序更不好预测。使用练习题 12.45 中的测试平台来检测修改后的模块，并对结果进行评述。

12.48 修改程序 12-26 以创建一个新的模块 Vrggamemain_seq，使得在竞猜后游戏重启时，LED 接着它停止时的模式继续，而不是又从 L1 开始。

12.49 修改程序 12-26 以构造一个新的模块 Vrggamemain_rand，使得 LED 的模式是随机的，而不是一个循环序列——下一个出现的 LED 灯是随机的并且亮的持续时间也是随机的。

12.50 为一个带有两个 1 位输入（INIT 和 X），一个表示无符号整数 n 的 4 位输入 N[3:0]，以及一个 Moore 型输出 Z 的状态机，编写一个分解状态机 VrgetN 的 Verilog 模块。只要 INIT 有效，Z 就持续为 0。一旦 INIT 无效，Z 应当保持为 0 直到 X 持续 n+2 个连续时钟沿为 0 和 n+2 个连续时钟沿为 1，与 X 为 0 和 1 的顺序无关。然后 Z 变为 1，并且保持为 1 直到 INIT 再次有效。

12.51 为练习题 12.50 中的状态机 VrgetN 编写一个自检测试平台，该测试平台把 N[3:0] 设置为 0000 且把 INIT 设置为有效，随后给 X 输入一个有 2000 个输入的随机序列。然后测试平台使 INIT 再次有效，增加 N[3:0]，随后再输入一个不同的随机序列，重复此过程直至 N[3:0] 的 16 种取值全部出现。当 N[3:0] 比较大时，给出一种使得测试平台更加高效的方式。

12.52　设计一个新的用于三部曲游戏的按钮输入模块 VrPBdebedge，该模块在检测输入按钮的前沿之前先对输入按钮消颤，然后和已有的模块 Vredgedet 一样产生一个 1 时钟沿的边沿检测信号。假设按钮是单刀双掷开关，其配置如图 10-28 所示。然而，假设你给设计选择的目标器件是一个 FPGA，可能没有基本的 S-R 锁存器可用，只有一个由 LUT 及其反馈构成的可能不可靠的工作 S-R（参见 13.5 节第三个方框注释）。因此，使用一个可用的自带组件来设计消颤电路，如 D 锁存器（即 Xilinx 的 LDCE）。编写一个测试平台，检测开关输入有"抖动"时电路能否正确地工作。

12.53　设计一个新的用于三部曲游戏的按钮输入模块 VrPBdebedgecnt，该模块在检测输入按钮的前沿之前先对输入按钮消颤，然后和已有的模块 Vredgedet 一样产生一个 1 时钟沿的边沿检测信号。假设你只能使用一个图 10-27 结构的单刀单掷按钮。仅当开关输入在一个新的状态下保持了一定数量（由参数 DBCNT 决定）的时钟沿后，才会先消颤，然后识别边沿。你还可以定义一个参数 NBCNT，它是 DBCNT 计数器所需的位数。编写一个测试平台，检测开关输入有"抖动"时电路能否正确工作。

12.54　基于三部曲游戏的特性，它是用一元编码表示堆计数的很好选择——每个对象使用一个 LED。在一个更高层的模块中实例化 Vrtrilogytop 模块以实现这个功能，还可以使用练习题 6.34 ~ 6.36 中的二进制 - 一元模块。

12.55　展示怎样修改程序 12-35 中的次态逻辑 Vrtrilogymain，使得当堆计数值是 0 时，对应堆计数器的输入 CNTEN 决不会有效。与原来的设计对比，对程序做的这种修改是怎样影响所需 LUT 资源的总数的？本题的修改与删除模块 Vrtrilctr 中的零检测对比，哪个会更节省资源？

12.56　在 12.10 节关于模块 Vrtrilogymain 状态赋值的讨论中提到，不需要增加额外逻辑就可以创建输出 OVER，但在综合中，它实际使用了一个 4 输入的 LUT。编写输出逻辑的 Verilog 代码使得其不需要使用这个 4 输入的 LUT。这样做的优点和缺点是什么？

12.57　利用或者修改 12.10 节中的模块，编写 Verilog 模块来跟踪有 3 个堆的通用 NIM 游戏的玩法。开始时，每个堆可以被初始化为总共 15 个对象。为了支持这个功能，新游戏需要一个 4 位的数据输入端 DI[3:0]。在复位信号无效后，游戏者先设置第一堆的期望初始化数 DI[3:0]，然后按按钮 P1。然后，游戏者对第二个和第三个堆上的 DI 做相同的设置操作，并分别按按钮 P2 和 P3。此时，游戏机使 NEXT 有效，按照三部曲游戏过程继续游戏。

12.58　通过在网络上搜寻，你会发现很容易找到各种各样的赢得任意配置下 NIM 游戏的策略，包括三部曲游戏中使用的配置和规则。编写一个 Verilog 模块，使用一个这样的策略与人类游戏者对弈，并设法赢得游戏。对于游戏中一个给定的堆配置，模块应当决定如何走步（如果存在这样一个走法的话）以确保赢得游戏。如果不存在这样的走法，模块应当就从最大的堆中取走一个物体，从而给它自己赢得更多的时间让人类游戏者犯错误。模块可以是组合型的也可以是时序型的。模块的输入是当前堆的计数值（H1、H2、H3），它的输出是要取出物体堆的编号 HN 和取出物体的数量 NT。在一个时序型的模块中，还应该有一个时钟输入，并且必须定义一个输入和输出来表示搜索走步的开始以及搜索的结束。

12.59　使用 Verilog 模块设计一个机器来跟人类游戏者玩三部曲游戏。机器应当使用 12.10 节中的模块来跟踪游戏中堆的状态，并且用你在练习题 12.58 中设计的模块来选择机器的走法。定义并为额外所需的输入和输出建档，以创建一个方便的用户界面，这个用户界面允许人或者机器先走步，并且允许人或者机器使用 12.10 节用过的同一界面输入走步。如果你还没有做练习题 12.58，那么在轮到机器走步时，可以用一个"虚拟的"模块为机器选择固定的、随机的或是半智能的走步（例如，如果遇到了对象只在一个堆里的状态，那么就会留下一个物体并取走堆中其他的物体）。

12.60 改进程序 12-36 中的三部曲游戏测试平台，使得它在每次走步期间及之后可以检测 NEXT 和 OVER 的值。找到一种在不给 Move 任务添加任何输入的情况下完成这个功能的方法。扩大测试序列以检测上述特性，给模块 Vrtrilogymain 插入一个或多个错误以确认上述特性能够有效地运行。

12.61 编写一个可以重复执行的三部曲游戏的测试平台，每一次自动地创建一个随机的走法序列，并且在每次走步期间及之后，检测堆计数的正确值和 NEXT 及 OVER 值。你的测试平台要能够检测出合法的和不合法的走步，比如给一个空堆指定一个猜测的输入。

12.62 通过调整 7.5 节中的 TwoInRow 模块，来为一字棋走法选择的 Verilog 电路设计一个时序型版本，但只实例化 TwoInRow 模块一次且使用多个时钟周期来决定一步的走法。除了新输入 CLK 外，新的设计中还需要一个 START 输入来告诉电路开始搜索一个走步，当确定好的走步出现在其输出端时，输出 DONE 有效。在任何给定的情况下，你的电路找到走步所需的时钟周期数要尽可能的少。

12.63 用你喜欢的可编程器件作为练习题 12.62 的解的目标器件。再次使用程序 7-28 中原来的组合型一字棋 Verilog 电路。比较两个不同版本电路综合后所需的资源情况。

12.64 给一个有两个输出（Z 和 DONE）的状态机编写一个 Verilog 模块，输出 Z=1 的序列和持续时间表示摩斯码中的一个符号（通常是一个字母或数字），在这个符号的最后一个 Z=1 输出随后的一个时钟周期内，DONE 有效。状态机的输入是 CLK、SSTART 和 SYM[0:9]。

摩斯码符号被编码为"点"和"线"，其中"点"用持续一个时钟周期的 Z=1 表示，"线"用持续 3 个时钟周期的 Z=1 表示。一个符号可以有 1 到 5 个点和线，相互之间用持续一个时钟周期的 Z=0 隔开。

要发送的符号以 5 对二进制位的形式（SYM[0:1]、SYM[2:3] 等）编码为 SYM[0:9]；在每一对二进制位内，线编码为 10，点编码为 01，在少于 5 个点和线的符号中编码 00 表示结束。点和线从 SYM[0:1] 开始发送。

复位后，当机器是空闲状态时，Z 为 0，DONE 为 1。要被发送的符号以 SYM[0:9] 的形式出现，并且 SSTART 持续有效一个时钟周期。在接下来的一个时钟周期，DONE 应该无效，随后的时钟周期内，符号的第一个点或线应当出现在输出 Z 上。符号最后一个点或线结束后的一个时钟周期内，机器应该让 DONE 有效。

12.65 用你对练习题 12.64 的解作为一个子机，编写一个以摩斯码发送消息的 Verilog 模块，就像从存储器 MSG[0:9][1:127] 中读取信息一样。消息中文字间的空格符用 SYM[0:1]=00 表示。在输出上，一个字里的多个符号由连续 3 个时钟周期的 Z=0 隔开，而文字之间由连续 7 个时钟周期的 Z=0 隔开。提供一个输入 MSTART 来启动消息的发送，提供一个输出 MDONE 来表示发送的完成。

12.66 编写一个测试平台来显示练习题 12.65 模块的输出结果。确定你的模块是否满足符号和单词之间间隔的问题规范，如果有必要遵守这种规范，那么就修改你的模块。

第 13 章

Digital Design: Principles and Practices, Fifth Edition

时序电路设计实践

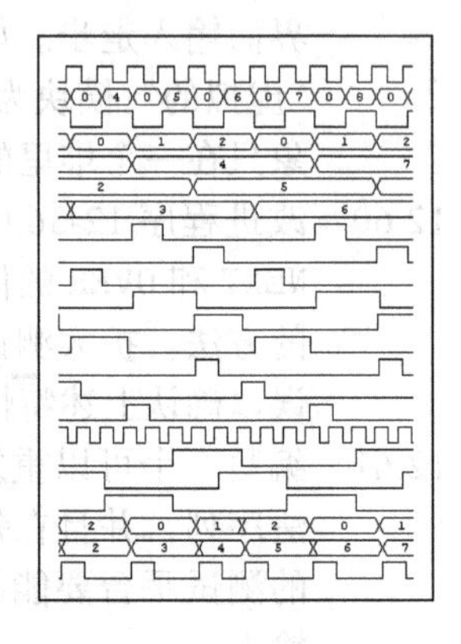

因为此前从未涉及，所以本章从时序电路文档标准的小结开始，主要关注两个方面。第一个方面是，依据电路的输入和输出，逐步描述电路高层行为，包括状态机的规范说明。第二个方面是，描述电路的重要输入、输出和内部信号的低层或“时序”行为，主要使用时序图和时序规范说明。

前面四章已经阐述了各种各样的状态机和时序电路的构件，它们几乎都有时钟控制。而构造时序电路和系统也可以不用时钟信号，最常用也很可靠的数字系统设计方法主要就是使用时钟控制电路。因此，我们要继续强调*同步系统*（synchronous system），也就是，系统和子系统中所有的触发器都受同一个公共时钟信号的控制。接下来会给出一个例子，说明时钟控制状态机和数据通路元件是怎样组合在一起构成同步系统的。

我们还会重点强调同步系统设计中一些共同的问题。例如，当我们用不同的时钟将数字系统或者数字子系统相互连接时，或者当一个系统有与“外面世界”的接口时，必须辨别出需要特别对待的异步信号，并且使用特别方法在时钟域之间传送信息，正如将在本章最后两节看到的那样。

13.1 时序电路文档实践

13.1.1 一般要求

在信号命名、逻辑符号、结构图的格局以及前面章节所介绍的 HDL 编码样式等方面，它们的基本文档实践作为一个整体应用于数字系统，尤其要应用于时序逻辑电路。但是，针对“时序的”系统要素，特别要强调以下几点：

- *触发器*。各个时序电路元件的符号，尤其是触发器的符号，应该严格遵照适当的图形标准来画，使得元件的类型、功能和时钟特性能清楚地表达出来。
- *状态机描述*。状态机应该通过状态表、状态图或 HDL 格式的文本文件来描述。在大多数情况下，一个基于 HDL 的描述被认为是起决定性作用的，因为它包含了状态机实现的源码。状态表和状态图是解释状态机操作的次要资源，它们可以是独立的文档，或者可以嵌入在 HDL 文档中作为注释。
- *状态机布局*。在一个基于 HDL 的设计中，构成每一个状态机的触发器、次态逻辑以及输出逻辑应该在一个模块中一起定义，而且该模块中还不能有其他无关的逻辑。如果有机会绘制状态机的逻辑图，那么构成一个状态机的触发器和组合逻辑应该用同一种逻辑格式画在同一页上，这样就能很容易地看出这是同一个状态机。
- *级联元件*。同样，由多个 IC 构成的寄存器、计数器以及移位寄存器在图表中应该画在一起，这样就能很容易地看出这是一个级联结构。

- 时序图。时序电路的文档包应包括时序图，用于显示通用的时序假设以及电路的时序行为。
- 时序规格说明。时序电路应包括正确的内部操作所需的时序要求（如最大时钟频率）以及任何外部输入的要求（例如，相对于系统时钟的建立和保持时间要求、最小脉冲宽度要求，等等）。当使用 EDA 工具来创建一个设计时，“时序收敛”是设计者使用工具确保设计满足时序要求的一个过程。

13.1.2 逻辑符号

在 10.2 节中介绍了传统的触发器符号。触发器总是画成矩形符号，所以也遵守矩形符号通用的规定，和其他的矩形符号一样——输入在左边，输出在右边，画出表示有效电平的小圆圈，等等。另外，还有一些适用于触发器符号的特殊规定：

- 边沿触发时钟输入端要放置一个动态指示器。
- 异步预置和清零端可以画在触发器符号的顶端和底端——预置端在顶端，而清零端在底端。

大规模时序元件的逻辑符号，如第 11 章讲到的计数器和移位寄存器，一般要画出所有的输入端，包括预置端和清零端。所有的输入都画在左边，输出画在右边。而双向信号画在左边或者画在右边都可以。

与单个触发器一样，大规模时序元件用动态指示器来指出边沿触发时钟输入信号。在“传统的”符号中，从输入名和输出名就可以看出它们的功能暗示，但有时它们还是含糊的（即有二义性的）。所以你必须不断地查阅组件规范，来确定怎样使用一个输入或诠释一个输出。

13.1.3 状态机描述

在第 9 章和第 12 章，我们已经涉及 6 种状态机的表示形式：

- 文字描述
- 状态表
- 状态图
- ASM 图
- 转移列表
- Verilog 程序

也许你会觉得状态机有这么多种表示方式是个问题，太多了就学不了！值得庆幸的是，并不是这些方法都很难学会，但也确实存在一个微妙的问题。

下面来看看在编程中的一个问题。在编程过程中，高级“伪码”或者流程图可以用于描述程序的工作过程。伪码可以很好地表达程序员的意图，但在把伪码转换为真实编码时，就可能出现误差、误解以及排印错误。在任何带有创造性的过程中，当存在多种方式来描述对象的工作过程时，就可能会出现不一致性。

在状态机的设计中也会出现同样的不一致性。逻辑设计者可以利用手工绘制的 100% 正确的状态图来描述状态机的期望行为。但在把状态图转换为一个 HDL 模型时就可能会出错，而且如果采用手工方式将状态图转换为状态表、转移表、激励方程以及逻辑图的话，出现混乱的几率就更大了。

这个问题的解决方法与程序员用高级语言编写语义易懂的代码时采用的方法一样。解决问题的关键就是选择一种表达形式，这种表达形式既可以表达出设计者的意图，又可以通过一个无误差的自动过程转换为一种实际的实现形式（当程序一开始不能正常工作时，程序员一般不会大叫“编译器出错!”）。

最好的解决方法是直接用 HDL 写出状态机的程序，而避免使用一般的、总结性的文字描述之类的其他表达方式。如果后面采用统一的编码风格，那么 HDL 的描述不仅易于阅读而且可以自动将描述转换为基于 PLD、FPGA 或是 ASIC 的实现。这是我们在第 12 章中花费大量篇幅和精力提供许多基于 Verilog 的状态机案例的一个原因。

13.1.4 时序图和时序规格说明

在前面章节中给出了许多时序图的例子。在同步系统的设计中，大多数时序图可以表示出输入、输出、内部信号与时钟信号之间的关系。

图 13-1 是一个相当典型的时序图，给出了一个同步电路中输入信号和输出信号的要求和特性。第 1 条曲线表示出了系统时钟及其额定的时序参数。其他的线条表示出了其他信号的延迟范围。

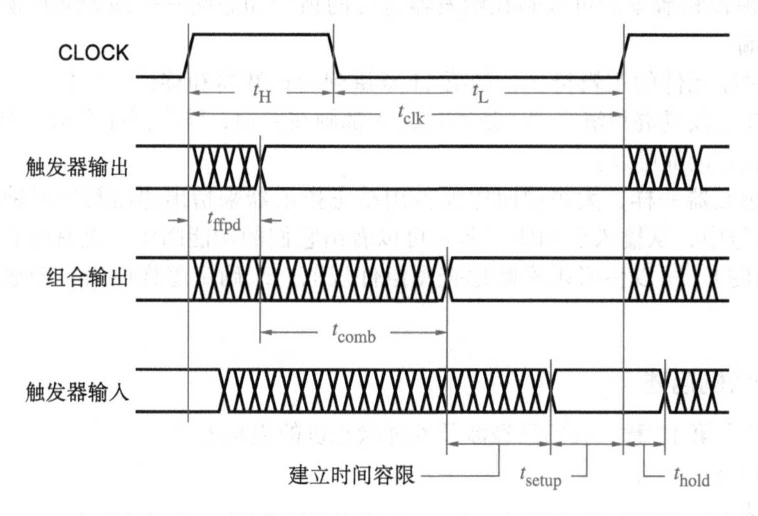

图 13-1 表示出相对于时钟信号的传输延迟、建立与保持时间的详细时序图

例如，第 2 条曲线表示触发器输出在 CLOCK 上升沿到来后的 t_{ffpd} 时间内发生变化。在触发器输出发生变化的期间，采样这些信号的外部电路不能进行采样操作。一般画时序图时认为 t_{ffpd} 的最小值为零，但一个完整的文档包应包括一个时序表，给出 t_{ffpd} 以及所有其他时序参数的最小值、典型值和最大值。

时序图中的第 3 条曲线表示触发器输出的变化经过组合逻辑元件所需的附加时间 t_{comb}，如 Moore 型输出和使用相同的 CLOCK 信号的触发器的激励逻辑。触发器的激励输入以及其他时钟器件所要求的建立时间 t_{setup}，如图中第 4 条曲线所示。

图 13-1 描述的是一个同步电路的正常操作必须满足 $t_{clk} - t_{ffpd} - t_{comb} > t_{setup}$ 的条件。也就是说，发生在时钟脉冲边沿上的触发器输出变化，必须通过组合逻辑进行传输，至少在下一个时钟脉冲沿到来前的 t_{setup} 之前到达其他触发器的输入。

时序容限（timing margin）表示电路中的各个部件在不引起电路工作失效的情况下，“比最坏的情况要坏”多少。设计良好的系统其时序容限应该是正的、非零值，这样在出现意想不到的情况（边缘部件、节电、工程误差，等等）和时钟偏移（见 13.3.1 节）时，电路也能正常工作。时序容限有时也称为时序余量（timing slack）。

$t_{clk} - t_{ffpd(max)} - t_{comb(max)} - t_{setup}$ 的值称为建立时间容限（setup-time margin）。如果这个值是个负数，那么电路就不能正常工作。注意，最大传输延迟可以用来计算建立时间容限。另一个时序容限与保持时间 t_{hold} 相关，t_{ffpd} 与 t_{comb} 的最小和应比 t_{hold} 大，保持时间容限（hold-time margin）等于 $t_{ffpd(min)} + t_{comb(min)} - t_{hold}$。即，发生在时钟脉冲边沿上的触发器输出变化，必须通过组合逻辑进行传输，传输速度要足够慢，使得它们到达其他触发器输入的时间不比这个时钟沿之后的 t_{hold} 快。

尽管在大多数电路中，不同的触发器输入或者组合逻辑信号之间都存在时序差别，但图 13-1 并没有表示出这种差别。例如，一个触发器的 Q 输出可能直接与另一个触发器的 D 输入端相连，使得这个通路的 t_{comb} 为 0，而另一个信号可能要通过 32 位加法器的串行进位通路才能到达触发器的输入端。

如果采用了正确的同步设计方法，那么这些相关的时序关系就不是很重要，因为这些信号在时钟边沿到来之前没有一个会影响到电路的状态。只需要找到在一个时钟周期内最长的延迟通路，就可以确定电路能否正常工作。但是，也可能要同时分析几种不同的通路才能找到最坏的情况。同样，做保持时间分析时，必须找到最短延迟通路。在现代设计环境下，一个 EDA 工具可以为你完成这一切，但明白这种信息是怎样确定的以及明白如何利用工具来寻找这种信息仍然非常重要。

另一种也可能更通用的时序图，它只画出功能特性而不涉及具体的延迟时间值。图 13-2 就是一个这样的时序图例子，其中的时钟信号是“完美的”。除非要精确地表现出上升时间和下降时间，否则在时序图中，信号的边沿画成垂直的或是倾斜的，这完全由个人的喜好来决定。在图 13-2 和其他图形中的时钟信号转换，用垂直线的形式表达，以表示时钟信号是一个“完美的”参考信号。

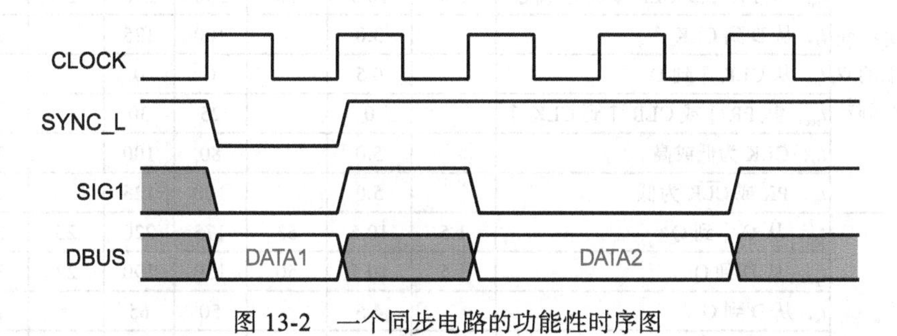

图 13-2　一个同步电路的功能性时序图

没有什么是完美的

实际上没有这么完美的时钟信号。大多数高速数字电路的设计者必须面对的不完美问题就是“时钟偏移”。正如我们将在 13.3.1 节中看到的，由于线路的延迟、负载以及其他影响因素的不同，使得同一个给定的时钟边沿到达不同电路输入端的时间是不同的。

另一个不完美问题（这个问题有一点超出了本书的范围）就是“时钟抖动”现象。一个 10 MHz 的时钟信号其每个周期不一定都是精确的 100 ns——可能一个周期是 100.05 ns，而下一个周期就是 99.95 ns。在慢速电路中这不是一个大问题，但在一个 1GHz 的高速电路中，同样是 0.1 ns 的抖动却占据了 1 ns 时序预算的 10%。何况有些时钟源的抖动甚至更厉害！

图 13-2 中的另外一些信号可以是触发器输出、组合输出或者触发器输入。阴影部分用

来表示“无关”信号值，也可以采用图 13-1 中的交叉线来表示。图中所有的信号都是在时钟边沿一到来时就发生变化，而实际上输出的变化要慢一些，同时输入也可能仅仅在下一个时钟边沿到来前才变化。然而，在时钟边沿处将每一个信号“排列起来”，这样时序图就可以更清楚地表现出在一个时钟周期内完成了哪些功能。沿着时钟信号排列起来的信号可以简单地理解为在时钟边沿到来后的某个时间发生变化，其时序关系满足电路的建立和保持时间要求。在本章中将会有很多这种时序图。

表 13-1 是一个时序表的例子，基于几个 74 系列 SSI 和 MSI 触发器、锁存器和寄存器，给出了各种时序电路的时序参数。这些器件来自相同的 CMOS 逻辑系列，这些器件在 4.2.3 节的例子中使用过。即使你从未用这部件做过板级设计，对板级所有类型的时序电路元件、ASIC、FPGA 和 PLD 而言，这个表也还是包括极具代表性和指导性的时序参数，并且依据这些参数，你可以以手工方式完成一些例子。

这个表有许多“t_{pd}”参数，所有的这类参数都说明了从一个输入信号边沿到一个输出 Q 的延迟。对于一个触发器或锁存器的 CLK 或 G 输入，延迟都是从高电平有效的输入信号的上升沿开始算起，表中这些参数也都是据此指明的。对于'74 触发器的异步预置和清零输入，延迟都是从低电平有效的输入信号的有效开始算起，同样表中的参数也是据此说明的。

表 13-1　CMOS 触发器、锁存器和寄存器的时序规范（单位为 ns）

Part	功能	参数	74AC @ 5.0V		74HC @ 2.0V			74HC @ 4.5V		
			最小值	最大值	典型值	Maximum		典型值	Maximum	
					25°C	25°C	85°C	25°C	25°C	85°C
'74	带有置位和清零端的双 D 触发器	t_{pd}，从 CLK ↑到 Q 或 $\overline{Q}$	2.5	10.5	70	175	220	20	35	44
		t_{pd}，从 $\overline{PR}$ ↓或 $\overline{CLR}$ ↓到 Q 或 $\overline{Q}$	2.0	10.5	70	230	290	20	46	58
		t_s，从 D 到 CLK ↑		3.0		100	125		20	25
		t_h，从 CLK ↑到 D		0.5		0	0		0	0
		t_{rec}，从 $\overline{PR}$ ↑或 $\overline{CLR}$ ↑到 CLK ↑		0		25	30		5	6
		t_w，CLK 为低或高		5.0		80	100		16	20
		t_w，PR 或 $\overline{CLR}$ 为低		5.0		100	125		20	25
'373	带有 3 态输出的 8 位 D 锁存器	t_{pd}，从 G ↑到 Q	1.5	10.5	63	175	220	25	35	44
		t_{pd}，从 D 到 Q	1.5	10.5	50	150	190	22	30	38
		t_s，从 D 到 G ↓		4.5		50	65		10	13
		t_h，从 G ↓到 D		1.0		5	5		5	5
		t_{pHZ}，从 $\overline{OE}$ 到 Q	1.0	12.5		150	190	30		38
		t_{pLZ}，从 $\overline{OE}$ 到 Q	1.0	10.0		150	190	30		38
		t_{pZH}，从 $\overline{OE}$ 到 Q	1.0	9.5		150	190	30		38
		t_{pZL}，从 $\overline{OE}$ 到 Q	1.0	9.5		150	190	30		38
		t_w，G 为高		4.5	30	80	100	10	16	20
'374	带有 3 态输出的 8 位 D 触发器	t_{pd}，从 CLK ↑到 Q	1.5	10.5	63	180	225	17	36	45
		t_s，从 D 到 CLK ↑		4.5		100	125		20	25
		t_h，从 CLK ↑到 D		1.5		10	12		5	5
		t_{pHZ}，从 $\overline{OE}$ 到 Q	2.0	12.5	36	150	190	17	30	38
		t_{pLZ}，从 $\overline{OE}$ 到 Q	1.0	10.0	36	150	190	17	30	38
		t_{pZH}，从 $\overline{OE}$ 到 Q	1.0	9.5	60	150	190	16	30	38
		t_{pZL}，从 $\overline{OE}$ 到 Q	1.0	9.5	60	150	190	16	30	38
		t_w，CLK 为低或高		4.5		80	100		16	20

（续）

Part	功能	参数	74AC @ 5.0V		74HC @ 2.0V			74HC @ 4.5V		
			最小值	最大值	典型值	Maximum		典型值	Maximum	
					25°C	25°C	85°C	25°C	25°C	85°C
'377	带有时钟使能端的 8 位 D 触发器	t_{pd}，从 CLK ↑ 到 Q	1.5	11.0	56	160	200	15	32	40
		t_s，从 D 到 CLK ↑		4.5		100	125		20	25
		t_h，从 CLK ↑ 到 D		1.0		5	5		5	5
		t_s，从 $\overline{EN}$ 到 CLK ↑		4.5		100	125		20	25
		t_h，从 CLK ↑ 到 $\overline{EN}$		1.0		5	5		5	5
		t_w，CLK 为低或高		4.5		100	125		20	25

最小值、最大值和典型值

注意，表 13-1 列出的脉冲宽度和建立时间、保持时间以及恢复时间的值（t_w、t_s、t_h、t_{red}），都是正确操作需要的最小值。因此，表 13-1 中“典型值”列中列出的参数值，是典型条件下典型部件所需的最小值。而“最大值”列中的值，是指定条件下任何部件用到的最高的最小值。

当你理解制造商规范说明时不得不小心，因为他们发布的专有名词术语和测试规范差异较大。例如，德州仪器大多数逻辑系列的 t_w、t_s、t_h 和 t_{red} 值是放在“最小值”列，而不是放在“最大值”列，我们正是这样做的。他们不发布这些参数的“典型”值，而其他的一些制造商，对于同样的部件，却会发布相关参数的“典型”值。而且，不同的制造商对“典型”值有不同的定义，对于相同部件的规范说明也会略有不同。这也是当用现成组件设计时，为工程师提供通用时序容限的另一个重要原因。

建立和保持时间也是时序元件的重要参数。表中所有 D 触发器的 D 输入端都有从时钟触发沿（即，这些器件的上升沿）开始的 t_s 和 t_h 规范说明。'377 也有对时钟使能输入的建立和保持时间的规范说明，也是在时钟边沿上采样。注意，你可能偶尔会看到负的保持时间规范。这意味着，允许在时钟触发沿之前的规定时间内改变 D 输入。

表中的 D 锁存器也有建立和保持时间规范说明，但它们是针对高电平有效的使能输入 G 的下降沿。作为一个器件锁存行为的结果，从 D 的任何边沿或 G 的上升沿到输出 Q 有一个传输延迟，但当 G 是无效时，要可靠地锁存数据也会有建立和保持时间的要求。

对于所有的器件，都规定了“控制”输入的最小脉冲宽度——时钟、锁存使能、预置和清零。'373 和 '374 两个器件的 Q 输出，有三态功能。如 7.1 节中解释的那样，这种输出可以置为高阻抗状态，这时，器件与它们所驱动的信号线之间的连接就被有效地断开了。因此，这些器件还有时序参数，用于说明从输出使能输入端（OE）到输出在高阻抗状态 (hi-Z) 和一个“有效”状态（HIGH 或 LOW）之间变换的延迟。这些参数并不是专门针对时序电路的；带三态输出的任意器件都有。

针对板级设计，要记住表 13-1 中所有的规范都只是代表性的；一个组件的确切数据和它们的定义，必须查阅制造商发布的特定部件的数据表。

祈祷吧！

更老更慢的逻辑系列，包括用于表 13-1 的 74HC 系列，可能都没有规定触发器和组合逻辑的最小传输延迟。因而，不可能用本小节前面部分所给出的公式准确计算出保持时间容限。但是，即使假设最坏情况的最小延迟是 0，如果触发器的保持时间要求是 0

的话，保持时间容限依然是非负的。

另外，你可以使用经验法则，最小传输延迟不会超过典型值的20% ~ 25%，计算保持时间容限，并且祈祷吧。在FPGA和ASIC的EDA设计环境中，综合工具会提供更好的估算，但仍然有其他并发状况需要你去处理，比如13.3.1节中将要讨论的片上时钟偏移。

13.2　同步设计方法论

在*同步系统*（synchronous system）中，所有触发器都由同一个公共时钟信号来同步，除系统初始化时刻外，其他时间都不需要使用预置和清零输入端。虽然全世界无法以一个公共时钟触发沿来统一时序运作，但在数字系统或数字子系统的范围内，我们却可以做到这一点。当我们必须将数字系统或子系统用不同的时钟信号相互连接时，通常可以像13.3.3节中那样，找出其中几个有限数目的、需要特别对待的异步信号。

在同步系统中竞争和冒险都不成问题，原因有二。首先，那些唯一可能受到竞争和本质冒险影响的基本模式电路，都是预设计元件（如分立触发器或ASIC单元），应该由制造商来确保这些元件正常工作。其次，由于电路只在引起冒险的尖峰脉冲出现之后采样控制输入信号，因此即使驱动触发器控制输入端的组合电路中包含有静态、动态或功能性的冒险，这些冒险也不会起任何作用。

除了设计每个状态机的功能特性外，一个实际的同步系统或者子系统的设计者，为使系统可靠工作，必须完成以下3个明确定义的任务：

1. 像在13.3.1节中讨论的那样，最小化并确定系统中时钟偏移的数量。

2. 确保触发器的建立和保持时间容限为正值，并且像13.1.4节中描述的那样，要考虑到时钟偏移。

3. 像13.3.3节和13.4节中描述的那样，要识别异步输入信号，用时钟信号使它们同步，并且确保同步器的故障概率尽可能小。

在正式讨论这些问题之前，先来看看同步系统结构的一般模型和一个例子。

13.2.1　同步系统结构

我们在第12章中给出的时序电路设计例子，大多数都是只有少数状态的单个状态机。如果一个时序电路不止几个状态，那就别指望（通常也不可能）把它当作单个大型状态机来对待，因为这样构造出来的电路的状态数太多，难以处理。

幸运的是，大多数数字系统或者子系统都可以被分解为两个或两个以上的部分。无论这个系统是用于处理数字、数字话音或是火花塞脉冲流，系统中都会有一个特定的部分，即所谓的*数据单元*（data unit），用来存储、传送、组合以及处理“数据”。还有另一个部分，即所谓的*控制单元*（control unit），用来启动和停止数据单元的动作、测试条件并根据状态条件决定下一步做什么。一般来讲，只有控制单元需要设计成状态机。数据单元及其组件往往在更高抽象层次上进行处理，例如：

- *组合型功能*。组合型功能包括算术和逻辑单元、比较器以及其他组合或修改数据的操作。
- *寄存器*。触发器的集合体，用来并行载入多位“数据”，这些数据可以一起使用或者一起恢复。
- *特殊的时序功能*。这些特殊功能包括多位计数器和移位寄存器，它们的内容可以依据命令进行增加或者移动。

- **读/写存储器**。同一个集合体中各个锁存器或触发器的内容都可以被读出或者写入。

上述第一个问题已经在第 7 章和第 8 章中讲过了，接下来的两个问题也在第 10 章和第 11 章中讨论过，而最后一个问题将在第 15 章中介绍。

图 13-3 是一个包含数据单元和控制单元的系统的一般框图。图中明确画出了输入和输出框，但这些功能模块也可以属于数据单元。控制单元只是一个状态机，它的输入有两个，一个是告诉状态机怎样工作的**命令输入**（command input），另一个是由数据单元提供的**条件输入**（condition input）。命令输入可以由另一个子系统或者用户提供，用来设置控制状态机（RUN/HALT、NORMAL/TURBO 等）的一般工作模式，而条件输入使控制状态机单元可以根据数据单元中的状态条件（ZERO_DETECT、MEMORY_FULL 等）来改变行为。

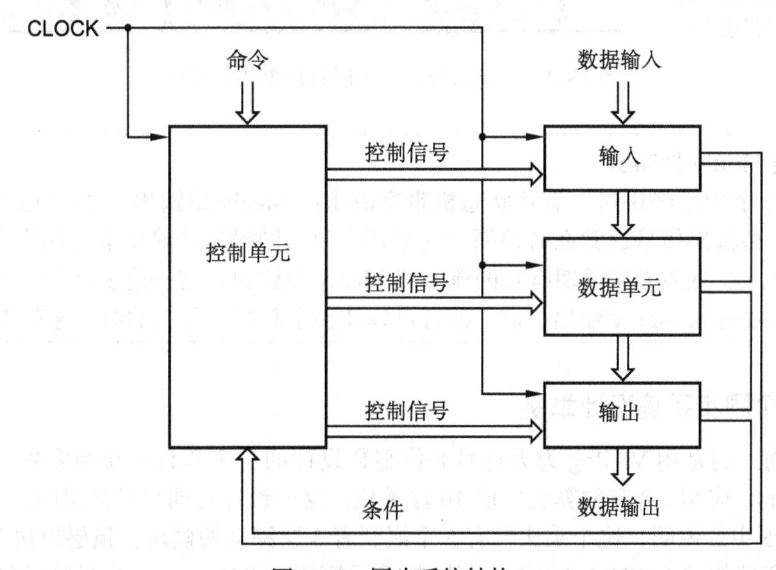

图 13-3　同步系统结构

图 13-3 中结构的一个关键特点，就是控制、数据、输入和输出单元都使用同一个公共时钟信号。图 13-4 表示在一个典型时钟周期内，控制单元和数据单元中的操作：

1. 时钟周期开始后不久，控制单元的状态和数据单元的寄存器输出就有效了。
2. 接着，经过一个组合逻辑的延迟之后，控制单元状态机的 Moore 型输出变为有效。这些信号就是送到数据单元去的控制输入信号，它们决定了在时钟周期剩余的时间内数据单元要完成什么功能，如选择存储器地址、多路复用器通路以及算术操作。
3. 在时钟周期接近结束时，数据单元的条件输出（如零检测或溢出检测）有效，并使它可用于控制单元。在时钟周期的结尾，正好是建立时间窗开始之前，控制单元状态机的次态逻辑依据当前状态、命令以及条件输入，决定次态。几乎同时，数据单元的运算结果也被载入到数据单元的寄存器中。
4. 一个时钟触发沿之后，整个时钟周期的操作过程又开始重复。

数据单元的控制输入信号，也就是控制单元状态机的输出信号，可以是 Moore 型、Mealy 型或流水线 Mealy 型；Moore 型输出的时序如图 13-4 所示。Moore 型和流水线 Mealy 型输出严格地按照当前状态和过去的输入来控制数据单元的操作，不考虑数据单元中当前的状态条件。相反，Mealy 型输出可以依据数据单元中当前的状态条件来选择不同的操作。这样一来，增加了操作的灵活性，但由于延迟通路可能变长，因此通常这时系统正常工作所需要的最小时钟周期时间也会增加。另外，Mealy 型输出一定不要造成反馈回路。例如，在加法器的输出值不为零而为 -1 的情况下，如果再在加法器的输入端加入一个信号 1，那么就会在电路中引起振荡。

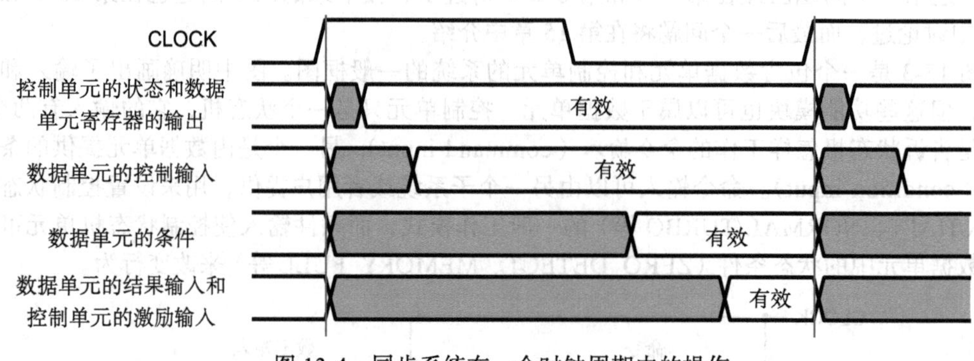

图 13-4　同步系统在一个时钟周期内的操作

> **流水线 Mealy 型输出**
>
> 在 9.2.2 节中已经讲过，有些状态机带有流水线 Mealy 型输出。如图 13-4 所示，流水线 Mealy 型输出信号通常在时钟周期的早期有效，同时这些输出信号还作为控制单元的状态输出。在时钟周期早期有效的流水线 Mealy 型输出，与一定要经过一个组合延迟时间后才有效的 Moore 型输出相比，前者可以使整个系统以更快的时钟速率工作。

13.2.2　一个同步系统设计举例

本小节阐述的是用 Verilog 为无符号 8 位整数设计的一个*移位 – 相加乘法器*（shift-and-add multiplier），应用 2.8 节的算法生成 16 位乘积。这个设计是同步且分层的。

如图 13-5 中的说明，这个乘法器有 5 个嵌套着 3 层深度的模块。顶层模块 `VrMPY8x8` 包含一个数据通路模块 `VrMPYdata` 和一个控制单元模块 `VrMPYctrl`。控制单元包含一个状态机 `VrMPYsm` 和一个计数器 `VrMPYcntr`。一个“`include`”文件 `VrMPYdefs` 包含了这些模块使用的参数定义。在你细看之前，理解用于实现一个 8 位乘法的基本数据单元寄存器和函数是很重要的，如图 13-6 所示：

MPY/LPROD　一个移位寄存器，初始存储乘数，算法执行过程中积累乘积的低阶位。
HPROD　一个寄存器，初始清零，算法执行过程中积累乘积的高阶位。
MCND　一个寄存器，在整个算法过程中存储被乘数。
F　一个组合函数（如果 MPY/LPROD 的低阶位是 1）等于 HPROD 和 MCND 的 9 位和；否则，等于 HPROD（扩展到 9 位）。

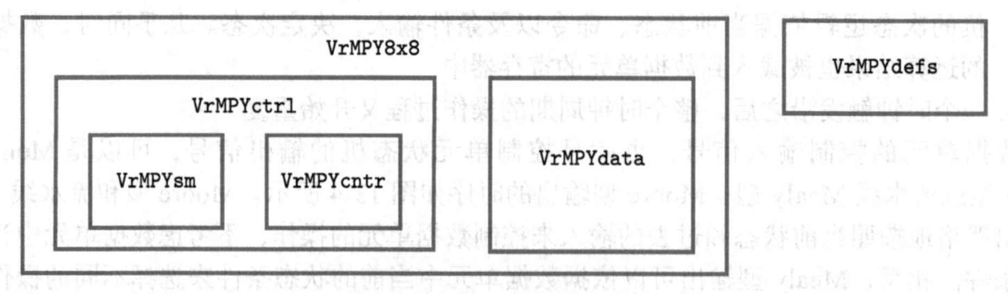

图 13-5　移位 – 相加乘法器中的 Verilog 模块和“`include`”文件

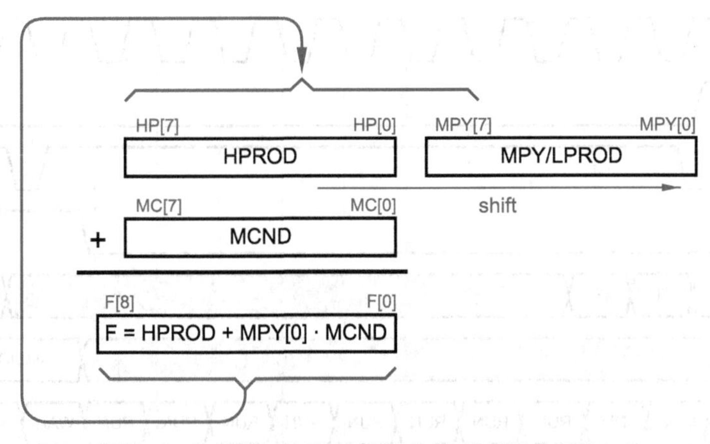

图 13-6 移位 – 相加乘法器中的寄存器和函数

MPY/LPROD 移位寄存器有双重目的，即在算法执行过程中，保持有待检测的乘数位（在右边）和不变的乘积位（在左边）。这个寄存器的内容每一步右移 1 位，丢弃刚检测完的乘数位，将下一个要检测的乘数位移到最右边，最左边的位置载入在算法的剩余部分中不变的一个或多个乘积位。

乘法系统的顶层模块 `VrMPY8x8` 有如下的输入和输出：

CLOCK	状态机和寄存器的一个单独时钟信号。
RESET	清除寄存器的复位信号，并在系统开始运行之前将状态机恢复成起始状态。
INP[7:0]	一个 8 位输入总线，在乘法开始的两个时钟周期内，将被乘数和乘数载入相应的寄存器。
PROD[15:0]	乘法结束后，包含乘积的一个 16 位输出总线。
START	一个输入，在乘法开始的上升时钟沿之前有效。在一次乘法完成之后，开始一次新的乘法过程之前，START 必须无效。
DONE	一个输出，当一次乘法过程已经完成并且 PROD[15:0] 有效时，这个输出有效。

图 13-7 展示了一个乘法系统的时序图。前 6 个波形说明了输入 / 输出的行为，还显示了在 10 个时钟周期内一个乘法过程是如何发生的，如下所述：

1. START 有效。被乘数放置在 INP 总线上，并在这个时钟周期的最后，载入 MCND 寄存器。

2. 乘数放置在 INP 总线上，并在这个时钟周期的最后载入 MPY 寄存器。

3. 在接下来的 8 个时钟周期内，每个周期执行一次移位 – 相加步骤。第 8 个时钟周期结束后，DONE 立即有效，并且 16 位乘积出现在 PROD[15:0] 上。在这个时钟周期内还可以启动一次新的乘法过程，但它也可以稍后启动。

我们在如程序 13-1 所示的文件 `VrMPYdefs.v` 中定义了参数，以便开始 Verilog 设计。所有模块都要“`include`”（包含）这个文件。第一组参数定义了乘法的宽度，设置成 8 位但可以改变。第二组参数设置模块所使用的状态机的状态编码，将会看到，在特定状态下模块会有所动作。

控制单元 `VrMPYctrl` 是一个在 12.9 节中介绍过的可分解的状态机。它的状态机模块 `VrMPYsm` 控制整个操作（如程序 13-2 所示），而一个计数器 `VrMPYcntr` 计数 8 个移位 – 相加的步骤。这三个 Verilog 在下两页中展示。

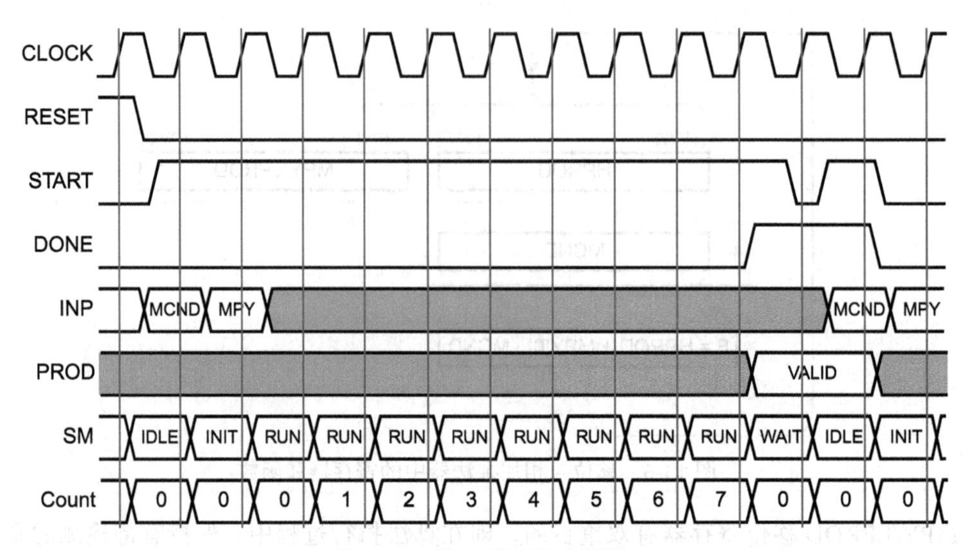

图 13-7　乘法系统的时序图

程序 13-1　为移位 – 相加乘法器定义“include”文件

```
parameter MPYwidth = 8,             // 操作数宽度
          MPYmsb   = MPYwidth-1,    // 操作数 MSB 索引
          PRODmsb  = 2*MPYwidth-1,  // 乘积 MSB 索引
          MaxCnt   = MPYmsb,        // 移位 - 相加步骤的次数
          CNTRmsb  = 2;             // 步进计数器大小 [CNTRmsb:0]

parameter IDLE  = 2'b00,            // 状态机的状态
          INIT  = 2'b01,
          RUN   = 2'b10,
          WAIT  = 2'b11,
          SMmsb = 1,                // SM 状态寄存器大小 [SMmsb:SMlsb]
          SMlsb = 0;
```

程序 13-2　Verilog 状态机模块 VrMPYsm

```
module VrMPYsm ( RESET, CLK, START, MAX, SM );
`include "VrMPYdefs.v"
  input RESET, CLK, START, MAX;
  output [1:0] SM;
  reg [1:0] Sreg, Snext;

  always @ (posedge CLK) // 状态存储器 (w/ sync. reset)
    if (RESET) Sreg <= IDLE;
    else Sreg <= Snext;

  always @ (*)                          // 次态逻辑
    case (Sreg)
      IDLE : if (START)                 Snext <= INIT;
             else                       Snext <= IDLE;
      INIT :                            Snext <= RUN;
      RUN  : if (MAX && ~START)         Snext <= IDLE;
             else if (MAX && START) Snext <= WAIT;
             else                       Snext <= RUN;
      WAIT : if (~START)                Snext <= IDLE;
             else                       Snext <= WAIT;
      default :                         Snext <= IDLE;
    endcase

  assign SM = Sreg;  // 将状态副本送给模块输出
endmodule
```

VrMPYsm 状态机有 4 种状态，用于控制乘法器。当 START 有效时，乘法开始。状态机进入 INIT 状态，然后进入 RUN 状态，并且停留在 RUN 状态，直到 8 个时钟周期之后，模块 VrMPYcntr 产生的 MAX 输入有效。然后进入 IDLE 或 WAIT 状态，具体取决于 START 是不是变为无效。

如程序 13-3 所示的 VrMPYcntr 模块，当状态机处于 RUN 状态时，从 0 计数到 MaxCnt（MPYwidth-1）。在一个 8 位乘法序列中，状态机的状态和计数值如图 13-7 的最后两个波形所示。

程序 13-3 Verilog 计数模块 VrMPYcntr

```
module VrMPYcntr ( RESET, CLK, SM, MAX );
`include "VrMPYdefs.v"
  input RESET, CLK;
  input [SMmsb:SMlsb] SM;
  output MAX;
  reg [CNTRmsb:0] Count;

  always @ (posedge CLK)
    if (RESET) Count <= 0;
    else if (SM==RUN) Count <= (Count + 1);
    else Count <= 0;

  assign MAX = (Count == MaxCnt);
endmodule
```

如程序 13-4 所示，顶层控制单元模块 VrMPYctrl 实例化了状态机和计数器，它还用一个小的 always 程序块实现了输出函数 DONE，其中需要一个 1 位寄存器。注意，输入信号 RESET、CLK 和 START 是怎样简单地“流过” VrMPYctrl，并变成 VrMPYsm 和 VrMPYcntr 的输入的。还要注意，一个局部信号 SMi 是如何声明为可以接收来自 VrMPYsm 的状态并将其传送给 VrMPYcntr 和 VrMPYctrl 的输出的。

程序 13-4 Verilog 控制单元模块 VrMPYctrl

```
module VrMPYctrl ( RESET, CLK, START, DONE, SM );
`include "VrMPYdefs.v"
  input RESET, CLK, START;
  output reg DONE;
  output [SMmsb:SMlsb] SM;

  wire MAX;
  wire [SMmsb:SMlsb] SMi;
  VrMPYsm   U1 ( .RESET(RESET), .CLK(CLK), .START(START), .MAX(MAX), .SM(SMi) );
  VrMPYcntr U2 ( .RESET(RESET), .CLK(CLK), .SM(SMi), .MAX(MAX) );

  always @ (posedge CLK) // 实现 DONE 输出功能
    if (RESET) DONE <= 1'b0;
    else if ( ((SMi==RUN) && MAX) || (SMi==WAIT) ) DONE <= 1'b1;
    else DONE <= 1'b0;

  assign SM = SMi;          // SM 状态的输出副本，其他模块可见
endmodule
```

在 VrMPYdata 模块中定义了乘法器的数据通路逻辑，如程序 13-5 所示。这个模块声明了局部寄存器 MPY、MCND 和 HPROD。除了输入 RESET、CLK 和 INP 以及数据通路自然需要的输出 PROD 之外，这个模块还有输入 START 和状态机的状态 SM。这些输入用来决定何时载入 MPY 和 MCND 寄存器，以及何时更新部分积（在 RUN 状态下）。

VrMPYdata 模块的最后一个语句以 HPROD 和 MPY 寄存器的组合级联方式产生输出 PROD。注意，在给 F 赋值的加法操作中，利用级联将加数填充成 9 位。

程序 13-5 Verilog 数据通路模块 VrMPYdata

```
module VrMPYdata (RESET, CLK, START, INP, SM, PROD );
`include "VrMPYdefs.v"
  input RESET, CLK, START;
  input [MPYmsb:0] INP;
  input [SMmsb:SMlsb] SM;
  output [PRODmsb:0] PROD;
  reg [MPYmsb:0] MPY, MCND, HPROD;
  wire [MPYmsb+1:0] F;

  always @ (posedge CLK) // 实现寄存器
    if (RESET)           // 在复位上将寄存器清零
      begin MPY  <= 0; MCND <= 0; HPROD <= 0; end
    else if ((SM==IDLE) && START)  // 装载 MCND, HPROD 清零
      begin MCND <= INP; HPROD <= 0; end
    else if (SM==INIT) MPY <= INP; // 装载 MPY
    else if (SM==RUN) begin        // 移位寄存器
      MPY <= {F[0], MPY[MPYmsb:1]};
      HPROD <= F[(MPYmsb+1):1];  end

  assign F = (MPY[0]) ? ({1'b0,HPROD}+{1'b0,MCND}) : {1'b0, HPROD};
  assign PROD = {HPROD, MPY};
endmodule
```

最后，程序 13-6 的 VrMPY8x8 模块实例化了数据通路和控制单元模块，以创建乘法系统。除了顶层系统的输入和输出之外，它还声明一个局部信号 SM，用于将状态机的状态从控制单元传送到数据通路。

程序 13-6 Verilog 顶层乘法器模块 VrMPY8x8

```
module VrMPY8x8 (RESET, CLK, START, INP, DONE, PROD );
`include "MPYdefs.v"
  input RESET, CLK, START;
  input [MPYmsb:0] INP;
  output DONE;
  output [PRODmsb:0] PROD;
  wire [SMmsb:SMlsb] SM;

  VrMPYdata U1 ( .RESET(RESET), .CLK(CLK), .START(START), .INP(INP),
                 .SM(SM), .PROD(PROD) );
  VrMPYctrl U2 ( .RESET(RESET), .CLK(CLK), .START(START), .DONE(DONE), .SM(SM) );
endmodule
```

程序 13-7 是为乘法器编写的一个测试平台。其中，always 程序块创建了一个周期为 10ns 的自由运行时钟信号。其余的工作由一个 initial 程序块来完成，其中使用了一个嵌套的 for 循环来实现所有可能的 8 位数对的乘法，每对占用 10 个时钟周期。

完成每对数的乘法之后，测试平台都会将电路的输出结果（PROD）与使用 Verilog 内置乘法算子计算出的结果进行比较，如果出现不匹配的情况，就显示一个错误信息并停止模拟过程。错误信息包括当前的模拟时间，ii、jj 和 PROD 的当前值，以及期望的乘积。

程序 13-7 Verilog 乘法器测试平台

```
`timescale 1ns/100ps
module VrMPY8x8_tb ();
`include "VrMPYdefs.v"
  reg Tclk, RST, START;
  wire DONE;
  reg [MPYmsb:0] INP;
  wire [PRODmsb:0] PROD;
  integer ii, jj, cnt;
```

```
  VrMPY8x8 UUT( .CLK(Tclk), .RESET(RST), .START(START), .INP(INP),
                .DONE(DONE), .PROD(PROD) );                // 实例化 UUT

  always begin     // create free-running test clock with 10 ns period
    #5 Tclk = 0;  // 高电平为 5ns
    #5 Tclk = 1;  // 低电平为 5ns
  end

  initial begin     // 从时间 0 开始做什么
    RST = 1; START = 0; INP = 0; // 初始化输入
    #115;                        // 等待 15ns
    RST = 0;                     // 然后应用输入和检查输出
    for (ii=0; ii<=2**MPYwidth-1; ii=ii+1)  // 尝试所有 256×256 的组合
      for (jj=0; jj<=2**MPYwidth-1; jj=jj+1) begin
        START = 1; INP = ii;
        #10;                     // 等待 10ns
        START = 0; INP = jj;
        #10;                     // 等待 10ns
        for (cnt=0; cnt<=MPYwidth-1; cnt=cnt+1)
          #10;                   // 移位 - 相加 MPYwidth 时间
        if (PROD != ii*jj) begin // 显示和停止错误
          $display($time," Error, ii(%d) * jj(%d), expected %d(%b), got %d(%b)",
                   ii, jj, ii*jj, ii*jj, PROD, PROD); $stop(1); end;
      end
    $stop(1);                    // 停止测试
  end
endmodule
```

13.3 同步设计的难点

虽然同步方法是数字设计中最直观也最可靠的方法，但这个方法中还是存在着几个现实难题。本节便将讨论这个内容。

13.3.1 时钟偏移

采用边沿触发触发器的同步系统，只有在所有触发器都在同一个时刻接收到时钟触发沿的条件下，才能够正常工作。否则，就会出现如图 13-8 所示的情况。图中，两个触发器从理论上讲是采用同一个时钟信号，但实际上时钟信号到达 FF2 的时间要比到达 FF1 的时间晚得多。这种同一个时钟信号在不同时刻到达不同器件的现象，称为时钟偏移（clock skew）。

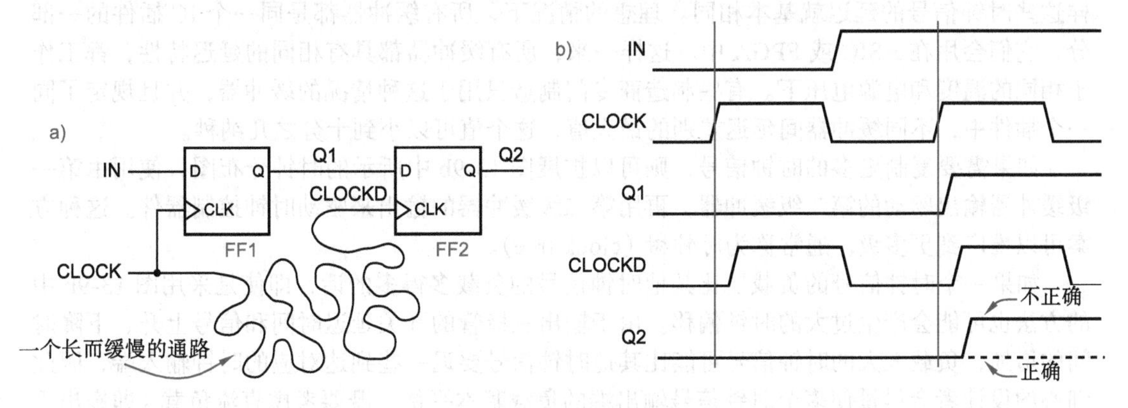

图 13-8　时钟偏移示例

我们把图 13-8a 中延迟后的时钟信号命名为“CLOCKD”。如果 FF1 的 CLOCK 信号到

Q1 的传输延迟时间比较短，而且从 Q1 到 FF2 的物理连接也比较短，那么由 CLOCK 的触发沿引起的 Q1 变化，实际上可能在相应的 CLOCKD 触发沿到达 FF2 之前先到达 FF2。在这种情况下，FF2 的下一状态可能由 FF1 的下一状态而不是当前的状态决定，这样得到的下一状态是不正确的，如图 13-8b 所示。如果 Q1 的变化到达 FF2 的时间只是比 CLOCKD 的触发沿到达的时间早一点，那么可能会违反 FF2 的保持时间的规范说明，这时 FF2 可能会进入亚稳态并产生难以预料的输出结果。

我们可以通过表示时钟偏移数量的参数 t_{skew}，以及图 13-1 中给出的其他时序参数的定量讨论，来确定时钟偏移是否会带来问题。要正常地工作，必须要求：

$$t_{ffpd(min)} + t_{comb(min)} - t_{hold} - t_{skew(max)} > 0$$

换言之，要正常地工作就必须从 13.1.4 节中定义的保持时间容限中减去时钟偏移。

孤立地来看，图 13-8 中的例子可能有点极端。总之，本来数据和时钟信号可以同时传送，但设计者为什么要用一根短线来连接数据而用一根长线来连接时钟信号呢？在有些情况下确实可能发生这个现象，有些是错误所致，有些则是不可避免的。

在大型系统中，一个时钟信号的扇出系数可能不足以驱动所有的时钟输入端，所以有必要提供两个或者两个以上的完全相同的时钟信号。显然，如图 13-9a 中所示的缓冲方法可能会引起过大的时钟偏移，因为 CLOCK1 和 CLOCK2 信号都要比 CLOCK 信号多经过一个缓冲器的延迟。

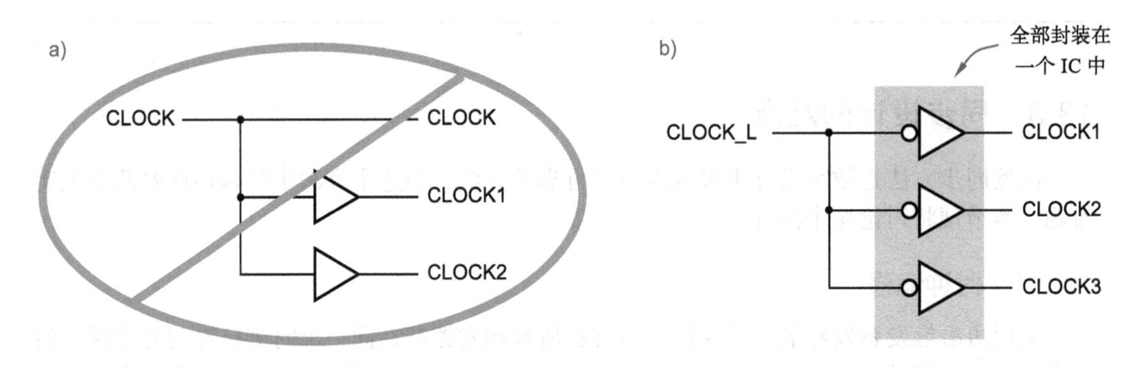

图 13-9　缓冲时钟；a）过大的时钟偏移；b）可控的时钟偏移

图 13-9b 给出了一种推荐使用的缓冲方法。所有时钟信号都通过一个相同的缓冲器，这样这些时钟信号的延迟就基本相同。理想的情况下，所有缓冲器都是同一个 IC 插件的一部分，它们会用在 ASIC 或 FPGA 中。这样一来，所有缓冲器都具有相同的延迟特性，都工作于相同的温度和电源电压下。有些制造商专门制造只用于这种情况的缓冲器，并且规定了同一个插件中，不同缓冲器间延迟差别的最大值，这个值可以小到十分之几纳秒。

如果需要复制更多的时钟信号，则可以扩展图 13-9b 中所示的时钟分布图，使用由第一级缓冲器输出驱动的第二级缓冲器，再用第二级缓冲器的输出来驱动时钟控制器件。这种方案可以推广到更多级，通常称为时钟树（clock tree）。

如果一个时钟信号的负载要比其他时钟信号的负载多得多的话，即使是采用图 13-9b 中的方法也可能会产生过大的时钟偏移。由于输出三极管的开关延迟时间和信号上升、下降时间的增加，负载太大的时钟信号可能比其他时钟信号要迟一些到达对应的时钟输入端，因此细心的设计者会尽量使多个时钟信号输出端的负载基本平衡，既要考虑直流负载（即扇出系数）又要考虑交流负载（即线路和输入容量）。

在印制电路板（PCB）上或在 ASIC 中的信号，由 EDA 工具自动布线时，可能会发生另外一种不太好的情况，该工具没有用于时钟布线的特殊设施（或关闭它们）。图 13-10 中给出了一个有许多触发器和大规模元件的 PCB 或 ASIC，而且所有这些器件都采用同一个 CLOCK 信号。EDA 工具将 CLOCK 信号线路布置为盘旋的形式，CLOCK 信号沿着线路弯曲地传送到各个时钟部件中。而其他的输出和少数几个输入之间的信号采用点到点的传送，所以这些通路都比较短。更糟糕的是，ASIC 中有些类型的“导线”比其他类型的导线要慢（例如，采用多晶硅与金属的 CMOS 工艺）。结果，CLOCK 信号的触发沿实际到达 FF2 的时间要比 Q1 端数据变化的时间晚得多。

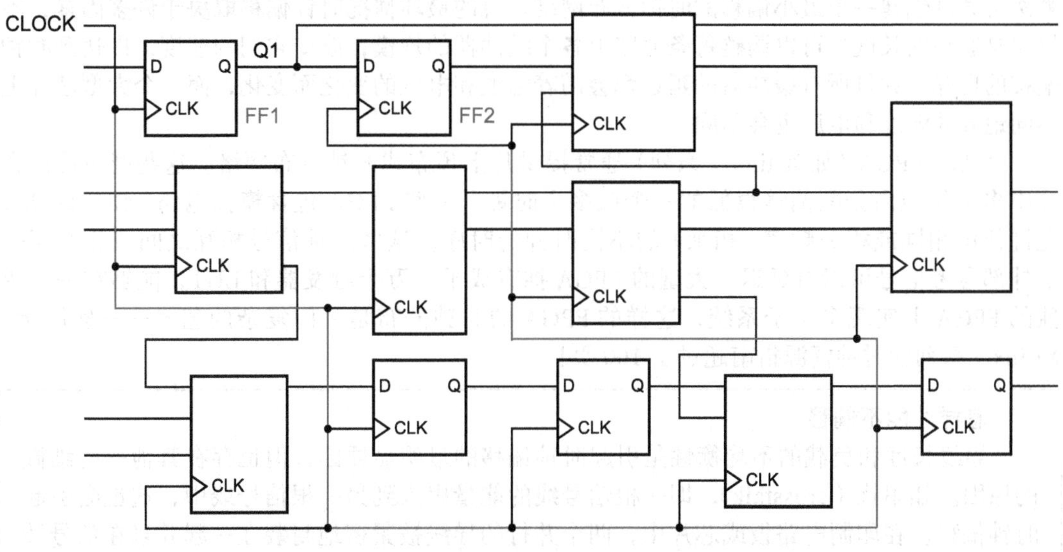

图 13-10 引起过大时钟偏移的时钟信号通路

最小化时钟偏移问题的一种方法，就是将 CLOCK 信号线布置为树形结构，并采用更快速的导线类型，如图 13-11 所示。其基本思路就是，从时钟源到所有接收器的物理距离应尽可能地接近相等。而且，如果需要一级或多级时钟缓冲（见图 13-9b），那么应该以一种均衡的方式插入。通常，这样的时钟分布网络必须以手工方式布线，或者采用专门的 EDA 工具

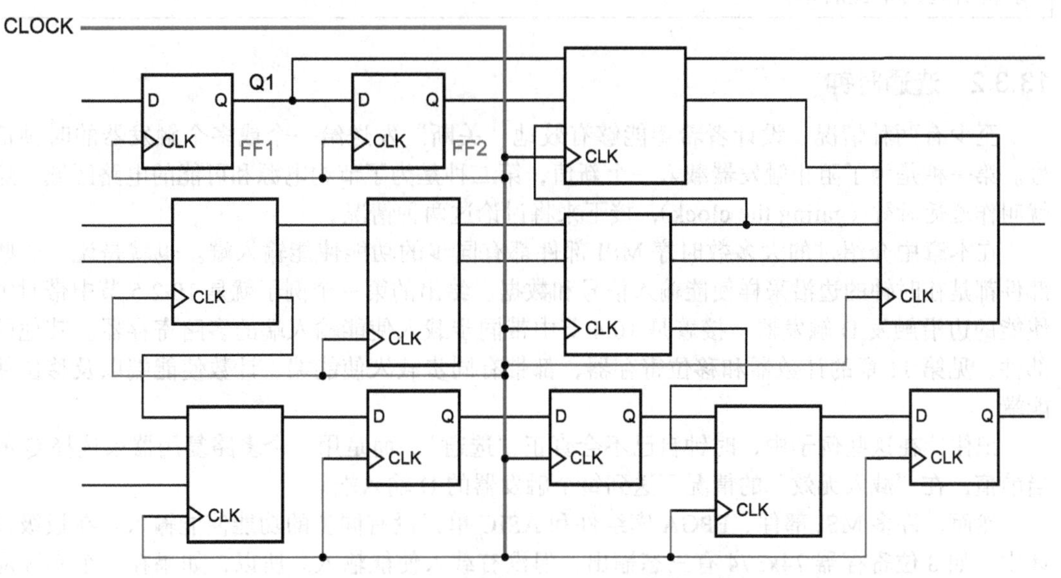

图 13-11 使时钟偏移最小化的时钟信号布线

进行布线。即使这样，在复杂系统的设计中，也不可能保证所有时钟边沿在最早的数据变化发生之前都到达相应的时钟信号输入端。通常可以利用一个EDA时序分析程序来检测这些问题，而且只有在太快的数据通路中插入额外的延迟（如缓冲器）才能补救这些问题。但是，这可能使问题变得更糟，因为在时钟分布路径上的每个附加组件，都会增加延迟的可变性和不确定性。

在ASIC设计中，EDA工具通常会提供选项，用于分析和优化片上时钟分布网络。一个“时钟树综合”（CTS）算法可以作为“后端”的一部分，在逻辑组件布置于芯片上之后运行。算法会尝试创建一个最小偏移的时钟分布网络。总的最坏情况时钟偏移取决于许多因素，不仅仅是通路的长度。可以调整每条通路上各个缓冲器的规模，改变它们的速度，以达到时钟偏移的目标，并且所有缓冲器的延迟都会随着温度和电压的变化而变化，而一个大型芯片上不同地方的温度和电压也会不同。

大型的FPGA（如Xilinx 7系列）通常提供片上预布线时钟分布网络。这些网络可以在片中多个领域内分配偏移很低的一个或多个时钟。一些FPGA包含模拟电路（锁相回路），允许使用相同或相关频率（相乘）的不同时钟的时序，这些时钟信号相互之间或相对于一个外部参考信号可以有延迟。大型的FPGA拥有成千上万个触发器和LUT，能够在一个单独的FPGA上实现多个子系统，这样的FPGA的时钟分布是一门复杂的艺术——实际上，Xilinx 7系列的时钟资源指南超过了100页！

怎样才能不偏移

导线长度和负载的不均衡性是引起时钟偏移的最明显原因，但也存在其他一些细微的原因。如串扰（crosstalk），即一根信号线的能量串入到另一根信号线中，这也会引起时钟偏移。在印制电路板或芯片中，两个并行的导线被紧密地封装在一起并且在信号转换期间发生能量辐射，这时串扰就是不可避免的。时钟信号的转换是加速还是减速，使得信号是早点还是晚点到达，取决于与时钟信号相邻的信号变化是同相还是反相。

在大型PCB或者ASIC设计中，通常难以找到可能引起时钟偏移的所有原因。结果，大多数ASIC制造商都要求设计者提供额外的建立和保持时间容限，这些时间容限往往等于许多个门的延迟时间，比已知的模拟时序结果要大得多，以此缓解这些未知因素所引起的不良后果。

13.3.2 选通时钟

至少有两种情况，设计者希望能够有效地“关断”发送给一个或多个触发器的时钟信号。第一种是为了阻止触发器载入一个新值，第二种是为了节约电源和可能的电路区域。这就叫作**选通时钟**（gating the clock），接下来将讨论这两种情况。

在本章中介绍过的大多数时序MSI部件都有同步的功能使能输入端。也就是说，这些部件都是在时钟的边沿采样使能输入信号和数据。给出的第一个例子就是10.2.5节中带时钟使能的边沿触发D触发器，接着是10.4节中带同步载入使能输入端的多路寄存器。其他的部件，见第11章的计数器和移位寄存器，都带有同步载入使能端、计数使能端以及移位使能端。

记住，在这些例子中，时钟自己不会真正“选通”。而是用一个多路复用器来选择Q的当前值，在“载入无效”的情况下送到每个触发器的D输入端。

然而，许多MSI部件、FPGA库组件和ASIC单元没有同步的功能使能输入。在板级设计中，如8位寄存器74x374有三态输出，但没有载入使能输入。所以，如果在一个实际应用中要求一个带有载入使能输入端和三态输出端的8位寄存器，那么设计者应该怎么办呢？

一种解决方法就是采用两个部件，即一个载入使能输入端和一个三态缓冲器。但这样一来，不仅增加了成本，还增加了延迟。另一种方法就是采用一个更大型的部件，来提供上述两种功能。但与选通时钟相比，这两种种解决方法需要更大的板级区域和更高的代价。

在FPGA、CPLD或ASIC设计中，最好的解决方法是准确说明基于HDL设计的需求，然后让综合工具去找出目标技术中实现需求的最好方法。但“最好的”可能需要设计者给出一些定义，特别是考虑到目标技术和不同设计目的中资源的限制。这是导致我们选择选通时钟的第二个理由——节省电能。

在CMOS ASIC和FPGA中，时钟占总动态功耗（CV^2f）的一个主要部分，我们在1.8节介绍过，有几个原因：

- 同步设计中，“到处”都要用到时钟信号，所以因为时钟信号线的长度会产生大量的电容。并且它们与大量电路的输入相连，所以还要驱动大量的输入电容。因此，动态功耗中的“*C*”因子是很大的。
- 因为其自然属性，时钟会连续运转，此时，“*f*”因子是时钟的全工作频率。
- 像触发器这样由时钟驱动的电路，即使在输出状态不变的情况下，也会在内部消耗能量。

基于上述第2条和第3条的原因，选通时钟有机会大大减少动态功耗。

当决定是否选通时钟时，需要进行权衡。一般而言，选通只驱动一个或几个时钟输入的时钟是没有意义的。构造时钟选通电路所需要的资源会消耗区域和电能，而在某些技术中，资源的数量非常有限，如在FPGA中。对于数量较少的情况，最好使用带有基于多路复用器的时钟使能的触发器（见图10-17），或者将需要的功能并入触发器的激励逻辑中。对于有大量时钟的情况，无论是否选通，设计中时钟分布网络的构建和随后的时序分析都会非常复杂。

图13-12中显示了一种直接但错误的时钟选通方法。这个方法就是用一个CLKEN信号与时钟信号相“与”，如果CLKEN信号有效就选通时钟信号。这个方法有两个问题：

1. 如果CLKEN信号是一个状态机的输出信号，或是以CL为时钟信号的寄存器所产生的其他信号的话，有时CLKEN会在CL信号已经变为高电平后才发生变化。如图13-12b所示，这时会在GCLK端产生尖峰脉冲，从而使得用GCLK信号作为时钟信号的寄存器接收到错误的时钟信号。

2. 即便可以设法使CLKEN信号很好地在CLK的上升沿（例如，采用CLK下降沿触发的寄存器，将其输出作为CLKEN信号）到来之前产生，与门的延迟也会使GCLK的时钟偏移过多，从而引起更多的问题。

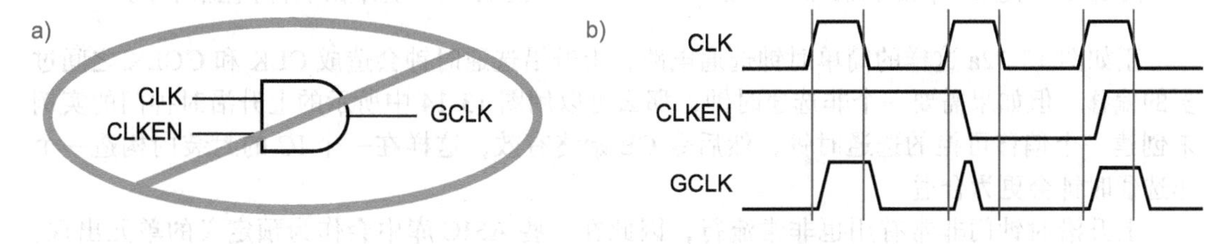

图13-12 不能实现时钟选通的线路：a）简单的想象电路；b）时序图

图13-13给出了一种只产生最小时钟偏移的选通时钟方法。图中，一个非选通时钟信号和几个选通时钟信号由同一个低电平有效的主时钟信号产生，并且采用同一个IC插件中的门电路来最小化各个门电路之间延迟时间的差别。每当CLK_L信号为低电平（即CLK信号为高电平）时，CLKEN信号就可以随意变化。CLKEN信号通常由一个状态机产生，而这个

状态机的输出正好在 CLK 变为高电平后变化。

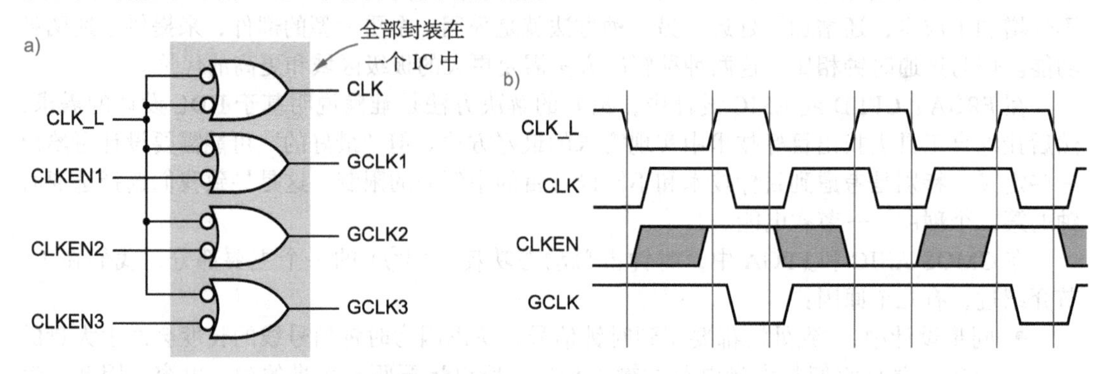

图 13-13　一种可以接受的时钟选通方法：a）电路；b）时序图

在特定的应用中，如果采用图 13-13 中的方法所产生的时钟偏移是可以接受的，那么就可以采用这种时钟选通方法。而且要注意，在 CLK_L 为高电平（即 CLK 为低电平）的期间，信号 CLKEN 必须一直是稳定的。于是，这种方法中的时序容限就对时钟信号的占空比特别敏感，尤其是时钟触发沿的组合逻辑延迟（t_{comb}），对 CLKEN 信号影响很大。一个真正的同步功能使能输入端，如 74x377 的载入使能输入端，在到达触发边沿前的建立时间前，可以在整个时钟周期内的任何时刻发生变化。

另一种选通时钟的方法是，将一个与门和 D 锁存器组合在一起，如图 13-14 所示；我们称这种电路为**上升沿时钟门**（positive-edge clock gate）。为什么呢？如图 13-15 的时序图所示，刚好在 CLK 的正边（上升）沿之前锁存 CE 的值，仅当 CE 有效时允许上升沿和随后 CLK 的值 HIGH 选通 GCLK。当 CLK 是 LOW 时，则与门会使 GCLK 保持为 LOW。并且，只要 CE 在 CLK 的上升沿之前保持稳定一个适当的建立时间，那么当 CLK 变为 HIGH 且通过与门将整个 CLK 为 HIGH 的脉冲或无脉冲传给输出 GCLK 时，CEQ 都是稳定的。

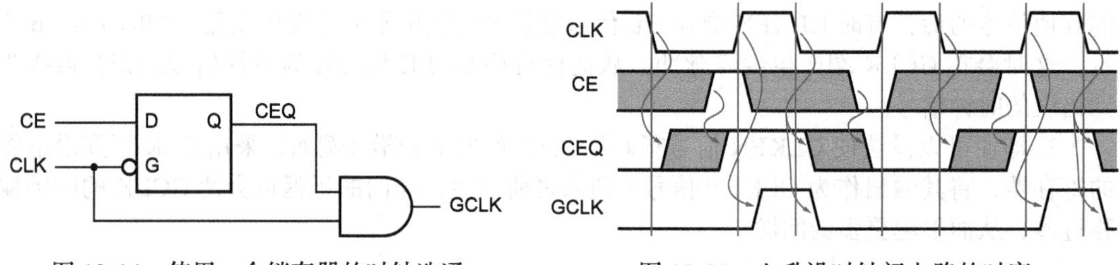

图 13-14　使用一个锁存器的时钟选通

图 13-15　上升沿时钟门电路的时序

正如图 13-12a 这样的简单时钟选通电路，上升沿选通时钟会造成 CLK 和 GCLK 之间过多的偏移。但如果需要一个非选通时钟，那么可以用图 13-14 中所示的上升沿时钟门的实例来创建一个偏移可控的选通时钟，然后令 CE 始终有效，这样在一个 IC 的封装内构造一个非选通时钟会更为合适。

上升沿时钟门非常有用也非常流行，因此在一些 ASIC 库中会作为预定义的单元出现。最新 Xilinx FPGA 的片上时钟分布网络也提供许多这个器件的副本，称为 BUFHCE；在一个 7 系列 FPGA 中，每个“时钟区域”有 12 个实例，在最大型的部件中包含多达 24 个这样的区域。

回顾 10.7 节描述的 Xilinx 7 系列芯片，一个芯片上的 8 个触发器有一个公共的时钟使能信号。这是一个好机会，为了在使用时钟使能的设计中节省电能，芯片只需要加入一个上升沿时钟门就可以了。一般而言，还可以节省芯片面积，因为省掉了 8 个时钟使能触发器输入端上的显式多路复用器——时钟选通电路要小得多。

Xilinx 还可以采取进一步的节能方案。当然，一个设计中不是所有的函数都要显式地调用时钟使能信号。但 Xilinx 的综合工具可以检查一个设计，以确定是否有任何像显式多位寄存器这样的触发器组，它们的输出在每个时钟周期都有潜在的变化，但在下一个周期中并不总是会被用到。如果是这样，则可以使用一个或多个 LUT 来创建时钟使能信号，仅仅载入在下一个时钟周期中需要使用它们的输出的那些寄存器。这样做当然需要使用资源——LUT——但无论如何，它们是可以“免费”获得的。而综合工具会分析电路中每一次可以这样做的机会，以确定是否值得。也就是说，是否使用时钟使能 LUT 的功耗比额外触发器时钟的功耗要少。

13.3.3 异步输入

尽管从理论上讲，有可能构造一个完全同步的计算机系统，但除非你可以以 2GHz 的时钟频率击打键盘，不然实际上很难做到这一点。所有类型的数字系统都不可避免地必须处理一些与系统时钟不同步的*异步输入信号*（asynchronous input signal）。

一些服务请求（如计算机中的中断）或者状态标志（如某个资源变为有效）都要求采用异步输入。一般来讲，这样的输入信号的变化频率比系统的时钟频率要慢，而且它们的变化也不需要在特定的某个时钟触发沿被识别。如果在一个时钟触发沿错过了一次转换检测的话，在下一个时钟触发沿就一定能检测到。异步信号变化率的范围可以从每秒一次（比如像速度比较慢的打字员的击键速度）到 200 MHz 或者更高（比如一个 2GHz 的多处理器系统中共享存储器的访问速度）。

如果先不考虑亚稳定性问题，那么构造一个*同步器*（synchronizer）就很容易。同步器就是一个对异步输入信号采样，并且产生的输出信号满足同步系统的建立和保持时间要求的电路。如图 13-16 所示，D 触发器在每个时钟触发沿采样异步输入信号，并且产生一个在下一个时钟周期内有效的同步输出信号。

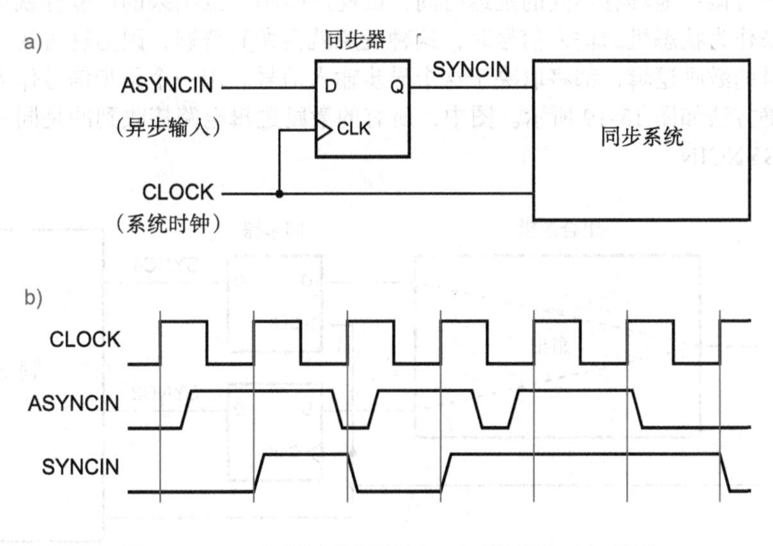

图 13-16　一个简单的同步器：a）逻辑图；b）时序

在系统的某处将异步输入信号同步化是有必要的，如果不这样做的话，就会发生如图

13-17所示的现象。由于电路中实际存在的延迟，两个触发器将不能准确地同时接收到时钟信号和输入信号。因此，当异步输入信号在时钟触发沿发生变化时，就会存在一个小的时间窗。在这段时间内，一个触发器采样到的输入信号为1，而其他触发器采样到的信号为0。这种不一致的采样结果可能会导致系统执行不正确的操作，即系统的一部分对输入信号1做出响应，而另一部分却对输入信号0做出响应。

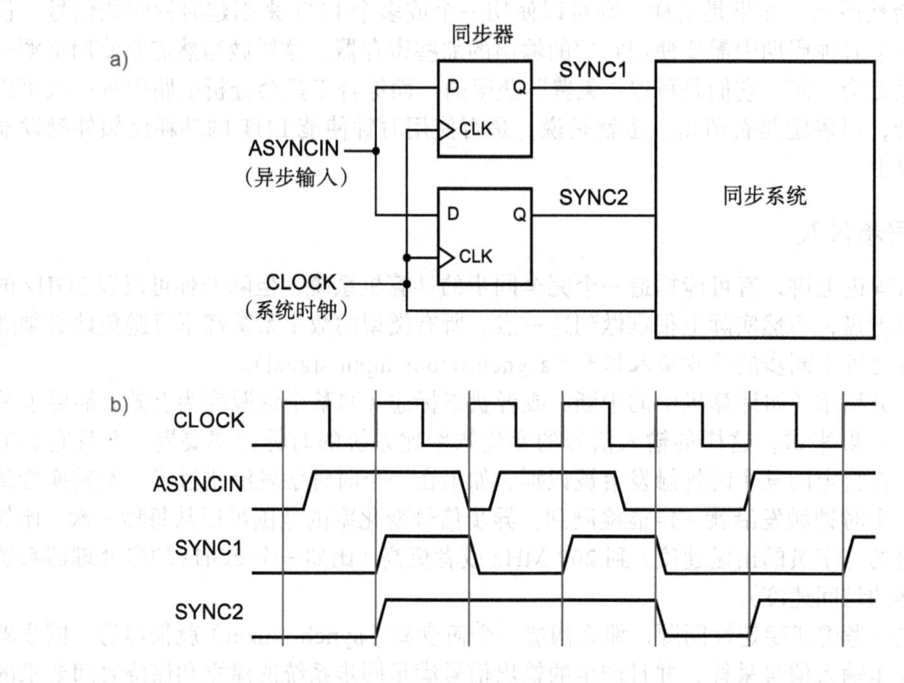

图 13-17　同一个异步输入信号的两个同步器：a）逻辑图；b）可能的时序

如图13-18所示，组合逻辑电路可以掩盖存在两个同步器的事实。由于组合逻辑电路中的不同通路不可避免地具有不同的延迟时间，因此产生不一致结果的可能性就更大了。当异步信号是用来作为状态机的输入信号时，这种现象就会尤其普遍，因为这时两个或者两个以上的状态变量的激励逻辑，都将取决于这个异步输入信号。用一个异步信号作为状态机的输入信号的正确方法如图13-19所示。图中，所有的激励逻辑电路接收到的是同一个同步化后的输入信号SYNCIN。

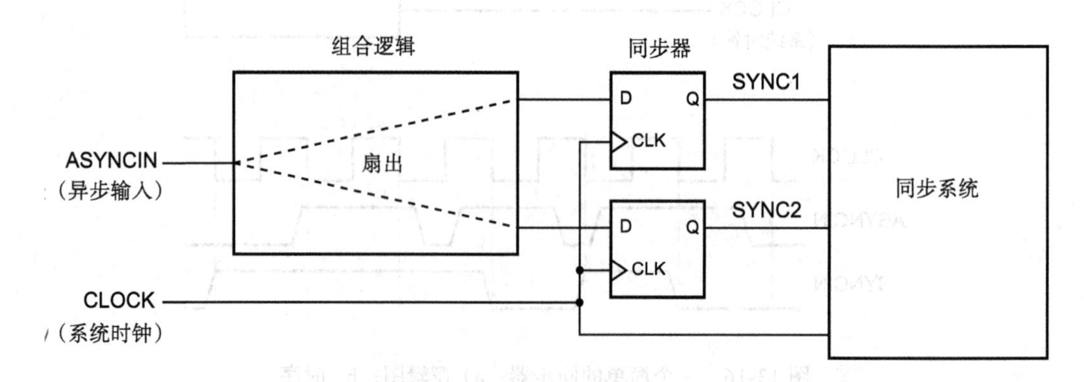

图 13-18　异步输入信号通过组合逻辑电路驱动两个同步器

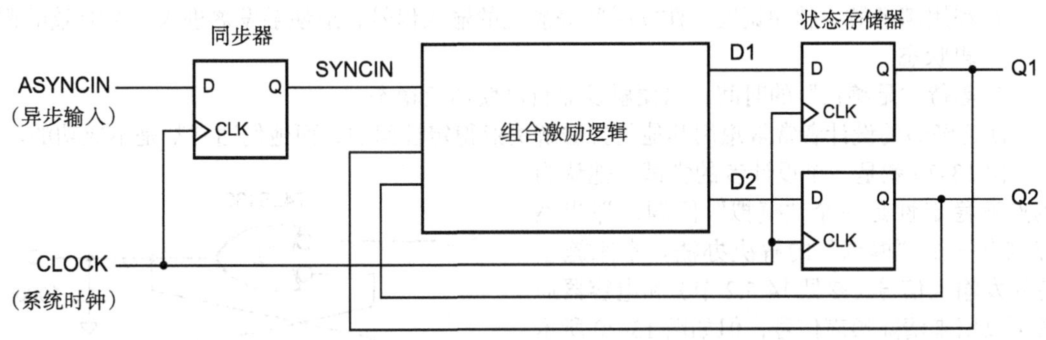

图 13-19 用单个同步器来协调异步状态机输入

谁会在乎呢？

正如你可能知道的那样，即使是图 13-16 和图 13-19 中的同步器，有时也会失效。原因就是异步输入信号可以随时变化，因此有时会违反同步化后触发器的建立和保持时间的要求。你可能会说："就算那样，谁会在乎呢？如果 D 触发器的输入信号在时钟触发沿发生变化，那么触发器就会在这次时钟触发沿处接收到这个变化，否则就会在下一个时钟触发沿才接收到这个变化，哪种情况对我来说都不错！"但问题是还有第三种可能，这种可能的情况将在下一节中讨论。

13.4 同步器故障和亚稳定性

我们在 10.1 节中曾介绍过，当触发器的建立和保持时间要求没有得到满足时，触发器就会进入一个界于状态 1 与状态 0 之间的第三种状态，即亚稳定状态（简称亚稳态）。最糟糕的是，理论上讲，触发器在返回到正常的状态 1 或状态 0 之前，停留在这种亚稳态的时间长度是无穷。当其他的门电路和触发器接收到这个亚稳定的输入信号之后，有些部件会把这个信号当成 0，而另一些则把它当成 1，于是会产生像图 13-17 中不一致的特性。或者，还有其他一些门电路和触发器本身也可能产生亚稳定的输出信号（毕竟，这些器件现在都工作在其工作区的线性部分）。幸运的是，尽管触发器的输出保持亚稳态的可能性永远也不会为 0，但是这种可能性随着时间的增长而呈指数级下降的趋势。

13.4.1 同步器故障

如果一个系统在同步器的输出还处于亚稳态时，就使用这个输出信号，则称其为同步器故障（synchronizer failure）。避免同步器故障的方法就是确保系统在使用同步器输出之前，要等待"足够长"的时间。所谓"足够长"，就是指同步器故障之间的平均时间，比设计者预计要使用同步器输出信号的时间要长几个数量级。

亚稳定性问题远不止是一个学术问题。许多有经验的高速数字系统的设计者构造出来（并且已经准予投入生产）的电路，同样受到间歇式同步器故障的影响。事实上，许多商业化 IC 的初始版本都受到过亚稳定性问题的困扰，本书的前一个版本中列举了 Zilog、Intel、AMD 以及德州仪器公司的旧式处理器和外围设备的亚稳定性问题。其实可以在网上找到更多有问题部件和产品的故事，尽管大多数的故事讲述者都不愿意承认他们的名字。问题的特性是，仅当大量有问题的器件投入使用后，且需要花费大量的成本去解决——重新设计和重新更换芯片、电路板或系统时，才会引起注意。

使触发器脱离亚稳态有两种方法：

1. 利用满足最小脉冲宽度、建立时间等规定的输入信号，迫使触发器进入一个有效的逻辑状态。

2. 等待“足够长”的时间，以便触发器自己脱离亚稳态。

缺乏经验的设计者常常想用其他的方法解决亚稳定性问题，而他们通常都是不成功的。图13-20就是一个设计者的尝试，他认为既然亚稳定性是一个“模拟”问题，那当然应该有一个“模拟”的解决办法。本来施密特触发输入信号（参见14.5.2节）和电容器通常可以用来清除噪声信号，但如图13-20所示的电路不仅无法消除亚稳定性，而且其中还有“合适”的部件，使得电路中的亚稳定性增强，一旦受到S_L和R_L信号同时无效的刺激，电路便会永远陷入振荡。（自述：这是作者30年前反复实验的结果！）

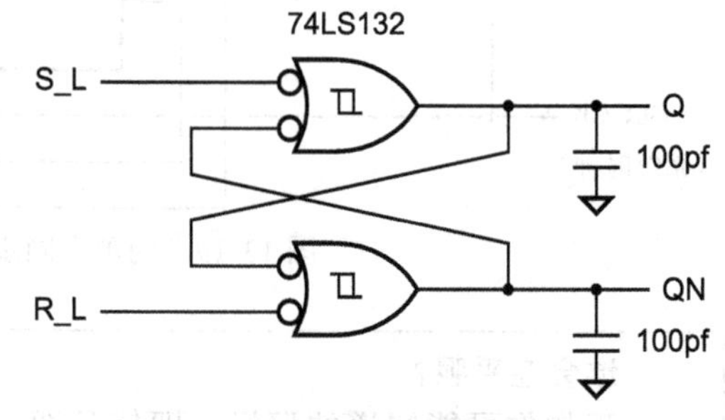

图13-20　构建防止亚稳定的 $\overline{S}$-$\overline{R}$ 触发器的失败尝试

练习题13.26也给出了几种尝试，但都没能消除亚稳定性。这些例子给你的感觉是，同步器的问题太微妙，所以必须仔细对待。使同步器可靠工作的唯一方法就是等待足够长的时间，等到亚稳定输出信号消除为止。本节的后面将会回答“多长才算‘足够长’？”这个问题。

13.4.2　亚稳定性消解时间

如果满足了D触发器的建立和保持时间要求，那么在时钟触发沿到来后的 t_{pd} 时间内触发器就会稳定在一个新的输出值上。如果没有满足D触发器的建立和保持时间要求，那么触发器的输出就会进入一个亚稳态，并在这个状态上保持一个随机长的时间。在特定的系统设计中，我们用一个参数 t_r（称为亚稳定性消解时间，metastability resolution time）来表示在不引起同步器（和系统）故障的情况下，输出会停留在亚稳态的最大时间。

澄清一下 t_r。t_r 不是保证触发器脱离亚稳态的时间；而是，如果触发器的输出还处于亚稳态，此时同步器出现故障的时间。于是，触发器将会处于故障状态几个时间段；当触发器出现故障时，其他所有依赖它的电路本身就可能产生不正确或不一致的输出。

例如，考虑图13-19中的状态机，有效的亚稳定性消解时间是：

$$t_r = t_{clk} - t_{comb} - t_{setup}$$

其中，t_{clk} 是时钟周期，t_{comb} 是组合激励逻辑的传输延迟，t_{setup} 是用于状态存储器的触发器的建立时间。

13.4.3　可靠同步器设计

最可靠的同步器就是具有最大亚稳定性消解时间的同步器。但在数字系统的设计中，我们不仅很少因为系统可靠性而降低时钟频率，而且为了让系统具有更好的性能还常常要求提高时钟频率。因此，通常需要能够在很短的时钟周期内可靠工作的同步器。下面就来介绍几种这样的同步器设计，并说明怎样预测它们的可靠性。

前已述及，结构如图13-19所示的具有异步输入端的状态机，存在等式 $t_r = t_{clk} - t_{comb} - t_{setup}$。在时钟周期一定的情况下，要使 t_r 取最大值，就要使 t_{comb} 和 t_{setup} 取最小值。t_{setup} 的值取决于用到状态存储器中的触发器类型。一般而言，速度越快的触发器其建立时间 t_{setup} 就越短。t_{comb} 的最小值是零，具有这个最小值的同步机的结构设计如图13-21所示。接下来解释一下这个同步机的操作过程。

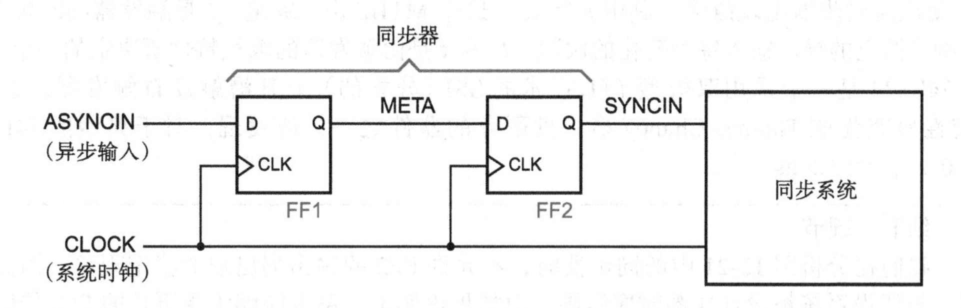

图 13-21 推荐的同步器设计

触发器 FF1 的输入是和时钟异步的信号，而且这个输入信号可能会违反触发器的建立和保持时间的规定。一旦发生这种情况，输出信号 META 就会进入亚稳态，并且在这个状态停留一个任意长的时间。然而，我们已经假设在时钟触发沿之后，亚稳定性保持的最长时间为 t_r（在下一小节中将会说明如何计算这个假设为正确的概率）。只要时钟周期比 t_r 与 FF2 的建立时间之和要大，那么从下一个时钟触发沿开始，SYNCIN 信号就成了异步输入信号的同步副本，而且 SYNCIN 信号本身不会进入亚稳态。于是，就可以把 SYNCIN 信号按照要求分发到系统的其余部分。

13.4.4 亚稳定的时序分析

图 13-22 中给出了与亚稳定的时序分析有关的触发器时序参数。触发器的建立和保持时间（相对于时钟边沿）被定义为 t_s 和 t_h，而且它们包含在一个叫作*判决窗*（decision window）的时间区间内。在这段时间内，触发器采样输入信号，并且在输出会发生变化的时候决定输出的变化。只要 D 的输入信号像图 13-22a 中那样，在判决窗之外发生变化，制造商就要确保 D 的输出必须在时间 t_{pd} 之前发生变化并且进入一个有效的逻辑状态。如果 D 的输入信号是在判决窗之内发生变化的话，便如图 13-22b 所示，在 D 的输出端发生亚稳定现象并持续一段时间 t_r。

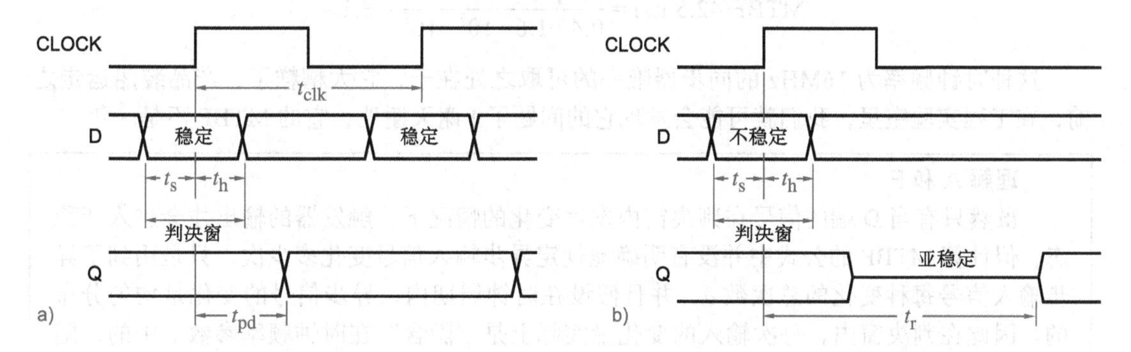

图 13-22 亚稳定性分析的时序参数：a）正常的触发器操作；b）亚稳定特性

理论研究结果表明（已经为实验研究证实），当异步输入信号在判决窗之内发生变化时，亚稳定输出的保持时间由一个指数公式决定：

$$\mathrm{MTBF}(t_r)=\frac{\exp(t_r/\tau)}{T_o\cdot f\cdot a}$$

其中，MTBF(t_r)是同步器的平均故障时间，如果亚稳定性从时钟边沿起一直持续了 t_r 时间，那么就认为同步器出现故障，其中 $t_r \geqslant t_{pd}$。这个 MTBF 由 f 决定，f 是触发器的时钟频率；a 是触发器上的异步输入每秒变化的次数；T_o 和 τ 是由触发器的电气特性所决定的一个常数。

74LS74 是一个采用双极型 TTL 技术的 SSI（分立的）上升沿触发 D 触发器，也是亚稳定性研究先驱 Thomas Chaney 第一批研究的器件之一；他发现，对于典型的 74LS74，$T_o \approx 0.4$ s，$\tau \approx 1.5$ ns。

细节，细节

我们在分析图 13-21 中的同步器时，不允许 FF2 的输出端出现亚稳定现象，因为我们已经假设系统被设计成零时序容限。而如果事实上，系统能够承受更长的 FF2 传输延迟的话，系统的 MTBF 就会比预测的还要好一些。

现在假设构造一个比较慢的（按照今天的标准）时钟频率为 10 MHz 的嵌入式微处理器系统，并且采用如图 13-21 所示的一对 74LS74 D 触发器来同步化异步输入信号。如果信号 ASYNCIN 在 FF1 的判决窗内发生变化，那么输出 META 就可能进入亚稳态并持续这种状态 t_r 时间。如果到 FF2 的判决窗开始时，META 仍处于亚稳态，那么同步器就发生故障了，因为这时 FF2 的输出也可能进入亚稳态。在这种情况下，系统的操作就是不可预测的了。

一个 74LS74 的建立时间 t_s 是 20 ns，而例子中微处理器的时钟周期是 100 ns，那么同步器的故障时间 t_r 是 80 ns。如果异步输入信号每秒变化 10 万次，那么同步器的 MTBF 就是：

$$\text{MTBF}(80\text{ ns}) = \frac{\exp(80 / 1.5)}{0.4 \cdot 10^7 \cdot 10^5} = 3.6 \cdot 10^{11}\text{ s}$$

这个结果不错，同步器连续两次故障之间的时间是 115 个世纪！当然，如果我们有幸销售出了 11 500 个这样的产品的话，按照这个结果，每年就有一个会出故障。下面还是来考虑一个有些严重的问题吧。

假设用一个更快的时钟频率为 16 MHz 的微处理器芯片来升级这个系统的话，为了使系统高速运作，还要更换一些组件。但是，74LS74 在 16 MHz 的时钟频率下是不是还能够很好地工作呢？这时时钟周期为 62.5 ns，那么新同步器的 MTBF 就是：

$$\text{MTBF}(42.5\text{ ns}) = \frac{\exp(42.5 / 1.5)}{0.4 \cdot 1.6 \cdot 10^7 \cdot 10^5} = 3.1\text{ s}$$

这种时钟频率为 16MHz 的同步器唯一的可取之处在于，它太糟糕了，产品装船运走之前，在工程实验室里，我们就可能会发现它的问题了！谢天谢地，它的 MTBF 不是一年。

理解 A 和 F

虽然只有当 D 端的信号在判决窗内发生变化的情况下，触发器的输出才会进入亚稳态，但计算 MTBF 的公式中并没有明确地规定异步输入信号变化多少次，只是用到了异步输入信号每秒变化的总次数 a，并且假设在时钟周期内，异步信号的变化是均匀分布的。因此在判决窗内，每次输入的变化量实际上是“隐含”在时钟频率参数 f 中的，随着 f 的增大，输入变化的量也增大。

如果系统设计使得在判决窗内输入的变化不是均匀分布的，而可能是聚集分布的（比如，在同步化一个比较慢的输入信号，这个信号的相位固定但却未知，且与系统时钟信号的相位不同时），那么可以使用一个简单的规则，就是采用一个与判决窗倒数相等的频率（基于已发布的建立和保持时间），再乘以一个安全系数，比如 10。但是，实际情况可能会糟糕得多！

13.4.5 更好的同步器

尽管在中等时钟速度下，用作同步器的 74LS74 的性能比较糟糕，但要构造更可靠的同步器我们还有其他几种选择。最简单且又能满足大多数设计要求的解决方法，就是简单地采用一个速度更快的触发器。如今，许多快速技术都可以用于分立触发器，或者嵌入 PLD、嵌入 FPGA 或嵌入 ASIC 的触发器。当然，系统时钟频率会随着技术的提升而增加，所以这不总是解决问题的办法。

针对老技术中的少量分立触发器和 PLD，其亚稳性参数 T_0 和 τ 已由研究者根据经验推出，器件制造商发布了几种情况下的参数值。表 13-2 给出了其中的一些参数。新器件的亚稳性参数很难得到，所以在本节的其余部分，会利用针对老器件技术发布的参数举一些例子。在参考资料中，提供了一些新技术中亚稳定性研究的最新成果。

表 13-2 一些常用器件的亚稳定性参数

参考	器件	τ(ns)	T_0 (s)	t_r (ns)
Chaney (1983)	74LS74	1.50	$4.0 \cdot 10^{-1}$	77.7
Chaney (1983)	74S74	1.70	$1.0 \cdot 10^{-6}$	66.1
Chaney (1983)	74F74	0.40	$2.0 \cdot 10^{-4}$	17.7
TI (1997)	74LSxx	1.35	$4.8 \cdot 10^{-3}$	64.0
TI (1997)	74Sxx	2.80	$1.3 \cdot 10^{-9}$	90.3
TI (1997)	74ALSxx	1.00	$8.7 \cdot 10^{-6}$	41.1
TI (1997)	74ASxx	0.25	$1.4 \cdot 10^{3}$	15.0
TI (1997)	74Fxx	0.11	$1.9 \cdot 10^{8}$	7.9
TI (1997)	74HCxx	1.82	$1.5 \cdot 10^{-6}$	71.6
TI (1997)	74ACxx	0.36	$1.1 \cdot 10^{-4}$	15.7
Cypress (1997)	PALC22V10B-20	0.26	$5.6 \cdot 10^{-11}$	7.6*
Cypress (1997)	PALCE22V10-7	0.19	$1.3 \cdot 10^{-13}$	4.4*
Xilinx (1997)	7300 系列 CPLD	0.29	$1.0 \cdot 10^{-15}$	5.3*
Xilinx (1997)	9500 系列 CPLD	0.17	$9.6 \cdot 10^{-18}$	2.3*

* t_r 要加到正常时钟 – 输出延迟 t_{pd} 上

表 13-2 列出了几种常用的逻辑系列和器件的亚稳定性参数。这些数据都是通过实验推出的，会随着芯片的内部电路设计、IC 实验过程以及测试实验设计而变化。因此，与已经确定的逻辑信号电平和时序参数不同，同一个部件的亚稳定性数据会随着制造商的不同而动态地变化，所以必须保守地使用这些数据。例如，训练题 13.6 利用表中的 74LSxx 参数的 TI 估算值比较了前一个例子的结果。

注意，不同的作者和不同的制造商规定的亚稳定性参数可能都不一样。例如，作者 Chaney 和制造商德州仪器公司（TI），就像前一节中所讲的，是从时钟触发沿开始测量亚稳定性消解时间 t_r 的；而另一方面，制造商 Cypress 和 Xilinx 却将 t_r 定义为除正常时钟 – 输出延迟时间 t_{pd} 之外的附加延迟。

表 13-2 中最后一列给出的值带有一定的随机性，针对每种器件选出了比较好的数字。这些数字就是当同步器以 25 MHz 的时钟频率工作，并且异步输入信号以每秒 10 万次的速度变化时，要求使 MTBF 为 1000 年的亚稳定性消解时间 t_r。Cypress 和 Xilinx 器件的 t_r 值标有星号，是采用公司自己提供的参数值并根据自己定义的 t_r 计算出来的。

如你所见，表 13-2 中的 74LS74 是最糟糕的器件之一。如果在上一节的 16 MHz 微处理器系统中用 74ALS74 取代 74LS74 作为 FF1 的话，就可以得到：

$$\text{MTBF}(42.5\text{ns}) = \frac{\exp(42.5 / 1.00)}{8.7 \cdot 10^{-6} \cdot 1.6 \cdot 10^{7} \cdot 10^{5}} = 2.06 \cdot 10^{11}\ \text{s}$$

每个销售出去的系统中的同步器的 MTBF 都为 65 世纪，如果你对此感到满意的话，那就到此为止吧。然而，如果 FF2 也采用 74ALS74，那么 MTBF 会更好。这是因为 'ALS74 的建立时间只有 10 ns，比 'LS74 的建立时间要短。采用 'ALS74 的 MTBF 要好 20 000 倍，为：

$$\text{MTBF}(52.5\text{ns}) = \frac{\exp(52.5 / 1.00)}{8.7 \cdot 10^{-6} \cdot 1.6 \cdot 10^{7} \cdot 10^{5}} = 4.54 \cdot 10^{15}\ \text{s}$$

即使销售包含这种同步器电路的系统有 100 万个，我们（或是我们的后代）也要每隔 144 年才会见到这种同步器出故障一次。可以保证正常工作了！

实际上，应用中的时间容限不会像上面计算的那么大。（你感觉 144 年该有多长？）表 13-2 中列出的大多数值都是平均值，而很少会是器件制造商规定的值，更不会是保证值。而且，计算出的 MTBF 对于 τ 值特别敏感，而 τ 的值又取决于温度、电压和月相。所以，一个实际系统中某个触发器的工作性能，可能要比表中所预计的要坏得多（或者好得多）。

例如，如果将 16 MHz 系统的时钟频率增加 25%，变为 20 MHz，再来考虑一下会发生什么情况。你自然会倾向于认为亚稳定性将变坏 25%，或者为谨慎起见，可能会变坏 250%。但是，你计算一下就会发现，在 FF1 和 FF2 都采用 'ALS74 的情况下，MTBF 从 $4.54 \cdot 10^{15}$s 下降为 $3.7 \cdot 10^{9}$s，变坏的比例超过 100 万倍！每个系统的新 MTBF 值变为 429 年，这还算不错，但如果销售了 100 万个这样的系统，那么每过 4 小时就会有一个系统出故障。你已经从安全工作的时代到了集体合作的时代！

13.4.6　其他同步器设计

我们承诺介绍几种构造更可靠同步器的方法。第一种方法就是采用更快速的触发器，也就是说，减小 MTBF 方程中的 τ。按照前面的说法，第二种方法显然就是增加 MTBF 方程中 t_r 的值。

在系统时钟频率给定的情况下，采用图 13-21 中所示的电路，如果 FF2 的建立时间为 0，那么能够获得的最好的 t_r 值就是 t_{clk}。然而，如果采用如图 13-23 所示的*多循环同步器*（multiple-cycle synchronizer）电路，那么 t_r 的值为 $n \times t_{clk}$。这时，等于是把系统的时钟频率除以 n，得到了一个较慢的时钟频率和较长的 $t_r = (n \times t_{clk}) - t_{setup}$。通常，$n = 2$ 或是 $n = 3$ 时提供的可靠性就足够了。

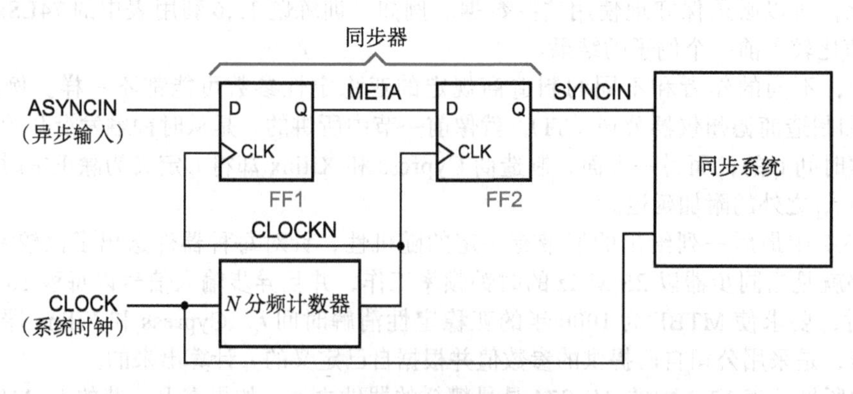

图 13-23　多循环同步器

注意在图 13-23 中，由于 CLOCKN 信号是一个计数器型触发器（其时钟信号为 CLOCK）的输出信号 Q，因此 CLOCKN 的边沿要比 CLOCK 的边沿滞后。反过来又意味着，与同步系统中其他的信号（从以 CLOCK 为时钟信号的触发器直接传来的信号）相比，SYNCIN 信号将会滞后或者失真。如果在到达相应触发器的输入端之前，SYNCIN 还要经过另外的组合逻辑电路，那么相应的触发器的建立时间就不够用了。在这种情况下，可以采用图 13-24 中的方案来解决问题。这里，采用 FF3 来产生信号 DSYNCIN，使得 SYNCIN 信号的时钟信号变成了 CLOCK，于是 DSYNCIN 信号的时序就与同步系统中其他触发器的输出信号的时序一样了。当然，还是要求从 CLOCK 到 CLOCKN 的延迟时间必须足够短，以便 SYNCIN 信号能够满足 FF3 的建立时间要求。

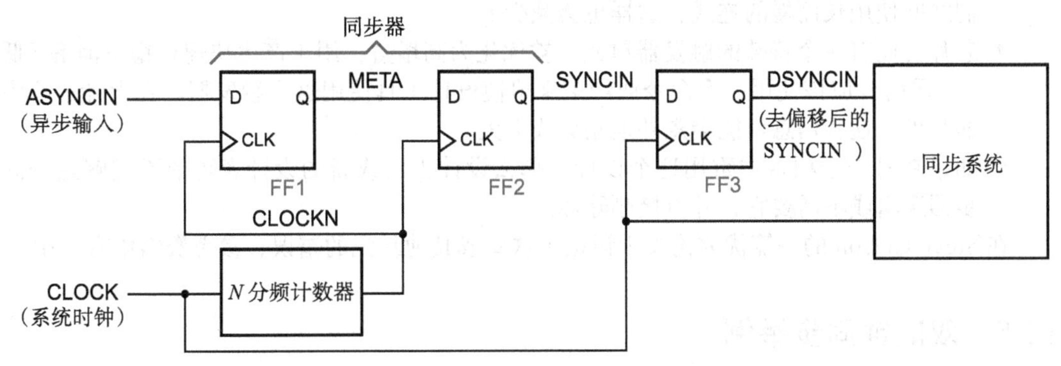

图 13-24 消除失真的多循环同步器

在 n 循环同步器中，n 值越大，同步系统接收到异步输入信号的变化所需要的时间就越长。这只不过是为了系统能够可靠工作必须付出的代价。在典型的微处理器系统中，大多数的异步输入信号都用于外部事件，如中断、DMA 请求等，这些外部事件需要被快速识别，而信号的快速性又与同步器的延迟有关。在主存访问的临界时间区域内，如果可能，有经验的设计者都会让存储子系统以处理器的时钟频率运行。这样就可以不需要同步器，并且让系统在可能的范围内以最快的速度运行。

在频率较高的情况下，图 13-23 中所示的多循环同步器设计的可行性受到时钟偏移的限制。为此，有些设计者就采用**级联同步器**（cascaded synchronizer），而不是 n 分频的同步器时钟信号。也就是采用 n 个触发器级联（即移位寄存器）的结构形式，所有的触发器都是采用高速的系统时钟信号。这种方法如图 13-25 所示。

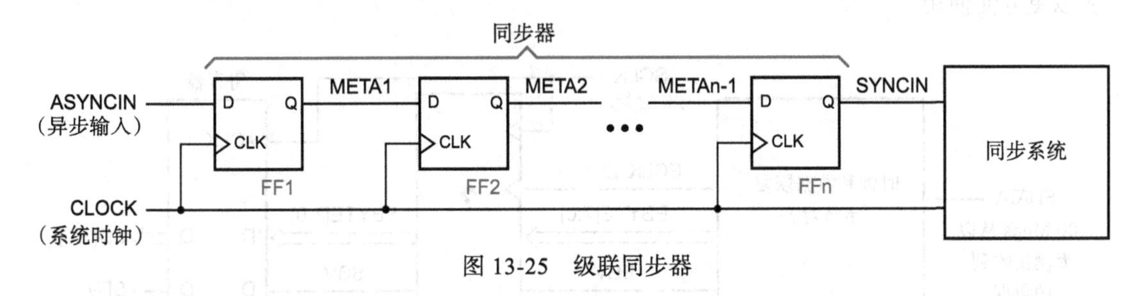

图 13-25 级联同步器

采用级联同步器的主要思路就是，第一级触发器可以以一定的概率消除亚稳定性，如果未能消除的话，级联结构中的其他触发器也会依次以相同的概率消除亚稳定性。因此，在系统时钟频率下，级联同步器总体故障概率是单同步器故障概率的 n 次幂。但这个结论也不全是真的，级联同步器的 MTBF 就比具有相同延迟（$n \times t_{clk}$）的多循环同步器要差。级联同步器的有效亚稳定性消解时间 t_r 必须减去触发器的建立时间 t_{setup}，并且要减 n 次，但在多循环同步器中就只需要减一次。

包含内部触发器的 FPGA、PLD 和 ASIC 可以用在同步器的设计中，图 13-25 中的两个触发器就包含在一个 PLD 中。由于不用外接分立的触发器，因此在大多数应用中这样做都会很方便。然而，设计者通常必须为设计工具提供命令或约束，以正确处理同步器的触发器。否则，许多事情都会出错，例如：

- 在一个信号通路中出现两个或多个触发器，高级设计工具可能会将组合逻辑前后移动，放到通路的中间，以便在较高层次上更好地均衡延迟，这样当然会减少 t_r。
- 设计工具可能将同步器的两个或多个触发器放在芯片上相距较远的地方，然后在它们之间使用长而慢的连线，这样也会减少 t_r。
- 芯片可能有一个特殊的触发器单元，被优化为高增益，用于产生快速亚稳态消解（低 τ），同时，应该使用一个命令或约束来迫使设计工具使用这个触发器。在设计过程中的某处，这些信息可能会意外地删除或丢失。
- 如果在另一个项目中重用这个设计，那么设计工具或新的设计者可能不理解这个同步器逻辑或不需要它，并直接删除掉。

在 Steve Golson 的一篇优秀论文中讨论了这些或其他易犯的错误，参考资料中有引用。

13.5 双时钟同步举例

在计算机系统中的一个最普遍问题，就是以计算机系统的时钟信号来同步传输外部数据。一个常见的例子就是个人计算机的网络接口卡与 100 Mbps 以太网链路之间的接口。接口可以是一个通用 I/O 接口子系统的部分，通过一个并行总线，与同一个或不同芯片上的处理器相连。假设例子中总线的时钟频率为 33.33 MHz。即使以太网的速度近似为总线速度的多倍，但通过以太网链路所接收到的信号通常是由另一台计算机发送的，而这台发送信号的计算机的时钟频率却无法与接收信号的计算机的时钟频率同步。然而，接口还是必须把数据可靠地送上内部的总线。

图 13-26 表示了建立过程。NRZ 串行数据 RDATA 是从以太网上以 100 Mbps 的速率接收到的。左边的时钟和数据恢复模块，在内部使用了一个数字锁相回路，以恢复初始的以太网传输时钟，并恢复 100 Mbps 数据。它不是使用高速的 100 Mhz 恢复时钟来与系统的其余部分通信，而是将这个时钟 4 分频，输出一个 25MHz 的 ECLK，因为 ECLK 的频率较低，所以更方便使用。

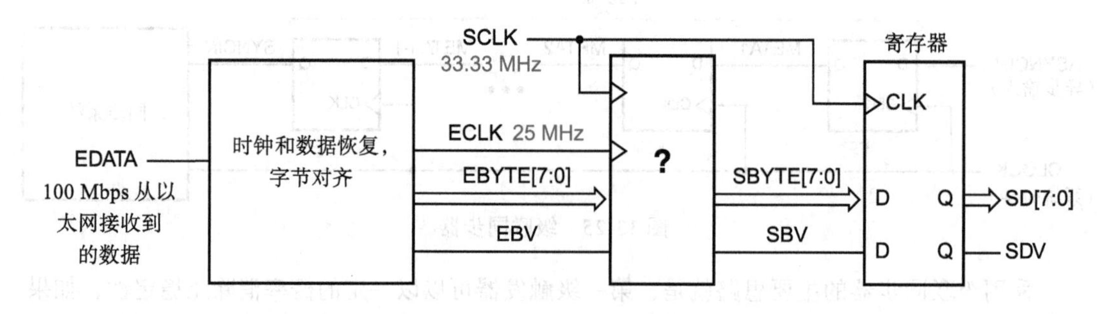

图 13-26 100 Mbps 以太网同步

与此同时，这个时钟和数据恢复模块使用了一个内部的字节对齐电路，用于在接收到的数据流中搜索表明字节边界的特定模式。当检测到一个这样的模式，就使输出 EBV 有效并将接收到的字节放到输出 EBYTE[7:0] 上。基于现在已知的字节对齐方式，使 EBV 有效并将接收到的每个子序列字节放置到 EBYTE 上，通常每两个时钟周期传送一个字节。

一次半字节

上面关于 100 Mbps 以太网接收器的解释有些过于简单，但用来讨论同步化问题足够了。在现实中，数据接收率是 125 Mbps，其中每 4 位用户数据被编码为 5 位的符号码，即 4B5B 码。4B5B 码是 5 位编码，而 5 位码有 32 种不同的编码字，4B5B 码只用了其中的 16 种，所以无论用户数据模式如何，4B5B 码都可以确保数据线上的少量数据流足以用来恢复时钟信号。而且，4B5B 码中包含一个周期性传送的特殊编码，利用这个编码可以很容易地实现“半字节”(nibble, 4 位）和字节的同步化。

既然以太网数据一次译码为 4 位二进制数，那么原始的 100 Mbps 以太网“MII”（独立媒体接口）与图 13-26 中所示的没有太多不同，除了它一次传送 4 位数据；因此我们使用了一个 25 MHz 的 ECLK。稍后的接口“RMII”将时钟速度提高到 50 MHz，并且通过一次只传送 2 位数据来减少接口的引脚数。

如果将整个以太网接口（包含时钟和数据恢复）集成在一个单独的芯片上（目前通常如此），那么设计者可以用任何想要的方式来构造这个接口，只要它能够正常工作。最后，接口必须能够将接收到的数据传送给使用它的系统，使用局部的系统时钟来同步，每个时钟触发沿传送一个字节，或者更宽的数据，以提供 1 Gbps 的以太网数据速率。因此，这种同步器与真正 100 Mbps 以太网同步器实现同步化的细节不同，但应用的原理相同。

图 13-27 中给出了一些信号的时序，EBV 和 EBYTE 的转换出现在 ECLK 的上升沿。EBYTE 上的字节只在 EBV 有效的时钟周期内有效。因为 100 Mbps 的以太网数据速率等于 12.5MBps，所以在接收以太网数据时，EBV 应该有效，并且每隔一个时钟触发沿就应该有一个新的字节出现。

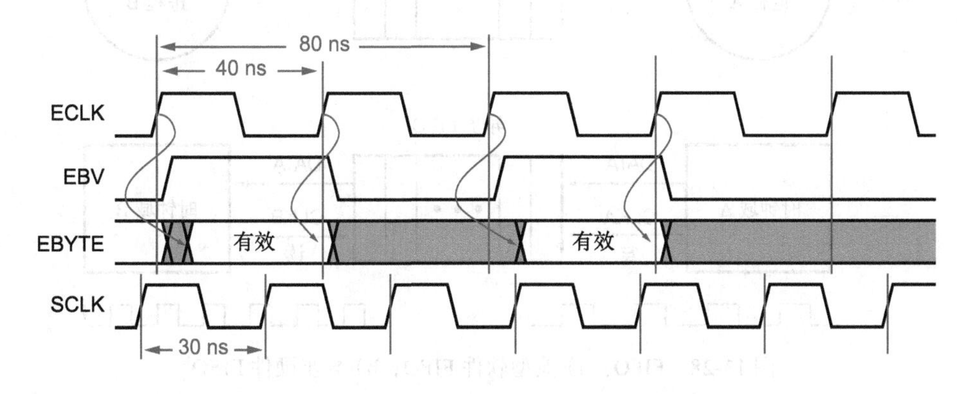

图 13-27 以太网链路及系统时钟时序

系统其他部分的时钟是 33.33MHz 的 SCLK。为进一步处理，我们需要将每一个接收到的字节 EBYTE[7:0] 传送到 SCLK 域内的一个接口寄存器中。如何做到呢?

既然 33.33MHz 的 SCLK 比 25MHz 的 ECLK 快，那么一旦 EBV 有效，似乎就可以基于 SCLK 采样 EBV 并抓取 EBYTE。但是，这种思路有几个方面的错误：

- 在任何给定 40ns 的 EBV 为 HIGH 的时钟周期内，可以对 EBV 采样一次或两次，具体采样次数取决于那个时间相关的时钟排列。怎么知道是有一个新字节还是两个新字节呢？

- 从图13-27中的时序图来看，似乎EBV从未保持连续两个ECLK周期有效。所以，如果对SCLK而言，EBV连续两个时钟触发沿有效，那么可以忽略第二个时钟触发沿吗？不能。即使是对于100 Mbps的以太网，上游接口应该也从来不必以25MHz的频率连续传送两个字节，但我们假定设计者不能保证如此；他们可能想要在一些还未确定的情况下以不同的方式利用它。
- 即使我们可以克服前两个问题，如果EBV为HIGH时有且只有一个SCLK的边沿在周期的后期到达（30 ns ~ 35 ns到来），那么在必须确定EBYTE之前，也没有很多时间去消解亚稳定性。在实际应用中，如果可能的话，最好有更多时间去消解亚稳定性。
- 即使在目标技术中5 ns ~ 10 ns已足够消解亚稳定性，依靠相关时钟时序也依旧是一个不好的方法。理论上，SCLK可以工作于很慢的状态，只要比12.5 MHz快一点，在设计正确的情况下，就依然能够接收来自100 Mbps的以太网的所有数据字节。如果有时确实必须降低SCLK的频率，那么不管是为了节能还是调试，会怎样呢？

解决这个问题的典型且最易理解的方法，是使用先进先出（FIFO）*缓冲器*（first-in, first-out buffer）。你可能在软件的程序设计中已经熟悉了FIFO，FIFO在程序设计中的应用如图13-28a所示。一个进程A产生数据，而另一个进程B则使用这个数据。FIFO是一个数据结构，接收A写入的数据并存储它，直到B可以读取它。“FIFO”意味着数据按照写入的顺序读出。平均而言，A写入的速率和B读出的速率相同，但要求FIFO的容量要足够大，足以吸收掉因为A产生和写入数据的速率暂时比B读出和使用数据的速率快而导致的短期不同步。因此，FIFO也被称为*弹性缓冲器*（elastic buffer）。

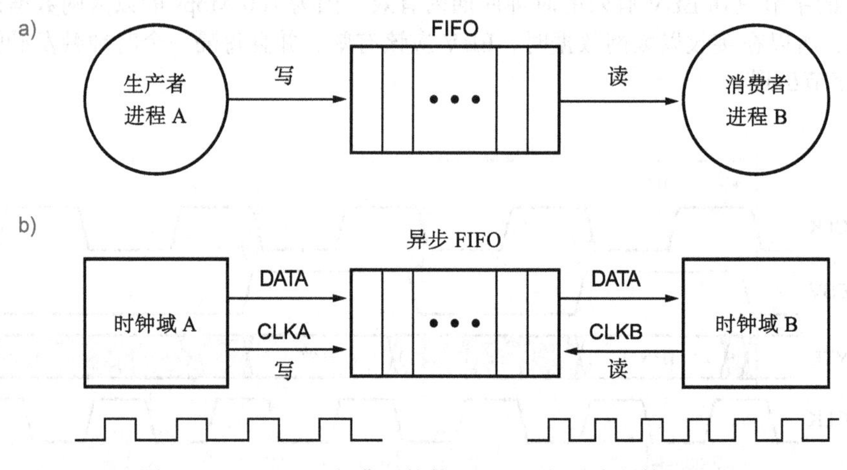

图13-28　FIFO：a）典型软件FIFO；b）异步硬件FIFO

用于在两个时钟域A和B之间传输数据的一个硬件FIFO的应用，如图13-28b所示。这里，写入FIFO的操作是用CLKA同步的，而读出操作是用CLKB同步的。一个时钟可能比另一个要快些或慢些，或者两者有近似相同的频率。如果两者由一个公共的上游时钟导出，那么它们的频率甚至可以完全相同，或者它们会相互“锁定”；这种关系叫作*内消旋同步*（mesosynchronous）。例如，图13-27中的ECLK和SCLK可以由一个公共的100 Mbps时钟导出。但它们之间相对的相位关系可能是未知的，甚至可能随着温度和其他条件的不同而不同，因为包含写入器和读出器的整个系统中，存在较大的不可预测的延迟。FIFO硬件必须能够没有错误地处理所有的可能情况，这种FIFO通常称为异步FIFO（asynchronous

FIFO)。

不用说，这种 FIFO 也必须足够大，以吸收掉写入和读出过程中的短期不同步。与在软件 FIFO 中一样，通常要在较高层次上提供一些类型的“流程控制”，在读出器无法取走更多数据时，阻止写入器产生数据。何时及怎样实现这个功能，远远超出了我们的讨论范围。这里，只涉及这样一个系统，其中的接收系统完全能够接受在一个相对较短时间内写入的所有数据，其中 FIFO 的工作只是吸收因系统同步而导致的延迟和短期时序不同步。

有很多方法来设计一个异步 FIFO，而每一种方法都不是特别容易，除了明显最错误的那个方法。对于手边的问题（以太网到系统的数据传输），应该可以使用一个相当小的 FIFO，深度只有几个字节。所以，我们采用的方法不是世上最有效的方法，特别是相对于深度 FIFO 而言，但其相对易于说明和解释（尽管仍然有一些细微之处！）。

图 13-29 展示了我们的 FIFO 结构，假设它有 4 个字节深。但是我们会用带有参数的 Verilog 来设计它，便于改变 FIFO 的深度。像一个软件 FIFO 那样，我们的设计使用循环缓冲器（circular buffer）的思路，一块存储器——这个例子中有 4 个寄存器——以及两个指针，指定写入和读出的地址。写和读指针分别为 WRPTR 和 RDPTR，在一次操作后，对应的指针自增 1。

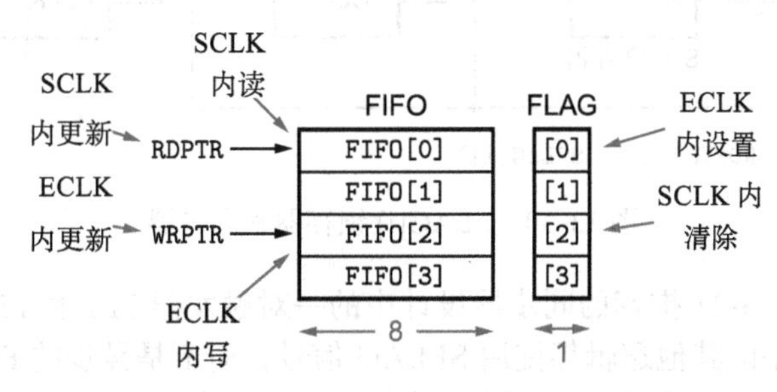

图 13-29　以太网 FIFO 结构的 Verilog 模块

在软件 FIFO 中，通过比较指针来检测空和满的状况。但在异步 FIFO 中，不能简单地这么做。因为指针在不同的时钟域内递增，在进行比较时，总有一个可能会改变。这里，当一个新字节存入一个 FIFO 寄存器时，WRPTR 是基于 ECLK 递增的；当一个字节被读出时，RDPTR 是基于 SCLK 递增的。

取而代之，如图 13-29 所示，给每个 FIFO 寄存器设置一个单独的“FLAG”位。当寄存器写入时，在 ECLK 域中将对应的 FLAG 置位；读出时，在 SCLK 域中将对应的寄存器清零。这个 FIFO 必须足够深，以确保对应 FLAG 位的读出和清零操作完成之后，一个寄存器才能重新使用，但在弄清楚更多的设计细节之前，先不探讨“有多深”。

继续之前，从较高层面上总结一下 FIFO 的操作：

- 初始化时，WRPTR 和 RDPTR 都设置为 0，指向第一个 FIFO 的位置，所有的 FLAG 位清零。
- 当收到一个以太字节时，将其载入 FIFO[WRPTR]，并将 FLAG [WRPTR] 设置为 1，WRPTR 递增，指向下一个 FIFO 的位置。所有这些操作都在 ECLK 域中进行。
- 系统的读相关操作都在 SCLK 域中进行。FLAG [RDPTR] 的状态是确定的。如果是 1，那么在一个时钟周期内，读 FIFO[RDPTR] 并将数据传输至输出 SBYTE（参见图 13-26）；在同一个时钟周期内，使 SBV 有效，将 FLAG [RDPTR] 清零，RDPTR 递增，指向下一个 FIFO 的位置。

设计的最后一个考虑是必须能够在任何一个时钟域内支持连续操作。也就是，必须能够在连续的 ECLK 周期内向 FIFO 写入两个或多个字节，以及在连续的 SCLK 周期内从 FIFO

读出两个或更多个字节（如果已经存入 FIFO）。

设计中的读 FLAG 操作，是一个需要考虑亚稳定性的地方。（注意，其他设计异步 FIFO 的方法中也有许多这样的地方。）由上面所列的最后一条可知，许多事情是否发生，取决于 FLAG [RDPTR] 的值；FLAG 的读出操作必须是可靠的。

这里有许多 FLAG 位，一位对应着 FIFO 中的一个字节。在我们的设计中，每一位使用一个 S-R 锁存器，其中的一位 FLAG[i] 如图 13-30 所示。根据 S 端的 Verilog 逻辑表达式，当写入指针指向对应的 FIFO 字节（`WRPTR==i`），新的以太字节出现，并且将要写入 FIFO（`EBV==1'b1`）时，将锁存器置位。因为 FLAG_set[i] 信号送往一个异步输入端（S），所以它必须是无尖峰脉冲的。产生 FLAG_set[i] 信号的最简单方法，是使用触发器在 ECLK 的上升沿获取表达式的值，因为 WRPTR 和 EBV 的任何变化在 ECLK 时钟周期的前沿之前都已经完成。

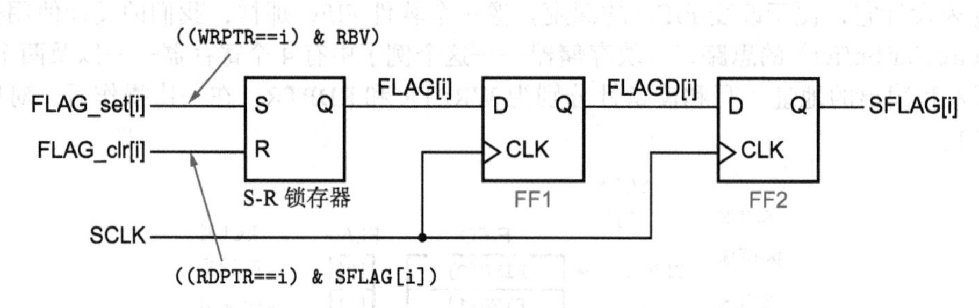

图 13-30　FLAG[i] 锁存器和同步器

接下来，利用图 13-21 推荐的同步器设计中的一对触发器 FF1 和 FF2，将 FLAG[i] 带入 SCLK 域。SCLK 域中的其他逻辑都使用 SFLAG 信号，而不是异步的 FLAG 信号。

在这个设计中，有效的亚稳定性消解时间是 FLAGD 信号中的松弛时间，即一个 SCLK 周期减去 FF2 的建立时间和 FLAGD 从 SCLK 到 FF2 的 D 输入的传输延迟。如果需要更多的时间，则可以使用 13.4.6 节所述方法中的一种来获取。但是记住，在将 SFLAG 传输到使用它的逻辑电路这一过程中的任何额外延迟，可能都需要更多的 FIFO 深度，来容纳在读取一个接收到的以太字节时的这个额外的延迟——很值得付出的代价。

既然可以确定 SCLK 域中的 FLAG[i] 值，那么当它为 1 且对应的 FIFO 已经读出时，需要弄清楚如何对它复位。实际上，可以用与置位 FLAG 锁存器相当类似的方法来对 FLAG 进行复位。如输入 R 上的 Verilog 逻辑表达式所示，当读指针指向对应的 FIFO 位置（`RDPTR==i`）并且出现一个新的以太字节（`SFLAG[i]==1'b1`）时，对 FLAG[i] 复位。与置位信号一样，复位信号也必须是无尖峰脉冲的。所以，用一个触发器来产生这个复位信号，触发器在 SCLK 的上升沿获取表达式的值，因为 RDPTR 和 SFLAG[i] 的任何变化在 SCLK 时钟周期的前沿便都已完成。

将所有的想法都一起放在程序 13-8 所示的 Verilog 模块中，这个模块的输入和输出就是图 13-26 中“？”模块的输入和输出，加上分别在 ECLK 和 SCLK 域中的复位输入 ERST 和 SRST。

程序 13-8　跨时钟域的以太网数据转移的 Verilog 模块

```
module VrEthSync ( ECLK, SCLK, ERST, SRST, EBYTE, EBV, SBYTE, SBV );
  input ECLK, SCLK, ERST, SRST, EBV;
  input [7:0] EBYTE;
  output reg [7:0] SBYTE;
  output reg SBV;
  parameter DEP=4, PTRWID=2;
```

```
  reg [7:0] FIFO [0:DEP-1];
  wire [0:DEP-1] SFLAG;
  reg [0:DEP-1] FLAG_set, FLAG_clr;
  reg [PTRWID-1:0] WRPTR, RDPTR;
  integer i;
  VrFIFOflagsync #(.DEP(DEP)) U1 ( .SCLK(SCLK), .FLAG_set(FLAG_set),
                                   .FLAG_clr(FLAG_clr), .SFLAG(SFLAG) );
  always @ (posedge ECLK) begin              // ECLK 域的边沿触发操作
    if (ERST == 1'b1) begin                  // 同步复位
      for (i=0; i<=DEP-1; i=i+1) begin       // FIFO 寄存器和 FLAG_set 位都清零
        FLAG_set[i] <= 0;
        FIFO[i] <= 8'hff;     // 不是严格需要，但阻止初始的 x's 在 sim 中
      end
      WRPTR <= 0;
    end
    else begin                               // 正常操作
      FLAG_set[0:DEP-1] <= 0;                // 还不要设置任何 FLAG 位
      if (EBV==1'b1) begin                   // 新字节到达
        FIFO[WRPTR] <= EBYTE;                // 将字节放入 FIFO 写的位置
        FLAG_set[WRPTR] <= 1'b1;             // 声明对应的 FLAG_set 位
        if (WRPTR == DEP-1) WRPTR <= 0;      // 高级 WRPTR，带着包装
        else WRPTR <= WRPTR + 1;
      end
    end
  end
  always @ (posedge SCLK) begin              // SCLK 域的边沿触发操作
    if (SRST == 1'b1) begin                  // 同步复位
      SBYTE <= 0;                            // 不需要，但阻止初始的 x's 在 sim 中
      SBV <= 0;
      RDPTR <= 0;
      FLAG_clr <= {DEP{1'b1}};               // 在复位中清除 FLAG 锁存器
    end
    else begin                               // 正常操作
      FLAG_clr[0:DEP-1] <= 0;                // 还不要清除任何 FLAG 位
      if (SFLAG[RDPTR]==1'b1) begin          // 新字节到达
        SBYTE <= FIFO[RDPTR];                // 从 FIFO 读的位置获得字节
        SBV <= 1'b1;                         // 将输出寄存器的 SBYTE 置为有效
        FLAG_clr[RDPTR] <= 1'b1;             // 释放 FIFO 位置
        if (RDPTR == DEP-1) RDPTR <= 0;      // 高级 RDPTR，带着包装
        else RDPTR <= RDPTR + 1;
      end
      else SBV <= 1'b0;             // 不是新字节，所以将输出寄存器的 SBYTE 置为无效
    end
  end
endmodule
```

在模块的声明中，定义了两个参数 DEP 和 WID，用于表示 FIFO 的深度和输入 FIFO 的指针所需的宽度。这个模块实例化了另一个模块 VrFIFOflagsync，模块 VrFIFOflagsync 创建了 FIFO 的 FLAG 位并同步化了图 13-30 中的触发器，稍后将对此进行描述。然而，其还将参数 DEP 传送给 FIFOflagsync，用于为每个 FIFO 位置创建一个 FLAG 位和一对同步化触发器。

程序 13-8 中的第一个 always 程序块实现 ECLK 域中的所有操作，其中所有的 reg 变量都是在 ECLK 的上升沿处置位。注意，即使是传递给 FIFOflagsync 的 FLAG_set 位（每个 FLAG 位一个）也是寄存型输出。如之前所讨论的，这些信号输入到 FIFOflagsync 的 S-R 锁存器的异步置位输入中，因此当 WRPTR 或 EBV 变化时，必定不会出现译码尖峰脉冲。

复位时，第一个 always 程序块使所有的 FLAG_set 位、所有的 FIFO 位置和 WRPTR 清零。复位后，模块会在每个 ECLK 时钟触发沿处监控 EBV。如果一个新的字节到达，那么模块会将其存储在当前 FIFO 的“写入”位置上，使对应 FLAG 位的 FLAG_set 信号有效，并更新 WRPTR 指向下一个 FIFO 位置。

程序 13-8 中的第二个 always 程序块实现 SCLK 域中的所有操作，其中所有的 reg 变

量都是在 SCLK 的上升沿处置位。复位时，模块使 SBYTE、SBV 和 RDPTR 清零，但将所有的 FLAG_clr 位置为 1，将所有对应的 FIFO 位置标记为空。复位后，模块在每个时钟触发沿处检查与当前 FIFO“读出”位置对应的同步 SFLAG 位。如果出现一个新的字节，那么模块就将这个新字节传送给输出 SBYTE，将表示当前“读出”位置的 FLAG_clr 位置 1，并更新 RDPTR 指向下一个 FIFO 位置。

可选但可能免费

复位时，程序 13-8 中第一个 always 程序块将所有的 FIFO 位置清零。严格来讲，这种操作并不必要，因为在对应的 FLAG 位被置位之前，不会读取任何 FIFO 的位置。但在我们的例子中，FIFO 存储器的规模较小，大多数目标技术都会使用分立的寄存器来实现，其中触发器的复位输入很有可能是“免费”使用的。

在较大型的 FIFO 设计中，可能会用一个读写存储器模块来实现 FIFO，而在使用之前就初始化每个位置，可能会比较昂贵并且应该省略。在配置器件时，一些 FPGA 的读写存储器模块确实会在加电时被清零甚至设置成任意初始值。但依然没有“复位”输入，可以一步将整个存储器清零。一旦 FPGA 加电并运行，那么就只能通过额外的逻辑对存储器重新进行初始化，单步访问存储器，逐个载入存储器的位置信息。

VrFIFOflagsync 模块的代码如程序 13-9 所示。这部分的设计用独立的模块实现，因为其设计会随着目标技术的不同而不同，有如下几个原因：

- 尽管可以对 FLAG 的 S-R 锁存器进行行为化说明，但不是所有的目标技术都有 S-R 锁存器单元，所以每个锁存器可能不得不综合为带有一个反馈循环。如果目标技术是一个 ASIC，并且综合器为每个锁存器创建了一对交叉耦合的门电路，那么这很好。但是，在一个 FPGA 中，就没有实际的 NAND 或 NOR 门可用于交叉耦合，只有可编程的 LUT。用一个 LUT 和反馈来实现一个 S-R 锁存器实际上会产生时序依赖的错误（参见本节第 3 个方框注释中的解释）。使用目标技术提供的“原生”单元或组件来实现所有时序元件非常重要，因为供应商会彻底地分析和保证正确操作，包括避免时序冒险。
- 为最小化这个或任何其他设计中同步器故障的可能性，应该最大化亚稳定性消解时间。在图 13-30 中，这就意味着应该最小化 FLAGD 从 FF1 到 FF2 的传输延迟。一些工具有指令，可以告诉综合器将这两个触发器尽可能放置在靠近对方的位置，以最小化连线的延迟，如放在一个 FPGA 中的同一个 CLB 里。在 Xilinx Vivado 工具中，ASYNC_REG 的特性可用于实现这个功能。
- 一些目标技术（包括 ASIC 和 FPGA）有专为同步器设计的特殊单元，可以像技术库中任何其他的组件那样，在 Verilog 模块中用一个实例语句来进行说明。这些单元具有快速互连的两个或多个串联触发器的特性，而高增益的晶体管使得亚稳定性消解公式中的时间常数 τ 更小。

程序 13-9　以 FPGA Xilinx 7 系列为目标的 Verilog VrFIFOflagsync 模块

```
module VrFIFOflagsync ( SCLK, FLAG_set, FLAG_clr, SFLAG );
parameter DEP = 4;
  input SCLK;                        // SCLK 的同步
  input [0:DEP-1] FLAG_set, FLAG_clr; // 锁存器的设置和清零
  wire [0:DEP-1] FLAG;               // FLAG 锁存器的输出
  output reg [0:DEP-1] SFLAG;        // 模块的输出
  reg [0:DEP-1] FLAGD;               // 同步触发器
  genvar g;
```

```
generate
  for (g=0; g<=DEP-1; g=g+1) begin: flags    // 当 FLAG_set 有效时，锁存一个 1
    LDCE U1 ( .G(FLAG_set[g]), .GE(1'b1), .D(1'b1),
              .CLR(FLAG_clr[g]),             // 当 FLAG_clr 有效时，异步清零
              .Q(FLAG[g]) );
  end
endgenerate

always @ (posedge SCLK) begin  // 在 SCLK 域捕获 FLAG，消解亚稳定性
  FLAGD <= FLAG; SFLAG <= FLAGD;
end
endmodule
```

在程序 13-9 内 VrFIFOflagsync 模块的情况中，我们已经以 FPGA Xilinx 7 系列作为目标器件。这里，与每个其他的可编程器件一样，没有原生的 S-R 锁存器组件可用作设计中的 FLAG 锁存器。但是，器件库确实提供了一个 D 锁存器，就是我们在表 10-1 中介绍的 LDCE。如果将 S 输入给 G，那么一个 D 锁存器就可以像一个 S-R 锁存器一样操作。当 G 有效时，D 锁存器锁存一个常数 1。再将 R 输入给 LDCE 组件提供的异步清零端。综合器会用 FPGA CLB 的一个原生且可编程的锁存器 / 触发器（如图 10-33 所示），来实现每一个 LDCE 组件的实例化。

因此，FIFOflagsync 模块使用一个 generate 语句来为每一个 FLAG 位实例化一个 LDCE，并将对应的 FLAG_set 和 FLAG_clr 输入按照上面描述的那样与每个 LDCE 连接。这个模块还用了一个简单的行为化 always 程序块，来为每个 FLAG 位创建两个同步的触发器。

现在，可以用一个测试平台和模拟器来应用输入和比较输出，以检测以太网同步器的操作。思路就是，先初始化电路，然后将以太网字节输入到 EBYTE、EBV。按照数值递增顺序输入字节值序列，易于发现输出 SBYTE、SBV 上字节缺失或乱序的问题。模拟器还提供了观察 VrEthSync 和 VrFIFOflagsync 模块的内部信号的能力，以达到调试目的。

谜语：什么时候与非不是与非，或非不是或非？

众所周知，在分立逻辑中用一对交叉耦合的 NAND 或 NOR 门来构建一个 S-R 锁存器，并不容易。如果用 Verilog 的行为化、数据流甚至结构化模型来说明一个主导复位的 S-R 锁存器，以 FPGA 为目标器件，使用 Xilinx Vivado 工具或其他工具，那么就会得到一个有组合反馈的 LUT，如图 13-31 所示。这个电路实现了 S-R 锁存器的特性方程 Q*=~R&(S|Q)，并与图 10-4 中用交叉耦合的 NOR 门实现的 S-R 锁存器等效。或者真是这样吗？

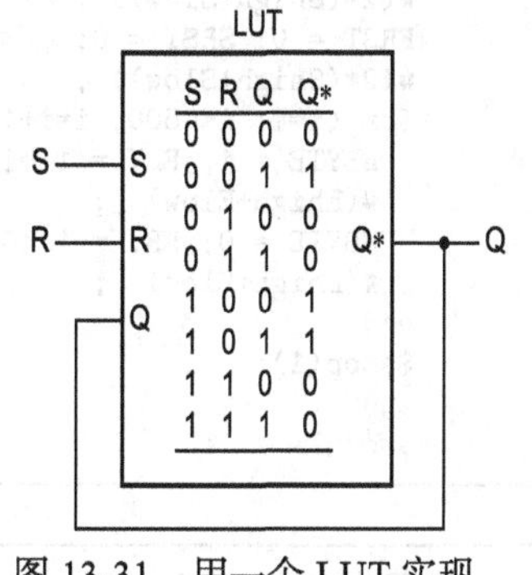

图 13-31 用一个 LUT 实现的 S-R 锁存器

记住，LUT 是一个存储器，本例中是存储模型内地址输入 S、R 和 Q 的 8 种可能组合所对应的特性方程值的查询表。当一个输入在两种会产生同一个输出值的组合之间变换时，无法保证输出值会保持稳定。例如，当 S 为 1、R 为 0、Q 为 1 时，会产生一个为 1 的 Q* 输出，如果 S 从 1 变到 0，那么输出会短暂为 0。这个尖峰脉冲实际上会在 Q* 到 Q 的循环中形成一个振荡。当用一个真实的 2 输入门电路来实现 (S|Q) 时，这种情况是不会发生的。

所以谜语的答案是：“当它是一个 LUT 时！”

程序13-10是完成测试工作的测试平台。在必要的声明之后，模块定义了时钟波形的HIGH和LOW的时间，实例化了VrEthSync模块，创建了自由运行时钟信号ECLK和SCLK。注意，实例化语句说明了一个深度为3的FIFO的参数（DEP）。如果深度超过缺省值4，那么还必须为PTRWID参数说明一个新值。

接着，测试平台使VrEthSync模块的复位输入有效，并初始化以太网输入EBYTE、EBV。与其他测试平台一样，以FPGA Xilinx为目标器件，在涉及时序元件的任何操作开始之前，至少等待100ns，然后FPGA内部的全局复位信号变为无效。再额外等待一段时间，以确保同步复位信号SRST在FLAG_clr上发挥作用，然后使模块复位信号ERST和SRST无效。然后再等待一会儿，等所有后复位的内部构件都稳定下来（比如FLAG通过同步化触发器的传输）。最后，准备好开始测试，就是在ECLK交替的时钟触发沿处，给模块EBV的输入EBYTE输入一系列稳步递增的值，数据速率是12.5MBps。

程序13-10　以太网数据转移模块VrEthSync的测试平台

```
`timescale 1ns/100ps
module VrEthSync_tb ();
  reg ECLK, SCLK, ERST, SRST, EBV;
  reg [7:0] EBYTE;
  wire [7:0] SBYTE;
  wire SBV;
  integer i;
parameter Ehigh = 20, Elow = 20;  // 定义 ECLK 波形（25 MHz)
parameter Shigh = 18, Slow = 12;  // 定义 SCLK 波形（33.3 MHz)

VrEthSync #(.DEP(3)) UUT ( .ECLK(ECLK), .SCLK(SCLK), .ERST(ERST),  .SRST(SRST),
            .EBYTE(EBYTE), .EBV(EBV), .SBYTE(SBYTE), .SBV(SBV) ); // 实例化 UUT

always begin   // 当起始为 LOW，创建 ECLK
  ECLK = 0; #Elow  ECLK = 1; #Ehigh ;
end

always begin   // 当起始为 LOW，创建 SCLK
  SCLK = 0; #Slow  SCLK = 1; #Shigh ;
end

initial begin
  ERST = 1; SRST = 1;       // 复位有效
  EBYTE = 8'h00; EBV = 0; // 初始化接收到的字节
  # 105 ;                 // 等待全局接收字节
  #(2*(Shigh+Slow)) ;     // 为 FLAG_clr (clocked) 生效等待两个及以上的 SCLK
  ERST = 0; SRST = 0;     // 并使复位无效
  #(2*(Shigh+Slow)) ;     // 为更多内部解决方案等待两个及以上的 SCLK
  for (i=1; i<=500; i=i+1) begin // 然后运行 500 个收到的字节
    EBYTE = i; EBV = 1'b1;       // 收到的字节为 i
    #(Ehigh+Elow)  ;             // 等待一个 ECLK 时钟周期
    EBYTE = 0; EBV = 1'b0;       // 一个时钟周期无效
    #(Ehigh+Elow)  ;             // 等待一个 ECLK 时钟周期
  end
  $stop(1);
  end
endmodule
```

同步复位无效

这个例子中的复位信号（ERST和SRST）被输入给触发器的同步复位输入。当系统初始化时，它们可以异步有效，但在实际系统中每个复位信号必须同步无效，使得对应的时钟有足够的建立时间。如果同步复位输入信号正好在时钟触发沿之前无效，并且违反了建立时间的要求，那么就可能导致不可靠的操作。例如，有些触发器可能已经“脱离”

复位状态进入正常操作，而其他触发器还保持在复位状态，这就会使整个电路进入一种不一致的状态。

图 13-32 展示了测试平台创建的（完成初始复位操作之后开始的）部分时序波形。需要注意电路操作的几个方面：

- 在 ECLK 周期的交替处，以太网数据值输入给 EBYTE，并且 EBV 变为有效。尽管 EBYTE 持续有效两个时钟周期，在正常操作的情况下并无危害，但我们还是特意在无效周期内将 EBYTE 的值置为 0，这样易于发现在错的时间读取了 EBYTE 的错误。在这些周期中也可能会输入 x。
- 模拟清晰地展示了 WRPTR 循环往复，以及递增的数据字节值被写入连续的 FIFO 位置的过程。

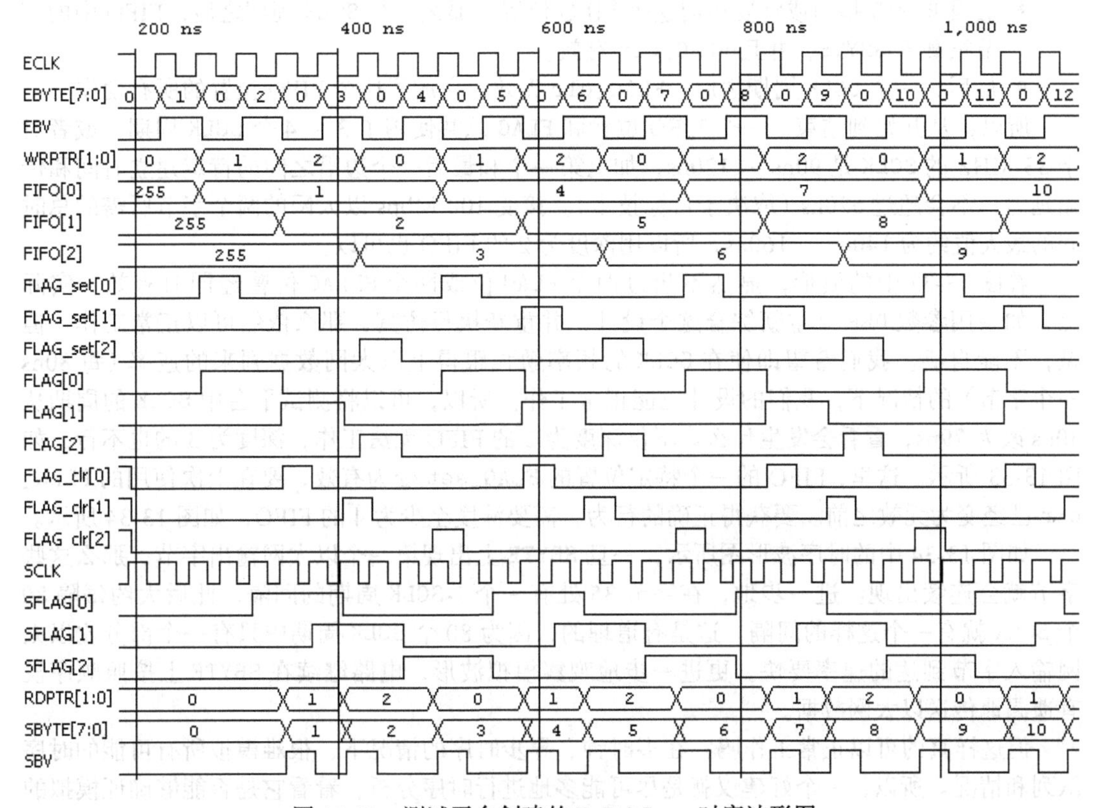

图 13-32 测试平台创建的 VrEthSync 时序波形图

- 对于每一个 FIFO 的位置，可以看到，分别在 ECLK 和 SCLK 的上升沿处，改变 FLAG_set[i] 和 FLAG_clr[i] 的操作。当一个新的字节被载入时，对应的 FLAG[i] 被置位为 1，当这个字节被传送给 SBYTE 且 SBV 有效时，FLAG[i] 被清零。
- 随着每个字节从 FIFO 中读出，RDPTR 循环往复。
- 所有以太网字节都是按顺序出现在 SBYTE 上的。如果沿着波形往下看，那么你能看见这种行为是连续的。

额定的 X

图 13-32 中的波形源自基于设计的实际布局和布线的后实现时序模拟。在几个地方（例如，在 SBYTE 上大约 400ns 和 600ns 的地方），你会看到连续的多位值之间的转换不

> 是一个清晰的“X”。这种情况的发生，是因为不同位发生改变的时间稍有不同，而在后实现时序模拟过程中这种不同会显现出来。如果在这些地方放大时序图，则可以看见 SBYTE 各位之间的时序差异，这个差异的测量值只有数十皮秒！

因此，回答开始设计时提出的问题；基于模拟可见，对可靠的数据传输而言，3 字节深的 FIFO 便是“足够深”了。通过研究 Verilog 模块的代码和模拟的波形，可以更详细地分析时序：

- 对一个特定的 FIFO 位置，“写入一个字节”与“FLAG_set 置 1”发生在同一个 ECLK 的上升沿。随后 FLAG 位才被置为 1。
- 在下一个 SCLK 上升沿到来且将 FLAG 传送到 FLAGD 之前，有最多一个 SCLK 周期的延迟。
- 之后再经过一个 SCLK 周期，作为结果，SFLAG 有效。
- 假设 RDPTR 指向或将要指向这个 FIFO 位置，那么一个 SCLK 周期之后，FIFO 中的字节被载入 SBYTE，并且 FLAG_clr 有效。
- 最后，一个 SCLK 周期之后，FLAG_clr 无效，完成了这个 FIFO 位置的所有动作。

所以，从开始到结束，一个 FIFO 位置和 FLAG 总共使用了 3 ~ 4 个 SCLK 周期，或者对于 33 MHz 的 SCLK 是 90ns ~ 120ns，加上第一个和最后一个边沿之间的特定建立时间和传输延迟，不会超过 520ns（取决于目标技术）。接受 100 Mbps 以太网的两个字节所需的总时间的最大值约为 140ns ~ 160ns，所以用深度为 2 的 FIFO 也可以。

看图 13-32 中的波形，显然不超过两个 FLAG 位或两个 SFLAG 位曾经同时有效。实际上，如果用参数 DEP=2 重新综合这个设计，并重新执行仿真，那么依然可以正常工作。但是，不能自满。我们希望即使在 SCLK 的频率勉强跟得上以太网数据到来的速率（每 80ns 一个字节）的情况下，我们的设计也能正常工作。所以，可以将测试平台中 SCLK 的周期从 30ns 改为 79ns，看看会发生什么。不仅深度为 2 的 FIFO 无法工作，深度为 3 的也不行，如图 13-33 所示。这里，FIFO 的一个特定位置的 FLAG_set 变为有效，要在上次使用的 FLAG_clr 已经变为无效之前。要获得正确的行为，需要深度至少为 4 的 FIFO，如图 13-34 所示。

如图 13-34 中的时序波形图所示，一旦 SBYTE 上出现第一个以太网输出字节，那么这些字节就会连续出现。进一步地，在字节 35 处有一个 1-SCLK 周期的间隔，此后大约每隔 80 个 SCLK 就有一个这样的间隔。这是有道理的，因为 80 个 SCLK 周期中只有一个部分比以太网输入字节到达的速率要快。更进一步地观察模拟波形，电路继续在 SBYTE 上按照顺序没有遗漏地传送以太网数据。

但这样真的可以正常工作吗？在多时钟、异步时序的情况下，很难模拟所有可能的时序队列和情况。所以，一个好建议就是尽可能多地进行时序分析，看看它是否能够确证模拟的结果。在最初始的分析中，我们得出结论，从开始到结束，一个给定的 FIFO 位置和 FLAG 要使用 3 ~ 4 个 SCLK 周期，加上第一个和最后一个边沿之间的特定建立时间和传输延迟。在目前这个使用深度为 4 的 FIFO 的设计中，FIFO 存储需要四个 SCLK 周期，但上面提到的“额外的”延迟会怎么样呢？为什么它们有时候不会造成错误？

按照图 13-34 中的时序图，大约在 700ns 的地方，在 FLAG_clr[0] 无效和 FLAG_set[0] 有效之间出现了大约 50ns 的时序容限，便于再次使用和置位 FLAG[0]。这个时序容限看起来很充裕，但要记住 ECLK 和 SCLK 是未同步的，而它们之间的延迟以及与之相关的每一件事都会随着时间的推移而变化。实际上，如果沿着模拟过程更进一步地仔细观察，你会注意到，恰好在字节 35 处（大约 3400ns 处）的一个 1-SCLK 周期间隔前，FLAG_clr 无效和对应的 FLAG_set 再次有效之间的时序容限增加到了大约 80ns（太好了！），但就在这个间隔之后的时序容限却减小到了 3.3ns——太靠近，所以不舒服！

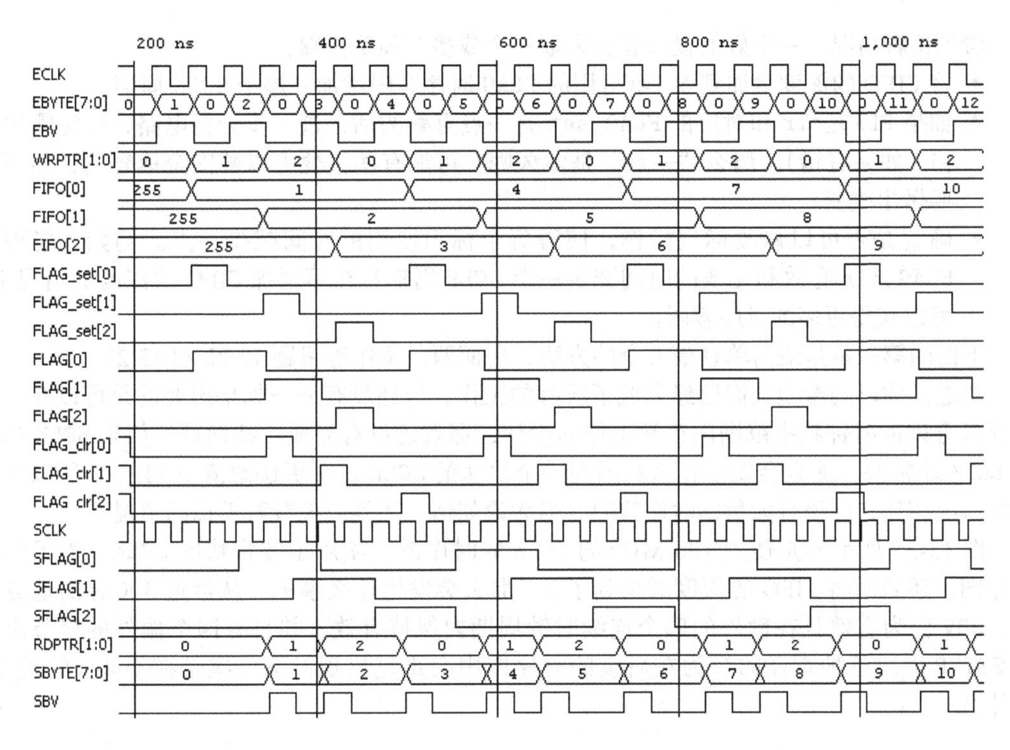

图 13-33　DEP=3 和慢 SCLK 的 VrEthSync 时序波形图

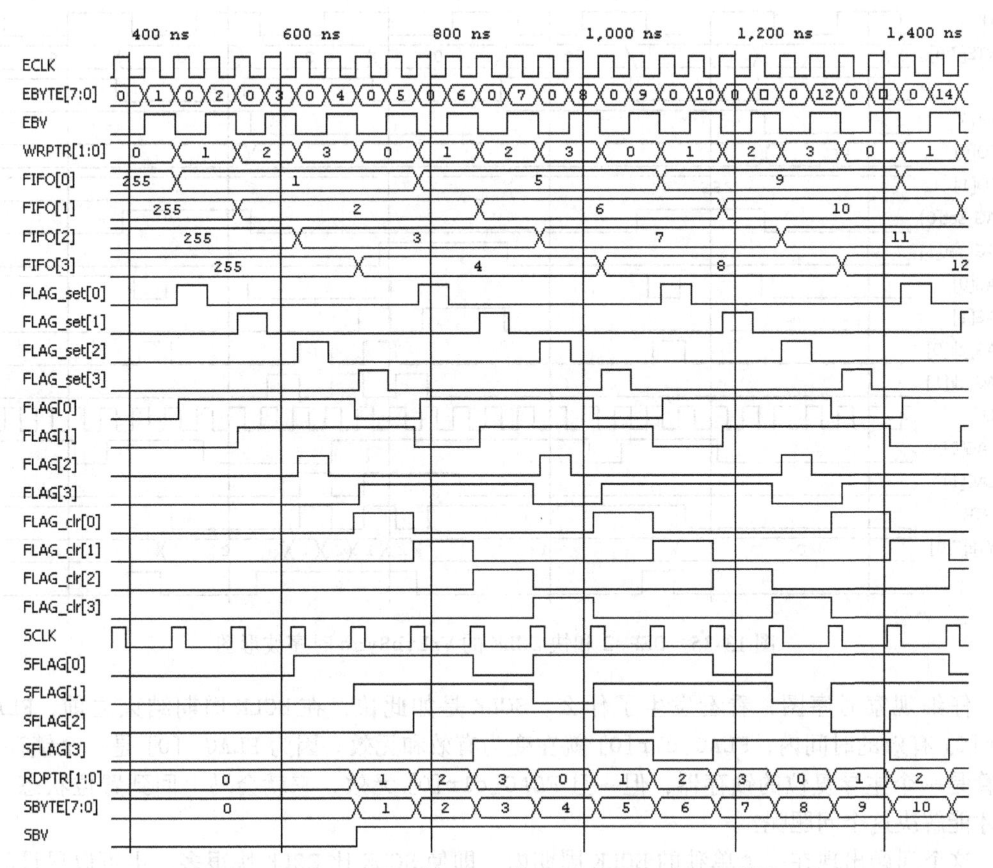

图 13-34　DEP=4 和慢 SCLK 的 VrEthSync 时序波形图

看到这种情况，一个好的设计者会采取一个或多个预防步骤：

- 将 FIFO 的深度增加到 5，给可用的 FLAG 时序容限增加一整个 SCLK 周期。
- 如果 FLAG_clr 和对应的 FLAG_set 有一点重叠的话，进一步分析电路，确定哪里出错（如果有错）。那么“一点”是多久呢？可能有些重叠可以被安全地容纳，而不需要做出改变。
- 确定是否可以修改标记操作，使得每个标识使用的时间减少一点。例如，能否将 FLAG_clr 有效和无效的时间减少一个 SCLK 周期？在不增加 FIFO 的深度的情况下，可以获得更多的时序容限。

上面的第一条是最简单且最安全的方法；后面两条留作练习题 13.22 和 13.23。

总之，你可能希望我们已经完成了所有的工作，但还没有——如果想要的是可以在一个广泛且合理的时钟频率范围内正常工作的设计，那就还没有完成。特别是，如果 SCLK 相对于 ECLK 非常快，那么会发生什么？因为一个快速的 SCLK 将会更快地清空 FIFO，所以与之前的情况相比，应该有大量的时序容限，但无论如何，还是应该看看模拟的情况。

图 13-35 展示的是使用 100 MHz 的 SCLK 的时序图。使用了非常快的 SCLK，为了简化时序图，还暂时将 FIFO 的深度减少到了 2。那么会发生什么事呢？从接近 300ns 的地方开始，SBV 变为有效且在额外的四个连续时钟周期内保持有效，并且有四个额外的字节出现在 SBYTE 上。这种奇怪的行为在后续的时序图中会重复出现，下一次是在 460ns 的地方。为什么？

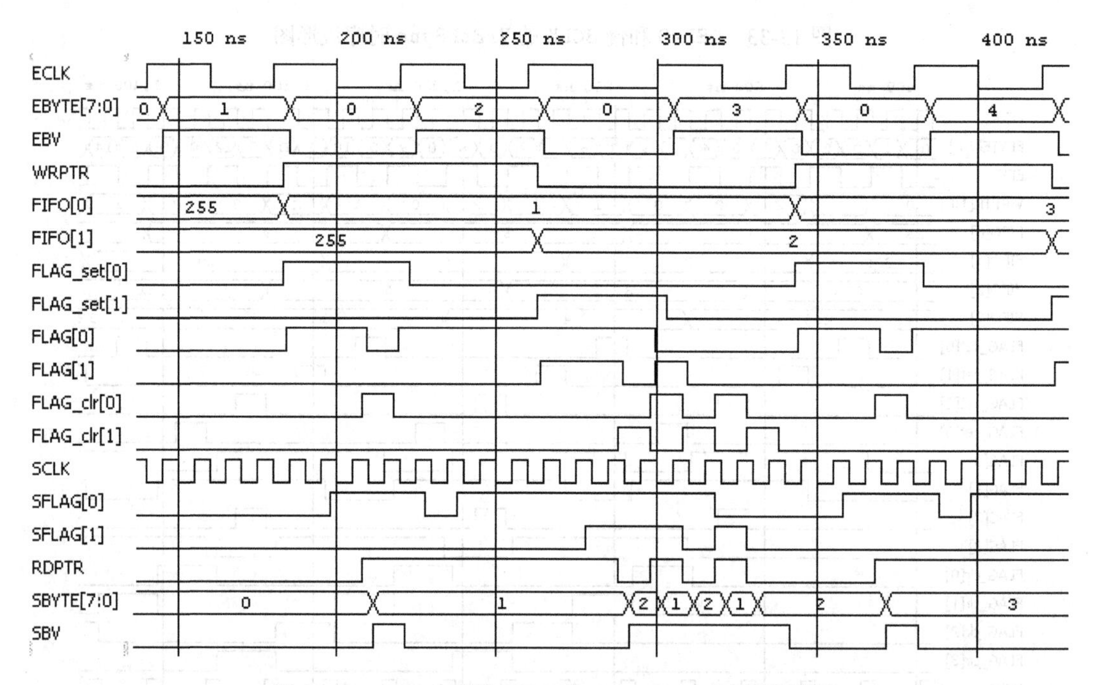

图 13-35　DEP=2 和快 SCLK 的 VrEthSync 时序波形图

仔细观察时序图，看看发生了什么。SCLK 是如此快，在 ECLK 周期结束之前，FLAG_set[0] 有效的时间内，FLAG_clr[0] 就在变为有效和无效。因为 FLAG [0] 是一个锁存器，尽管是一个主导复位的锁存器，但一旦 FLAG_clr[0] 无效，它就会马上回到置位状态。怎样才能解决这个问题呢？

这个问题出现在一个单独的 ECLK 周期内，即使 SCLK 比 ECLK 快很多，也可以尽量尝试使电路正常工作。所以解决方案不能依赖于加快 ECLK 的速度，或者指望利用半个 ECLK 时钟周期或者一些类似的拙劣方法。但是，我们可以改变设置标记的办法——当 FLAG_set 有效时，不是锁存一个 1，而是用一个边沿触发触发器在 FLAG_set 的上升沿存储一个 1。

程序 13-11 展示的是基于新策略的 VrFIFOflagsync_ET 模块的 generate 代码。为每一个标记位实例化一个原生的、上升沿触发的 D 触发器 FDCE，代替一个 D 锁存器，将 FLAG_set 与时钟输入相连，用于载入一个 1，并且仍然用一个异步清零输入来使标记位清零。

程序 13-11　以 Xilinx 7 系列 FPGA 为目标的 VrFIFOflagsync_ET 模块的 Verilog 代码

```
generate
  for (g=0; g<=DEP-1; g=g+1) begin: flags // FLAG_set 的上升沿上一个为 1 的时钟信号
    FDCE U1 ( .C(FLAG_set[g]), .CE(1'b1), .D(1'b1),
              .CLR(FLAG_clr[g]),           // 当 FLAG_clr 有效时，异步清零
              .Q(FLAG[g]) );
  end
endgenerate
```

本节最后一个时序图（图 13-36）展示的是使用 VrFIFOflagsync_ET 模块的结果。一切都很好。注意，FLAG_clr 脉冲可能依然会与 FLAG_set 重叠，但这不是问题了。这里，对于 FLAG 的 D 触发器而言，重要的时序约束是，在时钟（FLAG_set）的下一个上升沿之前，异步清零输入（FLAG_clr）必须无效并保持一个特定的恢复时间，这个约束容易满足。

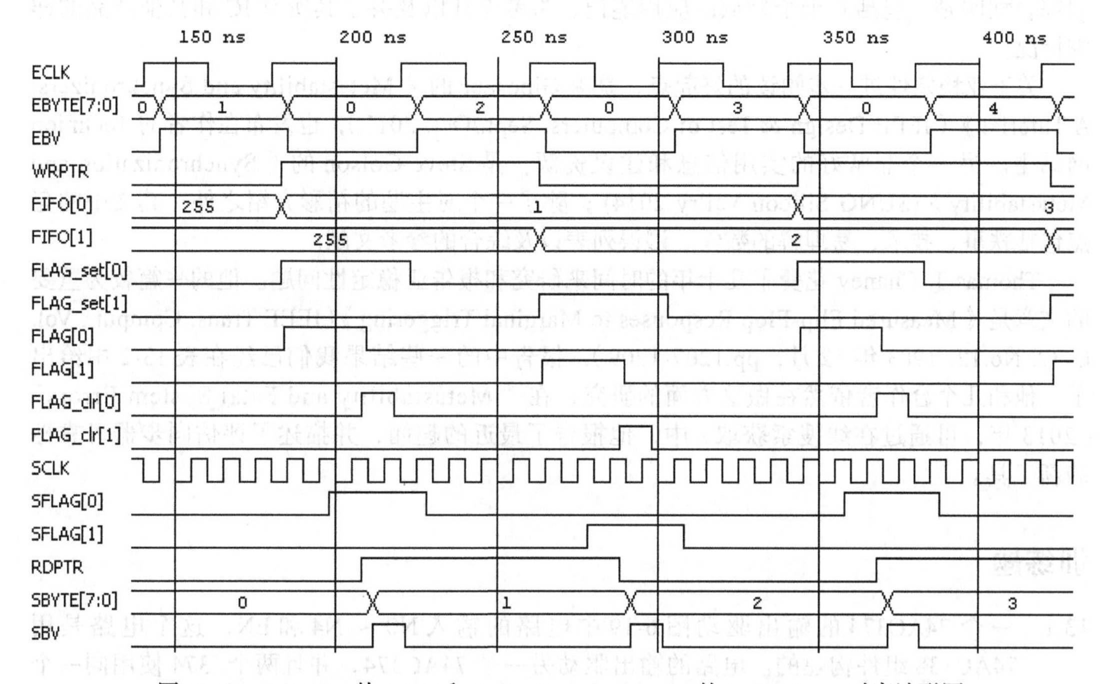

图 13-36　DEP=2、快 SCLK 和 VrFIFOflagsync_ET 的 VrEthSync 时序波形图

在本节开头关于 FIFO 操作的概要中提到，希望设计支持输入和输出总线上的连续操作。在图 13-34 中展示了 SBYTE 具备这种能力，但还没有探讨是否所有的 EBYTE 都具备这种能力。既然我们已经承诺前一个时序图是最后一个，那就将时序研究作为练习题留给读者吧（参见练习题 13.24 和 13.25）。

在用大量篇幅来研究一个“简单”的跨时钟域数据传输同步示例的设计和分析（即使这样，还有一些细微之处留作练习题）之后，你应该会对正确同步电路设计的困难有强烈感受。向前看，有经验的设计者使用的一些指南能帮助你：

- 最小化一个系统中不同时钟域的数量。
- 明确识别所有时钟的边界，并提供能够明确识别这些边界的同步器。
- 为每个同步器提供足够的亚稳定性消解时间，使得同步器极少出现故障，比其他硬件故障的可能性小很多。
- 在一系列的时序情景下分析同步器的行为，包括可能应用在系统测试和更新上的较快和较慢的时钟。
- 还要在一个广泛的时序情景下模拟系统的行为。
- 研究模拟器的结果，并且这些结果具有时序分析的意义，反之亦然。
- 建立和维持保守的时序容限。

信赖模拟结果是现代数字设计者的一个万能钥匙，设计者通常依赖复杂且高速的逻辑模拟器来找到他们设计中的错误。但模拟器也不能替代接下来的一些其他指南。忽略这些指南会导致不能被典型且小量的模拟情景检测到的错误。在所有数字电路中，同步器是其中“设计正确”非常重要的一种电路！

参考资料

制造商的网站是获取关于数字设计实践知识的一个很好资源。德州仪器公司有一个专门的综合性网站，包括几十个领域的应用笔记、参考设计以及关于其所有 IC 和其他产品的详细情况。

关于亚稳定性进一步阅读的好起点，是 R.Ginosaur 的《 Metastability and Synchronizers: A Tutorial 》（IEEE Design & Test of Computers, Sept./Oct. 2011），也发布在作者的 Technion 网站上。另一个非常好的实用信息和建议资源，是 Steve Golson 的《 Synchronization and Metastability 》(SUNG Silicon Vallry 2014)；除了一个对主题的精彩介绍之外，其文中的亮点包括轶事、技术、易理解的数学、谬误列表以及综合的参考文献。

Thomas J. Chaney 花费了几十年的时间来研究和报告亚稳定性问题。他的一篇较为重要的文章是《 Measured Flip-Flop Responses to Marginal Triggering 》(IEEE Trans. Comput., Vol. C-32, No.12, 1983 年 12 月，pp.1207-1209)，报告中的一些结果我们已经在表 13-2 中给出了。他和几个合作者依然在做这方面的研究，在“ Metastability and Fatal System Errors ”（2013 年，可通过在线搜索获取）中，他报告了最近的趣闻，并描述了评估同步器可靠性的新工具。

训练题

13.1 一个 74AC374 的输出驱动图 6-19 中电路的输入 N0 ~ N4 和 EN，这个电路是用 74AC138 组件构建的。电路的输出驱动另一个 74AC374，并且两个 ’374 使用同一个不计时钟偏移的时钟信号。假设时钟频率是 25 MHz，确定第二个 ’374 的建立和保持时间容限。假设时钟频率为 30 MHz，再重做一遍。使用表 4-3 和表 13-1 中的时序规范。

13.2 在 74HC 组件上重做训练题 13.1，运行条件 2.0 V 和 25 ℃，时钟频率只有 1.5 MHz。

13.3 在 74HC 组件上重做训练题 13.1，运行条件 4.5 V 和 85 ℃，时钟频率是 6.0 MHz。

13.4 组合电路的延迟可以接近于 0（比如，如果它只是一根电线），但决不能少于 0。所以，在同步系统设计中，一个有负保持时间的触发器有什么好处？

13.5 考虑第 11 章讨论的时序电路构件，哪一个最可能受到时钟偏移的影响，为什么？

13.6 重新计算 13.4.4 节中两个同步器的 MTBF，但不使用 Chaney 对 74LS74 的 T_0 和 τ 的估算，而使用 74LSxx 系列的 TI。关于这种估算和计算，你的结果会告诉你什么？

13.7 在一些同步器应用中，在计算亚稳定性的 MTBF 时，用时钟频率 f 替代了参数 a，假设一个异步输入在每一个时钟沿都可以发生改变。在这种假设下，重新计算 13.4.4 节中两个同步器的 MTBF。

13.8 计算一个使用 74F74 按照图 13-21 构建的同步器的 MTBF，假定时钟频率是 25 MHz，异步转换速率是 1 MHz。假设一个 'F74 的建立时间是 5ns，保持时间是 0。

13.9 计算图 13-37 中同步器的 MTBF，假定时钟频率是 30 MHz，异步转换速率是 2 MHz。假设 74ALS74 中从时钟到 Q 或 QN 的建立时间 t_{setup} 和传输延迟 t_{pd} 都是 10ns。

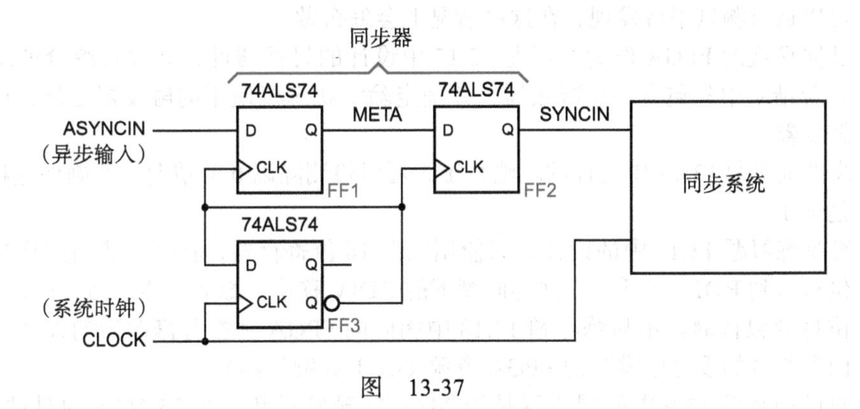

图 13-37

练习题

13.10 将第二个 74AC374 改为 74HC374 之后，重做训练题 13.1，运行条件 4.5 V 和 85 ℃，在什么频率下建立时间容限是 0？

13.11 让图 7-18 中的电路构建得尽可能快，只使用表 4-2 和表 4-3 的组件。假定用一个 74AC374 的输出来驱动 DU 总线，DC 总线将数据载入另一个 74AC374，并且两个 '374 使用同一个不计时钟偏移的时钟信号。假定第一个 '374 的输出总是使能的，确定第二个 '374 的建立和保持时间容限，假定时钟频率是 15 MHz。假定时钟频率是 20 MHz，重新计算一次。使用表 4-2、表 4-3 和表 13-1 中的时序规范。

13.12 假定时钟偏移达到 2.0ns，重做一次练习题 13.11。

13.13 假定第一个 '374 的输出使能输入通过一个 74AC377 的输出被置为有效，假设这两个器件使用同一个不计时钟偏移的时钟信号。重做一次练习题 13.11。

13.14 图 10-26 的标题说明了 74x377 中一位的“合乎逻辑的”行为。描述一种方法，删除每个触发器 D 输入上的 2 输入多路复用器，从而减小整个电路的尺寸，但依然能够获得相同的合乎逻辑的行为。这样的改变对电路的性能有什么影响？

13.15 修改程序 13-2 中的乘法状态机，使得 START 输入可以在一次新乘法运算开始后的任何时间变为无效，并保持无效一个时钟周期，接着在一个时钟周期后，尽快再次有效，以便在结束当前乘法运算后，尽可能快地开始下一次乘法运算，至少比图 13-7 中所示的快一个时钟周期。更新程序 13-7 中的测试平台以检测修改后的状态机。乘法可以提前两个时钟周期开始吗？在任何一种情况下，需要修改乘法器的其他模块或控制信号吗？

13.16 修改 13.2.2 节的乘法模块，按照 2.8 节所述的方法来实现有符号的二进制补码乘法。

尝试不用为最后一步创建第二个加法器（减法器）。更新程序13-7的测试平台以检测你的设计。

13.17　用Verilog，为一个使用8.4.1节中算法的被除数是一个16位整数的16位除数器，设计一个数据通路和状态机。数据通路需要16位寄存器来存储DVSR、QUOT以及RDIV的半个低位和半个高位。这个状态机和数据通路可以使用一个类似13.2.2节中乘法系统的控制设置，其中DVSR和DVND在前两个时钟周期内从一个输入总线INP上载入，而在接下来的16个时钟周期内完成除法过程。编写一个测试平台，针对与程序8-23类似的三类伪随机输入，检测你的系统的操作。使用Verilog内置的除法操作来检查你的结果。你的系统不必检测除以0的情况或者为此做什么，但你可以通过测试平台发现，在这些情况下会怎么做。

13.18　以你喜欢的FPGA作为练习题13.17中设计的目标器件，并检查综合的结果。确保综合结果中只包含一个减法器，并确定除了状态机使用的触发器之外，还有多少个触发器。

13.19　改进练习题13.17中设计的除法系统，可以检测除以0的情况，并确保这种情况下商是全1。

13.20　修改练习题13.17中的设计，只使用三个16位寄存器，在每一步将所产生的商的各位载入到RDIV的低位，并连同剩下的RDIV移位。最后一步之后，RDIV的半个低位将会包含商。用与练习题13.18中相同的FPGA来综合修改后的设计，并比较这两种版本的设计中需要的FPGA资源（LUT和触发器）。

13.21　假设训练题13.9中的同步器是用74AC74触发器和一个25 MHz的时钟来构建的，并且SYNCIN信号与同步系统的组合电路相连，这个SYNCIN信号还要反过来驱动一个74AC374触发器的D输入，触发器的时钟信号是CLOCK。这个组合逻辑可允许的最大传输延迟是多少?

13.22　分析程序13-8的以太网数据传输模块，当FLAG_clr和对应的FLAG_set的有效时间有任何长度的重叠时，如果有错的话，确定哪里出错了。如果不会出错，并且它们的重叠时间“只是一点”，那么请确定可以安全容纳的重叠时间是多久。阐明你的答案中`VrFIFOflagsync`模块设计必须遵从的任何假设或约束。

13.23　针对程序13-8的以太数据传输模块，确定是否可以通过修改标记操作，使得每一个标记的时间减少一点。例如，FLAG_clr有效和无效的时间能否缩短一个SCLK周期？阐明你的答案中必须遵从的任何假设或约束。

13.24　研究程序13-8中在EBYTE输入总线上可以连续操作的以太网数据传输模块的时序行为。修改测试平台，用同一个速率（100 Mbps）提供以太网输入数据，但在一行的两个ECLK时钟沿上，连续提供两个字节给EBYTE，随后是两个无效的ECLK时钟沿。ECLK和SCLK分别使用原先的时钟频率25 MHz和33 MHz，FIFO使用原先的深度3。确定电路是否还能正常工作，如果不能，则按照需要修改电路。

13.25　现在给EBYTE提供连续的输入数据，输入数据速率是200 Mbps，重做练习题13.24。

13.26　一个著名的数字设计者设计了图13-38a中所示的电路，希望在一个系统时钟周期内消除亚稳定性。电路M是一个无记忆的模拟电压检测器，如果Q是亚稳定状态，则电路M的输出是1，否则是0。电路设计者的思路是，当CLOCK变为低电平时，如果检测到Q线是处于亚稳定状态，则NAND门将D触发器清零，D触发器反过来消除了亚稳定状态，从而使电路M产生一个0输出，于是触发器的CLR输入无效。这些电路都足够快，在CLOCK再次变为高电平之前，所有的一切都刚好完成；期望的波形如图13-38b所示。

不幸的是，这个同步器偶尔还是会出故障，著名的数字设计者现在已设计蓝色牛仔裤口袋去了。请详细解释电路是如何出故障的，包括时序图。

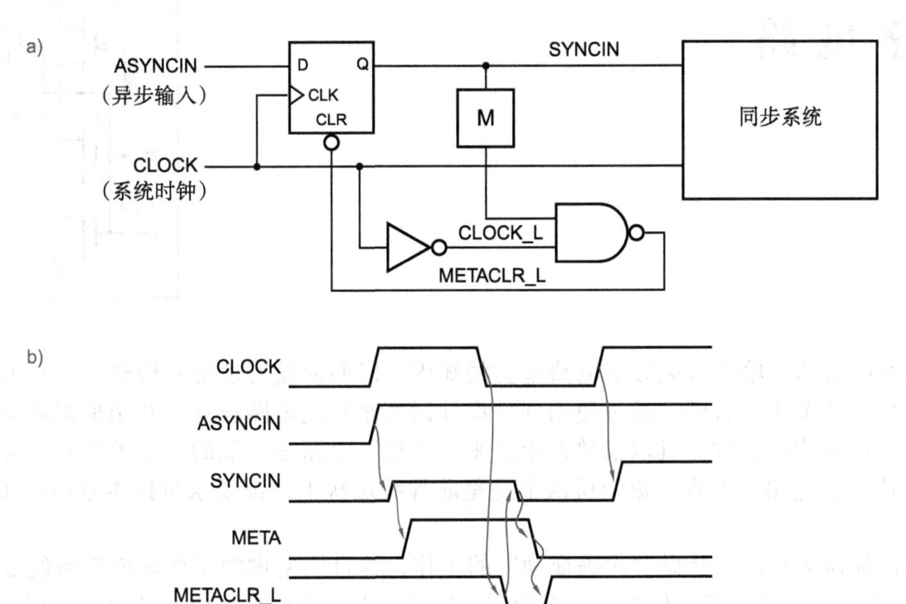

图 13-38

第 14 章

Digital Design: Principles and Practices, Fifth Edition

数 字 电 路

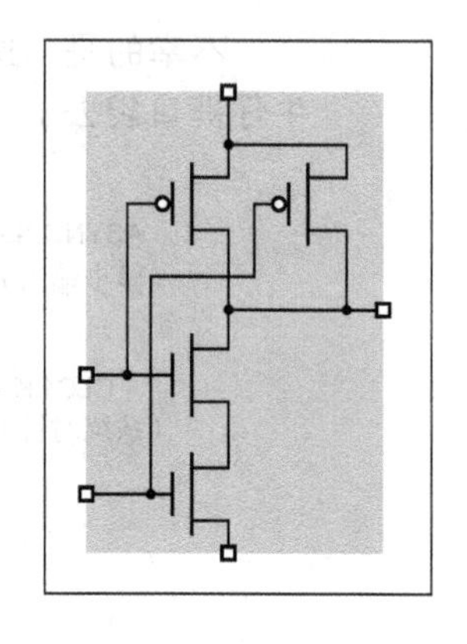

本章的目的是给出有关数字电路坚实的知识，以便使读者理解并构建出实际电路和系统。在后续章节中会看到，通过使用硬件设计语言来描述电路设计，并用模拟器验证其操作，即采用现代的软件工具以抽象的形式来“构建”电路是可能的。为了构建实际的、达到产品质量的电路，不管在板级层次上还是芯片级层次上，都要求掌握本章内容（以及更多内容）。

即使你认为自己只是做“代码拖动”的工作，并且期望你的工作环境里有能处理所有“电子工程事务”的专家，你也需要充分了解数字电路，至少要可以有效地与他们交流。数字设计逻辑部分和电子部分之间交互和需求的权衡可能比你想象的更频繁。

从第 1 章的学习到现在已经有一段时间了，但依然需要回想起“数字抽象”的概念，是这个概念使得数字设计者用逻辑值 0 和 1 而不是模拟量工作。数字抽象的关键是将每一个逻辑值与一个模拟值的范围关联起来。如图 14-1 所示，一个典型的门电路不能确保一个逻辑值为 0 的输出具有一个准确的电压值。但是，它可以是某个范围内的电压值，即可以被其他门电路的输入识别为 0 的一个电压范围的子集。这个范围边界的差异就叫作*噪声容限*（noise margin）——在一个实际的电路中，一个门电路的输出可以混杂很多这样的噪声，但依然可以被其他门电路的输入正确地识别。

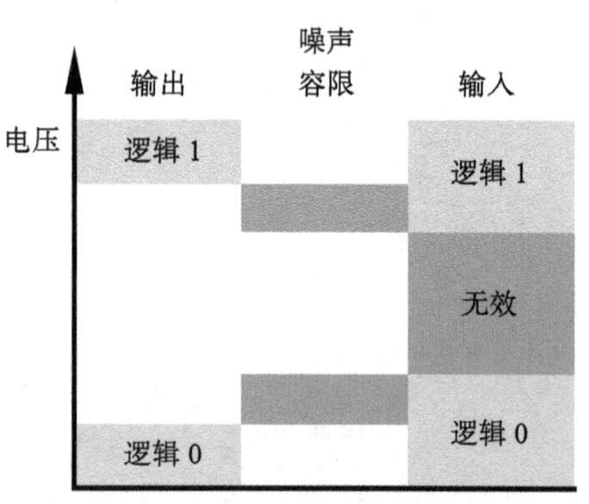

图 14-1　逻辑值和噪声容限

逻辑 1 的输出行为是相似的。注意，如图 14-1 所示，图中逻辑 0 和逻辑 1 的输入范围之间有一个“无效”的区域。尽管任何给定的工作于特定电压和温度下的数字器件都会有一个定义得相当明确的边界（或阈值），但不同的器件可以有不同的边界。并且，所有正常运作的器件的边界有时也会进入无效的区域。因此，针对不同器件，在 0 和 1 定义范围内的任何信号都应该被识别为同样的值。这个特性是结果可重现的基本要素。

设计可以产生和辨别适当范围内逻辑信号的逻辑门电路，是一个电子电路设计者的工作。这是一个模拟电路设计的问题，通常由一位专家来完成，这位专家的工作就是，针对晶体管和物理布局层面，创建将成为 ASIC 库或标准组件中部件的各种门电路和其他元件，包括从一个 SSI/MSI 函数到一个 FPGA 或 VLSI 微处理器芯片的一切事情。不可能设计出一个能在任何可能的条件下（包括电源电压、温度、负载和其他因素）正常工作的电路。相反，电子电路设计者或器件制造商会提供*器件规格*（device specifications，也称为 spec）来定义保证正确行为的条件。

作为一个数字设计者，你不需要深入了解数字器件的模拟行为细节，以确保器件的正确操作。相反，你只需要充分学习器件的操作环境，以确定器件是否在其公布的规范内工作。当然，需要一些模拟电路的知识来完成学习，但数字器件的设计也不是近乎从零开始。本章的目的是给你所需要的知识。

略谈 TTL

使用双极型晶体管的晶体管－晶体管逻辑（TTL），是 20 世纪 60 年代引入的（并且是之后几十年中最常用的）数字逻辑系列。作为技术进步的结果，会定期推出较新型但具有兼容性的 TTL 系列。而在其他技术（包括最突出的 CMOS）中，都会提供兼容 TTL 的版本和接口，这导致了 TTL 的流行。

标准的 TTL 组件使用 5V 电压，但现在几乎所有的 CMOS 都使用更低的电压。而且，因为 TTL 和 CMOS 共存了很长时间，许多 CMOS 系列的最高工作电压都被设计成 5V，以便与 TTL 兼容。

虽然 TTL 在 20 世纪 90 年代就被 CMOS 大量取代，但在研究实验室里，你可能还会碰到 TTL 或兼容 TTL 的组件。即使在工业界，偶尔也需要设计具有 TTL 兼容性的新的子系统。例如，将一个新的设备与传统的总线相连。鉴于上述原因，本章偶尔也会提到 TTL，特别是在谈到 CMOS 器件的兼容性和接口的时候。

14.6 节和 14.7 节将会谈到与 CMOS/TTL 接口相关的另外一些话题。如果你需要了解关于 TTL 外部特性与内部操作的更多信息，那么可以翻阅本书的前几个版本。

14.1 CMOS 逻辑电路

CMOS 逻辑电路已十分普及，并且是最具能力和最容易理解的商业数字逻辑技术。本节开始，阐述 CMOS 逻辑电路的基本组成单元，并介绍最通用的商业 CMOS 逻辑系列。

CMOS 逻辑电路的功能化行为很容易理解，即使你的模拟电路知识不是很深。CMOS 逻辑电路中的基本构件，简单来说，就是 MOS 晶体管。介绍 MOS 晶体管和 CMOS 逻辑电路之前，必须先讲讲逻辑电平。

14.1.1 CMOS 逻辑电平

抽象的逻辑元素处理的是二进制数 0 和 1，而实际的逻辑电路处理的是如电压这样的电信号。在任何逻辑电路中，一定的电压范围（或其他电路条件）被解释为逻辑 0，而与其不重叠的另一个电压范围则被解释为逻辑 1。

典型的 CMOS 逻辑电路工作在 5 V 或更低的电源下，许多电路（特别是便携式器件）使用更低的电压，可以低至 1V，以节约电能；但为了简单性和一致性，在本章中我们先假设为 5 V，直到 14.6 节和 14.7 节才会涉及更低的电压。CMOS 操作大多数方面都与电压成比例，虽然不总是呈线性关系。

一个 5 V 的 CMOS 逻辑电路可以将 0 ~ 1.5 V 电压解释为逻辑 0，而将 3.5 ~ 5.0 V 电压解释为逻辑 1。即在 5V CMOS 逻辑中，低电平和高电平的定义如图 14-2 所示。这两种电平之间的范围（1.5 ~ 3.5 V）只在信号转换时才出现，并产生不确定逻辑值（即电路可将其解释为 0，也可解释为

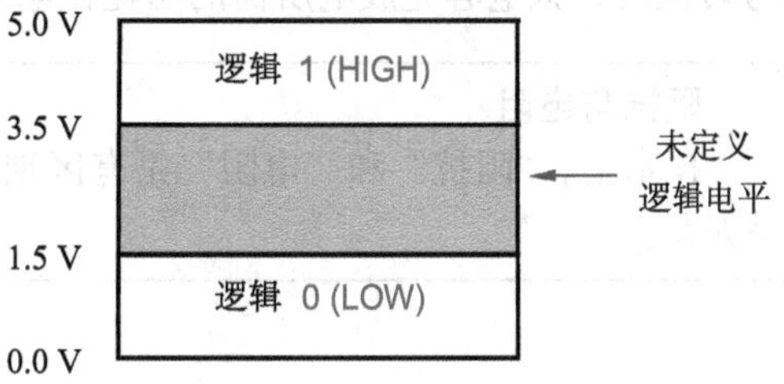

图 14-2 典型 CMOS 逻辑电路的逻辑电平

1）。采用其他电源电压（如 3.3 V 或 2.7 V）的 CMOS 电路，也可做类似的电压范围划分。

14.1.2　MOS 晶体管

金属氧化物半导体场效应晶体管（Metal-Oxide Semiconductor Field-Effect Transistor (MOSFET)），或简称 MOS 晶体管，可被模型化为一种 3 端子压控电阻器件。如图 14-3 所示，将输入电压加到一个端子上，去控制其他两端子间的电阻。在数字逻辑应用中，MOS 晶体管总是工作在两种状态——要么其电阻特别高（即晶体管“断开”状态），要么就特别低（即晶体管“导通”状态）。

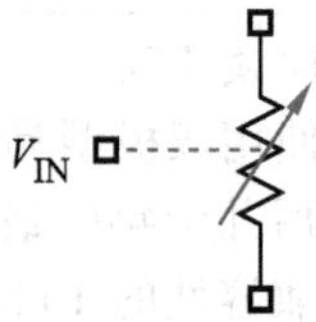

V_{IN}

图 14-3　将 MOS 晶体管看作压控电阻

MOS 晶体管分为两种类型：*n* 沟道型和 *p* 沟道型。*n* 和 *p* 表示两个可控电阻端的半导体材料的类型。*n* 沟道 MOS（*n*-channel MOS，NMOS）晶体管的电路符号如图 14-4 所示。器件的 3 个端子分别为栅极（gate）、源极（source）和漏极（drain）。从电路符号的取向就可猜到，漏极的电压一般比源极高。

NMOS 晶体管的栅 – 源电压（V_{gs}）一般为零或正值。若 $V_{gs} = 0$，则从漏极到源极的电阻（R_{ds}）会很高，至少有 1MSZ（即 $10^6\Omega$）或更高。随着 V_{gs} 的增加（即栅电压的增加），R_{ds} 会降到很低的值，有些器件可达到 10Ω 或更低。

p 沟道 MOS（*p*-channel MOS，PMOS）晶体管的电路符号如图 14-5 所示，其工作原理与 NMOS 晶体管类似，只是它的源极电压通常比漏极的高，且 V_{gs} 通常为零或负值。若 V_{gs} 为 0，则源 – 漏电阻（R_{ds}）非常高。随着 V_{gs} 的下降（即栅电压的下降），R_{ds} 则降为很低的值。

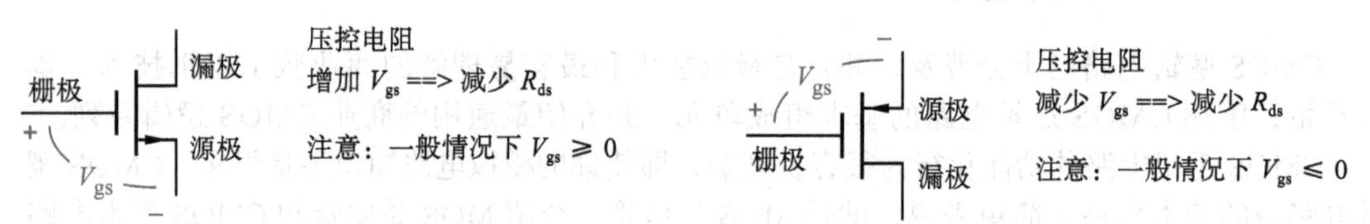

图 14-4　*n* 沟道 MOS（NMOS）晶体管的电路符号　　图 14-5　*p* 沟道 MOS（PMOS）晶体管的电路符号

MOS 晶体管的栅极具有非常高的阻抗。即栅极是通过具有非常高电阻的绝缘材料来与源极和漏极分隔开的。然而，栅电压能够产生电场以增强或降低源 – 漏间的电流。这就是“MOSFET”名字中“场效应”的含义。

无论栅电压如何，栅 – 源之间几乎没有电流，栅 – 漏间也是如此，所以栅极与其他两极间的电阻极高，大于兆欧。流过这个电阻的电流非常小，其典型值低于 1 微安（μA, 10^{-6} A），此种电流被称为漏电流（leakage current）。

MOS 晶体管的符号本身提醒我们，器件的栅极和另外两个极之间没有什么联系。然而，如符号所示的，MOS 晶体管的栅极与源极、漏极之间有电容性耦合。在高速电路中，输入信号转换时，该电容充放电所需的功耗在电路功耗中占有相当大的比重。

> **阻抗与电阻**
>
> 技术上，“阻抗”和“电阻”是有区别的，但电子工程师通常将它们混用，本书中也是如此。

14.1.3　基本的 CMOS 反相器电路

NMOS 和 PMOS 晶体管以互补的方式共用以形成 CMOS 逻辑。最简单的 CMOS 电路就是反相器，只需一个 NMOS 晶体管和一个 PMOS 晶体管，它们的连接如图 14-6a 所示。电源电压 V_{DD} 的典型值为 1 ～ 6 V，通常为了与 TTL 系列兼容，取为 5.0 V。

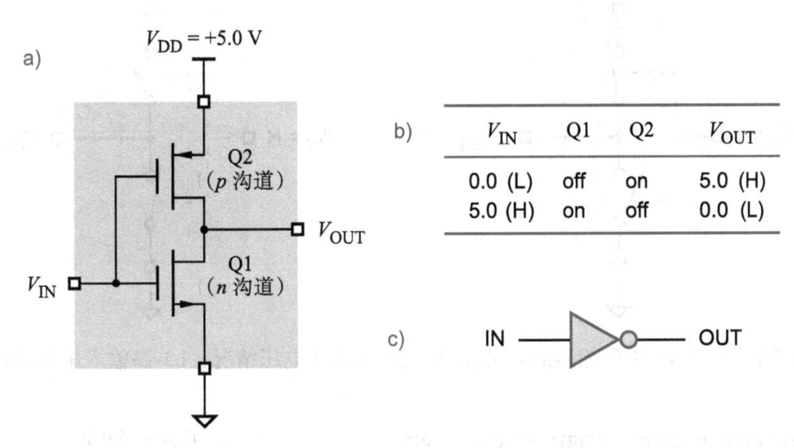

V_{IN}	Q1	Q2	V_{OUT}
0.0 (L)	off	on	5.0 (H)
5.0 (H)	on	off	0.0 (L)

图 14-6　CMOS 反相器：a）电路原理图；b）功能特性；c）逻辑符号

CMOS 反相器电路的功能，用图 14-6b 中列出的两种情况进行表述就可以：

1. V_{IN} 为 0.0 V。这种情况下，下面的 n 沟道晶体管 Q1 断开（因为其 V_{gs} 为 0），而上面的 p 沟道晶体管 Q2 导通（因为其 V_{gs} 为负值 –5.0 V）。所以，Q2 在电源（V_{DD}，+5.0V）和输出端（V_{OUT}）间表现为一个小电阻，故其输出电压为 5.0 V。

2. V_{IN} 为 5.0 V。此时 Q1 导通，因为其 V_{gs} 为大的正值（+5.0 V）；而 Q2 断开，因为其 V_{gs} 为 0。所以，Q1 在输出端和地之间表现为一个小电阻，并且输出电压为 0 V。

名字有什么含义？

“V_{DD}”名字上的“DD”是指 MOS 晶体管的漏极。这看来有点奇怪，因为 CMOS 反相器中，V_{DD} 实际上是与 PMOS 晶体管的源极相连。但 CMOS 逻辑电路是由 NMOS 逻辑电路转化而来，而 NMOS 逻辑电路中的电源是通过一个负载电阻与 NMOS 晶体管的漏极相连，于是有了“V_{DD}”。

还应注意的是，在 CMOS 和 NMOS 电路中，有时把“地”表示为“V_{SS}”。一些作者及大多数电路制作者都用符号“V_{CC}”来表示 CMOS 电源电压，因为“V_{CC}”在 CMOS 之前就被用在 TTL 电路中。为习惯起见，从 14.2 节起，我们将开始用“V_{CC}”表示电源电压。

由上述功能特性可见，该电路为逻辑反相器，因为 0 V 输入产生 +5 V 输出，反之若输入 +5 V 时则产生 0 V 输出。

还可用开关来说明 CMOS 电路的工作。如图 14-7a 所示，n 沟道（下面的）晶体管用常开开关来表示，p 沟道（上面的）晶体管用常闭开关来表示。输入为高电压时，各开关转变为其常态的相反状态，如图 14-7b 所示。

使用开关模型的画图表示方法，确实能让 CMOS 电路的逻辑特性更明了。如图 14-8 所示，p 沟道和 n 沟道晶体管用不同的符号来表示，反映其不同的逻辑特性。在 n 沟道晶体管（Q1）栅极加“高”电压时，开关“闭合”，源 – 漏间有电流流过，这样看起来就很自然。p

沟道晶体管（Q2）则与此相反，加“低”电压时开关“闭合”，其栅上的反相圈指示了这种反相行为。

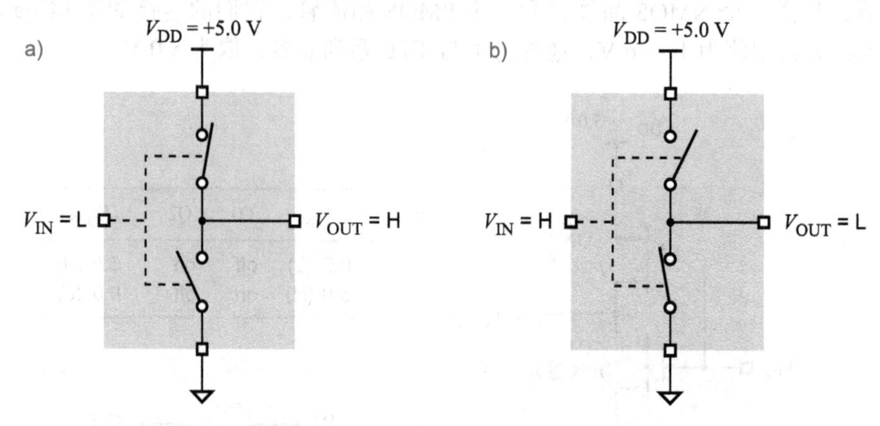

图 14-7　CMOS 反相器的开关模型：a）低输入电压情况；b）高输入电压情况

14.1.4　CMOS“与非”门和“或非”门

“与非”门和“或非”门电路都可使用 CMOS 技术构造。*k* 输入门电路要使用 *k* 个 *p* 沟道晶体管和 *k* 个 *n* 沟道晶体管。

图 14-9 显示了一个 2 输入 CMOS“与非”门，若任一个输入为低电压，则输出 Z 通过相应的“导通”*p* 沟道晶体管与 V_{DD} 进行低阻抗连接，而对地的通路被相应的“断开”*n* 沟道晶体管阻断；若两个输入都为高电压，则 Z 至 V_{DD} 的通路被阻断，而对地有低阻抗连接。图 14-10 是“与非”门的开关模型。

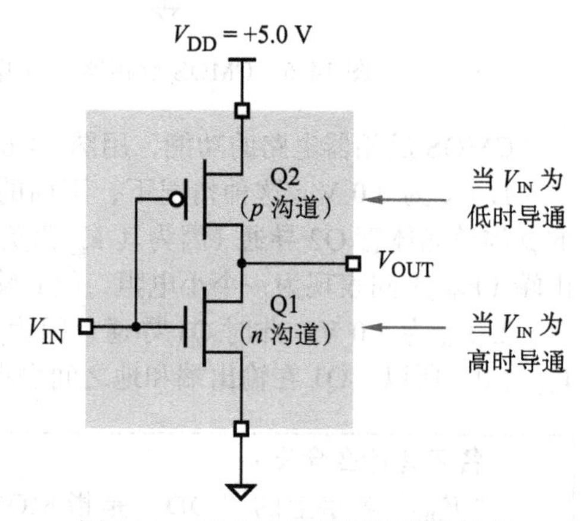

图 14-8　CMOS 反相器的逻辑操作

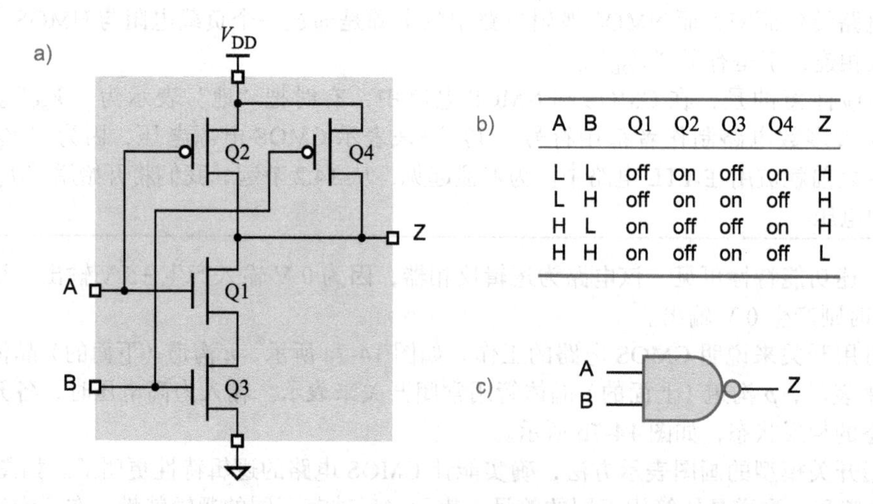

A	B	Q1	Q2	Q3	Q4	Z
L	L	off	on	off	on	H
L	H	off	on	on	off	H
H	L	on	off	off	on	H
H	H	on	off	on	off	L

图 14-9　2 输入 CMOS“与非”门：a）电路原理图；b）功能表；c）逻辑符号

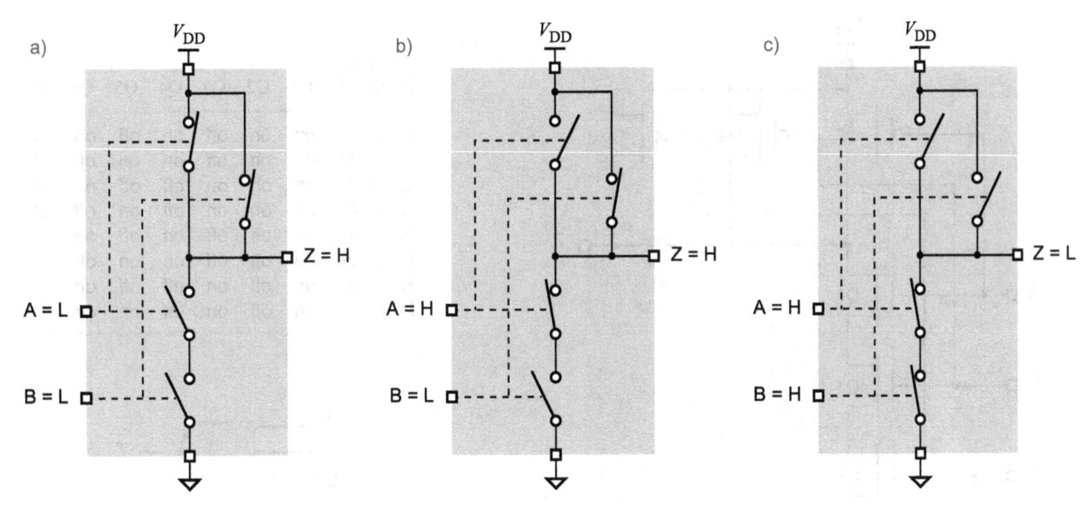

图 14-10 2 输入 CMOS“与非”门的开关模型：a）两个输入都为低；b）一个输入为高；c）两个输入都为高

图 14-11 显示了一个 CMOS“或非”门。若两个输入都为低电压，则输出 Z 通过“导通”p 沟道晶体管与 V_{DD} 进行低阻抗连接，而对地的通路被“断开”n 沟道晶体管阻断。若有任一个输入为高电压，则 Z 对 V_{DD} 的通路被阻断，而对地有低阻抗连接。

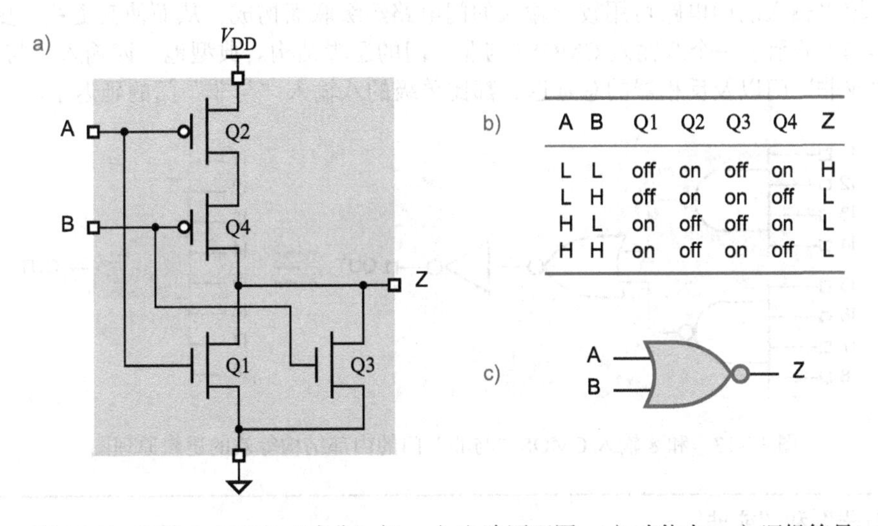

A	B	Q1	Q2	Q3	Q4	Z
L	L	off	on	off	on	H
L	H	off	on	on	off	L
H	L	on	off	off	on	L
H	H	on	off	on	off	L

图 14-11 2 输入 CMOS“或非”门：a）电路原理图；b）功能表；c）逻辑符号

14.1.5 扇入

在特定的逻辑系列中，门电路所具有的输入端的数目，称为该逻辑系列的扇入（fan-in）。要得到多于两个输入的 CMOS 门电路，可用直接扩展方式将图 14-9 和图 14-11 的电路进行串并联设计。一个 k 输入门电路就具有 k 个串联晶体管和 n 个并联晶体管。例如，图 14-12 表示出一个 3 输入 CMOS“与非”门。

在原理上，CMOS“与非”门和“或非”门都可以有很多个输入端。但实际上串联晶体管“导通”电阻的可加性限制了 CMOS 门的扇入数。一般情况下，“或非”门最多可有 4 个输入，“与非”门最多可有 6 个输入。

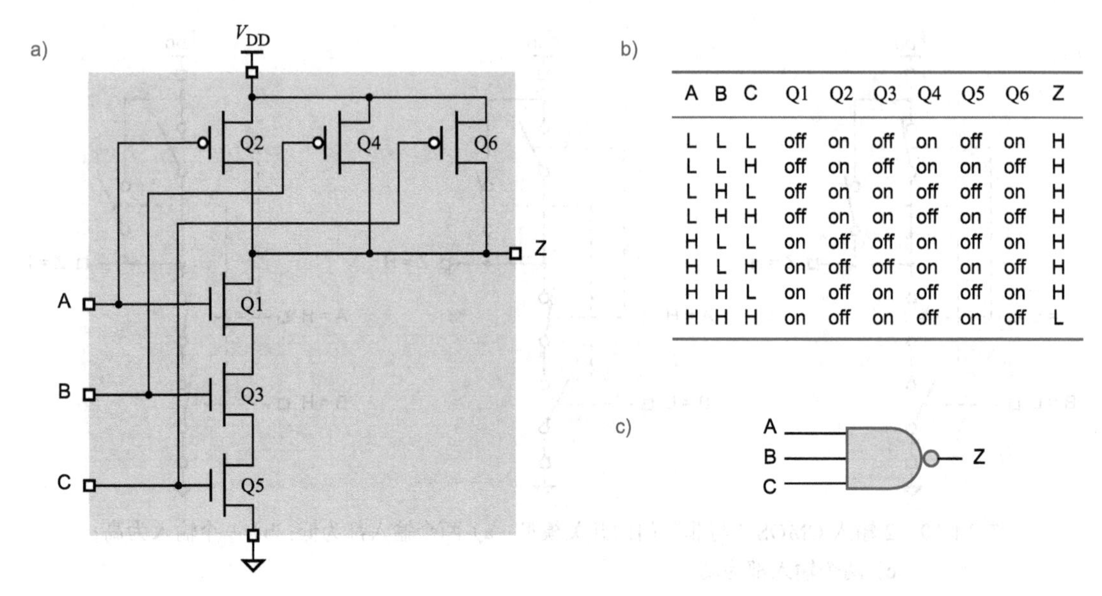

A	B	C	Q1	Q2	Q3	Q4	Q5	Q6	Z
L	L	L	off	on	off	on	off	on	H
L	L	H	off	on	off	on	on	off	H
L	H	L	off	on	on	off	off	on	H
L	H	H	off	on	on	off	on	off	H
H	L	L	on	off	off	on	off	on	H
H	L	H	on	off	off	on	on	off	H
H	H	L	on	off	on	off	off	on	H
H	H	H	on	off	on	off	on	off	L

图 14-12　3 输入 CMOS“与非”门：a）电路原理图；b）功能表；c）逻辑符号

随着输入端数目的增加，CMOS 门电路的设计者可以通过增大串联晶体管的尺寸进行补偿，这样做可减少其电阻和相应的开关延迟。但从某种角度来看，这样做会变得无效或者不切实际。较多输入的门电路可用较少输入的门电路经级联而构成，从而使其更快、更小。例如，图 14-13 显示了一个八输入 CMOS“与非”门的逻辑结构。典型地，四输入“与非”门、二输入“或非”门以及反相器的总延迟，都比单级的八输入“与非”门的延迟小。

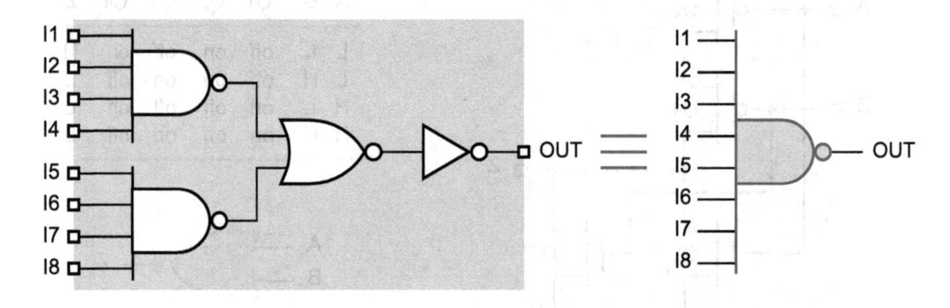

图 14-13　和 8 输入 CMOS“与非”门的内部结构等效的逻辑原理图

> **“与非”和“或非”**
>
> CMOS“与非”门和“或非”门具有不同的电气性能。对于相同的硅面积，*n* 沟道晶体管的“导通”电阻比 *p* 沟道晶体管的要低。所以，当晶体管串联时，*k* 个 *n* 沟道晶体管的“导通”电阻比 *k* 个 *p* 沟道晶体管的“导通”电阻低。结果是，*k* 输入“与非”门通常比 *k* 输入“或非”门的速度要快，因而也更受欢迎。

14.1.6　非反相门

在 CMOS 以及多数其他逻辑系列中，最简单的门是反相器，其次是“与非”门和“或非”门。进行逻辑上的求反是“免费”获得的，而且用少于反相器所需的晶体管数目来设计非反相门电路是不可能的。

CMOS 非反相缓冲器、与门和或门都可由反相器与相应的反相门经连接而得到。例如，图 14-14 展示的是非反相缓冲器，图 14-15 展示的是与门。将图 14-11a 中所示的电路与反相器相连，就可得到或门。

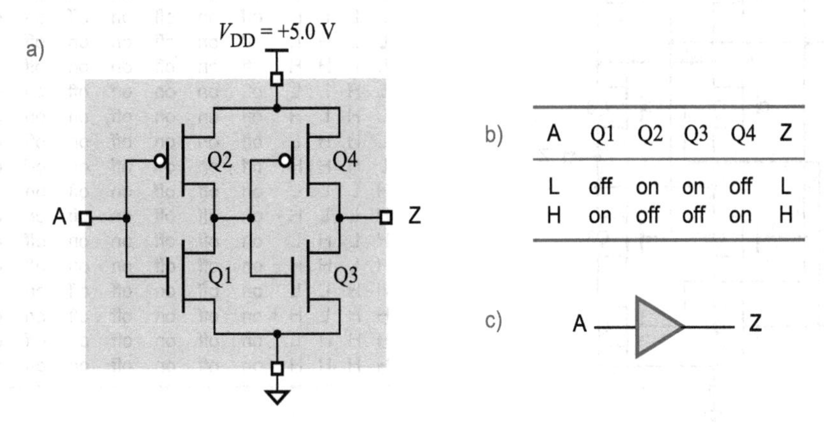

A	Q1	Q2	Q3	Q4	Z
L	off	on	on	off	L
H	on	off	off	on	H

图 14-14　CMOS 非反相缓冲器：a）电路原理图；b）功能表；c）逻辑符号

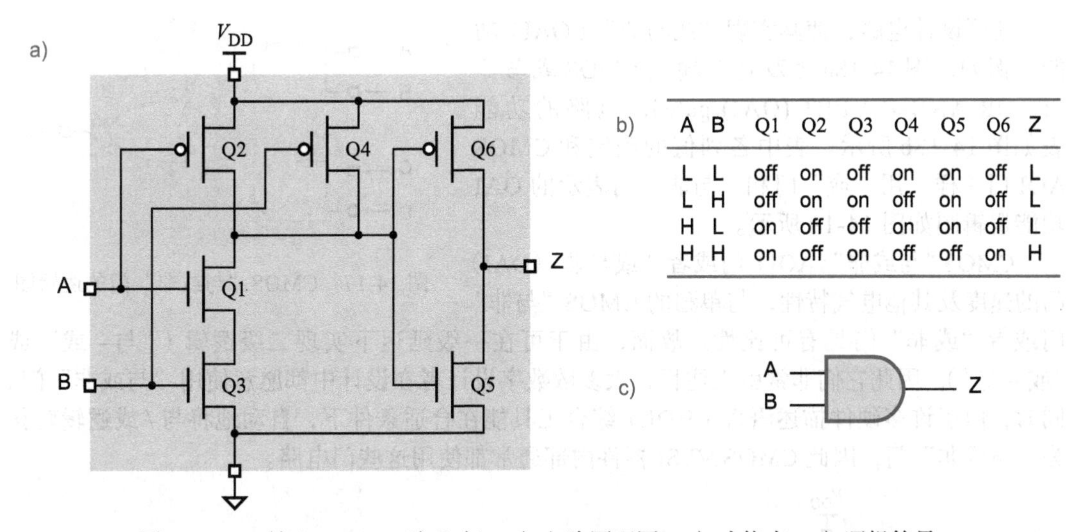

A	B	Q1	Q2	Q3	Q4	Q5	Q6	Z
L	L	off	on	off	on	on	off	L
L	H	off	on	on	off	on	off	L
H	L	on	off	off	on	on	off	L
H	H	on	off	on	off	off	on	H

图 14-15　2 输入 CMOS“与”门：a）电路原理图；b）功能表；c）逻辑符号

14.1.7　CMOS“与或非”门和“或与非”门

CMOS 电路可只用单“级”晶体管实现双级逻辑。例如，图 14-16a 中所示的是双宽二输入 CMOS 与或非门（AND-OR-INVERT (AOI) gate）。电路的功能表如图 14-16b 所示，用“与”门和“或非”门表示的功能逻辑图如图 14-17 所示。在电路中增加或减少晶体管，所实现的“与或非”功能可具有不同数目的“与”门，或者每个“与”门具有不同的输入数目。

图 14-16b 中 Q1 ~ Q8 每列的内容，只由相应晶体管栅极的输入信号决定。通过检查各种输入组合，并判断在该输入组合下，“导通”晶体管是使 Z 与 V_{DD}（或地）相连，即可得到表的最后一列。注意，在任何输入组合下，Z 都不能同时与 V_{DD} 和地相连，否则输出将为高态与低态之间的某一非逻辑值。而且由于 V_{DD} 和地之间进行低阻抗连接，输出结构会消耗过多的功率。

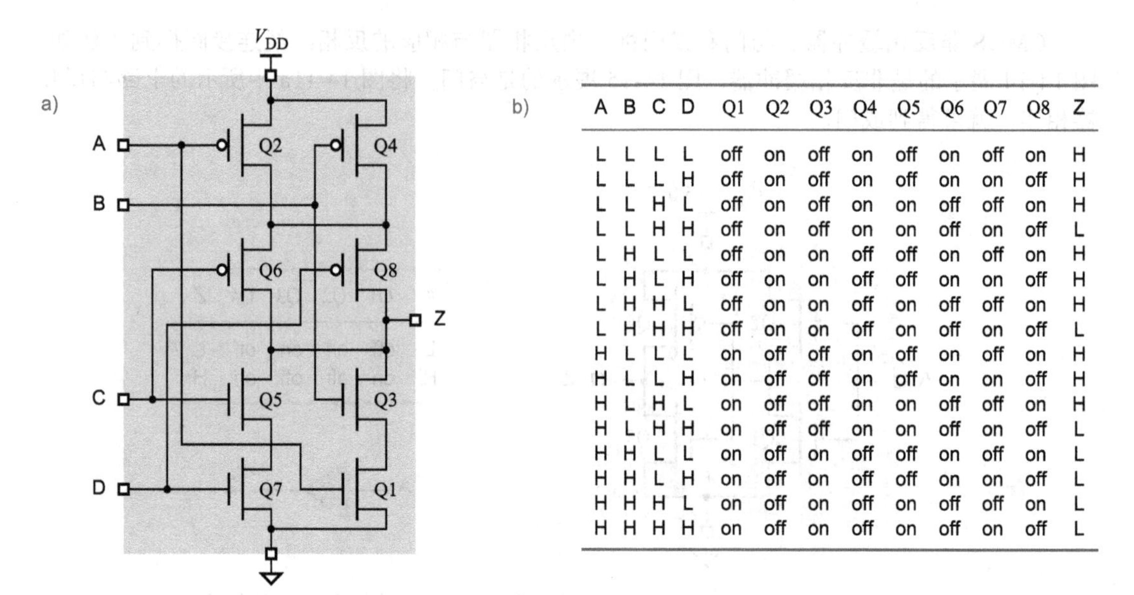

A	B	C	D	Q1	Q2	Q3	Q4	Q5	Q6	Q7	Q8	Z
L	L	L	L	off	on	off	on	off	on	off	on	H
L	L	L	H	off	on	off	on	off	on	on	off	H
L	L	H	L	off	on	off	on	on	off	off	on	H
L	L	H	H	off	on	off	on	on	off	on	off	L
L	H	L	L	off	on	on	off	off	on	off	on	H
L	H	L	H	off	on	on	off	off	on	on	off	H
L	H	H	L	off	on	on	off	on	off	off	on	H
L	H	H	H	off	on	on	off	on	off	on	off	L
H	L	L	L	on	off	off	on	off	on	off	on	H
H	L	L	H	on	off	off	on	off	on	on	off	H
H	L	H	L	on	off	off	on	on	off	off	on	H
H	L	H	H	on	off	off	on	on	off	on	off	L
H	H	L	L	on	off	on	off	off	on	off	on	L
H	H	L	H	on	off	on	off	off	on	on	off	L
H	H	H	L	on	off	on	off	on	off	off	on	L
H	H	H	H	on	off	on	off	on	off	on	off	L

图 14-16　CMOS“与或非”门：a）电路原理图；b）功能表

还可设计电路，使其实现“或与非”（OAI）功能。例如，图 14-18a 为双宽二输入 CMOS 或与非门（OR-AND-INVERT (OAI) gate），电路的功能表如图 14-18b 所示。表中各列值的确定和 CMOS AOI 门一样。用“或”门和“与非”门表示的 OAI 功能逻辑图如图 14-19 所示。

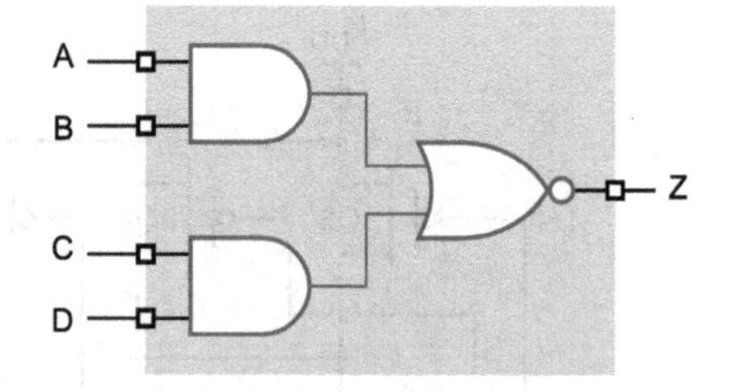

图 14-17　CMOS“与或非”门的逻辑图

CMOS“与或非”(AOI) 门或者“或与非”(OAI) 门的速度及其他电气特性，与单独的 CMOS“与非”门或者“或非”门具有可比性。故而，由于可在一级延迟下实现二级逻辑（“与－或”或“或－与”），因此它们非常引人注目，大多数数字设计者在设计中都愿意使用“与或非”门。同时，由于许多硬件描述语言（HDL）综合工具能在合适条件下，自动地将与 / 或逻辑转化为“与或非”门，因此 CMOS VLSI 器件内部通常都使用这些门电路。

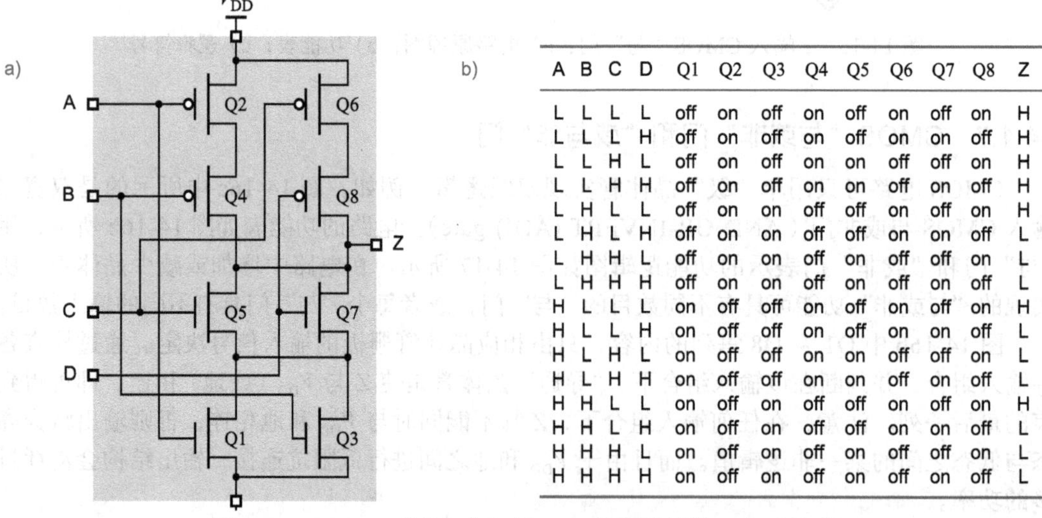

A	B	C	D	Q1	Q2	Q3	Q4	Q5	Q6	Q7	Q8	Z
L	L	L	L	off	on	off	on	off	on	off	on	H
L	L	L	H	off	on	off	on	off	on	on	off	H
L	L	H	L	off	on	off	on	on	off	off	on	H
L	L	H	H	off	on	off	on	on	off	on	off	H
L	H	L	L	off	on	on	off	off	on	off	on	H
L	H	L	H	off	on	on	off	off	on	on	off	L
L	H	H	L	off	on	on	off	on	off	off	on	L
L	H	H	H	off	on	on	off	on	off	on	off	L
H	L	L	L	on	off	off	on	off	on	off	on	H
H	L	L	H	on	off	off	on	off	on	on	off	L
H	L	H	L	on	off	off	on	on	off	off	on	L
H	L	H	H	on	off	off	on	on	off	on	off	L
H	H	L	L	on	off	on	off	off	on	off	on	H
H	H	L	H	on	off	on	off	off	on	on	off	L
H	H	H	L	on	off	on	off	on	off	off	on	L
H	H	H	H	on	off	on	off	on	off	on	off	L

图 14-18　CMOS“或与非”门：a）电路原理图；b）功能表

14.2 CMOS电路的电气特性

本节和以下三节讨论CMOS电路操作在电气（而不是逻辑）方面的问题。在设计使用CMOS或其他逻辑系列的电路时，理解这些内容是重要的。大部分内容的目的是提供一种构架，以保证某一给定电路的“数字抽象”能够真正有效。特别地，电路或系统的设计者必须提供在很多场合下适用的*工程设计容限*（engineering design margin）——这是电路在最坏条件下仍能正常工作的保证。

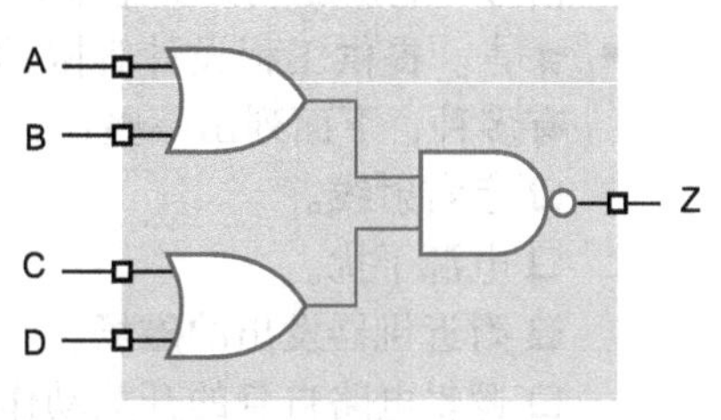

图14-19 CMOS“或与非”门的逻辑图

> **这真的都需要吗？**
>
> 下面几节内容所阐述的特性是CMOS逻辑门（包括它们的晶体管级结构以及晶体管本身的模拟特性）的电气设计成果。若从来不去设计逻辑门，就可能会认为这些话题是不重要的。然而，这些特性也是如何选择门电路，并将其互连而形成数字逻辑电路的方法总结。构造这样的互连也正是一名数字设计者所要做的事。
>
> 有些技术（如现场可编程门阵列（FPGA））可能对设计者掩盖了在单片上进行互连的细节，因为设计者可以用高级语言来规划设计，并用软件工具来生成满足所有电气要求的内部连接模式。但对设计者来说，当需要互连两个或更多个芯片时，理解它们的电气特性总是必要的。请阅读下文。

14.2.1 概述

在14.3 ~ 14.5节中要讨论的话题属于CMOS器件和电路的静态和动态特性：

- *静态特性*。这些话题包括电路输入和输出信号不变化时的情况，诸如功耗、匹配、输入与输出逻辑电平之间的容差，以及抗噪声能力等。
- *动态特性*。这些话题包括电路输入和输出信号正在变化时的情况，诸如当信号变化时的额外功耗、从输入信号变化到形成输出信号变化所经历的时间关系等。

在分析或设计数字电路的时候，设计者必须同时考虑静态和动态特性。我们在14.3 ~ 14.5节中要讨论的多数话题都涉及静态特性和动态特性，这些话题包括如下：

- *逻辑电压电平*。正常条件下运作的CMOS器件，能确保产生的输出电压电平处在定义好的“低”和“高”电压范围内，而且能够在更宽的范围内识别“低”和“高”的输入电压电平。CMOS电路制作者要非常小心地指定这个范围和操作条件，从而保证同一系列中不同器件的匹配性，并为不同系列的器件提供一定程度的互操作性（如果你细心的话）。
- *直流噪声容限*。非负的直流噪声容限能确保：由输出所产生的低电压最高值，总是要比可靠地解释为“低”的输入最高值还要低；而输出所产生的高电压最低值，总是要比可靠地解释为“高”的输入最低值还要高。针对由不同系列的器件组成的电路，很好地理解噪声容限，是特别重要的。
- *扇出*。扇出是指连接到某一给定输出的器件或负载的个数和类型。如果与输出相连的负载过多，则电路的直流噪声容限将变得不合适。扇出还会影响输出在不同状态间的转换速度。
- *速度*。CMOS电路的输出在低/高态之间转换的速度，依赖于器件的内部结构及它要驱动的其他器件的特性，甚至受到与输出相连的连线或印制电路板上迹线的影响。

我们将会遇到影响“速度”的两个不同因素——转换时间和传输延迟。

- *功耗*。CMOS 器件的功耗由多个因素决定，不仅包括内部结构，还有它接收的输入信号、它所驱动的其他器件，以及输出在低 / 高态之间转换的频繁程度。
- *噪声*。提供工程设计容限的主要目的，是确保电路在有噪声时能正常工作。噪声源有多种，下面列出一些：
  - ❑ 宇宙射线。
  - ❑ 电源干扰。
  - ❑ 附近机器发出的磁场。
  - ❑ 逻辑电路自身的开关动作。
- *静电放电*。你会相信仅仅触摸一下就能毁坏 CMOS 器件吗？通常的“静电”可以达到 1kV 或更高的电位，足以击穿和损坏 MOS 晶体管的栅极与源极、栅极与漏极之间的薄薄的绝缘层。
- *漏极开路输出*。一些 CMOS 器件省略了通常的 *p* 沟道上拉晶体管。在高态时，这种输出的行为实质上像“无连接”(悬空）一样，这在某些应用中是有用的。
- *三态输出*。一些 CMOS 器件有另外的“输出允许”控制信号，用来使 *p* 沟道上拉晶体管和 *n* 沟道下拉晶体管都无效，创建一个“高阻抗”(hi-Z）的输出。许多这样的输出可连在一起形成多源总线，只要安排好控制逻辑，就可在某一时刻最多只允许一个输出有效。

在这些话题中，时序关系可能是最重要的，因为设计者要在这方面花费大部分时间，即使其能严格地按照“逻辑”步骤进行工作。哪怕当你在设计时使用的是自动化工具，如使用 HDL 设计一个 FPGA，得到一个正确的时序关系也总是一个困难的步骤。设计者通常根据需要在这一步使用“时序关闭”。

14.2.2　数据表和规格说明

实际器件的制造者（厂商）要提供说明器件的逻辑和电气特性的**数据表**（data sheet）。表 14-1 显示了一个简单 CMOS 器件（54/74HC00,4“与非”门）的最小数据表的电气说明部分。(“四倍”意味着同一个芯片和封装里有 4 个门电路。）你可能从来没有使用过这么简单的组件来设计东西，但你会发现，这个数据表中的信息是一个较复杂组件中的子集，包含了一块 FPGA 或其他 VLSI 芯片上的许多输入和输出。不同的制造者还会说明一些附加参数，而且他们对表中“标准”参数的说明也可能不同。因此，他们还要给出定义各种参数的测试电路和波形，如图 14-20 所示。注意，除了 54/74HC00 使用的参数以外，还包括了一些额外信息。

表 14-1　厂商提供的典型 CMOS 器件（54/74HC00，4“与非”门）的数据表

正常工作范围内的直流电气特性
除特别说明，其工作条件如下：
商用：$T_A = -40℃ \sim 85℃$，$V_{CC} = 5.0\ V \pm 5\%$；军用：$T_A = -55 \sim 125℃$，$V_{CC} = 5.0\ V \pm 10\%$

符号	参数	测试条件[①]	最小值	典型值[②]	最大值	单位
V_{IH}	输入高电平	保证逻辑高电平	3.15	—	—	V
V_{IL}	输入低电平	保证逻辑低电平	—	—	1.35	V
I_{IH}	输入高电流	V_{CC} = Max, $V_I = V_{CC}$	—	—	1	μA
I_{IL}	输入低电流	V_{CC} = Max, V_I = 0 V	—	—	−1	μA
V_{IK}	二极管夹断电压	V_{CC} = Min, I_N = −18 mA	—	−0.7	−1.2	V

（续）

符号	参数	测试条件①		最小值	典型值②	最大值	单位
I_{IOS}	短路电流	V_{CC} = 最大值③，V_O = GND		—	—	–35	mA
V_{OH}	输出高电平	V_{CC} = 最小值，$V_{IN} = V_{IL}$	I_{OH} = –20μA	4.4	4.499	—	V
			I_{OH} = –4mA	3.84	4.3	—	V
V_{OL}	输出低电平	V_{CC} = 最小值，$V_{IN} = V_{IH}$	I_{OL} = 20μA	—	0.001	0.1	V
			I_{OL} = 4mA		0.17	0.33	V
I_{CC}	静态电源电流	V_{CC} = 最大值 V_{IN} = GND 或 V_{CC}，I_O = 0		—	2	10	μA

正常工作范围内的开关特性，C_L = 50 pF

符号	参数④	测试条件	最小值	典型值	最大值	单位
t_{PD}	传输延迟	A 或 B 至 Y	—	9	19	ns
C_I	输入电容	V_{IN} = 0 V	—	3	10	pF
C_{pd}	每门的耗能电容	无负载	—	22	—	pF

注：① 对于标为“最大值”或“最小值”的条件，采用电气特性下说明的适当值。

② 典型值的测试条件是 V_{CC} = 5.0 V，温度为 +25℃。

③ 同一时刻不能有一个以上的输出短路。短路测试的时间不能超过 1s。

④ 该参数是有保证但未经过测试的。

所有输出的测试电路

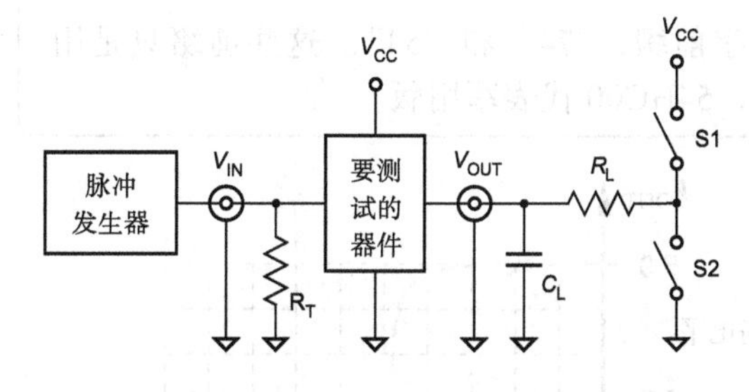

负载

参数		R_L	C_L	S1	S2
t_{en}	t_{pZH}	1 kΩ	50 pF 或 150 pF	开	关
	t_{pZL}			关	开
t_{dis}	t_{pHZ}	1 kΩ	50 pF 或 150 pF	开	关
	t_{pLZ}			关	开
t_{pd}		—	50 pF 或 150 pF	开	开

定义：

G_L = 负载电容，包括夹具和探头电容

R_T = 端接电阻，等于脉冲发生器的 Z_{OUT}

建立、保持以及释放时间

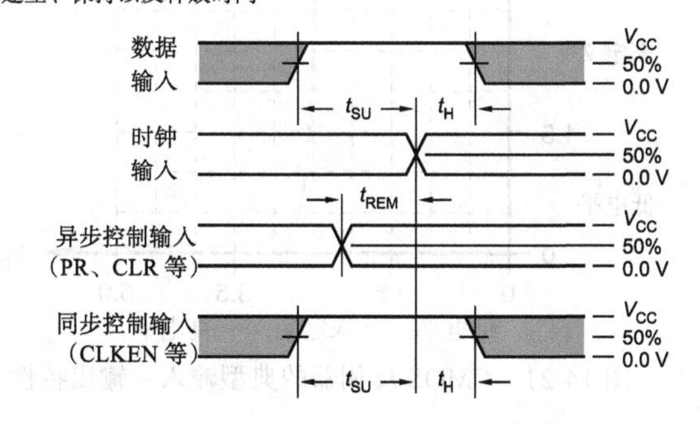

脉冲宽度

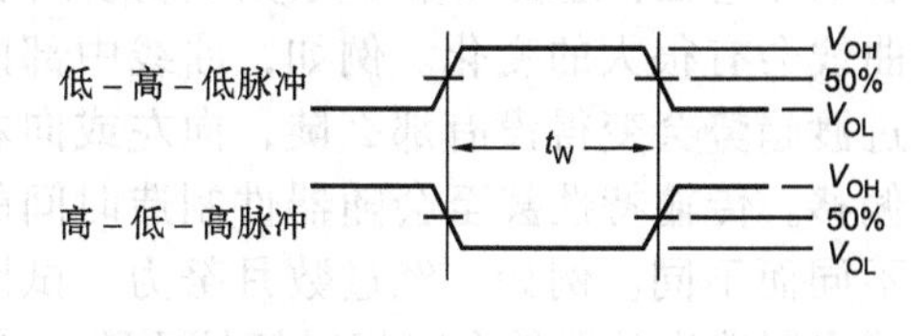

传输延迟

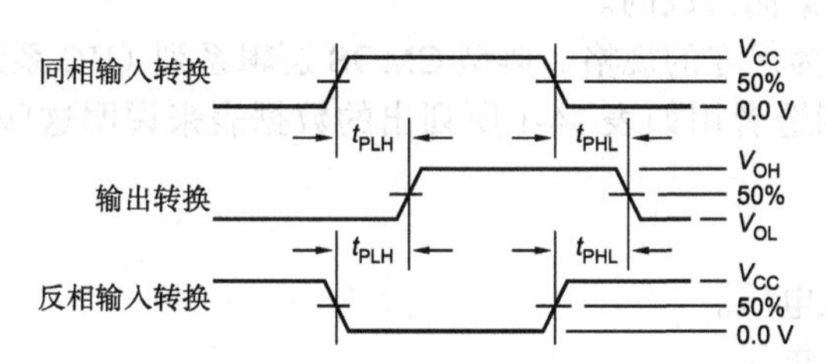

三态启用和禁用时间

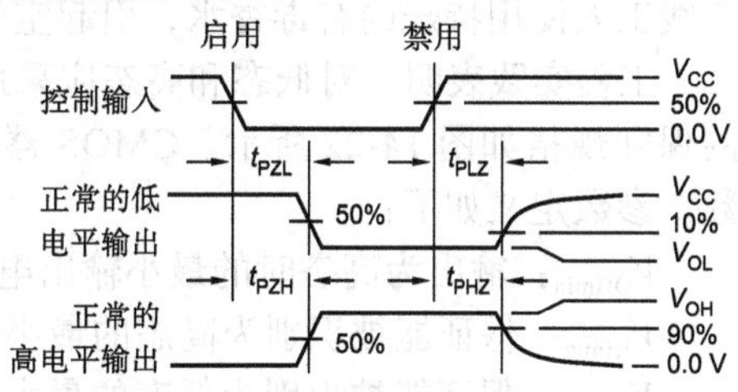

图 14-20 HC 系列逻辑的测试电路和波形

在数据表中的大多数项目和图中的波形可能对你没什么意义，但读完下面三节内容后，应该对 CMOS 电路的电气特性有足够了解，从而能够理解这个或任何其他数据表的要点。作为一名数字逻辑设计者，为了制作可靠的实际电路和系统，都需要这个知识。

> **不要担心**
>
> 计算机专业和其他非电子工程专业的学生不必为后三节的内容担心，只需了解如欧姆定律这样的基本电子学知识即可。

14.3　CMOS 静态电气特性

本节讨论 CMOS 电路的“直流”或静态特性，即输入和输出不变时的 CMOS 电路特性。因为电路输入端的电气状态不变，所以电气工程师也称它为“稳态”特性。

14.3.1　逻辑电平和噪声容限

前面图 14-6b 的列表中定义了只有两个离散输入电压条件下的 CMOS 反相器特性，对于其他的输入电压情况，可能会得到不同的输出电压。图 14-21 也称为电压传输图（voltage transfer diagram)，其所示的曲线图描绘了一个典型反相器的完整输入 – 输出传输特性。图中，*X* 轴上的输入电压从 0 ~ 5 V 变化，*Y* 轴上则标出相应的输出电压。

> **编号代表什么？**
>
> CMOS 和 TTL 器件中采用两种不同的数字前缀，“74”和“54”。这些前缀只是用来区分商用或军用版本。74HC00 代表商用版，54HC00 代表军用版。

若认为图 14-21 是正确的，则可定义小于 2.4 V 的电压为 CMOS 低输入电平，而大于 2.6 V 的电压为高输入电平。在这种定义下，仅当输入在 2.4 V ~ 2.6 V 之间时，反相器才产生非逻辑输出电压。

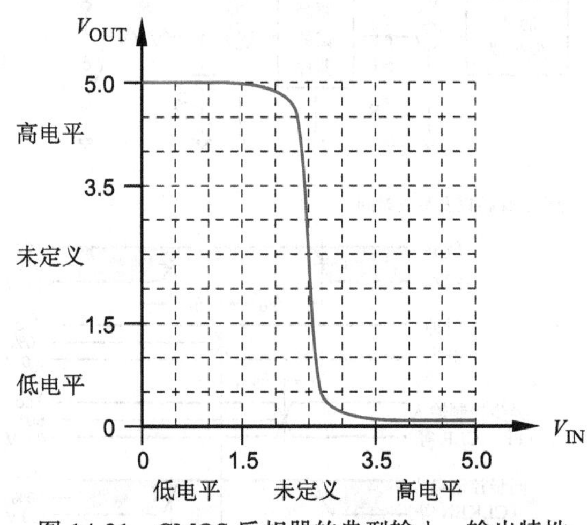

图 14-21　CMOS 反相器的典型输入 – 输出特性

图 14-21 中所示的典型传输特性只是一种典型情况，并不能保证都是这样。随着电源电压、温度和输出负载条件的不同，曲线会有很大的变化。例如，曲线中部的过渡趋势会变得没有那么陡，向左或向右偏移。传输特性甚至会随器件制造时间的不同而不同。例如，经过数月努力，试图找出制造出的器件会时好时坏的原因，(传说）结果有人发现：不好的器件是由于生产线工人使用特殊的有毒香水，引起空气污染而造成的。

工程实践表明，对低态和高态应采用更为保守的规格。典型 CMOS 逻辑系列（HC 系列）的保守规格如图 14-22 所示。CMOS 器件制造者用如表 14-1 所列出的数据表来说明这些参数，参数定义如下：

V_{OHmin}：输出为高态时的最小输出电压。

V_{IHmin}：保证能被识别为高态的最小输入电压。

V_{ILmax}：保证能被识别为低态的最大输入电压。

V_{OLmax}：输出为低态时的最大输出电压。

输入电压主要由两种晶体管的开关阈值电压决定，而输出电压主要由晶体管的“导通”电阻决定。

图 14-22 中的所有参数都是由 CMOS 厂商在一定温度和输出负载范围内测量的。同时，测这些参数时的电源电压 V_{CC} 也在一定的范围内，典型值为 5.0 V ± 10%。

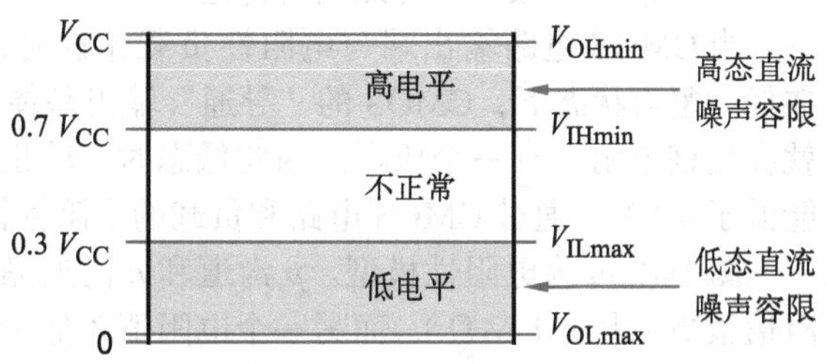

图 14-22　HC 系列 CMOS 器件的逻辑电平和噪声容限

前面表 14-1 中的数据表说明了 HC 系列 CMOS 的各参数值。注意，V_{OHmin} 和 V_{OLmax} 有两个值，它们依赖于输出电流（I_{OH} 或 I_{OL}）是大还是小。当器件的输出端只与其他 CMOS 的输入端相连时，输出电流很小（如 $I_{OL} \leqslant 20\ \mu A$），因而输出晶体管上的压降就很小。以下小节将关注这些“纯”CMOS 的应用。

电源电压 V_{CC} 与“地”通常被称为*供电轨道*（power-supply rail）。一般来说，CMOS 电平是供电轨道的函数：

V_{OHmin}：$V_{CC}-0.1$ V。

V_{IHmin}：V_{CC} 的 70%。

V_{ILmax}：V_{CC} 的 30%。

V_{OLmax}：地（0V）+ 0.1 V。

注意，表 14-1 中的 V_{OHmin} 为 4.4 V，比 V_{CC} 仅下降了 0.1 V，这是在 V_{CC} 最小值（5.0 V 减去其 10% 可得 4.5 V）条件下指定的最坏值。

直流噪声容限（DC noise margin）是一种对噪声程度的度量，表示多大的噪声会使最坏输出电压被破坏，成为不可被输入端识别的值。例如，对于 HC 系列 CMOS 的低态，V_{ILmax}（1.35 V）比 V_{OLmax}（0.1 V）高 1.25 V，所以低态直流噪声容限为 1.25 V。对于 HC 系列 CMOS 的高态，V_{IHmin}（3.15 V）比 V_{OHmin}（4.4 V）低 1.25 V，所以高态直流噪声容限也是 1.25 V。通常，驱动其他 CMOS 输入时，CMOS 输出都具有非常好的直流噪声容限。

不论 CMOS 反相器的输入电压如何，输入只消耗很小的电流——只是两个晶体管栅极的漏电流之和。最大漏电流由制造者指定：

I_{IH}：高态时流入输入端的最大电流。

I_{IL}：低态时流入输入端的最大电流。

表 14-1 中所示的 'HC00 的输入电流仅为 ±1μA。因此，为使 CMOS 输入保持在一定状态，只需要很小的功耗。这与双极逻辑电路（如 TTL）极为不同，在一个或两个状态下，双极逻辑电路的输入要消耗很大的电流（和功率）。

14.3.2　带电阻性负载的电路特性

如前所述，CMOS 门电路的输入端具有非常高的阻抗，并且从驱动它们的电路消耗很小的电流。然而，有些器件却要求有一定的驱动电流才能工作。当这样的器件连接到 CMOS 输出端的时候，就称这种器件为*电阻性负载*（resistive load）或*直流负载*（DC load）。以下是电阻性负载的例子：

- 电路中没有真正的分立电阻器，而是一个或多个 TTL 或者其他非 CMOS 输入端所表现出来的负载，可用简单的电阻网络来模型化。
- 电阻器可以是电流消耗型器件的一部分，也可以是这种器件的模型，如发光二极管

（LED）或继电器线圈。

- 可能包括分立电阻器，通过提供传输线终端来提高信号质量，在电子工程课本和本书前三个版本中对此进行讨论。

当CMOS电路输出端与电阻性负载相连时，输出特性就不像前面描述的那样理想了。在任一逻辑状态下，CMOS的“导通”输出晶体管有一个非零电阻，而与输出端相连的负载就会使该电阻上有一个压降。因此低态时，输出电压可能高于0.1 V，而高态时输出电压可能低于4.4 V。通过CMOS电路和负载的电阻性模型，可以很容易理解上述情况。

图14-23a为电阻性模型。*p*沟道和*n*沟道晶体管的电阻分别为R_p和R_n。通常，一个电阻值很高（大于1 MΩ），而另一个电阻值较低（约100 Ω），这取决于输入电压是高还是低。该电路负载包括与“供电轨道”相连的两个电阻。实际的电路可以有任意的电阻值，甚至是更复杂的电阻网络。无论如何，电阻性负载（包括电阻和电压源）总是可以用戴文宁等效网络来简化，如图14-23b所示。

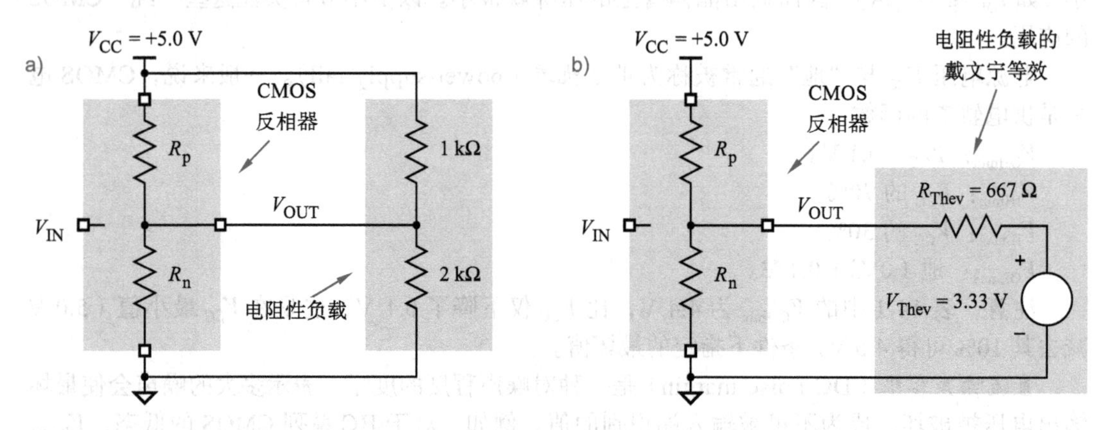

图14-23　带电阻性负载的CMOS反相器的电阻性模型：a）表示实际负载电路；b）使用戴文宁等效负载

回忆戴文宁定理

任何只包含电压源和电阻的双端网络，都可由一个电压源和一个电阻串联组成的**戴文宁等效电路**（Thevenin equivalent）来进行模型化。**戴文宁电压**（Thevenin voltage）为原电路的开路电压，**戴文宁电阻**（Thevenin resistance）为戴文宁电压除以原电路的短路电流。

在图14-23的例子中，电阻性负载（包括其与V_{CC}的连接）的戴文宁电压是由组成分压器的1 kΩ和2 kΩ电阻器建立的：

$$V_{Thev}=\frac{2k\Omega}{2k\Omega+1k\Omega}\times 5.0\ V=3.33\ V$$

短路电流为(5.0 V)/(1 kΩ) = 5 mA，所以戴文宁电阻为(3.33 V) / (5 mA) = 667Ω。有经验的读者可能会发现，这就是1 kΩ和2 kΩ电阻器的并联电阻。

当CMOS反相器输入是高态时，其输出应为低态。实际的输出电压可由如图14-24所示的电阻性模型来预测。其中*p*沟道晶体管“断开”，其电阻足够高以至可在下面的计算中忽略。*n*沟道晶体管为“导通”状态，其电阻为低电阻，假设为100 Ω（实际的“导通”电阻取决于CMOS系列及其他特性，如工作温度、器件生产时期）。图14-24中的“导通”晶体管和等效戴文宁电阻 R_{Thev} 组成分压器。输出电压可做如下计算：

$$V_{OUT} = 3.33V \times [100/(100 + 667)]$$
$$= 0.43V$$

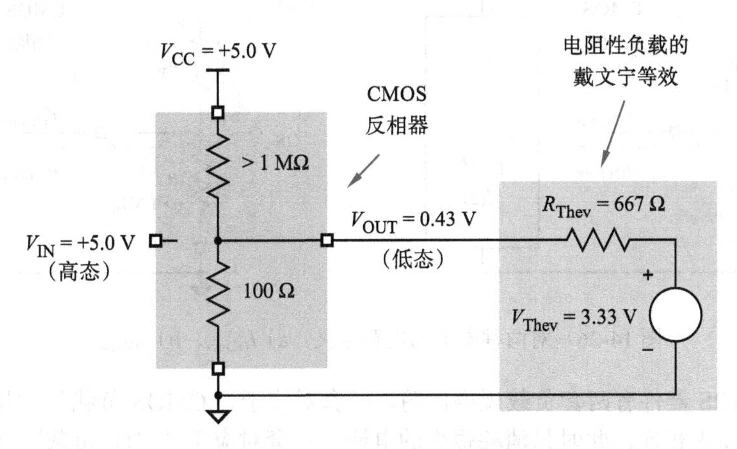

图 14-24　带电阻性负载的 CMOS 在输出为低态时的电阻性模型

类似地，反相器输入为低态时，输出应为高态，而实际的输出电压可由如图 14-25 所示的模型来预测。假设 p 沟道晶体管的“导通”电阻为 200 Ω。于是，图中“导通”晶体管和等效戴文宁电阻 R_{Thev} 又组成了分压器，输出电压可做如下计算：

$$V_{OUT} = 3.33\ V + (5\ V - 3.33\ V) \times [667/(200 + 667)]$$
$$= 4.61\ V$$

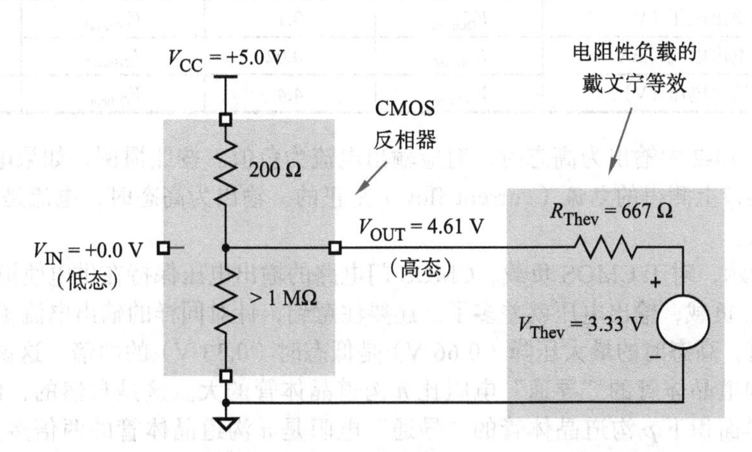

图 14-25　带阻性负载的 CMOS 在输出为高态时的电阻性模型

在实际中，像上述例子那样计算输出电压常常是不必要的。事实上，IC 设计者常常并不给出“导通”晶体管的等效电阻，所以也无法得到计算所需的必要信息。IC 设计者实际上会给出各种输出状态（高态或低态）下的最大负载，并确保该负载下的最坏情况输出电压。负载以电流的形式给出：

I_{OLmax}：输出低态且仍能使输出电压不大于 V_{OLmax} 时，输出端能吸收的最大电流。

I_{OHmax}：输出高态且仍能使输出电压不小于 V_{OHmin} 时，输出端可提供的最大电流。

这些定义可以用图 14-26 来说明。当电流从电源流经负载、再经器件输出端到地时（如图 14-26a 所示），就称器件输出端在吸收电流（sink current）；当电流从电源流出器件输出端、再经负载到地时（如图 14-26b 所示），就称器件输出端在提供电流（source current）。

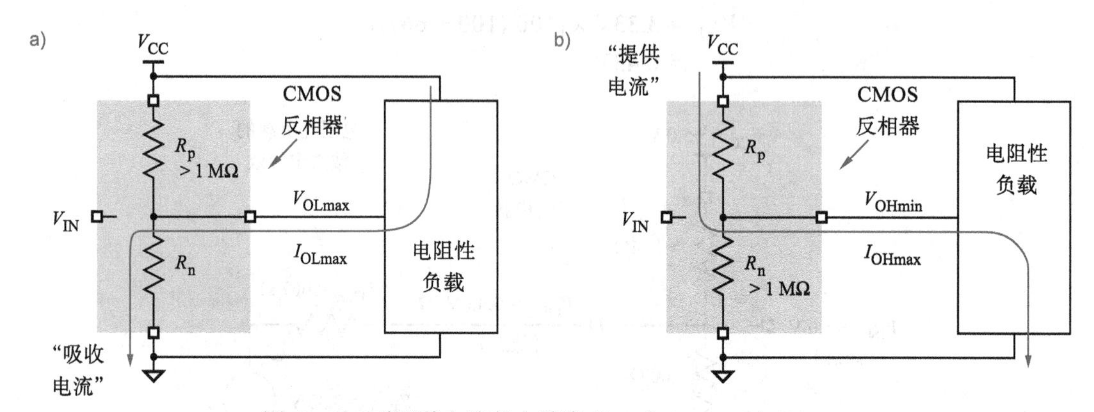

图 14-26 对两种电流的电路定义：a）I_{OLmax}；b）I_{OHmax}

大多数 CMOS 器件有两套负载规格说明。一套对应于“CMOS 负载”，即器件输出端与其他的 CMOS 输入相连，此时只消耗很少的电流。一套对应于“TTL 负载”，即输出端与电阻性负载（如 TTL 输入或其他器件）相连，此时消耗大量的电流。例如，表 14-1 为 HC 系列 CMOS 输出的说明，表 14-2 再次将它列出。

表 14-2 带 5 V ± 10% 电源的 HC 系列 CMOS 输出负载规格说明

参 数	CMOS 负载		TTL 负载	
	名字	值	名字	值
最大低态输出电流（mA）	I_{OLmaxC}	0.02	I_{OLmaxT}	4.0
最大低态输出电压（V）	V_{OLmaxC}	0.1	V_{OLmaxT}	0.33
最大高态输出电流（mA）	I_{OHmaxC}	–0.02	I_{OHmaxT}	–4.0
最小高态输出电压（V）	V_{OHminC}	4.4	V_{OHminT}	3.84

注意，表 14-2 中输出为高态时，对应输出电流为负值。按照惯例，如果电流流入器件，那么在器件端口上测得的电流（current flow）是正的。输出为高态时，电流是流出输出端口的，故为负值。

如表中所示，对于 CMOS 负载，CMOS 门电路的输出电压保持在供电轨道的 0.1 V 范围内。对于 TTL 负载，输出电压就差多了。还要注意到，针对同样的输出电流（±4 mA），相对于供电轨道，高态时的最大压降（0.66 V）是低态时（0.33 V）的两倍。这说明：HC 系列 CMOS 中 *p* 沟道晶体管的“导通”电阻比 *n* 沟道晶体管的大。这是自然的，因为在 CMOS 电路中，同样面积下 *p* 沟道晶体管的“导通”电阻是 *n* 沟道晶体管的两倍多。要使两种状态的压降相同，可将 *p* 沟道晶体管做得比 *n* 沟道晶体管大。但考虑到种种原因，通常并不这么做。

可由欧姆定律计算出给定条件下输出端提供或吸收的电流。在前面的图 14-24 中，阻值为 100 Ω 的“导通” *n* 沟道晶体管上有 0.43 V 的压降，所以它吸收 (0.43 V)/(100 Ω) = 4.3 mA 的电流。类似地，图 14-25 中的“导通”晶体管则提供 (0.39 V)/(200 Ω) = 1.95 mA 的电流。

CMOS 输出晶体管的实际“导通”电阻通常是不给出的，所以一般不能得到上面所说的准确模型。但是，可以由以下公式估算“导通”电阻（公式中的变量通常是给出的）：

$$R_{p(on)} \approx \frac{V_{CC} - V_{OHminT}}{|I_{OHmaxT}|}$$

$$R_{n(on)} \approx \frac{V_{OLmaxT}}{I_{OHmaxT}}$$

这些公式用欧姆定律计算“导通”电阻，即用“导通”晶体管（或晶体管系列）上的压降除以流过它的电流，计算是在最坏电阻性负载条件下进行的。利用表 14-2 中 HC 系列 CMOS 的数据，即可算得 $R_{p(on)} \approx 165\ \Omega$，$R_{n(on)} \approx 82.5\ \Omega$。注意，上述计算中 $V_{CC} = 4.5\ \text{V}$（最小值）。

如果假设“导通”晶体管上没有压降，就可以得到输出电流的很好的最坏情况估值。这种假设简化了分析，得到保守的结果，通常能很好地满足实际需要。例如，图 14-27 中 CMOS 反相器驱动一个与上述例子相同的戴文宁等效负载，输出结构的电阻性模型没有给出，因为已不需要了；同时也假设“导通”CMOS 晶体管上没有压降。在图 14-27a 中，输出为低态，3.33 V 戴文宁等效电压源都加在 R_{Thev} 上，估算的吸收电流为 (3.33 V)/(667 Ω) = 5.0 mA。在图 14-27b 中，输出为高态，电源电压为 5.0 V，R_{Thev} 上的压降为 1.67 V，估算的提供电流为 (1.67 V)/(667 Ω) = 2.5 mA。

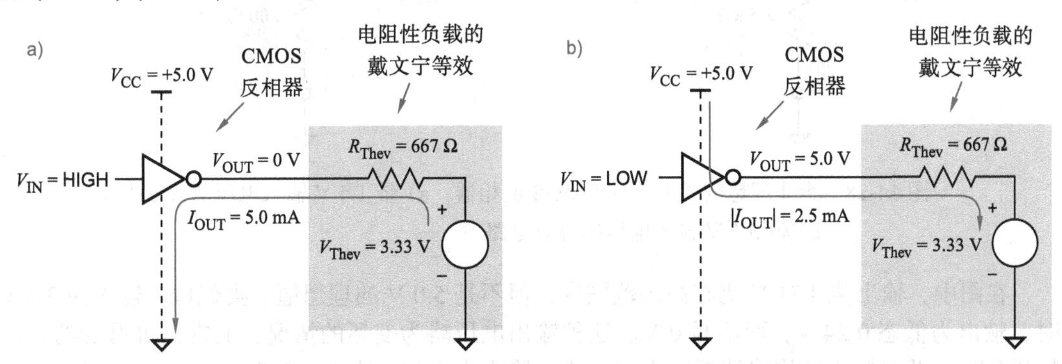

图 14-27　估算的吸收电流和源电流：a）输出为低态；b）输出为高态

微不足道的电流？

正如前文所述，“断开”晶体管的电阻超过 1 MΩ，但它不是无限值。因此，实际上会有很小的漏电流流进“断开”晶体管，而且 CMOS 输出结构也相应地会有很小的非零功率损耗。在多数应用中，这个功耗很小而足以忽略不计。

然而，在电池供电设备（如移动话机和笔记本电脑）的“待机”状态下，其漏电流和相应的功耗就很明显。在高密度、高性能的 IC 技术中，每个芯片上往往含有几千万个晶体管，漏电流也会变得非常可观。晶体管越小，每个芯片上的晶体管数目就越大，所以单个芯片的漏电流就越大。在芯片的总功率损耗中，大约有一半都是由漏电流造成的。

CMOS 反相器（或任何 CMOS 电路）的一个重要特点是：无论高态还是低态，输出结构自己都只消耗很小的电流。任一情况下，总有一个晶体管处于高阻抗“断开”状态。当一个电阻性负载与 CMOS 输出相连时，就会涉及上面讨论的电流。若没有负载，则没有电流，功耗也为零。而有负载时，电流流过负载和“导通”晶体管，二者都消耗电能。

14.3.3　带非理想输入的电路特性

至此，在我们一直假设 CMOS 电路的输入为高电平和低电平时，其电压值都是理想值，即非常接近于供电轨道。然而，CMOS 反相器电路的行为依赖于输入电压和负载特性。若输入电压不是非常接近于供电轨道，则“导通”晶体管可能不是完全“导通”，其电阻可能增加。同样，“断开”晶体管可能不是完全“断开”，其电阻可能比 1 MΩ 小得多。二者结合起来，就使输出电压偏离了供电轨道。

例如，图 14-28a 显示了输入为 1.5 V 时，CMOS 反相器的可能行为。此时，*p* 沟道晶体管的电阻变为原来的 2 倍，而 *n* 沟道晶体管正开始导通。（这些值是为方便说明而假设的，实际值依赖于具体的晶体管特性。）

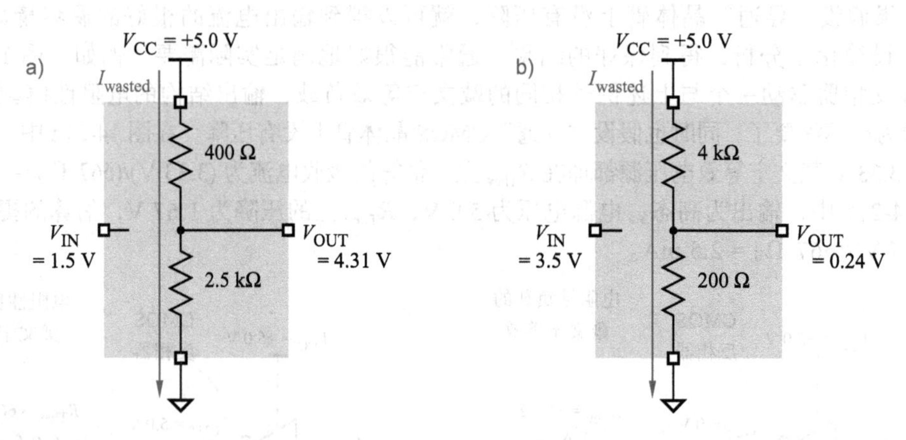

图 14-28　带非理想输入电压的 CMOS 反相器：a）带 1.5 V 输入电压的等效电路；b）带 3.5 V 输入电压的等效电路

在图中，输出值 4.31 V 仍在高态范围内，但不是 5.0 V 的理想值。类似地，输入为 3.5 V 时，输出为低态 0.24 V，而不是 0 V。这种输出电压略为变坏的情况，通常是可忍受的。但糟糕的是，此时输出结构将消耗不小的电能。输入为 1.5 V 时，电流为：

$$I_{wasted} = 5.0\ \text{V} / (400\ \Omega + 2.5\ \text{k}\Omega) = 1.72\ \text{mA}$$

功耗为：

$$P_{wasted} = 5.0\ \text{V} \times I_{wasted} = 8.62\ \text{mW}$$

有电阻性负载时，CMOS 反相器的输出电压更差。鉴于前述多种原因，这样的负载是可能存在的。图 14-29 显示了带电阻性负载的 CMOS 反相器的可能特性。输入为 1.5 V 时，输出为 3.98 V，仍在高态范围内，但远离于理想值 5.0 V。类似地，如图 14-30 所示，输入为 3.5 V 时，输出为 0.93 V，而不是 0 V。

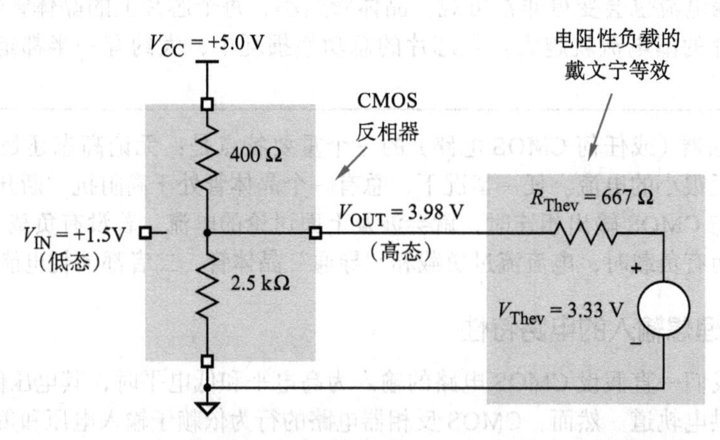

图 14-29　带负载且输入为非理想值（1.5 V）的 CMOS 反相器

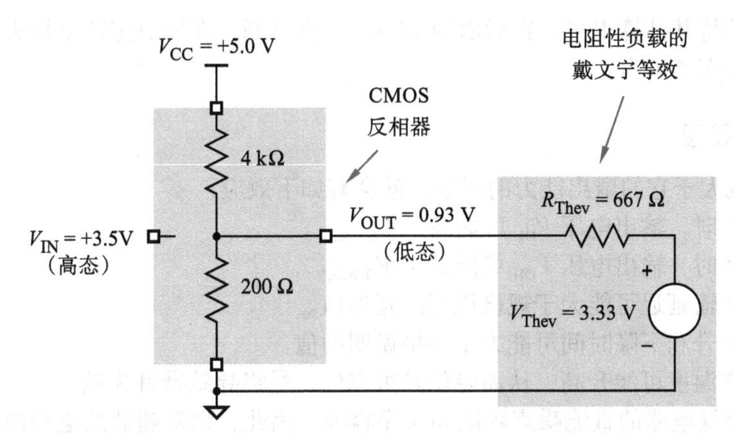

图 14-30　带负载且输入为非理想值（3.5 V）的 CMOS 反相器

在“纯”CMOS 系统中，电路中的所有逻辑器件都是 CMOS 器件。因为 CMOS 的输入端具有非常高的阻抗，所以对驱动它的 CMOS 输出端呈现出非常小的电阻性负载。因此，CMOS 输出电压非常接近于供电轨道（0 V 和 5 V），而且在器件输出结构中不会浪费功率。在“非纯”CMOS 系统中，可能有两个方面会消耗额外的功率：

- 若非理想逻辑信号连接到 CMOS 输入端，则 CMOS 输出端消耗功率的情况如本小节前面所述。
- 若电阻性负载连接到 CMOS 输出端，则 CMOS 输出端消耗功率的情况如上一小节所述。

14.3.4　扇出

逻辑门的*扇出*（fanout）是指该门电路在不超出其最坏情况负载规格的条件下，能驱动的输入端个数。扇出不仅依赖于输出端的特性，还依赖于它驱动的输入端的特性。扇出的计算必须考虑输出的两种可能状态：高态和低态。

例如，从表 14-2 可看出：驱动 CMOS 输入的 HC 系列 CMOS 门电路在低态输出时，最大输出电流 I_{OLmaxC} 为 0.02 mA（即 20μA）。前面谈到，任何状态下，HC 系列 CMOS 电路的最大输入电流 I_{Imax} 为 ± 1μA。所以，驱动 HC 系列输入端的 HC 系列输出的*低态扇出*（LOW-state fanout）是 20。表 14-2 还表明，最大高态输出电流 I_{OHmaxC} 为 –0.02 mA（即 –20μA）。所以，驱动 HC 系列输入端的 HC 系列输出的*高态扇出*（HIGH-state fanout）也是 20。

要注意，一个门电路的高态扇出和低态扇出不是必须相等的。通常，门电路的*总扇出*（overall fanout）是高态扇出和低态扇出中的较小值。在上面的例子中是 20。

在刚才的扇出例子中，假设门电路输出为 CMOS 电平，即是供电轨道附近的 0.1 V 范围内。若要处理某些差的 TTL 输出电平，则可用 I_{OLmaxT} 和 I_{OHmaxT} 计算扇出。表 14-2 表明，这些值分别是 4.0 mA 和 –4.0 mA。所以，驱动 TTL 的 HC 系列输入的输出扇出数是 4000——对实际应用来说，这明显可视为不受限制。

还有，刚才计算的只是*直流扇出*（DC fanout），它定义为输出在“常态”（高或低）时能驱动的输入端数目。在直流扇出规格能满足时，驱动大量输入端的 CMOS 输出在转换时不一定能满足规格。转换指从低态到高态（或者相反）。

在转换过程中，CMOS 输出端必须为其驱动的输入端的相关寄生电容充放电。如果这个电容比较大，那么从低态到高态（或者相反）的转换就可能太慢，从而引起不正确的系统操作。输出端对寄生电容的充放电能力有时被称为*交流扇出*（AC fanout），但很难像直流扇出那样，精确地将其计算出来。在后面的 14.4.1 节将看到，在要决定速度损失有多大的情况下，必须要考虑交流扇出。

14.3.5 负载效应

当输出负载大于它的扇出能力的时候，就会有如下效应：

- 输出低态时，输出电压 V_{OL} 可能高于 V_{OLmax}。
- 输出高态时，输出电压 V_{OH} 可能低于 V_{OHmin}。
- 输出的传输延迟可能大于规格说明的延迟值。
- 输出的上升和下降时间可能大于规格说明的值。
- 器件工作温度可能升高，从而降低其可靠性，最终导致器件失效。

前 4 种效应将降低电路的直流噪声容限和时序容限。因此，稍微超载的电路尚可在理想条件下正常工作，但经验表明，一旦离开工程实验室的良好条件，电路就会出错。

14.3.6 未用的输入端

在板级设计中，可能不会用到一些逻辑门的输入端、一个 MSI 函数或一个 LSI 芯片。在最底层的一个实际设计问题中，可能需要一个 n 输入的门电路，但手头却只有 $n+1$ 输入的门电路可用。如果将 $n+1$ 输入门的某两个输入端连在一起，那么它所具有的功能与 n 输入门是一样的。从直觉上就能接受这个事实，还可用 3.1 节的开关代数证明之。图 14-31a 显了将两个输入端相连的“与非”门。

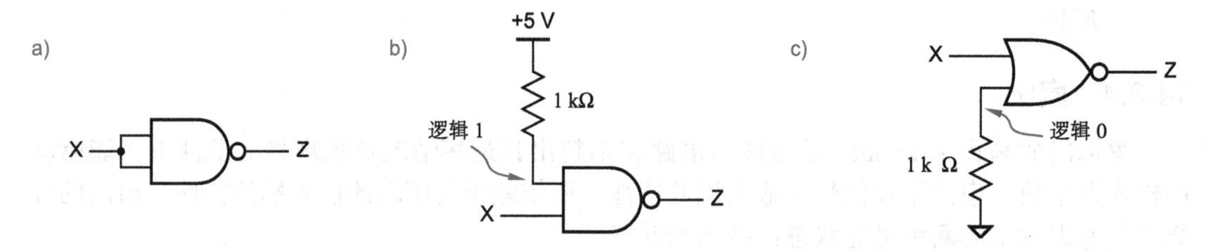

图 14-31　未用的输入端：a）与其他输入相连；b）使用上拉电阻的“与非”门；c）使用下拉电阻的“或非”门

还可将未用的输入端与一恒定逻辑值相连。未用的“与”门或者“与非”门的输入端，应与逻辑 1 相连，如图 14-31b 所示；未用的“或”门或者“或非”门的输入端，应与逻辑 0 相连，如图 14-31c 所示。对于 MSI 函数和 LSI 芯片，未用的输入端可以与恰当的未用函数值相连，在某些情况下，未用的输入可以是 0 也可以是 1（例如，一个未用的寄存器的输入端 D）。在高速电路设计中，通常用方法（b）或（c），这比用方法（a）更好些，因为方法（a）增加了驱动信号的电容性负载，使操作变慢。在（b）和（c）中，通常采用 1 kΩ ~ 10 kΩ 范围的电阻值；一个单独的上拉电阻或下拉电阻可以接上多个未用的输入端。未用的输入端也可以接到适当的供电轨道上，虽然有时会因为某些事而不建议这样做：

- 在某些逻辑系列中，不推荐直接连接电源 V_{cc}，因为在特定的短暂情况下，需要限制输入电流，但这已经超出了我们的讨论范围。
- 如果将输入端直接与供电轨道相连，那么会使得重做电路板（或是出于测试或调试的目的输入一个实际的信号）变得更加困难。如果将多个未用的输入端连在一起，那么也存在同样的问题。（另一方面，太多的分立的上拉电阻或下拉电阻也会占用太多空间。）

非常规故障

CMOS 的悬空（floating）输入常常是导致电路出现非常规行为的原因，这是由于未用的输入端会因电路其他地方的噪声和条件而无规律地改变其有效状态。当试图排除这种故障时，与悬空输入接触的示波器探头的额外电容通常就足以去掉噪声，使得故障消失。如果没有意识到输入端悬空，那么这种现象会特别使人困惑！

任何情况下，未用的 CMOS 输入端都决不可以闲置不接（或悬空）。一方面，这种输入端的行为类似输入为低态时的行为，当你用示波器或伏特计探测它时，通常显示 0V。这样的话，可能认为未用的“或”门或者“或非”门的输入可以悬空（因为输入似乎为逻辑 0），且不影响门电路的输出。然而，由于 CMOS 输入阻抗非常高，只需很小的电路噪声就可暂时使一个悬空输入呈现为高态，从而导致一些非常令人烦恼的间歇性电路故障。

幸运的是，通常有多个输入的 LSI 芯片（比如 FPGA 和微处理器）有内置的上拉或下拉电阻，一般通过编程来配置，所以不必另外输入外部信号给未用的输入端。

14.3.7 如何损坏 CMOS 器件

用大锤砸，或者仅仅在走过地毯后用手指碰触输入引脚，都会损坏 CMOS 器件。由于 CMOS 器件输入阻抗很高，因此很容易受到*静电放电*（ElectroStatic Discharge, ESD）的破坏。

当在绝缘介质两侧积聚大量相反的电荷时，就会发生静电放电。就 CMOS 输入端来说，输入晶体管的栅和源、栅和漏之间的绝缘层就是绝缘介质，所以静电放电可能会破坏该绝缘层，而造成器件输入与输出之间的短路。

有些平常行为（例如，在地毯上走动）就会产生静电，能达到惊人的高电位——1000 V 或更高。现代 CMOS 器件的输入结构采取多种措施来避免静电放电，但没有器件能完全避免。所以，为防止 CMOS 器件在运输或使用中遭静电放电损坏，制造者通常使用能导电的包装纸、管子或塑料来包装这种器件。为防止单个 CMOS 器件在使用中因静电放电而损坏，电路制作者或技师通常也要戴上导电腕带，腕带再通过盘带与地相连。这可防止他们在工厂或实验室中走动时，身体上积聚静电。

有些设备的正常操作也会产生静电，如某些机械部件（如门或风扇）的重复或连续运动。为此，切记要对含有 CMOS 电路的印制电路板进行仔细的防静电设计。通常，这意味着那些电路板的边缘以及其他由于接触人体或设备而可能产生静电的部位，都必须要接地良好。这样，才“有助于”安全的静电放电，使其通过金属导通到地，而不是通过安装在板上的 CMOS 芯片引脚去导地。

消除鲁莽和过激行为

一些设计工程师认为以上要求可能对他们会有不便之处，但为安全起见，在实验室里应遵循以下几点静电放电（ESD）使用规则：

- 处理 CMOS 器件之前，接触一下电源的接地金属或其他接地源。
- 运输 CMOS 器件前，将它插在导电泡沫里。
- 移动含有 CMOS 器件的电路板时，从边缘接触电路板；在插板之前，先将板上的地线端连接到地上。
- 将 CMOS 器件交给别人时，先触摸一下对方（尤其在干燥的冬季），他会感谢你的。

14.4 CMOS 动态电气特性

CMOS 器件的速度和功耗在很大程度上取决于器件（AC）及其负载的动态特性，即输出端在不同状态间转换时的电路行为。作为 CMOS ASIC 内部设计的一部分，数字设计者必须仔细检查输出负载效应，并对过大负载的部分进行重新设计。甚至在板级层次的设计中，针对时钟、总线以及具有大扇出或较长内部连接的其他信号，也必须考虑负载效应。

速度取决于两个特性，即转换时间和传输延迟。我们将在下面的两个小节中分别讨论这个问题，在第三个小节讨论功耗问题。在最后的三个小节中，讨论一些难于对付的实际情况。

14.4.1 转换时间

逻辑电路的输出从一种状态变为另一种状态所需的时间，就称为**转换时间**（transition time）。如图 14-32a 所示的是理想的输出状态转换——零时间转换。但是，实际输出不会立即变化，因为需要时间为其驱动的连线或其他部件的寄生电容充电。更接近实际的电路输出情形如图 14-32b 所示。输出从低态到高态的转换时间称为**上升时间**（t_r, rise time），从高态到低态的转换时间称为**下降时间**（t_f, fall time）。上升时间和下降时间很可能不相同。

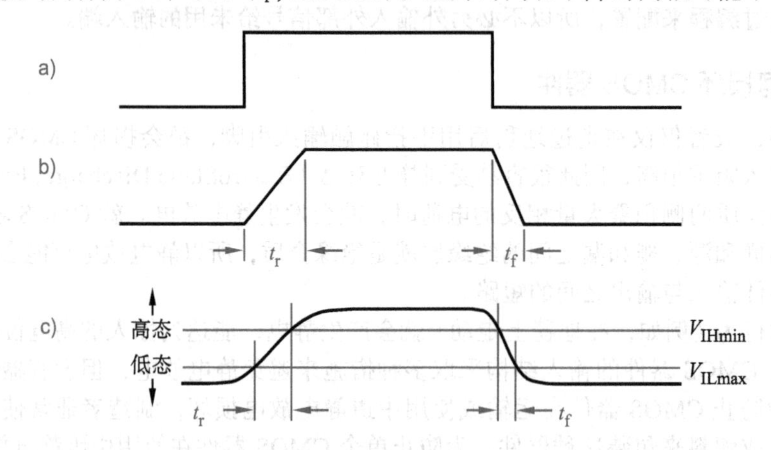

图 14-32　转换时间：a）零时间转换的理想情况；b）接近现实的近似；c）实际的时序（表示上升和下降时间）

图 14-32b 也不是很精确，因为输出电压的变化并不是瞬间改变的，而是在转换开始和结束时平滑变化，如图 14-32c 所示。为避开边界点定义的不便，上升时间和下降时间通常以有效逻辑电平的边界来测量（或者有时以信号电压范围内的 10% 和 90% 点来测量），如图中所示。

从图 14-32c 可以看出，上升时间和下降时间表示出输出电压在低态与高态之间转换时，经过高 / 低之间的“未定义”区所需的时间有多长。转换的开始部分不包括在上升或下降时间中。实际上，转换的开始部分通常属于传输延迟（在下一小节讨论）。

CMOS 输出的上升和下降时间主要由两个因素决定，即晶体管的“导通”电阻和负载电容。大电容增大了转换时间，这是不合需要的，所以逻辑设计者很少故意在逻辑电路输出端接电容器。然而，任何电路中都有**寄生电容**（stray capacitance），它至少有 3 个来源：

1. 输出电路（包括门电路的输出晶体管、内部连线和封装）都会有与之相关的电容。在典型的逻辑系列（如 CMOS）中，该电容在 2 pF ~ 10 pF 范围内。

2. 输出与其他输入的连线电容，约每英寸 1 pF 或更多，取决于连线制作工艺。

3. 输入电路（包括晶体管、内部连线和封装）中也有电容。在典型的逻辑系列中，该电容为每个输入端 2 pF ~ 15 pF。

寄生电容有时也称为**电容性负载**（capacitive load）或**交流负载**（AC load）。

CMOS 输出的上升和下降时间可用图 14-33 中的等效电路来分析。和前面的章节一样，

p 沟道和 n 沟道晶体管分别由电阻 R_p 和 R_n 来模拟。正常情况下，依据输出状态的不同，一个电阻为高，一个电阻为低。输出负载由**等效负载电路**（equivalent load circuit）来模拟，包括 3 个部分：

R_L 和 V_L：这两者代表直流负载。它们决定了输出为稳定的低态或高态时的电压和电流。直流负载对输出状态的转换时间影响不大。

C_L：这个电容代表交流负载。它决定了输出状态转换时的电压和电流，以及从一个状态转换到另一个状态所需的时间。

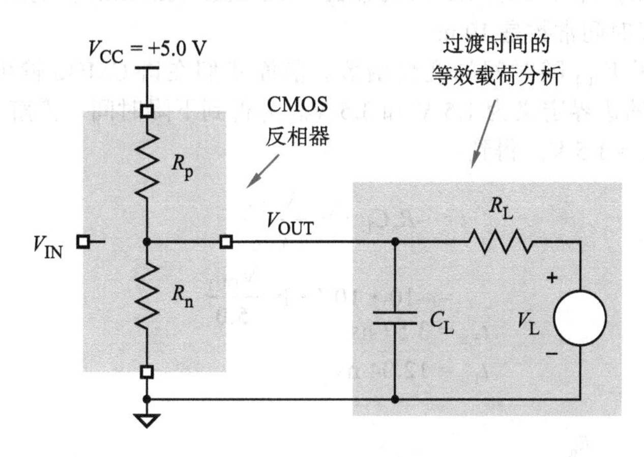

图 14-33　分析 CMOS 输出转换时间的等效电路

当 CMOS 输出只驱动 CMOS 输入时，可忽略直流负载。为简化分析，本小节只讨论这种情况，令 $R_L = \infty$ 且 $V_L = 0$。不可忽略的直流负载将影响分析结果，但并不影响动态结果（参见练习题 14.66）。

现在来分析 CMOS 输出的转换时间。假设一个适当的电容性负载值，即 C_L = 100 pF。并如前面小节那样，假设 p 沟道和 n 沟道晶体管的“导通”电阻分别为 200 Ω 和 100 Ω。上升和下降时间取决于电容性负载 C_L 的充放电时间。

先看下降时间。图 14-34a 显示了输出稳定为高态时的电路电气条件（R_L 和 V_L 没有画出，它们不影响结果，因为假设 $R_L = \infty$）。为方便分析，我们假设 MOS 晶体管在“导通”和“断开”状态间的转换是立即发生的。假设时间为 0 时，CMOS 输出变为低态，如图 14-34b 所示。

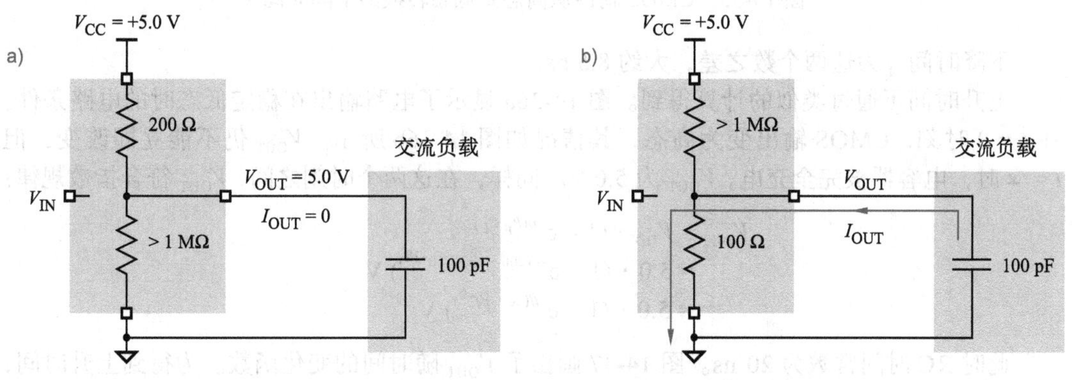

图 14-34　CMOS 高态到低态转换的模型：a）高态情况；b）p 沟道晶体管断开和 n 沟道晶体管导通之后

在 $t = 0$ 时刻，V_{OUT} 仍为 5.0 V（电气工程中有句很有用的格言：电容两端的电压不能瞬间改变）。在 $t = \infty$ 时刻，电容器必然完全放电，此时 V_{OUT} 将为 0 V。在这两个时刻之间，V_{OUT} 值符合指数规律：

$$\begin{aligned} V_{OUT} &= V_{DD} \cdot e^{-t/(R_n C_L)} \\ &= 5.0 \cdot e^{-t/(100 \cdot 100 \cdot 10^{-12})}\ \mathrm{V} \\ &= 5.0 \cdot e^{-t/(10 \cdot 10^{-9})}\mathrm{V} \end{aligned}$$

因子 $R_n C_L$ 的量纲为秒，称为 RC 时间常数（RC time constant）。上面的计算表明，从高态到低态转换的 *RC* 时间常数是 10 ns。

图 14-35 画出了 V_{OUT} 随时间的变化函数。前面我们在讲 CMOS 输出驱动 CMOS 输入时，将低态和高态的边界定义为 1.5 V 和 3.5 V。为得到下降时间，需解上述方程，条件为 $V_{OUT} = 3.5$ V 和 $V_{OUT} = 1.5$ V。得到：

$$\begin{aligned} t &= -R_n C_L \cdot \ln \frac{V_{OUT}}{V_{DD}} \\ &= -10 \cdot 10^{-9} \cdot \ln \frac{V_{OUT}}{5.0} \\ t_{3.5} &= 3.57\ \mathrm{ns} \\ t_{1.5} &= 12.04\ \mathrm{ns} \end{aligned}$$

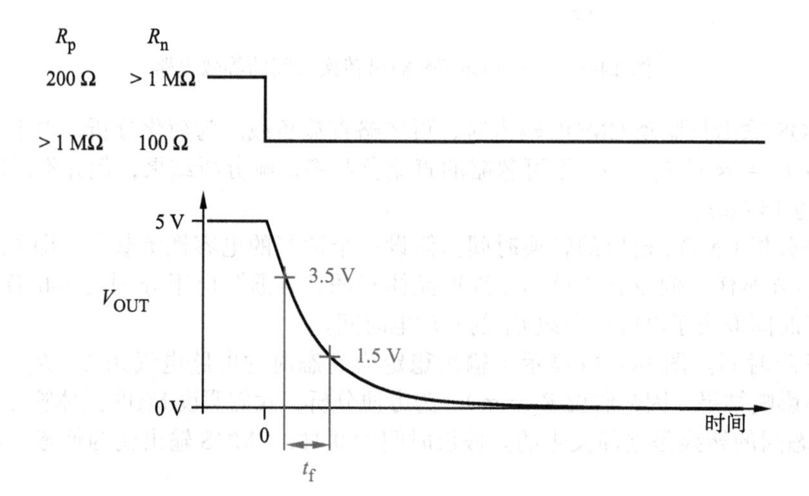

图 14-35 CMOS 输出从高态到低态转换的下降时间

下降时间 t_f 为这两个数之差，大约 8.5 ns。

上升时间可通过类似的计算得到。图 14-36a 显示了电路输出在稳定低态时的电路条件。在 $t = 0$ 时刻，CMOS 输出变为高态，其情况如图 14-36b 所示。V_{OUT} 仍不能立即改变，但 $t = \infty$ 时，电容器被完全充电，V_{OUT} 为 5.0 V。同样，在这两个时刻之间，V_{OUT} 符合指数规律：

$$\begin{aligned} V_{OUT} &= V_{DD} \cdot (1 - e^{-t/(R_p C_L)}) \\ &= 5.0 \cdot (1 - e^{-t/(200 \cdot 100 \cdot 10^{-12})})\ \mathrm{V} \\ &= 5.0 \cdot (1 - e^{-t/(20 \cdot 10^{-9})})\ \mathrm{V} \end{aligned}$$

此时 RC 时间常数为 20 ns。图 14-37 画出了 V_{OUT} 随时间的变化函数。为得到上升时间，需解上述方程，条件为 $V_{OUT} = 1.5$ V 和 $V_{OUT} = 3.5$ V。得到：

$$t = -RC \cdot \ln \frac{V_{DD} - V_{OUT}}{V_{DD}}$$

$$= -20 \cdot 10^{-9} \cdot \ln \frac{5.0 - V_{OUT}}{5.0}$$

$$t_{1.5} = 7.13 \text{ ns}$$

$$t_{3.5} = 24.08 \text{ ns}$$

上升时间 t_r 为这两个数之差，大约为 17 ns。

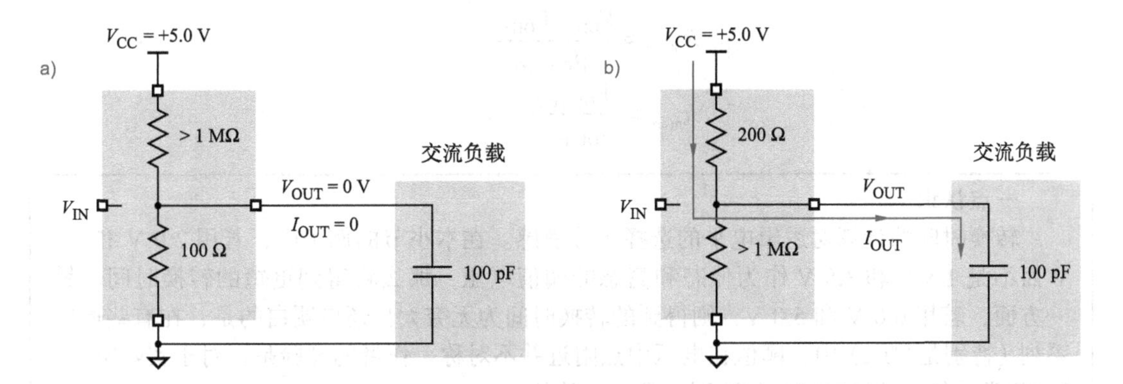

图 14-36　CMOS 输出由低态到高态转换的模型：a）低态情况；b）n 沟道晶体管断并和 p 沟道晶体管导通之后

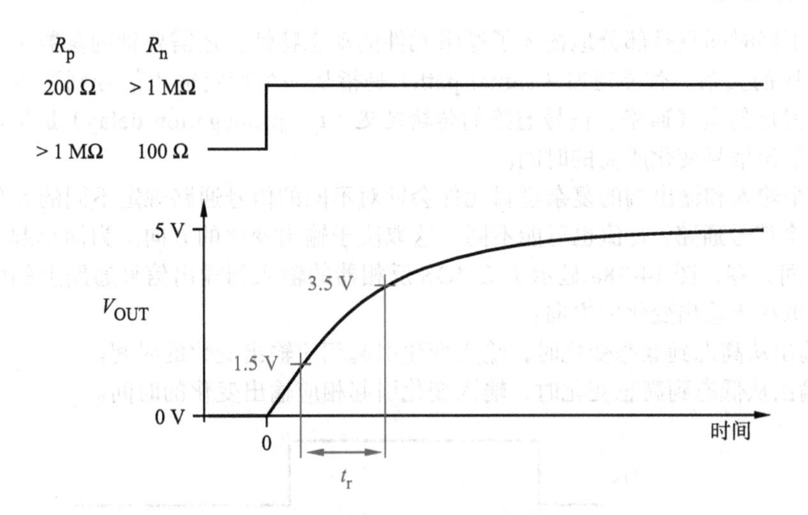

图 14-37　CMOS 输出从低态到高态转换的上升时间

上述例子中，假设 p 沟道晶体管的电阻为 n 沟道晶体管的两倍，结果上升时间为下降时间的两倍。“弱” p 沟道晶体管上拉输出需要的时间比“强” n 沟道晶体管下拉输出的时间更长；输出的驱动能力是不对称的。高速 CMOS 器件有时用较大的 p 沟道晶体管来制造，以使转换时间更趋相同，输出驱动也更对称。

不考虑晶体管的特性，负载电容的增加也能引起 RC 时间常数的增加，并且还会相应地增加输出转换时间。因此，高速电路设计者的一个目标是减少负载电容，尤其是针对时间敏感的信号。可采取以下措施：使信号所驱动的输入端数目最少；将信号复制多次；对电路进行仔细的布局。

与实际数字电路打交道时，估算一下转换时间（不去做详细的分析）常常是有用的。一个有用的法则是，转换时间约等于充放电电路的 RC 时间常数。例如，在上面例子中，将下降和上升时间估计为 10ns 和 20ns。在对负载电容和晶体管“导通”电阻的多数假设是近似的情况下，这已经很接近实际值了。

一般情况下，商用 CMOS 电路的制造者都不在数据表中给出晶体管“导通”电阻。如果仔细查找，可能在应用说明书中能找到该信息。一般情况下，可估算“导通”电阻——采用最坏情况下的电阻性负载，用“导通”晶体管两端的电压除以流过它的电流，如 14.3.2 节中所述：

$$R_{\mathrm{p(on)}} \approx \frac{V_{\mathrm{DD}} - V_{\mathrm{OHminT}}}{|I_{\mathrm{OHmaxT}}|}$$

$$R_{\mathrm{n(on)}} \approx \frac{V_{\mathrm{OLmaxT}}}{I_{\mathrm{OLmaxT}}}$$

一点认识

转换时间的计算对逻辑电平的选择十分敏感。在本小节的例子中，若用 2.0 V 和 3.0 V 而不是 1.5 V 和 3.5 V 作为低态和高态的阈值电压，那么将得到更短的转换时间。另一方面，若用 0.0 V 和 5.0 V，则得到的转换时间为无穷大！还应明白的是，在有些逻辑系列（特别是 TTL）中，阈值在电压中点附近并不对称。作者的经验是：对于实际电路，“时间常数等于转换时间”的法则通常是有效的。

14.4.2　传输延迟

上升和下降时间只是部分地描述了逻辑元件的动态特性，还需要别的参数来描述输出时序与输入时序的关系。*信号通路*（signal path）是指从一个特定输入信号到逻辑元件的特定输出信号所经历的电气通路。信号通路的*传输延迟*（t_{p}，propagation delay）是指从输入信号变化到产生输出信号变化所需的时间。

具有多个输入和输出端的复杂逻辑元件会针对不同的信号通路规定不同的 t_{p} 值。而且就是对于同一个信号通路，t_{p} 值也可能不同，这取决于输出变化的方向。为简单起见，假设上升和下降时间为零，图 14-38a 显示了 CMOS 反相器的输入到输出信号通路上的两个不同传输延迟，其取决于输出变化的方向：

t_{pHL}：输出从高态到低态变化时，输入变化引起相应输出变化的时间。

t_{pLH}：输出从低态到高态变化时，输入变化引起相应输出变化的时间。

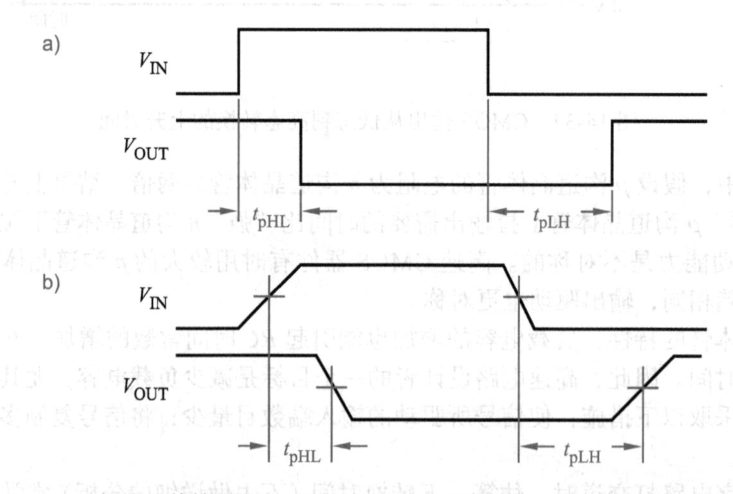

图 14-38　CMOS 反相器的传输延迟：a）忽略上升和下降时间；b）在转换中点测量到的情况

一些因素导致非零传输延迟。在 CMOS 器件中，晶体管状态转换速率受器件的半导体物理特性和电路环境的影响。电路环境包括输入信号转换速率、输入电容和输出负载。多级器件（如非反相门或更复杂的逻辑功能）可能要求在输出状态转换前先有一些内部晶体管的状态转换。甚至当输出开始状态转换（非零的上升和下降时间）时，也需要相当的时间才能越过高低态之间的区域。所有这些因素都包含在传输延迟中。

为消除上升和下降时间的影响，制造者通常取输入输出转换的中点来确定传输延迟，如图 14-38b 所示。然而，有时又取逻辑电平边界点来指定传输延迟，尤其当器件的操作受慢的上升和下降时间的影响时。例如，图 14-39 表示出如何对一个 S-R 锁存器（10.2.1 节讨论）指定最小输入脉冲宽度。

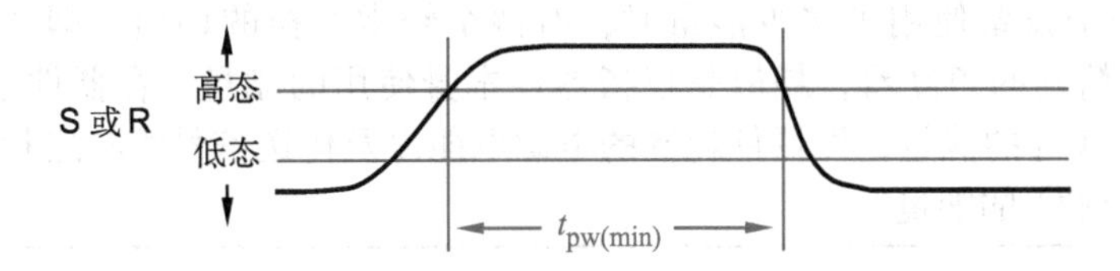

图 14-39 采用逻辑电平的边界点说明的最坏情况时序

另外，制造者还可能给出保证正常工作所需的绝对最大输入上升和下降时间。如果输入转换太慢，那么高速 CMOS 电路可能消耗额外的电流或发生振荡。

14.4.3 功率损耗

把输出不改变时的 CMOS 电路功率损耗称为*静态功耗*（static power dissipation 或 quiescent power dissipation）。多数 CMOS 电路的静态功耗都很低。这也正是它们在便携计算机和其他低功率应用中很具吸引力的原因，当暂停计算时，只消耗很小的功率。CMOS 电路只在状态转换时消耗可观的电能，称之为*动态功耗*（dynamic power dissipation）。

动态功耗的一个来源是 CMOS 输出结构的部分短路。当输入电压不接近供电轨道（0 V 或 V_{CC}）时，p 沟道和 n 沟道输出晶体管都可能部分“导通”，产生 600 Ω 或更小的串联电阻。此时，电流从 V_{CC} 经晶体管流到地。这种功耗的大小取决于 V_{CC} 的值和输出状态转换的发生率，计算公式如下：

$$P_T = C_{PD} \cdot V_{CC}^2 \cdot f$$

公式中用到如下变量：

P_T：输出状态转换引起的电路内部功耗。

C_{PD}：*功耗电容*（power-dissipation capacitance）。这个常数通常由器件制造商给出 C_{PD} 具有电容的量纲，但并不表示一个实际的输出电容。它更体现输出端从高态到低态和从低态到高态转换时，流过变化的输出晶体管电阻的电流动态特性。例如，HC 系列 CMOS 门的 C_{PD} 的典型值为 20 pF ~ 24 pF，即便是这样，实际的输出电容也依旧要小得多。

V_{CC}：电源电压。所有电子工程师都知道，电阻性负载（即部分导通晶体管）的功耗与电压的平方成正比。

f：输出信号的*转换频率*（transition frequency）。这是每秒功耗输出的转换次数（注意，转换频率定义为每秒转换次数除以 2）。

仅当输入转换足够快且使得输出转换也快时，P_T 公式才是有效的。若输入转换太慢，则输出晶体管处于半导通状态的时间就更长，功耗也增加。器件制造商常给出最大的输入上升和下降时间，低于此值时算得的 C_{PD} 值才是有效的。

其次，通常也是更重要的，CMOS 功耗来源是输出端上的电容性负载（C_L）。输出从低态到高态转换时，电流流过 p 沟道晶体管给 C_L 充电。类似地，输出从高态到低态转换时，电流流过 n 沟道晶体管让 C_L 放电。这两种情况下，晶体管“导通”电阻都消耗功率。用 P_L 表示 C_L 充放电的总功耗。

P_L 是功率，或者是单位时间的能量利用。一次状态转换所需的能量，可用如下方法确定：先将流经充电晶体管的电流作为时间的函数（使用 RC 时间常数，如 14.4.1 节所述），将该函数平方再乘以充电晶体管的“导通”电阻，然后对它在时间轴上积分。下面叙述一个更容易的方法。

消耗和耗散

当讨论一个设备使用了多少能量时，有两个经常互换的词语，即“消耗”和“耗散”。但从更精确的角度看，耗散是仅指器件本身使用的能量，在器件中产生了热量。而消耗包括了额外的能量，即器件耗费的电源电能以及传送信号给与之相连的其他器件（比如电阻性负载）的能量。

在一次状态转换期间，负载电容 C_L 上的电压改变为 $\pm V_{CC}$。按电容的定义，使电容 C_L 上的电压改变 V_{CC} 需要 $C_L \cdot V_{CC}$ 的电荷量。一次转换消耗的总电能为电荷量乘以平均电压变化。充电开始时的电压变化为 V_{CC}，结束时的电压变化很小，故平均电压变化为 $V_{CC}/2$，每次转换消耗的总电能为 $C_L \times V_{CC}^2/2$。若每秒转换 $2f$ 次，那么因电容性负载而消耗的总功率为：

$$
\begin{aligned}
P_L &= C_L \cdot (V_{CC}^2/2) \cdot 2f \\
&= C_L \cdot V_{CC}^2 \cdot f
\end{aligned}
$$

CMOS 电路的总动态功耗就是 P_T 与 P_L 之和：

$$
\begin{aligned}
P_D &= P_T + P_L \\
&= C_{PD} \cdot V_{CC}^2 \cdot f + C_L \cdot V_{CC}^2 \cdot f \\
&= (C_{PD} + C_L) \cdot V_{CC}^2 \cdot f
\end{aligned}
$$

基于这个公式，动态功耗常被称为 *CV^2f 功率*。目前为止，在大多数 CMOS 电路的应用中，CV^2f 功率都是总功耗的主要成分。注意到，双极逻辑电路（如 TTL）也消耗 CV^2f 功率，但在低等到中等频率时，比起静态（直流或静止）时的功耗，这种功耗就显得不重要了。

*14.4.4　电流尖峰与去耦电容器

接下来三小节所讨论的主题对于板级系统设计特别重要。当 CMOS 输出在低态与高态之间交替变化时，从 V_{CC} 到地线的电流是通过部分导通的 p 沟道和 n 沟道晶体管而流动的，这些电流（基于它们很短的持续时间而常将其称为*电流尖峰*（current spike））在 CMOS 电路的电源和地线支路上呈现为噪声，特别是当有多个输出同时交替变化时尤为严重。

为此，使用 CMOS 的系统要求在 V_{CC} 与地线之间接有*去耦电容器*（decoupling capacitor），而且必须在整个印制电路板上合理地设置一些这样的电容器，至少在每一英寸范围内或者针对每个芯片要设置一个电容器，以便在状态改变时供给电流。在电源设备上一般都会有很大的*滤波电容器*（filtering capacitor），但这种电容器并不能满足要求（即对电流尖峰起不到过滤的作用），因为这种电容器上的寄生电感会使其不能较快地提供电流，因此就需要去耦电容器的*物理分布*（physically distributed）系统。

*14.4.5 电感效应

数字逻辑电路极少含有分立的电感元件，但就像寄生电容那样，在线路（即便是很直的导线）上也存在寄生电感（stray inductance）。（电气工程师都知道，分立电感元件通常是由线圈构成的。）

当流过电感器的电流发生改变时，电感器两端的电压可根据下面的公式求出：

$$V = L \cdot \frac{\mathrm{d}I}{\mathrm{d}t}$$

其中 L 是电感，单位为亨利（H）；$\mathrm{d}I/\mathrm{d}t$ 是电流的变化率，单位为安培 / 秒（A/s）。在印制电路板上，每英寸导线的寄生电感量一般在 10 nH 即（10^{-9}H）。

就这么微小的寄生电感来说，要在导线上出现明显的电压似乎是不太可能的事，那么电感效应也就可以安全地不予考虑了。在 20 世纪 90 年代以前的大多数数字电路都是属于这种情况。

然而，有两个因素联合在一起就使得电感的作用成了重要的因素，有时甚至成为高速 CMOS 电路设计（特别是印制电路板级的设计）的一个障碍。第一，现代 CMOS 电路的输出晶体管能够在极短的时间内实现导通或断开——最快的电路一般是几十皮秒数量级或更少。以如此快的速度从零电流变化到（甚至）几个毫安电流，这样所产生的变化率（$\mathrm{d}I/\mathrm{d}t$）是非常高的。第二，CMOS 电路的电源电压（V_{CC}）已经允许从 5 V 降到 1.2 V，在最密集的 ASIC 电路中可能更低，这样就会造成电平之间的噪声容限变得较小，更加重了由于任何电压波动而诱发的错误影响。

在合理的假设条件下（请见参考资料），当驱动一个电阻性负载时，$\mathrm{d}I/\mathrm{d}t$ 的最大值可以近似地由下式求得：

$$\left[\frac{\mathrm{d}I}{\mathrm{d}t}\right]_{\text{Max-resistor}} = \frac{\Delta V}{T_t} \cdot \frac{1}{R}$$

式中的 R 是负载电阻，ΔV 是电压变化值，T_t 是输出改变的上升或下降时间。那么将不同 CMOS 逻辑系列耦合后，让我们考虑用印制电路板上 1 英寸长迹线驱动 2kΩ 负载时可能呈现的电压。5V 74HC 的输出转换时间大约是 5 ns。基于前面的公式，可以计算得：

$$\left[\frac{\mathrm{d}I}{\mathrm{d}t}\right]_{\text{Max-resistor}} = \frac{5\ \text{V}}{5\ \text{ns}} \cdot \frac{1}{2000\ \Omega} = 5 \cdot 10^5\ \text{A/s}$$

哇！每秒 500 000 A！当然，不管怎么说，电流也不可能在 1s 左右跃升或下跳，但在 5ns 的输出转换期间其变化率却真的是够高的了。现在，再把这个数值代入到电压公式中，看看在 1 英寸 10 nH 的迹线上能出现多高的电压：

$$V = 10 \cdot 10^{-9} \cdot 5 \cdot 10^5 = 5\text{mV}$$

说了半天，原来在印制电路板迹线上呈现的电压也只不过 5 mV 嘛。（电压是正的还是负的，取决于电流改变的方向。）这点电压对于具有 1.35 V 直流噪声容限的逻辑序列（不管是哪个状态下）来说，确实没什么好担心的。

现在，我们再考虑更强大 CMOS 系列（74AC）的情况，它能提供或吸收比 74HC 高六倍的电流，并且其转换时间缩短到 1 ns。74AC 驱动 1 kΩ 负载时的最大变化率为：

$$\left[\frac{\mathrm{d}I}{\mathrm{d}t}\right]_{\text{Max-resistor}} = \frac{5\ \mathrm{V}}{1\ \mathrm{ns}} \cdot \frac{1}{1000\ \Omega} = 5 \cdot 10^6\ \mathrm{A/s}$$

高出前一种情况的 10 倍。所以，在 1 英寸 10 nH 的印制电路板迹线上呈现的电压变化也要高出 10 倍，即是 50 mV。这依旧不足以让人担心，但还会有下面的情况。

迄今，我们只考虑了电阻性负载的情况。正如在 14.4.1 节所讨论的，门电路的输入端和导线都具有寄生电容，并且电流必须对这种电容进行充放电。在合理的假设下（请见参考资料），当驱动一个电容性负载时，dI/dt 的最大值可由下式近似给出：

$$\left[\frac{\mathrm{d}I}{\mathrm{d}t}\right]_{\text{Max-capacstor}} = \frac{1.52\Delta V}{T_t^2} \cdot C$$

一个 74AC 输出端可以在 1 英寸迹线端驱动一个 50 pF 的负载，并传递一个大约 5 ns 的转换时间。基于前面的公式，可得：

$$\left[\frac{\mathrm{d}I}{\mathrm{d}t}\right]_{\text{Max-capacstor}} = \frac{1.52 \cdot 5\ \mathrm{V}}{(25 \cdot 10^{-18})\ \mathrm{s}^2} \cdot 50 \cdot 10^{-12}\ \mathrm{F} = 1.52 \cdot 107\ \mathrm{A/s}$$

把它代入电压公式，那么呈现在印制电路板 1 英寸迹线上的电压是：

$$V = 10 \cdot 10^{-9} \cdot 1.52 \cdot 10^7 = 152\ \mathrm{mV}$$

虽然这种情况下的值比上一个例子的值要大，但依旧在噪声容限范围内，这可能还不足以产生一个错误的逻辑值。但是，当有几个改变输出的电感效应都集中在一条导线上的时候，那就真的要产生问题了（在下一小节讨论）。

提示

在本小节中，我们对 74HC 和 74AC 输出端驱动某些电阻性和电容性负载时的转换时间做了假设，那这些数值是从哪里来的呢？即便是制造商提供的数据表，也很少见到最小转换时间（特别是作为负载的函数）这个参数的数值。实际上，这些数值是来自作者在实验室中的实践经验。

你也可能想知道：如果我们有 10 英寸（而不是 1 英寸）印制电路板迹线和 500 pF（而不是 50pF）的负载，那么结果又会怎样呢？在转换期间，迹线上可能会有 15.2 V 吗？当然不会。经验表明，转换时间会长得多，而 dI/dt 则会小得多。为什么会这样呢？答案就是：电路输出、印制电路板迹线和负载的电气模型要比我们所了解到的复杂得多，每个元件都具有电阻性、电容性和电感性的成分。

本小节中的近似处理只是想让你对电感效应有个粗略体验，而更加详细的研究则需要使用电路分析工具（如 SPICE），以便更加精确地预测输出转换的动态效应。大多数集成电路制造商都提供高速输出电路的 SPICE 模型（或等效模型），来为那些需要分析这种动态效应的电气工程师提供帮助。

*14.4.6　同时切换与地电平弹跳

通过门电路输出引脚流动的电流，必须是从某处进来的或是流出到某处去的——当输出端提供电流时，那么电流是从器件的 V_{CC} 引脚流进的；当输出端吸收电流时，则该电流流到接地引脚。现在，让我们考虑一下当多个门电路使用同一个接地引脚时，会发生什么事？

在如图 14-40 所示的单个芯片上，有 8 个反相器，共用同一个接地引脚和 V_{CC} 引脚。由于芯片、封装结构、引线以及引到印制电路板地线层的导线等方面的原因，芯片的内部接地线具有寄生电感。在图中，这种寄生电感用一个接在芯片地线引脚与印制电路板实际接地层之间的集中电感元件 L 来表示。寄生电感的数量变化，与不同的封装技术有很大的关系。对于一个有 20 个引脚且地线引脚位于角边的塑料 DIP 封装块，L 值大约在 10 nH 数量级。

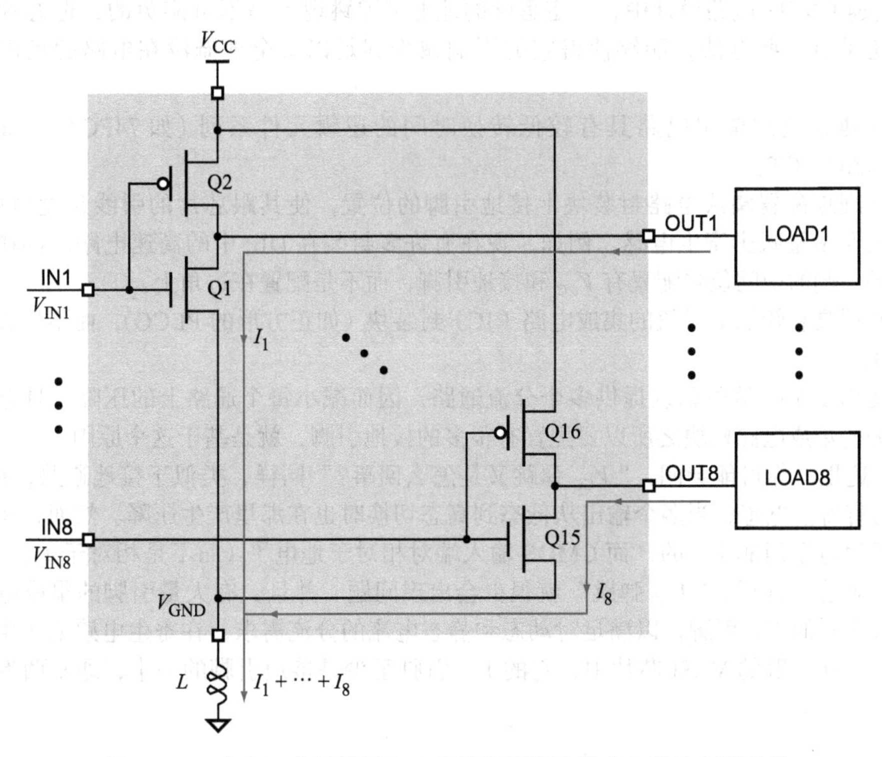

图 14-40　含有 8 个反相器和 1 个接地引脚的集成电路地电平弹跳

现在我们考虑这样的情况：先让所有 8 个输入端都为低态，那么所有 8 个输出端便都是高态。然后使所有输入都同时改变到高态。这类事件通常被称为**同时切换**（simultaneous switching）。在切换的一瞬间，所有输出都改变到低态，而流进单个接地引脚的电流是来自所有 8 个负载的电流。假设这些都是 74AC 输出端，每个分别驱动一个 50 pF 的负载（如前一小节所述），那么每个输出的最大 dI/dt 值为 $1.52 \cdot 10^7$ A/s。如果发生同时切换输出，那么在寄生电感 L 上的电流变化率将会是此值的 8 倍，L 上的压降将是：

$$V_{GND} = L \cdot 8 \cdot \frac{dI}{dt} = 10 \cdot 10^{-9} \cdot 8 \cdot 1.52 \cdot 10^7 \text{ A/s} = 1.216 \text{ V}$$

就印制电路板和系统的接地来说，芯片内部地电压的这种改变被称为**地电平弹跳**（ground bounce），它会产生重大的影响。一个芯片具有很多的输入和输出端，而且在任何时刻，都是有些改变，有些维持静态。但是，我们必须考虑到这种地电平弹跳现象对那些维持静态的输出端的影响。因为低态输出电压是参照于芯片内部地电平的（通过一个导通的 n 沟道晶体管），V_{GND} 的任何增加也都会引起低态输出电压的增加，并且有可能会超过有效的低态电压范围，从而造成某点上的错误动作。

地电平弹跳也会对同一芯片上的**输入端**产生影响。有效的 CMOS 高态输入电压可能会低到 3.15 V，要记住这个电压是参照于芯片内部地电平的。假设某个芯片的输入端从另一个芯片接收一个静态的有效高态电压 3.2 V，但由于地电平弹跳而将芯片内部地电平 V_{GND} 临时提高到 1.2 V，那么这时就芯片内部地电平而言，输入端的电压就只有 2.0 V 了，落入到逻辑输入的“不确定区”。事实上，如果这种地电平弹跳再稍微严重一点的话，还会使输入电压落入到低态信号的有效范围。因此，由于多个输出同时切换而造成的地电平弹跳，只要是都参照于同一个地线引脚，那么便有可能改变那些完全不相关的输入端上的逻辑值。

在高速 CMOS 电路设计中，一定程度的地电平弹跳现象是不可避免的，但芯片和系统设计者还是有一些办法，能够使得它的影响减少到足以安全地淹没在电路的噪声容限范围内：

- 构建或使用输出电路具有较低转换时间的逻辑元件系列（如 74FCT)，而不使用 74AC/ACT。
- 合理地配置集成电路封装块上接地引脚的位置，使其跟芯片的引线长度尽可能短，从而尽量减少寄生电感。例如，现在有许多封装在 DIP 中的高速电路，都在封装块每一侧的中间位置配置有 V_{CC} 和接地引脚，而不是配置在边角上。
- 使用具有较低电感值的集成电路（IC）封装块（如正方形的 PLCC)，而不用长方形的 DIP。
- 使用多个接地引脚以提供多个分流通路，因而减小每个通路上的压降。具有大量引脚的集成电路模块之所以要配置有很多的接地引脚，就是基于这个原因。

说到这里，你可能会问：“V_{CC} 弹跳又是怎么回事？”同样，类似于接地通路，V_{CC} 导线通路也具有寄生电感，当多个输出从低态到高态切换时也在那里产生压降。然而，逻辑电平是参照于地电平而非 V_{CC} 的，而 CMOS 输入端对相对于地电平（而不是相对于 V_{CC}）的输入电压更加敏感。这样，“V_{CC} 弹跳”就很少会出现问题。并且，有大量引脚的集成电路模块都配置有许多的 V_{CC} 引脚，以满足对动态和静态电流的分流需求，在寄生电感上产生的压降也就很小。在一般的 VLSI 芯片中，它的 V_{CC} 引脚至少是接地引脚的一半，通常两者是一样多的。

14.5　其他 CMOS 输入和输出结构

电路设计者可以用多种方式对基本 CMOS 电路进行修改，以生产出能满足特定应用的门电路。本节将介绍 CMOS 输入和输出结构方面的一些常见变化。

14.5.1　传输门

一对 p 沟道和 n 沟道晶体管可连在一起形成一个逻辑控制开关，如图 14-41 所示，这种电路称为 CMOS 传输门（transmission gate)。

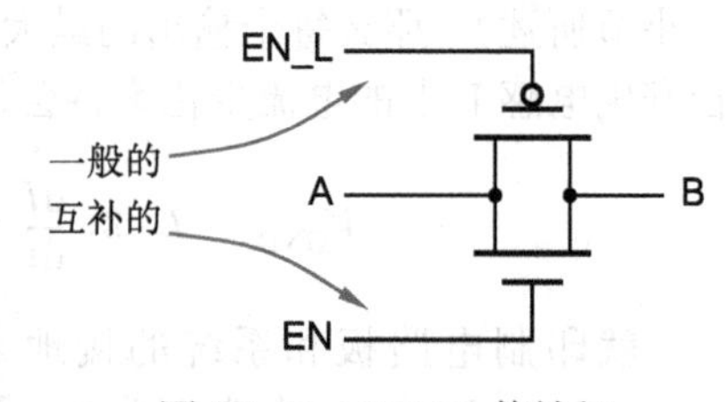

图 14-41　CMOS 传输门

传输门是这样工作的：它的输入信号 EN 和 EN_L 总是处在相反的电平上。当 EN 为高态、EN_L 为低态时，A 点与 B 点之间为低阻抗连接（低至 1 ~ 5Ω)。当 EN 为低态、EN_L 为高态时，A 点与 B 点断开连接。

一旦传输门被打开，那么 A 到 B（或相反）的传输延迟便会非常短。由于传输门的短延迟和电路简单的优点，它常应用于大规模 CMOS 器件内部，如乘法器和触发器。例如，图 14-42 中显示了传输门如何被用于构成“2 输入多路复用器”。当 S 为低态时，X“输入”和 Z“输出”相连。S 为高态时，Y 与 Z 相连。

注意，与一个基于门电路的多路复用器（见图 6-32）不同，一个使用传输门的多路复用器是“双向的”。这个传输门是一个开关，一个 Z 端的信号可以驱动一个 X 或 Y 端的输入，反之亦然。

至少有一家厂商（Integrated Device Technology）基于传输门实现了多种逻辑功能。在他们的多路复用器中，“选择”输入端的变化（见图 14-42）需几纳秒的时间才能影响输入 – 输出通路（从 X 或 Y 到 Z）。然而，一旦通路建立，从输入到输出的传输延迟便最多为 0.15ns，这是能买到的最快的分立式 CMOS 多路复用器。

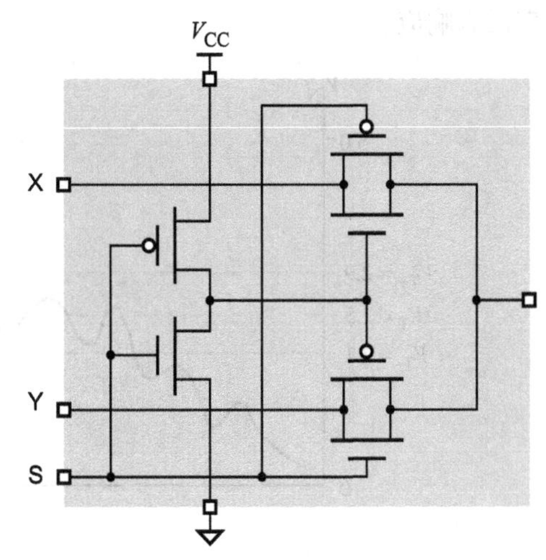

图 14-42 用 CMOS 传输门构成的 2 输入多路复用器

图 14-41 中的 p 沟道晶体管（上面那个）在门电路（EN_L）是低态时，具有低的阻抗。n 沟道晶体管则在 EN 为高态时才具有低的阻抗。之所以要采用两个晶体管，是因为一般的“导通”p 沟道晶体管不能在 A 点与 B 点之间很好地传导低电压，而一般的“导通”n 沟道晶体管却不能很好地传导高电压；两个并联起来的晶体管就能恰当地覆盖完整的电压范围。有些制造商（如 IDT）已经改进了他们的 n 沟道晶体管，故而可以不用 p 沟道晶体管。这个方法除了能节省晶体管外，也消除了由芯片物理结构造成的接到 V_{CC} 的一个寄生二极管。

14.5.2 施密特触发器输入

一个典型 CMOS 门电路的输入 – 输出特性如图 14-21 所示。对于一个具有**施密特触发输入端**（Schmitt-trigger input）的门电路，其相应的传输特性如图 14-43a 所示。施密特触发器是采用内部反馈的特殊电路，它依据输入是从低态到高态变化或从高态到低态变化来移动开关阈值。

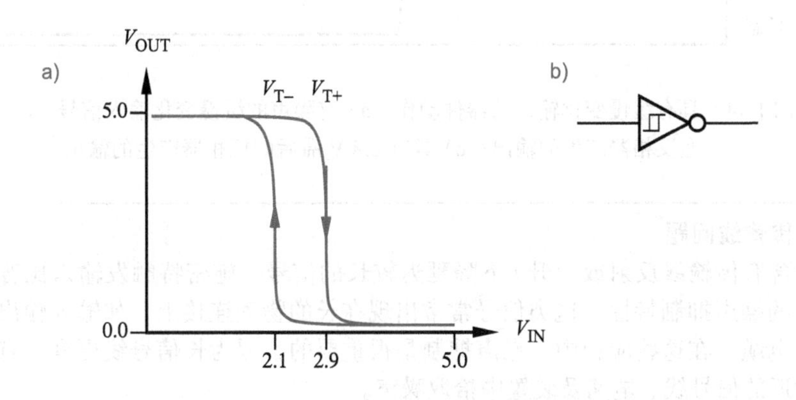

图 14-43 施密特触发反相器：a）输入 – 输出传输特性；b）逻辑符号

例如，假设施密特触发反相器的输入开始为 0 V（低态），输出则为高态，接近 5.0 V。如果输入电压增加，那么要等到输入电压达到约 2.9 V，输出才变低。然而，一旦输出为低态，那么要等到输入电压降到约 2.1 V 它才变高。这样，正向输入变化的阈值电压（以 V_{T+} 表示）约为 2.9 V，负向输入变化的电压（以 V_{T-} 表示）约为 2.1 V。将这两个阈值电压之差称为滞后（hysteresis）。施密特触发反相器的滞后约为 0.8 V。

为说明滞后的作用，用图 14-44a 表示一个输入信号，它的上升和下降时间较长，且有约 0.5 V 的噪声。对于没有滞后的普通反相器，其正向和反向转换的开关阈值电压相同，即 $V_T \approx 2.5$ V。因此，普通反相器对噪声的响应如图 14-44b 所示，每当噪声输入电压穿过开关阈值时都会产生输出变化。然而，由于施密特触发反相器的滞后比噪声大，因此其输出对噪声没有响应。

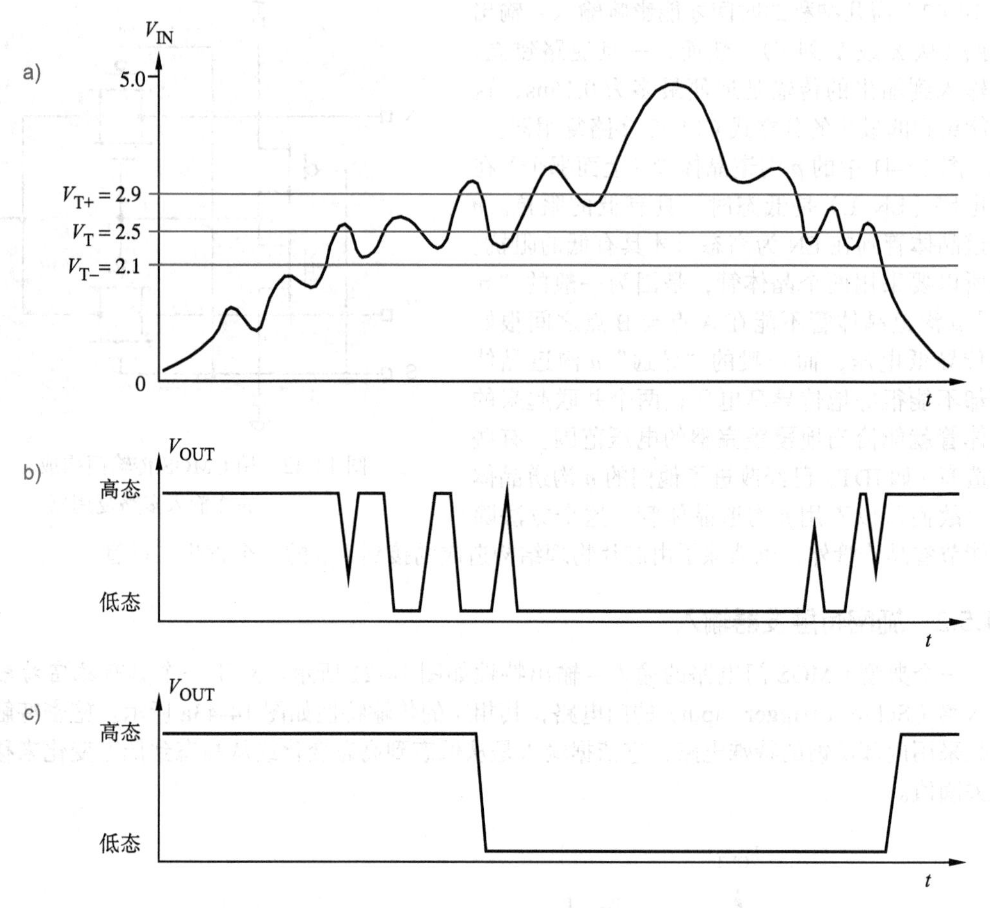

图 14-44　具有缓慢变化输入的器件动作：a）有噪声的缓慢变化输入信号；b）普通反相器产生的输出；c）具有 0.8 V 滞后的反相器产生的输出

注意传输线问题

对于含有传输线反射或上升 / 下降延迟较长的信号，施密特触发输入比普通门输入具有更好的噪声抑制特性。这类信号常常出现在长的物理连接上，如输入输出总线、计算机接口电缆。在这些应用中，噪声抑制是很重要的，因为长信号线更容易有反射，或者会从附近的信号线、电路及装置中拾取噪声。

14.5.3　三态输出

逻辑输出有两个正常态（低态和高态），分别对应于逻辑值 0 和 1。然而，有些输出处于完全不属于逻辑正常态的第三个电气状态，称之为高阻态（Hi-Z，high-impedance state）或悬空态（floating state）。在这种状态下，输出好像没和电路连上，只是有小的漏电流流进或流出输出端。因此，输出可以有 3 种状态：逻辑 0、逻辑 1 和高阻。

具有 3 种可能状态的输出称为三态输出（three-state output 或 tri-state output）。三态器件有一个额外的输入端，通常称之为“输出使能”或“输出禁止”端，用它来控制器件输出是否处于高阻态。

将多个三态输出连在一起就形成*三态总线*（three-state bus）。“输出使能”控制电路必须保证任一时间最多只能有一个输出端被使能（不在高阻态），这个被使能的器件才能在总线上传输逻辑电平（高和低）。我们将在 7.1 节中给出三态总线设计的例子。

CMOS *三态缓冲器*（three-state buffer）的电路如图 14-45a 所示。为简化原理图，内部的“与非”门、“或非”门和反相器功能，都采用了功能上而非晶体管形式上的表示；实际上它们总共用了 10 个晶体管（参见练习题 14.82）。如图 14-45b 所示，当使能输入为低态时，两个输出晶体管都被关断，输出为高阻态。不然，输出要由“数据”输入 A 来控制其是高态或低态。三态缓冲器和门电路的逻辑符号通常把使能输入画在上面，如图 14-45c 所示。

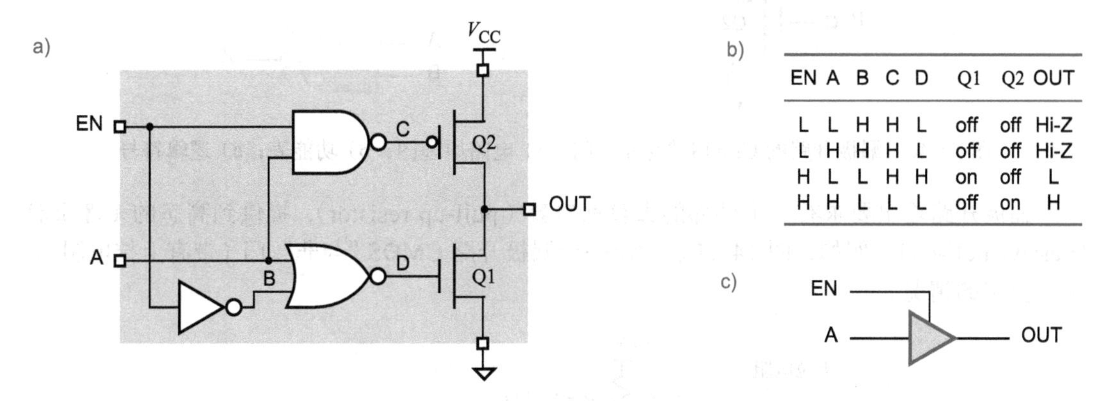

EN	A	B	C	D	Q1	Q2	OUT
L	L	H	H	L	off	off	Hi-Z
L	H	H	H	L	off	off	Hi-Z
H	L	L	H	H	on	off	L
H	H	L	L	L	off	on	H

图 14-45　CMOS 三态缓冲器：a）电路原理图；b）功能表；c）逻辑符号

在实际中，为使输出晶体管在三态和其他态的转换过程中有良好的动态特性，三态控制电路可能与我们给出的不同。特别地，在三态输出器件的设计中，通常使输出使能延迟（高阻态到低态或高态）比输出禁止（低态或高态到高阻态）的延迟时间要长些。因此，若一个控制电路激活一个器件的输出使能输入端而同时禁止另一个，那么第一个器件在总线上呈现高态或低态之前，另一个器件保证会进入高阻态（尽管谨慎的设计人员会提供具有更大不重叠窗口的使能信号，以确保在所有条件下都能做到这样）。

若同一总线上的两个三态输出同时被使能，并试图保持相反的状态，那么其情况与图 14-53 中将标准有源上拉输出连在一起的情况相似，使总线上产生了非逻辑电压。如果这种冲突只是临时性的，那么器件可能还不会被损坏，但流过相连输出的大电流可能会产生噪声脉冲，影响系统中其他地方的电路特性。

CMOS 三态输出为高阻态时，会随之产生高于 10μA 的漏电流。当要计算三态总线上可连接器件的数目时，必须考虑到这个电流以及接收门的输入电流。也就是说，在低态或高态时，一个被使能的三态输出必须能为总线上的所有其他三态输出吸收或提供 10μA 的漏电流，同时为总线上每个输入提供所需的电流。针对标准 CMOS 逻辑，单独的低态和高态计算必须进行，以满足特定电路配置的扇出需求。

*14.5.4　漏极开路输出

也认为 CMOS 输出结构中的 p 沟道晶体管提供*有源上拉*（active pull-up），因为在低态到高态的转换中，它们上拉输出电压。在*漏极开路输出*（open-drain output）门电路中，这些晶体管被省略了，如图 14-46a 中的“与非”门。最上面的 n 沟道晶体管的漏极不与其他点相连，所以若输出不为低态时，就为“开路”，如图 14-46b 所示。图 14-46c 中带下划线的菱形有时用来表示一个漏极开路输出。类似的结构包括 TTL 逻辑系列中提供的“集电极开路输出”。

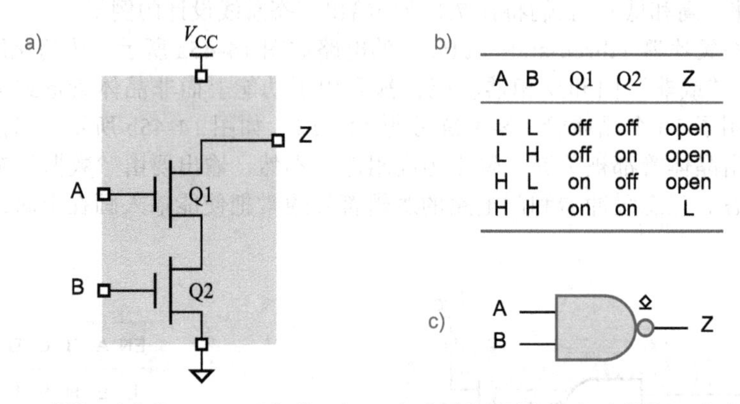

A	B	Q1	Q2	Z
L	L	off	off	open
L	H	off	on	open
H	L	on	off	open
H	H	on	on	L

图 14-46　漏极开路的 CMOS“与非”门：a）电路原理图；b）功能表；c）逻辑符号

漏极开路输出要求有一个外部的*上拉电阻器*（pull-up resistor），提供到高态的*无源上拉*（passive pull-up）。例如，图 14-47 表示出一个漏极开路 CMOS“与非”门（带有上拉电阻器）驱动负载的情况。

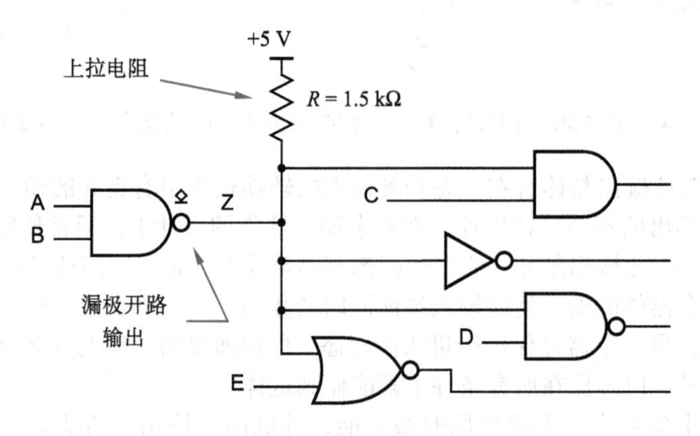

图 14-47　驱动负载的漏极开路 CMOS“与非”门

为达到尽可能高的速度，漏极开路输出的上拉电阻应尽量小，这可减少低态到高态转换的 RC 时间常数（上升时间）。然而，上拉电阻也不能任意小，最小电阻由漏极开路输出的最大吸收电流 I_{OLmax} 决定。例如，在 HC 和 HCT 系列 CMOS 中，I_{OLmax} 为 4 mA，则上拉电阻不能小于 5.0 V/4 mA 或 1.25 kΩ。因为它比标准 CMOS 门中 *p* 沟道晶体管的“导通”电阻大，所以与有源上拉的标准门相比，漏极开路门电路的低态到高态输出转换时间要长得多。

作为一个例子，假设图 14-47 中的漏极开路门电路为 HC 系列 CMOS，上拉电阻为 1.5 kΩ，负载电容为 100pF。在 14.3.2 节已说过，低态时，HC 系列 CMOS 输出的“导通”电阻约为 80 Ω。这样，从高态到低态转换的 RC 时间常数为 80 Ω · 100pF = 8 ns，输出下降时间约为 8 ns。然而，从低态到高态转换的 RC 时间常数为 1.5 kΩ · 100 pF = 150 ns。这个相对慢的上升时间与快得多的下降时间形成对比，如图 14-48 所示。我的一个朋友称如此慢的上升转换为*滴漏*（ooze）。

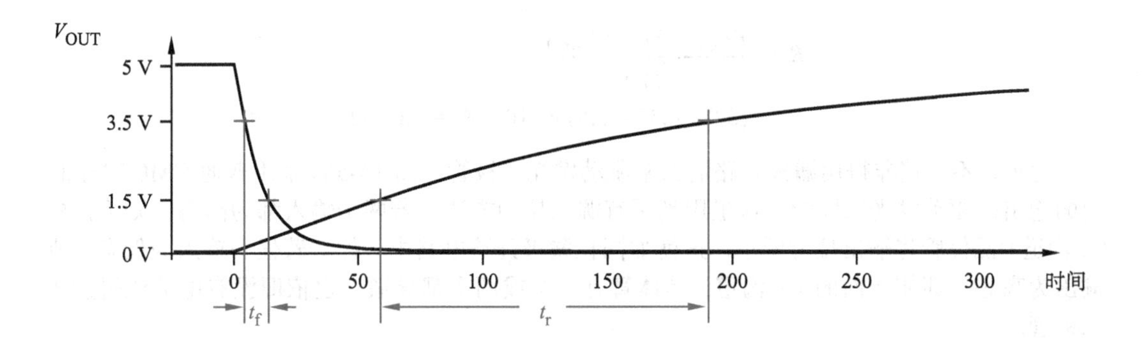

图 14-48 漏极开路 CMOS 输出的上升和下降转换

那为什么使用漏极开路输出呢？尽管其上升时间长，但至少在三个应用中是有用的：驱动发光二极管（LED）和其他器件、实现线连逻辑、驱动多源总线。

*14.5.5 驱动发光二极管和继电器

漏极开路输出可驱动发光二极管，如图 14-49 所示。若 A 或 B 有一个为低态，则相应的 *n* 沟道晶体管关断，发光二极管关断。若 A 和 B 都为高态，则两个晶体管都导通，输出 Z 为低态，发光二极管开启。必须选择适当的上拉电阻 R，使发光二极管开启时流过合适的电流。

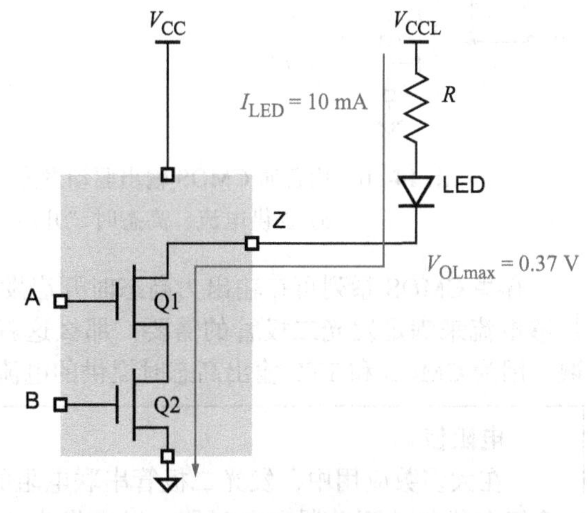

图 14-49 用漏极开路输出驱动发光二极管

典型的发光二极管要求有 10 mA 的电流才能正常发光。HC 和 HCT 系列 CMOS 的输出只能吸收或提供 4 mA 电流，通常不能用来驱动发光二极管。然而，先进的 CMOS 系列（如 74ALVC 和 74ACT）能吸收 24 mA 或更多的电流，可以很有效地驱动发光二极管以及（甚至）需要更多电流的继电器。

计算上拉电阻值 *R* 需要用到以下信息：

1. 发光二极管达到期望亮度所需的电流 I_{LED}，针对一些分立的发光二极管其为 10 mA，但通常会小于这个值。

2. 开启条件下，发光二极管上的压降 V_{LED}，典型值约 1.6 V。

3. 发光二极管的电源电压 V_{CCL}，通常与 V_{CC} 相同。

4. 吸收发光二极管电流的漏极开路输出电压 V_{OL}。对于 74AC 和 74ACT CMOS 系列，V_{OLmax} 为 0.37 V。若输出能吸收 I_{LED} 电流并保持低一些的电压（如 0.2 V），则下面计算出的电阻值会小一点，但一般不会造成什么危害。流过的电流比 I_{LED} 稍大一些，发光二极管会比预计的稍亮一些。

利用上面的信息，可写出下面的方程：

$$V_{OL} + V_{LED} + (I_{LED} \cdot R) = V_{CCL}$$

假设 $V_{CCL} = 5.0$ V，其他值则使用上面的典型值，可解出所要求的 *R* 值：

$$R = \frac{V_{\text{CCL}} - V_{\text{OL}} - V_{\text{LED}}}{I_{\text{LED}}}$$

$$= (5.0 - 0.37 - 1.6)\text{V}/10\ \text{mA} = 303\ \Omega$$

注意，不一定非得用漏极开路输出来驱动发光二极管。图 14-50a 采用普通 CMOS“与非”门的输出来驱动发光二极管，这里用到了有源上拉的方法。若两个输入都为高态，则下面的（n 沟道）晶体管将输出拉为低态，这就如同在漏极开路电路中一样。若任一输入为低态，则输出为高态，即使上面的（p 沟道）晶体管有一个或两个都导通，也依旧没有电流流过发光二极管。

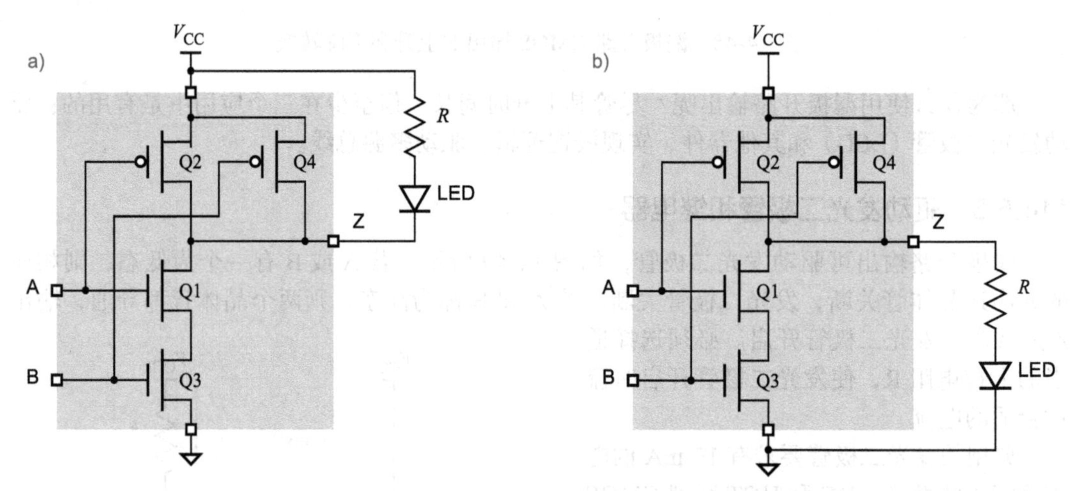

图 14-50 用普通 CMOS 输出驱动发光二极管：a）吸收电流，低态时“开启”；b）提供电流，高态时“开启”

有些 CMOS 系列可在输出为高态时开启发光二极管，如图 14-50b 所示。若输出能提供足够电流来满足发光二极管的需要，那么这就是可行的。然而，方法 b 不像方法 a 那样普遍，因为 CMOS 和 TTL 输出高态时提供的电流，不像低态时吸收的电流那么多。

电阻值

在大多数应用中，发光二极管串联电阻的准确值是不重要的，只要相邻的发光二极管组有相似的驱动器和电阻器，以便发出相同的显示亮度就可以了。在本小节的例子中，可采用阻值为 270 Ω、300 Ω 或 330 Ω 的现成电阻，这些都是很容易得到的。

*14.5.6 多源总线

漏极开路输出可连在一起，每次从多个器件中选择一个向公共总线发送信息。任何时候，总线上除了一个输出外，其余所有输出都是高态（开路）。剩下的这个输出，根据它要往总线上发送逻辑 1 还是逻辑 0，要么保持在高态，要么将总线拉低，处于低态。控制电路总是选择特定的器件来驱动总线。这个方法被用到流行的 I2C 总线上。

例如，图 14-51 中，8 个 2 输入漏极开路“与非”门输出驱动一个公共总线，每个“与非”门上面的输入端是数据位，下面的输入端是控制位。在任意时刻，最多只有一个控制位为高态，它使相应的数据位传到总线上（实际上，是数据位的补码传到总线上）。其余的门输出为高态，即为“开路”。这样，使能门电路的数据输入就决定了总线上的值。

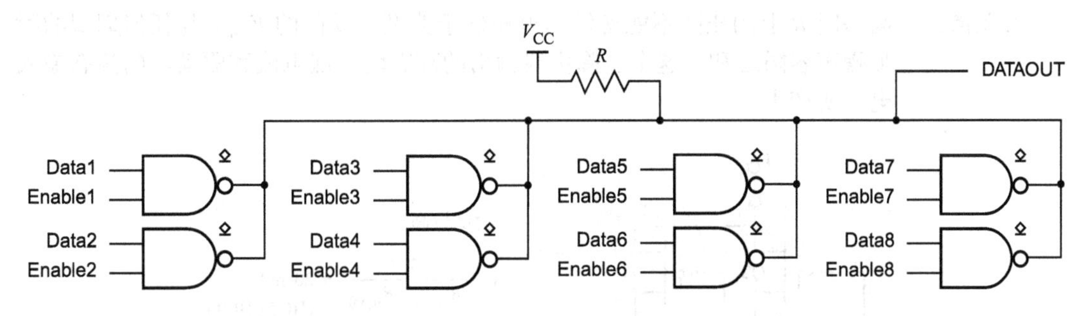

图 14-51 驱动总线的 8 个漏极开路输出

*14.5.7 线连逻辑

用一个上拉电阻将多个漏极开路门电路的输出连接在一起，就形成线连逻辑（wired logic）。这样形成的是与门，因为当且仅当所有门的输出为高态时（实际上是开路），线连逻辑输出才为高态。任何门的输出为低态，就足以把线连逻辑的输出拉为低态。例如，三输入线与（wired AND）函数如图 14-52 所示。若任何一个二输入“与非”门的两个输入都为高态，则线与逻辑输出为低态，否则上拉电阻 R 会把线连逻辑输出拉为高态。

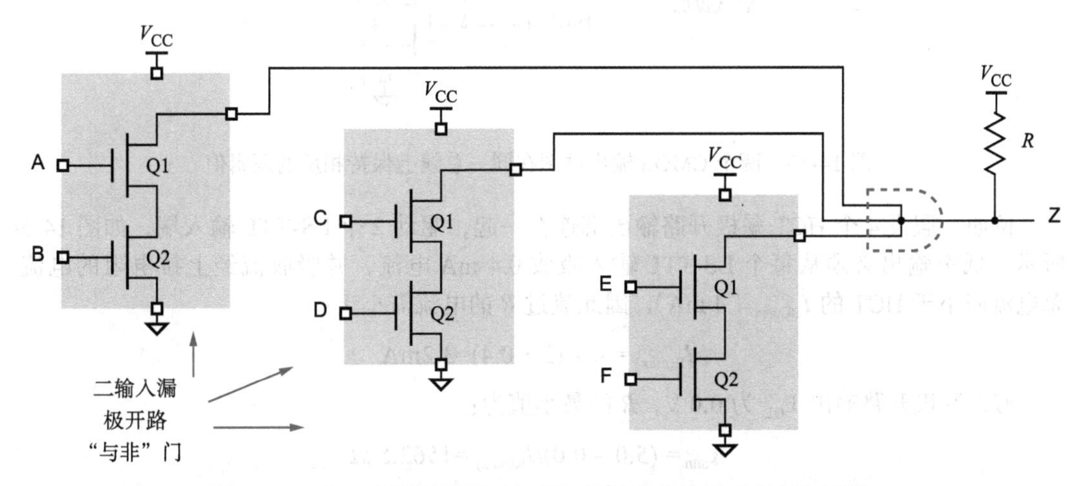

图 14-52 由 3 个漏极开路“与非”门输出构成的“线与”函数

注意，带有源上拉的门电路不能实现线连逻辑。若两个这样的门输出连在一起并试图保持相反的逻辑值，则会产生非常大的电流和非正常的输出电压。图 14-53 表示了这种情况，有时称之为冲突（fighting）。输出电压的准确值取决于冲突晶体管的相对“强度”，但若使用 5V CMOS 器件，那么其典型值约为 1 V ~ 2 V，几乎总是非逻辑电压。更糟的是，若输出冲突持续两秒多，那么芯片就可能出现内部损坏，并烧坏你的手指！

*14.5.8 上拉电阻

在漏极开路应用中，上拉电阻（pull-up resistor）R 必须选择合适的值。R 的最小值和最大值的计算如下：

最小值： 低态时流过 R 的电流与线输出驱动的门电路的低态输入电流之和，不能超过有源输出的低态驱动能力；例如，对于 HC 和 HCT 系列，该值为 4mA；对于 AHC 和 AHCT 系列，该值为 8 mA。

最大值：　高态时 R 上的压降不能使输出电压低于典型驱动门的 V_{IHmin} 与任何期望的附加噪声容限之和。这个压降由线输出的高态输出漏电流和驱动门的高态输入电流所产生。

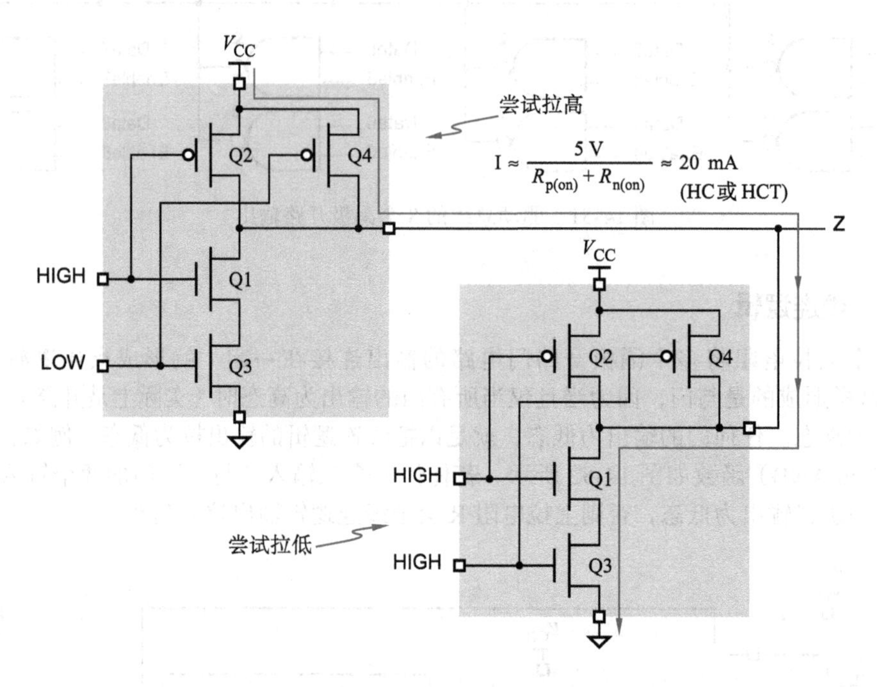

图 14-53　两个 CMOS 输出试图在同一总线上保持相反的逻辑值

例如，假设 4 个 HCT 漏极开路输出端连在一起，驱动 2 个 LS-TTL 输入端，如图 14-54 所示。低态输出必须从每个 LS-TTL 输入吸收 0.4 mA 电流，并吸收流经上拉电阻的电流。总电流需小于 HCT 的 I_{OLmax}（4 mA），因此流过 R 的电流需小于：

$$I_{R(max)} = 4 - (2 \cdot 0.4) = 3.2\text{mA}$$

假设漏极开路输出 V_{OL} 为 0.0 V，R 的最小值为：

$$R_{min} = (5.0 - 0.0)/I_{R(max)} = 1562.5\ \Omega$$

漏极开路假设

在漏极开路电阻计算中，为得到最坏情况结果，假设输出电压低至 0.0 V，而不是 0.4 V（V_{OLmax}）。也就是说，即使漏极开路输出很强，可将输出电压下拉至 0.0 V（只需下拉到 0.4 V），也依旧不允许它吸收大于 4 mA 的电流，因此其不会过载。有些设计者在计算中采用 0.4 V，这样如果输出可以下拉到低于 0.4 V 时，超过 4 mA 的一点点额外漏电流也不至于毁坏电路。

在高态下，漏极输出的最大漏电流一般为 5 μA，LS-TTL 输入需要 20 μA 的提供电流。因此，图 14-55 中所示的高态电流需求是：

$$I_{R(leak)} = (4 \cdot 5) + (2 \cdot 20) = 60\mu\text{A}$$

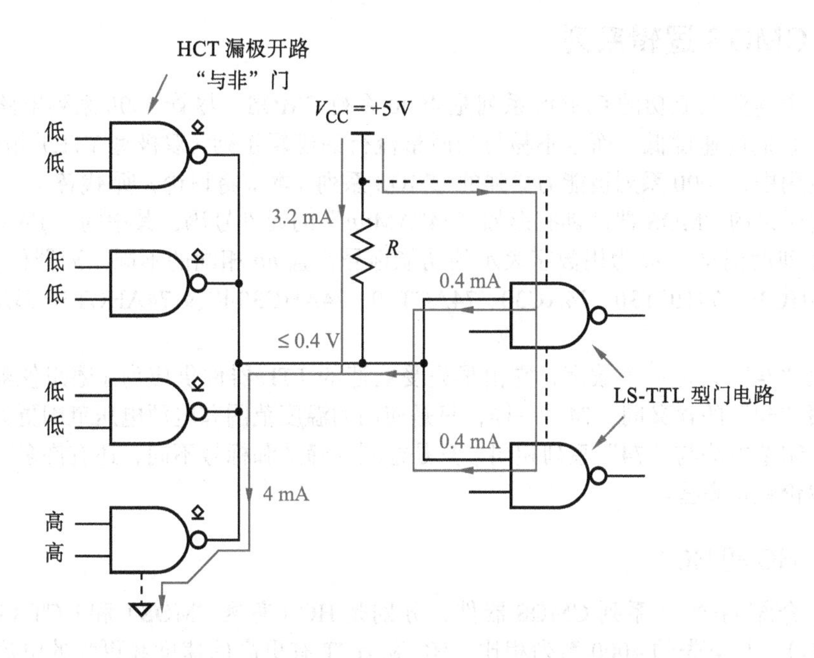

图 14-54　4 个漏极开路输出在低态下驱动 2 个输入端

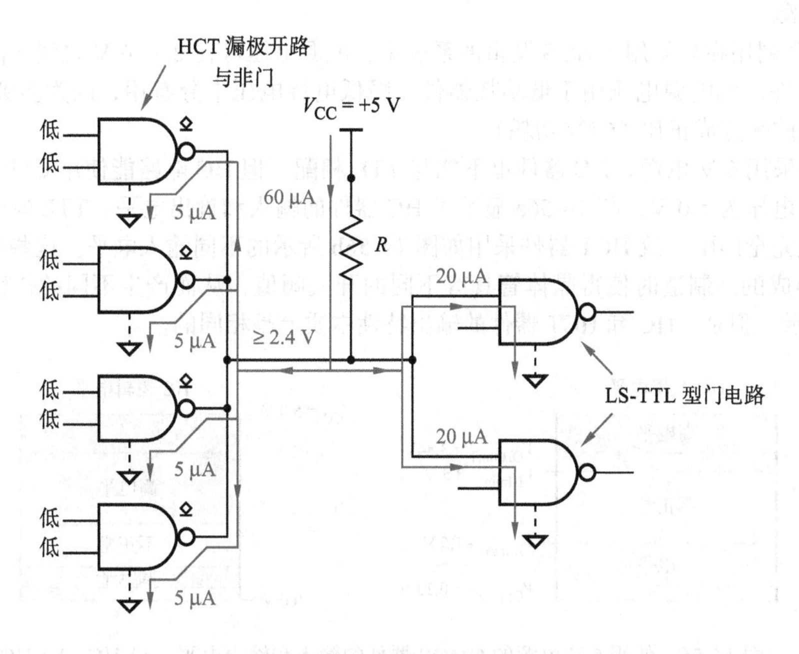

图 14-55　4 个漏极开路输出在高态下驱动 2 个高态输入端

该电流在 R 上产生压降，而且这个压降不能使输出电压低于 V_{IHmin}（2.0 V）与附加的 400 V 噪声容限之和；因此 R 的最大值是：

$$R_{\max} = (5.0 - 2.4)/I_{\text{R(leak)}} = 43.3\ \text{k}\Omega$$

因此，R 值可取 1562.5 Ω 与 43.3 kΩ 之间的任何值，较大的值能减少功率损耗并改善低态噪声容限，而较小的值会增加功耗但能改善高态噪声容限和从低态到高态的输出转换速度。

14.6 CMOS 逻辑系列

第一个商业上成功的 CMOS 系列是 4000 系列 CMOS。尽管 4000 系列电路有低功耗的优点，但它们的速度低，而且不易与当时最流行的逻辑系列（双极型 TTL）相匹配。因此，在多数应用中，4000 系列被能力更强的 CMOS 系列（本节将讨论）所 代替。

我们讨论的 CMOS 器件都有形如“74FAM*nn*”的元件号码，其中的“FAM”为按字母排列的系列助记符，*nn* 为用数字表示的功能标号，且 *nn* 相同的不同系列器件其功能相同。例如，74HC30、74HCT30、74AC30、74ACT30、74AHC30 以及 74AHCT30 都是 8 输入“与非”门。

前缀“74”只是一个数字，它由早先受欢迎的 TTL 器件供应商（德州仪器公司）所使用。前缀“54”的含义同“74”一样，只是使用的温度范围和电源电压范围更大，用于军事应用。其制造方法与“74”系列相同，只是检测、筛选和标号不同，还有许多额外的说明资料，当然价钱也高些。

14.6.1 HC 和 HCT

首先介绍两个 74 系列 CMOS 器件，分别是 HC（高速 CMOS）和 HCT（高速 CMOS，TTL 兼容）。与早先的 4000 系列相比，HC 和 HCT 有更高的速度和更强的电流吸收和提供能力。HCT 系列采用的电源电压 V_{CC} 为 5 V，可与 TTL 器件互相配合使用（TTL 器件也使用 5 V 电源）。

HC 系列用在只采用 CMOS 逻辑的系统中，电源电压可在 2 ~ 6 V 之间。高电源电压用于高速器件，低电源电压用于低功耗器件。降低电源电压十分有用，因为多数 CMOS 的功耗与电压的平方成正比（CV^2f 功耗）。

即使采用 5 V 电源，HC 器件也不能与 TTL 相配。但 HC 电路能使用 CMOS 输入电平。假设电源电压为 5.0 V，图 14-56a 显示了 HC 器件的输入和输出电平。TTL 器件的输出电平不能与此完全匹配，故 HCT 器件采用如图 14-56b 所示的不同输入电平。这些电平是在制造过程中形成的。制造时使得晶体管具有不同的开关阈值，从而产生不同的传输特性，如图 14-57 所示。但是，HC 和 HCT 器件的输出特性本质上是相同的。

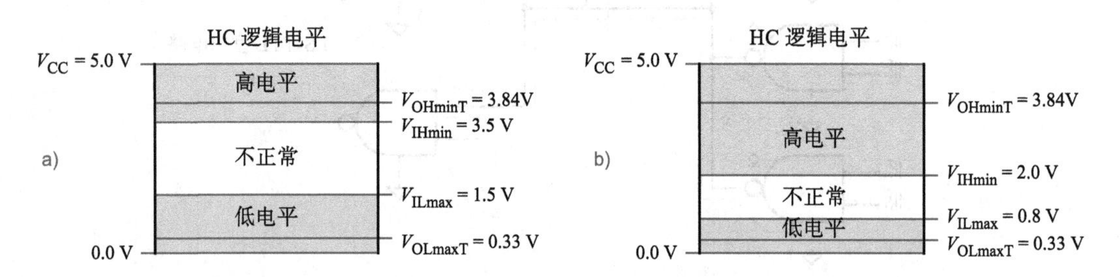

图 14-56 使用 5 V 电源的 CMOS 器件的输入和输出电平：a）HC；b）HCT

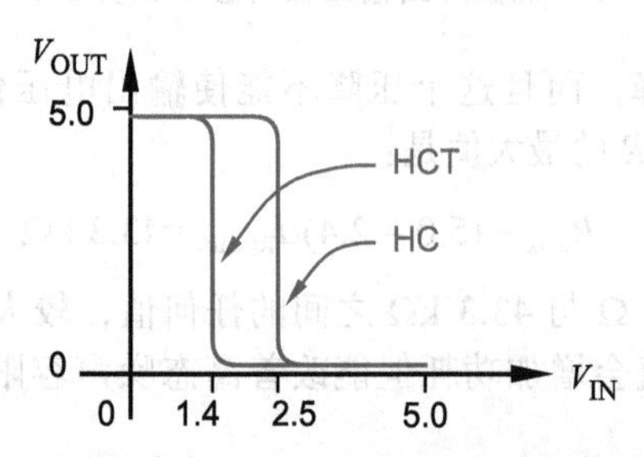

图 14-57 典型条件下 HC 和 HCT 电路的传输特性

14.6.2 AHC 和 AHCT

20 世纪 80 年代和 90 年代出现了一些新的 CMOS 系列器件。最新也最通用的系列，是 AHC（先进高速 CMOS）和 AHCT（先进高速 CMOS，TTL 兼容）。这些系列的速度是 HC/HCT 的 2 ~ 3 倍，并可与以前系列保持向后兼容性。与 HC、HCT 一样，AHC 和 AHCT 只是在能识别的输入电平方面彼此不同，而输出特性都是相同的。

与 HC/HCT 一样，AHC/AHCT 具有对称输出驱动（symmetric output drive）。也就是说，输出端能吸收或提供同样大小的电流，在两种状态下的输出驱动能力同样"强"。其他的逻辑系列，包括后面要介绍的 FCT 和 TTL，具有不对称输出驱动（asymmetric output drive），它们在低态时吸收的电流比高态时提供的电流要大得多。

*14.6.3 HC、HCT、AHC 和 AHCT 的电气特性

在本小节，要对 HC、HCT、AHC 和 AHCT 系列的电气特性做个总结。虽然这些器件可以在 2 ~ 5.5 V 之间（减载）工作（HC/HCT 可在 6 V 下工作），但规格说明中还是假设器件应用于标称的 5 V 电源。在 14.7 节中将更深入地讨论器件在低电压和混合电压下的工作问题。

商用器件（74 系列）在 0 ~ 70℃温度之间工作，而军用器件（54 系列）在 –55 ~ 125℃之间工作。表 14-3 中假设工作温度为 25℃。完整的制造商数据表会提供整个温度范围内器件工作性能的附加说明。

关于 AHC、AHCT 的说明

AHC 和 AHCT 逻辑系列是由好几个公司制造的，包括 Texas Instruments 和 NXP（原 Philips）Semiconductors。而 STMicro、ON Semiconductor（原 Fairchild）以及 Toshiba 只制造那些相似的但规格不一致的兼容系列，它们是 AHC 和 AHCT。其中"A"代表"先进的"的意思。

给定逻辑系列内的多数器件，其输入输出规格是相同的，一般只是功耗和传输延迟不同。表 14-3 中显示的是 HC、HCT、AHC 和 AHCT 系列中 74x00 2 输入"与非"门和 74x138 3-8 译码器的规格说明。每个系列中，'00"与非"门是最小的逻辑设计构件，而 '138 是包含约 15 个与非门的"中规模"构件。

表 14-3 5 V CMOS 系列的速度和功率特性

描述	部件	符号	条件	系列			
				HC	HCT	AHC	AHCT
典型传输延迟（ns）	'00	t_{PD}		9	10	3.7	5
	'38			18	20	5.7	7.6
静态电源电流（μA）	'00	I_{CC}	$V_{in}=0$ 或 V_{CC}	2.5	2.5	5.0	5.0
	'138		$V_{in}=0$ 或 V_{CC}	40	40	40	40
静态功耗（mW）	'00		$V_{in}=0$ 或 V_{CC}	0.0125	0.0125	0.025	0.025
	'138		$V_{in}=0$ 或 V_{CC}	0.2	0.2	0.2	0.2
功耗电容（pF）	'00	C_{PD}		22	15	2.4	2.6
	'138	C_{PD}		55	51	13	14
动态功耗（mW/MHz）	'00			0.55	0.38	0.06	0.065
	'138			1.38	1.28	0.33	0.35

（续）

描述	部件	符号	条件	系列			
				HC	HCT	AHC	AHCT
总功耗（mW）	’00		f = 100 kHz	0.068	0.050	0.031	0.032
	’00		f = 1 MHz	0.56	0.39	0.085	0.09
	’00		f = 10 MHz	5.5	3.8	0.63	0.68
	’138		f = 100 kHz	0.338	0.328	0.23	0.24
	’138		f = 1 MHz	1.58	1.48	0.53	0.55
	’138		f = 10 MHz	14.0	13.0	3.45	3.7
速度－能量乘积（pJ）	’00		f = 100 kHz	0.61	0.50	0.11	0.16
	’00		f = 1 MHz	5.1	3.9	0.31	0.45
	’00		f = 10 MHz	50	38	2.3	3.38
	’138		f = 100 kHz	6.08	6.55	1.33	1.79
	’138		f = 1 MH z	28.4	29.5	2.99	4.2
	’138		f = 10 MHz	251	259	19.7	28.1

表 14-3 的第一行是传输延迟。如 14.4.2 节所讨论的，说明延迟要用到 t_{pHL} 和 t_{pLH}，表中的数是这两个延迟中的最大数。’138 的传输延迟比 ’00 的慢些，因为信号要经过 3 或 4 级的内部门电路。

从表中第二、三行看出，如果输入为 CMOS 电平（0 作为低态，V_{CC} 作为高态），则这些 CMOS 器件的静态功耗远低于 1 mW（毫瓦），实际上可看作 0。（注意，表中的静态功耗数字是针对 ’00 系列的每个门的静态功耗，而针对 ’138 系列，是指整个中规模（MSI）器件的静态功耗。）

如 14.4.3 节所讨论的，CMOS 门的动态功耗取决于输出摆幅（通常为 V_{CC}）、输出转换频率（f）和转换时的充放电电容，计算公式如下：

$$P_D = (C_L + C_{PD}) \cdot V_{DD}^2 \cdot f$$

这里，C_{PD} 为器件的功耗电容，C_L 为特定应用中与 CMOS 输出相连的负载电容。表中给出了 C_{PD} 和等效的动态功耗因子（单位为 mW/MHz），设 $C_L = 0$。使用这个因子，任意频率的总功耗为该频率下的动态功耗和静态功耗之和。

表中最后一行的速度－能量乘积，是一个典型门电路的传输延迟与功耗之积，结果的量纲为皮焦（pJ）。回忆物理学知识，可以知道焦耳是能量的单位，故**速度－能量乘积**（speed-power product）是衡量某种效率的量纲——逻辑门输出转换所需的能量。在今天这个时代，显然消耗能量越少越好。

表 14-4 给出各个系列的典型 CMOS 器件的输入规格说明。有些说明假设 5 V 电源有 ± 10% 的波动，即 V_{CC} 可为 4.5 ～ 5.5V 之间的任意值。这些参数在前面小节中已讨论过，为参考起见，这里总结了它们的含义：

I_{Imax}：任意输入电压的最大输入电流。这个参数说明，针对任意输入电压，流入或流出 CMOS 输入端的电流为 1 μ A 或更少。换句话说，CMOS 输入端对驱动它们的电路几乎没有直流负载。

C_{INmax}：输入最大电容。计算输出端的交流负载时需要这个值，该输出端要驱动这个负载以及其他输入端。多数制造商也给出低一些的典型输入电容（约 2pF ～ 5pF），幸运的话，该值能对交流负载进行较好的估计。

V_{ILmax}：确保输入被识别为低态时的最高电压。注意，这个值对 HC/AHC 和 HCT/AHCT

来说是不同的。“CMOS”值（1.35 V）是最小电源电压的30%，而“TTL”值是0.8 V，以便与TTL系列兼容。

V_{IHmin}：确保输入被识别为高态时的最低电压。“CMOS”值（3.85 V）为最大电源电压的70%，而“TTL”值为2.0 V，以便与TTL系列兼容。(与CMOS电平不同，TTL输入电平并不供电轨道关于对称。)

表 14-4　V_{CC} 在 4.5 ~ 5.5 V 之间时，CMOS 系列的输入规格说明

描　述	符　号	条　件	系列			
			HC	HCT	AHC	AHCT
输入漏电流（μA）	I_{Imax}	V_{in} = 任意	±1	±1	±1	±1
最大输入电容（pF）	C_{INmax}		10	10	10	10
低电平输入电压（V）	V_{ILmax}		1.35	0.8	1.35	0.8
高电平输入电压（V）	V_{IHmin}		3.85	2.0	3.85	2.0

与TTL兼容的CMOS输出规格说明通常包括两套输出参数。采用哪一套取决于输出的负载。CMOS负载要求输出端吸收或提供非常小的直流电流，对于HC/HCT，是20 μA；对于AHC/AHCT，是50 μA。这当然是指CMOS输出驱动CMOS输入的情况。在CMOS负载的情况下，CMOS输出电压在供电轨道（0 V和V_{CC}）的0.1 V范围内。(表中采取的最坏情况为V_{CC} = 4.5V，故V_{OHminC} = 4.4V。)

TTL负载会消耗多得多的吸收或供给电流。对于HC/HCT输出，达到4 mA；对于AHC/AHCT输出，为8 mA。在这种情况下，输出电路中“导通”晶体管上的压降会更高，但输出电压仍要保持在正常的TTL输出范围。虽然现在的设计不太可能使用TTL，但如果需要驱动任何其他消耗大量电流的负载，那么这些规范还是有用的。

> **节约能量**
>
> 数字系统中，节约能量有着实际的（以及地理政治的）原因。低的能量消耗意味着低的能源成本和低温系统。低温工作对数字系统可靠性的提高，比任何其他单独提高可靠性的措施都更有效。

表14-5列出了CMOS输出规格说明，它针对CMOS和TTL两种负载。各参数的含义如下：

I_{OLmaxC}：驱动CMOS负载且输出为低态时，输出端提供的最大电流。因为它是正值，故电流流进输出端。

I_{OLmaxT}：驱动TTL负载且输出为低态时，输出端提供的最大电流。

V_{OLmaxC}：驱动CMOS负载且输出低态时的最大输出电压，只需输出电流小于I_{OLmaxC}

V_{OLmaxT}：驱动TTL负载且输出低态时的最大输出电压，只需输出电流小于I_{OLmax}。

I_{OHmaxC}：驱动CMOS负载且输出为高态时，输出可提供的最大电流。因为这是负值，故电流流出输出端。

I_{OHmaxT}：驱动TTL负载且输出为高态时，输出可提供的最大电流。

V_{OHminC}：驱动CMOS负载且输出为高态时的最小输出电压，只需输出电流小于I_{OHmaxC}。

V_{OHminT}：驱动TTL负载且输出为高态时的最小输出电压，只需输出电流于I_{OHmaxT}。

上述电压参数决定了直流噪声容限。低态直流噪声容限为V_{OLmax}和V_{ILmax}之差，取决于驱动输出和被驱动输入端的特性。例如，驱动几个HCT输入端（CMOS负载）的HCT低态直流噪声容限为0.8 V – 0.1 V = 0.7 V。而对于TTL负载，HCT输入噪声容限为0.8 V – 0.33 V = 0.47 V。类似地，高态直流噪声容限为V_{OHmin}和V_{IHmin}之差。一般来说，若不同系列相连，

则必须将适当的驱动门的 V_{OLmax} 和 V_{OHmin} 与被驱动门的 V_{ILmax} 和 V_{IHmin} 进行比较，以决定最坏情况下的噪声容限。

表 14-5　VCC 在 4.5 ~ 5.5 V 之间时，CMOS 系列的输出规格说明

描　述	符　号	条　件	系列			
			HC	HCT	AHC	AHCT
低电平输出电流（mA）	I_{OLmaxC}	CMOS 负载	0.02	0.02	0.05	0.05
	I_{OLmaxT}	TTL 负载	4.0	4.0	8.0	8.0
低电平输出电压（V）	V_{OLmaxC}	$I_{out} \leq I_{OLmaxC}$	0.1	0.1	0.1	0.1
	V_{OLmaxT}	$I_{out} \leq I_{OLmaxT}$	0.33	0.33	0.44	0.44
高电平输出电流（mA）	I_{OHmaxC}	CMOS 负载	−0.02	−0.02	−0.05	−0.05
	I_{OHmaxT}	TTL 负载	−4.0	−4.0	−8.0	−8.0
高电平输出电压（V）	V_{OHminC}	$\|I_{out}\| \leq \|I_{OHmaxC}\|$	4.4	4.4	4.4	4.4
	V_{OHminT}	$\|I_{out}\| \leq \|I_{OHmaxT}\|$	3.84	3.84	3.80	3.80

表中 I_{OLmax} 和 I_{OHmax} 参数决定了扇出能力，当输出驱动一个或多个不同系列输入时，这两个参数尤为重要。必须做两个计算以决定输出在其额定扇出能力范围内是否还能工作：

高态扇出：将所有被驱动输入端的 I_{IHmax} 相加，其和必须小于驱动输出端的 I_{OHmax}。

低态扇出：将所有被驱动输入端的 I_{ILmax} 相加，其和必须小于驱动输出端的 I_{OLmax}。

注意，特定元件的输入输出特性可能与表 14-5 给出的典型值不同，因此当分析一个实际的设计问题时，必须参考制造商的数据表。

*14.6.4　AC 和 ACT

在 20 世纪 80 年代中期出现了一对更为先进的 CMOS 系列，被恰当地命名为 AC（先进 CMOS）和 ACT（先进 CMOS，TTL 兼容）。这两个 CMOS 系列的速度非常快，它们能在各种状态下提供或吸收大量的电流，高达 24mA。像 HC 和 HCT 以及 AHC 和 AHCT 那样，AC 和 ACT 系列只是在它们识别的输入电平上有区别，而在输出特性方面还都是相同的。也像其他 CMOS 系列那样，AC/ACT 输出端具有对称的输出驱动。

AC（特别是 ACT）系列中的器件目前非常流行，因为它们有能力驱动很重的直流负载，包括 TTL 负载。它们的输出也具有很快的上升和下降时间，因而有助于提高整个系统的操作速度。由于具有很快的上升和下降时间，因此它们就成为“模拟”问题（包括切换噪声和地电平弹跳）的主要来源。结果，便研制出了下一小节中要阐述的 CMOS 系列，在要求 TTL 兼容的大多数应用中，它们很快就取代了 ACT 系列的器件。

*14.6.5　FCT 和 FCT-T

20 世纪 90 年代初，又出现了一种 CMOS 系列——FCT（快速 CMOS，TTL 兼容），它的主要优点是：在减少功耗并与 TTL 完全兼容的条件下，能达到或超过最好的 TTL 系列的速度和输出驱动能力。对 FCT 输出电路进行了特别的设计，使其上升和下降时间比 AC/ACT 输出有更好的控制，因而 FCT 输出所产生的“模拟”问题就不会那么严重。

而且，早先的 FCT 系列会产生接近 5 V 的 CMOS V_{OH}，在高速应用中（25 MHz+），当输出从 0 V 摆到接近 5 V 时，会产生很大的 CV^2f 功耗和电路噪声。经过电路革新，很快引进了该系列的一个变种，FCT-T（快速 CMOS，带有 TTL V_{OH} 的 TTL 兼容）。FCT-T 降低了高态输出电压，从而在和早先 FCT 保持同样高速度的同时，减少了功耗和开关噪声。在型号数字后加“T”后缀，表示 FCT-T 输出结构，如 74FCT138T 是对应于 74FCT138 的

FCT-T 系列器件。

*14.7　低电压 CMOS 逻辑和接口

前一小节里讨论的所有 CMOS 逻辑系列都工作于 5V 的电源。但是，有两个重要因素导致了集成电路工业向低供电电压的 CMOS 器件发展：

- 在大多数应用中，CMOS 输出电压都在电源的两个极端（即 0V 和 V_{CC}）之间摆动，故而在 CV^2f 等式中 V 即是电源电压。所以，降低电源电压可以更大地减少动态功耗。
- 随着工业朝着更小的晶体管几何尺寸发展，CMOS 晶体管的栅极和源极、栅极和漏极之间的氧化物绝缘层就变得更薄，因而它就不能对 5V 那么高的电位起到绝缘的作用。

因此，JEDEC（集成电路工业标准组）选择了 3.3 V ± 0.3V、2.5 V ± 0.2V、1.8 V ± 0.15V、1.5 V ± 0.1V、1.2 V ± 0.1V 和 1.0V ± 0.1V 电压作为新的“标准”逻辑供电电压。JEDEC 标准规定了在这些供电电压下工作的输入、输出逻辑电平。一些器件规定的工作电压低至 0.7V。

几个新的低电压的 CMOS 逻辑系列及其关键特性如下所列：

- LV（低电压）CMOS 器件规定的工作电压为 5.0V、3.3V 或 2.5V，还有 CMOS 兼容的输入阈值（V_{CC} 的 0.3 到 0.7 倍）。
- LVC（低电压 CMOS）器件规定的工作电压为 3.3V、2.5V 和 1.8V，还有驱动总线的高电流输出。在工作于 3.3V 时它们有 TTL 兼容的输入电平，可容纳的输入电平高达 5.5V。
- ALVC（先进的低电压 CMOS）器件与 LVC 相似，但预设用于低电压的只有 CMOS 的系统和子系统（可容纳的输入电平仅至 3.6V），并且具有更好的性能。
- AVC（先进的非常低电压 CMOS）器件规定的工作电压为 3.3V、2.5V 和 1.8V。
- AUC（先进的超低电压 CMOS）器件规定的工作电压为 2.5V、1.8V 和 1.2V，最优工作电压为 1.8V。

更多的 CMOS 逻辑系列

从 20 世纪 90 年代以来，依然开发出了更多的 CMOS 逻辑系列，主要是为了支持低电压的操作，以及利用由 CMOS 技术的整体进步所推动的规格的改进。接下来将讨论低电压的 CMOS 逻辑及其接口。

向低电压供电的过渡已经在分步实施并将继续实现。对于分立的逻辑系列，它的趋势也是生产出能在较低电压下进行操作和产生输出的元件，但也能兼容较高电压下的输入。这种方法使 3.3V 的 CMOS 系列在电压一开始过渡时就可以和 5V 的 CMOS 及 TTL 系列一起工作，继而简化在邻近的标准电压处各系列的互操作。

14.7.1　3.3V LVTTL 和 LVCMOS 的逻辑电平

在标称电源电压下工作的标准 TTL 和低电压 CMOS 器件的信号电平之间的关系，在图 14-58 中有详尽的说明，这些资料摘自德州仪器公司的应用手册。原来的纯 5V CMOS 系列（如 HC 和 AHC）的对称信号电平表示在图 14-58a 中。TTL 兼容的 CMOS 系列（如 HCT、AHCT 和 FCT）则下移了它的电压电平以便与 TTL 兼容，如图 14-58b 所示。

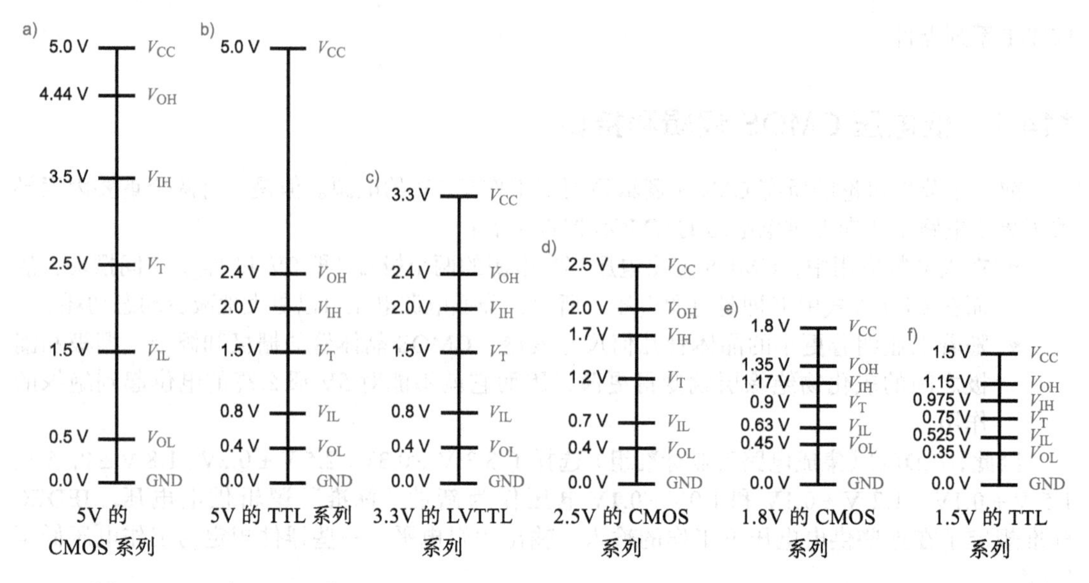

图 14-58　逻辑电平比较：a）5V CMOS；b）5V TTL（包括 TTL 兼容的 5V CMOS）；c）3.3V LVTTL；d）2.5V CMOS；e）1.8V CMOS；f）1.5V CMOS

较低电压 CMOS 演进的第一步是采用 3.3V 电源。3.3V 逻辑的 JEDEC 标准实际上定义了两组电平：LVCMOS（低电压 CMOS）电平用在其输出端有轻直流负载（小于 100μA）的纯 CMOS 应用中，这样它的 V_{OL} 和 V_{OH} 都维持在电源轨道的 0.2V 范围内；LVTTL（低电压 TTL）电平（如图 14-58c 所示）用在输出端有较重直流负载的情况中，这样它的 V_{OL} 可能高到 0.4V，而 V_{OH} 可能低到 2.4V。

TTL 逻辑电平定位在 5V 范围的低端，这是十分偶然的。如图 14-58b 和图 14-58c 所示，定义 LVTTL 电平以便正好与 TTL 电平相匹配，这也是可能的。这样的话，只要输出电流（I_{OLmax}，I_{OHmax}）指标符合规格要求，那么用 LVTTL 输出去驱动 TTL 输入是没有问题的。相似地，TTL 输出也能驱动 LVTTL 输入，除非超出了 LVTTL 的 3.3V 电源 V_{CC}，才会出现驱动上的问题。下一小节将讨论这个问题。

请注意如图 14-58d 到 14-58f 所示的更低电压的标准，它们的有效逻辑电平和直流噪声容限范围变窄了。这种变窄进一步地表现出最小化“模拟”效应（如切换噪声和地电平弹跳）在现代高速电路设计中的重要性。

为你提供更多的电源供给

很多微处理器和 ASIC 都采用简单的方法来提供不同的内部和外部逻辑电平——它们有两种电源电压。低压（如 1.2V）是提供给芯片内部门电路（或叫*核心逻辑*）使用的；高电压（如 2.5V 或 3.3V）是提供给外部输入和输出电路（或叫*外部环节*）使用的，目的是实现与系统中较老一代的器件和设备的兼容性。使用特殊的缓冲器电路对核心逻辑与外部环节逻辑之间的电压进行安全快速的内部转换。就微处理器来说，其内部电压甚至会动态改变，这取决于应用上的需要——较低的功率要求较低的电压，较高的速度则要求较高的电压。

14.7.2　5V 容许输入

门电路的输入一定不容许大于 V_{CC} 的电压。当在一个系统中使用两种不同的逻辑电压范围时，这就成问题了。例如，在轻负载的时候，5V CMOS 器件很容易产生 4.9V 的输出，而且 CMOS 和 TTL 器件甚至在中等负载的情况下通常也产生 4.0V 的输出。3.3V 器件的输入端却不喜欢接受这样高的电压。

在制造商给出的数据表中，由“绝对最大定额”项列出输入端能够容许的最大电压 V_{Imax}。对于 HC 器件，V_{Imax} 等于 V_{CC}，所以如果 HC 器件用 3.3V 供电，那么它的输入端就不能用任何 5V CMOS 或 TTL 的输出来驱动，这样才不会被损坏。另一方面，对于 AHC 器件，它的 V_{Imax} 是 5.5V，如果用 3.3V 供电的话，就可以将 5V 输出转换为 3.3V 的电平。在纯 3.3V 的子系统中要用到 3.3V 供电的微处理器、存储器以及其他器件。

图 14-59 解释了为什么有些输入端容许 5V 电压而有些则不行。如图 14-59a 所示，在 HC 和 HCT 的输入端结构中，实际上在每个输入端与 V_{CC}、地线之间分别接有一个反偏置的钳位二极管（clamp diode）（在前面我们并没有表示出来）。这些二极管是专门用来切除任何超界的瞬态输入信号电压的，即小于 0 的电压被 D1 钳制，大于 V_{CC} 的电压被 D2 钳制，使之限制在供电电压的轨道范围内。这些瞬时状态通常起因于传输线的反射，主要是长的信号线——这种线的传输延迟要比信号转换时间长。将瞬时状态分流到接地和电源，又称为“下超调”和“上超调”，减小反射的幅度和持续时间。

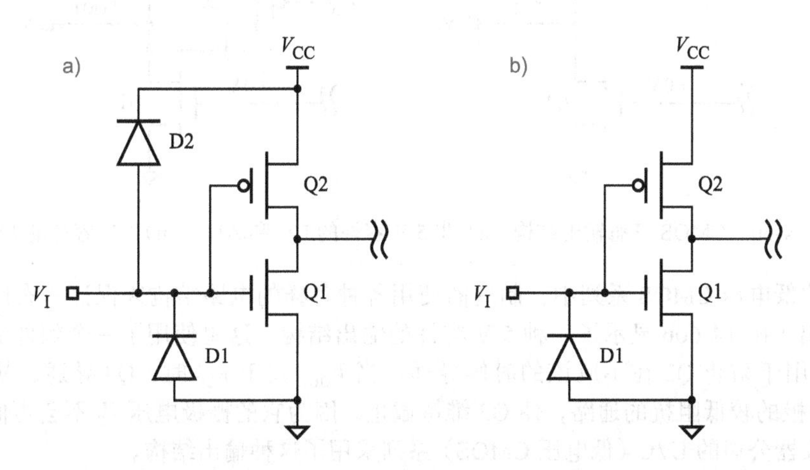

图 14-59　CMOS 输入端结构：a）不容许 5V 的 HC；b）容许 5V 的 AHC

当然，二极管 D2 并不能将瞬态的超界电压和大于 V_{CC} 的持久性输入信号电压区分开，因此如果将 5V 输出连接到其中一个输入端，那么就不可能呈现与正常 CMOS 输入端相联系的高阻抗，而是呈现出通过正向偏置到 V_{CC} 去的相对低的阻抗，并有过剩的电流流过二极管。

图 14-59b 显示了一个 5V 容许的 CMOS 输入端。这个输入端结构只是去掉了 D2，而 D1 仍然起到钳位的作用，以免过载。AHC 系列采用了这种输入端结构。

图 14-59b 所示的输入结构类型对于构建 5V 容许的输入端来说是必要的，但不是充分的。在器件的特殊制造过程中，晶体管也必须能够经受高于 V_{CC} 的电位。在这个基础上，AHC 系列的 V_{Imax} 被限制为 5.5V。在很多 3.3V 的 ASIC 处理中，不可能得到 5V 容许的输入端，即便你愿意放弃二极管 D2 的传输线效益。

14.7.3　5V 容许输出

输出端也必须考虑 5 V 容许的问题，特别是当 3.3 V 和 5 V 三态输出都连接到一个总线的时候。当 3.3 V 输出为高阻态时，由 5 V 器件驱动总线，而且这时 5 V 信号也出现在 3.3 V 器件的输出端。

在这种情况下，图 14-60 解释了为什么有些输出端是 5 V 容许的，而有些则不行。如图 14-60a 所示，标准的 CMOS 三态输出端有一个 *n* 沟道晶体管 Q1 接地，还有一个 *p* 沟道晶体管 Q2 接到 V_{CC}。当输出为高阻态时，电路（未表示出）使 Q1 的栅极保持在接近 0 V，而 Q2 的栅极则接近 V_{CC}，那么这两个晶体管都是截止的，即 Y 为高阻态。

现在再看看，如果 V_{CC} 为 3.3 V 而且有另一个器件把 5 V 信号加在图 14-60a 中的输出引脚 Y 上，那么会发生什么情况呢？这时，Q2 的漏极 (Y) 为 5 V 而栅极 (V_2) 仍然只有 3.3 V。由于栅极的电位比漏极的电位低，因此 Q2 开始导通，并提供从 Y 到 V_{CC} 的较低阻抗的通路，其中有大量的电流流过。HC 和 AHC 的三态输出端都是这种结构，因此它们都不是 5 V 容许的。

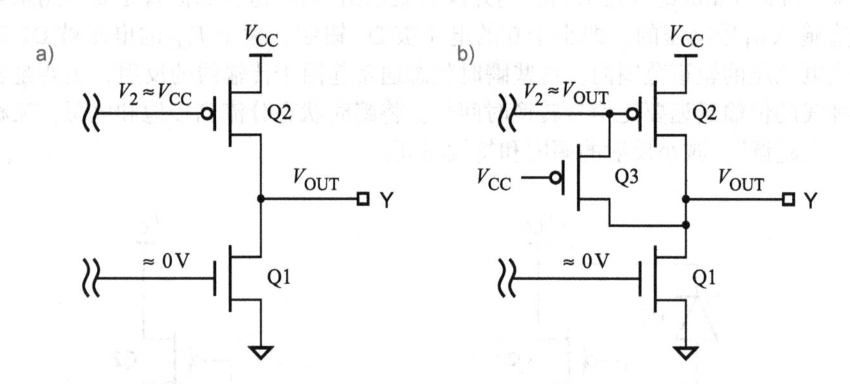

图 14-60　CMOS 三态输出结构：a）非 5 V 容许的 HC 和 AHC；b）5 V 容许的 LVC

在新的低电压 CMOS 系列中，制造商使用各种各样的电路结构来保证三态门在这种情况下的输出。图 14-60b 显示了一种 5 V 容许的输出结构。这里使用了一个额外的 *p* 沟道晶体管 Q3，用于防止 Q2 在不应该的时候导通。当 V_{OUT} 大于 V_{CC} 时，Q3 导通，从而形成从 Y 到 Q2 栅极的较低阻抗的通路，使 Q2 维持截止，因为它的栅极电压 V_2 不会再低于漏极电压。德州仪器公司的 LVC（低电压 CMOS）系列采用了这种输出结构。

14.7.4　TTL/LVTTL 接口小结

根据前面各小节的内容，在同一个系统中可以混用 TTL（5 V）和 LVTTL（3.3 V）器件，但要服从以下三个规则：

1. LVTTL 输出可以直接驱动 TTL 输入，但要服从于驱动器件的输出电流（I_{OLmax}, I_{OHmax}）上的一般约束条件。

2. 如果输入端是 5 V 容许的，那么 TTL 输出可以驱动 LVTTL 输入端。

3. 如果 LVTTL 输出是 5 V 容许的，那么 TTL 和 LVTTL 三态输出可以驱动同一个总线。

14.7.5　低于 3.3 V 的逻辑电平

对于低电压的 CMOS 器件混用的情况，还必须考虑输入和输出的电压容差问题。例如，工作于 1.8V 的 AUC 器件的输入可否与 3.3V 甚至是 2.5V 的输出驱动的总线相连？答案是可以，AUC 输入允许的最大电压可达 3.6V，但必须研读数据表才能获知。

即使是在混合电平的情况下允许的电压电平，也存在是否能够正确识别其逻辑电平的问题。通常必须在两个方向（较高的电压驱动较低的电压或反之）以及两种逻辑状态（高态和低态）上检查。

例如，我们从图 14-58c 和 14-58d 中就可以看出，2.5 V 输出的 V_{OH} 等于 3.3 V 输入的 V_{IH}。换句话说，当一个 2.5 V 输出驱动一个 3.3 V 输入端的时候，高态直流噪声容限变为零了，这不是一件好事而可能是一件坏事。

比较一下 2.5 V 和 1.8 V 逻辑的逻辑电平，可以看出：1.8 V 逻辑的最小高态输出电压比起 2.5 V 输入端能识别的高态电压，只是高出一点点。在 1.8 V 与 1.5 V 逻辑之间会发生比较小的失配，但这也是不可忽略的。

要解决这个问题，可以采用*电平移位器*（level shifter）或*电平转换器*（level translator)，它是这样的一种器件：采用两种电源供电，在其内部将较低的逻辑电平提升到较高的电平。例如，74ALVC164245 电平移位器可以连接两个 16 位的总线，它的两侧是各不相同的逻辑电平。在一侧可能使用 5.0 V 或 3.3 V 的供电和逻辑电平，而另一侧可能使用 2.5 V 或 1.8 V 的供电和逻辑电平。

现今有很多 ASIC、FPGA 和微处理器都含有电平转换器，这就允许它们工作于 1.8 V 或更低的核心逻辑电平以及 3.3 V 的外部环节逻辑电平，正如我们在 14.7.1 节的方框注释中所讨论的。

14.8 差分信号

为了提高抗干扰性，一个逻辑信号可以用*差分信号* (differential signaling) 在两条线路中传输。差分对上的逻辑值取决于两条线路之间的电压差，而不是绝对的参考电压，1 表示正差分值，0 表示负差分值。假设两条线路在整个信号通路中彼此相邻，则认为任何噪声都会同等地影响这两个信号，使得它们的电压差几乎不变。这种机制使得相对于每个信号极性的绝对电压摆幅低很多，同时仍然可以提供较大的抗干扰性。因为对任意固定的转换速度（V/ns）而言，较低的电压摆幅还会允许较高频的操作，所以一个较小的电压差意味着较短的转换时间。

差分信号有时被称为*双末端*（double-ended）信号，而一条线路上的普通信号则被称为*单末端*（single-ended）信号。图 14-61 中展示的是差分驱动器和接收器的逻辑符号和功能表。接收器的功能表表明，任何的正电压差是一个 1，而负电压差是一个 0。一个器件的数据表会说明能够可靠检测出输入逻辑电平所要求的最小绝对电压差。

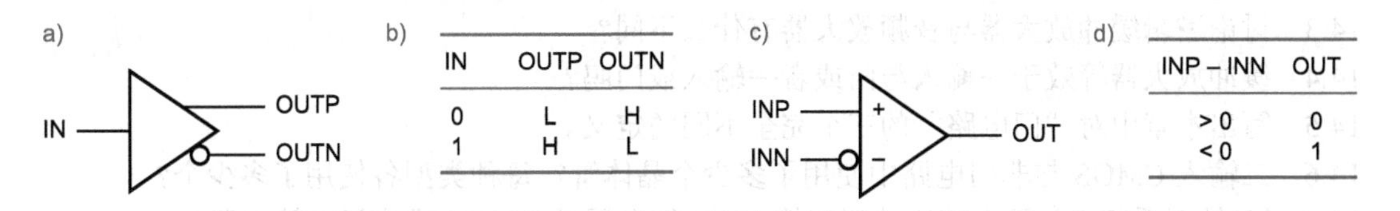

IN	OUTP	OUTN
0	L	H
1	H	L

INP – INN	OUT
> 0	0
< 0	1

图 14-61 差分信号：a）驱动器和函数表；b)、c）接收器和函数表

参考资料

看到过去几十年数字电子惊人发展的成果，很容易忘记晶体管发明之前逻辑电路在技术上的重要地位。在《Introduction to the Methodology of Switching Circuits》(Van Nostrand, 1972）的第 5 章中，George J.Klir 介绍了如何用多种物理器件（包括继电器、真空管和风力系统）来实现逻辑。

本章中有关电子学材料方面的其他论述，可以参考任何一本现代电子学教科书。一般来说，这些书都包括有对数字电路操作方面的更为详细的分析讨论。例如，R.Spencer 和 M.Ghausi 的《Introduction to Electronic Circuit Design》(Pearson, 2003)。由 J.M.Rabaey、A.Chandrakasan 和 B.Nikolic 编写的《Digital Integrated Circuits》(Pearson, 2003, 第2版)一书对集成电路和重要逻辑系列做了非常好的介绍。

还有 Clive Maxfield 的《Bebop to the Boolean Boogie》(Newnes, 2008，第3版)，这本书对数字电路做了很易于理解且可读性很强的介绍。有人认为，光是那附录H中的“海味秋葵菜谱”就值那个价钱！即使没有菜谱，这本书也是很好的详解经典，引导你学习数字电子学基础、元件和程序。

对数字电路运行的电气方面（包括电容效应、电感效应和传输线效应）的充分理解，对高速电路的成功设计来说是必需的。关于这方面最好的书毫无疑问是 Howard Johnson 和 Martin Graham 的《High-Speed Digital Design: A Handbook of Black Magic》(Prentice Hall, 1993)，它把具有广度见识的固体电子学原理，与实际的数字系统设计经验进行了充分的结合。还可以参看 Johnson 的另一本书《High-Speed Signal Propagation: Advanced Black Magic》(Prentice Hall, 2003)。

现在，如果你需要了解逻辑系列的特性，那么可以在器件制造商出版的数据表中找到。老辈的数字设计者为自己收集了厚厚的由器件制造商出版的数据手册而自豪，但殊不知，现在所有最新的规格资料都可以在网上找到。对于逻辑系列数据表和设计应用手册来说，比较好的网站是 www.ti.com（德州仪器公司）、www.onsemi.com（以前的 Fairchild 半导体公司）。

数字逻辑电平的 JEDEC（联合电子器件工程委员会）已经发布和更新了数字逻辑等级标准，从 3.3 V(1994 年首次出版）一直到 1.0V(2007 年)。其标准可在 JEDEC 的网站（www.jedec.org）⊖中找到，需要注册但是免费的。

训练题

14.1 SSTV 逻辑系列（用于 SDRAM 模块）将其低态信号定义在 0.0 V ~ 0.8 V 范围内，高态信号定义在 1.7 V ~ 2.5 V 范围内。按正逻辑习惯，表示出下列信号电平的逻辑值：

(a) 0.1 V　(b) 0.7 V　(c) 1.7 V　(d) –0.6 V

(e) 1.6 V　(f) –2.0 V　(g) 2.4 V　(h) 3.3 V

14.2 按负逻辑习惯重做训练题 14.1。

14.3 讨论逻辑缓冲放大器与音频放大器有什么不同？

14.4 缓冲放大器等效于一输入与门或者一输入或门吗？

14.5 写出本章中对“门电路”的三个完全不同的定义。

14.6 二输入 CMOS 与非门电路中使用了多少个晶体管？每种类型各使用了多少个？

14.7 （只针对爱好者）画出使用单刀双掷 110V 继电器的 CMOS 或非门等效电路。

14.8 在给定硅面积的情况下，CMOS 与非门与 CMOS 或非门哪个会更快些？

14.9 给出“扇入”和“扇出”的定义。其中的哪一个是你或 EDA 工具必须要计算的？

14.10 画出图 14-12 所示风格的 3 输入 CMOS 或非门的电路原理图、功能表和逻辑符号。

14.11 画出图 14-10 所示风格的 2 输入 CMOS 或非门对于所有 4 种输入组合的开关模型。

14.12 画出图 14-15 所示风格的 CMOS 或门的电路原理图、功能表和逻辑符号。

14.13 哪种 CMOS 门中所用的晶体管更少，是三输入 CMOS 反相门还是非反相门？

14.14 命名并画出两种不同的三输入 CMOS 门的逻辑符号，每个门使用 6 个晶体管。

⊖ 英文原书提供的网站，国内读者是否可以打开，取决于国外网站和网络通信商，与中文版出版社和译者无关。——编辑注

14.15 命名并画出两种在训练题 14.14 中没有给出的 3 输入 CMOS 门的逻辑符号，每个门使用 6 个晶体管。

14.16 命名并画出三输入 CMOS 门的逻辑符号，每个门只使用 3 个晶体管。

14.17 对于八输入的 CMOS 与非门和与门，你认为哪种电路的速度更快？为什么？

14.18 为什么说香水可能对逻辑设计者不宜？

14.19 使用表 14-1 中的数据表，确定 74HC00 在最坏情况下的低态和高态直流噪声容限。要说明答案所需的所有假设。

14.20 使用表 14-4 和 14-5 中的规格说明，确定在 CMOS 和 TTL 负载下，驱动 74HCT 的 74HCT 器件高态直流噪声容限。

14.21 如图 14-62a 所示的电路是 CMOS“与或非”门的一种类型。请写出采用图 14-11b 所示风格的这种电路的功能表，并使用与门、或门以及反相器符号画出相应的逻辑图。

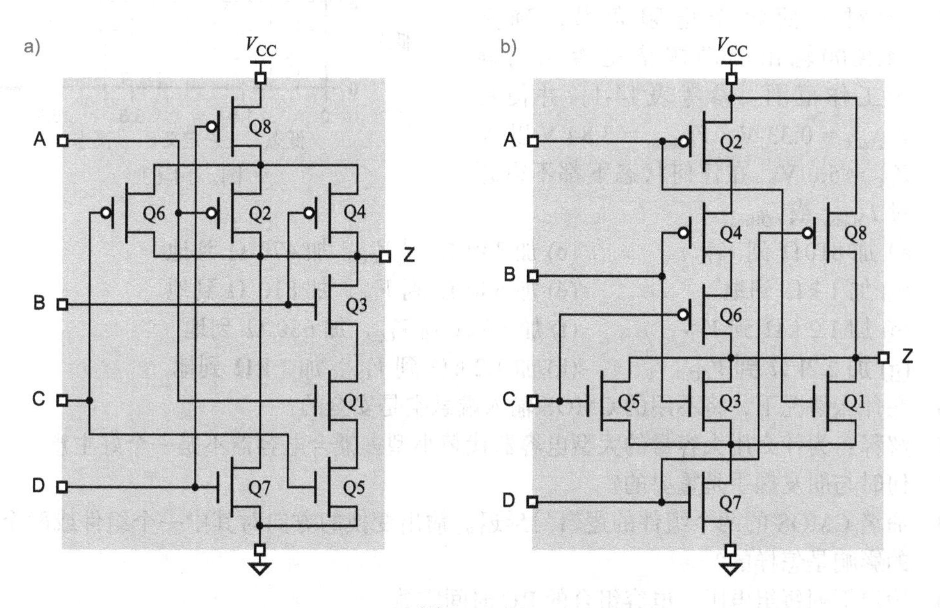

图 14-62

14.22 如图 14-62b 所示的电路是 CMOS“或与非”门的一种类型。请写出采用图 14-11b 所示风格的这种电路的功能表，并使用与门、或门以及反相器符号画出相应的逻辑原理图。

14.23 在线搜索德州仪器的 74ALVC00 的数据表，在 3.3V（典型）电源和输出是最大直流负载的条件下，确定最坏情况下的低态和高态直流噪声容限。要说明答案所需的所有假设。

14.24 假设是“CMOS 负载”，重做训练题 14.23。

14.25 14.3 节中定义了 CMOS 电路的 12 个不同电气参数。用表 14-1 中的数据表，确定 74HC00 的这些参数的最坏情况值。要说明答案所需的所有假设。

14.26 在线搜索德州仪器的 74AHC00 的数据表，并重做训练题 14.25。

14.27 基于 14.2 节中的习惯和定义，如果器件输出电流定义为负值，那么输出是提供电流还是吸收电流？

14.28 在有效高输入电平范围内（3.15 ~ 5.0 V），输入电平为多少时，74HC00（参见表 14-1）工作于 5.0V 时功耗最大？

14.29 当 74HC00 驱动类似 74ALS00 的输入时，确定它的低态和高态直流扇出（参考表

14-1 以及在线搜索德州仪器可得的 74ALS00 的数据表）。

14.30 利用表 14-1 中的信息，估算 74HC00 的 p 沟道和 n 沟道输出晶体管的“导通”电阻。

14.31 重新计算并重新标记图 14-23 和图 14-24，假设 V_{CC} = 3.3V,“导通”电阻 R_p = 100Ω 和 R_n = 50Ω，负载电阻相同。

14.32 针对图 14-25 重做训练题 14.31。

14.33 针对图 14-27 重做训练题 14.31。

14.34 某个反相器在最坏情况下的传输特性如图 14-63 所示，其可用的高态直流噪声容限是多少？可用的低态直流噪声容限又是多少？(假设低态和高态的阈值分别为 1.5 V 和 3.5 V。)

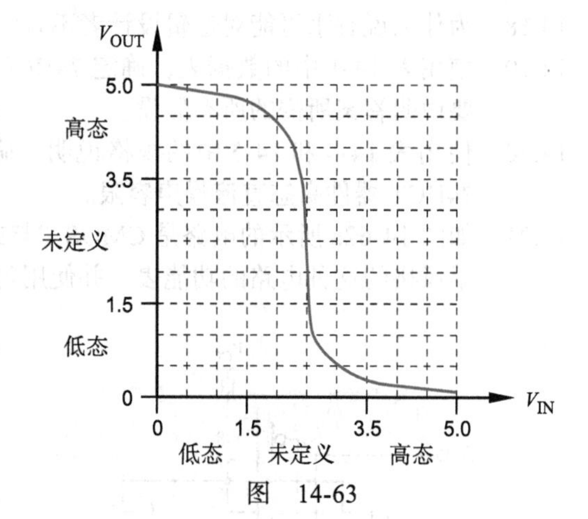

图 14-63

14.35 针对下面每个电阻负载，确定 74HC00 输出驱动规格是否超出商用工作范围。参考表 14-1，并使用 V_{OLmax} = 0.33 V、V_{OHmin} = 3.84 V 以及 V_{CC} = 5.0 V。在任何状态下都不得超过 I_{OLmax} 或 I_{OHmax}。

a) 加 810Ω 到 V_{CC}　　(b) 加 330 Ω 到 V_{CC}，加 470 Ω 到地

(c) 加 1 kΩ 到地　　(d) 加 680 Ω 到 V_{CC}，加 810 Ω 到地

(e) 加 1.2 kΩ 到 V_{CC}　　(f) 加 1 kΩ 到 V_{CC}，加 680 Ω 到地

(g) 加 2.2kΩ 到 V_{CC}　　(h) 加 1.2 kΩ 到 V_{CC}，加 1 kΩ 到地

14.36 在什么情况下，将不用的 CMOS 输入端悬空是安全的？

14.37 解释：为什么用大容量的大型电容器代替小型去耦合电容器不是一个好主意。

14.38 何时与朋友握手是重要的？

14.39 命名 CMOS 的两个组件的逻辑门延迟。输出变换的方向对其中一个组件或两个组件的影响是怎样的？

14.40 确定下列每组电阻 – 电容组合的 RC 时间常数。

(a) R = 120 Ω，C = 47pF　　(b) R = 3.3kΩ，C = 100pF

(c) R = 47 Ω，C =68 pF　　(d) R = 1.5 kΩ，C = 150 pF

14.41 比较二输入 CMOS 与非门和或非门，其中所有 p 沟道和 n 沟道晶体管的规模都是一样的，解释为什么或非门从低到高的输出转换比与非门的慢大约 2 倍。

14.42 电源电压增加 10%，或者负载和内部电容增加 15%，你认为哪种情况会对 CMOS 电路的功耗产生更大的影响？

14.43 解释：为什么连接到 CMOS 门输出端的 CMOS 输入端的数目一般不受直流扇出的限制？

14.44 一个施密特触发反相器，其 V_{ILmax} = 0.7 V、V_{IHmin} = 2.0 V、V_{T+} = 1.8 V、V_{T-} = 1.2 V，那么它的滞后是多少？

14.45 若三态输出的导通比截止要快，则会怎样？

14.46 一个发光二极管导通时的压降约为 1.6V，正常发光时需要约 6 mA 的电流。当发光二极管像图 14-50a 那样连接到 74AC00 与非门上时，两个供电轨道都是 5.0V，请确定上拉电阻的一个适当值。

14.47 若发光二极管发光时只需要 3 mA，并如图 14-50b 那样连接到 74HC00 时，训练题 14.46 的答案如何变化？

14.48 假设所有晶体管开关速度都相同，那么你认为是 CMOS 与门还是 CMOS 与或非门的速度快？为什么？

14.49 针对给定的负载电容和转换速率，本章说明的逻辑系列在怎样的条件下会导致最高的动态功耗？在怎样的条件下会导致最低的动态功耗？对这两种情况进行比较？

14.50 使用图 14-58，确定 1.5V CMOS 的直流噪声容限。

14.51 基于逻辑系列和器件编号，但不包括封装类型、温度范围等，请找出一个具有非常长的部件编号的商用 74 系列器件。你找的应当能够超过 74ALVCH16244 这个编号。

练习题

14.52 设计一个功能化行为特性如图 14-64 所示的 CMOS 电路。（提示：只需要 8 个晶体管。）

14.53 设计一个功能化行为特性如图 14-65 所示的 CMOS 电路。（提示：只需要 8 个晶体管。）

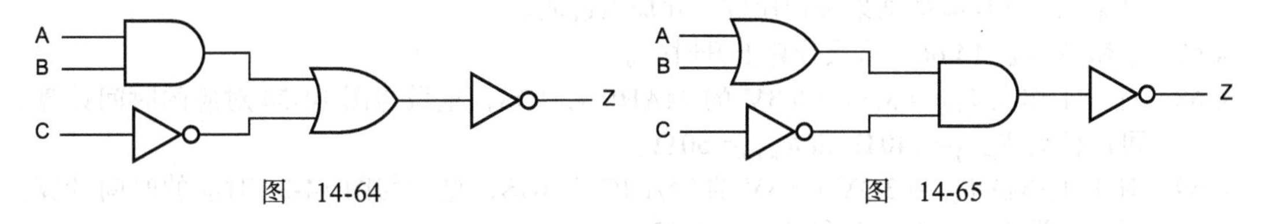

图 14-64　　　　图 14-65

14.54 按图 14-15 所示的形式，画一个 CMOS 门的电路原理图、功能表和逻辑符号。该 CMOS 门有 2 个输入 A 和 B，输出为 Z，当 A = 0 或 B = 1 时，Z = 1，其他情况 Z = 0。（提示：只需 6 个晶体管。）

14.55 按图 14-15 所示的形式，画一个 CMOS 门的电路原理图、功能表和逻辑符号。该 CMOS 门有 2 个输入 A 和 B，输出为 Z，当 A = 1 或 B = 0 时，Z = 0，其他情况 Z = 1。（提示：只需 6 个晶体管。）

14.56 画出一个 8 输入 CMOS 与非门的逻辑结构图，假设实际的门电路最多使用 4 输入与非门和 2 输入或非门。根据你对 CMOS 特性的一般了解，对于给定的硅面积，选择一种与非门的电路结构，使得传输延迟最小，并解释为什么是这样的。

14.57 针对 7 输入的 CMOS 与非门，重做练习题 14.56，最多使用 3 输入与非门和 2 输入或非门。

14.58 为练习题 7.47 的 BUT 门构造一种门级设计，使用最小数量的 CMOS 晶体管。你可以使用最多有 4 个输入的反相门、AOI 门或 OAI 门、传输门或其他晶体管级的技巧。写出输出表达式（不一定是两级的积之和表达式），画出逻辑图。

14.59 图 14-66 中 CMOS 电路所实现的逻辑功能是什么？

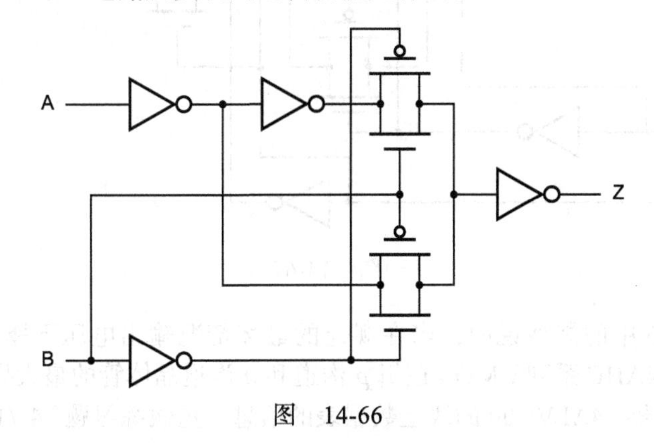

图 14-66

14.60　在图 14-28b 中，“浪费”了多少电流和功率？

14.61　根据表 14-1 中的信息，在最坏情况输出电压条件下，驱动一个允许的直流负载，确定两个并行的 74HC00 的 p 沟道晶体管的最小全导通电阻。

14.62　针对两个串联的 n 沟道晶体管，重做练习题 14.61 。

14.63　关于 ’HC00 的 n 沟道和 p 沟道晶体管的导通电阻，练习题 14.61 和 14.62 的答案告诉了你什么？

14.64　请详细计算图 14-29 和图 14-30 中的 V_{OUT}。（提示：针对各图的 CMOS 反相器画出戴文宁等效电路。）

14.65　考虑一个 CMOS 输出驱动一个给定容性负载的动态行为。如果充电回路的阻抗是放电回路阻抗的 2 倍，则上升时间正好是下降时间的 2 倍吗？如果不是，是什么其他因素影响了转换时间？

14.66　分析图 14-33 中 CMOS 反相器输出的下降时间，其中 $R_{\mathrm{L}}=1\mathrm{k}\Omega$、$V_{\mathrm{L}}=2.0\ \mathrm{V}$。将你的结果与图 14-34 的结果进行比较，并加以说明。

14.67　重做练习题 14.66，这次计算上升时间。

14.68　对于工作在 $V_{\mathrm{CC}}=3.3\mathrm{V}\pm0.3\mathrm{V}$ 的 74AHC CMOS，重做与图 14-34 对应的时间计算。可以假设 $R_{\mathrm{p(on)}}=140\Omega$ 和 $R_{\mathrm{n(on)}}=50\Omega$。

14.69　对于工作在 $V_{\mathrm{CC}}=3.3\mathrm{V}\pm0.3\mathrm{V}$ 的 74AHC CMOS，重做与图 14-36 对应的时间计算。可以假设 $R_{\mathrm{p(on)}}=140\Omega$ 和 $R_{\mathrm{n(on)}}=50\Omega$。

14.70　写出图 14-67 中 CMOS 电路所实现的逻辑功能的真值表和逻辑图。

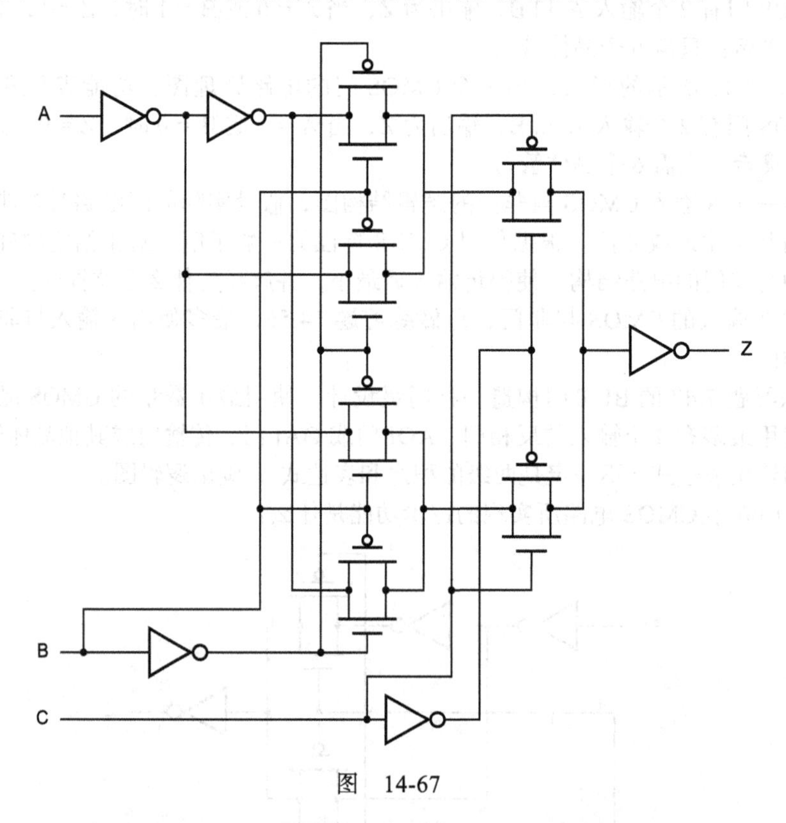

图　14-67

14.71　根据表 14-5 中的规格说明，当在规定的最坏情况输出电压下驱动一个允许的负载时，估算 74AHC 系列 CMOS 逻辑 p 沟道和 n 沟道晶体管的最大导通电阻。

14.72　使用德州仪器 74ALVC00 的线上数据表的信息，重做练习题 14.71。

14.73　针对下面列出的 CMOS 接口情况，写出最坏情况下直流噪声容限的 4×4×2×2 矩阵：在不同（低态、高态）情况和（CMOS、TTL）负载下，用（HC、HCT、VHC 或 VHCT）输出去驱动（HC、HCT、AHC、AHCT）输入端。用图 14-68 加以说明。（提示：共有 64 种组合，但许多组合结果相同，有些组合产生负容限。）

输出 \ 输入	HC		HCT		AHC		AHCT	
HC	CL	TL	CL	TL	CL	TL	CL	TL
	CH	TH	CH	TH	CH	TH	CH	TH
HCT	CL	TL	CL	TL	CL	TL	CL	TL
	CH	TH	CH	TH	CH	TH	CH	TH
VHC	CL	TL	CL	TL	CL	TL	CL	TL
	CH	TH	CH	TH	CH	TH	CH	TH
VHCT	CL	TL	CL	TL	CL	TL	CL	TL
	CH	TH	CH	TH	CH	TH	CH	TH

注：
CL = CMOS 负载，低态
CH = CMOS 负载，高态
TL = TTL 负载，低态
TH = TTL 负载，高态

图　14-68

14.74　利用图 14-58，确定可容纳 5V 的 3.3V CMOS 驱动具有 TTL 输入电平的 5V CMOS 逻辑电路的直流噪声容限，反过来再计算一次。

14.75　利用图 14-58，确定可容纳 3.3 V 的 2.5V CMOS 驱动 3.3V CMOS 逻辑电路的直流噪声容限，反过来再计算一次。

14.76　利用图 14-58，(a) 用 2.5 V CMOS 驱动它自己；(b) 用 1.8 V CMOS 驱动它自己。请确定其直流噪声容限。

14.77　计算图 14-53 中 Z 的输出电压近似值，假设门电路都是 HCT 系列 CMOS。

14.78　在 14.5.5 节的 LED 例子中，设计者为低电流 LED 选择了一个 680Ω 的电阻，发现漏极开路门电路在驱动 LED 时能维持它的输出为 0.2 V。这种情况下流过 LED 的电流为多少？上拉电阻消耗多少功率？

14.79　例如，一个计数器综合功能的动态功耗规范和计算比一个简单门的更复杂。在线搜索德州仪器的 4 位计数器 CD74HC163 的数据表，与 11.1.3 节的 CNTR4U 相似。在电源电压为 3.3V，持续处于使能状态，输入频率为 10MHz，以及每个输出的负载为 25pF 的情况下，确定计数器的动态功耗。

14.80　只用与门和或非门，画出图 14-52 中电路实现的逻辑功能的逻辑图。

14.81　用“与或非”的结构实现图 14-52 中的逻辑功能需要多少个晶体管？画出晶体管级电路的草图。

14.82　用实际晶体管而不用与非门、或非门和反相器符号，重画图 14-45 中的 CMOS 三态缓冲器。你能找出实现同样功能而需更少晶体管数目的电路吗？如果能，请画出来。

14.83　修改图 14-45 中的 CMOS 三态缓冲器，使得当使能输入信号为高态时，输出为高阻态。修改后的电路所用的晶体管最好不要比原来的电路多。

14.84　利用表 14-1 中的信息，如果两个不同的 74HC00 输出发生冲突，那么请估算流过每个输出端的电流为多少？

14.85　集电极开路或三态总线的戴文宁终端的结构如图 14-69a 所示。本题的思路是：通过选择合适的 $R1$ 和 $R2$ 值，图 14-69a 的电路对于任意期望的 R 值和 V 值（在 0 和 V_{CC} 之间）与图 14-69b 中的终端电路等效。没有器件驱动总线时，V 值决定了总线电压。通过选择 R 值来匹配用作传输线的总线的特性阻抗。对于下列每对期望的 V 值和 R 值，确定所需的 $R1$ 和 $R2$ 值，假设 V_{CC}=5.0V：

(a) $V = 2.5$，$R = 220$　(b) $V = 2.7$，$R = 180$
(c) $V = 3.0$，$R = 120$　(d) $V = 2.0$，$R = 75$

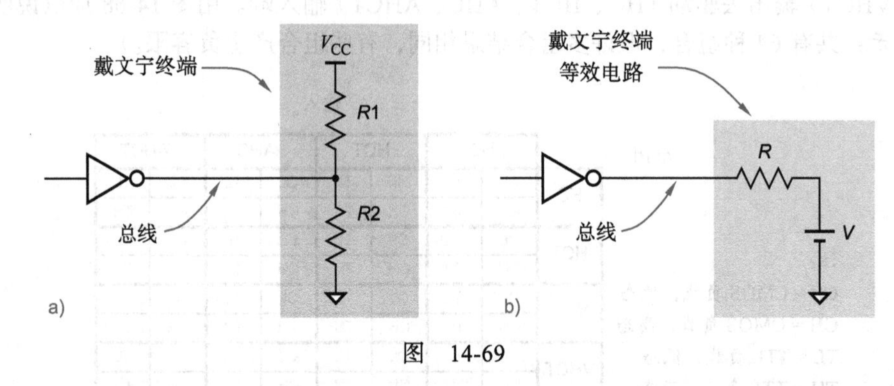

图 14-69

14.86 对于练习题 14.85 中的每一对 $R1$ 和 $R2$，确定一个三态输出（其输出的规格说明见表 14-5）能否正常驱动上述戴文宁终端。为了正确操作，当 $V_{OL} = V_{OLmax}$ 和 $V_{OH} = V_{OHmin}$ 时，I_{OL} 和 I_{OH} 分别不能超过 74AHC 系列的规范，假设使用“TTL”的输出电平。

14.87 针对下列期望的 V 和 R 值对，重做练习题 14.85，假设 V_{CC}=3.3V：

(a) $V = 1.5$，$R = 220$　(b) $V = 2.0$，$R = 180$
(c) $V = 1.2$，$R = 120$　(d) $V = 1.67$，$R = 75$

14.88 在线搜索德州仪器的三态缓冲器 74ALVC125 的数据表。然后，针对练习题 14.87 中的每个戴文宁终端，确定是否可以由一个 74ALVC125 输出正常驱动。为了操作正常，当 $V_{OL} = V_{OLmax}$ 和 $V_{OH} = V_{OHmin}$ 时，器件最大的 I_{OL} 和 I_{OH} 都不能超过规定的范围。

ROM、RAM和FPGA

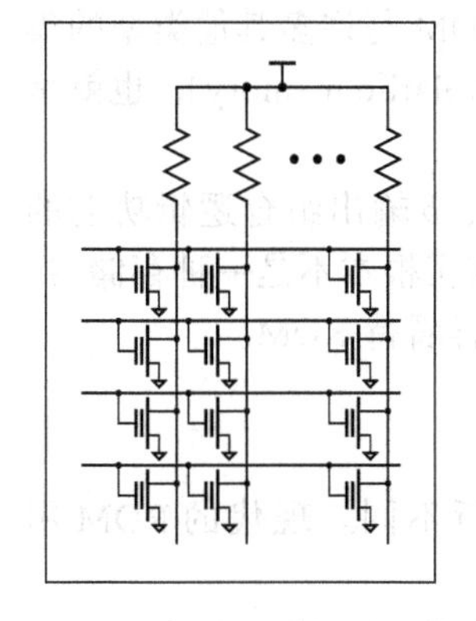

因为每个触发器或锁存器都可以存储1位信息，所以任何时序电路都具有某种存储能力。然而，我们通常保留“存储器”这个词，专门指以结构化方式存储二进制位的器件，它常常以二维数组的形式存储，每次存取其中的1行。

本章描述了几种不同类型的存储器结构和一些商用的存储器芯片。同种类型的存储器可以嵌入到大型VLSI芯片中，它们与其他电路一起完成有用的功能。

存储器的应用范围多样且广泛。我们已经看到，存储器是FPGA中的关键元件，FPGA用成千上万的“查询表”(LUT)存储器来实现逻辑功能。在微处理器的中央处理单元(CPU)中，“只读存储器”被用来定义一些原语步骤，以执行CPU指令系统中的指令，或者存储除法中要使用的“种子”常量。在CPU旁的快速读/写“静态存储器”可作为高速缓冲存储器，用来保存最近使用的指令和数据。而且，微处理器的主存子系统使用“动态存储器”，它可以储存上亿位的信息，可以存储完整的操作系统、程序和数据。

存储器的应用并不局限于微处理器，甚至不局限于纯数字系统。例如，像以太网开关这样的网络器件和网络路由采用快速“静态存储器”作为“交换结构”在网络端口之间传送包。有很多现代化音频/图像设备的例子，都是利用存储器来暂存数字化信号，以方便对其进行数字信号处理。而所有类型的数据获取设备都会将物理信息（如温度、湿度和运动）转换为数字数据，并存放在存储器里，稍后用于分析。

本章首先讨论只读存储器，包括用于智能手机、平板电脑和其他便携式设备的“传统的”ROM和新型的“闪速的”ROM。接着讲述两种常用类型的读/写存储器——静态的和动态的。我们还讨论了网络结构和不同类型存储器的总线接口。

本章的最后一节会看看前几章未涉及的关于FPGA结构的几个方面。因为用FPGA能够快速地开发出定制的逻辑功能，所以FPGA已经成为现代化数字设计中的基本构件。

15.1 只读存储器

只读存储器(Read-Only Memory，ROM)是一种具有n个输入b个输出的组合逻辑电路，如图15-1所示。输入被称为*地址输入*(address input)，通常命名为A0，A1，…，An-1。输出被称为*数据输出*(data output)，通常命名为D0，D1，…，Db-1。

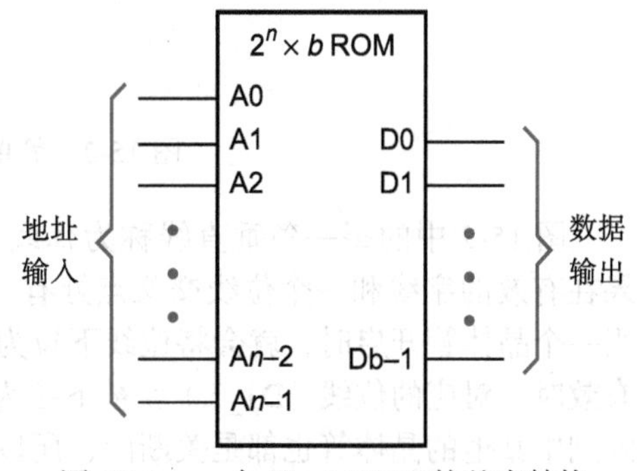

图15-1 一个$2^n \times b$ ROM的基本结构

从描述操作的组织范式的角度，我们将ROM看作一种存储器。在对ROM编程（我们会在15.1.3节讲述更多相关的内容）时，信息就被“写入”ROM。ROM与许多其他类型的集成电路存储器有一点重要区别。ROM是一种*非易失性存储器*（nonvolatile memory），也就是说，即使没有给它供电，其中的内容也能被保存下来。

在6.1节中，我们展示了一个ROM如何“存储”一个*n*输入、*b*输出组合逻辑功能的真值表。由于ROM是一种组合电路，正确的说法应该是：ROM其实根本不是一种存储器。从数字电路操作的形式上来讲，可以像任何其他的组合逻辑电路那样看待ROM。

15.1.1 ROM的内部结构

ROM用来“存储”信息的机制随着ROM技术的不同而有所不同。现代的ROM用MOS型晶体管来区分0和1，一个晶体管对应一位。

图15-2是最原始的8×4 ROM原理图，你可以用一个3-8译码器和少量分立的NMOS晶体管自己构建一个这样的电路。地址输入选中其中一个译码器输出。每个译码器输出称为*字线*（word line），因为它选择了存储在ROM中的表的一行或一个字。图15-2显示了A2 ~ A0 = 101且译码器输出ROW5有效的情况。

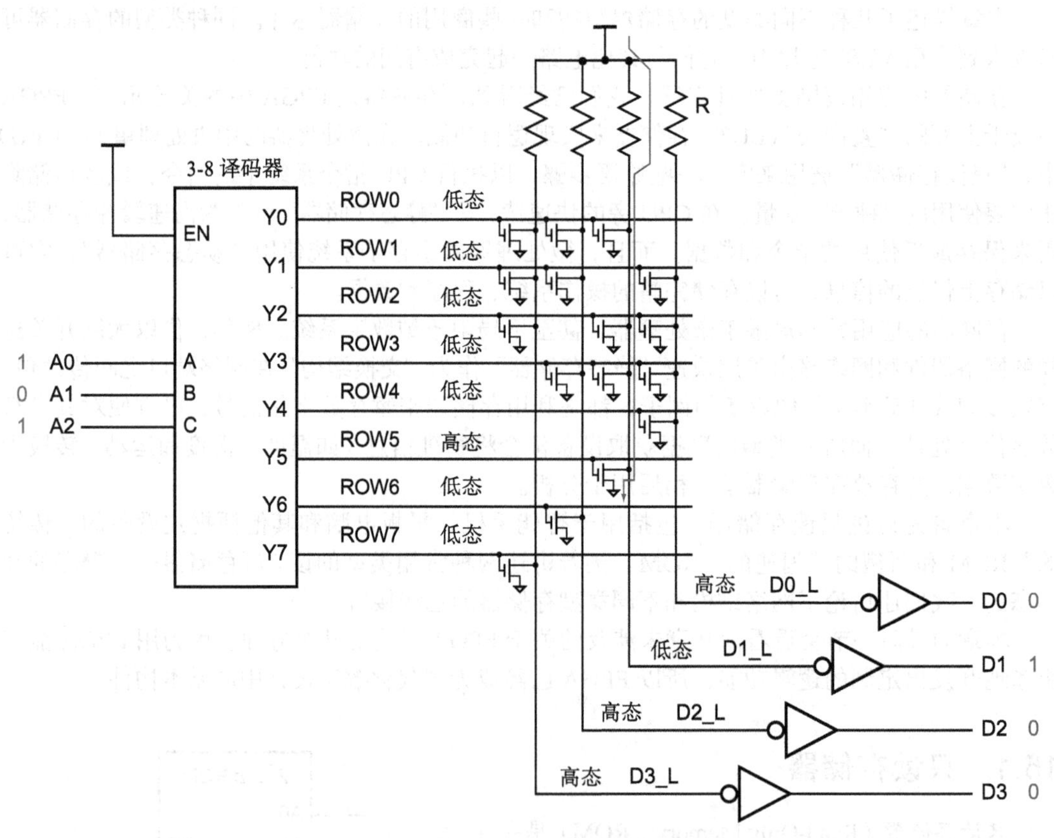

图15-2 简单的8×4 ROM的逻辑图

图15-2中的每一条垂直线称为*位线*（bit line），因为它对应于ROM的一个输出位。如果在有效的字线和一个位线交叉点处有一个晶体管的话，有效的字线就会开启这个晶体管。当一个晶体管开启时，就会将位线下拉为低电平。在第5行中只有一个晶体管，而当ROW5有效时，对应的位线（D1_L）就被下拉为低电平。因为译码器其他的输出都是无效的，而且阵列中其他的晶体管也都是关断的，所以其他所有的位线都保持为高电平。位线通过反相器被缓存以产生ROM的输出D3 ~ D0。图中显示的情况是D3 ~ D0 = 0010。

图 15-2 的 ROM 电路中，字线与位线的每一个交叉点对应了一个“存储”位，交叉点处接有二极管时相当于存储 1，否则相当于存储 0。如果读者想在实验室中构建这个电路，那么应当在每一个交叉点处插入和去除晶体管，以便对存储器进行“编程”。

图 15-2 中所示的晶体管模式，对应于表 6-1 中的 2-4 译码器真值表。这看上去不是很有效，我们用一个 3-8 译码器以及大量的晶体管，构建了一个 ROM 版本的 2-4 译码器。我们可以直接利用 3-8 译码器的一些门电路！不过，在下一小节，我们会给出一个更有效的 ROM 结构和一个更有用的例子。

15.1.2 二维译码

假定你是想使用上一小节所描述那种结构来构建一个 128 × 1 ROM，那么你可曾想过如何构建一个两层逻辑级的 7-128 译码器？先用 128 个 7 输入与非门，再加上 14 个缓冲器和扇出数为 64 的反相器，试试看！具有百万位或更多位的 ROM 都已经商品化了，但相信我，它们之中并不包括 20-1 048 576 译码器。有一种称为*二维译码*（two-dimensional decoding）的不同结构，可以使译码器的大小减小到地址数目的平方根数量级。

二维译码的基本思想是将 ROM 单元排列在一个阵列中，该阵列尽可能地接近于一个正方形。例如，图 15-3 显示了 128 × 1 ROM 的一种可能的内部结构。3 个高阶地址位 A6 ~ A4 用来选择一行。每一行从地址（A6,A5,A4,0,0,0,0）开始存储 16 位。当一个地址加到 ROM 上时，被选行中的所有 16 位数据就在位线上以并行的方式被“读出”。基于低阶地址的有效数据位则由一个 16 输入多路复用器来选择期望的数据位。

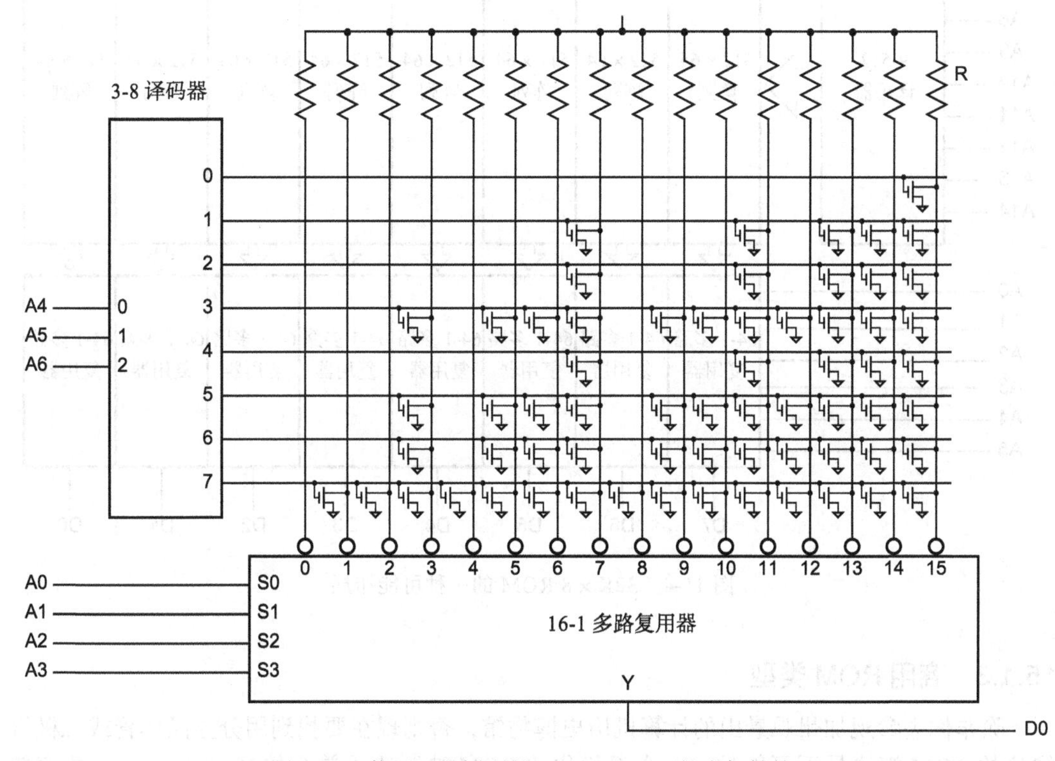

图 15-3　使用二维译码的 128 × 1 ROM 的内部结构

顺便说一下，图 15-3 中的二极管模式并不是随意选择的。它完成了一个非常有用的 7 输入组合逻辑功能，该功能本来是要求用 35 个 4 输入与门，构建一个最小的二级“与或”电路（参见练习题 15.6）。在一个电路板级的设计中，该功能的 ROM 实现方式实际上将会节约相当可观的设计工作量和电路板空间。

> **引导型 ROM**
>
> 尽管这种方法看上去很原始，但 DEC PDP-11 小型计算机（circa 1970）的拥有者，将类似的技术充分地运用于“引导 ROM 模块”（M792 32 × 16）。该模块装有 512 个焊接在恰当位置上的二极管，对模块进行“编程”的方法，就是将每个要存储 0 的存储单元处的二极管去除掉。

二维译码允许使用一个 3-8 译码器和一个 16 输入多路复用器（它的复杂性与 4-16 译码器的复杂性相当）来构建一个 128 × 1 ROM。要用一个 10-1024 译码器和一个 1024 输入多路复用器来构建一个 1 M × 1 ROM，可不是很容易的事，但却比一维译码简单得多。

除了能降低译码的复杂性外，二维译码还具有另一个好处：它使得芯片的物理尺寸接近于方形，这对于芯片的制造和组装都很重要。具有 1 M × 1 物理矩阵的芯片将会很长、很窄，并且构建它的成本也不会很经济。

在具有多路数据输出的 ROM 中，对应于每一数据输出的存储阵列可能会制造得很窄，这是为了使得整体芯片布局接近于方形。例如，图 15-4 显示了一个 32 K × 8 ROM 芯片的可能布局。

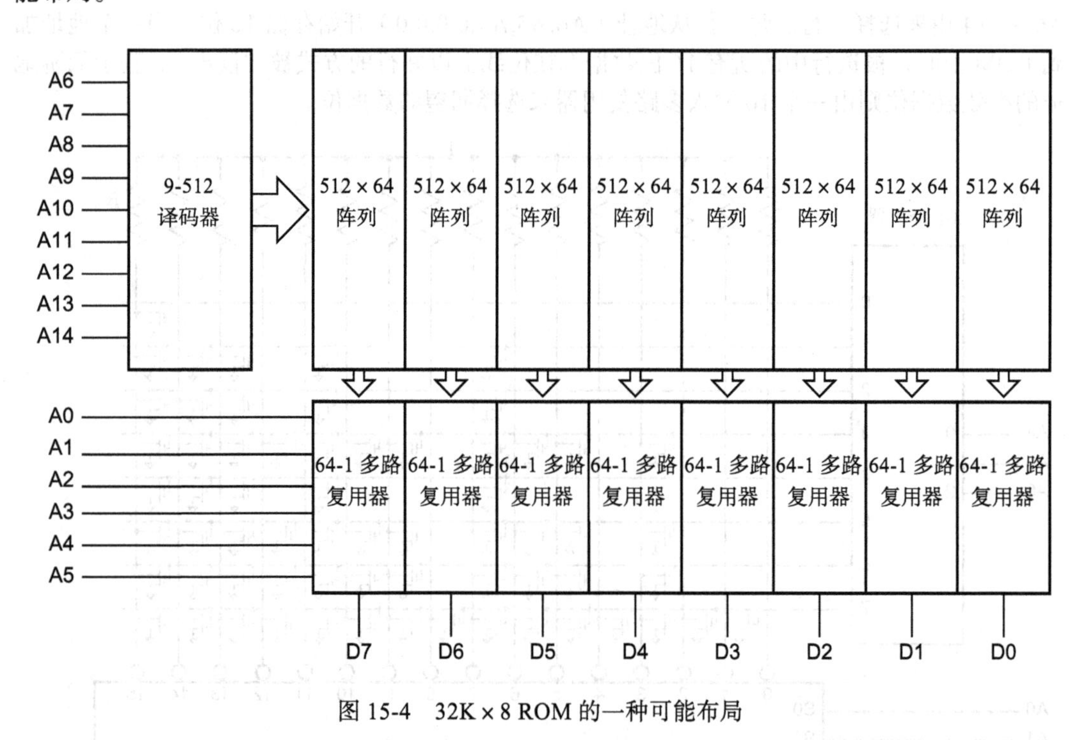

图 15-4　32K × 8 ROM 的一种可能布局

15.1.3　商用 ROM 类型

除非你去参观加州观景山的计算机历史博物馆，否则现在要找到用分立晶体管或二极管构建的 ROM 模块是不可能的。一个现代化的 ROM 被制造成单个的 IC 芯片，一个能存储 4000 兆位（2^{32} 位）的 ROM 不到 5 美元。我们可以使用各种各样的方法来对 ROM 中存储的信息（下面要讨论）“编程”，概括为表 15-1。

表 15-1 商用 ROM 类型

类型	技术	读周期	写周期	说明
掩模型 ROM	NMOS、CMOS	(10 ~ 200) ns	4 周	只能写入一次，低功耗
掩模型 ROM	双极型	<100ns	4 周	只能写入一次，高功耗、低密度
PROM	双极型	<100ns	(10 ~ 50)μs/ 字节	只能写入一次，高功耗、无掩模费用
EPROM	NMOS、CMOS	(25 ~ 200) ns	(10 ~ 50)μs/ 字节	可重复使用、低功耗、无掩模费用
EEPROM	NMOS+CMOS	(50 ~ 200) ns	(10 ~ 50)μs/ 字节	只能写 10 000 ~ 100 000 次，有位置限制
与非闪存	NMOS+CMOS	(50 ~ 200)μs/ 页	(10 ~ 50)μs/ 页	只能写 50 000 ~ 1 000 000 次，有位置限制

大多数早期集成电路 ROM 都是**掩模可编程只读存储器**（mask-programmable ROM，或简单地说成**掩模型** ROM）。对掩模型 ROM 进行编程的方法是，使用 IC 制造过程的一种掩模（mask）将“连接 / 不连接”模式写进去。为了编程或写信息到 ROM 中，用户提供给厂商一张关于所需 ROM 内容的清单（用软盘或其他传输介质）；厂商使用该信息创建一个或多个定制的掩模，从而生产出具有所需模式的 ROM。ROM 厂商通常要收取几千美元的掩模费用（mask charge）才能制造出“定制的”掩模型 ROM 产品。由于要获得已编程的芯片需要掩模费用和 4 周的延迟时间，所以现在，掩模型 ROM 通常只用于需求量特别大的应用中。对于需求量少的应用，还有一些更经济的选择，接下来还要讲到。

可编程只读存储器（Programmable Read-Only Memory, PROM）与掩模型只读存储器非常相似，只是前者由用户使用一个 **PROM 编程器**（PROM programmer），用几分钟来完成数据值的存储（即所谓“对 PROM 编程”）。厂商制造 PROM 芯片时，所有的二极管或晶体管都是“相连的”，这相当于存储单元全部存入了一个特定值（通常为 1）。使用 PROM 编程器可以将所需的位设置为相反的值（即 0）。在双极型 PROM 中，可以采用蒸发技术，将 PROM 中与每一位对应的细小**熔丝链**（fusible link）熔断以实现“编程”。

后面会讲到，**可擦除可编程只读存储器**（Erasable Programmable Read-Only Memory, EPROM）像 PROM 一样是可编程的，但它也可以通过紫外线照射将所有为 1 的状态擦除掉。由于紫外线不能使熔丝再生长回去，因此 EPROM 采用另一种称为“浮栅 MOS”的工艺。

如图 15-5 所示，EPROM 在每个位的存储位置上都有一个**浮栅 MOS 晶体管**（floating-gate MOS transistor）。这种晶体管具有两个栅（浮栅和非浮栅），浮栅与其他部分并没有连接，四周被高阻抗绝缘材料包围。为了给 EPROM 编程，编程器将一个高电压加在需存储 0 的每个位的非浮栅上，使得绝缘材料暂时击穿并允许负电荷累积在浮栅上。当去除高电压后，负电荷仍然可以保留下来。在后来的读操作中，这种负电荷能防止 MOS 晶体管在被选中时变为导通状态。

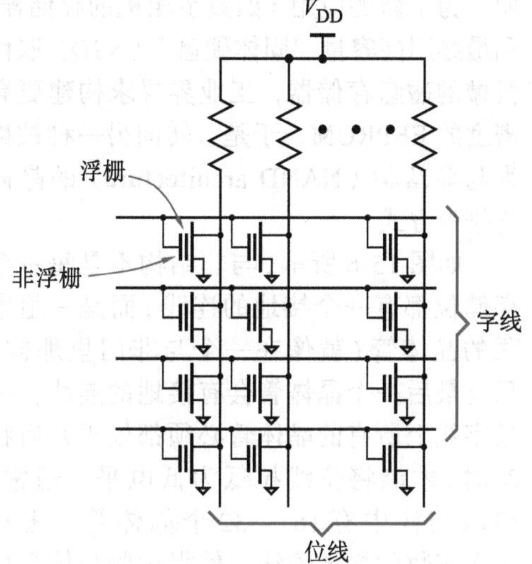

图 15-5 一个采用浮栅 MOS 晶体管的 EPROM 的存储矩阵

早期的 EPROM 厂商曾保证，即使元件存储的环境温度为 125℃，经适当编程的位也可以将 70% 的电荷至少保留 10 年，因此 EPROM

无疑应属于“非易失性存储器”类别。然而，它们也能被擦除（erasing）。如果用具有特定波长的紫外线照射绝缘材料，那么包围浮栅的绝缘材料就会变得稍有导电性。因而，如果把芯片用透明石英盖板封装起来，那么通过紫外线照射芯片（通常 5 ~ 20 分钟），EPROM 就能够被擦除。也会提供一种这些器件的比较便宜的版本——*一次可编程*（One-Time Programmable，OTP）只读存储器，就是没有石英盖板。

可电擦除可编程只读存储器（Electrically Erasable Programmable Read-Only Memory, EEPROM）与 EPROM 十分相似，只是 EEPROM 中的单个存储位可以以电的方式被擦除。EEPROM 中的浮栅被更薄的绝缘层包围，并且通过将相反极性的电压作为充电电压加到非浮栅上而对它进行擦除。大型 EEPROM（1 兆位或更大）仅在固定大小的块中允许擦除，通常一次为 128 K 位 ~ 8 M 位（16 K 字节 ~ 1 M 字节）。这些存储器通常被称为*闪速* EPROM（flash EPROM）或*闪速存储器*（flash memory），这是因为擦除发生在“一闪瞬间”，就像相机的闪光灯。表 15-1 中最后的闪速 EPROM 的内部采用了一个“与非结构”，这种结构带来利益的同时也带来了限制，下面就对此进行讨论。

正如表 15-1 中所表明的，写 EEPROM 存储单元比读 EEPROM 存储单元所花费的时间要长得多，因而不能用 EEPROM 来替代读 / 写存储器（本章接下来要讨论）。同样，因为绝缘层太薄，它有可能被反复的编写操作磨耗。所以，EEPROM 仅能重复编写有限的次数，每个存储单元为 10 000 ~ 100 000 次。这也是 EEPROM 无法作为读 / 写存储器的替代品的第二个原因。

EEPROM 非常适于存储不常变化的信息，比如大型和小型计算机里的默认配置数据和引导程序，或者各种各样的设备中针对嵌入式处理器的应用软件。另一方面，将闪存用于一个计算机的文件系统时，其中某些文件可能需要频繁地重新写入，为了避免某些存储单元被“用坏”，必须采用一些特殊的方法；稍后会讲述更多的相关内容。

图 5-15 中晶体管的排列方式被称为*或非结构*（NOR architecture），因为一列中的任何晶体管都可以将位线拉低为低电平，让人想起了或非门中 NMOS 晶体管的并行排列方式。在 20 世纪 90 年代中期，为了新的应用（如数字相机的存储器）和最终用高容量“固体硬盘”（SSD）取代机械的磁盘存储器，工业界寻求构建更高密度的 EEPROM，于是，转向另一种被称为*与非结构*（NAND architecture）的晶体管排列方式。

如图 15-6 所示，与非结构不是每一个存储位都有一个接地的连线，而是一组串联的晶体管（就像在一个与非门里那样）只有最后一个晶体管会有接地的连线；一条字线上所有的晶体管必须都处于开启状态时，才能将位线拉低为低电平。通常，串联结构中有 16 ~ 32 个晶体管，去掉了大多数的接地连线，使得这些晶体管可以更紧密地封装在一起。与“或非”单元的阵列相比，与非阵列的封装面积会减少

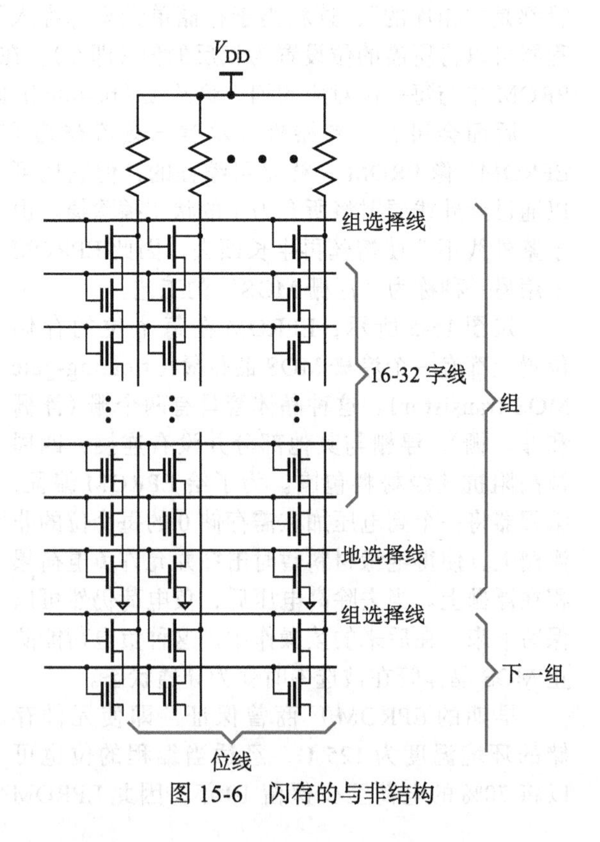

图 15-6　闪存的与非结构

40%。注意，一个完整的存储器芯片在图 15-6 最上面那组字的下面的同一根位线上，可以连接更多的 16 ~ 32 组字，并且采用同一个电路读取位线上的值。

在与非存储器中，设立晶体管阈值和编程电平的目的，是为了使字线为高电平的晶体管处于开启状态，无论该晶体管存储的是 1 还是 0。字线为低电平的晶体管处于关断还是开启状态，取决于该晶体管的浮栅上是否存有一个电荷。于是，通过将组选择线和地选择线置为高电平，并将除希望读取的字（其字线被置为低电平）之外的所有字线都置为高电平，以读取一个字（行）。每个由 16 ~ 32 个晶体管串联起来的长列会不会有电流通过，取决于所选择的字中各存储位的值。

密度较高的与非存储器在性能方面是要付出代价的，特别是存取时间。读出或非存储器阵列中的一行的速度相当快，通常在几十纳秒之内。在与非阵列中，流过一列的电流比或非阵列中的电流要小一个数量级，与非阵列中的电流要经过相当长时间的累积，才能被可靠地检测到，这个时间是微秒级的。因此，与非存储器不适合在微处理器系统中作为提供需要随机存取的指令或数据的存储器，这类存储器要求的存取时间是几十纳秒以内。

然而，片上存储器阵列规模比较大，而与非阵列的规模更大，可以并行存取许多数据。所以，与非存储器生产厂家能够获利的目标应用领域，是需要非常快速读取大数据块的应用，而非一个字一个字地快速随机存取。这样的特性使得与非存储器最流行的应用领域包括数字相机里的照片存储器、笔记本电脑和智能手机中的程序和数据存储器以及较大型计算机中的 SSD。在必须随机存取程序或数据的这些应用（例如，当一个程序实际被激活并正在运行时）中，这些程序或数据会先复制到易失性的随机读 / 写存储器中。

与非存储器和或非存储器之间的区别通常以二者的外部端口的形式来描述，二者的外部端口非常不一样。但是，二者端口之间的差别是由它们的不同应用所决定的，而不是由二者内部的阵列结构导致的，正如我们在下一小节中将会看到的。

15.1.4　并行 ROM 接口

在执行过程中，一个微处理器程序在每个指令周期都会说明一个新的地址，这个地址是一个潜在的“随机”地址，因为这个地址会在代码里跳来跳去。所以，对于一个支持程序直接执行的 ROM，需要一个简单的基于图 15-1 所示结构的“并行”接口。事实上，大多数 ROM 都是如此，因为如前几小节所述，在与非存储器及其应用出现之前，ROM 已经发展了多年。

并行 ROM 至今还在使用。它们内部采用或非阵列，而许多外部端口的类型如本小节所述，通常是一个 8 位的数据总线和一个宽度足以并行接收所有地址位的地址总线。所以，“传统的”从 32K × 8 ~ 512K × 8 的并行 EEPROM 的逻辑符号如图 15-7 所示。

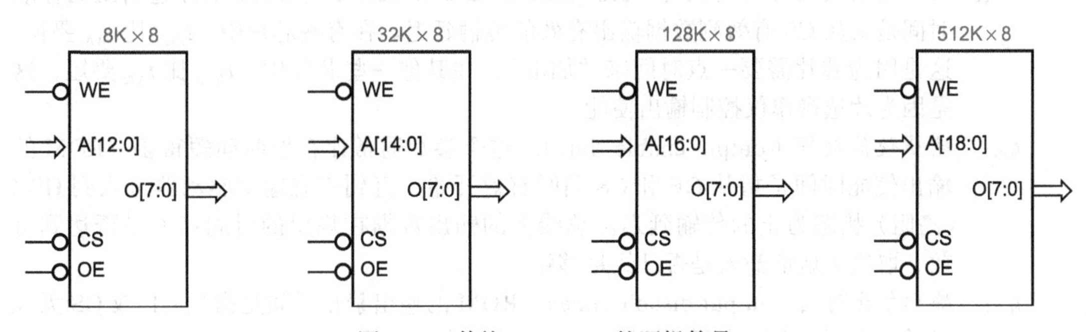

图 15-7　传统 EEPROM 的逻辑符号

典型的应用中有多个器件，包括 ROM、读 / 写存储器以及与一组三态总线相连的输入 /

输出端口，每次只能有一个器件驱动总线。每个器件通常有一个片选（Chip-Select，CS）输入，就像图15-7中那样，只有当片选信号有效时，才允许其访问总线。输出使能（Output-Enable，OE）输入必须有效，才允许其驱动总线，而写使能（Write-Enable，WE）输入有效，才允许从总线载入数据；EEPROM仅在编程操作期间才使用WE。图15-8显示了用于一个典型ROM的CS和OE的内部结构和逻辑模型。

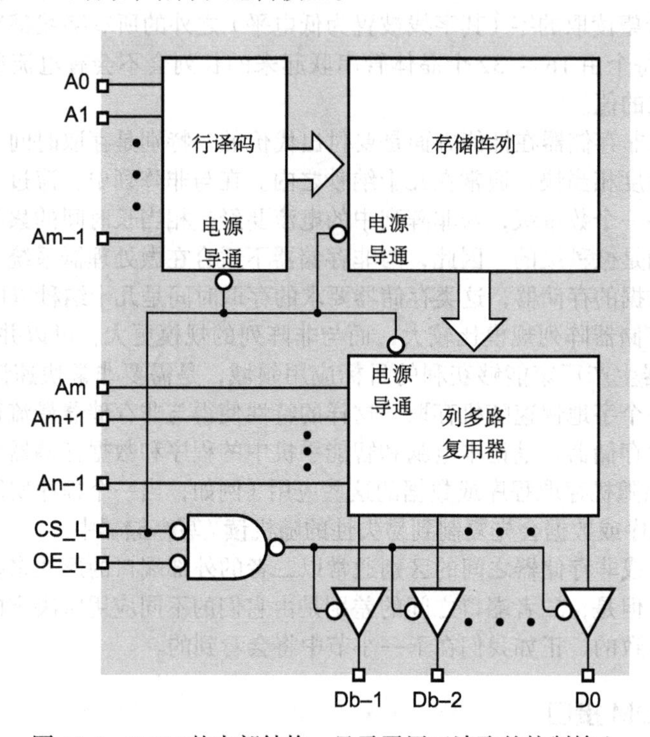

图15-8　ROM的内部结构，显示了用于读取的控制输入

*15.1.5　并行ROM时序

图15-9展示了典型ROM的读操作时序，包括如下参数：

t_{AA}：由地址引发的存取时间（access time from address）。ROM由地址引发的存取时间是指从稳态地址输入到有效数据输出的传输延迟。当设计者谈到“100ns ROM”时，通常就是指这个参数。

t_{ACS}：由片选引发的存取时间（access time from chip select）。ROM由片选引发的存取时间是指从CS有效到数据输出有效的传输延迟。在有些芯片中，t_{ACS}比t_{AA}要长，这是因为芯片需要一点时间来“加电”。在其他一些芯片中，t_{ACS}比t_{AA}要短，这是因为片选操作仅控制输出使能。

t_{OE}：输出使能时间（output-enable time）。这个参数通常比存取时间短得多。ROM的输出使能时间是指从OE和CS同时有效开始，直到三态输出驱动器进入到Hi-Z（高阻）状态为止的传输延迟。总线上的输出数据在规定的时间点上是否达到有效，取决于地址输入是否已经足够稳定。

t_{OZ}：输出禁止时间（output-disable time）。ROM的输出禁止时间是指从OE或CS无效开始，直到三态输出驱动器进入Hi-Z状态为止的传输延迟。

t_{OH}：输出保持时间（output-hold time）。ROM的输出保持时间是指在地址输入改变之后，输出仍保持有效的时间长度。也可以是 OE 或 CS 无效后输出仍保持有效的时间长度。

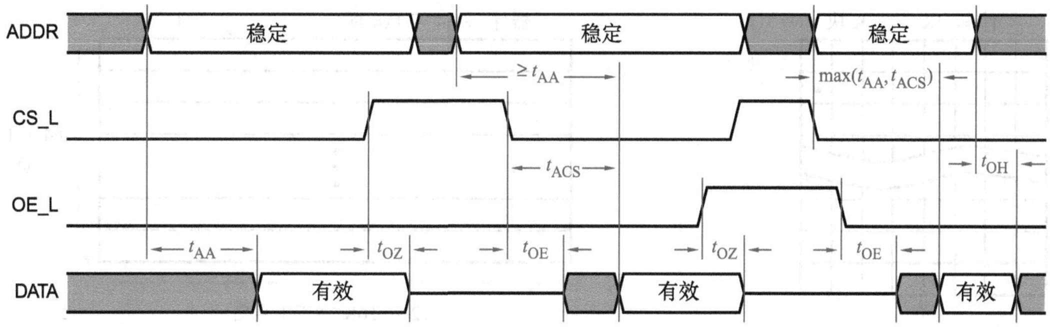

图 15-9 ROM 时序

像其他组件那样，厂商为所有的时序参数规定了最大值，有时也规定典型值，同样还规定了 t_{OE} 和 t_{OH} 的最小值。通常 t_{OH} 的最小值被规定为 0，也就是通过 ROM 的最小组合逻辑延迟为 0。

如前所述，CS 输入只不过是第二个输出使能（OE）输入而已，它与 OE 相“与”，共同决定是否允许三态输出。然而，在许多 ROM 中，CS 也用作*断电输入*（power-down input）。当 CS 无效时，就切断 ROM 的内部译码器、驱动器和多路复用器的电源。在这种*备用模式*（standby mode）的操作中，一个典型的 ROM 所消耗的能量，比 CS 有效时*活动模式*（active mode）所消耗的能量低 10%。

最大型的并行接口 ROM 只能存储 1MB 的数据，以今天的标准来看，非常微小。尽管需要并行接口（例如，要在微处理器上执行程序），但用较大型的与非闪存作为非易失性的程序存储设备，会更加经济适用一些，只要在程序执行过程中按照需要将程序传送到读 / 写存储器中就可以了。

带有串行接口的 ROM

除了“传统的”带有并行接口的或非型 ROM，还有同样规模的带有 2 线或 3 线的串行接口的或非型 ROM，用于一些特殊的应用（例如，下载编程信息到 FPGA 中）。很少 IC 会因存储容量太小而消失，而串行接口和电源几乎不需要衬垫，所以这种带有串行接口的 ROM 又小又便宜，还可以放入到一个比你的小指头还小的封装里，使得这种芯片在这些应用中非常方便。

15.1.6 与非闪存的字节串行接口

因为与非存储器的存取速度较慢，所以与非存储器主要设计用于在一次存取的间隔期间，在用作暂存的内部寄存器的帮助下，读、写以及擦除大量数据。尽管内部存取速度比较慢，但数据可以在内部寄存器与外部接口之间以非常高的时钟速度传送，一次一个字节。

在给出外部接口的详情之前，要先描述一下典型闪存的内部组织结构。存储的最小单位称为一页，通常是约 512B ~ 16KB——出现在较大型的新型存储器中的大型页面规模。页被组为块，通常一块包括 64 ~ 128 页。整个芯片可以有 2K ~ 32K 或更多个块。这些定义和概念的说明如图 15-10 所示。

读操作比较慢，通常读一页需要 10 μs ~ 15 μs，不同的芯片所需的具体时间不同。写操作就更慢了，写一页需要 300 μs ~ 700 μs。有时，在写一页之前，必须先擦除，而擦除操作是最慢的。一次擦除一块，所需时间为 1 ms ~ 3 ms。

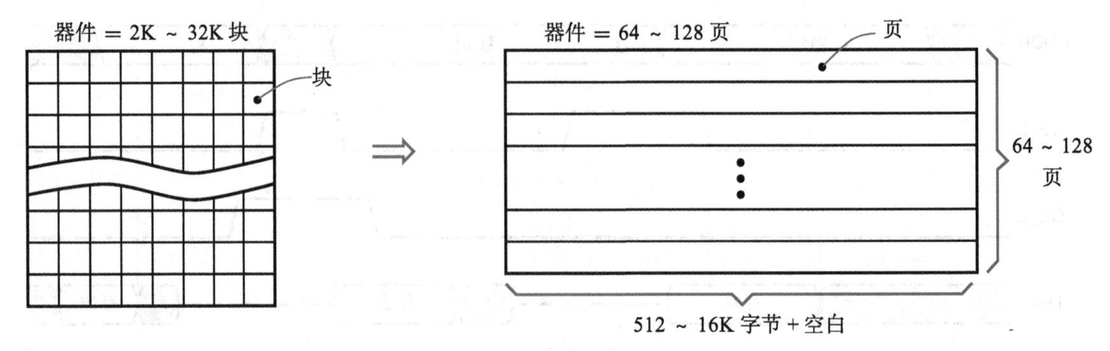

图 15-10　与非存储器的块和页结构

典型闪存的内部结构和总线接口如图 15-11 所示。接口非常简单，命令、地址和数据采用 DQ 总线通过接口传送，一次传送 8 位。但是，传送速度非常快；以读操作为例，一旦一页的内容被读入到片上内部寄存器之后，就可以以每个字节 20ns 的速度，快速读取。

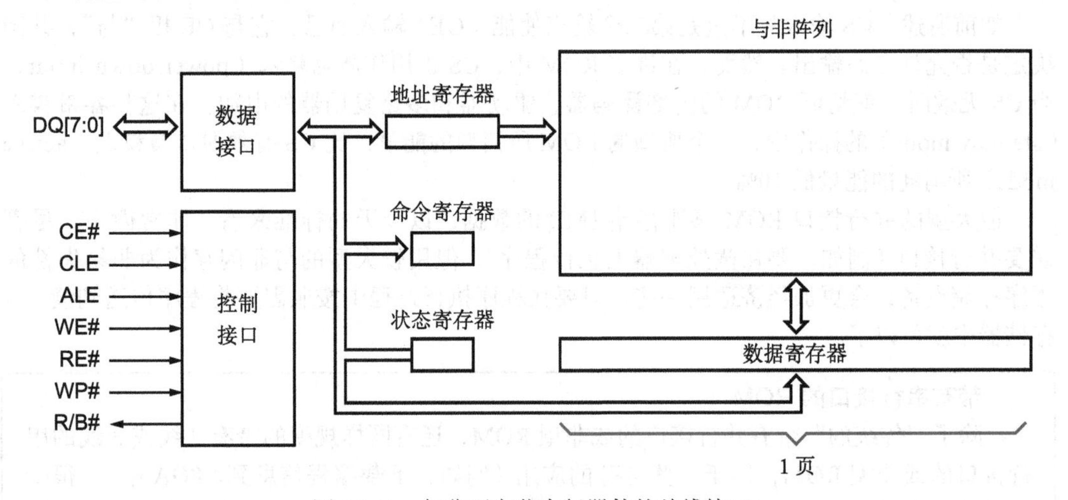

图 15-11　与非型字节串行器件的总线接口

接口信号如下所列；这些信号都采用了闪存的工业标准标识符“#”，表示信号低电平有效：

DQ[7:0]：数据输入和输出总线。

CE#：芯片使能，要使用其他输入，这个信号必须有效。

CLE：命令锁存器使能，写入命令寄存器时有效。

ALE：地址锁存器使能，写入地址寄存器时有效。

WE#：写使能，写入寄存器或数据时有效。

RE#：读使能，读入数据或状态寄存器时有效。

WP#：写保护，该信号有效期间，编程和擦除操作无效。

R/B#：稳定 / 忙，器件读之前有效。

除了 R/B# 是一个输出之外，上述所有信号都是器件的输入，而且 DQ[7:0] 是双向（三态）的。所有信号都要求芯片使能信号 CE# 有效才能被识别，以后我们将不再提及此事。

所以，地址信号在哪里呢？没有。地址以及命令都是在程序的一开始通过 DQ 总线传送的。图 15-12 显示了读操作的典型时序图。系统首先将一个命令字节的值 00h（十六进制）放在 DQ 总线上，并使 CLE 和 WE# 有效。这就告诉器件，接下来就是地址信号。随后，5 个字节地址信号就按顺序送上总线，每送一个地址，ALE 和 WE# 都要有效。

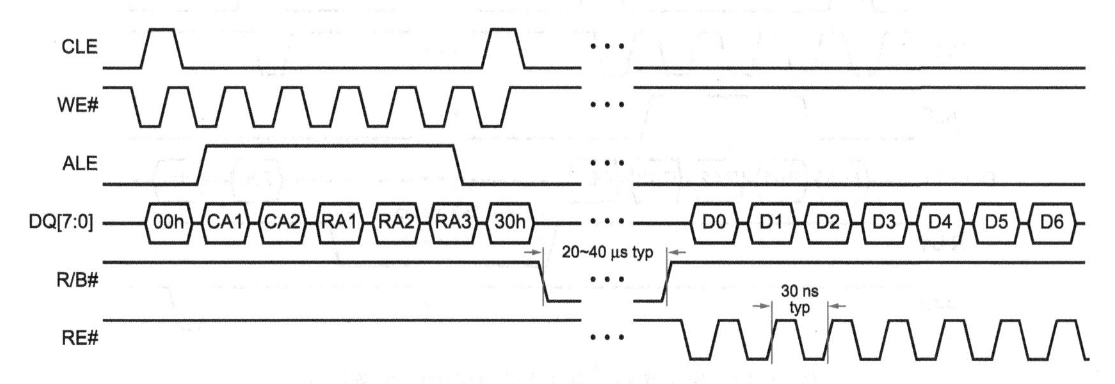

图 15-12　字节串行总线上与非页的读操作时序

前两个字节的地址信号给出了一页的“列”地址，通常是但不总是 0（回头还会讲述这个内容）。所以，每一页的容量最多可为 64KB，具体容量取决于器件；容量较小的页，最高阶的列地址位被置为 0。接下来的三个字节用于在整个存储器阵列中指定页码，也称为“行”。所以，最多可以有 224 页（行），还是取决于具体的器件，而且未使用的高阶页码位都置为 0。

在写入地址之后，系统通过将 30h 放上 DQ 总线并使 CLE 和 WE# 有效来发出“page-read”命令。这将触发一个内部的状态机开始对所选定的页进行内部的读操作，最终会把整页的内容传送到器件的内部数据寄存器中，这个数据寄存器的宽度与页的宽度一样。随着内部操作的开始，器件会使 R/B# 无效。当读操作结束并且整页的内容已经传送到片上内部数据寄存器中之后，R/B# 又重新变为有效。这通常是在几十微秒之后。

所以，与非存储器的读操作没有“固定的”时间，而是由系统通过监控存储器的状态输出 R/B# 的状态来决定的。一旦 R/B# 有效，系统就可以从内部的数据寄存器中串行地读取字节数据，从命令最初给定的列地址开始，一次读取一个字节。这就是为什么通常将列地址置为 0 的原因，因为这样就可以读取一整页。采用控制信号 RE# 读取每个字节的时序图如图 15-12 所示。

还有另一个字节

有些 DQ 总线是 16 位的与非闪存。数据总线越宽，允许的数据传送的带宽就越宽（每个周期传送的数据是原来的两倍），或者时间更宽裕，或者二者兼备。DQ 总线的高阶位只用于传送数据；低阶位只用于传送命令和地址。

写操作采用同一个接口，但需要两个独特的操作：擦除和编程。在编程（programming）时，要将新的输入写入一整页内。另外，编程时只需要将 1 的位变为 0，反之则不然。因此，在对某些点进行“页编程”操作之前，要先进行“块擦除”操作，这个操作会将一个块中的所有位都置为 1。没错，擦除（erasing）操作必须对整块（多页）进行，使得器件中的存储管理变得复杂起来，特别是对于像文件系统应用程序的这类应用而言。

图 15-13 显示了采用字节串行接口的块擦除操作的时序图。系统首先将一个命令字节的值 60h 放上 DQ 总线，并使 CLE 和 WE# 有效。这就告诉器件，接下来是一个 3 字节的地址

信号。只给定一行的地址，而地址中用于指定较大块中一页的低阶位就可以忽略掉。然后，系统发出“块擦除”命令 D0h（可不是“D’oh”哟！）。

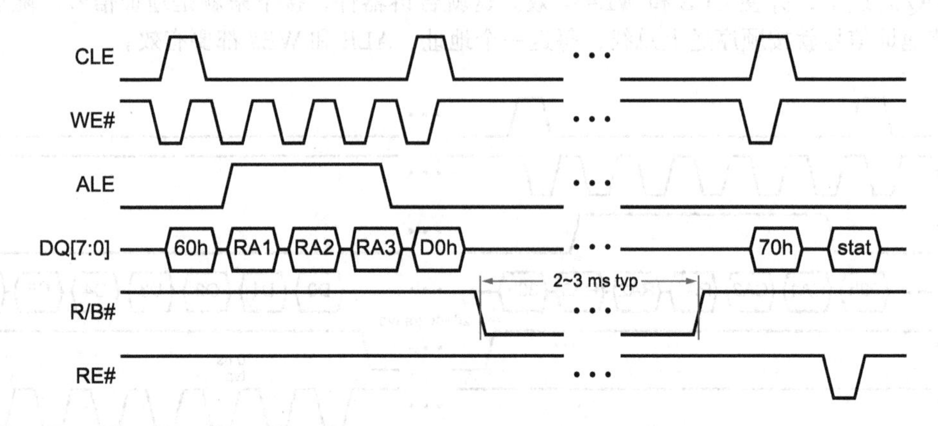

图 15-13　字节串行总线上与非闪存的块擦除时序

块擦除命令会触发器件内部的一个状态机，开始对选中的块进行擦除操作。状态机会执行内部的读操作，以确保这个块中的每一位都被成功地“擦除”为 1。与页的读操作一样，当擦除操作完成之后，器件就使 R/B# 有效，通常是在初始化之后的几毫秒。此时，系统通过发出“读状态”命令 70h，可以读取器件内部的状态寄存器；返回的状态字节的低阶位表明了擦除操作是否成功。

随机读和写

一旦一页被载入内部数据寄存器之后，也可以从这一页的一个“随机”地址开始，读取一个或多个字节。系统必须发出命令 05h，随后给出两个（列）地址字节，接着发出命令 E0h。最后，从指定的地址开始，按照顺序进行读操作。只要这一页还在内部寄存器中，就可以反复地发出命令 05h-E0h。

在准备编程操作的过程中，系统还可以通过发出命令 85h，随后给出两个字节地址信号以及一个或多个字节的数据，将从一个“随机”列地址开始的一些字节写入内部数据寄存器中。但是，当最终发出了“编程”命令 10h 之后，依旧将整个内部数据寄存器编程写入了一个被选中的页中。

一旦页被擦除之后，就可以采用如图 15-14 所示的时序来进行编程操作。操作的第一步与页的读操作一样；系统发出一个“页编程”命令 80h，接着送出 5 个字节的地址。前两个字节的地址是一个列地址（通常为 0），而后面 3 个字节地址是整个存储器阵列中的一个页号（行）。但是，接下来继续执行另外的写操作；每个写操作从 DQ 总线上接收一个字节数据送入内部数据寄存器，按照命令中所给出的列地址的顺序，不断将数据输入到内部数据寄存器中。

当所有字节都已存储到数据寄存器中之后，系统发出“编程”命令 10h，触发一个内部的状态机以将数据寄存器的内容传送到被选中的页中。注意，无论有多少字节存入数据寄存器，都要传送整个数据寄存器的内容，对整页进行编程。器件通过输出 R/B# 信号表示编程操作完成，通常是在几十微秒之后。与擦除操作一样，系统随后会读取状态寄存器，以确定页编程操作是否成功。

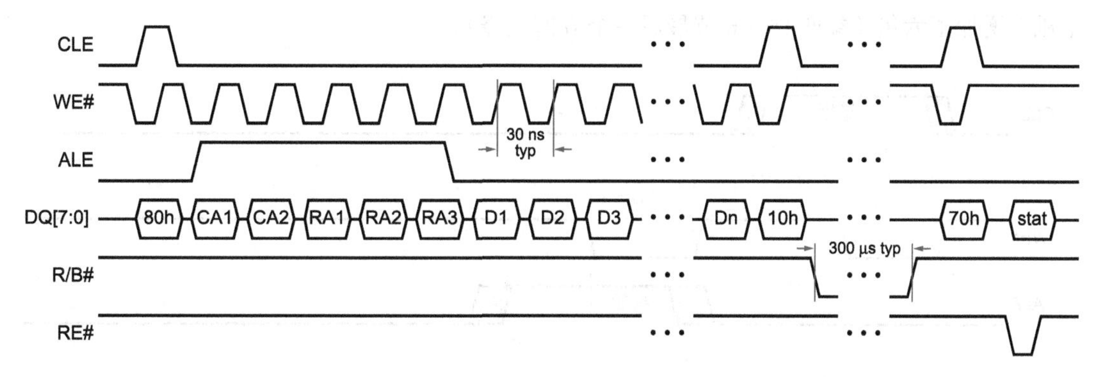

图 15-14 字节串行总线上与非闪存的页编程时序

同步 6x 倍速

新型的与非闪存支持一个“同步”时序模式，其中，用一个自由运行的时钟（周期只有 10ns）输入代替了原来的 WE# 输入。还在接口加入了另外一个信号，用于控制数据传送，在这新型的闪存中，两个时钟边缘都可以进行数据传送（15.4.3 中将要讨论的“DDR”接口）。这使得有效的数据传送带宽被提升到标准“异步”接口（其典型的最小周期时间是 30ns）的 6 倍。接下来就要讨论这种标准“异步”接口。

*15.1.7 与非存储器的时序和存取带宽

图 15-15 给出了更多关于与非闪存的字节串行总线接口，在其标准“异步”模式下的时序的细节。用到以下关键参数：

t_{CLS}，t_{CLH}：命令锁存器的建立和保持时间。命令“锁存器”其实是一个边沿触发的寄存器，其触发时钟是 WE# 的上升沿，而 CLE 是其“时钟使能”输入，用于选择（或者不选择）这个命令寄存器。CLE 不必在整个 WE# 激活脉冲期间都为有效（对于一个真实的锁而言，却必须如此），仅是相对于 WE# 上升沿所规定的建立和保持时间。

t_{ALS}，t_{ALH}：地址锁存器的建立和保持时间。同样，地址“锁存器”其实是一个寄存器，而且这两个都是 ALE 信号相对于 WE# 的上升沿的时间。

t_{DS}，t_{DH}：数据的建立和保持时间。无论数据要传送到命令寄存器，或地址寄存器，或内部数据寄存器，这两个都是数据载入器件的时间，也是相对于 WE# 而言。

t_{WP}：写脉冲宽度。WE# 有效持续的时间长度应该至少保证可靠地选中目的地（命令寄存器、地址寄存器或内部数据寄存器），并将数据存入其中，而且对于数据寄存器而言，要在下一个要写入字节的列地址出现之前的一个适当时间，完成数据写入。

t_{WC}：写周期时间。这是连续两次写操作之间的最短时间。

t_{RP}：读脉冲宽度。RE# 有效持续的时间长度必须至少保证数据从内部状态寄存器或数据寄存器中可靠地读出，并且在下一个要读出的字节的列地址出现之前结束。

t_{RC}：读周期时间。这是连续两次读操作之间的最短时间。

t_{REA}：读存取时间。这规定了从 RE# 有效开始，到内部数据寄存器或状态寄存器的内容出现在 DQ 总线上为止的时间。

读和写周期时间 t_{RC} 和 t_{WC} 的最小值，部分地决定了从存储器中读取数据或载入数据到存储器中的速度。在典型的器件中，这两个值的规格是一样的。例如，老式的 1GB 闪存的这个值是 30ns，也就是说，总线上数据传输率的峰值是 33MB/s。新型器件的传输率在这个基础上增加了六倍（参见 15.1.6 节最后一个方框注释）。

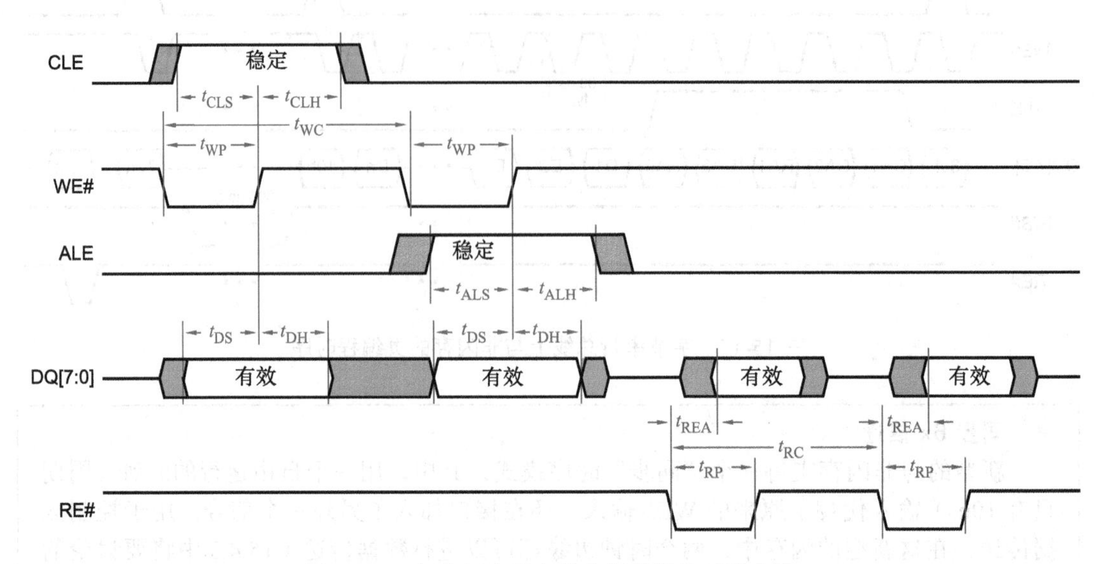

图 15-15　与非闪存的字节串行总线的时序参数

决定器件速度的另一个关键是在较高层面上的，即从内部与非阵列读取页的速度和向内部与非阵列写入页的速度。例如，器件生产厂家规定了 t_R 的一个最大值，是从读取页命令初始化起到页的内容被载入到内部寄存器以及器件使 R/B# 无效为止的延迟时间。在新型以及老式的器件中，每页的这个时间还都是 20μs ~ 40μs 的数量级。但是，新型器件的页规模更大（例如，8KB 与 2KB），所以每字节的读出速度相对会高一些。

最后，整体带宽取决于对器件的读和写的访问模式。每页的编程操作通常比读操作要慢约十倍，这还必须是在要编程的页已经擦除了的情况下。用于与非器件的存储管理驱动软件会尝试一直保持有一个已擦除的可用的页面池。

*15.1.8　与非存储器的存储管理

要在任何应用中，或者在某些（甚至是所有）情况下，与基于或非的 EEPROM 器件相比，与非存储器都需要很多管理。本小节将谈及存储管理最重要的内容。

首先，就某些人看来，与非存储器一开始就是“破碎的”。而或非存储器是“刚好够用”——你可以对存储器中任何你选定的部分进行编程，可以对一些区域进行擦除和重新编程，并可以读出你放入的所有内容，而且硬件的失效率还非常小。

与非存储器本质上的可靠性就比较差，然而，这都是因为其高密度和对读操作的敏感性。制造一个高密度的与非存储器，并保证经过运输后它的每一页每一位都还能完美工作，是不现实的。另外，器件在使用的过程中，会有更多位损坏——不能够读取或重编程，或都不行。必须按照以下方法来处理这些问题。

为了对付页面上的坏位，与非存储器的每一页都制造了一些空字节。例如，你知道的 2KB 的页，实际上可能包含了 2048 字节加上 64 字节的存储容量。每个内部操作都会用到所有 2112 字节，并且片上数据寄存器容量也是 2112 字节。底层驱动软件采用如下的方式来管理页面中额外的字节：

- 有些空闲字节用于建立包含奇偶校验位的检错代码，这样在读取某一页时，在一位或几位上的错误就可以立即得以纠正。
- 如果坏位太多，则将包含这些坏位的这一页或整个块都标记为坏的，于是，可以利用空闲字节来存放这种状态标记。

当然，这些空闲字节也可能会坏掉，所以完成上述功能的算法还必须有足够的鲁棒性，以应对这种可能性。而每次存取中运行管理软件（尤其是错误检测和修正）都需要有软件开销。

因为与非存储器每次存取一页，所以必要的检错和纠错就是在页面级完成。然而，永久性的失效是很少的，因此器件区域的标记一般是在更高层级上，在块级上。也就是说，一页失效就会导致整块被标记为坏的。

一个新的器件在从工厂运出之前，要先检测和标记出坏的块。生产厂家会保证在器件正常的生命周期里，损坏的块会在一个限定的数量范围之内，这个限定的数量包括了工厂标记出的坏块以及不断出现的损坏的块。这个保证的坏块的最大数量通常是器件所有块的 0.2% ~ 1% 的数量级。

整页坏掉的现实意味着，与非存储器不能像标准的或非 EEPROM 或 RAM 那样，用作较高层次应用中线性可寻址存储单元的单片阵列。而是必须获知器件的分页组织信息，然后采用与处理可能有坏块的面向块的存储器件（比如硬盘驱动器）相同的方法，来处理与非存储器。幸运的是，当与非存储器用于文件系统时，这类机制的开销不会特别繁重，因为文件系统已经应对这类有坏块的面向块的存储器几十年了，采用的方法就是，将一个线性文件映射到一个任意编址的块的列表中。

除了错误管理机制，还有其他几个和与非存储器应用相关的微妙之处。例如，回顾一下发生在块级而非页级的擦除操作。在对页面编程之前，必须先擦除。所以，管理软件必须尽量一直保持有一些可用的已经擦除的页和块。当一页或几页（例如，在一个小型文件中）需要重新写入时，管理软件会尽量将来自不同文件的页面集中在一起，并将这些页面重新定位到同一个已预擦除的块中，以便最有效地利用存储空间和已擦除的页面。管理软件还必须关注其他一些神秘的限制，比如，要求对一个已擦除块中的页面进行编程时，必须按照这些页面的编号的递增顺序进行。

另一个重要的管理软件的作业就是“写均衡”。回顾一下，一个 EEPROM 的某个存储位在经过一定次数的擦除和重编程周期后会“磨损”，通常与非器件的这个次数是 100 000 的数量级。在文件系统的应用中，有些文件重写的次数会比其他文件多很多。与非器件的管理软件会跟踪每个块被擦除和重编程的次数，然后在写入时，管理软件会偏向于选用重编程次数最少的块中的可用页面。于是，一个“热门”文件每次更新时，可能会在存储器件中移来移去，而一个“冷门”文件却可能根本不动，直到管理软件发现了它，并将它移到一个被过度使用的块中，让这个块休息一下！

15.2　读 / 写存储器

读 / 写存储器（Read/Write Memory, RWM）是指可以在任何时候存储和检索信息的存储器阵列。现在用于数字系统中的大多数读 / 写存储器都是*随机存取存储器*（Random-Access Memory, RAM），意思是说它读或写存储器的 1 个位所花费的时间，与该位在 RAM 中的位置无关。从这一点看，ROM 也是随机存储器，但“RAM”名称通常仅用来指读 / 写随机存取存储器。

在*静态存储器*（Static RAM, SRAM；也读为“静态 RAM”）中，一旦将 1 个字写入某个存储位置中，那么只要电源不被切断，其存储内容就能保持不变，除非该存储位置被重新写入信息。在*动态存储器*（Dynamic RAM, DRAM；也读为“动态 RAM”）中，必须对存储的数据进行读出和重写操作以便周期性地刷新，否则存储器中的数据将会消失。在本章中我们要讨论这两种类型的存储器。

大多数RAM在断开电源时，所存储的数据就会丢失，它们是易失性存储器（volatile memory）。一些RAM在断开电源后仍能保持所存储的数据不变，它们被称为非易失性存储器（nonvolatile memory）。非易失性存储器的例子有老式磁芯存储器和现代CMOS静态存储器。这种CMOS静态存储器被封装在一个特大块里面，它含有一个寿命为10年的锂电池。

串行存取存储器

随机存取存储器与串行存取存储器相比，前者可以在任何时候立即访问存储单元，而后者则要求额外的步骤才能访问存储单元。

一些早期计算机使用机电式串行存取存储器装置，如延迟线和旋转式磁鼓。指令和数据被存储在一个旋转的介质中，该旋转的介质在任何时候都只有一个存储位置位于“读/写头”下面。为了存取一个随机存储单元，机器必须等待，直到恒定的旋转使该存储单元位于“读/写头”下面时才行。

20世纪70年代，人们研制开发了串行存取旋转存储器的电子等效装置，包括：基于电荷耦合器件（CCD）的存储器和其他使用磁泡的存储器。这两种类型的器件与超大型串入/串出移位寄存器基本等效。超大型串入/串出移位寄存器的串行输出被重新返回，连接到串行输入端，这个连接点即是硬盘“读/写头”的逻辑等效。为了读取指定存储单元，需用时钟启动移位寄存器移位，直到所期望的位出现在串行输出端上。为了将数据写入该存储单元中，就用所期望的新值去替换串行输入端上的值。

虽然CCD和磁泡存储器在研制时就能提供比DRAM更高的密度（更多的位），但它们却从未得到商用认可。其中一个原因是串行存取会带来极大的不便，另一个原因是它们在所能获得的密度方面的优势并没有领先DRAM多少年。

15.3 静态RAM

为了与15.3.5节中的新型SRAM区别开来，接下来四小节所讲述的SRAM通常称为异步SRAM（asynchronous SRAM）；而15.3.5节要讨论的新型SRAM，称为“同步SRAM”，是指其控制信号和数据信号都参照一个自由运行的时钟，其与接下来要讨论的SRAM不同。

15.3.1 静态RAM的输入和输出

与并行ROM一样，RAM具有地址输入、控制输入以及数据输出，但它也具有数据输入。一个简单的$2^n \times b$位静态RAM的输入和输出如图15-16所示。RAM的控制输入与ROM的控制输入类似，只是增加了一个写入使能（Write-Enable，WE）输入。当选中写入使能时，数据输入被写入所选的存储单元中。

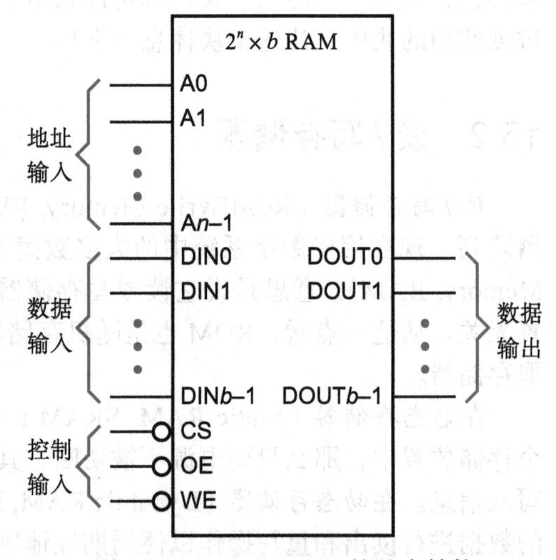

图15-16　$2^n \times b$ RAM的基本结构

静态RAM中存储单元的工作原理与D锁存器类似，而不像边沿触发D触发器。也就是说，无论什么时候选中WE输入，所选存储单元的锁存器总是“打开”的（或“透明”的），输入数据流入并通过锁存器。所存储的实际值是在锁存器关闭时存在的值。

静态RAM通常只具有以下两种已定义的

存取操作：

- 读：当 CS 和 OE 有效时，地址呈现在地址输入端上，所选存储位置上的锁存器输出被传递到 DOUT。
- 写：地址呈现在地址输入端上，数据字呈现在 DIN 上，接着 CS 和 WE 有效，所选存储位置上的锁存器打开，输入字被存储。

必须引起适当注意的是，在对 SRAM 进行存取操作的时候，如果 SRAM 的时序要求不能被满足，那么在对一个所选单元进行写操作期间有可能会“扰乱”一个或多个存储位置上的值。在下一小节讲述了 SRAM 的内部结构之后，你就会知道为什么会这样，再下一小节还要解释实际的时序特性和要求。

15.3.2 静态 RAM 的内部结构

静态 RAM 中的每一位存储单元（或 SRAM 单元）都和图 15-17 中所示电路的功能相同。每个单元中的存储器件为 D 锁存器。当某个单元的 SEL_L 输入有效时，所存储的数据被放置在该单元的输出线上，而单元输出线与位线相连。当 SEL_L 和 WR_L 同时有效时，锁存器开启并存入新的数据位。

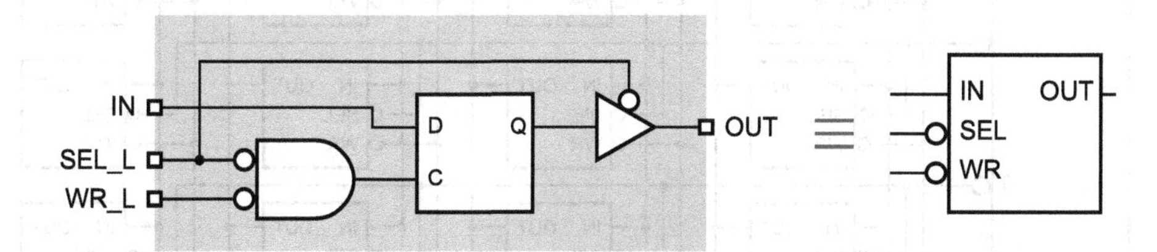

图 15-17　静态 RAM 单元的功能特性

SRAM 单元被组合为带有附加控制逻辑的阵列，以形成完整的静态 RAM，如图 15-18 中所示的是一个 8×4 SRAM。就像在简单的 ROM 中那样，地址线上的译码器选择 SRAM 的某一特定行，以便随时进行存取操作。

虽然图 15-18 是 SRAM 内部结构的简化模型，但它准确地刻画了 SRAM 特性的几个主要方面：

- 在读操作过程中，输出数据是地址输入的组合函数，就像在 ROM 中一样：在输出数据总线使能时改变地址线是没有损害的。读操作的存取时间是从最后一个地址输入变得稳定时开始计算的。
- 在写操作过程中，输入数据存储在锁存器中。也就是说，相对于锁存使能信号的后沿，数据必须满足一定的建立和保持时间。也就是，在 WR_L 内部有效的瞬间并不要求锁存器的 D 输入数据达到稳定，它只需要在 WR_L 失效之前的某个时刻达到稳定。
- 在写操作过程中，地址输入在 WR_L 内部有效之前的一段建立时间内必须达到稳定，并且在 WR_L 失效之后的一段保持时间内也必须稳定。否则，数据可能“喷洒”在阵列的各个地方。这是由于当译码器的地址输入改变时，SEL_L 线上可能出现尖峰。
- 在内部，仅当 CS_L 和 WE_L 同时有效时，WR_L 才有效。因而，一个写周期（write cycle）是从 CS_L 和 WE_L 有效时开始，到二者中任一个失效时结束。地址和数据的建立和保持时间都要相对于这些事件来进行计算。

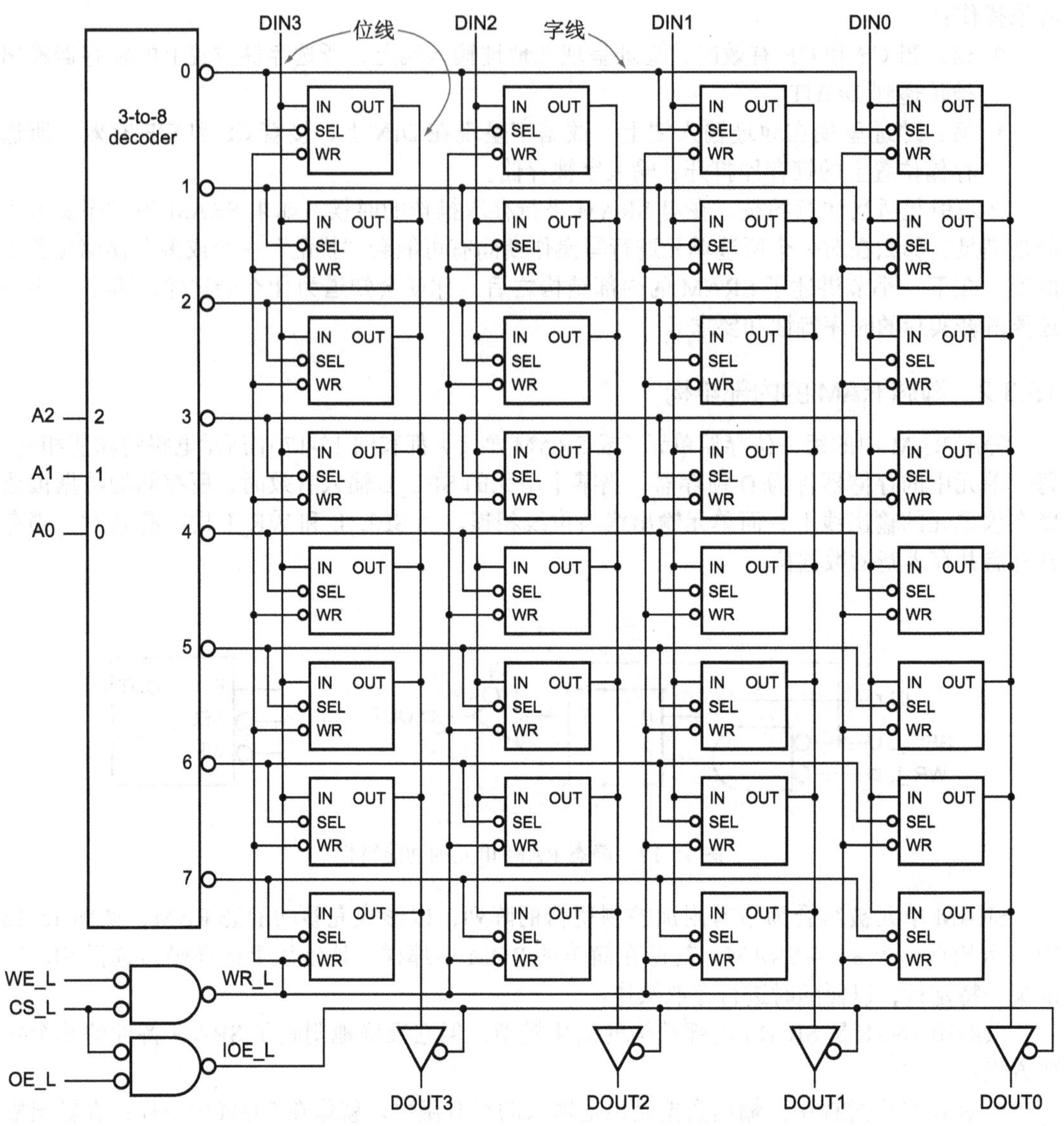

图 15-18　8 × 4 静态 RAM 的内部结构

*15.3.3　静态 RAM 的时序

图 15-19 表示在静态 RAM 的读操作中规定的时序参数，描述如下：

t_{AA}：由地址引发的存取时间。在假设 OE 和 CS 已经有效或它们足够快，且不至于造成差错的前提下，此参数是指在地址改变以后获得稳定输出数据所花费的时间。当设计者提到“70 ns SRAM”时，通常就是指这个时间参数。

t_{ACS}：由片选引发的存取时间。在假设地址和 OE 已经稳定或它们足够快，且不至于造成差错的前提下，此参数是指在片选信号 CS 有效之后获得稳定输出数据所花费的时间。通常这个参数等同于 t_{AA}，但有时候它在具有“断电”模式的 SRAM 中会长一些，在不具有“断电”模式的 SRAM 中则会短一些。

t_{OE}：输出使能时间。这是从 OE 和 CS 同时有效时开始，到三态输出缓冲器变为高阻状态为止所花费的时间。这个参数通常小于 t_{ACS}，因而 RAM 有可能在 OE 有效之前就开始内部存取数据。在许多应用中，这个特点被用来避免“总线冲突”以获得快速存取时间。

t_{OZ}：输出禁止时间。t_{OZ} 是指从 OE 或 CS 失效之后到三态输出缓冲器进入高阻状态为止所花费的时间。

t_{OH}：输出保持时间。该参数规定地址输入改变之后，输出数据保持有效的时间。

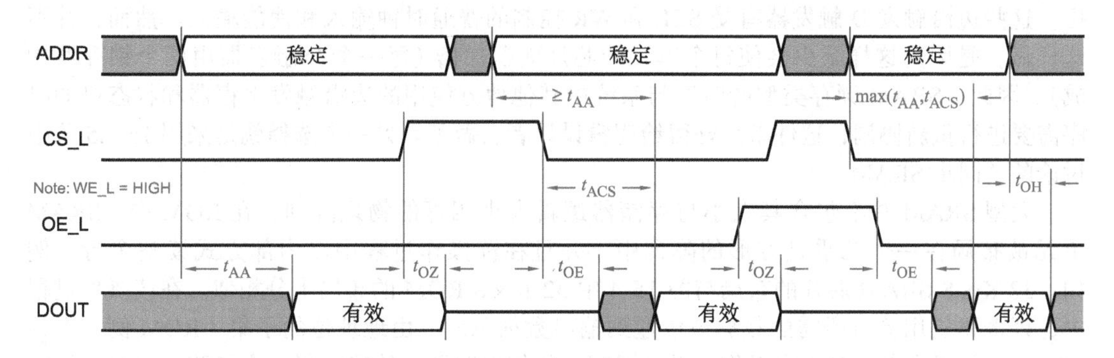

图 15-19　静态 RAM 中读操作的时序参数

如果读者留心的话，可能已经注意到 SRAM 读操作的时序图和时序参数，与 15.1.4 节中讨论的 ROM 读操作的时序图和时序参数是一致的。正是因为这样，当它们不是处在写操作的时候，SRAM 也可以像 ROM 那样使用。但这种情况对于 DRAM 一般是不适用的（后面会讲到）。

写操作的时序参数如图 15-20 所示，描述如下：

t_{AS}：写开始前地址建立时间。在 CS 和 WE 同时有效之前的这段时间内，所有的地址输入必须达到稳定。否则，在不可预测的存储位置上所存储的数据可能会被破坏。

t_{AH}：写开始后地址保持时间。类似于 t_{AS}，在 CS 或 WE 失效后，所有地址输入必须在这段时间内保持稳定。

t_{CSW}：写结束前片选建立时间。为了选择某个单元，在写周期结束之前的这段时间内，CS 必须有效。

t_{WP}：写脉冲宽度。为了可靠地使锁存器数据进入所选单元，至少在这样一段时间内 WE 必须有效。

t_{DS}：写结束前数据建立时间。在写周期结束之前，所有的数据输入必须在这段时间内达到稳定。否则，无法锁存该数据。

t_{DH}：写结束后数据保持时间。与 t_{DS} 类似，在与周期结束之后，所有的数据输入必须在这段时间内保持稳定。

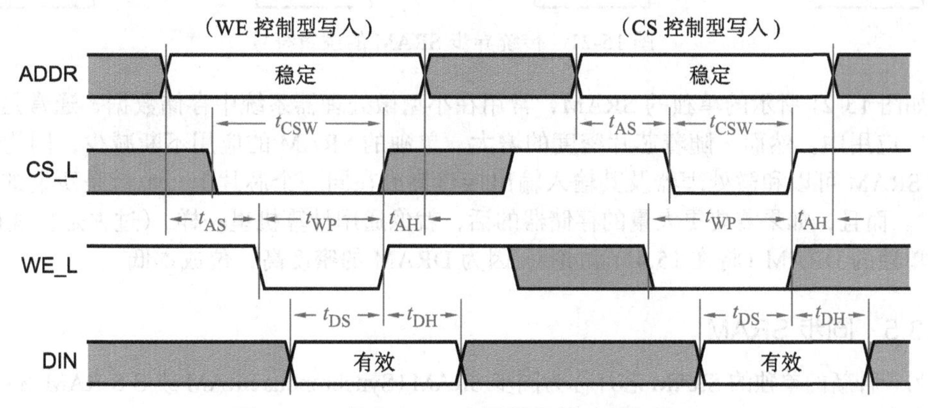

图 15-20　静态 RAM 中写操作的时序参数

SRAM 的厂商规定了两种写周期类型，一种是 WE 控制型（WE-controlled），另一种是 CS 控制型（CS-controlled），如图所示。它们之间的唯一区别是：当使能 SRAM 的内部写操作时，对于 WE 和 CS，哪一个最后才有效，哪一个先失效。

如果不使用锁存器而改用边沿触发 D 触发器的话，SRAM 的写时序要求可能会有所放松。这些边沿触发 D 触发器有受 SEL 和 WR 控制的普通时钟输入和使能输入。然而，并不这样做，是因为这样至少会使每个单元的芯片面积加倍（每一个 D 触发器由两个锁存器构成）。因此，SRAM 锁存类型的时序与系统中其他地方使用的边沿触发寄存器和状态机的时序需要进行重新协调，这件事只好留给逻辑设计者去做了。另一个选择就是采用 15.3.5 节中讨论的“同步 SRAM”。

大型 SRAM 并不包含其大小与存储器逻辑大小相等的物理阵列。在 ROM 中，SRAM 单元被布局在一个几乎是方形的阵列中，并且在读操作过程中以内部方式读整个行。例如，32 K×8 SRAM 芯片的布局与图 15-4 中 32 K×8 ROM 的布局十分相似。在读操作过程中，列多路复用器将所需的数据位传递到输出数据总线，由地址位的子集（ROM 例子中的 A5 ~ A0）所指定。对于写操作，设计了写入使能电路图，使得在每一个子阵列只允许写一列，由同一个地址位的子集所决定。

*15.3.4　标准异步 SRAM

有很多种容量和速度规格的异步 SRAM 可供选用，容量最大可达 64M 位（4M×16 位），而其最快存取速度为 55ns。较小型 256K×16 位 SRAM 的存取时间更快，为 8ns。

图 15-21 是规模为 8K×8 ~ 512K×8 的单独的 SRAM 器件的通用逻辑符号。图 15-21 中的所有器件都具有双向数据总线，即它们将同一数据引脚既用于读操作又用于写操作。这需要稍微改变一下它们的内部控制逻辑，即使在 OE_L 有效的情况下，每当 WE_L 有效时，也都要自动地禁用输出缓冲器。然而，读操作和写操作的时序参数和要求与我们在前一小节所讨论的几乎一致。

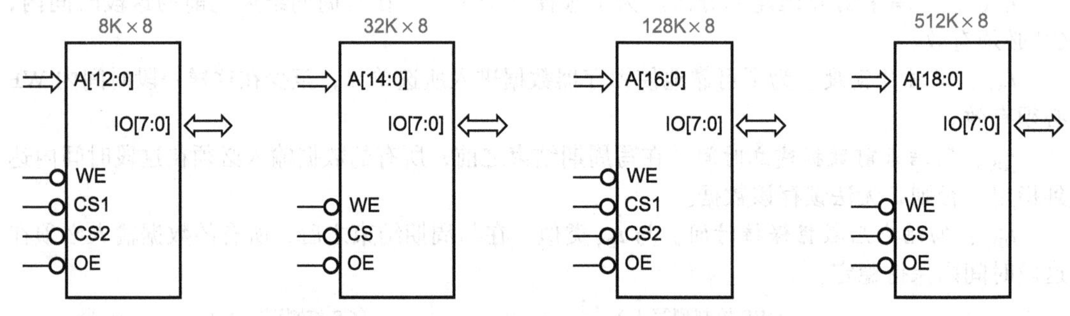

图 15-21　传统异步 SRAM 的逻辑符号

如图 15-21 所示的单独的 SRAM，常用在小型微处理器系统中存储数据，通常是在“嵌入式”应用中。然而，随着芯片密度的增大，单独的 SRAM 的应用不断减少，因为中等数量的 SRAM 可以和微处理器及其输入输出接口集成在同一个芯片上，也就是所谓的“片上系统”。而且，如果需要更大量的存储器的话，就像通用计算机里一样，（过去是，现在还是）采用单独的 DRAM（将在 15.4 节讨论），因为 DRAM 的密度高，位成本低。

*15.3.5　同步 SRAM

另一种新的单独的 SRAM 芯片称为同步 SRAM（Synchronous SRAM 或 S-S-RAM, SSRAM），

被开发用于满足最高速的SRAM应用（通常是高速通信和网络）的需求。SSRAM的内部存储阵列仍然使用了锁存器，但其具有一个用于控制、地址和数据的时钟控制接口。因为SSRAM芯片的关键时序通路都是由芯片自己处理的，所以系统的其他部分通过接口使用与芯片内部相同的时钟，会更容易实现。

如图15-22所示，SSRAM将边沿触发的寄存器AREG和CREG放置在其内部的地址和控制信号通道上。结果，在时钟上升沿到来之前建立的操作，就在随后的时钟周期内于芯片内部执行。寄存器INREG为写操作捕捉输入数据，并且根据该器件是流水线输出还是流过式输出，来决定寄存器OUTREG是否用于保持读操作的输出数据。

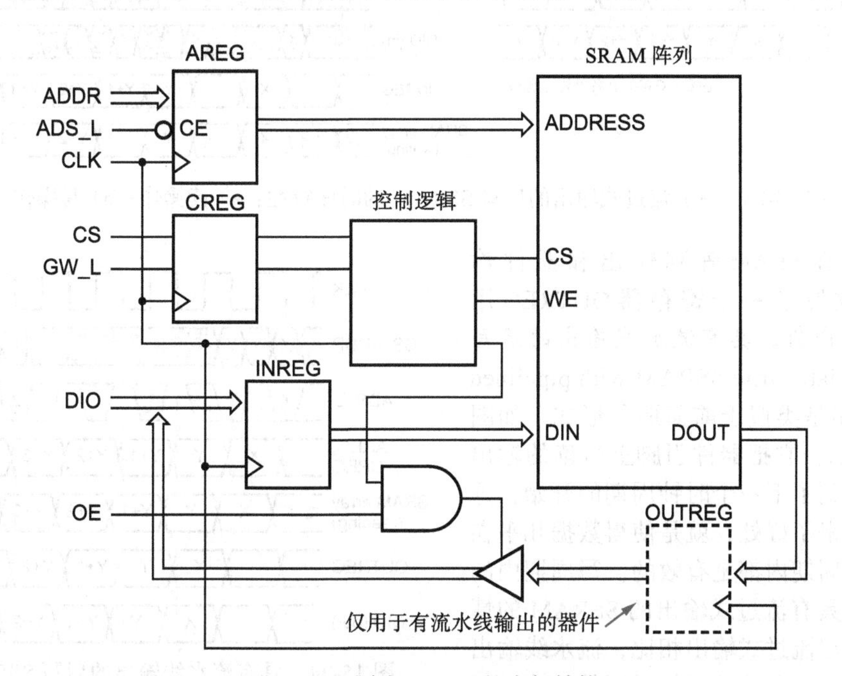

图15-22 同步SRAM的内部结构

将要介绍的SSRAM的第一种类型，是具有*流过式输出的后写SSRAM*（late-write SSRAM with flow-through output）。如图15-23a所示，对于读操作，控制输入和地址输入都是在时钟的上升沿处采样，并且仅当ADS_L有效时，内部地址寄存器AREG才被加载。在下一个时钟周期内，内部SRAM阵列被访问，然后将读出的数据传送到器件的DIO数据总线引脚上。该器件也支持突发模式，在这种模式下，可以读取连续地址单元中的数据。这种模式中的AREG寄存器就像一个计数器，消除了在每一个周期使用一个新地址的要求（支持突发模式的控制信号没有在图15-22或图15-23中表示出来）。

对于写操作，如图15-23b所示，写数据被暂时地存放在单片寄存器INREG中，在地址寄存器被加载之后的一个时钟触发沿上，对寄存器INREG进行采样。因此，在载入地址之后必须将ADS_L禁止至少一个时钟周期，使得AREG中的地址在发生写操作时仍然有效。写操作在“全局写”控制信号GW_L变为有效的那个边沿后的时钟周期内发生。与读操作一样，写操作也可工作于突发模式，此时，地址序列能够被顺序写入而不需要提供一个新地址。

值得注意的是，“后写”协议导致SSRAM不可能在连续的时钟周期内去写两个不同的、非时序地址的单元，而SRAM阵列在写操作之间有一个空闲的时钟周期（除了突发模式）。从内部芯片能力的观点来看，这种特性是没必要的。然而，之所以这样设计后写协议，是为了使 SSRAM 能与在高速缓存系统中使用这种存储器的微处理器总线协议相匹配。

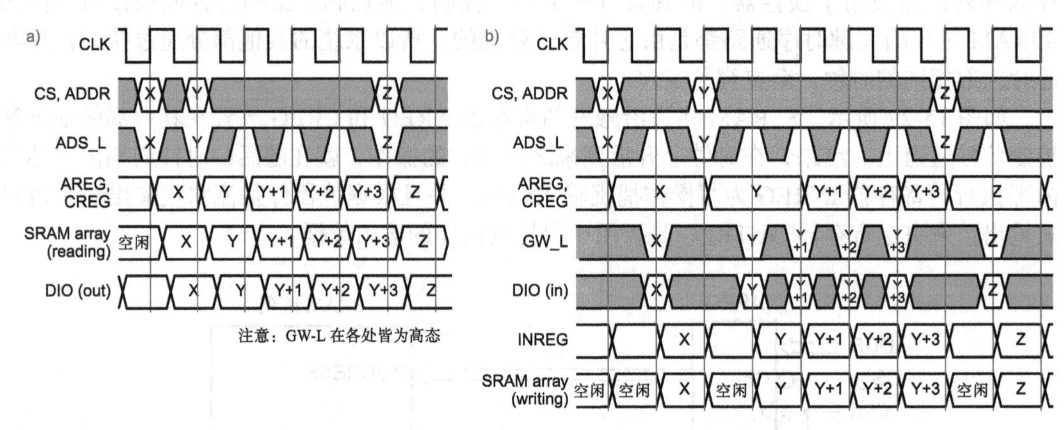

图 15-23　具有流过式输出的后写 SSRAM 的时序特性：a）读操作；b）写操作

除了在 SRAM 阵列输出和器件输出之间放置了一个寄存器 OUTREG 用于读操作以外，*具有流水线输出的后写 SSRAM*（late-write SSRAM with pipelined output）还是类似于前面那种形式。如图 15-24 所示，它把器件引脚上所读的输出数据延迟到了下一个时钟周期的开始，这样做也带来了好处，就是使得数据几乎在整个时钟周期内都是有效的。写周期内的情况，跟具有流过式输出的 SSRAM 的情况相同。与流过式输出相比，流水线输出能为器件接收所读数据提供更佳的建立时间，并且因此而可能允许在更高的时钟频率下进行操作。

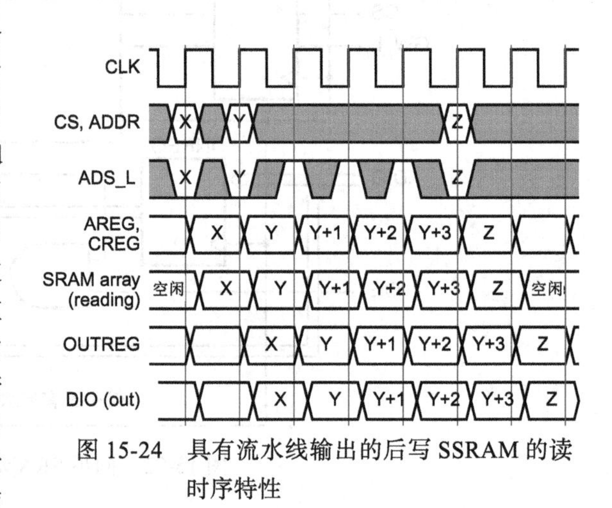

图 15-24　具有流水线输出的后写 SSRAM 的读时序特性

如图 15-22 所示，传统的 SSRAM 用于输入数据和输出数据的引脚是相同的。在一个给定时钟周期内，数据 I/O 引脚能够用于读操作或写操作，但不能同时用于读和写操作。如果读者研究一下在这两种形式的后写 SSRAM 中使用的数据总线和 SRAM 阵列的结构，就会发现：由于资源冲突，在启动写操作之后的一个时钟周期不能启动读操作，反之亦然（参见练习题 15.20）。因而后写 SSRAM 会经受一个*周转补偿*（turn-around penalty），周转补偿是指内部 SRAM 阵列在读操作后面跟着写操作时必须要有一个空闲周期，反之亦然。

在一种*零总线周转*（Zero-Bus-Turn-around，ZBT）SSRAM 中，消除了周转补偿。具有流过式输出的 ZBT SSRAM 的时序关系如图 15-25 所示，其操作的类型（读或写）由控制信号 R / $\overline{\mathrm{W}}$ 选择，该控制信号与地址一样在同一时钟边沿被采样。不管操作是读还是写，在下一个时钟周期内都使用 DIO 总线来传输读或写数据。因而，只要正确地控制 OE 以避免连续周期之间的总线冲突，就不会存在数据总线使用冲突。然而，如果写操作后面跟着读操作，那么两种操作都将在同一时钟周期内使用 SRAM 阵列。为了避免该资源冲突，写操作应推迟到下一个可用的 SRAM 周期。当在地址和控制线上启动了另一个写操作或没有启动任何操作时，将会发生这种情况。

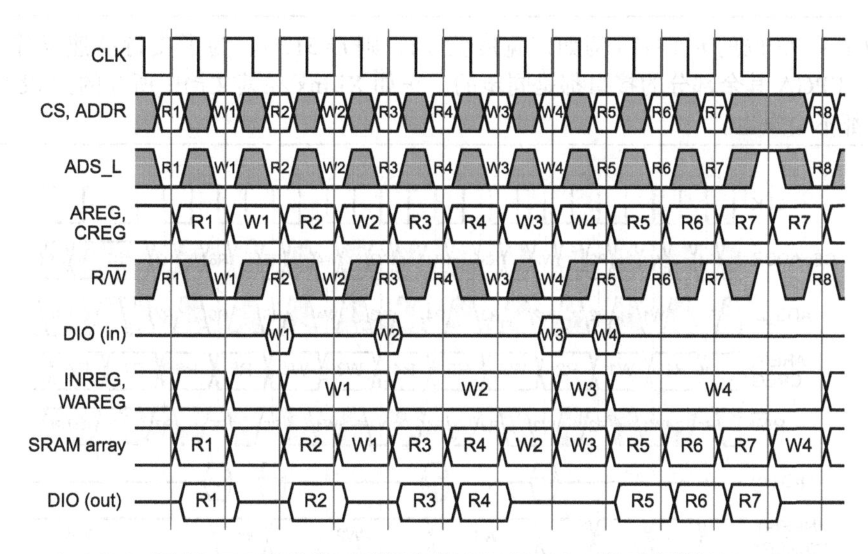

图 15-25　具有流过式输出的 ZBT SSRAM 的时序特性

虽然 ZBT SSRAM 在每一个时钟周期都可以存取内部 SRAM 阵列，但这种性能的改善是要付出代价的。当写操作挂起时，写地址和相关信息必须存储在另一个寄存器 WAREG 中，这是因为 AREG 会被其他操作重用，造成芯片面积损失。对一些应用来说更加重要的是，如果写操作后面立即跟着连续不断的读操作，那么写操作可能会被无限推迟。因此，需要设计一种巧妙的控制器来检测这样一种异常情况，即这些读操作之中的一个操作试图去访问刚刚被写的地址，因为 SRAM 阵列中所存储的值是“陈旧”的。

具有流水线输出的 ZBT SSRAM（ZBT SSRAM with pipelined output）在读数据通道上添加了 OUTREG，其他方面则跟以前的器件相似。在这种器件中，在启动操作的时钟边沿后的第二个时钟周期内，读操作和写操作都要使用 DIO 总线。在以前的器件中，面向内部 SRAM 阵列的写操作被推迟到下一个可用周期，因而读操作可以优先，其时序如图 15-26 所示。由图可知，需要两级内部寄存器用于写地址和数据，因此在发生一系列读操作时最多有两个写操作可能会被延迟。

在我们所描述的 4 种 SSRAM 中，没有一个是“最好的”。最好的 SSRAM 应该与总线协议最匹配，而且能够最好地满足使用它的系统的需要。SSRAM 存取协议在高速系统中很有优势。例如，根据系统时钟，地址、控制和写输入能够应用于不同程度上的传统的建立和保持时间，并且流水线输出引脚上的读数据在几乎整个时钟周期内都是可用的。十分重要的是，设计者并不用担心电路技巧和时序通路，而在其他情况下却需要用它们来启动传统 SRAM 锁存器方式的操作。

最新的*四倍数据速率*（Quad-Data-Rate，QDR）SSRAM 又利用时序做了文章，就是在时钟的上升沿和下降沿都传送数据。但是，这种 SSRAM 通过采用独立的输入和输出总线（因此宣称速度为“4”倍）简化了操作，而且消除了翻转的危险。2017 年已经有规模达到 144MB、时钟频率高达 1066MHz 的 QDR 器件。

FPGA 里的 SRAM

随着对单独的 SRAM 芯片应用的减少，对 FPGA 里的 SRAM 的应用却日益增加。如今的 FPGA 有内置的 SRAM 块，设计者可以用其与芯片上其他的可编程逻辑相互连接。例如，每个 Xilinx 7 系列 FPGA 都有多达 2000 个 36KB 的“RAM 块”，可被分别配置为 1 ~ 72 位的 *n* 个字（例如，宽度为 72，则 *n*=512）。为了支持高速操作，每个 RAM 与 FPGA 其余部分的接口都是同步的。正如 Xilinx 在其文档中所写的：“没有时钟，就什么都不会发生。”

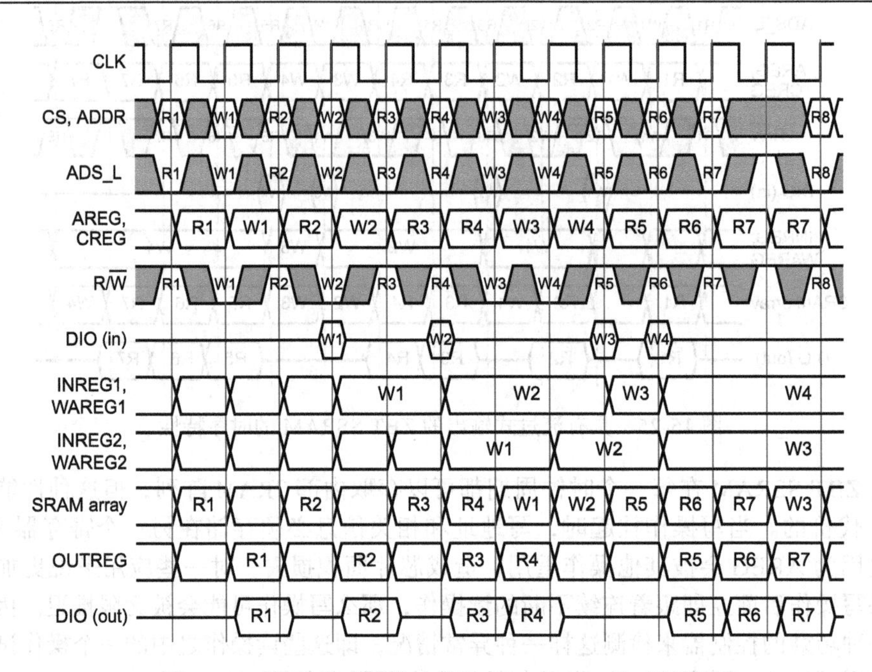

图 15-26　具有流水线输出的 ZBT SSRAM 的时序特性

15.4　动态 RAM

SRAM 中最基本的存储器单元是 D 锁存器，在分立设计中它需要 4 个门电路来实现；在一块定制设计的 SRAM VLSI 芯片中，它需要用 4 ~ 6 个晶体管来实现。为了构建具有较高密度（每块芯片具有更多的位）的 RAM，芯片设计者发明了每位只用一个晶体管的存储器单元。

15.4.1　动态 RAM 的结构

仅用一个晶体管构建一个双稳元件是不可能的。动态 RAM（Dynamic RAM, DRAM）中的存储器单元是在微小的电容器上存储信息，并可通过一个 MOS 晶体管来存取这些信息。图 15-27 表示了 DRAM 的一位存储单元，它通过将字线设置为高电平电压以存取该存储单元。若要存储“1”，则可将高电平电压加在位线上，位线通过“导通”晶体管使电容器充电；若要存储“0”，则可将低电平电压加在位线上而使电容器放电。

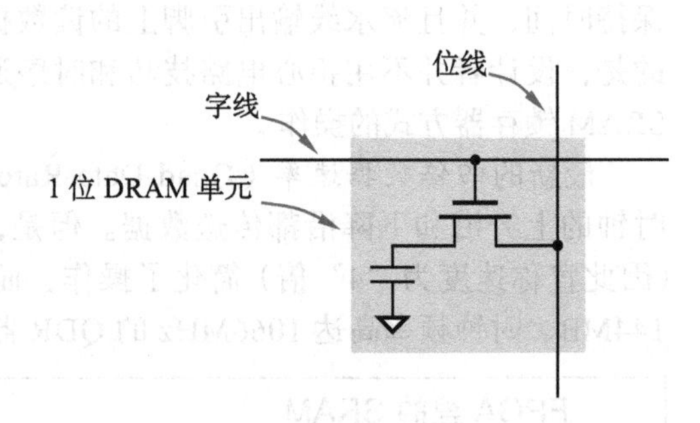

图 15-27　DRAM 中的一位存储单元

为了读取一个 DRAM 单元，位线首先被预充电（precharge）到高电平与低电平之间的中间电压，接着将字线设置为高电平。根据电容器电压是高电平还是低电平，决定了预充电的位线是被推高一点还是被推低一点。有一个*读出放大器*（sense amplifier）能检测到这一微小变化，并将其恢复成为相应的 1 或 0。值得注意的是，读一个单元会破坏存储在电容器上的原始电压，因而被恢复的数据在读之后必须重新写入原来的单元中。

DRAM 单元中的电容器具有很少的电容量，但存取它的 MOS 晶体管却具有很高的阻抗，因此需要相对很长的时间（100 ms 或者更多）才能使高电平电压放电，成为低电平电压。在这期间，电容器是存储着一位信息的。

如果因为计算机存储器内容消失（尽管这是一些计算机的特性）而不得不每隔 100 ms 就重启一次，那么你自然会觉得这样的计算机毫无乐趣可言。因此，基于 DRAM 的存储器系统使用*刷新周期*（refresh cycle），以便周期性地更新每一个存储单元。在早期 DRAM 中，每 64 ms 刷新一次。刷新过程包括：顺序地将每一单元中电压有点下降的内容读入到 D 锁存器中，然后写回一个来自锁存器的固定低电平或高电平值。图 15-28 举例说明了在一个写操作和一系列刷新操作之后，一个单元的电气状态。

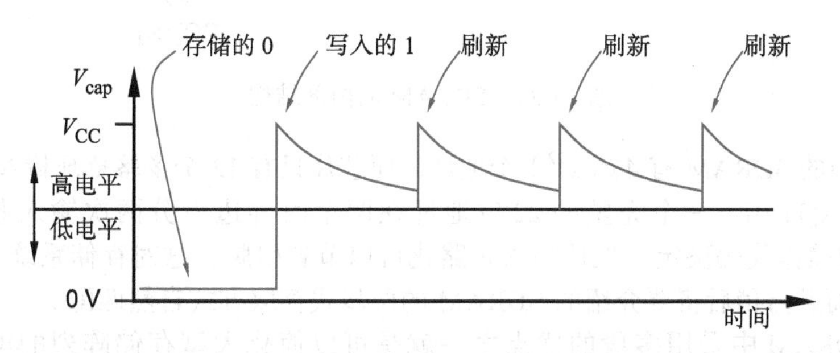

图 15-28　在写和刷新操作后 DRAM 单元所存储的电压

在 20 世纪 70 年代初期出现的第一个 DRAM 仅包含 1024 位，但现在可用的现代 DRAM 可以包含 16GB 或更多。如果需要在 64ms 内刷新每一个单元，一次一个，那么将会存在一个问题：刷新每个单元的时间大约是 1ps，因此没有时间用于有效的读操作和写操作。但是，与其他存储器一样，也如我们将会解释的，它使用了二维阵列来组织 DRAM，并且单个操作就可以刷新阵列的一个整行。早期 DRAM 阵列具有 256 行，每 4ms 需要 256 次刷新操作，大约 15.6μs 刷新一行。最新的阵列具有 8192 行，但只需要每 64 毫秒刷新一次，大约每 7.8μs 可刷新一行。刷新操作所花的时间通常只有几十纳秒，而且还常常“隐藏”在 DRAM 的空闲时间里，因此 DRAM 有超过 99% 的时间可用于有效的读操作和写操作。

为简单起见，我们以一个相对小型的通用 4M × 4 位 DRAM 的形式来描述 DRAM 的操作。典型的较大型 DRAM 包含多个列（称为段），具体的规模可能与这里给出的不同。

图 15-29 是 4M × 4 DRAM 例子的内部结构框图。这个器件被称为同步 DRAM(Synchronous DRAM，SDRAM)，因为它的控制和数据操作都参照同一个时钟信号 CLK。老式的 DRAM 有异步控制信号端，要了解更多的信息，请参看本书第 3 版。

图 15-29 中的逻辑阵列有 4M × 4 位，但物理阵列是方形的，包含 4096 × 4096 位。许多商用 DRAM 芯片的每一块阵列都不是方形的，但多个非方形阵列（段）组合的整个芯片就形成了方形的阵列。

最早期 SDRAM 中时钟信号 CLK 的运行频率为 100MHz；最新 SDRAM 的运行频率为 1067MHz 或更高，而且可以在时钟的两个边沿处传送数据（以所谓的*双倍数据速率* [DDR]）。在 CLK 的每一个上升沿，都可以向 3 位 CMD 总线上的器件发出不同的命令，稍后会对此做出解释。

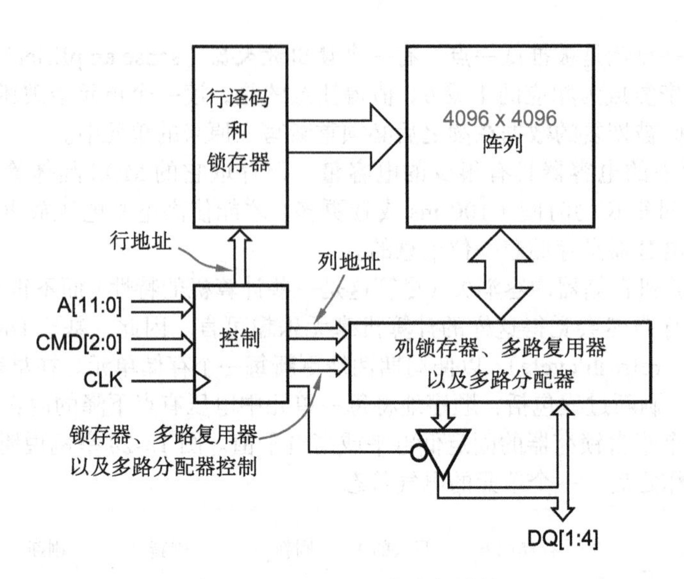

图 15-29 SDRAM 的内部结构

尽管例子中的 SDRAM 有 4M(2^{22})个地址，而芯片只有 12 个多路地址输入（multiplexed address input）A[11:0]。一个完整的 22 位地址在两个时钟边沿分两次输入芯片，具体由 CMD 总线上的操作代码决定。地址输入多路化可以节省引脚，这对存储系统的压缩设计来说非常重要，而且与稍后将要介绍的 SDRAM 的两步式存取方式自然匹配。

在大型 SDRAM 中采用多段的优点之一就是可以简化大型存储阵列的电气和物理设计。但更重要的是多个段的组织可以实现并行化。正如下一节将看到的，SDRAM 的操作比 SRAM 的操作要复杂得多。利用大型高速 SDRAM 多段组织的优点，现代的 SDRAM 存储控制器可以并行执行几个操作。例如，在一个段里进行写操作，在另一个段里同时进行读操作的初始化。这样就提高了存储器的整体效率。

15.4.2 SDRAM 的时序

对于不同的 SDRAM 类型和操作，有许多不同的时序特性。本节将讲述标准 SDRAM 最一般的周期和相关器件的内部结构。

如前所述，3 位 CMD 总线用来在每一个时钟沿向 SDRAM 提供一个命令。典型的 SDRAM 有 4 个或更多个段，附加的输入位用来选择输入的命令应用于哪个段。大多数的命令要花费几个时钟周期才能完成，执行一个读或写操作需要多个命令。表 15-2 给出了最常用命令的关键字和描述。

表 15-2 常用的 SDRAM 命令

命令名	描 述
NOP	无操作
ACTV	行地址选通和激活的段
READ	列地址和读命令
READA	带有自动预充电的读
WRIT	列地址和写入命令
WRITA	带有自动预充电的写
REF	自动刷新
PRE	预充电

要完成一个读周期（read cycle），要求有以下几个步骤和命令：

1. 选择包含所期望的地址的段，发出 PRE 命令。这个操作对该段的所有位线预充电，使其达到 HIGH 和 LOW 的中点电压。
2. 等待几个时钟沿（由生产 SDRAM 的厂家决定）直到预充电操作完成。
3. 再次选择所期望的段，并把期望地址的高位（即行地址，row address）输入到输入端 A[11:0]，并发出 ACTV 命令。行地址存储在一个内部的行地址寄存器（row-address

register）中，并激活所选行的字线，使得整行可读，读出的内容存在一个 4096 位的行锁存器（row latch）中。

4. 等待几个时钟沿（所谓的 RAS-CAS 延迟），使读出的 4096 位的字在内部稳定下来。
5. 将期望地址的低位（即列地址，column address）送到输入端 A[11:0]，并发出 READ 命令。这个列地址被存放到一个内部的列地址寄存器（column-address register）中，并且送给列多路复用器，从 4096 位的行锁存器中选择 4 位，传送给输出引脚 DQ[1:4]。（在这个例子中，传送 10 位列地址只用到了 A[9:0] 这十个引脚。）
6. 由于 4 位地址从列多路复用器传送到 DQ[1:4] 的传输延迟，因而需要再等几个时钟沿（所谓的 CAS 等待）。在这段时间，4096 位的行锁存器写回到所选择的行。（记住，该行中的所有电容器通过读操作放电，回到步骤 3。）
7. 最后，读取输入 / 输出引脚 DQ[1:4] 上的数据。

对于一个普通的时钟频率为 100MHz、CAS 等待时间为 2 的 SDRAM，上述操作的说明如图 15-30 所示。为了使得命令和地址在有几纳秒建立和保持时间的 CLK 的上升沿处有效，内存控制器或微处理器要将命令和地址送到 CMD 以及 A 总线上。在 CLK 上升沿到来后不久（通常是 5ns），SDRAM 将最终读出的数据放上 DQ 总线，使得内存控制器或微处理器在下一个上升沿能够可靠地读取数据。

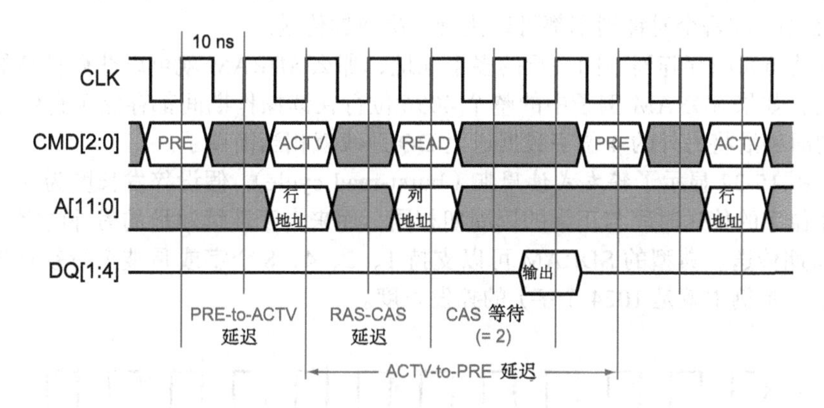

图 15-30　SDRAM 读周期时序

SDRAM 的生产厂家规定了各种各样的复杂时序要求。例如，一旦完成了一个读周期，可以立即请求一个新的预充电周期，也可以不请求。首先，必须要等预充电激活延迟过去，如图 15-30 所示。时序要求的变化还取决于读写操作是否交叉进行，连续的操作是对同一段还是对不同的段。这使得 SDRAM 控制器的设计非常具有挑战性，但也会随着效率的提高而成熟起来。

什么时候从预先成为延后

由于 DRAM 位线的预充电需要优先于读或写操作，因此增加了对这些操作的延迟。于是，大多数 DRAM 控制器被设计为在每次操作完成后对位线进行预充电。这样做，可以使所请求的段在进行一次新操作之前，有机会完成一次预充电。在 SDRAM 中，READA 和 WRITA 命令在一个读操作或写操作完成时，会对正在使用的段自动执行预充电，因此不需要给出专门的 PRE 命令。

如图 15-31 所示，SDRAM 的写周期（write cycle）与读操作相似，但有一个主要的区别。内存控制器或微处理器在发送 WRIT 命令的同时驱动写数据到 DQ 总线上。在接下来的几个时钟周期（即前面讲的读操作中的步骤6）内，SDRAM将写数据写入行锁存器的指定列中，并把整个更新的4096位数值写回到所选行中。

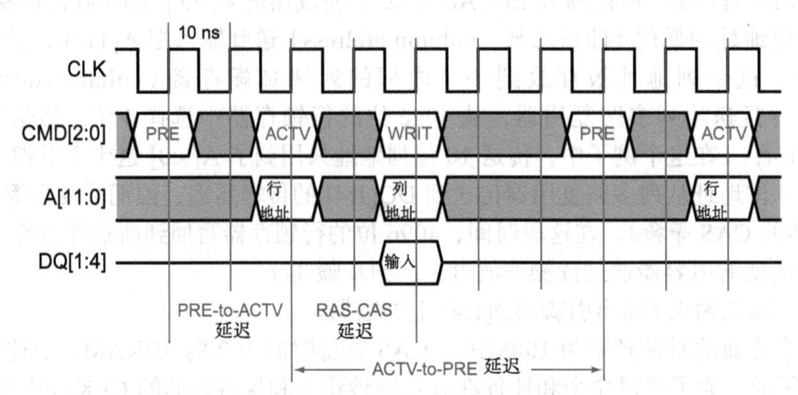

图 15-31 SDRAM写周期时序

由时序图可以看出，读或写SDRAM中的一个地址需要花费许多时间和精力。上例中，读和写操作都花费了七个时钟周期，而其中只有一个周期用于实际的数据传送。而SSRAM（参见15.3.5节）在每个时钟周期都可以执行一次数据传送。

如果连续访问内存阵列中同一行的多个地址，那么SDRAM就可以获得较高的数据传送速率。总之，如果SDRAM例子中的整个4096位行在读操作期间都存储于行锁存器中，那么在连续的时钟沿将另外的4位字数据送上DQ总线就相当简单了。

于是，图15-32显示了*猝发式读周期*（burst-read cycle），假设猝发长度为四个字。最开始的一个4位字的传送时间与正常的读周期相同，而来自于连续地址的另外的字在接下来的三个时钟周期传送。典型的SDRAM可以支持1、2、4、8个字或是整个行锁存器（即所谓的页（page），本例中就是1024个字）的猝发长度。

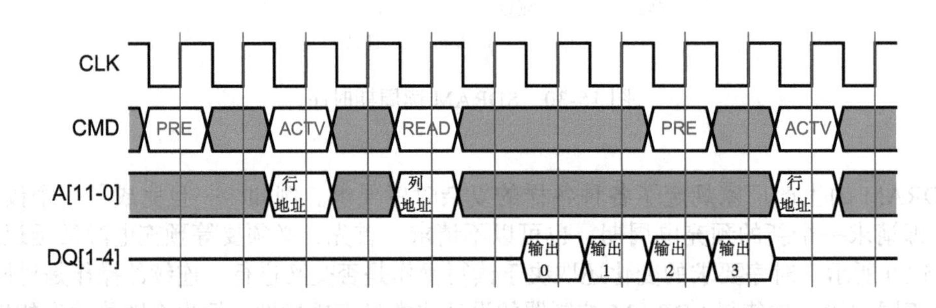

图 15-32 SDRAM猝发式读周期时序

猝发长度不是基于每个操作来规定的，而是利用内部配置寄存器的几位，静态地规定。当系统开始操作时，内存控制器对*配置寄存器*（configuration register）编程。另外的静态参数，如CAS等待时间（2或3）和产生连续猝发地址的方法，也是在配置寄存器中进行编程的。

如图15-33所示，*猝发式写周期*（burst-write cycle）的操作是一样的，每个周期由内存控制器或微处理器传送一个字到DQ总线，与WRIT命令一样在同一个时钟周期开始写入。必须等到最后一个写数据出现在DQ总线上之后的两个时钟沿，才能发出新的预充电命令。这样就为更新后的行锁存器将内容写回所选行提供了时间。

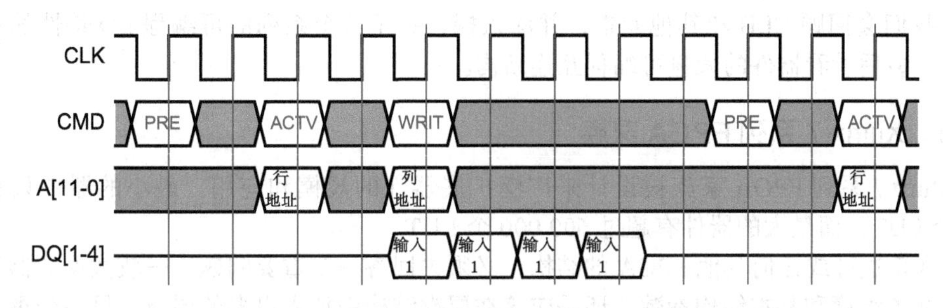

图 15-33 SDRAM 猝发式写周期时序

下面我们讨论一个非常重要的 SDRAM 操作——*自动刷新周期*（auto-refresh cycle）。在这个周期中，用 REF 命令初始化，SDRAM 将每一段内部阵列的一行读入到行锁存器中，然后再把它写回存储器。不需要在 A 总线上加地址信号，而是通过 SDRAM，用一个内部 12 位的*刷新计数器*（refresh counter）的值作为行地址，并且在完成刷新操作后就增加一个增量值。为防止数据丢失，总共 4096 次刷新操作必须每隔 64ms 就执行一次（在较大型芯片中的段有 8192 行，需要完成两倍的刷新操作）。在发出 REF 命令之前，所有段都必须预充电，并且在 REF 命令执行刷新操作的时候，还会对段进行预充电。

15.4.3 DDR SDRAM

双倍数据速率（Double-Data-Rate，DDR）SDRAM 就是在两个时钟沿（即上升沿和下降沿）都传送数据，使其数据传送速率是 SDRAM 的两倍。注意，与标准的 SDRAM 一样，地址和命令仍需要一个时钟周期。所以，只是对于猝发式操作，实际的数据传送速率才会增加。

从功能的角度来看，DDR 操作是“简单”的。例如，假设在同一时间要传送 8 个字，其中 4 个字如图 15-32 和图 15-33 中 SDRAM 的猝发周期所示，偶数位的字在时钟的上升沿传送，奇数位的字在时钟的下降沿传送。

但是，从时序和模拟实现的角度来看，DDR 的操作非常巧妙。记住，DDR 的所有点都要加快。为了维持精确的时序，DDR SDRAM 采用差分时钟输入，带有很小时序畸变的时钟信号的互补形式。一个片上模拟*延迟锁回路*（Delay-Locked Loop，DLL）锁定这个时钟信号并产生对这个时钟有准确延迟的内部和外部信号，包括输出数据以及输入、输出锁存使能信号。

板级设计者必须非常仔细地平衡这些延迟、最小化畸变以及优化流入流出 DDR SDRAM 的信号。即使在完成所有这些工作之后，DDR 操作也只在猝发模式操作期间提供较快的数据传送速率，所以，效益是与应用相关的。

15.5 现场可编程门阵列

我们在第 1 章介绍了基本 FPGA 结构，是一个嵌入在海量互连中的*可配置逻辑块*（Configurable Logic Block，CLB）的阵列。占据主导地位的 FPGA 生产厂家包括 Xilinx、Altera（现在是 Intel 的一部分了）以及 Lattice 半导体。不同生产厂家的 FPGA 的内部结构不同，甚至同一厂家不同系列的 FPGA 的内部结构也会不同；本书采用 Xilinx 7 系列作为运行示例。

在 6.1.3 节、8.1.10 节和 10.7 节中，我们已经看过了 7 系列 FPGA 里的可配置逻辑块。在本节中，我们将从更高的层次开始，展现如何将多个逻辑“区域”一起放到一个芯片中。

然后，我们会回顾 CLB 和其他元素，并深入探讨关于这个系列的可编程 I/O 特性的一些详细情况，最后看看器件的大量可编程互连结构。

15.5.1 Xilinx 7 系列 FPGA 家族

Xilinx 7 系列 FPGA 家族被设计来广泛扩展器件的规模和应用。最小的器件只有大约 2800 个 LUT，而最大的器件有超过 600 000 个 LUT。

要衡量这种或任何其他 FPGA 的结构，必须先回答一个重要问题——较大型的器件单单只是增加了维度和基本结构参数，还是应该在层次结构中加入更多的层级？另一个重要问题存在于各种不同规模的器件中。鉴于 FPGA 设计和重新设计的性质，有必要将一个设计从一个器件移植到更大型的器件中，或者（极少数情况下）移植到更小型的器件中——在器件结构参数不同的情况下，如何做到不用重新设计就可以完成移植呢？

7 系列采用如图 15-34 所示的方法，图中展示了一个 FPGA 芯片（模具）的物理布局。这个芯片被分成了六个区块，图中用黑色的外框标出，纵向三个、横向两个堆叠在一起。图中的 FPGA 与所有 7 系列 FPGA 具有完全相同的高度。然而，这个堆栈的高度（区块的数目）可以随着芯片的不同而变化，并且左边区块和右边区块的宽度可以不一样，即使在同一芯片里也可以不一样。最大型的芯片还可以有第三个区块堆栈。这些变量为 Xilinx 创造了足够多的机会，使其可以提供许多不同规模的器件，表 15-3 列出了其中一些。下一小节，我们将讲述列在表中的那些资源。

图 15-34 带有 6 个区块的 Xilinx 7 系列 FPGA

图 15-34 中还有几个其他方面值得注意。为树状形式的时钟分布提供了专用的资源，这种形式使我们想起了 13.3.1 节中关于时钟偏移的讨论。树的主“树干”沿着芯片的中心在左区和右区之间往下延伸，同时水平分支在每个区块之间延伸。从一个分支又向上下延伸出额外的分支，到达区块中所有的 CLB。因此，时钟信号的长度非常均衡，而且时钟是在一个区块基底上进行分布和管理的。每个区块有局部时钟，也与全局（整个芯片的）时钟相连。即使全局时钟是在芯片之外生成的，也会先通过主干输入，然后分布到各个区块去。在每个区块中，都有一个特殊的逻辑资源，称为“时钟管理模块”（CMT），在主干的附近，用于选择、调整和分配对应区块的时钟。

第二个有趣的方面就是每个区块的一边，都会有一个垂直的 I/O 带。每个 I/O 带包含 50 个 I/O 焊点以及相关的电路（一个“ I/O 块”），这种 I/O 带可以通过编程来支持带到带基底上不同的电气 I/O 标准，对此，将在 15.5.3 节做更详细的讲述。所以，即使一个设计因扩展或缩小而需要不同的资源，包括更多或更少的资源，该设计的 I/O 和时钟也可以正常地待在它们所指定的区块内，从而避免因“适应”问题而变化。

表 15-3　Xilinx 7 系列 FPGA 中的资源

器件	片	LUT	18 KB BRAM	DSP	CMT	最大用户 I/O 数量
XC7S6	938	3752	10	10	2	100
XC7S15	2000	8000	20	20	2	100
XC7S50	8150	32 600	150	120	5	250
XC7S100	16 000	64 000	240	160	8	400
XC7A12T	2000	8000	40	40	3	150
XC7A35T	5200	20 800	100	90	5	250
XC7A75T	11 800	47 200	210	180	6	300
XC7A200T	33 650	134 600	730	740	10	500
XC7K70T	10 250	41 000	270	240	6	300
XC7K160T	25 350	101 400	650	600	8	400
XC7K325T	50 950	203 800	890	840	10	500
XC7K355T	55 650	222 600	1430	1440	6	300
XC7K410T	63 550	253 800	1590	1540	10	500
XC7K480T	74 650	297 400	1910	1920	8	400
XC7VX415T	64 400	257 600	1760	2160	12	600
XC7V585T	91 050	364 200	1590	1260	17	850
XC7VX690T	108 300	433 200	2940	3600	20	1000
XC7VX980T	153 000	612 000	3000	3600	18	900

I/O 焊点的布局

在第 1 章最初的 FPGA 图中，我们展示了 I/O 焊点位于围绕在芯片周围的所谓“焊点环”里，用于将芯片内部的线路与集成封装的引脚相连。在图 15-34 中，只在芯片的两边有焊点。在较大型的芯片中，在芯片中间的某些位置会有第 3 列焊点。但是，用在 7 系列中的“倒装芯片”技术对所有这些情况都同样适用。

在倒装芯片方法中，FPGA 的模片生产出来时在每个 I/O 焊点处都带有焊接凸点。还会制造出一种特殊的带有一种格式的触点的载体，当把 FPGA 模片“倒装”并将其表面向下放到载体上时，载体上的触点与FPGA模片上的凸点匹配。载体有其自身的内部金属线路层，可以将FPGA的I/O焊点与载体另一面的印制电路板相连，比如引脚网格阵列（PGA）上的引脚，或球状网格阵列（BGA）上载体的焊点球。图15-35说明了BGA的形式，省略了FPGA芯片上的盖板。

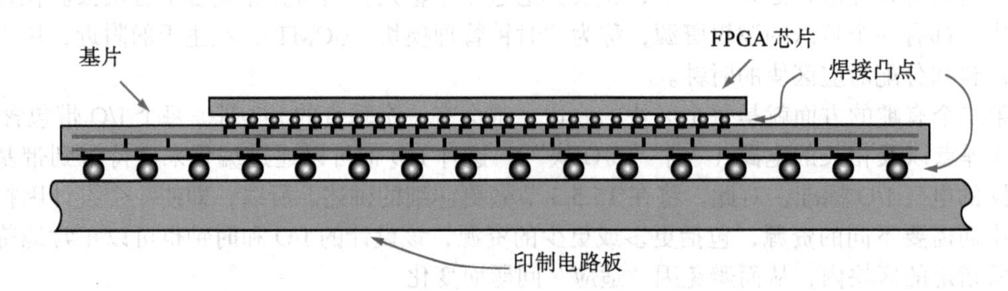

图15-35　倒装芯片型FPGA与一个球状网格阵列的基底绑定

与这个方面一致的是，请注意，在表15-3的最后两列中，用户可用的最大I/O数量正好是CMT的50倍，CMT的数量与区块的数量是一样的。还要注意每个器件编号中“XC7”后面的字母S、A、K或V。这个字母表示四个不同7系列子家族中的一个，这些7系列的四个子家族之间的封装和性价比不同。

然而，现代FPGA结构还有另一个方面，就是能够根据具体应用的需要，用专门的元件来扩展其I/O结构。在Xilinx 7系列中，表15-3里的许多器件都有一个或多个区块包含不同的可以支持高速串行接口的I/O焊点和电路。

例如，除了“S”子家族外的所有器件都有专门的硬布线逻辑，用于支持至少一个PCIE接口，每个PCIE接口有多达八个5Gbps的串行I/O数据通路。对于速度更高的串行I/O数据通路，有些器件还具有专门的I/O收发器、锁相回路和串-并转换电路，可以支持每个收发器的速率达到28Gbps，这样的收发器通常用于与同一个系统中的其他器件相连。表15-3中最大的器件之一就是XC7VX690T，除了1000个“低速”用户I/O引脚之外，它还有80个这样的I/O收发器，每个速率达到13Gbps。

受到广泛关注的最后一个方面就是将FPGA和微处理器一起部署以构成片上系统（System on a Chip，SoC），用于像医疗仪器、机器视觉和专业视频设备这些嵌入式应用。设计者现在可以不用将FPGA的定制硬件与片外的微处理器子系统相连，而可以直接采用已经与FPGA集成在同一个芯片上的微处理器。

因此，Xilinx构造了“Zynq”器件家族，它们具有与7系列FPGA相同的基本结构，但是，用微处理器子系统取代了7系列中的一个或多个区块或者某些部件，该微处理器子系统带有如下主要元件：

- 微处理器及相关的缓冲存储器。
- 引导ROM和适量的片上SRAM（256KB）。
- 与外部或非闪存、与非闪存、SRAM和DRAM相连的接口。
- 直接存取存储器（DMA）的接口。
- 一个千兆位以太网和两个USB接口。
- 总共54个通用I/O端口，可配置为外部I/O引脚。
- 工业标准的片上I/O总线，与采用FPGA的可编程逻辑创建的定制元件相连。

因此，设计者可以利用FPGA的可编程硬件资源定制面向特定应用的电路，并且可以利用由片上微处理器子系统和片外资源（比如根据应用裁剪后的闪存和 DRAM）共同定制的软件来控制这个电路。

与基本的 7 系列 FPGA 家族一样，Zynq 家族提供了几种不同规模和性价比的器件，都带有可编程逻辑选项，选择范围为 3600 ~ 69 100 个片、100 ~ 1510 个 BRAM、66 ~ 2020 个 DSP 以及微处理器子系统中除了用来作为存储器接口和类似用途的引脚之外的 50 ~ 400 个用户 I/O 引脚。

15.5.2 CLB 和其他逻辑资源

由于 FPGA 可以有很多很多 CLB，因此弄清楚它们非常重要！在 10.7 节，我们已经展示了 7 系列 FPGA 芯片层次结构中 CLB 的位置，作为参考，我们将这个结构用图 15-36 再次显示出来。这种逻辑元件的基本配置包含四个 LUT、八个触发器以及一个 CARRY4 元件，该逻辑元件称为一片（slice）。两片配对构成一个 CLB，CLB 作为一个单元嵌入到海量互连中。然而注意，与 Xilinx 文章一样，表 15-3 中计数的是片的数量，而非 CLB 的数量。

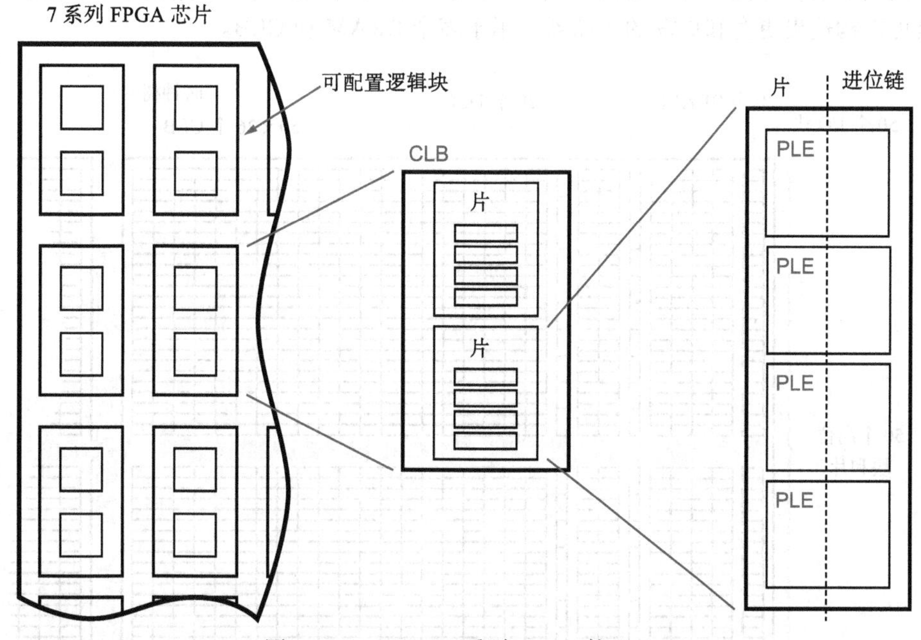

图 15-36 Xilinx 7 系列 FPGA 的 CLB

当我们在其他地方介绍每一种不同的元件时，都会看到一片的基本容量，但作为参考，还是将这个内容总结如下：

- 每片有四个 6 输入的 LUT。一个 LUT 可以实现任何一个 6 变量的组合逻辑函数，或者可以分开以实现任何两个相同的 5 变量的逻辑函数（参见 6.1.3 节）。
- 一个 D 触发器和一个第 2 级的可编程用作一个触发器或锁存器的 1 位存储元件，与每个 LUT 配对使用，构成这个片内的总共八个触发器 / 锁存器（参见 10.7 节）。
- 专用的 CARRY4 元件，用于提供 4 位加法的快速进位通路，而该片进位的输入和输出都是与其上或其下的片级联的结果（参见 8.1.10 节）。
- LUT 的输出通过特殊的多路复用器（F7MUX 和 F8MUX）组合，实现 7 输入和 8 输入的组合函数（参见 6.1.3 节的方框注释）。
- 一个 LUT 的 64 位“ROM”可用于构建一个 32 位的移位寄存器，而不是用来存储一个真值表（参见第11章的参考资料）。

- 在一个或多个LUT中的这个“ROM”还可以用来构建一个32×1或更大型的“分布式”SRAM或ROM（参见本章的参考资料）。

图15-37显示了一个Xilinx 7系列FPGA中一个区块的物理布局。I/O块和CLB具有相同的高度，而区块的高度正好总是这些元件的50倍。接下来要讲述的其他两个元件——BRAM和DSP的高度要高一些，所以它们在区块中的列的高度是20个元件的高度。左边和右边的区块的宽度可以不同，还可以不止一列BRAM或DSP，针对家族中不同的成员这些构成也会不同。

表15-3和图15-37中的BRAM元件是阻塞型RAM（block RAM）。每个BRAM有18K位的SRAM，这个SRAM可以独立地用作16K×1、8K×2、4K×4、2K×9、1K×18或者512×36的存储器。一对BRAM垂直分布在36KB的块中，可支持64K×1、32K×1、16K×2、8K×4、4K×9、2K×18、1K×36和512×72的块配置。这些配置中有一些需要多个端口，这就意味着要能够同时对存储器一个或多个地址的单元进行读或写。BRAM的写入总是同步的，而读出可以是同步或异步的。根据额外的控制和多路复用逻辑的需要，综合工具可以构造出更宽和更深的存储器，用于多个BRAM和CLB。

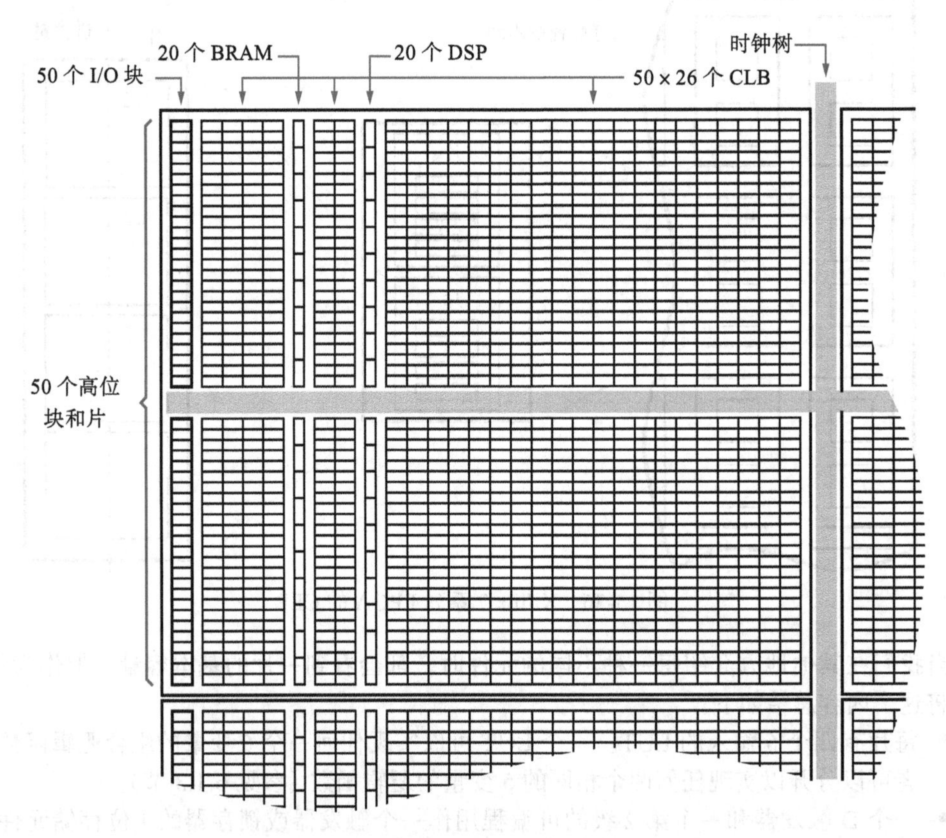

图15-37 一个Xilinx 7系列区块的物理布局

在看到因此而导出的72位宽度的配置之前，BRAM的36KB块的规模似乎不常用。而72位的宽度正好是实现一种扩展的汉明码所需要的，这种扩展的汉明码可以纠正64位数据中的一位错误并且检测出两位错误（参见2.15.3节）。实际上，每个36KB的BRAM块都有内置的用于支持汉明码的编码和译码逻辑。每个BRAM还可以配置为一个使用同一个（同步的）或不同的（异步的）读和写时钟的FIFO存储器。

表 15-3 和图 15-37 中的最后一个基本元件是 DSP 片（DSP slice），DSP 是一个实现数字信号处理操作的集成数据通路。DSP 片有四个数据输入和对应的寄存器，一个 18 位的加法器 / 减法器和一个 48 位的 ALU，一个 18×25 位的乘法器，像时钟使能和用于控制不同操作的多路复用器选择那样的输入端，以及一个 48 位的寄存型数据输出。设计者必须通过 CLB 说明在每个时钟边沿如何使用数据通路资源来构造一个控制器，以实现期望的 DSP 算法。对于像视频处理这类 DSP 密集型的应用而言，最大型的 7 系列 FPGA 总共有 3600 个 DSP 片。DSP 片放置在 FPGA 上靠近 BRAM 的位置，BRAM 用来存放不同算法中要用到的操作数数组。

15.5.3　输入 / 输出块

在 7.1.4 节介绍了 Xilinx 逻辑三态输入 / 输出缓冲器组件 IOBUF。7 系列器件上的每个 I/O 焊点都可用作输入、输出或二者兼备。

7 系列 FPGA 中的物理 I/O 缓冲器有许多不同的电气配置选项。通过芯片初始化时与其他初始化设置一起载入的可编程位的组合以及与已经安装在印制电路板上的芯片相连的电源，来对这些选项做出选择。

回忆在 14.7 节中给出了几个标准电压作为低电压 CMOS 逻辑系列的电压标准。7 系列 FPGA 的目标不仅是支持所有这些器件，还要支持更多其他器件。7 系列内部逻辑的电源仅是 1.0V，但为支持更高的电压（用于 I/O 端口），还提供了电平转换。每个 I/O 带都有自己的供电引脚，为其 50 个输出驱动器供电，其电平在 0V 和 V_{CCO} 之间变动；V_{CCO} 可高达 3.3V。每个 I/O 带还有自己的“内部参考电压” V_{REF}，这个电压建立了低电平输入和高电平输入之间的阈值电压，通常是信号振幅的一半。参考电压可以通过一个 I/O 引脚从外部接入，或者对于 1.2V ~ 1.8V 的标准而言，也可以在内部产生。利用这些选项，一个 7 系列器件可以用多种 I/O 标准进行连接，但兼容的电压标准只能用在同一个 I/O 带的 50 个引脚之内。

图 15-38 是经过大量简化的 7 系列 I/O 中一位的逻辑 / 块框图。完整功能的逻辑图非常大，所以 Xilinx 文档实际上将其分成了五个部分：**输入 / 输出块**（Input/Output Block，IOB）以及输入和输出信号通路的独立的逻辑和延迟块。让我们先从图 15-38 的右手边开始来看看 IOB 吧！

I/O 焊点（引脚）可以配置一个弱的上拉或下拉电阻，或者一个我们在 10.5.2 节所讲的总线保持器（也称为“维持器”）电路，总线保持器可以在三态总线未被激活的情况下保持上一个值。如前所述，IOB 的输入缓冲器和输出驱动器支持各种不同的 I/O 标准，而且输出驱动器还有另外两个“模拟”选项：

- **斜率**。转换速度可以根据外部器件的要求或者为了权衡板级信号速度与噪声而配置为“快”或“慢”。
- **驱动强度**。最大电流流入和流出的能力可以在 2mA ~ 24mA 之间调整，这对连接负载来说是有必要的。

现在来看看图 15-38 左手边的“逻辑资源”，输入通路和输出通路都可以用通路中的存储元件来配置，每个通路用一个多路复用器来选择。在 FPGA 中，将存储元件放置为“紧挨着”器件 I/O 引脚特别有用。对于输出而言，如果从内部 CLB 触发器输出到 IOB 的延迟过长，那么会使触发器难以与外部的工作于高频时钟的同步系统相连。对于输入而言，如果从 I/O 引脚到 CLB 触发器输入的延迟过长，那么会难以满足外部系统的建立和保持时间。当然，仅当 FPGA 应用的与外部器件相连的接口要求允许使用这样的输入和输出“流水线”时，才有可能利用 IOB 的存储元件。

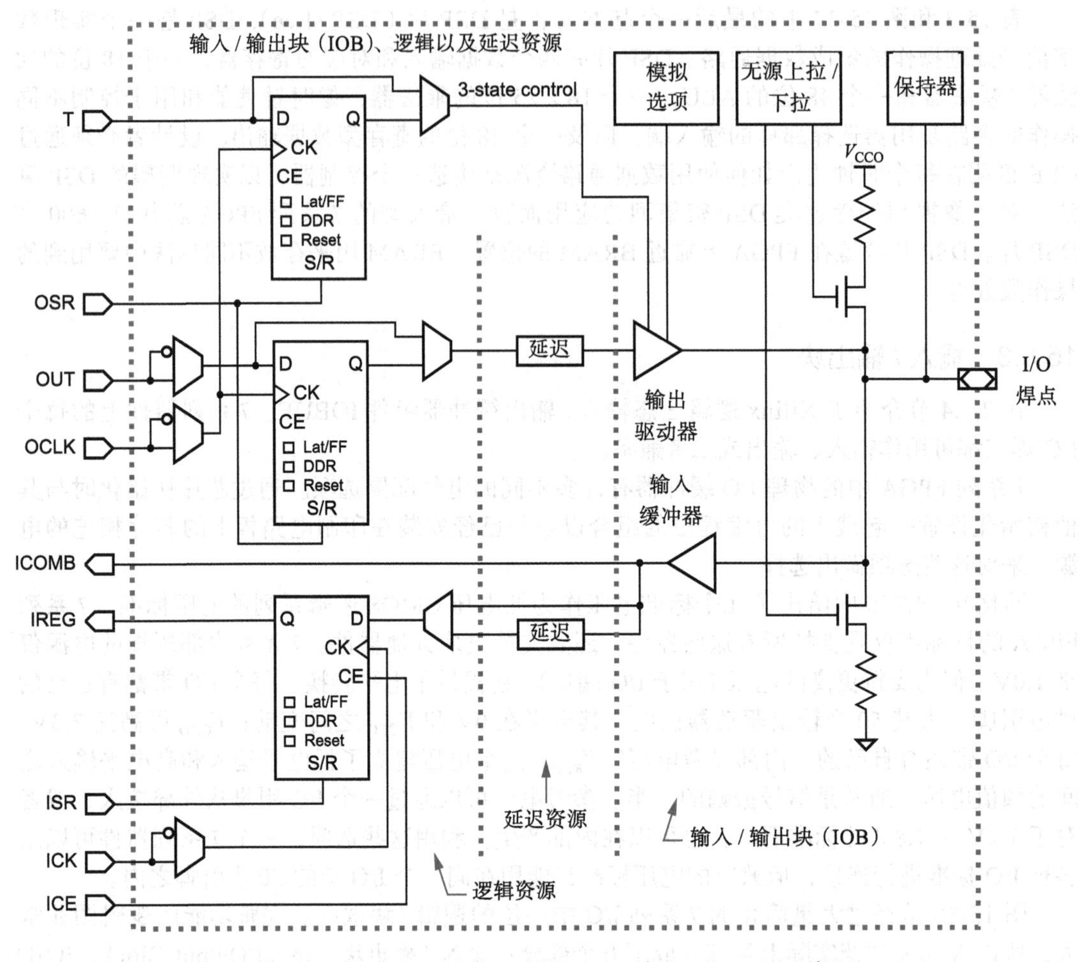

图 15-38　Xilinx 7 系列 I/O 块、I/O 逻辑以及 I/O 延迟资源

输入和输出通路中的存储元件也是采用与 CLB 类似的选项分别进行配置：寄存器或锁存器、时钟极性为正或为负、同步或异步预置或清零。注意，在输出通路中，提供存储元件用作三态使能信号以及数据位。7 系列 FPGA 的逻辑资源还包括一个串行化器/并行化器（SERializer/DESerializer，SERDES），未在图中显示，用于将非常高速（高达 1.6Gbps）的串行输入转换为并行格式（宽度为 14 位），以便 FPGA 逻辑做低速处理，并将处理后的并行格式的数据再转换为串行数据输出。

在逻辑资源和 IOB 之间的输入和输出通道上，还有“延迟资源”，允许设计者延迟信号通路，最长 32 步，最短 39 皮秒。延迟模块可以用于不同目的，包括补偿板级通路延迟并分散转换时间，以减少因输出同时开关所导致的板级噪声。

还有其他几个用于高速接口的工具在图 15-38 中没有画出。首先，输入和输出通路都可配置为支持双倍数据速率（DDR）的操作，DDR 应用于许多存储接口中，通过在参考时钟的两个边沿都发送和接收数据，使得数据带宽翻倍。I/O 逻辑还有额外的存储元件和控制信号，用于将每一个 DDR 信号转换为一对内部信号，便于只有一个有效边沿的内部时钟处理，并且也可以将一对内部信号再转换为 DDR 信号。其次，一对输入缓冲器或一对输出驱动器可以一起配置和应用，以实现我们在 14.8 节中讲述过的差分信号。DDR 和差分信号的配置可以独立使用也可以一起使用。最后，I/O 焊点可以用不同的电阻传输线网络终端来配置，以减少发生在高速板级连接中的反射。

15.5.4 可编程互连

好吧，我们把最好的放在了最后。7 系列可编程互连结构是一个有趣的结构例子，它能够在一个商业上可行的硅区域中提供丰富的可编程连通性。

在第 1 章中，我们展现了一个通用 FPGA 结构，其中 CLB 都被单独嵌入在互连结构中，但 7 系列却是将 CLB 背靠背地成对嵌入，按照 Xilinx 的说法，这样可以更好地布线，并且对于给定数量的连接，几乎可以确定，芯片面积（以及成本）会减少一点。

如图 15-39 左边所示，一个 CLB 中的两个片与一个开关盒（switch box）（稍后介绍）水平相连，开关盒本身又和一个大很多的开关盒水平相连，而且整个左边结构正好是图中右边结构的镜像。这个镜像结构嵌入在上下两条水平线之间，并且在开关盒之间还有垂直互连的线路。两个大型的开关盒在水平方向和垂直方向都有互连，而且还与一条垂直的脊相连，这条脊来自于图 15-37 中所示的区块的水平时钟分支。

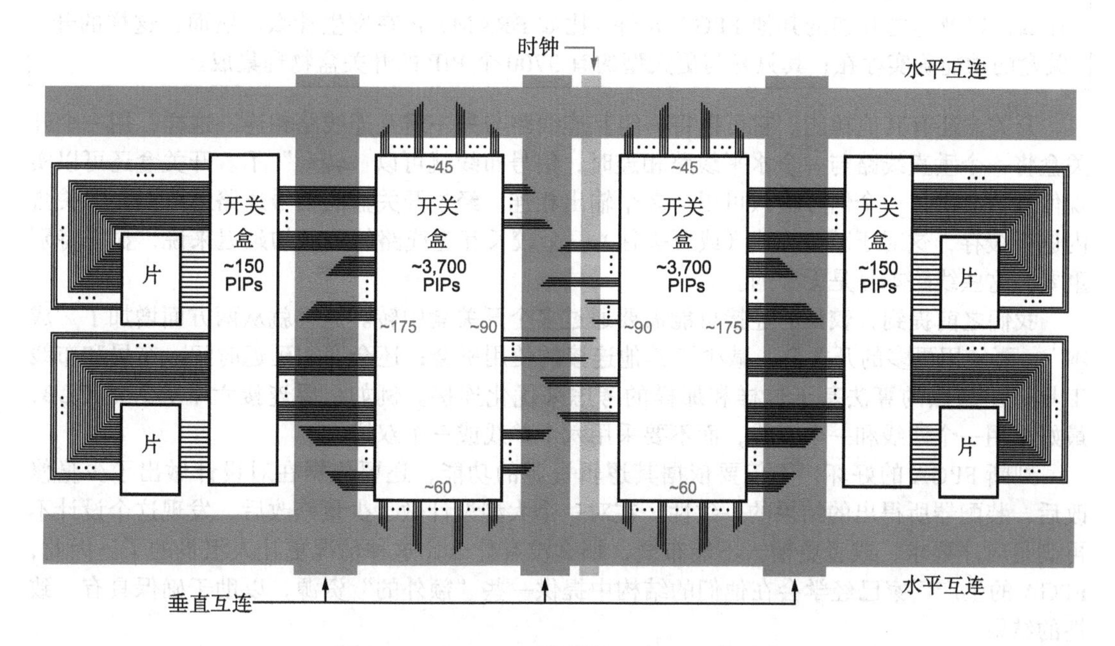

图 15-39　Xilinx 7 系列的一对 CLB 的互连

互连本身还有（与图 15-39 所传达出的相比）更多的结构和精妙之处。连线可以分为“单线”“双线”“四线”或更长，取决于它们是与相邻的开关盒相连，还是与 2 个、4 个或更多个分开的开关盒相连。每个开关盒都接有各种各样垂直和水平的不同长度的互连线路，提供了许多不同的潜在的与其他开关盒相连的方式。两个以上分离的开关盒之间的连接，可能需要多个穿过中间开关盒的跃点。

每个开关盒都可以通过编程来构造进入其中的线路的连接。连接通过 CMOS 传输门——开关——来构造，开关的开 / 关状态由配置存储器（SRAM）来决定，配置存储器的内容是在 FPGA 芯片初始化时载入的。每个可连接的位置被称为一个*可编程互连点*（Programmable Interconnection Point，PIP）。

图 15-39 中最左边较小的那个开关盒只有大约 150 个 PIP。CLB 的两个片的所有输入和输出都从左边进入这个开关盒。在正常操作期间，这个开关盒可以将这些线路与右边的对应专用线路相连，这个开关盒右边的线路又与它右边的更大型开关盒相连。然而，在 Xilinx 公司把这个 FPGA 运送给客户之前，这些线路可能与用于工厂测试的非客户可见的资源相连。

真正的行动发生在较大型的开关盒中。每个CLB都有一个这样的大型开关盒，每个开关盒包含大约3700个PIP。图15-39中线边上的数字粗略地显示了进入这种开关盒每一边的线路的数量。在开关盒内部，基于传输门的多路复用器提供了丰富的连接机会，都是通过配置存储器来控制。基本上，任何CLB的输出都可以驱动任何类型的互连资源——单线、双线、四线或更长——或者是CLB自己的一个输入（例如，当用一个寄存器的输出驱动同一个CLB里的一个LUT的输入时）。CLB的输入只能被单线、双线、其他CLB输入以及时钟信号驱动，如图15-39所示，这些线路也都要进入开关盒。

方便的故事

好吧，我撒谎了。图15-39中只有150个PIP的小型开关盒其实不存在，即使你能看见它们（如果你用Vivado工具深入观察一个7系列FPGA"器件"的视图的话）。按照Xilinx的说法，这样的开关盒仅仅是一种图示的方式，便于更好地看见这里正在发生什么，以及与之互连的其他FPGA元件（比如BRAM）正在发生什么。然而，这样的开关盒的功能确实存在；其只是与更大型的有3700个PIP的开关盒物理集成。

开关盒还有其他功能。它可以将一组互连线路与另一组互连线路相连。这样，用一个开关盒将一个垂直线路与一个水平线路相连时，信号布线就可以"转弯"了。开关盒还可以实现信号的扇出：一个信号输入可以与多个输出相连。经过开关盒的信号通路还可以在开关盒内进行缓存，这对于减少来自（或要去往）一个较长互连线路的信号的延迟来说，显得特别重要，这些线路本身是无源的。

我们之前提到，较长的连接可能需要通过多个开关盒中转。这样就从两方面增加了"成本"：要使用更多的开关盒，减少了其他连接的使用机会；还会增加延迟时间。布局和布线工具采用成熟的算法基于这样和那样的考虑来优化连接。例如，要连接六个分开的CLB，最好采用一个四线和一个双线，而不要采用六个单线或三个双线。

判断FPGA的好坏，不仅要依据其逻辑资源的功能，还要依据在对设计做出了少量修改后，装配器所得出的结果的一致性。在对一个大型设计做了少量修改后，发现这个设计不再满足时序要求，或者更糟，不能布线，那么没有什么比这种情况更让人沮丧的了。因此，FPGA的生产厂家已经学会在他们的结构中提供一些"额外的"资源，以助于确保具有一致性的结果。

良好的实践

布局与布线实际上是一个很好理解的问题，因为它是任何定制芯片设计的"后端"工作的主要部分。因而，同种类型的工具和相同工具的卖主都涉及对FPGA和ASIC的布局与选路问题。所以，所获得的在FPGA方面的任何经验，都可以作为在ASIC设计中的良好实践。

参考资料

厂商在各自的网站上发表了他们器件的数据手册和应用说明。关于较小型"传统"ROM和SRAM的一个好的信息来源就是Renesas（www.renesas.com），而Micron技术（www.micron.com）有关于大型与非闪存器件和几乎各种形式的DRAM的信息。一个工业集团，Open NAND Flash Interface（ONFI，www.onfi.org），开发和发布了与非闪存器件的接口标准。集成器件技术（IDT，www.idt.com）和Cypress半导体（www.cypress.com）提供了同步SRAM。

除了本章讨论的存储器外，还有几种类型的“特殊”存储器器件也得到了广泛应用。可能最常见的是*先进先出存储器*（first-in, first-out memory），这些存储器通常被用来将数据从一个处理器或时钟域传输到另一个处理器或时钟域。IDT 和德州仪器（www.ti.com）的 Web 站点，都有关于先进先出存储器的很好资源。

另一种类型的特殊存储器是双端口存储器，它具有两组独立的地址、数据和控制线，并允许同时在两个端口执行独立操作。IDT 是这些器件的先导资源，除了数据表外，其 Web 站点也有一组关于该器件的很好的应用说明。

许多 FPGA（包括 Xilinx 7 系列）的 LUT 里使用的“ROM”，实际都是小型的读 / 写存储器，在初始化时载入了真值表，用于实现组合逻辑功能。然而，它们也可以选择性地配置为小型的读 / 写存储器；例如，7 系列的 LUT 就是一个 64 × 1 或 32 × 2 的 RAM。典型的工具还允许设计者在一个“分布式 SRAM”的组织结构中采用多个 LUT 构建更大型的 SRAM。事实上，利用初始化时已经载入内容的 LUT，还可以构建“分布式 ROM”，但初始化之后不允许主动输入再改写 LUT 的内容。例如，更多的信息和选项，可以参考 Xilinx 发表的 UG474“7 系列 FPGA 可配置逻辑块”。

FPGA 的供应商提供了关于其器件各个方面的综合性用户指南，并且总是可以在供应商的网站上看到用户指南的最新版本。关于 Xilinx 7 系列的重要参考资料包括 DS180“7 系列 FPGA 数据手册：综述”、UG747“可配置逻辑块”、UG473“存储器资源”、UG472“时序”以及 UG471“选择性 IO 资源”。

几乎没有关于现代 FPGA 的可编程互连结构的资料，因为供应商认为，这是使其产品伟大的“秘密武器”的一部分。而且，这种结构太过复杂，即使向用户提供完整的文档，也没有设计者愿意尝试改写（他们所提供的）工具的编程决策。但是，关于比较旧的 FPGA（Xilinx XC4000 家族）的结构的详细资料，可以参考你正在阅读的这本书的第 4 版，或者依据 XC4000E 产品说明（1999 年 5 月）所写的文档（在网上可以看到）。

训练题

15.1 确定要实现图 6-19、图 6-33、图 7-13 和图 7-27 中各个电路的组合逻辑功能所需要的 ROM 的规模。

15.2 确定要实现图 7-31、图 8-6、图 8-17 和图 8-21 中各个电路的组合逻辑功能所需要的 ROM 的规模。

15.3 构建一个 16 位的带有模式控制、进位输入、进位输出和补码溢出输出的加法器 / 减法器，需要多少位的 ROM？

15.4 请画出一个能实现 8 × 8 组合乘法器的 ROM 的逻辑符号并确定它的大小。

15.5 使用 512K × 8 的 SRAM 和第 6 章中的一个 MSI 器件作为构件，如何设计一个 2 M × 8 的 SRAM？

练习题

15.6 试描述图 15-3 中 128 × 1 ROM 使用的 7 变量逻辑函数。从 ROM 模式开始，描述逻辑函数的一种方法是写出对应的真值表及范式和。然而，因为范式和具有 64 个 7 变量乘积项，所以你可能希望寻找该函数的一个简单而精炼的文字描述。

15.7 请表示出如何使用附加门电路和构件逻辑，将一个 512K × 8 的 ROM 做成 4M × 1 的 ROM。这个 4M × 1 的 ROM 的存取时间为多少？

15.8　画出一个基于ROM的实现两个8位无符号整数或有符号整数的组合乘法的逻辑图。设置一个无符号和有符号运算的选择输入端，SIGNED。你可以使用任意多个分立门电路，只要易于你画图，你也可以从图15-7中选用任意类型和任意数量的ROM，但要求所用ROM的位数最少。

15.9　用C语言或其他程序设计语言编写和测试一个程序，该程序能够生成练习题15.8中ROM的内容。

15.10　用C语言或其他程序设计语言编写一个能生成256 K×4 ROM的程序。该ROM能计算出一字棋游戏的下一步动作，使用7.5节中的输入和输出编码。在任何情况下，你的程序应当足够机智以选择出能够制胜的奇招。

15.11　使用32 K×4 ROM重做练习题15.10。为了完成任务，棋盘状态只能用15位编码。解释你的编码算法，并用C语言或其他程序设计语言编写函数，实现任意方向上你的单元号与7.5节中单元号的互译。

15.12　公共交换电话网络中所谓的“陆地通信线”还是模拟的，而本地局的交换系统以及长途的网络现在已经全都是数字的了。本地局的每个设备中的每个有线终端必须每秒采样模拟信号8000次，并将每个采样电压转换为长度在14位以内变化的数字化表达，所能表达的数值范围约为$-2^{13}\cdot k \sim +2^{13}\cdot k$，其中$k$为任意的比例系数。然而，编码只用到了8位，称为μ律（“mu-律”）PCM，其浮点格式如图15-40所示。14位中包含了符号位，在这样的系统中的一个信号的模拟值可用下列公式给出：

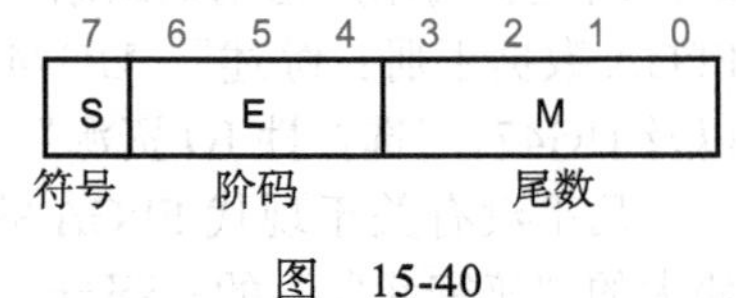

图　15-40

$$V=(1-2S)\cdot[(2^{E})\cdot(2M+33)-32]$$

V值的范围是±8032，当$E=0$时，连续两个编码之间的最小差值为2。

在电话系统中，有时有必要处理μ律字节的“线性”等效性：例如，要提高或降低对应模拟信号的幅值，或是要在电话会议桥中增加两个信号流。任意给定一个8位编码值U[7:0]，采用以上公式，可以获得一个对应线性的14位补码值。

画出一个基于ROM的电路的逻辑图，该电路可以将一个μ律输入U[7:0]转换为对应的补码值LIN[13:0]。所需ROM的规模是多少？ROM中总共有多少位？选做：用你喜爱的语言编写一个生成ROM的内容的程序。

15.13　重做练习题15.12，构建一个基于ROM的电路，可以将一个输入的补码值LIN[13:0]转换为对应的μ律输出U[7:0]。选做：用你喜爱的语言编写一个生成ROM的内容的程序。如果一个线性输入值正好落在对应于同一个μ律编码值的两个线性值之间，那么按照惯例，你的程序要能够确保选择与线性值最接近的那个μ律值输出。

15.14　以练习题15.12的描述为基础，编写一个Verilog模块`Vru2lin`，不用基于ROM的方法，而是通过实时地执行上述公式的操作，将一个μ律输入值转换为对应的补码输出。以一个FPGA作为设计的目标器件，并综合这个设计。用了多少个LUT？总共用了多少LUT的“ROM”位？与练习题15.12中基于ROM的实现比较而言，这个设计如何？

15.15　阅读FPGA综合工具的文档，学习如何创建一个二进制数位分布在多个LUT中的ROM。就目标FPGA系列而言，要实现练习题15.12中的μ律值到补码值的转换，预计需要多少个“用作ROM的LUT”？

15.16　继续练习题15.15，编写一个Verilog模块`Vru2lin_rom`，利用作为ROM的分布式

LUT 实现上述转换。所编写的模块应该包括一个 initial 程序块，利用上述转换公式生成 ROM 的内容。以一个 FPGA 作为目标器件，综合这个设计。

该模块实际所需的 LUT 是多少个？ LUT 的“ ROM”是多少位的？解释与你的设想不符之处（可以通过观察综合出的原理图来寻找线索）。选做：将这个模块的最坏情况延迟与练习题 15.12 的模块进行比较，依据 LUT 级数的最坏情况延迟和综合工具所预测的传输延迟这两方面内容做出比较。

15.17 阅读 FPGA 综合工具的文档，学习如何创建一个二进制数位分布在多个 LUT 中的 ROM。就目标 FPGA 系列而言，要实现练习题 15.13 中的 μ 律值到补码值的转换，预计需要多少个“用作 ROM 的 LUT”？

15.18 继续练习题 15.17，编写一个 Verilog 模块 Vrlin2u_rom，利用作为 ROM 的分布式 LUT 实现上述转换。所编写的模块可以包括一个生成 ROM 的内容的 initial 程序块，或者用另一种语言编写一个程序来生成 ROM 的内容。无论采用哪种方式来生成 ROM 的内容，如果一个线性输入值正好落在对应于同一个 μ 律编码值的两个线性值之间，那么按照惯例，你的程序要能够确保选择与输入线性值最接近的那个 μ 律值输出。采用生成的 μ 律值来初始化这个 Verilog 模块中的 ROM，并以一个 FPGA 作为目标器件，综合这个设计。

该模块实际所需的 LUT 是多少个？ LUT 的“ ROM”是多少位的？解释与你的设想不符之处（可以通过观察综合出的原理图来寻找线索）。选做：将这个模块的最坏情况延迟与练习题 15.13 的模块进行比较，依据 LUT 级数的最坏情况延迟和综合工具所预测的传输延迟这两方面内容做出比较。

15.19 继续练习题 15.18，通过使 ROM 只实现正值的线性 μ 律转换，来减小模块的规模并使 ROM 的规模减小一半以上。再另外编写代码来处理负值的转换。比较这个新模块的规模（LUT 的数量）和原先模块的规模。并从 LUT 级数的最坏情况延迟和综合工具所预测的传输延迟两个方面对两种设计的最坏情况延迟进行比较。

15.20 仿照图 15-23，针对一系列交替的 R-R-W-W-R-R-W-W 模式的读和写，画出具有流过式输出的后写 SSRAM 的时序图。单个运行周期要尽可能靠近，但要考虑到防止紧接周期的资源冲突。如果提交给 SSRAM 一连串这样的请求，那么试计算 SRAM 阵列的平均利用率为多少？

15.21 假定后写 SSRAM 具有流水线输出，请重做练习题 15.20。

15.22 将 Xilinx 7 系列 FPGA 的尺度调整为不同于书中或图 15-34 中所示的另一种维度，以创建更大型的器件。对此进行在线调查，写出一两段文字来解释这种维度，并仿照表 15-3 的形式，列出至少三个可以应用这种维度的器件的特性。

15.23 修改程序 8-16 中的乘法器模块，使其输入 X 和 Y 在外部时钟信号 CLK 的上升沿处被载入两个 8 位寄存器中，并在下一个 CLK 的上升沿将乘积结果 P 放入一个 16 位的寄存器中。阅读 Xilinx 7 系列和 Vivado 文档的对应内容，并确定为了利用 IOB 中的寄存器，如何迫使一个 Verilog 设计具有寄存型输入和输出。以一个 7 系列 FPGA 作为目标器件，并利用所学知识，用 IOB 的寄存器实现 X、Y 和 P。

推荐阅读

计算机组成与设计：硬件/软件接口（原书第5版）

作者：[美] 戴维 A. 帕特森 等 ISBN：978-7-111-50482-5 定价：99.00元

本书是计算机组成与设计的经典畅销教材，第5版经过全面更新，关注后PC时代发生在计算机体系结构领域的革命性变革——从单核处理器到多核微处理器，从串行到并行。本书特别关注移动计算和云计算，通过平板电脑、云体系结构以及ARM（移动计算设备）和x86（云计算）体系结构来探索和揭示这场技术变革。

计算机体系结构：量化研究方法（英文版·第5版）

作者：[美] John L. Hennessy 等 ISBN：978-7-111-36458-0 定价：138.00元

本书系统地介绍了计算机系统的设计基础、指令集系统结构，流水线和指令集并行技术。层次化存储系统与存储设备。互连网络以及多处理器系统等重要内容。在这个最新版中，作者更新了单核处理器到多核处理器的历史发展过程的相关内容，同时依然使用他们广受好评的“量化研究方法”进行计算设计，并展示了多种可以实现并行，陛的技术，而这些技术可以看成是展现多处理器体系结构威力的关键!在介绍多处理器时，作者不但讲解了处理器的性能，还介绍了有关的设计要素，包括能力、可靠性、可用性和可信性。

推荐阅读

算法导论（原书第3版）

作者：Thomas H. Cormen 等 ISBN：978-7-111-40701-0 定价：128.00元

全球超过50万人阅读的算法圣经！算法标准教材，国内外1000余所高校采用

“本书是算法领域的一部经典著作，书中系统、全面地介绍了现代算法：从最快算法和数据结构到用于看似难以解决问题的多项式时间算法；从图论中的经典算法到用于字符匹配、计算集合和数论的特殊算法。本书第3版尤其增加了两章专门讨论van Emde Boas树（最有用的数据结构之一）和多线程算法（日益重要的一个主题）。”

—— Daniel Spielman，耶鲁大学计算机科学和应用数学Henry Ford II教授

算法基础：打开算法之门

作者：托马斯 H. 科尔曼 ISBN：978-7-111-52076-4 定价：59.00元

《算法导论》第一作者托马斯 H. 科尔曼面向大众读者的算法著作

理解计算机科学中关键算法的简明读本，帮助您开启算法之门

“算法是计算机科学的核心。这是唯一一本力图针对大众读者的算法书籍。它使一个抽象的主题变得简洁易懂，而没有过多拘泥于细节。本书具有深远的影响，还没有人能够比托马斯 H. 科尔曼更能胜任缩小算法专家和公众的差距这一工作。”

—— Frank Dehne，卡尔顿大学计算机科学系教授

大数据算法

作者：王宏志 ISBN：978-7-111-50849-6 定价：49.00元

本书是国内第一本系统介绍大数据算法设计与分析技术的教材，内容丰富，结构合理，旨在讲述和解决大数据处理和应用中相关算法设计与分析的理论和方法，切实培养读者设计、分析与应用算法解决大数据问题的能力。不仅适合计算机科学、软件工程、大数据、物联网等学科的本科生和研究生使用，而且可供其他相近学科的本科生和研究生使用。同时，该教材还可作为从事大数据相关领域工程技术人员的自学读物。